33년간 [illegible]

필기

KB084494

전기산업기사

핵심기출 300제

전수기 · 임한규 · 정종연 지음

I 핵심이론

BM (주)도서출판 성안당

도서 A/S 안내

성안당에서 발행하는 모든 도서는 저자와 출판사, 그리고 독자가 함께 만들어 나갑니다.

좋은 책을 펴내기 위해 많은 노력을 기울이고 있습니다. 혹시라도 내용상의 오류나 오탈자 등이 발견되면 "좋은 책은 나라의 보배"로서 우리 모두가 함께 만들어 간다는 마음으로 연락주시기 바랍니다. 수정 보완하여 더 나은 책이 되도록 최선을 다하겠습니다.

성안당은 늘 독자 여러분들의 소중한 의견을 기다리고 있습니다. 좋은 의견을 보내주시는 분께는 성안당 쇼핑몰의 포인트(3,000포인트)를 적립해 드립니다.

잘못 만들어진 책이나 부록 등이 파손된 경우에는 교환해 드립니다.

저자 문의 : jeon6363@hanmail.net(전수기)

본서 기획자 e-mail : coh@cyber.co.kr(최옥현)

홈페이지 : http://www.cyber.co.kr 전화 : 031) 950-6300

이 책을 펴내면서…

전기수험생 여러분!

합격하기도, 학습하기도 어려운 전기자격증시험 어떻게 하면 합격할 수 있을까요? 이것은 과거부터 현재까지 끊임없이 제기되고 있는 전기수험생들의 고민이며 가장 큰 바람입니다.

필자가 강단에서 30여 년 강의를 하면서 안타깝게도 전기수험생들이 열심히 준비하지만 합격하지 못한 채 중도에 포기하는 경우를 많이 보았습니다. 전기자격증시험이 너무 어려워서'?, 머리가 나빠서'?, 수학실력이 없어서'?, 그렇지 않습니다. 그것은 전기자격증 시험대비 학습방법이 잘못되었기 때문입니다.

전기기사·산업기사 시험문제는 전체 과목의 이론에 대해 출제될 수 있는 문제가 모두 출제된 상태로 현재는 문제은행방식으로 기출문제를 그대로 출제하고 있습니다.

따라서 이 책은 기본개념과정을 거친 수험생의 심화과정으로 과목별 중요 핵심이론과 그 핵심이론을 연계한 핵심기출 300제를 수록하였습니다. 이는 CBT화된 시험에 있어 적응능력 향상을 위해 특화한 학습서로서 다음과 같이 구성하였습니다.

이 책의 특징

제1권 : 핵심이론

시험에 자주 출제되는 핵심이론을 각 과목별로 체계적으로 수록하여 한눈에 볼 수 있도록 구성하였습니다.

제2권 : 핵심기출 300제

시험에 자주 출제되는 핵심기출 300제를 각 과목별로 엄선하고 문제마다 관련 핵심이론을 찾아볼 수 있도록 '핵심이론 찾아보기'를 넣어 기출문제를 핵심이론과 연계하여 한 번에 학습할 수 있도록 구성하였습니다.

이에 시험 직전 이 한 권의 책으로 전기시험 CBT에 대비한다면 합격하기 어렵다는 전기자격증시험 합격에 분명 절대적인 영향을 미치리라 확신합니다.

아울러 출판에 도움을 주신 (주)도서출판 성안당 편집부 임직원 여러분께 감사의 마음을 전합니다.

저자 전수기 씀

전기산업기사 CBT를 한 번에 합격하는 최적 구성

시험에 꼭 나오는 핵심이론

시험에 자주 출제되는 핵심이론만을 집약하여 과목별로 구성

시험에 자주 출제되는 과목별 핵심기출 300제

시험에 빠지지 않고 나오는 기출문제만 엄선하고 핵심이론과 연계하여 학습할 수 있도록 구성

최근 기출문제

최근 출제되었던 기출문제를 풀면서 실전시험 최종 마무리 구성

이 책의 구성과 특징

01 시험에 꼭 나오는 과목별 핵심이론

1990년부터 최근 33년간 시험에 출제되는 중요한 핵심이론만을 체계적으로 정리해 단기간에 핵심이론을 학습할 수 있도록 구성하였다.

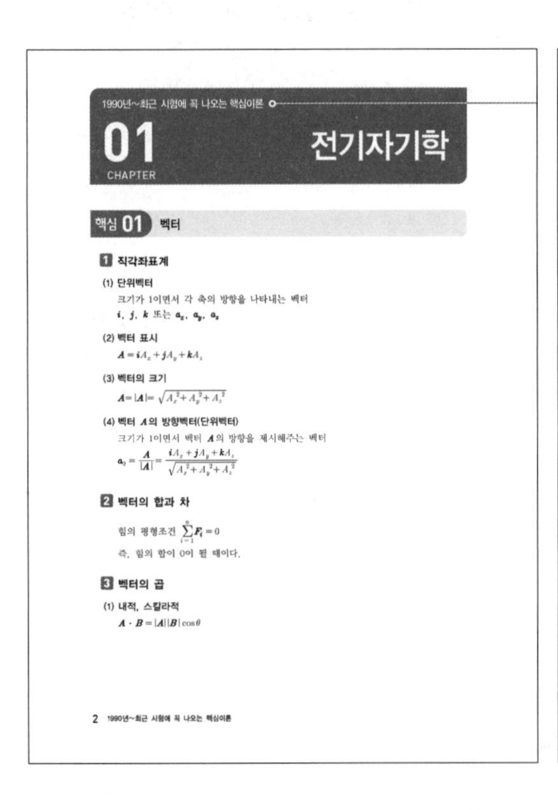

1990년~최근 시험에 꼭 나오는 핵심이론

01 CHAPTER 전기자기학

핵심 01 벡터

1 직각좌표계

(1) 단위벡터

크기가 1이면서 각 축의 방향을 나타내는 벡터

$\boldsymbol{i}$, $\boldsymbol{j}$, $\boldsymbol{k}$ 또는 $\boldsymbol{a}_x$, $\boldsymbol{a}_y$, $\boldsymbol{a}_z$

(2) 벡터 표시

$\boldsymbol{A} = \boldsymbol{i}A_x + \boldsymbol{j}A_y + \boldsymbol{k}A_z$

(3) 벡터의 크기

$A = |\boldsymbol{A}| = \sqrt{A_x^2 + A_y^2 + A_z^2}$

(4) 벡터 $\boldsymbol{A}$의 방향벡터(단위벡터)

크기가 1이면서 벡터 $\boldsymbol{A}$의 방향을 제시해주는 벡터

$\boldsymbol{a}_0 = \dfrac{\boldsymbol{A}}{|\boldsymbol{A}|} = \dfrac{\boldsymbol{i}A_x + \boldsymbol{j}A_y + \boldsymbol{k}A_z}{\sqrt{A_x^2 + A_y^2 + A_z^2}}$

2 벡터의 합과 차

힘의 평형조건 $\sum_{i=1}^{n} \boldsymbol{F}_i = 0$

즉, 힘의 합이 0이 될 때이다.

3 벡터의 곱

(1) 내적, 스칼라적

$\boldsymbol{A} \cdot \boldsymbol{B} = |\boldsymbol{A}||\boldsymbol{B}|\cos\theta$

2 1990년~최근 시험에 꼭 나오는 핵심이론

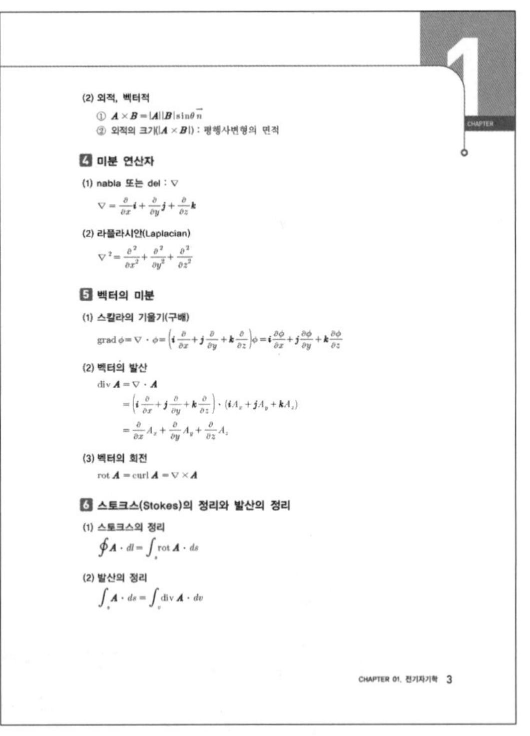

(2) 외적, 벡터적

① $\boldsymbol{A} \times \boldsymbol{B} = |\boldsymbol{A}||\boldsymbol{B}|\sin\theta\,\vec{n}$

② 외적의 크기($|\boldsymbol{A} \times \boldsymbol{B}|$) : 평행사변형의 면적

4 미분 연산자

(1) nabla 또는 del : ∇

$\nabla = \dfrac{\partial}{\partial x}\boldsymbol{i} + \dfrac{\partial}{\partial y}\boldsymbol{j} + \dfrac{\partial}{\partial z}\boldsymbol{k}$

(2) 라플라시안(Laplacian)

$\nabla^2 = \dfrac{\partial^2}{\partial x^2} + \dfrac{\partial^2}{\partial y^2} + \dfrac{\partial^2}{\partial z^2}$

5 벡터의 미분

(1) 스칼라의 기울기(구배)

$\mathrm{grad}\,\phi = \nabla \cdot \phi = \left(\boldsymbol{i}\dfrac{\partial}{\partial x} + \boldsymbol{j}\dfrac{\partial}{\partial y} + \boldsymbol{k}\dfrac{\partial}{\partial z}\right)\phi = \boldsymbol{i}\dfrac{\partial \phi}{\partial x} + \boldsymbol{j}\dfrac{\partial \phi}{\partial y} + \boldsymbol{k}\dfrac{\partial \phi}{\partial z}$

(2) 벡터의 발산

$$\begin{aligned}\mathrm{div}\,\boldsymbol{A} &= \nabla \cdot \boldsymbol{A} \\ &= \left(\boldsymbol{i}\frac{\partial}{\partial x} + \boldsymbol{j}\frac{\partial}{\partial y} + \boldsymbol{k}\frac{\partial}{\partial z}\right) \cdot (\boldsymbol{i}A_x + \boldsymbol{j}A_y + \boldsymbol{k}A_z) \\ &= \frac{\partial}{\partial x}A_x + \frac{\partial}{\partial y}A_y + \frac{\partial}{\partial z}A_z\end{aligned}$$

(3) 벡터의 회전

$\mathrm{rot}\,\boldsymbol{A} = \mathrm{curl}\,\boldsymbol{A} = \nabla \times \boldsymbol{A}$

6 스토크스(Stokes)의 정리와 발산의 정리

(1) 스토크스의 정리

$\oint \boldsymbol{A} \cdot dl = \int_s \mathrm{rot}\,\boldsymbol{A} \cdot ds$

(2) 발산의 정리

$\int_s \boldsymbol{A} \cdot ds = \int_v \mathrm{div}\,\boldsymbol{A} \cdot dv$

CHAPTER 01. 전기자기학 3

02 시험에 자주 출제되는 과목별 핵심기출 300제

1990년부터 최근 33년간 자주 출제되는 기출문제 300제를 과목별로 엄선하여 핵심이론과 연계하여 학습할 수 있도록 '핵심이론 찾아보기'를 구성하였다.

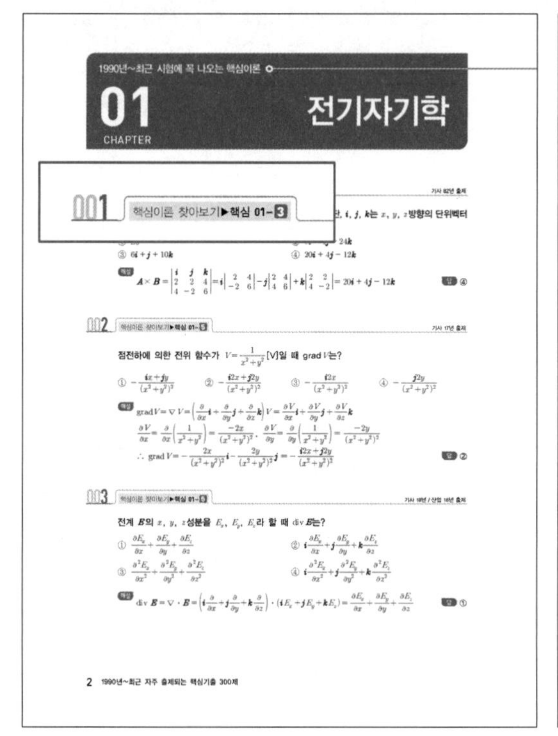

1990년~최근 시험에 꼭 나오는 핵심이론

01 CHAPTER 전기자기학

001 핵심이론 찾아보기▶핵심 01-3 　　기사 82년 출제

…단, i, j, k는 x, y, z방향의 단위벡터

…　　… $24k$

③ $6i+j+10k$　　④ $20i+4j-12k$

해설 $A\times B=\begin{vmatrix} i & j & k \\ 2 & 2 & 4 \\ 4 & -2 & 6 \end{vmatrix}=i\begin{vmatrix} 2 & 4 \\ -2 & 6 \end{vmatrix}-j\begin{vmatrix} 2 & 4 \\ 4 & 6 \end{vmatrix}+k\begin{vmatrix} 2 & 2 \\ 4 & -2 \end{vmatrix}=20i+4j-12k$　　답 ④

002 핵심이론 찾아보기▶핵심 01-5 　　기사 17년 출제

점전하에 의한 전위 함수가 $V=\frac{1}{x^2+y^2}$[V]일 때 grad V는?

① $-\frac{ix+jy}{(x^2+y^2)^2}$　② $-\frac{i2x+j2y}{(x^2+y^2)^2}$　③ $-\frac{i2x}{(x^2+y^2)^2}$　④ $-\frac{j2y}{(x^2+y^2)^2}$

해설 $\text{grad}V=\nabla V=\left(\frac{\partial}{\partial x}i+\frac{\partial}{\partial y}j+\frac{\partial}{\partial z}k\right)V=\frac{\partial V}{\partial x}i+\frac{\partial V}{\partial y}j+\frac{\partial V}{\partial z}k$

$\frac{\partial V}{\partial x}=\frac{\partial}{\partial x}\left(\frac{1}{x^2+y^2}\right)=\frac{-2x}{(x^2+y^2)^2}$, $\frac{\partial V}{\partial y}=\frac{\partial}{\partial y}\left(\frac{1}{x^2+y^2}\right)=\frac{-2y}{(x^2+y^2)^2}$

$\therefore \text{grad}V=-\frac{2x}{(x^2+y^2)^2}i-\frac{2y}{(x^2+y^2)^2}j=-\frac{i2x+j2y}{(x^2+y^2)^2}$　　답 ②

003 핵심이론 찾아보기▶핵심 01-5 　　기사 18년 / 산업 16년 출제

전계 E의 x, y, z성분을 E_x, E_y, E_z라 할 때 div E는?

① $\frac{\partial E_x}{\partial x}+\frac{\partial E_y}{\partial y}+\frac{\partial E_z}{\partial z}$　② $i\frac{\partial E_x}{\partial x}+j\frac{\partial E_y}{\partial y}+k\frac{\partial E_z}{\partial z}$

③ $\frac{\partial^2 E_x}{\partial x^2}+\frac{\partial^2 E_y}{\partial y^2}+\frac{\partial^2 E_z}{\partial z^2}$　④ $i\frac{\partial^2 E_x}{\partial x^2}+j\frac{\partial^2 E_y}{\partial y^2}+k\frac{\partial^2 E_z}{\partial z^2}$

해설 $\text{div}\,E=\nabla\cdot E=\left(i\frac{\partial}{\partial x}+j\frac{\partial}{\partial y}+k\frac{\partial}{\partial z}\right)\cdot(iE_x+jE_y+kE_z)=\frac{\partial E_x}{\partial x}+\frac{\partial E_y}{\partial y}+\frac{\partial E_z}{\partial z}$　　답 ①

2 1990년~최근 자주 출제되는 핵심기출 300제

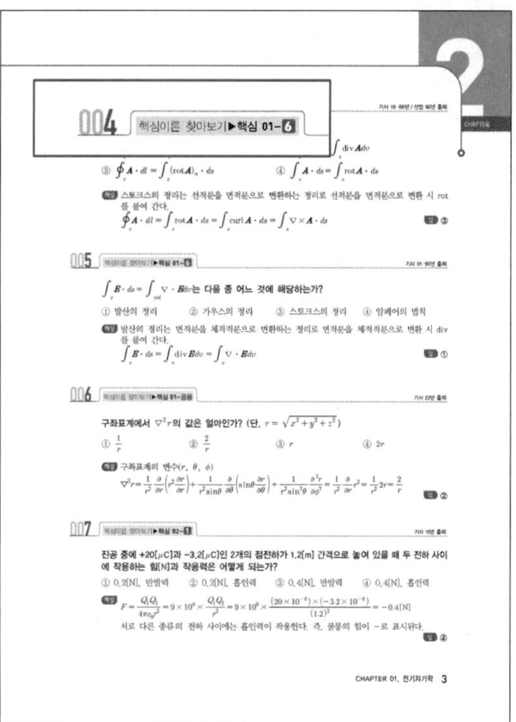

2 CHAPTER

004 핵심이론 찾아보기▶핵심 01-6 　　기사 19·88년 / 산업 90년 출제

… $\int_v \text{div}\,A dv$

③ $\oint_c A\cdot dl=\int_s (\text{rot}A)_n\cdot ds$　④ $\int_s A\cdot ds=\int_s \text{rot}A\cdot ds$

해설 스토크스의 정리는 선적분을 면적분으로 변환하는 정리로 선적분을 면적분으로 변환 시 rot를 붙여 간다.

$\oint_c A\cdot dl=\int_s \text{rot}A\cdot ds=\int_s \text{curl}A\cdot ds=\int_s \nabla\times A\cdot ds$　　답 ③

005 핵심이론 찾아보기▶핵심 01-6 　　기사 01·90년 출제

$\int_s E\cdot ds=\int_{vol}\nabla\cdot E dv$는 다음 중 어느 것에 해당하는가?

① 발산의 정리　② 가우스의 정리　③ 스토크스의 정리　④ 암페어의 법칙

해설 발산의 정리는 면적분을 체적적분으로 변환하는 정리로 면적분을 체적적분으로 변환 시 div를 붙여 간다.

$\int_s E\cdot ds=\int_v \text{div}\,E dv=\int_v \nabla\cdot E dv$　　답 ①

006 핵심이론 찾아보기▶핵심 01-응용 　　기사 22년 출제

구좌표계에서 $\nabla^2 r$의 값은 얼마인가? (단, $r=\sqrt{x^2+y^2+z^2}$)

① $\frac{1}{r}$　② $\frac{2}{r}$　③ r　④ $2r$

해설 구좌표계의 변수(r, θ, ϕ)

$\nabla^2 r=\frac{1}{r^2}\frac{\partial}{\partial r}\left(r^2\frac{\partial r}{\partial r}\right)+\frac{1}{r^2\sin\theta}\frac{\partial}{\partial\theta}\left(\sin\theta\frac{\partial r}{\partial\theta}\right)+\frac{1}{r^2\sin^2\theta}\frac{\partial^2 r}{\partial\phi^2}=\frac{1}{r^2}\frac{\partial}{\partial r}r^2=\frac{1}{r^2}2r=\frac{2}{r}$　　답 ②

007 핵심이론 찾아보기▶핵심 02-1 　　기사 15년 출제

진공 중에 +20[μC]과 −3.2[μC]인 2개의 점전하가 1.2[m] 간격으로 놓여 있을 때 두 전하 사이에 작용하는 힘[N]과 작용력은 어떻게 되는가?

① 0.2[N], 반발력　② 0.2[N], 흡인력　③ 0.4[N], 반발력　④ 0.4[N], 흡인력

해설 $F=\frac{Q_1Q_2}{4\pi\varepsilon_0 r^2}=9\times10^9\times\frac{Q_1Q_2}{r^2}=9\times10^9\times\frac{(20\times10^{-6})\times(-3.2\times10^{-6})}{(1.2)^2}=-0.4$[N]

서로 다른 종류의 전하 사이에는 흡인력이 작용한다. 즉, 쿨롱의 힘이 −로 표시된다.　　답 ④

CHAPTER 01. 전기자기학 3

03 최근 과년도 출제문제

실전시험에 대비할 수 있도록 최근 과년도 출제문제를 수록하여 시험에 대한 감각을 기를 수 있도록 구성하였다.

전기자격시험안내

01 시행처

한국산업인력공단

02 시험과목

구분	전기기사	전기산업기사	전기공사기사	전기공사산업기사
필기	1. 전기자기학 2. 전력공학 3. 전기기기 4. 회로이론 및 제어공학 5. 전기설비기술기준	1. 전기자기학 2. 전력공학 3. 전기기기 4. 회로이론 5. 전기설비기술기준	1. 전기응용 및 공사재료 2. 전력공학 3. 전기기기 4. 회로이론 및 제어공학 5. 전기설비기술기준	1. 전기응용 2. 전력공학 3. 전기기기 4. 회로이론 5. 전기설비기술기준
실기	전기설비 설계 및 관리	전기설비 설계 및 관리	전기설비 견적 및 시공	전기설비 견적 및 시공

03 검정방법

[기사]

- **필기** : 객관식 4지 택일형, 과목당 20문항(과목당 30분)
- **실기** : 필답형(2시간 30분)

[산업기사]

- **필기** : 객관식 4지 택일형, 과목당 20문항(과목당 30분)
- **실기** : 필답형(2시간)

04 합격기준

- **필기** : 100점을 만점으로 하여 과목당 40점 이상, 전과목 평균 60점 이상
- **실기** : 100점을 만점으로 하여 60점 이상

05 출제기준

필기과목명	문제수	주요항목	세부항목
전기자기학	20	1. 진공 중의 정전계	① 정전기 및 전자유도 ② 전계 ③ 전기력선 ④ 전하 ⑤ 전위 ⑥ 가우스의 정리 ⑦ 전기쌍극자
		2. 진공 중의 도체계	① 도체계의 전하 및 전위분포 ② 전위계수, 용량계수 및 유도계수 ③ 도체계의 정전에너지 ④ 정전용량 ⑤ 도체 간에 작용하는 정전력 ⑥ 정전차폐
		3. 유전체	① 분극도와 전계 ② 전속밀도 ③ 유전체 내의 전계 ④ 경계조건 ⑤ 정전용량 ⑥ 전계의 에너지 ⑦ 유전체 사이의 힘 ⑧ 유전체의 특수현상
		4. 전계의 특수해법 및 전류	① 전기영상법 ② 정전계의 2차원 문제 ③ 전류에 관련된 제현상 ④ 저항률 및 도전율
		5. 자계	① 자석 및 자기유도 ② 자계 및 자위 ③ 자기쌍극자 ④ 자계와 전류 사이의 힘 ⑤ 분포전류에 의한 자계
		6. 자성체와 자기회로	① 자화의 세기 ② 자속밀도 및 자속 ③ 투자율과 자화율 ④ 경계면의 조건 ⑤ 감자력과 자기차폐 ⑥ 자계의 에너지 ⑦ 강자성체의 자화 ⑧ 자기회로 ⑨ 영구자석
		7. 전자유도 및 인덕턴스	① 전자유도 현상 ② 자기 및 상호유도작용 ③ 자계에너지와 전자유도 ④ 도체의 운동에 의한 기전력 ⑤ 전류에 작용하는 힘 ⑥ 전자유도에 의한 전계 ⑦ 도체 내의 전류 분포 ⑧ 전류에 의한 자계에너지 ⑨ 인덕턴스

필기과목명	문제수	주요항목	세부항목
전기자기학	20	8. 전자계	① 변위전류 ② 맥스웰의 방정식 ③ 전자파 및 평면파 ④ 경계조건 ⑤ 전자계에서의 전압 ⑥ 전자와 하전입자의 운동 ⑦ 방전현상
전력공학	20	1. 발 · 변전 일반	① 수력발전 ② 화력발전 ③ 원자력발전 ④ 신재생에너지발전 ⑤ 변전방식 및 변전설비 ⑥ 소내전원설비 및 보호계전방식
		2. 송 · 배전선로의 전기적 특성	① 선로정수 ② 전력원선도 ③ 코로나 현상 ④ 단거리 송전선로의 특성 ⑤ 중거리 송전선로의 특성 ⑥ 장거리 송전선로의 특성 ⑦ 분포정전용량의 영향 ⑧ 가공전선로 및 지중전선로
		3. 송 · 배전방식과 그 설비 및 운용	① 송전방식 ② 배전방식 ③ 중성점접지방식 ④ 전력계통의 구성 및 운용 ⑤ 고장계산과 대책
		4. 계통보호방식 및 설비	① 이상전압과 그 방호 ② 전력계통의 운용과 보호 ③ 전력계통의 안정도 ④ 차단보호방식
		5. 옥내배선	① 저압 옥내배선 ② 고압 옥내배선 ③ 수전설비 ④ 동력설비
		6. 배전반 및 제어기기의 종류와 특성	① 배전반의 종류와 배전반 운용 ② 전력제어와 그 특성 ③ 보호계전기 및 보호계전방식 ④ 조상설비 ⑤ 전압조정 ⑥ 원격조작 및 원격제어
		7. 개폐기류의 종류와 특성	① 개폐기 ② 차단기 ③ 퓨즈 ④ 기타 개폐장치
전기기기	20	1. 직류기	① 직류발전기의 구조 및 원리 ② 전기자 권선법 ③ 정류 ④ 직류발전기의 종류와 그 특성 및 운전 ⑤ 직류발전기의 병렬운전 ⑥ 직류전동기의 구조 및 원리

필기과목명	문제수	주요항목	세부항목
전기기기	20	1. 직류기	⑦ 직류전동기의 종류와 특성 ⑧ 직류전동기의 기동, 제동 및 속도제어 ⑨ 직류기의 손실, 효율, 온도상승 및 정격 ⑩ 직류기의 시험
		2. 동기기	① 동기발전기의 구조 및 원리 ② 전기자 권선법 ③ 동기발전기의 특성 ④ 단락현상 ⑤ 여자장치와 전압조정 ⑥ 동기발전기의 병렬운전 ⑦ 동기전동기 특성 및 용도 ⑧ 동기조상기 ⑨ 동기기의 손실, 효율, 온도상승 및 정격 ⑩ 특수 동기기
		3. 전력변환기	① 정류용 반도체 소자 ② 각 정류회로의 특성 ③ 제어정류기
		4. 변압기	① 변압기의 구조 및 원리 ② 변압기의 등가회로 ③ 전압강하 및 전압변동률 ④ 변압기의 3상 결선 ⑤ 상수의 변환 ⑥ 변압기의 병렬운전 ⑦ 변압기의 종류 및 그 특성 ⑧ 변압기의 손실, 효율, 온도상승 및 정격 ⑨ 변압기의 시험 및 보수 ⑩ 계기용변성기 ⑪ 특수변압기
		5. 유도전동기	① 유도전동기의 구조 및 원리 ② 유도전동기의 등가회로 및 특성 ③ 유도전동기의 기동 및 제동 ④ 유도전동기제어(속도, 토크 및 출력) ⑤ 특수 농형유도전동기 ⑥ 특수유도기 ⑦ 단상유도전동기 ⑧ 유도전동기의 시험 ⑨ 원선도
		6. 교류정류자기	① 교류정류자기의 종류, 구조 및 원리 ② 단상직권 정류자 전동기 ③ 단상반발 전동기 ④ 단상분권 전동기 ⑤ 3상 직권 정류자 전동기 ⑥ 3상 분권 정류자 전동기 ⑦ 정류자형 주파수 변환기
		7. 제어용 기기 및 보호기기	① 제어기기의 종류 ② 제어기기의 구조 및 원리 ③ 제어기기의 특성 및 시험 ④ 보호기기의 종류 ⑤ 보호기기의 구조 및 원리 ⑥ 보호기기의 특성 및 시험 ⑦ 제어장치 및 보호장치

필기과목명	문제수	주요항목	세부항목
회로이론	20	1. 전기회로의 기초	① 전기회로의 기본 개념 ② 전압과 전류의 기준방향 ③ 전원
		2. 직류회로	① 전류 및 옴의 법칙 ② 도체의 고유저항 및 온도에 의한 저항 ③ 저항의 접속 ④ 키르히호프의 법칙 ⑤ 전지의 접속 및 줄열과 전력 ⑥ 배율기와 분류기 ⑦ 회로망 해석
		3. 교류회로	① 정현파교류 ② 교류회로의 페이저 해석 ③ 교류전력 ④ 유도결합회로
		4. 비정현파교류	① 비정현파의 푸리에 급수에 의한 전개 ② 푸리에 급수의 계수 ③ 비정현파의 대칭 ④ 비정현파의 실효값 ⑤ 비정현파의 임피던스
		5. 다상교류	① 대칭n상교류 및 평형3상회로 ② 성형전압과 환상전압의 관계 ③ 평형부하의 경우 성형전류와 환상전류와의 관계 ④ $2\pi/n$씩 위상차를 가진 대칭n상 기전력의 기호표시법 ⑤ 3상Y결선 부하인 경우 ⑥ 3상△결선의 각부전압, 전류 ⑦ 다상교류의 전력 ⑧ 3상교류의 복소수에 의한 표시 ⑨ △-Y의 결선 변환 ⑩ 평형3상회로의 전력
		6. 대칭좌표법	① 대칭좌표법 ② 불평형률 ③ 3상교류기기의 기본식 ④ 대칭분에 의한 전력표시
		7. 4단자 및 2단자	① 4단자 파라미터 ② 4단자 회로망의 각종 접속 ③ 대표적인 4단자망의 정수 ④ 반복파라미터 및 영상파라미터 ⑤ 역회로 및 정저항회로 ⑥ 리액턴스 2단자망
		8. 라플라스 변환	① 라플라스 변환의 정리 ② 간단한 함수의 변환 ③ 기본정리 ④ 라플라스 변환표

필기과목명	문제수	주요항목	세부항목
회로이론	20	9. 과도현상	① 전달함수의 정의 ② 기본적 요소의 전달함수 ③ $R-L$직렬의 직류회로 ④ $R-C$직렬의 직류회로 ⑤ $R-L$병렬의 직류회로 ⑥ $R-L-C$직렬의 직류회로 ⑦ $R-L-C$직렬의 교류회로 ⑧ 시정수와 상승시간 ⑨ 미분 적분회로
전기설비 기술기준 – 전기설비 기술기준 및 한국전기설비 규정	20	1. 총칙	① 기술기준 총칙 및 KEC 총칙에 관한 사항 ② 일반사항 ③ 전선 ④ 전로의 절연 ⑤ 접지시스템 ⑥ 피뢰시스템
		2. 저압전기설비	① 통칙 ② 안전을 위한 보호 ③ 전선로 ④ 배선 및 조명설비 ⑤ 특수설비
		3. 고압, 특고압 전기설비	① 통칙 ② 안전을 위한 보호 ③ 접지설비 ④ 전선로 ⑤ 기계, 기구 시설 및 옥내배선 ⑥ 발전소, 변전소, 개폐소 등의 전기설비 ⑦ 전력보안통신설비
		4. 전기철도설비	① 통칙 ② 전기철도의 전기방식 ③ 전기철도의 변전방식 ④ 전기철도의 전차선로 ⑤ 전기철도의 전기철도차량설비 ⑥ 전기철도의 설비를 위한 보호 ⑦ 전기철도의 안전을 위한 보호
		5. 분산형 전원설비	① 통칙 ② 전기저장장치 ③ 태양광발전설비 ④ 풍력발전설비 ⑤ 연료전지설비

핵심이론 차례

CHAPTER 01 전기자기학

CHAPTER 02 전력공학

CHAPTER 03 전기기기

CHAPTER 04 회로이론

CHAPTER 05 전기설비기술기준

1990년~최근

시험에 꼭 나오는 **핵심이론**

01 CHAPTER 전기자기학

핵심 01 벡터

1 직각좌표계

(1) 단위벡터

크기가 1이면서 각 축의 방향을 나타내는 벡터

$\boldsymbol{i}$, $\boldsymbol{j}$, $\boldsymbol{k}$ 또는 $\boldsymbol{a}_x$, $\boldsymbol{a}_y$, $\boldsymbol{a}_z$

(2) 벡터 표시

$$\boldsymbol{A} = \boldsymbol{i}A_x + \boldsymbol{j}A_y + \boldsymbol{k}A_z$$

(3) 벡터의 크기

$$A = |\boldsymbol{A}| = \sqrt{{A_x}^2 + {A_y}^2 + {A_z}^2}$$

(4) 벡터 A의 방향벡터(단위벡터)

크기가 1이면서 벡터 $\boldsymbol{A}$의 방향을 제시해주는 벡터

$$\boldsymbol{a}_0 = \frac{\boldsymbol{A}}{|\boldsymbol{A}|} = \frac{\boldsymbol{i}A_x + \boldsymbol{j}A_y + \boldsymbol{k}A_z}{\sqrt{{A_x}^2 + {A_y}^2 + {A_z}^2}}$$

2 벡터의 합과 차

힘의 평형조건 $\sum_{i=1}^{n} \boldsymbol{F}_i = 0$

즉, 힘의 합이 0이 될 때이다.

3 벡터의 곱

(1) 내적, 스칼라적

$$\boldsymbol{A} \cdot \boldsymbol{B} = |\boldsymbol{A}||\boldsymbol{B}|\cos\theta$$

(2) 외적, 벡터적

① $\boldsymbol{A} \times \boldsymbol{B} = |\boldsymbol{A}||\boldsymbol{B}|\sin\theta \vec{n}$

② 외적의 크기($|\boldsymbol{A} \times \boldsymbol{B}|$) : 평행사변형의 면적

4 미분 연산자

(1) nabla 또는 del : ∇

$$\nabla = \frac{\partial}{\partial x}\boldsymbol{i} + \frac{\partial}{\partial y}\boldsymbol{j} + \frac{\partial}{\partial z}\boldsymbol{k}$$

(2) 라플라시안(Laplacian)

$$\nabla^2 = \frac{\partial^2}{\partial x^2} + \frac{\partial^2}{\partial y^2} + \frac{\partial^2}{\partial z^2}$$

5 벡터의 미분

(1) 스칼라의 기울기(구배)

$$\text{grad}\,\phi = \nabla \cdot \phi = \left(\boldsymbol{i}\frac{\partial}{\partial x} + \boldsymbol{j}\frac{\partial}{\partial y} + \boldsymbol{k}\frac{\partial}{\partial z}\right)\phi = \boldsymbol{i}\frac{\partial \phi}{\partial x} + \boldsymbol{j}\frac{\partial \phi}{\partial y} + \boldsymbol{k}\frac{\partial \phi}{\partial z}$$

(2) 벡터의 발산

$$\begin{aligned}\text{div}\,\boldsymbol{A} &= \nabla \cdot \boldsymbol{A} \\ &= \left(\boldsymbol{i}\frac{\partial}{\partial x} + \boldsymbol{j}\frac{\partial}{\partial y} + \boldsymbol{k}\frac{\partial}{\partial z}\right) \cdot (\boldsymbol{i}A_x + \boldsymbol{j}A_y + \boldsymbol{k}A_z) \\ &= \frac{\partial}{\partial x}A_x + \frac{\partial}{\partial y}A_y + \frac{\partial}{\partial z}A_z\end{aligned}$$

(3) 벡터의 회전

$$\text{rot}\,\boldsymbol{A} = \text{curl}\,\boldsymbol{A} = \nabla \times \boldsymbol{A}$$

6 스토크스(Stokes)의 정리와 발산의 정리

(1) 스토크스의 정리

$$\oint \boldsymbol{A} \cdot dl = \int_s \text{rot}\,\boldsymbol{A} \cdot ds$$

(2) 발산의 정리

$$\int_s \boldsymbol{A} \cdot ds = \int_v \text{div}\,\boldsymbol{A} \cdot dv$$

핵심 02 진공 중의 정전계

1 쿨롱의 법칙

(1) 두 전하 사이에 작용하는 힘

$$F = K\frac{Q_1 Q_2}{r^2} = \frac{Q_1 Q_2}{4\pi\varepsilon_0 r^2} = 9\times 10^9 \frac{Q_1 Q_2}{r^2}\,[\mathrm{N}]$$

(2) 진공의 유전율

$$\varepsilon_0 = 8.855\times 10^{-12}\,[\mathrm{F/m}]$$

2 전계의 세기

$$E = \frac{F}{q} = \frac{1}{4\pi\varepsilon_0}\times\frac{Q}{r^2} = 9\times 10^9\times\frac{Q}{r^2}\,[\mathrm{N/C}]$$

3 전기력선의 성질

① 전기력선은 정(+)전하에서 시작하여 부(−)전하에서 끝난다.
② 전하가 없는 곳에서는 전기력선의 발생, 소멸이 없다.
③ 전기력선의 방향은 그 점의 전계의 방향과 같고, 밀도는 전계의 세기와 같다.
④ 전기력선은 전위가 높은 곳에서 낮은 곳으로 향한다.
⑤ 전기력선은 등전위면과 직교(수직)한다.
⑥ 전기력선은 도체 표면(등전위면)에 수직으로 출입한다.
⑦ 도체에 주어진 전하는 표면에만 분포하므로 내부에는 전기력선이 존재하지 않는다.
⑧ 전기력선은 그 자신만으로는 폐곡선(루프)을 만들지 않는다.
⑨ 단위 전하(+1[C])에서는 $\frac{1}{\varepsilon_0}$개의 전기력선이 출입한다.

4 가우스(Gauss)의 법칙

전기력선의 총수 $N = \int_s E \cdot ds = \frac{Q}{\varepsilon_0}$

5 가우스 정리에 의한 전계의 세기

(1) 점전하에 의한 전계의 세기

$$\boldsymbol{E} = \frac{Q}{4\pi\varepsilon_0 r^2} = 9\times 10^9\frac{Q}{r^2}\,[\mathrm{V/m}]$$

(2) 무한 직선 전하에 의한 전계의 세기

$$\boldsymbol{E} = \frac{\lambda}{2\pi\varepsilon_0 r} = 18 \times 10^9 \frac{\lambda}{r} \,[\mathrm{V/m}]$$

(3) 무한 평면 전하에 의한 전계의 세기

$$\boldsymbol{E} = \frac{\rho_s}{2\varepsilon_0} \,[\mathrm{V/m}]$$

(4) 무한 평행판에서의 전계의 세기

① 평행판 외부 전계의 세기 : $E_o = 0$

② 평행판 사이의 전계의 세기 : $E_i = \dfrac{\rho_s}{\varepsilon_0}\,[\mathrm{V/m}]$

(5) 도체 표면에서의 전계의 세기

$$E = \frac{\rho_s}{\varepsilon_0} \,[\mathrm{V/m}]$$

(6) 중공 구도체의 전계의 세기

① 내부 전계의 세기($r < a$) : $E_i = 0$

② 표면 전계의 세기($r = b$) : $E = \dfrac{Q}{4\pi\varepsilon_0 b^2}\,[\mathrm{V/m}]$

③ 외부 전계의 세기($r > b$) : $E_o = \dfrac{Q}{4\pi\varepsilon_0 r^2}\,[\mathrm{V/m}]$

(7) 전하가 균일하게 분포된 구도체

① 외부에서의 전계의 세기($r > a$) : $E_o = \dfrac{Q}{4\pi\varepsilon_0 r^2}\,[\mathrm{V/m}]$

② 표면에서의 전계의 세기($r = a$) : $E = \dfrac{Q}{4\pi\varepsilon_0 a^2}\,[\mathrm{V/m}]$

③ 내부에서의 전계의 세기($r < a$) : $E_i = \dfrac{rQ}{4\pi\varepsilon_0 a^3}\,[\mathrm{V/m}]$

(8) 전하가 균일하게 분포된 원주(원통) 도체

① 외부에서의 전계의 세기($r > a$) : $E_o = \dfrac{\rho_l}{2\pi\varepsilon_0 r}\,[\mathrm{V/m}]$

② 표면에서의 전계의 세기($r = a$) : $E = \dfrac{\rho_l}{2\pi\varepsilon_0 a}\,[\mathrm{V/m}]$

③ 내부에서의 전계의 세기($r < a$) : $E_i = \dfrac{r\rho_l}{2\pi\varepsilon_0 a^2}\,[\mathrm{V/m}]$

6 전위

$$V_p = \frac{W}{Q} = -\int_{\infty}^{r} E \cdot dr = \int_{r}^{\infty} E \cdot dr \,[\mathrm{J/C}] = [\mathrm{V}]$$

7 전위차

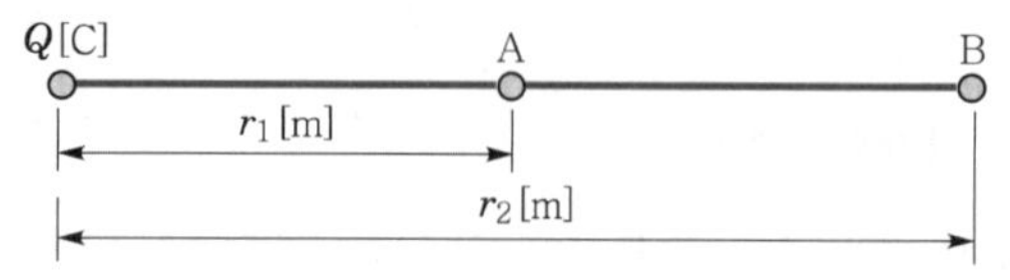

단위 정전하를 점 B에서 점 A까지 운반하는 데 필요한 일

$$V_{AB} = -\int_{B}^{A} E \cdot dr = -\int_{r_2}^{r_1} \frac{Q}{4\pi\varepsilon_0 r^2} dr = \frac{Q}{4\pi\varepsilon_0}\left(\frac{1}{r_1} - \frac{1}{r_2}\right) [\mathrm{V}]$$

8 전위 경도

$$E = -\mathrm{grad}\, V = -\nabla V$$

9 푸아송 및 라플라스 방정식

(1) 푸아송(Poisson) 방정식

$$\nabla^2 V = -\frac{\rho_v}{\varepsilon_0}$$

(2) 라플라스(Laplace) 방정식

$\rho_v = 0$일 때 $\nabla^2 V = 0$

10 전기력선의 방정식

$$\frac{dx}{E_x} = \frac{dy}{E_y} = \frac{dz}{E_z}$$

11 원형 도체 중심축상의 전계의 세기

반지름 a[m]인 원형 도체에 선전하 밀도 ρ_l[C/m]가 분포 시 중심축상 거리 r[m]인 원형 도체 중심축상의 전계의 세기

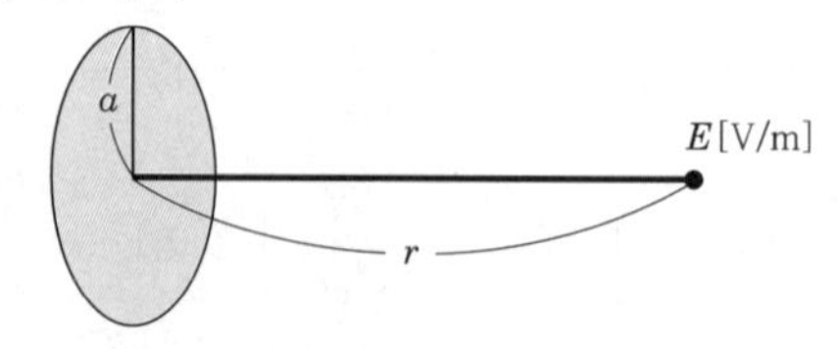

(1) 전체 전하량 : $Q=\rho_l l=\rho_l 2\pi a$[C]

(2) 중심축상의 전계의 세기

$$E=\frac{Qr}{4\pi\varepsilon_0(a^2+r^2)^{\frac{3}{2}}}=\frac{\rho_l\, a\, r}{2\varepsilon_0(a^2+r^2)^{\frac{3}{2}}}\text{[V/m]}$$

12 전기 쌍극자

(1) 전위

$$V=\frac{Q\cdot\delta}{4\pi\varepsilon_0 r^2}\cos\theta=\frac{M}{4\pi\varepsilon_0 r^2}\cos\theta\text{ [V]}$$

(2) 전계의 세기

① r성분의 전계의 세기 : $E_r=\dfrac{2M}{4\pi\varepsilon_0 r^3}\cos\theta$[V/m]

② θ성분의 전계의 세기 : $E_\theta=\dfrac{M}{4\pi\varepsilon_0 r^3}\sin\theta$[V/m]

③ 전전계의 세기 : $E=\sqrt{E_r^{\,2}+E_\theta^{\,2}}=\dfrac{M}{4\pi\varepsilon_0 r^3}\sqrt{1+3\cos^2\theta}$ [V/m]

13 대전도체의 성질

① 도체 내부의 전계는 0이다.
② 도체 표면은 등전위면이다.
③ 대전도체 표면의 전하밀도는 곡률 반지름이 작으면 커진다.

핵심 03 도체계와 정전용량

1 전위계수(p)

$V_1=p_{11}Q_1+p_{12}Q_2$
$V_2=p_{21}Q_1+p_{22}Q_2$

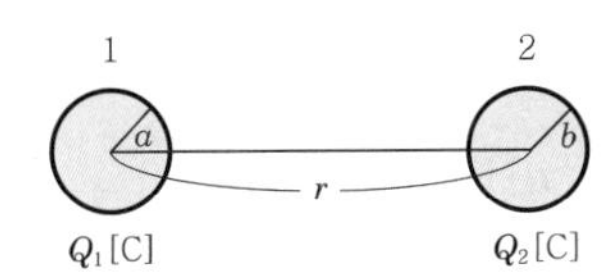

(1) 전위계수의 성질

① $p_{11} > 0$ 일반적으로 $p_{rr} > 0$

② $p_{11} \geqq p_{12}$ 일반적으로 $p_{rr} \geqq p_{rs}$

③ $p_{21} \geqq 0$ 일반적으로 $p_{sr} \geqq 0$

④ $p_{12} = p_{21}$ 일반적으로 $p_{rs} = p_{sr}$

(2) 단위

$$p = \frac{V}{Q}\left[\frac{\mathrm{V}}{\mathrm{C}}\right] = \left[\frac{1}{\mathrm{F}}\right]$$

2 용량계수와 유도계수(q)

$$Q_1 = q_{11}V_1 + q_{12}V_2$$
$$Q_2 = q_{21}V_1 + q_{22}V_2$$

(1) 용량계수와 유도계수의 성질

① $q_{11} > 0$, $q_{22} > 0$ 일반적으로 $q_{rr} > 0$

② $q_{12} \leqq 0$, $q_{21} \leqq 0$ 일반적으로 $q_{rs} \leqq 0$

③ $q_{11} \geqq -(q_{21} + q_{31} + \cdots + q_{n1})$

④ $q_{12} = q_{21}$ 일반적으로 $q_{rs} = q_{sr}$

(2) 단위

$$q = \frac{Q}{V}\left[\frac{\mathrm{C}}{\mathrm{V}}\right] = [\mathrm{F}]$$

3 정전용량(커패시턴스)

$$C = \frac{Q}{V}\left[\frac{\mathrm{C}}{\mathrm{V}}\right] = [\mathrm{F}]$$

$$\text{엘라스턴스} = \frac{1}{C} = \frac{V}{Q} = \frac{\text{전위차}}{\text{전기량}}\left[\frac{\mathrm{V}}{\mathrm{C}}\right] = \left[\frac{1}{\mathrm{F}}\right] = [\mathrm{daraf}]$$

4 도체 모양에 따른 정전용량

(1) 구도체의 정전용량

$$C = \frac{Q}{V} = 4\pi\varepsilon_0 a = \frac{1}{9} \times 10^{-9} \times a[\mathrm{F}]$$

(2) 동심구의 정전용량

$$C = \frac{4\pi\varepsilon_0}{\dfrac{1}{a} - \dfrac{1}{b}} = \frac{4\pi\varepsilon_0 ab}{b-a}[\mathrm{F}]$$

(3) 동심원통 도체(동축케이블)의 정전용량

$$C = \frac{2\pi\varepsilon_0 l}{\ln\frac{b}{a}}[\mathrm{F}]$$

(4) 평행판 콘덴서의 정전용량

$$C = \frac{\varepsilon_0 S}{d}[\mathrm{F}]$$

(5) 평행 왕복도선 간의 정전용량[단위길이당 정전용량($d \gg a$인 경우)]

$$C = \frac{\pi\varepsilon_0}{\ln\frac{d}{a}}[\mathrm{F/m}]$$

5 콘덴서 연결

(1) 콘덴서 병렬 연결(V=일정)

① 합성 정전용량 : $C_0 = C_1 + C_2[\mathrm{F}]$

② 같은 정전용량 C[F]를 n개 병렬 연결 시 합성 정전용량 : $C_0 = nC[\mathrm{F}]$

(2) 콘덴서 직렬 연결(Q=일정)

① 합성 정전용량 : $\frac{1}{C_0} = \frac{1}{C_1} + \frac{1}{C_2}$, $C_0 = \frac{C_1 C_2}{C_1 + C_2}[\mathrm{F}]$

② 같은 정전용량 C[F]를 n개 직렬 연결 시 합성 정전용량 : $C_0 = \frac{C}{n}[\mathrm{F}]$

6 직렬 콘덴서의 전압 분포

직렬 연결 콘덴서의 전압 분포

$$V_1 = \frac{Q}{C_1},\ V_2 = \frac{Q}{C_2},\ V_3 = \frac{Q}{C_3}$$

$$V_1 : V_2 : V_3 = \frac{1}{C_1} : \frac{1}{C_2} : \frac{1}{C_3}$$

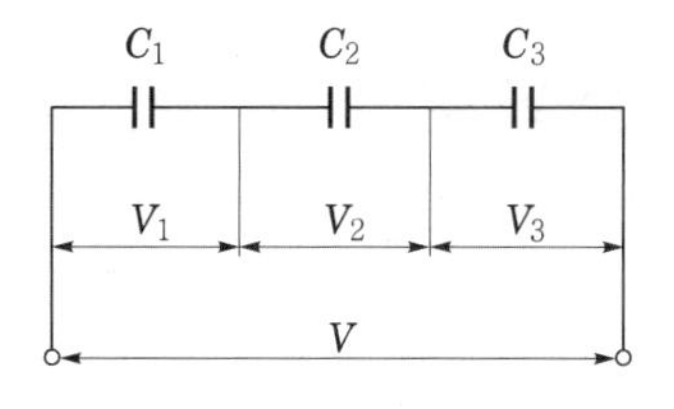

(1) 내압이 같은 경우

정전용량 C가 가장 적은 것이 가장 먼저 절연파괴 된다.

(2) 내압이 다른 경우

각 내압을 $V_{\max}$이라 하면 $Q = CV_{\max}$가 가장 적은 것이 가장 먼저 절연파괴 된다.

7 정전에너지

$$W = \frac{Q^2}{2C} = \frac{1}{2}CV^2 = \frac{1}{2}QV\,[\mathrm{J}]$$

8 정전 흡인력

$$f = \frac{1}{2}\varepsilon_0 E^2 = \frac{D^2}{2\varepsilon_0} = \frac{1}{2}ED\,[\mathrm{N/m^2}]$$

핵심 04 유전체

1 유전율과 비유전율

(1) 유전체를 넣었을 경우의 정전용량 : $C = \dfrac{Q+q}{V}\,[\mathrm{F}]$

① 비유전율 : $\varepsilon_s = \varepsilon_r = \dfrac{C}{C_0} > 1$

② 유전율 : $\varepsilon = \varepsilon_0 \varepsilon_s\,[\mathrm{F/m}]$

(2) 유전체의 비유전율의 특징

① 비유전율 ε_s는 1보다 크다.

② 진공이나 공기의 비유전율 $\varepsilon_s = 1$이다.

③ 비유전율 ε_s는 재질에 따라 다르다.

2 진공과 유전체의 제법칙 비교

구 분	진공 시	유전체 삽입	관 계
힘	$F_0 = \dfrac{Q_1 Q_2}{4\pi\varepsilon_0 r^2}$	$F = \dfrac{Q_1 Q_2}{4\pi\varepsilon_0 \varepsilon_s r^2}$	$\dfrac{1}{\varepsilon_s}$배 감소
전계의 세기	$E_0 = \dfrac{Q}{4\pi\varepsilon_0 r^2}$	$E = \dfrac{Q}{4\pi\varepsilon_0 \varepsilon_s r^2}$	$\dfrac{1}{\varepsilon_s}$배 감소
전위	$V_0 = \dfrac{Q}{4\pi\varepsilon_0 r}$	$V = \dfrac{Q}{4\pi\varepsilon_0 \varepsilon_s r}$	$\dfrac{1}{\varepsilon_s}$배 감소
정전용량	$C_0 = \dfrac{\varepsilon_0 S}{d}$	$C = \dfrac{\varepsilon_0 \varepsilon_s S}{d}$	ε_s배 증가
전기력선의 수	$N_0 = \dfrac{Q}{\varepsilon_0}$	$N = \dfrac{Q}{\varepsilon_0 \varepsilon_s}$	$\dfrac{1}{\varepsilon_s}$배 감소
전속선	$\Phi_0 = Q$	$\Phi = Q$	일정

콘덴서에 축적되는 에너지(=정전에너지)	$W=\frac{1}{2}CV^2=\frac{Q^2}{2C}=\frac{1}{2}QV$[J]
단위체적당 정전에너지(=에너지 밀도)	$w=\frac{1}{2}\varepsilon E^2=\frac{D^2}{2\varepsilon}=\frac{1}{2}ED$[J/m³]
단위면적당 받는 힘(=정전 흡인력)	$f=\frac{1}{2}\varepsilon E^2=\frac{D^2}{2\varepsilon}=\frac{1}{2}ED$[N/m²]

3 복합 유전체의 정전용량

(1) 서로 다른 유전체를 극판과 수직으로 채우는 경우

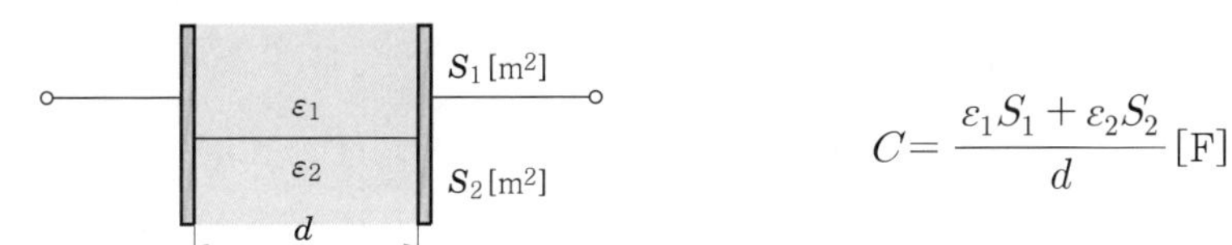

$$C=\frac{\varepsilon_1 S_1+\varepsilon_2 S_2}{d}\text{[F]}$$

(2) 서로 다른 유전체를 극판과 평행하게 채우는 경우

$$C=\frac{\varepsilon_1\varepsilon_2 S}{\varepsilon_2 d_1+\varepsilon_1 d_2}\text{[F]}$$

(3) 공기 콘덴서에 유전체를 판 간격 절반만 평행하게 채운 경우

$$C=\frac{2C_0}{1+\frac{1}{\varepsilon_s}}\text{[F]}$$

4 전속밀도

전속밀도는 단위면적당 전속의 수

* 전속밀도와 전계의 세기와의 관계 : $D=\varepsilon E$ [C/m²]

5 분극의 세기

$$P=D-\varepsilon_0 E=D\left(1-\frac{1}{\varepsilon_s}\right)=\varepsilon_0\varepsilon_s E-\varepsilon_0 E=\varepsilon_0(\varepsilon_s-1)E=\chi E\text{[C/m}^2\text{]}$$

(1) 분극률

$\chi=\varepsilon_0(\varepsilon_s-1)$

(2) 비분극률

$\frac{\chi}{\varepsilon_0}=\chi_e=\varepsilon_s-1$

6 유전체에서의 경계면 조건

(1) 전계는 경계면에서 수평성분(=접선성분)이 서로 같다.

$E_1 \sin\theta_1 = E_2 \sin\theta_2$

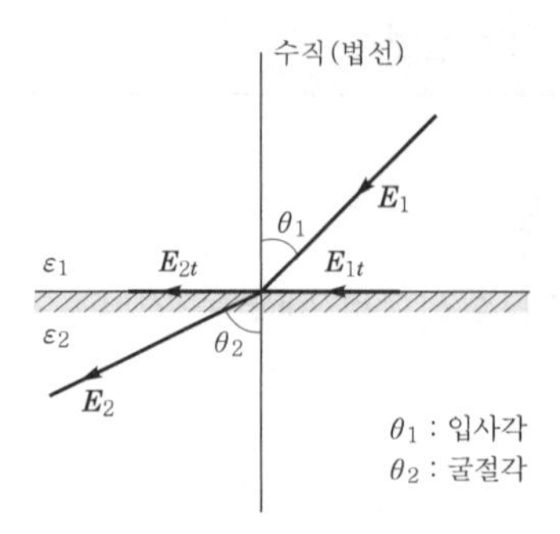

(2) 전속밀도는 경계면에서 수직성분(=법선성분)이 서로 같다.

$D_1 \cos\theta_1 = D_2 \cos\theta_2$

(3) (1)과 (2)의 비를 취하면

$$\frac{\tan\theta_1}{\tan\theta_2} = \frac{\varepsilon_1}{\varepsilon_2}$$

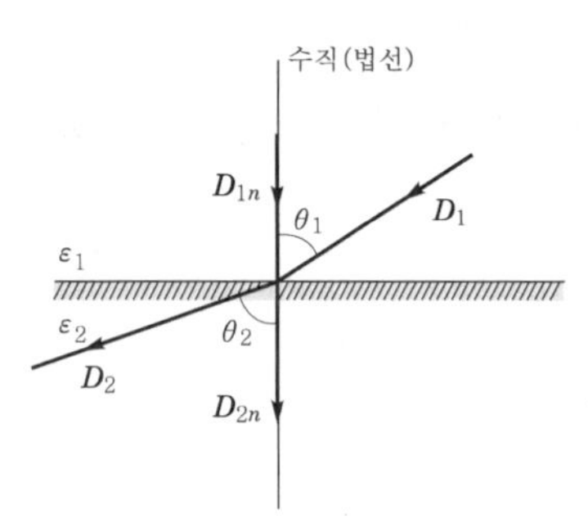

7 유전체 경계면에 작용하는 힘

(1) 전계가 경계면에 수직으로 입사 시($\varepsilon_1 > \varepsilon_2$)

$$f = \frac{1}{2}\left(\frac{1}{\varepsilon_2} - \frac{1}{\varepsilon_1}\right)D^2 [\mathrm{N/m^2}]$$

(2) 전계가 경계면에 수평으로 입사 시($\varepsilon_1 > \varepsilon_2$)

$$f = \frac{1}{2}(\varepsilon_1 - \varepsilon_2)E^2 [\mathrm{N/m^2}]$$

8 패러데이관

(1) 패러데이관 내의 전속선의 수는 일정하다.

(2) 패러데이관 양단에는 정·부의 단위 전하가 있다.

(3) 패러데이관의 밀도는 전속밀도와 같다.

(4) 단위 전위차당 패러데이관의 보유에너지는 $\frac{1}{2}$[J]이다.

9 단절연

동축 케이블에서 절연층의 전계의 세기를 거의 일정하게 유지할 목적으로 도선에서 가까운 곳은 유전율이 큰 것으로, 먼 곳은 유전율이 작은 것으로 절연하는 방법으로 $\varepsilon_1 > \varepsilon_2 > \varepsilon_3$로 절연하는 것을 단절연이라 한다.

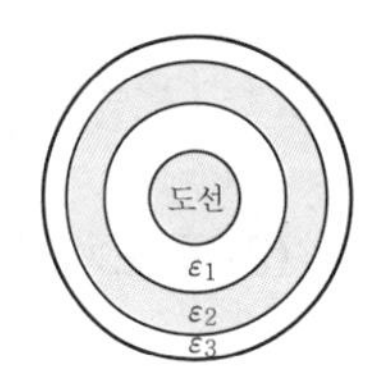

핵심 05 전기영상법

1 접지 무한 평면도체와 점전하

(1) 영상전하(Q')

$Q' = -Q$[C]

(2) 무한 평면과 점전하 사이에 작용하는 힘

$$F = -\frac{Q^2}{16\pi\varepsilon_0 d^2}\text{[N]}$$

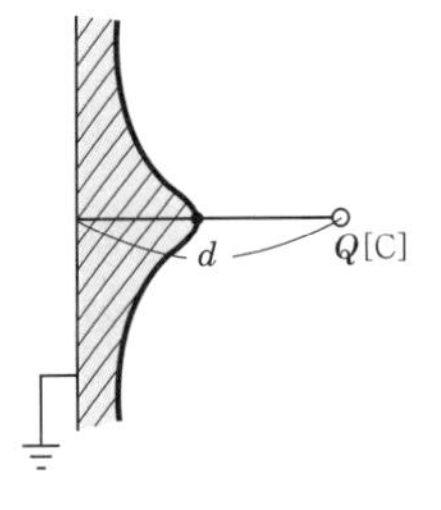

(3) 전하분포도 및 최대전하밀도

최대전하밀도 $\rho_{s\,max} = -\frac{Q}{2\pi d^2}[\text{C/m}^2]$

2 무한 평면도체와 선전하

(1) 영상 선전하 밀도

$\lambda' = -\lambda$[C/m]

(2) 무한 평면과 선전하 사이에 작용하는 단위길이당 작용하는 힘

$$F = -\lambda E = -\frac{\lambda^2}{4\pi\varepsilon_0 h}[\text{N/m}]$$

3 접지 구도체와 점전하

(1) 영상전하의 위치

구 중심에서 $\frac{a^2}{d}$인 점

(2) 영상전하의 크기

$$Q' = -\frac{a}{d}Q[\text{C}]$$

(3) 구도체와 점전하 사이에 작용하는 힘

$$F = \frac{QQ'}{4\pi\varepsilon_0\left(d - \frac{a^2}{d}\right)^2} = \frac{-adQ^2}{4\pi\varepsilon_0(d^2 - a^2)^2}[\text{N}]$$

핵심 06 전류

1 전류

(1) 전류

$$I = \frac{Q}{t} = \frac{ne}{t}[\text{C/s=A}]$$

여기서, n : 이동전자의 개수

e : 전자의 전기량

(2) 전하량

$$Q = I \cdot t[\text{A}\cdot\text{s=C}]$$

2 전기저항

(1) 도선의 전기저항

$$R = \rho\frac{l}{S} = \frac{l}{kS}[\Omega]$$

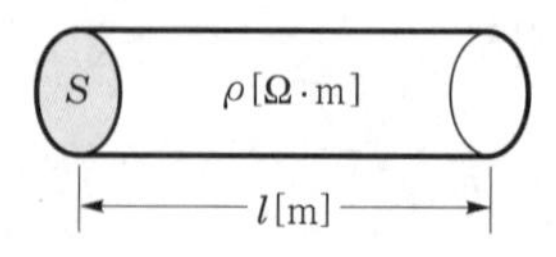

(2) 컨덕턴스

$$G = \frac{1}{R}[\mho]\cdot[\text{S}]$$

* 단위 : 모[℧] 또는 지멘스[S] 사용

3 전류밀도

$$J = \frac{I}{S} = Qv = nev = ne\mu E = kE = \frac{E}{\rho}[\text{A/m}^2]$$

4 전류의 열 작용

(1) 전력

$$P = VI = I^2R = \frac{V^2}{R}[\text{J/sec=W}]$$

(2) 전력량

$$W = Pt = V = I^2Rt = \frac{V^2}{R}t[\text{Ws}]$$

(3) 줄의 법칙을 이용한 열량

$$H = 0.24Pt = 0.24VIt = 0.24I^2Rt = 0.24\frac{V^2}{R}t[\text{cal}]$$

① 1[J]=0.24[cal]
② 1[cal]=4.2[J]
③ 1[kWh]=860[kcal]

5 전기저항과 정전용량의 관계

$$RC = \rho\varepsilon,\ \frac{C}{G} = \frac{\varepsilon}{k}$$

6 전기의 여러 가지 현상

(1) 제벡효과

서로 다른 금속을 접속하고 접속점을 서로 다른 온도를 유지하면 기전력이 생겨 일정한 방향으로 전류가 흐른다. 이러한 현상을 제벡효과(Seebeck effect)라 한다.

(2) 펠티에 효과

서로 다른 두 금속에서 다른 쪽 금속으로 전류를 흘리면 열의 발생 또는 흡수가 일어나는데 이 현상을 펠티에 효과라 한다.

(3) 톰슨효과

동종의 금속에서도 각 부에서 온도가 다르면 그 부분에서 열의 발생 또는 흡수가 일어나는 효과를 톰슨효과라 한다.

(4) 파이로(Pyro) 전기

로셸염이나 수정의 결정을 가열하면 한면에 정(正), 반대편에 부(負)의 전기가 분극을 일으키고 반대로 냉각하면 역의 분극이 나타나는 것을 파이로 전기라 한다.

(5) 압전효과

유전체 결정에 기계적 변형을 가하면, 결정 표면에 양, 음의 전하가 나타나서 대전한다. 또 반대로 이들 결정을 전장 안에 놓으면 결정 속에서 기계적 변형이 생긴다. 이와 같은 현상을 압전기 현상이라 한다.

핵심 07 진공 중의 정자계

1 자계의 쿨롱의 법칙

(1) 두 자하(자극) 사이에 미치는 힘

$$F = K\frac{m_1 m_2}{r^2} = \frac{1}{4\pi\mu_0}\frac{m_1 m_2}{r^2} = 6.33\times 10^4\frac{m_1 m_2}{r^2}\,[\mathrm{N}]$$

(2) 진공의 투자율

$$\mu_0 = 4\pi\times 10^{-7} = 12.56\times 10^{-7}\,[\mathrm{H/m}]$$

▌자하의 단위▐

구 분	MKS 단위계	CGS 단위계
자하(자속)	[Wb]	[maxwell]
	1[Wb]=10^8[maxwell]	

2 자계의 세기

(1) 자계의 세기

$$H = \frac{1}{4\pi\mu}\frac{m}{r^2} = 6.33\times 10^4\frac{m}{r^2}\,[\mathrm{AT/m}] = [\mathrm{N/Wb}]$$

(2) 쿨롱의 힘과 자계의 세기와의 관계

$$F = mH\,[\mathrm{N}],\quad H = \frac{F}{m}\,[\mathrm{A/m}],\quad m = \frac{F}{H}\,[\mathrm{Wb}]$$

3 자기력선의 성질

① 자력선의 방향은 N극에서 나와 S극으로 들어간다.
② 자력선은 서로 반발하나 교차하지 않는다.
③ 자력선의 방향은 자계의 방향과 일치하고, 밀도는 자계의 세기와 같다.
④ 자력선의 수는 내부 자하량 m[Wb]의 $\dfrac{m}{\mu_0}$ 배이다.
⑤ 자력선은 등자위면에 직교한다.
⑥ N, S극이 공존하고, 그 자신만으로 폐곡선을 이룰 수 있다.

4 자속과 자속밀도

(1) 자속밀도

$B = \mu_0 H$[Wb/m^2]

(2) 자속밀도의 단위

1[Wb/m^2] = 1[Tesla] = 10^8[maxwell/m^2] = 10^4[maxwell/cm^2] = 10^4[gauss]

5 자위와 자위경도

(1) 점자극의 자위 U[A]

$$U = -\int_{\infty}^{P} H \cdot dr = \frac{m}{4\pi\mu_0 r} = 6.33 \times 10^4 \frac{m}{r} \text{[AT, A]}$$

자계와 자위의 관계식 : $U = H \cdot r$[A], $H = \dfrac{U}{r}$[A/m]

(2) 자위경도

$$H = -\operatorname{grad} U = -\nabla U = -\left(\boldsymbol{i}\frac{\partial}{\partial x} + \boldsymbol{j}\frac{\partial}{\partial y} + \boldsymbol{k}\frac{\partial}{\partial z}\right)U = -\left(\boldsymbol{i}\frac{\partial U}{\partial x} + \boldsymbol{j}\frac{\partial U}{\partial y} + \boldsymbol{k}\frac{\partial U}{\partial z}\right)$$

6 자기 쌍극자

(1) 자위

$$U = \frac{ml}{4\pi\mu_0 r^2}\cos\theta = \frac{M}{4\pi\mu_0 r^2}\cos\theta = 6.33 \times 10^4 \frac{M\cos\theta}{r^2} \text{[A]}$$

(2) 자계의 세기

$$H = \frac{M}{4\pi\mu_0 r^3}\sqrt{1 + 3\cos^2\theta} \text{ [AT/m]}$$

7 막대자석의 회전력

$T = MH\sin\theta = mlH\sin\theta$[N·m]

8 앙페르의 오른나사법칙

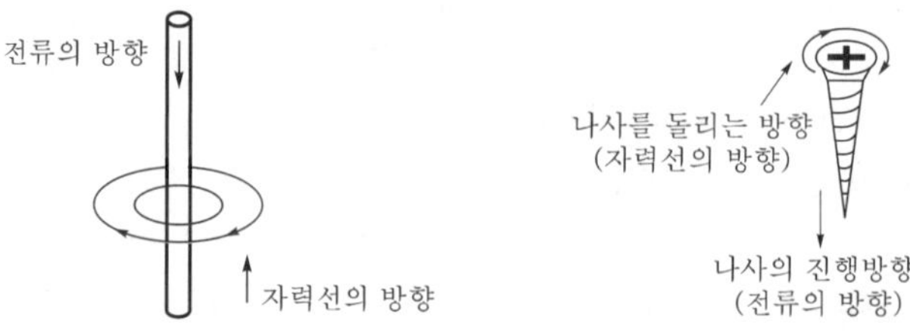

전류에 의한 자계의 방향을 결정하는 법칙

9 앙페르의 주회적분법칙

자계 경로를 따라 선적분한 값은 폐회로 내의 전류 총합과 같다.

$$\oint H \cdot dl = \sum I$$

10 앙페르의 주회적분법칙 계산 예

(1) 무한장 직선 전류에 의한 자계의 세기

$$H = \frac{I}{2\pi r}\,[\text{A/m}]$$

(2) 반무한장 직선 전류에 의한 자계의 세기

$$H = \frac{I}{2\pi r} \times \frac{1}{2} = \frac{I}{4\pi r}\,[\text{A/m}]$$

(3) 무한장 원통 전류에 의한 자계의 세기

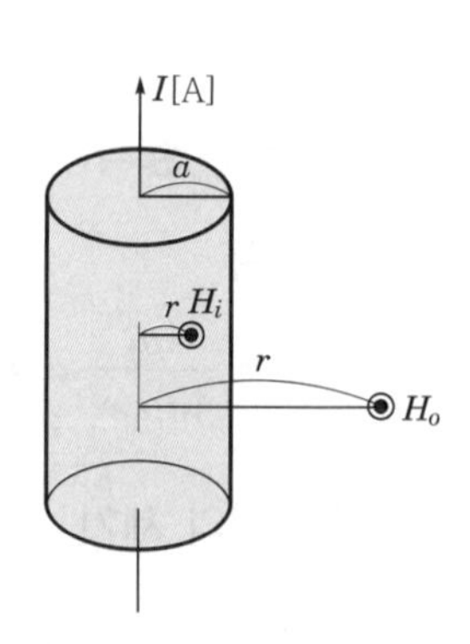

① 전류가 균일하게 흐르는 경우

㉠ 외부 자계의 세기($r > a$) : $H_o = \dfrac{I}{2\pi r}$[AT/m]

㉡ 내부 자계의 세기($r < a$) : $H_i = \dfrac{\frac{r^2}{a^2}I}{2\pi r} = \dfrac{rI}{2\pi a^2}$[AT/m]

② 전류가 표면에만 흐르는 경우

㉠ 외부 자계의 세기($r > a$) : $H_o = \dfrac{I}{2\pi r}$[AT/m]

㉡ 내부 자계의 세기($r < a$) : $H_i = 0$

(4) 무한장 솔레노이드의 자계의 세기

① 내부 자계의 세기 : $H=\frac{N}{l}I=nI[\text{AT/m}]$

② 외부 자계의 세기 : $H_o=0[\text{AT/m}]$

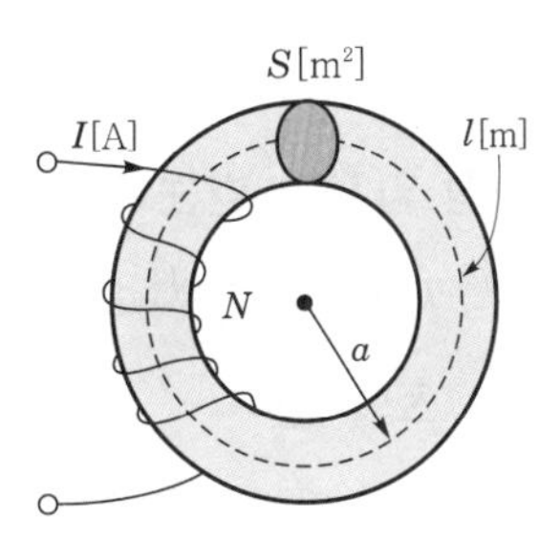

(5) 환상 솔레노이드의 자계의 세기

① 내부 자계의 세기 : $H=\frac{NI}{2\pi a}[\text{AT/m}]$

② 외부 자계의 세기 : $H_o=0[\text{AT/m}]$

11 비오-사바르(Biot-Savart)의 법칙

$$dH=\frac{Idl}{4\pi r^2}\sin\theta[\text{AT/m}]$$

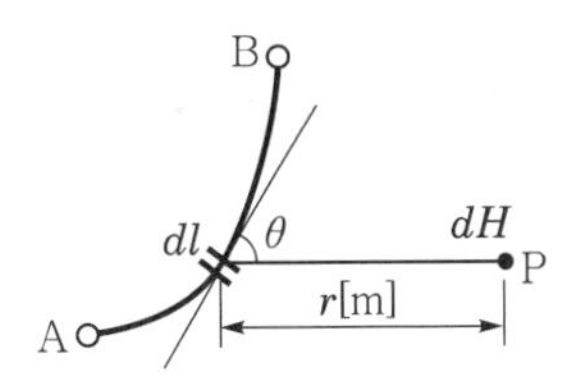

12 원형 전류 중심축상의 자계의 세기

(1) 중심축상의 자계의 세기

$$H=\frac{a^2I}{2(a^2+x^2)^{\frac{3}{2}}}[\text{AT/m}]$$

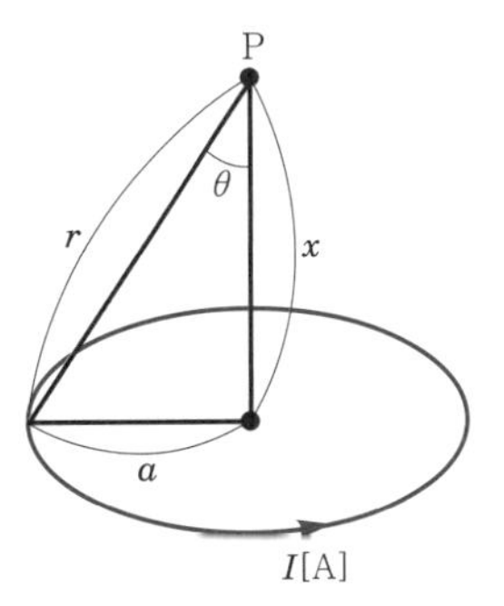

(2) 원형 전류(코일) 중심점의 자계의 세기

$$H=\frac{I}{2a}[\text{AT/m}],\ H=\frac{NI}{2a}[\text{AT/m}]$$

13 각 도형 중심 자계의 세기

(1) 정삼각형 중심 자계의 세기

$$H=\frac{9I}{2\pi l}[\text{AT/m}]$$

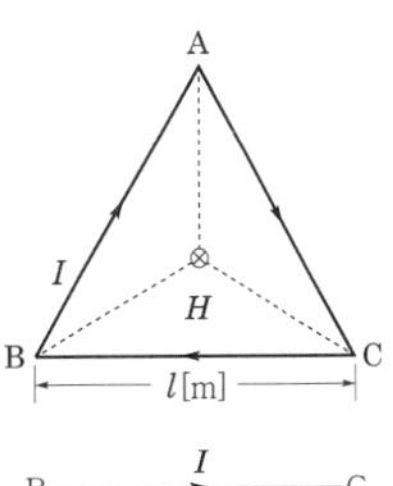

(2) 정사각형(정방형) 중심 자계의 세기

$$H=\frac{2\sqrt{2}I}{\pi l}[\text{AT/m}]$$

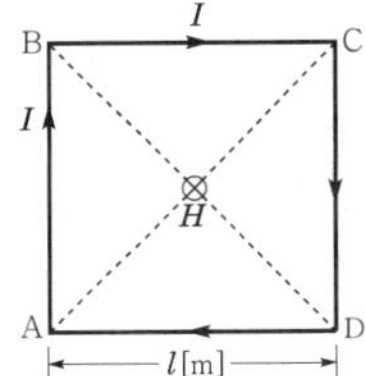

(3) 정육각형 중심 자계의 세기

$$H=\frac{\sqrt{3}I}{\pi l}[\text{AT/m}]$$

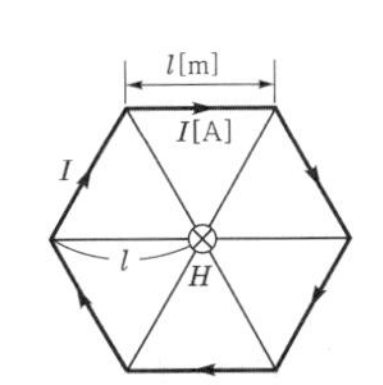

14 플레밍의 왼손법칙

(1) 자계 중의 도체 전류에 의한 전자력

$F = IlB\sin\theta$[N]

(2) 하전 입자가 받는 힘

$F = qvB\sin\theta$[N]

(3) 로렌츠의 힘

$F = qE + q(v \times B) = q(E + v \times B)$[N]

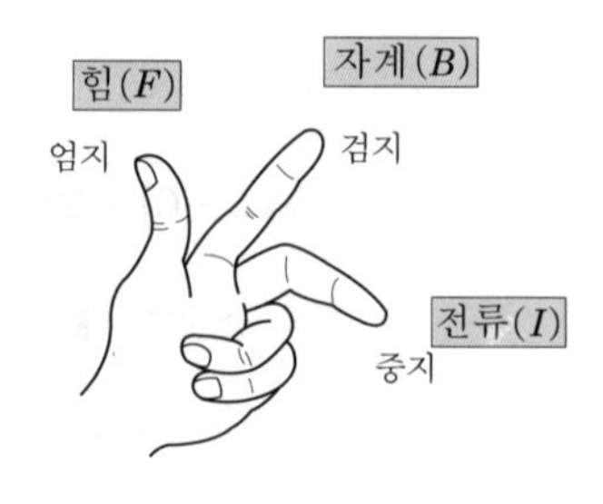

15 전자의 원운동

(1) 원 반지름

$r = \frac{mv}{eB}$[m]

(2) 각속도

$\omega = \frac{v}{r} = \frac{eB}{m}$[rad/s]

(3) 주기

$T = \frac{1}{f} = \frac{2\pi}{\omega} = \frac{2\pi m}{eB}$[s]

16 평행 전류 도선 간에 작용하는 힘

$F = \frac{\mu_0 I_1 I_2}{2\pi d} = \frac{2I_1 I_2}{d} \times 10^{-7}$[N/m]

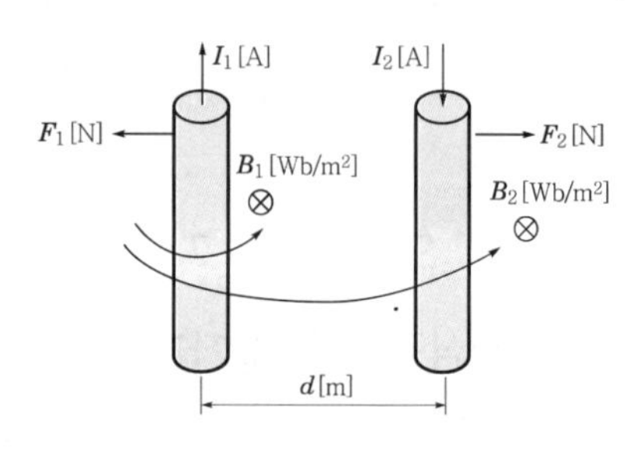

핵심 08 자성체 및 자기회로

1 자성체의 종류

(1) 강자성체($\mu_s \gg 1$)

철(Fe), 코발트(Co), 니켈(Ni)

(2) 상자성체($\mu_s > 1$)

알루미늄, 백금, 공기

(3) 반(역)자성체($\mu_s < 1$)

은(Ag), 구리(Cu), 비스무트(Bi), 물

2 자성체의 자기 쌍극자 모멘트 배열(=스핀 배열)

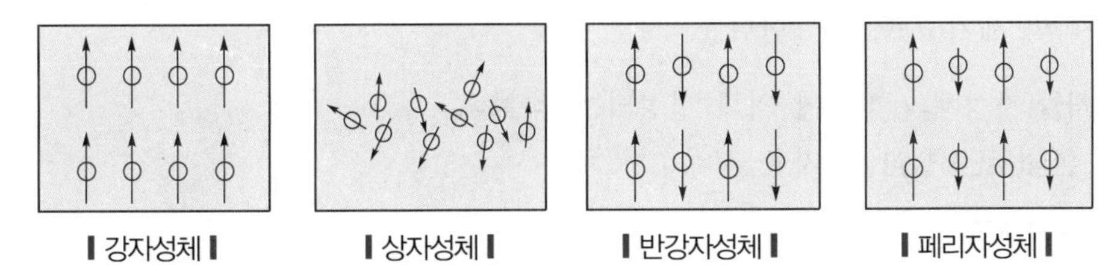

| 강자성체 | | 상자성체 | | 반강자성체 | | 페리자성체 |

3 자화의 세기

$$J = B - \mu_0 H = B\left(1 - \frac{1}{\mu_s}\right) = \mu_0(\mu_s - 1)H = \chi H[\text{Wb/m}^2]$$

(1) 자화율

$\chi = \mu_0(\mu_s - 1)$

(2) 비자화율

$\frac{\chi}{\mu_0} = \chi_m = \mu_s - 1$

4 영구자석 및 전자석의 재료

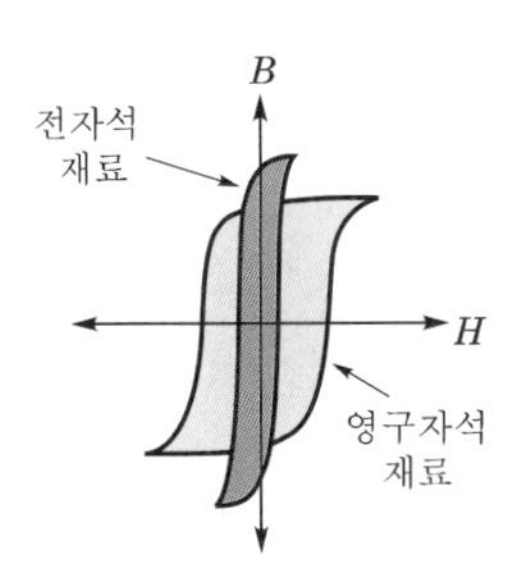

(1) 영구자석의 재료

잔류자기와 보자력 모두 크므로 히스테리시스 루프 면적이 크다.

(2) 전자석의 재료

잔류자기는 크고, 보자력은 작으므로 히스테리시스 루프 면적이 적다.

5 감자작용

(1) 감자력

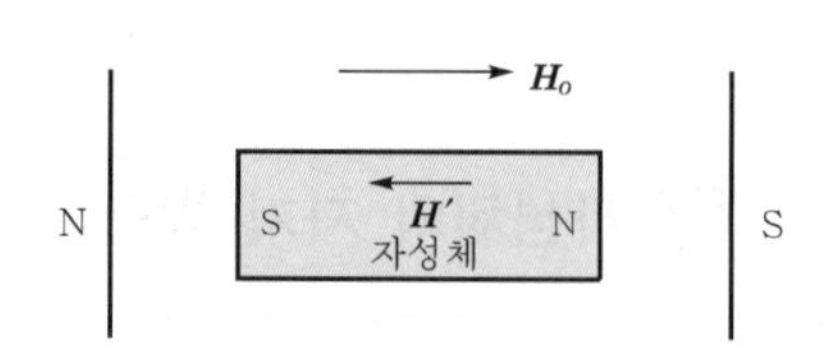

$H' = H_o - H = \frac{N}{\mu_0} J$

(자화의 세기(J)에 비례한다.)

(2) 감자율(자성체의 형태에 의해 결정되는 정수)

① 환상(무단) 철심 : 감자율 $N = 0$

② 구자성체 : 감자율 $N = \frac{1}{3}$

③ 원통 자성체 : 감자율 $N = \frac{1}{2}$

6 자성체의 경계면 조건

(1) 자계는 경계면에서 수평(접선)성분이 같다

$H_1 \sin\theta_1 = H_2 \sin\theta_2$

(2) 자속밀도는 경계면에서 수직(법선)성분이 같다

$B_1 \cos\theta_1 = B_2 \cos\theta_2$

(3) (1), (2)에 의해서

$\frac{\tan\theta_1}{\tan\theta_2} = \frac{\mu_1}{\mu_2}$

$\mu_1 > \mu_2$이면 $\theta_1 > \theta_2$, $B_1 > B_2$이다. 즉 굴절각은 투자율에 비례한다.

7 자기 옴의 법칙

(1) 자속

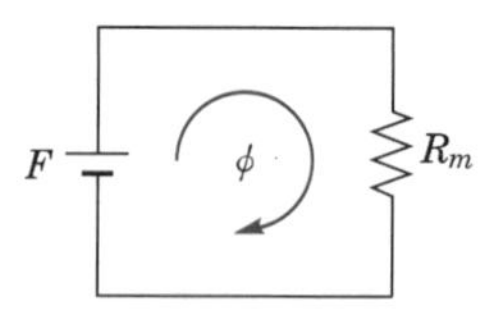

$\phi = \frac{F}{R_m}$[Wb]

(2) 기자력

$F = NI$[AT]

(3) 자기저항

$R_m = \frac{l}{\mu S}$[AT/Wb]

8 전기회로와 자기회로의 대응관계

전기회로		자기회로	
도전율	k[℧/m]	투자율	μ[H/m]
전기저항	$R=\rho\dfrac{l}{S}=\dfrac{l}{kS}$[Ω]	자기저항	$R_m=\dfrac{l}{\mu S}$[AT/Wb]
기전력	E[V]	기자력	$F=NI$[AT]
전류	$I=\dfrac{E}{R}$[A]	자속	$\phi=\dfrac{F}{R_m}=\dfrac{\mu SNI}{l}$[Wb]
전류밀도	$i=\dfrac{I}{S}$[A/m²]	자속밀도	$B=\dfrac{\phi}{S}$[Wb/m²]

9 공극을 가진 자기회로

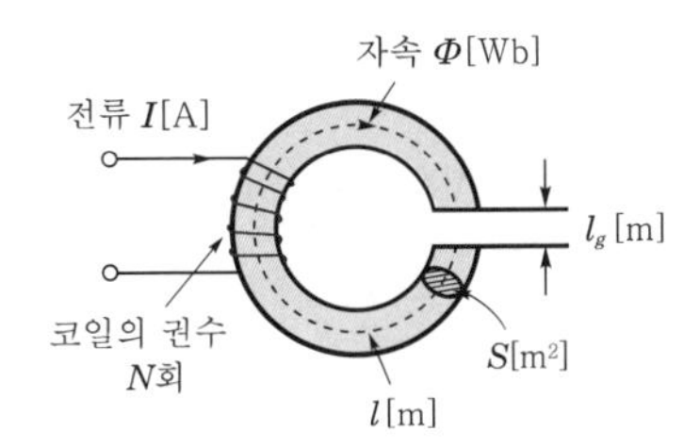

(1) 합성 자기저항

$$R_m'=R_m+R_{l_g}=\frac{l}{\mu_0\mu_s S}+\frac{l_g}{\mu_0 S}=\frac{l+\mu_s l_g}{\mu S}\ [\mathrm{AT/Wb}]$$

(2) 공극 존재 시 자기저항비

$$\frac{R_m'}{R_m}=\frac{l+\mu_s l_g}{l}=1+\frac{\mu_s l_g}{l}\ \text{배}$$

10 자계에너지 밀도

$$W=\frac{B^2}{2\mu}=\frac{1}{2}\mu H^2\,[\mathrm{J/m^3}]$$

11 전자석의 흡인력

$$F=\frac{1}{2}\mu_0 H^2 S=\frac{B^2}{2\mu_0}S\,[\mathrm{N}]$$

핵심 09 전자유도

1 패러데이의 법칙(유도기전력의 크기 결정식)

$$e = -N\frac{d\phi}{dt}\,[\mathrm{V}]$$

2 렌츠의 법칙(유도기전력의 방향 결정식)

전자유도에 의해 발생하는 기전력은 자속의 증감을 방해하는 방향으로 발생된다.

3 정현파 자속에 의한 코일에 유기되는 기전력

(1) 유기기전력

$$e = -N\frac{d\phi}{dt} = -N\frac{d}{dt}\phi_m \sin\omega t = -\omega N\phi_m \cos\omega t = \omega N\phi_m \sin(\omega t - 90°)$$

(2) 유기기전력과 자속의 위상관계

유기기전력은 자속에 비해 위상이 $\frac{\pi}{2}$만큼 뒤진다.

(3) 유기기전력의 최댓값

$$E_m = \omega N\phi_m = 2\pi f N\phi_m = \omega NBS[\mathrm{V}]$$

4 플레밍의 오른손법칙

① 엄지 : 도체의 운동방향(v)
② 검지 : 자계의 방향(B)
③ 중지 : 기전력의 방향(e)

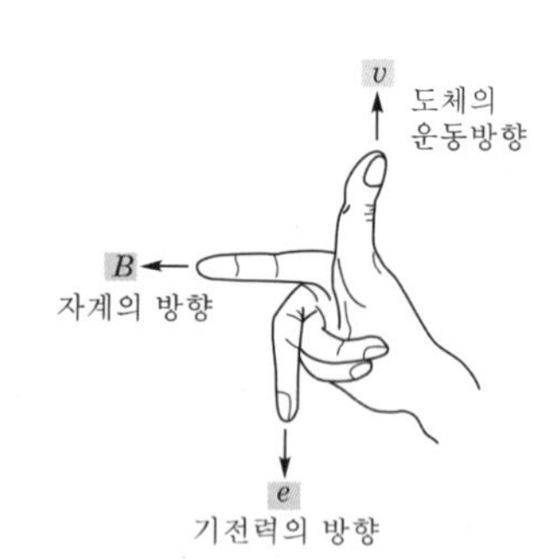

5 자계 내를 운동하는 도체에 발생하는 기전력

$$e = vBl\sin\theta[\mathrm{V}]$$

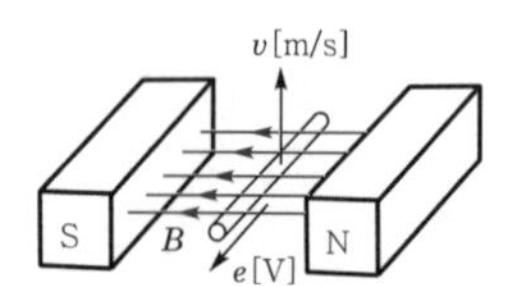

6 표피효과

(1) 표피효과

교류 인가 시 전선 표면으로 갈수록 전류밀도가 높아지는 현상

(2) 표피두께(침투깊이)

$$\delta = \frac{1}{\sqrt{\pi f \mu k}} = \sqrt{\frac{\rho}{\pi f \mu}}$$

여기서, f : 주파수[Hz]

μ : 투자율[H/m]

ρ : 고유저항[Ω · m]

k : 도전율[℧/m]

표피효과는 주파수가 높을수록, 도전율이 클수록, 투자율이 클수록 커진다.

7 핀치효과

액체 도체에 전류를 흘리면 오른나사의 법칙에 의한 자력선이 원형으로 생겨 중심으로 향하는 힘이 작용한다.

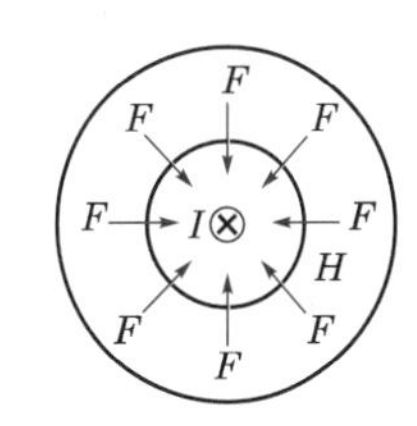

8 홀효과

도체 또는 반도체에 전류 I를 흘리고 이것에 직각방향으로 자계를 가하면 전류 I와 자계 B가 이루는 면에 직각방향으로 기전력이 발생하는 현상

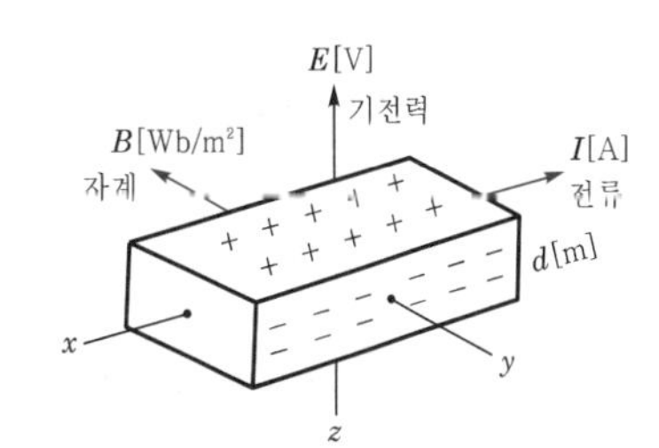

핵심 10 인덕턴스

1 자기 인덕턴스

(1) 자기 인덕턴스

$$L = \frac{N\phi}{I} = \frac{NBS}{I} \text{[H]}$$

(2) 전류 변화에 의한 유기기전력

$$e = -\frac{d\phi}{dt} = -L\frac{di}{dt} \text{[V]}$$

(3) 자기 인덕턴스의 단위

$$L=\frac{\phi}{I}=\frac{edt}{di}[\mathrm{Wb/A}]\left[\mathrm{V\cdot sec/A}=\frac{\mathrm{V}}{\mathrm{A}}\cdot\mathrm{sec}=\Omega\cdot\mathrm{sec}\right][\mathrm{H}]$$

(4) 코일에 축적되는 에너지(=자기 에너지)

$$W=\frac{1}{2}LI^2=\frac{\phi^2}{2L}=\frac{1}{2}\phi I[\mathrm{J}]$$

2 각 도체의 자기 인덕턴스

(1) 환상 솔레노이드의 자기 인덕턴스

$$L=\frac{N\phi}{I}=\frac{\mu SN^2}{2\pi a}=\frac{\mu SN^2}{l}[\mathrm{H}]$$

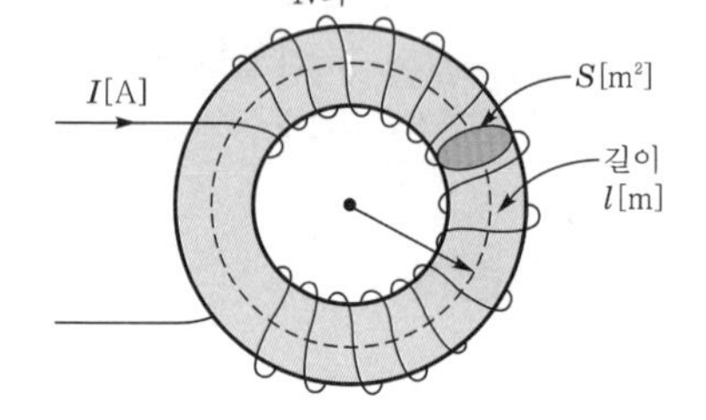

(2) 무한장 솔레노이드의 자기 인덕턴스

$$L=\frac{n\phi}{I}=\mu Sn^2=\mu\pi a^2n^2[\mathrm{H/m}]$$

(3) 원통(원주) 도체의 자기 인덕턴스

$$L=\frac{\mu l}{8\pi}[\mathrm{H}]$$

(4) 동심 원통(동축 케이블) 사이의 자기 인덕턴스

$$L=\frac{\phi}{I}=\frac{\mu_0}{2\pi}\ln\frac{b}{a}[\mathrm{H/m}]$$

(5) 평행 왕복도선 간의 자기 인덕턴스

$$L=\frac{\phi}{I}=\frac{\mu_0}{\pi}\ln\frac{d}{a}[\mathrm{H/m}]$$

3 상호 인덕턴스

$$M=M_{12}=M_{21}=\frac{N_1N_2}{R_m}=\frac{\mu SN_1N_2}{l}[\mathrm{H}]$$

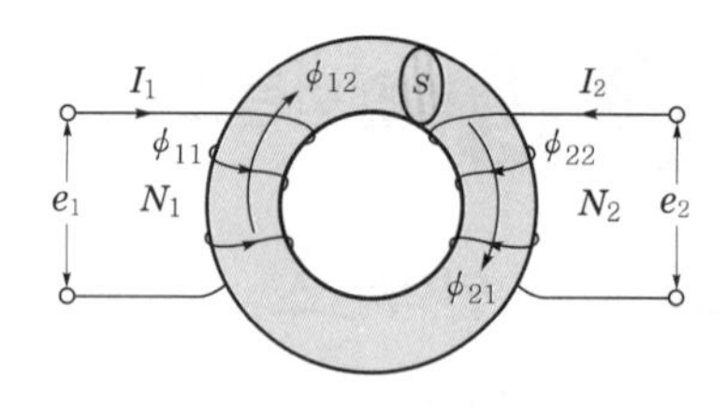

4 결합계수

두 코일의 결합의 정도를 나타내는 계수로 $0\leq K\leq 1$이다.

$$K=\frac{M}{\sqrt{L_1L_2}}$$

누설자속이 없는 경우, 즉 완전결합인 경우의 결합계수 $K=1$이다.

5 인덕턴스 접속

(1) 인덕턴스 직렬접속

① 가동결합

• 합성 인덕턴스

$$L_0 = L_1 + L_2 + 2M = L_1 + L_2 + 2K\sqrt{L_1 L_2}\ [\mathrm{H}]$$

② 차동결합

• 합성 인덕턴스

$$L_0 = L_1 + L_2 - 2M = L_1 + L_2 - 2K\sqrt{L_1 L_2}\ [\mathrm{H}]$$

(2) 인덕턴스 병렬접속

① 가동결합

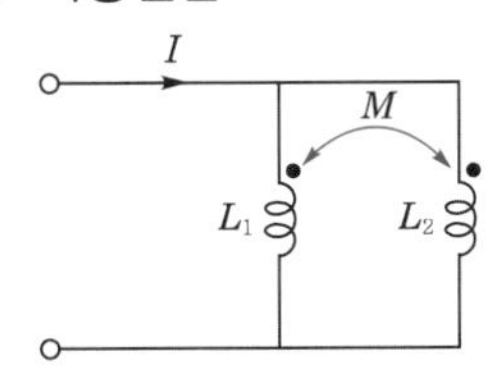

• 합성 인덕턴스

$$L_0 = \frac{L_1 L_2 - M^2}{L_1 + L_2 - 2M}\ [\mathrm{H}]$$

② 차동결합

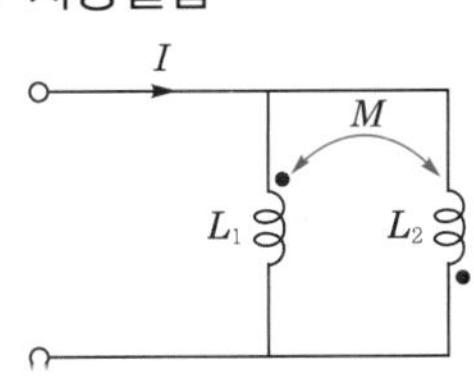

• 합성 인덕턴스

$$L_0 = \frac{L_1 L_2 - M^2}{L_1 + L_2 + 2M}\ [\mathrm{H}]$$

핵심 11 전자장

1 변위전류밀도

$$i_d = \frac{I_d}{S} = \frac{\partial D}{\partial t} = \varepsilon \frac{\partial E}{\partial t}\ [\mathrm{A/m^2}]$$

2 맥스웰의 전자방정식

(1) 맥스웰의 제1기본 방정식

$$\mathrm{rot}\ H = \mathrm{curl}\ H = \nabla \times H = i + \frac{\partial D}{\partial t} = i + \varepsilon \frac{\partial E}{\partial t}\ [\mathrm{A/m^2}]$$

(2) 맥스웰의 제2기본 방정식

$$\text{rot}\,E = \text{curl}\,E = \nabla \times E = -\frac{\partial B}{\partial t} = -\mu\frac{\partial H}{\partial t}\,[\text{V}]$$

(3) 정전계의 가우스 미분형

$\text{div}\,D = \nabla \cdot D = \rho\,[\text{C/m}^2]$

(4) 정자계의 가우스 미분형

$\text{div}\,B = \nabla \cdot B = 0$

3 전자파

(1) 전자파의 전파속도

$$v = \frac{1}{\sqrt{\varepsilon\mu}} = \frac{1}{\sqrt{\varepsilon_0\mu_0}} \cdot \frac{1}{\sqrt{\varepsilon_s\mu_s}} = \frac{3\times 10^8}{\sqrt{\varepsilon_s\mu_s}} = \frac{C_0}{\sqrt{\varepsilon_s\mu_s}}\,[\text{m/s}]$$

(2) 고유 임피던스(=파동 임피던스)

$$\eta = \frac{E}{H} = \sqrt{\frac{\mu}{\varepsilon}} = \sqrt{\frac{\mu_0}{\varepsilon_0}} \cdot \sqrt{\frac{\mu_s}{\varepsilon_s}} = 120\pi\sqrt{\frac{\mu_s}{\varepsilon_s}} = 377\sqrt{\frac{\mu_s}{\varepsilon_s}}\,[\Omega]$$

4 포인팅 정리

(1) 전 · 자계의 에너지 밀도

$$W = \frac{1}{2}(\varepsilon E^2 + \mu H^2) = \frac{1}{2}\left(\varepsilon E\sqrt{\frac{\mu}{\varepsilon}}\,H + \mu H\sqrt{\frac{\varepsilon}{\mu}}\,E\right) = \sqrt{\varepsilon\mu}\,EH\,[\text{J/m}^3]$$

(2) 포인팅 벡터

① 전자파가 단위시간에 진행방향과 직각인 단위면적을 통과하는 에너지

$$\boldsymbol{P} = \frac{W}{S} = \boldsymbol{E} \times \boldsymbol{H} = EH\sin\theta = EH\sin 90° = EH\,[\text{W/m}^2]$$

② 공기(진공) 중에서의 포인팅 벡터

$$\boldsymbol{P} = EH = \sqrt{\frac{\mu_0}{\varepsilon_0}}\,H^2 = \sqrt{\frac{\varepsilon_0}{\mu_0}}\,E^2 = 377H^2 = \frac{1}{377}E^2$$

MEMO

02 CHAPTER 전력공학

핵심 01 전선로

1 전선의 구비조건

① 도전율이 클 것
② 기계적 강도가 클 것
③ 비중(밀도)이 적을 것
④ 가선작업이 용이할 것
⑤ 내구성이 있을 것
⑥ 가격이 저렴할 것

2 연선

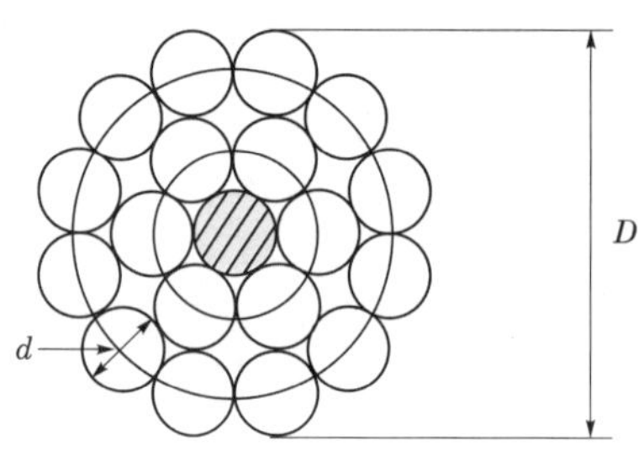

① 소선의 총수 : $N = 1 + 3n(n+1)$
② 연선의 바깥지름 : $D = (1+2n)d[\mathrm{mm}]$
③ 연선의 단면적 : $A = \dfrac{\pi d^2}{4}N[\mathrm{mm}^2]$

＊강심 알루미늄 연선(ACSR)
경알루미늄선을 인장강도가 큰 강선이나 강연선에 꼬아 만든 전선

▌강심알루미늄 연선과 경동선의 비교▐

구 분	직 경	비 중	기계적 강도	도전율
경동선	1	1	1	97[%]
ACSR	1.4~1.6	0.8	1.5~2.0	61[%]

ACSR 전선이 경동선에 비해 바깥지름은 크고, 중량은 가볍다.

3 전선의 굵기 선정

(1) 켈빈의 법칙

전선 단위길이당 시설비에 대한 1년간 이자와 감가상각비 등을 계산한 값과 단위길이당 1년간 손실 전력량을 요금으로 환산한 금액이 같아질 때 전선의 굵기가 가장 경제적이다.

(2) 전선의 굵기 선정 시 고려사항

① 허용전류
② 기계적 강도
③ 전압강하

4 전선의 이도 및 전선의 실제 길이

(1) 이도(dip)

$$D = \frac{WS^2}{8T}[\mathrm{m}]$$

(2) 이도(dip)의 영향

① 이도의 대소는 지지물의 높이를 좌우한다.
② 이도가 너무 크면 그만큼 좌우로 크게 진동해서 다른 상의 전선에 접촉하거나 수목에 접촉해서 위험을 준다.
③ 이도가 너무 작으면 그와 반비례해서 전선의 장력이 증가하여 심할 경우에 전선이 단선되기도 한다.

(3) 실제 길이

$$L = S + \frac{8D^2}{3S}[\mathrm{m}]$$

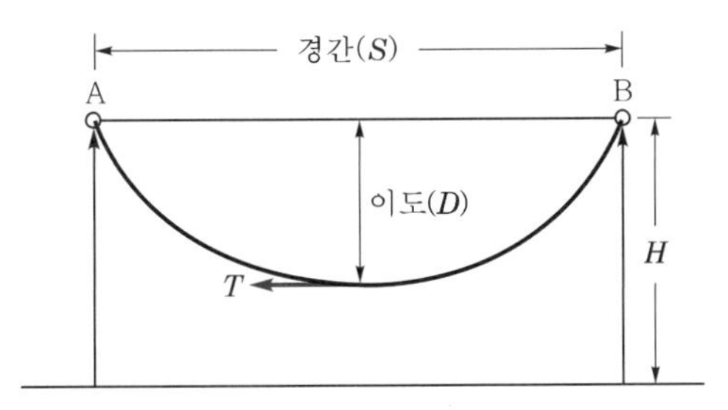

① 전선의 평균 높이

$$h = H - \frac{2}{3}D[\mathrm{m}]$$

여기서, H : 전선의 지지점 높이

② 온도 변화에 대한 이도

$$D_2 = \sqrt{{D_1}^2 \pm \frac{3}{8}\alpha t S^2}\,[\mathrm{m}]$$

5 전선의 하중

(1) 수직하중

① 전선의 자중 : W_c[kg/m]

② 빙설하중 : W_i [kg/m]

(2) 수평하중

빙설이 적은 지방 : $W_w = \dfrac{Pkd}{1,000}$ [kg/m]

(3) 합성하중

$W = \sqrt{(W_c + W_i)^2 + W_w{}^2}$ [kg/m]

(4) 전선의 부하계수

$$부하계수 = \frac{합성하중}{전선자중} = \frac{\sqrt{(W_c + W_i)^2 + W_w{}^2}}{W_c}$$

6 전선의 진동과 도약

(1) 전선의 진동방지대책

① 댐퍼(damper) 설치

㉠ 토셔널 댐퍼(torsional damper) : 상하진동 방지

㉡ 스토크 브리지 댐퍼(stock bridge damper) : 좌우진동 방지

② 아머로드(armor rod) 설치

(2) 전선의 도약

수직배열 시 전선 주위의 빙설이 갑자기 떨어지면서 튀어올라 상부 전선과 혼촉 단락되는 현상

* 방지대책 : 오프셋(off-set) 설치

7 애자의 구비조건

① 충분한 기계적 강도를 가질 것

② 충분한 절연내력 및 절연저항을 가질 것

③ 누설전류가 적을 것

④ 온도 및 습도 변화에 잘 견디고 수분을 흡수하지 말 것

⑤ 내구성이 있고 가격이 저렴할 것

8 전압별 애자의 개수

전압[kV]	22.9[kV]	66[kV]	154[kV]	345[kV]	765[kV]
개 수	2~3개	4~6개	9~11개	19~23개	38~43개

9 애자련의 전압 부담

(1) 전압 부담이 최소인 애자

① 철탑에서 3번째 애자

② 전선로에서 8번째 애자

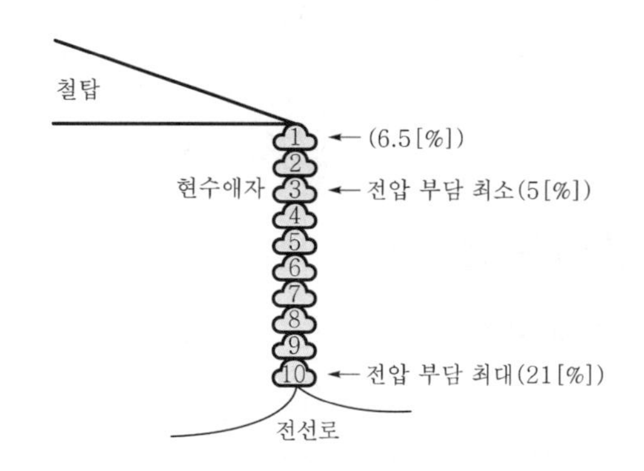

(2) 전압 부담이 최대인 애자

전선로에 가장 가까운 애자

(3) 애자련 보호대책

① 아킹 혼(arcing horn) : 소(초)호각

② 아킹 링(arcing ring) : 소(초)호환

10 애자의 섬락 특성

(1) 애자의 섬락전압(250[mm] 현수애자 1개 기준)

① 건조섬락전압 : 80[kV]

② 주수섬락전압 : 50[kV]

③ 충격섬락전압 : 125[kV]

④ 유중파괴전압 : 140[kV]

(2) 애자의 연효율(연능률)

연능률 $\eta = \dfrac{V_n}{n V_1} \times 100[\%]$

여기서, V_n : 애자련의 섬락전압

V_1 : 현수애자 1개의 섬락전압

n : 1련의 애자의 개수

11 지지물

(1) 지지물의 종류

목주, 철근콘크리트주, 철주, 철탑

(2) 지선

① 설치 목적 : 지지물의 강도를 보강하고 전선로의 평형 유지

② 지선의 장력

$$T_o = \frac{T}{\cos\theta}\,[\text{kg}]$$

$$T_o = \frac{\sqrt{h^2+a^2}}{a} \times T\,[\text{kg}]$$

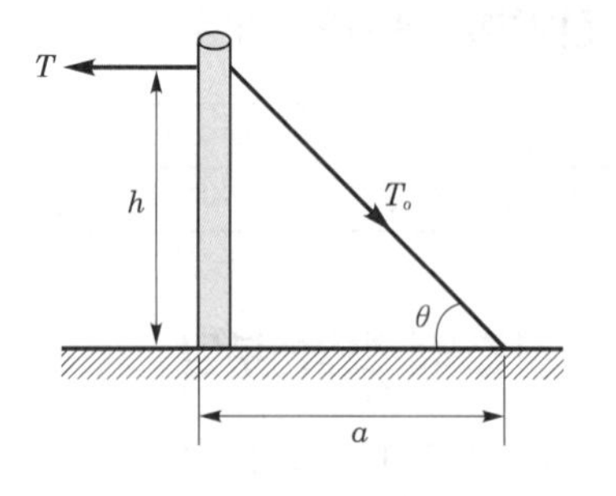

③ 지선의 가닥수

$$n = \frac{T_o}{T'} \times k(\text{가닥})$$

여기서, T' : 소선 1가닥의 인장하중
k : 지선의 안전율

12 지중전선로(케이블) 매설방법과 고장점 검출

(1) 매설방법

① 직접 매설식(직매식)
② 관로 인입식(관로식)
③ 암거식

(2) 고장점 검출방법

① 머레이 루프법
② 정전용량 계산법
③ 수색 코일법
④ 펄스 인가법
⑤ 음향법

13 지중전선로(케이블) – 케이블의 전력손실

(1) 저항손

$$P = I^2R$$

(2) 유전체손

$$P_c = 3\omega CE^2\tan\delta = 3\omega C\left(\frac{V}{\sqrt{3}}\right)^2\tan\delta = \omega CV^2\tan\delta\,[\text{W/m}]$$

(3) 연피손

전자유도작용으로 연피에 전압이 유기되어 생기는 손실

14 케이블의 선로정수

(1) 저항

케이블의 도체는 연동선이 사용된다.

(2) 인덕턴스

$$L = 0.05 + 0.4605\log_{10}\frac{D}{d}\,[\text{mH/km}]$$

(3) 정전용량

$$C = \frac{0.02413\varepsilon}{\log_{10}\dfrac{D}{d}}\,[\mu\text{F/km}]$$

지중전선로의 정전용량은 가공전선로에 비해 100배 정도이다.

핵심 02 선로정수 및 코로나

1 선로정수의 구성 및 특징

송·배전선로는 저항 R, 인덕턴스 L, 정전용량 C, 누설 컨덕턴스 G라는 4개의 정수로 이루어진 연속된 전기회로로 전선의 배치, 종류, 굵기 등에 따라 정해지고 전선의 배치에 가장 많은 영향을 받는다.

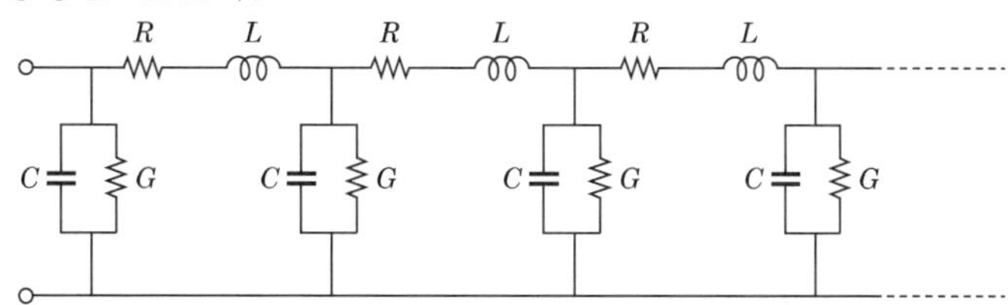

2 선로정수

(1) 저항(R)

$$R = \rho\frac{l}{S} = \frac{1}{58}\times\frac{100}{C}\times\frac{l}{S}\,[\Omega]$$

* 표피효과 : 전선 중심부로 갈수록 쇄교자속이 커서 인덕턴스가 증가되어 전선 중심에 전류 밀도가 적어지는 현상

(2) 인덕턴스(L)

① 단도체의 작용 인덕턴스

$$L = 0.05 + 0.4605\log_{10}\frac{D_e}{r}\,[\text{mH/km}]$$

▌등가선간거리(기하평균거리)▐

종 류	그 림	등가선간거리
수평배열	A, B, C, r[m], D[m], D[m]	$D_e = \sqrt[3]{2}\,D$[m]
삼각배열	D_1, D_2, D_3	$D_e = \sqrt[3]{D_1 \cdot D_2 \cdot D_3}$[m]
정사각배열	D, D, D, D, $\sqrt{2}D$, $\sqrt{2}D$	$D_e = \sqrt[6]{2}\,D$[m]

② 복도체(다도체)의 작용인덕턴스

$$L = \frac{0.05}{n} + 0.4605\log_{10}\frac{D}{r_e}\text{[mH/km]}$$

* 등가 반지름 : $r_e = \sqrt[n]{r \cdot s^{n-1}}$

(3) 정전용량(C)

① 단상 2선식의 작용정전용량

$C = C_s + 2C_m$ [μF/km]

여기서, C_s : 대지정전용량[μF/km], C_m : 선간정전용량[μF/km]

② 3상 3선식의 작용정전용량

$C = C_s + 3C_m$

작용정전용량(C) : $C = \dfrac{0.02413}{\log_{10}\dfrac{D_e}{r}}$ [μF/km]

③ 복도체(다도체)인 경우

$$C = \frac{0.02413}{\log_{10}\dfrac{D}{r_e}}\text{[μF/km]}$$

여기서, 등가 반지름 $r_e = \sqrt{r \cdot s}$

3 충전전류와 충전용량

(1) 충전전류

$$I_c = \omega CE = 2\pi f C\frac{V}{\sqrt{3}}\text{[A]} = 2\pi f(C_s + 3C_m)\frac{V}{\sqrt{3}}\text{[A]}$$

(2) 충전용량

$$Q_c = 3EI_c = 3\omega CE^2 = 6\pi f C\left(\frac{V}{\sqrt{3}}\right)^2 \times 10^{-3}[\text{kVA}]$$

(3) △ 결선과 Y 결선의 충전용량 비교

$$\frac{Q_\triangle}{Q_\text{Y}} = \frac{3\omega CV^2}{\omega CV^2} = 3\text{배}$$

4 연가

(1) 주목적

선로정수 평형

(2) 연가의 효과

① 선로정수의 평형
② 통신선의 유도장해 경감
③ 직렬 공진에 의한 이상전압 방지

5 코로나

(1) 코로나 임계전압

$$E_0 - 24.3\, m_0 m_1 \delta\, d \log_{10}\frac{D}{r}[\text{kV}]$$

여기서, m_0 : 전선 표면계수[단선(1.0), 연선(0.8)]
m_1 : 날씨에 관한 계수[맑은 날(1.0), 우천 시(0.8)]
δ : 상대공기밀도$\left(\frac{0.386b}{273+t}\right)$, b : t[℃]에서의 기압[mmHg]
D : 선간거리[cm]
d : 전선의 지름[cm]
r : 전선의 반지름[cm]

(2) 코로나 영향

① 코로나 방전에 의한 전력손실 발생
코로나 손실(Peek 실험식)

$$P_l = \frac{241}{\delta}(f+25)\sqrt{\frac{d}{2D}}(E-E_0)^2 \times 10^{-5}[\text{kW/km/선}]$$

여기서, E : 대지전압[kV]
E_0 : 임계전압[kV]
f : 주파수[Hz], δ : 상대공기밀도
D : 선간거리[cm]
d : 전선의 직경[cm]

② 코로나 방전으로 공기 중에 오존(O_3)이 생겨 전선 부식이 생긴다.
③ 코로나 잡음이 발생한다.
④ 코로나에 의한 제3고조파 발생으로 통신선 유도장해를 일으킨다.
⑤ 코로나 발생의 이점은 이상전압 발생 시 파고값을 낮게 한다.

(3) 코로나 방지대책

① 굵은 전선(ACSR)을 사용하여 코로나 임계전압을 높인다.
② 등가 반경이 큰 복도체 및 다도체 방식을 채택한다.
③ 가선금구류를 개량한다.
④ 가선 시 전선 표면에 손상이 발생하지 않도록 주의한다.

6 복도체(다도체)

(1) 주목적

코로나 임계전압을 높여 코로나 발생 방지

(2) 복도체의 장단점

① 장점
㉠ 단도체에 비해 정전용량이 증가하고 인덕턴스가 감소하여 송전용량이 증가된다.
㉡ 같은 단면적의 단도체에 비해 전류용량이 증대된다.
② 단점
㉠ 소도체 사이 흡인력으로 인해 그리고 도체 간 충돌로 인해 전선 표면을 손상시킨다.
㉡ 정전용량이 커지기 때문에 페란티 효과에 의한 수전단의 전압이 상승한다.

핵심 03 송전선로 특성

1 단거리 송전선로 해석

(1) 전압강하(e)

① 단상인 경우 : $e = E_s - E_r = I(R\cos\theta + X\sin\theta)$

② 3상인 경우 : $e = \sqrt{3}\,I(R\cos\theta + X\sin\theta) = \dfrac{P}{V}(R + X\tan\theta)$

(2) 전압강하율(ε)

① 단상 : $\varepsilon = \dfrac{E_s - E_r}{E_r} \times 100[\%] = \dfrac{I(R\cos\theta + X\sin\theta)}{E_r} \times 100[\%]$

② 3상 : $\varepsilon = \dfrac{V_s - V_r}{V_r} \times 100[\%] = \dfrac{\sqrt{3}\,I(R\cos\theta + X\sin\theta)}{V_r} \times 100[\%]$

(3) 전압변동률(δ)

$$\delta = \frac{V_{ro} - V_r}{V_r} \times 100[\%]$$

(4) 단거리 송전선로 전압과의 관계

전압강하(e)	송전전력(P)	전압강하율(ε)	전력손실(P_l)	전선 단면적(A)
$\frac{1}{V}$	V^2	$\frac{1}{V^2}$	$\frac{1}{V^2}$	$\frac{1}{V^2}$

2 중거리 송전선로

(1) 4단자 정수($ABCD$ parameter 일반 회로정수)

① 전파 방정식

$$\begin{bmatrix} E_s \\ I_s \end{bmatrix} = \begin{bmatrix} A & B \\ C & D \end{bmatrix} \begin{bmatrix} E_r \\ I_r \end{bmatrix}$$

㉠ 송전단 전압 : $E_s = AE_r + BI_r$

㉡ 송전단 전류 : $I_s = CE_r + DI_r$

② 4단자 정수의 성질

$$\begin{vmatrix} A & B \\ C & D \end{vmatrix} = AD - BC = 1$$

③ 직렬 병렬 성분의 4단자 정수

㉠ 직렬 임피던스 성분의 4단자 정수

$$\begin{bmatrix} A & B \\ C & D \end{bmatrix} = \begin{bmatrix} 1 & Z \\ 0 & 1 \end{bmatrix}$$

㉡ 병렬 어드미턴스 성분의 4단자 정수

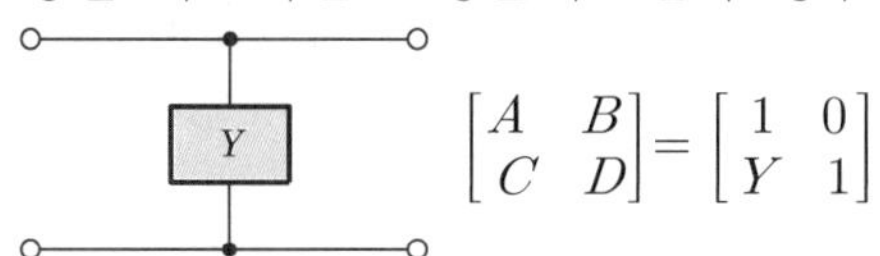

$$\begin{bmatrix} A & B \\ C & D \end{bmatrix} = \begin{bmatrix} 1 & 0 \\ Y & 1 \end{bmatrix}$$

(2) 중거리 송전선로 해석

① T형 회로

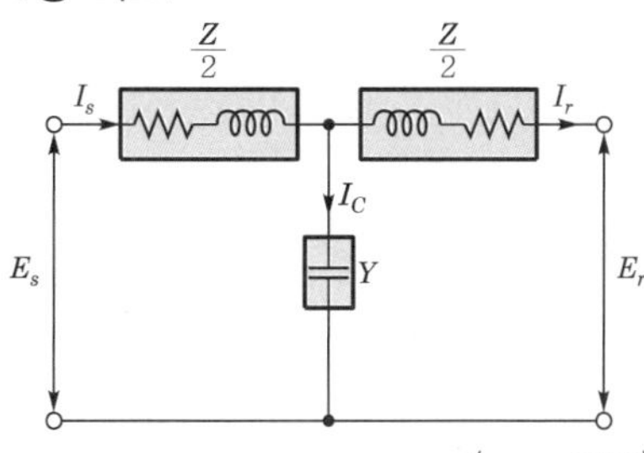

㉠ 송전단 전압 : $E_s = \left(1 + \frac{ZY}{2}\right)E_r + Z\left(1 + \frac{ZY}{4}\right)I_r$

㉡ 송전단 전류 : $I_s = YE_r + \left(1 + \frac{ZY}{2}\right)I_r$

② π형 회로

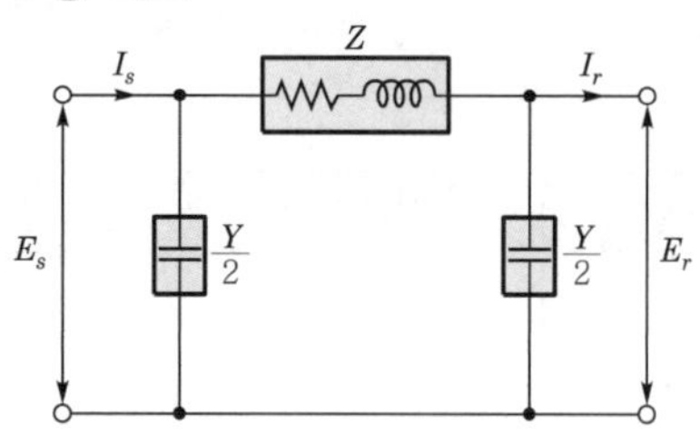

㉠ 송전단 전압 : $E_s = \left(1 + \frac{ZY}{2}\right)E_r + ZI_r$

㉡ 송전단 전류 : $I_s = Y\left(1 + \frac{ZY}{4}\right)E_r + \left(1 + \frac{ZY}{2}\right)I_r$

③ 평행 2회선 송전선로의 4단자 정수

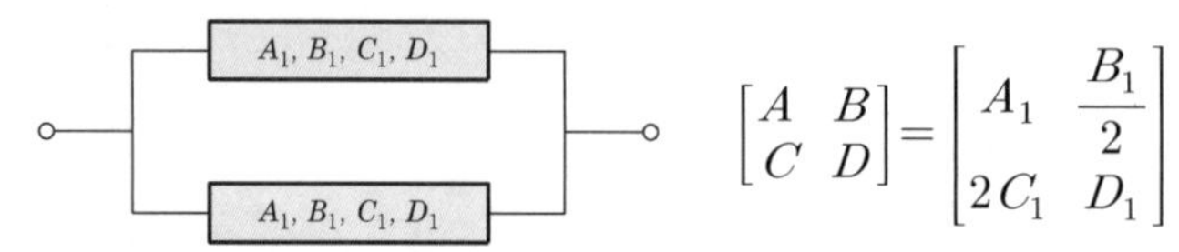

$$\begin{bmatrix} A & B \\ C & D \end{bmatrix} = \begin{bmatrix} A_1 & \frac{B_1}{2} \\ 2C_1 & D_1 \end{bmatrix}$$

④ 송전선로 시험

㉠ 단락시험 : 수전단 전압 $E_r = 0$

단락전류 : $I_{ss} = \frac{D}{B}E_s$

㉡ 개방시험(=무부하 시험) : 수전단 전류 $I_r = 0$

충전전류(=무부하 전류) : $I_{so} = \frac{C}{A}E_s$

⑤ 페란티 현상(효과)

㉠ 발생원인 및 의미 : 무부하 또는 경부하 시 선로의 작용정전용량에 의해 충전전류가 흘러 수전단의 전압이 송전단 전압보다 높아지는 현상

㉡ 방지대책 : 분로(병렬)리액터 설치

3 장거리 송전선로 해석

(1) 특성 임피던스

$$Z_0 = \sqrt{\frac{L}{C}} \fallingdotseq 138\log_{10}\frac{D}{r}\,[\Omega]$$

(2) 송전선의 전파방정식

① $E_s = \cosh\gamma l E_r + Z_0 \sinh\gamma l I_r$

② $I_s = \frac{1}{Z_0}\sinh\gamma l E_r + \cosh\gamma l I_r$

(3) 송전선로 시험

① 단락시험, $E_r = 0$

수전단 단락 시 송전단 전류 : $I_{ss} = \frac{D}{B}E_s = \sqrt{\frac{Y}{Z}}\coth\gamma E_s$

② 개방시험, $I_r = 0$

수전단 개방 시 송전단 전류 : $I_{so} = \frac{C}{A}E_s = \sqrt{\frac{Y}{Z}}\tanh\gamma E_s$

③ 전파방정식에서의 특성 임피던스

$Z_0 = \sqrt{Z_{ss} \cdot Z_{so}}$

4 송전전압 계산식

경제적인 송전전압[kV]$=5.5\sqrt{0.6l + \frac{P}{100}}$ [kV]

5 송전용량 계산

① 고유부하법 : $P_s = \frac{{V_r}^2}{Z_0} = \frac{{V_r}^2}{\sqrt{\frac{L}{C}}}$[MW]

② 송전용량계수법 : $P_s = K\frac{{V_r}^2}{l}$[kW]

③ 리액턴스법 : $P_s = \frac{V_s \cdot V_r}{X}\sin\delta$[MW]

6 전력원선도

(1) 전력원선도 작성

① 가로축은 유효전력을, 세로축은 무효전력을 나타낸다.

② 전력원선도 작성에 필요한 것

㉠ 송·수전단의 전압

㉡ 선로의 일반 회로정수(A, B, C, D)

(2) 전력원선도 반지름 : $\rho = \frac{E_sE_r}{B}$

(3) 전력원선도에서 구할 수 있는 것

① 송·수전 할 수 있는 최대 전력(정태안정 극한전력)

② 송·수전단 전압 간의 상차각

③ 수전단의 역률(조상설비용량)

④ 선로손실 및 송전효율

7 조상설비의 비교

항 목	동기조상기	전력용 콘덴서
무효전력	진상 및 지상용	진상용
조정방법	연속적 조정	계단적 조정
전력손실	크다	적다
시송전	가능	불가능
증설	불가능	가능

8 전력용 콘덴서

(1) 역률 개선용 콘덴서의 용량 계산

$$Q_C = P(\tan\theta_1 - \tan\theta_2)$$

$$= P\left(\frac{\sin\theta_1}{\cos\theta_1} - \frac{\sin\theta_2}{\cos\theta_2}\right)$$

$$= P\left(\frac{\sqrt{1-\cos^2\theta_1}}{\cos\theta_1} - \frac{\sqrt{1-\cos^2\theta_2}}{\cos\theta_2}\right)[\text{kVA}]$$

여기서, $\cos\theta_1$: 개선 전 역률, $\cos\theta_2$: 개선 후 역률

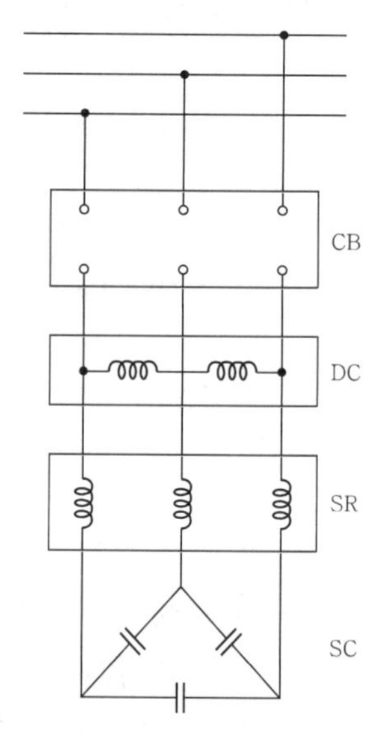

(2) 전력용 콘덴서 설비

① 직렬 리액터(SR)

㉠ 사용목적 : 제5고조파 제거

㉡ 직렬 리액터 용량 : $\omega L = \frac{1}{25}\frac{1}{\omega C}$

- 이론상 : 콘덴서 용량의 4[%]
- 실제 : 콘덴서 용량의 5~6[%]

② 방전코일(DC)

㉠ 잔류 전하를 방전시켜 감전사고를 방지

㉡ 재투입 시 콘덴서에 걸리는 과전압을 방지

9 안정도

(1) 안정도의 종류

① 정태 안정도

정상적인 운전상태에서 부하를 서서히 증가했을 때 운전을 지속할 수 있는 능력. 이때의 극한전력을 정태안정 극한전력이라고 한다.

② 동태 안정도

고성능의 자동전압조정기(AVR)로 한계를 향상시킨 운전능력

③ 과도 안정도
부하가 크게 변동하거나 사고 발생 시 운전할 수 있는 능력. 이때의 극한전력을 과도안정 극한전력이라고 한다.

(2) 안정도 향상 대책

① 계통의 직렬 리액턴스를 작게 한다.
㉠ 발전기나 변압기의 리액턴스를 작게 한다.
㉡ 복도체(다도체) 방식을 사용한다.
㉢ 직렬 콘덴서를 삽입한다.

② 전압 변동을 적게 한다.
㉠ 속응여자방식을 채택한다.
㉡ 계통을 연계한다.
㉢ 중간 조상방식을 채용한다.

③ 고장전류를 줄이고, 고장구간을 신속하게 차단한다.
㉠ 적당한 중성점 접지방식을 채용하여 지락전류를 줄인다.
㉡ 고속 차단방식을 채용한다.
㉢ 재폐로 방식을 채용한다.

④ 고장 시 전력 변동을 적게 한다.
㉠ 조속기 동작을 신속하게 한다.
㉡ 고장 발생과 동시에 발전기 회로에 직렬로 저항을 넣어 입·출력의 불평형을 적게 한다.

핵심 04 중성점 접지와 유도장해

1 중성점 접지 목적

① 1선 지락 시 건전상의 전위 상승을 억제하여 선로 및 기기의 절연 레벨을 낮춘다.
② 뇌·아크 지락 시 이상전압 발생을 방지한다.
③ 보호계전기의 동작을 확실하게 한다.
④ 과도 안정도가 증진된다.

2 비접지방식

(1) 특징

① 변압기 점검 수리 시 V결선으로 계속 송전 가능하다.
② 선로에 제3고조파가 발생하지 않는다.

③ 1선 지락 시 지락전류가 적다.

④ 1선 지락 시 건전상의 전위 상승이 $\sqrt{3}$ 배까지 상승한다.

⑤ 1선 지락 시 대지정전용량을 통해 전류가 흐르므로 90° 빠른 진상전류가 된다.

(2) 지락전류(고장전류)

$$I_g = j3\omega C_s E = j3\omega C_s \frac{V}{\sqrt{3}} = j\sqrt{3}\,\omega C_s V[\mathrm{A}]$$

3 직접접지방식

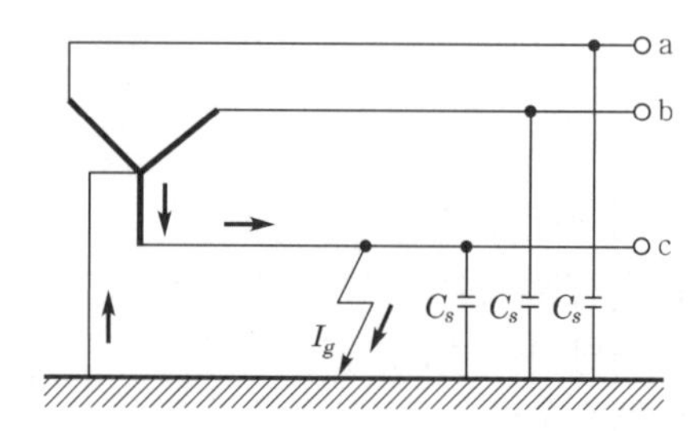

초고압 장거리 송전선로에 적용(154[kV], 345[kV], 765[kV]에 사용)

(1) 유효접지방식

1선 지락 시 건전상의 전위 상승을 1.3배 이하가 되도록 접지 임피던스를 조정한 방식

* 유효접지 조건

$$\frac{R_0}{X_1} \leqq 1,\ 0 \leqq \frac{X_0}{X_1} \leqq 3,\ R_0 \leqq X_1,\ 0 \leqq X_0 \leqq 3X_1$$

여기서, R_0 : 영상저항

X_0 : 영상 리액턴스

X_1 : 정상 리액턴스

(2) 특징

① 1선 지락 시 건전상의 전위 상승이 거의 없다.(최소)

㉠ 선로의 절연 수준 및 기기의 절연 레벨을 낮출 수 있다.

㉡ 변압기의 단절연이 가능하다.

② 1선 지락 시 지락전류가 매우 크다.(최대)

㉠ 보호계전기의 동작이 용이하여 회로 차단이 신속하다.

㉡ 큰 고장전류를 차단해야 하므로 대용량의 차단기가 필요하다.

㉢ 통신선의 유도장해가 크다.

㉣ 과도 안정도가 나쁘다.

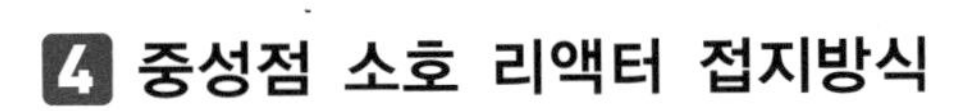

4 중성점 소호 리액터 접지방식

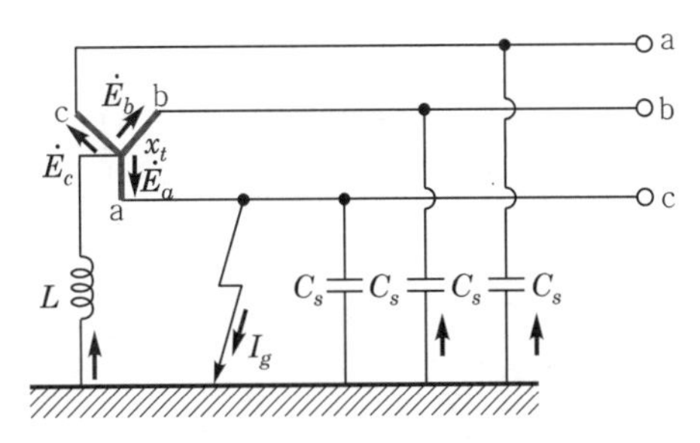

(1) 특징

① 1선 지락 시 지락전류가 거의 0이다.(최소)

㉠ 보호계전기의 동작이 불확실하다.

㉡ 통신선의 유도장해가 적다.

㉢ 고장이 스스로 복구될 수 있다.

② 1선 지락 시 건전상의 전위 상승은 $\sqrt{3}$ 배 이상이다.(최대)

③ 단선 고장 시 LC 직렬 공진 상태가 되어 이상전압을 발생시킬 수 있으므로 소호 리액터 탭을 설치 공진에서 약간 벗어난 과보상 상태로 한다.

(2) 소호 리액턴스 및 인덕턴스의 크기

① 소호 리액터의 리액턴스 : $X_L = \dfrac{1}{3\omega C_s} - \dfrac{x_t}{3}$ [Ω]

② 소호 리액터의 인덕턴스 : $L = \dfrac{1}{3\omega^2 C_s} - \dfrac{x_t}{3\omega}$ [H]

(3) 합조도(P)

소호 리액터의 탭이 공진점을 벗어나 있는 정도

$$P = \frac{I_L - I_c}{I_L} \times 100[\%]$$

* $I_L > I_c$, $\omega L < \dfrac{1}{3\omega C_s}$, $P = +$, 과보상

5 중성점 잔류전압(E_n)

$$E_n = \frac{\sqrt{C_a(C_a - C_b) + C_b(C_b - C_c) + C_c(C_c - C_a)}}{C_a + C_b + C_c} \times \frac{V}{\sqrt{3}} [\text{V}]$$

6 유도장해

(1) 3상 정전유도전압

$$E_0 = \frac{\sqrt{C_a(C_a - C_b) + C_b(C_b - C_c) + C_c(C_c - C_a)}}{C_a + C_b + C_c + C_0} \times \frac{V}{\sqrt{3}} \text{ [V]}$$

(2) 전자유도전압

$E_m = j\omega Ml(I_a + I_b + I_c) = j\omega Ml(3I_0)$

여기서, $3I_0$: 3×영상전류(=지락전류=기유도전류)

* 상호 인덕턴스(M) 계산 : 카슨 – 폴라체크의 식

$$M = 0.2\log_e \frac{2}{r \cdot d\sqrt{4\pi\omega\sigma}} + 0.1 - j\frac{\pi}{20} \text{ [mH/km]}$$

여기서, r : 1.7811(Bessel 정수)

σ : 대지의 도전율

d : 전력선과 통신선과의 이격거리

7 유도장해 경감대책

(1) 전력선측 방지대책

① 전력선과 통신선의 이격거리를 크게 한다.
② 소호 리액터 접지방식을 채용한다.
③ 고속차단방식을 채용한다.
④ 연가를 충분히 한다.
⑤ 전력선에 케이블을 사용한다.
⑥ 고조파 발생을 억제한다.
⑦ 차폐선을 시설한다(30~50[%] 유도전압을 줄일 수 있다).

(2) 통신선측 방지대책

① 통신선 도중에 절연변압기를 넣어서 구간을 분할한다.
② 연피 케이블을 사용한다.
③ 특성이 우수한 피뢰기를 설치한다.
④ 배류코일로 통신선을 접지해서 유도전류를 대지로 흘려준다.
⑤ 전력선과 통신선의 교차부분은 직각으로 한다.

핵심 05 고장 계산

1 옴[Ω]법

(1) 단락전류

$$I_s = \frac{E}{Z} = \frac{V}{\sqrt{3}\,Z}\,[\mathrm{A}]$$

여기서, Z : 단락지점에서 전원측을 본 계통 임피던스($Z = Z_g + Z_t + Z_l$)

(2) 단락용량

① 단상인 경우

$$P_s = EI_s = \frac{E^2}{Z}\,[\mathrm{kVA}]$$

② 3상인 경우

$$P_s = 3\,EI_s = \sqrt{3}\,VI_s = \sqrt{3}\,V\frac{V}{\sqrt{3}\,Z} = \frac{V^2}{Z}\,[\mathrm{kVA}]$$

2 퍼센트[%]법

(1) %임피던스(%Z)

$$\%Z = \frac{Z \cdot I_n}{E} \times 100 = \frac{PZ}{10\,V^2}\,[\%]$$

(2) 단락전류

$$I_s = \frac{100}{\%Z}\,I_n\,[\mathrm{A}]$$

(3) 단락용량

$$P_s = \frac{100}{\%Z}\,P_n\,[\mathrm{kVA}]$$

＊ %Z 집계방법

발전소, 변전소, 선로 등의 각 부분에 [kVA] 용량이 다를 경우 같은 [kVA] 용량으로 환산

① 기준 용량을 정한다. → [kVA]′

② 기준 용량이 다른 경우 %Z를 같은 기준 용량으로 환산한다.

$$\%Z' = \%Z \times \frac{[\mathrm{kVA}]'}{[\mathrm{kVA}]}$$

③ 고장점에서 집계한다.

3 대칭좌표법

(1) 대칭분 전압

$$V_0 = \frac{1}{3}(V_a + V_b + V_c)$$

$$V_1 = \frac{1}{3}(V_a + aV_b + a^2 V_c)$$

$$V_2 = \frac{1}{3}(V_a + a^2 V_b + aV_c)$$

(2) 각 상의 전압

$V_a = V_0 + V_1 + V_2$

$V_b = V_0 + a^2 V_1 + aV_2$

$V_c = V_0 + aV_1 + a^2 V_2$

4 발전기 기본식

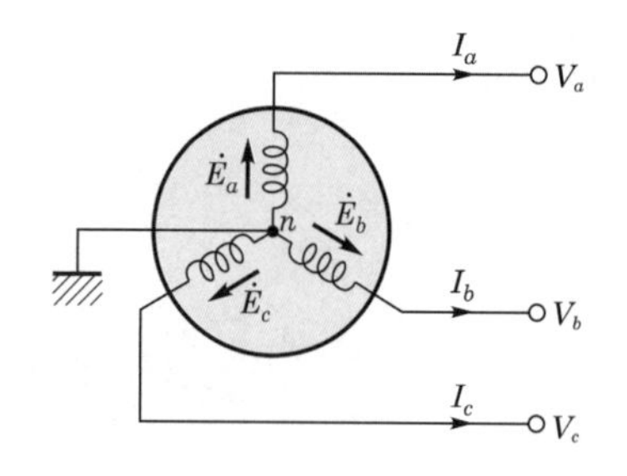

단자전압의 대칭분(=발전기 기본식)

$V_0 = -Z_0 I_0$

$V_1 = E_a - Z_1 I_1$

$V_2 = -Z_2 I_2$

5 1선 지락과 2선 지락 고장해석

(1) 1선 지락 고장

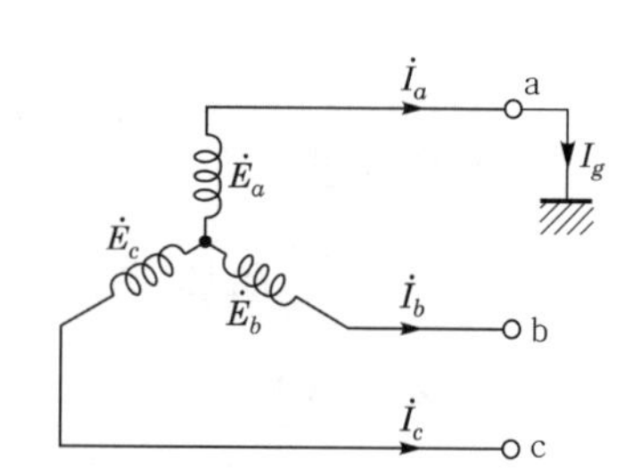

① 고장조건 : $V_a = 0$, $I_b = I_c = 0$

② 대칭분 전류 : $I_0 = I_1 = I_2 = \frac{1}{3} I_a = \frac{1}{3} I_g$

(대칭분 전류가 같다.)

③ 지락전류 : $I_g = I_a = I_0 + I_1 + I_2 = \dfrac{3E_a}{Z_0 + Z_1 + Z_2}$ [A]

(2) 2선 지락 고장

① 고장조건 : $V_b = V_c = 0$, $I_a = 0$

② 대칭분 전압 : $V_0 = V_1 = V_2 = \frac{1}{3} V_a$(대칭분의 전압이 같다.)

6 선간단락과 3상 단락 고장해석

(1) 선간단락 고장

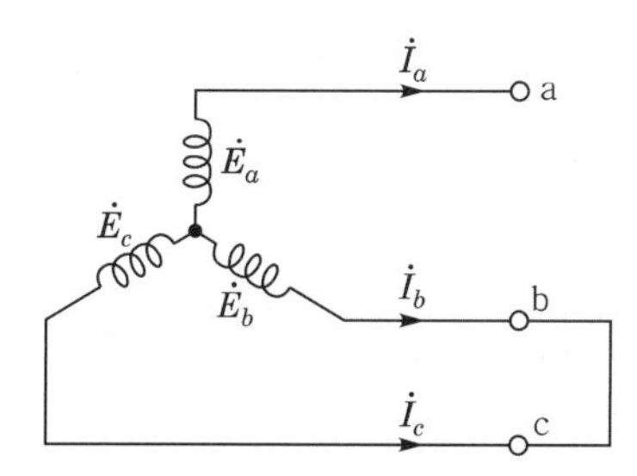

① 고장조건 : $I_a = 0$, $I_b = -I_c$, $V_b = V_c$

② 영상전류 : $I_0 = \frac{1}{3}(I_a + I_b + I_c) = 0$

③ 단락전류 : $I_s = I_b = I_0 + a^2 I_1 + aI_2 = (a^2 - a)I_1 = \dfrac{(a^2 - a)E_a}{Z_1 + Z_2}$

(2) 3상 단락 고장

* 고장조건

- $V_a = V_b = V_c = 0$
- $I_a + I_b + I_c = 0$
- $V_0 = V_1 = V_2 = 0$

대칭분의 전압이 0으로 같다.

(3) 고장해석을 위한 임피던스

사 고	정상 임피던스	역상 임피던스	영상 임피던스
1선 지락	○	○	○
선간 단락	○	○	×
3상 단락	○	×	×

7 영상회로, 정상회로, 역상회로

(1) 영상회로

1상분의 영상전류를 취급하는 영상회로에서는 중성점 접지 임피던스(Z_n)를 3배($3Z_n$)로 해준다.

(2) 정상회로

평형 3상 교류가 흐르는 범위의 회로로 중성점 임피던스는 들어가지 않는다.

(3) 역상회로

정상회로와 같다.

(4) 영상·정상·역상 임피던스의 관계

선로는 정지물이기 때문에 정상 임피던스와 역상 임피던스는 같다.

$Z_0 > Z_1 = Z_2$

핵심 06 이상전압

1 이상전압의 종류

(1) 내부 이상전압

① 개폐 서지

* 억제방법 : 차단기 내 저항기를 설치(=개폐저항기 설치)

② 1선 지락 시 건전상의 전위 상승

③ 무부하 시 수전단의 전위 상승(페란티 현상)

④ 중성점 잔류전압에 의한 전위 상승

(2) 외부 이상전압

① 유도뇌

② 직격뇌

2 진행파의 반사와 투과

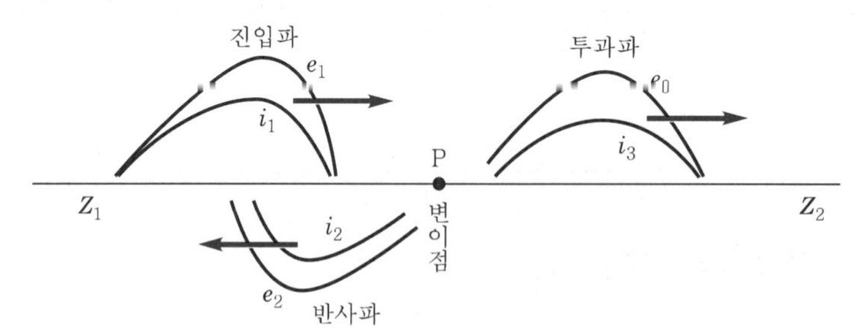

① 반사전압 : $e_2 = \dfrac{Z_2 - Z_1}{Z_2 + Z_1} e_1 = \beta e_1$

전압반사계수 : $\beta = \dfrac{Z_2 - Z_1}{Z_2 + Z_1}$

② 투과전압 : $e_3 = \dfrac{2Z_2}{Z_2 + Z_1} e_1 = \gamma e_1$

전압투과계수 : $\gamma = \dfrac{2Z_2}{Z_2 + Z_1}$

3 가공지선

(1) 설치 목적

① 직격 차폐효과
② 정전 차폐효과
③ 전자 차폐효과

(2) 차폐각

30~45° 정도로 시공(30° 이하 : 보호효율 100[%], 45° 정도 : 보호효율 97[%])
차폐각은 적을수록 보호효율은 높지만 건설비가 비싸다.

4 매설지선

(1) 설치 목적

철탑의 접지저항값(=탑각 접지저항)을 작게 하여 역섬락 방지

5 피뢰기(Lighting Arrester, LA)

(1) 설치 목적

이상전압을 대지로 방전시키고 속류 차단

(2) 구조

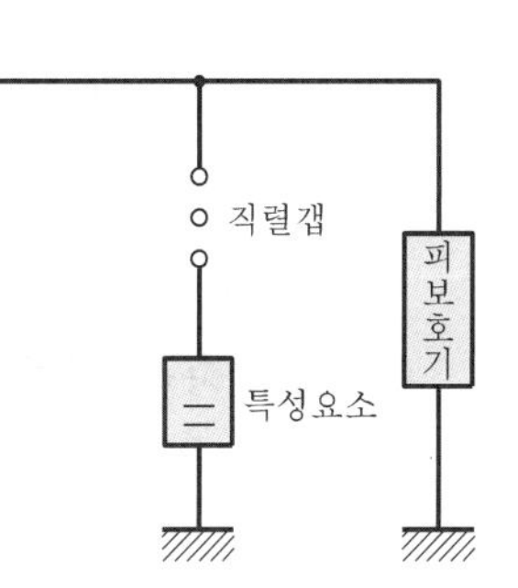

① 직렬갭 : 상시에는 개로상태로 누설전류를 방지하고 이상전압 내습 시 뇌전류를 방전하고 속류를 차단
② 특성요소 : 뇌전류 방전 중 자체 전위 상승 억제
③ 실드 링 : 전자기적인 충격 완화
④ 아크가이드 : 방전개시시간 지연 방지

6 피뢰기 관련 용어

(1) 충격방전 개시전압

충격파의 파고값(최댓값)으로 표시

(2) 상용주파 방전개시전압

피뢰기 정격전압의 1.5배

(3) 피뢰기의 방전전류

피뢰기 공칭 방전전류 : 10,000[A], 5,000[A], 2,500[A]

(4) 피뢰기 정격전압

속류를 끊을 수 있는 최고의 교류전압으로 중성점 접지방식과 계통전압에 따라 변화한다.

① 직접접지계 : 선로 공칭전압의 0.8~1.0배
② 저항 소호 리액터 접지계 : 선로 공칭전압의 1.4~1.6배

(5) 피뢰기 제한전압

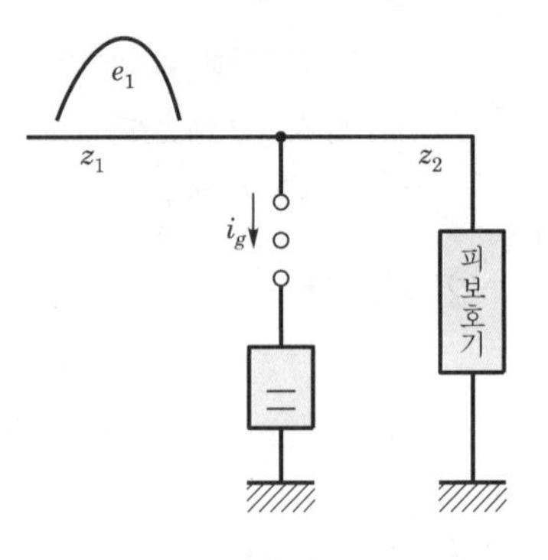

피뢰기 동작 중 단자전압의 파고값
=충격파 전류가 흐르고 있을 때의 피뢰기 단자전압
* 피뢰기 제한전압 계산

$$e_0 = \frac{2Z_2}{Z_2+Z_1}e_1 - \frac{Z_1Z_2}{Z_2+Z_1}i_g$$

(6) 여유도$= \dfrac{\text{기기의 절연강도} - \text{피뢰기의 제한전압}}{\text{피뢰기 제한전압}} \times 100$

(7) 피뢰기 구비조건

① 충격방전 개시전압이 낮을 것
② 상용주파 방전개시전압이 높을 것
③ 방전내량이 크고 제한전압이 낮을 것
④ 속류차단능력이 충분할 것

7 절연 협조

(1) 절연 협조의 정의

계통 내의 각 기기·기구 및 애자 등의 적정한 절연강도를 정해 안정성과 경제성을 유지하는 것

(2) 기준 충격 절연강도 순서

선로애자 > 변성기 등 기기 > 변압기 > 피뢰기

핵심 07 전력 개폐장치

1 계전기 구비조건

① 동작이 예민하고 오동작이 없을 것
② 고장회선 내지 고장구간을 정확히 선택차단 할 수 있을 것
③ 적절한 후비보호능력이 있을 것
④ 가격이 저렴하고 소비전력이 적을 것
⑤ 오래 사용하여도 특성의 변화가 없을 것

2 계전기 동작시간에 의한 분류

① 순한시 계전기 : 즉시 동작하는 계전기
② 정한시 계전기 : 정해진 일정한 시간에 동작하는 계전기
③ 반한시 계전기 : 전류값이 클수록 빨리 동작하고 반대로 전류값이 적을수록 느리게 동작하는 계전기
④ 반한시성 정한시 계전기 : 어느 전류값까지는 반한시성으로 되고 그 이상이 되면 정한시로 동작하는 계전기

3 계전기 기능(용도)상 분류

① 과전류 계전기(OCR) : 과부하, 단락보호용
② 과전류 지락계전기(OCGR) : 지락보호용
③ 방향 과전류 계전기(DOCR) : 루프 계통의 단락사고 보호용
④ 방향지락계전기(DGR)
⑤ 부족전압계전기(UVR) : 단락 고장 검출용
⑥ 과전압 계전기(OVR)
⑦ 지락 과전압 계전기(OVGR)
⑧ 거리계전기(DR) : 전압과 전류의 비가 일정값 이하인 경우에 동작하는 계전기
⑨ 선택지락계전기(SGR) : 병행 2회선 송전선로에서 지락 회선만 선택 차단하는 계전기
⑩ 선택단락계전기(SSR) : 병행 2회선 송전선로에서 단락 회선만 차단하는 계전기
⑪ 방향단락계전기(DSR) : 어느 일정 방향으로 일정값 이상의 단락전류가 흐르면 동작하는 계전기
⑫ 방향거리계전기(DDR) : 거리계전기에 방향성을 가진 계전기

4 기기 및 선로 단락보호계전기

(1) 기기보호계전기

① 차동계전기(DFR)
② 비율차동계전기(RDFR) : 발전기, 변압기의 내부 고장 보호용
③ 부흐홀츠계전기

(2) 선로 단락보호계전기

① 방사상식 선로
㉠ 전원이 일단에 있는 경우 : 과전류 계전기(OCR)
㉡ 전원이 양단에 있는 경우 : 과전류 계전기와 방향단락계전기를 조합하여 사용
② 환상식 선로
㉠ 전원이 일단에 있는 경우 : 방향단락계전기(DSR)
㉡ 전원이 양단에 있는 경우 : 방향거리계전기(DDR)

5 차단기의 정격과 동작 책무

(1) 정격전압

차단기에 가할 수 있는 사용 전압의 상한값

(2) 정격차단전류

최대의 차단전류 한도

(3) 정격차단용량

차단용량[MVA]= $\sqrt{3}\times$정격전압[kV]$\times$정격 차단전류[kA]

(4) 정격차단시간

트립코일 여자부터 아크 소호까지의 시간 또는 개극시간과 아크시간의 합으로 3, 5, 8[Hz]가 있다.

(5) 표준동작책무

① 일반용

㉠ 갑호 : O－1분－CO－3분－CO

㉡ 을호 : CO－15초－CO

② 고속도 재투입용

O－임의(표준 0.35초)－CO－1분－CO

6 차단기 종류

약 호	명 칭	소호 매질
ABB	공기차단기	압축공기
GCB	가스차단기	SF_6(육불화유황) 가스
OCB	유입차단기	절연유
MBB	자기차단기	전자력
VCB	진공차단기	고진공

* SF6 가스의 특징
- 무색, 무취, 무독성이다.
- 소호능력이 공기의 100~200배이다.
- 절연내력이 공기의 2~3배가 된다.

7 단로기

전류가 흐르지 않는 상태에서 회로를 개폐할 수 있는 장치로 무부하 충전전류 및 변압기 여자전류는 개폐가 가능하다.

(1) 단로기(DS)와 차단기(CB) 조작

① 급전 시 : DS → CB 순

② 정전 시 : CB → DS 순

(2) 인터록(interlock)

차단기가 열려 있어야만 단로기 조작이 가능하다.

8 개폐기

부하전류 개폐는 가능하나 고장전류 차단능력은 없다.

(1) 자동부하 전환 개폐기(ALTS)

상시전원에서 예비전원(발전기)으로 자동전환하여 무정전 전원 공급을 수행하는 개폐기

(2) 가스절연 개폐장치(GIS)

한 함 안에 모선, 변성기, 피뢰기, 개폐장치를 내장시키고 절연성능과 소호 특성이 우수한 SF_6 가스로 충전시킨 종합개폐장치로 변전소에 주로 사용

① 장점

㉠ SF_6를 이용한 밀폐형 구조로 소음이 없다.

㉡ 신뢰도가 높고 감전사고가 적다.

㉢ 소형화할 수 있고 설치면적이 작아진다.

② 단점

㉠ 내부를 직접 눈으로 볼 수 없다.

㉡ 가스압력, 수분 등을 엄중하게 감시할 필요가 있다.

㉢ 한랭지, 산악지방에서는 액화 방지대책이 필요하다.

㉣ 장비비가 고가이다.

9 전력퓨즈(PF)

(1) 주목적

고전압 회로 및 기기의 단락보호용으로 사용

(2) 전력퓨즈의 장점

① 소형·경량으로 차단용량이 크다.

② 변성기가 필요없고, 유지보수가 간단하다.

③ 정전용량이 적고, 가격이 저렴하다.

10 계기용 변성기

(1) 계기용 변류기(CT)

① 1차 정격전류 : 최대 부하전류를 계산해서 1.25~1.5배 정도로 선정

② 2차 정격전류 : 5[A]

③ 정격부담

㉠ 변류기의 2차 단자 간에 접속되는 부하의 피상전력, 단위[VA]

㉡ 저압 : 15[VA], 고압 : 40[VA] 이하

④ 점검 시 : 변류기 2차측은 단락

(2) 계기용 변압기(PT)

① 2차 전압 : 110[V]

② 계기용 변압기의 종류

㉠ 전자형 계기용 변압기

- 전자유도 원리를 이용한 것
- 오차가 적으나 절연에 대한 신뢰도가 낮다.

㉡ 콘덴서형 계기용 변압기(CPD)

- 콘덴서의 분압원리를 이용한 것
- 오차는 크나 절연에 대한 신뢰도가 높다.

(3) 계기용 변압 변류기(MOF, PCT)

계기용 변압기(PT)와 계기용 변류기(CT)를 한 탱크 내에 장치한 것으로 전력량계 전원 공급원이다.

11 영상전류와 영상전압 측정방법

(1) 영상전류 측정방법

① 영상 변류기(ZCT)

② 중성점 접지 개소를 이용하는 방법

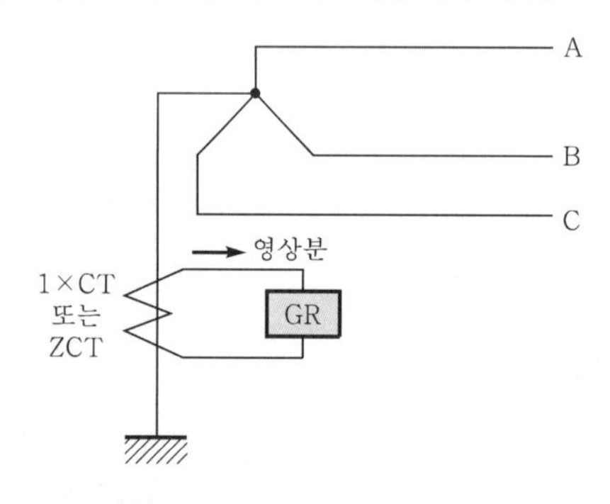

③ 잔류회로를 이용하는 방법

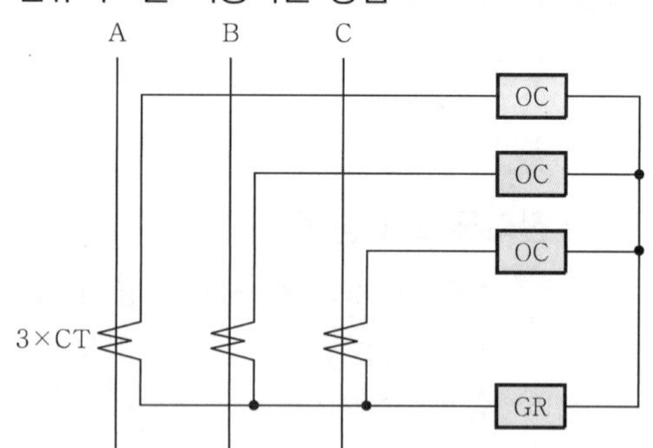

(2) 영상전압 측정방법

① 접지형 계기용 변압기(GPT)

② 중성점에 PT 사용

12 직류 송전방식의 장단점

(1) 장점

① 절연계급을 낮출 수 있다.
② 송전효율이 좋다.
③ 선로의 리액턴스가 없으므로 안정도가 높다.
④ 도체의 표피효과가 없다.
⑤ 유전체손, 충전전류를 고려하지 않아도 된다.
⑥ 비동기 연계가 가능하다(주파수가 다른 선로의 연계가 가능하다).

(2) 단점

① 변환, 역변환 장치가 필요하다.
② 고전압, 대전류의 경우 직류 차단기가 개발되어 있지 않다.
③ 전압의 승압, 강압이 어렵다.
④ 회전자계를 얻기 어렵다.

핵심 08 배전

1 배전선로의 구성

(1) 급전선(feeder)

배전 변전소에서 간선에 이르기까지 도중에 부하가 접속되지 않는 선로

(2) 간선

부하분포에 따라 배전하는 선로

(3) 분기선

간선에서 분기하여 수용가에 이르는 선로

2 배전방식

(1) 수지식 배전방식 : 농·어촌지역

① 장점
  ㉠ 수요 증가 시 쉽게 대응할 수 있다.
  ㉡ 시설비가 저렴하다.

② 단점
  ㉠ 사고 시 정전범위가 넓다.
  ㉡ 전압강하, 전력손실이 크다.

(2) 환상식 배전방식 : 중·소도시

개폐기를 이용하여 루프를 구성하고 부하에 따라 분기선을 이용·공급하는 방식

(3) 저압 뱅킹 배전방식 : 부하 밀집지역

① 장점

㉠ 변압기 설비용량이 경감된다.

㉡ 플리커(flicker)가 경감된다.

② 단점

캐스케이딩(cascading) 현상이 발생

* 캐스케이딩 현상 : 변압기 1대 고장으로 건전한 변압기의 일부 또는 전부가 연쇄적으로 차단되는 현상

(4) 망상(네트워크) 배전방식 : 빌딩 등 대도시 밀집지역

① 장점

㉠ 무정전 공급이 가능하다.

㉡ 전압 변동, 전력손실이 적다(최소).

② 단점

㉠ 인축 접지사고가 증가한다.

㉡ 역류개폐장치(network protector)가 필요하다.

* 네트워크 프로텍터(network protector)=역류개폐장치

전류가 변압기 쪽으로 역류하면 차단기를 개방, 고장부분을 분리하는 장치

• 구성 : 네트워크 계전기, 퓨즈, 차단기

3 배전선로의 전기공급방식

(1) 단상 2선식

* 공급전력 : $P = VI\cos\theta$

(2) 단상 3선식

① 공급전력 : $P = 2VI\cos\theta$

② 단상 3선식의 문제점 : 부하 불평형이 생기면 전압 불평형이 발생되므로 전압 불평형을 방지하기 위해 밸런서(balancer)를 설치한다.

* 밸런서의 특징

• 권수비가 1 : 1인 단권 변압기이다.

• 누설 임피던스가 적다.

• 여자 임피던스가 크다.

(3) 3상 3선식

* 공급전력 : $P = \sqrt{3}\,VI\cos\theta$

(4) 3상 4선식

＊ 공급전력 : $P=3VI\cos\theta$

4 각 전기공급별 비교

전기방식	1선당 공급전력	전류비	저항비	중량비
$1\phi 2W$	1	1	1	1
$1\phi 3W$	1.33	$\frac{1}{2}$	4	$\frac{3}{8}$
$3\phi 3W$	1.15	$\frac{1}{\sqrt{3}}$	2	$\frac{3}{4}$
$3\phi 4W$	1.5(최대)	$\frac{1}{3}$	6	$\frac{1}{3}$(최소)

5 배전선로의 전압과의 관계

전압강하(e)	송전전력(P)	전압강하율(ε)	전력손실(P_l)	전선 단면적(A)
$\frac{1}{V}$	V^2	$\frac{1}{V^2}$	$\frac{1}{V^2}$, $\frac{1}{\cos^2\theta}$	$\frac{1}{V^2}$

6 배전선로의 전기적 특성

(1) 전압강하

① 단상($V=E$)

$$e=E_s-E_r=I(R\cos\theta+X\sin\theta)$$

② 3상($V=\sqrt{3}E$)

$$e=\sqrt{3}E_s-\sqrt{3}E_r=\sqrt{3}I(R\cos\theta+X\sin\theta)$$

(2) 전압강하 분포

구 분	전압강하	전력손실
말단집중부하	IR	I^2R
분산분포부하	$\frac{1}{2}IR$	$\frac{1}{3}I^2R$

7 수요와 부하

(1) 수용률 $=\dfrac{\text{최대수용전력}}{\text{설비용량}}\times 100[\%]$

변압기 용량[kVA] $=\dfrac{\text{최대전력[kW]}}{\text{역률}}$[kVA] $=\dfrac{\text{설비용량}\times\text{수용률}}{\text{역률}}$[kVA]

(2) 부등률 $= \dfrac{\text{각 수용가의 최대수용전력의 합}}{\text{합성 최대전력}}$

변압기 용량[kVA] $= \dfrac{\text{설비용량}}{\text{역률}} \times \dfrac{\text{수용률}}{\text{부등률}}$ [kVA]

(3) 부하율 $= \dfrac{\text{평균부하전력}}{\text{최대부하전력}} \times 100[\%]$

① 일부하율 $= \dfrac{\dfrac{\text{일 사용 전력량[kWh]}}{\text{24시간[h]}}}{\text{최대전력[kW]}} \times 100[\%]$

② 연부하율 $= \dfrac{\dfrac{\text{연 사용 전력량[kWh]}}{24 \times 365\text{시간[h]}}}{\text{최대전력[kW]}} \times 100[\%]$

(4) 손실계수(H) $= \dfrac{\text{평균전력손실}}{\text{최대전력손실}} \times 100[\%]$

① 손실계수와 부하율의 관계

$0 \leq F^2 \leq H \leq F \leq 1$

② 수용률, 부하율, 부등률의 관계

부하율 $= \dfrac{\text{평균전력}}{\text{최대전력}} = \dfrac{\text{평균전력}}{\text{설비용량}} \times \dfrac{\text{부등률}}{\text{수용률}}$

8 역률 개선

(1) 역률 개선의 효과

① 전력손실 감소

② 전압강하 경감

③ 설비용량의 여유분 증가

④ 전기요금 절감

(2) 역률 개선용 콘덴서의 용량 계산

$$Q_c = P\left(\frac{\sqrt{1-\cos^2\theta_1}}{\cos\theta_1} - \frac{\sqrt{1-\cos^2\theta_2}}{\cos\theta_2}\right)[\text{kVA}]$$

9 배전선로 보호 협조

① 리클로저(recloser)

② 섹셔널라이저(sectionalizer) : 자동선로 구분개폐기

③ 라인퓨즈(line fuse)

* 보호 협조 설치 순서

변전소 차단기 – 리클로저 – 섹셔널라이저 – 라인퓨즈 – 부하측

10 배전선로 전압조정

(1) 변전소의 전압조정

① 부하 시 탭절환장치(ULTC)

② ULTC가 없는 변전소의 경우(66[kV] 이하) : 정지형 전압조정기(SVR)

(2) 배전선로 전압조정방식

① 승압기

② 유도전압조정기(IR)

③ 주상 변압기 탭(tap) 조정

(3) 승압기(단권 변압기)

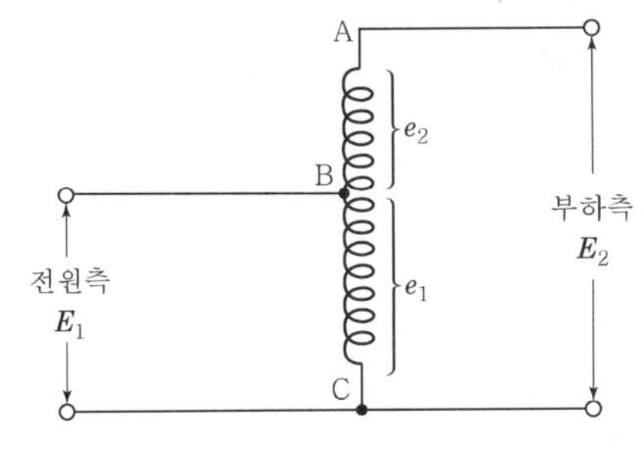

① 승압 후의 전압 : $E_2 = E_1\left(1+\dfrac{1}{n}\right) = E_1 + \left(1+\dfrac{e_2}{e_1}\right)$

② 승압기 용량(변압기 용량, 자기용량) : $w = e_2 i_2 = \dfrac{W}{E_2} \times e_2$[VA]

W : 부하용량($W = E_2 i_2$)[VA]

핵심 09 발전

1 수력발전

(1) 수력발전방식

① 낙차에 의한 분류(= 취수방법에 의한 분류)

㉠ 수로식

㉡ 댐식

㉢ 댐수로식

㉣ 유역 변경식

② 운용방법에 의한 분류(=유량 사용방법에 의한 분류)

㉠ 유입식 발전소

㉡ 조정지식 발전소

㉢ 저수지식 발전소

㉣ 양수식 발전소 : 물을 상부 저수지에 양수하여 저장해 두었다가 첨두부하 시에 이것을 이용하는 발전방식

㉤ 조력발전소 : 해수의 간만의 차에 의한 방식

(2) 수력발전소의 출력

① 수력발전의 이론상 출력

$P = 9.8Q \cdot H$[kW]

여기서, Q : 유량[m^3/sec]

H : 유효낙차[m]

② 수력발전의 실제 출력

$P = 9.8QH\eta_t\eta_g = 9.8QH\eta$[kW]

여기서, η_t : 수차효율

η_g : 발전기 효율

$\eta = \eta_t\eta_g$: 종합 효율(합성 효율)

(3) 수력학

① 물의 압력

* 단위면적당 압력(정수압)

$$P = \frac{W}{A} = \frac{\omega AH}{A} = \omega H = 1{,}000H\ [\text{kg/m}^2]$$

여기서, P : 압력[kg/m^2], W : 수주의 무게[kg], H : 높이[m], A : 단면적[m^2]

② 수두

㉠ 위치수두 H[m]

㉡ 압력수두

$$H_P = \frac{P\,[\text{kg/m}^2]}{\omega\,[\text{kg/m}^3]} = \frac{P}{1{,}000}\ [\text{m}]$$

㉢ 속도수두

$$H_v = \frac{v^2}{2g}\ [\text{m}]$$

여기서, v : 유속[m/sec], g : 중력가속도[m/sec^2]

㉣ 물의 분출속도 : $v = \sqrt{2gH}$ [m/sec]

③ 연속의 정리

$Q = A_1v_1 = A_2v_2 =$ 일정

④ 베르누이의 정리

$$H_1 + \frac{P_1}{\omega} + \frac{{v_1}^2}{2g} = H_2 + \frac{P_2}{\omega} + \frac{{v_2}^2}{2g} = \text{일정}$$

(4) 하천 유량

① 연평균 유량

강수량 중에서 상당량은 증발되고 지하로 스며들며 하천으로 흘러가므로 어느 하천의 유역면적 b[km^2], 연강수량 a[mm], 유출계수 k라 하면

$$Q=\frac{a \cdot b \cdot 1,000}{365\times24\times60\times60}\times k[\mathrm{m^3/sec}]$$

② 유량의 변동

㉠ 갈수량(갈수위) : 1년 365일 중 355일은 이것보다 내려가지 않는 유량과 수위

㉡ 저수량(저수위) : 1년 365일 중 275일은 이것보다 내려가지 않는 유량과 수위

㉢ 평수량(평수위) : 1년 365일 중 185일은 이것보다 내려가지 않는 유량과 수위

㉣ 풍수량(풍수위) : 1년 365일 중 95일은 이것보다 내려가지 않는 유량과 수위

㉤ 고수량 : 매년 1 내지 2회 생기는 유량

㉥ 홍수량 : 3 내지 4년에 한 번 생기는 유량

③ 유량조사 도표

㉠ 유황곡선 : 가로축에 일수, 세로축에 유량을 취하여 큰 것부터 차례대로 1년분을 배열한 곡선

㉡ 적산 유량곡선 : 가로축에 365일을, 세로축에 유량의 누계를 나타낸 곡선. 댐 설계 시나 저수지 용량을 결정할 때 사용

(5) 수력발전소의 계통

① 취수구의 설비

㉠ 제수문 : 하천의 물을 수로에 유입시키기 위한 설비로 유량을 조절한다.

㉡ 스크린

㉢ 침사지

② 조압수조의 설치목적

부하 급변 시 생기는 수격작용을 완화시켜 수압관을 보호한다.

(6) 수차의 종류

① 충동 수차

* **펠톤 수차** : 고낙차용 300[m] 이상

② 반동 수차

㉠ 프란시스 수차 : 중낙차용 130~300[m] 이하

㉡ 프로펠러 수차, 카플란 수차 : 중낙차용 15~130[m] 이하

㉢ 튜블러 수차 : 15[m] 이하의 저낙차용으로 사용

* **흡출관** : 반동 수차의 낙차를 증가시킬 목적

(7) 수차의 특성

① 수차의 특유속도

$$N_s = N \times \frac{P^{\frac{1}{2}}}{H^{\frac{5}{4}}} = N \times \frac{\sqrt{P}}{H^{\frac{5}{4}}} [\text{rpm}]$$

여기서, N : 정격 회전수[rpm]

H : 유효낙차[m]

P : 낙차 H[m]에서의 수차의 정격출력[kW]

② 수차의 낙차 변동에 대한 특성

㉠ 회전수 : $\frac{N_2}{N_1} = \left(\frac{H_2}{H_1}\right)^{\frac{1}{2}}$

㉡ 유량 : $\frac{Q_2}{Q_1} = \left(\frac{H_2}{H_1}\right)^{\frac{1}{2}}$

㉢ 출력 : $\frac{P_2}{P_1} = \left(\frac{H_2}{H_1}\right)^{\frac{3}{2}}$

③ 조속기의 동작순서

평속기 → 배압밸브 → 서보모터 → 복원기구

(8) 캐비테이션(cavitation) 현상

공기의 흐름보다 유수의 흐름이 빠르면 미세한 기포가 발생되며, 기포가 압력이 높은 곳에서 터지게 되는데 이때 부근의 물체에 큰 충격을 준다. 이 충격이 러너와 버킷 등을 침식시키는 현상을 공동 현상 또는 캐비테이션 현상이라 한다.

2 화력발전

(1) 열역학

① 열량의 환산

㉠ 1[kcal]=3.968[BTU]

㉡ 1[BTU]=0.252[kcal]

㉢ 1[kWh]=860[kcal]

② 엔탈피와 엔트로피

㉠ 엔탈피 : 증기 1[kg]이 보유한 열량[kcal/kg]

㉡ 엔트로피 : 증기 단위질량의 증발열을 절대온도로 나눈 값

㉢ T-S 선도 : 가로축에는 엔트로피와 세로축에는 절대온도를 그린 선도

(2) 화력발전의 열사이클

① 카르노 사이클

가장 이상적인 사이클로 두 개의 등온변화와 두 개의 단열변화로 이루어지며 효율이 가장 우수하다.

② 랭킨 사이클

화력발전소의 가장 기본적인 사이클이다.

㉠ 보일러 : 화석연료를 이용하여 급수를 끓여 주는 곳

㉡ 과열기 : 과열증기를 만들어 터빈에 공급하는 설비

㉢ 터빈 : 증기를 이용하여 전기에너지 생성

㉣ 복수기 : 터빈에서 나오는 배기를 물로 전환시키는 설비

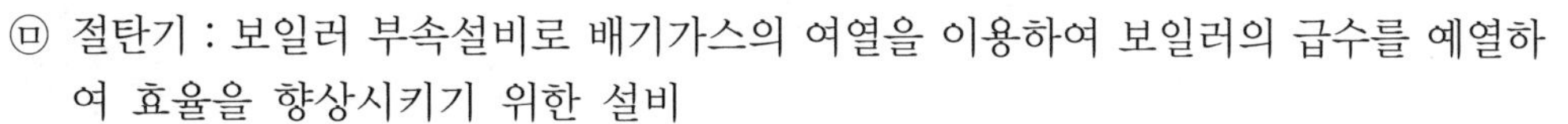

㉤ 절탄기 : 보일러 부속설비로 배기가스의 여열을 이용하여 보일러의 급수를 예열하여 효율을 향상시키기 위한 설비

③ 재열 사이클

터빈에서 임의의 온도까지 팽창한 증기를 추출하여 보일러로 되돌려 보내서 재열기로 적당한 온도까지 재가열시켜 다시 터빈으로 보내는 방식이다.

④ 재생 사이클

터빈 내에서 팽창한 증기를 일부만 추기하여 급수 가열기에 보내어 급수 가열에 이용하는 방식이다.

⑤ 재생·재열 사이클

재생과 재열 사이클의 장점을 모두 살린 방식으로 가장 열효율이 좋은 방식이다.

(3) 보일러 및 부속설비

① 보일러의 부속설비

㉠ 과열기 : 포화증기를 과열증기로 만들어 터빈에 공급하기 위한 설비

㉡ 재열기 : 터빈 내에서 팽창된 증기를 다시 재가열하는 설비

㉢ 절탄기 : 배기가스의 남아있는 열을 이용하여 보일러 급수를 예열하는 설비

㉣ 공기예열기 : 연소가스를 이용하여 연소에 필요한 연소용 공기를 예열하는 설비

② 보일러 급수의 불순물에 의한 장해

㉠ 포밍 : 급수 불순물에 의해 증기가 잘 발생되지 않고 거품이 발생하는 현상

㉡ 스케일 : 보일러 급수 중의 염류 등이 굳어서 보일러 내벽에 부착되는 현상으로, 보일러의 물순환 방해 및 내면의 수관벽을 과열시키는 원인이 된다.

㉢ 캐리오버 : 보일러 급수 중에 포함된 불순물이 증기 속에 혼입되어 터빈까지 전달되어 터빈에 장해를 주는 현상

(4) 화력발전소의 효율

$$\eta = \frac{860\,W}{mH} \times 100[\%]$$

여기서, W : 전력량($P \cdot t$)[kWh]

m : 연료량[kg]

H : 발열량[kcal/kg]

3 원자력발전

(1) 원자력발전의 원리

① 원리

우라늄(U), 플루토늄(Pu)과 같은 무거운 원자핵이 중성자를 흡수하여 핵분열하여 가벼운 핵으로 바뀌면서 발생하는 핵분열 에너지를 이용, 고온·고압의 수증기를 이용하여 터빈을 돌려 전기를 생산한다.

② 원자력발전과 화력발전의 비교

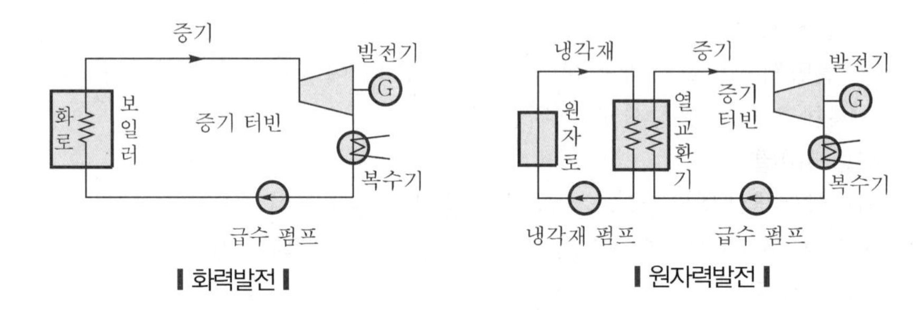

❙ 화력발전 ❙ ❙ 원자력발전 ❙

㉠ 원자력발전소는 화력발전소의 보일러 대신 원자로와 열교환기를 사용한다.
㉡ 동일 출력일 경우 원자력발전소의 터빈이나 복수기가 화력발전소에 비해 대형이다.
㉢ 원자력발전소는 방사능에 대한 차폐 시설물의 투자가 필요하다.
㉣ 원자력발전소의 건설비가 화력발전소에 비해 고가이다.

(2) 원자로의 구성

원자로는 핵연료, 감속재 및 냉각재로 된 원자로 노심과 핵분열의 동작을 제어하는 제어재, 반사체, 안전을 위한 차폐재로 구성되어 있다.

① 핵연료

원자력발전용 핵연료 물질 U^{233}, U^{235}, Pu^{239}가 있지만 원자로에는 인공적으로 U^{235}의 함유량을 증가시킨 농축 우라늄을 사용한다. 핵연료는 고온에 견딜 수 있어야 하고, 열전도도가 높고, 방사선에 안정하며 밀도가 높아야 한다.

② 감속재

고속 중성자의 에너지를 감소시켜 열 중성자로 바꿔주는 물질

㉠ 감속재 종류 : 경수(H_2O), 중수(D_2O), 흑연(C), 베릴륨(Be)
㉡ 감속재 구비조건
- 원자 질량이 적을 것
- 감속능력이 클 것
- 중성자 흡수능력이 적을 것

③ 제어재(봉)

중성자를 흡수하여 중성자의 수를 조절함으로서 핵분열 연쇄반응을 제어하는 물질

㉠ 제어재 재료 : 카드뮴(Cd), 붕소(B), 하프늄(Hf)

㉡ 제어재 구비조건
- 중성자 흡수능력이 좋을 것
- 냉각재·방사선에 안정할 것

④ 냉각재

원자로 내에서 발생한 열을 외부로 끄집어내기 위한 물질

㉠ 냉각재 재료 : 경수(H_2O), 중수(D_2O), 이산화탄소(CO_2), 헬륨(He)

㉡ 냉각재 구비조건
- 열용량이 크고, 열전달 특성이 좋을 것
- 중성자 흡수가 적을 것
- 방사능을 띠기 어려울 것

⑤ 반사체

㉠ 핵분열 시 중성자가 원자로 밖으로 빠져 나가지 않도록 하는 물질

㉡ 반사체 재료 : 경수(H_2O), 중수(D_2O), 흑연(C), 베릴륨(Be)

⑥ 차폐재

㉠ 원자로 내부의 방사선이 외부로 누출되는 것을 방지하는 역할

㉡ 차폐재 종류 : 콘크리트, 물, 납

(3) 원자로의 종류

① 비등수형 원자로(BWR)

㉠ 원자로 내에서 핵분열로 발생한 열로, 바로 물을 가열하여 증기를 발생시켜 터빈에 공급하는 방식으로 우리나라는 사용하지 않는다.

㉡ 특징
- 핵연료로 농축 우라늄을 사용한다.
- 감속재와 냉각재로 경수(H_2O)를 사용한다.
- 열교환기가 필요없다.
- 경제적이고, 열효율이 높다.

② 가압수형 원자로(PWR)

원자로 내에서의 압력을 매우 높여 물의 비등을 억제함으로써 2차측에 설치한 증기발생기를 통하여 증기를 발생시켜 터빈에 공급하는 방식으로, 우리나라 원자력발전에 사용하고 있다.

㉠ 핵연료 : 저농축 우라늄

㉡ 감속재 및 냉각재 : 경수(H_2O)

㉢ 특징 : 노심에서 발생한 열은 가압된 경수에 의해서 열교환기에 운반된다.

03 CHAPTER 전기기기

핵심 01 직류기

1 직류 발전기의 원리와 구조

(1) 직류 발전기의 원리 : 플레밍(Fleming)의 오른손 법칙

유기기전력 $e = vBl\sin\theta$[V]

(2) 직류 발전기의 구조

① 전기자(armature) : 원동기에 의해 회전하여 자속을 끊으므로 기전력을 발생하는 부분
② 계자(field magnet) : 전기자가 쇄교하는 자속(ϕ)을 만드는 부분
③ 정류자(commutator) : 전기자 권선에서 유도되는 교류 기전력을 직류로 변환하는 부분
④ 브러시(brush) : 브러시는 정류자 면과 접촉하여 전기자 권선과 외부 회로를 연결하는 부분
⑤ 계철(yoke) : 자극 및 기계 전체를 보호 및 지지하며 자속의 통로 역할을 하는 부분

2 전기자 권선법

전기자 권선은 각 코일에서 유도되는 기전력이 서로 더해져 브러시 사이에 나타나도록 접속한다.

(1) 직류기의 전기자 권선법

- 환상권
- 고상권
  - 개로권
  - 폐로권
    - 단층권
    - 2층권
      - 중권
      - 파권

(2) 전기자 권선법의 중권과 파권 비교

구 분	전압·전류	병렬 회로수	브러시수	균압환
단중 중권	저전압, 대전류	$a=p$	$b=p$	필요
단중 파권	고전압, 소전류	$a=2$	$b=2$ 또는 p	불필요

* 다중 중권의 경우 다중도가 m일 때 병렬 회로수 $a=mp$

3 유기기전력

$$E = \frac{Z}{a} p\phi \frac{N}{60} \text{[V]}$$

여기서, Z : 총 도체수

a : 병렬 회로수(중권 : $a = p$, 파권 : $a = 2$)

p : 극수

ϕ : 매 극당 자속[Wb]

N : 분당 회전수[rpm]

4 전기자 반작용

직류 발전기에 부하를 연결하면 전기자 권선에 전류가 흐르며 전기자 전류에 의한 자속이 주자속의 분포에 영향을 미치게 되는데 이러한 현상을 전기자 반작용이라 한다.

(1) 전기자 반작용의 영향

① 전기적 중성축이 이동한다.

② 계자 자속이 감소한다.

③ 정류자 편간 전압이 국부적으로 높아져 불꽃이 발생한다.

* 극당 감자 기자력 : $AT_d = \frac{2\alpha}{180°} \cdot \frac{ZI_a}{2pa}$ [AT/p]

(2) 전기자 반작용의 방지책

① **보극을 설치** : 중성축을 환원하여 정류 개선에 도움을 준다.

② **보상 권선을 설치** : 전기자 반작용을 원천적으로 방지할 수 있다.

5 정류

전기자 권선의 정류 코일에 흐르는 전류의 방향을 반대로 전환하여 교류 기전력를 직류로 변환하는 것을 정류라 한다.

(1) 정류 곡선

① 직선 정류 ┐ 양호한 정류 곡선
② 정현파 정류 ┘

③ **부족 정류** : 정류 말기 불꽃 발생

④ **과정류** : 정류 초기 불꽃 발생

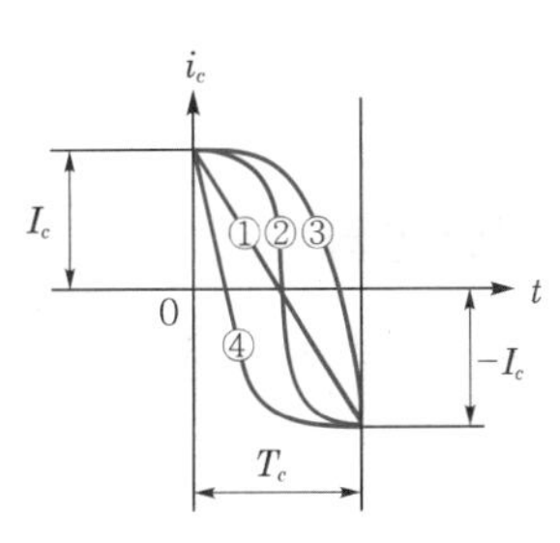

❙ 정류 곡선 ❙

(2) 정류 개선책

평균 리액턴스 전압 $e = L\frac{di}{dt} = L\frac{2I_c}{T_c}$ [V]

① 평균 리액턴스 전압을 작게 한다.
   ㉠ 인덕턴스(L) 작을 것
   ㉡ 정류 주기(T_c) 클 것
   ㉢ 주변 속도(v_c) 느릴 것
② 보극을 설치한다.
③ 브러시의 접촉 저항을 크게 한다.

6 직류 발전기의 종류와 특성

(1) 타여자 발전기 : 독립된 직류 전원에 의해 여자하는 발전기
① 단자 전압 : $V = E - I_a R_a$[V]
② 전기자 전류 : $I_a = I$[A] (여기서, I : 부하 전류)
③ 출력 : $P = VI$[W]

(2) 분권 발전기 : 계자 권선을 전기자와 병렬로 접속
① 단자 전압 : $V = E - I_a R_a = I_f r_f$[V]
② 전기자 전류 : $I_a = I + I_f$

(3) 직권 발전기 : 계자 권선을 전기자와 직렬로 접속

(4) 복권 발전기 : 2개의 계자 권선을 전기자와 직렬·병렬로 접속한 발전기

(5) 직류 발전기의 특성 곡선과 전압의 확립
① 무부하 포화 특성 곡선 : 계자전류(I_f)와 유기기전력(E)의 관계 곡선
② 부하 특성 곡선 : 계자전류(I_f)와 단자전압[V]의 관계 곡선
③ 외부 특성 곡선 : 부하전류(I)와 단자전압(V)의 관계 곡선
④ 자여자에 의한 전압 확립 조건
   ㉠ 잔류자기가 있을 것
   ㉡ 계자저항이 임계 저항보다 작을 것
   ㉢ 회전 방향이 일정할 것
   * 자여자 발전기를 역회전하면 잔류 자기가 소멸되어 발전되지 않는다.

7 전압변동률 : ε[%]

발전기의 부하를 정격 부하에서 무부하로 전환하였을 때 전압의 차를 백분율로 나타낸 것

$$\varepsilon = \frac{V_0 - V_n}{V_n} \times 100 = \frac{E - V}{V} \times 100[\%]$$

여기서, V_0 : 무부하 단자 전압
V_n : 정격 전압

* 전압변동률
  - $\varepsilon \rightarrow +(V_0 > V_n)$: 타여자, 분권, 부족 복권, 차동 복권
  - $\varepsilon \rightarrow 0(V_0 = V_n)$: 평복권
  - $\varepsilon \rightarrow -(V_0 < V_n)$: 과복권, 직권

8 직류 발전기의 병렬 운전

병렬 운전의 조건은 다음과 같다.

① 극성이 일치할 것

② 단자 전압이 같을 것

③ 외부 특성 곡선은 일치하고, 약간 수하 특성일 것

$I = I_a + I_b$

$V = E_a - I_aR_a = E_b - I_bR_b$

* 균압선 : 직권 계자 권선이 있는 발전기에서 안정된 병렬 운전을 하기 위하여 설치한다.

9 직류 전동기의 원리와 구조

* 직류 전동기 : 직류 전원을 공급받아 회전하는 기계

(1) 원리 : 플레밍의 왼손 법칙

자계 중에서 도체에 전류를 흘려주면 힘이 작용하는 현상을 플레밍의 왼손 법칙이라 하며, 힘 $F = IBl\sin\theta$[N]이다.

(2) 구조

직류 전동기의 구조는 직류 발전기와 동일하다.

① 전기자

② 계자

③ 정류자

10 회전 속도와 토크 및 역기전력

(1) 회전 속도 : $N = K\dfrac{V - I_aR_a}{\phi}$[rpm]

(2) 토크(Torque 회전력) : $T = F \cdot r$[N·m]

$$T = \frac{P(\text{출력})}{\omega(\text{각속도})} = \frac{P}{2\pi\frac{N}{60}}[\text{N}\cdot\text{m}]$$

$$\tau = \frac{T}{9.8} = 0.975\frac{P}{N}[\text{kg}\cdot\text{m}] \ (1[\text{kg}]=9.8[\text{N}])$$

(3) 역기전력 : $E = V - I_aR_a = \dfrac{Z}{a}P\phi\dfrac{N}{60}$[V]

11 직류 전동기의 종류와 특성

(1) 분권 전동기

① 계자 권선이 전기자와 병렬 접속된 전동기

② 속도 및 토크 특성

㉠ 속도 변동률이 작다(정속도 전동기).

㉡ 토크는 전기자 전류에 비례하며($T_{분} \propto I_a$) 기동 토크가 작다.

㉢ 경부하 운전 중 계자 권선이 단선되면 위험 속도(파손의 우려가 있는 속도)에 도달한다.

(2) 직권 전동기

① 계자 권선이 전기자와 직렬로 접속된 전동기

② 속도 및 토크 특성

㉠ 속도 변동률이 크다$\left(N \propto \dfrac{1}{I_a}\right)$.

㉡ 토크가 전기자 전류의 제곱에 비례하므로($T_{직} \propto {I_a}^2$) 기동 토크가 매우 크다.

㉢ 운전 중 무부하 상태가 되면 무구속 속도(위험 속도)에 도달할 수 있으므로 부하를 전동기에 직결한다.

(3) 복권 전동기 : 계자 권선이 전기자와 직·병렬로 접속된 전동기

① 속도 변동률이 작다(직권보다).

② 기동 토크가 크다(분권보다).

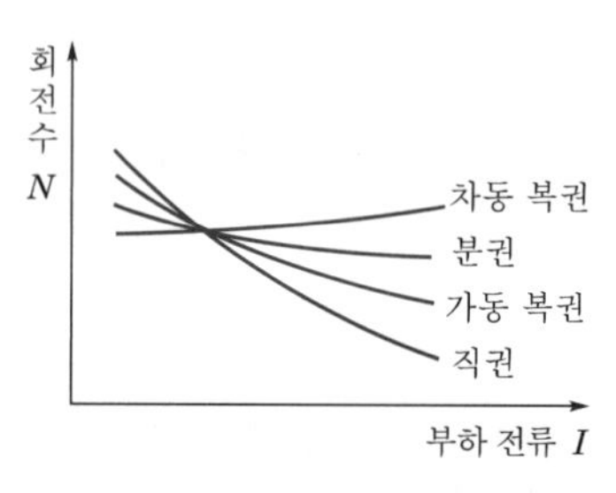

▎속도 특성 곡선▎

12 직류 전동기의 운전법

(1) 기동법

기동 시 전류를 제한(정격 전류의 약 1.2~2배)하기 위해서 전기자에 직렬로 저항을 넣고 기동하는데 이와 같은 기동을 저항 기동법이라 한다.

* 기동 시
  - 기동 저항 : $R_s =$ 최대
  - 계자 저항 : $RF = 0$

(2) 속도 제어

회전 속도 $N= K\frac{V-I_aR_a}{\phi}$[rpm]

① 계자 제어 : 정출력 제어

② 저항 제어 : 손실이 크고, 효율이 낮다.

③ 전압 제어 : 효율이 좋고, 광범위로 원활한 제어를 할 수 있다.

㉠ 워드 레오나드(Ward leonard) 방식

㉡ 일그너(Ilgner) 방식 : 부하 변동이 큰 경우 유효하다(fly wheel 설치).

④ 직·병렬 제어(전기 철도) : 2대 이상의 전동기를 직·병렬 접속에 의한 속도 제어(전압 제어의 일종)

(3) 제동법

* 전기적 제동 : 전기자 권선의 전류 방향을 바꾸어 제동하는 방법

① 발전 제동 : 전기적 에너지를 저항에서 열로 소비하여 제동하는 방법

② 회생(回生) 제동 : 전동기의 역기전력을 공급 전압보다 높게 하여 전기적 에너지를 전원 측에 환원하여 제동하는 방법

③ 역상 제동(plugging) : 전기자 권선의 결선을 반대로 바꾸어 역회전력에 의해 급제동하는 방법

13 손실 및 효율

(1) 손실(loss) : P_l[W]

① 무부하손(고정손)

㉠ 철손 : 철심 중에서 자속의 시간적 변화에 의한 손실

- 히스테리시스손 : $P_h = \sigma_h f B_m^{1.6}$[W/m³]
- 와류손 : $P_e = \sigma_e k(tfB_m)^2$[W/m³]

여기서, σ_e : 와류 상수

k : 도전율[℧/m]

t : 강판 두께[m]

f : 주파수[Hz]

B_m : 최대 자속 밀도[Wb/m²]

㉡ 기계손 : 회전자(전기자)의 회전에 의한 손실

- 풍손 : 회전부와 공기의 마찰로 인한 손실
- 마찰손 : 축과 베어링, 정류자와 브러시 등의 마찰로 인한 손실

② 부하손(가변손)

㉠ 동손 : $P_c= I^2R$[W] 전기자 권선에 전류가 흘러서 발생하는 손실

㉡ 표유 부하손(stray load loss)

(2) 실측 효율

$$\text{효율 } \eta = \frac{\text{출력}}{\text{입력}} \times 100[\%]$$

(3) 규약 효율

$$\text{효율 } \eta = \frac{\text{출력}}{\text{출력}+\text{손실}} \times 100[\%]$$

$$= \frac{\text{입력}-\text{손실}}{\text{입력}} \times 100[\%] \text{ (직류 전동기의 규약 효율)}$$

* 최대 효율의 조건 : 무부하손(고정손)=부하손(가변손)

14 시험

(1) 절연저항 측정 : $R_i[\text{M}\Omega]$

$$R_i = \frac{\text{정격전압}[\text{V}]}{\text{정격출력}[\text{kW}]+1{,}000}[\text{M}\Omega] \text{ 이상}$$

(2) 부하법

① 실부하법 : 소형 기계

② 반환 부하법 : 대용량 기계

㉠ 카프법(Kapp's method)

㉡ 홉킨슨법(Hopkinson's method)

㉢ 블론델법(Blondel's method)

(3) 토크 및 출력 측정법

① 프로니(prony) 브레이크법(소형)

② 전기 동력계법(대형)

㉠ 전동기의 토크 : $\tau = W \cdot L = 0.975\dfrac{P}{N}[\text{kg}\cdot\text{m}]$

㉡ 출력 : $P = \dfrac{W \cdot L}{0.975}N[\text{W}]$

핵심 02 동기기

1 동기 발전기의 원리와 구조

(1) 동기 발전기의 원리

① 플레밍의 오른손 법칙(Fleming's right hand rule) : $e = vBl\sin\theta$[V]

② 동기 속도 : $N_s = \frac{120f}{P}$[rpm]

(2) 동기 발전기의 구조

① 고정자(stator) : 전기자
교류 기전력을 발생하는 부분이다.

② 회전자(rator) : 계자
전자석으로 자속을 만들어 주는 부분이다.

③ 여자기(excitor) : 계자 권선에 직류 전원을 공급하는 장치

2 동기 발전기의 분류와 냉각 방식

(1) 회전자에 따른 분류

① 회전 계자형 : 일반 동기기, 전기자 고정, 계자 회전

* 회전 계자형을 사용하는 이유

- 전기자 권선의 절연과 대전력 인출이 용이하다.
- 구조가 간결하고, 기계적으로 튼튼하다.
- 계자 권선은 소요 전력이 작다.

② 회전 전기자형 : 극히 소형인 경우, 계자 고정, 전기자 회전

③ 회전 유도자형 : 수백~20,000[Hz] 고주파 발전기이다. 전기자, 계자 고정하고, 유도자(철심)를 회전시킨다.

(2) 회전자 형태에 따른 분류

① 철극기 : 6극 이상, 저속기, 수차 발전기, 엔진 발전기

② 비(非)철극기(원통극) : 2~4극, 고속기, 터빈 발전기

(3) 수소(水素) 냉각 방식

① 풍손은 약 $\frac{1}{10}$로 감소한다.

② 열전도율이 약 7배, 냉각 효과가 크다.

③ 동일 치수에서 출력은 약 25[%] 증가한다.

④ 절연 수명이 길고, 소음이 작으며(전폐형), 코로나 임계 전압이 높다.

⑤ 방폭 구조를 위한 부속 설비가 필요하다.

3 전기자 권선법과 결선

(1) 중권, 파권, 쇄권

(2) 단층권, 2층권

(3) 집중권과 분포권

- 집중권 : 1극 1상의 슬롯수가 1개인 경우의 권선법
- 분포권 : 1극 1상의 슬롯수가 2개 이상인 경우의 권선법

① 분포권의 장점
  ㉠ 기전력의 파형을 개선한다.
  ㉡ 누설 리액턴스는 감소한다.
  ㉢ 과열을 방지한다.

② 분포권의 단점 : 집중권에 비하여 기전력이 감소한다.

* 분포 계수 : $K_d = \dfrac{\text{분포권}}{\text{집중권}} = \dfrac{\sin\dfrac{\pi}{2m}}{q\sin\dfrac{\pi}{2mq}}$ (기본파)

(4) 전절권과 단절권

- 전절권 : 코일 간격과 극 간격이 같은 경우의 권선법
- 단절권 : 코일 간격이 극 간격보다 짧은 경우의 권선법

① 단절권의 장점
  ㉠ 고조파를 제거하여 기전력의 파형을 개선한다.
  ㉡ 동선량이 감소하고, 기계적 치수도 경감된다.

② 단절권의 단점 : 기전력이 감소한다.

* 단절 계수 : $K_p = \dfrac{\text{단절권}}{\text{전절권}} = \sin\dfrac{\beta\pi}{2}$ (기본파)

(5) 상(phase)의 수

① 단상(×)

② 다상(○) : 3상 동기 발전기

(6) 전기자 권선의 결선

① △결선(×)

② Y결선(○)

* Y결선의 장점
  - 선간 전압이 상전압보다 $\sqrt{3}$배 증가한다.
  - 중성점을 접지할 수 있고, 보호계전기 동작이 확실하다.
  - 각 상의 제3고조파 전압이 선간에는 나타나지 않는다.
  - 전기자 권선의 절연 레벨을 낮출 수 있다.

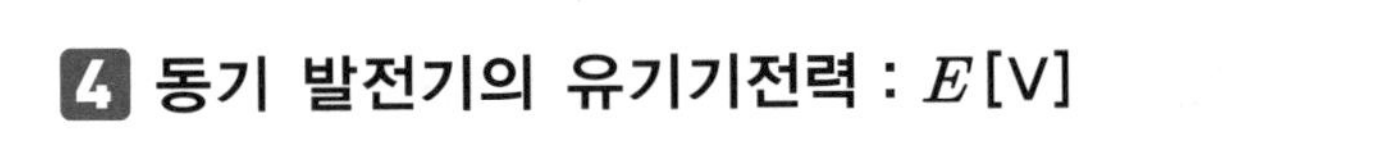

4 동기 발전기의 유기기전력 : E[V]

$E = 4.44 f N \phi K_w$[V]

5 전기자 반작용

(1) **횡축 반작용** : 전기자전류(I)와 유기기전력(E)이 동상일 때($\cos\theta = 1$)

(2) **직축 반작용**

① 감자 작용 : I_a가 E보다 위상이 90° 뒤질 때($\cos\theta = 0$, 뒤진 역률)

② 증자 작용 : I_a가 E보다 위상이 90° 앞설 때($\cos\theta = 0$, 앞선 역률)

6 동기 임피던스

(1) **동기 임피던스** : $\dot{Z}_s = r + jx_s \fallingdotseq x_s[\Omega]$ ($r \ll x_s$)

(2) **부하각(power angle)** : δ

유기기전력 E와 단자전압 V의 위상차

7 동기 발전기의 출력

(1) **비철극기의 출력**

① 1상의 출력 : $P_1 = VI\cos\theta = \dfrac{EV}{x_s}\sin\delta$[W]

② 3상의 출력 : $P_3 = 3 \cdot P_1 = 3 \cdot \dfrac{EV}{x_s}\sin\delta$[W]

(2) **철극기(원통극)의 출력** : P[W]

① 철극기의 최대 출력 : 부하각 $\delta = 60°$

② x_d(직축 리액턴스) > x_q(횡축 리액턴스)

8 퍼센트 동기 임피던스 : $\%Z_s$[%]

$$\%Z_s = \frac{I \cdot Z_s}{E} \times 100 = \frac{I_n}{I_s} \times 100 = \frac{P_n[\text{kVA}] \cdot Z_s}{10 \cdot V^2[\text{kV}]}[\%]$$

* 단락전류 : $I_s = \dfrac{E}{Z_s}$[A]

9 단락비 : K_s(short circuit ratio)

(1) 단락비

$$K_s = \frac{I_{fo}}{I_{fs}} = \frac{\text{무부하 정격 전압을 유기하는 데 필요한 계자 전류}}{\text{3상 단락 정격 전류를 흘리는 데 필요한 계자 전류}} = \frac{I_s}{I_n} = \frac{1}{Z_s'} \propto \frac{1}{Z_s}$$

(2) 단락비 산출 시 필요한 시험

① 무부하 포화 시험
② 3상 단락 시험

(3) 단락비(K_s)가 큰 기계의 특성

① 동기 임피던스가 작다$\left(K_s \propto \dfrac{1}{Z_s}\right)$.
② 전압변동률이 작다.
③ 전기자 반작용이 작다.
④ 출력이 증가한다.
⑤ 과부하 내량이 크고, 안정도가 높다.
⑥ 송전 선로의 충전 용량이 크고, 자기 여자 현상이 작다.
* 단락비가 큰 기계는 철기계로 기계 치수가 커 고가이며, 철손의 증가로 효율이 감소한다.

10 자기 여자 현상

무여자 동기 발전기를 무부하 장거리 송전 선로에 접속한 경우 진상 전류가 흘러 무부하 단자 전압이 발전기의 정격 전압보다 훨씬 높아지는 현상

* 자기 여자 현상 방지책
  - 2대 이상의 동기 발전기를 모선에 접속할 것
  - 수전단에 리액터를 병렬로 접속할 것
  - 수전단에 여러 대의 변압기를 접속할 것
  - 동기 조상기를 접속하고 부족 여자로 운전할 것
  - 단락비가 클 것

11 동기 발전기의 병렬 운전

(1) 발전기의 병렬 운전 조건

- 기전력의 크기가 같을 것
- 기전력의 위상이 같을 것
- 기전력의 주파수가 같을 것
- 기전력의 파형이 같을 것

① 기전력의 크기가 같지 않을 경우 : 무효 순환 전류(I_c)가 흐른다.

무효 순환 전류 $I_c = \dfrac{E_A - E_B}{2Z_s}$[A]

② 기전력의 위상이 다른 경우

㉠ 동기화 전류(유효 횡류 I_s)가 흐른다.

동기화 전류 $I_s = \dfrac{2E_A}{2Z_s}\sin\dfrac{\delta_s}{2}$[A]

㉡ 수수 전력 $P = \dfrac{{E_A}^2}{2Z_s}\sin\delta_s$[W]

③ 기전력의 주파수가 같지 않은 경우 : 고조파 순환 전류가 흐른다.

④ 기전력의 파형이 같지 않은 경우 : 고조파 무효 순환 전류가 흐른다.

(2) 원동기의 병렬 운전 조건

① 균일한 각속도를 가질 것

② 적당한 속도 조정률을 가질 것

(3) 전기각 $\alpha = \dfrac{P}{2} \times$ 기계각 θ

12 동기 발전기의 난조와 안정도

(1) 난조(hunting)

부하가 갑자기 변화하면 부하각(δ)과 동기 속도(N_s)가 진동하는 현상

① 난조의 원인

㉠ 원동기의 조속기 감도가 너무 예민한 경우

㉡ 원동기의 토크에 고조파 토크가 포함되어 있는 경우

㉢ 전기자 회로의 저항이 매우 큰 경우

② 난조의 방지책 : 제동 권선(damper widing)을 설치한다.

(2) 안정도

부하 변동 시 탈조하지 않고 정상 운전을 지속할 수 있는 능력

* 안정도 향상책

- 단락비가 클 것
- 동기 임피던스가 작을 것(정상 리액턴스는 작고, 역상·영상 리액턴스는 클 것)
- 조속기 동작을 신속하게 할 것
- 관성 모멘트가 클 것(fly wheel 설치)
- 속응 여자 방식을 채택할 것

13 동기 전동기의 회전 속도와 토크

(1) 회전 속도

$$N_s = \frac{120 \cdot f}{P}[\text{rpm}]$$

(2) 토크(Torque)

$$T = \frac{P}{\omega} = \frac{1}{\omega}\frac{VE}{x_s}\sin\delta[\text{N} \cdot \text{m}]$$

(3) 동기 전동기의 장단점(유도 전동기와 비교)

장 점	단 점
① 회전 속도가 일정하다. → 정속도 특성 ② 역률을 항상 1로 운전할 수 있다. ③ 효율이 양호하다.	① 기동 토크가 없다. • 자기동법 : 제동 권선을 설치한다. • 타기동법 : 유도 전동기에 의한 기동법 ② 속도 제어가 어렵다. ③ 여자용 직류 전원이 필요하다. ④ 구조가 복잡하고 난조가 발생한다.

14 위상 특성 곡선(V곡선)

공급 전압(V)과 출력(P)이 일정한 상태에서 계자 전류(I_f)와 전기자 전류(I)의 관계 곡선

(1) 부족 여자 : 리액터 작용

(2) 과여자 : 콘덴서 작용

(3) 동기 조상기 : 동기 전동기의 여자전류를 조정하여 송전 계통의 역률 개선

핵심 03 변압기

1 변압기의 원리와 구조

(1) 변압기의 원리 : 전자 유도 작용(Faraday's law)

유기기전력 $e = -N\frac{d\phi}{dt}[\text{V}]$

(2) 변압기의 구조

① 환상 철심

② 1차, 2차 권선

* 변압기의 권수비 $a = \frac{E_1}{E_2} = \frac{N_1}{N_2} \fallingdotseq \frac{V_1}{V_2} \fallingdotseq \frac{I_2}{I_1}$

2 1 · 2차 유기기전력과 여자전류

(1) 유기기전력 : E_1, E_2

① 1차 유기기전력 : $E_1 = \dfrac{E_{1m}}{\sqrt{2}} = 4.44 f N_1 \Phi_m$ [V]

② 2차 유기기전력 : $E_2 = \dfrac{E_{2m}}{\sqrt{2}} = 4.44 f N_2 \Phi_m$ [V]

(2) 여자전류 : I_0[A]

① 여자전류 : $\dot{I_0} = \dot{Y_0}\dot{V_1} = \dot{I_i} + \dot{I_\phi} = \sqrt{\dot{I_i}^2 + \dot{I_\phi}^2}$ [A]

여자전류는 기본파에 제3고조파가 포함된 첨두파이다.

② 여자 어드미턴스 : $Y_0 = g_0 - jb_0$

③ 철손 : $P_i = V_1 I_0 \cos\theta = V_1 I_i = g_0 V_1^2$[W]

3 변압기의 등가회로

변압기의 등가회로는 실제 변압기와 동일한 특성을 갖고 있으나 세부 구성을 다르게 표현한 것을 등가회로라 한다.

(1) 등가회로 작성 시 필요한 시험

① 무부하 시험 : I_0, Y_0, P_i

② 단락 시험 : I_s, V_s, $P_c(W_s)$, ε

③ 권선 저항 측정 : r_1, r_2[Ω]

(2) 2차를 1차로 환산한 임피던스

$Z_2' = a^2 Z_2$[Ω] ($Z_1' = \dfrac{1}{a^2} Z_1$: 1차를 2차로 환산)

4 변압기의 특성

(1) 전압변동률 : ε[%]

$$\varepsilon = \frac{V_{20} - V_{2n}}{V_{2n}} \times 100\ [\%]$$

① 퍼센트 전압강하

㉠ 퍼센트 저항강하 : $p = \dfrac{I \cdot r}{V} \times 100 = \dfrac{P_c(W_s)}{P_n} \times 100$[%]

㉡ 퍼센트 리액턴스강하 : $q = \dfrac{I \cdot x}{V} \times 100$[%]

㉢ 퍼센트 임피던스강하 : $\%Z = \dfrac{I \cdot Z}{V} \times 100 = \dfrac{I_n}{I_s} \times 100 = \dfrac{V_s}{V_n} \times 100 = \sqrt{p^2 + q^2}$ [%]

② 임피던스 전압과 임피던스 와트

㉠ 임피던스 전압 : V_s[V]

정격 전류에 의한 변압기 내의 전압강하

$V_s = I_n \cdot Z$[V]

㉡ 임피던스 와트 : $W_s(P_c)$[W]

변압기에 임피던스 전압을 공급할 때의 입력으로 동손과 같다.

③ 퍼센트 강하의 전압변동률(ε)

$\varepsilon = p\cos\theta \pm q\sin\theta$ (+ : 뒤진 역률, − : 앞선 역률)

(2) 손실과 효율

① 손실(loss) : P_l[W]

㉠ 무부하손(고정손) : 철손

$P_i = P_h + P_e$

- 히스테리시스손 : $P_h = \sigma_h \cdot f \cdot B_m^{1.6}$[W/m³]
- 와류손 : $P_e = \sigma_e K(tfB_m)^2$[W/m³]

㉡ 부하손(가변손) : 동손

$P_c = I^2 \cdot r$[W]

② 효율(efficiency) : η[%]

㉠ $\eta = \dfrac{\text{출력}}{\text{입력}} \times 100 = \dfrac{\text{출력}}{\text{출력} + \text{손실}} \times 100$[%]

㉡ $\dfrac{1}{m}$인 부하 시 효율 : $\eta_{\frac{1}{m}}$

$$\eta_{\frac{1}{m}} = \frac{\frac{1}{m} \cdot VI \cdot \cos\theta}{\frac{1}{m} \cdot VI \cdot \cos\theta + P_i + \left(\frac{1}{m}\right)^2 \cdot P_c} \times 100[\%]$$

* 최대 효율 조건 : $P_i = \left(\dfrac{1}{m}\right)^2 \cdot P_c$

전부하 효율(η[%])은 $\dfrac{1}{m} = 1$일 때

5 변압기의 구조

(1) 철심(core)

변압기의 철심은 투자율과 저항률이 크고, 히스테리시스손이 작은 규소 강판을 성층하여 사용한다.

① 규소 함유량 : 4~4.5[%]

② 강판의 두께 : 0.35[mm]

(2) 권선

① 연동선을 절연(면사, 종이테이프, 유리섬유 등)하여 사용한다.
② 누설 자속을 최소화하기 위해 권선을 분할·조립한다.

(3) 외함과 부싱(bushing : 투관)

① 외함 : 주철제 또는 강판을 용접하여 사용한다.
② 부싱(bushing) : 변압기 권선의 단자를 외함 밖으로 인출하기 위한 절연 재료

(4) 변압기유(oil)

냉각 효과와 절연 내력 증대

① 구비 조건
　㉠ 절연 내력이 클 것
　㉡ 점도가 낮을 것
　㉢ 인화점은 높고, 응고점은 낮을 것
　㉣ 화학 작용과 침전물이 없을 것
② 열화 방지책 : 콘서베이터(conservator)를 설치한다.

6 변압기의 결선법

변압기의 결선은 3상 변압을 위해 극성이 같은 단상 변압기를 연결하는 방법이다. 변압기의 극성(polarity)은 임의의 순간 1차, 2차에 나타나는 유도기전력의 상대적 방향으로 감극성과 가극성이 있다(표준 극성은 감극성이다).

(1) Δ－Δ 결선(Delta－Delta connection)

① 선간 전압＝상전압
　$V_l = E_p$
② 선전류＝ $\sqrt{3}$ 상전류
　$I_l = \sqrt{3}\, I_p \angle -30°$
③ 3상 출력 : $P_3 = \sqrt{3}\, V_l I_l \cos\theta\,[\mathrm{W}]$
④ △－△ 결선의 특성
　㉠ 운전 중 1대 고장 시 V－V 결선으로 운전을 계속할 수 있다.
　㉡ △결선 내 제3고조파 전류가 순환하므로 정현파 기전력을 유도하여 통신 유도 장해가 없다.

(2) Y－Y 결선(Star－Star connection)

① 선간 전압＝ $\sqrt{3}$ 전압
　$V_l = \sqrt{3}\, E_p \angle 30°$
② $I_l = I_p$
③ 출력 : $P_3 = 3P_1 = \sqrt{3}\, V_l I_l \cos\theta\,[\mathrm{W}]$

④ Y−Y 결선의 단점
　㉠ 제3고조파 전류의 통로가 없다.
　㉡ 대지를 귀로로 하여 고조파 순환 전류가 흘러 통신 유도 장해를 발생시킨다.

(3) △−Y, Y−△ 결선

* △−Y, Y−△의 특성 : 1차 전압과 2차 전압 사이에 30°의 위상차가 생긴다.

(4) V−V 결선

① 2대의 단상 변압기로 3상 부하에 전력을 공급하는 결선법
② V결선 출력 $P_V = \sqrt{3} E_p I_p \cos\theta = \sqrt{3} P_1$
③ V결선의 이용률과 출력비
　㉠ 이용률 : $\dfrac{\sqrt{3} P_1}{2P_1} = 0.866 = 86.6[\%]$
　㉡ 출력비 : $\dfrac{P_V}{P_\triangle} = \dfrac{\sqrt{3} P_1}{3P_1} = 0.577 = 57.7[\%]$

(5) 3상 변압기

뱅크(bank) 변압기로 3상 변압하는 변압기

7 변압기의 병렬 운전

2대 이상의 변압기를 병렬로 접속하여 부하에 전력을 공급하는 방식

(1) 병렬 운전 조건

① 극성이 같을 것
② 1차, 2차 정격 전압과 권수비가 같을 것
③ 퍼센트 임피던스 강하가 같을 것
④ 변압기의 저항과 리액턴스비가 같을 것
⑤ 상회전 방향 및 각 변위가 같을 것(3상 변압기의 경우)

(2) 부하 분담비

$$\frac{P_a}{P_b} = \frac{\%Z_b}{\%Z_a} \cdot \frac{P_A}{P_B}$$

부하 분담비는 누설 임피던스에 역비례하고, 용량에 비례한다.

(3) 3상 변압기 병렬운전 결선 조합

병렬 운전 가능		병렬 운전 불가능	
△−△	△−△	△−△	△−Y
Y−Y	Y−Y	△−Y	Y−Y
△−Y	△−Y		
Y−△	Y−△		
△−△	Y−Y		
△−Y	Y−△		

8 상(相, phase)수 변환

(1) 3상 → 2상 변환

① 스코트(Scott) 결선(T결선)
② 메이어(Meyer) 결선
③ 우드 브리지(Wood bridge) 결선

(2) 3상 → 6상 변환

① 2중 Y결선(성형 결선, Star)
② 2중 △결선
③ 환상 결선
④ 대각 결선
⑤ 포크(fork) 결선

9 특수 변압기

(1) 단권 변압기

단권 변압기는 1차 권선과 2차 권선이 절연되어 있지 않고 권선의 일부가 공통으로 되어 있는 변압기이다.

① 자기 용량과 부하 용량

$$\frac{\text{자기 용량}(P)}{\text{부하 용량}(W)} = \frac{(V_2 - V_1)I_2}{V_2 I_2} = \frac{V_h - V_l}{V_h}$$

② 단권 변압기의 3상 결선

결선 방식	Y결선	△결선	V결선
$\frac{\text{자기 용량}}{\text{부하 용량}}$	$1 - \frac{V_l}{V_h}$	$\frac{V_1^2 - V_2^2}{\sqrt{3}\, V_1 V_2}$	$\frac{1}{\frac{\sqrt{3}}{2}}\left(1 - \frac{V_l}{V_h}\right)$

(2) 계기용 변성기

① 계기용 변압기(PT) : 고전압을 저전압($V_2 = 110[\mathrm{V}]$)으로 변성

- PT비 : $\frac{V_1}{V_2} = \frac{n_1}{n_2}$
- $V_1 = \frac{n_1}{n_2} V_2$(전압계 지시값)

② 변류기(CT) : 대전류를 소전류($I_2 = 5[\mathrm{A}]$)로 변성

- CT비 : $\frac{I_1}{I_2} = \frac{n_2}{n_1}$
- $I_1 = \frac{n_2}{n_1} I_2$(전류계 지시값)

* CT 2차 계측기 교체 시 단락할 것

(3) 몰드 변압기

변압기 코일을 에폭시 수지로 mould한 고체 절연 방식의 변압기이다.

① 장점
   ㉠ 자기 소화성이 우수하다.
   ㉡ 내습, 내진, 내구성이 우수하다.
   ㉢ 소형 경량화가 가능하다.
   ㉣ 유지 보수 및 점검이 용이하다.
   ㉤ 저소음, 저진동이다.
   ㉥ 단시간 과부하 내량이 크다.

② 단점
   ㉠ 충격파 내전압이 낮다.
   ㉡ 차폐층이 없어 코일 표면 접촉 시 위험하다.
   ㉢ 가격이 고가이다.

(4) 누설 변압기(정전류 변압기)

누설 변압기는 누설 자속의 통로를 설치하여 2차 전류 증가 시 2차 유도 전압이 급격하게 감소하는 수하 특성의 변압기로 아크 방전등, 아크 용접기 등에 사용된다.

(5) 탭전환 변압기

수전단의 전압을 조정하기 위하여 변압기 1차측에 몇 개(5개)의 탭을 설치한 변압기

(6) 3상 변압기

독립된 자기 회로가 없으므로 1상 고장 시 전체 사용이 불가하다.

10 변압기 보호 계전기 및 시험

(1) 변압기 보호 계전기

① **비율 차동 계전기** : 변압기 운전 중 내부 고장 발생 시 1, 2차 전류의 벡터차와 출입하는 전류의 관계비로 동작하여 변압기, 발전기 보호에 사용한다.

② **부흐홀츠 계전기** : 변압기 내부 고장 시 절연유 분해가스에 의해 동작하는 변압기 보호용 계전기이다.

(2) 변압기의 시험

① 절연 내력 시험
   ㉠ 가압 시험
   ㉡ 유도 시험
   ㉢ 충격 전압 시험

② 온도 시험 : 변압기의 권선, 오일 등의 온도 상승 시험을 위한 부하법
  ㉠ 실부하법 : 소형
  ㉡ 반환 부하법 : 일반 변압기

핵심 04 유도기

1 유도 전동기의 원리와 구조

(1) 유도 전동기의 원리 : 전자 유도 작용과 플레밍의 왼손 법칙

(2) 유도 전동기의 구조

① **고정자(1차)** : 3상 교류 전원을 공급받아 회전 자계를 발생하는 부분

② **회전자(2차)** : 회전 자계와 같은 방향으로 회전하는 부분이며 회전자의 형태에 따라 권선형과 농형으로 분류된다.

㉠ 권선형 유도 전동기 : 대용량
- 회전자 철심에 3상 권선을 배열한다.
- 기동 특성이 양호하다(비례 추이 할 수 있다).

㉡ 농형 유도 전동기 : 소용량~대용량
- 회전자 철심에 도체봉과 단락환을 배열한다.
- 구조가 간결하고 튼튼하다.

2 유도 전동기의 특성

(1) 동기 속도와 슬립

① 동기 속도 N_s[rpm]

회전 자계의 회전 속도는 동기 속도로 회전한다.

$$N_s = \frac{120 \cdot f}{P} [\text{rpm}]$$

② 슬립(slip) s

동기 속도에 대한 상대 속도의 비를 슬립이라 한다.

$$s = \frac{N_s - N}{N_s} \times 100[\%]$$

㉠ 유도 전동기의 슬립 : $1 > s > 0$
- 기동 시 : $N = 0$, $s = 1$
- 무부하 시 : $N_0 \fallingdotseq N_s$, $s = 0$

㉡

제동기		유도 전동기		유도 발전기
$s > 1$	$s = 1$	$1 > s > 0$	$s = 0$	$s < 0$

(2) 1·2차 유기기전력 및 권수비

① 1차 유기기전력 : $E_1 = 4.44 f_1 N_1 \phi_m K_{w_1}$[V]

② 2차 유기기전력 : $E_2 = 4.44 f_2 N_2 \phi_m K_{w_2}$[V] (정지 시 : $f_1 = f_2$)

③ 권수비 : $a = \dfrac{E_1}{E_2} = \dfrac{N_1 K_{w_1}}{N_2 K_{w_2}} = \dfrac{I_2}{I_1}$

④ 전동기가 슬립 s로 회전 시

㉠ 2차 주파수 : $f_{2s} = sf_1$[Hz]

㉡ 2차 유기기전력 : $E_{2s} = sE_2$[V]

㉢ 2차 리액턴스 : $x_{2s} = sx_2$[Ω]

(3) 2차 전류와 출력 정수

① 2차 전류 : $I_2 = \dfrac{sE_2}{r_2 + jsx_2}$

② 출력 정수(등가 저항) : $R = \dfrac{r_2}{s} - r_2 = \left(\dfrac{1}{s} - 1\right)r_2 = \dfrac{1-s}{s}r_2$

(4) 2차 입력, 기계적 출력 및 2차 동손의 관계

2차 입력 : 기계적 출력 : 2차 동손

$P_2 \; : \; P_0 \; : \; P_{2c} = 1 : 1-s : s$

(5) 유도 전동기의 회전 속도와 토크

① 회전 속도

$$N = N_s(1-s) = \frac{120f}{P}(1-s)[\text{rpm}]$$

② 유도 전동기의 토크(torque 회전력)

$$T = \frac{P_0}{2\pi\frac{N}{60}} = \frac{P_2}{2\pi\frac{N_s}{60}}[\text{N}\cdot\text{m}]$$

$$\tau = \frac{T}{9.8} = 0.975\frac{P_2}{N_s}[\text{kg}\cdot\text{m}]$$

3 토크 특성 곡선과 비례 추이

(1) 슬립 대 토크 특성 곡선

* 동기 와트로 표시한 토크

$$T_s = P_2 = \frac{V_1^2 \frac{r_2'}{s}}{\left(r_1 + \frac{r_2'}{s}\right)^2 + (x_1 + x_2')^2} \propto V_1^2$$

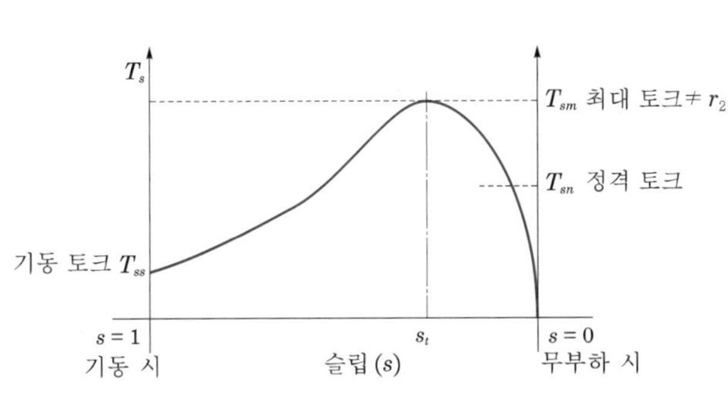

▎슬립 대 토크 특성 곡선▎

(2) 비례 추이

① 3상 권선형 전동기의 회전자에 슬립링을 통하여 저항을 연결하고, 2차 합성 저항을 조정하면 토크, 전류 및 역률 등이 비례하여 변화하는 것

② 비례 추이를 하는 목적

㉠ 기동 토크 증대

㉡ 기동 전류 제한

㉢ 속도 제어

* 최대 토크는 불변이다.

4 유도 전동기의 손실과 효율

(1) 손실(loss)

① 무부하손(고정손)

철손 : $P_i = P_h + P_e$

② 부하손(가변손)

동손 : P_c = 1차 동손 + 2차 동손($P_{2c} = sP_2$)

(2) 효율(efficiency) : $\eta[\%]$

* 2차 효율 : $\eta_2 = \dfrac{P}{P_2} \times 100 = (1-s) \times 100 = \dfrac{N}{N_s} \times 100[\%]$

5 하일랜드(Heyland) 원선도

전동기의 특성을 쉽게 구할 수 있도록 작성한 1차 전류의 벡터 궤적

(1) 원선도 작성 시 필요한 시험

① 무부하 시험

② 구속 시험

③ 권선 저항 측정

(2) 원선도 반원의 직경 : $D \propto \dfrac{E}{x}$

6 유도 전동기의 운전법 및 역률 개선

(1) 기동법(시동법)

기동 전류를 적당히 제한하여 시동하는 방법

① 권선형 유도 전동기
  ㉠ 2차 저항 기동법
  ㉡ 게르게스 기동법

② 농형 유도 전동기
  ㉠ 전전압 기동(직입 기동) : 정격출력 $P=5$[HP] 이하의 소용량
  ㉡ Y−Δ 기동법 : 출력 $P=5\sim15$[kW] 정도의 중용량
  - 기동 전류 $\frac{1}{3}$로 감소
  - 기동 토크 $\frac{1}{3}$로 감소

  ㉢ 리액터 기동법
  ㉣ 기동 보상기 기동법 : 출력 $P=20$[kW] 이상 대용량
  ㉤ 콘도르퍼(Korndorfer) 기동법

(2) 유도 전동기의 속도 제어

회전 속도 $N=\frac{120\cdot f}{P}(1-s)$[rpm]

① 주파수 제어 : 인견 공업의 포트 모터(pot motor)
② 극수 변환 제어
③ 1차 전압 제어
④ 2차 저항 제어
⑤ 종속 접속 제어
  ㉠ 직렬 종속 : $N=\frac{120f}{P_1+P_2}$[rpm]
  ㉡ 차동 종속 : $N=\frac{120f}{P_1-P_2}$[rpm]
  ㉢ 병렬 종속 : $N=\frac{2\times120f}{P_1+P_2}$[rpm]

⑥ 2차 여자 제어 : 권선형 유도 전동기의 2차에 슬립 주파수 전압(E_c)을 공급하여 슬립의 변화에 의해 속도를 제어하는 방법

(3) 제동법(전기적 제동)

① 단상 제동
② 직류 제동(발전 제동)
③ 회생 제동
④ 역상 제동 : 전동기의 1차 권선 3선 중 2선의 결선을 반대로 바꾸어 역토크에 의해 급제동

(4) 유도 전동기의 역률 개선 콘덴서 용량 Q[kVA]

$$Q = P(\tan\theta_1 - \tan\theta_2) = P\left(\frac{\sqrt{1-\cos^2\theta_1}}{\cos\theta_1} - \frac{\sqrt{1-\cos^2\theta_2}}{\cos\theta_2}\right)[\text{kVA}]$$

7 특수 농형 유도 전동기

* 2중 농형 유도 전동기 : 회전자의 홈(slot)을 2중으로 설치한 농형 유도 전동기
  - 외측 도체 : 저항이 크고, 리액턴스가 작은 도체
  - 기동 토크가 크고, 기동 전류가 작으므로 기동 특성이 우수하다.

8 단상 유도 전동기

기동 토크가 큰 순서에 따라 다음과 같이 분류된다.

① 반발 기동형
② 콘덴서 기동형
③ 분상 기동형
④ 셰이딩(shading) 코일형

9 특수 유도기

(1) 단상 유도 전압 조정기

① 원리 : 교번 자계, 단권 변압기의 원리를 이용한다
② 구조
  ㉠ 직렬 권선
  ㉡ 분포 권선
  ㉢ 단락 권선(누설 리액턴스에 의한 전압강하 방지)
③ 조정 전압(2차 전압) $V_2 = E_1 + E_2\cos\alpha$[V] (1차, 2차 전압의 위상차가 없다.)
④ 정격 용량 $P_1 = E_2 I_2 \times 10^{-3}$[kVA]

(2) 3상 유도 전압 조정기

① 원리 : 3상 회전 자계의 전자 유도 작용을 이용한다.
② 구조
  ㉠ 직렬 권선
  ㉡ 분포 권선
③ 정격 용량 $P_3 = 3E_2 I_2 \times 10^{-3}$[kVA]
④ 1차 전압과 2차 전압 사이 위상차 θ가 발생한다.

(3) 유도 발전기

① 구조가 간결하고 기동 운전이 용이하다.

② 동기 발전기와 병렬 운전하여 여자전류를 공급받는다.
③ 단락 시 여자전류가 없어 단락전류가 작다.
④ 공극의 치수가 작으므로 효율과 역률이 나쁘다.

10 단상 직권 정류자 전동기

교류, 직류 모두 사용하는 만능 전동기(universal motor)

(1) 속도 기전력

$$E_r = \frac{1}{\sqrt{2}} \frac{P}{a} Z \frac{N}{60} \phi_m [\mathrm{V}]$$

(2) 종류

① 직권형
② 보상 직권형
③ 유도 보상 직권형

(3) 특성 및 용도

① 교류 사용 시 역률 개선을 위해 약계자, 강전기자형을 사용한다.
② 보상 권선을 설치한다.
③ 변압기 기전력을 작게 한다.
④ 75[W] 정도 이하의 소출력 전동기는 가정용 재봉틀, 소형 공구, 치과 의료용, 진공청소기, 믹서(mixer), 엔진 등에 사용되고 있다.
⑤ 대용량 : 전기 철도

(4) 단상 반발 전동기 : 직권 정류자 전동기에서 분화

① 브러시의 이동으로 기동, 속도 제어를 자유롭게 할 수 있다.
② 종류
㉠ 아트킨손형
㉡ 톰슨형
㉢ 데리형

(5) 3상 직권 정류자 전동기의 중간 변압기 역할

① 회전자 전압을 정류 작용에 맞는 값으로 선정
② 권수비를 바꾸어 전동기의 특성 조정
③ 경부하에서 속도 상승 억제

(6) 3상 분권 정류자 전동기에서 특성이 가장 우수한 전동기는 시라게(schrage) 전동기이다.

11 스테핑 모터(Stepping motor)

펄스 구동 방식의 전동기로 피드백(feedback)이 없이 기계적 시스템에서 정밀한 위치 제어용 모터로 각도 오차가 작고, 오차는 누적되지 않으며, 기동, 정지, 정·역회전, 고속 응답 특성이 좋다.

(1) 분해능(Resolution)

$$\text{Resolution} = \frac{360°}{\beta(\text{스텝각})}$$

(2) 회전각

$$\theta = \beta \times \text{스텝수}$$

(3) 축속도

$$n = \frac{\beta \times f_p(\text{스테핑 주파수})}{360°}[\text{rps}]$$

12 선형 유도 전동기(Linear induction motor)

원형 모터를 펼쳐 놓은 형태의 직선 운동을 하는 리니어 모터

(1) 특성

① 구조가 간결하고 신뢰성이 높다.
② 원심력에 의한 가속 제한이 없다.
③ 동력 변환 기구(기어, 벨트)가 필요 없다.
④ 회전형에 비해 공극의 크기가 크다.

(2) 용도

이동 크레인, 컨베이어, 고속 철도의 견인 전동기, 미사일 발사장치

(3) 동기 속도

$$u_s = 2\tau f[\text{m/s}]$$

(4) 2차측 속도

$$u = u_s(1-s)[\text{m/s}]$$

여기서, τ : 극피치[m]
f : 전원 주파수
s : 슬립

13 서보 모터(Servo motor)

위치, 속도 및 토크 제어의 로봇용 모터

(1) 특성

① 빈번한 시동 정지, 역전 등의 가혹한 상태에 견딜 것
② 시동 토크가 크고, 관성 모멘트는 작고, 시정수가 짧을 것

(2) 제어 방식

① 전압 제어
② 위상 제어
③ 전압, 위상 혼합 제어

(3) 종류

① DC 서보 모터
㉠ 기동 토크가 크다.
㉡ 효율이 높다.
㉢ 제어 범위가 넓다.
② AC 서보 모터
㉠ 브러시가 없어 보수가 용이하다.
㉡ 신뢰성이 높다.
㉢ 증폭기 내에서 위상 조정으로 2상 전압을 얻는다.

핵심 05 정류기

1 회전 변류기

(1) **전압비** : $\dfrac{E}{E_d} = \dfrac{1}{\sqrt{2}} \sin \dfrac{\pi}{m}$

(2) **전류비** : $\dfrac{I}{I_d} = \dfrac{2\sqrt{2}}{m \cdot \cos\theta \cdot \eta}$

(3) 회전 변류기의 전압 조정법

① 직렬 리액턴스에 의한 방법
② 유도 전압 조정기를 사용하는 방법
③ 부하 시 전압 조정 변압기를 사용하는 방법
④ 동기 승압기에 의한 방법

2 수은 정류기

(1) 전압비 : $\frac{E_d}{E} = \frac{\sqrt{2} \cdot \sin\frac{\pi}{m}}{\frac{\pi}{m}}$

(2) 전류비 : $\frac{I_d}{I} = \sqrt{m}$

(3) 점호

아크를 발생하여 정류를 개시하는 것

(4) 이상 현상

① 역호 : 밸브 작용을 상실하여 전자가 역류하는 현상

* 역호의 원인 : 과부하에 의한 과전류, 과열, 과냉, 화성의 불충분

② 실호 : 점호 실패

③ 통호 : 아크 유출

④ 이상 전압 발생

3 반도체 정류기(다이오드)

(1) 단상 반파 정류 회로

① 직류 전압 : $E_d = \frac{\sqrt{2}}{\pi}E = 0.45E$[V]

② 직류 전류 : $I_d = \frac{E_d}{R} = 0.45\frac{E}{R}$[A]

③ 첨두 역전압(Peak Inverce Voltage) : 정류기(다이오드)에 역으로 인가되는 최고의 전압

$V_{\text{in}} = E_m = \sqrt{2}E$

(2) 단상 전파 정류 회로

① 직류 전압 : $E_d = \frac{2\sqrt{2}}{\pi}E = 0.9E$[V]

(정류기의 전압강하 e[V]일 때 $E_d = \frac{2\sqrt{2}}{\pi}E - e$[V])

② 첨두 역전압 : $V_{\text{in}} = \sqrt{2}E \times 2 = 2\sqrt{2}E = 2\sqrt{2} \times \frac{E_d}{0.9}$[V]

(3) 단상 브리지 정류(전파 정류) 회로

* 직류 전압 : $E_d = \frac{2\sqrt{2}}{\pi}E = 0.9E$[V]

(4) 3상 반파 정류 회로

* 직류 전압 : $E_d = \dfrac{3\sqrt{3}}{\sqrt{2}\pi}E = 1.17E$[V]

(5) 3상 전파 정류 회로

* 직류 전압 : $E_d = 1.17E \times \dfrac{2}{\sqrt{3}} = 1.35E$[V]

4 맥동률과 정류 효율

(1) 맥동률 : ν[%]

$$\text{맥동률 } \nu = \frac{\text{출력 전압(전류)의 교류 성분}}{\text{출력 전압(전류)의 직류 성분}} \times 100[\%]$$

(2) 정류 효율 : η[%]

$$\text{정류 회로의 효율 } \eta = \frac{P_{dc}(\text{직류 출력})}{P_{ac}(\text{교류 입력})} \times 100[\%]$$

(3) 맥동률, 정류 효율 및 맥동 주파수

정류 종류	단상 반파	단상 전파	3상 반파	3상 전파
맥동률[%]	121	48	17	4
정류 효율[%]	40.6	81.2	96.7	99.8
맥동 주파수	f	$2f$	$3f$	$6f$

5 반도체 제어 정류 소자

(1) 사이리스터(thyristor)

사이리스터는 PNPN 4층 구조를 기본으로 하는 반도체 소자로 스위칭 특성에 따라 여러 종류가 있다. 그 중에서 대표적인 소자가 SCR이며 흔히 사이리스터라고 한다.
SCR(Silicon Controlled Rectifier)의 구조와 그림 기호는 다음과 같다.

① 래칭 전류(Latching current) : 사이리스터를 오프(OFF) 상태에서 온(ON) 상태로 스위칭 할 때 필요한 최소한의 애노드 전류이다.

② 유지 전류(Holding current) : 사이리스터가 온(ON) 상태를 유지하는 데 필요한 최소한의 애노드 전류이다.

(2) SCR의 단상 브리지 정류

* 직류 전압 : $E_{d\alpha} = E_{do}\dfrac{1+\cos\alpha}{2}$[V]

($E_{d\alpha} = E_{do} \cdot \cos\alpha$[V] 전류가 연속하는 경우, 즉 $L = \infty$)

(3) 사이리스터의 종류

명 칭		도기호	용 도
단일 방향 사이리스터	SCR	A, K, G	정류, 직류 및 교류 제어
	LASCR	A, K, G	광스위치, 직류 및 교류 제어
	GTO	A, K, G	직류 및 교류 제어용 소자
	SCS	A, K, G_K, G_A	광에 의한 스위치 제어
쌍방향 사이리스터	SSS	A, K	교류 제어용 네온사인 조광
	TRIAC	T_1, T_2, G	교류 전력 제어

(4) 전력 변환 기기

① 컨버터(converter) : 교류를 직류로 변환
② 인버터(inverter) : 직류를 교류로 변환
③ 사이클로컨버터(cycloconverter) : 교류를 교류로 변환(주파수 변환 장치)
④ 초퍼 인버터(chopper inverter) : 직류를 직류로 변환(직류 변압기)

(5) 다이오드의 보호

① 과전압 보호 : 다이오드를 직렬로 추가 접속한다.
② 과전류 보호 : 다이오드를 병렬로 추가 접속한다.

(6) 부스트 컨버터(Boost-converter) : DC → DC로 승압하는 변환기

출력 전압 $V_o = \dfrac{1}{1-D} V_i[\mathrm{V}]$

여기서, V_o : 출력 전압
V_i : 입력 전압
D : 듀티비(duty ratio)

04 CHAPTER 회로이론

핵심 01 직류회로

1 전류

$$i = \frac{dQ}{dt}[\mathrm{A}] = [\mathrm{C/s}]$$

(1) 전하량 : $Q = \int_0^t i dt [\mathrm{C}] = [\mathrm{A \cdot s}]$

(2) 단위 : $[\mathrm{C}] = [\mathrm{A \cdot s}] = \frac{1}{3{,}600}[\mathrm{A \cdot h}]$

2 전압

$$V = \frac{W}{Q}[\mathrm{V}] = [\mathrm{J/C}]$$

3 전력

$$P = \frac{W}{t} = \frac{VQ}{t} = VI[\mathrm{W}] = [\mathrm{J/s}]$$

4 전기저항

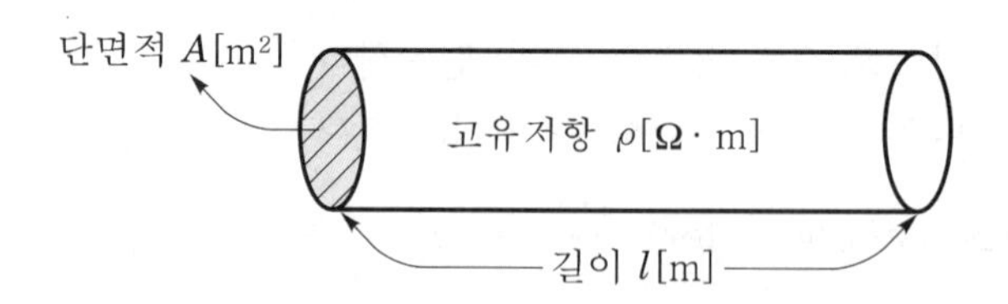

(1) 전기저항 : $R = \rho \frac{l}{A} = \frac{l}{kA}[\Omega]$

(2) 컨덕턴스 : $G = \frac{1}{R}[\mho]$

5 옴의 법칙

$$I = \frac{V}{R}[\text{A}],\ \ V = IR[\text{V}],\ \ R = \frac{V}{I}[\Omega]$$

6 분압법칙

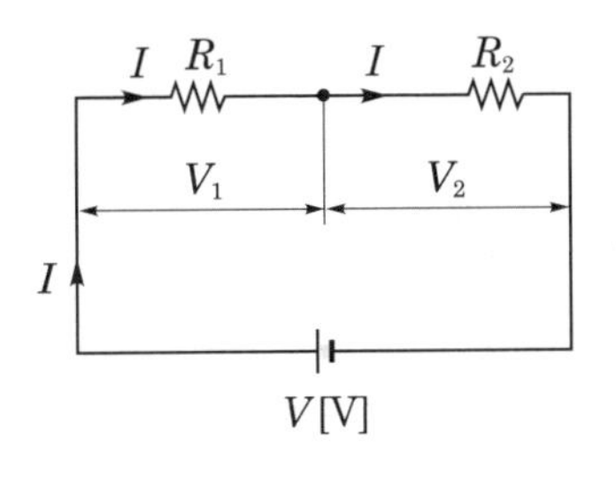

- $V_1 = R_1 I = \dfrac{R_1}{R_1 + R_2} V[\text{V}]$
- $V_2 = R_2 I = \dfrac{R_2}{R_1 + R_2} V[\text{V}]$

7 분류법칙

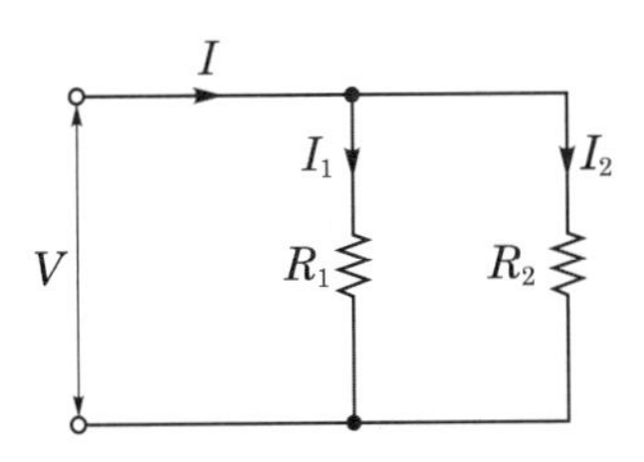

- $I_1 = \dfrac{V}{R_1} = \dfrac{R_2}{R_1 + R_2} I\,[\text{A}]$
- $I_2 = \dfrac{V}{R_2} = \dfrac{R_1}{R_1 + R_2} I\,[\text{A}]$

8 배율기

전압계의 측정 범위를 확대하기 위해서 전압계와 직렬로 접속한 저항

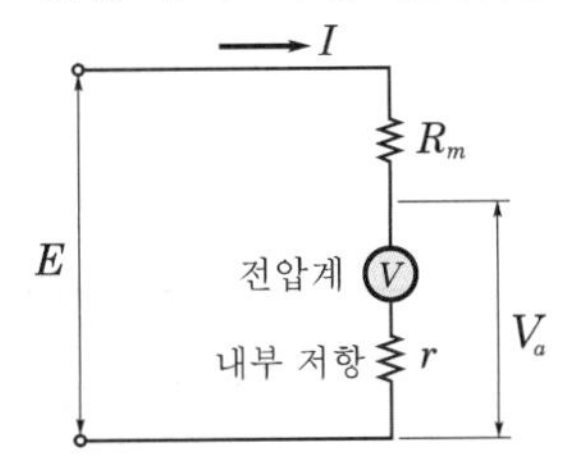

- 배율 $m = 1 + \dfrac{R_m}{r}$

9 분류기

전류계의 측정 범위를 확대하기 위해서 전류계와 병렬로 접속한 저항

Rs
전류계
A
r
I
Ia
내부 저항

- 배율 $m = 1 + \dfrac{r}{R_s}$

핵심 02 정현파 교류

1 순시값

$v = V_m \sin\omega t$

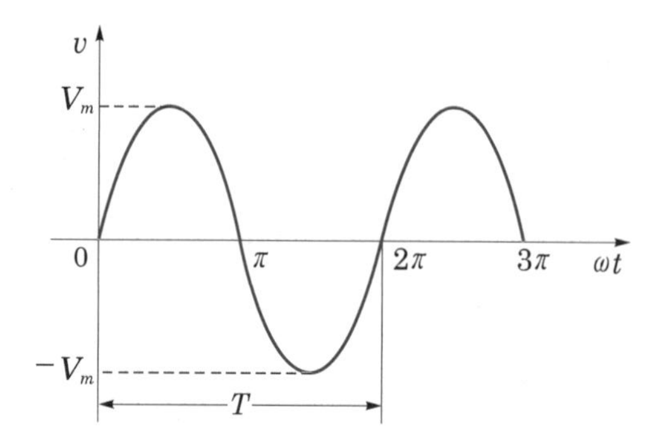

(1) 주기와 주파수와의 관계 : $f = \dfrac{1}{T}[\mathrm{Hz}],\ \ T = \dfrac{1}{f}[\mathrm{s}]$

(2) 각주파수(ω) : $\omega = \dfrac{\theta}{t} = \dfrac{2\pi}{T} = 2\pi f\,[\mathrm{rad/s}]$

2 교류의 크기

(1) 평균값(가동 코일형 계기로 측정) : $V_{av} = \dfrac{1}{T}\displaystyle\int_0^T v\,dt\,[\mathrm{V}]$

(2) 실효값(열선형 계기로 측정) : $V = \sqrt{\dfrac{1}{T}\displaystyle\int_0^T v^2 dt}\,[\mathrm{V}]$

(3) 여러 가지 파형의 평균값과 실효값

구분 / 파형	평균값	실효값
정현파 또는 전파	$V_{av} = \dfrac{2}{\pi}V_m$	$V = \dfrac{1}{\sqrt{2}}V_m$
반파(정현 반파)	$V_{av} = \dfrac{1}{\pi}V_m$	$V = \dfrac{1}{2}V_m$
맥류파(반구형파)	$V_{av} = \dfrac{1}{2}V_m$	$V = \dfrac{1}{\sqrt{2}}V_m$
삼각파 또는 톱니파	$V_{av} = \dfrac{1}{2}V_m$	$V = \dfrac{1}{\sqrt{3}}V_m$
제형파	$V_{av} = \dfrac{2}{3}V_m$	$V = \dfrac{\sqrt{5}}{3}V_m$
구형파	$V_{av} = V_m$	$V = V_m$

(4) 파고율과 파형률

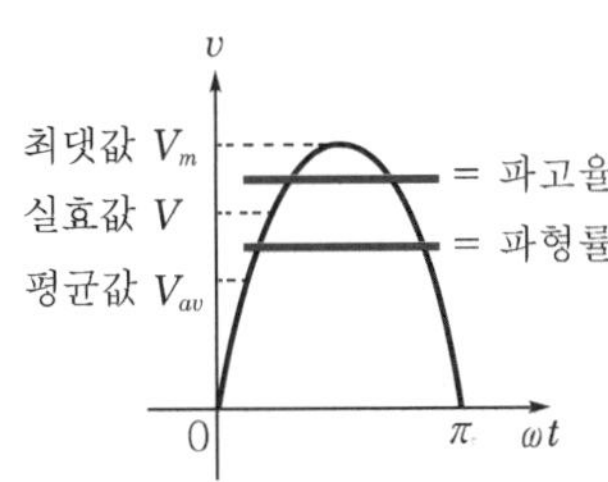
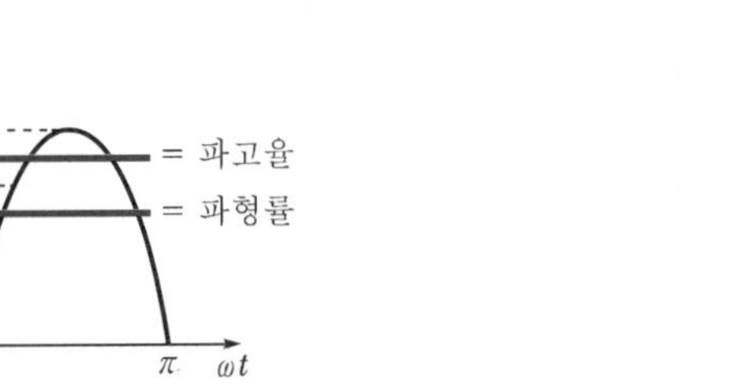

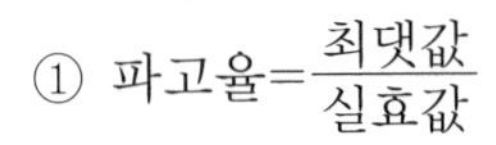

① 파고율 $=\dfrac{\text{최댓값}}{\text{실효값}}$

② 파형률 $=\dfrac{\text{실효값}}{\text{평균값}}$

3 정현파 교류의 합과 차

$v_1 = \sqrt{2}\,V_1 \sin(\omega t + \theta_1)$, $v_2 = \sqrt{2}\,V_2 \sin(\omega t + \theta_2)$일 때, $v = v_1 \pm v_2 = \sqrt{2}\,V \sin(\omega t + \theta)$

* 크기

$V = \sqrt{V_1^{\,2} + V_2^{\,2} \pm 2V_1V_2\cos\theta}$ (+ : 합, − : 차)

여기서, $\theta = \theta_1 - \theta_2$ 위상차

4 복소수

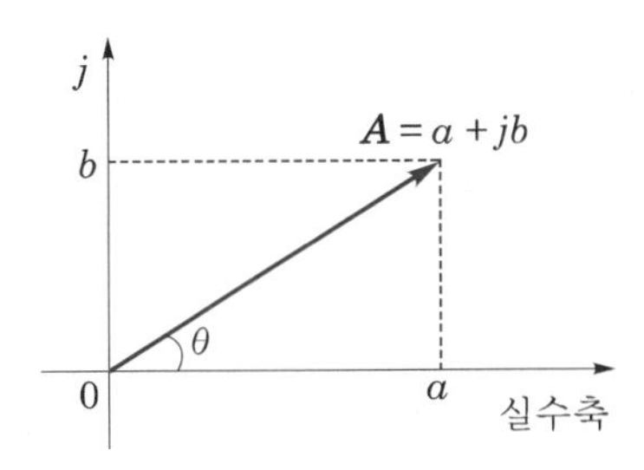

(1) 표시법

① 직각좌표형 : $\boldsymbol{A} = a + jb$

② 극좌표형 : $\boldsymbol{A} = |A|\angle\theta$

③ 지수함수형 : $\boldsymbol{A} = |A|e^{j\theta}$

④ 삼각함수형 : $\boldsymbol{A} = |A|(\cos\theta + j\sin\theta)$

(2) 복소수 연산

① 합과 차 : 직각좌표형인 경우 실수부는 실수부끼리, 허수부는 허수부끼리 더하고 뺀다.

② 곱셈과 나눗셈 : 극좌표형으로 바꾸어 곱셈의 경우는 크기는 곱하고 각도는 더하며, 나눗셈의 경우는 크기는 나누고 각도는 뺀다.

핵심 03 기본 교류회로

1 저항(R)만의 회로

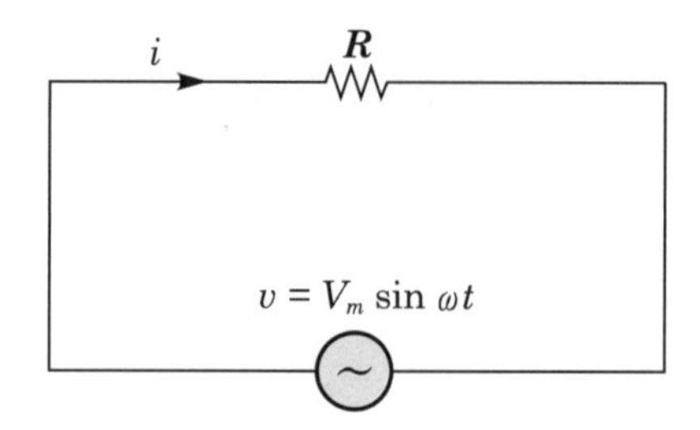

(1) **전압, 전류의 위상차** : 전압, 전류의 위상차는 동상이다.

(2) **기호법** : $V = R \cdot I$[V], $I = \dfrac{V}{R}$[A]

2 인덕턴스(L)만의 회로

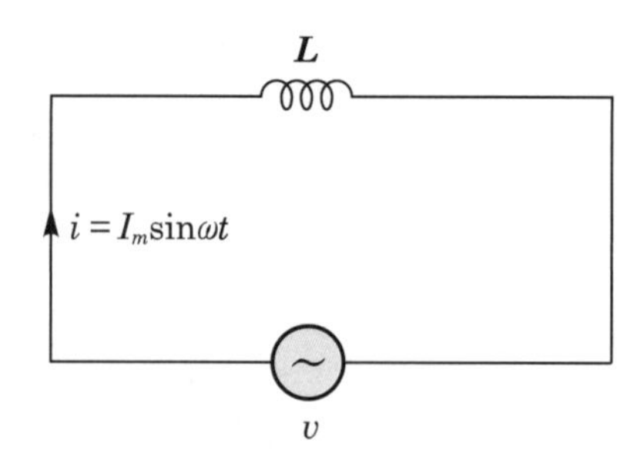

(1) **전압, 전류의 위상차** : 전류는 전압보다 위상이 90° 뒤진다.

(2) **유도 리액턴스** : $jX_L = j\omega L = j2\pi f L$[Ω]

(3) **기호법** : $V = jX_L I$[V], $I = \dfrac{V}{jX_L} = -j\dfrac{V}{X_L}$[A]

(4) **코일에서 급격히 변화할 수 없는 것** : 전류

(5) **코일에 축적(저장)되는 에너지** : $W = \dfrac{1}{2}LI^2$[J]

3 커패시턴스(C)만의 회로

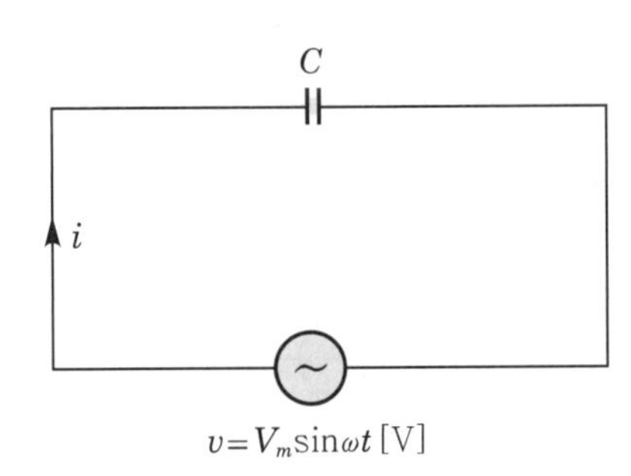

(1) **전압, 전류의 위상차** : 전류는 전압보다 위상이 90° 앞선다.

(2) **용량 리액턴스** : $-jX_C = \dfrac{1}{j\omega C} = \dfrac{1}{j2\pi f C}[\Omega]$

(3) **기호법** : $\boldsymbol{V} = -jX_C\boldsymbol{I} = -j\dfrac{1}{\omega C}\boldsymbol{I}[\mathrm{V}]$, $\boldsymbol{I} = \dfrac{\boldsymbol{V}}{-jX_C} = j\omega C\boldsymbol{V}[\mathrm{A}]$

(4) **콘덴서에서 급격히 변화할 수 없는 것** : 전압

(5) **콘덴서에 축적(저장)되는 에너지** : $W = \dfrac{1}{2}CV^2 = \dfrac{Q^2}{2C}[\mathrm{J}]$

4 $R-L$ 직렬회로

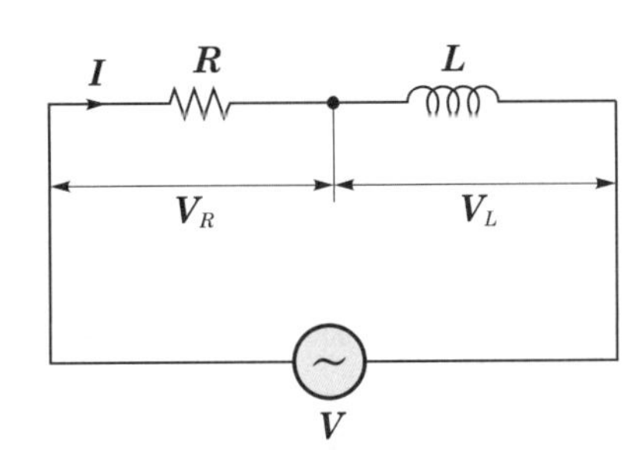

(1) **임피던스** : $Z = R + jX_L = R + j\omega L[\Omega]$

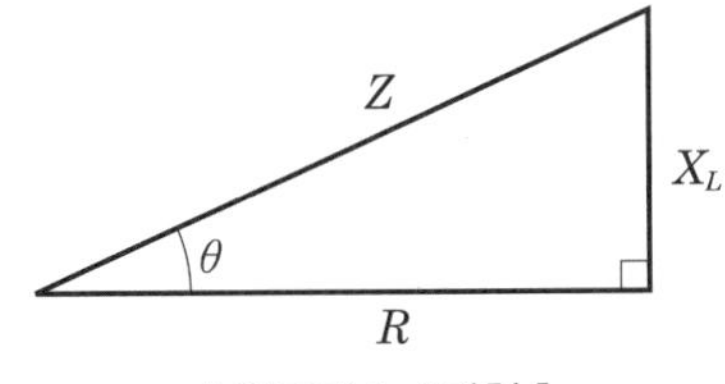

▌임피던스 3각형▐

(2) **위상차** : $\theta = \tan^{-1}\dfrac{V_L}{V_R} = \tan^{-1}\dfrac{X_L}{R}$

(3) **역률** : $\cos\theta = \dfrac{R}{Z} = \dfrac{R}{\sqrt{R^2 + {X_L}^2}}$

5 $R-C$ 직렬회로

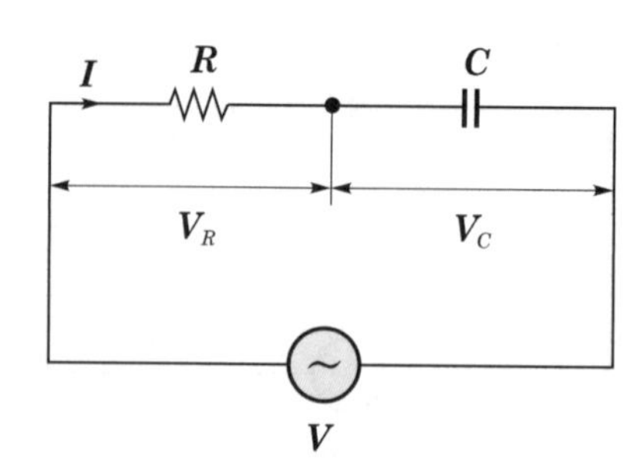

(1) **임피던스** : $Z = R - jX_C = R - j\dfrac{1}{\omega C}\,[\Omega]$

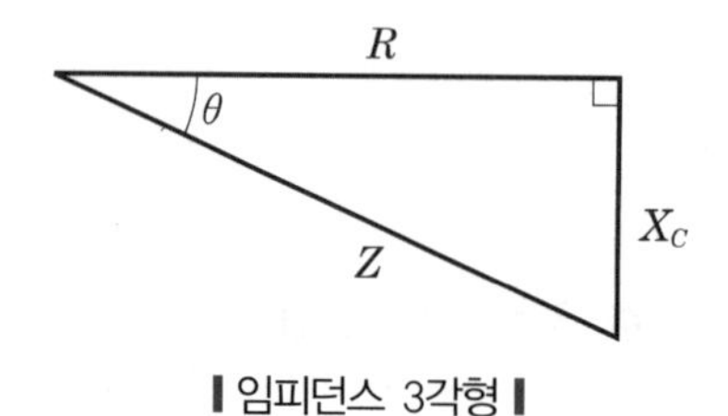

▌임피던스 3각형▐

(2) **위상차** : $\theta = \tan^{-1}\dfrac{V_C}{V_R} = \tan^{-1}\dfrac{X_C}{R}$

(3) **역률** : $\cos\theta = \dfrac{R}{Z} = \dfrac{R}{\sqrt{R^2 + {X_C}^2}}$

6 $R-L-C$ 직렬회로

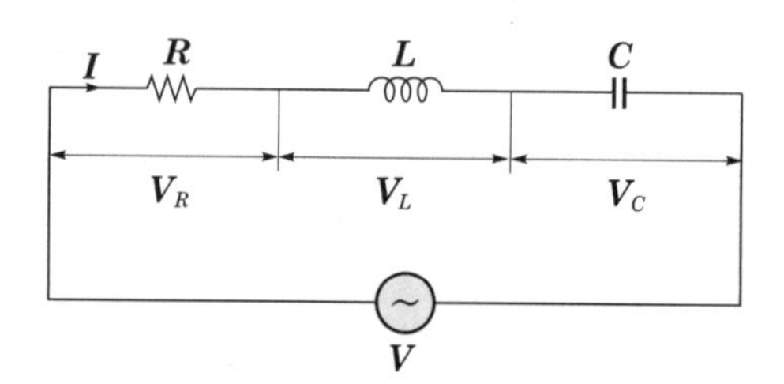

(1) **임피던스** : $Z = R + j(X_L - X_C)\,[\Omega]$

(2) **전압, 전류의 위상차**

① $X_L > X_C$, $\omega L > \dfrac{1}{\omega C}$인 경우 : 유도성 회로
전류는 전압보다 위상이 θ만큼 뒤진다.

② $X_L < X_C$, $\omega L < \dfrac{1}{\omega C}$인 경우 : 용량성 회로
전류는 전압보다 위상이 θ만큼 앞선다.

(3) 역률 : $\cos\theta = \dfrac{R}{Z} = \dfrac{R}{\sqrt{R^2 + (X_L - X_C)^2}}$

7 $R-L$ 병렬회로

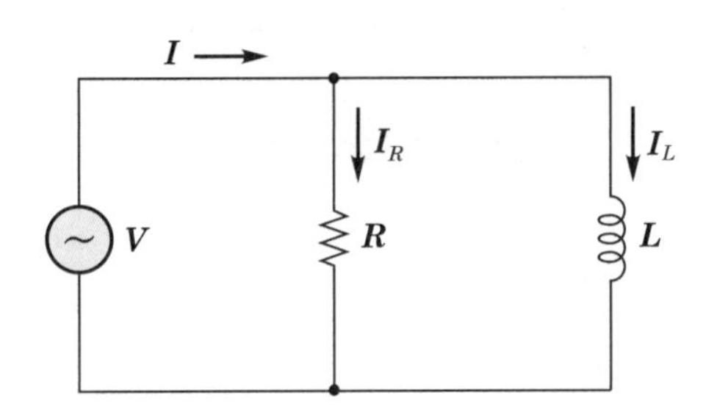

(1) 전전류(전압 일정) : $I = I_R + I_L = \dfrac{V}{R} - j\dfrac{V}{X_L}$

(2) 어드미턴스 : $Y = \dfrac{I}{V} = \dfrac{1}{R} - j\dfrac{1}{X_L}$ [℧]

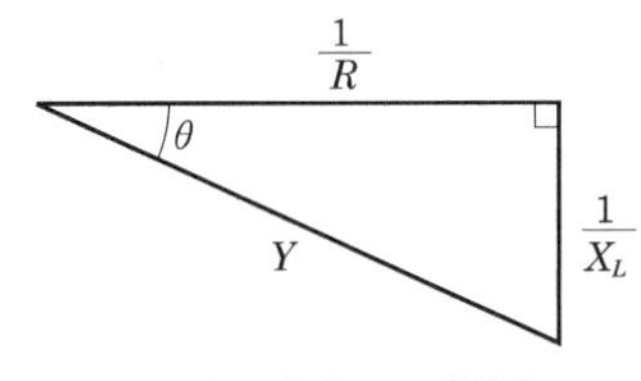

▌어드미턴스 3각형▐

(3) 위상차 : $\theta = \tan^{-1}\dfrac{I_L}{I_R} = \tan^{-1}\dfrac{R}{X_L}$

(4) 역률 : $\cos\theta = \dfrac{I_R}{I} = \dfrac{X_L}{\sqrt{R^2 + X_L{}^2}}$

8 $R-C$ 병렬회로

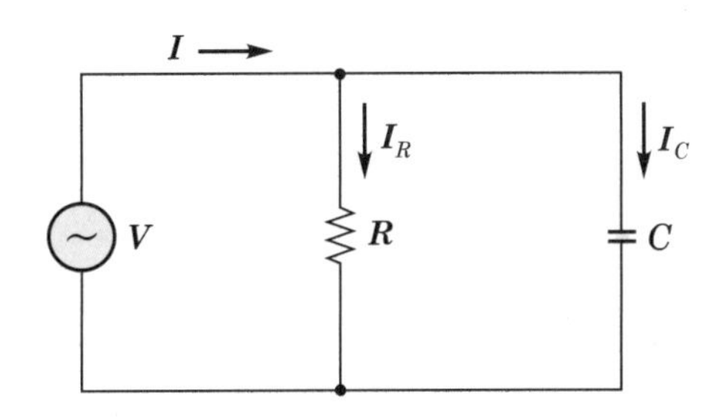

(1) 전전류(전압 일정) : $I = I_R + I_C = \dfrac{V}{R} + j\dfrac{V}{X_C}$

(2) 어드미턴스 : $Y = \frac{I}{V} = \frac{1}{R} + j\frac{1}{X_C}$ [℧]

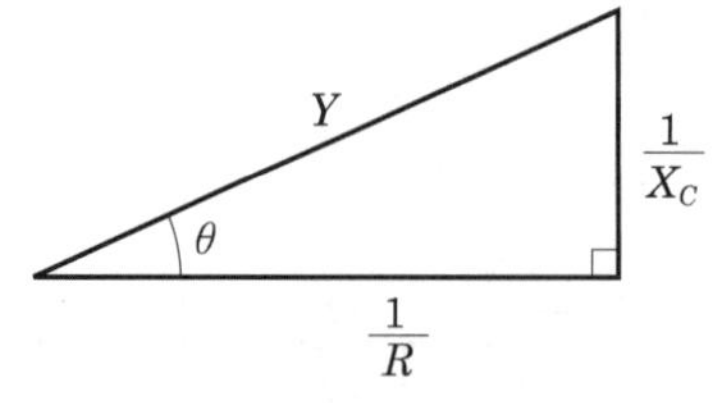

▎어드미턴스 3각형▎

(3) 위상차 : $\theta = \tan^{-1}\frac{I_C}{I_R} = \tan^{-1}\frac{R}{X_C}$

(4) 역률 : $\cos\theta = \frac{I_R}{I} = \frac{X_C}{\sqrt{R^2 + X_C^2}}$

9 $R-L-C$ 병렬회로

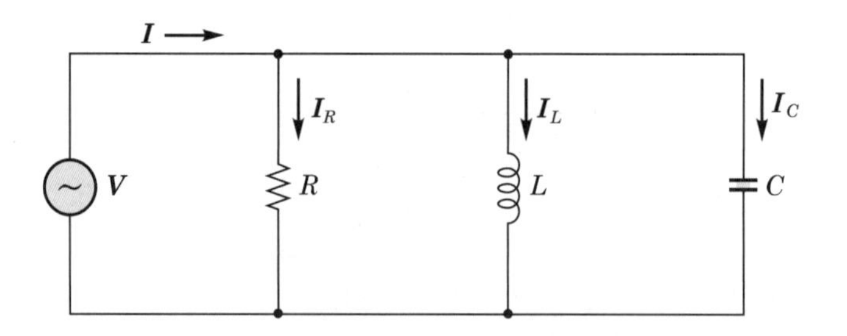

(1) 전전류(전압 일정) : $I = I_R + I_L + I_C = \frac{V}{R} - j\frac{V}{X_L} + j\frac{V}{X_C}$

(2) 어드미턴스 : $Y = \frac{I}{V} = \frac{1}{R} + j\left(\frac{1}{X_C} - \frac{1}{X_L}\right)$ [℧]

(3) 전압, 전류의 위상차

① $I_L > I_C$, $X_L < X_C$인 경우 : 유도성 회로

② $I_L < I_C$, $X_L > X_C$인 경우 : 용량성 회로

③ $I_L = I_C$, $X_L = X_C$인 경우 : 무유도성 회로

10 직렬 공진회로

$R-L-C$ 직렬회로의 임피던스 $\boldsymbol{Z} = R + j\left(\omega L - \frac{1}{\omega C}\right)$

(1) 의미

① 임피던스의 허수부의 값이 0인 상태의 회로

② 전류 최대인 상태의 회로

(2) **공진주파수** : $f_0 = \dfrac{1}{2\pi\sqrt{LC}}$ [Hz]

(3) **전압 확대율(Q)=첨예도(S)=선택도(S)**

$$Q = S = \frac{V_L}{V} = \frac{V_C}{V} = \frac{\omega_0 L}{R} = \frac{1}{\omega_0 CR} = \frac{1}{R}\sqrt{\frac{L}{C}}$$

11 이상적인 병렬 공진회로

$R-L-C$ 병렬회로의 어드미턴스는 $\boldsymbol{Y} = \dfrac{1}{R} + j\left(\omega C - \dfrac{1}{\omega L}\right)$

(1) **의미**

① 어드미턴스의 허수부의 값이 0인 상태의 회로

② 임피던스 최대인 상태로 전류 최소인 상태의 회로

(2) **공진주파수** : $f_0 = \dfrac{1}{2\pi\sqrt{LC}}$ [Hz]

(3) **전류 확대율(Q)=첨예도(S)=선택도(S)**

$$Q = S = \frac{I_L}{I} = \frac{I_C}{I} = \frac{R}{\omega_0 L} = \omega_0 CR = R\sqrt{\frac{C}{L}}$$

12 일반적인 병렬 공진회로

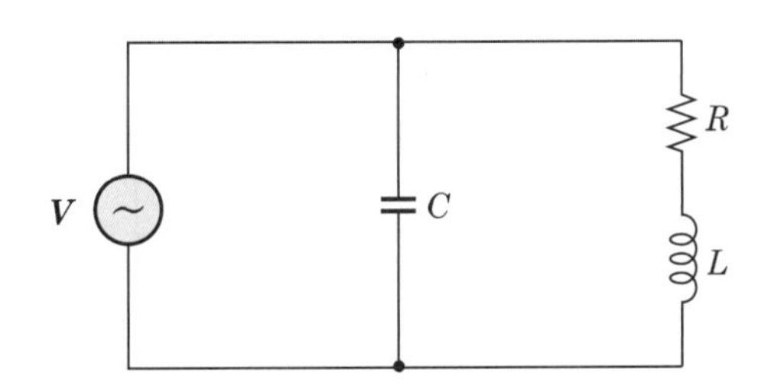

(1) **공진 조건** : $\omega C = \dfrac{\omega L}{R^2 + \omega^2 L^2}$

(2) **공진 시 공진 어드미턴스** : $Y_0 = \dfrac{R}{R^2 + \omega^2 L^2} = \dfrac{CR}{L}$ [℧]

(3) **공진주파수** : $f_0 = \dfrac{1}{2\pi\sqrt{LC}}\sqrt{1 - \dfrac{R^2 C}{L}}$ [Hz]

핵심 04 교류 전력

1 유효전력, 무효전력, 피상전력

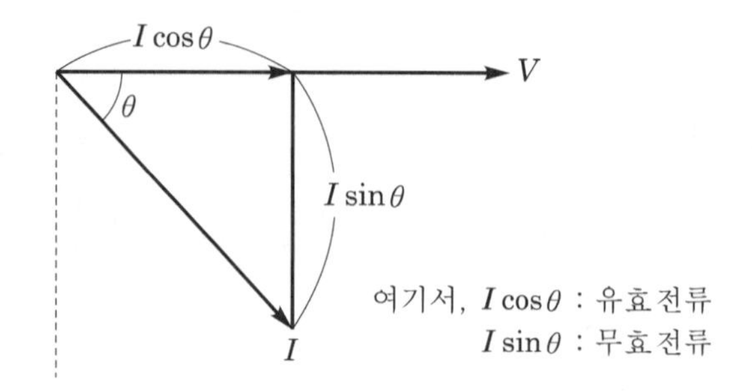

(1) **유효전력** : $P = VI\cos\theta = I^2 \cdot R = \dfrac{V^2}{R}$ [W]

(2) **무효전력** : $P_r = VI\sin\theta = I^2 \cdot X = \dfrac{V^2}{X}$ [Var]

(3) **피상전력** : $P_a = V \cdot I = I^2 \cdot Z = \dfrac{V^2}{Z}$ [VA]

2 유효전력(P), 무효전력(P_r), 피상전력(P_a)의 관계

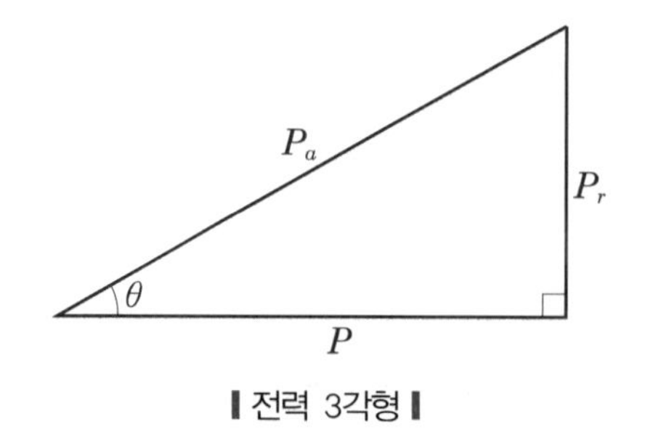

▮ 전력 3각형 ▮

(1) **유효전력** : $P = \sqrt{{P_a}^2 - {P_r}^2}$

(2) **무효전력** : $P_r = \sqrt{{P_a}^2 - P^2}$

(3) **피상전력** : $P_a = \sqrt{P^2 + {P_r}^2}$

3 복소전력

전압과 전류가 직각좌표계로 주어지는 경우의 전력 계산법

$P_a = \overline{V} \cdot I = P \pm jP_r$ (+ : 용량성 부하, − : 유도성 부하)

4 3전류계법, 3전압계법

(1) 3전류계법

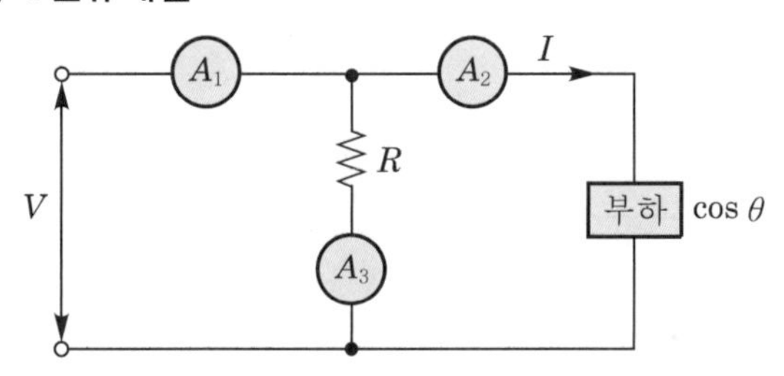

- 역률 : $\cos\theta = \dfrac{{A_1}^2 - {A_2}^2 - {A_3}^2}{2A_2A_3}$
- 전력 : $P = \dfrac{R}{2}({A_1}^2 - {A_2}^2 - {A_3}^2)$[W]

(2) 3전압계법

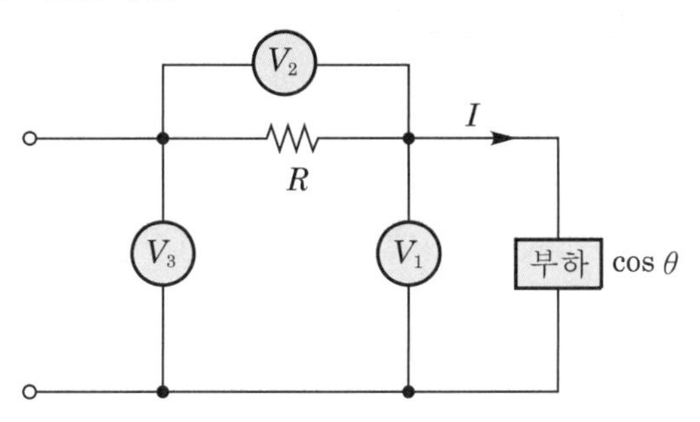

- 역률 : $\cos\theta = \dfrac{{V_3}^2 - {V_1}^2 - {V_2}^2}{2V_1V_2}$
- 전력 : $P = \dfrac{1}{2R}({V_3}^2 - {V_1}^2 - {V_2}^2)$[W]

5 최대 전력 전달

(1) 저항(R_L)만의 부하인 경우

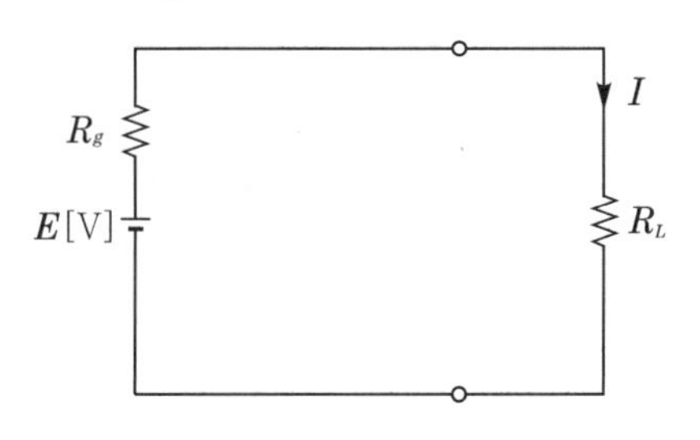

- 최대 전력 전달조건 : $R_L = R_g$
- 최대 전력 : $P_{\max} = \dfrac{E^2}{4R_g}$[W]

(2) 임피던스(Z_L) 부하인 경우

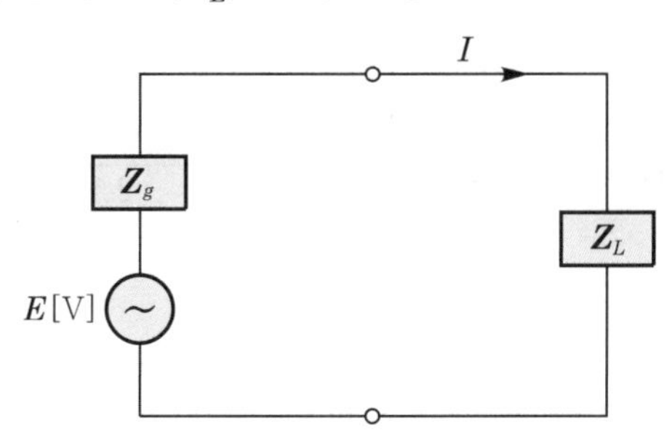

- 최대 전력 전달조건 : $Z_L = \overline{Z}_g = R_g - jX_g$
- 최대 공급 전력 : $P_{\max} = \dfrac{E^2}{4R_g}$[W]

핵심 05 유도 결합회로

1 상호 유도전압의 크기

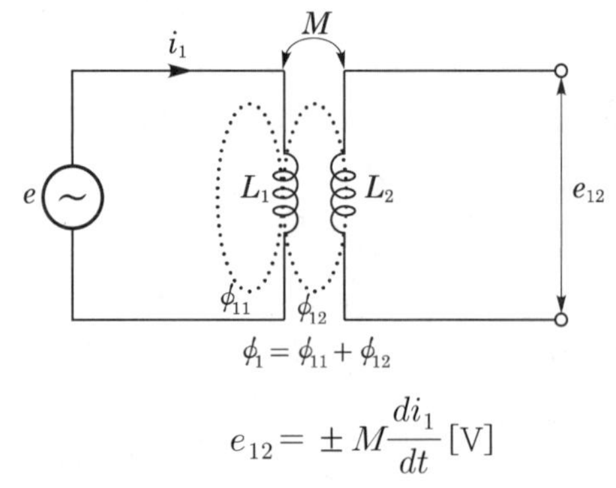

$$e_{12} = \pm M\frac{di_1}{dt}\,[\text{V}]$$

두 코일에서 생기는 자속이 합쳐지는 방향이면 +로 가동결합, 반대 방향이면 −로 차동결합이다.

2 인덕턴스 직렬접속

(1) 가동결합

• 합성 인덕턴스 : $L_0 = L_1 + L_2 + 2M\,[\text{H}]$

(2) 차동결합

• 합성 인덕턴스 : $L_0 = L_1 + L_2 - 2M\,[\text{H}]$

3 인덕턴스 병렬접속

(1) 가동결합(= 가극성)

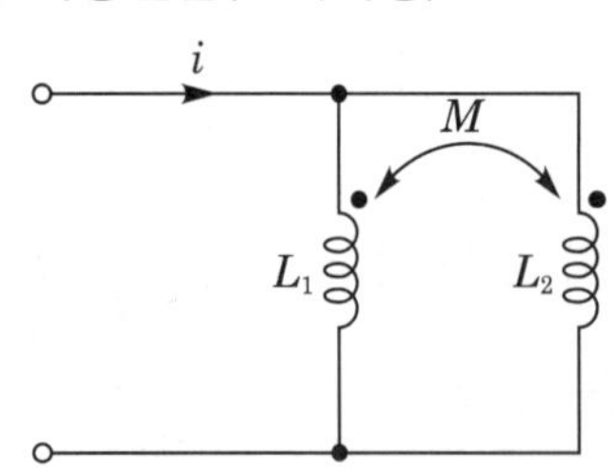

• 합성 인덕턴스 : $L_0 = \dfrac{L_1 L_2 - M^2}{L_1 + L_2 - 2M}\,[\text{H}]$

(2) 차동결합(= 감극성)

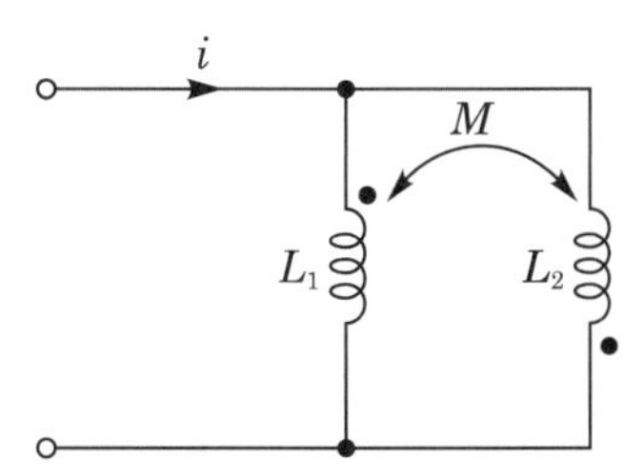

• 합성 인덕턴스 : $L_0 = \dfrac{L_1 L_2 - M^2}{L_1 + L_2 + 2M}$[H]

4 결합계수

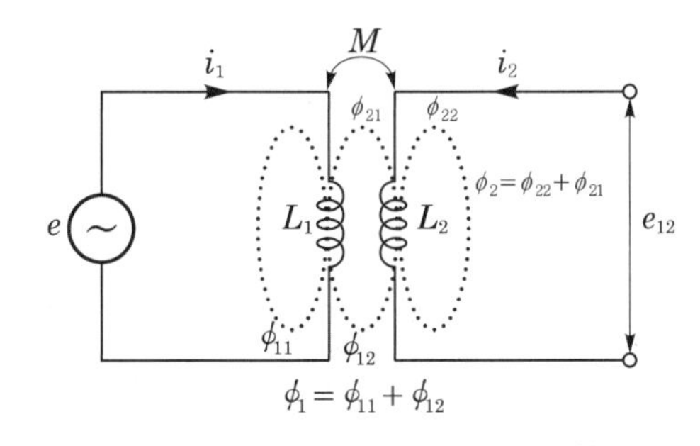

두 코일 간의 유도결합의 정도를 나타내는 계수로 $0 \leqq k \leqq 1$의 값

$$k = \sqrt{k_{12} \cdot k_{21}} = \sqrt{\frac{\phi_{12}}{\phi_1} \cdot \frac{\phi_{21}}{\phi_2}} = \frac{M}{\sqrt{L_1 L_2}}$$

5 이상 변압기

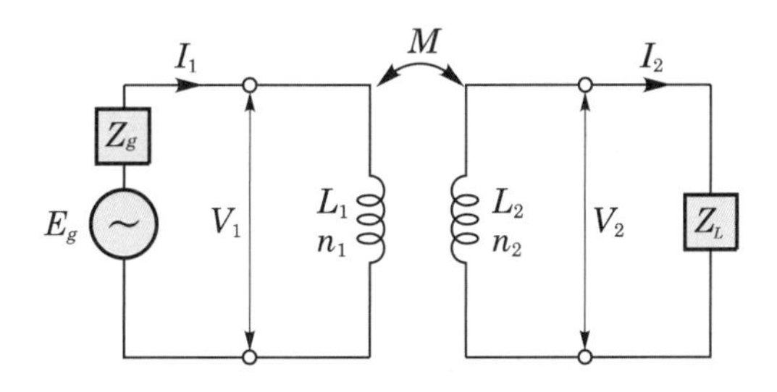

(1) **전압비** : $\dfrac{V_1}{V_2} = \dfrac{n_1}{n_2} = a$

(2) **전류비** : $\dfrac{I_1}{I_2} = \dfrac{n_2}{n_1} = \dfrac{1}{a}$

(3) **입력측 임피던스** : $a = \dfrac{n_1}{n_2} = \sqrt{\dfrac{Z_g}{Z_L}}$, $Z_g = a^2 Z_L = \left(\dfrac{n_1}{n_2}\right)^2 Z_L$

6 브리지 회로

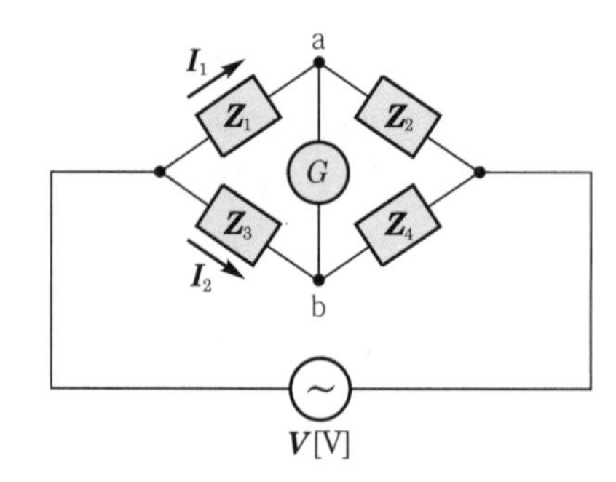

- 브리지 회로의 평형조건 : $Z_1 Z_4 = Z_2 Z_3$

7 벡터궤적

(1) 벡터궤적

종류 \ 구분	임피던스궤적	어드미턴스궤적(전류궤적)
$R-L$ 직렬회로	1상한 내의 반직선	4상한 내의 반원
$R-C$ 직렬회로	4상한 내의 반직선	1상한 내의 반원

(2) 역궤적

원점을 지나지 않는 직선의 역궤적은 원점을 지나는 원이며, 그 역도 성립한다.

핵심 06 일반 선형 회로망

1 키르히호프의 법칙

회로망 해석의 기본 법칙으로 선형, 비선형, 시변, 시불변에 무관하게 항상 성립되는 법칙이다.

(1) 제1법칙(전류 법칙)

임의의 한 점을 중심으로 들어가는 전류의 합은 나오는 전류의 합과 같다.

Σ 유입전류 = Σ 유출전류

(2) 제2법칙(전압 법칙)

회로망에서 임의의 폐회로를 구성했을 때 폐회로 내의 기전력의 합은 내부 전압강하의 합과 같다.

Σ 기전력 = Σ 전압강하

2 이상 전압원과 이상 전류원

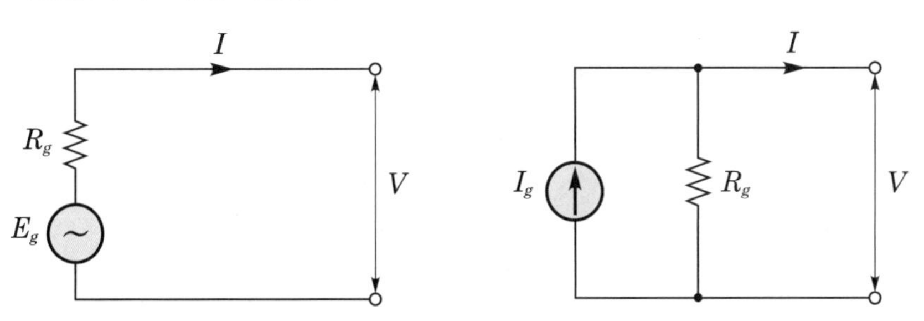

(1) 이상 전압원은 회로단자가 단락된 상태에서 내부저항 R_g가 0인 경우를 말한다.

(2) 이상 전류원은 회로단자가 개방된 상태에서 내부저항 R_g가 ∞인 경우를 말한다.

3 전압원 · 전류원 등가 변환

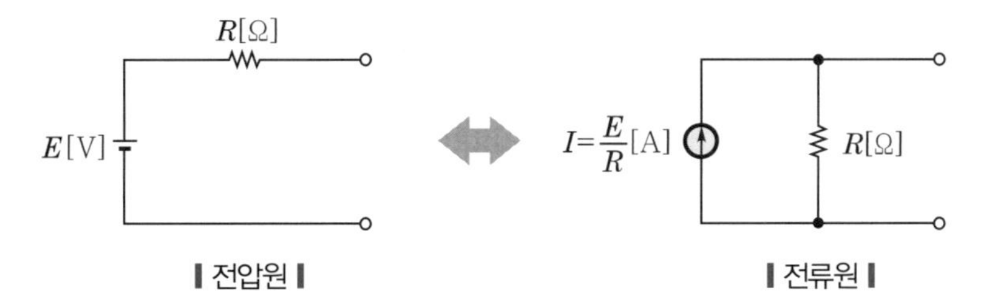

▌전압원▐ ▌전류원▐

4 중첩의 정리

회로망 내에 다수의 전압원과 전류원이 동시에 존재하는 회로망에 있어서 회로 전류는 각 전압원이나 전류원이 각각 단독으로 가해졌을 때 흐르는 전류를 합한 것과 같다.

5 테브난의 정리

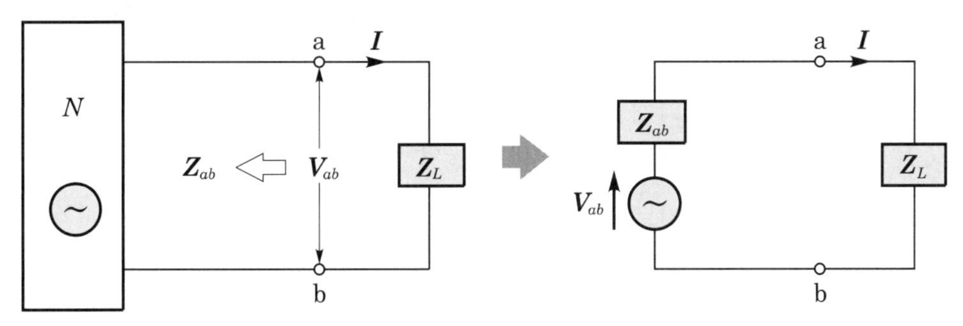

▌테브난의 등가회로▐

임의의 능동 회로망의 a, b단자에 부하 임피던스(Z_L)를 연결할 때 부하 임피던스(Z_L)에 흐르는 전류 $I = \dfrac{V_{ab}}{Z_{ab} + Z_L}$[A]가 된다.

6 밀만의 정리

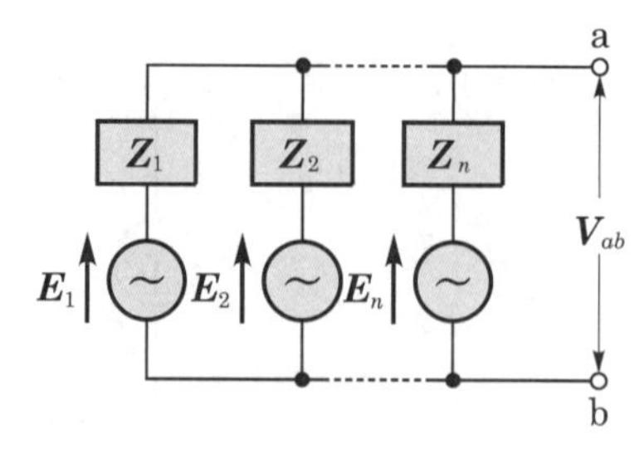

$$V_{ab} = \frac{\sum_{k=1}^{n} I_k}{\sum_{k=1}^{n} Y_k} = \frac{\frac{E_1}{Z_1} + \frac{E_2}{Z_2} + \cdots + \frac{E_n}{Z_n}}{\frac{1}{Z_1} + \frac{1}{Z_2} + \cdots + \frac{1}{Z_n}} \text{[V]}$$

7 회로망 기하학

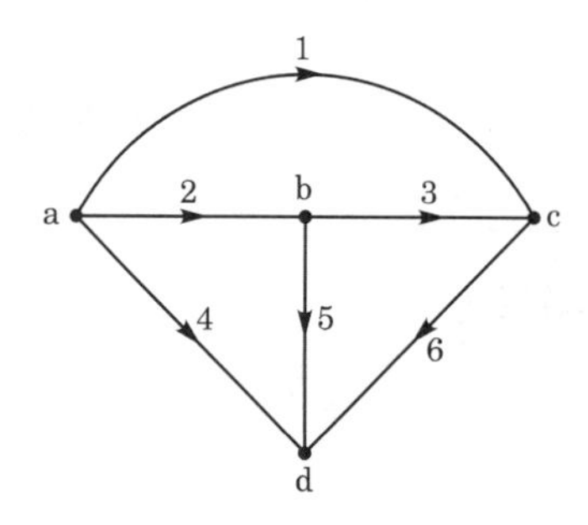

(1) **나무(tree)** : 모든 마디를 연결하면서 폐로를 만들지 않는 가지의 집합

① 나무의 총수 $= n^{n-2}$개

② 나뭇가지의 수 $= n-1$개

③ 나뭇가지의 수는 키르히호프 전류 법칙의 독립 방정식의 수와 같다.

(2) **보목(cotree 또는 link)** : 나무가 아닌 가지

① 보목의 수 $= b-(n-1)$개

② 보목의 수는 키르히호프 전압 법칙의 독립 방정식의 수와 같다.

(3) **폐로(loop)** : 몇 개의 가지로 이루어지는 폐회로

(4) **기본 폐로(unit loop)** : 폐로를 형성하면서 보목이 하나만 포함된 폐회로

핵심 07 다상 교류

1 대칭 3상의 복소수 표시

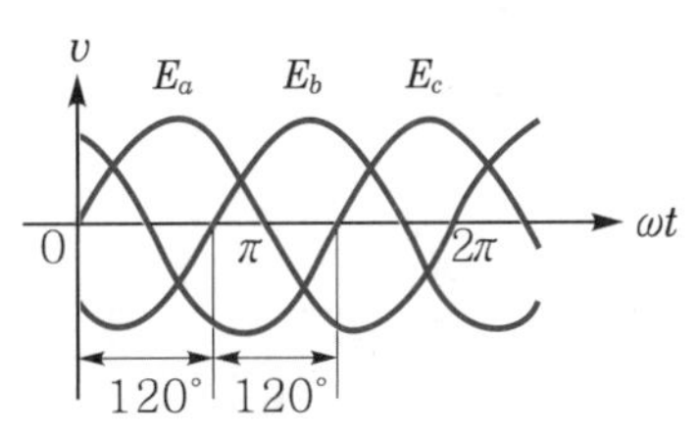

- $\boldsymbol{E}_a = E\angle 0° = E$
- $\boldsymbol{E}_b = E\angle -\frac{2}{3}\pi = E\left(-\frac{1}{2} - j\frac{\sqrt{3}}{2}\right) = a^2E$
- $\boldsymbol{E}_c = E\angle -\frac{4}{3}\pi = E\left(-\frac{1}{2} + j\frac{\sqrt{3}}{2}\right) = aE$

* 연산자 a의 의미

① a는 위상을 $\frac{2}{3}\pi$ 앞서게 하고, 크기는 $-\frac{1}{2} + j\frac{\sqrt{3}}{2}$의 크기를 갖는다.

② a^2은 위상을 $\frac{2}{3}\pi$ 뒤지게 하고, 크기는 $-\frac{1}{2} - j\frac{\sqrt{3}}{2}$의 크기를 갖는다.

2 성형 결선(Y결선)

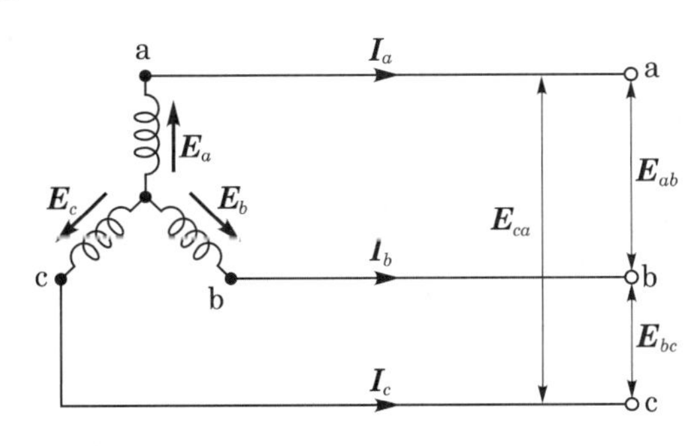

$V_l = \sqrt{3}\,V_p\angle\frac{\pi}{6}$[V], $I_l = I_p$[A]

여기서, 선간전압 : V_l, 선전류 : I_l

상전압 : V_p, 상전류 : I_p

3 환상 결선(△결선)

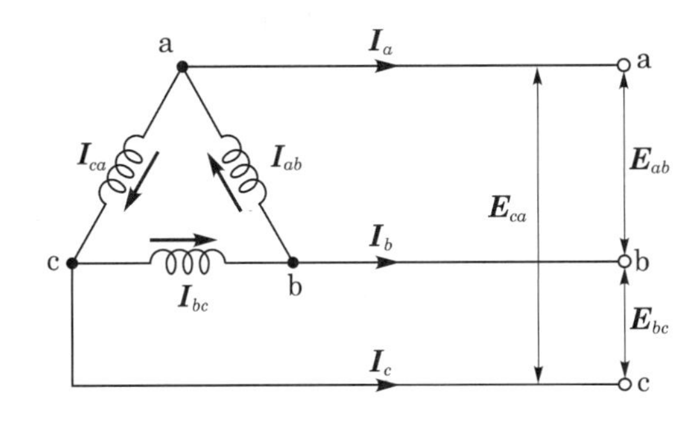

$I_l = \sqrt{3}\,I_p\angle-\frac{\pi}{6}$[A], $V_l = V_p$[V]

여기서, 선간전압 : V_l, 선전류 : I_l

상전압 : V_p, 상전류 : I_p

4 임피던스 등가 변환

(1) △ → Y 등가 변환

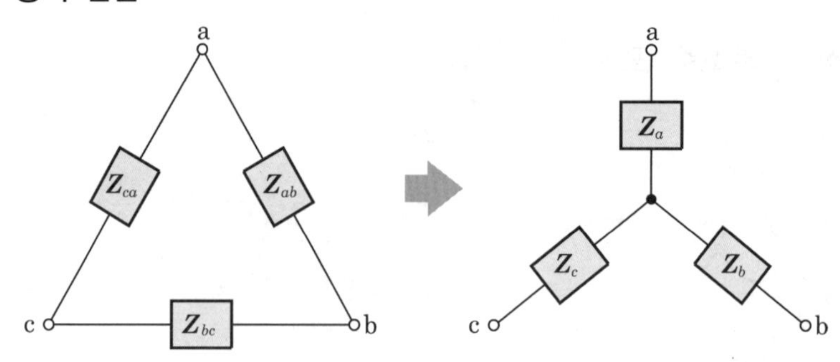

- $Z_a = \dfrac{Z_{ca} \cdot Z_{ab}}{Z_{ab} + Z_{bc} + Z_{ca}}$
- $Z_b = \dfrac{Z_{ab} \cdot Z_{bc}}{Z_{ab} + Z_{bc} + Z_{ca}}$
- $Z_c = \dfrac{Z_{bc} \cdot Z_{ca}}{Z_{ab} + Z_{bc} + Z_{ca}}$
- $Z_{ab} = Z_{bc} = Z_{ca}$인 경우 : $Z_{\mathrm{Y}} = \dfrac{1}{3} Z_{\triangle}$

(2) Y → △ 등가 변환

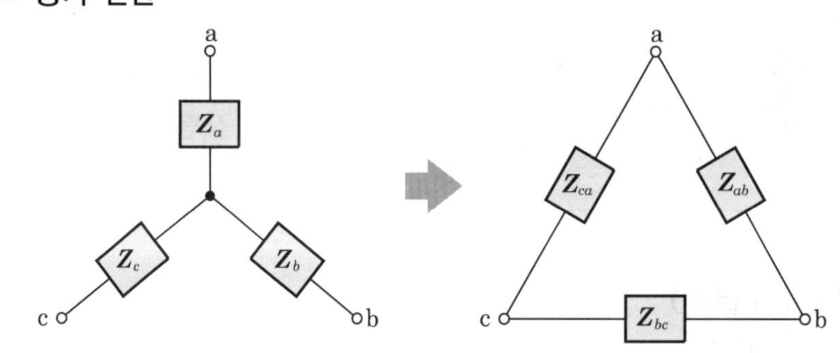

- $Z_{ab} = \dfrac{Z_a Z_b + Z_b Z_c + Z_c Z_a}{Z_c}$
- $Z_{bc} = \dfrac{Z_a Z_b + Z_b Z_c + Z_c Z_a}{Z_a}$
- $Z_{ca} = \dfrac{Z_a Z_b + Z_b Z_c + Z_c Z_a}{Z_b}$
- $Z_a = Z_b = Z_c$인 경우 : $Z_{\triangle} = 3 Z_{\mathrm{Y}}$

5 대칭 3상 전력

(1) **유효전력** : $P = 3V_pI_p\cos\theta = \sqrt{3}\,V_lI_l\cos\theta = 3I_p^2R$[W]

(2) **무효전력** : $P_r = 3V_pI_p\sin\theta = \sqrt{3}\,V_lI_l\sin\theta = 3I_p^2X$[Var]

(3) **피상전력** : $P_a = 3V_pI_p = \sqrt{3}\,V_lI_l = 3I_p^2Z = \sqrt{P^2 + P_r^2}$[VA]

6 Y결선과 △결선의 비교

(1) Y → △ 변환

① 임피던스의 비 : $\dfrac{Z_\triangle}{Z_Y} = 3$배

② 선전류의 비 : $\dfrac{I_\triangle}{I_Y} = 3$배

③ 소비전력의 비 : $\dfrac{P_\triangle}{P_Y} = 3$배

(2) △ → Y 변환

① 임피던스의 비 : $\dfrac{Z_Y}{Z_\triangle} = \dfrac{1}{3}$배

② 선전류의 비 : $\dfrac{I_Y}{I_\triangle} = \dfrac{1}{3}$배

③ 소비전력의 비 : $\dfrac{P_Y}{P_\triangle} = \dfrac{1}{3}$배

7 2전력계법

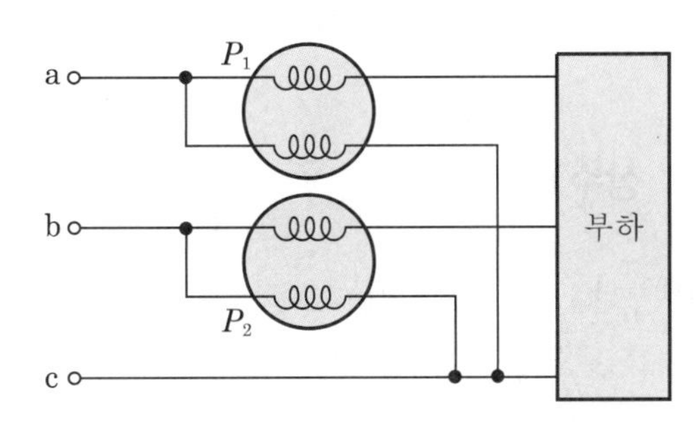

(1) **유효전력** : $P = P_1 + P_2$[W]

(2) **무효전력** : $P_r = \sqrt{3}(P_1 - P_2)$[Var]

(3) **피상전력** : $P_a = 2\sqrt{P_1^2 + P_2^2 - P_1P_2}$[VA]

(4) **역률** : $\cos\theta = \dfrac{P}{P_a} = \dfrac{P_1 + P_2}{2\sqrt{P_1^{\,2} + P_2^{\,2} - P_1 P_2}}$

* 2전력계법에서 전력계의 지시값에 따른 역률

① 하나의 전력계가 0인 경우의 역률($P_1 = 0$, $P_2 =$ 존재)

역률 : $\cos\theta = 0.5$

② 하나의 전력계가 다른 쪽 전력계 지시의 2배인 경우의 역률($P_2 = 2P_1$)

역률 : $\cos\theta = 0.866$

③ 하나의 전력계가 다른 쪽 전력계 지시의 3배인 경우의 역률($P_2 = 3P_1$)

역률 : $\cos\theta = 0.756$

8 V결선

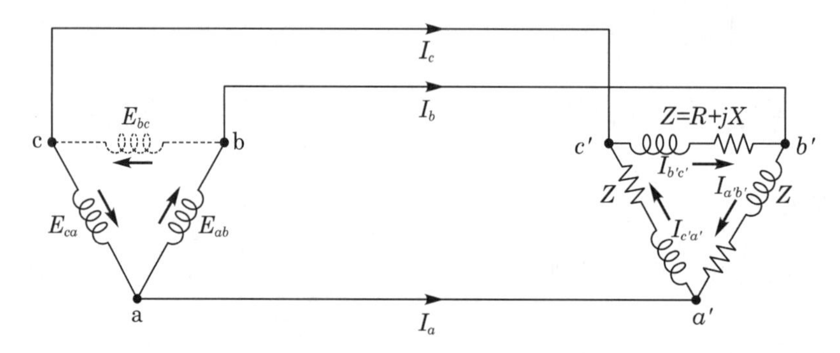

(1) **V결선의 출력** : $P = \sqrt{3}\,EI\cos\theta\,[\mathrm{W}]$

여기서, E : 선간전압, I : 선전류

(2) **V결선의 변압기 이용률** : $U = \dfrac{\sqrt{3}\,EI\cos\theta}{2EI\cos\theta} = \dfrac{\sqrt{3}}{2} = 0.866$

(3) **출력비** : $\dfrac{P_{\mathrm{V}}}{P_{\triangle}} = \dfrac{\sqrt{3}\,EI\cos\theta}{3EI\cos\theta} = \dfrac{1}{\sqrt{3}} = 0.577$

9 다상 교류회로(n : 상수)

(1) **성형 결선** : $V_l = 2\sin\dfrac{\pi}{n}\,V_p \angle \dfrac{\pi}{2}\left(1 - \dfrac{2}{n}\right)[\mathrm{V}]$

(2) **환상 결선** : $I_l = 2\sin\dfrac{\pi}{n}\,I_p \angle -\dfrac{\pi}{2}\left(1 - \dfrac{2}{n}\right)[\mathrm{A}]$

(3) **다상 교류의 전력** : $P = n\,V_p I_p \cos\theta = \dfrac{n}{2\sin\dfrac{\pi}{n}}\,V_l I_l \cos\theta\,[\mathrm{W}]$

10 교류의 회전자계

(1) **단상 교류가 만드는 회전자계** : 교번자계

(2) **대칭 3상 교류가 만드는 회전자계** : 원형 회전자계

(3) **비대칭 3상 교류가 만드는 회전자계** : 타원형 회전자계

11 중성점의 전위

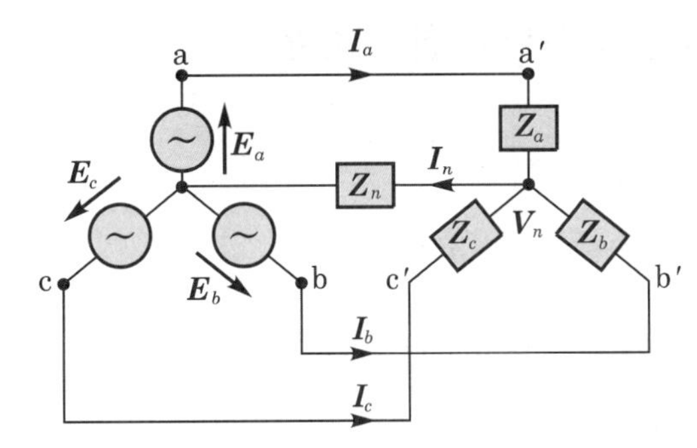

$$V_n = \frac{E_aY_a + E_bY_b + E_cY_c}{Y_a + Y_b + Y_c + Y_n} = \frac{\dfrac{E_a}{Z_a} + \dfrac{E_b}{Z_b} + \dfrac{E_c}{Z_c}}{\dfrac{1}{Z_a} + \dfrac{1}{Z_b} + \dfrac{1}{Z_c} + \dfrac{1}{Z_n}} \text{ [V]}$$

불평형 Y부하의 중성점의 전위(V_n)는 밀만의 정리가 성립된다.

핵심 08 대칭 좌표법

1 비대칭 3상 전압의 대칭분

(1) **영상분 전압** : $V_0 = \frac{1}{3}(V_a + V_b + V_c)$

(2) **정상분 전압** : $V_1 = \frac{1}{3}(V_a + aV_b + a^2V_c)$

(3) **역상분 전압** : $V_2 = \frac{1}{3}(V_a + a^2V_b + aV_c)$

* 연산자

- $a = -\frac{1}{2} + j\frac{\sqrt{3}}{2}$
- $a^2 = -\frac{1}{2} - j\frac{\sqrt{3}}{2}$

2 각 상의 비대칭 전압

비대칭 전압 V_a, V_b, V_c를 대칭분 전압 V_0, V_1, V_2로 표시하면

(1) $V_a = V_0 + V_1 + V_2$

(2) $V_b = V_0 + a^2 V_1 + a V_2$

(3) $V_c = V_0 + a V_1 + a^2 V_2$

3 대칭 3상 전압을 a상 기준으로 한 대칭분

(1) **영상 전압** : $V_0 = \dfrac{1}{3}(V_a + V_b + V_c) = 0$

(2) **정상 전압** : $V_1 = \dfrac{1}{3}(V_a + a V_b + a^2 V_c) = V_a$

(3) **역상 전압** : $V_2 = \dfrac{1}{3}(V_a + a^2 V_b + a V_c) = 0$

대칭 3상 전압의 대칭분은 영상분, 역상분의 전압은 0이고, 정상분만 V_a로 존재한다.

4 불평형률

대칭분 중 정상분에 대한 역상분의 비로 비대칭을 나타내는 척도가 된다.

$$\text{불평형률} = \frac{\text{역상분}}{\text{정상분}} \times 100[\%] = \frac{V_2}{V_1} \times 100[\%] = \frac{I_2}{I_1} \times 100[\%]$$

5 3상 교류 발전기의 기본식

(1) **영상분** : $V_0 = -Z_0 I_0$

(2) **정상분** : $V_1 = E_a - Z_1 I_1$

(3) **역상분** : $V_2 = -Z_2 I_2$

여기서, E_a : a상의 유기기전력

Z_0 : 영상 임피던스

Z_1 : 정상 임피던스

Z_2 : 역상 임피던스

6 1선 지락 고장

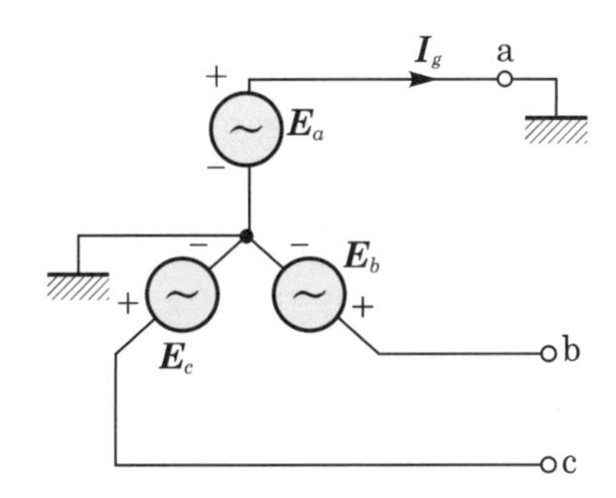

(1) **고장 조건** : $V_a = 0, \ I_b = I_c = 0$

(2) **대칭분 전류** : $I_0 = I_1 = I_2 = \dfrac{E_a}{Z_0 + Z_1 + Z_2}$

(3) **지락전류** : $I_g = I_a = I_0 + I_1 + I_2 = 3I_0 = \dfrac{3E_a}{Z_0 + Z_1 + Z_2}$

핵심 09 비정현파 교류

1 비정현파의 푸리에 급수에 의한 전개

$$y(t) = a_0 + \sum_{n=1}^{\infty} a_n \cos n\omega t + \sum_{n=1}^{\infty} b_n \sin n\omega t$$

2 대칭성

항목 \ 대칭	반파 대칭	정현 대칭	여현 대칭	반파·정현 대칭	반파·여현 대칭
함수식	$y(x) = -y(\pi + x)$	$y(x) = -y(2\pi - x)$ $y(x) = -y(-x)$	$y(x) = y(2\pi - x)$ $y(x) = y(-x)$		
특징	홀수항의 sin, cos항 존재	sin항만 존재	직류 성분과 cos항이 존재	홀수항의 sin항만 존재	홀수항의 cos항만 존재

3 비정현파의 실효값

$$V = \sqrt{V_0^{\ 2} + V_1^{\ 2} + V_2^{\ 2} + V_3^{\ 2} + \cdots}$$

직류 성분 및 기본파와 각 고조파의 실효값의 제곱의 합의 제곱근

4 왜형률

$$\text{왜형률} = \frac{\text{전 고조파의 실효값}}{\text{기본파의 실효값}}$$

5 비정현파의 전력

(1) 유효전력

$$P = V_0 I_0 + \sum_{n=1}^{\infty} V_n I_n \cos\theta_n = I_0^{\ 2}R + I_1^{\ 2}R + I_2^{\ 2}R + \cdots \,[\mathrm{W}]$$

* 비정현파 전력 계산 시 유의사항
  ① 직류는 유효전력만 존재하므로 무효전력식에는 직류 성분 V_0, I_0는 포함되지 않는다.
  ② 주파수가 같은 성분끼리 전력을 각각 구하여 모두 합한다.
  ③ 주파수가 서로 다르면 전력은 0이 된다.

(2) 무효전력 : $P_r = \sum_{n=1}^{\infty} V_n I_n \sin\theta_n \,[\mathrm{Var}]$

(3) 피상전력 : $P_a = VI = \sqrt{V_0^{\ 2} + V_1^{\ 2} + V_2^{\ 2} + V_3^{\ 2} + \cdots} \times \sqrt{I_0^{\ 2} + I_1^{\ 2} + I_2^{\ 2} + I_3^{\ 2} + \cdots} \,[\mathrm{VA}]$

(4) 역률 : $\cos\theta = \dfrac{P}{P_a} = \dfrac{P}{VI}$

6 비정현파의 직렬회로 해석

(1) $R-L$ 직렬회로

n고조파의 임피던스 : $Z_n = R + jn\omega L = \sqrt{R^2 + (n\omega L)^2}$

(2) $R-C$ 직렬회로

n고조파의 임피던스 : $Z_n = R - j\dfrac{1}{n\omega C} = \sqrt{R^2 + \left(\dfrac{1}{n\omega C}\right)^2}$

(3) $R-L-C$ 직렬회로

① n고조파의 공진 조건 : $n\omega L = \dfrac{1}{n\omega C}$

② n고조파의 공진주파수 : $f_0 = \dfrac{1}{2\pi n\sqrt{LC}}\,[\mathrm{Hz}]$

핵심 10 2단자망

1 구동점 임피던스($Z(s)$)

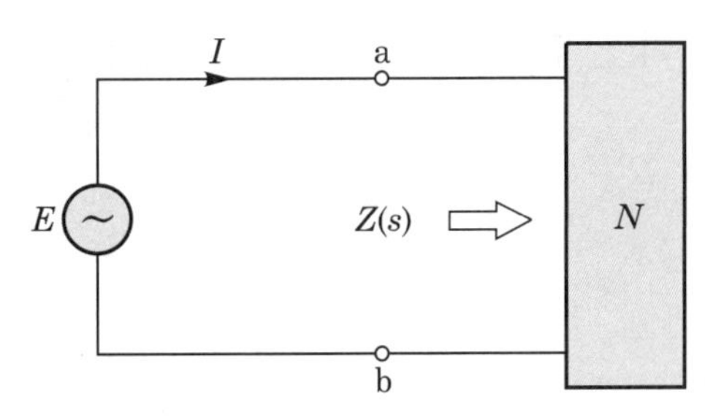

$R = R,\ X_L = j\omega L = sL,\ X_C = \dfrac{1}{j\omega C} = \dfrac{1}{sC}$

2 영점과 극점

(1) 영점

① $Z(s)$가 0이 되기 위한 s의 값
② $Z(s)$가 0이 되려면 $Z(s)$의 분자가 0이 되어야 한다.
③ 영점은 회로 단락상태가 된다.

(2) 극점

① $Z(s)$가 ∞가 되기 위한 s의 값
② $Z(s)$가 ∞가 되려면 $Z(s)$의 분모가 0이 되어야 한다.
③ 극점은 회로 개방상태가 된다.

3 2단자 회로망 구성법

2단자 회로망 구성 시 임피던스 $Z(s)$의 s는 인덕턴스 L을 의미하고 $\dfrac{1}{s}$은 C를 의미하며, L의 크기는 s의 계수가 되고 C의 크기는 $\dfrac{1}{s}$의 s의 계수가 된다. 반대로 어드미턴스 $Y(s)$의 경우에는 s는 C를 의미하고 $\dfrac{1}{s}$은 L를 의미하며 C의 크기는 s의 계수, L의 크기는 $\dfrac{1}{s}$의 s의 계수가 된다.

4 정저항 회로

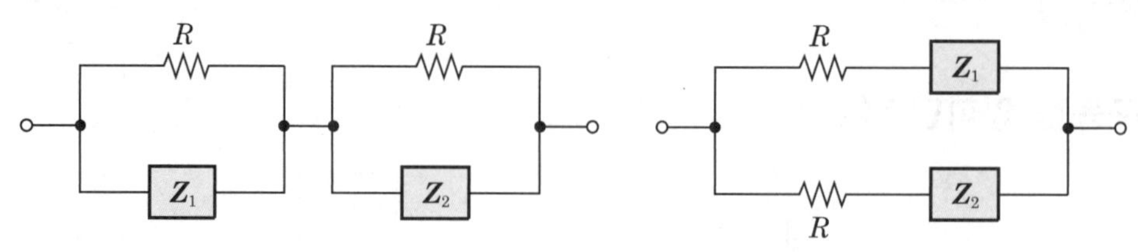

정저항 조건 : $Z_1 Z_2 = R^2$

핵심 11 4단자망

1 임피던스 파라미터(parameter)

$$\begin{bmatrix} V_1 \\ V_2 \end{bmatrix} = \begin{bmatrix} Z_{11} & Z_{12} \\ Z_{21} & Z_{22} \end{bmatrix} \begin{bmatrix} I_1 \\ I_2 \end{bmatrix}$$

$V_1 = Z_{11} I_1 + Z_{12} I_2$
$V_2 = Z_{21} I_1 + Z_{22} I_2$

* 임피던스 parameter를 구하는 방법

$Z_{11} = \left. \dfrac{V_1}{I_1} \right|_{I_2 = 0}$: 개방 구동점 임피던스

$Z_{22} = \left. \dfrac{V_2}{I_2} \right|_{I_1 = 0}$: 개방 구동점 임피던스

$Z_{12} = \left. \dfrac{V_1}{I_2} \right|_{I_1 = 0}$: 개방 전달 임피던스

$Z_{21} = \left. \dfrac{V_2}{I_1} \right|_{I_2 = 0}$: 개방 전달 임피던스

2 어드미턴스 파라미터(parameter)

$$\begin{bmatrix} I_1 \\ I_2 \end{bmatrix} = \begin{bmatrix} Y_{11} & Y_{12} \\ Y_{21} & Y_{22} \end{bmatrix} \begin{bmatrix} V_1 \\ V_2 \end{bmatrix}$$

$I_1 = Y_{11} V_1 + Y_{12} V_2$
$I_2 = Y_{21} V_1 + Y_{22} V_2$

* 어드미턴스 parameter를 구하는 방법

$Y_{11} = \left. \dfrac{I_1}{V_1} \right|_{V_2 = 0}$: 단락 구동점 어드미턴스

$$Y_{22}=\left.\frac{I_2}{V_2}\right|_{V_1=0}$$: 단락 구동점 어드미턴스

$$Y_{12}=\left.\frac{I_1}{V_2}\right|_{V_1=0}$$: 단락 전달 어드미턴스

$$Y_{21}=\left.\frac{I_2}{V_1}\right|_{V_2=0}$$: 단락 전달 어드미턴스

3 4단자 정수($ABCD$ parameter)

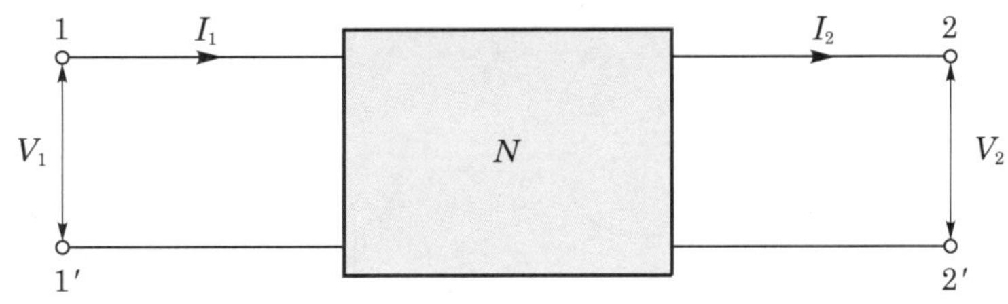

$$\begin{bmatrix} V_1 \\ I_1 \end{bmatrix} = \begin{bmatrix} A & B \\ C & D \end{bmatrix} \begin{bmatrix} V_2 \\ I_2 \end{bmatrix}$$

$$V_1 = AV_2 + BI_2$$
$$I_1 = CV_2 + DI_2$$

(1) 4단자 정수를 구하는 방법(물리적 의미)

$$A=\left.\frac{V_1}{V_2}\right|_{I_2=0}$$: 출력 단자를 개방했을 때의 전압 이득

$$B=\left.\frac{V_1}{I_2}\right|_{V_2=0}$$: 출력 단자를 단락했을 때의 전달 임피던스

$$C=\left.\frac{I_1}{V_2}\right|_{I_2=0}$$: 출력 단자를 개방했을 때의 전달 어드미턴스

$$D=\left.\frac{I_1}{I_2}\right|_{V_2=0}$$: 출력 단자를 단락했을 때의 전류 이득

(2) 4단자 정수의 성질 : $\begin{vmatrix} A & B \\ C & D \end{vmatrix} = AD - BC = 1$

4 각종 회로의 4단자 정수

(1) 직렬 Z만의 회로

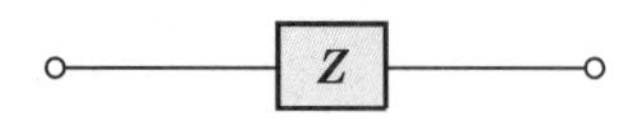

$$\begin{bmatrix} A & B \\ C & D \end{bmatrix} = \begin{bmatrix} 1 & Z \\ 0 & 1 \end{bmatrix}$$

(2) 병렬 Z만의 회로

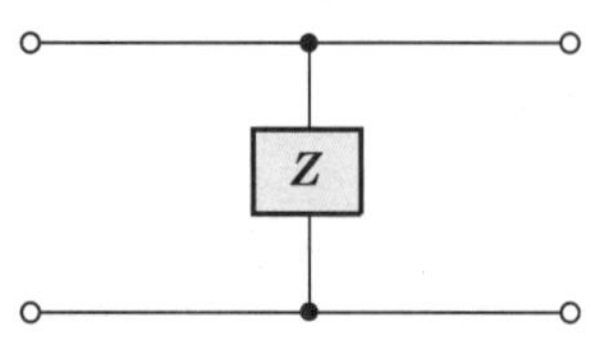

$$\begin{bmatrix} A & B \\ C & D \end{bmatrix} = \begin{bmatrix} 1 & 0 \\ \dfrac{1}{Z} & 1 \end{bmatrix}$$

(3) T형 회로의 4단자 정수

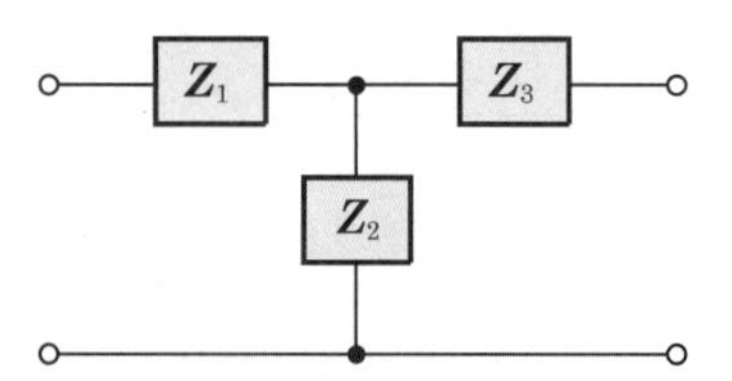

$$\begin{bmatrix} A & B \\ C & D \end{bmatrix} = \begin{bmatrix} 1+\dfrac{Z_1}{Z_2} & \dfrac{Z_1Z_2+Z_2Z_3+Z_3Z_1}{Z_2} \\ \dfrac{1}{Z_2} & 1+\dfrac{Z_3}{Z_2} \end{bmatrix}$$

(4) π형 회로의 4단자 정수

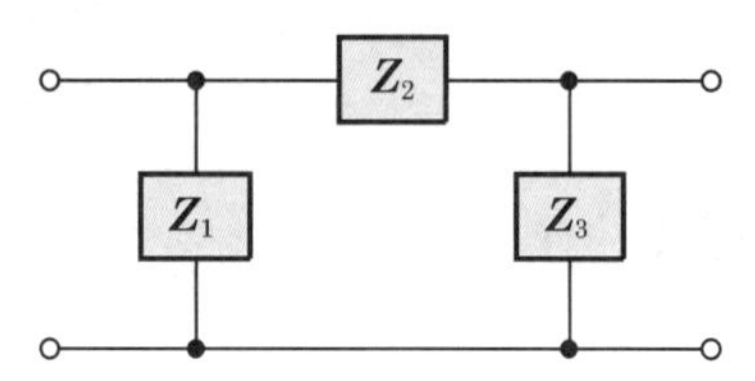

$$\begin{bmatrix} A & B \\ C & D \end{bmatrix} = \begin{bmatrix} 1+\dfrac{Z_2}{Z_3} & Z_2 \\ \dfrac{Z_1+Z_2+Z_3}{Z_1Z_3} & 1+\dfrac{Z_2}{Z_1} \end{bmatrix}$$

(5) 이상 변압기의 4단자 정수

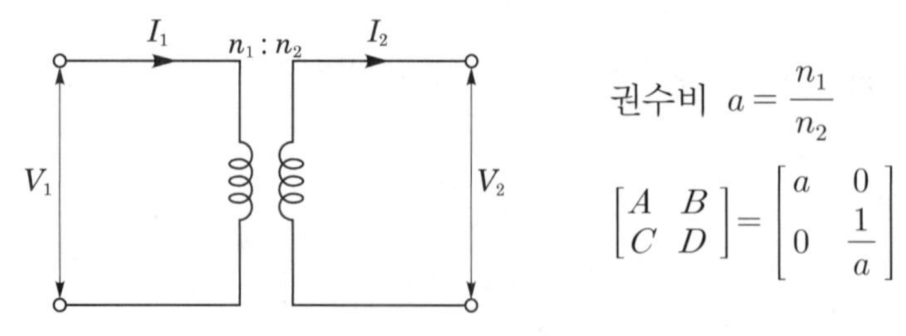

권수비 $a=\dfrac{n_1}{n_2}$

$$\begin{bmatrix} A & B \\ C & D \end{bmatrix} = \begin{bmatrix} a & 0 \\ 0 & \dfrac{1}{a} \end{bmatrix}$$

5 영상 파라미터

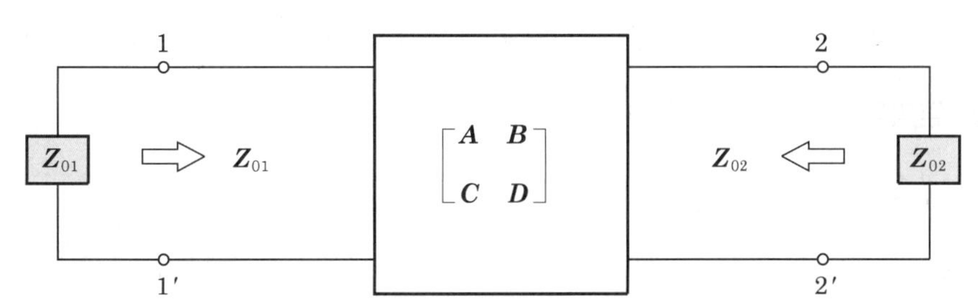

(1) 영상 임피던스

$$Z_{01}Z_{02}=\frac{B}{C},\ \frac{Z_{01}}{Z_{02}}=\frac{A}{D}$$

$$Z_{01}=\sqrt{\frac{AB}{CD}},\ Z_{02}=\sqrt{\frac{BD}{AC}}$$

대칭회로이면 $A=D$의 관계가 되므로 $Z_{01}=Z_{02}=\sqrt{\frac{B}{C}}$

(2) 영상 전달정수 θ

$$\theta=\log_e(\sqrt{AD}+\sqrt{BC})=\cosh^{-1}\sqrt{AD}=\sinh^{-1}\sqrt{BC}$$

(3) 영상 파라미터와 4단자 정수와의 관계

$$A=\sqrt{\frac{Z_{01}}{Z_{02}}}\cosh\theta,\ B=\sqrt{Z_{01}Z_{02}}\sinh\theta$$

$$C=\frac{1}{\sqrt{Z_{01}Z_{02}}}\sinh\theta,\ D=\sqrt{\frac{Z_{02}}{Z_{01}}}\cosh\theta$$

핵심 12 분포정수회로

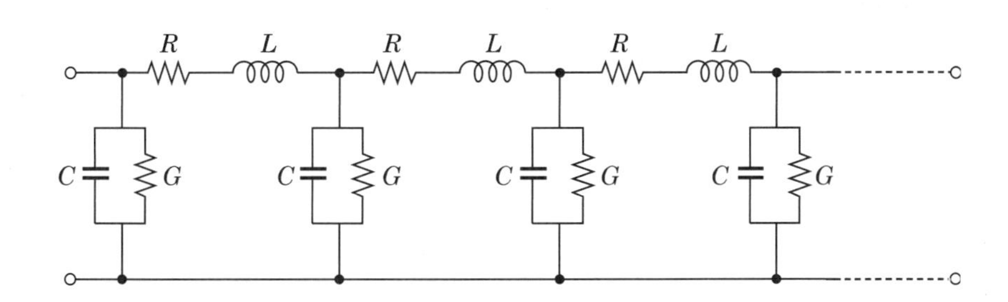

1 특성 임피던스와 전파정수

선로의 직렬 임피던스 $\boldsymbol{Z} = R + j\omega L[\Omega/\text{m}]$, 병렬 어드미턴스 $\boldsymbol{Y} = G + j\omega C[℧/\text{m}]$

(1) 특성 임피던스(파동 임피던스)

$$\boldsymbol{Z}_0 = \sqrt{\frac{\boldsymbol{Z}}{\boldsymbol{Y}}} = \sqrt{\frac{R + j\omega L}{G + j\omega C}}\,[\Omega]$$

(2) 전파정수

$$\gamma = \sqrt{\boldsymbol{ZY}} = \sqrt{(R + j\omega L) \cdot (G + j\omega C)} = \alpha + j\beta$$

여기서, α : 감쇠정수

β : 위상정수

2 무손실 선로

(1) **조건** : $R = 0$, $G = 0$

(2) **특성 임피던스** : $Z_0 = \sqrt{\frac{Z}{Y}} = \sqrt{\frac{R + j\omega L}{G + j\omega C}} = \sqrt{\frac{L}{C}}\,[\Omega]$

(3) **전파정수** : $\gamma = \sqrt{ZY} = \sqrt{(R + j\omega L)(G + j\omega C)} = j\omega\sqrt{LC} = \alpha + j\beta$

여기서, 감쇠정수 $\alpha = 0$

위상정수 $\beta = \omega\sqrt{LC}$

(4) **파장** : $\lambda = \frac{2\pi}{\beta} = \frac{1}{f\sqrt{LC}}\,[\text{m}]$

(5) **전파속도** : $v = \lambda f = \frac{\omega}{\beta} = \frac{1}{\sqrt{LC}}\,[\text{m/s}]$

3 무왜형 선로

(1) **조건** : $\frac{R}{L} = \frac{G}{C}$ 또는 $LG = RC$

(2) **특성 임피던스** : $Z_0 = \sqrt{\frac{Z}{Y}} = \sqrt{\frac{R + j\omega L}{G + j\omega C}} = \sqrt{\frac{L}{C}}\,[\Omega]$

(3) **전파정수** : $\gamma = \sqrt{ZY} = \sqrt{RG} + j\omega\sqrt{LC} = \alpha + j\beta$

여기서, 감쇠정수 $\alpha = \sqrt{RG}$

위상정수 $\beta = \omega\sqrt{LC}$

(4) **전파속도** : $v = \lambda f = \frac{\omega}{\beta} = \frac{1}{\sqrt{LC}}\,[\text{m/s}]$

CHAPTER

4 유한장 선로 해석

(1) 분포정수회로의 전파 방정식

$V_S = A V_R + B I_R = \cosh\gamma l\, V_R + Z_0 \sinh\gamma l\, I_R$

$I_S = C V_R + D I_R = \dfrac{1}{Z}\sinh\gamma l\, V_R + \cosh\gamma l\, I_R$

여기서, V_S, I_S : 송전단 전압과 전류

V_R, I_R : 수전단 전압과 전류

(2) 특성 임피던스

$Z_0 = \sqrt{Z_{SS} \cdot Z_{SO}}\,[\Omega]$

여기서, Z_{SS} : 수전단을 단락하고 송전단에서 측정한 임피던스

Z_{SO} : 수전단을 개방하고 송전단에서 측정한 임피던스

(3) 전압 반사계수

반사계수 $\rho = \dfrac{Z_L - Z_0}{Z_L + Z_0}$

여기서, Z_L : 부하 임피던스

Z_0 : 특성 임피던스

핵심 13 라플라스 변환

1 정의식

어떤 시간 함수 $f(t)$를 복소 함수 $F(s)$로 바꾸는 것

$F(s) = \mathcal{L}[f(t)]$

$= \int_0^{\infty} f(t) e^{-st} dt$

2 기본 함수의 라플라스 변환표

구 분	함수명	$f(t)$	$F(s)$
1	단위 임펄스 함수	$\delta(t)$	1
2	단위 계단 함수	$u(t)=1$	$\frac{1}{s}$
3	지수 감쇠 함수	e^{-at}	$\frac{1}{s+a}$
4	단위 램프 함수	t	$\frac{1}{s^2}$
5	포물선 함수	t^2	$\frac{2}{s^3}$
6	n차 램프 함수	t^n	$\frac{n!}{s^{n+1}}$
7	정현파 함수	$\sin\omega t$	$\frac{\omega}{s^2+\omega^2}$
8	여현파 함수	$\cos\omega t$	$\frac{s}{s^2+\omega^2}$
9	쌍곡 정현파 함수	$\sinh at$	$\frac{a}{s^2-a^2}$
10	쌍곡 여현파 함수	$\cosh at$	$\frac{s}{s^2-a^2}$

3 라플라스 변환 기본 정리

선형 정리	$\mathcal{L}[af_1(t)\pm bf_2(t)]=aF_1(s)\pm bF_2(s)$
복소추이 정리	$\mathcal{L}[e^{\pm at}f(t)]=F(s\mp a)$
복소 미분 정리	$\mathcal{L}[tf(t)]=-\frac{d}{ds}F(s)$
시간추이 정리	$\mathcal{L}[f(t-a)]=e^{-as}F(s)$
실미분 정리	$\mathcal{L}\left[\frac{d}{dt}f(t)\right]=sF(s)-f(0)$
실적분 정리	$\mathcal{L}\left[\int f(t)\,dt\right]=\frac{1}{s}F(s)+\frac{1}{s}f^{(-1)}(0)$
초기값 정리	$f(0)=\lim_{t\to 0}f(t)=\lim_{s\to\infty}sF(s)$
최종값 정리(정상값 정리)	$f(\infty)=\lim_{t\to\infty}f(t)=\lim_{s\to 0}sF(s)$

4 복소추이 적용 함수의 라플라스 변환표

구 분	함수명	$f(t)$	$F(s)$
1	지수 감쇠 램프 함수	te^{-at}	$\frac{1}{(s+a)^2}$
2	지수 감쇠 포물선 함수	t^2e^{-at}	$\frac{2}{(s+a)^3}$
3	지수 감쇠 n차 램프 함수	t^ne^{-at}	$\frac{n!}{(s+a)^{n+1}}$
4	지수 감쇠 정현파 함수	$e^{-at}\sin\omega t$	$\frac{\omega}{(s+a)^2+\omega^2}$
5	지수 감쇠 여현파 함수	$e^{-at}\cos\omega t$	$\frac{s+a}{(s+a)^2+\omega^2}$
6	지수 감쇠 쌍곡 정현파 함수	$e^{-at}\sinh\omega t$	$\frac{\omega}{(s+a)^2-\omega^2}$
7	지수 감쇠 쌍곡 여현파 함수	$e^{-at}\cosh\omega t$	$\frac{s+a}{(s+a)^2-\omega^2}$

5 기본 함수의 역라플라스 변환표

구 분	$F(s)$	$f(t)$	구 분	$F(s)$	$f(t)$
1	1	$\delta(t)$	7	$\frac{1}{(s+a)^2}$	te^{-at}
2	$\frac{1}{s}$	$u(t)=1$	8	$\frac{n!}{(s+a)^{n+1}}$	t^ne^{-at}
3	$\frac{1}{s^2}$	t	9	$\frac{\omega}{s^2+\omega^2}$	$\sin\omega t$
4	$\frac{2}{s^3}$	t^2	10	$\frac{s}{s^2+\omega^2}$	$\cos\omega t$
5	$\frac{n!}{s^{n+1}}$	t^n	11	$\frac{\omega}{(s+a)^2+\omega^2}$	$e^{-at}\sin\omega t$
6	$\frac{1}{s+a}$	e^{-at}	12	$\frac{s+a}{(s+a)^2+\omega^2}$	$e^{-at}\cos\omega t$

6 부분 분수에 의한 역라플라스 변환

(1) 실수 단근인 경우

$$\boldsymbol{F}(s)=\frac{Z(s)}{(s-p_1)(s-p_2)}=\frac{K_1}{(s-p_1)}+\frac{K_2}{(s-p_2)}$$

＊ 유수 정리

$$K_1=(s-p_1)F(s)\big|_{s=p_1}=\left.\frac{Z(s)}{(s-p_2)}\right|_{s=p_1}$$

$$K_2=(s-p_2)F(s)\big|_{s=p_2}=\left.\frac{Z(s)}{(s-p_1)}\right|_{s=p_2}$$

(2) 중복근이 있는 경우

$$\boldsymbol{F}(s)=\frac{1}{(s+1)^2(s+2)}=\frac{K_{11}}{(s+1)^2}+\frac{K_{12}}{(s+1)}+\frac{K_2}{(s+2)}$$

＊ 유수 정리

$$K_{11}=\left.\frac{1}{s+2}\right|_{s=-1}=1$$

$$K_{12}=\left.\frac{d}{ds}\frac{1}{s+2}\right|_{s=-1}=\left.\frac{-1}{(s+2)^2}\right|_{s=-1}=-1$$

$$K_2=\left.\frac{1}{(s+1)^2}\right|_{s=-2}=1$$

$$F(s)=\frac{1}{(s+1)^2}-\frac{1}{s+1}+\frac{1}{s+2}$$

$$f(t)=te^{-t}-e^{-t}+e^{-2t}$$

핵심 14 전달함수

1 전달함수의 정의

모든 초기값을 0으로 했을 때 입력신호의 라플라스 변환과 출력신호의 라플라스 변환의 비

전달함수 $G(s)=\dfrac{\mathcal{L}[c(t)]}{\mathcal{L}[r(t)]}=\dfrac{C(s)}{R(s)}$

2 전기회로의 전달함수

(1) 전압비 전달함수인 경우

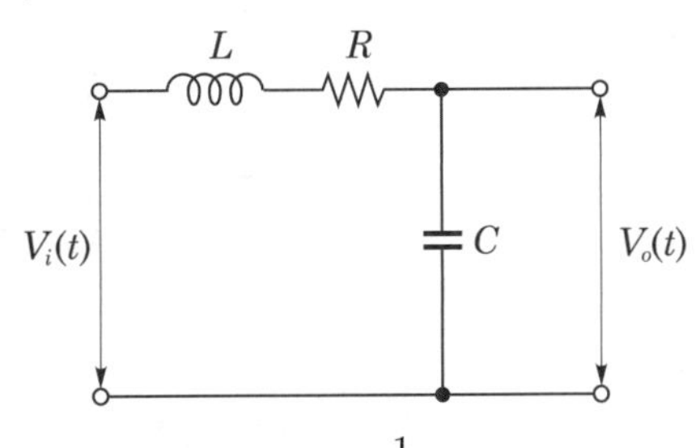

$$G(s)=\frac{V_o(s)}{V_i(s)}=\frac{\text{출력 임피던스}}{\text{입력 임피던스}}=\frac{\frac{1}{Cs}}{Ls+R+\frac{1}{Cs}}$$

(2) 전류에 대한 전압비 전달함수인 경우

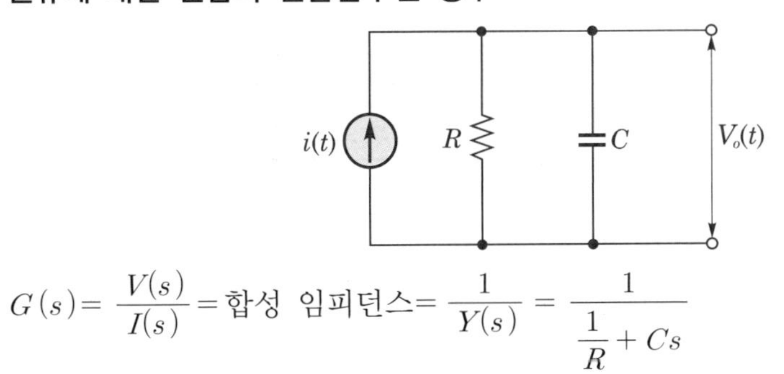

$$G(s)=\frac{V(s)}{I(s)}=\text{합성 임피던스}=\frac{1}{Y(s)}=\frac{1}{\frac{1}{R}+Cs}$$

(3) 전압에 대한 전류비 전달함수인 경우

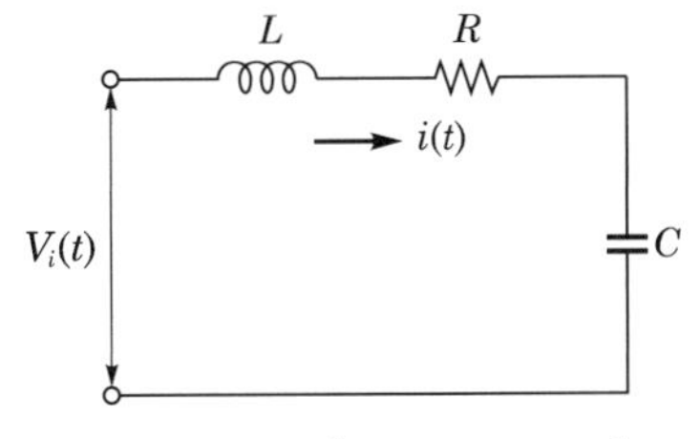

$$G(s)=\frac{I(s)}{V_i(s)}=\text{합성 어드미턴스}=\frac{1}{Z(s)}=\frac{1}{Ls+R+\frac{1}{Cs}}$$

3 제어요소의 전달함수

비례요소	$G(s) = K$
미분요소	$G(s) = Ks$ C, e_i, R, e_o ❙ 미분회로 ❙
적분요소	$G(s) = \dfrac{K}{s}$ R, e_i, C, e_o ❙ 적분회로 ❙
1차 지연요소	$G(s) = \dfrac{K}{Ts+1}$
2차 지연요소	$G(s) = \dfrac{K{\omega_n}^2}{s^2 + 2\delta\omega_n s + {\omega_n}^2}$
부동작 시간요소	$G(s) = Ke^{-Ls}$

4 자동제어계의 시간 응답

(1) **임펄스 응답** : 단위 임펄스 입력의 입력신호에 대한 응답

(2) **인디셜 응답** : 단위 계단 입력의 입력신호에 대한 응답

(3) **경사 응답** : 단위 램프 입력의 입력신호에 대한 응답

핵심 15 과도 현상

1 $R-L$ 직렬의 직류회로

(1) 직류전압을 인가하는 경우

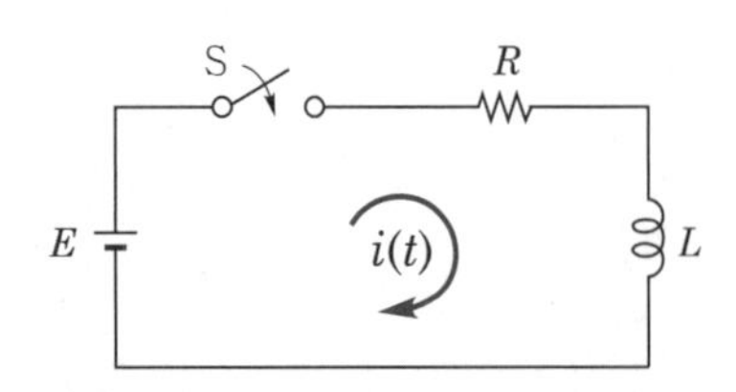

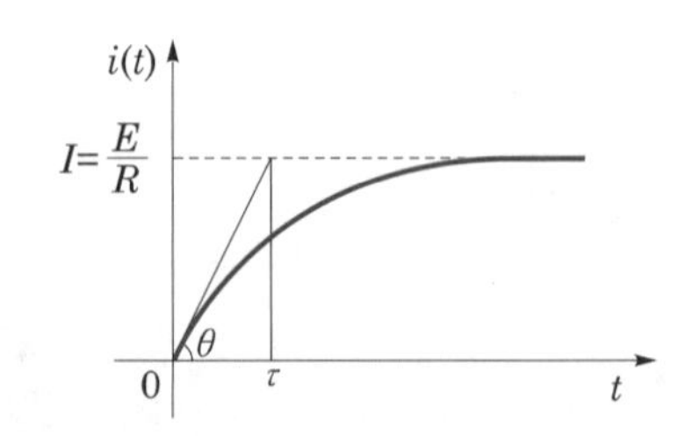

① 전류 : $i(t)=\frac{E}{R}\left(1-e^{-\frac{R}{L}t}\right)$[A]

② 시정수 : $\tau=\frac{L}{R}$[s]

③ 특성근$=-\frac{1}{\text{시정수}}=-\frac{R}{L}$

④ 시정수에서의 전류값 : $i(\tau)=0.632\frac{E}{R}$[A]

(2) 직류전압을 제거하는 경우

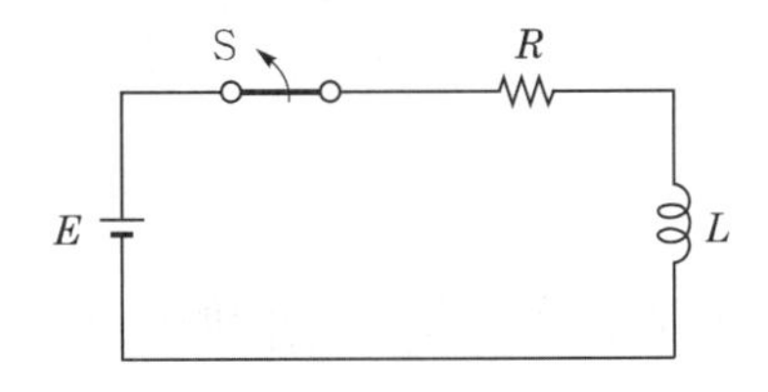

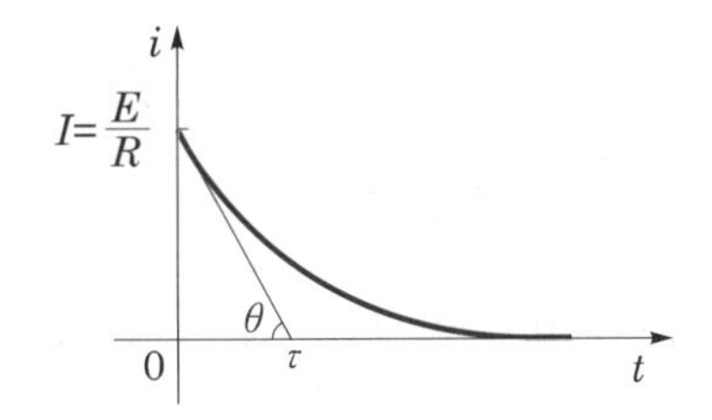

① 전류 : $i(t)=\frac{E}{R}e^{-\frac{R}{L}t}$[A]

② 시정수 : $\tau=\frac{L}{R}$[s]

③ 시정수에서의 전류값 : $i(\tau)=0.368\frac{E}{R}$[A]

2 R C 직렬의 직류회로

(1) 직류전압을 인가하는 경우

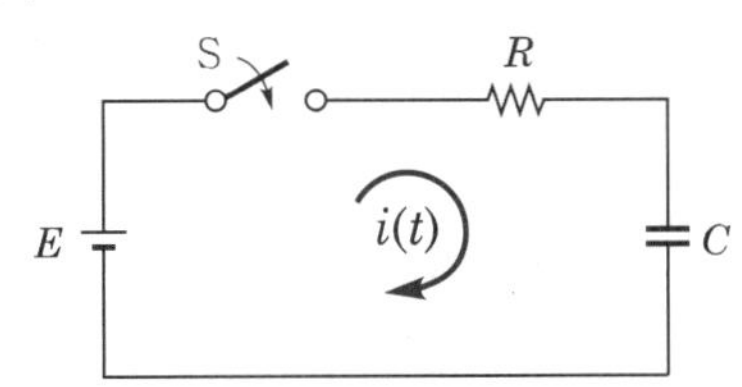

① 전류 : $i(t)=-\frac{E}{R}e^{-\frac{1}{RC}t}$[A]

② 시정수 : $\tau=RC$[s]

③ 전하 : $q(t)=CE\left(1-e^{-\frac{1}{RC}t}\right)$[C]

(2) 직류전압을 제거하는 경우

① 전류 : $i(t)=-\frac{E}{R}e^{-\frac{1}{RC}t}$[A]

② 시정수 : $\tau=RC$[s]

③ 전하 : $q(t)=CEe^{-\frac{1}{RC}t}$[C]

3 $L-C$ 직렬회로 직류전압 인가 시

(1) 전류 : $i(t)=E\sqrt{\dfrac{C}{L}}\sin\dfrac{1}{\sqrt{LC}}t[A]$

(2) 전하 : $q(t)=CE\left(1-\cos\dfrac{1}{\sqrt{LC}}t\right)[C]$

(3) C의 단자 전압 : $V_C=\dfrac{q}{C}=E\left(1-\cos\dfrac{1}{\sqrt{LC}}t\right)[V]$

C의 양단의 전압 V_C의 최대 전압은 인가 전압의 2배까지 되어 고전압 발생 회로로 이용된다.

4 $R-L-C$ 직렬회로 직류전압 인가 시

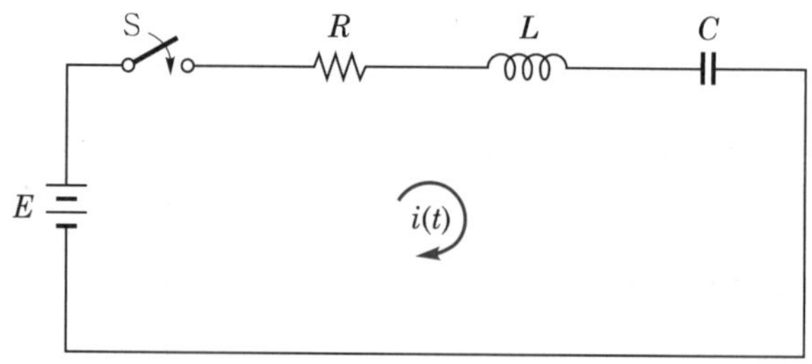

* 진동 여부 판별식

① $R^2-4\dfrac{L}{C}=\left(\dfrac{R}{2L}\right)^2-\dfrac{1}{LC}=0$: 임계진동

② $R^2-4\dfrac{L}{C}=\left(\dfrac{R}{2L}\right)^2-\dfrac{1}{LC}>0$: 비진동

③ $R^2-4\dfrac{L}{C}=\left(\dfrac{R}{2L}\right)^2-\dfrac{1}{LC}<0$: 진동

5 R, L, C 소자의 시간에 대한 특성

소 자	$t=0$	$t=\infty$
R	R	R
L	개방상태	단락상태
C	단락상태	개방상태

6 $R-L$ 직렬회로에 교류전압을 인가하는 경우

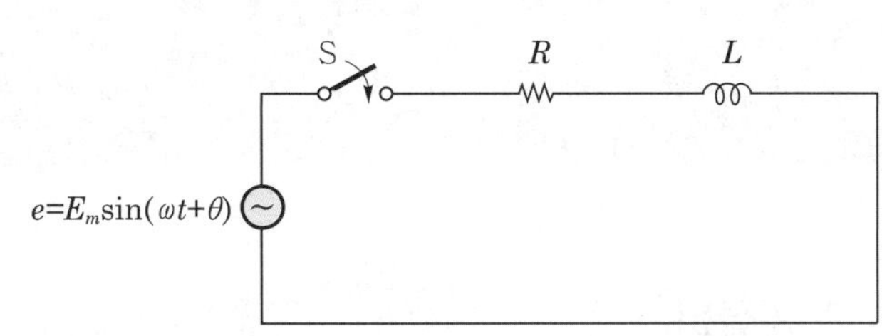

전류 $i = \dfrac{E_m}{Z}\left[\sin(\omega t+\theta-\phi) - e^{-\frac{R}{L}t}\sin(\theta-\phi)\right]$

과도전류가 생기지 않을 조건은 $\theta = \phi = \tan^{-1}\dfrac{\omega L}{R}$

05 CHAPTER 전기설비기술기준

핵심 01 저압 전기설비

1 공통 및 일반사항

(1) 전압의 구분

① **저압** : 교류는 1[kV] 이하, 직류는 1.5[kV] 이하인 것
② **고압** : 교류는 1[kV]를, 직류는 1.5[kV]를 초과하고 7[kV] 이하인 것
③ **특고압** : 7[kV]를 초과하는 것

(2) 안전 원칙

① 전기설비는 감전, 화재 그 밖에 사람에게 위해(危害)를 주거나 물건에 손상을 줄 우려가 없도록 시설하여야 한다.
② 전기설비는 사용목적에 적절하고 안전하게 작동하여야 하며, 그 손상으로 인하여 전기 공급에 지장을 주지 않도록 시설하여야 한다.
③ 전기설비는 다른 전기설비, 그 밖의 물건의 기능에 전기적 또는 자기적인 장해를 주지 않도록 시설하여야 한다.

(3) 전선의 식별(교류)

상(문자)	색상
L1	갈색
L2	흑색
L3	회색
N	청색
보호도체	녹색 – 노란색

(4) 저압 절연전선

① 비닐절연전선
② 저독성 난연 폴리올레핀절연전선
③ 저독성 난연 가교폴리올레핀절연전선
④ 고무절연전선

(5) 용어 정의

① **보호접지** : 고장 시 감전에 대한 보호를 목적으로 기기의 한 점 또는 여러 점을 접지하는 것

② **계통접지** : 전력계통에서 돌발적으로 발생하는 이상현상에 대비하여 대지와 계통을 연결하는 것으로, 중성점을 대지에 접속하는 것
③ **기본보호(직접접촉에 대한 보호)** : 정상운전 시 기기의 충전부에 직접 접촉함으로써 발생할 수 있는 위험으로부터 인축을 보호하는 것
④ **고장보호(간접접촉에 대한 보호)** : 고장 시 기기의 노출도전부에 간접 접촉함으로써 발생할 수 있는 위험으로부터 인축을 보호하는 것
⑤ **보호도체(PE)** : 감전에 대한 보호 등 안전을 위해 제공되는 도체
⑥ **접지도체** : 계통, 설비 또는 기기의 한 점과 접지극 사이의 도전성 경로 또는 그 경로의 일부가 되는 도체
⑦ **리플프리직류** : 교류를 직류로 변환할 때 리플성분의 실효값이 10[%] 이하로 포함된 직류
⑧ **관등회로** : 방전등용 안정기 또는 방전등용 변압기로부터 방전관까지의 전로
⑨ **단독운전** : 전력계통의 일부가 전력계통의 전원과 전기적으로 분리된 상태에서 분산형 전원에 의해서만 운전되는 상태
⑩ **단순 병렬운전** : 자가용 발전설비 또는 저압 소용량 일반용 발전설비를 배전계통에 연계하여 운전하되, 생산한 전력의 전부를 자체적으로 소비하기 위한 것으로서 생산한 전력이 연계계통으로 송전되지 않는 병렬 형태
⑪ **분산형 전원** : 중앙급전 전원과 구분되는 것으로서 전력소비지역 부근에 분산하여 배치 가능한 전원(비상용 예비전원 제외. 신 · 재생에너지 발전설비, 전기저장장치 포함)
⑫ **스트레스전압** : 지락고장 중에 접지부분 또는 기기나 장치의 외함과 기기나 장치의 다른 부분 사이에 나타나는 전압
⑬ **제2차 접근상태** : 가공 전선이 다른 시설물과 접근하는 경우에 그 가공 전선이 다른 시설물의 위쪽 또는 옆쪽에서 수평거리로 3[m] 미만인 곳에 시설되는 상태
⑭ **지중관로** : 지중전선로 · 지중약전류전선로 · 지중광섬유케이블선로 · 지중에 시설하는 수관 및 가스관과 이와 유사한 것 및 이들에 부속하는 지중함 등
⑮ **전로** : 통상의 사용상태에서 전기가 통하고 있는 곳
⑯ **전기철도용 급전선** : 전기철도용 변전소로부터 다른 전기철도용 변전소 또는 전차선에 이르는 전선
⑰ **전기철도용 급전선로** : 전기철도용 급전선 및 이를 지지하거나 수용하는 시설물
⑱ **겸용도체**
  ㉠ PEN : 교류회로에서 중성선 겸용 보호도체
  ㉡ PEM : 직류회로에서 중간선 겸용 보호도체
  ㉢ PEL : 직류회로에서 선도체 겸용 보호도체
⑲ **저압 절연전선**
  ㉠ 450/750[V] 비닐절연전선
  ㉡ 450/750[V] 저독성 난연 폴리올레핀절연전선
  ㉢ 450/750[V] 저독성 난연 가교폴리올레핀절연전선
  ㉣ 450/750[V] 고무절연전선

(6) 전선의 접속

① 전기저항을 증가시키지 아니하도록 접속
② 세기를 20[%] 이상 감소시키지 아니할 것
③ 절연효력이 있는 것으로 충분히 피복
④ 코드 접속기 · 접속함 기타의 기구 사용
⑤ 전기적 부식이 생기지 않도록 할 것

2 전로의 절연

(1) 전로의 절연

① 전로의 절연 원칙
㉠ 전로는 대지로부터 절연
㉡ 절연하지 않아도 되는 경우 : 접지점, 시험용 변압기, 전기로 등

② 전로의 절연저항
㉠ 누설전류 $I_g \leq$ 최대공급전류(I_m)의 $\dfrac{1}{2,000}$[A]
㉡ 정전이 어려운 경우 I_g가 1[mA] 이하이면 적합

③ 저압 전로의 절연성능
㉠ 개폐기 또는 과전류차단기로 구분할 수 있는 전로마다 측정. 정한 값 이하
㉡ 기기 등은 측정 전에 분리
(분리가 어려운 경우 : 시험전압 250[V] DC, 절연저항값 1[MΩ] 이상)

전로의 사용전압[V]	DC시험전압[V]	절연저항[MΩ]
SELV 및 PELV	250	0.5
FELV, 500[V] 이하	500	1.0
500[V] 초과	1,000	1.0

(2) 절연내력시험

① 시험방법
㉠ 전로와 대지에 정한 시험전압, 10분간
㉡ 케이블의 직류시험 : 정한 시험전압의 2배, 10분간

② 정한 시험전압

전로의 종류(최대사용전압)		시험전압
7[kV] 이하		1.5배(최저 500[V])
중성선 다중 접지하는 것		0.92배
7[kV] 초과 60[kV] 이하		1.25배(최저 10.5[kV])
60[kV] 초과	중성점 비접지식	1.25배
	중성점 접지식	1.1배(최저 75[kV])
	중성점 직접 접지식	0.72배
170[kV] 초과 중성점 직접 접지		0.64배

(3) 변압기 절연내력시험

① 접지하는 곳
  ㉠ 시험되는 권선의 중성점 단자
  ㉡ 다른 권선의 임의의 1단자
  ㉢ 철심 및 외함
② 시험하는 곳 : 시험되는 권선의 중성점 단자 이외의 임의의 1단자와 대지 간

(4) 정류기 절연내력시험

60[kV] 이하	직류측의 최대사용전압의 1배의 교류전압(최저 0.5[kV])	충전부분과 외함 10분간
60[kV] 초과	• 교류측의 1.1배의 교류전압 • 직류측의 1.1배의 직류전압	교류 및 직류 고전압측 단자와 대지 간 10분간

3 접지시스템

(1) 접지시스템의 구분 및 종류

① 접지시스템 구분 : 계통접지, 보호접지, 피뢰시스템 접지
② 접지시스템 시설 종류 : 단독(독립)접지, 공통접지, 통합접지

(2) 접지시스템의 시설

① 구성요소 : 접지극, 접지도체, 보호도체 및 기타 설비
② 접지극의 시설
  ㉠ 다음의 방법 중 하나 또는 복합하여 시설
    • 콘크리트에 매입된 기초 접지극
    • 토양에 매설된 기초 접지극
    • 토양에 수직 또는 수평으로 직접 매설된 금속전극
    • 케이블의 금속외장 및 그 밖에 금속피복
    • 지중 금속구조물(배관 등)
    • 대지에 매설된 철근콘크리트의 용접된 금속 보강재
  ㉡ 접지극의 매설
    • 토양을 오염시키지 않아야 하며, 가능한 다습한 부분에 설치
    • 지하 0.75[m] 이상 매설
    • 철주의 밑면으로부터 0.3[m] 이상 또는 금속체로부터 1[m] 이상
③ 수도관 접지극 사용
  ㉠ 지중에 매설되어 있고 대지와의 전기저항값이 3[Ω] 이하
  ㉡ 내경 75[mm] 이상에서 내경 75[mm] 미만인 수도관 분기
    • 5[m] 이하 : 3[Ω]
    • 5[m] 초과 : 2[Ω]

(3) 접지도체와 보호도체

① 접지도체 : 절연전선, 케이블
　㉠ 보호도체의 최소 단면적 이상
　㉡ 큰 고장전류가 접지도체를 통하여 흐르지 않을 경우
　　구리 : 6[mm^2] 이상, 철제 : 50[mm^2] 이상
　㉢ 접지도체에 피뢰시스템이 접속되는 경우
　　구리 : 16[mm^2] 이상, 철제 : 50[mm^2] 이상
　㉣ 고정 전기설비
　　• 특고압 · 고압 전기설비 : 6[mm^2] 이상
　　• 중성점 접지도체 : 16[mm^2] 이상
　　(단, 7[kV] 이하, 중성선 다중 접지 : 6[mm^2] 이상)
　㉤ 이동 전기기기의 금속제외함
　　• 특고압 · 고압 : 10[mm^2] 이상
　　• 저압 : 다심 1개 도체 0.75[mm^2] 이상, 연동연선 1개 도체 1.5[mm^2] 이상
　㉥ 지하 0.75[m]부터 지표상 2[m]까지 부분은 합성수지관 또는 몰드로 덮어야 한다.

② 보호도체 : 나도체, 절연도체, 케이블
　㉠ 최소 단면적

상도체 단면적 S([mm^2], 구리)	보호도체([mm^2], 구리)
$S \leq 16$	S
$16 < S \leq 135$	16
$S > 35$	$S/2$

　　• 고장지속시간 5초 이하 : 단면적 $S = \dfrac{\sqrt{I^2 t}}{k}$ [mm^2]
　　• 기계적 손상에 대해 보호
　　　– 보호되는 경우 : 구리 2.5[mm^2], 알루미늄 16[mm^2] 이상
　　　– 보호되지 않는 경우 : 구리 4[mm^2], 알루미늄 16[mm^2] 이상
　㉡ 보호도체의 보강 : 10[mA] 이상, 구리 10[mm^2], 알루미늄 16[mm^2] 이상
　㉢ 보호도체와 계통도체 겸용(PEN)
　　• 겸용도체는 고정된 전기설비에서만 사용
　　• 구리 10[mm^2] 또는 알루미늄 16[mm^2] 이상

(4) 등전위본딩도체

① 가장 큰 보호접지도체 단면적의 0.5배 이상
　구리 도체 6[mm^2], 알루미늄 도체 16[mm^2], 강철 도체 50[mm^2]
② 보조 보호등전위본딩도체 : 보호도체의 0.5배 이상

(5) 주접지단자

① 다음의 도체 접속
　㉠ 등전위본딩도체
　㉡ 접지도체

㉢ 보호도체

㉣ 기능성 접지도체

② 각 접지도체는 개별적으로 분리, 접지저항 편리하게 측정

(6) 저압수용가 접지

① 중성선 또는 접지측 전선에 추가 접지 : 건물 철골 3[Ω] 이하

② 접지도체는 공칭단면적 6[mm^2] 이상

③ 주택 등 저압수용장소 접지

㉠ TN-C-S 방식 적용

㉡ 감전보호용 등전위본딩

㉢ 겸용도체(PEN) : 구리 10[mm^2] 이상

4 고압 · 특고압 접지계통

(1) 변압기 중성점 접지

① 중성점 접지저항값

㉠ 1선 지락전류로 150을 나눈 값과 같은 저항값

㉡ 저압 전로의 대지전압이 150[V] 초과하는 경우

- 1초 초과 2초 이내 차단하는 장치 설치할 때 300을 나눈 값
- 1초 이내 차단하는 장치 설치할 때 600을 나눈 값

② 지락전류 : 실측치, 선로정수 계산

(2) 공통접지 및 통합접지

① 대지전위상승(EPR) 요건의 스트레스 전압

㉠ 고장지속시간 5초 이하 : 1,200[V] 이하

㉡ 고장지속시간 5초 초과 : 250[V] 이하

② 저압설비 허용상용주파 과전압

지락고장시간[초]	과전압[V]	비 고
>5	U_0+250	U_0는 선간전압
≤ 5	$U_0+1,200$	

③ 서지보호장치 설치

(3) 기계기구의 철대 및 외함의 접지

① 외함에는 접지공사 시행

② 접지공사를 하지 아니해도 되는 경우

㉠ 사용전압이 직류 300[V], 교류 대지전압 150[V] 이하

㉡ 목재 마루, 절연성의 물질, 절연대, 고무 합성수지 등의 절연물, 2중 절연

㉢ 절연변압기(2차 전압 300[V] 이하, 정격용량 3[kVA] 이하)

㉣ 인체감전보호용 누전차단기 설치
• 정격감도전류 30[mA] 이하(위험한 장소, 습기있는 곳 15[mA])
• 동작시간 0.03초 이하, 전류동작형

(4) 혼촉에 의한 위험방지시설

① 고압 또는 특고압과 저압의 혼촉 : 변압기 중성점 또는 1단자에 접지공사
② 특고압 전로와 저압 전로를 결합 : 접지저항값이 10[Ω] 이하
③ 가공 공동지선(가공 접지도체)
㉠ 인장강도 5.26[kN] 이상 또는 직경 4[mm] 이상 경동선의 가공 접지도체를 저압 가공전선에 준하여 시설
㉡ 변압기시설 장소에서 200[m]
㉢ 변압기를 중심으로 지름 400[m]
㉣ 합성 전기저항치는 1[km]마다 규정의 접지저항값 이하
㉤ 각 접지선의 접지저항치 : $R=\dfrac{150}{I}\times n \leq 300[\Omega]$
④ 저압 가공전선의 1선을 겸용

(5) 혼촉방지판이 있는 변압기에 접속하는 저압 옥외전선의 시설 등

① 저압전선은 1구내 시설
② 전선은 케이블
③ 병가하지 말 것(고압 케이블은 병가 가능)

(6) 특고압과 고압의 혼촉 등에 의한 위험방지시설

① 고압측 단자 가까운 1극에 사용전압의 3배 이하에 방전하는 장치 시설
② 피뢰기를 고압 전로의 모선에 시설하면 정전방전 장치 생략

(7) 전로의 중성점 접지

① 목적 : 보호장치의 확실한 동작 확보, 이상전압 억제, 대지전압 저하
② 접지도체 : 공칭단면적 16[mm^2] 이상 연동선(저압 6[mm^2] 이상)

5 감전보호용 등전위본딩

(1) 등전위본딩의 적용

건축물·구조물에서 접지도체, 주접지단자와 다음의 도전성 부분은 등전위본딩한다.
① 수도관·가스관 등 외부에서 내부로 인입되는 금속배관
② 건축물·구조물의 철근, 철골 등 금속보강재
③ 일상생활에서 접촉이 가능한 금속제 난방배관 및 공조설비 등 계통 외 도전부

(2) 등전위본딩 시설

① 건축물·구조물의 외부에서 내부로 들어오는 각종 금속제 배관
㉠ 1개소에 집중하여 인입하고, 수용장소 인입구 부근에서 서로 접속하여 등전위본딩 바에 접속

㉡ 대형 건축물 등으로 1개소에 집중하여 인입하기 어려운 경우에는 본딩도체를 1개의 본딩 바에 연결

② 수도관·가스관의 경우 내부로 인입된 최초의 밸브 후단

③ 금속보강재

(3) 등전위본딩도체

① **보호등전위본딩도체** : 가장 큰 보호접지도체 단면적의 1/2 이상
구리 도체 6[mm^2], 알루미늄 도체 16[mm^2], 강철 도체 50[mm^2]

② **보조 보호등전위본딩도체** : 보호도체의 1/2 이상

③ **기계적 손상에 대해 보호**

㉠ 기계적 보호가 되는 경우 : 구리 2.5[mm^2], 알루미늄 16[mm^2] 이상

㉡ 기계적 보호가 되지 않는 경우 : 구리 4[mm^2], 알루미늄 16[mm^2] 이상

6 피뢰시스템

(1) 적용범위

① 지상 높이 20[m] 이상인 것

② 전기설비 및 전자설비 중 낙뢰로부터 보호가 필요한 설비

(2) 피뢰시스템의 구성

① 직격뢰로부터 대상물을 보호하기 위한 외부피뢰시스템

② 간접뢰 및 유도뢰로부터 대상물을 보호하기 위한 내부피뢰시스템

(3) 외부피뢰시스템

① **수뢰부시스템**

㉠ 수뢰부
- 돌침, 수평도체, 메시도체
- 자연적 구성부재 이용

㉡ 수뢰부시스템의 배치
- 보호각법, 회전구체법, 메시법
- 건축물·구조물의 뾰족한 부분, 모서리 등에 우선하여 배치

㉢ 지상 높이 60[m]를 초과하는 측격뢰 보호용 수뢰부시스템
- 상층부의 높이가 60[m]를 넘는 경우는 최상부로부터 전체 높이의 20[%] 부분에 한하여 시설
- 피뢰시스템 등급 Ⅳ 이상

㉣ 건축물·구조물과 분리되지 않은 수뢰부시스템의 시설
- 불연성 재료 : 지붕표면에 시설
- 높은 가연성 재료
  - 초가지붕 : 0.15[m] 이상
  - 다른 재료의 가연성 재료인 경우 : 0.1[m] 이상

② 인하도선

㉠ 인하도선시스템

- 복수의 인하도선을 병렬로 구성
  다만, 건축물·구조물과 분리된 피뢰시스템인 경우 예외
- 경로의 길이 최소

㉡ 인하도선 배치 방법

- 건축물과 분리된 피뢰시스템
  - 뇌전류의 경로가 보호대상물에 접촉하지 않도록 함
  - 각 지주마다 1조 이상의 인하도선 시설
  - 수평도체 또는 메시도체인 경우 지지 구조물마다 1조 이상의 인하도선 시설
- 건축물과 분리되지 않은 피뢰시스템
  - 벽이 불연성 재료 : 벽의 표면 또는 내부에 시설
    (단, 벽이 가연성 재료 : 0.1[m] 이상 이격, 불가능하면 100[mm^2] 이상)
  - 인하도선의 수는 2조 이상
  - 보호대상 건축물·구조물의 투영에 따른 둘레에 가능한 한 균등한 간격으로 배치
  - 병렬 인하도선의 최대 간격 : Ⅰ·Ⅱ등급 10[m], Ⅲ등급 15[m], Ⅳ등급 20[m]

③ 접지극시스템

㉠ A형 접지극(수평 또는 수직 접지극) 또는 B형 접지극(환상도체 또는 기초 접지극) 중 하나 또는 조합

㉡ 접지극시스템의 접지저항이 10[Ω] 이하인 경우 최소 길이 이하

㉢ 접지극은 지표면에서 0.75[m] 이상 깊이로 매설

(4) 내부피뢰시스템

① 전기전자설비 보호

㉠ 전기적 절연

㉡ 접지와 본딩

㉢ 서지보호장치 시설

② 피뢰설비의 등전위본딩 : 건축물·구조물에는 지하 0.5[m]와 높이 20[m]마다 환상도체를 설치한다.

㉠ 금속제 설비의 등전위본딩

㉡ 인입설비의 등전위본딩

㉢ 등전위본딩 바

7 계통접지와 보호설비

(1) 계통접지의 방식

① 계통접지 구성

㉠ 보호도체 및 중성선의 접속 방식에 따른 접지계통

㉡ TN 계통, TT 계통, IT 계통

② TN 계통

T : 전원측의 한 점을 대지로 직접 접속

N : 노출도전부를 전원계통의 접지점에 직접 접속(중성점 또는 선도체)

PE 도체로 접속시키는 방식으로 중성선 및 보호도체(PE 도체)의 배치 및 접속방식에 따라 다음과 같이 분류

㉠ TN-S 계통 : 별도의 중성선 또는 PE 도체 사용

㉡ TN-C 계통 : 중성선과 보호도체의 기능을 동일 도체로 겸용한 PEN 도체 사용

㉢ TN-C-S 계통 : 계통의 일부분에서 PEN 도체 사용 또는 중성선과 별도의 PE 도체 사용

③ TT 계통

T : 전원측의 한 점을 대지로 직접 접속

T : 노출도전부를 대지로 직접 접속. 전원계통의 접지와는 무관

전원의 접지전극과 전기적으로 독립적인 접지극에 접속

④ IT 계통

I : 모든 충전부를 대지로부터 절연. 또는 높은 임피던스를 통해 대지에 접속

T : 노출도전부를 대지로 직접 접속. 전원계통의 접지와는 무관

단독 또는 일괄적으로 계통의 PE 도체에 접속

구 분	전원측의 한 점	설비의 노출도전부
TN 계통	대지로 직접	전원계통의 접지점 이용
TT 계통	대지로 직접	대지로 직접
IT 계통	대지로부터 절연	대지로 직접

(2) 감전에 대한 보호

① 안전을 위한 전압 규정

㉠ 교류전압 : 실효값

㉡ 직류전압 : 리플프리

② 보호대책 : 기본보호, 고장보호, 추가적 보호

③ 누전차단기 시설 : 50[V]를 초과하는 기계기구로 사람이 쉽게 접촉할 우려가 있는 곳

④ 누전차단기 시설 생략하는 곳

㉠ 기계기구를 발전소·변전소·개폐소에 시설하는 경우

㉡ 기계기구를 건조한 곳에 시설하는 경우

㉢ 대지전압 150[V] 이하 물기가 있는 곳 이외의 곳에 시설하는 경우

㉣ 이중절연구조의 기계기구를 시설하는 경우

㉤ 전원측에 절연변압기(2차 300[V] 이하)를 시설하고 부하측의 전로에 접지하지 아니하는 경우

㉥ 고무·합성수지 기타 절연물로 피복된 경우

⑤ 특별저압 : 교류 50[V] 이하, 직류 120[V] 이하

(3) 과전류차단기의 시설

① 전선과 기기 등을 과전류로부터 보호

② 과전류차단기의 시설 제한
 ㉠ 접지공사의 접지도체
 ㉡ 다선식 전로의 중성선
 ㉢ 전로의 일부에 접지공사를 한 저압 가공전선로의 접지측 전선

(4) 보호장치의 특성

① 과전류차단기로 저압 전로에 사용하는 범용의 퓨즈

정격전류	시 간	정격전류의 배수	
		불용단전류	용단전류
4[A] 이하	60분	1.5배	2.1배
4[A] 초과 16[A] 미만	60분	1.5배	1.9배
16[A] 이상 63[A] 이하	60분	1.25배	1.6배
63[A] 초과 160[A] 이하	120분	1.25배	1.6배
160[A] 초과 400[A] 이하	180분	1.25배	1.6배
400[A] 초과	240분	1.25배	1.6배

② 과전류차단기로 저압 전로에 사용하는 배선차단기

▌과전류트립 동작시간 및 특성▐

정격전류	시 간	산업용		주택용	
		부동작전류	동작전류	부동작전류	동작전류
63[A] 이하	60분	1.05배	1.3배	1.13배	1.45배
63[A] 초과	120분				

(5) 고압 및 특고압 전로의 과전류차단기 시설

① 포장 퓨즈 : 1.3배 견디고, 2배에 120분 안에 용단
② 비포장 퓨즈 : 1.25배 견디고, 2배에 2분 안에 용단

(6) 과부하전류에 대한 보호

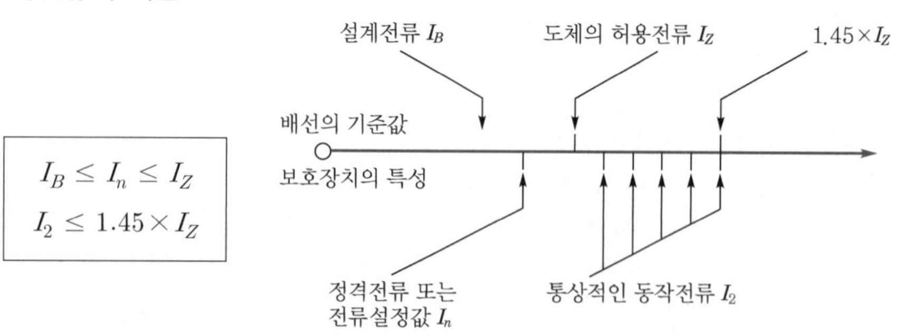

▌과부하 보호설계 조건도▐

(7) 과부하 및 단락 보호장치의 설치위치

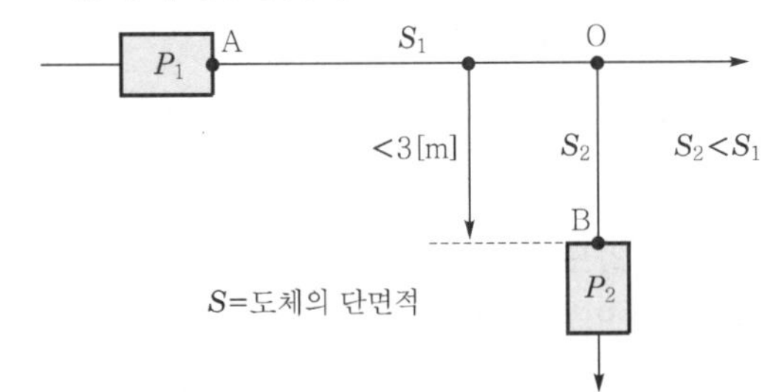

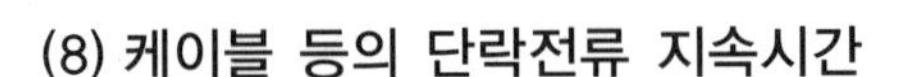

(8) 케이블 등의 단락전류 지속시간

$$t = \left(\frac{kS}{I}\right)^2$$

(9) 저압 전로 중의 전동기 보호용 과전류 보호장치의 시설

① 옥내에 시설하는 전동기(정격출력 0.2[kW] 이하 제외)에는 전동기가 손상될 우려가 있는 과전류가 생겼을 때

② 보호장치의 시설 생략하는 경우

㉠ 운전 중 상시 취급자가 감시할 수 있는 위치에 시설하는 경우

㉡ 전동기가 손상될 수 있는 과전류가 생길 우려가 없는 경우

㉢ 단상 전동기로서 과전류차단기 16[A](배선차단기 20[A]) 이하인 경우

8 저압 사용장소 일반

(1) 저압 옥내배선의 사용전선

① 2.5[mm^2] 이상 연동선

② 전광표시장치 · 제어회로 등 : 1.5[mm^2] 이상 전선관, 몰드, 덕트에 넣을 것

③ 0.75[mm^2] 이상 코드 또는 캡타이어 케이블, 전구선

(2) 중성선의 단면적

① 선도체의 단면적 이상

② 구리선 16[mm^2], 알루미늄선 25[mm^2] 이하

③ 선도체의 $1.45 \times I_B$(회로 설계전류)

(3) 나전선의 사용 제한

① 옥내 저압전선에는 나전선의 사용금지

② 나전선 사용 가능한 경우

㉠ 애자공사

- 전기로용 전선
- 전선의 피복 절연물이 부식하는 장소에 시설하는 전선
- 취급자 이외의 자가 출입할 수 없도록 설비한 장소에 시설하는 전선

㉡ 버스덕트공사 및 라이팅덕트공사에 의해 시설하는 경우
㉢ 접촉 전선을 시설하는 경우

(4) 옥내전로의 대지전압의 제한

① 대지전압 300[V] 이하
② 사람이 접촉할 우려가 없도록 시설
(사람이 접촉할 우려가 있으면 대지전압 150[V] 이하)
③ 백열전등 또는 방전등용 안정기는 저압의 옥내배선과 직접 접속하여 시설
④ 전구소켓은 키나 그 밖의 점멸기구가 없을 것

(5) 허용전류 – 절연물의 허용온도

절연물의 종류	최고허용온도[℃]
열가소성 물질[폴리염화비닐(PVC)]	70(도체)
열경화성 물질[가교폴리에틸렌(XLPE) 또는 에틸렌프로필렌고무(EPR)혼합물]	90(도체)
무기물(열가소성 물질 피복 또는 나도체로 사람이 접촉할 우려가 있는 것)	70(시스)
무기물(사람의 접촉에 노출되지 않고, 가연성 물질과 접촉할 우려가 없는 나도체)	105(시스)

9 저압 배선공사

(1) 애자공사

① 절연전선(옥외용, 인입용 제외)
② 전선 상호 간격 : 6[cm] 이상
③ 전선과 조영재 사이 이격거리
㉠ 400[V] 이하 : 2.5[cm] 이상
㉡ 400[V] 초과 : 4.5[cm](건조한 장소 2.5[cm]) 이상
④ 애자 선정 : 절연성, 난연성 및 내수성
⑤ 전선 지지점 간 거리
㉠ 조영재 면에 따라 붙일 경우 : 2[m] 이하
㉡ 조영재 면에 따라 붙이지 않을 경우 : 6[m] 이하

(2) 전선관 시스템

① 전선관 공통사항
㉠ 전선은 연선(옥외용 제외) 사용, 연동선 10[mm^2], 알루미늄선 16[mm^2] 이하 단선 사용
㉡ 전선관 내 전선 접속점 없도록 시설
㉢ 관단은 매끄럽게(부싱 사용) 할 것
② 합성수지관공사
㉠ 관을 삽입하는 깊이 : 관 외경 1.2배(접착제 사용 0.8배)
㉡ 관 지지점 간 거리 : 1.5[m] 이하

③ 금속관공사
　㉠ 관의 두께 : 콘크리트에 매설 1.2[mm] 이상
　㉡ 박강전선관 이상 사용
　㉢ 관의 접속 : 나사 5턱 이상

④ 가요전선관공사
　㉠ 전선관 내 접속점이 없도록 하고, 2종 금속제 가요전선관일 것
　㉡ 1종 금속제 가요전선관은 두께 0.8[mm] 이상

(3) 케이블트렁킹시스템(몰드공사)

① 절연전선(옥외용 제외)
② 전선 접속점이 없도록 할 것
③ 홈의 폭 및 깊이 3.5[cm] 이하
(단, 사람이 쉽게 접촉할 위험이 없으면 5[cm] 이하)

(4) 케이블덕팅시스템(덕트공사)

① 전선 단면적의 총합은 덕트의 내부 단면적의 20[%] 이하
(제어회로 배선만 넣은 경우 50[%] 이하)
② 폭 4[cm], 두께 1.2[mm] 이상
③ 지지점 간 거리 3[m](수직 6[m]) 이하

(5) 버스바트렁킹시스템(버스덕트공사)

① 도체 선정
　㉠ 단면적 20[mm^2] 이상의 띠 모양, 지름 5[mm] 이상의 관 모양
　㉡ 단면적 30[mm^2] 이상의 띠 모양의 알루미늄
② 지지점 간 거리 3[m](수직 6[m])

(6) 파워트랙시스템(라이팅덕트공사)

지지점 간 거리는 2[m] 이하

(7) 케이블공사

① 케이블 및 캡타이어 케이블
② 콘크리트 안에는 전선에 접속점을 만들지 아니할 것
③ 전선을 넣는 방호장치의 금속제 부분에 접지공사
④ 지지점 간의 거리를 케이블은 2[m] 이하

(8) 케이블트레이공사

① 종류 : 사다리형, 펀칭형, 메시형, 바닥밀폐형
② 케이블 트레이의 안전율은 1.5 이상

(9) 옥내 저압 접촉전선 배선

① 애자공사, 버스덕트공사, 절연트롤리공사
② 전선의 바닥에서의 높이는 3.5[m] 이상

③ 전선과 건조물 이격거리는 위쪽 2.3[m] 이상, 옆쪽 1.2[m] 이상
④ 전선
　㉠ 400[V] 초과 : 인장강도 11.2[kN], 지름 6[mm], 단면적 28[mm^2] 이상
　㉡ 400[V] 이하 : 인장강도 3.44[kN], 지름 3.2[mm], 단면적 8[mm^2] 이상
⑤ 전선의 지지점 간의 거리는 6[m] 이하

(10) 옥내에 시설하는 저압용 배 · 분전반 등의 시설

① 기구 및 전선은 쉽게 점검할 수 있도록 다음과 같이 시설
　㉠ 취급자 이외의 사람이 쉽게 출입할 수 없도록 설치
　㉡ 한 개의 분전반에는 한 가지 전원(1회선의 간선)만 공급
　㉢ 주택용 분전반은 독립된 장소에 시설
　㉣ 불연성 또는 난연성이 있도록 시설
② 전기계량기, 계기함은 쉽게 점검 및 보수할 수 있는 위치에 시설, 계기함은 내연성에 적합한 재료

10 조명설비

(1) 조명설비 일반

① 등기구 설치 시 고려사항
　㉠ 기동전류
　㉡ 고조파전류
　㉢ 보상
　㉣ 누설전류
　㉤ 최초 점화전류
　㉥ 전압강하
② 가연성 재료로부터 적절한 간격을 유지하고 설치
　㉠ 정격용량 100[W] 이하 : 0.5[m]
　㉡ 정격용량 100[W] 초과 300[W] 이하 : 0.8[m]
　㉢ 정격용량 300[W] 초과 500[W] 이하 : 1.0[m]
　㉣ 정격용량 500[W] 초과 : 1.0[m] 초과
③ 코드 사용
　㉠ 조명용 전원코드 또는 이동전선은 단면적 0.75[mm^2] 이상
　㉡ 건조한 상태로 사용하는 진열장 등의 내부에 배선할 경우는 고정배선
　㉢ 사용전압 400[V] 이하의 전로에 사용

(2) 콘센트의 시설

① 배선용 꽂음 접속기에 적합한 제품 사용 시 시설방법
　㉠ 노출형 : 조영재에 견고하게 부착
　㉡ 매입형 : 난연성 박스 속에 시설
　㉢ 바닥에 시설하는 경우 : 방수구조의 플로어박스 설치

② 욕실, 화장실 등 인체가 물에 젖어있는 상태에서 전기사용장소의 시설기준

㉠ 인체감전보호용 누전차단기(15[mA] 이하, 0.03초 이하 전류동작형) 또는 절연변압기(정격용량 3[kVA] 이하)로 보호된 전로에 접속하거나, 인체감전보호용 누전차단기가 부착된 콘센트를 시설

㉡ 콘센트는 접지극이 있는 방적형 콘센트 사용하고 접지

(3) 점멸기의 시설

① 점멸기는 전로의 비접지측에 시설

② 욕실은 점멸기를 시설하지 말 것

③ 가정용 전등은 매 등기구마다 점멸이 가능하도록 할 것

④ 공장・사무실・학교・상점은 전등군마다 점멸이 가능하도록 시설

⑤ 객실수가 30실 이상인 호텔이나 여관의 각 객실의 조명용 전원에는 출입문 개폐용 기구 또는 집중제어방식을 이용한 자동 또는 반자동의 점멸이 가능한 장치를 할 것

⑥ 가로등, 보안등 또는 옥외에 시설하는 공중전화기를 위한 조명등용 분기회로에는 주광센서를 설치

(4) 타임스위치(센서등)

① 호텔 객실의 입구등 : 1분 이내 소등

② 일반주택 및 아파트 각 호실의 현관등 : 3분 이내 소등

③ 센서등 사용

(5) 코드 및 이동전선

① 조명용 전원코드 또는 이동전선은 단면적 0.75[mm^2] 이상의 코드 또는 캡타이어 케이블

② 건조한 상태로 사용하는 진열장 등의 내부에 배선할 경우는 고정배선

③ 코드는 사용전압 400[V] 이하의 전로에 사용

(6) 관등회로의 공사방법

시설장소의 구분		공사방법
전개된 장소	건조한 장소	애자공사・합성수지몰드공사, 금속몰드공사
	기타의 장소	애자공사
점검할 수 있는 은폐된 장소	건조한 장소	금속몰드공사

(7) 방전등 접지

① 금속제 부분 접지공사

② 접지공사 생략하는 경우

㉠ 대지전압 150[V] 이하 건조한 장소

㉡ 사용전압이 400[V] 이하 또는 변압기의 정격 2차 단락전류 혹은 회로의 동작전류가 50[mA] 이하의 것으로 안정기를 외함에 넣고, 이것을 조명기구와 전기적으로 접속되지 않도록 시설할 경우

(8) 네온방전등

① 네온변압기 1차측 대지전압 300[V] 이하
② 네온변압기는 2차측을 직렬 또는 병렬로 접속하여 사용하지 말 것
③ 네온변압기를 우선 외에 시설할 경우는 옥외형 사용
④ 관등회로의 배선은 애자공사로 시설
　㉠ 네온전선 사용
　㉡ 배선은 외상을 받을 우려가 없고 사람이 접촉될 우려가 없는 노출장소에 시설
　㉢ 전선 지지점 간의 거리는 1[m] 이하
　㉣ 전선 상호 간의 이격거리는 6[cm] 이상
⑤ 관등회로의 유리관
　㉠ 두께 1[mm] 이상
　㉡ 유리관 지지점 간 거리 0.5[m] 이하

(9) 수중조명등

① 수중에 방호장치 시설
② 1차 전압 400[V] 이하, 2차 전압 150[V] 이하 절연변압기
③ 절연변압기 2차측 전로는 접지하지 말 것
④ 2차 전압
　㉠ 30[V] 이하 : 접지공사 한 혼촉방지판 사용
　㉡ 30[V] 초과 : 지락 시 자동차단 누전차단기 시설
⑤ 전선은 단면적 2.5[mm^2]

(10) 교통신호등

① 사용전압 : 300[V] 이하
② 공칭단면적 2.5[mm^2] 연동선을 인장강도 3.7[kN]의 금속선 또는 지름 4[mm] 이상의 철선을 2가닥 이상 꼰 금속선에 매달 것
③ 인하선 : 지표상 2.5[m] 이상

11 특수설비

(1) 전기울타리

① 전기울타리는 사람이 쉽게 출입하지 아니하는 곳에 시설
② 사용전압 : 250[V] 이하
③ 전선 : 인장강도 1.38[kN] 이상, 지름 2[mm] 이상 경동선
④ 기둥과 이격거리 2.5[cm] 이상, 수목과 거리 30[cm] 이상

(2) 전기욕기

① 사용전압 : 1차 대지전압 300[V] 이하, 2차 사용전압 10[V] 이하
② 전극까지 배선 2.5[mm^2] 이상 연동선

③ 케이블 및 단면적 1.5[mm^2] 이상 캡타이어 케이블은 전선관에 넣어 고정
④ 욕탕 안의 전극 간 거리는 1[m] 이상

CHAPTER

(3) 전기온상 등

① 대지전압 : 300[V] 이하
② 전선 : 전기온상선
③ 발열선 온도 : 80[℃] 이하

(4) 제1종 엑스선 발생장치의 전선 간격

① 100[kV] 이하 : 45[cm] 이상
② 100[kV] 초과 : 45[cm]에 10[kV] 단수마다 3[cm]를 더한 값

(5) 전격살충기

① 지표상 또는 마루 위 3.5[m] 이상의 높이에 시설
② 다른 시설물 또는 식물 사이의 이격거리는 30[cm] 이상

(6) 유희용 전차

① 절연변압기의 1차 전압 : 400[V] 이하
② 전원장치의 2차측 단자의 최대사용전압은 직류 60[V] 이하, 교류 40[V] 이하
③ 접촉전선은 제3레일 방식에 의해 시설

(7) 아크용접기

① 용접변압기
　㉠ 절연변압기일 것
　㉡ 1차측 전로의 대지전압 : 300[V] 이하
　㉢ 1차측 전로에는 개폐기 시설
② 전선은 용접용 케이블 사용

(8) 도로 등의 전열장치

① 발열선에 전기를 공급하는 전로의 대지전압은 300[V] 이하
② 발열선은 미네랄인슐레이션 케이블 또는 제2종 발열선을 사용
③ 발열선 온도 : 80[℃] 이하

(9) 파이프라인 등의 전열장치

① 사용전압 : 400[V] 이하
② 발열체는 그 온도가 피 가열 액체의 발화온도의 80[%] 이하
③ 누전차단기 시설

(10) 비행장 등화배선

① 매설깊이 : 항공기 이동지역 50[cm], 그 밖의 지역 75[cm] 이상
② 저압배선 : 공칭단면적 4[mm^2] 이상 연동선

(11) 소세력회로

① 1·2차 전압

㉠ 1차 : 대지전압 300[V] 이하 절연변압기

㉡ 2차 : 사용전압 60[V] 이하

② 절연변압기 2차 단락전류 및 과전류차단기의 정격전류

사용전압의 구분	2차 단락전류	과전류차단기 정격전류
15[V] 이하	8[A]	5[A]
15[V] 초과 30[V] 이하	5[A]	3[A]
30[V] 초과 60[V] 이하	3[A]	1.5[A]

③ 전선은 케이블인 경우 이외에는 단면적 1[mm^2] 이상 연동선

④ 가공으로 시설하는 경우 : 지름 1.2[mm] 경동선 또는 지름 3.2[mm] 아연도금철선으로 매달아 시설

(12) 전기부식방지시설

① 사용전압 : 직류 60[V] 이하

② 지중에 매설하는 양극의 매설깊이 : 75[cm] 이상

③ 수중에는 양극과 주위 1[m] 이내 임의점과의 사이의 전위차는 10[V] 이하

④ 1[m] 간격의 임의의 2점 간의 전위차는 5[V] 이하

⑤ 2차측 배선

㉠ 가공 : 2.0[mm] 절연 경동선

㉡ 지중 : 4.0[mm^2]의 연동선(양극 2.5[mm^2])

(13) 전기자동차 전원설비

① 전용의 개폐기 및 과전류차단기를 각 극에 시설, 지락 차단

② 옥내에 시설하는 저압용 배선기구의 시설

③ 충전 케이블을 거치할 수 있는 거치대 또는 충분한 수납공간 : 옥내 0.45[m] 이상, 옥외 0.6[m] 이상

④ 충전 케이블 인출부

㉠ 옥내용 : 지면에서 0.45[m] 이상 1.2[m] 이내

㉡ 옥외용 : 지면에서 0.6[m] 이상

12 특수장소

(1) 폭연성 분진 및 가연성 가스 등의 위험장소

금속관공사, 케이블공사(캡타이어 케이블 제외)

① 금속관공사

㉠ 박강 전선관 이상의 강도

㉡ 패킹을 사용하여 먼지가 내부에 침입하지 아니하도록 시설

㉢ 5턱 이상 나사조임
㉣ 분진 방폭형 유연성 부속을 사용

② 케이블공사
㉠ 개장된 케이블 또는 미네럴인슈레이션 케이블을 사용하는 경우 이외에는 관 기타의 방호장치
㉡ 먼지가 내부에 침입하지 아니하도록 시설

(2) 가연성 분진 및 위험물 등의 위험장소

합성수지관공사(두께 2[mm] 미만 제외) · 금속관공사 또는 케이블공사

(3) 화약류 저장소 등의 위험장소

① 전로에 대지전압은 300[V] 이하
② 전기기계기구는 전폐형
③ 케이블이 손상될 우려가 없도록 시설

(4) 전시회, 쇼 및 공연장의 전기설비

① 무대 · 무대마루 밑 · 오케스트라 박스 · 영사실 기타 사람이나 무대 도구가 접촉할 우려가 있는 곳에 시설하는 저압 옥내배선, 전구선 또는 이동전선은 사용전압이 400[V] 이하
② 배선 케이블은 구리 도체로 최소 단면적이 1.5[mm^2]
③ 플라이 덕트(fly duct : 조명걸이장치)
㉠ 절연전선(옥외용 제외)
㉡ 덕트는 두께 0.8[mm] 이상의 철판
㉢ 안쪽 면은 전선의 피복을 손상하지 아니하도록 돌기 등이 없는 것
㉣ 안쪽 면과 외면은 도금 또는 도장을 한 것
㉤ 덕트의 끝부분은 막을 것
④ 진열장 안의 배선의 지지점 간 거리는 1[m] 이하

(5) 터널, 갱도, 기타 이와 유사한 장소

① 사람이 상시 통행하는 터널 안의 배선의 시설
㉠ 전선 2.5[mm^2]의 연동선, 노면상 2.5[m] 이상
㉡ 입구에 전용 개폐기 시설
② 광산, 기타 갱도 안의 시설
㉠ 저압 배선은 케이블공사 시설(사용전압 400[V] 이하 2.5[mm^2] 연동선)
㉡ 고압배선은 케이블 사용
㉢ 입구에 전용 개폐기 시설
③ 터널 등의 전구선 또는 이동전선 등의 시설
단면적 0.75[mm^2] 이상

(6) 터널 안 전선로 시설

구 분	전선의 굵기	노면상 높이
저압	2.30[kN], 2.6[mm] 이상 경동선의 절연전선, 애자공사, 케이블	2.5[m]
고압	5.26[kN], 4[mm] 이상 경동선의 절연전선, 애자공사, 케이블	3[m]

(7) 의료장소

① 적용범위

㉠ 그룹 0 : 장착부를 사용하지 않는 의료장소

㉡ 그룹 1 : 장착부를 환자의 신체 외부 또는 심장 부위를 제외한 환자의 신체 내부에 삽입시켜 사용하는 의료장소

㉢ 그룹 2 : 장착부를 환자의 심장 부위에 삽입 또는 접촉시켜 사용하는 의료장소

② 의료장소별 접지계통

㉠ 그룹 0 : TT 계통 또는 TN 계통

㉡ 그룹 1 : TT 계통 또는 TN 계통

㉢ 그룹 2 : 의료 IT 계통

(다만, 이동식 X-레이 장치, 정격출력이 5[kVA] 이상인 대형 기기용 회로, 생명유지장치가 아닌 일반 의료용 전기기기에 전력을 공급하는 회로 등에는 TT 계통 또는 TN 계통 적용 가능)

㉣ 주배전반 이후의 부하계통에서는 TN-C 계통으로 시설하지 말 것

③ 의료장소의 안전을 위한 보호설비

㉠ 비단락보증 절연변압기

- 이중 또는 강화절연
- 2차측 전로는 접지하지 말 것
- 함 속에 설치하여 충전부가 노출되지 않도록 하고 의료장소의 내부 또는 가까운 외부에 설치
- 2차측 정격전압은 교류 250[V] 이하로 하며 공급방식은 단상 2선식, 정격출력은 10[kVA] 이하
- 3상은 비단락보증 3상 절연변압기를 사용
- 과부하 전류 및 초과 온도를 지속적으로 감시하는 장치를 적절한 장소에 설치

㉡ 의료 IT 계통의 절연상태를 지속적으로 계측, 감시하는 장치 설치

④ 의료장소 내의 접지설비

㉠ 접지설비 : 접지극, 접지도체, 등전위본딩 바, 보호도체, 등전위본딩도체

㉡ 의료장소마다 등전위본딩 바를 설치(바닥면적 합계가 50[m^2] 이하인 경우에는 등전위본딩 바를 공용)

㉢ 의료장소 내에서 사용하는 모든 전기설비 및 의료용 전기기기의 노출도전부는 보호도체에 의하여 기준접지 바에 각각 접속되도록 할 것

㉣ 그룹 2의 의료장소 : 등전위본딩 시행

㉤ 접지도체
- 공칭단면적은 등전위본딩 바에 접속된 보호도체 중 가장 큰 것 이상
- 철골 또는 2조 이상의 주철근을 접지도체의 일부분으로 활용 가능
- 450/750[V] 일반용 단심 비닐절연전선으로서 절연체의 색이 녹/황의 줄무늬이거나 녹색 사용

⑤ 의료장소 내의 비상전원

㉠ 절환시간 0.5초 이내에 비상전원을 공급하는 장치 또는 기기
- 0.5초 이내에 전력공급이 필요한 생명유지장치
- 그룹 1 또는 그룹 2의 의료장소의 수술등, 내시경, 수술실 테이블, 기타 필수 조명

㉡ 절환시간 15초 이내에 비상전원을 공급하는 장치 또는 기기
- 15초 이내에 전력공급이 필요한 생명유지장치
- 그룹 2의 의료장소에 최소 50[%]의 조명, 그룹 1의 의료장소에 최소 1개의 조명

㉢ 절환시간 15초를 초과하여 비상전원을 공급하는 장치 또는 기기 : 병원기능을 유지하기 위한 기본 작업에 필요한 조명

핵심 02 고압 · 특고압 전기설비

1 기본 원칙

(1) 전기적 요구사항

① 중성점 접지방식의 선정 시 고려사항

㉠ 전원공급의 연속성
㉡ 지락고장에 의한 기기의 손상 제한
㉢ 고장부위의 선택적 차단
㉣ 고장위치의 감지
㉤ 접촉 및 보폭전압
㉥ 유도성 간섭
㉦ 운전 및 유지보수 측면

② 전압 등급

계통 공칭전압 및 최대 운전전압을 결정

③ 정상 운전전류 및 정격주파수

설비의 모든 부분은 정의된 운전조건에서의 전류를 견디고, 정격주파수에 적합

④ 단락전류와 지락전류
단락전류로부터 발생하는 열적 및 기계적 영향에 견디고, 지락 자동차단 및 지락상태 자동표시장치에 의해 보호

(2) 기계적 요구사항

① 예상되는 기계적 충격
② 계산된 최대 도체 인장력
③ 빙설로 인한 하중
④ 풍압하중
⑤ 개폐 전자기력
⑥ 단락 시 전자기력에 의한 기계적 영향
⑦ 인장 애자련이 설치된 구조물은 최악의 하중이 가해지는 애자나 도체(케이블)의 손상으로 인한 도체 인장력의 상실
⑧ 지진하중

2 전선로

(1) 유도장해의 방지

① 고저압 가공전선의 유도장해 방지
㉠ 고저압 가공전선로와 병행하는 경우 : 약전류 전선과 2[m] 이상 이격
㉡ 가공약전류전선에 장해를 줄 우려가 있는 경우
- 이격거리 증가
- 교류식인 경우는 가공전선을 적당한 거리에서 연가
- 인장강도 5.26[kN] 이상의 것 또는 직경 4[mm]의 경동선을 2가닥 이상을 시설하고 접지

② 특고압 가공전선로의 유도장해 방지
㉠ 사용전압이 60[kV] 이하 : 전화선로 길이 12[km]마다 유도전류 2[μA] 이하
㉡ 사용전압이 60[kV]를 초과 : 전화선로 길이 40[km]마다 유도전류 3[μA] 이하
㉢ 극저주파 전자계 : 지표상 1[m]에서 전계가 3.5[kV/m] 이하, 자계가 83.3[μT] 이하
㉣ 직류 특고압 가공전선로
- 직류전계는 지표면에서 25[kV/m] 이하
- 직류자계는 지표상 1[m]에서 400,000[μT] 이하

㉤ 전력보안통신설비는 가공전선로로부터의 정전유도작용 또는 전자유도작용에 의하여 사람에 위험을 줄 우려가 없도록 시설

(2) 지지물의 철탑오름 및 전주오름 방지

발판 볼트 등은 지표상 1.8[m] 이상 시설

(3) 풍압하중의 종별과 적용

① 풍압하중의 종별

㉠ 갑종 풍압하중

구 분		풍압하중
지지물	원형 지지물	588[Pa]
	철주(강관)	1,117[Pa]
	철탑(강관)	1,255[Pa]
전선	다도체	666[Pa]
	기타(단도체)	745[Pa]
애자장치		1,039[Pa]
완금류		1,196[Pa]

㉡ 을종 풍압하중 : 두께 6[mm], 비중 0.9의 빙설에 부착한 경우 갑종 풍압하중의 50[%] 적용

㉢ 병종 풍압하중

- 갑종 풍압하중의 50[%]
- 인가가 많이 연접되어 있는 장소

② 풍압하중 적용

구 분	고온계	저온계
빙설이 많은 지방	갑종	을종
빙설이 적은 지방	갑종	병종

(4) 가공전선로 지지물의 기초

목주 · 철주 · 철근콘크리트주 및 철탑

① 기초 안전율 2 이상
(이상 시 상정하중에 대한 철탑의 기초 1.33 이상)

② 기초 안전율 2 이상을 고려하지 않는 경우

㉠ A종(16[m] 이하, 설계하중 6.8[kN]인 철근콘크리트주)

- 길이 15[m] 이하 : 길이의 1/6 이상
- 길이 15[m] 초과 : 2.5[m] 이상
- 근가 시설

㉡ B종

- 설계하중 6.8[kN] 초과 9.8[kN] 이하 : 기준보다 30[cm] 더한 값
- 설계하중 9.81[kN] 초과 : 기준보다 50[cm] 더한 값

③ 목주의 안전율

㉠ 저압 : 풍압하중의 1.2배, 고압 : 1.3, 특고압 : 1.5

㉡ 고저압 보안공사 : 1.5, 특고압 보안공사 : 2.0

(5) 철주 또는 철탑의 구성 등

강판 · 형강 · 평강 · 봉강 · 강관 또는 리벳재

(6) 지선의 시설

① 지선의 사용
철탑은 지선을 이용하여 강도를 분담시켜서는 안 됨

② 지선의 시설
㉠ 지선의 안전율 : 2.5 이상
㉡ 허용인장하중 : 4.31[kN]
㉢ 소선 3가닥 이상 연선
㉣ 소선 지름 2.6[mm] 이상 금속선
㉤ 지중 부분 및 지표상 30[cm]까지 부분에는 내식성 철봉
㉥ 도로횡단 지선높이 : 지표상 5[m] 이상

(7) 구내인입선

① 저압 가공인입선
㉠ 인장강도 2.30[kN] 이상, 지름 2.6[mm] 경동선(단, 지지점 간 거리 15[m] 이하, 지름 2[mm] 경동선)
㉡ 절연전선, 다심형 전선, 케이블
㉢ 전선 높이
- 도로 횡단 : 노면상 5[m]
- 철도 횡단 : 레일면상 6.5[m]
- 횡단보도교 위 : 노면상 3[m]
- 기타 : 지표상 4[m]

② 저압 연접 인입선
㉠ 분기하는 점으로부터 100[m] 이하
㉡ 폭 5[m]를 초과하는 도로를 횡단하지 아니할 것
㉢ 옥내를 통과하지 아니할 것

③ 고압 가공인입선
㉠ 인장강도 8.01[kN] 이상 고압 절연전선, 특고압 절연전선 또는 지름 5[mm]의 경동선 또는 케이블
㉡ 지표상 5[m] 이상
㉢ 케이블, 위험표시를 하면 지표상 3.5[m]까지로 감할 수 있음
㉣ 연접 인입선은 시설하여서는 아니 됨

④ 특고압 인입선
100[kV] 이하, 케이블 사용

(8) 옥측전선로의 시설

① 저압 옥측전선로 시설
㉠ 공사 종류
- 애자공사(전개된 장소에 한함)
- 합성수지관공사
- 금속관공사(목조 이외의 조영물)

• 버스덕트공사(목조 이외의 조영물)
• 케이블공사(연피 케이블, 알루미늄피 케이블 또는 무기물절연(MI) 케이블을 사용하는 경우에는 목조 이외의 조영물)

㉡ 애자공사
• 단면적 4[mm^2] 이상의 연동 절연전선
• 시설장소별 조영재 사이의 이격거리

시설장소	전선 상호 간의 간격		전선과 조영재 사이의 이격거리	
	사용전압 400[V] 이하	사용전압 400[V] 초과	사용전압 400[V] 이하	사용전압 400[V] 초과
비나 이슬에 젖지 않는 장소	0.06[m]	0.06[m]	0.025[m]	0.025[m]
비나 이슬에 젖는 장소	0.06[m]	0.12[m]	0.025[m]	0.045[m]

• 전선 지지점 간의 거리 : 2[m] 이하
• 애자는 절연성 · 난연성 · 내수성
• 식물과 이격거리 0.2[m] 이상

② 고압 옥측전선로의 시설
㉠ 전선은 케이블일 것
㉡ 케이블은 견고한 관 또는 트라프에 넣거나 사람이 접촉할 우려가 없도록 시설
㉢ 케이블 지지점 간 거리 : 2[m](수직으로 붙일 경우 6[m]) 이하
㉣ 금속제에는 이들의 방식조치를 한 부분 및 대지와의 사이의 전기저항값이 10[Ω] 이하인 부분을 제외하고는 접지공사를 할 것

③ 특고압 옥측전선로의 시설
사용전압이 100[kV] 이하

(9) 옥상전선로

① 저압 옥상전선로의 시설
㉠ 인장강도 2.30[kN] 이상 또는 2.6[mm]의 경동선
㉡ 전선은 절연전선일 것
㉢ 절연성 · 난연성 및 내수성이 있는 애자 사용
㉣ 지지점 간의 거리 : 15[m] 이하
㉤ 전선과 저압 옥상전선로를 시설하는 조영재와의 이격거리 2[m] 이상
㉥ 전선은 바람 등에 의하여 식물에 접촉하지 아니하도록 시설

② 고압 옥상전선로의 시설
㉠ 전선은 케이블 사용
㉡ 케이블 이외의 것을 사용할 경우
• 조영재 사이의 이격거리를 1.2[m] 이상
• 고압 옥측전선로의 규정에 준하여 시설
㉢ 전선이 다른 시설물과 접근 교차하는 경우 이격거리 60[cm] 이상
㉣ 전선은 식물에 접촉하지 아니하도록 시설

③ 특고압 옥상전선로의 시설
특고압 옥상전선로(특고압의 인입선의 옥상부분 제외)는 시설하여서는 아니 됨

3 가공전선 시설

(1) 가공 케이블의 시설

① 조가용선

㉠ 인장강도 5.93[kN](특고압 13.93[kN]), 단면적 22[mm^2] 이상인 아연도강연선

㉡ 접지공사

② 행거 간격 0.5[m], 금속테이프 0.2[m] 이하

(2) 가공전선의 세기·굵기 및 종류

① 전선의 종류

㉠ 저압 가공전선 : 절연전선, 다심형 전선, 케이블, 나전선(중성선에 한함)

㉡ 고압 가공전선 : 고압 절연전선, 특고압 절연전선 또는 케이블

② 전선의 굵기 및 종류

㉠ 400[V] 이하 : 3.43[kN], 3.2[mm](절연전선 2.3[kN], 2.6[mm] 이상)

㉡ 400[V] 초과 저압 또는 고압 가공전선

- 시가지 인장강도 8.01[kN] 또는 지름 5[mm] 이상
- 시가지 외 인장강도 5.26[kN] 또는 지름 4[mm] 이상

㉢ 특고압 가공전선 : 인장강도 8.71[kN], 단면적 22[mm^2] 이상 경동연선

(3) 가공전선의 안전율

경동선 또는 내열 동합금선은 2.2 이상, 그 밖의 전선은 2.5 이상

(4) 가공전선의 높이

① 고·저압

㉠ 지표상 5[m] 이상(교통에 지장이 없는 경우 4[m] 이상)

㉡ 도로 횡단 : 지표상 6[m] 이상

㉢ 철도 또는 궤도를 횡단 : 레일면상 6.5[m] 이상

㉣ 횡단보도교 위에 시설 : 노면상 3.5[m](저압 절연전선 3[m])

㉤ 다리의 하부 : 저압의 전기철도용 급전선은 지표상 3.5[m] 이상

② 특고압

사용전압	지표상의 높이
35[kV] 이하	• 지표상 : 5[m] • 철도, 궤도 횡단 : 6.5[m] • 도로 횡단 : 6[m] • 횡단보도교의 위 : 특고압 절연전선, 케이블인 경우 4[m]
35[kV] 초과 160[kV] 이하	• 지표상 : 6[m] • 철도, 궤도 횡단 : 6.5[m] • 산지(山地) 등 사람이 쉽게 들어갈 수 없는 장소 : 5[m] • 횡단보도교의 위 : 케이블인 경우 5[m]
160[kV] 초과	• 지표상 6[m](철도, 궤도 횡단 6.5[m], 산지 5[m])에 160[kV]를 초과하는 10[kV] 또는 그 단수마다 0.12[m]를 더한 값

(5) 가공지선

① 고압 가공전선로 : 인장강도 5.26[kN], 지름 4[mm] 나경동선
② 특고압 가공전선로 : 인장강도 8.01[kN], 지름 5[mm] 나경동선, 22[mm^2] 이상 나경동연선, 아연도강연선 22[mm^2] 또는 OPGW 전선

(6) 가공전선의 병행 설치(병가)

① 고압 가공전선 병가
　㉠ 저압을 고압 아래로 하고 별개의 완금류에 시설
　㉡ 고압과 저압 사이의 이격거리는 50[cm] 이상
　㉢ 고압 케이블 사이의 이격거리는 30[cm] 이상
② 특고압 가공전선 병가
　㉠ 사용전압이 35[kV] 이하 : 이격거리 1.2[m] 이상
　　단, 특고압전선이 케이블이면 50[cm]까지 감할 수 있다.
　㉡ 사용전압이 35[kV]를 넘고 100[kV] 미만인 경우
　　• 제2종 특고압 보안공사
　　• 이격거리는 2[m](케이블 1[m]) 이상
　　• 특고압 가공전선 굵기 : 인장강도 21.67[kN] 이상 연선 또는 50[mm^2] 이상 경동선

(7) 가공전선과 가공약전류전선과의 공용설치(공가)

① 저·고압 공가
　㉠ 목주의 안전율 : 1.5 이상
　㉡ 가공전선을 위로 하고 별개의 완금류에 시설
　㉢ 상호 이격거리
　　• 저압 : 75[cm] 이상
　　• 고압 : 1.5[m] 이상
② 특고압 공가 : 35[kV] 이하
　㉠ 제2종 특고압 보안공사
　㉡ 인장강도 21.67[kN], 단면적 50[mm^2] 이상 경동연선
　㉢ 이격거리 : 2[m](케이블 50[cm])
　㉣ 별개의 완금류에 시설
　㉤ 전기적 차폐층이 있는 통신용 케이블일 것

(8) 경간 제한

지지물 종류	경 간
목주 · A종	150[m] 이하
B종	250[m] 이하
철탑	600[m] 이하

[경간을 늘릴 수 있는 경우]

① 고압 : 인장강도 8.71[kN], 단면적 22[mm^2] 경동연선

② 특고압 : 인장강도 21.67[kN], 단면적 50[mm^2] 경동연선

③ 목주 · A종 300[m] 이하, B종 500[m] 이하

(9) 저 · 고압 보안공사

① 전선

인장강도 8.01[kN], 지름 5[mm](400[V] 이하 5.26[kN] 이상 또는 4[mm]) 경동선

② 경간

㉠ 경간 제한

지지물 종류	경 간
목주 · A종	100[m] 이하
B종	150[m] 이하
철탑	400[m] 이하

㉡ 표준경간 적용

- 저압 : 인장강도 8.71[kN], 단면적 22[mm^2] 이상 경동연선 사용
- 고압 : 인장강도 14.51[kN], 단면적 38[mm^2] 이상 경동연선 사용

(10) 특고압 보안공사

<table>
<tr><th>종 류</th><th>제1종</th><th colspan="2">제2종</th><th>제3종</th></tr>
<tr><td>적용</td><td>35[kV] 넘고 2차 접근</td><td colspan="2">35[kV] 이하 2차 접근,
다른 시설물과 2차 접근,
병가, 공가</td><td>1차 접근상태,
특고압 전선상호</td></tr>
<tr><td>전선</td><td>• 100[kV] 미만 : 55[mm^2]
(21.67[kN])
• 300[kV] 미만 : 150[mm^2]
(58.84[kN])
• 300[kV] 이상 : 200[mm^2]
(77.47[kN])</td><td colspan="2">연선
(55[mm^2], 21.67[kN])</td><td>연선
(22[mm^2], 8.71[kN])</td></tr>
<tr><td>경간</td><td>• A종 : 사용할 수 없음
• B종 : 150[m] 이하
• 철탑 : 400[m] 이하</td><td>100[mm^2],
38.05[kN]
→ 표준경간</td><td>• A종 : 100[m]
• B종 : 200[m]
• 철탑 : 400[m]</td><td>38[mm^2], 14.51[kN]
→ A종 : 표준경간
55[mm^2], 21.67[kN]
→ 표준경간</td></tr>
<tr><td>애자
장치</td><td colspan="4">• 50[%] 충격섬락전압값에 대하여 다른 부분 애자장치의 값의 110[%]
(사용전압 130[kV] 초과 105[%])
• 아크혼을 붙인 현수애자 · 장간애자 또는 라인포스트애자를 사용한 것
• 2련 이상의 현수애자 또는 장간애자를 사용한 것</td></tr>
<tr><td>기타</td><td>지락, 단락 시 전로 차단
• 100[kV] 미만 : 3초
• 100[kV] 이상 : 2초</td><td colspan="3">목주의 안전율 2.0 이상</td></tr>
</table>

(11) 가공전선과 건조물의 접근

① 저·고압 가공전선과 건조물의 조영재 사이의 이격거리

구 분	접근형태	이격거리
상부 조영재	위쪽	2[m](절연전선, 케이블 1[m])
	옆쪽 또는 아래쪽	1.2[m]

② 특고압 가공전선과 건조물 등과 접근 교차

<table>
<tr><th colspan="2" rowspan="2">구분 / 접근</th><th colspan="2">가공전선</th><th colspan="2">35[kV] 이하</th></tr>
<tr><th>35[kV] 이하</th><th>35[kV] 초과</th><th>절연전선</th><th>케이블</th></tr>
<tr><td rowspan="2">건조물 상부조영재</td><td>위쪽</td><td rowspan="3">3[m]</td><td rowspan="3">3 + 0.15N</td><td>2.5[m]</td><td>1.2[m]</td></tr>
<tr><td>옆, 아래</td><td>1.5[m]</td><td>0.5[m]</td></tr>
<tr><td colspan="2">도로 등</td><td colspan="2">수평 1.2[m]</td></tr>
</table>

(12) 가공전선의 이격거리

① 저압 또는 고압 가공전선은 식물에 접촉하지 않도록 시설

② 저압 가공전선 상호 간의 접근 또는 교차
- ㉠ 이격거리 0.6[m] 이상
- ㉡ 절연전선, 케이블 0.3[m] 이상
- ㉢ 지지물과 전선 0.3[m] 이상

③ 고압 가공전선 등과 저압 가공전선 등의 접근 또는 교차
- ㉠ 고압 보안공사
- ㉡ 고압 가공전선과 저압 가공전선 등 또는 그 지지물 사이의 이격거리

종 류	이격거리
저압	0.6[m](고압 절연전선 또는 케이블 0.3[m])
고압	0.8[m](케이블 0.4[m])

④ 고압 가공전선 상호 간 : 0.8[m] 이상
(단, 한쪽의 전선이 케이블인 경우 0.4[m] 이상)

⑤ 특고압 가공전선의 이격거리

사용전압	이격거리
60[kV] 이하	2[m] 이상
60[kV] 초과	2 + 0.12N[m]

여기서, N : 60[kV] 초과하는 10[kV] 단수

(13) 가공전선과 교류 전차선 등의 접근 또는 교차

① 케이블 : 단면적 38[mm^2] 이상인 아연도강연선으로 인장강도 19.61[kN] 이상인 것으로 조가하여 시설

② 경동연선 : 인장강도 14.51[kN], 단면적 38[mm^2] 경동연선

③ 가공전선로의 경간
- ㉠ 목주·A종 : 60[m] 이하
- ㉡ B종 : 120[m] 이하

(14) 농사용 저압 가공전선로

① 사용전압이 저압일 것
② 전선은 인장강도 1.38[kN] 이상, 지름 2[mm] 이상 경동선
③ 지표상 3.5[m] 이상(사람이 쉽게 출입하지 않으면 3[m])
④ 경간은 30[m] 이하

(15) 구내에 시설하는 저압 가공전선로

① 1구내 시설, 사용전압 400[V] 이하
② 가공전선 : 1.38[kN], 지름 2[mm] 이상 경동선
③ 경간 : 30[m] 이하

4 특고압 가공전선로

(1) 시가지 등에서 특고압 가공전선로의 시설

① 애자장치 : 50[%]의 충격섬락전압값이 타 부분의 110[%](130[kV] 초과 105[%]) 이상
② 지지물의 경간

지지물 종류	경 간
A종	75[m]
B종	150[m]
철탑	400[m](전선 수평 간격 4[m] 미만 : 250[m])

③ 전선의 굵기

사용전압 구분	전선 단면적
100[kV] 미만	21.67[kN], 55[mm^2] 경동연선
100[kV] 이상	58.84[kN], 150[mm^2] 경동연선
170[kV] 초과	240[mm^2] ACSR

④ 전선의 지표상 높이

사용전압 구분	지표상 높이
35[kV] 이하	10[m](특고압 절연전선 8[m])
35[kV] 초과	10[m]에 35[kV] 초과하는 10[kV] 단수마다 0.12[m] 더한 값

⑤ 지기나 단락이 생긴 경우 : 100[kV] 초과하는 것은 1초 안에 동작하는 자동차단장치 시설

(2) 특고압 가공전선과 지지물 등의 이격거리

사용전압	이격거리	사용전압	이격거리
15[kV] 미만	15[cm]	80[kV] 미만	45[cm]
25[kV] 미만	20[cm]	130[kV] 미만	65[cm]
35[kV] 미만	25[cm]	160[kV] 미만	90[cm]
50[kV] 미만	30[cm]	200[kV] 미만	110[cm]
60[kV] 미만	35[cm]	230[kV] 미만	130[cm]
70[kV] 미만	40[cm]	230[kV] 이상	160[cm]

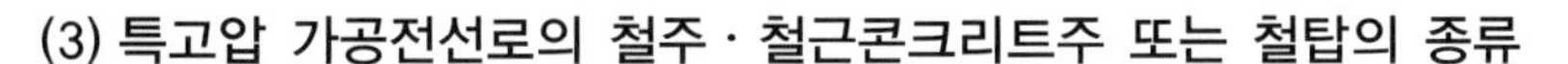

(3) 특고압 가공전선로의 철주 · 철근콘크리트주 또는 철탑의 종류

① 직선형 : 3도 이하
② 각도형 : 3도 초과
③ 인류형 : 인류하는 곳
④ 내장형 : 경간 차 큰 곳

(4) 상시 상정하중

① 풍압이 직각 방향 하중과 전선로의 방향 하중 중 큰 쪽 채택
㉠ 수직하중 : 자중, 빙설하중
㉡ 수평 횡하중 : 수평 횡분력
㉢ 수평 종하중 : 풍압하중
② 불평균 장력에 의한 수평 종하중 가산
㉠ 인류형 : 상정 최대 장력과 같은 불평균 장력
㉡ 내장형 : 상정 최대 장력의 33[%]와 같은 불평균 장력의 수평 종분력
㉢ 직선형 : 상정 최대 장력의 3[%]와 같은 불평균 장력의 수평 종분력
㉣ 각도형 : 상정 최대 장력의 10[%]와 같은 불평균 장력의 수평 종분력

(5) 이상 시 상정하중

① 수직하중 : 상시 상정하중
② 수평 횡하중 : 풍압하중, 수평 횡분력, 절단에 의하여 생기는 비틀림 힘
③ 수평 종하중 : 절단에 의하여 생기는 수평 종분력 및 비틀림 힘

(6) 특고압 가공전선로의 내장형 등의 지지물 시설

직선형의 철탑을 연속하여 10기 이상 사용하는 부분에는 10기 이하마다 내장 애자장치가 되어 있는 철탑 1기를 시설

(7) 특고압 가공전선과 도로 등의 접근 · 교차

① 제1차 접근상태로 시설
㉠ 제3종 특고압 보안공사에 의하여 시설
㉡ 특고압 가공전선과 도로 등과 접근 또는 교차 시 이격거리

구 분	이격거리
35[kV] 이하	3[m]
35[kV] 초과	$3+0.15N$

② 제2차 접근상태로 시설
㉠ 제2종 특고압 보안공사에 의하여 시설
㉡ 특고압 가공전선 중 도로 등에서 수평거리 3[m] 미만으로 시설되는 부분의 길이가 연속하여 100[m] 이하이고 또한 1 경간 안에서의 그 부분의 길이의 합계가 100[m] 이하일 것
③ 특고압 가공전선이 도로 등과 교차
㉠ 제2종 특고압 보안공사에 의하여 시설

㉡ 보호망 시설
- 금속제 망상장치
- 특고압 가공전선의 바로 아래 : 인장강도 8.01[kN], 지름 5[mm] 경동선
- 기타 부분에 시설 : 인장강도 5.26[kN], 지름 4[mm] 경동선
- 보호망 상호 간격 : 가로, 세로 각 1.5[m] 이하

(8) 25[kV] 이하인 특고압 가공전선로 시설

① 지락이나 단락 시 : 2초 이내 전로 차단

② 중성선 다중 접지 및 중성선 시설

㉠ 접지도체 : 단면적 6[mm^2]의 연동선

㉡ 접지한 곳 상호 간의 거리

구 분	접지 간격
15[kV] 이하	300[m] 이하
15[kV]초과 25[kV] 이하	150[m] 이하

㉢ 1[km] 마다의 중성선과 대지 사이 합성 전기저항값

구 분	각 접지점 저항	합성 저항
15[kV] 이하	300[Ω]	30[Ω]
15[kV] 초과 25[kV] 이하	300[Ω]	15[Ω]

㉣ 중성선은 저압 가공전선 규정에 준하여 시설

㉤ 저압 접지측 전선이나 중성선과 공용 가능

③ 경간 제한

지지물의 종류	경 간
목주 · A종	100[m]
B종	150[m]
철탑	400[m]

④ 건조물의 조영재 사이의 이격거리

건조물의 조영재	접근형태	전선의 종류	이격거리
상부 조영재	위쪽	나전선	3.0[m]
		특고압 절연전선	2.5[m]
		케이블	1.2[m]
	옆쪽 아래쪽	나전선	1.5[m]
		특고압 절연전선	1.0[m]
		케이블	0.5[m]

⑤ 도로, 횡단보도교, 철도, 궤도와 접근하는 경우

㉠ 이격거리는 3[m] 이상

㉡ 도로 등의 아래쪽에서 접근하여 시설될 때에는 상호 간의 이격거리

전선의 종류	이격거리
나전선	1.5[m]
특고압 절연전선	1.0[m]
케이블	0.5[m]

⑥ 특고압 가공전선이 삭도와 접근 또는 교차하는 경우

전선의 종류	이격거리
나전선	2.0[m]
특고압 절연전선	1.0[m]
케이블	0.5[m]

⑦ 특고압 가공전선로가 상호 간 접근 또는 교차하는 경우

사용전선의 종류	이격거리
어느 한쪽 또는 양쪽이 나전선인 경우	1.5[m]
양쪽이 특고압 절연전선인 경우	1.0[m]
한쪽이 케이블이고 다른 한쪽이 케이블이거나 특고압 절연전선인 경우	0.5[m]

⑧ 특고압 가공전선과 저압 또는 고압의 가공전선을 동일 지지물에 병가하여 시설하는 경우 : 이격거리는 1[m] 이상(케이블 0.5[m])

⑨ 식물 사이의 이격거리 : 1.5[m] 이상

5 지중 및 기타 전선로 시설

(1) 지중전선로

① 지중전선로 시설
　㉠ 케이블 사용
　㉡ 관로식, 암거식, 직접 매설식
　㉢ 매설깊이
　　• 관로식, 직접 매설식 : 1[m] 이상
　　• 중량물의 압력을 받을 우려가 없는 곳 : 0.6[m] 이상

② 지중함 시설
　㉠ 견고하고, 차량 기타 중량물의 압력에 견디는 구조
　㉡ 지중함은 고인 물 제거
　㉢ 지중함 크기 $1[m^3]$ 이상
　㉣ 지중함의 뚜껑은 시설자 이외의 자가 쉽게 열 수 없도록 시설

③ 지중약전류전선의 유도장해의 방지
누설전류 또는 유도작용에 의하여 통신상의 장해를 주지 아니하도록 기설 약전류전선로로부터 충분히 이격

④ 지중전선과 지중약전류전선 등 또는 관과의 접근 또는 교차
　㉠ 상호 간의 이격거리
　　• 저고압 지중전선 30[cm] 이상
　　• 특고압 지중전선 60[cm] 이상
　㉡ 가연성이나 유독성의 유체를 내포하는 관과 접근하거나 교차하는 경우 이격거리 : 1[m] 이하

(2) 수상 전선로의 시설

① 사용전압 : 저압 또는 고압

② 사용하는 전선

㉠ 저압 : 클로로프렌 캡타이어 케이블

㉡ 고압 : 고압용 캡타이어 케이블

㉢ 부대(浮臺)는 쇠사슬 등으로 견고하게 연결

㉣ 지락이 생겼을 때에 자동적으로 전로를 차단하는 장치 시설

㉤ 전선은 부대의 위에 지지하여 시설하고 또한 그 절연피복을 손상하지 아니하도록 시설

③ 전선 접속점 높이

㉠ 육상 : 5[m] 이상(도로상 이외 저압 4[m])

㉡ 수면상 : 고압 5[m], 저압 4[m] 이상

④ 전용 개폐기 및 과전류차단기를 각 극에 시설

(3) 교량에 시설하는 고압 전선로

① 교량의 윗면에 시설하는 경우 전선의 높이는 교량의 노면상 5[m] 이상

② 전선은 케이블일 것. 단, 철도 또는 궤도 전용의 교량에는 인장강도 5.26[kN] 이상의 것 또는 지름 4[mm] 이상의 경동선 사용

③ 전선과 조영재 사이의 이격거리는 30[cm] 이상

6 기계 · 기구 시설 및 옥내배선

(1) 특고압 배전용 변압기 시설

① 사용전선 : 특고압 절연전선 또는 케이블

② 1차 전압은 35[kV] 이하, 2차 전압은 저압 또는 고압

③ 특고압측에 개폐기 및 과전류차단기 시설

(2) 특고압을 직접 저압으로 변성하는 변압기

① 전기로용 변압기

② 소내용 변압기

③ 배전용 변압기

④ 접지저항값 10[Ω] 이하 금속제 혼촉방지판이 있는 변압기

⑤ 교류식 전기철도용 신호회로에 전기를 공급하는 변압기

(3) 고압용 기계기구의 시설

① 울타리의 높이와 거리 합계 5[m] 이상

② 지표상 4.5[m](시가지 외 4[m]) 이상

(4) 특고압용 기계기구의 시설

사용전압	울타리 높이와 거리의 합계, 지표상 높이
35[kV] 이하	5[m]
160[kV] 이하	6[m]
160[kV] 초과	6[m]에 160[kV] 초과하는 10[kV] 또는 그 단수마다 12[cm] 더한 값

(5) 고주파 이용 전기설비의 장해방지

측정장치로 2회 이상 연속하여 10분간 측정하였을 때에 각각 측정값의 최댓값에 대한 평균값이 −30[dB](1[mW]를 0[dB]로 한다)일 것

(6) 아크를 발생하는 기구의 시설 시 이격거리

① 고압용 : 1[m] 이상

② 특고압용 : 2[m] 이상

(7) 절연유의 구외 유출 방지

사용전압이 100[kV] 이상의 중성점 직접 접지식 전로에 접속하는 변압기

(8) 개폐기의 시설

① 각 극에 시설

② 개폐상태 표시장치

③ 자물쇠장치 등 방지장치

④ 단로기 등 개로 방지하기 위한 조치

㉠ 부하전류의 유무를 표시한 장치

㉡ 전화기 기타의 지령장치

㉢ 터블렛

(9) 지락차단장치 등의 시설

① 발전소·변전소 또는 이에 준하는 곳의 인출구

② 다른 전기사업자로부터 공급받는 수전점

③ 배전용 변압기(단권 변압기 제외)의 시설 장소

(10) 피뢰기 시설

① 시설 장소

㉠ 발전소·변전소의 가공전선 인입구 및 인출구

㉡ 특고압 가공전선로 배전용 변압기의 고압측 및 특고압측

㉢ 고압 및 특고압 가공전선로로부터 공급을 받는 수용장소

㉣ 가공전선로와 지중전선로가 접속되는 곳

② 접지저항값 : 10[Ω] 이하

(11) 수소냉각식 발전기 등의 시설

① 기밀구조
② 수소가 대기압에서 폭발하는 경우에 생기는 압력에 견디는 강도를 가지는 것
③ 순도가 85[%] 이하로 저하될 경우 경보하는 장치 시설
④ 압력을 계측하는 장치 및 그 압력이 현저히 변동한 경우에 이를 경보하는 장치 시설
⑤ 온도를 계측하는 장치 시설
⑥ 유리제의 점검창 등은 쉽게 파손되지 아니하는 구조
⑦ 수소를 통하는 관은 동관 또는 이음매 없는 강판이어야 하며 또한 수소가 대기압에서 폭발하는 경우에 생기는 압력에 견디는 강도의 것일 것

(12) 압축공기계통

① 최고 사용압력의 1.5배의 수압(1.25배의 기압)을 연속하여 10분간 가했을 때 견디고 새지 아니할 것
② 1회 이상의 용량
③ 관은 용접에 의한 잔류응력이 생기거나 나사의 조임에 의하여 무리한 하중이 걸리지 아니하도록 할 것
④ 압력이 저하한 경우에 자동적으로 압력을 회복하는 장치 시설
⑤ 사용압력의 1.5배 이상 3배 이하의 최고 눈금이 있는 압력계 시설

(13) 고압 옥내배선

① 애자공사, 케이블공사, 케이블트레이공사
② 애자공사(건조하고 전개된 장소에 한함)
㉠ 전선은 6[mm^2] 이상 연동선
㉡ 전선 지지점 간 거리 6[m] 이하. 조영재의 면을 따라 붙이는 경우 2[m] 이하
㉢ 전선 상호 간격 8[cm], 전선과 조영재 사이 이격거리 5[cm]
㉣ 애자는 절연성·난연성 및 내수성의 것일 것
㉤ 저압 옥내배선과 쉽게 식별되도록 시설
③ 고압 옥내배선과 다른 시설물과 이격거리는 15[cm] 이상

(14) 옥내 고압용 이동전선의 시설

① 전선은 고압용의 캡타이어 케이블일 것
② 이동전선과 전기사용기계기구와는 볼트 조임

(15) 특고압 옥내 전기설비의 시설

① 사용전압 100[kV] 이하. 다만, 케이블트레이공사에 의하여 시설하는 경우에는 35[kV] 이하
② 전선은 케이블일 것

7 발전소, 변전소, 개폐소

(1) 발전소 등의 울타리 · 담 등의 시설

① 울타리 · 담 등의 높이는 2[m] 이상

② 지표면과 울타리 · 담 등의 하단 사이의 간격은 0.15[m] 이하

③ 발전소 등의 울타리 · 담 등의 시설 시 이격거리

사용전압의 구분	울타리 · 담 등의 높이와 울타리 · 담 등으로부터 충전부분까지의 거리의 합계
35[kV] 이하	5[m]
35[kV] 초과 160[kV] 이하	6[m]
160[kV] 초과	6[m]에 160[kV]를 초과하는 10[kV] 또는 그 단수마다 0.12[m]를 더한 값

(2) 고압 또는 특고압 가공전선과 금속제의 울타리 · 담 등이 교차하는 경우

금속제의 울타리 · 담 등에는 교차점과 좌 · 우로 45[m] 이내의 개소에 접지공사

(3) 특고압 전로의 상 및 접속 상태 표시

① 보기 쉬운 곳에 상별 표시

② 회선수가 2 이하 또는 단일모선인 경우에는 예외

(4) 발전기 등의 보호장치

① 차단하는 장치를 시설해야 하는 경우

㉠ 과전류나 과전압이 생긴 경우

㉡ 용량 500[kVA] 이상의 발전기를 구동하는 수차의 압유장치 유압이 저하한 경우

㉢ 용량 100[kVA] 이상의 발전기를 구동하는 풍차의 압유장치 유압이 저하한 경우

㉣ 용량 2,000[kVA] 이상인 수차 발전기의 베어링 온도가 상승한 경우

㉤ 용량 10,000[kVA] 이상인 발전기의 내부에 고장이 생긴 경우

㉥ 정격출력이 10,000[kW] 초과하는 증기터빈의 베어링 온도가 상승한 경우

② 상용전원으로 쓰이는 축전지

과전류가 생겼을 경우에 자동적으로 이를 전로로부터 차단하는 장치 시설

(5) 특고압용 변압기의 보호장치

뱅크용량	동작조건	장치의 종류
5,000[kVA] 이상 10,000[kVA] 미만	내부 고장	자동차단장치 경보장치
10,000[kVA] 이상	내부 고장	자동차단장치
타냉식 변압기	온도 상승	경보장치

(6) 조상설비의 보호장치

설비종별	뱅크용량	자동차단
전력용 커패시터 및 분로리액터	500[kVA] 초과 15,000[kVA] 미만	내부 고장 과전류
	15,000[kVA] 이상	내부 고장 과전류 과전압
조상기	15,000[kVA] 이상	내부 고장

(7) 계측장치의 측정사항

① 주요 변압기의 전압 및 전류 또는 전력, 특고압용 변압기의 온도

② 발전기의 베어링 및 고정자의 온도

③ 동기검정장치

④ 정격출력이 10,000[kW]를 초과하는 증기터빈에 접속하는 발전기의 진동의 진폭

(8) 상주 감시를 하지 아니하는 변전소의 시설

① 변전제어소 또는 기술원이 상주하는 장소에 경보장치를 시설해야 할 경우

㉠ 차단기가 자동적으로 차단한 경우

㉡ 주요 변압기의 전원측 전로가 무전압으로 된 경우

㉢ 제어회로의 전압이 현저히 저하한 경우

㉣ 옥내변전소에 화재가 발생한 경우

㉤ 출력 3,000[kVA]를 초과하는 특고압용 변압기는 온도가 현저히 상승한 경우

㉥ 타냉식 변압기는 냉각장치가 고장난 경우

㉦ 조상기는 내부에 고장이 생긴 경우

㉧ 조상기 안의 수소의 순도가 90[%] 이하로 저하한 경우

㉨ 절연가스의 압력이 현저히 저하한 경우

② 조상기 안의 수소의 순도가 85[%] 이하로 저하한 경우 자동적 차단하는 장치를 시설

핵심 03 전력보안통신설비

1 전력보안통신설비 시설 장소

(1) 송전선로, 배전선로 : 필요한 곳

(2) 발전소, 변전소 및 변환소

① 원격감시제어가 되지 않는 곳

② 2개 이상의 급전소 상호 간

③ 필요한 곳
④ 긴급연락이 필요한 곳
⑤ 발전소·변전소 및 개폐소와 기술원 주재소 간

(3) 중앙급전사령실, 정보통신실

2 전력보안통신선의 시설 높이와 이격거리

(1) 가공통신선의 높이

① 도로 위에 시설 : 지표상 5[m](교통 지장 없는 경우 4.5[m])
② 철도 횡단 : 레일면상 6.5[m]
③ 횡단보도교 위 : 노면상 3[m]

(2) 가공전선로의 지지물에 시설하는 통신선의 높이

① 도로 횡단 : 노면상 6[m] 이상(교통 지장 없는 경우 5[m])
② 철도·궤도 횡단 : 레일면상 6.5[m] 이상
③ 횡단보도교의 위
　㉠ 저압, 고압의 가공전선로 : 노면상 3.5[m]
　　(통신선이 절연전선, 첨가통신용 케이블 3[m])
　㉡ 특고압 가공전선로 : 광섬유 케이블 노면상 4[m]
　㉢ 기타 : 지표상 5[m] 이상

(3) 특고압 가공전선로의 지지물에 시설하는 통신선 또는 이에 직접 접속하는 통신선이 도로·횡단보도교·철도의 레일 또는 삭도와 교차하는 경우 통신선

① 절연전선 : 연선 단면적 16[mm^2](단선의 경우 지름 4[mm])
② 경동선 : 인장강도 8.01[kN] 이상의 것 또는 연선의 경우 단면적 25[mm^2](단선의 경우 지름 5[mm])

3 가공전선과 첨가 통신선과의 이격거리

① 통신선을 아래에 시설
② 고압 및 저압 가공전선 : 0.6[m](케이블 0.3[m])
③ 특고압 가공전선 : 1.2[m](중성선 0.6[m])
④ 25[kV] 이하 중성선 다중 접지 선로 : 0.75[m]
⑤ 특고압 가공전선이 케이블인 경우에 통신선이 절연전선인 경우 0.3[m]

4 특고압 가공전선로의 지지물에 시설하는 통신선

① 통신선이 도로·횡단보도교·철도의 레일 또는 삭도와 교차하는 경우 : 단면적 16[mm^2](단선은 지름 4[mm])의 절연전선(인장강도 8.01[kN] 이상) 또는 단면적 25[mm^2](지름 5[mm])의 경동선

② 통신선과 삭도 또는 다른 가공약전류전선 등 사이의 이격거리는 0.8[m](통신선이 케이블 0.4[m]) 이상

③ 통신선에 직접 접속하는 옥내 통신선의 시설은 400[V] 초과의 저압 옥내배선의 규정에 준하여 시설

④ 통신선에는 특고압용 제1종 보안장치, 특고압용 제2종 보안장치를 시설

5 조가선 시설기준

① 단면적 38[mm^2] 이상의 아연도강연선 사용

② 매 500[m]마다 단면적 16[mm^2](단선은 지름 4[mm]) 이상의 연동선과 접지선 서비스 커넥터 등을 이용하여 접지할 것

③ 독립접지 시공

6 특고압 가공전선로 첨가설치 통신선의 시가지 인입 제한

① 특고압용 제1종 보안장치, 특고압용 제2종 보안장치

② 인장강도 5.26[kN] 이상, 단면적 16[mm^2](단선은 지름 4[mm]) 이상의 절연전선 또는 광섬유 케이블

③ 보안장치의 표준

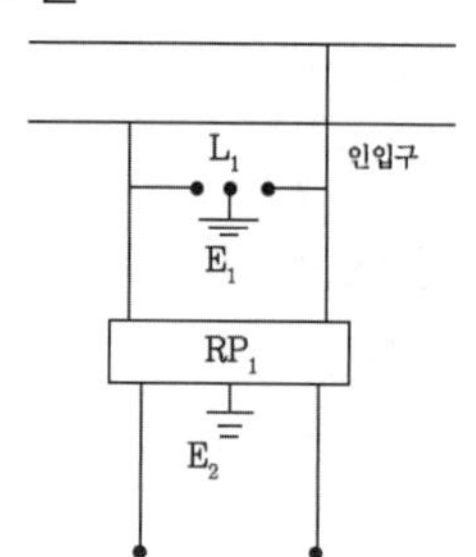

- RP_1 : 자복성 릴레이 보안기
- L_1 : 교류 1[kV] 피뢰기
- E_1 및 E_2 : 접지

7 전력선 반송 통신용 결합장치의 보안장치

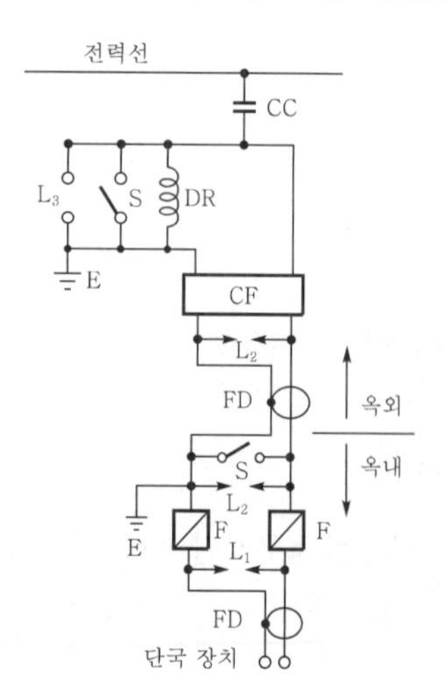

- FD : 동축케이블
- F : 정격전류 10[A] 이하의 포장 퓨즈
- DR : 전류용량 2[A] 이상의 배류 선륜
- L_1 : 교류 300[V] 이하에서 동작하는 피뢰기
- L_2 : 동작전압이 교류 1.3[kV]를 초과하고 1.6[kV] 이하로 조정된 방전갭
- L_3 : 동작전압이 교류 2[kV]를 초과하고 3[kV] 이하로 조정된 구상 방전갭
- S : 접지용 개폐기
- CF : 결합 필터
- CC : 결합 커패시터(결합 안테나를 포함함)
- E : 접지

8 가공통신 인입선 시설

(1) 가공통신선

① 차량이 통행하는 노면상의 높이는 4.5[m] 이상
② 조영물의 붙임점에서의 지표상의 높이는 2.5[m] 이상

(2) 특고압 가공전선로의 지지물에 시설하는 가공 통신 인입선 부분의 높이 및 다른 가공약전류전선 등 사이의 이격거리

① 노면상의 높이는 5[m] 이상
② 조영물의 붙임점에서의 지표상의 높이는 3.5[m] 이상
③ 다른 가공약전류전선 등 사이의 이격거리는 0.6[m] 이상

9 지중통신선로설비 시설의 통신선

지중 공가설비로 사용하는 광케이블 및 동축케이블은 지름 22[mm] 이하

10 무선용 안테나 등을 지지하는 철탑 등의 시설

① 목주의 풍압하중에 대한 안전율은 1.5 이상
② 철주 · 철근콘크리트주 또는 철탑의 기초 안전율은 1.5 이상

핵심 04 전기철도

1 전기철도의 선로일반

(1) 용어

① **전기철도설비** : 전철 변전설비, 급전설비, 부하설비(전기철도차량 설비 등)로 구성
② **급전방식** : 변전소에서 전기철도차량에 전력을 공급하는 방식으로 급전방식에 따라 직류식, 교류식으로 분류
③ **가선방식** : 전기철도차량에 전력을 공급하는 전차선의 가선방식으로 가공식, 강체식, 제3레일식으로 분류
④ **전차선 기울기** : 연접하는 2개의 지지점에서, 레일면에서 측정한 전차선 높이의 차와 경간 길이와의 비율
⑤ **전차선 높이** : 지지점에서 레일면과 전차선 간의 수직거리
⑥ **전차선 편위** : 팬터그래프 집전판의 편마모를 방지하기 위하여 전차선을 레일면 중심 수직선으로부터 한쪽으로 치우친 정도의 치수(좌우로 각각 200[mm] 표준, 지그재그 편위)
⑦ **장기 과전압** : 지속시간이 20[ms] 이상인 과전압

(2) 전기철도의 전기방식(전력수급조건)

① 공칭전압(수전전압)[kV] : 교류 3상 22.9, 154, 345

② 수전선로의 계통구성에는 3상 단락전류, 3상 단락용량, 전압강하, 전압불평형 및 전압왜형율, 플리커 등을 고려하여 시설

③ 수전선로는 지형적 여건 등 시설조건에 따라 가공 또는 지중 방식으로 시설하며, 비상시를 대비하여 예비선로를 확보

(3) 전차선로의 전압

① 직류방식

750[V], 1,500[V]

② 교류방식

㉠ 급전선과 전차선 간 공칭전압 : 50[kV]

㉡ 급전선과 레일 및 전차선과 레일 사이 : 25[kV]

(4) 전기철도의 변전방식

① 변전소 등의 구성

㉠ 고장 범위 한정, 고장전류 차단, 단전 범위 한정할 수 있도록 계통별 및 구간별로 분리

㉡ 고장 자동 분리, 예비설비 사용

② 변전소의 용량

㉠ 급전구간별 정상적인 열차부하조건에서 1시간 최대출력 또는 순시 최대출력을 기준으로 결정, 연장급전 등 부하의 증가를 고려

㉡ 현재의 부하와 장래의 수송수요 및 고장 등을 고려하여 변압기 뱅크 구성

③ 변전소의 설비

㉠ 계통을 구성하는 각종 기기 : 운용 및 유지보수성, 시공성, 내구성, 효율성, 친환경성, 안전성 및 경제성 등을 종합적으로 고려하여 선정

㉡ 급전용 변압기의 적용원칙

- 직류 전기철도 : 3상 정류기용 변압기
- 교류 전기철도 : 3상 스코트결선 변압기

㉢ 차단기 : 계통의 장래계획을 감안하여 용량을 결정하고, 회로의 특성에 따라 기종과 동작책무 및 차단시간을 선정

㉣ 개폐기 : 선로 중 중요한 분기점, 고장발견이 필요한 장소, 빈번한 개폐를 필요로 하는 곳에 설치하며, 개폐상태의 표시, 쇄정장치 등을 설치

㉤ 제어용 교류전원 : 상용과 예비의 2계통으로 구성

㉥ 제어반 : 디지털계전기방식을 원칙

(5) 전차선 가선방식

가공방식, 강체방식, 제3레일방식

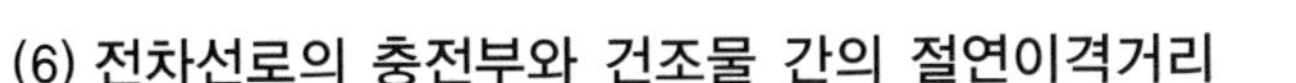

(6) 전차선로의 충전부와 건조물 간의 절연이격거리

시스템 종류	공칭전압[V]	동적[mm]		정적[mm]	
		비오염	오염	비오염	오염
직류	750	25	25	25	25
	1,500	100	110	150	160
단상교류	25,000	170	220	270	320

(7) 전차선로의 충전부와 차량 간의 절연이격

시스템 종류	공칭전압[V]	동적[mm]	정적[mm]
직류	750	25	25
	1,500	100	150
단상교류	25,000	170	270

(8) 급전선로

① 급전선은 나전선을 적용하여 가공식으로 가설을 원칙

② 가공식은 전차선의 높이 이상으로 전차선로 지지물에 병가하며, 나전선의 접속은 직선 접속을 원칙

③ 신설 터널 내 급전선을 가공으로 설계할 경우 지지물의 취부는 C찬넬 또는 매입전을 이용하여 고정

④ 선상승강장, 인도교, 과선교 또는 교량 하부 등에 설치할 때에는 최소 절연이격거리 이상을 확보

(9) 귀선로

① 귀선로는 비절연보호도체, 매설접지도체, 레일 등으로 구성하여 단권변압기 중성점과 공통접지에 접속

② 비절연보호도체의 위치는 통신유도장해 및 레일전위의 상승의 경감을 고려하여 결정

③ 귀선로는 사고 및 지락 시에도 충분한 허용전류용량을 확보

(10) 전차선 및 급전선의 높이

시스템 종류	공칭전압[V]	동적[mm]	정적[mm]
직류	750	4,800	4,400
	1,500	4,800	4,400
단상교류	25,000	4,800	4,570

(11) 전차선의 편위

① 전차선의 편위는 오버랩이나 분기 구간 등 특수 구간을 제외하고 레일면에 수직인 궤도 중심선으로부터 좌우로 각각 200[mm]를 표준으로 하며, 팬터그래프 집전판의 고른 마모를 위하여 지그재그 편위

② 제3레일방식에서 전차선의 편위는 차량의 집전장치의 집전범위를 벗어나지 않아야 함

(12) 전차선로 설비의 안전율

① 합금전차선 : 2.0 이상
② 경동선 : 2.2 이상
③ 조가선 : 2.5 이상
④ 복합체 자재(고분자 애자 포함) : 2.5 이상
⑤ 지지물 기초 : 2.0 이상

(13) 전차선 등과 식물 사이의 이격거리

교류 전차선 등 충전부와 식물 사이의 이격거리는 5[m] 이상

2 전기철도차량설비

(1) 절연구간

① 교류 구간
변전소 및 급전구분소 앞에서 서로 다른 위상 또는 공급점이 다른 전원이 인접하게 될 경우 전원이 혼촉되는 것을 방지
② 전기철도차량의 교류-교류 절연구간을 통과하는 방식
㉠ 역행 운전방식
㉡ 타행 운전방식
㉢ 변압기 무부하 전류방식
㉣ 전력소비 없이 통과하는 방식
③ 교류-직류(직류-교류) 절연구간
㉠ 교류 구간과 직류 구간의 경계지점에 시설
㉡ 전기철도차량은 노치 오프(notch off) 상태로 주행
④ 절연구간의 소요길이 결정요소
㉠ 구간 진입 시의 아크시간
㉡ 잔류전압의 감쇄시간
㉢ 팬터그래프 배치간격
㉣ 열차속도 등에 따라 결정

(2) 팬터그래프 형상

전차선과 접촉되는 팬터그래프는 헤드, 기하학적 형상, 집전범위, 집전판의 길이, 최대넓이, 헤드의 왜곡 등을 고려하여 제작

(3) 피뢰기 설치장소

① 설치장소
㉠ 변전소 인입측 및 급전선 인출측
㉡ 가공전선과 직접 접속하는 지중케이블에서 낙뢰에 의해 절연파괴의 우려가 있는 케이블 단말
② 피뢰기는 가능한 한 보호하는 기기와 가깝게 시설하되 누설전류 측정이 용이하도록 지지대와 절연하여 설치

(4) 피뢰기의 선정

① 피뢰기는 밀봉형을 사용하고 유효 보호거리를 증가시키기 위하여 방전개시전압 및 제한전압이 낮은 것을 사용

② 유도뢰서지에 대하여 2선 또는 3선의 피뢰기 동시동작이 우려되는 변전소 근처의 단락전류가 큰 장소에는 속류차단능력이 크고 또한 차단성능이 회로조건의 영향을 받을 우려가 적은 것을 사용

(5) 전기철도차량의 역률

전기철도차량이 전차선로와 접촉한 상태에서 견인력을 끄고 보조전력을 가동한 상태로 정지해 있는 경우, 가공 전차선로의 유효전력이 200[kW] 이상일 경우 총 역률은 0.8보다는 작아서는 안 된다.

(6) 레일 전위의 위험에 대한 보호 – 전기철도 급전시스템의 최대 허용 접촉전압

시간 조건	교류(실효값)	직 류
순시조건($t \leq 0.5$초)	670[V]	535[V]
일시적 조건 (0.5초 $< t \leq$ 300초)	65[V]	150[V]
영구적 조건($t >$ 300초)	60[V]	120[V]

(7) 레일 전위의 접촉전압 감소방법

① 교류 전기철도 급전시스템
㉠ 접지극 추가 사용
㉡ 등전위본딩
㉢ 전자기적 커플링을 고려한 귀선로의 강화
㉣ 전압제한소자 적용
㉤ 보행 표면의 절연
㉥ 단락전류를 중단시키는 데 필요한 트래핑 시간의 감소

② 직류 전기철도 급전시스템
㉠ 고장조건에서 레일 전위를 감소시키기 위해 전도성 구조물 접지의 보강
㉡ 전압제한소자 적용
㉢ 귀선도체의 보강
㉣ 보행 표면의 절연
㉤ 단락전류를 중단시키는 데 필요한 트래핑 시간의 감소

(8) 전식방지대책

① 전식방식 또는 전식예방을 위해서 고려해야 할 방법
㉠ 변전소 간 간격 축소
㉡ 레일본드의 양호한 시공
㉢ 장대레일 채택
㉣ 절연도상 및 레일과 침목 사이에 절연층의 설치

② 매설 금속체측의 누설전류에 의한 전식의 피해가 예상되는 곳에서 고려해야 할 방법
㉠ 배류장치 설치
㉡ 절연코팅
㉢ 매설 금속체 접속부 절연
㉣ 저준위 금속체 접속
㉤ 궤도와의 이격거리 증대
㉥ 금속판 도체로 차폐

핵심 05 분산형 전원

1 전기저장장치

(1) 일반사항

① 시설장소의 요구사항
㉠ 충분한 공간을 확보하고 조명설비를 시설
㉡ 환기시설을 갖추고 적정한 온도와 습도를 유지하도록 시설
㉢ 침수의 우려가 없도록 시설
㉣ 충분한 내열성을 확보

② 옥내전로의 대지전압 제한
㉠ 대지전압은 직류 600[V] 이하
㉡ 지락이 생겼을 때 자동적으로 전로 차단 장치 시설
㉢ 사람이 접촉할 우려가 없는 은폐된 장소에 합성수지관공사, 금속관공사 및 케이블 공사에 의하여 시설

(2) 전기저장장치의 시설

① 전기배선
㉠ 전선은 공칭단면적 2.5[mm^2] 이상의 연동선
㉡ 옥내배선 규정에 준하여 시설

② 제어 및 보호장치
㉠ 전기저장장치가 비상용 예비전원 용도를 겸하는 경우 갖춰야 할 시설기준
- 상용전원이 정전되었을 때 비상용 부하에 전기를 안정적으로 공급할 수 있는 시설
- 충전용량을 상시 보존하도록 시설

㉡ 전기저장장치의 접속점에는 쉽게 개폐할 수 있는 곳에 개방상태를 육안으로 확인할 수 있는 전용의 개폐기를 시설

ⓒ 전기저장장치 이차전지의 차단장치 동작
- 과전압 또는 과전류가 발생한 경우
- 제어장치에 이상이 발생한 경우
- 이차전지 모듈의 내부 온도가 급격히 상승할 경우

ⓓ 과전류차단기를 설치하는 경우 "직류용" 표시

ⓔ 전로가 차단되었을 때에 경보하는 장치 시설

(3) 계통 연계용 보호장치의 시설

① 분산형 전원설비의 이상 또는 고장

② 연계한 전력계통의 이상 또는 고장

③ 단독운전 상태

2 태양광발전설비

(1) 태양전지 모듈의 직렬군 최대개방전압이 직류 750[V] 초과 1,500[V] 이하인 시설장소의 안전조치

① 태양전지 모듈을 지상에 설치하는 경우는 울타리·담 등을 시설

② 태양전지 모듈을 일반인이 쉽게 출입할 수 있는 옥상 등에 시설하는 경우는 식별이 가능하도록 위험 표시

③ 태양전지 모듈을 일반인이 쉽게 출입할 수 없는 옥상·지붕에 설치하는 경우는 모듈 프레임 등 쉽게 식별할 수 있는 위치에 위험 표시

④ 태양전지 모듈을 주차장 상부에 시설하는 경우는 차량의 출입 등에 의한 구조물, 모듈 등의 손상이 없도록 조치

(2) 전기배선(간선)

① 기구에 전선을 접속하는 경우

ⓐ 나사조임

ⓑ 기계적·전기적으로 안전하게 접속

ⓒ 접속점에 장력이 가해지지 않도록 할 것

② 바람, 결빙, 온도, 태양방사와 같이 예상되는 외부 영향을 견디도록 시설

③ 출력배선은 극성별로 확인할 수 있도록 표시

④ 전선은 공칭단면적 2.5[mm^2] 이상의 연동선

(3) 어레이 출력 개폐기

① 부하측의 태양전지 어레이에서 전력변환장치에 이르는 전로에는 그 접속점에 근접하여 개폐기 기타 이와 유사한 기구(부하전류를 개폐할 수 있는 것)를 시설

② 어레이 출력 개폐기는 점검이나 조작이 가능한 곳에 시설

(4) 과전류 및 지락 보호장치

① 모듈을 병렬로 접속하는 전로에는 그 전로에 단락전류가 발생할 경우에 전로를 보호하는 과전류차단기 또는 기타 기구를 시설

② 태양전지 발전설비의 직류 전로에 지락이 발생했을 때 자동적으로 전로를 차단하는 장치를 시설

(5) 접지설비

① 태양전지 모듈의 프레임은 지지물과 전기적으로 완전하게 접속

② 수상에 시설하는 태양전지 모듈 등의 금속제는 접지를 해야 하고, 접지 시 접지극을 수중에 띄우거나, 수중 바닥에 노출된 상태로 시설하는 것은 금지

(6) 태양광설비의 계측장치

전압, 전류 및 전력을 계측하는 장치를 시설

3 풍력발전설비

(1) 화재방호설비 시설

500[kW] 이상의 풍력터빈은 나셀 내부의 화재 발생 시, 이를 자동으로 소화할 수 있는 화재방호설비를 시설

(2) 풍력설비 간선의 시설

① 공칭단면적 2.5[mm^2] 이상

② 출력배선 : CV선 또는 TFR-CV선

(3) 풍력터빈의 피뢰설비

① 수뢰부를 풍력터빈 선단부분 및 가장자리 부분에 배치하되 뇌격전류에 의한 발열에 용손(溶損)되지 않도록 재질, 크기, 두께 및 형상 등을 고려할 것

② 인하도선은 쉽게 부식되지 않는 금속선으로서 뇌격전류를 안전하게 흘릴 수 있는 충분한 굵기여야 하며, 가능한 직선으로 시설할 것

③ 풍력터빈 내부의 계측 센서용 케이블은 금속관 또는 차폐케이블 등을 사용하여 뇌유도 과전압으로부터 보호할 것

④ 풍력터빈에 설치한 피뢰설비(리셉터, 인하도선 등)의 기능저하로 인해 다른 기능에 영향을 미치지 않을 것

(4) 계측장치의 시설

① 회전속도계

② 나셀(nacelle) 내의 진동을 감시하기 위한 진동계

③ 풍속계

④ 압력계

⑤ 온도계

MEMO

MEMO

MEMO

MEMO

MEMO

MEMO

핵담

필기

전기산업기사

핵심기출 300제

CBT는 핵심 기출이 ALL다!

이 책은 33년간 출제된 기출문제 중

자주 출제되는 기출문제를 완전 분석하여

과목별로 출제 확률이 가장 높은 핵심기출 300문제를

엄선한 CBT대비 수험서입니다.

정가:36,000원

13560

9 788931 586404

ISBN 978-89-315-8640-4

http://www.cyber.co.kr

BM Book Multimedia Group

성안당은 선진화된 출판 및 영상교육 시스템을 구축하고
항상 연구하는 자세로 독자 앞에 다가갑니다.

2024

CBT 대비를 위한 단기 합격서

핵심만 담다

33년간 기출문제 완전 분석

필기

전기산업기사

핵심기출 300제

전수기 · 임한규 · 정종연 지음

Ⅱ 핵심기출 300제 / 최근 기출문제

300이

Ⅰ권

시험에 꼭 나오는

핵심이론

Ⅱ권

과목별 시험에 자주 출제되는

핵심기출 300제 /최근 기출문제

여기서 꼭 나온다!

23년 3회분 CBT 기출복원문제 무료동영상 제공

BM (주)도서출판 성안당

33년간 기출문제 완전 분석

필기

전기산업기사

핵심기출 300제

전수기 · 임한규 · 정종연 지음

II 핵심기출 300제 / 최근 기출문제

BM (주)도서출판 성안당

■ 도서 A/S 안내

성안당에서 발행하는 모든 도서는 저자와 출판사, 그리고 독자가 함께 만들어 나갑니다.

좋은 책을 펴내기 위해 많은 노력을 기울이고 있습니다. 혹시라도 내용상의 오류나 오탈자 등이 발견되면 "좋은 책은 나라의 보배"로서 우리 모두가 함께 만들어 간다는 마음으로 연락주시기 바랍니다. 수정 보완하여 더 나은 책이 되도록 최선을 다하겠습니다.

성안당은 늘 독자 여러분들의 소중한 의견을 기다리고 있습니다. 좋은 의견을 보내주시는 분께는 성안당 쇼핑몰의 포인트(3,000포인트)를 적립해 드립니다.

잘못 만들어진 책이나 부록 등이 파손된 경우에는 교환해 드립니다.

저자 문의 : jeon6363@hanmail.net(전수기)

본서 기획자 e-mail : coh@cyber.co.kr(최옥현)

홈페이지 : http://www.cyber.co.kr 전화 : 031) 950-6300

핵심기출 300제 차례

"할 수 있다고 믿는 사람은 그렇게 되고,
할 수 없다고 믿는 사람 역시 그렇게 된다."

– 샤를 드골 –

1990년~최근

자주 출제되는 핵심기출 300제

01 CHAPTER 전기자기학

001

핵심이론 찾아보기▶핵심 01-2 산업 19년 출제

어떤 물체에 $F_1 = -3i + 4j - 5k$와 $F_2 = 6i + 3j - 2k$의 힘이 작용하고 있다. 이 물체에 F_3을 가하였을 때 세 힘이 평형이 되기 위한 F_3은?

① $F_3 = -3i - 7j + 7k$
② $F_3 = 3i + 7j - 7k$
③ $F_3 = 3i - j - 7k$
④ $F_3 = 3i - j + 3k$

해설 힘의 평형조건 $\sum_{i=1}^{n} F_i = 0$ 즉, $F_1 + F_2 + F_3 = 0$에서

$F_3 = -(F_1 + F_2) = -i(-3+6) - j(4+3) - k(-5-2) = -3i - 7j + 7k$

답 ①

002

핵심이론 찾아보기▶핵심 01-3 산업 17·09년 출제

$A = -i7 - j$, $B = -i3 - j4$의 두 벡터가 이루는 각도는?

① 30°
② 45°
③ 60°
④ 90°

해설 $A \cdot B = AB\cos\theta$

$A \cdot B = (-i7 - j) \cdot (-i3 - j4) = 21 + 4 = 25$, $|A||B| = \sqrt{7^2+1^2} \times \sqrt{3^2+4^2} = 25\sqrt{2}$

$\cos\theta = \dfrac{A \cdot B}{|A||B|} = \dfrac{25}{25\sqrt{2}} = \dfrac{1}{\sqrt{2}}$

$\therefore \theta = \cos^{-1}\dfrac{1}{\sqrt{2}} = 45°$

답 ②

003

핵심이론 찾아보기▶핵심 01-3 산업 19년 출제

두 벡터가 $A = 2a_x + 4a_y - 3a_z$, $B = a_x - a_y$일 때 $A \times B$는?

① $6a_x - 3a_y + 3a_z$
② $-3a_x - 3a_y - 6a_z$
③ $6a_x + 3a_y - 3a_z$
④ $-3a_x + 3a_y + 6a_z$

해설

$$A \times B = \begin{vmatrix} a_x & a_y & a_z \\ 2 & 4 & -3 \\ 1 & -1 & 0 \end{vmatrix} = a_x \begin{vmatrix} 4 & -3 \\ -1 & 0 \end{vmatrix} - a_y \begin{vmatrix} 2 & -3 \\ 1 & 0 \end{vmatrix} + a_z \begin{vmatrix} 2 & 4 \\ 1 & -1 \end{vmatrix} = -3a_x - 3a_y - 6a_z$$

답 ②

004 핵심이론 찾아보기▶핵심 01-3

산업 96·89년 출제

$A = 10i - 10j + 5k$, $B = 4i - 2j + 5k$가 어떤 평행사변형의 두 변을 표시하는 벡터일 때, 이 평행사변형의 면적은? [단, i : x축 방향의 기본 벡터, j : y축 방향의 기본 벡터, k : z축 방향의 기본 벡터이며, 좌표는 직각좌표(rectangular coordinate system)이다.]

① $5\sqrt{3}$ ② $7\sqrt{9}$ ③ $10\sqrt{29}$ ④ $14\sqrt{7}$

해설

$$A \times B = \begin{vmatrix} i & j & k \\ 10 & -10 & 5 \\ 4 & -2 & 5 \end{vmatrix} = i\begin{vmatrix} -10 & 5 \\ -2 & 5 \end{vmatrix} - j\begin{vmatrix} 10 & 5 \\ 4 & 5 \end{vmatrix} + k\begin{vmatrix} 10 & -10 \\ 4 & -2 \end{vmatrix} = -40i - 30j + 20k$$

$$\therefore |A \times B| = \sqrt{(-40)^2 + (-30)^2 + (20)^2} = \sqrt{2{,}900} = 10\sqrt{29}$$

답 ③

005 핵심이론 찾아보기▶핵심 01-4

산업 15·11·05·01년 출제

전계 $E = i\,3x^2 + j\,2xy^2 + k\,x^2yz$의 $\text{div}\,E$는 얼마인가?

① $-i6x + jxy + kx^2y$ ② $i6x + j6xy + kx^2y$
③ $-(6x + 6xy + x^2y)$ ④ $6x + 4xy + x^2y$

해설

$$\text{div}\,E = \nabla \cdot E = \left(i\frac{\partial}{\partial x} + j\frac{\partial}{\partial y} + k\frac{\partial}{\partial z}\right) \cdot (i\,3x^2 + j\,2xy^2 + k\,x^2yz)$$
$$= \frac{\partial}{\partial x}(3x^2) + \frac{\partial}{\partial y}(2xy^2) + \frac{\partial}{\partial z}(x^2yz) = 6x + 4xy + x^2y$$

답 ④

006 핵심이론 찾아보기▶핵심 01-6

기사 19·88년 / 산업 00년 출제

스토크스(Stokes) 정리를 표시하는 식은?

① $\int_s A \cdot ds = \int_v \text{div}A \cdot dv$ ② $\oint_c A \cdot dl = \int_v \text{div}\,A dv$
③ $\oint_c A \cdot dl = \int_s (\text{rot}\,A)_n \cdot ds$ ④ $\int_s A \cdot ds = \int_s \text{rot}\,A \cdot ds$

해설 스토크스의 정리는 선적분을 면적분으로 변환하는 정리로 선적분을 면적분으로 변환 시 rot를 붙여 간다.

$$\oint_c A \cdot dl = \int_s \text{rot}\,A \cdot ds = \int_s \text{curl}\,A \cdot ds = \int_s \nabla \times A \cdot ds$$

답 ③

007 핵심이론 찾아보기▶핵심 02-1

산업 19년 출제

MKS 단위로 나타낸 진공에 대한 유전율은?

① 8.855×10^{-12}[N/m] ② 8.855×10^{-10}[N/m]
③ 8.855×10^{-12}[F/m] ④ 8.855×10^{-10}[F/m]

해설

$$\varepsilon_0 = \frac{1}{4\pi \times 9 \times 10^9} = 8.855 \times 10^{-12}[\text{F/m}]$$

답 ③

008 핵심이론 찾아보기▶핵심 02-1

산업 15년 출제

진공 중에 같은 전기량 +1[C]의 대전체 두 개가 약 몇 [m] 떨어져 있을 때, 각 대전체에 작용하는 반발력이 1[N]인가?

① 3.2×10^{-3} ② 3.2×10^{3}
③ 9.5×10^{-4} ④ 9.5×10^{4}

해설 $F=\dfrac{Q_1Q_2}{4\pi\varepsilon_0 r^2}=9\times10^9\times\dfrac{Q_1Q_2}{r^2}$[N]

$\therefore\ r^2=9\times10^9\times\dfrac{Q_1Q_2}{F}$[m]

$\because\ r=\sqrt{9\times10^9\times\dfrac{1\times1}{1}}=9.48\times10^4$[m]

답 ④

009 핵심이론 찾아보기▶핵심 02-1

산업 22년 출제

진공 중에 그림과 같이 한 변이 a[m]인 정삼각형의 꼭짓점에 각각 서로 같은 점전하 $+Q$[C]이 있을 때 그 각 전하에 작용하는 힘 F는 몇 [N]인가?

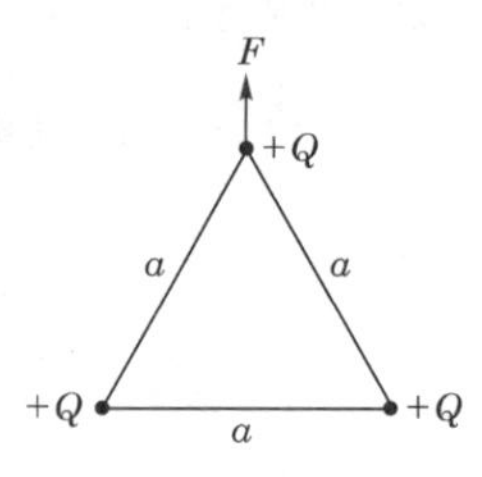

① $F=\dfrac{Q^2}{4\pi\varepsilon_0 a^2}$ ② $F=\dfrac{Q^2}{2\pi\varepsilon_0 a^2}$
③ $F=\dfrac{\sqrt{2}\,Q^2}{4\pi\varepsilon_0 a^2}$ ④ $F=\dfrac{\sqrt{3}\,Q^2}{4\pi\varepsilon_0 a^2}$

해설 그림에서 $F_1=F_2=\dfrac{Q^2}{4\pi\varepsilon_0 a^2}$[N]이며

정삼각형 정점에 작용하는 전체 힘은 백터합으로 구하므로

$F=2F_2\cos30°=\sqrt{3}\,F_2=\dfrac{\sqrt{3}\,Q^2}{4\pi\varepsilon_0 a^2}$[N]

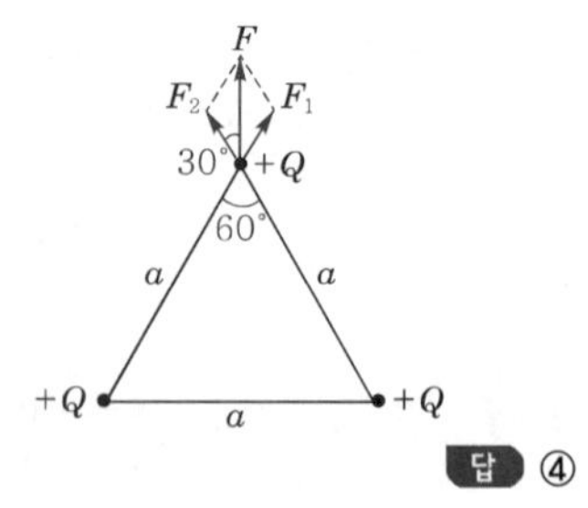

답 ④

010

핵심이론 찾아보기▶핵심 02-1

산업 21년 출제

한 변의 길이가 2[m]가 되는 정삼각형 3정점 A, B, C에 10^{-4}[C]의 점전하가 있다. 점 B에 작용하는 힘[N]은 다음 중 어느 것인가?

① 29 ② 39

③ 45 ④ 49

$$F_{AB}=9\times10^{9}\times\frac{10^{-4}\times10^{-4}}{2^2}=22.5[\text{N}]$$

$$F_{BC}=9\times10^{9}\times\frac{10^{-4}\times10^{-4}}{2^2}=22.5[\text{N}]$$

$$\therefore\ F_B=2F_{BC}\cos30°=2\times22.5\times\frac{\sqrt{3}}{2}=38.97\fallingdotseq39[\text{N}]$$

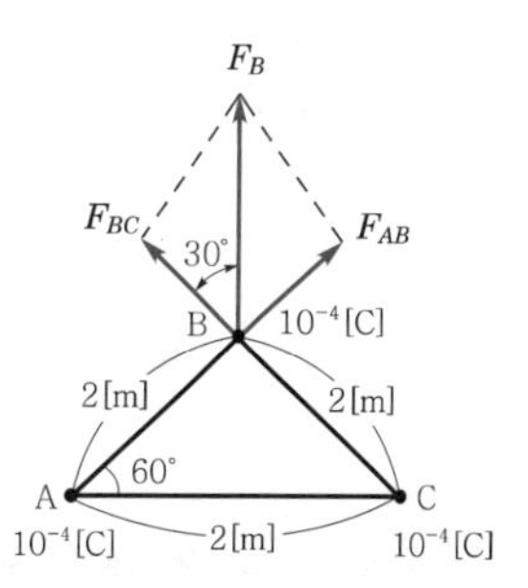

답 ②

011

핵심이론 찾아보기▶핵심 02-2

산업 21년 출제

한 변의 길이가 1[m]인 정삼각형의 두 정점 B, C에 10^{-4}[C]의 점전하가 있을 때, 다른 또 하나의 정점 A의 전계[V/m]는?

① 9.0×10^5 ② 15.6×10^5

③ 18.0×10^5 ④ 31.2×10^5

$$E_B=9\times10^9\times\frac{Q_B}{{r_B}^2}=9\times10^9\times\frac{10^{-4}}{1^2}=9\times10^5[\text{V/m}]$$

$$E_C=9\times10^9\times\frac{Q_C}{{r_C}^2}=9\times10^9\times\frac{10^{-4}}{1^2}=9\times10^5[\text{V/m}]$$

$$\therefore\ E_A=2E_B\cos\theta=2E_B\cos30°$$

$$=2\times9\times10^5\times\frac{\sqrt{3}}{2}$$

$$=15.6\times10^5[\text{V/m}]$$

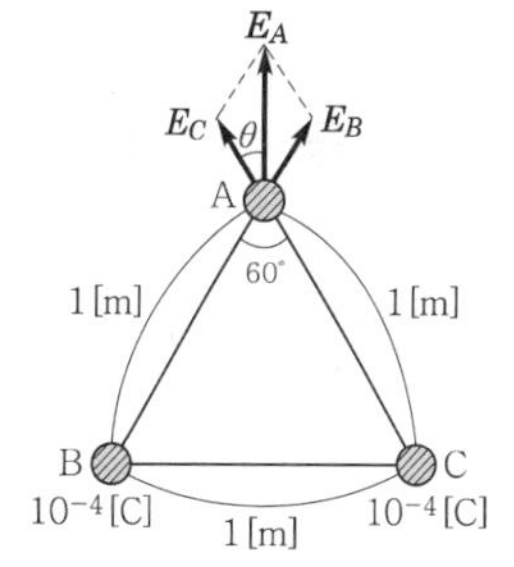

답 ②

012

핵심이론 찾아보기▶핵심 02-2

산업 19년 출제

$E=i+2j+3k$[V/cm]로 표시되는 전계가 있다. 0.02[μC]의 전하를 원점으로부터 $r=3i$[m]로 움직이는 데 필요로 하는 일[J]은?

① 3×10^{-6} ② 6×10^{-6}

③ 3×10^{-8} ④ 6×10^{-8}

해설 전기적 일(W)

$$W=F\cdot r=QE\cdot r=0.02\times10^{-6}(i+2j+3k)\times10^2\cdot(3i)=6\times10^{-6}[\text{J}]$$

답 ②

013 핵심이론 찾아보기▶핵심 02-3

산업 17년 출제

전기력선의 기본 성질에 관한 설명으로 틀린 것은?

① 전기력선의 방향은 그 점의 전계의 방향과 일치한다.
② 전기력선은 전위가 높은 점에서 낮은 점으로 향한다.
③ 전기력선은 그 자신만으로도 폐곡선을 만든다.
④ 전계가 0이 아닌 곳에서는 전기력선은 도체 표면에 수직으로 만난다.

해설 **전기력선의 성질**

- 전기력선은 정(+)전하에서 시작하여 부(−)전하에서 끝난다.
- 전기력선은 그 자신만으로 폐곡선이 되는 일은 없다.
- 전기력선은 전위가 높은 점에서 낮은 점으로 향한다.
- 도체 내부에는 전기력선이 없다.

답 ③

014 핵심이론 찾아보기▶핵심 02-4

산업 22년 출제

단위 구면(單位球面)을 통해 나오는 전기력선의 수[개]는? (단, 구 내부의 전하량은 Q[C]이다.)

① 1　② 4π　③ ε_0　④ $\dfrac{Q}{\varepsilon_0}$

해설 Q[C]의 전하로부터 발산되는 전기력선의 수는

$$N=\int_s \boldsymbol{E}\cdot dS=\frac{Q}{\varepsilon_0}\text{[개] (가우스 정리)}$$

답 ④

015 핵심이론 찾아보기▶핵심 02-5

산업 16년 출제

진공 중에 10^{-10}[C]의 점전하가 있을 때 전하에서 2[m] 떨어진 점의 전계는 몇 [V/m]인가?

① 2.25×10^{-1}　② 4.50×10^{-1}　③ 2.25×10^{-2}　④ 4.50×10^{-2}

해설

$$E=\frac{Q}{4\pi\varepsilon_0 r^2}=9\times10^9\times\frac{Q}{r^2}=9\times10^9\times\frac{10^{-10}}{2^2}=2.25\times10^{-1}\text{[V/m]}$$

답 ①

016 핵심이론 찾아보기▶핵심 02-5

산업 15년 출제

한 변의 길이가 a[m]인 정육각형의 각 정점에 각각 Q[C]의 전하를 놓았을 때, 정육각형의 중심 O의 전계의 세기는 몇 [V/m]인가?

① 0　② $\dfrac{Q}{2\pi\varepsilon_0 a}$　③ $\dfrac{Q}{4\pi\varepsilon_0 a}$　④ $\dfrac{Q}{8\pi\varepsilon_0 a}$

해설 $\boldsymbol{E}_A=\boldsymbol{E}_B=\boldsymbol{E}_C=\boldsymbol{E}_D=\boldsymbol{E}_E=\boldsymbol{E}_F$

$$=\frac{Q}{4\pi\varepsilon_0 a^2}=9\times10^9\frac{Q}{a^2}\text{[V/m]}$$

$\boldsymbol{E}_A=-\boldsymbol{E}_D,\ \boldsymbol{E}_B=-\boldsymbol{E}_E,\ \boldsymbol{E}_C=-\boldsymbol{E}_F$

∴ 중심 전계의 세기는 0이 된다.

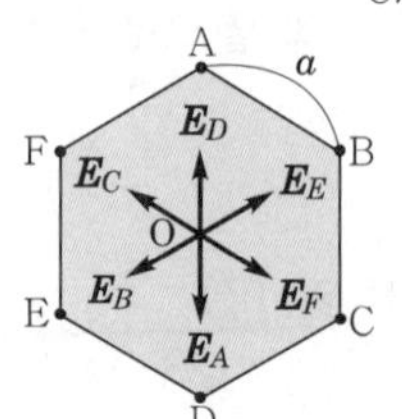

답 ①

017

핵심이론 찾아보기▶핵심 02-5 산업 20년 출제

전계의 세기가 5×10^2[V/m]인 전계 중에 8×10^{-8}[C]의 전하가 놓일 때 전하가 받는 힘은 몇 [N]인가?

① 4×10^{-2} ② 4×10^{-3} ③ 4×10^{-4} ④ 4×10^{-5}

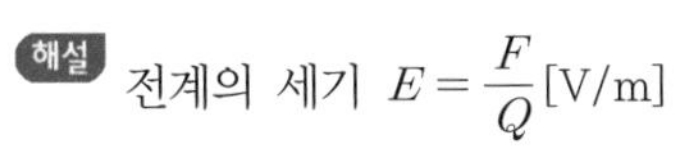

해설 전계의 세기 $E=\dfrac{F}{Q}$[V/m]

힘 $F=QE=8\times10^{-8}\times5\times10^2=4\times10^{-5}$[N]

답 ④

018

핵심이론 찾아보기▶핵심 02-5 산업 15년 출제

무한 길이의 직선 도체에 전하가 균일하게 분포되어 있다. 이 직선 도체로부터 l인 거리에 있는 점의 전계의 세기는?

① l에 비례한다. ② l에 반비례한다. ③ l^2에 비례한다. ④ l^2에 반비례한다.

해설 $E=\dfrac{\rho_l}{2\pi\varepsilon_0 l}$[V/m]$=18\times10^9\dfrac{\rho_l}{l}$[V/m]

답 ②

019

핵심이론 찾아보기▶핵심 02-5 산업 05·90년 출제

무한 평면 전하에 의한 전계의 세기는?

① 거리에 관계없다. ② 거리에 비례한다.
③ 거리의 제곱에 비례한다. ④ 거리에 반비례한다.

해설 전계의 세기 $E=\dfrac{\rho_s}{2\varepsilon_0}$[V/m]

무한 평면 전하에 의한 전계의 세기는 거리에 관계없는 평등 전계이다.

답 ①

020

핵심이론 찾아보기▶핵심 02-5 산업 05년 출제

진공 중에서 전하밀도 $\pm\sigma$[C/m²]의 무한 평면이 간격 d[m]로 떨어져 있다. $+\sigma$의 평면으로부터 r[m] 떨어진 점 P의 전계 세기[V/m]는?

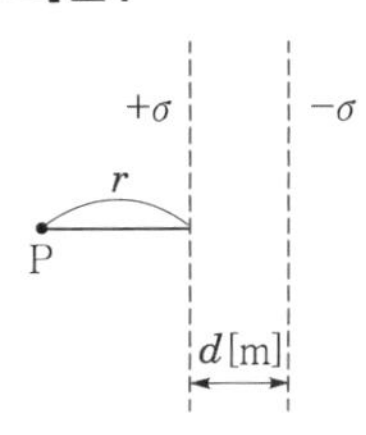

① 0 ② $\dfrac{\sigma}{\varepsilon_0}$ ③ $\dfrac{\sigma}{2\varepsilon_0}$ ④ $\dfrac{\sigma}{2\varepsilon_0}\left(\dfrac{1}{r}-\dfrac{1}{r+d}\right)$

해설 외부의 전계는 0이고 평행판 사이의 전계의 세기 $E=\dfrac{\sigma_s}{\varepsilon_0}$[V/m]이다.

답 ①

021

핵심이론 찾아보기▶핵심 02-5

산업 03·01·96년 출제

중공 도체의 중공구 내에 전하를 놓지 않으면 외부에서 준 전하는 외부 표면에만 분포한다. 도체 내의 전계[V/m]는 얼마인가?

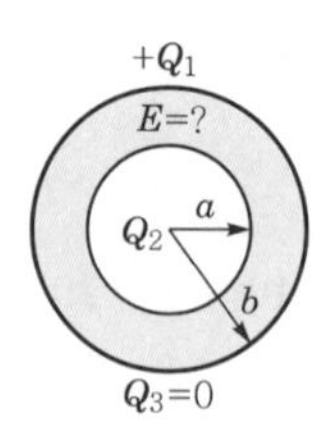

① 0　② $\dfrac{Q_1}{4\pi\varepsilon_0 a}$　③ $\dfrac{Q_1}{4\pi\varepsilon_0 b}$　④ $\dfrac{Q_1}{\varepsilon_0}$

해설 중공구 도체는 전하가 구도체 표면에만 존재하므로 도체 내부의 전계의 세기는 0이다.

답 ①

022

핵심이론 찾아보기▶핵심 02-5

산업 82년 출제

진공 중에서 Q[C]의 전하가 반지름 a[m]인 구에 내부까지 균일하게 분포되어 있는 경우, 구의 중심으로부터 $\dfrac{a}{2}$인 거리에 있는 점의 전계 세기[V/m]는?

① $\dfrac{Q}{16\pi\varepsilon_0 a^2}$　② $\dfrac{Q}{8\pi\varepsilon_0 a^2}$　③ $\dfrac{Q}{4\pi\varepsilon_0 a^2}$　④ $\dfrac{Q}{\pi\varepsilon_0 a^2}$

해설

$$E=\frac{\frac{a}{2}Q}{4\pi\varepsilon_0 a^3}=\frac{Q}{8\pi\varepsilon_0 a^2}\,[\text{V/m}]$$

답 ②

023

핵심이론 찾아보기▶핵심 02-5

산업 96·94년 출제

반경이 r_1인 가상구 내부에 $+Q$의 전하가 균일하게 분포된 경우, 가상구 내의 전계의 크기 설명 중 옳은 것은? (단, $\boldsymbol{r}$은 r 방향의 단위 벡터이다.)

① 반경이 $0-r_1$인 구간에서 전계의 세기는 영이다.

② 반경이 $0-r_1$인 구간에서 전계의 세기는 $\boldsymbol{r}\dfrac{Qr}{4\pi\varepsilon_0 {r_1}^3}$(단, $r \leq r_1$)로 거리의 크기에 따라 증가한다.

③ 반경이 $0-r_1$인 구간에서 전계의 세기는 $\boldsymbol{r}\dfrac{Qr}{4\pi\varepsilon_0 {r_1}^3}$(단, $r \leq r_1$)로 거리의 크기에 따라 감소한다.

④ 반경이 $0-r_1$인 구간에서 전계의 세기는 $\boldsymbol{r}\dfrac{Qr}{4\pi\varepsilon_0 {r_1}^3}$로 일정하다.

해설

- 구 내부 전계의 세기 $\boldsymbol{E}_i=\dfrac{r\cdot Q}{4\pi\varepsilon_0 {r_1}^3}\boldsymbol{r}$[V/m]
- 구 외부 전계의 세기 $\boldsymbol{E}_o=\dfrac{Q}{4\pi\varepsilon_0 {r_1}^2}\boldsymbol{r}$[V/m]

답 ②

024 핵심이론 찾아보기▶핵심 02-5

산업 15년 출제

축이 무한히 길고 반지름이 a[m]인 원주 내에 전하가 축대칭이며, 축방향으로 균일하게 분포되어 있을 경우, 반지름 $r > a$[m] 되는 동심 원통면상 외부의 한 점 P의 전계의 세기는 몇 [V/m]인가? (단, 원주의 단위 길이당의 전하를 λ[C/m]라 한다.)

① $\dfrac{\lambda}{\varepsilon_0}$　② $\dfrac{\lambda}{2\pi\varepsilon_0}$

③ $\dfrac{\lambda}{\pi a}$　④ $\dfrac{\lambda}{2\pi\varepsilon_0 r}$

해설 원주 도체의 전계의 세기

- 도체 외부의 전계의 세기 $E_o = \dfrac{\lambda}{2\pi\varepsilon_0 r}$[V/m]
- 도체 표면의 전계의 세기 $E = \dfrac{\lambda}{2\pi\varepsilon_0 a}$[V/m]
- 도체 내부의 전계의 세기 $E_i = \dfrac{r\lambda}{2\pi\varepsilon_0 a^2}$[V/m]

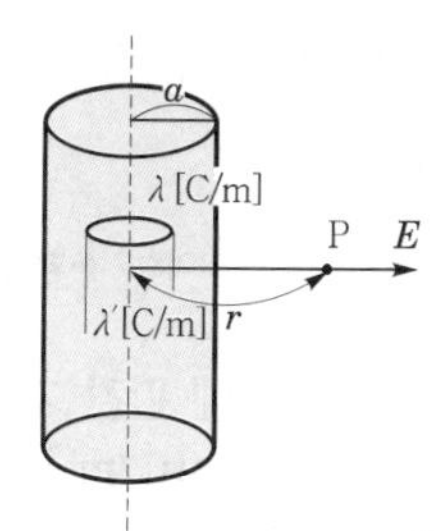

답 ④

025 핵심이론 찾아보기▶핵심 02-5

산업 02·98년 출제

반지름 a인 원주 대전체에 전하가 균등하게 분포되어 있을 때, 원주 대전체의 내외 전계 세기 및 축으로부터의 거리와 관계되는 그래프는?

①
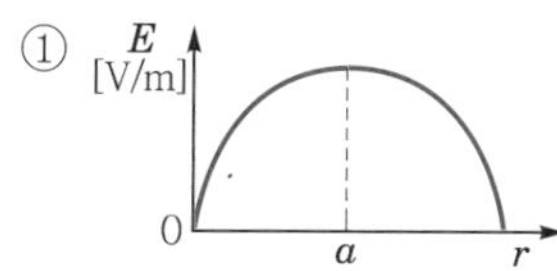

②
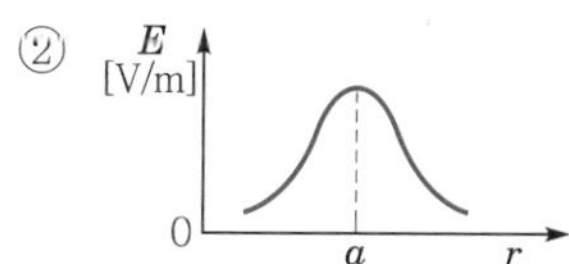

③
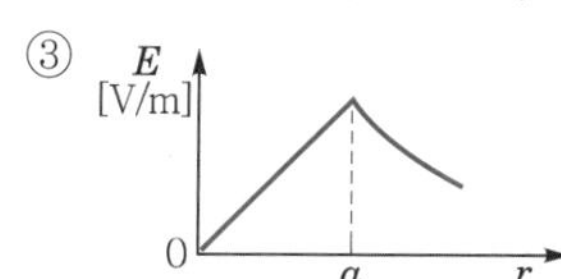

④
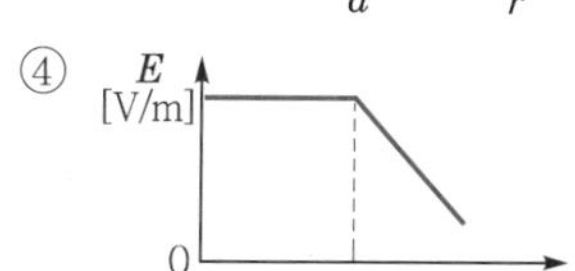

해설 전하가 균등하게 분포되어 있을 때에는 전계의 세기가 내부에서는 거리에 비례하고, 외부에서는 거리에 반비례한다.

답 ③

026 핵심이론 찾아보기▶핵심 02-6

산업 18년 출제

반지름이 1[m]인 도체구에 최고로 줄 수 있는 전위는 몇 [kV]인가? (단, 주위 공기의 절연내력은 3×10^6 [V/m]이다.)

① 30　② 300　③ 3,000　④ 30,000

해설 전위와 전계의 세기와의 관계

$V = E \times r = 3\times10^6 \times 1 = 3\times10^6$[V] $= 3{,}000$[kV]

답 ③

027 핵심이론 찾아보기▶핵심 02-6

산업 21년 출제

그림과 같이 등전위면이 존재하는 경우 전계의 방향은?

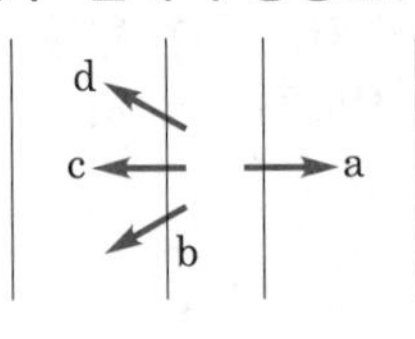

① a ② b ③ c ④ d

해설 전계는 높은 전위에서 낮은 전위 방향으로 향하고 등전위면에 수직으로 발생한다.

답 ③

028 핵심이론 찾아보기▶핵심 02-6

산업 21·20년 출제

진공 중에 판간 거리가 d[m]인 무한 평판 도체 간의 전위차[V]는? (단, 각 평판 도체에는 면전하 밀도 $+\sigma$[C/m^2], $-\sigma$[C/m^2]가 각각 분포되어 있다.)

① σd ② $\dfrac{\sigma}{\varepsilon_0}$ ③ $\dfrac{\varepsilon_0 \sigma}{d}$ ④ $\dfrac{\sigma d}{\varepsilon_0}$

해설 전계의 세기 $E = \dfrac{\sigma}{\varepsilon_0}$[V/m]

전위차 $V = -\displaystyle\int_d^0 E \cdot dl = E[l]_0^d = E(d-0) = \dfrac{\sigma d}{\varepsilon_0}$[V]

답 ④

029 핵심이론 찾아보기▶핵심 02-7

산업 01년 출제

원점에 전하 0.01[μC]이 있을 때, 두 점 A(0, 2, 0)[m]와 B(0, 0, 3)[m] 간의 전위차 V_{AB}는 몇 [V]인가?

① 10 ② 15 ③ 18 ④ 20

해설 전위차 $V_{AB} = 9\times 10^9 \times Q\left(\dfrac{1}{r_1} - \dfrac{1}{r_2}\right) = 9\times 10^9 \times 0.01\times 10^{-6} \times \left(\dfrac{1}{2} - \dfrac{1}{3}\right) = 15$[V]

답 ②

030 핵심이론 찾아보기▶핵심 02-7

산업 97·88년 출제

그림과 같이 동심구에서 도체 A에 Q[C]을 줄 때, 도체 A의 전위[V]는? (단, 도체 B의 전하는 0이다.)

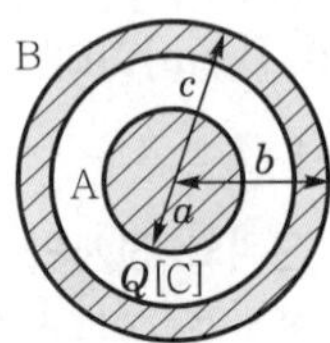

① $\dfrac{Q}{4\pi\varepsilon_0 c}$ ② $\dfrac{Q}{4\pi\varepsilon_0}\left(\dfrac{1}{a} - \dfrac{1}{b}\right)$

③ $\dfrac{Q}{4\pi\varepsilon_0}\left(\dfrac{1}{a} + \dfrac{1}{b}\right)$ ④ $\dfrac{Q}{4\pi\varepsilon_0}\left(\dfrac{1}{a} - \dfrac{1}{b} + \dfrac{1}{c}\right)$

해설 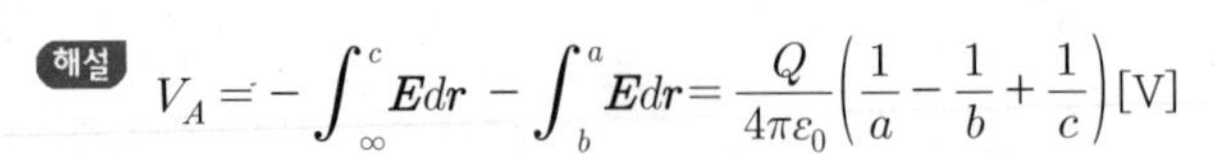

$V_A = -\displaystyle\int_\infty^c E dr - \int_b^a E dr = \dfrac{Q}{4\pi\varepsilon_0}\left(\dfrac{1}{a} - \dfrac{1}{b} + \dfrac{1}{c}\right)$[V]

답 ④

031

핵심이론 찾아보기▶핵심 02-8

산업 99·90년 출제

전계 E와 전위 V 사이의 관계, 즉 $E = -\text{grad}\, V$에 관한 설명으로 잘못된 것은?

① 전계는 전위가 일정한 면에 수직이다.
② 전계의 방향은 전위가 감소하는 방향으로 향한다.
③ 전계의 전기력선은 연속적이다.
④ 전계의 전기력선은 폐곡선을 이루지 않는다.

해설 전계의 전기력선은 (+)전하에서 시작하여 (−)전하에서 끝나므로 전하가 존재할 때에는 불연속적이다.

답 ③

032

핵심이론 찾아보기▶핵심 02-8

산업 96년 출제

전위 분포가 $V = 6x + 3$ [V]로 주어졌을 때, 전계의 세기는 몇 [V/m]인가?

① $-6i$　② $-9i$　③ $3i$　④ 0

해설 전위 경도

$$\boldsymbol{E} = -\text{grad}\, V = -\nabla V = -\left(\boldsymbol{i}\frac{\partial}{\partial x} + \boldsymbol{j}\frac{\partial}{\partial y} + \boldsymbol{k}\frac{\partial}{\partial z}\right) \cdot V$$
$$= -\left(\frac{\partial}{\partial x}\boldsymbol{i} + \frac{\partial}{\partial y}\boldsymbol{j} + \frac{\partial}{\partial z}\boldsymbol{k}\right)(6x+3) = -6\boldsymbol{i}\,[\text{V/m}]$$

답 ①

033

핵심이론 찾아보기▶핵심 02-8

산업 80년 출제

푸아송의 방정식으로 옳은 것은?

① $\nabla \boldsymbol{E} = \dfrac{\rho}{\varepsilon_0}$　② $\boldsymbol{E} = -\nabla V$　③ $\nabla^2 V = -\dfrac{\rho}{\varepsilon_0}$　④ $\nabla^2 V = 0$

해설
- 푸아송의 방정식 : $\text{div}\,\boldsymbol{E} = \nabla \cdot \boldsymbol{E} = -\nabla \cdot \nabla V = \dfrac{\rho}{\varepsilon_0}$, $\nabla^2 V = -\dfrac{\rho}{\varepsilon_0}$
- 라플라스 방정식 : $\nabla^2 V = 0$

답 ③

034

핵심이론 찾아보기▶핵심 02-9

산업 13·93년 출제

전위 분포가 $V = 2x^2 + 3y^2 + z^2$[V]의 식으로 표시되는 공간의 전하밀도 ρ[C/m³]는 얼마인가?

① $-\varepsilon_0$　② $-4\varepsilon_0$　③ $-8\varepsilon_0$　④ $-12\varepsilon_0$

해설 푸아송의 방정식

$$\nabla^2 V = -\frac{\rho}{\varepsilon_0}$$
$$\nabla^2 V = \frac{\partial^2 V}{\partial x^2} + \frac{\partial^2 V}{\partial y^2} + \frac{\partial^2 V}{\partial z^2} = 4 + 6 + 2 = -\frac{\rho}{\varepsilon_0}$$
$$\therefore \rho = -12\varepsilon_0\,[\text{C/m}^3]$$

답 ④

035

핵심이론 찾아보기▶핵심 02-9

산업 97·92년 출제

공간적 전하 분포를 갖는 유전체 중의 전계 E에 있어서 전하밀도 ρ와 전하 분포 중의 한 점에 대한 전위 V와의 관계 중 전위를 생각하는 고찰점에 ρ의 전하 분포가 없다면 $\nabla^2 V=0$이 된다는 것은?

① Laplace의 방정식
② Poisson의 방정식
③ Stokes의 정리
④ Thomson의 정리

해설
- 푸아송의 방정식 : $\nabla^2 V=-\dfrac{\rho}{\varepsilon_0}$
- 라플라스 방정식 : $\nabla^2 V=0$

답 ①

036

핵심이론 찾아보기▶핵심 02-9

기사 15·96·95·94·87년 / 산업 13·99년 출제

다음 식들 중에 옳지 못한 것은?

① 라플라스(Laplace)의 방정식 : $\nabla^2 V=0$
② 발산(divergence) 정리 : $\int_s \boldsymbol{E}\cdot \boldsymbol{n}dS=\int_v \text{div}\,\boldsymbol{E}dv$
③ 푸아송(Poisson)의 방정식 : $\nabla^2 V=\dfrac{\rho}{\varepsilon_0}$
④ 가우스(Gauss)의 정리 : $\text{div}\,\boldsymbol{D}=\rho$

해설 **푸아송의 방정식**

$$\text{div}\,\boldsymbol{E}=\nabla\cdot\boldsymbol{E}=\nabla\cdot(-\nabla V)=-\nabla^2 V=\frac{\rho}{\varepsilon_0}$$

$$\therefore\ \nabla^2 V=-\frac{\rho}{\varepsilon_0}$$

답 ③

037

핵심이론 찾아보기▶핵심 02-10

산업 00·96·94년 출제

$\boldsymbol{E}=\dfrac{3x}{x^2+y^2}i+\dfrac{3y}{x^2+y^2}j$[V/m]일 때, 점 (4, 3, 0)을 지나는 전기력선의 방정식을 나타낸 것은?

① $xy=\dfrac{4}{3}$
② $xy=\dfrac{3}{4}$
③ $x=\dfrac{4}{3}y$
④ $x=\dfrac{3}{4}y$

해설 전기력선의 방정식 $\dfrac{dx}{\boldsymbol{E}_x}=\dfrac{dy}{\boldsymbol{E}_y}$에서

$$\boldsymbol{E}_x=\frac{3x}{x^2+y^2}$$

$$\boldsymbol{E}_y=\frac{3y}{x^2+y^2}$$

$$\frac{dx}{3x/(x^2+y^2)}=\frac{dy}{3y/(x^2+y^2)}$$

$$\therefore\ \frac{dx}{x}=\frac{dy}{y}$$

양변을 적분하면 $\ln x = \ln y + k_1$, $\ln \frac{x}{y} = \ln k_2$, $\frac{x}{y} = k_2$

$x=4$, $y=3$이므로 $k_2 = \frac{4}{3}$가 된다.

$\therefore\ x = \frac{4}{3}y$

답 ③

038 핵심이론 찾아보기▶핵심 02-11

기사 95·89년 / 산업 92년 출제

$z=0$인 평면에 반지름 r[m]인 원주상에 ρ_L[C/m]의 선전하밀도가 진공 내에 존재할 때, $z=a$ 점에서 전계 E는 얼마인가?

① $\boldsymbol{E} = \dfrac{\rho_L r(-r \cdot \boldsymbol{a}_r + a\boldsymbol{a}_z)}{2\varepsilon_0 (r^2+a^2)^{2/3}}$

② $\boldsymbol{E} = \dfrac{\rho_L a r}{2\varepsilon_0 (r^2+a^2)^{3/2}}\boldsymbol{a}_z$

③ $\boldsymbol{E} = \dfrac{\rho_L a^2}{2\varepsilon_0 (r^2+a^2)^{2/3}}\boldsymbol{a}_z$

④ $\boldsymbol{E} = \dfrac{\rho_L r(r\boldsymbol{a}_r + a\boldsymbol{a}_z)}{2\varepsilon_0 (r^2+a^2)^{3/2}}$

해설 그림과 같은 원형 선전하의 경우는 거리 R인 점전하 Q에 대한 전계 방향 능률 $\cos\theta$를 고려하여

$$\boldsymbol{E} = \int_0^{2\pi r} d\boldsymbol{E}'$$

$$= \int_0^{2\pi r} d\boldsymbol{E}\cos\theta = \frac{Q\cos\theta}{4\pi\varepsilon_0 R^2}$$

$$= \frac{2\pi r\rho_L}{4\pi\varepsilon_0 (r^2+a^2)} \cdot \frac{a}{\sqrt{r^2+a^2}}$$

$$= \frac{ra\rho_L}{2\varepsilon_0 (r^2+a^2)^{3/2}} \text{[N/C]}$$

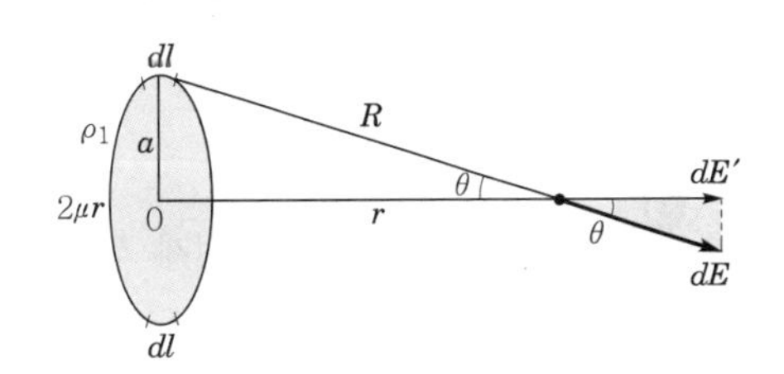

$$\therefore\ \boldsymbol{E}_a = E\boldsymbol{a}_z = \frac{ra\rho_L}{2\varepsilon_0 (r^2+a^2)^{3/2}}\boldsymbol{a}_z \text{[N/C]}$$

답 ②

039 핵심이론 찾아보기▶핵심 02-12

산업 04·99년 출제

전기 쌍극자로부터 r만큼 떨어진 점의 전위 크기 V는 r과 어떤 관계가 있는가?

① $V \propto r$

② $V \propto \dfrac{1}{r^3}$

③ $V \propto \dfrac{1}{r^2}$

④ $V \propto \dfrac{1}{r}$

해설 $V = \dfrac{M\cos\theta}{4\pi\varepsilon_0 r^2}\text{[V/m]} \propto \dfrac{1}{r^2}$

답 ③

040

핵심이론 찾아보기▶핵심 02-12　기사 05·02·91년 / 산업 02년 출제

전기 쌍극자가 만드는 전계는? (단, M은 쌍극자 능률이다.)

① $E_r = \dfrac{M}{2\pi\varepsilon_0 r^3}\sin\theta,\ E_\theta = \dfrac{M}{4\pi\varepsilon_0 r^3}\cos\theta$

② $E_r = \dfrac{M}{4\pi\varepsilon_0 r^3}\sin\theta,\ E_\theta = \dfrac{M}{4\pi\varepsilon_0 r^3}\cos\theta$

③ $E_r = \dfrac{M}{2\pi\varepsilon_0 r^3}\cos\theta,\ E_\theta = \dfrac{M}{4\pi\varepsilon_0 r^3}\sin\theta$

④ $E_r = \dfrac{M}{4\pi\varepsilon_0 r^3}\omega,\ E_\theta = \dfrac{M}{4\pi\varepsilon_0 r^3}(1-\omega)$

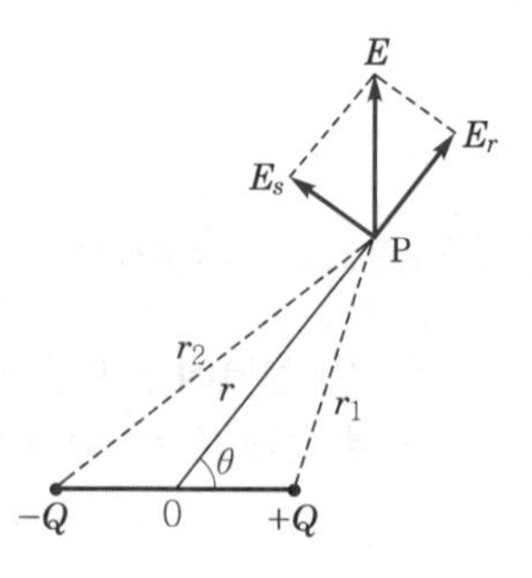

해설 $V = \dfrac{M\cos\theta}{4\pi\varepsilon_0 r^2}$[V]

• r방향 성분 $E_r = -\dfrac{\partial V}{\partial r} = -\dfrac{M\cos\theta}{4\pi\varepsilon_0}\dfrac{\partial}{\partial r}\left(\dfrac{1}{r^2}\right) = \dfrac{2M\cos\theta}{4\pi\varepsilon_0 r^3} = \dfrac{M}{2\pi\varepsilon_0 r^3}\cos\theta$[V/m]

• θ방향 성분 $E_\theta = -\dfrac{1}{r}\dfrac{\partial V}{\partial\theta} = -\dfrac{1}{4\pi\varepsilon_0 r^3}\dfrac{\partial}{\partial\theta}(\cos\theta) = \dfrac{M}{4\pi\varepsilon_0 r^3}\sin\theta$[V/m]

답 ③

041

핵심이론 찾아보기▶핵심 02-12　기사 13·11·90년 / 산업 94·93년 출제

전기 쌍극자에 의한 전계의 세기는 쌍극자로부터의 거리 r에 대해서 어떠한가?

① r에 반비례한다.
② r^2에 반비례한다.
③ r^3에 반비례한다.
④ r^4에 반비례한다.

해설
• 전기 쌍극자에 의한 전계 $E = \dfrac{M\sqrt{1+3\cos^2\theta}}{4\pi\varepsilon_0 r^3}$[V/m] $\propto \dfrac{1}{r^3}$

• 전기 쌍극자에 의한 전위 $V = \dfrac{M\cos\theta}{4\pi\varepsilon_0 r^2}$[V] $\propto \dfrac{1}{r^2}$

답 ③

042

핵심이론 찾아보기▶핵심 02-응용　산업 11·07·95·88년 출제

시간적으로 변화하지 않는 보존적(conservative)인 전하가 비회전성(非回轉性)이라는 의미를 나타낸 것은?

① $\nabla E = 0$
② $\nabla \cdot E = 0$
③ $\nabla \times E = 0$
④ $\nabla^2 E = 0$

해설 $\oint_c E \cdot dl = 0$ (보존적)

rot $E = \nabla \times E = 0$ (비회전성)

답 ③

043

핵심이론 찾아보기▶핵심 02-응용 　　　　산업 13·00·95년 출제

등전위면을 따라 전하 Q[C]을 운반하는 데 필요한 일은?

① 전하의 크기에 따라 변한다.　　② 전위의 크기에 따라 변한다.
③ QV　　④ 0

해설 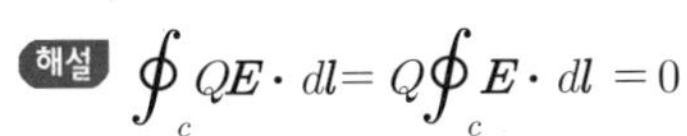

$\oint_c QE \cdot dl = Q\oint_c E \cdot dl = 0$

즉, 등전위면을 따라서 전하를 운반할 때 일은 필요하지 않다.

답 ④

044

핵심이론 찾아보기▶핵심 02-13 　　　　산업 11·01·95년 출제

대전 도체 내부의 전위는?

① 0전위이다.　　② 표면 전위와 같다.
③ 대지 전위와 같다.　　④ 무한대이다.

해설 도체는 등전위이므로 내부나 표면이 등전위이다.

답 ②

045

핵심이론 찾아보기▶핵심 02-13 　　　　기사 00년 / 산업 99·86년 출제

도체의 성질을 설명한 것 중에서 틀린 것은?

① 도체의 표면 및 내부의 전위는 등전위이다.
② 도체 내부의 전계는 0이다.
③ 전하는 도체 표면에만 존재한다.
④ 도체 표면의 전하밀도는 표면의 곡률이 큰 부분일수록 작다

해설 도체 표면의 전하는 뾰족한 부분에 모이는 성질이 있는데, 뾰족한 부분일수록 곡률 반지름이 작으므로 전하밀도는 곡률이 커질수록 커진다.

답 ④

046

핵심이론 찾아보기▶핵심 03-1 　　　　기사 00·96·88년 / 산업 10·06년 출제

각각 $\pm Q$[C]으로 대전된 두 개의 도체 간의 전위차를 전위계수로 표시하면?

① $(p_{11}+p_{12}+p_{22})Q$　　② $(p_{11}+2p_{12}+p_{22})Q$
③ $(p_{11}-p_{12}+p_{22})Q$　　④ $(p_{11}-2p_{12}+p_{22})Q$

해설 $Q_1=Q$, $Q_2=-Q$이므로

$V_1=p_{11}Q_1+p_{12}Q_2=p_{11}Q-p_{12}Q$[V]

$V_2=p_{21}Q_1+p_{22}Q_2=p_{21}Q-p_{22}Q$[V]

두 도체 간의 전위차 V는 $p_{12}=p_{21}$이므로

$\therefore V=V_1-V_2=(p_{11}Q-p_{12}Q)-(p_{21}Q-p_{22}Q)=(p_{11}Q-p_{12}Q-p_{21}Q+p_{22}Q)$

$=(p_{11}-2p_{12}+p_{22})Q$ [V]

답 ④

047

핵심이론 찾아보기▶핵심 03-1

기사 91년 / 산업 83·82·81년 출제

2개의 도체를 $+Q$[C]과 $-Q$[C]으로 대전했을 때, 이 두 도체 간의 정전용량을 전위계수로 표시하면 어떻게 되는가?

① $\dfrac{p_{11}p_{22}-{p_{12}}^2}{p_{11}+2p_{12}+p_{22}}$

② $\dfrac{p_{11}p_{22}+{p_{12}}^2}{p_{11}+2p_{12}+p_{22}}$

③ $\dfrac{1}{p_{11}+2p_{12}+p_{22}}$

④ $\dfrac{1}{p_{11}-2p_{12}+p_{22}}$

해설 $Q_1=Q$[C], $Q_2=-Q$[C]이므로

$V_1=p_{11}Q_1+p_{12}Q_2=p_{11}Q-p_{12}Q$[V]

$V_2=p_{21}Q_1+p_{22}Q_2=p_{21}Q-p_{22}Q$[V]

$\therefore\ V=V_1-V_2=(p_{11}-2p_{12}+p_{22})Q$[V]

전위계수로 표시한 정전용량 C는

$\therefore\ C=\dfrac{Q}{V}=\dfrac{Q}{V_1-V_2}=\dfrac{1}{p_{11}-2p_{12}+p_{22}}$[F]

답 ④

048

핵심이론 찾아보기▶핵심 03-1

산업 19년 출제

진공 중에 서로 떨어져 있는 두 도체 A, B가 있다. A에만 1[C]의 전하를 줄 때 도체 A, B의 전위가 각각 3[V], 2[V]였다고 하면, A에 2[C], B에 1[C]의 전하를 주면 도체 A의 전위는 몇 [V]인가?

① 6 ② 7

③ 8 ④ 9

해설 1도체의 전위를 전위계수로 나타내면

$V_1=P_{11}Q_1+P_{12}Q_2=P_{11}\times1+P_{12}\times0=3$

$\therefore\ P_{11}=3$

$V_2=P_{21}Q_1+P_{22}Q_2=P_{21}\times1+P_{22}\times0=2$

$\therefore\ P_{21}=2=P_{12}$

$Q_1=2$[C], $Q_2=1$[C]의 전하를 주면

1도체의 전위 $V_1=P_{11}\times Q_1+P_{12}\times Q_2=3\times2+2\times1=8$[V]

답 ③

049

핵심이론 찾아보기▶핵심 03-2

기사 07년 / 산업 89년 출제

용량계수와 유도계수의 설명 중 옳지 않은 것은?

① 유도계수는 항상 0이거나 0보다 작다.

② 용량계수는 항상 0보다 크다.

③ $q_{11}\geq-(q_{21}+q_{31}+\cdots+q_{n1})$

④ 용량계수와 유도계수는 항상 0보다 크다.

해설 ① 유도계수 q_{rs}는 0이거나 0보다 작다. $(q_{rs}\leq0)$

② 용량계수 q_{rr}은 0보다 크다. $(q_{rr}>0)$

③ 용량계수 $q_{11}\geq-(q_{21}+q_{31}+\cdots+q_{n1})$이다.

답 ④

050

핵심이론 찾아보기▶핵심 03-2

산업 20년 출제

그림과 같이 도체 1을 도체 2로 포위하여 도체 2를 일정 전위로 유지하고, 도체 1과 도체 2의 외측에 도체 3이 있을 때 용량계수 및 유도계수의 성질 중 맞는 것은?

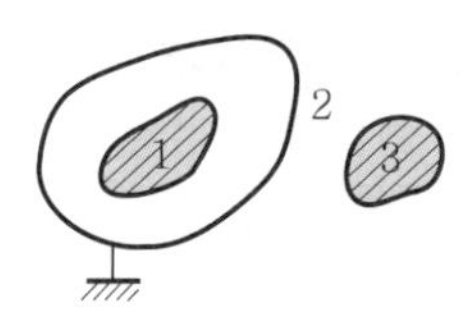

① $q_{21} = -q_{11}$ ② $q_{31} = q_{11}$

③ $q_{13} = -q_{11}$ ④ $q_{23} = q_{11}$

해설 도체 1에 단위의 전위 1[V]를 주고 도체 2, 3을 영전위로 유지하면, 도체 2에는 정전유도에 의하여 $Q_2 = -Q_1$의 전하가 생기므로

$Q_1 = q_{11}V_1 + q_{12}V_2$, $Q_2 = q_{21}V_1 + q_{22}V_2$

$Q_2 = -Q_1$, $V_2 = 0$

$\therefore -q_{11}V_1 = q_{21}V_1$ 그러므로 $-q_{11} = q_{21}$

답 ①

051

핵심이론 찾아보기▶핵심 03-3

산업 18년 출제

두 도체 사이에 100[V]의 전위를 가하는 순간 700[μC]의 전하가 축적되었을 때 이 두 도체 사이의 정전용량은 몇 [μF]인가?

① 4 ② 5

③ 6 ④ 7

해설 정전용량

$$C = \frac{Q}{V} = \frac{700 \times 10^{-6}}{100} = 7 \times 10^{-6} = 7[\mu F]$$

답 ④

052

핵심이론 찾아보기▶핵심 03-3

산업 00·92년 출제

엘라스턴스(elastance)란?

① $\dfrac{1}{\text{전위차} \times \text{전기량}}$ ② 전위차×전기량

③ $\dfrac{\text{전위차}}{\text{전기량}}$ ④ $\dfrac{\text{전기량}}{\text{전위차}}$

해설

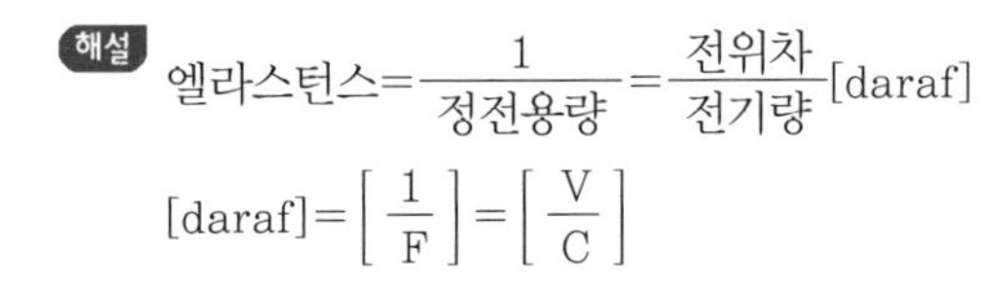

$$\text{엘라스턴스} = \frac{1}{\text{정전용량}} = \frac{\text{전위차}}{\text{전기량}}[\text{daraf}]$$

$$[\text{daraf}] = \left[\frac{1}{F}\right] = \left[\frac{V}{C}\right]$$

답 ③

053 핵심이론 찾아보기▶핵심 03-3

기사 94·91·89년 / 산업 01·00·94년 출제

모든 전기장치에 접지시키는 근본적인 이유는?

① 지구의 용량이 커서 전위가 거의 일정하기 때문이다.
② 편의상 지면을 영전위로 보기 때문이다.
③ 영상전하를 이용하기 때문이다.
④ 지구는 전류를 잘 통하기 때문이다.

해설 지구는 정전용량이 크므로 많은 전하가 축적되어도 지구의 전위는 일정하다. 따라서, 모든 전기장치를 접지시키고 대지를 실용상 영전위로 한다.

답 ①

054 핵심이론 찾아보기▶핵심 03-4

기사 15·07년 / 산업 99·86년 출제

반지름 a[m]인 구의 정전용량[F]은?

① $4\pi\varepsilon_0 a$　② $\pi\varepsilon_0 a$　③ a　④ $\frac{1}{4\pi}\varepsilon_0 a$

해설 반지름이 a[m]인 고립 도체구에 Q[C]을 줄 때 무한대와 도체 사이의 전위차, 즉 도체구의 전위 V는 $V = \frac{Q}{4\pi\varepsilon_0 a}$[V]

$$\therefore\ C = \frac{Q}{V} = \frac{Q}{\frac{Q}{4\pi\varepsilon_0 a}} = 4\pi\varepsilon_0 a = \frac{1}{9\times10^9}a\,[\text{F}]$$

답 ①

055 핵심이론 찾아보기▶핵심 03-4

기사 18·00·97·94·90년 / 산업 95년 출제

동심구형 콘덴서의 내외 반지름을 각각 5배로 증가시키면 정전용량은 몇 배로 증가하는가?

① 5　② 10　③ 15　④ 20

해설 동심구형 콘덴서의 정전용량 $C = \frac{4\pi\varepsilon_0 ab}{b-a}$[F]

내외구의 반지름을 5배로 증가한 후의 정전용량을 C라 하면

$$C' = \frac{4\pi\varepsilon_0(5a\times5b)}{5b-5a} = \frac{25\times4\pi\varepsilon_0 ab}{5(b-a)} = 5C\,[\text{F}]$$

답 ①

056 핵심이론 찾아보기▶핵심 03-4

산업 00·88년 출제

내원통 반지름 10[cm], 외원통 반지름 20[cm]인 동축원통 도체의 정전용량[pF/m]은?

① 100　② 90　③ 80　④ 70

해설

$$C = \frac{2\pi\varepsilon_0}{\ln\frac{b}{a}}[\text{F/m}] = \frac{0.02416}{\log\frac{b}{a}}[\mu\text{F/km}] = \frac{24.16}{\log\frac{b}{a}}[\text{pF/m}]$$

$$\therefore\ C = \frac{24.16}{\log\frac{0.2}{0.1}} = \frac{24.16}{\log 2} = \frac{24.16}{0.301} \fallingdotseq 80\,[\text{pF/m}]$$

답 ③

057 핵심이론 찾아보기▶핵심 03-4

산업 02·93년 출제

1변이 50[cm]인 정사각형 전극을 가진 평행판 콘덴서가 있다. 이 극판 간격을 5[mm]로 할 때 정전용량은 얼마인가? (단, $\varepsilon_0 = 8.855\times10^{-12}$[F/m]이고 단말 효과를 무시한다.)

① 443[pF] ② 380[μF] ③ 410[μF] ④ 0.5[pF]

해설 $C = \dfrac{\varepsilon_0 S}{d} = \dfrac{8.855\times10^{-12}\times(0.5\times0.5)}{5\times10^{-3}} = 443\times10^{-12} = 443[\text{pF}]$

답 ①

058 핵심이론 찾아보기▶핵심 03-4

산업 17년 출제

평행판 콘덴서의 양 극판 면적을 3배로 하고 간격을 $\dfrac{1}{3}$로 줄이면 정전용량은 처음의 몇 배가 되는가?

① 1 ② 3 ③ 6 ④ 9

해설 평행판 콘덴서의 정전용량 $C = \dfrac{\varepsilon_0 S}{d}$ [F]

면적을 3배, 간격을 $\dfrac{1}{3}$로 줄이면

$$C = \frac{\varepsilon_0(3S)}{\left(\frac{1}{3}d\right)} = \frac{9\varepsilon_0 S}{d} = 9C[\text{F}]$$

답 ④

059 핵심이론 찾아보기▶핵심 03-4

산업 21·18년 출제

반지름 a[m]인 두 개의 무한장 도선이 d[m]의 간격으로 평행하게 놓여 있을 때 $a \ll d$인 경우, 단위길이당 정전용량[F/m]은?

① $\dfrac{2\pi\varepsilon_0}{\ln\dfrac{d}{a}}$ ② $\dfrac{\pi\varepsilon_0}{\ln\dfrac{d}{a}}$ ③ $\dfrac{4\pi\varepsilon_0}{\dfrac{1}{a}-\dfrac{1}{d}}$ ④ $\dfrac{2\pi\varepsilon_0}{\dfrac{1}{a}-\dfrac{1}{d}}$

해설 단위길이당 정전용량 $C = \dfrac{\pi\varepsilon_0}{\ln\dfrac{d-a}{a}}$ [F/m]

$d \gg a$인 경우 $C = \dfrac{\pi\varepsilon_0}{\ln\dfrac{d}{a}}$ [F/m] $= \dfrac{12.08}{\log\dfrac{d}{a}}$ [pF/m]

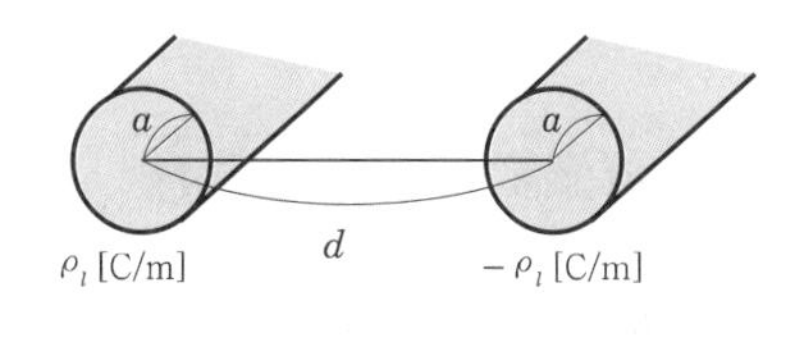

답 ②

060 핵심이론 찾아보기▶핵심 03-5

산업 19년 출제

동일 용량 C[μF]의 커패시터 n개를 병렬로 연결하였다면 합성 정전용량은 얼마인가?

① n^2C ② nC ③ $\dfrac{C}{n}$ ④ C

해설 커패시터를 병렬로 접속하면 합성 정전용량
$C_0 = C_1 + C_2 + \cdots + C_n = nC\,[\mu F]$

답 ②

061

핵심이론 찾아보기▶핵심 03-5 산업 02년 출제

반지름이 각각 2[m], 3[m], 4[m]인 3개 절연 도체구 전위가 각각 5[V], 6[V], 7[V]가 되도록 충전한 후 이들을 도선으로 접속할 때의 공통 전위[V]는 대략 얼마인가?

① 6.22 ② 6.88 ③ 8.75 ④ 9.33

해설 $C = \dfrac{Q}{V}[F]$, $Q = CV[C]$, $V = \dfrac{Q}{C}[V]$

연결하기 전의 전하 Q는 $Q = Q_1 + Q_2 + Q_3 = 4\pi\varepsilon_0(a_1 V_1 + a_2 V_2 + a_3 V_3)\,V[C]$

연결 후의 전하 Q'는 $Q' = Q_1' + Q_2' + Q_3' = 4\pi\varepsilon_0(a_1 V_1 + a_2 V_2 + a_3 V_3)\,V[C]$

도선으로 접속하면 등전위가 되므로 $Q = Q'$

$\therefore\ V = \dfrac{Q}{C} = \dfrac{a_1 V_1 + a_2 V_2 + a_3 V_3}{a_1 + a_2 + a_3} = \dfrac{2\times 5 + 3\times 6 + 4\times 7}{2+3+4} = \dfrac{56}{9} = 6.22[V]$

답 ①

062

핵심이론 찾아보기▶핵심 03-6 기사 14·03·98·96년 / 산업 12년 출제

내압이 1[kV]이고 용량이 각각 0.01[μF], 0.02[μF], 0.04[μF]인 콘덴서를 직렬로 연결했을 때의 전체 내압[V]은?

① 3,000 ② 1,750 ③ 1,700 ④ 1,500

해설 각 콘덴서에 가해지는 전압을 V_1, V_2, V_3[V]라 하면

$V_1 : V_2 : V_3 = \dfrac{1}{0.01} : \dfrac{1}{0.02} : \dfrac{1}{0.04} = 4 : 2 : 1$

$\therefore\ V_1 = 1{,}000[V]$

$V_2 = 1{,}000 \times \dfrac{2}{4} = 500[V]$

$V_3 = 1{,}000 \times \dfrac{1}{4} = 250[V]$

$\therefore$ 전체 내압 : $V = V_1 + V_2 + V_3 = 1{,}000 + 500 + 250 = 1{,}750[V]$

답 ②

063

핵심이론 찾아보기▶핵심 03-6 기사 18·09년 / 산업 09·88·80년 출제

내압 1,000[V], 정전용량 3[μF], 내압 500[V], 정전용량 5[μF], 내압 250[V], 정전용량 6[μF]인 3개의 콘덴서를 직렬로 접속하고 양단에 가한 전압을 서서히 증가시키면 최초로 파괴되는 콘덴서는?

① 3[μF] ② 5[μF] ③ 6[μF] ④ 동시에 파괴된다.

해설 각 콘덴서에 축적할 수 있는 전하량은

$Q_{1max} = C_1 V_{1max} = 3\times 10^{-6} \times 1{,}000 = 3\times 10^{-3}[C]$

$Q_{2max} = C_2 V_{2max} = 5\times 10^{-6} \times 500 = 2.5\times 10^{-3}[C]$

$Q_{3max} = C_3 V_{2max} = 6\times 10^{-6} \times 250 = 1.5\times 10^{-3}[C]$

$\therefore\ Q_{max}$가 가장 적은 C_3(6[μF])가 가장 먼저 절연파괴된다.

답 ③

064 핵심이론 찾아보기▶핵심 03-7

산업 22년 출제

무한히 넓은 2개의 평행판 도체의 간격이 d[m]이며 그 전위차는 V[V]이다. 도체판의 단위면적에 작용하는 힘[N/m^2]은? (단, 유전율은 ε_0이다.)

① $\varepsilon_0 \dfrac{V}{d}$　　② $\varepsilon_0 \left(\dfrac{V}{d}\right)^2$

③ $\dfrac{1}{2}\varepsilon_0 \dfrac{V}{d}$　　④ $\dfrac{1}{2}\varepsilon_0 \left(\dfrac{V}{d}\right)^2$

해설 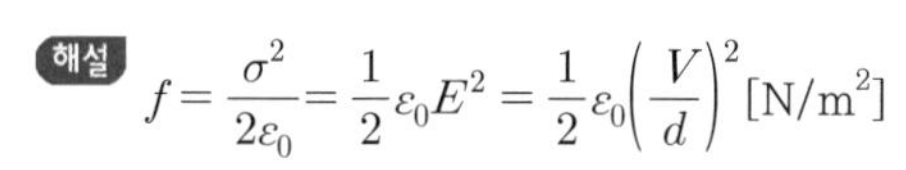

$f = \dfrac{\sigma^2}{2\varepsilon_0} = \dfrac{1}{2}\varepsilon_0 E^2 = \dfrac{1}{2}\varepsilon_0 \left(\dfrac{V}{d}\right)^2$ [N/m^2]

답 ④

065 핵심이론 찾아보기▶핵심 04-1

산업 17년 출제

임의의 절연체에 대한 유전율의 단위로 옳은 것은?

① F/m　　② V/m

③ N/m　　④ C/m^2

해설 유전율 $\varepsilon = \varepsilon_0 \varepsilon_s$[F/m]

답 ①

066 핵심이론 찾아보기▶핵심 04-1

산업 16년 출제

비유전율 ε_s에 대한 설명으로 옳은 것은?

① ε_s의 단위는 [C/m]이다.

② ε_s는 항상 1보다 작은 값이다.

③ ε_s는 유전체의 종류에 따라 다르다.

④ 진공의 비유전율은 0이고, 공기의 비유전율은 1이다.

해설
- 비유전율 $\varepsilon_s = \dfrac{C}{C_0} > 1$이다.
  즉, 비유전율은 항상 1보다 큰 값이다.
- 비유전율은 유전체의 종류에 따라 다르다.
  산화티탄자기 115~5,000, 운모 5.5~6.6의 비유전율의 값을 갖는다.
- 진공의 비유전율은 1이고, 공기의 비유전율도 약 1이 된다.

답 ③

067 핵심이론 찾아보기▶핵심 04-2

기사 12·99·98·95년 / 산업 96년 출제

공기 중 두 전하 사이에 작용하는 힘이 5[N]이었다. 두 전하 사이에 유전체를 넣었더니 힘이 2[N]으로 되었다면 유전체의 비유전율은 얼마인가?

① 15　　② 10

③ 5　　④ 2.5

해설 $F_0 = \dfrac{Q_1 Q_2}{4\pi\varepsilon_0 r^2}$[N] (공기 중에서), $F = \dfrac{Q_1 Q_2}{4\pi\varepsilon_0 \varepsilon_s r^2}$[N] (유전체 중에서)

$$\frac{F_0}{F} = \frac{\dfrac{Q_1 Q_2}{4\pi\varepsilon_0 r^2}}{\dfrac{Q_1 Q_2}{4\pi\varepsilon_0 \varepsilon_s r^2}} = \varepsilon_s$$

∴ 비유전율 $\varepsilon_s = \dfrac{F_0}{F} = \dfrac{5}{2} = 2.5$

답 ④

068 핵심이론 찾아보기▶핵심 04-2

산업 16년 출제

공기 콘덴서의 극판 사이에 비유전율 ε_s의 유전체를 채운 경우, 동일 전위차에 대한 극판 간의 전하량은?

① $\dfrac{1}{\varepsilon_s}$로 감소
② ε_s배로 증가
③ $\pi\varepsilon_s$배로 증가
④ 불변

해설 전하량 $Q = CV$[C]

$C = \dfrac{\varepsilon S}{d} = \dfrac{\varepsilon_0 \varepsilon_s S}{d}$[F] ∴ $Q = \dfrac{\varepsilon_0 \varepsilon_s S}{d} \cdot V$[C]

즉, 전하량은 비유전율(ε_s)에 비례한다.

답 ②

069 핵심이론 찾아보기▶핵심 04-3

기사 83년 / 산업 80년 출제

정전용량이 6[μF]인 평행 평판 콘덴서의 극판 면적의 2/3에 비유전율 3인 운모를 그림과 같이 삽입했을 때, 콘덴서의 정전용량은 몇 [μF]가 되는가?

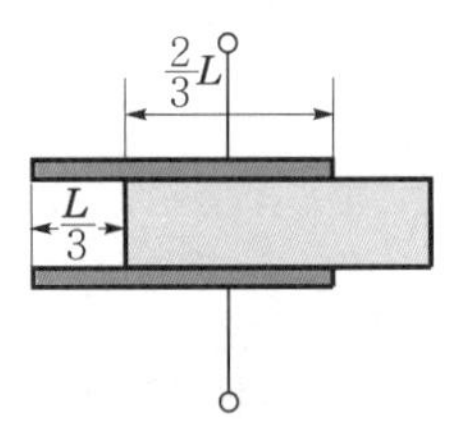

① 14
② 45
③ $\dfrac{10}{3}$
④ $\dfrac{12}{7}$

해설 $C = C_1 + C_2 = \dfrac{1}{3}C_0 + \dfrac{2}{3}\varepsilon_s C_0 = \dfrac{(1+2\varepsilon_s)}{3}C_0 = \dfrac{(1+2\times3)}{3}\times 6 = 14[\mu\text{F}]$

답 ①

070 핵심이론 찾아보기▶핵심 04-3

산업 22·18년 출제

그림과 같은 정전용량이 C_0[F]가 되는 평행판 공기 콘덴서가 있다. 이 콘덴서의 판 면적의 $\frac{2}{3}$가 되는 공간에 비유전율 ε_s인 유전체를 채우면 공기 콘덴서의 정전용량[F]은?

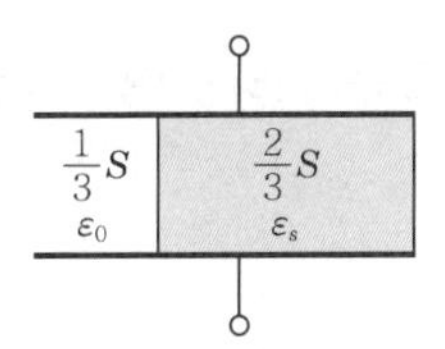

① $\frac{2\varepsilon_s}{3}C_0$ ② $\frac{3}{1+2\varepsilon_s}C_0$ ③ $\frac{1+\varepsilon_s}{3}C_0$ ④ $\frac{1+2\varepsilon_s}{3}C_0$

해설 합성 정전용량은 두 콘덴서의 병렬 연결과 같으므로

$$C = C_1 + C_2 = \frac{1}{3}C_0 + \frac{2}{3}\varepsilon_s C_0 = \frac{1+2\varepsilon_s}{3}C_0\,[\mathrm{F}]$$

답 ④

071 핵심이론 찾아보기▶핵심 04-3

산업 15년 출제

면적 S[m²]의 평행한 평판 전극 사이에 유전율이 ε_1, ε_2[F/m] 되는 두 종류의 유전체를 $\frac{d}{2}$[m] 두께가 되도록 각각 넣으면 정전용량은 몇 [F]이 되는가?

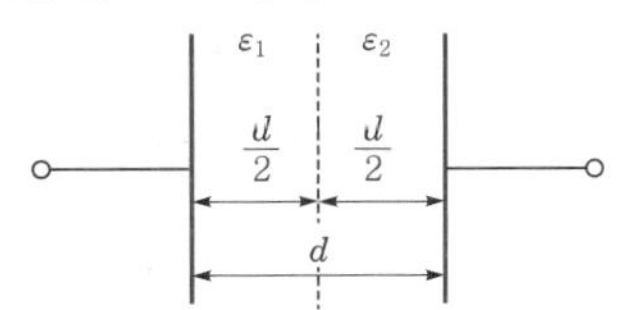

① $\frac{2S}{d(\varepsilon_1+\varepsilon_2)}$ ② $\frac{2\varepsilon_1\varepsilon_2}{dS(\varepsilon_1+\varepsilon_2)}$ ③ $\frac{2S\varepsilon_1\varepsilon_2}{d(\varepsilon_1+\varepsilon_2)}$ ④ $\frac{S\varepsilon_1\varepsilon_2}{2d(\varepsilon_1+\varepsilon_2)}$

해설 유전율이 ε_1, ε_2인 유전체의 정전용량을 C_1, C_2라 하면

C_1 C_2

$$C_1 = \frac{\varepsilon_1 S}{d_2} = \frac{2\varepsilon_1 S}{d}\,[\mathrm{F}],\quad C_2 = \frac{\varepsilon_2 S}{d_2} = \frac{2\varepsilon_2 S}{d}\,[\mathrm{F}]$$

$$\therefore \text{ 합성 정전용량 } C = \frac{1}{\frac{1}{C_1}+\frac{1}{C_2}} = \frac{1}{\frac{d}{2\varepsilon_1 S}+\frac{d}{2\varepsilon_2 S}} = \frac{2\varepsilon_1\varepsilon_2 S}{d\varepsilon_2 + d\varepsilon_1} = \frac{2S\varepsilon_1\varepsilon_2}{d(\varepsilon_1+\varepsilon_2)}\,[\mathrm{F}]$$

답 ③

072 핵심이론 찾아보기▶핵심 04-4

기사 95년 / 산업 90·82년 출제

유전율 $\varepsilon_0\varepsilon_s$의 유전체 내에 전하 Q에서 나오는 전기력선 수는?

① Q개 ② $\frac{Q}{\varepsilon_0\varepsilon_s}$개 ③ $\frac{Q}{\varepsilon_0}$개 ④ $\frac{Q}{\varepsilon_s}$개

해설 Q[C]에서 나오는 전기력선 수는 $\frac{Q}{\varepsilon_0\varepsilon_s}$개이다.

답 ②

073

핵심이론 찾아보기▶핵심 04-4

산업 83·81년 출제

유전율 $\varepsilon_0\varepsilon_s$의 유전체 내에 있는 전하 Q에서 나오는 전속선 총수는?

① $\frac{Q}{\varepsilon_s}$ ② $\frac{Q}{\varepsilon_0}$ ③ $\frac{Q}{\varepsilon_0\varepsilon_s}$ ④ Q

해설 Q[C]에서 나오는 전속선 수는 Q개이다.

답 ④

074

핵심이론 찾아보기▶핵심 04-5

산업 22·18년 출제

유전체에 가한 전계 E [V/m]와 분극의 세기 P[C/m^2]와의 관계로 옳은 것은?

① $P=\varepsilon_0(\varepsilon_s+1)E$ ② $P=\varepsilon_0(\varepsilon_s-1)E$ ③ $P=\varepsilon_s(\varepsilon_0+1)E$ ④ $P=\varepsilon_s(\varepsilon_0-1)E$

해설 분극의 세기

$P=D-\varepsilon_0E=\varepsilon_0\varepsilon_sE-\varepsilon_0E=\varepsilon_0(\varepsilon_s-1)E=\chi E\,[\mathrm{C/m^2}]$

여기서, $\chi=\varepsilon_0(\varepsilon_s-1)$: 분극률

답 ②

075

핵심이론 찾아보기▶핵심 04-5

산업 19년 출제

비유전율 $\varepsilon_r=5$인 유전체 내의 한 점에서 전계의 세기가 10^4[V/m]라면, 이 점의 분극의 세기는 약 몇 [C/m^2]인가?

① 3.5×10^{-7} ② 4.3×10^{-7} ③ 3.5×10^{-11} ④ 4.3×10^{-11}

해설 **분극의 세기**

$P=\varepsilon_0(\varepsilon_r-1)E=8.855\times10^{-12}\times(5-1)\times10^4=3.5\times10^{-7}[\mathrm{C/m^2}]$

답 ①

076

핵심이론 찾아보기▶핵심 04-5

산업 12·04·83년 출제

비유전율 $\varepsilon_s=5$인 등방 유전체의 한 점에서 전계의 세기가 $E=10^4$[V/m]일 때, 이 점의 분극률 χ[F/m]는?

① $\frac{10^{-9}}{9\pi}$ ② $\frac{10^{-9}}{18\pi}$

③ $\frac{10^{-9}}{27\pi}$ ④ $\frac{10^{-9}}{36\pi}$

해설 **분극의 세기**

$\boldsymbol{P}=\boldsymbol{D}-\varepsilon_0\boldsymbol{E}=\varepsilon_0(\varepsilon_s-1)\boldsymbol{E}=\chi\boldsymbol{E}$

$\boldsymbol{P}=\varepsilon_0(\varepsilon_s-1)\boldsymbol{E}=\chi\boldsymbol{E}[\mathrm{C/m^2}]$

$\therefore\ \chi=\frac{\boldsymbol{P}}{\boldsymbol{E}}=\varepsilon_0(\varepsilon_s-1)=\frac{10^{-9}}{36\pi}\times(5-1)=\frac{10^{-9}}{9\pi}[\mathrm{F/m}]$

답 ①

077

핵심이론 찾아보기▶핵심 04-6

기사 09년 / 산업 01·98·90년 출제

그림과 같이 상이한 유전체 ε_1, ε_2의 경계면에서 성립되는 관계로 옳은 것은?

① 전속의 법선성분이 같고, 전계의 법선성분이 같다.
② 전속의 법선성분이 같고, 전계의 접선성분이 같다.
③ 전속의 접선성분이 같고, 전계의 접선성분이 같다.
④ 전속의 접선성분이 같고, 전계의 법선성분이 같다.

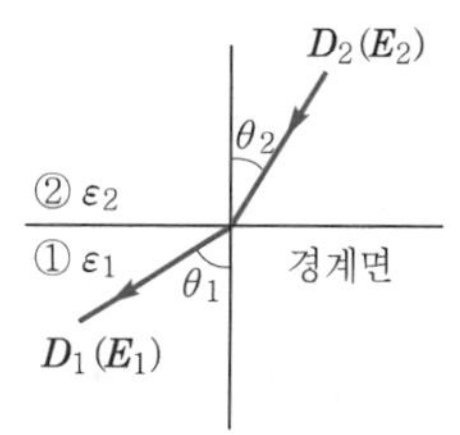

해설 **유전체의 경계면 조건**

$\boldsymbol{E}_1 \sin\theta_1 = \boldsymbol{E}_2 \sin\theta_2$, $\boldsymbol{D}_1 \cos\theta_1 = \boldsymbol{D}_2 \cos\theta_2$

$\dfrac{\tan\theta_1}{\tan\theta_2} = \dfrac{\varepsilon_1}{\varepsilon_2}$

- 전속밀도는 경계면에서 법선성분이 같다.
- 전계는 경계면에서 접선성분이 같다.

답 ②

078

핵심이론 찾아보기▶핵심 04-6

산업 18년 출제

두 유전체의 경계면에서 정전계가 만족하는 것은?

① 전계의 법선성분이 같다.
② 전계의 접선성분이 같다.
③ 전속밀도의 접선성분이 같다.
④ 분극 세기의 접선성분이 같다.

해설 유전체의 유전율 값이 서로 다른 경우에 전계의 세기와 전속밀도는 경계면에서 다음과 같은 조건이 성립된다.

- 전계는 경계면에서 수평성분(=접선성분)이 서로 같다.
- 전속밀도는 경계면에서 수직성분(=법선성분)이 서로 같다.

답 ②

079

핵심이론 찾아보기▶핵심 04-6

산업 19년 출제

두 유전체가 접했을 때 $\dfrac{\tan\theta_1}{\tan\theta_2} = \dfrac{\varepsilon_1}{\varepsilon_2}$의 관계식에서 $\theta_1 = 0°$일 때의 표현으로 틀린 것은?

① 전속밀도는 불변이다.
② 전기력선은 굴절하지 않는다.
③ 전계는 불연속적으로 변한다.
④ 전기력선은 유전율이 큰 쪽에 모여진다.

해설 $\theta_1 = 0°$, 즉 전계가 경계면에 수직일 때

- 입사각 $\theta_1 = 0$, 굴절각 $\theta_2 = 0$: 굴절하지 않는다.
- $D_1 \cos\theta_1 = D_2 \cos\theta_2$, $D_1 = D_2$: 전속밀도는 불변(연속)이다.
- $E_1 \sin\theta_1 = E_2 \sin\theta_2$, $E_1 \neq E_2$: 전계는 불연속이다.
- 전속은 유전율이 큰 쪽으로 모이려는 성질이 있고, 전기력선은 유전율이 작은 쪽으로 모인다.

답 ④

080

핵심이론 찾아보기▶핵심 04-6

산업 05·91·85년 출제

종류가 다른 두 유전체 경계면에 전하 분포가 다를 때, 경계면에서 정전계가 만족하는 것은?

① 전계의 법선성분이 같다.
② 전속선은 유전율이 큰 곳으로 모인다.
③ 전속밀도의 접선성분이 같다.
④ 경계면상의 두 점간의 전위차가 다르다.

해설 전속선은 유전율이 큰 유전체로 모이는 성질이 있다.

답 ②

081

핵심이론 찾아보기▶핵심 04-7

기사 18·16·15·92·91·90년 / 산업 16·15·14·94·90년 출제

$\varepsilon_1 > \varepsilon_2$의 유전체 경계면에 전계가 수직으로 입사할 때, 경계면에 작용하는 힘과 방향에 대한 설명이 옳은 것은?

① $f = \dfrac{1}{2}\left(\dfrac{1}{\varepsilon_2} - \dfrac{1}{\varepsilon_1}\right)D^2$의 힘이 ε_1에서 ε_2로 작용
② $f = \dfrac{1}{2}\left(\dfrac{1}{\varepsilon_1} - \dfrac{1}{\varepsilon_2}\right)E^2$의 힘이 ε_2에서 ε_1으로 작용
③ $f = \dfrac{1}{2}(\varepsilon_2 - \varepsilon_1)D^2$의 힘이 ε_1에서 ε_2로 작용
④ $f = \dfrac{1}{2}(\varepsilon_1 - \varepsilon_2)D^2$의 힘이 ε_2에서 ε_1으로 작용

해설 전계가 경계면에 수직이므로 $f = \dfrac{1}{2}(E_2 - E_1)D = \dfrac{1}{2}\left(\dfrac{1}{\varepsilon_2} - \dfrac{1}{\varepsilon_1}\right)D^2[\mathrm{N/m^2}]$인 인장응력이 작용한다.
$\varepsilon_1 > \varepsilon_2$이므로 ε_1에서 ε_2로 작용한다.

답 ①

082

핵심이론 찾아보기▶핵심 04-8

산업 20년 출제

패러데이관의 밀도와 전속밀도는 어떠한 관계인가?

① 동일하다.
② 패러데이관의 밀도가 항상 높다.
③ 전속밀도가 항상 높다.
④ 항상 틀리다.

해설 유전체 중에 전속으로 이루어진 관을 전기력관(tube of electric force)이라 하고, 단위 정전하와 부전하를 연결한 관을 패러데이관(Faraday tube)이라 하며 다음과 같은 성질이 있다.
㉠ 패러데이관 양단에 정·부의 단위 전하가 있다.
㉡ 진전하가 없는 점에서 패러데이관은 연속이다.
㉢ 패러데이관의 밀도는 전속밀도와 같다.

답 ①

083 핵심이론 찾아보기▶핵심 04-9

산업 80년 출제

단절연된 절연 케이블이 있다. 심선과 외피를 절연시키는 유전체의 유전율이 각각 ε_1, ε_2, ε_3일 때, 절연 효과를 높이기 위하여 중심에서부터 채워야 되는 순서가 맞는 것을 고르면? (단, $\varepsilon_1 > \varepsilon_2 > \varepsilon_3$이다.)

① ε_1, ε_2, ε_3　② ε_2, ε_1, ε_3　③ ε_3, ε_2, ε_1　④ ε_1, ε_3, ε_2

해설 단절연 효과를 높이기 위해서 중심(심선)에 가까울수록 유전율이 큰 물질을 채워야 한다.

답 ①

084 핵심이론 찾아보기▶핵심 05-1

산업 16년 출제

점전하 $+Q$의 무한 평면도체에 대한 영상전하는?

① $+Q$　② $-Q$　③ $+2Q$　④ $-2Q$

해설 영상전하 $Q' = -Q$[C]

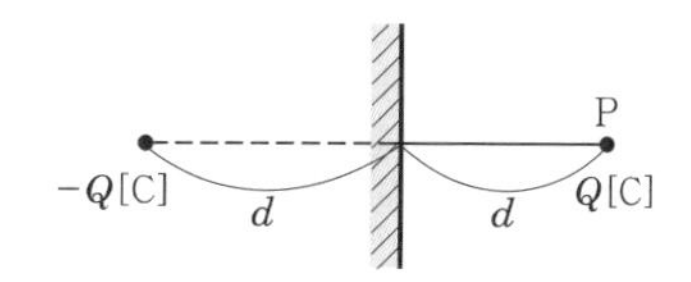

답 ②

085 핵심이론 찾아보기▶핵심 05-1

산업 22년 출제

접지된 구도체와 점전하 간에 작용하는 힘은?

① 항상 흡인력이다.　② 항상 반발력이다.
③ 조건적 흡인력이다.　④ 조건적 반발력이다.

해설 점전하가 Q[C]일 때 접지 구도체의 영상전하 $Q' = -\frac{a}{d}Q$[C]으로 이종의 전하 사이에 작용하는 힘으로 쿨롱의 법칙에서 항상 흡인력이 작용한다.

답 ①

086 핵심이론 찾아보기▶핵심 05-1

산업 18년 출제

공기 중에서 무한 평면도체로부터 수직으로 10^{-10}[m] 떨어진 점에 한 개의 전자가 있다. 이 전자에 작용하는 힘은 약 몇 [N]인가? (단, 전자의 전하량은 -1.602×10^{-19}[C]이다.)

① 5.77×10^{-9}　② 1.602×10^{-9}
③ 5.77×10^{-19}　④ 1.602×10^{-19}

해설 전기영상법에 의해 전자에 작용하는 힘

$$F = \frac{Q^2}{16\pi\varepsilon_0 r^2}\text{[N]}$$

$$\therefore F = \frac{(-1.602\times10^{-19})^2}{16\times3.14\times8.855\times10^{-12}\times(10^{-10})^2} = 5.77\times10^{-9}\text{[N]}$$

답 ①

087

핵심이론 찾아보기▶핵심 05-1 산업 15년 출제

접지된 무한히 넓은 평면도체로부터 a[m] 떨어져 있는 공간에 Q[C]의 점전하가 놓여 있을 때, 그림 P점의 전위는 몇 [V]인가?

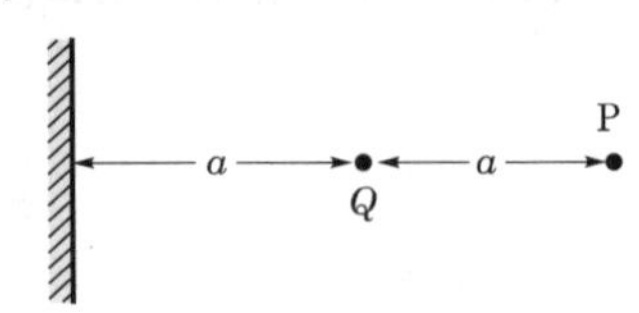

① $\dfrac{Q}{8\pi\varepsilon_0 a}$ ② $\dfrac{Q}{6\pi\varepsilon_0 a}$ ③ $\dfrac{3Q}{4\pi\varepsilon_0 a}$ ④ $\dfrac{Q}{2\pi\varepsilon_0 a}$

해설 P점의 전위

-Q[C] +Q[C] P

$$V_P = \frac{Q}{4\pi\varepsilon_0 a} - \frac{Q}{4\pi\varepsilon_0(3a)} = \frac{2Q}{12\pi\varepsilon_0 a} = \frac{Q}{6\pi\varepsilon_0 a}\,[\text{V}]$$

답 ②

088

핵심이론 찾아보기▶핵심 05-1 기사 82년 / 산업 22·13·92·82년 출제

무한 평면도체로부터 거리 a[m]인 곳에 점전하 Q[C]이 있을 때, 이 무한 평면도체 표면에 유도되는 면밀도가 최대인 점의 전하밀도는 몇 [C/m^2]인가?

① $-\dfrac{Q}{2\pi a^2}$ ② $-\dfrac{Q^2}{4\pi a^2}$ ③ $-\dfrac{Q}{\pi a^2}$ ④ 0

해설 최대전하밀도

$$\rho_{s\max} = -\frac{Q}{2\pi a^2}\,[\text{C/m}^2]$$

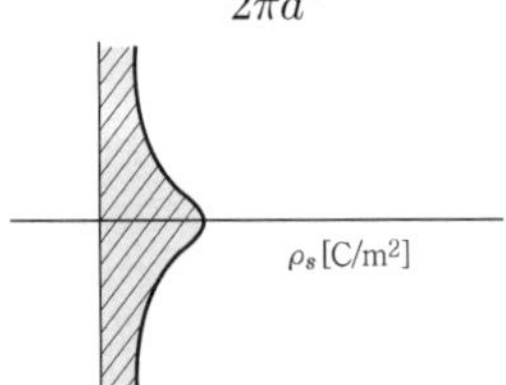

답 ①

089

핵심이론 찾아보기▶핵심 05-2 기사 07·99·96·89년 / 산업 14년 출제

대지면에 높이 h[m]로 평행 가설된 매우 긴 선전하(선전하밀도[C/m])가 지면으로부터 받는 힘[N/m]은?

① h에 비례한다. ② h에 반비례한다.
③ h^2에 비례한다. ④ h^2에 반비례한다.

해설 $$f = -\rho \boldsymbol{E} = -\rho \cdot \frac{\rho}{2\pi\varepsilon_0(2h)} = -\frac{\rho^2}{4\pi\varepsilon_0 h}\,[\text{N/m}] \propto \frac{1}{h}$$

답 ②

090

핵심이론 찾아보기▶핵심 05-3 기사 19년 / 산업 14·09년 출제

접지된 구도체와 점전하 간에 작용하는 힘은?

① 항상 흡인력이다. ② 항상 반발력이다.
③ 조건적 흡인력이다. ④ 조건적 반발력이다.

해설 점전하가 Q[C]일 때 접지 구도체의 영상전하 $Q' = -\frac{a}{d}Q$[C] 으로 이종의 전하 사이에 작용하는 힘으로 쿨롱의 법칙에서 항상 흡인력이 작용한다.

답 ①

091

핵심이론 찾아보기▶핵심 05-3 산업 21·18년 출제

반지름 a[m]인 접지 도체구의 중심에서 r[m] 되는 거리에 점전하 Q[C]을 놓았을 때 도체구에 유도된 총 전하는 몇 [C]인가?

① 0 ② $-Q$ ③ $-\frac{a}{r}Q$ ④ $-\frac{r}{a}Q$

해설

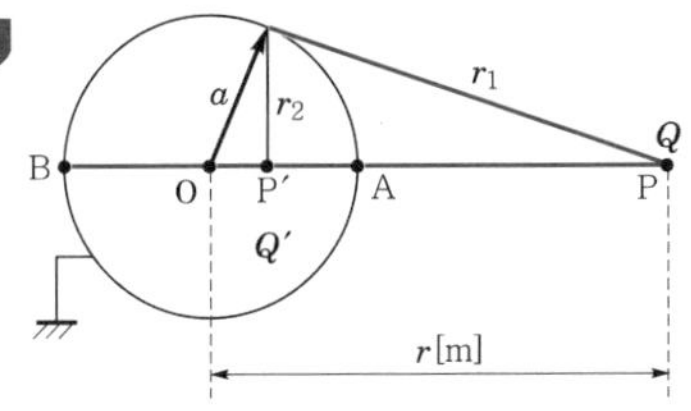

영상점 P′ 의 위치는 $\mathrm{OP'} = \frac{a^2}{r}$[m]

영상전하의 크기는 $\therefore\ Q' = -\frac{a}{r}Q$[C]

답 ③

092

핵심이론 찾아보기▶핵심 05-3 산업 02·01·97년 출제

반지름 a인 접지 도체구의 중심에서 $d > a$ 되는 곳에 점전하 Q가 있다. 구도체에 유기되는 영상전하 및 그 위치(중심에서의 거리)는 각각 얼마인가?

① $+\frac{a}{d}Q$이며 $\frac{a^2}{d}$이다.

② $-\frac{a}{d}Q$이며 $\frac{a^2}{d}$이다.

③ $+\frac{d}{a}Q$이며 $\frac{d^2}{a}$이다.

④ $+\frac{d}{d}Q$이며 $\frac{d^2}{a}$이다.

해설 접지 구도체와 점전하의 영상전하의 크기 $Q = -\frac{a}{d}Q$[C], 영상전하의 위치는 구 중심에서 $\frac{a^2}{d}$ 인 점이다.

답 ②

093 핵심이론 찾아보기▶핵심 05-3

산업 83·82년 출제

그림과 같이 접지된 반지름 a[m]의 도체구 중심 O에서 d[m] 떨어진 A에 Q[C]의 점전하가 존재할 때, A′점에 Q'의 영상전하(image charge)를 생각하면 구도체와 점전하 간에 작용하는 힘[N]은?

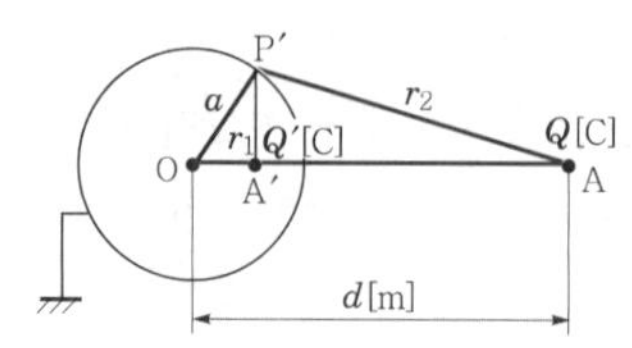

① $F=\dfrac{QQ'}{4\pi\varepsilon_0\left(\dfrac{d^2-a^2}{d}\right)}$

② $F=\dfrac{QQ'}{4\pi\varepsilon_0\left(\dfrac{d}{d^2-a^2}\right)}$

③ $F=\dfrac{QQ'}{4\pi\varepsilon_0\left(\dfrac{d^2+a^2}{d}\right)^2}$

④ $F=\dfrac{QQ'}{4\pi\varepsilon_0\left(\dfrac{d^2-a^2}{d}\right)^2}$

해설

$$F=\frac{Q\cdot Q'}{4\pi\varepsilon_0\left(d-\dfrac{a^2}{d}\right)^2}=\frac{Q\left(-\dfrac{a}{d}Q\right)}{4\pi\varepsilon_0\left(\dfrac{d^2-a^2}{d}\right)^2}=\frac{-adQ^2}{4\pi\varepsilon_0(d^2-a^2)^2}\text{[N] (흡인력)}$$

답 ④

094 핵심이론 찾아보기▶핵심 06-1

산업 19·16년 출제

직류 500[V]의 절연저항계로 절연저항을 측정하니 2[MΩ]이 되었다면 누설전류[μA]는?

① 25　② 250　③ 1,000　④ 1,250

해설 누설전류

$$I=\frac{V}{R}=\frac{500}{2\times10^6}\times10^{-6}=250[\mu\text{A}]$$

답 ②

095 핵심이론 찾아보기▶핵심 06-1

산업 22년 출제

내압이 1[kV]이고 용량이 각각 0.01[μF], 0.02[μF], 0.04[μF]인 콘덴서를 직렬로 연결했을 때 전체 콘덴서의 내압은 몇 [V]인가?

① 1,750　② 2,000　③ 3,500　④ 4,000

해설 각 콘덴서에 가해지는 전압을 V_1, V_2, V_3[V]라 하면

$$V_1 : V_2 : V_3=\frac{1}{0.01}:\frac{1}{0.02}:\frac{1}{0.04}=4:2:1$$

$\therefore\ V_1=1{,}000$[V]

$V_2=1{,}000\times\dfrac{2}{4}=500$[V]

$V_3=1{,}000\times\dfrac{1}{4}=250$[V]

$\therefore$ 전체 내압 : $V=V_1+V_2+V_3=1{,}000+500+250=1{,}750$[V]

답 ①

096 핵심이론 찾아보기▶핵심 06-2

산업 16년 출제

도체의 저항에 관한 설명으로 옳은 것은?

① 도체의 단면적에 비례한다.
② 도체의 길이에 반비례한다.
③ 저항률이 클수록 저항은 적어진다.
④ 온도가 올라가면 저항값이 감소한다.

해설 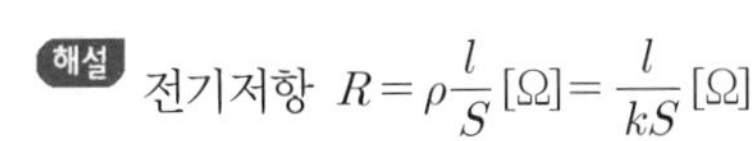
전기저항 $R=\rho\frac{l}{S}[\Omega]=\frac{l}{kS}[\Omega]$
즉, 전기저항은 고유저항과 길이에 비례하고 단면적에 반비례한다.
또한 전기저항은 고유저항에 비례하고 도전율(저항률)에 반비례한다.

답 ③

097 핵심이론 찾아보기▶핵심 06-2

산업 17년 출제

도전율의 단위로 옳은 것은?

① [m/Ω] ② [Ω/m²] ③ [1/℧ · m] ④ [℧/m]

해설 전기저항 $R=\rho\frac{l}{S}=\frac{l}{kS}[\Omega]$
여기서, ρ : 고유저항, k : 도전율
$\therefore\ k=\frac{l}{R\cdot S}[\mathrm{m/\Omega\cdot m^2=1/\Omega\cdot m=℧/m}]$

답 ④

098 핵심이론 찾아보기▶핵심 06-2

산업 18·15년 출제

금속 도체의 전기저항은 일반적으로 온도와 어떤 관계인가?

① 전기저항은 온도의 변화에 무관하다.
② 전기저항은 온도의 변화에 대해 정특성을 갖는다.
③ 전기저항은 온도의 변화에 대해 부특성을 갖는다.
④ 금속 도체의 종류에 따라 전기저항의 온도 특성은 일관성이 없다.

해설 **온도 변화 후의 저항**
$Rt=R_0(1+\alpha t)[\Omega]$
∴ 금속 도체의 전기저항은 온도가 상승하면 전기저항은 증가된다.

답 ②

099 핵심이론 찾아보기▶핵심 06-3

산업 16년 출제

대지 중의 두 전극 사이에 있는 어떤 점의 전계의 세기가 6[V/cm], 지면의 도전율이 10^{-4}[℧/cm]일 때 이 점의 전류밀도는 몇 [A/cm²]인가?

① 6×10^{-4} ② 6×10^{-3} ③ 6×10^{-2} ④ 6×10^{-1}

해설 $J=kE=10^{-4}\times6=6\times10^{-4}[\mathrm{A/cm^2}]$

답 ①

100

핵심이론 찾아보기▶핵심 06-3

산업 15년 출제

대기 중의 두 전극 사이에 있는 어떤 점의 전계의 세기가 $E=3.5$[V/cm], 지면의 도전율이 $k=10^{-4}$[℧/m]일 때, 이 점의 전류밀도[A/m²]는?

① 1.5×10^{-2} ② 2.5×10^{-2} ③ 3.5×10^{-2} ④ 4.5×10^{-2}

해설 $J=kE=10^{-4}\times3.5\times10^{2}=3.5\times10^{-2}$[A/m²]

답 ③

101

핵심이론 찾아보기▶핵심 06-4

산업 19년 출제

10^6[cal]의 열량은 약 몇 [kWh]의 전력량인가?

① 0.06 ② 1.16 ③ 2.27 ④ 4.17

해설 1[kWh]=860[kcal]

$1[\text{kcal}]=\dfrac{1}{860}[\text{kWh}]$

$10^6[\text{cal}]=10^3[\text{kcal}]=\dfrac{10^3}{860}=1.16[\text{kWh}]$

답 ②

102

핵심이론 찾아보기▶핵심 06-5

산업 01·98년 출제

콘덴서 사이의 유전율 ε, 도전율 k인 도전성 물질이 있을 때, 정전용량 C와 컨덕턴스 G는 어떤 관계에 있는가?

① $\dfrac{C}{G}=\dfrac{k}{\varepsilon}$ ② $\dfrac{C}{G}=\dfrac{\varepsilon}{k}$ ③ $CG=\varepsilon k$ ④ $\dfrac{C}{G}=\varepsilon k$

해설 정전계와 도체계의 관계식

$R\cdot C=\rho\cdot\varepsilon,\ \dfrac{C}{G}=\dfrac{\varepsilon}{k}$

콘덴서의 저항 $R=\rho\dfrac{d}{S}=\dfrac{d}{kS}[\Omega]$

콘덴서의 정전용량 $C=\dfrac{\varepsilon S}{d}$[F]이므로 $RC=\dfrac{d}{kS}\times\dfrac{\varepsilon S}{d}=\dfrac{\varepsilon}{k}=\rho\varepsilon$

$\therefore\ RC=\rho\varepsilon$ 또는 $\dfrac{C}{G}=\dfrac{\varepsilon}{k}\left(\because R=\dfrac{1}{G},\ \rho=\dfrac{1}{k}\right)$

답 ②

103

핵심이론 찾아보기▶핵심 06-5

산업 05년 출제

반지름 a[m]인 반구도체를 유전율 ε, 고유저항 ρ인 대지에 접지할 경우의 도체와 대지 간의 저항은 몇 [Ω]인가?

① $\dfrac{\rho}{4\pi a^2}$ ② $\dfrac{\rho}{4\pi a}$ ③ $\dfrac{\rho}{2\pi a^2}$ ④ $\dfrac{\rho}{2\pi a}$

해설 정전계와 도체계의 관계식

$RC=\rho\varepsilon$

구의 정전용량 $C=4\pi\varepsilon a$[F]

반지름 a[m]인 구의 정전용량은 $4\pi\varepsilon a$[F]이므로 반구의 정전용량 C는 $C=2\pi\varepsilon a$[F]이다.

$RC=\rho\varepsilon$

$\therefore\ R=\dfrac{\rho\varepsilon}{C}=\dfrac{\rho\varepsilon}{2\pi\varepsilon a}=\dfrac{\rho}{2\pi a}[\Omega]$

답 ④

104

핵심이론 찾아보기▶핵심 06-5

기사 99·89년 / 산업 21·11·99·94년 출제

액체 유전체를 넣은 콘덴서의 용량이 20[μF]이다. 여기에 500[kV]의 전압을 가하면 누설전류 [A]는? (단, 비유전율 $\varepsilon_s=2.2$, 고유저항 $\rho=10^{11}$[Ω]이다.)

① 4.2 ② 5.13

③ 54.5 ④ 61

해설 정전계와 도체계의 관계식

$R\cdot C=\rho\cdot\varepsilon,\ \dfrac{C}{G}=\dfrac{\varepsilon}{k}$

$RC=\rho\varepsilon$에서 $R=\dfrac{\rho\varepsilon}{C}$이므로

$I=\dfrac{V}{R}=\dfrac{CV}{\rho\varepsilon}=\dfrac{CV}{\rho\varepsilon_0\varepsilon_s}=\dfrac{20\times10^{-6}\times500\times10^{3}}{10^{11}\times8.855\times10^{-12}\times2.2}=5.13[\text{A}]$

답 ②

105

핵심이론 찾아보기▶핵심 06-5

기사 04년 / 산업 92년 출제

내경이 2[cm], 외경이 3[cm]인 동심구도체 간에 고유저항이 1.884×10^2[Ω·m]인 저항 물질로 채워져 있는 경우, 내·외구 간의 합성 저항은 몇 [Ω] 정도 되겠는가?

① 2.5 ② 5

③ 250 ④ 500

해설 정전계와 도체계의 관계식

$RC=\rho\varepsilon$

동심구의 정전용량 $C=\dfrac{4\pi\varepsilon}{\dfrac{1}{a}-\dfrac{1}{b}}$[F]

$$R=\frac{\rho\varepsilon}{C}=\frac{\rho\varepsilon}{\dfrac{4\pi\varepsilon}{\dfrac{1}{a}-\dfrac{1}{b}}}=\frac{\rho}{4\pi}\left(\frac{1}{a}-\frac{1}{b}\right)$$

$$=\frac{1.884\times10^2}{4\pi}\times\left(\frac{1}{2\times10^{-2}}-\frac{1}{3\times10^{-2}}\right)=250[\Omega]$$

답 ③

106

핵심이론 찾아보기▶핵심 06-5

산업 00년 출제

길이 l 인 동축원통에서 내부 원통의 반지름 a, 외부 원통의 안반지름 b, 바깥 반지름 c 이고, 내 · 외 원통 간에 저항률 ρ 인 물질로 채워져 있다. 도체 간의 저항[Ω]은 얼마인가? (단, 도체 자체의 저항은 0으로 한다.)

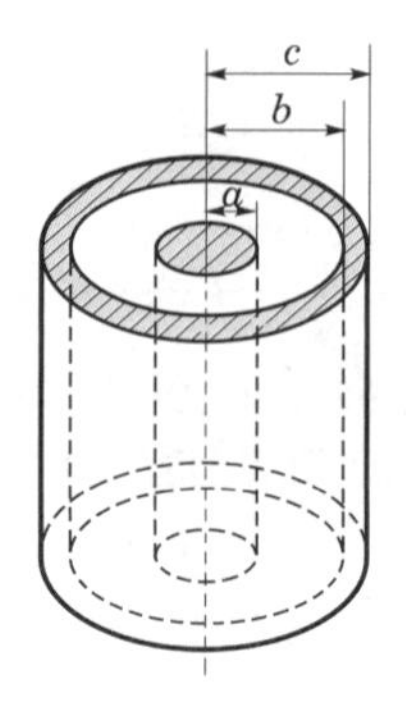

① $\dfrac{\rho}{\pi l}\log_{10}\dfrac{b}{a}$　② $\dfrac{\rho}{2\pi l}\log_{10}\dfrac{b}{a}$　③ $\dfrac{\rho}{\pi l}\log_e\dfrac{b}{a}$　④ $\dfrac{\rho}{2\pi l}\log_e\dfrac{b}{a}$

해설 **정전계와 도체계의 관계식**

$RC=\rho\varepsilon$

동축원통의 정전용량 $C=\dfrac{2\pi\varepsilon l}{\ln\dfrac{b}{a}}$[F]

$$R=\frac{\rho\varepsilon}{C}=\frac{\rho\varepsilon}{\dfrac{2\pi\varepsilon l}{\ln\dfrac{b}{a}}}=\frac{\rho}{2\pi l}\ln\frac{b}{a}=\frac{\rho}{2\pi l}\log_e\frac{b}{a}\,[\Omega]$$

답 ④

107

핵심이론 찾아보기▶핵심 06-6

산업 17년 출제

제벡(Seebeck)효과를 이용한 것은?

① 광전지　② 열전대　③ 전자 냉동　④ 수정 발진기

해설 **제벡효과**

서로 다른 두 금속 A, B를 접속하고 다른 쪽에 전압계를 연결하여 접속부를 가열하면 전압이 발생하는 것을 알 수 있다. 이와 같이 서로 다른 금속을 접속하고 접속점을 서로 다른 온도를 유지하면 기전력이 생겨 일정한 방향으로 전류가 흐른다. 이러한 현상을 제벡효과(Seebeck effect)라 한다. 즉, 온도차에 의한 열기전력 발생을 말한다.

답 ②

108

핵심이론 찾아보기▶핵심 06-6

산업 15년 출제

두 종류의 금속 접합면에 전류를 흘리면 접속점에서 열의 흡수 또는 발생이 일어나는 현상은?

① 제벡효과　② 펠티에효과　③ 톰슨효과　④ 코일의 상대 위치

해설 펠티에효과는 두 종류의 금속으로 폐회로를 만들어 전류를 흘리면 두 접속점에서 열이 흡수(온도 강하)되거나 발생(온도 상승)하는 현상이다.

답 ②

109

핵심이론 찾아보기▶핵심 06-6

산업 22년 출제

동일한 금속 도선의 두 점 사이에 온도차를 주고 전류를 흘렸을 때 열의 발생 또는 흡수가 일어나는 현상은?

① 펠티에(Peltier)효과
② 볼타(Volta)효과
③ 제백(Seebeck)효과
④ 톰슨(Thomson)효과

해설 톰슨(Thomson)효과는 동일 금속선의 두 점 사이에 온도차를 주고 전류를 흘리면 열의 발생과 흡수가 일어나는 현상을 말한다.

답 ④

110

핵심이론 찾아보기▶핵심 06-6

산업 18년 출제

다음이 설명하고 있는 것은?

> 수정, 로셀염 등에 열을 가하면 분극을 일으켜 한쪽 끝에 양(+) 전기, 다른 쪽 끝에 음(−) 전기가 나타나며, 냉각할 때에는 역분극이 생긴다.

① 강유전성
② 압전기 현상
③ 파이로(Pyro) 전기
④ 톰슨(Thomson)효과

해설 압전 현상을 일으키는 수정, 전기석, 로셀염, 티탄산바륨의 결정은 가열하면 분극이 생기고, 냉각하면 그 반대 극성의 분극이 생기는 현상이 있다. 이 전기를 파이로 전기(Pyro electricity)라고 한다.

답 ③

111

핵심이론 찾아보기▶핵심 06-6

산업 17년 출제

기계적인 변형력을 가할 때, 결정체의 표면에 전위차가 발생되는 현상은?

① 볼타효과
② 전계효과
③ 압전효과
④ 파이로 효과

해설 **압전효과**
유전체 결정에 기계적 변형을 가하면 결정 표면에 양, 음의 전하가 나타나서 대전한다. 또 반대로 이들 결정을 전장 안에 놓으면 결정 속에서 기계적 변형이 생긴다. 이와 같은 현상을 압전기 현상이라 한다.

답 ③

112

핵심이론 찾아보기▶핵심 07-1

산업 95년 출제

10^{-5}[Wb]와 1.2×10^{-5}[Wb]의 점자극을 공기 중에서 2[cm] 거리에 놓았을 때, 극 간에 작용하는 힘은 몇 [N]인가?

① 1.9×10^{-2}
② 1.9×10^{-3}
③ 3.8×10^{-3}
④ 3.8×10^{-4}

해설 $$F=\frac{m_1m_2}{4\pi\mu_0r^2}=6.33\times10^4\times\frac{m_1m_2}{r^2}=6.33\times10^4\times\frac{10^{-5}\times1.2\times10^{-5}}{(2\times10^{-2})^2}=1.9\times10^{-2}[\text{N}]$$

답 ①

113 핵심이론 찾아보기▶핵심 07-1

산업 13·83년 출제

그림과 같이 공기 중에서 1[m]의 거리를 사이에 둔 두 점 A, B에 각각 3×10^{-4}[Wb]와 -3×10^{-4}[Wb]의 점전하를 두었다. 이때, 점 P에 단위 플러스(+) 자극을 두었을 경우 이 극에 작용하는 힘의 합력[N]은? (단, $(\overline{AP})=(\overline{BP})$, $(\angle APB)=90°$이다.)

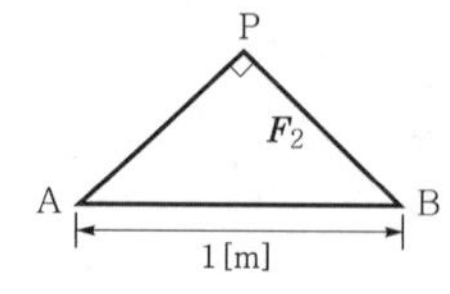

① 0
② 18.99
③ 37.98
④ 53.70

해설 $F_1 = F_2$이므로

$$F_1 = 6.33\times10^4 \times \frac{1\times3\times10^{-4}}{\left(\frac{1}{\sqrt{2}}\right)^2} = 12.66\times3 = 37.98[\text{N}]$$

$$\therefore\ F = 2F_1\cos45° = 2\times37.98\times\frac{1}{\sqrt{2}} \fallingdotseq 53.70[\text{N}]$$

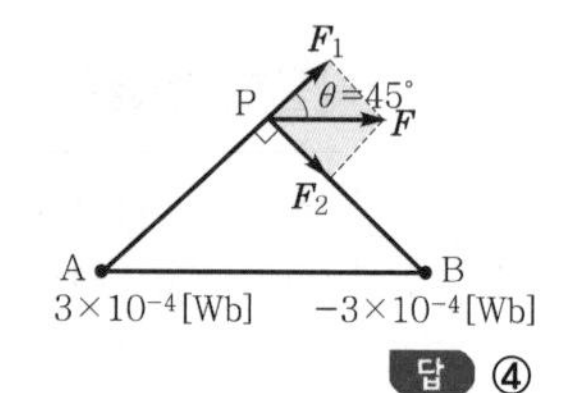

답 ④

114 핵심이론 찾아보기▶핵심 07-2

산업 19년 출제

자계의 세기를 표시하는 단위가 아닌 것은?

① [A/m]
② [Wb/m]
③ [N/Wb]
④ [AT/m]

해설 자계의 세기(H)

$$H = \frac{F}{m}\left[\frac{\text{N}}{\text{Wb}} = \frac{\text{Nm}}{\text{Wb}}\frac{1}{\text{m}} = \frac{\text{J}}{\text{Wb}}\frac{1}{\text{m}} = \frac{\text{A}}{\text{m}} = \frac{\text{AT}}{\text{m}}\right]$$

T(Turn)는 상수 개념이므로 사용할 수도, 생략할 수도 있다

답 ②

115 핵심이론 찾아보기▶핵심 07-2

산업 17년 출제

500[AT/m]의 자계 중에 어떤 자극을 놓았을 때 4×10^3[N]의 힘이 작용했다면 이때 자극의 세기는 몇 [Wb]인가?

① 2
② 4
③ 6
④ 8

해설 쿨롱의 법칙에 의해서 힘과 자계의 세기와의 관계

- $F = mH$[N]
- 자극의 세기 $m = \dfrac{F}{H} = \dfrac{4\times10^3}{500} = 8[\text{Wb}]$

답 ④

116

핵심이론 찾아보기▶핵심 07-2

산업 96·83·82년 출제

자극의 크기 m = 4[Wb]인 점자극으로부터 r = 4[m] 떨어진 점의 자계의 세기[AT/m]를 구하면?

① 7.9×10^3
② 6.3×10^4
③ 1.6×10^4
④ 1.3×10^3

해설 자계의 세기 $\boldsymbol{H}$는 단위 점자극(+1[Wb])에 작용하는 힘이므로 쿨롱의 법칙에 의해서

$$\boldsymbol{H}=\frac{\boldsymbol{F}}{m}=\frac{m}{4\pi\mu_0 r^2}=6.33\times10^4\times\frac{m}{r^2}=6.33\times10^4\times\frac{4}{4^2}=1.58\times10^4 \fallingdotseq 1.6\times10^4\,[\text{AT/m}]$$

답 ③

117

핵심이론 찾아보기▶핵심 07-2

산업 00년 출제

1,000[AT/m]의 자계 중에 어떤 자극을 놓았을 때, 3×10^2[N]의 힘을 받았다고 한다. 자극의 세기[Wb]는?

① 0.1
② 0.2
③ 0.3
④ 0.4

해설 $\boldsymbol{F}=m\boldsymbol{H}$[N]

$$\therefore\ m=\frac{\boldsymbol{F}}{\boldsymbol{H}}=\frac{3\times10^2}{1,000}=0.3\,[\text{Wb}]$$

답 ③

118

핵심이론 찾아보기▶핵심 07-3

산업 10·03·85년 출제

진공 중에서 4π[Wb]의 자하(磁荷)로부터 발산되는 총 자력선의 수는?

① 4π
② 10^7
③ $4\pi\times10^7$
④ $\dfrac{10^7}{4\pi}$

해설

$$\phi=\frac{m}{\mu_0}=\frac{4\pi}{\mu_0}=\frac{4\pi}{4\pi\times10^{-7}}=10^7\,[\text{개}]$$

답 ②

119

핵심이론 찾아보기▶핵심 07-4

산업 18년 출제

비투자율 μ_s, 자속밀도 B[Wb/m^2]인 자계 중에 있는 m[Wb]의 자극이 받는 힘[N]은?

① $\dfrac{Bm}{\mu_0\mu_s}$
② $\dfrac{Bm}{\mu_0}$
③ $\dfrac{\mu_0\mu_s}{Bm}$
④ $\dfrac{Bm}{\mu_s}$

해설

$$F=mH,\ B=\frac{\phi}{S}=\mu H=\mu_0\mu_s H\,[\text{Wb/m}^2]$$

$$\therefore\ F=mH=m\frac{B}{\mu_0\mu_s}=\frac{Bm}{\mu_0\mu_s}\,[\text{N}]$$

답 ①

120

핵심이론 찾아보기▶핵심 07-4

산업 19년 출제

공기 중 임의의 점에서 자계의 세기(H)가 20[AT/m]라면 자속밀도(B)는 약 몇 [Wb/m²]인가?

① 2.5×10^{-5}
② 3.5×10^{-5}
③ 4.5×10^{-5}
④ 5.5×10^{-5}

해설 자속밀도

$B=\mu_0 H=4\pi\times10^{-7}\times20=2.51\times10^{-5}$[Wb/m²]

답 ①

121

핵심이론 찾아보기▶핵심 07-5

산업 19년 출제

자위의 단위에 해당되는 것은?

① [A]
② [J/C]
③ [N/Wb]
④ [Gauss]

해설 자계와 자위의 관계

$U=H\times r$[A/m · m]=[A]

답 ①

122

핵심이론 찾아보기▶핵심 07-6

산업 22·15년 출제

자기 쌍극자에 의한 자위 U[A]에 해당되는 것은? (단, 자기 쌍극자의 자기 모멘트는 M[Wb · m], 쌍극자의 중심으로부터의 거리는 r[m], 쌍극자의 정방향과의 각도는 θ라 한다.)

① $6.33\times10^4\times\dfrac{M\sin\theta}{r^3}$
② $6.33\times10^4\times\dfrac{M\sin\theta}{r^2}$
③ $6.33\times10^4\times\dfrac{M\cos\theta}{r^3}$
④ $6.33\times10^4\times\dfrac{M\cos\theta}{r^2}$

해설 자위 $U=\dfrac{M}{4\pi\mu_0 r^2}\cos\theta=6.33\times10^4\times\dfrac{M\cos\theta}{r^2}$[A]

답 ④

123

핵심이론 찾아보기▶핵심 07-7

산업 17년 출제

자극의 세기가 8×10^{-6}[Wb]이고, 길이가 30[cm]인 막대자석을 120[AT/m] 평등자계 내에 자력선과 30°의 각도로 놓았다면 자석이 받는 회전력은 몇 [N · m]인가?

① 1.44×10^{-4}
② 1.44×10^{-5}
③ 2.88×10^{-4}
④ 2.88×10^{-5}

해설 자계 내에 막대자석이 받는 회전력

$T=MH\sin\theta=mlH\sin\theta=8\times10^{-6}\times0.3\times120\times\sin30°=1.44\times10^{-4}$[N · m]

답 ①

124

핵심이론 찾아보기▶핵심 07-7

산업 10·97·92년 출제

그림과 같이 균일한 자계의 세기 H[AT/m] 내에 자극의 세기가 $\pm m$ [Wb], 길이 l [m]인 막대자석을 그 중심 주위에 회전할 수 있도록 놓는다. 이때, 자석과 자계의 방향이 이룬 각을 θ라 하면 자석이 받는 회전력[N · m]은?

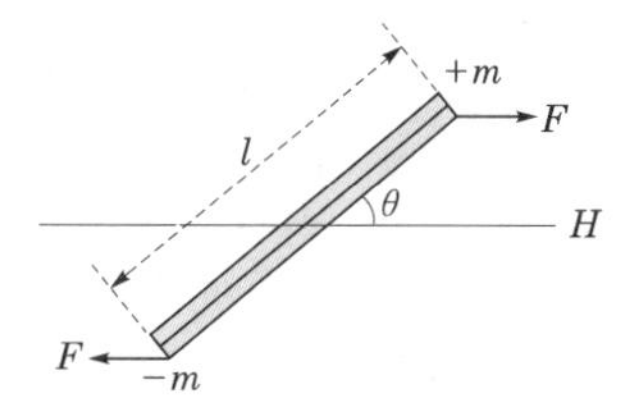

① $mHl\cos\theta$
② $mHl\sin\theta$
③ $2mHl\sin\theta$
④ $2mHl\tan\theta$

해설 미소 막대 자석의 회전력 $T = mlH\sin\theta$[N · m]
벡터화하면 $T = M \times H$[N · m]

답 ②

125

핵심이론 찾아보기▶핵심 07-8

산업 22·21·18년 출제

다음 중 전류에 의한 자계의 방향을 결정하는 법칙은?

① 렌츠의 법칙
② 플레밍의 왼손법칙
③ 플레밍의 오른손법칙
④ 앙페르의 오른나사법칙

해설 전류에 의한 자계의 방향은 앙페르의 오른나사법칙에 따르며 다음 그림과 같은 방향이다.

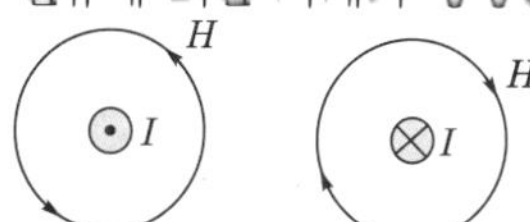

답 ④

126

핵심이론 찾아보기▶핵심 07-8

산업 99·96·83년 출제

전류 I[A]에 대한 점 P의 자계 H [A/m]의 방향이 옳게 표시된 것은? (단, ⊙ 및 ⊗는 자계의 방향 표시이다.)

①
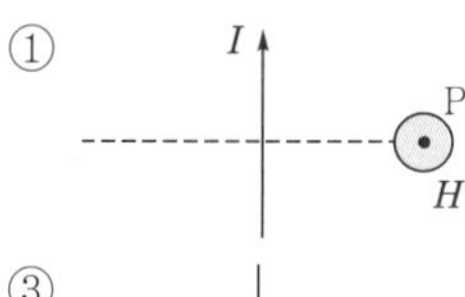

②
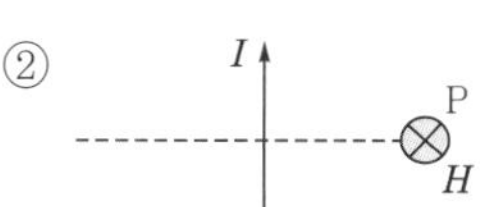

③
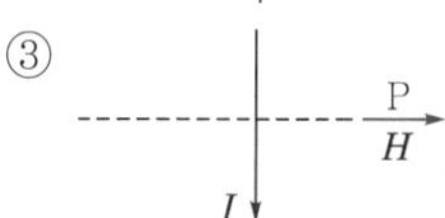

④
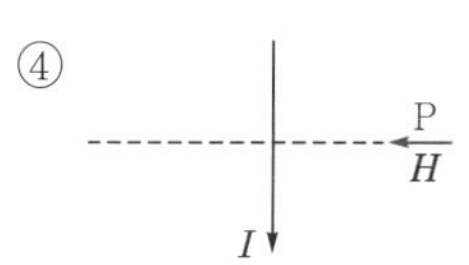

해설 앙페르의 오른나사법칙을 적용시켜 보면 P점의 자계는 지면을 들어가는 방향이다.

답 ②

127 핵심이론 찾아보기▶핵심 07-8

산업 15년 출제

전류와 자계 사이에 직접적인 관련이 없는 법칙은?

① 앙페르의 오른나사법칙
② 비오-사바르의 법칙
③ 플레밍의 왼손법칙
④ 쿨롱의 법칙

해설 ① 앙페르의 오른나사법칙 : 전류에 의한 자계의 방향 결정
② 비오-사바르의 법칙 : 전류에 의한 자계의 세기
③ 플레밍의 왼손법칙 : 자계 내에 전류 도선이 받는 힘의 방향
④ 쿨롱의 법칙 : 두 전하 사이에 작용하는 힘에 관한 법칙으로 전류와 자계 사이에는 직접적인 관련이 없다.

답 ④

128 핵심이론 찾아보기▶핵심 07-10

산업 16년 출제

전류가 흐르고 있는 무한 직선 도체로부터 2[m]만큼 떨어진 자유 공간 내 P점의 자계의 세기가 $\frac{4}{\pi}$[AT/m]일 때, 이 도체에 흐르는 전류는 몇 [A]인가?

① 2
② 4
③ 8
④ 16

해설 $H=\frac{I}{2\pi r}$[AT/m]

$\therefore I=2\pi r\cdot H$

$=2\pi\times 2\times\frac{4}{\pi}=16$[A]

답 ④

129 핵심이론 찾아보기▶핵심 07-10

기사 05·00년 / 산업 96년 출제

무한히 긴 직선 도체에 전류 I[A]를 흘릴 때, 이 전류로부터 d[m] 되는 점의 자속밀도는 몇 [Wb/m^2]인가?

① $\frac{\mu_0 I}{4\pi d}$
② $\frac{I}{2\pi\mu_0 d}$
③ $\frac{I}{2\pi d}$
④ $\frac{\mu_0 I}{2\pi d}$

해설
- 자계의 세기 : $\boldsymbol{H}=\frac{I}{2\pi r}$[AT/m]
- 자속밀도 : $\boldsymbol{B}=\mu_0 H$[Wb/m^2]

$\therefore \boldsymbol{B}=\mu_0 H=\frac{\mu_0 I}{2\pi d}$[Wb/m^2]

답 ④

130 핵심이론 찾아보기▶핵심 07-10

산업 19년 출제

그림과 같이 평행한 두 개의 무한 직선 도선에 전류가 각각 I, $2I$인 전류가 흐른다. 두 도선 사이의 점 P에서 자계의 세기가 0이다. 이때 $\frac{a}{b}$는?

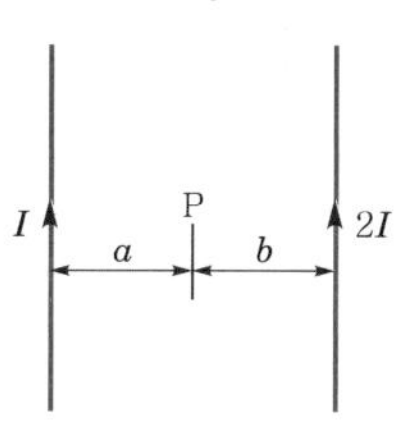

① 4　　② 2　　③ $\frac{1}{2}$　　④ $\frac{1}{4}$

해설

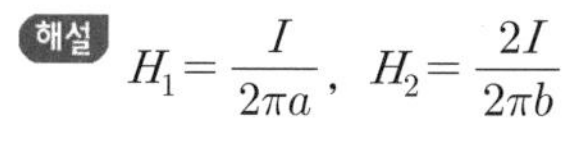
$H_1 = \frac{I}{2\pi a}$, $H_2 = \frac{2I}{2\pi b}$

$H_1 = H_2$일 때, 자계의 세기가 0일 때 $H_1 = H_2$이므로 $\frac{I}{2\pi a} = \frac{2I}{2\pi b}$

$\frac{1}{a} = \frac{2}{b} \rightarrow \frac{a}{b} = \frac{1}{2}$

답 ③

131 핵심이론 찾아보기▶핵심 07-10

산업 19년 출제

전류 2π[A]가 흐르고 있는 무한 직선 도체로부터 2[m]만큼 떨어진 자유 공간 내 P점의 자속밀도의 세기[Wb/m^2]는?

① $\frac{\mu_0}{8}$　　② $\frac{\mu_0}{4}$　　③ $\frac{\mu_0}{2}$　　④ μ_0

해설

- 자계의 세기 $H = \frac{I}{2\pi r} = \frac{2\pi}{2\pi \times 2} = \frac{1}{2}$[AT/m]
- 자속밀도의 세기 $B = \mu_0 H = \frac{\mu_0}{2}$[Wb/m^2]

답 ③

132 핵심이론 찾아보기▶핵심 07-10

산업 12·09·83·82·81년 출제

전전류 I[A]가 반지름 a[m]인 원주를 흐를 때, 원주 내부 중심에서 r [m] 떨어진 원주 내부의 점의 자계 세기[AT/m]는?

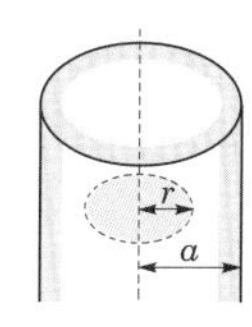

① $\frac{rI}{2\pi a^2}$　　② $\frac{I}{2\pi a^2}$　　③ $\frac{rI}{\pi a^2}$　　④ $\frac{I}{\pi a^2}$

해설 무한장 원통 전류의 자계의 세기

- 외부 : $H_o = \dfrac{I}{2\pi r}$ [A/m]
- 내부 : $H_i = \dfrac{rI}{2\pi a^2}$ [A/m]

그림에서 내부에 앙페르의 주회적분법칙을 적용하면 $2\pi r \cdot H_i = I \times \dfrac{\pi r^2}{\pi a^2}$

$\therefore\ H_i = \dfrac{Ir}{2\pi a^2}$ [AT/m]

답 ①

133

핵심이론 찾아보기▶핵심 07-10 산업 18년 출제

무한장 원주형 도체에 전류 I가 표면에만 흐른다면 원주 내부의 자계의 세기는 몇 [AT/m]인가? (단, r[m]는 원주의 반지름이고, N은 권선수이다.)

① 0 ② $\dfrac{NI}{2\pi r}$ ③ $\dfrac{I}{2r}$ ④ $\dfrac{I}{2\pi r}$

해설 전류가 원통 표면에만 있을 때는 쇄교하는 전류가 원통 내에서는 항상 0이 되기 때문에 자계의 세기는 $H=0$이 된다.

답 ①

134

핵심이론 찾아보기▶핵심 07-10 기사 02년 / 산업 06·95·87년 출제

환상 솔레노이드(solenoid) 내의 자계 세기[AT/m]는? (단, N은 코일의 감긴 수, a는 환상 솔레노이드의 평균 반지름이다.)

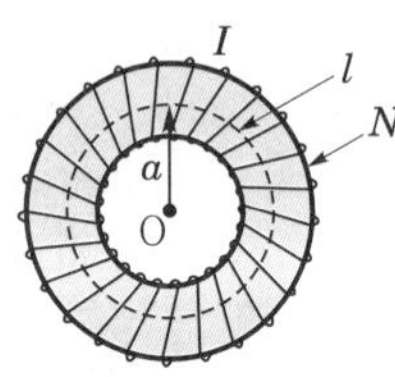

① $\dfrac{2\pi a}{NI}$ ② $\dfrac{NI}{2\pi a}$ ③ $\dfrac{NI}{\pi a}$ ④ $\dfrac{NI}{4\pi a}$

해설 위 그림과 같이 반지름 a[m]인 적분으로 잡고 앙페르의 주회적분법칙을 적용하면

$\oint \boldsymbol{H} \cdot dl = H \cdot 2\pi a = NI$

$\therefore\ H = \dfrac{NI}{2\pi a} = \dfrac{NI}{l} = n_0 I$ [AT/m]

여기서, N은 환상 솔레노이드의 권수이고, n_0는 단위길이당의 권수이다.

답 ②

135

핵심이론 찾아보기▶핵심 07-10 기사 13·00년 / 산업 04·02년 출제

같은 길이의 도선으로 M회와 N회 감은 원형 동심 코일에 각각 같은 전류를 흘릴 때, M회 감은 코일의 중심 자계는 N회 감은 코일의 몇 배인가?

① $\dfrac{N}{M}$ ② $\dfrac{N^2}{M^2}$ ③ $\dfrac{M}{N}$ ④ $\dfrac{M^2}{N^2}$

해설 원형 코일의 반지름 r, 권수 N_0, 전류 I라 하면 중심 자계의 세기 H는 $H=\frac{N_0 I}{2r}$[AT/m]

코일의 권수 M일 때 원형 코일의 반지름 r_1은 $2\pi r_1 M = l$에서 $r_1 = \frac{l}{2\pi M}$[M]

중심 자장의 세기 H_1은 $H_1 = \frac{MI}{2\frac{l}{2\pi M}} = \frac{\pi M^2 I}{l}$[AT/m]이고,

같은 방법으로 코일의 권수 N일 때의 중심 자장의 세기 H_2는 $H_2 = \frac{\pi N^2 I}{l}$[AT/m]

$$\frac{H_1}{H_2} = \frac{\frac{\pi M^2 I}{l}}{\frac{\pi N^2 l}{l}} = \frac{M^2}{N^2}[\text{배}]$$

답 ④

136

핵심이론 찾아보기▶핵심 07-10

산업 83·82·81년 출제

평균 반지름 50[cm]이고, 권수 100회인 환상 솔레노이드 내부의 자계가 200[AT/m]로 되도록 하기 위해서 코일에 흐르는 전류는 몇 [A]로 하여야 되는가?

① 6.28 ② 12.15 ③ 15.8 ④ 18.6

해설 $H=\frac{NI}{2\pi a}$[AT/m]

$\therefore I = \frac{2\pi a H}{N} = \frac{2\pi \times 0.5 \times 200}{100} = 6.28$[A]

답 ①

137

핵심이론 찾아보기▶핵심 07-10

산업 09·06·02년 출제

길이 1[cm]마다 권수 50을 가진 무한장 솔레노이드에 500[mA]의 전류를 흘릴 때, 내부 자계는 몇 [AT/m]인가?

① 1,250 ② 2,500 ③ 12,500 ④ 25,000

해설 **무한장 솔레노이드의 자계의 세기**

$\boldsymbol{H} = n_0 I$[AT/m]

단위길이당 권수 n_0[회/m]는 $n_0 = 50$[회/cm]$= 50 \times 100$[회/m]

$\therefore \boldsymbol{H} = n_0 I = 50 \times 100 \times 500 \times 10^{-3} = 2{,}500$[AT/m]

답 ②

138

핵심이론 찾아보기▶핵심 07-10

기사 12·09·04년 / 산업 11년 출제

무한장 솔레노이드에 전류가 흐를 때, 발생되는 자장에 관한 설명 중 옳은 것은?

① 내부 자장은 평등 자장이다. ② 외부와 내부 자장의 세기는 같다.
③ 외부 자장은 평등 자장이다. ④ 내부 자장의 세기는 0이다.

해설 무한장 솔레노이드의 내부 자계는 평등 자계이며, 그 크기는 $H_i = n_0 I$[AT/m] ($\because n_0$: 단위길이당 권수[회/m])이고 외부 자계는 $H_0 = 0$[AT/m]이다.)

답 ①

139 핵심이론 찾아보기▶핵심 07-12

산업 19년 출제

반지름 1[m]의 원형 코일에 1[A]의 전류가 흐를 때 중심점의 자계의 세기[AT/m]는?

① $\frac{1}{4}$ ② $\frac{1}{2}$ ③ 1 ④ 2

해설 **원형 코일 중심점의 자계의 세기(H)**

$$H=\frac{I}{2a}=\frac{1}{2\times1}=\frac{1}{2}\,[\text{AT/m}]$$

답 ②

140 핵심이론 찾아보기▶핵심 07-12

산업 96년 출제

전류 I[A]가 흐르는 반지름 a[m]인 원형 코일의 중심선상 x[m]인 점 P의 자계 세기[AT/m]는?

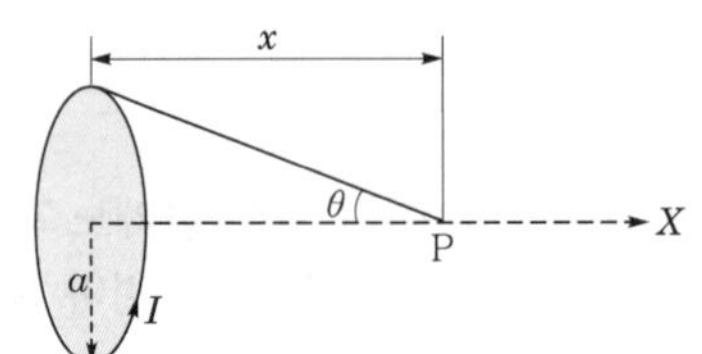

① $\frac{a^2 I}{2(a^2+x^2)}$ ② $\frac{a^2 I}{2(a^2+x^2)^{1/2}}$ ③ $\frac{a^2 I}{2(a^2+x^2)^2}$ ④ $\frac{a^2 I}{2(a^2+x^2)^{3/2}}$

해설
- 원형 전류 중심축상 자계의 세기 : $H=\frac{a^2 I}{2(a^2+x^2)^{\frac{3}{2}}}$ [AT/m]
- 원형 전류 중심에서의 자계의 세기 : $H_o=\frac{I}{2a}$ [AT/m]

답 ④

141 핵심이론 찾아보기▶핵심 07-12

산업 21·18년 출제

그림과 같이 권수가 1이고 반지름 a[m]인 원형 전류 I[A]가 만드는 자계의 세기[AT/m]는?

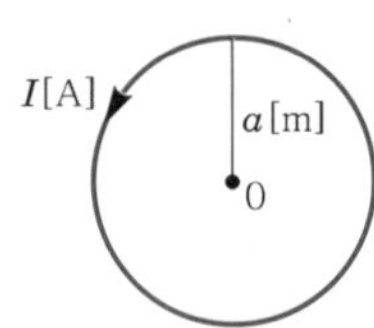

① $\frac{I}{a}$ ② $\frac{I}{2a}$ ③ $\frac{I}{3a}$ ④ $\frac{I}{4a}$

해설 **원형 전류 중심축상의 자계의 세기**

$$H=\frac{a^2 I}{2(a^2+x^2)^{\frac{3}{2}}}\,[\text{AT/m}]$$

원형 중심의 자계의 세기는 $x=0$인 지점이므로

$$H=\frac{I}{2a}\,[\text{AT/m}]$$

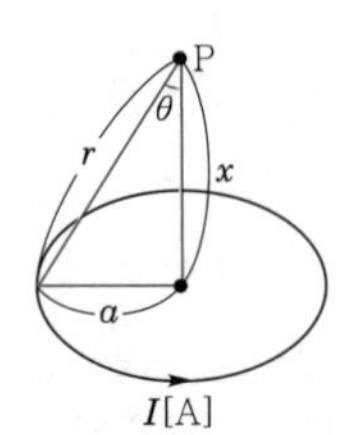

답 ②

142

핵심이론 찾아보기▶핵심 07-12

산업 85년 출제

그림과 같이 반지름 a[m]인 원의 일부(3/4원)에만 무한장 직선을 연결시키고 화살표 방향으로 전류 I[A]가 흐를 때, 부분원 중심 O점의 자계 세기를 구한 값[AT/m]은?

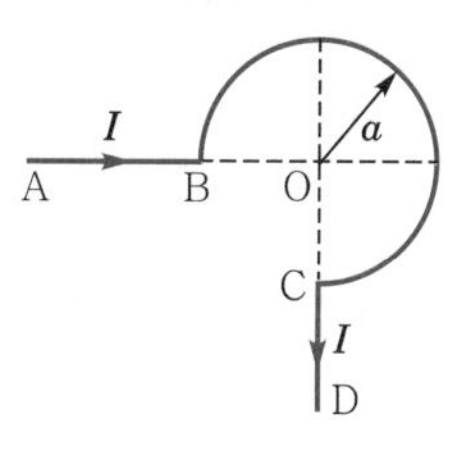

① 0 ② $\frac{3I}{4a}$ ③ $\frac{I}{4\pi a}$ ④ $\frac{3I}{8a}$

해설 $\frac{3}{4}$ 원에 의한 자계의 세기

$$H = \frac{I}{2a} \times \frac{3}{4} = \frac{3I}{8a} \text{[AT/m]}$$

답 ④

143

핵심이론 찾아보기▶핵심 07-12

산업 09년 출제

그림과 같이 반지름 2[m], 권수 100회인 원형 코일에 전류 1.5[A]가 흐른다면 중심점 O의 자계의 세기는 몇 [AT/m]인가?

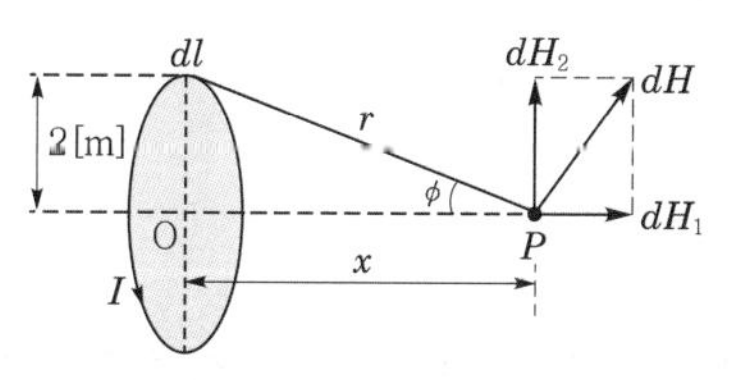

① 30 ② 37.5 ③ 75 ④ 105

해설 $H = \frac{NI}{2a} = \frac{100 \times 1.5}{2 \times 2} = 37.5$[AT/m]

답 ②

144

핵심이론 찾아보기▶핵심 07-13

산업 16년 출제

한 변의 길이가 l[m]인 정삼각형 회로에 전류 I[A]가 흐르고 있을 때 삼각형의 중심에서의 자계의 세기[AT/m]는?

① $\frac{\sqrt{2}I}{3\pi l}$ ② $\frac{9I}{\pi l}$ ③ $\frac{2\sqrt{2}I}{3\pi l}$ ④ $\frac{9I}{2\pi l}$

해설 한 변 AB의 자계의 세기

$$H_{AB} = \frac{3I}{2\pi l} \text{[AT/m]}$$

∴ 정삼각형 중심 자계의 세기

$$H = 3H_{AB} = \frac{9I}{2\pi l} \text{[AT/m]}$$

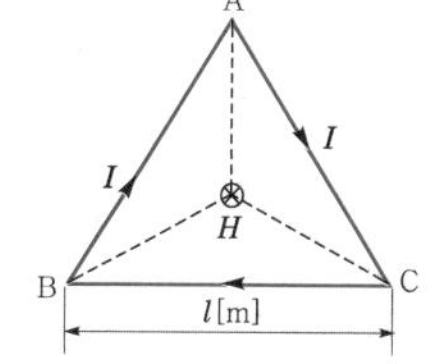

답 ④

145

핵심이론 찾아보기▶핵심 07-13　　기사 16년 출제

한 변의 길이가 3[m]인 정삼각형의 회로에 2[A]의 전류가 흐를 때 정삼각형 중심에서의 자계의 크기는 몇 [AT/m]인가?

① $\frac{1}{\pi}$　② $\frac{2}{\pi}$　③ $\frac{3}{\pi}$　④ $\frac{4}{\pi}$

해설 정삼각형 중심 자계의 세기

$$H=\frac{9I}{2\pi l}=\frac{9\times 2}{2\pi\times 3}=\frac{3}{\pi}\,[\text{AT/m}]$$

답 ③

146

핵심이론 찾아보기▶핵심 07-13　　산업 19년 출제

진공 중에서 한 변이 a[m]인 정사각형 단일 코일이 있다. 코일에 I[A]의 전류를 흘릴 때 정사각형 중심에서 자계의 세기는 몇 [AT/m]인가?

① $\frac{2\sqrt{2}\,I}{\pi a}$　② $\frac{I}{\sqrt{2}\,a}$　③ $\frac{I}{2a}$　④ $\frac{4I}{a}$

해설 한 변의 길이가 a[m]인 경우

한 변의 자계의 세기 : $H_1=\frac{I}{\pi a\sqrt{2}}$[AT/m]

∴ 정사각형 중심 자계의 세기 $H=4H_1=4\cdot\frac{I}{\pi a\sqrt{2}}=\frac{2\sqrt{2}\,I}{\pi a}$[AT/m]

답 ①

147

핵심이론 찾아보기▶핵심 07-13　　산업 99년 출제

길이 40[cm]인 철선을 정사각형으로 만들고 직류 5[A]를 흘렸을 때, 그 중심에서의 자계 세기 [AT/m]는?

① 40　② 45　③ 80　④

해설 40[cm]인 철선으로 정사각형을 만들면 한 변의 길이는 10[cm]이므로

$$H=\frac{2\sqrt{2}\,I}{\pi l}=\frac{2\sqrt{2}\times 5}{\pi\times 0.1}=45\,[\text{AT/m}]$$

답 ②

148

핵심이론 찾아보기▶핵심 07-13　　산업 99년 출제

한 변의 길이가 2[m]인 정방형 코일에 3[A]의 전류가 흐를 때, 코일 중심에서의 자속밀도는 몇 [Wb/m^2]인가? (단, 진공 중에서임)

① 7×10^{-6}　② 1.7×10^{-6}　③ 7×10^{-5}　④ 17×10^{-5}

해설

$$H_0=\frac{2\sqrt{2}\,I}{\pi l}=\frac{2\sqrt{2}\times 3}{\pi\times 2}=\frac{3\sqrt{2}}{\pi}\,[\text{AT/m}]$$

$$\therefore B=\mu_0 H_0=4\pi\times10^{-7}\times\frac{3\sqrt{2}}{\pi}=1.7\times10^{-6}\,[\text{Wb/m}^2]$$

답 ②

149 핵심이론 찾아보기▶핵심 07-13

기사 10·04년 출제

8[m] 길이의 도선으로 만들어진 정방형 코일에 π[A]가 흐를 때, 중심에서의 자계 세기[AT/m]는?

① $\frac{\sqrt{2}}{2}$ ② $\sqrt{2}$

③ $2\sqrt{2}$ ④ $4\sqrt{2}$

해설 정사각형 중심 자계의 세기

$H_0 = \frac{2\sqrt{2}\,I}{\pi l}$[AT/m]

8[m] 길이의 도선으로 정사각형을 만들면 한 변의 길이는 2[m]이다.

$H_0 = 4 \times \frac{I}{\sqrt{2}\,\pi l}$

$= \frac{2\sqrt{2}\,I}{\pi l}$

$= \frac{2\sqrt{2} \times \pi}{\pi \times 2} = \sqrt{2}$ [AT/m]

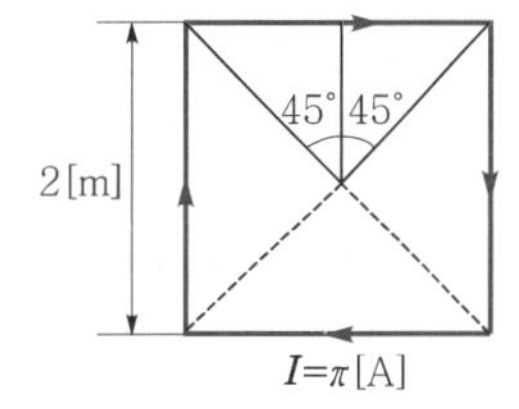

답 ②

150 핵심이론 찾아보기▶핵심 07-14

산업 00년 출제

1[Wb/m²]의 자속밀도에 수직으로 놓인 10[cm]의 도선에 10[A]의 전류가 흐를 때, 도선이 받는 힘[N]은?

① 10 ② 1

③ 0.1 ④ 0.5

해설 $B = 1[\mathrm{Wb/m^2}]$, $\theta = 90°$, $l = 0.1$[cm], $I = 10$[A]이므로

$F = IBl\sin\theta = 10 \times 1 \times 0.1 \times \sin 90° = 1$[N]

답 ②

151 핵심이론 찾아보기▶핵심 07-14

산업 13·00년 출제

자계 내에서 도선에 전류를 흘려보낼 때, 도선의 자계에 대해 60°의 각으로 놓았을 때 작용하는 힘은 30°의 각으로 놓았을 때 작용하는 힘의 몇 배인가?

① 1.2 ② 1.7

③ 2.4 ④ 3.6

해설 자계와 전류 간의 작용력 $F = IBl\sin\theta$[N]에서 $\theta_1 = 60°$, $\theta_2 = 30°$일 때의 작용력을 F_1, F_2라 하면

$F_1 = IBl\sin 60°$[N]

$F_2 = IBl\sin 30°$[N]

$\frac{F_1}{F_2} = \frac{\sin 60°}{\sin 30°} = \frac{\sqrt{3}/2}{1/2} = \sqrt{3} = 1.732$

$\therefore F_1 = 1.732 F_2$[N]

답 ②

152

핵심이론 찾아보기▶핵심 07-14 기사 13년 / 산업 13·12·01년 출제

전하 q[C]이 진공 중의 자계 H[A/m]에 수직 방향으로 v[m/s]의 속도로 움직일 때, 받는 힘[N]은? (단, 진공 중의 투자율은 μ_0이다.)

① $\dfrac{qH}{\mu_0 v}$ ② qvH

③ $\dfrac{1}{\mu_0}qvH$ ④ $\mu_0 qvH$

해설 하전 입자가 받는 힘
$\boldsymbol{F} = Il\boldsymbol{B}\sin\theta$에서 Il은 qv이므로
$\therefore \boldsymbol{F} = qv\boldsymbol{B}\sin\theta$
$\boldsymbol{F} = qv\boldsymbol{B}\sin 90° = qv\boldsymbol{B} = qv\mu_0 H$[N]

답 ④

153

핵심이론 찾아보기▶핵심 07-14 산업 18년 출제

균일한 자장 내에서 자장에 수직으로 놓여 있는 직선 도선이 받는 힘에 대한 설명 중 옳은 것은?

① 힘은 자장의 세기에 비례한다.
② 힘은 전류의 세기에 반비례한다.
③ 힘은 도선 길이의 $\dfrac{1}{2}$승에 비례한다.
④ 자장의 방향에 상관없이 일정한 방향으로 힘을 받는다.

해설 직선 도선이 받는 힘
$F = IlB\sin\theta = \mu_0 HIl\sin\theta \propto \mu_0 HIl$
즉, 힘은 자장의 세기(H), 전류(I), 도선의 길이(l)에 비례한다.

답 ①

154

핵심이론 찾아보기▶핵심 07-14 산업 17년 출제

-1.2[C]의 점전하가 $5a_x + 2a_y - 3a_z$[m/s]인 속도로 운동한다. 이때 이 전하가 $B = -4a_x + 4a_y + 3a_z$[Wb/m^2]인 자계에서 운동하고 있을 때 이 전하에 작용하는 힘은 약 몇 [N]인가? (단, a_x, a_y, a_z는 단위 벡터이다.)

① 10 ② 20

③ 30 ④ 40

해설 하전 입자가 받는 힘

$$\boldsymbol{F} = q(v \times \boldsymbol{B}) = -1.2\begin{vmatrix} a_x & a_y & a_z \\ 5 & 2 & -3 \\ -4 & 4 & 3 \end{vmatrix}$$

$$= -1.2(18a_x - 3a_y + 28a_z) = -21.6a_x + 3.6a_y - 33.6a_z$$

$$\therefore F = \sqrt{(-21.6)^2 + (3.6)^2 + (-33.6)^2} \fallingdotseq 40[\text{N}]$$

답 ④

155

핵심이론 찾아보기▶핵심 07-15

산업 22·21·17년 출제

평등자계 내에 전자가 수직으로 입사하였을 때 전자의 운동을 바르게 나타낸 것은?

① 구심력은 전자속도에 반비례한다.
② 원심력은 자계의 세기에 반비례한다.
③ 원운동을 하고, 반지름은 자계의 세기에 비례한다.
④ 원운동을 하고, 반지름은 전자의 회전속도에 비례한다.

해설
- 구심력$=evB$[N] : 전자속도 v에 비례한다.
- 원심력$=\dfrac{mv^2}{r}$[N] : 전자속도 v^2에 비례한다.
- 원운동 원 반지름 $r=\dfrac{mv}{eB}$[m] : 전자의 회전속도 v에 비례한다.

답 ④

156

핵심이론 찾아보기▶핵심 07-15

산업 18년 출제

자계의 세기가 H인 자계 중에 직각으로 속도 v로 발사된 전하 Q가 그리는 원의 반지름 r[m]은?

① $\dfrac{mv}{QH}$
② $\dfrac{mv^2}{QH}$
③ $\dfrac{mv}{\mu HQ}$
④ $\dfrac{mv^2}{\mu HQ}$

해설 원운동 원 반지름($e=Q$[C])

$r=\dfrac{mv}{eB}=\dfrac{mv}{QB}=\dfrac{mv}{Q\mu H}$[m]

답 ③

157

핵심이론 찾아보기▶핵심 07-15

기사 09·91년 / 산업 10·83년 출제

v[m/s]의 속도로 전자가 B[Wb/m^2]의 평등자계에 직각으로 들어가면 원운동을 한다. 이때 각속도 ω[rad/s] 및 주기 T[s]는? (단, 전자의 질량은 m, 전자의 전하는 e이다.)

① $\omega=\dfrac{m}{eB}$, $T=\dfrac{eB}{2\pi m}$
② $\omega=\dfrac{eB}{m}$, $T=\dfrac{2\pi m}{eB}$
③ $\omega=\dfrac{mv}{eB}$, $T=\dfrac{2\pi m}{mv}$
④ $\omega=\dfrac{em}{B}$, $T=\dfrac{2\pi m}{Bv}$

해설 **전자의 원운동**

구심력=원심력, $evB=\dfrac{mv^2}{r}$

- 회전반경 : $r=\dfrac{mv}{eB}$[m]
- 각속도 : $\omega=\dfrac{eB}{m}$[rad/s]
- 주기 : $T=\dfrac{2\pi m}{eB}$[s]

답 ②

158 핵심이론 찾아보기▶핵심 07-15

산업 16년 출제

자속밀도가 B인 곳에 전하 Q, 질량 m인 물체가 자속밀도 방향과 수직으로 입사한다. 속도를 2배로 증가시키면, 원운동의 주기는 몇 배가 되는가?

① $\frac{1}{2}$
② 1
③ 2
④ 4

해설 원운동의 주기($e=Q$[C])

$$T=\frac{1}{f}=\frac{2\pi}{\omega}=\frac{2\pi m}{eB}=\frac{2\pi m}{QB}[\text{s}]$$

∴ 주기는 속도 증가와 관계가 없다.

답 ②

159 핵심이론 찾아보기▶핵심 07-16

산업 07·81년 출제

그림과 같이 d[m] 떨어진 두 평형 도선에 I[A]의 전류가 흐를 때, 도선 단위길이당 작용하는 힘 F[N/m]는?

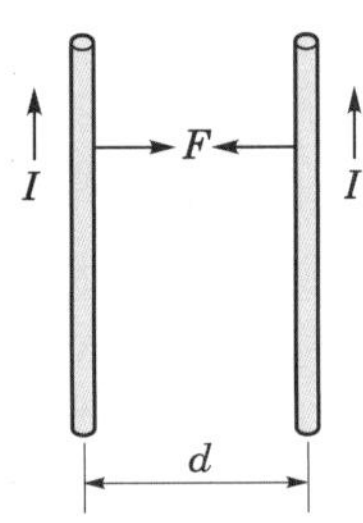

① $\frac{\mu_0 I}{2\pi d}$
② $\frac{\mu_0 I^2}{2\pi d^2}$
③ $\frac{\mu_0 I^2}{2\pi d}$
④ $\frac{\mu_0 I^2}{2d}$

해설

$I_1=I_2=I$이므로 단위길이당 작용하는 힘은 $F=\frac{\mu_0 I_1 I_2}{2\pi d}=\frac{\mu_0 I^2}{2\pi d}[\text{N/m}]$

같은 방향의 전류이므로 흡인력이 작용한다.

답 ③

160 핵심이론 찾아보기▶핵심 07-16

산업 15년 출제

2[cm]의 간격을 가진 두 평행 도선에 1,000[A]의 전류가 흐를 때, 도선 1[m]마다 작용하는 힘은 몇 [N/m]인가?

① 5
② 10
③ 15
④ 20

해설 $I_1=I_2=I=1{,}000[\text{A}]$이므로

$$F=\frac{\mu_0 I_1 I_2}{2\pi d}=\frac{2I^2}{d}\times 10^{-7}=\frac{2\times(1{,}000)^2}{2\times 10^{-2}}\times 10^{-7}=10[\text{N/m}]$$

답 ②

161 핵심이론 찾아보기▶핵심 07-16

산업 09년 출제

서로 같은 방향으로 전류가 흐르고 있는 나란한 두 도선 사이에는 어떤 힘이 작용하는가?

① 서로 미는 힘　② 서로 당기는 힘
③ 하나는 밀고, 하나는 당기는 힘　④ 회전하는 힘

해설 플레밍의 왼손법칙에서 같은 방향의 전류 간에는 흡인력이 작용하고, 서로 다른 방향의 전류 간에는 반발력이 작용한다.

답 ②

162 핵심이론 찾아보기▶핵심 07-16

기사 05·03·95·87년 출제

평행 도선에 같은 크기의 왕복 전류가 흐를 때, 두 도선 사이에 작용하는 힘과 관계되는 것 중 옳은 것은?

① 간격의 제곱에 반비례　② 간격의 제곱에 반비례하고 투자율에 반비례
③ 전류의 제곱에 비례　④ 주위 매질의 투자율에 반비례

해설

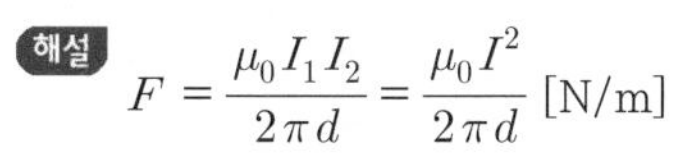

$$F = \frac{\mu_0 I_1 I_2}{2\pi d} = \frac{\mu_0 I^2}{2\pi d}\,[\mathrm{N/m}]$$

전류 제곱에 비례, 투자율에 비례, 간격에 반비례한다.

답 ③

163 핵심이론 찾아보기▶핵심 07-16

기사 00·83년 출제

평행 왕복 두 선의 전류 간의 전자력은? (단, 두 도선 간의 거리를 r[m]라 한다.)

① $\frac{1}{r}$에 비례, 반발력　② r에 비례, 반발력
③ $\frac{1}{r^2}$에 비례, 반발력　④ r^2에 비례, 반발력

해설 $I_1 = I_2 = I$이므로 $F = \frac{\mu_0 I_1 I_2}{2\pi r} = \frac{2I^2}{r} \times 10^{-7}[\mathrm{N/m}] \propto \frac{1}{r}$

즉, r에 반비례, $\frac{1}{r}$에 비례하며 왕복 전류이므로 반발력이다.

답 ①

164 핵심이론 찾아보기▶핵심 07-16

산업 10·07년 출제

공기 중에서 10[cm] 떨어져 평행으로 놓여진 2개의 무한히 긴 도선에 왕복 전류가 흐를 때, 단위 길이당 0.04[N]의 힘이 작용한다면 이때 흐르는 전류는 몇 [A]인가?

① 14.42　② 141.42　③ 4.47　④ 44.72

해설 $F = \frac{\mu_0 I_1 I_2}{2\pi r} = \frac{2I^2}{r} \times 10^{-7}[\mathrm{N/m}]$에서 $F = 0.04[\mathrm{N/m}]$, $r = 10[\mathrm{cm}]$이므로

$$I = \sqrt{\frac{Fr}{2\times 10^{-7}}} = \sqrt{\frac{0.04\times 10\times 10^{-2}}{2\times 10^{-7}}} = \sqrt{20{,}000} = 141.42[\mathrm{A}]$$

답 ②

165

핵심이론 찾아보기▶핵심 08-1　　기사 12년 / 산업 96·95년 출제

물질의 자화 현상은?

① 전자의 이동　② 전자의 공전　③ 전자의 자전　④ 분자의 운동

해설 물체가 자화되는 근원은 전류, 즉 전자의 운동이다. 원자를 구성하는 전자는 원자핵의 주위를 궤도 운동함과 동시에 전자 자신이 자전 운동(spin)하고 있다.

답 ③

166

핵심이론 찾아보기▶핵심 08-1　　기사 09년 / 산업 07·00·98년 출제

강자성체가 아닌 것은?

① 철　② 니켈　③ 백금　④ 코발트

해설
- 강자성체 : 철(Fe), 니켈(Ni), 코발트(Co) 및 이들의 합금
- 역(반)자성체 : 비스무트(Bi), 탄소(C), 규소(Si), 은(Ag), 납(Pb), 아연(Zn), 황(S), 구리(Cu)

답 ③

167

핵심이론 찾아보기▶핵심 08-1　　산업 17년 출제

반자성체가 아닌 것은?

① 은(Ag)　② 구리(Cu)　③ 니켈(Ni)　④ 비스무트(Bi)

해설 **자성체의 종류**
- 상자성체 : 백금, 공기, 알루미늄
- 강자성체 : 철, 니켈, 코발트
- 반자성체 : 은, 납, 구리

답 ③

168

핵심이론 찾아보기▶핵심 08-1　　산업 15년 출제

다음 물질 중 반자성체는?

① 구리　② 백금　③ 니켈　④ 알루미늄

해설 **자성체의 종류**
- 상자성체 : 백금, 공기, 알루미늄
- 강자성체 : 철, 니켈, 코발트
- 반자성체 : 은, 납, 구리

답 ①

169

핵심이론 찾아보기▶핵심 08-1　　기사 22년 출제

자성체의 종류에 대한 설명으로 옳은 것은? (단, χ_m는 자화율이고, μ_r는 비투자율이다.)

① $\chi_m > 0$이면, 역자성체이다.　② $\chi_m < 0$이면, 상자성체이다.

③ $\mu_r > 1$이면, 비자성체이다.　④ $\mu_r < 1$이면, 역자성체이다.

해설 자성체의 종류에 따른 비투자율과 자화율
$[\chi_m = \mu_0(\mu_r - 1)]$
- 상자성체 : $\mu_r > 1$ $\chi_m > 0$
- 강자성체 : $\mu_r \gg 1$ $\chi_m > 0$
- 역(반)자성체 : $\mu_r < 1$ $\chi_m < 0$
- 비자성체 : $\mu_r = 1$ $\chi_m = 0$

답 ④

170 핵심이론 찾아보기▶핵심 08-1

산업 18년 출제

역자성체에서 비투자율(μ_s)은 어느 값을 갖는가?

① $\mu_s = 1$ ② $\mu_s < 1$ ③ $\mu_s > 1$ ④ $\mu_s = 0$

해설
비투자율 $\mu_s = \dfrac{\mu}{\mu_0} = 1 + \dfrac{x_m}{\mu_0}$
$\mu_s > 1(x_m > 0)$ 이면 상자성체, $\mu_s < 1(x_m < 0)$ 이면 역자성체이다.

답 ②

171 핵심이론 찾아보기▶핵심 08-2

기사 98·97·89·86년 / 산업 13년 출제

인접 영구 자기 쌍극자가 크기는 같으나 방향이 서로 반대 방향으로 배열된 자성체를 어떤 자성체라 하는가?

① 반자성체 ② 상자성체
③ 강자성체 ④ 반강자성체

해설 자성체의 자구(spin) 배열 상태를 나타내면 다음과 같다.

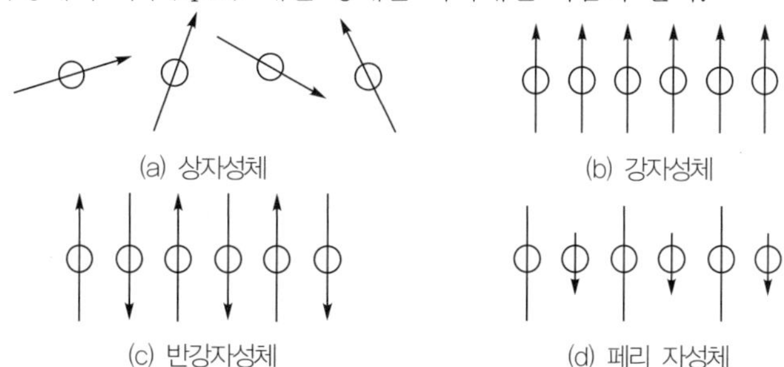

답 ④

172 핵심이론 찾아보기▶핵심 08-3

기사 00·93년 / 산업 85년 출제

비투자율 $\mu_s = 400$인 환상 철심 내의 평균 자계 세기가 $H = 300$[AT/m]이다. 철심 중의 자화 세기 J[Wb/m^2]는?

① 0.15 ② 1.5 ③ 0.75 ④ 7.5

해설 $J = \chi_m H = \mu_0(\mu_s - 1)H$
$= 4\pi \times 10^{-7} \times (400 - 1) \times 3{,}000 = 1.5$[Wb/m^2]

답 ②

173

핵심이론 찾아보기▶핵심 08-3

산업 87년 출제

비투자율 50인 페라이트 내의 자속밀도가 0.04[Wb/m²]일 때, 페라이트 내의 자화 세기[Wb/m²]는 얼마인가?

① 0.039 ② 0.042 ③ 0.057 ④ 0.065

해설 $\boldsymbol{J} = \chi_m \boldsymbol{H} = \dfrac{\chi_m \boldsymbol{B}}{\mu} = \dfrac{\mu_0(\mu_s - 1)\boldsymbol{B}}{\mu_0\mu_s} = (\mu_s - 1)\dfrac{\boldsymbol{B}}{\mu_s} = (50-1) \times \dfrac{0.04}{50} = 0.0392[\mathrm{Wb/m^2}]$

답 ①

174

핵심이론 찾아보기▶핵심 08-3

기사 13년 / 산업 20년 출제

자화의 세기로 정의할 수 있는 것은?

① 단위체적당 자기 모멘트 ② 단위면적당 자위밀도
③ 자화선밀도 ④ 자력선밀도

해설 자성체에서 단위체적당의 자기 모멘트를 자화의 세기 또는 자화도라 한다.
$\boldsymbol{J} = \mu_0(\mu_s - 1)\boldsymbol{H}[\mathrm{Wb/m^2}]$

답 ①

175

핵심이론 찾아보기▶핵심 08-3

기사 85년 / 산업 01·92년 출제

다음의 관계식 중 성립할 수 없는 것은? (단, μ는 투자율, χ는 자화율, μ_0는 진공의 투자율, J는 자화의 세기이다.)

① $\mu = \mu_0 + \chi$ ② $\boldsymbol{B} = \mu\boldsymbol{H}$ ③ $\mu_s = 1 + \dfrac{\chi}{\mu_0}$ ④ $\boldsymbol{J} = \mu\boldsymbol{H}$

해설 $\boldsymbol{J} = \chi\boldsymbol{H}[\mathrm{Wb/m^2}]$

$\boldsymbol{B} = \mu_0\boldsymbol{H} + \boldsymbol{J} = \mu_0\boldsymbol{H} + \chi\boldsymbol{H} = (\mu_0 + \chi)\boldsymbol{H} = \mu_0\mu_s\boldsymbol{H}[\mathrm{Wb/m^2}]$

$\mu = \mu_0 + \chi[\mathrm{H/m}]$, $\mu_s = \mu/\mu_0 = 1 + \chi$

$\boldsymbol{B} = \mu\boldsymbol{H}[\mathrm{Wb/m^2}]$, $\mu_s = \dfrac{\mu}{\mu_0} = \dfrac{\mu_0 + \chi}{\mu_0} = 1 + \dfrac{\chi}{\mu_0}$ ($\because \dfrac{\chi}{\mu_0}$: 비자화율)

답 ④

176

핵심이론 찾아보기▶핵심 08-3

산업 19년 출제

비자화율 $\chi_m = 2$, 자속밀도 $B = 20ya_x$[Wb/m²]인 균일 물체가 있다. 자계의 세기 H는 약 몇 [AT/m]인가?

① $0.53 \times 10^7 ya_x$ ② $0.13 \times 10^7 ya_x$ ③ $0.53 \times 10^7 xa_y$ ④ $0.13 \times 10^7 xa_y$

해설
- 자화율 : $\chi = \mu_0(\mu_s - 1)$
- 비자화율 : $\chi_m = \dfrac{\chi}{\mu_0} = \mu_s - 1 = 2$
- 비투자율 : $\mu_s = 3$
- 자계의 세기 : $H = \dfrac{B}{\mu_0\mu_s} = \dfrac{20y\vec{a_x}}{4\pi \times 10^{-7} \times 3} = 0.53 \times 10^7 y\vec{a_x}$

답 ①

177 핵심이론 찾아보기▶핵심 08-3

산업 19년 출제

다음 조건 중 틀린 것은? (단, χ_m : 비자화율, μ_r : 비투자율이다.)

① $\mu_r \gg 1$이면 강자성체
② $\chi_m > 0$, $\mu_r < 1$이면 상자성체
③ $\chi_m < 0$, $\mu_r < 1$이면 반자성체
④ 물질은 χ_m 또는 μ_r의 값에 따라 반자성체, 상자성체, 강자성체 등으로 구분한다.

해설 비자화율 : $\chi_m = \dfrac{\chi}{\mu_0} = \mu_r - 1$

- 강자성체 : $\mu_r \gg 1$, $\chi_m \gg 0$
- 상자성체 : $\mu_r > 1$, $\chi_m > 0$
- 반자성체 : $\mu_r < 1$, $\chi_m < 0$

답 ②

178 핵심이론 찾아보기▶핵심 08-3

기사 12·05·99·96·91·90년 / 산업 13·12·07·03·01·95·90년 출제

강자성체의 자속밀도 B의 크기와 자화 세기 J의 크기 사이의 관계로 옳은 것은?

① J는 B보다 약간 크다.
② J는 B보다 대단히 크다.
③ J는 B보다 약간 작다.
④ J는 B보다 대단히 작다.

해설 **자화의 세기**

$\boldsymbol{J} = \boldsymbol{B} - \mu_0 \boldsymbol{H} = \mu_0(\mu_s - 1)\boldsymbol{H}$

$B = \mu_0 H + J = 4\pi \times 10^{-7} H + J$

$\therefore \boldsymbol{J} = \boldsymbol{B} - \mu_0 \boldsymbol{H}\,[\mathrm{Wb/m^2}]$

따라서, J는 B보다 약간 작다.

답 ③

179 핵심이론 찾아보기▶핵심 08-4

산업 22·18년 출제

히스테리시스 곡선에서 히스테리시스 손실에 해당하는 것은?

① 보자력의 크기
② 잔류자기의 크기
③ 보자력과 잔류자기의 곱
④ 히스테리시스 곡선의 면적

해설 히스테리시스 루프를 일주할 때마다 그 면적에 상당하는 에너지가 열에너지로 손실되는데, 교류의 경우 단위체적당 에너지 손실이 되고 이를 히스테리시스 손실이라고 한다.

답 ④

180 핵심이론 찾아보기▶핵심 08-4

산업 15년 출제

영구자석에 관한 설명으로 틀린 것은?

① 한 번 자화된 다음에는 자기를 영구적으로 보존하는 자석이다.
② 보자력이 클수록 자계가 강한 영구자석이 된다.
③ 잔류 자속밀도가 클수록 자계가 강한 영구자석이 된다.
④ 자석 재료로 폐회로를 만들면 강한 영구자석이 된다.

해설 영구자석의 재료는 히스테리시스 곡선의 면적이 크고 잔류자기와 보자력이 모두 커야 하며, 자석 재료에 큰 자계를 가해야 자화되어 영구자석이 된다.

답 ④

181

핵심이론 찾아보기▶핵심 08-4

산업 21·15년 출제

전자석에 사용하는 연철(soft iron)은 다음 어느 성질을 갖는가?

① 잔류자기, 보자력이 모두 크다.
② 보자력이 크고, 잔류자기가 작다.
③ 보자력이 크고, 히스테리시스 곡선의 면적이 작다.
④ 보자력과 히스테리시스 곡선의 면적이 모두 작다.

해설
- 자석(일시자석)의 재료는 잔류자기가 크고, 보자력이 작아야 한다.
- 영구자석의 재료는 잔류자기와 보자력이 모두 커야 한다.

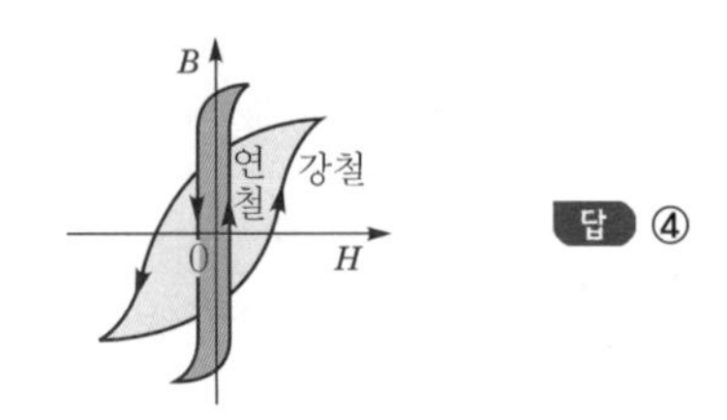

답 ④

182

핵심이론 찾아보기▶핵심 08-4

산업 17년 출제

규소 강판과 같은 자심 재료의 히스테리시스 곡선의 특징은?

① 보자력이 큰 것이 좋다.
② 보자력과 잔류자기가 모두 큰 것이 좋다.
③ 히스테리시스 곡선의 면적이 큰 것이 좋다.
④ 히스테리시스 곡선의 면적이 작은 것이 좋다.

해설
- 전자석(일시자석)의 재료는 잔류자기가 크고, 보자력이 작아야 한다.
- 영구자석의 재료는 잔류자기와 보자력이 모두 커야 한다.

∴ 자심 재료는 히스테리시스 곡선의 면적이 작은 것이 좋고, 영구자석의 재료는 히스테리시스 곡선의 면적이 큰 것이 좋다.

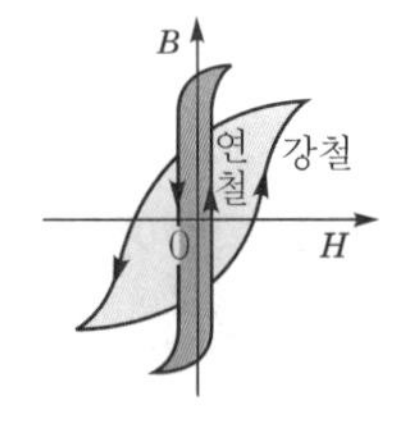

답 ④

183

핵심이론 찾아보기▶핵심 08-4

산업 19년 출제

전기기기의 철심(자심) 재료로 규소 강판을 사용하는 이유는?

① 동손을 줄이기 위해
② 와전류손을 줄이기 위해
③ 히스테리시스손을 줄이기 위해
④ 제작을 쉽게 하기 위하여

해설 철심 재료에 규소를 함유하는 이유는 히스테리시스손을 줄이기 위함이고, 얇은 강판을 성층 철심하는 목적은 와전류손을 경감하기 위해서이다.

답 ③

184

핵심이론 찾아보기▶핵심 08-5

기사 01·00·98·88년 / 산업 10년 출제

감자력은?

① 자계에 반비례한다.
② 자극의 세기에 반비례한다.
③ 자화의 세기에 비례한다.
④ 자속에 반비례한다.

해설 외부 자계 H_o 중에 자성체를 놓을 때, 자성체 중의 자계를 H라 하면

감자력 $H' = H_o - H = \dfrac{N}{\mu_0} J[\text{AT/m}] \propto J$

답 ③

185

핵심이론 찾아보기▶핵심 08-5

산업 99·92·91년 출제

감자력이 0인 것은?

① 가늘고 긴 막대 자성체
② 구(球) 자성체
③ 굵고 짧은 막대 자성체
④ 환상 철심

해설 환상 철심은 무단이므로 감자력이 0이다.

답 ④

186

핵심이론 찾아보기▶핵심 08-5

기사 11년 / 산업 11·04·01·95·93년 출제

투자율이 μ이고, 감자율 N인 자성체를 외부 자계 H_o 중에 놓았을 때에 자성체의 자화 세기 J[Wb/m^2]를 구하면?

① $\dfrac{\mu_0(\mu_s+1)}{1+N(\mu_s+1)}H_o$
② $\dfrac{\mu_0\mu_s}{1+N(\mu_s+1)}H_o$
③ $\dfrac{\mu_0\mu_s}{1+N(\mu_s-1)}H_o$
④ $\dfrac{\mu_0(\mu_s-1)}{1+N(\mu_s-1)}H_o$

해설 감자력 $H' = H_o - H$라 하면 자성체의 내부 자계

$H = H_o - H' = H_o - \dfrac{NJ}{\mu_0}[\text{AT/m}]$

여기서, $J = \chi_m H$, $\chi_m = \mu_0(\mu_s - 1)[\text{Wb/m}^2]$이므로

$\therefore J = \dfrac{\chi_m}{1+\dfrac{\chi_m N}{\mu_0}} H_o = \dfrac{\mu_0(\mu_s-1)}{1+N(\mu_s-1)} H_o [\text{Wb/m}^2]$

답 ④

187

핵심이론 찾아보기▶핵심 08-6

산업 05·98·96·95년 출제

투자율이 다른 두 자성체의 경계면에서의 굴절각은?

① 투자율에 비례한다.
② 투자율에 반비례한다.
③ 비투자율에 비례한다.
④ 비투자율에 반비례한다.

해설 두 자성체의 경계 조건(굴절 법칙)에서 $\frac{\tan\theta_1}{\tan\theta_2}=\frac{\mu_1}{\mu_2}$이므로 $\theta_1>\theta_2$이면 $\mu_1>\mu_2$가 된다.
즉, 굴절각은 투자율에 비례한다.

답 ①

188

핵심이론 찾아보기▶핵심 08-6 　　산업 13·12·07년 출제

두 자성체 경계면에서 정자계가 만족하는 것은?

① 자계의 법선성분이 같다.
② 자속밀도의 접선성분이 같다.
③ 경계면상의 두 점 간의 자위차가 같다.
④ 자속은 투자율이 작은 자성체에 모인다.

해설 ① 자계의 접선성분이 같다. ($H_1\sin\theta_1=H_2\sin\theta_2$)
② 자속밀도의 법선성분이 같다. ($B_1\cos\theta_1=B_2\cos\theta_2$)
③ 경계면상의 두 점 간의 자위차는 같다.
④ 자속은 투자율이 높은 쪽으로 모이려는 성질이 있다.

답 ③

189

핵심이론 찾아보기▶핵심 08-7 　　산업 21·13·04·02·99년 출제

환상 철심에 감은 코일에 5[A]의 전류를 흘리면 2,000[AT]의 기자력이 생기는 것으로 한다면 코일의 권수는 얼마로 하여야 하는가?

① 10^4　② 5×10^2　③ 4×10^2　④ 2.5×10^2

해설 $F=NI$[AT]

$\therefore N=\frac{F}{I}=\frac{2,000}{5}=400$[회]

자기 옴의 법칙

㉠ 자속 : $\phi=\frac{F}{R_m}$ [Wb]

㉡ 기자력 : $F=NI$ [AT]

㉢ 자기저항 : $R_m=\frac{l}{\mu S}$ [AT/Wb]

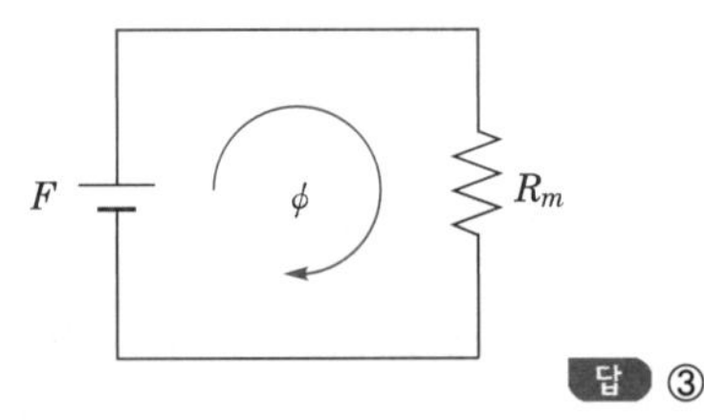

답 ③

190

핵심이론 찾아보기▶핵심 08-7 　　산업 15년 출제

철심에 도선을 250회 감고 1.2[A]의 전류를 흘렸더니 1.5×10^{-3}[Wb]의 자속이 생겼다. 자기저항 [AT/Wb]은?

① 2×10^5　② 3×10^5　③ 4×10^5　④ 5×10^5

해설 자속 $\phi=\frac{F}{R_m}=\frac{NI}{R_m}$

$\because$ 자기저항 $R_m=\frac{NI}{\phi}=\frac{250\times1.2}{1.5\times10^{-3}}=2\times10^5$[AT/Wb]

답 ①

191 핵심이론 찾아보기▶핵심 08-7

산업 20·19년 출제

자기회로의 자기저항에 대한 설명으로 틀린 것은?

① 단위는 [AT/Wb]이다.
② 자기회로의 길이에 반비례한다.
③ 자기회로의 단면적에 반비례한다.
④ 자성체의 비투자율에 반비례한다.

해설 **자기저항(R_m)**

$$R_m = \frac{l}{\mu S} = \frac{l}{\mu_0 \mu_s S} \text{[AT/Wb]}$$

자기저항은 길이에 비례하고, 단면적과 투자율에 반비례한다.

답 ②

192 핵심이론 찾아보기▶핵심 08-7

산업 02년 출제

막대 철심의 단면적이 0.5[m²], 길이가 1.6[m], 비투자율이 20이다. 이 철심의 자기저항은 몇 [AT/Wb]인가?

① 7.8×10^4　② 1.3×10^5　③ 3.8×10^4　④ 9.7×10^5

해설 $$R_m = \frac{l}{\mu S} = \frac{l}{\mu_0 \mu_s S} = \frac{1.6}{4\pi\times10^{-7}\times20\times0.5} = 1.3\times10^5\text{[AT/Wb]}$$

답 ②

193 핵심이론 찾아보기▶핵심 08-7

기사 07년 / 산업 11·03·88년 출제

자기회로에서 단면적, 길이, 투자율을 모두 1/2배로 하면 자기저항은 몇 배가 되는가?

① 0.5　② 2　③ 1　④ 8

해설 $$R_m = \frac{1}{\mu S} = \frac{l}{\mu_0 \mu_s S} \text{[AT/Wb]}$$

단면적 S, 길이 l, 투자율 μ를 1/2배로 한 경우의 자기저항을 R_m'라 하면

$$\therefore R_m' = \frac{\frac{1}{2}l}{\frac{1}{2}\mu \cdot \frac{1}{2}S} = 2\frac{l}{\mu S} = 2R_m \text{[AT/Wb]}$$

답 ②

194 핵심이론 찾아보기▶핵심 08-7

기사 14·03년 / 산업 99년 출제

단면적 S[m²], 길이 l[m], 투자율 μ[H/m]의 자기회로에 N회의 코일을 감고 I[A]의 전류를 통할 때의 옴의 법칙은?

① $B = \frac{\mu SNI}{l}$　② $\phi = \frac{\mu SI}{lN}$　③ $\phi = \frac{\mu SNI}{l}$　④ $\phi = \frac{l}{\mu SNI}$

해설 자속에 대한 옴의 법칙은 $\phi = \frac{F}{R_m} = \frac{NI}{\frac{l}{\mu S}} = \frac{\mu SNI}{l}$[Wb]

답 ③

195

핵심이론 찾아보기▶핵심 08-8

기사 04·88년 출제

전기회로에서 도전도[℧/m]에 대응하는 것은 자기회로에서 무엇인가?

① 자속 ② 기자력

③ 투자율 ④ 자기저항

해설 전기회로와 자기회로의 값 비교

자기회로	전기회로
자속 ϕ[Wb]	전류 I[A]
자계 H[A/m]	전계 E[V/m]
기자력 F[AT]	기전력 e[V]
자속밀도 B[Wb/m^2]	전류밀도 i[A/m^2]
투자율 μ[AT]	도전율 k[℧/m]
자기저항 R_m[AT/Wb]	전기저항 R[Ω]

답 ③

196

핵심이론 찾아보기▶핵심 08-8

기사 96·90년 / 산업 17년 출제

자기회로의 퍼미언스(permeance)에 대응하는 전기회로의 요소는?

① 도전율 ② 컨덕턴스(conductance)

③ 정전용량 ④ 엘라스턴스(elastance)

해설 자기저항의 역수는 퍼미언스이고, 전기저항의 역수는 컨덕턴스이다.

답 ②

197

핵심이론 찾아보기▶핵심 08-8

산업 22·19년 출제

자기회로와 전기회로의 대응으로 틀린 것은?

① 자속 ↔ 전류

② 기자력 ↔ 기전력

③ 투자율 ↔ 유전율

④ 자계의 세기 ↔ 전계의 세기

해설

자기회로	전기회로
기자력 $F=NI$	기전력 E
자기저항 $R_m=\dfrac{l}{\mu S}$	전기저항 $R=\dfrac{l}{kS}$
자속 $\phi=\dfrac{F}{R_m}$	전류 $I=\dfrac{E}{R}$
투자율 μ	도전율 k
자계의 세기 H	전계의 세기 E

답 ③

198 핵심이론 찾아보기▶핵심 08-8

산업 18년 출제

자기회로에서 키르히호프의 법칙으로 알맞은 것은? (단, R : 자기저항, ϕ : 자속, N : 코일 권수, I : 전류이다.)

① $\sum_{i=1}^{n} \phi_i = \infty$

② $\sum_{i=1}^{n} N_i \phi_i = 0$

③ $\sum_{i=1}^{n} R_i \phi_i = \sum_{i=1}^{n} N_i I_i$

④ $\sum_{i=1}^{n} R_i \phi_i = \sum_{i=1}^{n} N_i L_i$

해설 임의의 폐자기회로망에서 기자력의 총화는 자기저항과 자속의 곱의 총화와 같다.

$$\sum_{i=1}^{n} N_i I_i = \sum_{i=1}^{n} R_i \phi_i$$

답 ③

199 핵심이론 찾아보기▶핵심 08-9

기사 04·02년 / 산업 22·14·98·92년 출제

코일로 감겨진 자기회로에서 철심의 투자율을 μ 라 하고 회로의 길이를 l 이라 할 때, 그 회로의 일부에 미소 공극 l_g 를 만들면 회로의 자기저항은 처음의 몇 배가 되는가? (단, $l \gg l_g$ 이다.)

① $1+\dfrac{\mu l}{\mu_0 l_g}$

② $1+\dfrac{\mu_0 l_g}{\mu l}$

③ $1+\dfrac{\mu_0 l}{\mu l_g}$

④ $1+\dfrac{\mu l_g}{\mu_0 l}$

해설 공극이 없을 때의 자기저항 R은 $R=\dfrac{l+l_g}{\mu S} \fallingdotseq \dfrac{l}{\mu S}$[Ω] $(\because l \gg l_g)$

미소 공극 l_g가 있을 때의 자기저항 R'는 $R'=\dfrac{l_g}{\mu_0 S}+\dfrac{l}{\mu S}$[Ω]

$$\therefore \frac{R'}{R}=1+\frac{\dfrac{l_g}{\mu_0 S}}{\dfrac{l}{\mu S}}=1+\frac{\mu l_g}{\mu_0 l}=1+\mu_s\frac{l_g}{l}$$

답 ④

200 핵심이론 찾아보기▶핵심 08-9

산업 99년 출제

투자율 1,000μ_0[H/m]인 철심에 코일을 감고 일정한 전류 15[A]를 흘리고 있다. 지금 회로의 길이를 l = 1[m]라 할 때 자기저항이 R_1 [AT/Wb]이다. 만일 이 회로에 미소 공극 1[mm]를 만들어 자기저항이 R_2 가 되었다면 미소 공극을 만듦으로써 자기저항은 처음의 몇 배가 되었는가?

① 변화 없음

② 2

③ $\dfrac{1}{2}$

④ 10

해설 공극이 있는 경우와 없는 경우의 자기저항의 비

$$\frac{R_2}{R_1}=1+\mu_s\frac{l_g}{l}=1+1{,}000\times\frac{1\times10^{-3}}{1}=1+1=2[\text{배}]$$

답 ②

201

핵심이론 찾아보기▶핵심 08-9 산업 16년 출제

비투자율이 μ_r인 철제 무단 솔레노이드가 있다. 평균 자로의 길이를 l[m]라 할 때 솔레노이드에 공극(air gap) l_0[m]를 만들어 자기저항을 원래의 2배로 하려면 얼마만한 공극을 만들면 되는가? (단, $\mu_r \gg 1$이고, 자기력은 일정하다고 한다.)

① $l_0 = \dfrac{l}{2}$ ② $l_0 = \dfrac{l}{\mu_r}$

③ $l_0 = \dfrac{l}{2\mu_r}$ ④ $l_0 = 1 + \dfrac{l}{\mu_r}$

해설 공극이 없는 경우의 자기저항 $R_m = \dfrac{l}{\mu S}$[Ω]

미소 공극 l_0가 있을 때의 자기저항 $R_m' = \dfrac{l_0}{\mu_0 S} + \dfrac{l}{\mu S}$[Ω]

$$\therefore \frac{R_m'}{R_m} = 1 + \frac{\dfrac{l_0}{\mu_0 S}}{\dfrac{l}{\mu S}} = 1 + \frac{\mu l_0}{\mu_0 l} = 1 + \mu_r \frac{l_0}{l}$$

$\because$ 자기저항을 2배로 하려면 $l_0 = \dfrac{l}{\mu_r}$로 하면 된다.

답 ②

202

핵심이론 찾아보기▶핵심 08-10 기사 17년 출제

투자율 μ[H/m], 자계의 세기 H[AT/m], 자속밀도 B[Wb/m²]인 곳의 자계에너지 밀도[J/m³]는?

① $\dfrac{B^2}{2\mu}$ ② $\dfrac{H^2}{2\mu}$

③ $\dfrac{1}{2}\mu H$ ④ BH

해설 $W = \dfrac{1}{2}\mu H^2 = \dfrac{1}{2}BH = \dfrac{B^2}{2\mu}$[J/m³]

답 ①

203

핵심이론 찾아보기▶핵심 08-10 산업 11·09·03·99·96·87년 출제

전자석의 흡인력은 자속밀도를 B라 할 때, 어떻게 되는가?

① B에 비례 ② $B^{3/2}$에 비례

③ $B^{1.6}$에 비례 ④ B^2에 비례

해설 전자석의 흡인력 $F_x = \dfrac{B^2}{2\mu_0}S$[N] (흡인력)

단위면적당 흡인력 $f = \dfrac{F}{S} = \dfrac{B^2}{2\mu_0} = \dfrac{1}{2}HB = \dfrac{1}{2}\mu_0 H^2$[N/m²]

답 ④

204 핵심이론 찾아보기▶핵심 08-11

산업 16년 출제

그림과 같이 진공 중에 자극 면적이 2[cm^2], 간격이 0.1[cm]인 자성체 내에서 포화 자속밀도가 2[Wb/m^2]일 때 두 자극면 사이에 작용하는 힘의 크기는 약 몇 [N]인가?

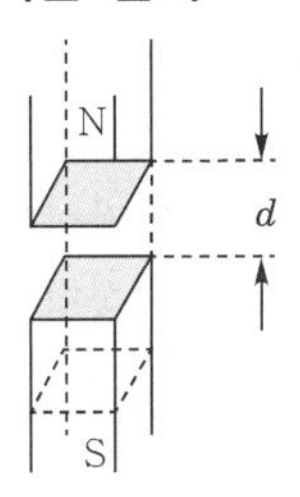

① 53 ② 106 ③ 159 ④ 318

해설 $F=\dfrac{B^2}{2\mu_0}S=\dfrac{2^2\times 2\times 10^{-4}}{2\times 4\pi\times 10^{-7}}=318.47[\text{N}]$

답 ④

205 핵심이론 찾아보기▶핵심 08-11

기사 01·99년 출제

그림과 같이 gap의 단면적 S[m^2]의 전자석에 자속밀도 B[Wb/m^2]의 자속이 발생될 때, 철편을 흡입하는 힘은 몇 [N]인가?

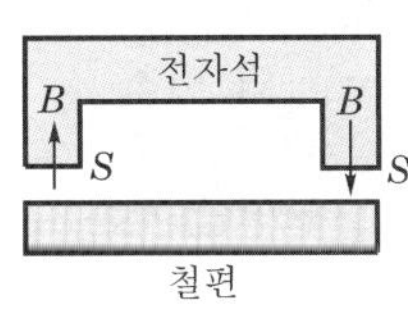

① $\dfrac{B^2S}{2\mu_0}$ ② $\dfrac{B^2S}{\mu_0}$ ③ $\dfrac{B^2S^2}{\mu_0}$ ④ $\dfrac{2B^2S^2}{\mu_0}$

해설 공극이 2개가 있으므로 철편에 작용하는 힘 $F=\dfrac{B^2S}{2\mu_0}\times 2=\dfrac{B^2S}{\mu_0}[\text{N}]$

답 ②

206 핵심이론 찾아보기▶핵심 08-11

산업 95년 출제

그림과 같이 공극의 면적 $S=100$[cm^2]의 전자석에 자속밀도 $B=0.5$[Wb/m^2]의 자속이 생기고 있을 때, 철판을 흡인하는 힘은 약 몇 [N]인가?

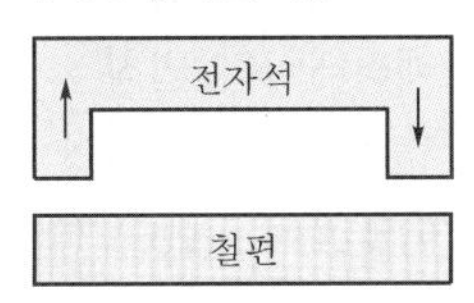

① 1,000 ② 2,000 ③ 3,000 ④ 4,000

해설 $S=100[\text{cm}^2]=100\times 10^{-4}[\text{m}^2]$, $B=0.5[\text{Wb/m}^2]$이므로

$\therefore F=\dfrac{B^2S}{2\mu_0}\times 2=\dfrac{B^2S}{\mu_0}=\dfrac{0.5^2\times 100\times 10^{-4}}{4\pi\times 10^{-7}}=2{,}000[\text{N}]$

답 ②

207

핵심이론 찾아보기▶핵심 09-1

기사 12·95년 / 산업 83년 출제

패러데이의 법칙에 대한 설명으로 가장 적합한 것은?

① 전자유도에 의해 회로에 발생되는 기전력은 자속 쇄교수의 시간에 대한 증가율에 비례한다.
② 전자유도에 의해 회로에 발생되는 기전력은 자속의 변화를 방해하는 반대 방향으로 기전력이 유도된다.
③ 정전유도에 의해 회로에 발생하는 기자력은 자속의 변화 방향으로 유도된다.
④ 전자유도에 의해 회로에 발생하는 기전력은 자속 쇄교수의 시간에 대한 감쇠율에 비례한다.

해설 전자유도에서 회로에 발생하는 기전력 e[V]는 쇄교 자속 ϕ[Wb]가 시간적으로 변화하는 비율과 같다.

$e=-\dfrac{d\phi}{dt}$[V]

답 ④

208

핵심이론 찾아보기▶핵심 09-1

기사 00년 출제

전자유도에 의해서 회로에 발생하는 기전력에 관련되는 두 개의 법칙은?

① Gauss의 법칙과 Ohm의 법칙
② Flemming의 법칙과 Ohm의 법칙
③ Faraday의 법칙과 Lenz의 법칙
④ Ampere의 법칙과 Biot-Savart의 법칙

해설 $e=-N\dfrac{d\phi}{dt}$의 식에서 (-)를 규명한 것은 Lenz의 법칙이고, e의 크기를 정한 것은 Faraday의 법칙이다.

답 ③

209

핵심이론 찾아보기▶핵심 09-1

기사 18년 출제

다음 (㉠), (㉡)에 대한 법칙으로 알맞은 것은?

> 전자유도에 의하여 회로에 발생되는 기전력은 쇄교 자속수의 시간에 대한 감소 비율에 비례한다는 (㉠)에 따르고 특히, 유도된 기전력의 방향은 (㉡)에 따른다.

① ㉠ 패러데이의 법칙 ㉡ 렌츠의 법칙
② ㉠ 렌츠의 법칙 ㉡ 패러데이의 법칙
③ ㉠ 플레밍의 왼손법칙 ㉡ 패러데이의 법칙
④ ㉠ 패러데이의 법칙 ㉡ 플레밍의 왼손법칙

해설
- 패러데이의 법칙 - 유도기전력의 크기
  $e=-N\dfrac{d\phi}{dt}$[V]
- 렌츠의 법칙 - 유도기전력의 방향
  전자유도에 의해 발생하는 기전력은 자속의 증감을 방해하는 방향으로 발생된다.

답 ①

210

핵심이론 찾아보기▶핵심 09-1

산업 03·00년 출제

1권선의 코일에 5[Wb]의 자속이 쇄교하고 있을 때, $t=\frac{1}{100}$초 사이에 이 자속을 0으로 했다면 이때 코일에 유도되는 기전력은 몇 [V]이겠는가?

① 100 ② 250 ③ 500 ④ 700

해설 $e=-N\frac{d\phi}{dt}=-1\times\frac{0-5}{10^{-2}}=500[\text{V}]$

답 ③

211

핵심이론 찾아보기▶핵심 09-1

산업 15년 출제

10[V]의 기전력을 유기시키려면 5초 간에 몇 [Wb]의 자속을 끊어야 하는가?

① 2 ② 10 ③ 25 ④ 50

해설 패러데이의 법칙 $e=-\frac{d\phi}{dt}$

$\therefore\ d\phi=edt=10\times5=50[\text{Wb}]$

답 ④

212

핵심이론 찾아보기▶핵심 09-1

산업 19년 출제

자기 인덕턴스 0.05[H]의 회로에 흐르는 전류가 매초 500[A]의 비율로 증가할 때 자기 유도기전력의 크기는 몇 [V]인가?

① 2.5 ② 25 ③ 100 ④ 1,000

해설 패러데이의 법칙

유도기전력 $e=-L\frac{dI}{dt}=-0.05\times\frac{500}{1}=-25[\text{V}]$

−는 역방향(전류와 반대)을 나타내며, 크기는 25[V]이다.

답 ②

213

핵심이론 찾아보기▶핵심 09-3

기사 00년 / 산업 14·02·01년 출제

자속 ϕ [Wb]가 $\phi=\phi_m\cos2\pi ft$ [Wb]로 변화할 때, 이 자속과 쇄교하는 권수 N [회]의 코일에 발생하는 기전력은 몇 [V]인가?

① $2\pi fN\phi_m\cos2\pi ft$

② $-2\pi fN\phi_m\cos2\pi ft$

③ $2\pi fN\phi_m\sin2\pi ft$

④ $-2\pi fN\phi_m\sin2\pi ft$

해설 $e=-N\frac{d\phi}{dt}=-N\cdot\frac{d}{dt}(\phi_m\cos2\pi ft)=2\pi fN\phi_m\sin2\pi ft\,[\text{V}]$

답 ③

214

핵심이론 찾아보기▶핵심 09-3　　산업 99·96·95년 출제

$\phi = \phi_m \sin\omega t$[Wb]인 정현파로 변화하는 자속이 권수 N인 코일과 쇄교할 때에 유기기전력의 위상은 자속에 비해 어떠한가?

① $\frac{\pi}{2}$만큼 빠르다.　② $\frac{\pi}{2}$만큼 늦다.　③ π 만큼 빠르다.　④ 동위상이다.

해설 $e = -N\frac{d\phi}{dt} = -N\cdot\frac{d}{dt}(\phi_m \sin\omega t) = -N\omega\phi_m \cos\omega t = E_m \sin\left(\omega t - \frac{\pi}{2}\right)$[V]　($\because$ $E_m = N\omega\phi_m$)

즉, e는 ϕ보다 $\frac{\pi}{2}$만큼 늦다.

답 ②

215

핵심이론 찾아보기▶핵심 09-3　　산업 18년 출제

자속밀도 B[Wb/m²]가 도체 중에서 f[Hz]로 변화할 때 도체 중에 유기되는 기전력 e는 무엇에 비례하는가?

① $e \propto Bf$　② $e \propto \frac{B}{f}$　③ $e \propto \frac{B^2}{f}$　④ $e \propto \frac{f}{B}$

해설 $\phi = \phi_m \sin\omega t = B_m S \sin 2\pi f t$[Wb]라 하면 유기기전력 e는

$e = -N\frac{d\phi}{dt} = -N\frac{d}{dt}(B_m S \sin 2\pi f t) = -2\pi f N B_m S \cos 2\pi f t$[V]

$\therefore$ $e \propto Bf$

답 ①

216

핵심이론 찾아보기▶핵심 09-3　　산업 12·04·95·82년 출제

정현파 자속의 주파수를 4배로 높이면 유기기전력은?

① 4배로 감소한다.　② 4배로 증가한다.　③ 2배로 감소한다.　④ 2배로 증가한다.

해설 패러데이의 법칙

$e = -N\frac{d\phi}{dt}$[V]

$\phi = \phi_m \sin 2\pi f t$ [Wb]라 하면 유기기전력 e는

$e = -N\frac{d\phi}{dt} = -N\cdot\frac{d}{dt}(\phi_m \sin 2\pi f t) = -2\pi f N\phi_m \cos 2\pi f t = 2\pi f N\phi_m \sin\left(2\pi f t - \frac{\pi}{2}\right)$[V]

$\therefore$ $e \propto f$

따라서, 주파수가 4배로 증가하면 유기기전력도 4배로 증가한다.

답 ②

217

핵심이론 찾아보기▶핵심 09-5　　산업 17년 출제

0.2[Wb/m²]의 평등자계 속에 자계와 직각방향으로 놓인 길이 30[cm]의 도선을 자계와 30°의 방향으로 30[m/s]의 속도로 이동시킬 때 도체 양단에 유기되는 기전력은 몇 [V]인가?

① 0.45　② 0.9　③ 1.8　④ 90

해설 $e = vBl\sin\theta = 30 \times 0.2 \times 0.3 \times \sin 30° = 30 \times 0.2 \times 0.3 \times \frac{1}{2} = 0.9$[V]

답 ②

218 핵심이론 찾아보기▶핵심 09-5

기사 83년 / 산업 11년 출제

자속밀도 B[Wb/m^2]인 자계 내를 속도 v[m/s]로 운동하는 길이 dl[m]의 도선에 유기되는 기전력[V]은?

① $v \times B$ ② $(v \times B) \cdot dl$ ③ $(v \cdot B)$ ④ $(v \cdot B) \times dl$

해설 자계 내를 운동하는 도체에 발생하는 기전력 $e = Blv\sin\theta$ [V]
벡터로 표시하면 $e = (v \times B) \cdot dl$

답 ②

219 핵심이론 찾아보기▶핵심 09-5

산업 14·06년 출제

전자유도 작용과 관계가 없는 것은?

① 가습기 ② 지진계 ③ 유량계 ④ 송화기

해설 변압기, 전동기, 송화기, 유량계, 지진계 등은 전자유도 작용의 원리를 이용한 것들이다.

답 ①

220 핵심이론 찾아보기▶핵심 09-6

산업 09년 출제

도전율이 5.8×10^7[℧/m], 비투자율이 1인 구리에 50[Hz]의 주파수를 갖는 전류가 흐를 때, 표피 두께는 약 몇 [mm]인가?

① 8.53 ② 9.35 ③ 11.28 ④ 13.03

해설 침투깊이 $\delta = \dfrac{1}{\sqrt{\pi f \sigma \mu}}$[m]에서

$$\delta = \frac{1}{\sqrt{\pi \times 50 \times 5.8 \times 10^7 \times 4\pi \times 10^{-7}}} = 9.35 \times 10^{-3}[\text{m}] = 9.35[\text{mm}]$$

답 ②

221 핵심이론 찾아보기▶핵심 09-6

산업 16년 출제

표피효과에 관한 설명으로 옳은 것은?

① 주파수가 낮을수록 침투깊이는 작아진다.
② 전도도가 작을수록 침투깊이는 작아진다.
③ 표피효과는 전계 혹은 전류가 도체 내부로 들어갈수록 지수 함수적으로 적어지는 현상이다.
④ 도체 내부의 전계의 세기가 도체 표면의 전계 세기의 $\dfrac{1}{2}$까지 감쇠되는 도체 표면에서 거리를 표피두께라 한다.

해설 **표피효과 침투깊이**

$$\delta = \sqrt{\frac{1}{\pi f \mu k}}[\text{m}] = \sqrt{\frac{\rho}{\pi f \mu}}$$

즉, 주파수 f, 도전율 k, 투자율 μ가 클수록 δ가 작아지므로 표피효과가 커진다.

답 ③

222 핵심이론 찾아보기▶핵심 09-6

기사 16년 출제

도전율 σ, 투자율 μ인 도체에 교류 전류가 흐를 때 표피효과의 영향에 대한 설명으로 옳은 것은?

① σ가 클수록 작아진다.
② μ가 클수록 작아진다.
③ μ_s가 클수록 작아진다.
④ 주파수가 높을수록 커진다.

해설 표피효과 침투깊이 $\delta = \sqrt{\frac{1}{\pi f \mu \sigma}}\,[\text{m}] = \sqrt{\frac{\rho}{\pi f \mu}}$

즉, 주파수 f, 도전율 σ, 투자율 μ가 클수록 δ가 작아지므로 표피효과가 커진다.

답 ④

223 핵심이론 찾아보기▶핵심 09-6

기사 05년 출제

주파수의 증가에 대하여 가장 급속히 증가하는 것은?

① 표피효과의 두께의 역수
② 히스테리시스 손실
③ 교번 자속에 의한 기전력
④ 와전류 손실

해설
- 표피두께 : $\delta = \frac{1}{\sqrt{\pi f \sigma \mu}}$: $\delta \propto \frac{1}{\sqrt{f}}$
- 히스테리시스 손실 : $W_h = \eta_h f B^{1.6}$: $W_h \propto f$
- 기전력 : $e = N\phi_m (2\pi f)\cos \omega t$: $e \propto f$
- 와전류 손실 : $W_e = \eta_e f^2 B^2$: $W_e \propto f^2$

따라서 와전류 손실은 $W_e \propto f^2$의 관계에서 주파수에 가장 큰 영향을 받는다.

답 ④

224 핵심이론 찾아보기▶핵심 09-7

산업 03년 출제

DC 전압을 가하면 전류는 도선 중심 쪽으로 흐르려고 한다. 이러한 현상을 무슨 효과라 하는가?

① Skin효과
② Pinch효과
③ 압전기효과
④ Peltier효과

해설 액체 도체에 전류를 흘리면 전류의 방향과 수직방향으로 원형 자계가 생겨서 전류가 흐르는 액체에는 구심력의 전자력이 작용한다. 그 결과 액체 단면은 수축하여 저항이 커지기 때문에 전류의 흐름은 작게 된다. 전류의 흐름이 작게 되면 수축력이 감소하여 액체 단면은 원상태로 복귀하고 다시 전류가 흐르게 되어 수축력이 작용한다. 이와 같은 현상을 핀치효과라 한다.

답 ②

225 핵심이론 찾아보기▶핵심 09-8

기사 16년 출제

전류가 흐르고 있는 도체와 직각방향으로 자계를 가하게 되면 도체 측면에 정·부의 전하가 생기는 것을 무슨 효과라 하는가?

① 톰슨(Thomson)효과
② 펠티에(Peltier)효과
③ 제벡(Seebeck)효과
④ 홀(Hall)효과

해설 ① 톰슨효과 : 동종의 금속에서도 각 부에서 온도가 다르면 그 부분에서 열의 발생 또는 흡수가 일어나는 효과를 말한다.

② 펠티에효과 : 서로 다른 두 금속에서 다른 쪽 금속으로 전류를 흘리면 열의 발생 또는 흡수가 일어나는데 이 현상을 펠티에효과라 한다.
③ 제벡효과 : 서로 다른 두 금속 A, B를 접속하고 다른 쪽에 전압계를 연결하여 접속부를 가열하면 전압이 발생하는 것을 알 수 있다. 이와 같이 서로 다른 금속을 접속하고 접속점을 서로 다른 온도를 유지하면 기전력이 생겨 일정한 방향으로 전류가 흐른다. 이러한 현상을 제벡효과라 한다. 즉, 온도차에 의한 열기전력 발생을 말한다.
④ 홀(Hall)효과 : 전기가 흐르고 있는 도체에 자계를 가하면 플레밍의 왼손법칙에 의하여 도체 내부의 전하가 횡방향으로 힘을 받아 도체 측면에 (+), (−)의 전하가 나타나는 현상이다.

답 ④

226 핵심이론 찾아보기▶핵심 10-1

산업 19년 출제

인덕턴스의 단위에서 1[H]는?

① 1[A]의 전류에 대한 자속이 1[Wb]인 경우이다.
② 1[A]의 전류에 대한 유전율이 1[F/m]이다.
③ 1[A]의 전류가 1초간에 변화하는 양이다.
④ 1[A]의 전류에 대한 자계가 1[AT/m]인 경우이다.

해설 자속 $\phi = LI$[Wb]

인덕턴스 $L = \frac{\phi}{I}\left[\mathrm{H} = \frac{\mathrm{Wb}}{\mathrm{A}}\right]$에서 1[H]는 1[A]의 전류에 의한 1[Wb]의 자속을 유도하는 계수이다.

답 ①

227 핵심이론 찾아보기▶핵심 10-1

기사 15년 / 산업 18년 출제

다음 중 [Ω · s]와 같은 단위는?

① [F] ② [F/m] ③ [H] ④ [H/m]

해설

$e = L\frac{di}{dt}$에서 $L = e\frac{dt}{di}$이므로 $[\mathrm{V}] = \left[\mathrm{H} \cdot \frac{\mathrm{A}}{\mathrm{s}}\right]$

$\therefore\ [\mathrm{H}] = \left[\frac{\mathrm{V}}{\mathrm{A}} \cdot \mathrm{s}\right] = [\Omega \cdot \mathrm{s}]$ $\quad \therefore$ [Henry]=[Ohm · s]

답 ③

228 핵심이론 찾아보기▶핵심 10-1

산업 19년 출제

자기 인덕턴스의 성질을 옳게 표현한 것은?

① 항상 0이다.
② 항상 정(正)이다.
③ 항상 부(負)이다.
④ 유도되는 기전력에 따라 정(正)도 되고 부(負)도 된다.

해설 자기 인덕턴스 L은 항상 정(正)이다.

답 ②

229 핵심이론 찾아보기▶핵심 10-1

산업 08·92·83·82년 출제

권수 200회이고, 자기 인덕턴스 20[mH]의 코일에 2[A]의 전류를 흘리면 자속[Wb]은?

① 0.04 ② 0.01 ③ 4×10^{-4} ④ 2×10^{-4}

해설 코일에 일정 전류 I가 흐를 때 생기는 자속 ϕ는 I에 비례

쇄교 자속수 $\Phi = N\phi = LI = 20\times10^{-3}\times2 = 40\times10^{-3}$[Wb·T]

자속 $\phi = \dfrac{LI}{N} = \dfrac{40\times10^{-3}}{200} = 2\times10^{-4}$[Wb]

답 ④

230 핵심이론 찾아보기▶핵심 10-1

산업 10·03년 출제

그림 (a)의 인덕턴스에 전류가 그림 (b)와 같이 흐를 때, 2초에서 6초 사이의 인덕턴스 전압 V_L은 몇 [V]인가? (단, L=1[H]이다.)

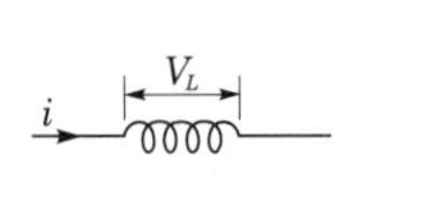

(a)

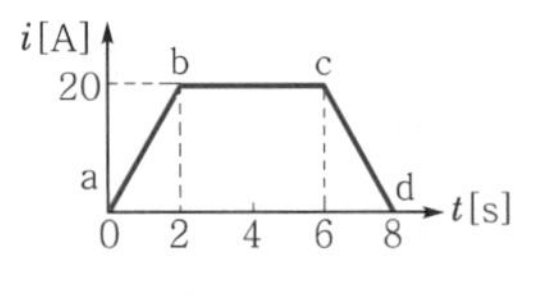

(b)

① 0 ② 5 ③ 10 ④ −5

해설 $e = -L\dfrac{di}{dt}$[V]에서 유기기전력 e는 전류의 기울기 $\dfrac{di}{dt}$에 비례하므로 b, c간에는 전류의 변화가 없으므로 $di=0$, 즉 유기기전력 $e_{bc}=0$[V]이다.

$e_{ab} = -L\dfrac{di}{dt} = -1\times\dfrac{20-0}{2-0} = -10$[V]

$e_{cd} = -L\dfrac{di}{dt} = -1\times\dfrac{0-20}{8-6} = 10$[V]

답 ①

231 핵심이론 찾아보기▶핵심 10-1

산업 16년 출제

100[mH]의 자기 인덕턴스를 갖는 코일에 10[A]의 전류를 통할 때 축적되는 에너지는 몇 [J]인가?

① 1 ② 5 ③ 50 ④ 1,000

해설 자기에너지 $W = \dfrac{1}{2}LI^2 = \dfrac{1}{2}\times100\times10^{-3}\times10^2 = 5$[J]

답 ②

232 핵심이론 찾아보기▶핵심 10-1

산업 19년 출제

자기 유도계수가 20[mH]인 코일에 전류를 흘릴 때 코일과의 쇄교 자속수가 0.2[Wb]였다면 코일에 축적된 에너지는 몇 [J]인가?

① 1 ② 2 ③ 3 ④ 4

해설 인덕턴스의 축적에너지(W_L)

$$W_L = \frac{1}{2}LI^2 = \frac{1}{2}\phi I = \frac{\phi^2}{2L} = \frac{0.2^2}{2\times 20\times 10^{-3}} = \frac{4\times 10^{-2}}{4\times 10^{-2}} = 1\,[\mathrm{J}]$$

답 ①

233

핵심이론 찾아보기▶핵심 10-1 산업 19년 출제

권선수가 N회인 코일에 전류 I[A]를 흘릴 경우, 코일에 ϕ[Wb]의 자속이 지나간다면 이 코일에 저장된 자계에너지[J]는?

① $\frac{1}{2}N\phi^2 I$ ② $\frac{1}{2}N\phi I$ ③ $\frac{1}{2}N^2\phi I$ ④ $\frac{1}{2}N\phi I^2$

해설 코일에 저장되는 에너지는 인덕턴스의 축적에너지이므로 $N\phi = LI$에서 $L = \frac{N\phi}{I}$이다.

$$\therefore\ W_L = \frac{1}{2}LI^2 = \frac{1}{2}\frac{N\phi}{I}I^2 = \frac{1}{2}N\phi I\,[\mathrm{J}]$$

답 ②

234

핵심이론 찾아보기▶핵심 10-2 산업 18년 출제

그림과 같이 일정한 권선이 감겨진 권선수 N회, 단면적 S[m²], 평균 자로의 길이 l[m]인 환상 솔레노이드에 전류 I[A]를 흘렸을 때 이 환상 솔레노이드의 자기 인덕턴스[H]는? (단, 환상 철심의 투자율은 μ이다.)

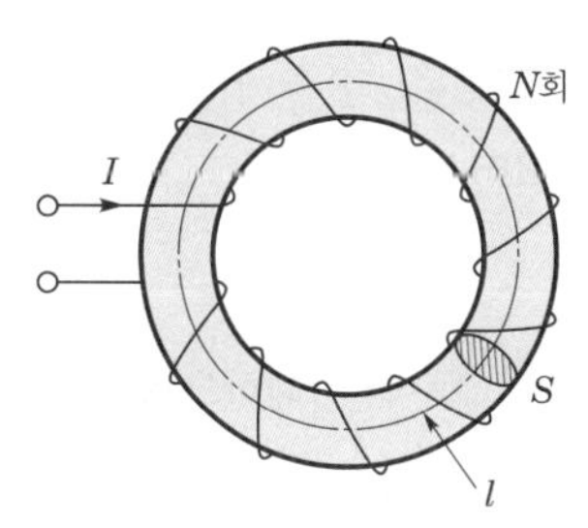

① $\frac{\mu^2 N}{l}$ ② $\frac{\mu SN}{l}$ ③ $\frac{\mu^2 SN}{l}$ ④ $\frac{\mu SN^2}{l}$

해설 자속 $\phi = BS = \mu HS = \frac{\mu SNI}{l}$ [Wb]

$\therefore$ 자기 인덕턴스 $L = \frac{N\phi}{I} = \frac{\mu SN^2}{l}$ [H]

답 ④

235

핵심이론 찾아보기▶핵심 10-2 산업 19년 출제

어떤 환상 솔레노이드의 단면적이 S이고, 자로의 길이가 l, 투자율이 μ라고 한다. 이 철심에 균등하게 코일을 N회 감고 전류를 흘렸을 때 자기 인덕턴스에 대한 설명으로 옳은 것은?

① 투자율 μ에 반비례한다.
② 권선수 N^2에 비례한다.
③ 자로의 길이 l에 비례한다.
④ 단면적 S에 반비례한다.

해설 자기 인덕턴스 $L = \frac{\mu S N^2}{l}$[H]

면적 S, 권수 N^2에 비례하고, 자로의 평균 길이 l에 반비례한다. 답 ②

236

핵심이론 찾아보기▶핵심 10-2 산업 01·99·96·86·84년 출제

코일의 권수를 2배로 하면 인덕턴스의 값은 몇 배가 되는가?

① $\frac{1}{2}$배 ② $\frac{1}{4}$배

③ 2배 ④ 4배

해설 $L = \frac{\mu S N^2}{l}$[H] $\propto N^2$이므로 코일의 권수를 2배로 하면 인덕턴스는 4배로 된다. 답 ④

237

핵심이론 찾아보기▶핵심 10-2 산업 17년 출제

N회 감긴 환상 솔레노이드의 단면적이 S[m^2]이고 평균 길이가 l[m]이다. 이 코일의 권수를 반으로 줄이고 인덕턴스를 일정하게 하려면?

① 길이를 $\frac{1}{2}$로 줄인다. ② 길이를 $\frac{1}{4}$로 줄인다.

③ 길이를 $\frac{1}{8}$로 줄인다. ④ 길이를 $\frac{1}{16}$로 줄인다.

해설 환상 솔레노이드의 인덕턴스

$L = \frac{\mu S N^2}{l}$[H]

인덕턴스는 코일의 권수 N^2에 비례하므로 권수를 $\frac{1}{2}$배로 하면 인덕턴스는 $\frac{1}{4}$배가 되므로 길이를 $\frac{1}{4}$로 줄이면 인덕턴스가 일정하게 된다. 답 ②

238

핵심이론 찾아보기▶핵심 10-2 산업 12·93년 출제

환상 철심의 코일수를 10배로 하였다면 인덕턴스의 값은 몇 배가 되는가?

① $\sqrt{10}$배 ② 10배

③ 100배 ④ 1,000배

해설 $L = \frac{\mu S N^2}{l}$[H] $\propto N^2$

따라서 $L = 10^2 = 100$배 답 ③

239 핵심이론 찾아보기▶핵심 10-2

기사 94년 / 산업 98년 출제

권수가 N 인 철심이 든 환상 솔레노이드가 있다. 철심의 투자율을 일정하다고 하면, 이 솔레노이드의 자기 인덕턴스 L[H]은? (단, 여기서 R_m 은 철심의 자기저항이고, 솔레노이드에 흐르는 전류를 I 라 한다.)

① $L=\dfrac{R_m}{N^2}$　② $L=\dfrac{N^2}{R_m}$　③ $L=R_mN^2$　④ $L=\dfrac{N}{R_m}$

$$L=\frac{N\phi}{I}=\frac{N\cdot\dfrac{F}{R_m}}{I}=\frac{N\cdot\dfrac{NI}{R_m}}{I}=\frac{N^2}{R_m}[\mathrm{H}]$$

답 ②

240 핵심이론 찾아보기▶핵심 10-2

기사 09·05·03·02년 출제

단면적 $S[\mathrm{m}^2]$, 단위길이에 대한 권수가 n_0[회/m]인 무한히 긴 솔레노이드의 단위길이당 자기 인덕턴스[H/m]를 구하면?

① μSn_0　② μSn_0^2　③ $\mu S^2n_0^2$　④ μS^2n_0

해설 무한장 솔레노이드의 자기 인덕턴스

$$L=\frac{n_0\phi}{I}=\frac{n_0}{I}\mu\cdot n_0I\pi a^2$$
$$=\mu\pi a^2n_0^2[\mathrm{H/m}]$$
$$=\mu S\cdot n_0^2[\mathrm{H/m}]$$

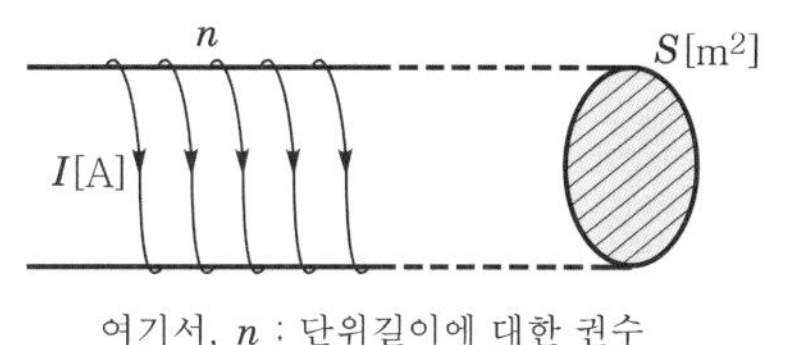

여기서, n : 단위길이에 대한 권수

답 ②

241 핵심이론 찾아보기▶핵심 10-2

산업 14·82년 출제

단면의 지름이 D[m], 권수가 n[T/m]인 무한장 솔레노이드에 전류 I[A]를 흘렸을 때, 길이 l[m]에 대한 인덕턴스 L[H]은?

① $4\pi^2\mu_s nD^2l\times10^{-7}$　② $4\pi\mu_s n^2D^2l\times10^{-7}$

③ $\pi^2\mu_s nD^2l\times10^{-7}$　④ $\pi^2\mu_s n^2D^2l\times10^{-7}$

해설 $L=L_0l=\mu_0\mu_s n^2Sl=4\pi\times10^{-7}\times\mu_s n^2\times\left(\dfrac{1}{4}\pi D^2\right)\times l=\pi^2\mu_s n^2D^2l\times10^{-7}[\mathrm{H}]$

답 ④

242 핵심이론 찾아보기▶핵심 10-2

기사 92·87년 / 산업 21·04·98년 출제

균일 분포 전류 I[A]가 반지름 a[m]인 비자성 원형 도체에 흐를 때, 단위길이당 도체 내부 인덕턴스[H/m]의 크기는? (단, 도체의 투자율을 μ_0로 가정한다.)

① $\dfrac{\mu_0}{2\pi}$　② $\dfrac{\mu_0}{4\pi}$　③ $\dfrac{\mu_0}{6\pi}$　④ $\dfrac{\mu_0}{8\pi}$

해설 동선의 경우는 $\mu\fallingdotseq\mu_0$이므로 $L_i=\dfrac{\mu}{8\pi}=\dfrac{\mu_0}{8\pi}[\mathrm{H/m}]$

답 ④

243 핵심이론 찾아보기▶핵심 10-2

산업 13년 출제

반지름 a[m]인 원통 도체가 있다. 이 원통 도체의 길이가 l[m]일 때, 내부 인덕턴스[H]는 얼마인가? (단, 원통 도체의 투자율은 μ[H/m]이다.)

① $\frac{\mu}{4\pi}$ ② $\frac{\mu}{4\pi}l$ ③ $\frac{\mu}{8\pi}$ ④ $\frac{\mu}{8\pi}l$

해설 단위길이당 내부 인덕턴스 $L=\frac{\mu}{8\pi}$[H/m]

원통 도체 내부의 인덕턴스 $L=\frac{\mu}{8\pi}\cdot l$[H]

답 ④

244 핵심이론 찾아보기▶핵심 10-2

산업 15년 출제

지름 2[mm], 길이 25[m]인 동선의 내부 인덕턴스는 몇 [μH]인가?

① 1.25 ② 2.5 ③ 5.0 ④ 25

해설 $L=\frac{\mu}{8\pi}l$ [H], $\mu \fallingdotseq \mu_0$(동선의 경우)이므로

$L=\frac{\mu_0}{8\pi}l=\frac{4\pi\times10^{-7}}{8\pi}\times25=12.5\times10^{-7}[\text{H}]=1.25[\mu\text{H}]$

답 ①

245 핵심이론 찾아보기▶핵심 10-2

기사 15·04·01년 출제

내도체의 반지름이 a[m]이고, 외도체의 내반지름이 b[m], 외반지름이 c[m]인 동축 케이블의 단위길이당 자기 인덕턴스는 몇 [H/m]인가?

① $\frac{\mu_0}{2\pi}\ln\frac{b}{a}$ ② $\frac{\mu_0}{\pi}\ln\frac{b}{a}$ ③ $\frac{2\pi}{\mu_0}\ln\frac{b}{a}$ ④ $\frac{\pi}{\mu_0}\ln\frac{b}{a}$

해설 도체 사이의 자기 인덕턴스 L은

$\therefore\ L=\frac{\phi}{I}=\frac{\mu_0}{2\pi}\ln\frac{b}{a}$[H/m]

도체 내의 인덕턴스는 $\mu/8\pi$[H/m]

$\therefore\ L=\frac{\mu_0}{2\pi}\ln\frac{b}{a}+\frac{\mu}{8\pi}=\frac{1}{2\pi}\left(\mu_0\ln\frac{b}{a}+\frac{\mu}{4}\right)$[H/m]

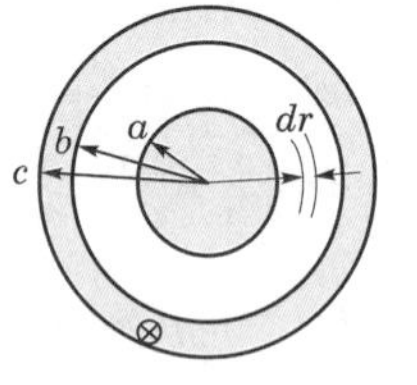

답 ①

246 핵심이론 찾아보기▶핵심 10-2

산업 17년 출제

내부 도체 반지름이 10[mm], 외부 도체의 내반지름이 20[mm]인 동축 케이블에서 내부 도체 표면에 전류 I가 흐르고, 얇은 외부 도체에 반대 방향인 전류가 흐를 때 단위길이당 외부 인덕턴스는 약 몇 [H/m]인가?

① 0.28×10^{-7} ② 1.39×10^{-7} ③ 2.03×10^{-7} ④ 2.78×10^{-7}

해설 인덕턴스

$$L=\frac{\phi}{I}=\frac{\mu_0}{2\pi}\ln\frac{b}{a}=\frac{4\pi\times10^{-7}}{2\pi}\ln\frac{20}{10}=1.39\times10^{-7}[\text{H/m}]$$

답 ②

247

핵심이론 찾아보기▶핵심 10-2

산업 15년 출제

내경의 반지름이 1[mm], 외경의 반지름이 3[mm]인 동축 케이블의 단위길이당 인덕턴스는 약 몇 [μH/m]인가? (단, 이때 $\mu_r=1$이며, 내부 인덕턴스는 무시한다.)

① 0.12 ② 0.22 ③ 0.32 ④ 0.42

해설

$$L=\frac{\mu}{2\pi}\ln\frac{b}{a}[\text{H/m}]=\frac{\mu\cdot\mu_s}{2\pi}\ln\frac{b}{a}=\frac{4\pi\times10^{-7}\times1}{2\pi}\ln\frac{(3\times10^{-3})}{(1\times10^{-3})}=0.22\times10^{-6}[\text{H/m}]$$
$$=0.22[\mu\text{H/m}]$$

답 ②

248

핵심이론 찾아보기▶핵심 10-2

기사 91년 / 산업 14년 출제

반지름 a[m], 선간 거리 d[m]인 평행 왕복 도선 간의 자기 인덕턴스[H/m]는 다음 중 어떤 값에 비례하는가?

① $\dfrac{\pi\mu_0}{\ln\frac{d}{a}}$ ② $\dfrac{\pi\mu_0}{\ln\frac{a}{d}}$ ③ $\dfrac{\mu_0}{2\pi}\ln\dfrac{a}{d}$ ④ $\dfrac{\mu_0}{\pi}\ln\dfrac{d}{a}$

해설 평행 왕복 도선 사이의 인덕턴스($d\gg a$인 경우)

$$L=\frac{\phi}{I}=\frac{\mu_0}{\pi}\ln\frac{d}{a}[\text{H/m}]$$

답 ④

249

핵심이론 찾아보기▶핵심 10-3

기사 05·96·90·86년 출제

그림과 같이 단면적 S[m^2], 평균 자로 길이 l[m], 투자율 μ[H/m]인 철심에 N_1, N_2 권선을 감은 무단(無端) 솔레노이드가 있다. 누설 자속을 무시할 때, 권선의 상호 인덕턴스[H]는?

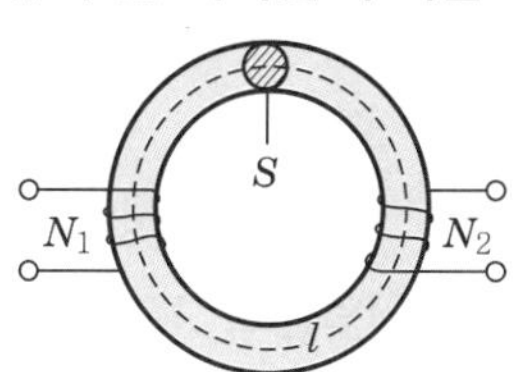

① $\dfrac{\mu N_1N_2S}{l^2}$ ② $\dfrac{\mu N_1N_2S}{l}$ ③ $\dfrac{\mu N_1{N_2}^2S}{l}$ ④ $\dfrac{\mu N_1N_2S^2}{l}$

해설 상호 인덕턴스

$$M=M_{12}=M_{21}=\frac{N_1N_2}{R_m}=\frac{\mu SN_1N_2}{l}[\text{H}]$$

답 ②

250 핵심이론 찾아보기▶핵심 10-3 산업 96·90년 출제

환상 철심에 권수 20회의 A 코일과 권수 80회의 B 코일이 있을 때, A 코일의 자기 인덕턴스가 5[mH]라면 두 코일의 상호 인덕턴스는 몇 [mH]인가?

① 20 ② 1.25 ③ 0.8 ④ 0.05

해설 $\therefore M=\dfrac{N_A N_B}{R_m}=L_A\dfrac{N_B}{N_A}=5\times\dfrac{80}{20}=20[\text{mH}]$

답 ①

251 핵심이론 찾아보기▶핵심 10-3 산업 80년 출제

철심이 들어 있는 환상 코일이 있다. 1차 코일의 권수 N_1 =100회일 때, 자기 인덕턴스는 0.01[H]였다. 이 철심에 2차 코일 N_2 =200회를 감았을 때 1, 2차 코일의 상호 인덕턴스는 몇 [H]인가? (단, 결합계수 k=1로 한다.)

① 0.01 ② 0.02 ③ 0.03 ④ 0.04

해설 $\therefore M=\dfrac{N_1 N_2}{R_m}=L_1\dfrac{N_2}{N_1}=0.01\times\dfrac{200}{100}=0.02[\text{H}]$

답 ②

252 핵심이론 찾아보기▶핵심 10-3 산업 85년 출제

원형 단면을 가진 비자성 재료에 균일하게 감긴 권수 N_1 =1,000회인 환상 솔레노이드의 자기 인덕턴스가 L_1 =2[mH]이다. 그 위에 N_2 =1,200회의 코일을 감으면 상호 인덕턴스[mH]는? (단, 누설 자속은 없는 것으로 본다.)

① 2.0 ② 2.4 ③ 3.6 ④ 4.5

해설 상호 인덕턴스

$$M=\frac{N_1 N_2}{R_m}=L_1\frac{N_2}{N_1}=2\times10^{-3}\times\frac{1,200}{1,000}$$
$$=2.4\times10^{-3}[\text{H}]=2.4[\text{mH}]$$

답 ②

253 핵심이론 찾아보기▶핵심 10-4 기사 03·02·01년 / 산업 22·20·07년 출제

자기 인덕턴스 L_1, L_2와 상호 인덕턴스 M과의 결합계수는 어떻게 표시되는가?

① $\dfrac{\sqrt{L_1 L_2}}{M}$ ② $\dfrac{M}{\sqrt{L_1 L_2}}$ ③ $\dfrac{M}{L_1 L_2}$ ④ $\dfrac{L_1 L_2}{M}$

해설 결합계수 $k=\dfrac{M}{\sqrt{L_1 L_2}}$ $(-1\leq k\leq 1)$

답 ②

254 핵심이론 찾아보기▶핵심 10-4

산업 07·06년 출제

자기 인덕턴스가 L_1, L_2이고 상호 인덕턴스가 M인 두 회로의 결합계수가 1이면 다음 중 옳은 것은?

① $L_1L_2 = M$　　② $L_1L_2 < M^2$
③ $L_1L_2 > M^2$　　④ $L_1L_2 = M^2$

해설 결합계수 k가 1이면 $k = \frac{M}{\sqrt{L_1L_2}}$에서 $M = \sqrt{L_1L_2}$
$\therefore M^2 = L_1L_2$

답 ④

255 핵심이론 찾아보기▶핵심 10-4

산업 95년 출제

두 개의 코일이 있다. 각각의 자기 인덕턴스가 0.4[H], 0.9[H]이고 상호 인덕턴스가 0.36[H]일 때, 결합계수는?

① 0.5　　② 0.6
③ 0.7　　④ 0.8

해설 $k = \frac{M}{\sqrt{L_1L_2}} = \frac{0.36}{\sqrt{0.4 \times 0.9}} = 0.6$

답 ②

256 핵심이론 찾아보기▶핵심 10-4

산업 15년 출제

자기 인덕턴스와 상호 인덕턴스와의 관계에서 결합계수 K에 영향을 주지 않는 것은?

① 코일의 형상　　② 코일의 크기
③ 코일의 재질　　④ 코일의 상대 위치

해설 결합계수 $K = \frac{M}{\sqrt{L_1L_2}}$에서 결합계수는 각 코일의 크기에 관계되며, 상호 인덕턴스의 크기가 회로의 권수 형태 및 주위 매질의 투자율, 상대 코일의 위치에 따라 결정되므로 결합계수 크기에 영향을 준다.

답 ③

257 핵심이론 찾아보기▶핵심 10-5

산업 04·01년 출제

자기 인덕턴스 L_1, L_2와 상호 인덕턴스 M과의 합성 인덕턴스[H]는?

① $L_1 + L_2 \pm 2M$　　② $\sqrt{L_1 + L_2} \pm 2M$
③ $L_1 + L_2 \pm 2\sqrt{M}$　　④ $\sqrt{L_1 + L_2} \pm 2\sqrt{M}$

해설 인덕턴스 직렬 접속 합성 인덕턴스 $L = L_1 + L_2 \pm 2M$[H]

답 ①

258 핵심이론 찾아보기▶핵심 10-5

산업 15년 출제

두 자기 인덕턴스를 직렬로 연결하여 두 코일이 만드는 자속이 동일 방향일 때, 합성 인덕턴스를 측정하였더니 75[mH]가 되었고, 두 코일이 만드는 자속이 서로 반대인 경우에는 25[mH]가 되었다. 두 코일의 상호 인덕턴스는 몇 [mH]인가?

① 12.5　　② 20.5
③ 25　　④ 30

해설 $L_+ = L_1 + L_2 + 2M = 75[\text{mH}]$ …… ㉠
$L_- = L_1 + L_2 - 2M = 25[\text{mH}]$ …… ㉡
㉠ − ㉡ 식에서 $\therefore M = \frac{75-25}{4} = \frac{50}{4} = 12.5[\text{mH}]$

답 ①

259 핵심이론 찾아보기▶핵심 10-5

산업 22·14·83년 출제

10[mH]의 두 자기 인덕턴스가 있다. 결합계수를 0.1로부터 0.9까지 변화시킬 수 있다면 이것을 접속시켜 얻을 수 있는 합성 인덕턴스의 최댓값과 최솟값의 비는?

① 9 : 1　　② 13 : 1
③ 16 : 1　　④ 19 : 1

해설 합성 인덕턴스 $L = L_1 + L_2 \pm 2M = L_1 + L_2 \pm 2k\sqrt{L_1 L_2}$[H]에서 합성 인덕턴스의 최솟값, 최댓값의 비는 결합계수 k가 가장 큰 경우($k=0.9$)에 제일 크다.
$k=0.9$, $M = k\sqrt{L_1 L_2} = 0.9\sqrt{10 \times 10} = 9[\text{mH}]$이므로
$L_{+\max} = L_1 + L_2 + 2M = 10 + 10 + 2 \times 9 = 38[\text{mH}]$
$L_{-\min} = L_1 + L_2 - 2M = 10 + 10 - 2 \times 9 = 2[\text{mH}]$
$\therefore L_{+\max} : L_{-\min} = 38 : 2 = 19 : 1$

답 ④

260 핵심이론 찾아보기▶핵심 10-5

산업 17년 출제

두 코일 A, B의 자기 인덕턴스가 각각 3[mH], 5[mH]라 한다. 두 코일을 직렬 연결 시 자속이 서로 상쇄되도록 했을 때의 합성 인덕턴스는 서로 증가하도록 연결했을 때의 60[%]이었다. 두 코일의 상호 인덕턴스는 몇 [mH]인가?

① 0.5　　② 1
③ 5　　④ 10

해설 $L_0 = L_A + L_B + 2M = 3 + 5 + 2M[\text{mH}]$ ………… ㉠
$0.6L_0 = L_A + L_B - 2M = 3 + 5 - 2M[\text{mH}]$ ………… ㉡
㉠ + ㉡
$1.6L_0 = 16 \quad \therefore L_0 = 10[\text{mH}]$
상호 인덕턴스 $M = \frac{L_0 - L_A - L_B}{2} = \frac{(10-3-5)}{2} = 1[\text{mH}]$

답 ②

261 핵심이론 찾아보기▶핵심 10-5

산업 17년 출제

그림과 같이 직렬로 접속된 두 개의 코일이 있을 때 $L_1=20$[mH], $L_2=80$[mH], 결합계수 $K=0.8$이다. 여기에 0.5[A]의 전류를 흘릴 때 이 합성 코일에 저축되는 에너지는 약 몇 [J]인가?

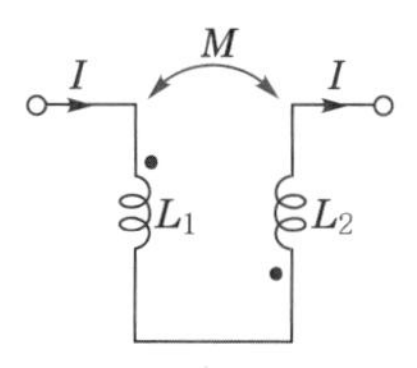

① 1.13×10^{-3} ② 2.05×10^{-2} ③ 6.63×10^{-2} ④ 8.25×10^{-2}

해설 점(dot)의 표시가 자속 방향이 같은 방향이 되도록 표시되어 있으므로 가동결합이다.

$M=K\sqrt{L_1L_2}=0.8\times\sqrt{20\times80}=32[\text{mH}]$

$\therefore\ W=\frac{1}{2}(L_1+L_2+2M)I^2=\frac{1}{2}\times(20+80+2\times32)\times10^{-3}\times0.5^2=2.05\times10^{-2}[\text{J}]$

답 ②

262 핵심이론 찾아보기▶핵심 11-1

기사 19년 출제

변위전류와 가장 관계가 깊은 것은?

① 도체 ② 반도체 ③ 유전체 ④ 자성체

해설 변위전류는 유전체 중의 속박 전자의 위치 변화에 의한 전류, 즉 전속밀도의 시간적 변화이다.

답 ③

263 핵심이론 찾아보기▶핵심 11-1

기사 12·07년 / 산업 11년 출제

유전체에서 변위전류를 발생하는 것은?

① 분극전하밀도의 시간적 변화
② 전속밀도의 시간적 변화
③ 자속밀도의 시간적 변화
④ 분극전하밀도의 공간적 변화

해설 **변위전류밀도**

$$\boldsymbol{i}_d=\frac{\partial \boldsymbol{D}}{\partial t}[\text{A/m}^2]$$

즉, 전속밀도의 시간적 변화를 변위전류라 한다.

답 ②

264 핵심이론 찾아보기▶핵심 11-1

산업 06·04·00년 출제

전도 전자나 구속 전자의 이동에 의하지 않는 전류는?

① 전도전류 ② 대류전류 ③ 분극전류 ④ 변위전류

해설 변위전류는 전속밀도의 시간적 변화에 의한 것이므로 전자의 이동에 의하지 않는 전류이다.

① 전도전류 : 도체 내에서 전계의 작용으로 자유 전자의 이동으로 생기는 것
② 대류전류 : 진공 내에 전자, 전해액 중의 이온 등과 같은 하전 입자의 운동에 의한 것
③ 분극전류 : 분극전하의 시간적 변화에 의한 것
④ 변위전류 : 전속밀도의 시간적 변화에 의한 것으로 하전체에 의하지 않는 전류

답 ④

265 핵심이론 찾아보기▶핵심 11-1

산업 19년 출제

자유 공간의 변위전류가 만드는 것은?

① 전계 ② 전속 ③ 자계 ④ 분극 지력선

해설 변위전류는 유전체 중의 속박 전자의 위치 변화에 따른 전류로 주위에 자계를 만든다.

답 ③

266 핵심이론 찾아보기▶핵심 11-1

산업 16년 출제

변위전류밀도와 관계없는 것은?

① 전계의 세기 ② 유전율 ③ 자계의 세기 ④ 전속밀도

해설 변위전류밀도 $i_d = \frac{\partial D}{\partial t} = \varepsilon \frac{\partial E}{\partial t}$ [A/m^2]

∴ 변위전류밀도는 전속밀도(D), 전계의 세기(E), 유전율(ε)과 관계 있다.

답 ③

267 핵심이론 찾아보기▶핵심 11-1

산업 19년 출제

간격 d[m]인 두 평행판 전극 사이에 유전율 ε인 유전체를 넣고 전극 사이에 전압 $e = E_m \sin\omega t$[V]를 가했을 때 변위전류밀도[A/m^2]는?

① $\frac{\varepsilon\omega E_m \cos\omega t}{d}$ ② $\frac{\varepsilon E_m \cos\omega t}{d}$

③ $\frac{\varepsilon\omega E_m \sin\omega t}{d}$ ④ $\frac{\varepsilon E_m \sin\omega t}{d}$

해설 **변위전류밀도**

$$i_d = \frac{\partial D}{\partial t} = \varepsilon \frac{\partial E}{\partial t} = \frac{\varepsilon}{d}\frac{\partial}{\partial t} E_m \sin\omega t = \frac{\varepsilon\omega}{d} E_m \cos\omega t \text{[A/m}^2\text{]}$$

답 ①

268 핵심이론 찾아보기▶핵심 11-1

산업 16년 출제

극판 간격 d[m], 면적 S[m^2], 유전율 ε[F/m]이고, 정전용량이 C[F]인 평행판 콘덴서에 $v = V_m \sin\omega t$[V]의 전압을 가할 때의 변위전류[A]는?

① $\omega C V_m \cos\omega t$ ② $C V_m \sin\omega t$

③ $-C V_m \sin\omega t$ ④ $-\omega C V_m \cos\omega t$

해설 **변위전류밀도**

$$i_d = \frac{\partial \boldsymbol{D}}{\partial t} = \varepsilon \frac{\partial \boldsymbol{E}}{\partial t} = \varepsilon \frac{\partial}{\partial t}\left(\frac{v}{d}\right) = \frac{\varepsilon}{d}\frac{\partial}{\partial t}(V_m \sin\omega t) = \frac{\varepsilon\omega V_m \cos\omega t}{d} \text{[A/m}^2\text{]}$$

변위전류 $I_d = i_d \cdot S = \frac{\varepsilon\omega V_m \cos\omega t}{d} \cdot \frac{Cd}{\varepsilon} = \omega C V_m \cos\omega t$ [A]

답 ①

269 핵심이론 찾아보기▶핵심 11-1

기사 09·95·90년 출제

간격 d [m]인 두 개의 평행판 전극 사이에 유전율 ε[F/m]의 유전체가 있을 때, 전극 사이에 전압 $v = V_m \sin\omega t$ [V]를 가하면 변위전류는 몇 [A]가 되겠는가? (단, 여기서 극판의 면적은 S[m²]이고 콘덴서의 정전용량은 C[F]라 한다.)

① $\dfrac{V_m}{\omega C}\sin\left(\omega t + \dfrac{\pi}{2}\right)$

② $\omega C V_m \sin\omega t$

③ $\omega C V_m \sin\left(\omega t + \dfrac{\pi}{2}\right)$

④ $-\omega C V_m \cos\omega t$

해설 $C = \dfrac{\varepsilon S}{d}$, $\boldsymbol{E} = \dfrac{v}{d}$, $\boldsymbol{D} = \varepsilon \boldsymbol{E}$ 이므로

$$\boldsymbol{i}_D = \frac{\partial \boldsymbol{D}}{\partial t} = \varepsilon\frac{\partial \boldsymbol{E}}{\partial t} = \varepsilon\frac{\partial}{\partial t}\left(\frac{v}{d}\right) = \frac{\varepsilon}{d}\frac{\partial}{\partial t}(V_m \sin\omega t) = \frac{\varepsilon\omega V_m \cos\omega t}{d}[\text{A/m}^2]$$

$$\therefore I_D = \boldsymbol{i}_D \cdot S = \frac{\varepsilon\omega V_m \cos\omega t}{d}\cdot\frac{Cd}{\varepsilon} = \omega C V_m \cos\omega t = \omega C V_m \sin\left(\omega t + \frac{\pi}{2}\right)[\text{A}]$$

답 ③

270 핵심이론 찾아보기▶핵심 11-1

산업 22·12·01·83·82년 출제

공기 중에서 $\boldsymbol{E}$[V/m]의 전계를 $\boldsymbol{i}_D$[A/m²]의 변위전류로 흐르게 하려면 주파수[Hz]는 얼마가 되어야 하는가?

① $f = \dfrac{\boldsymbol{i}_D}{2\pi\varepsilon\boldsymbol{E}}$

② $f = \dfrac{\boldsymbol{i}_D}{4\pi\varepsilon\boldsymbol{E}}$

③ $f = \dfrac{\varepsilon\boldsymbol{i}_D}{2\pi^2\boldsymbol{E}}$

④ $f = \dfrac{\boldsymbol{i}_D\boldsymbol{E}}{4\pi^2\varepsilon}$

해설 전계 $\boldsymbol{E}$를 페이저(phasor)로 표시하면 $\boldsymbol{E} = E_0 e^{j\omega t}$[V/m]가 되므로

$$\boldsymbol{i}_D = \frac{\partial \boldsymbol{D}}{\partial t} = \varepsilon\frac{\partial \boldsymbol{E}}{\partial t} = \varepsilon\frac{\partial}{\partial t}(E_0 e^{j\omega t}) = j\omega\varepsilon E_0 e^{j\omega t} = j\omega\varepsilon\boldsymbol{E}[\text{A/m}^2]$$

$\omega = 2\pi f$[rad/s]를 $|\boldsymbol{i}_D|$에 대입하면

$\boldsymbol{i}_D = 2\pi f\varepsilon\boldsymbol{E}[\text{A/m}^2]$

$$\therefore f = \frac{\boldsymbol{i}_D}{2\pi\varepsilon\boldsymbol{E}}[\text{Hz}]$$

답 ①

271 핵심이론 찾아보기▶핵심 11-1

기사 00·93년 출제

도전율 σ, 유전율 ε인 매질에 교류 전압을 가할 때, 전도전류와 변위전류의 크기가 같아지는 주파수[Hz]는?

① $f = \dfrac{\sigma}{2\pi\varepsilon}$

② $f = \dfrac{\varepsilon}{2\pi\sigma}$

③ $f = \dfrac{2\pi\varepsilon}{\sigma}$

④ $f = \dfrac{2\pi\sigma}{\varepsilon}$

해설 변위전류와 전도전류의 크기가 같아지는 주파수

$$f = \frac{\sigma}{2\pi\varepsilon}[\text{Hz}]$$

답 ①

272 핵심이론 찾아보기▶핵심 11-1

산업 15년 출제

투자율 $\mu=\mu_0$, 굴절률 $n=2$, 전도율 $\sigma=0.5$의 특성을 갖는 매질 내부의 한 점에서 전계가 $E=10\cos(2\pi ft)a_x$로 주어질 경우 전도전류밀도와 변위전류밀도의 최댓값의 크기가 같아지는 전계의 주파수 f[GHz]는?

① 1.75 ② 2.25 ③ 5.75 ④ 10.25

해설
- 전도전류밀도 : $i_c=\sigma E$
- 변위전류밀도 : $i_d=\varepsilon\omega E$
- 변위전류밀도와 전도전류밀도가 같아지는 주파수는 $i_c=i_d$에서 $f=\dfrac{\sigma}{2\pi\varepsilon}$[Hz]

$$\therefore\ f=\frac{\sigma}{2\pi\varepsilon}=\frac{\sigma}{2\pi(n^2\varepsilon_0)^2}=\frac{0.5}{2\pi\times 2^2\times 8.855\times 10^{-12}}=2.25\times 10^9[\text{Hz}]=2.25[\text{GHz}]$$

답 ②

273 핵심이론 찾아보기▶핵심 11-2

기사 12·07·05·04·81년 출제

미분 방정식 형태로 나타낸 맥스웰의 전자계 기초 방정식은?

① $\text{rot}\,\boldsymbol{E}=-\dfrac{\partial \boldsymbol{B}}{\partial t}$, $\text{rot}\,\boldsymbol{H}=i+\dfrac{\partial \boldsymbol{D}}{\partial t}$, $\text{div}\,\boldsymbol{D}=0$, $\text{div}\,\boldsymbol{B}=0$

② $\text{rot}\,\boldsymbol{E}=-\dfrac{\partial \boldsymbol{B}}{\partial t}$, $\text{rot}\,\boldsymbol{H}=i+\dfrac{\partial \boldsymbol{B}}{\partial t}$, $\text{div}\,\boldsymbol{D}=\rho$, $\text{div}\,\boldsymbol{B}=\boldsymbol{H}$

③ $\text{rot}\,\boldsymbol{E}=-\dfrac{\partial \boldsymbol{B}}{\partial t}$, $\text{rot}\,\boldsymbol{H}=i+\dfrac{\partial \boldsymbol{D}}{\partial t}$, $\text{div}\,\boldsymbol{D}=\rho$, $\text{div}\,\boldsymbol{B}=0$

④ $\text{rot}\,\boldsymbol{E}=-\dfrac{\partial \boldsymbol{B}}{\partial t}$, $\text{rot}\,\boldsymbol{H}=i$, $\text{div}\,\boldsymbol{D}=0$, $\text{div}\,\boldsymbol{B}=0$

해설 **맥스웰의 전자계 기초 방정식**
- $\text{rot}\,\boldsymbol{E}=\nabla\times\boldsymbol{E}=-\dfrac{\partial \boldsymbol{B}}{\partial t}=-\mu\dfrac{\partial \boldsymbol{H}}{\partial t}$ (패러데이 전자유도법칙의 미분형)
- $\text{rot}\,\boldsymbol{H}=\nabla\times\boldsymbol{H}=i+\dfrac{\partial \boldsymbol{D}}{\partial t}$ (앙페르 주회적분법칙의 미분형)
- $\text{div}\,\boldsymbol{D}=\nabla\cdot\boldsymbol{D}=\rho$ (가우스 정리의 미분형)
- $\text{div}\,\boldsymbol{B}=\nabla\cdot\boldsymbol{B}=0$ (가우스 정리의 미분형)

답 ③

274 핵심이론 찾아보기▶핵심 11-2

산업 18년 출제

맥스웰의 전자방정식으로 틀린 것은?

① $\text{div}\,\boldsymbol{B}=\phi$ ② $\text{div}\,\boldsymbol{D}=\rho$ ③ $\text{rot}\,\boldsymbol{E}=-\dfrac{\partial B}{\partial t}$ ④ $\text{rot}\,\boldsymbol{H}=i+\dfrac{\partial D}{\partial t}$

해설 **맥스웰의 전자계 기초 방정식**
- $\text{rot}\,\boldsymbol{E}=\nabla\times\boldsymbol{E}=-\dfrac{\partial \boldsymbol{B}}{\partial t}=-\mu\dfrac{\partial \boldsymbol{H}}{\partial t}$ (패러데이 전자유도법칙의 미분형)
- $\text{rot}\,\boldsymbol{H}=\nabla\times\boldsymbol{H}=i+\dfrac{\partial \boldsymbol{D}}{\partial t}$ (앙페르 주회적분법칙의 미분형)
- $\text{div}\,\boldsymbol{D}=\nabla\cdot\boldsymbol{D}=\rho$ (가우스 정리의 미분형)
- $\text{div}\,\boldsymbol{B}=\nabla\cdot\boldsymbol{B}=0$ (가우스 정리의 미분형)

답 ①

275

핵심이론 찾아보기▶핵심 11-2 산업 15년 출제

맥스웰의 전자방정식 중 패러데이의 법칙에 의하여 유도된 방정식은?

① $\nabla \times \boldsymbol{E} = -\dfrac{\partial \boldsymbol{B}}{\partial t}$　② $\nabla \times \boldsymbol{H} = i_c + \dfrac{\partial \boldsymbol{D}}{\partial t}$

③ $\text{div}\,\boldsymbol{D} = \rho$　④ $\text{div}\,\boldsymbol{B} = 0$

해설 **패러데이 전자유도법칙의 미분형**

$\text{rot}\,\boldsymbol{E} = \nabla \times \boldsymbol{E} = -\dfrac{\partial \boldsymbol{B}}{\partial t} = -\mu\dfrac{\partial \boldsymbol{H}}{\partial t}$

답 ①

276

핵심이론 찾아보기▶핵심 11-2 산업 19년 출제

맥스웰 전자방정식에 대한 설명으로 틀린 것은?

① 폐곡면을 통해 나오는 전속은 폐곡면 내의 전하량과 같다.
② 폐곡면을 통해 나오는 자속은 폐곡면 내의 자극의 세기와 같다.
③ 폐곡선에 따른 전계의 선적분은 폐곡선 내를 통하는 자속의 시간 변화율과 같다.
④ 폐곡선에 따른 자계의 선적분은 폐곡선 내를 통하는 전류와 전속의 시간적 변화율을 더한 것과 같다.

해설 $\text{div}\,\boldsymbol{B} = \nabla \cdot \boldsymbol{B} = 0$

자기력선은 스스로 폐루프를 이루고 있다는 것을 의미한다.

$\phi = \int B \cdot ds = \int \text{div}\,B dv = 0$

폐곡면을 통해 나오는 자속은 0이 된다.

답 ②

277

핵심이론 찾아보기▶핵심 11-2 산업 17년 출제

일반적인 전자계에서 성립되는 기본 방정식이 아닌 것은? (단, i는 전류밀도, ρ는 공간 전하밀도이다.)

① $\nabla \times \boldsymbol{H} = \boldsymbol{i} + \dfrac{\partial \boldsymbol{D}}{\partial t}$　② $\nabla \times \boldsymbol{E} = -\dfrac{\partial \boldsymbol{B}}{\partial t}$

③ $\nabla \cdot \boldsymbol{D} = \rho$　④ $\nabla \cdot \boldsymbol{B} = \mu \boldsymbol{H}$

해설 **맥스웰의 전자계 기초 방정식**

- $\text{rot}\,\boldsymbol{E} = \nabla \times \boldsymbol{E} = -\dfrac{\partial \boldsymbol{B}}{\partial t} = -\mu\dfrac{\partial \boldsymbol{H}}{\partial t}$(패러데이 전자유도법칙의 미분형)
- $\text{rot}\,\boldsymbol{H} = \nabla \times \boldsymbol{H} = \boldsymbol{i} + \dfrac{\partial \boldsymbol{D}}{\partial t}$(앙페르 주회적분법칙의 미분형)
- $\text{div}\,\boldsymbol{D} = \nabla \cdot \boldsymbol{D} = \rho$(정전계 가우스 정리의 미분형)
- $\text{div}\,\boldsymbol{B} = \nabla \cdot \boldsymbol{B} = 0$(정자계 가우스 정리의 미분형)

답 ④

278 핵심이론 찾아보기▶핵심 11-2

산업 19년 출제

다음 중 (　　)에 들어갈 내용으로 옳은 것은?

> 맥스웰은 전극 간의 유전체를 통하여 흐르는 전류를 해석하기 위해 (㉠)의 개념을 도입하였고, 이것도 (㉡)를 발생한다고 가정하였다.

① ㉠ 와전류, ㉡ 자계
② ㉠ 변위전류, ㉡ 자계
③ ㉠ 전자전류, ㉡ 전계
④ ㉠ 파동전류, ㉡ 전계

해설 맥스웰(Maxwell)은 유전체 중에서 속박 전자의 위치 변화에 대한 전류를 변위전류라 하였고, 이 변위전류도 전도전류와 같이 주위에 자계를 발생시킨다고 하였다.

답 ②

279 핵심이론 찾아보기▶핵심 11-3

기사 10년 / 산업 10·08·96·83·82년 출제

전자파의 진행 방향은?

① 전계 $\boldsymbol{E}$의 방향과 같다.
② 자계 $\boldsymbol{H}$의 방향과 같다.
③ $\boldsymbol{E}\times\boldsymbol{H}$의 방향과 같다.
④ $\boldsymbol{H}\times\boldsymbol{E}$의 방향과 같다.

해설 전자파의 진행 방향은 $\boldsymbol{E}$에서 $\boldsymbol{H}$로 나사를 돌릴 때 나사의 진행 방향, 즉 $\boldsymbol{E}\times\boldsymbol{H}$의 방향이다.

답 ③

280 핵심이론 찾아보기▶핵심 11-3

산업 16년 출제

전계와 자계의 위상관계는?

① 위상이 서로 같다.
② 전계가 자계보다 90° 늦다.
③ 전계가 자계보다 90° 빠르다.
④ 전계가 자계보다 45° 빠르다.

해설 자유 공간의 전자파는 진행 방향에 수직으로 전계와 자계가 동시에 존재해야 하고 이들이 포인팅 벡터를 구성하기 위하여 위상이 같아야 최대 에너지를 전달할 수 있다.

답 ①

281 핵심이론 찾아보기▶핵심 11-3

산업 15년 출제

100[MHz]의 전자파의 파장은?

① 0.3[m]
② 0.6[m]
③ 3[m]
④ 6[m]

해설 진공 중에서 전파 속도는 빛의 속도와 같으므로

$v=C_0=3\times10^8[\text{m/s}]$

$\therefore\ v=C_0=\lambda\cdot f\ [\text{m/s}]$

$\therefore\ \lambda=\dfrac{C_0}{f}=\dfrac{3\times10^8}{100\times10^6}=3[\text{m}]$

답 ③

282

핵심이론 찾아보기▶핵심 11-3

기사 07년 / 산업 22·00·99년 출제

유전율 ε, 투자율 μ 의 공간을 전파하는 전자파의 전파 속도 v[m/s]는?

① $v=\sqrt{\varepsilon\mu}$
② $v=\sqrt{\dfrac{\varepsilon}{\mu}}$
③ $v=\sqrt{\dfrac{\mu}{\varepsilon}}$
④ $v=\dfrac{1}{\sqrt{\varepsilon\mu}}$

해설 전자파의 전파 속도

$$v=\frac{1}{\sqrt{\varepsilon\mu}}=\frac{1}{\sqrt{\varepsilon_0\mu_0}}\cdot\frac{1}{\sqrt{\varepsilon_s\mu_s}}=C_0\frac{1}{\sqrt{\varepsilon_s\mu_s}}=\frac{3\times10^8}{\sqrt{\varepsilon_s\mu_s}}[\mathrm{m/s}]$$

답 ④

283

핵심이론 찾아보기▶핵심 11-3

산업 22·00년 출제

비유전율 $\varepsilon_s=2.75$의 기름 속에서 전자파 속도[m/s]를 구한 값은? (단, 비투자율 $\mu_s=1$이다.)

① 1.81×10^8
② 1.61×10^8
③ 1.31×10^8
④ 1.11×10^8

해설 전자파의 전파 속도

$$v=\frac{1}{\sqrt{\varepsilon\mu}}=\frac{1}{\sqrt{\varepsilon_0\mu_0}}\cdot\frac{1}{\sqrt{\varepsilon_s\mu_s}}=\frac{C_0}{\sqrt{\varepsilon_s\mu_s}}=\frac{3\times10^8}{\sqrt{2.75\times1}}=1.81\times10^8[\mathrm{m/s}]$$

답 ①

284

핵심이론 찾아보기▶핵심 11-3

기사 07년 출제

전계와 자계와의 관계에서 고유 임피던스는?

① $\dfrac{1}{\sqrt{\varepsilon\mu}}$
② $\sqrt{\dfrac{\varepsilon}{\mu}}$
③ $\sqrt{\dfrac{\mu}{\varepsilon}}$
④ $\sqrt{\varepsilon\mu}$

해설 고유 임피던스

$$\eta=\frac{\boldsymbol{E}}{\boldsymbol{H}}=\sqrt{\frac{\mu}{\varepsilon}}=\sqrt{\frac{\mu_0}{\varepsilon_0}}\cdot\sqrt{\frac{\mu_s}{\varepsilon_s}}=377\sqrt{\frac{\mu_s}{\varepsilon_s}}[\Omega]$$

답 ③

285

핵심이론 찾아보기▶핵심 11-3

기사 00년 / 산업 13·10년 출제

자유 공간의 고유 임피던스 $\sqrt{\dfrac{\mu_0}{\varepsilon_0}}$ 의 값은 몇 [Ω]인가?

① 60π
② 80π
③ 100π
④ 120π

해설 고유 임피던스

$$\eta=\frac{\boldsymbol{E}}{\boldsymbol{H}}=\sqrt{\frac{\mu}{\varepsilon}}=\sqrt{\frac{\mu_0}{\varepsilon_0}}\cdot\sqrt{\frac{\mu_s}{\varepsilon_s}}=377\sqrt{\frac{\mu_s}{\varepsilon_s}}[\Omega]$$

자유 공간의 고유 임피던스 $\eta=\sqrt{\dfrac{\mu_0}{\varepsilon_0}}=120\pi[\Omega]$

답 ④

286

핵심이론 찾아보기▶핵심 11-3

기사 10·09년 / 산업 22·03년 출제

비유전율 $\varepsilon_s = 80$, 비투자율 $\mu_s = 1$인 전자파의 고유 임피던스(intrinsic impedance)[Ω]는?

① 0.1 ② 80 ③ 8.9 ④ 42

해설 고유 임피던스

$$\eta = \frac{\boldsymbol{E}}{\boldsymbol{H}} = \sqrt{\frac{\mu}{\varepsilon}} = \sqrt{\frac{\mu_0}{\varepsilon_0}} \cdot \sqrt{\frac{\mu_s}{\varepsilon_s}} = 120\pi\sqrt{\frac{\mu_s}{\varepsilon_s}} = 377\sqrt{\frac{\mu_s}{\varepsilon_s}} = 377 \times \sqrt{\frac{1}{80}} = 42.2[\Omega]$$

답 ④

287

핵심이론 찾아보기▶핵심 11-3

산업 18년 출제

평면 전자파의 전계 E와 자계 H 사이의 관계식은?

① $E = \sqrt{\frac{\varepsilon}{\mu}}H$ ② $E = \sqrt{\mu\varepsilon}H$ ③ $E = \sqrt{\frac{\mu}{\varepsilon}}H$ ④ $E = \sqrt{\frac{1}{\mu\varepsilon}}H$

해설

$$\eta = \frac{E}{H} = \sqrt{\frac{\mu}{\varepsilon}}$$

$$\therefore E = \sqrt{\frac{\mu}{\varepsilon}}H$$

답 ③

288

핵심이론 찾아보기▶핵심 11-3

산업 18년 출제

자유 공간(진공)에서의 고유 임피던스[Ω]는?

① 144 ② 277 ③ 377 ④ 544

해설 진공의 고유 임피던스

$$\eta_0 = \sqrt{\frac{\mu_0}{\varepsilon_0}} = \sqrt{\frac{4\pi \times 10^{-7}}{\frac{1}{4\pi \times 9 \times 10^9}}} = 376.99 ≒ 377[\Omega]$$

답 ③

289

핵심이론 찾아보기▶핵심 11-3

산업 11·88·83년 출제

다음 중 전계와 자계와의 관계는?

① $\sqrt{\mu}H = \sqrt{\varepsilon}E$ ② $\sqrt{\mu\varepsilon} = EH$ ③ $\sqrt{\varepsilon}H = \sqrt{\mu}E$ ④ $\mu^{\varepsilon} = EH$

해설

$$\eta = \frac{E}{H} = \sqrt{\frac{\mu}{\varepsilon}}$$

$$\therefore \sqrt{\mu}H = \sqrt{\varepsilon}E$$

답 ①

290

핵심이론 찾아보기▶핵심 11-3

산업 17년 출제

영역 1의 유전체 $\varepsilon_{r1} = 4$, $\mu_{r1} = 1$, $\sigma_1 = 0$과 영역 2의 유전체 $\varepsilon_{r2} = 9$, $\mu_{r2} = 1$, $\sigma_2 = 0$일 때 영역 1에서 영역 2로 입사된 전자파에 대한 반사계수는?

① −0.2 ② −5.0 ③ 0.2 ④ 0.8

해설 고유 임피던스(파동 임피던스) $\eta = \frac{E}{H} = \sqrt{\frac{\mu}{\varepsilon}}$

$$\eta_1 = \sqrt{\frac{\mu_{r_1}}{\varepsilon_{r_1}}} = \sqrt{\frac{1}{4}} = 0.5$$

$$\eta_2 = \sqrt{\frac{\mu_{r_2}}{\varepsilon_{r_2}}} = \sqrt{\frac{1}{9}} = 0.33$$

$\therefore$ 반사계수 $\rho = \frac{\eta_2 - \eta_1}{\eta_2 + \eta_1} = \frac{0.33 - 0.5}{0.33 + 0.5} = -0.2$

답 ①

291

핵심이론 찾아보기▶**핵심 11-4**

기사 07년 / 산업 14·12·07년 출제

전계 E[V/m] 및 자계 H[AT/m]의 에너지가 자유 공간 중을 C[m/s]의 속도로 전파될 때, 단위시간당 단위면적을 지나가는 에너지는 몇 [W/m²]인가?

① $\sqrt{\varepsilon\mu}\,EH$　② EH　③ $\frac{EH}{\sqrt{\varepsilon\mu}}$　④ $\frac{1}{2}(\varepsilon E^2 + \mu H^2)$

해설 포인팅 벡터

$$P = w \times v = \sqrt{\varepsilon\mu}\;EH \times \frac{1}{\sqrt{\varepsilon\mu}} = EH\,[\mathrm{W/m^2}]$$

답 ②

292

핵심이론 찾아보기▶**핵심 11-4**

산업 13·09·08·03·02년 출제

100[kW]의 전력이 안테나에서 사방으로 균일하게 방사될 때, 안테나에서 1[km] 거리에 있는 점의 전계 실효값은 몇 [V/m]인가?

① 1.73　② 2.45　③ 3.68　④ 6.21

해설 $P = \frac{W}{S} = \frac{W}{4\pi r^2} = \frac{100 \times 10^3}{4\pi \times (1 \times 10^3)^2} = 7.96 \times 10^{-3}\,[\mathrm{W/m^2}]$

$P = EH = \sqrt{\frac{\varepsilon_0}{\mu_0}}\,E^2 = \frac{1}{377}E^2$이므로 $7.96 \times 10^{-3} = \frac{1}{377}E^2$

$\therefore E = \sqrt{3} = 1.732\,[\mathrm{V/m}]$

답 ①

293

핵심이론 찾아보기▶**핵심 11-응용**

기사 08·05년 출제

자계 실효값이 1[mA/m]인 평면 전자파가 공기 중에서 이에 수직되는 수직 단면적 10[m²]를 통과하는 전력[W]은?

① 3.77×10^{-3}　② 3.77×10^{-4}
③ 3.77×10^{-5}　④ 3.77×10^{-6}

해설 $W = PS = EHS = \sqrt{\frac{\mu_0}{\varepsilon_0}}\,H^2 S = 377 \times (10^{-3})^2 \times 10 = 3.77 \times 10^{-3}\,[\mathrm{W}]$

답 ①

294 핵심이론 찾아보기▶핵심 11-응용

산업 15·11년 출제

유전율 ε, 투자율 μ 인 매질 중을 주파수 f[Hz]의 전자파가 전파되어 나갈 때의 파장[m]은?

① $f\sqrt{\varepsilon\mu}$

② $\dfrac{1}{f\sqrt{\varepsilon\mu}}$

③ $\dfrac{f}{\sqrt{\varepsilon\mu}}$

④ $\dfrac{\sqrt{\varepsilon\mu}}{f}$

해설 $v^2 = \dfrac{1}{\varepsilon\mu}$ 에서 $v = \dfrac{1}{\sqrt{\varepsilon\mu}}$[m/s]이므로 $\lambda = \dfrac{v}{f} = \dfrac{1/\sqrt{\varepsilon\mu}}{f} = \dfrac{1}{f\sqrt{\varepsilon\mu}}$[m]

답 ②

295 핵심이론 찾아보기▶핵심 11-응용

산업 07·95·88년 출제

안테나에서 파장 40[cm]의 평면파가 자유 공간에 방사될 때, 발신 주파수는?

① 650[kHz] ② 650[MHz] ③ 750[MHz] ④ 7.5[MHz]

해설 자유 공간의 전자파 속도는 $v = C_0 = 3\times10^8$[m/s]$= \lambda f$, $\lambda = \dfrac{C_0}{f}$[m]

$\therefore f = \dfrac{C_0}{\lambda} = \dfrac{3\times10^8}{0.4} = 750$[MHz]

답 ③

296 핵심이론 찾아보기▶핵심 11-응용

산업 09·03년 출제

정전용량 5[μF]인 콘덴서를 200[V]로써 충전하여 자기 인덕턴스 $L=20$[mH], 저항 $r=0$인 코일을 통해 방전할 때 생기는 전기 진동의 주파수 f[Hz] 및 코일에 축적되는 에너지[J]는?

① 500, 0.1 ② 50, 1 ③ 500, 1 ④ 5,000, 0.1

해설 $W = \dfrac{1}{2}CV^2 = \dfrac{1}{2}\times5\times10^{-6}\times(200)^2 = 0.1$[J]

진동 주파수 $f = \dfrac{1}{2\pi\sqrt{LC}} = \dfrac{1}{2\times3.14\sqrt{20\times10^{-3}\times5\times10^{-6}}} = 503 \fallingdotseq 500$[Hz]

답 ①

297 핵심이론 찾아보기▶핵심 11-응용

산업 10·03년 출제

다음에서 무손실 전송 회로의 특성 임피던스를 나타낸 것은?

① $Z_0 = \sqrt{\dfrac{C}{L}}$

② $Z_0 = \sqrt{\dfrac{L}{C}}$

③ $Z_0 = \dfrac{1}{\sqrt{LC}}$

④ $Z_0 = \sqrt{LC}$

해설 선로의 특성 임피던스는 $Z_0 = \sqrt{\dfrac{R+j\omega L}{G+j\omega C}}$[Ω]

주파수가 충분히 높은 무손실 회로에서는 $Z_0 = \sqrt{\dfrac{L}{C}}$[Ω]

답 ②

298 핵심이론 찾아보기▶핵심 11-응용

기사 96년 출제

내도체의 반지름이 a[m], 외도체의 내반지름이 b[m]인 동축 케이블이 있다. 도체 사이에 있는 매질의 유전율은 ε[F/m], 투자율은 μ[H/m]이다. 이 케이블의 특성 임피던스[Ω]는?

① $\frac{1}{2\pi}\sqrt{\frac{\mu}{\varepsilon}}\log\frac{b}{a}$

② $\sqrt{\frac{\mu}{\varepsilon}}\log\frac{b}{a}$

③ $\log\frac{b}{a}/2\pi\sqrt{\varepsilon\mu}$

④ $2\pi\left(\sqrt{\mu\varepsilon}\cdot\log\frac{b}{a}\right)$

해설 $Z=\sqrt{\frac{L}{C}}=\frac{1}{2\pi}\sqrt{\frac{\mu}{\varepsilon}}\log\frac{b}{a}[\Omega]$

$\left(\text{단, } C=\frac{2\pi\varepsilon}{\log\frac{b}{a}}[\text{F/m}],\ L=\frac{\mu}{2\pi}\log\frac{b}{a}[\text{H/m}]\right)$

답 ①

299 핵심이론 찾아보기▶핵심 11-응용

산업 99년 출제

안지름 1[mm], 바깥 지름 10[mm]인 동축 케이블에서 내부 도체와 외부 도체 사이에 폴리에틸렌 ($\varepsilon_s=2.3$, $\mu_s=1$)을 채우면 특성 임피던스는 몇 [Ω]인가?

① 91 ② 115 ③ 135 ④ 16

해설 동축 케이블의 특성 임피던스

$$Z=\frac{1}{2\pi}\sqrt{\frac{\mu}{\varepsilon}}\ln\frac{b}{a}=138\sqrt{\frac{\mu_s}{\varepsilon_s}}\log\frac{b}{a}=138\sqrt{\frac{1}{\varepsilon_s}}\log\frac{b}{a}=138\sqrt{\frac{1}{2.3}}\log\frac{10}{1}=91[\Omega]$$

답 ①

300 핵심이론 찾아보기▶핵심 11-응용

산업 91년 출제

유전율, 투자율이 각각 ε_1, μ_1과 ε_2, μ_2인 두 유전체의 경계면에서 평면 전자파가 수직으로 입사할 때, 전계의 반사계수는? $\left(\text{단, } \eta_1=\sqrt{\frac{\mu_1}{\varepsilon_1}},\ \eta_2=\sqrt{\frac{\mu_2}{\varepsilon_2}}\right)$

① $\frac{2\eta_2}{\eta_2+\eta_1}$

② $\frac{2\eta_1}{\eta_2-\eta_1}$

③ $\frac{\eta_2-\eta_1}{\eta_2+\eta_1}$

④ $\frac{\eta_2+\eta_1}{\eta_2-\eta_1}$

해설 투과파 $\boldsymbol{E}_2=\left(\frac{2\eta_2}{\eta_1+\eta_2}\right)\boldsymbol{E}_1$, $\boldsymbol{H}_2=\frac{2\eta_1}{\eta_1+\eta_2}\boldsymbol{H}_1$

반사파 $\boldsymbol{E}_3=\left(\frac{\eta_2-\eta_1}{\eta_1+\eta_2}\right)\boldsymbol{E}_1$, $\boldsymbol{H}_3=\frac{\eta_2-\eta_1}{\eta_1+\eta_2}\boldsymbol{H}_1$

답 ③

02 CHAPTER 전력공학

001

핵심이론 찾아보기▶핵심 01-1

기사 14·10·01년 / 산업 94년 출제

가공전선로에 사용하는 전선의 구비조건으로 옳지 않은 것은?

① 비중(밀도)이 클 것
② 도전율이 높을 것
③ 기계적인 강도가 클 것
④ 내구성이 있을 것

해설 비중이 적을 것, 즉 전선은 가벼울수록 좋다.

답 ①

002

핵심이론 찾아보기▶핵심 01-2

산업 17년 출제

19/1.8[mm] 경동 연선의 바깥지름은 몇 [mm]인가?

① 5
② 7
③ 9
④ 11

해설 19가닥은 중심선을 뺀 층수가 2층이므로 $D=(2n+1)\cdot d=(2\times 2+1)\times 1.8=9$[mm]

답 ③

003

핵심이론 찾아보기▶핵심 01-2

산업 12·92년 출제

인장강도는 작으나 도전율이 높아 옥내 배선용으로 주로 사용되는 전선은 어느 것인가?

① 규동선
② 연동선
③ 경동선
④ 동복강선

해설 연동선은 경동선을 450~650[℃] 정도로 가열한 다음에 서서히 냉각한 것으로 인장강도는 25~30[kg/mm^2]로 경동선의 35~48[kg/mm^2]보다 약하지만 도전율이 높아 기계적 강도를 필요로 하지 않는 옥내 배선에 주로 사용된다.

답 ②

004

핵심이론 찾아보기▶핵심 01-2

산업 05·97년 출제

해안 지방의 송전용 나선으로 가장 적당한 것은?

① 동선
② 강선
③ 알루미늄 합금선
④ 강심 알루미늄선

해설 구리는 유황 성분에 약하고, 알루미늄은 염분에 약하므로, 해안 지역에는 나동선이 적합하고 온천 지역에는 알루미늄선이 적합하다.

답 ①

핵심이론 찾아보기▶핵심 01-3 기사 11·03·94년 / 산업 97년 출제

다음 중 켈빈(Kelvin) 법칙이 적용되는 것은?

① 경제적인 송전전압을 결정하고자 할 때
② 일정한 부하에 대한 계통 손실을 최소화하고자 할 때
③ 경제적 송전선의 전선의 굵기를 결정하고자 할 때
④ 화력발전소군의 총 연료비가 최소가 되도록 각 발전기의 경제 부하 배분을 하고자 할 때

해설 전선 단위길이의 시설비에 대한 1년간 이자와 감가상각비 등을 계산한 값과 단위길이의 1년간 손실 전력량을 요금으로 환산한 금액이 같아질 때 전선의 굵기가 가장 경제적이다.

$$\sigma = \sqrt{\frac{WMP}{\rho N}} = \sqrt{\frac{8.89 \times 55MP}{N}}\ [\mathrm{A/mm^2}]$$

여기서, σ : 경제적인 전류밀도[A/mm^2]
W : 전선 중량 8.89×10^{-3}[kg/mm^2·m]
M : 전선 가격[원/kg]
P : 전선비에 대한 연경비 비율
ρ : 저항률 $\frac{1}{55}$[Ω/mm^2-m]
N : 전력량의 가격[원/kW/년]

답 ③

006 핵심이론 찾아보기▶핵심 01-3 기사 19·18·17년 출제

옥내 배선의 전선 굵기를 결정할 때 고려해야 할 사항으로 틀린 것은?

① 허용전류 ② 전압강하 ③ 배선방식 ④ 기계적 강도

해설 전선 굵기 결정 시 고려사항은 허용전류, 전압강하, 기계적 강도이다.

답 ③

007 핵심이론 찾아보기▶핵심 01-4 기사 15·14·99년 / 산업 96년 출제

경간 200[m]의 지지점이 수평인 가공전선로가 있다. 전선 1[m]의 하중은 2[kg], 풍압하중은 없는 것으로 하고 전선의 인장하중은 4,000[kg], 안전율을 2.2로 하면 이도[m]는?

① 4.7 ② 5 ③ 5.5 ④ 6

해설

$$D = \frac{WS^2}{8T} = \frac{2 \times 200^2}{8 \times \frac{4,000}{2.2}} = 5.5[\mathrm{m}]$$

답 ③

008 핵심이론 찾아보기▶핵심 01-4 산업 03·97년 출제

가공전선로에서 전선의 단위길이당 중량과 경간이 일정할 때 이도는 어떻게 되는가?

① 전선의 장력에 비례한다. ② 전선의 장력에 반비례한다.
③ 전선의 장력의 제곱에 비례한다. ④ 전선의 장력의 제곱에 반비례한다.

해설 이도 $D=\dfrac{WS^2}{8T}$[m]이므로 하중과 경간의 제곱에 비례하고, 전선의 장력에는 반비례한다.

답 ②

009

핵심이론 찾아보기▶핵심 01-4

산업 18년 출제

전주 사이의 경간이 80[m]인 가공전선로에서 전선 1[m]당 하중이 0.37[kg], 전선의 이도가 0.8[m]일 때 수평장력은 몇 [kg]인가?

① 330 ② 350 ③ 370 ④ 390

해설 이도 $D=\dfrac{WS^2}{8T}$에서 수평장력 $T=\dfrac{WS^2}{8D}=\dfrac{0.37\times80^2}{8\times0.8}=370$[kg]

답 ③

010

핵심이론 찾아보기▶핵심 01-4

기사 22년 / 산업 16년 출제

그림과 같이 지지점 A, B, C에는 고·저 차가 없으며, 경간 AB와 BC 사이에 전선이 가설되어, 그 이도가 12[cm]이었다. 지금 경간 AC의 중점인 지지점 B에서 전선이 떨어져서 전선의 이도가 D로 되었다면 D는 몇 [cm]인가?

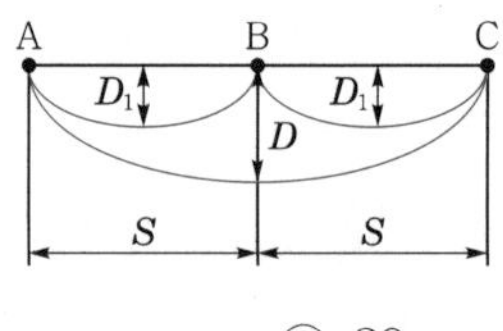

① 18 ② 24 ③ 30 ④ 36

해설 지지점 B는 A와 C의 중점이고 경간 AB와 AC는 동일하므로
$\therefore\ D=12\times2=24$[cm]

답 ②

011

핵심이론 찾아보기▶핵심 01-4

기사 04년 출제

가공 송전선로를 가선할 때에는 하중 조건과 온도 조건을 고려해서 적당한 이도를 주도록 해야 한다. 다음 중 이도에 대한 설명으로 옳은 것은?

① 이도가 작으면 전선이 좌우로 크게 흔들려서 다른 상의 전선에 접촉해서 위험하게 된다.
② 전선을 가선할 때 전선을 팽팽하게 가선하는 것을 이도를 크게 준다고 한다.
③ 이도를 작게 하면 이에 비례하여, 전선의 장력이 증가되며 심할 때는 전선 상호 간이 꼬이게 된다.
④ 이도의 대소는 지지물의 높이를 좌우한다.

해설 **이도(dip)의 영향**

- 이도의 대소는 지지물의 높이를 좌우한다.
- 이도가 너무 크면 그만큼 좌우로 크게 진동해서 다른 상의 전선에 접촉하거나 수목에 접촉해서 위험을 준다.
- 이도가 너무 작으면 그와 반비례해서 전선의 장력이 증가하여 심할 경우에 전선이 단선되기도 한다.

답 ④

012 핵심이론 찾아보기▶핵심 01-4

산업 17년 출제

가공선로에서 이도를 D[m]라 하면 전선의 실제 길이는 경간 S[m]보다 얼마나 차이가 나는가?

① $\frac{5D}{8S}$
② $\frac{3D^2}{8S}$
③ $\frac{9D}{8S^2}$
④ $\frac{8D^2}{3S}$

해설 전선의 실제 길이 $L = S + \frac{8D^2}{3S}$[m]

답 ④

013 핵심이론 찾아보기▶핵심 01-4

산업 18년 출제

전선의 지지점 높이가 31[m]이고, 전선의 이도가 9[m]라면 전선의 평균 높이는 몇 [m]인가?

① 25.0 ② 26.5 ③ 28.5 ④ 30.0

해설 지표상의 평균 높이 $h = H - \frac{2}{3}D = 31 - \frac{2}{3} \times 9 = 25$[m]

답 ①

014 핵심이론 찾아보기▶핵심 01-4

산업 10년 / 산업 89년 출제

경간 200[m]의 가공전선로가 있다. 전선 1[m]당의 하중은 2.0[kg], 풍압하중은 없는 것으로 하면 인장하중 4,000[kg]의 전선을 사용할 때 이도 및 전선의 실제 길이는 각각 몇 [m]인가? (단, 안전율은 2.0으로 한다.)

① 이도 : 5, 길이 : 200.33
② 이도 : 5.5, 길이 : 200.3
③ 이도 : 7.5, 길이 : 222.3
④ 이도 : 10, 길이 : 201.33

해설
- 이도 $D = \frac{WS^2}{8T} = \frac{2 \times 200^2}{8 \times \frac{4,000}{2}} = 5$[m]
- 전선의 실제 길이 $L = S + \frac{8D^2}{3S} = 200 + \frac{8 \times 5^2}{3 \times 200} = 200.33$[m]

답 ①

015 핵심이론 찾아보기▶핵심 01-5

기사 00년 / 산업 00년 출제

빙설이 많은 지방에서 특고압 가공전선의 이도(dip)를 계산할 때 전선 주위에 부착하는 빙설의 두께와 비중은 일반적인 경우 각각 얼마로 상정하는가?

① 두께 : 10[mm], 비중 : 0.9
② 두께 : 6[mm], 비중 : 0.9
③ 두께 : 10[mm], 비중 : 1
④ 두께 : 6[mm], 비중 : 1

해설 빙설(눈과 얼음)은 전선이나 가섭선에 온도가 낮은 저온계인 경우 부착하게 되는데 두께를 6[mm], 비중을 0.9로 하여 빙설하중이나 풍압하중 등을 계산하도록 되어 있다.

답 ②

016

핵심이론 찾아보기▶핵심 01-5 산업 13·94·88년 출제

풍압이 P[kg/m^2]이고 빙설이 많지 않은 지방에서 직경이 d[mm]인 전선 1[m]가 받는 풍압[kg/m]은 표면계수를 k라고 할 때 얼마가 되겠는가?

① $\frac{P(d+12)}{1,000}$ ② $\frac{Pk(d+6)}{1,000}$ ③ $\frac{Pkd}{1,000}$ ④ $\frac{Pkd^2}{1,000}$

해설 빙설이 많지 않은 지방은 전선에 빙설이 부착하지 않았으므로 빙설의 두께를 가산할 필요가 없으므로 $W_w = \frac{Pkd}{1,000}$[kg/m]

답 ③

017

핵심이론 찾아보기▶핵심 01-5 산업 94년 출제

가해지는 하중으로 전선의 자중을 W_c, 풍압을 W_w, 빙설하중을 W_i라 할 때 고온계 하중 시의 전선의 부하계수는?

① $\frac{\sqrt{W_c^2+W_w^2}}{W_c}$ ② $\frac{W_c}{\sqrt{W_c^2+W_w^2}}$

③ $\frac{\sqrt{W_c^2+W_w^2}}{W_i}$ ④ $\frac{W_i}{\sqrt{W_c^2+W_w^2}}$

해설 고온계에서는 빙설하중이 없으므로 $W_i=0$이다. 그러므로 부하계수$=\frac{\sqrt{W_c^2+W_w^2}}{W_c}$이다.

답 ①

018

핵심이론 찾아보기▶핵심 01-6 기사 18년 / 산업 16·11·09·08·01·94·89년 출제

송전선에 댐퍼(damper)를 다는 이유는?

① 전선의 진동 방지 ② 전선의 이탈 방지

③ 코로나의 방지 ④ 현수애자의 경사 방지

해설 진동방지대책으로 댐퍼(damper), 아머로드를 설치한다.

답 ①

019

핵심이론 찾아보기▶핵심 01-6 산업 09·04·00년 출제

가공전선로의 진동을 방지하기 위한 방법으로 옳지 않은 것은?

① 토셔널 댐퍼(torsional damper)의 설치

② 스프링 피스톤 댐퍼와 같은 진동 제지권을 설치

③ 경동선을 ACSR로 교환

④ 클램프나 전선 접촉기 등을 가벼운 것으로 바꾸고, 클램프 부근에 적당한 전선을 첨가

해설 전선의 진동은 전선이 가볍고, 선로가 긴 경우 심해지므로 진동 방지를 위해 ACSR를 경동선으로 교환한다.

답 ③

020 핵심이론 찾아보기▶핵심 01-6

기사 95년 / 산업 21·09·08·96·93년 출제

3상 수직 배치인 선로에서 오프셋(off-set)을 주는 이유는?

① 전선의 진동 억제
② 단락 방지
③ 철탑 중량 감소
④ 전선의 풍압 감소

해설 전선 도약으로 생기는 상하 전선 간의 단락을 방지하기 위해 오프셋(off-set)을 준다.

답 ②

021 핵심이론 찾아보기▶핵심 01-7

기사 11년 / 산업 21·01·00·95년 출제

애자가 갖추어야 할 구비조건으로 옳은 것은?

① 온도의 급변에 잘 견디고 습기도 잘 흡수하여야 한다.
② 지지물에 전선을 지지할 수 있는 충분한 기계적 강도를 갖추어야 한다.
③ 비, 눈, 안개 등에 대해서도 충분한 절연저항을 가지며 누설전류가 많아야 한다.
④ 선로전압에는 충분한 절연내력을 가지며, 이상전압에는 절연내력이 매우 작아야 한다.

해설 애자는 온도의 급변에 잘 견디고, 습기나 물기 등은 잘 흡수하지 않아야 한다.

답 ②

022 핵심이론 찾아보기▶핵심 01-8

산업 16년 출제

19~23개를 한 줄로 이어 단 표준 현수애자를 사용하는 전압[kV]은?

① 23[kV]
② 154[kV]
③ 345[kV]
④ 765[kV]

해설 **현수애자의 전압별 수량**

전압[kV]	22.9	66	154	345
수 량	2~3	4~6	9~11	19~23

답 ③

023 핵심이론 찾아보기▶핵심 01-9

산업 17년 출제

154[kV] 송전선로에 10개의 현수애자가 연결되어 있다. 다음 중 전압 부담이 가장 적은 것은? (단, 애자는 같은 간격으로 설치되어 있다.)

① 철탑에 가장 가까운 것
② 철탑에서 3번째에 있는 것
③ 전선에서 가장 가까운 것
④ 전선에서 3번째에 있는 것

해설 현수애자련의 전압 부담은 철탑에서 $\frac{1}{3}$ 지점(철탑에서 3번째)이 가장 적고, 전선에서 제일 가까운 것이 가장 크다.

답 ②

024 핵심이론 찾아보기▶핵심 01-9

산업 22·18년 출제

가공 송전선에 사용되는 애자 1련 중 전압 부담이 최대인 애자는?

① 중앙에 있는 애자
② 철탑에 제일 가까운 애자
③ 전선에 제일 가까운 애자
④ 전선으로부터 $\frac{1}{4}$ 지점에 있는 애자

해설 현수애자련의 전압 부담은 철탑에서 $\frac{1}{3}$ 지점이 가장 적고, 전선에서 제일 가까운 것이 가장 크다.

답 ③

025 핵심이론 찾아보기▶핵심 01-10

산업 04·94년 출제

250[mm] 현수애자 10개를 직렬로 접속된 애자련의 건조섬락전압이 590[kV]이고 연효율(string efficiency)은 0.74이다. 현수애자 한 개의 건조섬락전압은 약 몇 [kV]인가?

① 80
② 90
③ 100
④ 120

해설 연능률 $\eta = \frac{V_n}{n \cdot V_1} \times 100[\%]$에서 $V_1 = \frac{V_n}{n \cdot \eta} = \frac{590}{10 \times 0.74} = 79.7[\text{kV}]$

답 ①

026 핵심이론 찾아보기▶핵심 01-12

산업 03·96·92년 출제

지중 케이블에 있어서 고장점을 찾는 방법이 아닌 것은?

① 머레이 루프 시험기에 의한 방법
② 메거(megger)에 의한 측정법
③ 수색 코일에 의한 방법
④ 펄스에 의한 측정법

해설 **메거** : 절연저항 측정기

답 ②

027 핵심이론 찾아보기▶핵심 01-12

산업 03·96·91년 출제

지중 전선로인 전력 케이블의 고장 검출 방법으로 머레이(murray) 루프법이 있다. 이 방법을 사용하되 교류 전원 수화기를 접속시켜 찾을 수 있는 고장은?

① 1선 지락
② 2선 지락
③ 3선 단락
④ 1선 단선

해설 **머레이 루프법(murray loop methed)**
건전선과 고장선을 반대측에서 접속하여 루프를 만들어서 브리지를 형성하여 고장점까지의 거리를 구하는 것인데 반드시 1가닥의 건전선이 필요하고 또한 고장선은 단선되지 않아야 한다. 그러므로 이 방법 사용이 가능한 고장은 1선 지락 고장, 선간 단락 고장 등이다.

답 ①

028 핵심이론 찾아보기▶핵심 01-13

산업 06·99년 출제

케이블의 전력손실과 관계가 없는 것은?

① 도체의 저항손 ② 유전체손 ③ 연피손 ④ 철손

해설 케이블 손실은 저항손, 유전체손, 연피손이 있다.

답 ④

029 핵심이론 찾아보기▶핵심 01-14

기사 13·02·95년 / 산업 12·01·99년 출제

지중선 계통은 가공선 계통에 비하여 인덕턴스와 정전용량은 어떠한가?

① 인덕턴스, 정전용량이 모두 크다. ② 인덕턴스, 정전용량이 모두 작다.
③ 인덕턴스는 크고, 정전용량은 작다. ④ 인덕턴스는 작고, 정전용량은 크다.

해설 지중전선로는 가공전선로보다 인덕턴스는 약 $\frac{1}{6}$ 정도이고, 정전용량은 100배 정도이다.

답 ④

030 핵심이론 찾아보기▶핵심 02-1

기사 00년 출제

송전선로의 선로정수가 아닌 것은 다음 중 어느 것인가?

① 저항 ② 리액턴스 ③ 정전용량 ④ 누설 컨덕턴스

해설 선로정수는 R, L, C, G를 말한다.
리액턴스는 유도 리액턴스와 용량 리액턴스로 선로정수가 아니다.

답 ②

031 핵심이론 찾아보기▶핵심 02-2

기사 13·02·96년 / 산업 19·07·98년 출제

전선에서 전류의 밀도가 도선의 중심으로 들어갈수록 작아지는 현상은?

① 페란티효과 ② 접지효과 ③ 표피효과 ④ 근접효과

해설 표피효과란 전류의 밀도가 도선 중심으로 들어갈수록 줄어드는 현상으로, 전선이 굵을수록, 주파수가 높을수록 커진다.

답 ③

032 핵심이론 찾아보기▶핵심 02-2

기사 13년 / 산업 18·14·99년 출제

현수애자 4개를 1련으로 한 66[kV] 송전선로가 있다. 현수애자 1개의 절연저항이 1,500[MΩ]이라면 표준 경간을 200[m]로 할 때 1[km]당의 누설 컨덕턴스[℧]는?

① 0.83×10^{-9} ② 0.83×10^{-6} ③ 0.83×10^{-3} ④ 0.83×10

해설 현수애자 1련의 저항 $r=1.500\times10^{6}\times4=6\times10^{9}[\Omega]$
표준 경간이 200[m]이므로 병렬로 5련이 설치되므로

$$\therefore\ G=\frac{1}{R}=\frac{1}{\frac{r}{5}}=\frac{1}{\frac{6}{5}\times10^{9}}=\frac{5}{6}\times10^{-9}=0.83\times10^{-9}[℧]$$

답 ①

033 핵심이론 찾아보기▶핵심 02-2

산업 19년 출제

지름 5[mm]의 경동선을 간격 1[m]로 정삼각형 배치를 한 가공전선 1선의 작용 인덕턴스는 약 몇 [mH/km]인가? (단, 송전선은 평형 3상 회로)

① 1.13 ② 1.25 ③ 1.42 ④ 1.55

해설 인덕턴스

$$L = 0.05 + 0.4605\log_{10}\frac{2D}{d} = 0.05 + 0.4605\log_{10}\frac{2\times 1}{5\times 10^{-3}} \fallingdotseq 1.25[\text{mH/km}]$$

답 ②

034 핵심이론 찾아보기▶핵심 02-2

산업 13·99·95년 출제

3선식 송전선로의 선간거리가 D_1, D_2, D_3[m], 직경이 d[m]로 연가된 경우 전선 1[km]의 인덕턴스는 몇 [mH]인가?

① $0.05 + 0.4605\log_{10}\frac{\sqrt[3]{D_1 \cdot D_2 \cdot D_3}}{d}$

② $0.05 + 0.4605\log_{10}\frac{2\sqrt[3]{D_1 \cdot D_2 \cdot D_3}}{d}$

③ $0.05 + 0.4605\log_{10}\frac{d\sqrt[3]{D_1 \cdot D_2 \cdot D_3}}{2}$

④ $0.05 + 0.4605\log_{10}\frac{d}{\sqrt[3]{D_1 \cdot D_2 \cdot D_3}}$

해설

$$L = 0.05 + 0.4605\log_{10}\frac{D}{r} = 0.05 + 0.4605\log_{10}\frac{D}{\frac{d}{2}} = 0.05 + 0.4605\log_{10}\frac{2\cdot D}{d}$$

$$= 0.05 + 0.4605\log_{10}\frac{2\cdot\sqrt[3]{D_1 \cdot D_2 \cdot D_3}}{d}[\text{mH/km}]$$

답 ②

035 핵심이론 찾아보기▶핵심 02-2

기사 09년 / 산업 04년 출제

복도체 선로가 있다. 소도체의 지름이 8[mm], 소도체 사이의 간격이 40[cm]일 때, 등가 반지름 [cm]은?

① 2.8 ② 3.6 ③ 4.0 ④ 5.7

해설 복도체의 등가 반지름 $r_e = \sqrt[n]{r\cdot s^{n-1}}$ 이므로 복도체인 경우 $r_e = \sqrt{r\cdot s}$

∴ 등가 반지름 $r_e = \sqrt{\frac{8}{2}\times 10^{-1}\times 40} = 4[\text{cm}]$

답 ③

036 핵심이론 찾아보기▶핵심 02-2

산업 11년 출제

소도체 2개로 된 복도체 방식 3상 3선식 송전선로가 있다. 소도체 지름 2[cm], 소도체 간격 36[cm], 등가선간거리 120[cm]인 경우 복도체 1[km]의 인덕턴스[mH]는? (단, $\log_{10}2=0.3010$이다.)

① 1.436 ② 0.957 ③ 0.624 ④ 0.599

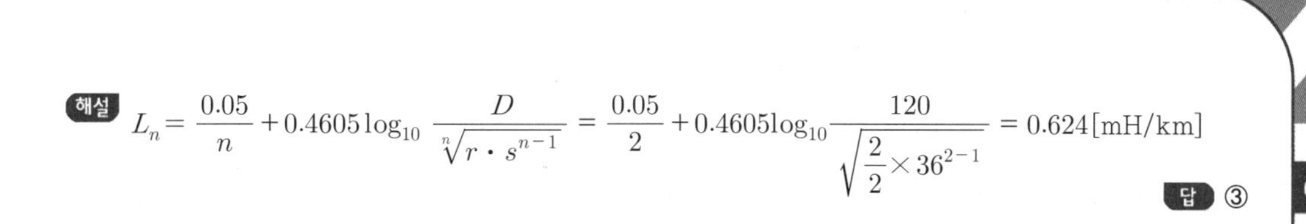

해설 $L_n = \frac{0.05}{n} + 0.4605\log_{10}\frac{D}{\sqrt[n]{r \cdot s^{n-1}}} = \frac{0.05}{2} + 0.4605\log_{10}\frac{120}{\sqrt{\frac{2}{2}\times 36^{2-1}}} = 0.624[\text{mH/km}]$

답 ③

037 핵심이론 찾아보기▶핵심 02-2

기사 09·94년 / 산업 22·01·00년 출제

그림과 같이 송전선이 4도체인 경우 소선 상호 간의 등가평균거리는?

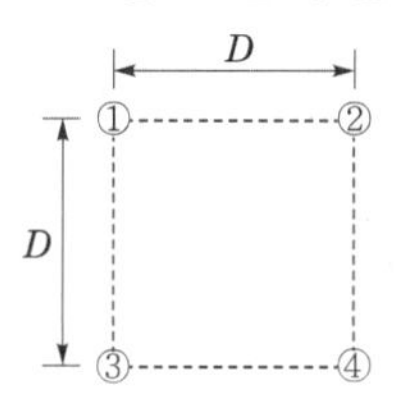

① $\sqrt[3]{2}D$ ② $\sqrt[4]{2}D$ ③ $\sqrt[6]{2}D$ ④ $\sqrt[8]{2}D$

해설 등가평균거리 $D_o = \sqrt[n]{D_1 \cdot D_2 \cdot D_3 \cdots D_n}$

대각선의 길이는 $\sqrt{2}D$이므로

$D_o = \sqrt[6]{D_{12} \cdot D_{24} \cdot D_{34} \cdot D_{13} \cdot D_{23} \cdot D_{14}} = \sqrt[6]{D \cdot D \cdot D \cdot D \cdot \sqrt{2}D \cdot \sqrt{2}D} = D \cdot \sqrt[6]{2}$ 답 ③

038 핵심이론 찾아보기▶핵심 02-2

산업 12·03·99년 출제

단상 2선식 배전선로에 있어서 대지정전용량을 C_s, 선간정전용량을 C_m이라 할 때 작용정전용량 C_0은?

① $C_s + C_m$ ② $C_s + 2C_m$ ③ $2C_s + C_m$ ④ $C_s + 3C_m$

해설

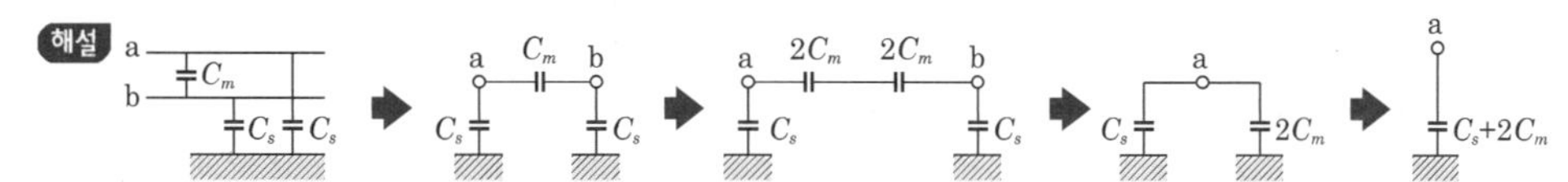

대지정전용량 C_s와 선간정전용량 C_m을 등가회로로 그려서 해석한다.

그러므로 단상 2선식 선로의 1선당 작용정전용량은 $C_o = C_s + 2C_m$이 된다. 답 ②

039 핵심이론 찾아보기▶핵심 02-2

기사 16·94년 / 산업 11·03·94년 출제

선간거리 $2D$[m]이고, 선로 도선의 지름이 d[m]인 선로의 단위길이당 정전용량[μF/km]은?

① $C = \frac{0.02413}{\log_{10}\frac{4D}{d}}$ ② $C = \frac{0.02413}{\log_{10}\frac{2D}{d}}$ ③ $C = \frac{0.02413}{\log_{10}\frac{D}{d}}$ ④ $C = \frac{0.2413}{\log_{10}\frac{4D}{d}}$

해설 $C = \frac{0.02413}{\log_{10}\frac{D}{r}} = \frac{0.02413}{\log_{10}\frac{2D}{\frac{d}{2}}} = \frac{0.02413}{\log_{10}\frac{4D}{d}}[\mu\text{F/km}]$ 답 ①

040 핵심이론 찾아보기▶핵심 02-2

기사 11·02·98년 / 산업 01년 출제

가공 송전선로에서 선간거리를 도체 반지름으로 나눈 값$(D \div r)$이 클수록 어떠한가?

① 인덕턴스 L과 정전용량 C는 둘 다 커진다.
② 인덕턴스는 커지나 정전용량은 작아진다.
③ 인덕턴스와 정전용량은 둘 다 작아진다.
④ 인덕턴스는 작아지나 정전용량은 커진다.

해설 $L = 0.05 + 0.4605\log_{10}\frac{D}{r}$ $\quad \therefore\ L \propto \log_{10}\frac{D}{r}$

$C = \frac{0.02413}{\log_{10}\frac{D}{r}}$ $\quad \therefore\ C \propto \frac{1}{\log_{10}\frac{D}{r}}$

답 ②

041 핵심이론 찾아보기▶핵심 02-3

산업 19년 출제

주파수 60[Hz], 정전용량 $\frac{1}{6\pi}$[μF]의 콘덴서를 △ 결선해서 3상 전압 20,000[V]를 가했을 때의 충전용량은 몇 [kVA]인가?

① 12 ② 24 ③ 48 ④ 50

해설 충전용량

$Q_c = 3\omega CV^2 = 3 \times 2\pi \times 60 \times \frac{1}{6\pi} \times 10^{-6} \times 20{,}000^2 \times 10^{-3} = 24[\text{kVA}]$

답 ②

042 핵심이론 찾아보기▶핵심 02-4

기사 03·96·95년 / 산업 21·19·16·14·11·03·01·00·99년 출제

3상 3선식 송전선로를 연가하는 목적은?

① 전압강하를 방지하기 위하여 ② 송전선을 절약하기 위하여
③ 미관상 ④ 선로정수를 평형시키기 위하여

해설 연가란 선로정수 평형을 위해 송전단에서 수전단까지 전체 선로구간을 3의 배수 등분하여 전선의 위치를 바꾸어 주는 것을 말한다.

답 ④

043 핵심이론 찾아보기▶핵심 02-4

기사 19·16년 / 산업 20·12년 출제

연가의 효과로 볼 수 없는 것은?

① 선로정수의 평형 ② 대지정전용량의 감소
③ 통신선의 유도장해의 감소 ④ 직렬 공진의 방지

해설 전선로 각 상의 선로정수를 평형되도록 선로 전체의 길이를 3의 배수 등분하여 각 상의 전선 위치를 바꾸어 주는 것으로 통신선에 대한 유도장해 방지 및 직렬 공진에 의한 이상전압 발생을 방지한다.

답 ②

044

핵심이론 찾아보기▶핵심 02-5

기사 99년 / 산업 02·94년 출제

송전선로의 코로나 임계전압이 높아지는 것은?

① 기압이 낮아지는 경우
② 전선의 지름이 큰 경우
③ 온도가 높아지는 경우
④ 상대공기밀도가 작은 경우

해설 코로나 발생 방지를 위해서는 코로나 임계전압을 높게 하여야 하기 때문에 전선의 굵기를 크게 하거나 복도체를 사용하여야 한다.

답 ②

045

핵심이론 찾아보기▶핵심 02-5

산업 15년 출제

다음 사항 중 가공 송전선로의 코로나 손실과 관계가 없는 사항은?

① 전원 주파수
② 전선의 연가
③ 상대공기밀도
④ 선간거리

해설 **코로나 손실**

$P_d = \frac{241}{\delta}(f+25)\sqrt{\frac{d}{2D}}(E-E_0)^2 \times 10^{-5}$[kW/km/선]이므로 전선의 연가와는 관련이 없다.

답 ②

046

핵심이론 찾아보기▶핵심 02-5

기사 10년 / 산업 22·00년 출제

송전선로의 코로나 발생 방지대책으로 가장 효과적인 것은?

① 전선의 선간거리를 증가시킨다.
② 선로의 대지 절연을 강화한다.
③ 철탑의 접지저항을 낮게 한다.
④ 전선을 굵게 하거나 복도체를 사용한다.

해설 코로나 발생 방지를 위해서는 코로나 임계전압을 높게 하여야 하기 때문에 전선의 굵기를 크게 하거나 복도체를 사용하여야 한다.

답 ④

047

핵심이론 찾아보기▶핵심 02-5

산업 22·07년 출제

송전선로의 코로나 손실을 나타내는 Peek식에서 E_0에 해당하는 것은?
(단, Peek식 $P = \frac{241}{\delta}(f+25)\sqrt{\frac{d}{2D}}(E-E_0)^2 \times 10^{-5}$[kW/km/선]이다.)

① 코로나 임계전압
② 전선에 걸리는 대지전압
③ 송전단 전압
④ 기준 충격 절연강도전압

해설 Peek식에서 δ : 상대공기밀도, d : 전선 직경, D : 선간거리, E : 대지전압, E_0 : 코로나 임계전압이다.

답 ①

048

핵심이론 찾아보기▶핵심 02-6 기사 12·09년 / 산업 22·21·14·12년 출제

다음 중 송전선로에 복도체를 사용하는 이유로 가장 알맞은 것은?

① 선로를 뇌격으로부터 보호한다.
② 선로의 진동을 없앤다.
③ 철탑의 하중을 평형화한다.
④ 코로나를 방지하고, 인덕턴스를 감소시킨다.

해설 복도체나 다도체의 사용 목적이 여러 가지 있을 수 있으나 그 중 주된 목적은 코로나 방지에 있다.

답 ④

049

핵심이론 찾아보기▶핵심 02-6 기사 13·04년 / 산업 18·01년 출제

복도체를 사용할 때의 장점에 해당되지 않는 것은?

① 코로나손(corona loss) 경감
② 인덕턴스가 감소하고, 커패시턴스가 증가
③ 안정도가 상승하고 충전용량이 증가
④ 정전 반발력에 의한 전선 진동이 감소

해설 복도체는 같은 방향의 전류가 소도체에 흐르므로 소도체 간에는 흡인력이 작용한다.

답 ④

050

핵심이론 찾아보기▶핵심 02-6 산업 16년 출제

3상 3선식 복도체 방식의 송전선로를 3상 3선식 단도체 방식 송전선로와 비교한 것으로 알맞은 것은? (단, 단도체의 단면적은 복도체 방식 소선의 단면적 합과 같은 것으로 한다.)

① 전선의 인덕턴스와 정전용량은 모두 감소한다.
② 전선의 인덕턴스와 정전용량은 모두 증가한다.
③ 전선의 인덕턴스는 증가하고, 정전용량은 감소한다.
④ 전선의 인덕턴스는 감소하고, 정전용량은 증가한다.

해설 **복도체의 특징**

- 인덕턴스와 리액턴스가 감소하고 정전용량이 증가하여 송전용량을 크게 할 수 있다.
- 전선 표면의 전위경도를 저감시켜 코로나를 방지한다.
- 전력 계통의 안정도를 증대시키고, 초고압 송전선로에 채용한다

답 ④

051

핵심이론 찾아보기▶핵심 03-1 산업 20년 출제

지상 부하를 가진 3상 3선식 배전선로 또는 단거리 송전선로에서 선간전압강하를 나타낸 식은? (단, I, R, X, θ는 각각 수전단 전류, 선로저항, 리액턴스 및 수전단 전류의 위상각이다.)

① $I(R\cos\theta + X\sin\theta)$
② $2I(R\cos\theta + X\sin\theta)$
③ $\sqrt{3}\,I(R\cos\theta + X\sin\theta)$
④ $3I(R\cos\theta + X\sin\theta)$

해설 3상 선로의 전압강하 $e = \sqrt{3}\,I(R\cos\theta + X\sin\theta)$이다.

답 ③

052 핵심이론 찾아보기▶핵심 03-1

산업 18년 출제

3상 3선식 배전선로에 역률이 0.8(지상)인 3상 평형 부하 40[kW]를 연결했을 때 전압강하는 약 몇 [V]인가? (단, 부하의 전압은 200[V], 전선 1조의 저항은 0.02[Ω]이고, 리액턴스는 무시한다.)

① 2 ② 3 ③ 4 ④ 5

해설 리액턴스는 무시하므로 전압강하 $e=\dfrac{P}{V}(R+X\tan\theta)=\dfrac{40}{0.2}\times 0.02=4[\mathrm{V}]$

답 ③

053 핵심이론 찾아보기▶핵심 03-1

기사 17·02·99년 / 산업 04년 출제

수전단 전압 3.3[kV], 역률 0.85[lag]인 부하 300[kW]에 공급하는 선로가 있다. 이때 송전단 전압은 약 몇 [V]인가?

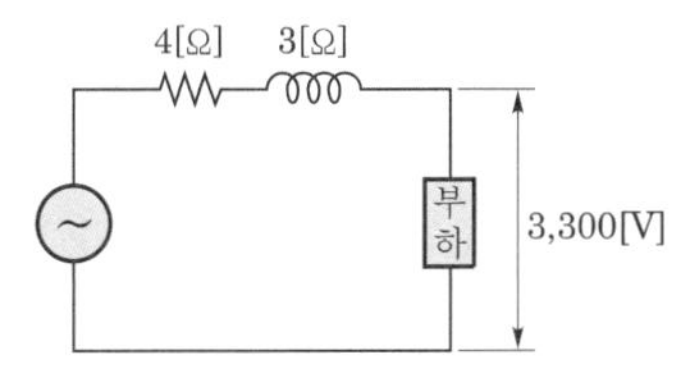

① 약 3,420 ② 약 3,560 ③ 약 3,680 ④ 약 3,830

해설 부하전력 $P=VI\cos\theta$에서 $I=\dfrac{P}{V\cos\theta}=\dfrac{3\times 10^5}{3,300\times 0.85}=107[\mathrm{A}]$

송전단 전압 $V_s=V_R+I(R\cos\theta+X\sin\theta)=3,300+107(4\times 0.85+3\times\sqrt{1-0.85^2})$
$=3,832.9 \fallingdotseq 3,830[\mathrm{V}]$

답 ④

054 핵심이론 찾아보기▶핵심 03-1

기사 86년 / 산업 94년 출제

송전단 전압이 6,600[V], 수전단 전압이 6,100[V]였다. 수전단의 부하를 끊은 경우 수전단 전압이 6,300[V]라면 이 회로의 전압강하율과 전압변동률은 각각 몇 [%]인가?

① 3.28, 8.2 ② 8.2, 3.28 ③ 4.14, 6.8 ④ 6.8, 4.14

해설 전압강하율 $\varepsilon=\dfrac{6,600-6,100}{6,100}\times 100[\%]=8.19[\%]$

전압변동률 $\delta=\dfrac{6,300-6,100}{6,100}\times 100[\%]=3.278[\%]$

답 ②

055 핵심이론 찾아보기▶핵심 03-1

산업 17년 출제

송전단 전압이 154[kV], 수전단 전압이 150[kV]인 송전선로에서 부하를 차단하였을 때 수전단 전압이 152[kV]가 되었다면 전압변동률은 약 몇 [%]인가?

① 1.11 ② 1.33 ③ 1.63 ④ 2.25

해설 전압변동률

$$\delta = \frac{V_{r0} - V_{rn}}{V_{rn}} \times 100[\%] = \frac{152-150}{150} \times 100[\%] = 1.33[\%]$$

답 ②

056

핵심이론 찾아보기▶핵심 03-1 산업 19·13·93년 출제

송전선로의 전압을 2배로 승압할 경우 동일 조건에서 공급전력을 동일하게 취하면 선로손실은 승압 전의 (㉠)배로 되고, 선로손실률을 동일하게 취하면 공급전력은 승압 전의 (㉡)배로 된다. 빈 칸에 알맞은 것은?

① ㉠ $\frac{1}{4}$, ㉡ 4　② ㉠ 4, ㉡ $\frac{1}{4}$　③ ㉠ $\frac{1}{4}$, ㉡ 2　④ ㉠ 4, ㉡ $\frac{1}{2}$

해설 전력손실은 전압의 제곱에 반비례하므로 $P_l = \frac{1}{V^2} = \frac{1}{2^2} = \frac{1}{4}$배

공급전력은 손실률이 일정한 경우 전압의 제곱에 비례하므로 $P = V^2 = 2^2 = 4$배

답 ①

057

핵심이론 찾아보기▶핵심 03-1 산업 19년 출제

동일한 부하전력에 대하여 전압을 2배로 승압하면 전압강하, 전압강하율, 전력손실률은 각각 얼마나 감소하는지를 순서대로 나열한 것은?

① $\frac{1}{2}$, $\frac{1}{2}$, $\frac{1}{2}$　② $\frac{1}{2}$, $\frac{1}{2}$, $\frac{1}{4}$　③ $\frac{1}{2}$, $\frac{1}{4}$, $\frac{1}{4}$　④ $\frac{1}{4}$, $\frac{1}{4}$, $\frac{1}{4}$

해설 전압을 2배로 승압하면, 전압강하는 $\frac{1}{2}$배, 전선량과 전력손실 및 전압강하율은 $\frac{1}{4}$배로 감소하고, 전력은 4배로 증가한다.

답 ③

058

핵심이론 찾아보기▶핵심 03-2 산업 22·20년 출제

송전선로에서 4단자 정수 A, B, C, D 사이의 관계는?

① $BC-AD=1$　② $AC-BD=1$　③ $AB-CD=1$　④ $AD-BC=1$

해설 4단자 정수의 성질

$$\begin{vmatrix} A & B \\ C & D \end{vmatrix} = AD - BC = 1$$

답 ④

059

핵심이론 찾아보기▶핵심 03-2 산업 17년 출제

단거리 송전선의 4단자 정수 A, B, C, D 중 그 값이 0인 정수는?

① A　② B　③ C　④ D

해설 단거리 송전선로는 정전용량과 누설 컨덕턴스를 무시하므로 어드미턴스 $Y = G + j\omega C$는 없다.

답 ③

060 핵심이론 찾아보기▶핵심 03-2

기사 14·13년 / 산업 97년 출제

그림과 같이 회로정수 A, B, C, D인 송전선로에 변압기 임피던스 Z_R를 수전단에 접속했을 때 변압기 임피던스 Z_R를 포함한 새로운 회로정수 D_o는? (단, 그림에서 E_S, I_S는 송전단 전압, 전류이고, E_R, I_R는 수전단의 전압, 전류이다.)

① $B+AZ_R$　　② $B+CZ_R$

③ $D+AZ_R$　　④ $D+CZ_R$

해설 $\begin{bmatrix} A_o & B_o \\ C_o & D_o \end{bmatrix} = \begin{bmatrix} A & B \\ C & D \end{bmatrix}\begin{bmatrix} 1 & Z_R \\ 0 & 1 \end{bmatrix} = \begin{bmatrix} A & AZ_R+B \\ C & CZ_R+D \end{bmatrix}$

$\therefore D_o = D+CZ_R$

답 ④

061 핵심이론 찾아보기▶핵심 03-2

기사 19·12년 / 산업 03·00·98·94년 출제

중거리 송전선로의 T형 회로에서 송전단 전류 I_S는? (단, Z, Y는 선로의 직렬 임피던스와 병렬 어드미턴스이고, E_R는 수전단 전압, I_R는 수전단 전류이다.)

① $I_R\left(1+\frac{ZY}{2}\right)+E_RY$　　② $E_R\left(1+\frac{ZY}{2}\right)+ZI_R\left(1+\frac{ZY}{4}\right)$

③ $E_R\left(1+\frac{ZY}{2}\right)+ZI_R$　　④ $I_R\left(1+\frac{ZY}{2}\right)+E_RY\left(1+\frac{ZY}{4}\right)$

해설

T형 회로 $\begin{bmatrix} A & B \\ C & D \end{bmatrix} = \begin{bmatrix} 1+\frac{ZY}{2} & Z\left(1+\frac{ZY}{4}\right) \\ Y & 1+\frac{ZY}{2} \end{bmatrix}$

송전단 전류 $I_S = CE_R+DI_R = Y \cdot E_R+\left(1+\frac{ZY}{2}\right)I_R$

답 ①

062 핵심이론 찾아보기▶핵심 03-2

산업 21·14·12·01년 출제

T형 회로에서 4단자 정수 A는 다음 중 어느 것인가?

① $\left(1+\frac{ZY}{2}\right)$　　② $\left(1+\frac{ZY}{4}\right)$

③ Y　　④ Z

해설

T형 회로 $\begin{bmatrix} A & B \\ C & D \end{bmatrix} = \begin{bmatrix} 1+\frac{ZY}{2} & Z\left(1+\frac{ZY}{4}\right) \\ Y & 1+\frac{ZY}{2} \end{bmatrix}$

답 ①

063

핵심이론 찾아보기▶핵심 03-2 기사 03·00년 / 산업 00년 출제

일반 회로정수가 같은 평행 2회선에서 $\dot{A}$, $\dot{B}$, $\dot{C}$, $\dot{D}$는 각각 1회선의 경우의 몇 배로 되는가?

① 2, 2, $\frac{2}{1}$, 1 ② 1, 2, $\frac{1}{2}$, 1 ③ 1, $\frac{1}{2}$, 2, 1 ④ 1, $\frac{1}{2}$, 2, 2

해설 평행 2회선 송전선로의 4단자 정수 $\begin{bmatrix} A_o & B_o \\ C_o & D_o \end{bmatrix} = \begin{bmatrix} A & \frac{B}{2} \\ 2C & D \end{bmatrix}$

A와 D는 일정하고, B는 $\frac{1}{2}$배 감소되고, C는 2배가 된다.

답 ③

064

핵심이론 찾아보기▶핵심 03-2 기사 11년 / 산업 94년 출제

154[kV], 300[km]의 3상 송전선에서 일반 회로정수는 다음과 같다. A=0.900, B=150, $C=j0.901\times10^{-3}$, D=0.930이 송전선에서 무부하 시 송전단에 154[kV]를 가했을 때 수전단 전압은 몇 [kV]인가?

① 143 ② 154 ③ 166 ④ 171

해설 무부하일 때는 수전단 전류 $I_R=0$이므로 $E_S=AE_R$에서

수전단 전압 $E_R=\frac{E_S}{A}=\frac{154}{0.9}=171[\text{kV}]$

답 ④

065

핵심이론 찾아보기▶핵심 03-2 기사 12년 / 산업 19년 출제

일반 회로정수가 A, B, C, D이고 송전단 상전압이 E_S인 경우 무부하 시의 충전전류(송전단 전류)는?

① $\frac{C}{A}E_S$ ② $\frac{A}{C}E_S$ ③ ACE_S ④ CE_S

해설 무부하인 경우는 수전단이 개방상태이므로 수전단 전류 $I_R=0$이다.

충전전류(무부하 전류) : $I_{SO}=\frac{C}{A}E_S$

답 ①

066

핵심이론 찾아보기▶핵심 03-2 산업 20·08년 출제

수전단 전압이 송전단 전압보다 높아지는 현상을 무엇이라 하는가?

① 페란티효과 ② 표피효과 ③ 근접효과 ④ 도플러효과

해설 경부하 또는 무부하인 경우에는 선로의 작용정전용량에 의한 충전전류의 영향이 크게 작용해서 전류는 진상전류로 되고, 이때에 수전단 전압이 송전단 전압보다 높게 되는 것을 페란티현상(ferranti effect)이라 한다.

답 ①

067

핵심이론 찾아보기▶핵심 03-2

산업 16년 출제

송전선로에 충전전류가 흐르면 수전단 전압이 송전단 전압보다 높아지는 현상과 이 현상의 발생 원인으로 가장 옳은 것은?

① 페란티효과, 선로의 인덕턴스 때문
② 페란티효과, 선로의 정전용량 때문
③ 근접효과, 선로의 인덕턴스 때문
④ 근접효과, 선로의 정전용량 때문

해설 경부하 또는 무부하인 경우에는 선로의 정전용량에 의한 충전전류의 영향이 크게 작용해서 진상전류가 흘러 수전단 전압이 송전단 전압보다 높게 되는 것을 페란티효과(Ferranti effect)라 하고, 이것의 방지대책으로는 분로(병렬) 리액터를 설치한다.

답 ②

068

핵심이론 찾아보기▶핵심 03-2

산업 17년 출제

다음 중 페란티현상의 방지대책으로 적합하지 않은 것은?

① 선로전류를 지상이 되도록 한다.
② 수전단에 분로 리액터를 설치한다.
③ 동기조상기를 부족 여자로 운전한다.
④ 부하를 차단하여 무부하가 되도록 한다.

해설 페란티효과의 원인이 경부하나 무부하일 때 선로의 정전용량에 의한 진상전류이므로 부하를 차단하여 무부하가 되면 안 된다.

답 ④

069

핵심이론 찾아보기▶핵심 03-3

기사 17년 / 산업 17년 출제

장거리 송전선로의 특성을 표현한 회로로 옳은 것은?

① 분산부하회로
② 분포정수회로
③ 집중정수회로
④ 특성 임피던스 회로

해설 장거리 송전선로의 송전 특성은 분포정수회로로 해석한다.

답 ②

070

핵심이론 찾아보기▶핵심 03-3

기사 21년 / 산업 18년 출제

선로의 특성 임피던스에 관한 내용으로 옳은 것은?

① 선로의 길이에 관계없이 일정하다.
② 선로의 길이가 길어질수록 값이 커진다.
③ 선로의 길이가 길어질수록 값이 작아진다.
④ 선로의 길이보다는 부하전력에 따라 값이 변한다.

해설 특성 임피던스 $Z_0 = \sqrt{\dfrac{L}{C}} = 138\log_{10}\dfrac{D}{r}$으로 거리에 관계없이 일정하다.

답 ①

071

핵심이론 찾아보기▶핵심 03-3

산업 22·17년 출제

파동 임피던스가 300[Ω]인 가공 송전선 1[km]당의 인덕턴스는 몇 [mH/km]인가? (단, 저항과 누설 컨덕턴스는 무시한다.)

① 0.5 ② 1 ③ 1.5 ④ 2

해설 파동 임피던스 $Z_0 = \sqrt{\dfrac{L}{C}} = 138\log\dfrac{D}{r}$ 이므로 $\log\dfrac{D}{r} = \dfrac{Z_0}{138} = \dfrac{300}{138}$

$\therefore L = 0.4605\log\dfrac{D}{r}[\text{mH/km}] = 0.4605 \times \dfrac{300}{138} \fallingdotseq 1[\text{mH/km}]$

답 ②

072

핵심이론 찾아보기▶핵심 03-3

산업 17년 출제

수전단을 단락한 경우 송전단에서 본 임피던스는 300[Ω]이고, 수전단을 개방한 경우에는 1,200[Ω]일 때 이 선로의 특성 임피던스는 몇 [Ω]인가?

① 300 ② 500 ③ 600 ④ 800

해설 $Z_0 = \sqrt{Z_{ss} \cdot Z_{so}} = \sqrt{300 \times 1{,}200} = 600[\Omega]$

답 ③

073

핵심이론 찾아보기▶핵심 03-4

기사 11년 / 산업 12·04·03년 출제

62,000[kW]의 전력을 60[km] 떨어진 지점에 송전하려면 전압은 몇 [kV]로 하면 좋은가?

① 66 ② 110 ③ 140 ④ 154

해설 $[\text{kV}] = 5.5\sqrt{0.6 \times 60 + \dfrac{62{,}000}{100}} = 140[\text{kV}]$

답 ③

074

핵심이론 찾아보기▶핵심 03-5

산업 19년 출제

송전단 전압 161[kV], 수전단 전압 155[kV], 상차각 40°, 리액턴스가 49.8[Ω]일 때 선로 손실을 무시한다면 전송전력은 약 몇 [MW]인가?

① 289 ② 322 ③ 373 ④ 869

해설 전송전력 $P = \dfrac{V_s V_r}{X}\sin\delta = \dfrac{161 \times 155}{49.8} \times \sin 40° \fallingdotseq 322[\text{MW}]$

답 ②

075

핵심이론 찾아보기▶핵심 03-5

산업 22·19년 출제

단거리 송전선로에서 정상상태 유효전력의 크기는?

① 선로 리액턴스 및 전압 위상차에 비례한다.
② 선로 리액턴스 및 전압 위상차에 반비례한다.
③ 선로 리액턴스에 반비례하고, 상차각에 비례한다.
④ 선로 리액턴스에 비례하고, 상차각에 반비례한다.

해설 전송전력 $P_s = \frac{E_s E_r}{X} \sin\delta$[MW]이므로 송·수전단 전압 및 상차각에는 비례하고, 선로의 리액턴스에는 반비례한다.

답 ③

076

핵심이론 찾아보기▶핵심 03-6 | 산업 19년 출제

전력원선도의 실수축과 허수축은 각각 어느 것을 나타내는가?

① 실수축은 전압이고, 허수축은 전류이다.
② 실수축은 전압이고, 허수축은 역률이다.
③ 실수축은 전류이고, 허수축은 유효전력이다.
④ 실수축은 유효전력이고, 허수축은 무효전력이다.

해설 전력원선도는 복소전력과 4단자 정수를 이용한 송·수전단의 전력을 원선도로 나타낸 것이므로 가로(실수)축에는 유효전력을, 세로(허수)축에는 무효전력을 표시한다.

답 ④

077

핵심이론 찾아보기▶핵심 03-6 | 기사 02·98·94년 / 산업 19·04·99·97·96년 출제

송수 양단의 전압을 E_S, E_R라 하고 4단자 정수를 A, B, C, D라 할 때 전력원선도의 반지름은?

① $\frac{E_S E_R}{A}$
② $\frac{E_S E_R}{B}$
③ $\frac{E_S E_R}{C}$
④ $\frac{E_S E_R}{D}$

해설 전력원선도의 가로축에는 유효전력, 세로축에는 무효전력을 나타내고, 그 반지름은 $r = \frac{E_S E_R}{B}$이다.

답 ②

078

핵심이론 찾아보기▶핵심 03-6 | 기사 19·12·04·01·99·94년 / 산업 10·04·93년 출제

전력원선도에서 알 수 없는 것은?

① 전력
② 손실
③ 역률
④ 코로나 손실

해설 사고 시의 과도안정 극한전력, 코로나 손실은 전력원선도에서는 알 수 없다.

답 ④

079

핵심이론 찾아보기▶핵심 03-7 | 산업 21·17년 출제

조상설비가 아닌 것은?

① 단권 변압기
② 분로 리액터
③ 동기조상기
④ 전력용 콘덴서

해설 조상설비의 종류에는 동기조상기(진상, 지상 양용)와 전력용 콘덴서(진상용) 및 분로 리액터(지상용)가 있다.

답 ①

080 핵심이론 찾아보기▶핵심 03-7

산업 17년 출제

㉠ 동기조상기와 ㉡ 전력용 콘덴서를 비교한 것으로 옳은 것은?

① 시송전 : ㉠ 불가능, ㉡ 가능
② 전력손실 : ㉠ 작다, ㉡ 크다
③ 무효전력 조정 : ㉠ 계단적, ㉡ 연속적
④ 무효전력 : ㉠ 진상·지상용, ㉡ 진상용

해설 전력용 콘덴서와 동기조상기의 비교

동기조상기	전력용 콘덴서
진상 및 지상용	진상용
연속적 조정	계단적 조정
회전기로 손실이 큼	정지기로 손실이 작음
시송전 가능	시송전 불가
송전 계통에 주로 사용	배전 계통에 주로 사용

답 ④

081 핵심이론 찾아보기▶핵심 03-8

기사 09년 / 산업 13·12년 출제

역률 0.8(지상)의 5,000[kW]의 부하에 전력용 콘덴서를 병렬로 접속하여 합성 역률을 0.9로 개선하고자 할 경우 소요되는 콘덴서의 용량[kVA]으로 적당한 것은 어느 것인가?

① 820
② 1,080
③ 1,350
④ 2,160

해설 $Q_C = 5,000\left(\frac{\sqrt{1-0.8^2}}{0.8} - \frac{\sqrt{1-0.9^2}}{0.9}\right) = 1,350[\text{kVA}]$

답 ③

082 핵심이론 찾아보기▶핵심 03-8

산업 17년 출제

3,300[V], 60[Hz], 뒤진 역률 60[%], 300[kW]의 단상 부하가 있다. 그 역률을 100[%]로 하기 위한 전력용 콘덴서의 용량은 몇 [kVA]인가?

① 150
② 250
③ 400
④ 500

해설 역률이 $100[\%](\cos\theta_2 = 1)$이므로 $Q_c = P\left(\frac{\sin\theta_1}{\cos\theta_1} - \frac{0}{1}\right) = 300 \times \frac{0.8}{0.6} = 400[\text{kVA}]$

답 ③

083 핵심이론 찾아보기▶핵심 03-8

산업 19년 출제

뒤진 역률 80[%], 10[kVA]의 부하를 가지는 주상 변압기의 2차측에 2[kVA]의 전력용 콘덴서를 접속하면 주상 변압기에 걸리는 부하는 약 몇 [kVA]가 되겠는가?

① 8
② 8.5
③ 9
④ 9.5

해설 역률 개선 후 변압기에 걸리는 부하(개선 후 피상전력)

$P_a' = \sqrt{\text{유효전력}^2 + (\text{무효전력} - \text{진상용량})^2} = \sqrt{(10\times0.8)^2 + (10\times0.6-2)^2} \fallingdotseq 9[\text{kVA}]$

답 ③

084 핵심이론 찾아보기▶핵심 03-8

기사 13·96·94년 / 산업 11년 출제

전력용 콘덴서 회로에 직렬 리액터를 접속시키는 목적은 무엇인가?

① 콘덴서 개방 시의 방전 촉진 ② 콘덴서에 걸리는 전압의 저하
③ 제3고조파의 침입 방지 ④ 제5고조파 이상의 고조파의 침입 방지

해설 송전선에 콘덴서를 연결하면 제3고조파는 △결선으로 제거되지만 제5고조파가 발생되므로 제5고조파 제거를 위해 직렬 리액터를 삽입한다.

답 ④

085 핵심이론 찾아보기▶핵심 03-8

산업 22·08·04·94년 출제

전력용 콘덴서의 방전코일의 역할은?

① 잔류 전하의 방전 ② 고조파의 억제
③ 역률의 개선 ④ 콘덴서의 수명 연장

해설 콘덴서에 전원을 제거하여도 충전된 잔류 전하에 의한 인축에 대한 감전사고를 방지하기 위해 잔류 전하를 모두 방전시켜야 한다.

답 ①

086 핵심이론 찾아보기▶핵심 03-9

기사 22년 / 산업 17년 출제

전력 계통에서 안정도의 종류에 속하지 않는 것은?

① 상태 안정도 ② 정태 안정도 ③ 과도 안정도 ④ 동태 안정도

해설 **전력 계통 안정도**
- 정태 안정도 → 고유 정태 안정도, 동적 정태 안정도
- 과도 안정도 → 고유 과도 안정도, 동적 과도 안정도

답 ①

087 핵심이론 찾아보기▶핵심 03-9

기사 03년 / 산업 20·15·11·94년 출제

정태안정 극한전력이란?

① 부하가 서서히 증가할 때의 극한전력 ② 부하가 갑자기 변할 때의 극한전력
③ 부하가 갑자기 사고가 났을 때의 극한전력 ④ 부하가 변하지 않을 때의 극한전력

해설 부하를 서서히 증가시켜 송전 가능한 최대 전력을 정태안정 극한전력이라 한다.

답 ①

088 핵심이론 찾아보기▶핵심 03-9

산업 21·18년 출제

전력 계통 안정도는 외란의 종류에 따라 구분되는데, 송전선로에서의 고장, 발전기 탈락과 같은 큰 외란에 대한 전력 계통의 동기 운전 가능 여부로 판정되는 안정도는?

① 과도 안정도 ② 정태 안정도 ③ 전압 안정도 ④ 미소 신호 안정도

해설 과도 안정도(transient stability)는 부하가 갑자기 크게 변동하거나 또는 계통에 사고가 발생하여 큰 충격을 주었을 경우에도 계통에 연결된 각 동기기가 동기를 유지해서 계속 운전할 수 있을 것인가의 능력을 말한다.

답 ①

089 핵심이론 찾아보기▶핵심 03-9

산업 19년 출제

송전 계통의 안정도를 증진시키는 방법은?

① 중간 조상설비를 설치한다.
② 조속기의 동작을 느리게 한다.
③ 계통의 연계는 하지 않도록 한다.
④ 발전기나 변압기의 직렬 리액턴스를 가능한 크게 한다.

해설 **안정도 향상 대책**
- 직렬 리액턴스 감소
- 전압 변동 억제(속응여자방식, 계통 연계, 중간 조상방식)
- 계통 충격 경감(소호 리액터 접지, 고속 차단, 재폐로 방식)
- 전력 변동 억제(조속기 신속 동작, 제동 저항기)

답 ①

090 핵심이론 찾아보기▶핵심 03-9

기사 18·16·15·99·97년 / 산업 18·15년 출제

송전 계통의 안정도를 향상시키는 방법이 아닌 것은?

① 직렬 리액턴스를 증가시킨다.
② 전압변동률을 적게 한다.
③ 고장시간, 고장전류를 적게 한다.
④ 동기기 간의 임피던스를 감소시킨다.

해설 계통 안정도 향상 대책 중에서 직렬 리액턴스는 송·수전 전력과 반비례하므로 크게 하면 안 된다.

답 ①

091 핵심이론 찾아보기▶핵심 04-1

산업 22·18년 출제

송전선로의 중성점 접지의 주된 목적은?

① 단락전류 제한
② 송전용량의 극대화
③ 전압강하의 극소화
④ 이상전압의 발생 방지

해설 **중성점 접지 목적**
- 이상전압의 발생을 억제하여 전위 상승을 방지하고, 전선로 및 기기의 절연 수준을 경감한다.
- 지락 고장 발생 시 보호계전기의 신속하고 정확한 동작을 확보한다.

답 ④

092 핵심이론 찾아보기▶핵심 04-1

산업 21·19년 출제

송전 계통의 중성점을 접지하는 목적으로 틀린 것은?

① 지락 고장 시 전선로의 대지전위 상승을 억제하고 전선로와 기기의 절연을 경감시킨다.
② 소호 리액터 접지방식에서는 1선 지락 시 지락점 아크를 빨리 소멸시킨다.
③ 차단기의 차단용량을 증대시킨다.
④ 지락 고장에 대한 계전기의 동작을 확실하게 한다.

해설 중성점 접지 목적
- 대지전압을 증가시키지 않고, 이상전압의 발생을 억제하여 전위 상승을 방지
- 전선로 및 기기의 절연 수준 경감(저감 절연)
- 고장 발생 시 보호계전기의 신속하고 정확한 동작을 확보
- 소호 리액터 접지에서는 1선 지락전류를 감소시켜 유도장해 경감
- 계통의 안정도 증진

답 ③

093 핵심이론 찾아보기▶핵심 04-2 — 산업 18년 출제

중성점 비접지방식을 이용하는 것이 적당한 것은?

① 고전압 장거리 ② 고전압 단거리 ③ 저전압 장거리 ④ 저전압 단거리

해설 저전압 단거리 송전선로에는 중성점 비접지방식이 채용된다.

답 ④

094 핵심이론 찾아보기▶핵심 04-2 — 기사 12·99·96년 / 산업 09년 출제

비접지방식을 직접접지방식과 비교한 것 중 옳지 않은 것은?

① 전자유도장해가 경감된다.
② 지락전류가 작다.
③ 보호계전기의 동작이 확실하다.
④ △결선을 하여 영상전류를 흘릴 수 있다.

해설 비접지방식은 직접접지방식에 비해 보호계전기 동작이 확실하지 않다.

답 ③

095 핵심이론 찾아보기▶핵심 04-2 — 산업 01·94년 출제

비접지식 송전선로에서 1선 지락 고장이 생겼을 경우, 지락점에 흐르는 전류는?

① 고장상의 전압보다 90도 늦은 전류
② 직류
③ 고장상의 전압보다 90도 빠른 전류
④ 고장상의 전압과 동상의 전류

해설 비접지식에서 1선 지락사고 고장전류는 대지정전용량으로 흐르기 때문에 90° 진상전류이다.

답 ③

096 핵심이론 찾아보기▶핵심 04-3 — 산업 18년 출제

우리나라에서 현재 사용되고 있는 송전전압에 해당되는 것은?

① 150[kV] ② 220[kV] ③ 345[kV] ④ 700[kV]

해설 송전전압은 154[kV], 345[kV], 765[kV]이고, 송전방식은 3상 3선식 중성점 직접접지방식이다.

답 ③

097 핵심이론 찾아보기▶핵심 04-3 — 산업 16년 출제

1선 지락 시에 전위 상승이 가장 적은 접지방식은?

① 직접접지 ② 저항접지 ③ 리액터 접지 ④ 소호 리액터 접지

해설 1선 지락사고 시 전위 상승이 제일 적은 것은 직접접지방식이다.

답 ①

098

핵심이론 찾아보기▶핵심 04-3

산업 14·03·99·96년 출제

중성점 접지방식에서 직접접지방식에 대한 설명으로 틀린 것은?

① 보호계전기의 동작이 확실하여 신뢰도가 높다.
② 변압기의 저감 절연이 가능하다.
③ 과도 안정도가 대단히 높다.
④ 단선고장 시의 이상전압이 최저이다.

해설 **중성점 직접접지방식**

- 접지저항이 매우 작아 사고 시 지락전류가 크다.
- 건전상 이상전압 우려가 가장 적다.
- 보호계전기 동작이 확실하다.
- 통신선에 대한 유도장해가 크고 과도 안정도가 나쁘다.
- 변압기가 단절연을 할 수 있다.

③ 사고전류가 크기 때문에 과도 안정도가 좋지 않다.

답 ③

099

핵심이론 찾아보기▶핵심 04-3

기사 03년 / 산업 04·95년 출제

송전 계통의 중성점 접지방식에서 유효 접지라 하는 것은?

① 저항접지 및 직접접지를 말한다.
② 1선 지락사고 시 건전상의 전위가 상용 전압의 1.3배 이하가 되도록 중성점 임피던스를 억제한 중성점 접지방식을 말한다.
③ 리액터 접지방식 이외의 접지방식을 말한다.
④ 저항접지를 말한다.

해설 유효 접지방식이란 $R_0 \leq X_1$, $X_0 \leq 3X_1$의 조건을 만족하는 1선 지락사고 시 건전상의 전위가 상용 전압의 1.3배 이하가 되도록 중성점 임피던스를 억제한 중성점 접지방식을 말한다. 여기서, R_0는 영상저항, X_0는 영상 리액턴스, X_1는 정상 리액턴스를 말한다. 이 계통은 충전전류는 대단히 작아져 건전상의 전위를 거의 상승시키지 않고 중성점을 통해서 큰 전류가 흐른다.

답 ②

100

핵심이론 찾아보기▶핵심 04-3

기사 03년 / 산업 11·99·94년 출제

송전 계통의 접지에 대하여 기술하였다. 다음 중 옳은 것은?

① 소호 리액터 접지방식은 선로의 정전용량과 직렬 공진을 이용한 것으로 지락전류가 타 방식에 비해 좀 큰 편이다.
② 고저항접지방식은 이중 고장을 발생시킬 확률이 거의 없으며 비접지방식보다는 많은 편이다.
③ 직접접지방식을 채용하는 경우 이상전압이 낮기 때문에 변압기 선정 시 단절연이 가능하다.
④ 비접지방식을 택하는 경우 지락전류 차단이 용이하고 장거리 송전을 할 경우 이중 고장의 발생을 예방하기 좋다.

해설 ① 소호 리액터 접지방식은 선로의 정전용량과 병렬 공진을 이용한다.
③ 직접접지방식은 접지 저항이 작아 사고전류가 크게 되며 선택 차단이 확실하다.
④ 비접지방식은 저전압 단거리 송전선로를 사용하고 장거리이면 이중 고장을 일으킨다.
직접접지방식은 중성점 전위가 낮아 변압기 단절연에 유리하다. 그러나 사고 시 큰 전류에 의한 통신선에 대한 유도장해가 발생한다.

답 ③

101

핵심이론 찾아보기▶핵심 04-4 | 기사 12·01·96·95·93년 / 산업 09·07·99·97년 출제

송전선로에 있어서 1선 지락의 경우 지락전류가 가장 작은 중성점 접지방식은 어느 것인가?

① 비접지 ② 직접접지
③ 저항접지 ④ 소호 리액터 접지

해설 **중성점 접지방식의 비교**

구 분	비접지방식	저항접지방식	소호 리액터 접지방식	직접접지 방식
1선 지락 전류의 크기	작다. (거리에 따라 다르다.)	100~300[A]	최소	최대

답 ④

102

핵심이론 찾아보기▶핵심 04-4 | 산업 16년 출제

소호 리액터 접지방식에 대하여 틀린 것은?

① 지락전류가 적다. ② 전자유도장해를 경감할 수 있다.
③ 지락 중에도 송전이 계속 가능하다. ④ 선택지락계전기의 동작이 용이하다.

해설 **소호 리액터 접지방식의 특징**
유도장해가 적고, 1선 지락 시 계속적인 송전이 가능하고, 고장이 스스로 복구될 수 있으나, 보호장치의 동작이 불확실하고, 단선 고장 시에는 직렬 공진 상태가 되어 이상전압을 발생시킬 수 있으므로 완전공진시키지 않고 소호 리액터에 탭을 설치하여 공진에서 약간 벗어난 상태(과보상)가 된다.

답 ④

103

핵심이론 찾아보기▶핵심 04-4 | 산업 22·10·03년 출제

다음 중성점 접지방식 중에서 단선 고장일 때 선로의 전압 상승이 최대이고, 또한 통신장해가 최소인 것은?

① 비접지 ② 직접접지
③ 저항접지 ④ 소호 리액터 접지

해설 **소호 리액터 접지방식**
소호 리액터와 대지정전용량과 병렬 공진을 이용하는 방식이다.
소호 리액터 접지에서 단선 사고 시 리액터와 대지정전용량 사이에 직렬 공진이 발생되어 전압이 많이 상승하게 된다. 또한 지락사고 시에는 리액터와 대지정전용량이 병렬 공진되어 지락전류가 최소로 되어 통신선 유도장해가 최소로 된다.

답 ④

104

핵심이론 찾아보기▶핵심 04-4

산업 22·03년 출제

1회선 송전선로의 소호 리액터의 용량[kVA]은?

① 선로 충전용량과 같다.
② 3선 일괄의 대지 충전용량과 같다.
③ 선간 충전용량의 $\frac{1}{2}$이다.
④ 1선과 중성점 사이의 충전용량과 같다.

해설 소호 리액터 용량은 3선을 일괄하는 충전용량과 같다.($Q_L = Q_C$)

$Q_L = 3\omega CE^2 = \omega CV^2$[VA]

여기서, E : 대지전압, V : 선간전압

답 ②

105

핵심이론 찾아보기▶핵심 04-4

기사 11년 / 산업 94년 출제

1상의 대지정전용량 0.53[μF], 주파수 60[Hz]인 3상 송전선의 소호 리액터의 공진 탭[Ω]은 얼마인가? (단, 소호 리액터를 접속시키는 변압기의 1상당의 리액턴스는 9[Ω]이다.)

① 1,665 ② 1,668 ③ 1,671 ④ 1,674

해설 **소호 리액터**

$$\omega L = \frac{1}{3\omega C} - \frac{X_t}{3} = \frac{1}{3\times 2\pi \times 60 \times 0.53 \times 10^{-6}} - \frac{9}{3} = 1{,}665.2[\Omega]$$

답 ①

106

핵심이론 찾아보기▶핵심 04-4

산업 18년 출제

선간전압이 V[kV]이고, 1상의 대지정전용량이 C[μF], 주파수가 f[Hz]인 3상 3선식 1회선 송전선의 소호 리액터 접지방식에서 소호 리액터의 용량은 몇 [kVA]인가?

① $6\pi fCV^2\times 10^{-3}$ ② $3\pi fCV^2\times 10^{-3}$ ③ $2\pi fCV^2\times 10^{-3}$ ④ $\sqrt{3}\,\pi fCV^2\times 10^{-3}$

해설 **소호 리액터 용량**

$$Q_c = 3\omega CE^2\times 10^{-3} = 3\omega C\left(\frac{V}{\sqrt{3}}\right)^2\times 10^{-3} = 2\pi fCV^2\times 10^{-3}[\text{kVA}]$$

답 ③

107

핵심이론 찾아보기▶핵심 04-4

기사 02년 / 산업 11·93년 출제

소호 리액터 접지 계통에서 리액터의 탭을 완전 공진 상태에서 약간 벗어나도록 조설하는 이유는?

① 접지 계전기의 동작을 확실하게 하기 위하여
② 전력손실을 줄이기 위하여
③ 통신선에 대한 유도장해를 줄이기 위하여
④ 직렬 공진에 의한 이상전압의 발생을 방지하기 위하여

해설 유도장해가 적고, 1선 지락 시 계속적인 송전이 가능하고, 고장이 스스로 복구될 수 있으나, 보호장치의 동작이 불확실하고, 단선 고장 시에는 직렬 공진 상태가 되어 이상전압을 발생시킬 수 있으므로 완전공진을 시키지 않고 소호 리액터에 탭을 설치하여 공진에서 약간 벗어난 상태(과보상)로 한다.

답 ④

108 핵심이론 찾아보기▶핵심 04-4

기사 98년 출제

다음 접지방식 중 1선 지락전류가 큰 순서대로 바르게 나열된 것은 무엇인가?

㉠ 직접접지 3상 3선식 방식	㉡ 저항접지 3상 3선식 방식
㉢ 리액터접지 3상 3선식 방식	㉣ 다중접지 3상 4선식 방식

① ㉣, ㉠, ㉡, ㉢
② ㉣, ㉡, ㉠, ㉢
③ ㉠, ㉣, ㉡, ㉢
④ ㉡, ㉠, ㉢, ㉣

해설 지락전류는 접지저항이 최소인 직접접지방식이 최대이고, 병렬 공진을 이용한 리액터접지가 최소이다. 특히 다중접지는 접지저항이 대단히 작아 지락전류가 가장 크다고 할 수 있다.

 ①

109 핵심이론 찾아보기▶핵심 04-5

기사 15년 출제

3상 송전선로의 각 상의 대지정전용량을 C_a, C_b 및 C_c라 할 때, 중성점 비접지 시의 중성점과 대지 간의 전압은? (단, E는 상전압이다.)

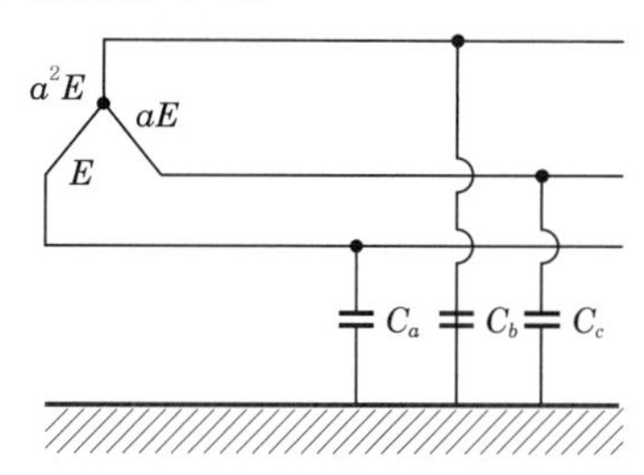

① $(C_a+C_b+C_c)E$

② $\dfrac{\sqrt{C_aC_b+C_bC_c+C_cC_a}}{C_a+C_b+C_c}E$

③ $\dfrac{\sqrt{C_a(C_a-C_b)+C_b(C_b-C_c)+C_c(C_c-C_a)}}{C_a+C_b+C_c}E$

④ $\dfrac{\sqrt{C_a(C_b-C_c)+C_b(C_c-C_a)+C_c(C_a-C_b)}}{C_a+C_b+C_c}E$

해설 3상 대칭 송전선에서는 정상운전 상태에서 중성점의 전위가 항상 0이어야 하지만 실제에 있어서는 선로 각 선의 대지정전용량이 차이가 있으므로 중성점에는 전위가 나타나게 되며 이것을 중성점 잔류전압이라고 한다.

$$E_n=\frac{\sqrt{C_a(C_a-C_b)+C_b(C_b-C_c)+C_c(C_c-C_a)}}{C_a+C_b+C_c}\cdot E[\mathrm{V}]$$

답 ③

110 핵심이론 찾아보기▶핵심 04-6

산업 16년 출제

단선식 전력선과 단선식 통신선이 그림과 같이 근접되었을 때, 통신선의 정전유도전압 E_0는?

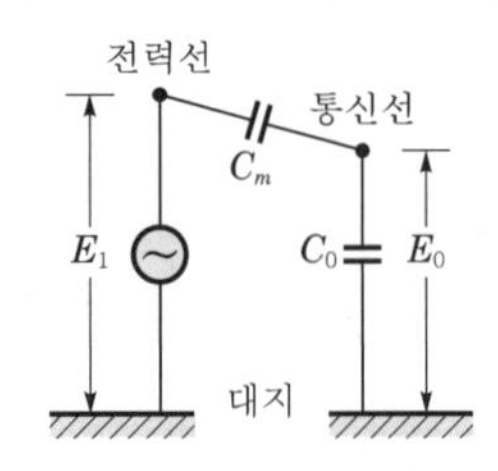

① $\dfrac{C_m}{C_0+C_m}E_1$ ② $\dfrac{C_0+C_m}{C_m}E_1$ ③ $\dfrac{C_0}{C_0+C_m}E_1$ ④ $\dfrac{C_0+C_m}{C_0}E_1$

해설 단상 선로의 정전유도전압

$$E_0=\frac{C_m}{C_0+C_m}E_1[\text{V}]$$

답 ①

111 핵심이론 찾아보기▶핵심 04-6

산업 94년 출제

송전선로에 근접한 통신선에 유도장해가 발생하였다. 정전유도의 원인은?

① 영상전압(V_0) ② 역상전압(V_2) ③ 역상전류(I_2) ④ 정상전류(I_1)

해설

3상 정전유도전압 $V_n=\dfrac{3C_m\cdot V_0}{3C_m+C_0}$

정전유도는 영상전압에 의해 발생하고, 전자유도는 영상전류에 의해 발생한다.

답 ①

112 핵심이론 찾아보기▶핵심 04-6

기사 12·02·00년 / 산업 01년 출제

3상 송전선로와 통신선이 병행되어 있는 경우에 통신유도장해로서 통신선에 유도되는 정전유도전압은?

① 통신선의 길이에 비례한다.
② 통신선의 길이의 자승에 비례한다.
③ 통신선의 길이에 반비례한다.
④ 통신선의 길이에 관계없다.

해설

3상 정전유도전압 $E_o=\dfrac{\sqrt{C_a(C_a-C_b)+C_b(C_b-C_c)+C_c(C_c-C_a)}}{C_a+C_b+C_c+C_0}\times\dfrac{V}{\sqrt{3}}$

정전유도전압은 통신선의 병행 길이와는 관계가 없다.

답 ④

113 핵심이론 찾아보기▶핵심 04-6

산업 19년 출제

송전선로에 근접한 통신선에 유도장해가 발생하였을 때, 전자유도의 원인은?

① 역상전압 ② 정상전압 ③ 정상전류 ④ 영상전류

해설 전자유도전압 $E_m=-j\omega Ml\times 3I_0$이므로 전자유도의 원인은 상호 인덕턴스와 영상전류이다.

답 ④

114

핵심이론 찾아보기▶핵심 04-6 기사 11·93년 / 산업 20·14·03·02·00·97년 출제

전력선에 의한 통신선로의 전자유도장해의 발생 요인은 주로 어느 것인가?

① 영상전류가 흘러서
② 전력선의 전압이 통신선로보다 높기 때문에
③ 전력선의 연가가 충분하여
④ 전력선과 통신선로 사이의 차폐 효과가 충분할 때

해설 전자유도전압 $E_m = -j\omega M(I_a + I_b + I_c) = -j\omega M \cdot 3I_0$
지락사고 등과 같은 선로의 불평형으로 영상전류(I_0)에 의해 전자유도가 생긴다.

답 ①

115

핵심이론 찾아보기▶핵심 04-6 산업 16년 출제

전력선에 의한 통신선로의 전자유도장해의 발생 요인은 주로 무엇 때문인가?

① 영상전류가 흘러서
② 부하전류가 크므로
③ 상호정전용량이 크므로
④ 전력선의 교차가 불충분하여

해설 **전자유도전압**
$E_m = j\omega Ml(I_a + I_b + I_c) = j\omega Ml \times 3I_0$
여기서, $3I_0$: $3\times$영상전류 = 지락전류 = 기유도전류

답 ①

116

핵심이론 찾아보기▶핵심 04-6 산업 02·93년 출제

3상 송전선의 각 선의 전류가 $I_a = 220 + j50$[A], $I_b = -150 - j300$[A], $I_c = -50 + j150$[A]일 때 이것과 병행으로 가설된 통신선에 유기되는 전자유기전압의 크기는 약 몇 [V]인가? (단, 상호 유도계수에 의한 리액턴스가 15[Ω]임)

① 510
② 1,020
③ 1,530
④ 2,040

해설 전자유도전압 $E_m = -j\omega M(I_a + I_b + I_c)$
$\therefore E_m = 15 \times \{(220 + j50) + (-150 - j300) + (-50 + j150)\} \fallingdotseq 1{,}530$[V]

답 ③

117

핵심이론 찾아보기▶핵심 04-7 기사 95년 / 산업 11년 출제

송전선이 통신선에 미치는 유도장해를 억제·제거하는 방법이 아닌 것은?

① 송전선에 충분한 연가를 실시한다.
② 송전 계통의 중성점 접지 개소를 택하여 중성점을 리액터 접지한다.
③ 송전선과 통신선의 상호 접근거리를 크게 한다.
④ 송전선측에 특성이 양호한 피뢰기를 설치한다.

해설 유도장해 방지를 위해서 설치하는 피뢰기는 통신선측에 설치하여야 한다.

답 ④

118

핵심이론 찾아보기▶핵심 04-7

산업 00년 출제

통신선에 대한 유도장해의 방지법으로 가장 적당하지 않은 것은?

① 전력선과 통신선의 교차 부분을 비스듬히 한다.
② 소호 리액터 접지방법을 채용한다.
③ 통신선에 배류코일을 채용한다.
④ 통신선에 절연변압기를 채용한다.

해설 유도 장해 경감 대책은 전력선측과 통신선측의 대책으로 다음과 같다.

㉠ **전력선측의 대책**
- 송전선로는 될 수 있는 대로 통신선로로부터 멀리 떨어져서 건설한다.
- 중성점을 저항접지할 경우에는 저항값을 가능한 한 큰 값으로 한다.
- 고속도 지락보호계전방식을 채용해서 고장선을 신속하게 차단하도록 한다.(고장지속시간의 단축)
- 송전선과 통신선 사이에 차폐선을 가설한다.
- 충분한 연가를 한다.
- 통신선과 교차하는 경우 가능한 직각이 되게 한다.
- 전력선에 케이블을 사용한다.

㉡ **통신선측의 대책**
- 통신선의 도중에 중계코일(절연변압기)을 넣어서 구간을 분할한다.(병행 길이의 단축)
- 연피 통신 케이블을 사용한다.
- 통신선에 우수한 피뢰기를 설치한다.(유도전압을 강제적으로 저감시킨다.)
- 배류코일, 중화코일 등으로 통신선을 접지해서 저주파수의 유도전류를 대지로 흘려주도록 한다.

답 ①

119

핵심이론 찾아보기▶핵심 04-7

기사 00·99년 / 산업 00·94년 출제

유도장해의 방지책으로 차폐선을 사용하면 유도전압은 얼마 정도[%] 줄일 수 있는가?

① 10~20 ② 30~50 ③ 70~80 ④ 80~90

해설 차폐선에 의한 전자유도 전압감소율은 30~50[%] 정도이다.

답 ②

120

핵심이론 찾아보기▶핵심 05-1

기사 12년 / 산업 98년 출제

그림과 같은 3상 송전 계통에서 송전전압은 22[kV]이다. 지금 1점 P에서 3상 단락하였을 때의 발전기에 흐르는 단락전류[A]는 약 얼마인가?

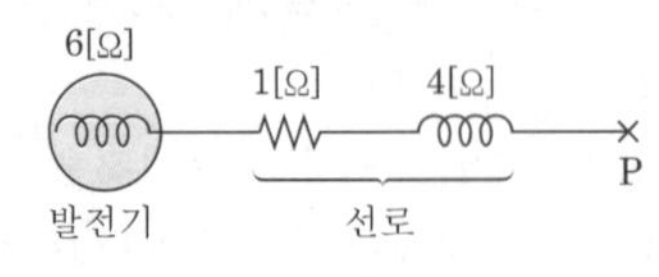

① 733 ② 1,270 ③ 2,200 ④ 3,810

해설

$$I_s = \frac{\frac{22\times10^3}{\sqrt{3}}}{\sqrt{1^2+10^2}} = 1,270[\mathrm{A}]$$

답 ②

121

핵심이론 찾아보기▶핵심 05-2 산업 17년 출제

154[kV] 3상 1회선 송전선로의 1선의 리액턴스가 10[Ω], 전류가 200[A]일 때 %리액턴스는?

① 1.84 ② 2.25 ③ 3.17 ④ 4.19

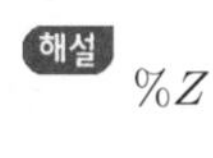

해설 $\%Z = \dfrac{ZI_n}{E} \times 100[\%]$이므로 $\%X = \dfrac{10 \times 200}{154 \times \dfrac{10^3}{\sqrt{3}}} \times 100 ≒ 2.25[\%]$

답 ②

122

핵심이론 찾아보기▶핵심 05-2 기사 13·93년 / 산업 91년 출제

3상 송전선로의 선간전압을 100[kV], 3상 기준 용량을 10,000[kVA]로 할 때, 선로 리액턴스(1선당) 100[Ω]을 %임피던스로 환산하면 얼마인가?

① 1 ② 10 ③ 0.33 ④ 3.33

해설 $\%Z = \dfrac{P \cdot Z}{10V^2} = \dfrac{10,000 \times 100}{10 \times 100^2} = 10[\%]$

답 ②

123

핵심이론 찾아보기▶핵심 05-2 산업 09년 출제

그림과 같은 3상 3선식 전선로의 단락점에 있어서 3상 단락전류는 약 몇 [A]인가? (단, 66[kV]에 대한 %리액턴스는 10[%]이고, 저항분은 무시한다.)

① 1,750[A] ② 2,000[A] ③ 2,500[A] ④ 3,030[A]

해설 단락전류 $I_s = \dfrac{100}{\%Z} \cdot I_n = \dfrac{100}{10} \times \dfrac{20,000}{\sqrt{3} \times 66} ≒ 1,750[A]$

답 ①

124

핵심이론 찾아보기▶핵심 05-2 산업 01·99·95년 출제

6.6/3.3[kV], 3ϕ, 10,000[kVA], 임피던스 10[%]의 변압기가 있다. 이 변압기의 2차측에서 3상 단락되었을 때의 단락용량[kVA]은 얼마인가?

① 150,000 ② 100,000 ③ 50,000 ④ 20,000

해설 단락용량 $P_s = \dfrac{100}{\%Z} \times P_n = \dfrac{100}{10} \times 10,000 = 100,000[kVA]$

답 ②

125

핵심이론 찾아보기▶핵심 05-2 산업 09·03·93년 출제

20,000[kVA], %임피던스 8[%]인 3상 변압기가 2차측에서 3상 단락되었을 때 단락용량[kVA]은?

① 160,000 ② 200,000 ③ 250,000 ④ 320,000

해설 단락용량 $P_s = \frac{100}{\%Z} \times P_n = \frac{100}{8} \times 20,000 = 250,000[\text{kVA}]$ 답 ③

126

핵심이론 찾아보기▶핵심 05-2 산업 22·18년 출제

그림과 같은 전선로의 단락용량은 약 몇 [MVA]인가? (단, 그림의 수치는 10,000[kVA]를 기준으로 한 %리액턴스를 나타낸다.)

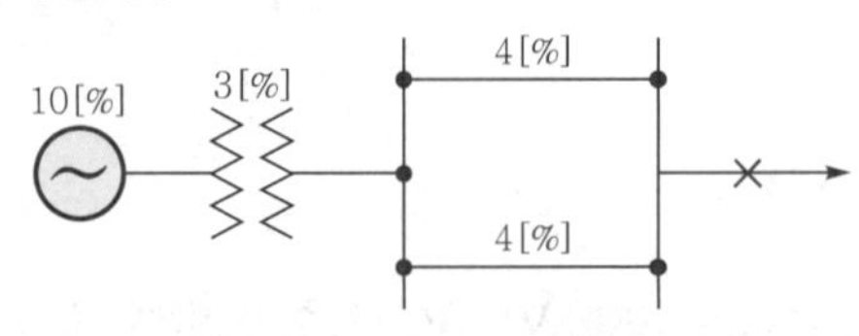

① 33.7 ② 66.7
③ 99.7 ④ 132.7

해설 단락용량 $P_s = \frac{100}{\%Z} P_n = \frac{100}{10+3+\frac{4}{2}} \times 10,000 \times 10^{-3} = 66.7[\text{MVA}]$ 답 ②

127

핵심이론 찾아보기▶핵심 05-2 산업 17년 출제

전원측과 송전선로의 합성 $\%Z_s$가 10[MVA] 기준 용량으로 1[%]의 지점에 변전설비를 시설하고자 한다. 이 변전소에 정격용량 6[MVA]의 변압기를 설치할 때 변압기 2차측의 단락용량은 몇 [MVA]인가? (단, 변압기의 $\%Z_t$는 6.9[%]이다.)

① 80 ② 100
③ 120 ④ 140

해설 10[MVA] 기준으로 변압기 $\%Z_t{}' = \frac{10}{6} \times 6.9 = 11.5[\%]$

$P_s = \frac{100}{\%Z} \times P_n = \frac{100}{1+11.5} \times 10 = 80[\text{MVA}]$ 답 ①

128

핵심이론 찾아보기▶핵심 05-3 기사 18·03년 / 산업 21·13년 출제

A, B 및 C상 전류를 각각 I_a, I_b 및 I_c라 할 때, $I_x = \frac{1}{3}(I_a + a^2 I_b + a I_c)$, $a = -\frac{1}{2} + j\frac{\sqrt{3}}{2}$으로 표시되는 I_x는 어떤 전류인가?

① 정상전류 ② 역상전류
③ 영상전류 ④ 역상전류와 영상전류의 합계

해설 역상전류 $I_2 = \frac{1}{3}(I_a + a^2 I_b + a I_c) = \frac{1}{3}(I_a + I_b \angle -120° + I_c \angle -240°)$ 답 ②

129
핵심이론 찾아보기▶핵심 05-5

산업 93년 출제

송전선로에서 가장 많이 발생되는 사고는?

① 단선사고
② 단락사고
③ 지지물 전도사고
④ 지락사고

해설 전선로가 단선되면 대부분 대지로 떨어져 지락사고가 되고, 2선 및 3선이 동시에 지락사고가 일어나는 경우보다는 1선 지락사고가 가장 많다.

답 ④

130
핵심이론 찾아보기▶핵심 05-5

산업 19년 출제

중성점 저항접지방식에서 1선 지락 시의 영상전류를 I_0라고 할 때, 접지저항으로 흐르는 전류는?

① $\frac{1}{3}I_0$
② $\sqrt{3}\,I_0$
③ $3I_0$
④ $6I_0$

해설 1선 지락 시 $I_0 = I_1 = I_2$

지락 고장전류 $I_g = I_0 + I_1 + I_2 = \dfrac{3E_a}{Z_0 + Z_1 + Z_2} = 3I_0$

답 ③

131
핵심이론 찾아보기▶핵심 05-5

기사 19년 / 산업 21년 출제

3상 무부하 발전기의 1선 지락 고장 시에 흐르는 지락전류는? (단, E는 접지된 상의 무부하 기전력이고 Z_0, Z_1, Z_2는 발전기의 영상, 정상, 역상 임피던스이다.)

① $\dfrac{E}{Z_0 + Z_1 + Z_2}$
② $\dfrac{\sqrt{3}\,E}{Z_0 + Z_1 + Z_2}$
③ $\dfrac{3E}{Z_0 + Z_1 + Z_2}$
④ $\dfrac{E^2}{Z_0 + Z_1 + Z_2}$

해설 1선 지락 시에는 $I_0 = I_1 = I_2$이므로

지락 고장전류 $I_g = I_0 + I_1 + I_2 = \dfrac{3E}{Z_0 + Z_1 + Z_2}$

답 ③

132
핵심이론 찾아보기▶핵심 05-5

기사 13·05년 / 산업 08년 출제

1선 접지 고장을 대칭좌표법으로 해석할 경우 필요한 것은?

① 정상 임피던스도(Diagram) 및 역상 임피던스도
② 정상 임피던스도
③ 정상 임피던스도 및 역상 임피던스도
④ 정상 임피던스도, 역상 임피던스도 및 영상 임피던스도

해설 **지락전류**

$I_g = \dfrac{3E_a}{Z_0 + Z_1 + Z_2}$ [A]이므로 영상·정상·역상 임피던스가 모두 필요하다.

답 ④

133 핵심이론 찾아보기▶핵심 05-6

산업 17년 출제

선간단락 고장을 대칭좌표법으로 해석할 경우 필요한 것 모두를 나열한 것은?

① 정상 임피던스
② 역상 임피던스
③ 정상 임피던스, 역상 임피던스
④ 정상 임피던스, 영상 임피던스

해설 각 사고별 대칭좌표법 해석

1선 지락	정상분	역상분	영상분
선간단락	정상분	역상분	×
3상 단락	정상분	×	×

그러므로 선간단락 고장해석은 정상 임피던스와 역상 임피던스가 필요하다.

답 ③

134 핵심이론 찾아보기▶핵심 05-6

산업 15년 출제

3상 Y결선된 발전기가 무부하 상태로 운전 중 3상 단락 고장이 발생하였을 때 나타나는 현상으로 틀린 것은?

① 영상분 전류는 흐르지 않는다.
② 역상분 전류는 흐르지 않는다.
③ 3상 단락전류는 정상분 전류의 3배가 흐른다.
④ 정상분 전류는 영상분 및 역상분 임피던스에 무관하고 정상분 임피던스에 반비례한다.

해설 각 사고별 대칭좌표법 해석

1선 지락	정상분	역상분	영상분
선간단락	정상분	역상분	×
3상 단락	정상분	×	×

그러므로 3상 단락전류는 정상분 전류만 흐른다.

답 ③

135 핵심이론 찾아보기▶핵심 05-7

기사 17년 출제

그림과 같은 회로의 영상, 정상, 역상 임피던스 Z_0, Z_1, Z_2는?

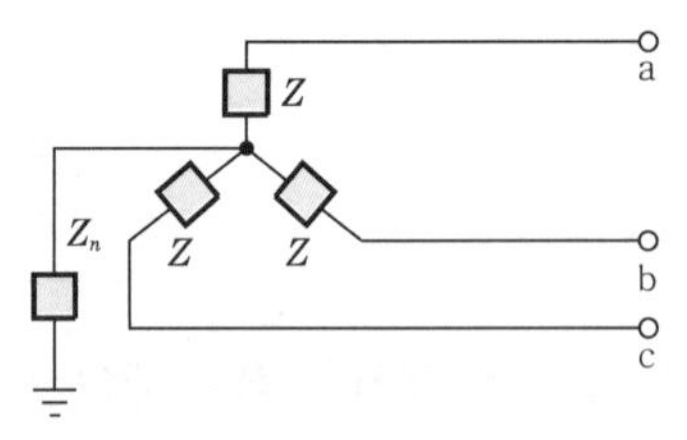

① $Z_0 = Z+3Z_n$, $Z_1 = Z_2 = Z$
② $Z_0 = 3Z_n$, $Z_1 = Z$, $Z_2 = 3Z$
③ $Z_0 = 3Z+Z_n$, $Z_1 = 3Z$, $Z_2 = Z$
④ $Z_0 = Z+Z_n$, $Z_1 = Z_2 = Z+3Z_n$

해설 영상 임피던스 $Z_0 = Z+3Z_n$(중성점 임피던스 3배)
정상 임피던스(Z_1)=역상 임피던스(Z_2)=Z(중성점 임피던스 무시)

답 ①

136

핵심이론 찾아보기▶핵심 05-7

기사 98·95년 출제

송전선로의 정상, 역상 및 영상 임피던스를 각각 Z_1, Z_2 및 Z_0라 하면, 다음 어떤 관계가 성립되는가?

① $Z_1 = Z_2 = Z_0$　　② $Z_1 = Z_2 > Z_0$
③ $Z_1 > Z_2 = Z_0$　　④ $Z_1 = Z_2 < Z_0$

해설 송전선로는 $Z_1 = Z_2$이고, Z_0는 Z_1보다 크다.

답 ④

137

핵심이론 찾아보기▶핵심 06-1

산업 17년 출제

개폐 서지를 흡수할 목적으로 설치하는 것의 약어는?

① CT　　② SA
③ GIS　　④ ATS

해설 개폐 서지를 흡수하여 변압기 등을 보호하는 것을 서지 흡수기(SA)라 한다.

답 ②

138

핵심이론 찾아보기▶핵심 06-1

기사 15년 출제

송·배전 계통에 발생하는 이상전압의 내부적 원인이 아닌 것은?

① 선로의 개폐　　② 직격뢰
③ 아크 접지　　④ 선로의 이상상태

해설 **이상전압 발생 원인**
- 내부적 원인 : 개폐 서지, 아크 지락, 연가 불충분 등
- 외부적 원인 : 뇌(직격뢰 및 유도뢰)

답 ②

139

핵심이론 찾아보기▶핵심 06-2

산업 12·91년 출제

파동 임피던스 $Z_1 = 400[\Omega]$인 선로 종단에 파동 임피던스 $Z_2 = 1,200[\Omega]$의 변압기가 접속되어 있다. 지금 선로에서 파고 $e_1 = 800[\text{kV}]$인 전압이 입사했다면, 접속점에서 전압의 반사파의 파고값[kV]은?

① 400　　② 800
③ 1,200　　④ 1,600

해설
$$e_2 = \frac{1,200 - 400}{1,200 + 400} \times 800 = 400[\text{kV}]$$

답 ①

140

핵심이론 찾아보기▶핵심 06-2 기사 19·15·09·02·94년 / 산업 09·93년 출제

임피던스 Z_1, Z_2 및 Z_3를 그림과 같이 접속한 선로의 A쪽에서 전압파 E가 진행해 왔을 때, 접속점 B에서 무반사로 되기 위한 조건은?

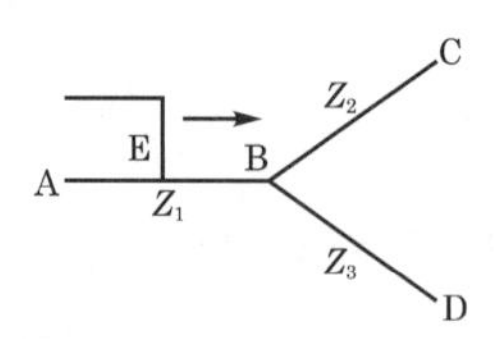

① $Z_1 = Z_2 + Z_3$ ② $\dfrac{1}{Z_3} = \dfrac{1}{Z_1} + \dfrac{1}{Z_2}$ ③ $\dfrac{1}{Z_1} = \dfrac{1}{Z_2} + \dfrac{1}{Z_3}$ ④ $\dfrac{1}{Z_2} = \dfrac{1}{Z_1} + \dfrac{1}{Z_3}$

해설 무반사 조건은 변이점 B에서 입사쪽과 투과쪽의 특성 임피던스가 동일하여야 한다.
즉, $\dfrac{1}{Z_1} = \dfrac{1}{Z_2} + \dfrac{1}{Z_3}$로 한다.

답 ③

141

핵심이론 찾아보기▶핵심 06-3 기사 13년 / 산업 98년 출제

가공지선을 설치하는 목적은?

① 코로나의 발생 방지 ② 철탑의 강도 보강
③ 뇌해 방지 ④ 전선의 진동 방지

해설 송전선로를 직격 뇌격으로부터 보호하기 위해 철탑 등 지지물 상부를 상호 연결한 전선을 가공지선이라 한다.
가공지선을 설치하는 주목적은 낙뢰로부터 전선로를 보호하기 위한 것이다.

답 ③

142

핵심이론 찾아보기▶핵심 06-3 기사 14·96년 / 산업 11년 출제

가공지선에 대한 다음 설명 중 옳은 것은?

① 차폐각은 보통 15~30° 정도로 하고 있다.
② 차폐각이 클수록 벼락에 대한 차폐효과가 크다.
③ 가공지선을 2선으로 하면 차폐각이 작아진다.
④ 가공지선으로는 연동선을 주로 사용한다.

해설 가공지선의 차폐각은 30~45° 정도이고, 차폐각은 작을수록 보호효율이 크고, 사용 전선은 주로 ACSR을 사용한다.

답 ③

143

핵심이론 찾아보기▶핵심 06-3 산업 19·18·15년 출제

다음 중 뇌해 방지와 관계가 없는 것은?

① 댐퍼 ② 소호환 ③ 가공지선 ④ 탑각 접지

해설 댐퍼는 진동에너지를 흡수하여 전선 진동을 방지하기 위하여 설치하는 것으로 뇌해 방지와는 관계가 없다.

답 ①

144 핵심이론 찾아보기▶핵심 06-4

산업 20년 출제

철탑의 접지저항이 커지면 가장 크게 우려되는 문제점은?

① 정전유도 ② 역섬락 발생 ③ 코로나 증가 ④ 차폐각 증가

해설 철탑의 대지 전기저항이 크게 되면 뇌전류가 흐를 때 철탑의 전위가 상승하여 역섬락이 생길 수 있으므로 매설지선을 사용하여 철탑의 탑각 저항을 저감시켜야 한다.

답 ②

145 핵심이론 찾아보기▶핵심 06-4

산업 22·20년 출제

송전선로에서 역섬락을 방지하는 가장 유효한 방법은?

① 피뢰기를 설치한다.
② 가공지선을 설치한다.
③ 소호각을 설치한다.
④ 탑각 접지저항을 작게 한다.

해설 철탑의 대지 전기저항이 크게 되면 뇌전류가 흐를 때 철탑의 전위가 상승하여 역섬락이 생길 수 있으므로 매설지선을 사용하여 철탑의 탑각 저항을 저감시켜야 한다.

답 ④

146 핵심이론 찾아보기▶핵심 06-5

기사 14년 / 산업 93년 출제

피뢰기를 가장 적절하게 설명한 것은?

① 동요 전압의 파두, 파미의 파형의 준도를 저감하는 것
② 이상전압이 내습하였을 때 방전하고 기류를 차단하는 것
③ 뇌동요 전압의 파고를 저감하는 것
④ 1선이 지락할 때 아크를 소멸시키는 것

해설 충격파 전압의 파고치를 저감시키고 속류를 차단한다.

답 ②

147 핵심이론 찾아보기▶핵심 06-5

기사 98·96·94·93년 / 산업 10·02년 출제

피뢰기의 구조는?

① 특성요소와 소호 리액터
② 특성요소와 콘덴서
③ 소호 리액터와 콘덴서
④ 특성요소와 직렬갭

해설
- 직렬갭 : 평상시에는 개방상태이고, 과전압(이상 충격파)이 인가되면 도통된다.
- 특성요소 : 비직선 전압 전류 특성에 따라 방전 시에는 대전류를 통과시키고, 방전 후에는 속류를 저지 또는 직렬갭으로 차단할 수 있는 정도로 제한하는 특성을 가진다.

답 ④

148 핵심이론 찾아보기▶핵심 06-6

산업 21·16년 출제

우리나라 22.9[kV] 배전선로에 적용하는 피뢰기의 공칭방전전류[A]는?

① 1,500 ② 2,500 ③ 5,000 ④ 10,000

해설 우리나라 피뢰기의 공칭방전전류 2,500[A]는 배전선로용이고, 5,000[A]와 10,000[A]는 변전소에 적용한다.

답 ②

149

핵심이론 찾아보기▶핵심 06-6 기사 10년 / 산업 21년 출제

피뢰기에서 속류를 끊을 수 있는 최고의 교류전압은?

① 정격전압 ② 제한전압
③ 차단전압 ④ 방전개시전압

해설 제한전압은 충격방전전류를 통하고 있을 때의 단자전압이고, 정격전압은 속류를 차단하는 최고의 전압이다.

답 ①

150

핵심이론 찾아보기▶핵심 06-6 산업 22·21·17·16년 출제

피뢰기의 제한전압에 대한 설명으로 옳은 것은?

① 방전을 개시할 때의 단자전압의 순시값 ② 피뢰기 동작 중 단자전압의 파고값
③ 특성요소에 흐르는 전압의 순시값 ④ 피뢰기에 걸린 회로전압

해설 제한전압은 피뢰기가 동작하고 있을 때 단자에 허용하는 파고값을 말한다.

답 ②

151

핵심이론 찾아보기▶핵심 06-6 산업 12·00년 출제

피뢰기의 정격전압이란?

① 충격방전전류를 통하고 있을 때의 단자전압
② 충격파의 방전개시전압
③ 속류의 차단이 되는 최고의 교류전압
④ 상용 주파수의 방전개시전압

해설 ①은 제한전압이다.

답 ③

152

핵심이론 찾아보기▶핵심 06-6 기사 16·13·10년 / 산업 21·04·01년 출제

피뢰기가 그 역할을 잘 하기 위하여 구비되어야 할 조건으로 틀린 것은?

① 속류를 차단할 것 ② 내구력이 높을 것
③ 충격방전 개시전압이 낮을 것 ④ 제한전압은 피뢰기의 정격전압과 같게 할 것

해설 **피뢰기의 구비조건**
- 충격방전 개시전압이 낮을 것
- 상용주파 방전개시전압 및 정격전압이 높을 것
- 방전 내량이 크면서 제한전압은 낮을 것
- 속류차단능력이 충분할 것

답 ④

153

핵심이론 찾아보기▶핵심 06-7

기사 11년 / 산업 04·00·96·91년 출제

최근 송전 계통의 절연 협조의 기본으로 생각되는 것은?

① 선로 ② 변압기
③ 피뢰기 ④ 변압기 부싱

해설 **절연 협조**
직격뢰에 대한 피해의 최소화를 위해 전 전력 계통의 절연 설계를 보호장치(피뢰기, 접지방식, 보호계전기 등)와 관련시켜 합리화를 도모하고 안전성과 경제성을 유지하는 것

답 ③

154

핵심이론 찾아보기▶핵심 06-7

산업 22·19년 출제

345[kV] 송전 계통의 절연 협조에서 충격 절연내력의 크기 순으로 나열한 것은?

① 선로애자 > 차단기 > 변압기 > 피뢰기
② 선로애자 > 변압기 > 차단기 > 피뢰기
③ 변압기 > 차단기 > 선로애자 > 피뢰기
④ 변압기 > 선로애자 > 차단기 > 피뢰기

해설 절연 협조는 피뢰기의 제1보호 대상을 변압기로 하고, 가장 높은 기준 충격 절연강도(BIL)는 선로애자이다.
그러므로 선로애자 > 차단기 > 변압기 > 피뢰기 순으로 한다.

답 ①

155

핵심이론 찾아보기▶핵심 07-1

산업 19년 출제

송전선로의 후비보호 계선방식의 설명으로 틀린 것은?

① 주보호계전기가 그 어떤 이유로 정지해 있는 구간의 사고를 보호한다.
② 주보호계전기에 결함이 있어 정상 동작을 할 수 없는 상태에 있는 구간 사고를 보호한다.
③ 차단기 사고 등 주보호계전기로 보호할 수 없는 장소의 사고를 보호한다.
④ 후비보호계전기의 정정값은 주보호계전기와 동일하다.

해설 후비보호 계전방식은 주보호계전기가 작동하지 않을 때 작동하므로 정정값을 동일하게 하여서는 안 된다.

답 ④

156

핵심이론 찾아보기▶핵심 07-1

산업 16년 출제

보호계전기의 기본 기능이 아닌 것은?

① 확실성 ② 선택성
③ 유동성 ④ 신속성

해설 **보호계전기의 구비조건**
- 고장상태 및 개소를 식별하고 정확히 선택할 수 있을 것
- 동작이 신속하고 오동작이 없을 것
- 열적, 기계적 강도가 있을 것
- 적절한 후비보호능력이 있을 것

답 ③

157

핵심이론 찾아보기▶핵심 07-1

산업 17년 출제

보호계전기의 구비조건으로 틀린 것은?

① 고장상태를 신속하게 선택할 것
② 조정범위가 넓고 조정이 쉬울 것
③ 보호동작이 정확하고 감도가 예민할 것
④ 접점의 소모가 크고, 열적·기계적 강도가 클 것

해설 보호계전기의 접점은 다빈도의 동작에도 소모가 적어야 한다

답 ④

158

핵심이론 찾아보기▶핵심 07-2

기사 03년 / 산업 97·91년 출제

동작전류의 크기에 관계없이 일정한 시간에 동작하는 한시 특성을 갖는 계전기는?

① 순한시 계전기
② 정한시 계전기
③ 반한시 계전기
④ 반한시성 정한시 계전기

해설 어떤 목적의 양의 크기에 관계없이 항상 일정한 시간에 동작하는 것은 정한시 계전기이다.

답 ②

159

핵심이론 찾아보기▶핵심 07-2

기사 18년 출제

최소 동작전류 이상의 전류가 흐르면 한도를 넘는 양(量)과는 상관없이 즉시 동작하는 계전기는?

① 순한시 계전기
② 반한시 계전기
③ 정한시 계전기
④ 반한시성 정한시 계전기

해설 **순한시 계전기**
정정값 이상의 전류는 크기에 관계없이 바로 동작하는 고속도 계전기이다.

답 ①

160

핵심이론 찾아보기▶핵심 07-2

기사 18년 / 산업 17년 출제

동작전류의 크기가 커질수록 동작시간이 짧게 되는 특성을 가진 계전기는?

① 순한시 계전기
② 정한시 계전기
③ 반한시 계전기
④ 반한시성 정한시 계전기

해설 **반한시 계전기**
정정된 값 이상의 전류가 흐를 때 동작시간은 전류값이 크면 동작시간이 짧아지고, 전류값이 적으면 느리게 동작하는 계전기

답 ③

161 핵심이론 찾아보기▶핵심 07-2

기사 22·19·15년 출제

보호계전기의 반한시성 정한시의 특성은?

① 동작전류가 커질수록 동작시간이 짧게 되는 특성
② 최소 동작전류 이상의 전류가 흐르면 즉시 동작하는 특성
③ 동작전류의 크기에 관계없이 일정한 시간에 동작하는 특성
④ 동작전류가 커질수록 동작시간이 짧아지며, 어떤 전류 이상이 되면 동작전류의 크기에 관계없이 일정한 시간에서 동작하는 특성

해설 **반한시성 정한시 계전기**
어느 전류값까지는 반한시성이고, 그 이상이면 정한시 특성을 갖는 계전기

답 ④

162 핵심이론 찾아보기▶핵심 07-3

산업 22·16년 출제

인입되는 전압이 정정값 이하로 되었을 때 동작하는 것으로서 단락 고장 검출 등에 사용되는 계전기는?

① 접지 계전기
② 부족전압계전기
③ 역전력 계전기
④ 과전압 계전기

해설 전원이 정정되어 전압이 저하되었을 때, 또는 단락사고로 인하여 전압이 저하되었을 때에는 부족전압계전기를 사용한다.

답 ②

163 핵심이론 찾아보기▶핵심 07-3

산업 17년 출제

어느 일정한 방향으로 일정한 크기 이상의 단락전류가 흘렀을 때 동작하는 보호계전기의 약어는?

① ZR
② UFR
③ OVR
④ DOCR

해설 어느 일정한 방향으로 일정한 크기 이상의 단락전류가 흘렀을 때에는 방향단락계전기(DSR), 방향 과전류 계전기(DOCR) 등이 사용된다.

답 ④

164 핵심이론 찾아보기▶핵심 07-3

산업 96년 출제

다음은 어떤 계전기의 동작 특성을 나타낸 것인가?

전압 및 전류를 입력량으로 하여, 전압과 전류의 비의 함수가 예정값 이하로 되었을 때 동작한다.

① 변화폭 계전기
② 거리계전기
③ 차동계전기
④ 방향계전기

해설 전압과 전류의 비의 함수는 임피던스를 의미하므로 거리계전기이다.

답 ②

165 핵심이론 찾아보기▶핵심 07-3

산업 15년 출제

송전선로의 단락보호 계전방식이 아닌 것은?

① 과전류 계전방식 ② 방향단락 계전방식
③ 거리계전방식 ④ 과전압 계전방식

해설 송전선로의 단락보호는 방사상일 경우에는 과전류 계전기, 환상 선로일 경우에는 방향단락계전기, 방향거리계전기 등을 사용한다. 그러므로 단락보호 계전방식이 아닌 것은 과전압 계전방식이다.

답 ④

166 핵심이론 찾아보기▶핵심 07-3

기사 19년 출제

전압요소가 필요한 계전기가 아닌 것은?

① 주파수 계전기 ② 동기탈조 계전기
③ 지락 과전류 계전기 ④ 방향성 지락 과전류 계전기

해설 지락 과전류 계전기는 지락사고 시 일정 전류값 이상이면 동작하는 계전기로 전압요소가 필요하지 않다.

답 ③

167 핵심이론 찾아보기▶핵심 07-3

산업 12·10·02년 출제

과전류 계전기의 탭(tap) 값을 표시하는 것 중 옳게 설명한 것은 어느 것인가?

① 계전기의 최소동작전류 ② 계전기의 최대부하전류
③ 계전기의 동작시한 ④ 변류기의 권수비

해설 OCR의 탭이 일정치 이상의 전류가 흐를 때 동작하는 과전류 계전기는 최소동작전류로 표시한다.

답 ①

168 핵심이론 찾아보기▶핵심 07-3

산업 22·17년 출제

송전선로의 보호방식으로 지락에 대한 보호는 영상전류를 이용하여 어떤 계전기를 동작시키는가?

① 선택지락계전기 ② 전류차동계전기 ③ 과전압 계전기 ④ 거리계전기

해설 지락사고 시 영상 변류기(ZCT)로 영상전류를 검출하여 지락계전기(OVGR, SGR)를 동작시킨다.

답 ①

169 핵심이론 찾아보기▶핵심 07-4

산업 19년 출제

변압기의 보호방식에서 차동계전기는 무엇에 의하여 동작하는가?

① 1, 2차 전류의 차로 동작한다. ② 전압과 전류의 배수차로 동작한다.
③ 정상전류와 역상전류의 차로 동작한다. ④ 정상전류와 영상전류의 차로 동작한다.

해설 사고 전류가 한쪽 회로에 흐르거나 혹은 양회로의 전류 방향이 반대되었을 때 또는 변압기 1, 2차 전류의 차에 의하여 동작하는 계전기이다.

답 ①

170 핵심이론 찾아보기▶핵심 07-4

기사 22·18년 / 산업 20·17년 출제

발전기 또는 주변압기의 내부 고장 보호용으로 가장 널리 쓰이는 것은?

① 거리계전기 ② 과전류 계전기 ③ 비율차동계전기 ④ 방향단락계전기

해설 비율차동계전기는 발전기나 변압기의 내부 고장 보호에 적용한다.

답 ③

171 핵심이론 찾아보기▶핵심 07-4

산업 22·15년 출제

전원이 양단에 있는 방사상 송전선로에서 과전류 계전기와 조합하여 단락보호에 사용하는 계전기는?

① 선택지락계전기 ② 방향단락계전기 ③ 과전압 계전기 ④ 부족전류계전기

해설 **송전선로의 단락보호방식**

- 방사상식 선로 : 반한시 특성 또는 순한시성 반시성 특성을 가진 과전류 계전기를 사용하고 전원이 양단에 있는 경우에는 방향단락계전기와 과전류 계전기를 조합하여 사용한다.
- 환상식 선로 : 방향단락 계전방식, 방향거리 계전방식이다.

답 ②

172 핵심이론 찾아보기▶핵심 07-4

기사 12·09·99·97년 / 산업 10년 출제

전원이 2군데 이상 있는 환상 선로의 단락 보호에 사용되는 계전기는?

① 과전류 계전기(OCR)
② 방향단락계전기(DSR)와 과전류 계전기(OCR)의 조합
③ 방향단락계전기(DSR)
④ 방향거리계전기(DZR)

해설 계전기에서 본 임피던스의 크기로 전선로의 단락 여부를 판단하는 계전기
= 방향거리계전기(DZR)

답 ④

173 핵심이론 찾아보기▶핵심 07-5

산업 19·16년 출제

부하전류 및 단락전류를 모두 개폐할 수 있는 스위치는?

① 단로기 ② 차단기 ③ 선로 개폐기 ④ 전력퓨즈

해설 단로기(DS)와 선로 개폐기(LS)는 무부하 전로만 개폐 가능하고, 전력퓨즈(PF)는 단락전류 차단용으로 사용하고, 차단기(CB)는 부하전류 및 단락전류를 모두 개폐할 수 있다.

답 ②

174 핵심이론 찾아보기▶핵심 07-5

산업 18년 출제

차단기의 정격투입전류란 투입되는 전류의 최초 주파수의 어느 값을 말하는가?

① 평균값 ② 최댓값 ③ 실효값 ④ 직류값

해설 차단기의 정격투입전류는 최초 주파수의 최댓값으로 정격차단전류의 약 2.5배 이상으로 한다.

답 ②

175 핵심이론 찾아보기▶핵심 07-5

기사 22·18·16년 / 산업 22·16년 출제

차단기의 정격차단시간은?

① 고장 발생부터 소호까지의 시간
② 가동 접촉자 시동부터 소호까지의 시간
③ 트립코일 여자부터 소호까지의 시간
④ 가동 접촉자 개구부터 소호까지의 시간

해설 차단기의 정격차단시간은 트립코일이 여자하는 순간부터 아크가 소멸하는 시간으로 약 3~8[Hz] 정도이다.

답 ③

176 핵심이론 찾아보기▶핵심 07-5

산업 22·19년 출제

차단기의 정격차단시간을 설명한 것으로 옳은 것은?

① 계기용 변성기로부터 고장전류를 감지한 후 계전기가 동작할 때까지의 시간
② 차단기가 트립 지령을 받고 트립장치가 동작하여 전류 차단을 완료할 때까지의 시간
③ 차단기의 개극(발호)부터 이동 행정 종료 시까지의 시간
④ 차단기 가동 접촉자 시동부터 아크 소호가 완료될 때까지의 시간

해설 차단기의 정격차단시간은 트립코일이 여자하여 가동 접촉자가 시동하는 순간(개극시간)부터 아크가 소멸하는 시간(소호시간)으로 약 3~8[Hz] 정도이다.

답 ②

177 핵심이론 찾아보기▶핵심 07-5

산업 19년 출제

차단기에서 정격차단시간의 표준이 아닌 것은?

① 3[Hz]
② 5[Hz]
③ 8[Hz]
④ 10[Hz]

해설 차단기의 정격차단시간은 트립코일이 여자하여 가동 접촉자가 시동하는 순간(개극시간)부터 아크가 소멸하는 시간(소호시간)으로 약 3~8[Hz] 정도이다.

답 ④

178 핵심이론 찾아보기▶핵심 07-6

산업 21·11·06년 출제

다음 차단기들의 소호 매질이 적합하지 않게 결합된 것은?

① 공기차단기 – 압축공기
② 가스차단기 – SF_6 가스
③ 자기차단기 – 진공
④ 유입차단기 – 절연유

해설 자기차단기의 소호 매질은 차단전류에 의해 생기는 자계로 아크를 밀어낸다.

답 ③

179 핵심이론 찾아보기▶핵심 07-6

산업 16년 출제

6[kV]급의 소내 전력 공급용 차단기로서 현재 가장 많이 채택하는 것은?

① OCB
② GCB
③ VCB
④ ABB

해설 진공차단기(VCB)는 고진공 상태에서 차단하는 방식으로 25[kV] 이하 소내 전력 공급용으로 많이 사용된다.

답 ③

180

핵심이론 찾아보기▶핵심 07-6

산업 22·16년 출제

접촉자가 외기(外氣)로부터 격리되어 있어 아크에 의한 화재의 염려가 없으며 소형, 경량으로 구조가 간단하고 보수가 용이하며 진공 중의 아크 소호능력을 이용하는 차단기는?

① 유입차단기 ② 진공차단기 ③ 공기차단기 ④ 가스차단기

해설 진공 중에서 아크를 소호하는 것은 진공차단기이다.

답 ②

181

핵심이론 찾아보기▶핵심 07-6

산업 11·99·96년 출제

SF_6 가스차단기가 공기차단기와 다른 점은?

① 소음이 적다.
② 압축공기로 투입한다.
③ 지지 애자를 사용한다.
④ 고속 조작에 유리하다.

해설 가스차단기는 공기차단기에 비해 소음이 적다.

답 ①

182

핵심이론 찾아보기▶핵심 07-6

산업 00·97년 출제

자기차단기의 특징 중 옳지 않은 것은?

① 화재의 위험이 적다.
② 보수, 점검이 비교적 쉽다.
③ 전류 절단에 의한 와전류가 발생되지 않는다.
④ 회로의 고유 주파수에 차단 성능이 좌우된다.

해설 **자기차단기의 특징**

- 절연유를 사용하지 않으므로 화재의 우려가 없다.
- 소호실의 수명이 길다.
- 보수·점검이 용이하다.
- 전류 절단에 의한 과전압이 발생하지 않는다.
- 회로의 고유 주파수에 차단 성능이 좌우되지 않는다.

답 ④

183

핵심이론 찾아보기▶핵심 07-6

기사 18·11·99·92년 / 산업 15·14·12·99년 출제

SF_6 가스차단기에 대한 설명으로 옳지 않은 것은?

① 공기에 비하여 소호능력이 약 100배 정도 된다.
② 절연거리를 적게 할 수 있어 차단기 전체를 소형, 경량화 할 수 있다.
③ SF_6 가스를 이용한 것으로서 독성이 있으므로 취급에 유의하여야 한다.
④ SF_6 가스 자체는 불활성 기체이다.

해설 SF_6 가스는 유독가스가 발생하지 않는다.

답 ③

184 핵심이론 찾아보기▶핵심 07-6

기사 22·09년 / 산업 19·13년 출제

다음 중 재점호가 가장 일어나기 쉬운 차단전류는?

① 동상전류　　② 지상전류
③ 진상전류　　④ 단락전류

해설 재점호는 무부하 선로의 충전전류 때문에 전로를 차단할 때 소호되지 않고 아크가 남아있는 것을 말한다.

답 ③

185 핵심이론 찾아보기▶핵심 07-6

산업 99·94년 출제

팽창차단기의 소호 방식은?

① 자력형이다.　　② 타력형이다.
③ 반타력형이다.　　④ 혼합형이다.

해설 ① 자력형 소호 : 차단하는 전류 자체에 의한 아크 에너지 또는 전자력에 의해 소호되는 방식으로 유입차단기, 자기차단기, 팽창차단기 등
② 타력형 소호 : 공기차단기, 가스차단기 등
팽창차단기는 유입차단기의 일종으로 기름에 아크가 발생하면 아크열에 의해 절연유를 분해시켜 가스를 발생시켜서 가스의 팽창으로 아크를 소멸시킨다.

답 ①

186 핵심이론 찾아보기▶핵심 07-6

기사 96·95년 / 산업 00·96·93년 출제

다음 차단기 중 투입과 차단을 다같이 압축공기의 힘으로 하는 것은?

① 유입차단기　　② 팽창차단기
③ 제호차단기　　④ 임펄스차단기

해설 **차단기 소호 매질**
유입차단기(OCB) – 절연유, 공기차단기(ABB) – 압축공기, 자기차단기(MBB) – 차단전류에 의한 자계, 진공차단기(VCB) – 고진공상태, 가스차단기(GCB) – SF_6(육불화황)
공기차단기를 임펄스차단기라고도 한다.

답 ④

187 핵심이론 찾아보기▶핵심 07-7

기사 21·18년 출제

부하전류의 차단능력이 없는 것은?

① DS　　② NFB
③ OCB　　④ VCB

해설 단로기(DS)는 소호장치가 없으므로 통전 중인 전로를 개폐하여서는 안 된다.

답 ①

188

핵심이론 찾아보기▶핵심 07-7 기사 11·98·93년 / 산업 15년 출제

그림과 같은 배전선이 있다. 부하에 급전 및 정전할 때 조작방법으로 옳은 것은?

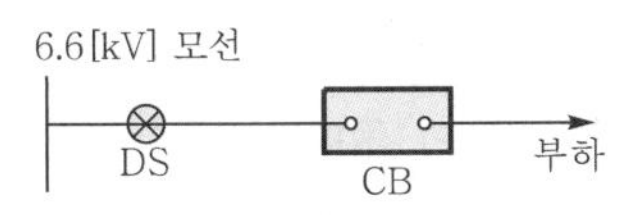

① 급전 및 정전할 때는 항상 DS, CB 순으로 한다.
② 급전 및 정전할 때는 항상 CB, DS 순으로 한다.
③ 급전 시는 DS, CB 순이고, 정전 시는 CB, DS 순이다.
④ 급전 시는 CB, DS 순이고, 정전 시는 DS, CB 순이다.

해설 단로기(DS)는 통전 중의 전로를 개폐할 수 없으므로 차단기(CB)가 열려 있을 때만 조작할 수 있다. 그러므로 급전 시에는 DS, CB 순으로 하고, 차단 시에는 CB, DS 순으로 하여야 한다.

답 ③

189

핵심이론 찾아보기▶핵심 07-7 산업 22·19년 출제

변전소에서 수용가로 공급되는 전력을 차단하고 소 내 기기를 점검할 경우, 차단기와 단로기의 개폐 조작방법으로 옳은 것은?

① 점검 시에는 차단기로 부하회로를 끊고 난 다음에 단로기를 열어야 하며, 점검 후에는 단로기를 넣은 후 차단기를 넣어야 한다.
② 점검 시에는 단로기를 열고 난 후 차단기를 열어야 하며, 점검 후에는 단로기를 넣고 난 다음에 차단기로 부하회로를 연결하여야 한다.
③ 점검 시에는 차단기로 부하회로를 끊고 단로기를 열어야 하며, 점검 후에는 차단기로 부하회로를 연결한 후 단로기를 넣어야 한다.
④ 점검 시에는 단로기를 열고 난 후 차단기를 열어야 하며, 점검이 끝난 경우에는 차단기를 부하에 연결한 다음에 단로기를 넣어야 한다.

해설
- 점검 시 : 차단기를 먼저 열고, 단로기를 열어야 한다.
- 점검 후 : 단로기를 먼저 투입하고, 차단기를 투입하여야 한다.

답 ①

190

핵심이론 찾아보기▶핵심 07-8 기사 18년 출제

최근에 우리나라에서 많이 채용되고 있는 가스절연 개폐설비(GIS)의 특징으로 틀린 것은?

① 대기 절연을 이용한 것에 비해 현저하게 소형화할 수 있으나 비교적 고가이다.
② 소음이 적고 충전부가 완전한 밀폐형으로 되어 있기 때문에 안정성이 높다.
③ 가스압력에 대한 엄중 감시가 필요하며, 내부 점검 및 부품 교환이 번거롭다.
④ 한랭지, 산악지방에서도 액화방지 및 산화방지 대책이 필요없다.

해설 **가스절연 개폐장치(GIS)의 장단점**
- 장점 : 소형화, 고성능, 고신뢰성, 설치공사기간 단축, 유지보수 간편, 무인운전 등
- 단점 : 육안검사 불가능, 대형 사고 주의, 고가, 고장 시 임시 복구 불가, 액화 및 산화방지 대책이 필요

답 ④

191

핵심이론 찾아보기▶핵심 07-9 산업 17년 출제

전력용 퓨즈의 설명으로 옳지 않은 것은?

① 소형으로 큰 차단용량을 갖는다.
② 가격이 싸고 유지보수가 간단하다.
③ 밀폐형 퓨즈는 차단 시에 소음이 없다.
④ 과도전류에 의해 쉽게 용단되지 않는다.

해설 전력퓨즈는 단락전류 차단용으로 사용되며, 차단 특성이 양호하고 보수가 간단하다는 좋은 점이 있으나, 재사용할 수 없고 과도전류에 동작할 우려가 있으며 임의의 동작 특성을 얻을 수 없는 단점이 있다.

답 ④

192

핵심이론 찾아보기▶핵심 07-9 산업 22년 출제

전력퓨즈(Power fuse)의 특성이 아닌 것은?

① 현저한 한류특성이 있다.
② 부하전류를 안전하게 차단한다.
③ 소형이고 경량이다.
④ 릴레이나 변성기가 불필요하다.

해설 전력퓨즈는 단락전류를 차단하는 것을 주목적으로 하며, 부하전류를 차단하는 용도로 사용하지는 않는다.

답 ②

193

핵심이론 찾아보기▶핵심 07-9 기사 18·16·15년 / 산업 21년 출제

한류 리액터를 사용하는 가장 큰 목적은?

① 충전전류의 제한
② 접지전류의 제한
③ 누설전류의 제한
④ 단락전류의 제한

해설 한류 리액터를 사용하는 이유는 단락사고로 인한 단락전류를 제한하여 기기 및 계통을 보호하기 위함이다.

답 ④

194

핵심이론 찾아보기▶핵심 07-9 기사 00·99·98·93년 / 산업 21·01년 출제

전력용 퓨즈는 주로 어떤 전류의 차단을 목적으로 사용하는가?

① 충전전류
② 과부하 전류
③ 단락전류
④ 과도전류

해설 전력퓨즈(Power fuse)는 변압기, 전동기, PT 및 배전선로 등의 보호차단기로 사용되고 동작원리에 따라 한류형(current limiting fuse)과 방출 퓨즈(expulsion)로 구별한다.
전력퓨즈는 차단기와 같이 회로 및 기기의 단락 보호용으로 사용한다.

답 ③

195

핵심이론 찾아보기▶핵심 07-10 산업 17년 출제

3상으로 표준 전압 3[kV], 800[kW]를 역률 0.9로 수전하는 공장의 수전회로에 시설할 계기용 변류기의 변류비로 적당한 것은? (단, 변류기의 2차 전류는 5[A]이며, 여유율은 1.2로 한다.)

① 10
② 20
③ 30
④ 40

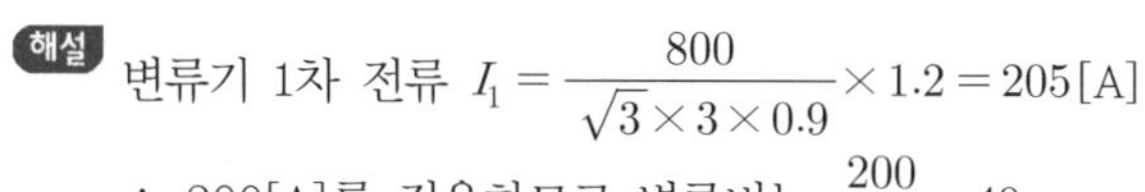

해설 변류기 1차 전류 $I_1 = \dfrac{800}{\sqrt{3} \times 3 \times 0.9} \times 1.2 = 205[\mathrm{A}]$

$\therefore$ 200[A]를 적용하므로 변류비는 $\dfrac{200}{5} = 40$

답 ④

196

핵심이론 찾아보기▶핵심 07-10　　기사 18년 / 산업 19·18년 출제

변류기 개방 시 2차측을 단락하는 이유는?

① 2차측 절연 보호　　② 측정오차 방지
③ 2차측 과전류 보호　　④ 1차측 과전류 방지

해설 운전 중 변류기 2차측이 개방되면 부하전류가 모두 여자전류가 되어 2차 권선에 대단히 높은 전압이 인가하여 2차측 절연이 파괴된다. 그러므로 2차측에 전류계 등 기구가 연결되지 않을 때에는 단락을 하여야 한다.

답 ①

197

핵심이론 찾아보기▶핵심 07-10　　기사 19년 출제

배전반에 접속되어 운전 중인 계기용 변압기(PT) 및 변류기(CT)의 2차측 회로를 점검할 때 조치 사항으로 옳은 것은?

① CT만 단락시킨다.　　② PT만 단락시킨다.
③ CT와 PT 모두를 단락시킨다.　　④ CT와 PT 모두를 개방시킨다.

해설 변류기(CT)의 2차측은 운전 중 개방되면 고전압에 의해 변류기가 2차측 절연파괴로 인하여 소손되므로 점검할 경우, 변류기 2차측 단자를 단락시켜야 한다.

답 ①

198

핵심이론 찾아보기▶핵심 07-11　　산업 18년 출제

영상 변류기를 사용하는 계전기는?

① 지락계전기　　② 차동계전기　　③ 과전류 계전기　　④ 과전압 계전기

해설 영상 변류기(ZCT)는 전력 계통에 지락사고 발생 시 영상전류를 검출하여 과전류 지락계전기(OCGR), 선택지락계전기(SGR) 등을 동작시킨다.

답 ①

199

핵심이론 찾아보기▶핵심 07-11　　산업 19년 출제

다음 보호계전기 회로에서 박스 ㉠부분의 명칭은?

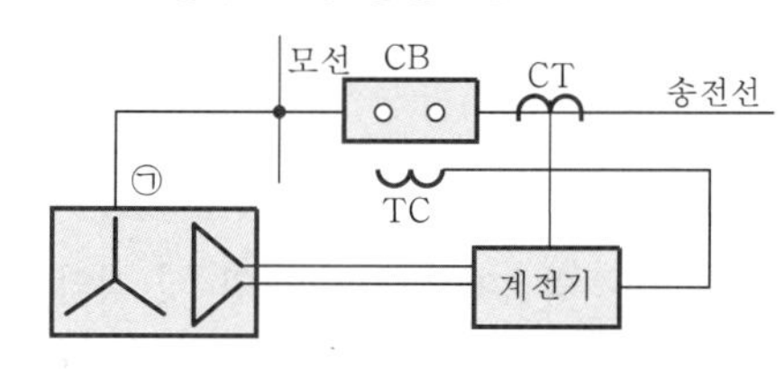

① 차단 코일　　② 영상 변류기　　③ 계기용 변류기　　④ 계기용 변압기

해설 ㉠의 명칭은 접지형 계기용 변압기(GPT)로 계통에서 지락사고 발생 시 영상전압을 검출하여 보호계전기를 작동시킨다.

답 ④

200

핵심이론 찾아보기▶핵심 07-11

산업 19·15년 출제

그림에서 X부분에 흐르는 전류는 어떤 전류인가?

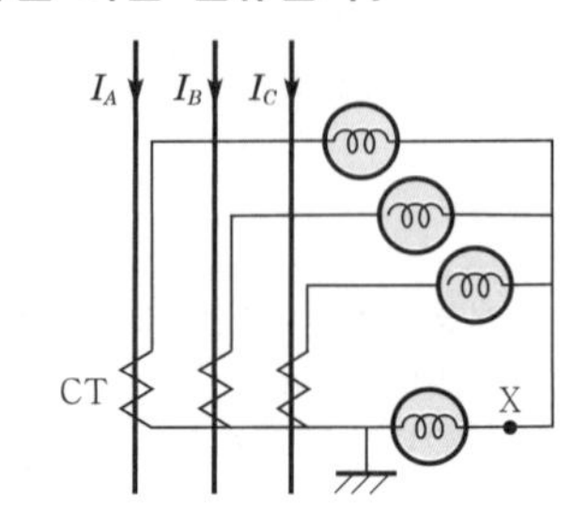

① b상 전류
② 정상전류
③ 역상전류
④ 영상전류

해설 X부분에 흐르는 전류는 각 상 전류의 합계이므로 영상전류가 된다.

답 ④

201

핵심이론 찾아보기▶핵심 07-12

산업 19년 출제

직류 송전방식의 장점은?

① 역률이 항상 1이다.
② 회전자계를 얻을 수 있다.
③ 전력변환장치가 필요하다.
④ 전압의 승압, 강압이 용이하다.

해설 **직류 송전방식의 이점**

- 무효분이 없어 손실이 없고 역률이 항상 1이며 송전효율이 좋다.
- 파고치가 없으므로 절연계급을 낮출 수 있다.
- 전압강하와 전력손실이 적고, 안정도가 높아진다.

답 ①

202

핵심이론 찾아보기▶핵심 07-12

산업 20년 출제

교류 송전방식과 직류 송전방식을 비교할 때 교류 송전방식의 장점에 해당하는 것은?

① 전압의 승압, 강압 변경이 용이하다.
② 절연계급을 낮출 수 있다.
③ 송전효율이 좋다.
④ 안정도가 좋다.

해설 교류 송전방식은 직류 송전방식에 비하여 승압 및 강압 변경이 쉬워 고압 송전에 유리하고, 전력 계통의 연계가 용이하다.

답 ①

203 핵심이론 찾아보기▶핵심 08-1 산업 18년 출제

배전선로의 용어 중 틀린 것은?

① 궤전점 : 간선과 분기선의 접속점
② 분기선 : 간선으로 분기되는 변압기에 이르는 선로
③ 간선 : 급전선에 접속되어 부하로 전력을 공급하거나 분기선을 통하여 배전하는 선로
④ 급전선 : 배전용 변전소에서 인출되는 배전선로에서 최초의 분기점까지의 전선으로 도중에 부하가 접속되어 있지 않은 선로

해설 배전선로에서 간선과 분기선의 접속점을 부하점이라고 한다.

답 ①

204 핵심이론 찾아보기▶핵심 08-2 기사 19년 출제

고압 배전선로 구성방식 중 고장 시 자동적으로 고장 개소의 분리 및 건전선로에 폐로하여 전력을 공급하는 개폐기를 가지며, 수요분포에 따라 임의의 분기선으로부터 전력을 공급하는 방식은?

① 환상식 ② 망상식 ③ 뱅킹식 ④ 가지식(수지식)

해설 **환상식(loop system)**
배전 간선을 환상(loop)선으로 구성하고, 분기선을 연결하는 방식으로 한쪽의 공급선에 이상이 생기더라도, 다른 한쪽에 의해 공급이 가능하고 손실과 전압강하가 적고, 수요분포에 따라 임의의 분기선을 내어 전력을 공급하는 방식으로 부하가 밀집된 도시에서 적합하다.

답 ①

205 핵심이론 찾아보기▶핵심 08-2 산업 18년 출제

저압 뱅킹(banking) 배전방식이 적당한 곳은?

① 농촌 ② 어촌 ③ 화학공장 ④ 부하 밀집지역

해설 저압 뱅킹 배전방식은 2대 이상의 변압기의 저압측을 병렬로 접속하는 방식으로 부하가 밀집된 도시에 적용한다.

답 ④

206 핵심이론 찾아보기▶핵심 08-2 산업 15년 출제

저압 뱅킹 방식에 대한 설명으로 틀린 것은?

① 전압 동요가 적다.
② 캐스케이딩 현상에 의해 고장 확대가 축소된다.
③ 부하 증가에 대해 융통성이 좋다.
④ 고장보호방식이 적당할 때 공급 신뢰도는 향상된다.

해설 **저압 뱅킹 방식의 특징**
- 전압강하 및 전력손실이 줄어든다.
- 변압기의 용량 및 전선량(동량)이 줄어든다.
- 부하 변동에 대하여 탄력적으로 운용된다.
- 플리커 현상이 경감된다.
- 캐스케이딩 현상이 발생할 수 있다.

답 ②

207

핵심이론 찾아보기▶핵심 08-2

기사 19년 / 산업 19년 출제

저압 뱅킹 방식에서 저전압의 고장에 의하여 건전한 변압기의 일부 또는 전부가 차단되는 현상은?

① 아킹(arcing)
② 플리커(flicker)
③ 밸런스(balance)
④ 캐스케이딩(cascading)

해설 **캐스케이딩(cascading) 현상**
저압 뱅킹 방식에서 변압기 또는 선로의 사고에 의해서 뱅킹 내의 건전한 변압기의 일부 또는 전부가 연쇄적으로 차단되는 현상으로, 방지책은 변압기의 1차측에 퓨즈, 저압선의 중간에 구분 퓨즈를 설치한다.

답 ④

208

핵심이론 찾아보기▶핵심 08-2

기사 13·09·02·99년 / 산업 02·99·97·95년 출제

저압 뱅킹 배전방식에서 캐스케이딩(Cascading) 현상이란?

① 전압 동요가 적은 현상
② 변압기의 부하 배분이 불균일한 현상
③ 저압선이나 변압기에 고장이 생기면 자동적으로 고장이 제거되는 현상
④ 저압선의 고장에 의하여 건전한 변압기의 일부 또는 전부가 차단되는 현상

해설 **캐스케이딩(Cascading) 현상**
변압기 또는 선로의 사고에 의해서 뱅킹 내의 건전한 변압기의 일부 또는 전부가 연쇄적으로 회로로부터 차단되는 현상
※ 방지책 : 변압기의 1차측에 퓨즈, 저압선의 중간에 구분 퓨즈 설치

답 ④

209

핵심이론 찾아보기▶핵심 08-2

기사 15년 출제

망상(network) 배전방식의 장점이 아닌 것은?

① 전압 변동이 적다.
② 인축의 접지사고가 적어진다.
③ 부하의 증가에 대한 융통성이 크다.
④ 무정전 공급이 가능하다.

해설 **network system(망상식)의 특징**
- 무정전 공급이 가능하다.
- 전압 변동이 적고, 손실이 최소이다.
- 부하 증가에 대한 적응성이 좋다.
- 시설비가 고가이다.
- 인축에 대한 사고가 증가한다.
- 역류개폐장치(network protector)가 필요하다.

답 ②

210

핵심이론 찾아보기▶핵심 08-2

기사 98년 출제

저압 네트워크 배전방식에 사용되는 네트워크 프로텍터(Network protector)의 구성요소가 아닌 것은?

① 저압용 차단기
② 퓨즈
③ 전력방향계전기
④ 계기용 변압기

해설 계기용 변압기는 전압을 계측하기 위해 전압을 측정 가능한 전압으로 강압시키는 계기용 변성기이다.

답 ④

211 핵심이론 찾아보기▶핵심 08-3

산업 11·94년 출제

그림과 같은 단상 3선식 회로의 중성선 P점에서 단선되었다면 백열등 A(100[W])와 B(400[W])에 걸리는 단자전압은 각각 몇 [V]인가?

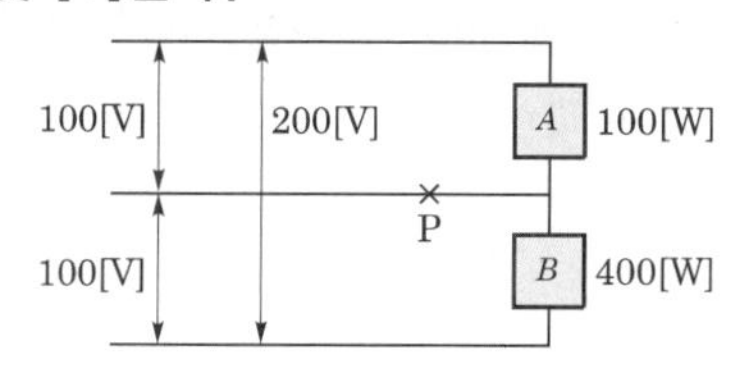

① $V_A=160$, $V_B=40$
② $V_A=120$, $V_B=80$
③ $V_A=40$, $V_B=160$
④ $V_A=60$, $V_B=120$

해설 전력 $P=\dfrac{V^2}{R}$에서 저항 $R=\dfrac{V^2}{P}$

- 100[W] 백열등 저항 $R=\dfrac{100^2}{100}=100[\Omega]$
- 400[W] 백열등 저항 $R=\dfrac{100^2}{400}=25[\Omega]$

P점이 단선되면 A, B가 직렬 회로가 되고, 인가전압은 200[V]이므로 분압법칙에 의해

$V_A=\dfrac{100}{100+25}\times 200=160[\text{V}]$, $V_B=\dfrac{25}{100+25}\times 200=40[\text{V}]$

답 ①

212 핵심이론 찾아보기▶핵심 08-3

기사 04·00년 / 산업 00년 출제

단상 3선식에 사용되는 밸런서의 특성이 아닌 것은?

① 여자 임피던스가 작다.
② 누설 임피던스가 작다.
③ 권수비가 1 : 1이다.
④ 단권 변압기이다.

해설 **밸런서의 특징**

- 여자 임피던스가 크다.
- 누설 임피던스가 작다.
- 권수비가 1 : 1인 단권 변압기이다.

답 ①

213 핵심이론 찾아보기▶핵심 08-3

산업 18년 출제

교류 저압 배전방식에서 밸런서를 필요로 하는 방식은?

① 단상 2선식
② 단상 3선식
③ 3상 3선식
④ 3상 4선식

해설 밸런서는 단상 3선식에서 설비의 불평형을 방지하기 위하여 선로 말단에 시설한다.

답 ②

214

핵심이론 찾아보기▶핵심 08-3 기사 19·15년 / 산업 20년 출제

같은 선로와 같은 부하에서 교류 단상 3선식은 단상 2선식에 비하여 전압강하와 배전효율은 어떻게 되는가?

① 전압강하는 적고, 배전효율은 높다.
② 전압강하는 크고, 배전효율은 낮다.
③ 전압강하는 적고, 배전효율은 낮다.
④ 전압강하는 크고, 배전효율은 높다.

해설 단상 3선식은 단상 2선식에 비하여 동일 전력일 경우 전류가 $\frac{1}{2}$이므로 전압강하는 적어지고, 1선당 전력은 1.33배이므로 배전효율은 높다.

답 ①

215

핵심이론 찾아보기▶핵심 08-3 산업 22·16년 출제

우리나라 22.9[kV] 배전선로에서 가장 많이 사용하는 배전방식과 중성점 접지방식은?

① 3상 3선식, 비접지
② 3상 4선식, 비접지
③ 3상 3선식, 다중접지
④ 3상 4선식, 다중접지

해설
- 송전선로 : 중성점 직접접지, 3상 3선식
- 배전선로 : 중성점 다중접지, 3상 4선식

답 ④

216

핵심이론 찾아보기▶핵심 08-3 기사 15년 / 산업 16년 출제

공통 중성선 다중접지 3상 4선식 배전선로에서 고압측(1차측) 중성선과 저압측(2차측) 중성선을 전기적으로 연결하는 목적은?

① 저압측의 단락사고를 검출하기 위함
② 저압측의 접지사고를 검출하기 위함
③ 주상 변압기의 중성선측 부싱(bushing)을 생략하기 위함
④ 고·저압 혼촉 시 수용가에 침입하는 상승 전압을 억제하기 위함

해설 3상 4선식 중성선 다중접지식 선로에서 1차(고압)측 중성선과 2차(저압)측 중성선을 전기적으로 연결하여 저·고압 혼촉사고가 발생할 경우 저압 수용가에 침입하는 상승 전압을 억제하기 위함이다.

답 ④

217

핵심이론 찾아보기▶핵심 08-3 산업 18년 출제

선간전압, 부하 역률, 선로 손실, 전선 중량 및 배전거리가 같다고 할 경우 단상 2선식과 3상 3선식의 공급전력의 비(단상/3상)는?

① $\frac{3}{2}$
② $\frac{1}{\sqrt{3}}$
③ $\sqrt{3}$
④ $\frac{\sqrt{3}}{2}$

해설

1선당 전력의 비(단상/3상)는 $\dfrac{\frac{VI}{2}}{\frac{\sqrt{3}\,VI}{3}} = \dfrac{3}{2\sqrt{3}} = \dfrac{\sqrt{3}}{2}$

답 ④

218

핵심이론 찾아보기▶핵심 08-4 기사 04년 / 산업 12년 출제

송전전력, 부하 역률, 송전거리, 전력손실 및 선간전압이 같을 경우 3상 3선식에서 전선 한 가닥에 흐르는 전류는 단상 2선식에서 전선 한 가닥에 흐르는 경우의 몇 배가 되는가?

① $\frac{1}{\sqrt{3}}$배 ② $\frac{2}{3}$배 ③ $\frac{3}{4}$배 ④ $\frac{4}{9}$배

해설 전력과 전압 등이 일정하므로 $VI_1\cos\theta = \sqrt{3}\,VI_3\cos\theta$에서 $I_1 = \sqrt{3}\,I_3$이므로 $I_3 = \frac{1}{\sqrt{3}}I_1$이다.

답 ①

219

핵심이론 찾아보기▶핵심 08-4 기사 00년 출제

선간전압, 배전거리, 선로 손실 및 전력 공급을 같게 할 경우 단상 2선식과 3상 3선식에서 전선 한 가닥의 저항비(단상/3상)는?

① $\frac{1}{\sqrt{2}}$ ② $\frac{1}{\sqrt{3}}$ ③ $\frac{1}{3}$ ④ $\frac{1}{2}$

해설 $\sqrt{3}\,VI_3\cos\theta = VI_1\cos\theta$에서 $\sqrt{3}\,I_3 = I_1$

동일한 손실이므로 $3I_3^{\,2}R_3 = 2I_1^{\,2}R_1$

$\therefore\ 3I_3^{\,2}R_3 = 2(\sqrt{3}\,I_3)^2R_1$이므로 $R_3 = 2R_1$ 즉, $\frac{R_1}{R_3} = \frac{1}{2}$이다.

답 ④

220

핵심이론 찾아보기▶핵심 08-4 기사 13·11년 / 산업 11·03·02·96년 출제

배전선로의 전기방식 중 전선의 중량(전선 비용)이 가장 적게 소요되는 방식은? (단, 배전전압, 거리, 전력 및 선로 손실 등은 같다.)

① 단상 2선식 ② 단상 3선식 ③ 3상 3선식 ④ 3상 4선식

해설 단상 2선식을 기준으로 동일한 조건이면 3상 4선식의 전선 중량이 제일 적다.

답 ④

221

핵심이론 찾아보기▶핵심 08-4 기사 04·99년 / 산업 21·11년 출제

송전전력, 부하 역률, 송전거리, 전력손실 및 선간전압을 동일하게 하였을 경우 3상 3선식에 요하는 전선 총량은 단상 2선식에 필요로 하는 전선량의 몇 배인가?

① $\frac{1}{2}$ ② $\frac{2}{3}$ ③ $\frac{3}{4}$ ④ 1

해설 전선의 중량은 전선의 저항에 반비례하므로, 저항의 비 $\frac{R_1}{R_3} = \frac{1}{2}$이다.

따라서 $\frac{3W_3}{2W_1} = \frac{3}{2}\times\frac{R_1}{R_3} = \frac{3}{2}\times\frac{1}{2} = \frac{3}{4}$배

답 ③

222 핵심이론 찾아보기▶핵심 08-4

기사 17년 / 산업 22년 출제

송전전력, 부하 역률, 송전거리, 전력손실, 선간전압이 동일할 때 3상 3선식에 의한 소요 전선량은 단상 2선식의 몇 [%]인가?

① 50 ② 67 ③ 75 ④ 87

해설 소요 전선량은 단상 2선식 기준으로 단상 3선식은 37.5[%], 3상 3선식은 75[%], 3상 4선식은 33.3[%]이다.

답 ③

223 핵심이론 찾아보기▶핵심 08-4

기사 16년 출제

3상 3선식의 전선 소요량에 대한 3상 4선식의 전선 소요량의 비는 얼마인가? (단, 배전거리, 배전전력 및 전력손실은 같고, 4선식의 중성선의 굵기는 외선의 굵기와 같으며, 외선과 중성선 간의 전압은 3선식의 선간전압과 같다.)

① $\frac{4}{9}$ ② $\frac{2}{3}$ ③ $\frac{3}{4}$ ④ $\frac{1}{3}$

해설

$$\text{전선 소요량비} = \frac{3\phi 4\text{W}}{3\phi 3\text{W}} = \frac{\frac{1}{3}}{\frac{3}{4}} = \frac{4}{9}$$

답 ①

224 핵심이론 찾아보기▶핵심 08-5

산업 20년 출제

배전선로의 전압을 $\sqrt{3}$ 배로 증가시키고 동일한 전력손실률로 송전할 경우 송전전력은 몇 배로 증가되는가?

① $\sqrt{3}$ ② $\frac{3}{2}$ ③ 3 ④ $2\sqrt{3}$

해설 동일한 손실일 경우 송전전력은 전압의 제곱에 비례하므로 전압이 $\sqrt{3}$ 배로 되면 전력은 3배로 된다.

답 ③

225 핵심이론 찾아보기▶핵심 08-5

산업 21년 출제

배전전압을 3,000[V]에서 5,200[V]로 높이면 수송전력이 같다고 할 경우에 전력손실은 몇 [%]로 되는가?

① 25 ② 50 ③ 33.3 ④ 1

해설

$$\text{전력손실 } P_l \propto \frac{1}{V^2} \text{ 이므로 } \frac{\frac{1}{5{,}200^2}}{\frac{1}{3{,}000^2}} = \left(\frac{3{,}000}{5{,}200}\right)^2 = 0.333 \quad \therefore 33.3[\%]$$

답 ③

226

핵심이론 찾아보기▶핵심 08-5 | 기사 21년 출제

부하전력 및 역률이 같을 때 전압을 n배 승압하면 전압강하와 전력손실은 어떻게 되는가?

① 전압강하 : $\frac{1}{n}$, 전력손실 : $\frac{1}{n^2}$
② 전압강하 : $\frac{1}{n^2}$, 전력손실 : $\frac{1}{n}$
③ 전압강하 : $\frac{1}{n}$, 전력손실 : $\frac{1}{n}$
④ 전압강하 : $\frac{1}{n^2}$, 전력손실 : $\frac{1}{n^2}$

해설 전압강하 $e=\sqrt{3}I(R\cos\theta+X\sin\theta)=\sqrt{3}\times\frac{P}{\sqrt{3}V\cos\theta}(R\cos\theta+X\sin\theta)$

$=\frac{P}{V}(R+X\tan\theta)\propto\frac{1}{V}$

전력손실 $P_c=3I^2R=3\times\left(\frac{P}{\sqrt{3}V\cos\theta}\right)^2\times\rho\frac{l}{A}=\frac{P^2}{V^2\cos^2\theta}\times\rho\frac{l}{A}\propto\frac{1}{V^2}$

답 ①

227

핵심이론 찾아보기▶핵심 08-5 | 기사 18년 출제

부하 역률이 0.8인 선로의 저항 손실은 0.9인 선로의 저항 손실에 비해서 약 몇 배 정도 되는가?

① 0.97 ② 1.1 ③ 1.27 ④ 1.5

해설

저항 손실 $P_c\propto\frac{1}{\cos^2\theta}$ 이므로 $\frac{\frac{1}{0.8^2}}{\frac{1}{0.9^2}}=\left(\frac{0.9}{0.8}\right)^2\fallingdotseq 1.27$

답 ③

228

핵심이론 찾아보기▶핵심 08-6 | 산업 18년 출제

단상 2선식의 교류 배전선이 있다. 전선 한 줄의 저항은 0.15[Ω], 리액턴스는 0.25[Ω]이다. 부하는 무유도성으로 100[V], 3[kW]일 때 급전점의 전압은 약 몇 [V]인가?

① 100 ② 110 ③ 120 ④ 130

해설 급전점 전압 $V_s=V_r+I(R\cos\theta_r+X\sin\theta_r)=100+\frac{3,000}{100}\times0.15\times2=109\fallingdotseq110[\text{V}]$

답 ②

229

핵심이론 찾아보기▶핵심 08-6 | 산업 17년 출제

그림과 같은 단상 2선식 배선에서 인입구 A점의 전압이 220[V]라면 C점의 전압[V]은? (단, 저항값은 1선의 값이며, AB간은 0.05[Ω], BC간은 0.1[Ω]이다.)

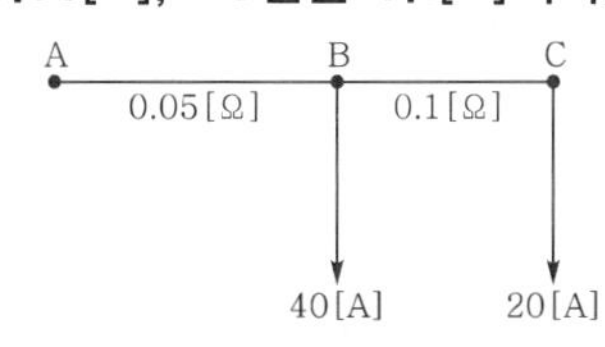

① 214 ② 210 ③ 196 ④ 192

해설 $V_B = 220 - 2 \times 0.05(40+20) = 214[\text{V}]$
$V_C = 214 - 2 \times 0.1 \times 20 = 210[\text{V}]$

답 ②

230

핵심이론 찾아보기▶핵심 08-6

산업 22·16년 출제

배전선에서 균등하게 분포된 부하일 경우 배전선 말단의 전압강하는 모든 부하가 배전선의 어느 지점에 집중되어 있을 때의 전압강하와 같은가?

① $\frac{1}{2}$ ② $\frac{1}{3}$ ③ $\frac{2}{3}$ ④ $\frac{1}{5}$

해설 전압강하 분포

부하 형태	말단에 집중	균등분포
전류분포		
전압강하	1	$\frac{1}{2}$

답 ①

231

핵심이론 찾아보기▶핵심 08-6

기사 18·15·11년 / 산업 21·13년 출제

선로에 따라 균일하게 부하가 분포된 선로의 전력손실은 이들 부하가 선로의 말단에 집중적으로 접속되어 있을 때보다 어떻게 되는가?

① 2배로 된다. ② 3배로 된다. ③ $\frac{1}{2}$로 된다. ④ $\frac{1}{3}$로 된다.

해설

구 분	말단에 집중부하	균등부하분포
전압강하	IR	$\frac{1}{2}IR$
전력손실	I^2R	$\frac{1}{3}I^2R$

답 ④

232

핵심이론 찾아보기▶핵심 08-7

기사 21년 출제

수용가의 수용률을 나타낸 식은?

① $\frac{\text{합성 최대수용전력[kW]}}{\text{평균전력[kW]}} \times 100$

② $\frac{\text{평균전력[kW]}}{\text{합성 최대수용전력[kW]}} \times 100$

③ $\frac{\text{부하설비합계[kW]}}{\text{최대수용전력[kW]}} \times 100$

④ $\frac{\text{최대수용전력[kW]}}{\text{부하설비합계[kW]}} \times 100$

해설
- 수용률 $= \frac{\text{최대수용전력[kW]}}{\text{부하설비용량[kW]}} \times 100[\%]$
- 부하율 $= \frac{\text{평균부하전력[kW]}}{\text{최대부하전력[kW]}} \times 100[\%]$
- 부등률 $= \frac{\text{개개의 최대수용전력의 합[kW]}}{\text{합성 최대수용전력[kW]}}$

답 ④

233 핵심이론 찾아보기▶핵심 08-7

산업 19년 출제

최대수용전력의 합계와 합성 최대수용전력의 비를 나타내는 계수는?

① 부하율 ② 수용률
③ 부등률 ④ 보상률

- 수용률 $= \dfrac{\text{최대수용전력[kW]}}{\text{부하설비용량[kW]}} \times 100[\%]$
- 부하율 $= \dfrac{\text{평균부하전력[kW]}}{\text{최대부하전력[kW]}} \times 100[\%]$
- 부등률 $= \dfrac{\text{개개의 최대수용전력의 합[kW]}}{\text{합성 최대수용전력[kW]}}$

답 ③

234 핵심이론 찾아보기▶핵심 08-7

산업 16년 출제

총 부하설비가 160[kW], 수용률이 60[%], 부하 역률이 80[%]인 수용가에 공급하기 위한 변압기 용량[kVA]은?

① 40 ② 80
③ 120 ④ 160

해설 변압기 용량 $P_t = \dfrac{160 \times 0.6}{0.8} = 120[\text{kVA}]$

답 ③

235 핵심이론 찾아보기▶핵심 08-7

산업 15년 출제

어떤 건물에서 총 설비부하용량이 850[kW], 수용률이 60[%]이면 변압기 용량은 최소 몇 [kVA]로 하여야 하는가? (단, 설비부하의 종합 역률은 0.75이다.)

① 740 ② 680
③ 650 ④ 500

해설 변압기 용량 $P_t = \dfrac{850 \times 0.6}{0.75} = 680[\text{kVA}]$

답 ②

236 핵심이론 찾아보기▶핵심 08-7

산업 21년 출제

총설비부하가 120[kW], 수용률이 65[%], 부하 역률이 80[%]인 수용가에 공급하기 위한 변압기의 최소 용량은 약 몇 [kVA]인가?

① 40 ② 60
③ 80 ④ 100

해설 변압기 용량 $= \dfrac{\text{수용률} \times \text{수용설비용량}}{\text{역률} \times \text{효율}}[\text{kVA}]$

변압기의 최소 용량 $P_T = \dfrac{120 \times 0.65}{0.8} = 97.5 \fallingdotseq 100[\text{kVA}]$

답 ④

237

핵심이론 찾아보기▶핵심 08-7 기사 11·02년 / 산업 18·17·13·12년 출제

배전선로의 전기적 특성 중 그 값이 1 이상인 것은?

① 전압강하율 ② 부등률 ③ 부하율 ④ 수용률

해설 $\text{부등률} = \dfrac{\text{각 수용가의 최대수용전력의 합[kW]}}{\text{합성(종합) 최대전력[kW]}}$ 으로 이 값은 항상 1보다 크다.

답 ②

238

핵심이론 찾아보기▶핵심 08-7 기사 18년 출제

설비용량이 360[kW], 수용률이 0.8, 부등률이 1.2일 때 최대수용전력은 몇 [kW]인가?

① 120 ② 240 ③ 360 ④ 480

해설 최대수용전력 $P_m = \dfrac{360 \times 0.8}{1.2} = 240[\text{kW}]$

답 ②

239

핵심이론 찾아보기▶핵심 08-7 기사 16·12·03년 출제

각 수용가의 수용설비용량이 50[kW], 100[kW], 80[kW], 60[kW], 150[kW]이며, 각각의 수용률이 0.6, 0.6, 0.5, 0.5, 0.4일 때 부하의 부등률이 1.3이라면 변압기 용량은 약 몇 [kVA]가 필요한가? (단, 평균 부하 역률은 80[%]라고 한다.)

① 142 ② 165 ③ 183 ④ 212

해설 변압기 용량

$$P_T = \frac{50 \times 0.6 + 100 \times 0.6 + 80 \times 0.5 + 60 \times 0.5 + 150 \times 0.4}{1.3 \times 0.8} = 212[\text{kVA}]$$

답 ④

240

핵심이론 찾아보기▶핵심 08-7 기사 20년 출제

다음 중 그 값이 항상 1 이상인 것은?

① 부등률 ② 부하율 ③ 수용률 ④ 전압강하율

해설 $\text{부등률} = \dfrac{\text{각 부하의 최대수용전력의 합[kW]}}{\text{합성 최대전력[kW]}}$ 으로 이 값은 항상 1 이상이다.

답 ①

241

핵심이론 찾아보기▶핵심 08-7 산업 16년 출제

설비용량 800[kW], 부등률 1.2, 수용률 60[%]일 때, 변전시설용량은 최저 약 몇 [kVA] 이상이어야 하는가? (단, 역률은 90[%] 이상 유지되어야 한다.)

① 450 ② 500 ③ 550 ④ 600

해설 $P_m = \dfrac{800 \times 0.6}{1.2} \times \dfrac{1}{0.9} = 444.4 \fallingdotseq 450[\text{kVA}]$

답 ①

242

핵심이론 찾아보기▶핵심 08-7 기사 16년 출제

연간 전력량이 E[kWh]이고, 연간 최대전력이 W[kW]인 연부하율은 몇 [%]인가?

① $\frac{E}{W}\times 100$ ② $\frac{\sqrt{3}\,W}{E}\times 100$ ③ $\frac{8,760\,W}{E}\times 100$ ④ $\frac{E}{8,760\,W}\times 100$

해설

$$\text{연부하율}=\frac{\frac{E}{365\times 24}}{W}\times 100=\frac{E}{8,760\,W}\times 100[\%]$$

답 ④

243

핵심이론 찾아보기▶핵심 08-7 기사 03·02·00·95년 출제

정격 10[kVA]의 주상 변압기가 있다. 이것의 2차측 일부하 곡선이 다음 그림과 같을 때 1일의 부하율은 몇 [%]인가?

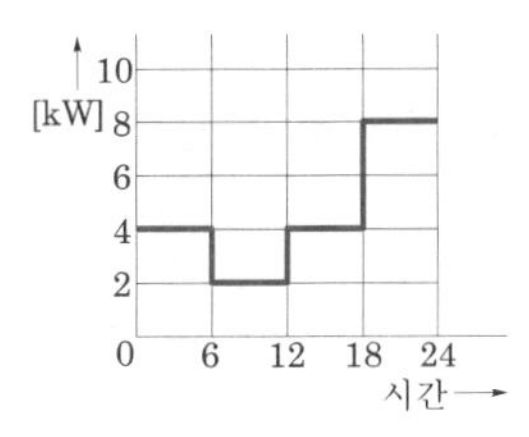

① 52.3 ② 54.3 ③ 56.3 ④ 58.3

해설 $\text{부하율}=\frac{\text{평균수용전력}}{\text{최대수용전력}}\times 100=\frac{(4\times 12+2\times 6+8\times 6)\div 24}{8}\times 100=56.25[\%]$

답 ③

244

핵심이론 찾아보기▶핵심 08-7 기사 15·12·93년 / 산업 22·16년 출제

각 수용가의 수용분 및 수용가 사이의 부등률이 변화할 때 수용가군 총합의 부하율은?

① 부등률과 수용률에 비례한다.
② 부등률에 비례하고, 수용률에 반비례한다.
③ 수용률에 비례하고, 부등률에 반비례한다.
④ 부등률과 수용률에 반비례한다.

해설 $\text{부하율}=\frac{\text{평균전력}}{\text{설비용량의 합계}}\times\frac{\text{부등률}}{\text{수용률}}$이므로 부등률에 비례하고, 수용률에 반비례한다.

답 ②

245

핵심이론 찾아보기▶핵심 08-7 산업 98년 출제

배전선로에서 손실계수 H와 부하율 F 사이에 성립하는 식은? (단, 부하율 $F>1$이다.)

① $H>F^2$ ② $H<F^2$ ③ $H=F^2$ ④ $H>F$

해설 손실계수 H와 부하율 F의 관계는 부하율이 좋으면 $H \fallingdotseq F$이고, 부하율이 나쁘면 $H \fallingdotseq F^2$이다.
따라서 $0 \leqq F^2 \leqq H \leqq F \leqq 1$ 관계가 성립된다.
즉, $H>F^2$, $H<F$이다.

답 ①

246
핵심이론 찾아보기▶핵심 08-7

산업 17년 출제

다음 중 배전선로의 부하율이 F일 때 손실계수 H와의 관계로 옳은 것은?

① $H = F$
② $H = \dfrac{1}{F}$
③ $H = F^3$
④ $0 \le F^2 \le H \le F \le 1$

해설 손실계수 H는 최대전력손실에 대한 평균전력손실의 비로 일반적으로 손실계수 $H = \alpha F + (1-\alpha)F^2$의 실험식을 사용한다. 이때 손실정수 $\alpha = 0.1 \sim 0.3$이고, F는 부하율이다. 부하율이 좋으면 $H \fallingdotseq F$이고 부하율이 나쁘면 $H = F^2$이다. 손실계수 H와 부하율 F와의 관계는 다음 식이 성립된다.
$0 \leqq F^2 \leqq H \leqq F \leqq 1$

답 ④

247
핵심이론 찾아보기▶핵심 08-8

기사 22년 / 산업 19·15년 출제

배전선로의 역률 개선에 따른 효과로 적합하지 않은 것은?

① 전원측 설비의 이용률 향상
② 선로 절연에 요하는 비용 절감
③ 전압강하 감소
④ 선로의 전력손실 경감

해설 **역률 개선의 효과**
- 전력손실이 감소한다.
- 전압강하가 감소한다.
- 설비의 여유가 증가한다.
- 전력 사업자 공급설비를 합리적으로 운용한다.
- 수용가측의 전기요금을 절약한다.

답 ②

248
핵심이론 찾아보기▶핵심 08-8

기사 00년 / 산업 13·03년 출제

어떤 콘덴서 3개를 선간전압 3,300[V], 주파수 60[Hz]의 선로에 △로 접속하여 60[kVA]가 되도록 하려면 콘덴서 1개의 정전용량[μF]은 얼마로 하여야 하는가?

① 5 ② 50 ③ 0.5 ④ 500

해설 △결선일 때 충전용량 $Q = 3\omega CV^2$

$$\therefore C = \frac{60 \times 10^3}{3 \times 2\pi \times 60 \times 3{,}300^2} \times 10^6 = 4.87 \fallingdotseq 5[\mu\text{F}]$$

답 ①

249
핵심이론 찾아보기▶핵심 08-8

기사 09년 / 산업 22·13·12년 출제

역률 0.8(지상)의 5,000[kW]의 부하에 전력용 콘덴서를 병렬로 접속하여 합성 역률을 0.9로 개선하고자 할 경우 소요되는 콘덴서의 용량[kVA]으로 적당한 것은 어느 것인가?

① 820 ② 1,080 ③ 1,350 ④ 2,160

해설
$$Q = 5{,}000\left(\frac{\sqrt{1-0.8^2}}{0.8} - \frac{\sqrt{1-0.9^2}}{0.9}\right) = 1{,}350[\text{kVA}]$$

답 ③

250

핵심이론 찾아보기▶핵심 08-8 기사 09·01·96년 출제

3상 배전선로의 말단에 역률 80[%](뒤짐), 160[kW]의 평형 3상 부하가 있다. 부하점에 부하와 병렬로 전력용 콘덴서를 접속하여 선로 손실을 최소로 하기 위해 필요한 콘덴서 용량[kVA]은? (단, 여기서 부하단 전압은 변하지 않는 것으로 한다.)

① 96 ② 120 ③ 128 ④ 200

해설 선로 손실을 최소로 하려면 역률을 1로 개선해야 한다.

$$\therefore\ Q_c = P(\tan\theta_1 - \tan\theta_2) = P(\tan\theta - 0) = P\frac{\sin\theta}{\cos\theta} = 160 \times \frac{0.6}{0.8} = 120[\text{kVA}]$$

 ②

251

핵심이론 찾아보기▶핵심 08-8 산업 15년 출제

동일 전력을 수송할 때 다른 조건은 그대로 두고 역률을 개선한 경우의 효과로 옳지 않은 것은?

① 선로 변압기 등의 저항손이 역률의 제곱에 반비례하여 감소한다.
② 변압기, 개폐기 등의 소요용량은 역률에 비례하여 감소한다.
③ 선로의 송전용량이 그 허용전류에 의하여 제한될 때는 선로의 송전용량은 증가한다.
④ 전압강하는 $1+\frac{X}{R}\tan\psi$에 비례하여 감소한다.

해설 선로의 송전용량은 허용전류에 의하여 제한받으면 송전용량도 제한받는다.

답 ③

252

핵심이론 찾아보기▶핵심 08-8 산업 20년 출제

역률 0.8(지상), 480[kW] 부하가 있다. 전력용 콘덴서를 설치하여 역률을 개선하고자 할 때 콘덴서 220[kVA]를 설치하면 역률은 몇 [%]로 개선되는가?

① 82 ② 85 ③ 90 ④ 96

해설 개선 후 역률

$$\cos\theta_2 = \frac{P}{\sqrt{P^2 + (P\tan\theta_1 - Q_c)^2}} = \frac{480}{\sqrt{480^2 + \left(\frac{480}{0.8}\times 0.6 - 220\right)^2}} = 0.96 \quad \therefore\ 96[\%]$$

답 ④

253

핵심이론 찾아보기▶핵심 08-9 산업 19년 출제

주상 변압기의 고장이 배전선로에 파급되는 것을 방지하고 변압기의 과부하 소손을 예방하기 위하여 사용되는 개폐기는?

① 리클로저 ② 부하개폐기
③ 컷 아웃 스위치 ④ 섹셔널라이저

해설 **컷 아웃 스위치**
변압기 1차측에 설치하여 변압기의 단락사고가 전력 계통으로 파급되는 것을 방지한다.

 ③

254

핵심이론 찾아보기▶핵심 08-9 기사 21·15년 / 산업 22년 출제

선로 고장 시 고장전류를 차단할 수 없어 리클로저와 같이 차단기능이 있는 후비보호장치와 직렬로 설치되어야 하는 장치는?

① 배선용 차단기 ② 유입개폐기 ③ 컷 아웃 스위치 ④ 섹셔널라이저

해설 섹셔널라이저(sectionalizer)는 고장 발생 시 차단기능이 없으므로 고장을 차단하는 후비보호장치(리클로저)와 직렬로 설치하여 고장구간을 분리시키는 개폐기이다.

답 ④

255

핵심이론 찾아보기▶핵심 08-9 기사 19년 출제

공통 중성선 다중접지방식의 배전선로에서 recloser(R), sectionalizer(S), line fuse(F)의 보호 협조가 가장 적합한 배열은? (단, 보호 협조는 변전소를 기준으로 한다.)

① S－F－R ② S－R－F ③ F－S－R ④ R－S－F

해설 리클로저(recloser)는 선로에 고장이 발생하였을 때 고장전류를 검출하여 지정된 시간 내에 고속차단하고 자동 재폐로 동작을 수행하여 고장구간을 분리하거나 재송전하는 장치이다.
섹셔널라이저(sectionalizer)는 부하전류는 개폐할 수 있지만 고장전류를 차단할 수 없으므로 리클로저와 직렬로 설치하여야 한다.
그러므로 변전소 차단기 → 리클로저 → 섹셔널라이저 → 라인퓨즈로 구성한다.

답 ④

256

핵심이론 찾아보기▶핵심 08-9 산업 15년 출제

주상 변압기의 고압측 및 저압측에 설치되는 보호장치가 아닌 것은?

① 피뢰기 ② 1차 컷 아웃 스위치
③ 캐치 홀더 ④ 케이블 헤드

해설 **주상 변압기 보호장치**
- 1차(고압)측 : 피뢰기와 컷 아웃 스위치
- 2차(저압)측 : 제2종 접지공사와 캐치 홀더

답 ④

257

핵심이론 찾아보기▶핵심 08-9 기사 21년 출제

배전선로의 주상 변압기에서 고압측－저압측에 주로 사용되는 보호 장치의 조합으로 적합한 것은?

① 고압측 : 컷 아웃 스위치, 저압측 : 캐치 홀더
② 고압측 : 캐치 홀더, 저압측 : 컷 아웃 스위치
③ 고압측 : 리클로저, 저압측 : 라인퓨즈
④ 고압측 : 라인퓨즈, 저압측 : 리클로저

해설 **주상 변압기 보호 장치**
- 1차(고압)측 : 피뢰기, 컷 아웃 스위치
- 2차(저압)측 : 캐치 홀더, 중성점 접지

답 ①

258

핵심이론 찾아보기▶핵심 08-10

산업 19년 출제

배전선로에서 사용하는 전압조정방법이 아닌 것은?

① 승압기 사용
② 병렬 콘덴서 사용
③ 저전압 계전기 사용
④ 주상 변압기 탭 전환

해설 배전선로의 전압조정은 변전소의 모선이나 급전선의 전압을 일괄 조정하는 방법과 변압기의 탭 조정, 승압기 설치 등의 방법이 있다.

답 ③

259

핵심이론 찾아보기▶핵심 08-10

산업 18년 출제

단상 승압기 1대를 사용하여 승압할 경우 승압 전의 전압을 E_1이라 하면, 승압 후의 전압 E_2는 어떻게 되는가? $\left(\text{단, 승압기의 변압비는 } \dfrac{\text{전원측 전압}}{\text{부하측 전압}} = \dfrac{e_1}{e_2}\text{ 이다.}\right)$

① $E_2 = E_1 + e_1$
② $E_2 = E_1 + e_2$
③ $E_2 = E_1 + \dfrac{e_2}{e_1}E_1$
④ $E_2 = E_1 + \dfrac{e_1}{e_2}E_1$

해설 승압 후 전압

$$E_2 = E_1\left(1 + \frac{e_2}{e_1}\right) = E_1 + \frac{e_2}{e_1}E_1$$

답 ③

260

핵심이론 찾아보기▶핵심 08-10

기사 17년 출제

승압기에 의하여 전압 V_e에서 V_h로 승압할 때, 2차 정격전압 e, 자기용량 W인 단상 승압기가 공급할 수 있는 부하용량은?

① $\dfrac{V_h}{e} \times W$
② $\dfrac{V_e}{e} \times W$
③ $\dfrac{V_e}{V_h - V_e} \times W$
④ $\dfrac{V_h - V_e}{V_e} \times W$

해설 승압기 자기용량 $W = \dfrac{e}{V_h} \times$ 부하용량이므로, 여기서 부하의 용량을 구하면 $\dfrac{V_h}{e} \times W$이다.

답 ①

261

핵심이론 찾아보기▶핵심 08-10

산업 20년 출제

주상 변압기의 2차측 접지는 어느 것에 대한 보호를 목적으로 하는가?

① 1차측의 단락
② 2차측의 단락
③ 2차측의 전압강하
④ 1차측과 2차측의 혼촉

해설 주상 변압기 2차측에는 혼촉에 의한 위험을 방지하기 위하여 접지공사를 시행하여야 한다.

답 ④

262

핵심이론 찾아보기▶핵심 08-10

산업 20년 출제

조상설비가 있는 발전소측 변전소에서 주변압기로 주로 사용되는 변압기는?

① 강압용 변압기 ② 단권 변압기 ③ 3권선 변압기 ④ 단상 변압기

해설 1차 변전소에 사용하는 변압기는 3권선 변압기로, Y-Y-△로 사용되고 있다.

답 ③

263

핵심이론 찾아보기▶핵심 09-1

산업 18년 출제

수력발전소의 취수방법에 따른 분류로 틀린 것은?

① 댐식 ② 수로식 ③ 역조정지식 ④ 유역 변경식

해설 수력발전소 분류에서 낙차를 얻는 방식(취수방법)은 댐식, 수로식, 댐수로식, 유역 변경식 등이 있고, 유량 사용 방법은 유입식, 저수지식, 조정지식, 양수식(역조정지식) 등이 있다.

답 ③

264

핵심이론 찾아보기▶핵심 09-1

산업 19년 출제

양수 발전의 주된 목적으로 옳은 것은?

① 연간 발전량을 늘이기 위하여
② 연간 평균 손실 전력을 줄이기 위하여
③ 연간 발전 비용을 줄이기 위하여
④ 연간 수력발전량을 늘이기 위하여

해설 잉여전력을 이용하여 하부 저수지의 물을 상부 저수지로 양수하여 첨두 부하 등에 이용하므로 발전 비용이 절약된다.

답 ③

265

핵심이론 찾아보기▶핵심 09-1

기사 20년 출제

수력발전소의 형식을 취수방법, 운용방법에 따라 분류할 수 있다. 다음 중 취수방법에 따른 분류가 아닌 것은?

① 댐식 ② 수로식 ③ 조정지식 ④ 유역 변경식

해설 수력발전소 분류에서 낙차를 얻는 방식(취수방법)은 댐식, 수로식, 댐수로식, 유역 변경식 등이 있고, 유량 사용 방법은 유입식, 저수지식, 조정지식, 양수식(역조정지식) 등이 있다.

답 ③

266

핵심이론 찾아보기▶핵심 09-1

산업 16년 출제

유효낙차 75[m], 최대사용수량 200[m^3/s], 수차 및 발전기의 합성 효율이 70[%]인 수력발전소의 최대 출력은 약 몇 [MW]인가?

① 102.9 ② 157.3 ③ 167.5 ④ 177.8

해설 출력

$$P = 9.8HQ\eta = 9.8 \times 75 \times 200 \times 0.7 \times 10^{-3} = 102.9[\text{MW}]$$

답 ①

267

핵심이론 찾아보기▶핵심 09-1 산업 20년 출제

어떤 발전소의 유효낙차가 100[m]이고, 사용수량이 10[m³/s]일 경우 이 발전소의 이론적인 출력[kW]은?

① 4,900 ② 9,800
③ 10,000 ④ 14,700

해설 이론 출력
$P_o = 9.8HQ = 9.8 \times 100 \times 10 = 9{,}800[\text{kW}]$

답 ②

268

핵심이론 찾아보기▶핵심 09-1 산업 21년 출제

유효낙차 30[m], 출력 2,000[kW]의 수차발전기를 전부하로 운전하는 경우 1시간당 사용수량은 약 몇 [m³]인가? (단, 수차 및 발전기의 효율은 각각 95[%], 82[%]로 한다.)

① 15,500 ② 25,500
③ 31,500 ④ 22,500

해설 $P = 9.8QH\eta[\text{kW}]$
여기서, Q : 유량[m³/s], H : 유효낙차[m], $\eta = \eta_t \eta_g$(η_t : 수차효율, η_g : 발전기 효율)

$\therefore Q = \dfrac{p}{9.8H\eta_t\eta_g}[\text{m}^3/\text{s}] = \dfrac{2{,}000}{9.8 \times 30 \times 0.95 \times 0.82} = 8.732[\text{m}^3/\text{s}]$

$\because$ 1시간당 사용수량 $Q = 8.732 \times 3{,}600 = 31437.478 \fallingdotseq 31{,}500[\text{m}^3/\text{h}]$

답 ③

269

핵심이론 찾아보기▶핵심 09-1 산업 18년 출제

유효낙차가 40[%] 저하되면 수차의 효율이 20[%] 저하된다고 할 경우 이때의 출력은 원래의 약 몇 [%]인가? (단, 안내 날개의 열림은 불변인 것으로 한다.)

① 37.2 ② 48.0 ③ 52.7 ④ 63.7

해설
발전소 출력 $P = 9.8HQ\eta[\text{kW}]$이므로 $P \propto H^{\frac{3}{2}}\eta = (1-0.4)^{\frac{3}{2}} \times (1-0.2) = 0.372$
$\therefore$ 37.2[%]

답 ①

270

핵심이론 찾아보기▶핵심 09-1 산업 15년 출제

유효낙차 400[m]의 수력발전소에서 펠톤 수차의 노즐에서 분출하는 물의 속도를 이론값의 0.95배로 한다면 물의 분출속도는 약 몇 [m/s]인가?

① 42.3 ② 59.5 ③ 62.6 ④ 84.1

해설 물의 분출속도
$v = k\sqrt{2gH} = 0.95 \times \sqrt{2 \times 9.8 \times 400} \fallingdotseq 84.1[\text{m/s}]$

답 ④

271

핵심이론 찾아보기▶핵심 09-1 산업 19년 출제

어떤 수력발전소의 수압관에서 분출되는 물의 속도와 직접적인 관련이 없는 것은?

① 수면에서의 연직거리 ② 관의 경사
③ 관의 길이 ④ 유량

해설 물의 분출속도 $v = \sqrt{2gH}$[m/s]로 계산되고, 여기서 H는 낙차(수두)이므로 관의 경사에 의한 연직거리와 유량(단면적×속도)에 의해 결정되고, 관의 길이와는 관계가 없다. 답 ③

272

핵심이론 찾아보기▶핵심 09-1 산업 17년 출제

갈수량이란 어떤 유량을 말하는가?

① 1년 365일 중 95일간은 이보다 낮아지지 않는 유량
② 1년 365일 중 185일간은 이보다 낮아지지 않는 유량
③ 1년 365일 중 275일간은 이보다 낮아지지 않는 유량
④ 1년 365일 중 355일간은 이보다 낮아지지 않는 유량

해설 **갈수량**
1년 365일 중 355일은 이것보다 내려가지 않는 유량과 수위 답 ④

273

핵심이론 찾아보기▶핵심 09-1 산업 19년 출제

발전소의 발전기 정격전압[kV]으로 사용되는 것은?

① 6.6 ② 33 ③ 66 ④ 154

해설 발전소의 발전기 정격전압은 5~21[kV] 정도이다. 답 ①

274

핵심이론 찾아보기▶핵심 09-1 기사 16년 출제

댐의 부속설비가 아닌 것은?

① 수로 ② 수조 ③ 취수구 ④ 흡출관

해설 흡출관은 반동 수차에서 낙차를 증대시키는 설비이므로 수차의 부속설비이다. 답 ④

275

핵심이론 찾아보기▶핵심 09-1 산업 16년 출제

취수구에 제수문을 설치하는 목적은?

① 유량을 조정한다. ② 모래를 배제한다.
③ 낙차를 높인다. ④ 홍수위를 낮춘다.

해설 취수구에 설치한 모든 수문은 유량을 조절한다. 답 ①

CHAPTER

276

핵심이론 찾아보기▶핵심 09-1 | 기사 19·16년 / 산업 22년 출제

수력발전소에서 흡출관을 사용하는 목적은?

① 압력을 줄인다. ② 유효낙차를 늘린다.
③ 속도 변동률을 작게 한다. ④ 물의 유선을 일정하게 한다.

해설 흡출관은 중낙차 또는 저낙차용으로 적용되는 반동 수차에서 낙차를 증대시킬 목적으로 사용된다.

답 ②

277

핵심이론 찾아보기▶핵심 09-1 | 산업 20년 출제

반동 수차의 일종으로 주요 부분은 러너, 안내 날개, 스피드링 및 흡출관 등으로 되어 있으며 50~500[m] 정도의 중낙차 발전소에 사용되는 수차는?

① 카플란 수차 ② 프란시스 수차 ③ 펠턴 수차 ④ 튜블러 수차

해설 ① 카플란 수차 : 저낙차용(약 50[m] 이하)
② 프란시스 수차 : 중낙차용(약 50 ~ 500[m])
③ 펠턴 수차 : 고낙차용(약 500[m] 이상)
④ 튜블러 수차 : 15[m] 이하의 조력발전용

답 ②

278

핵심이론 찾아보기▶핵심 09-1 | 산업 18년 출제

수차의 특유 속도 N_s를 나타내는 계산식으로 옳은 것은? (단, H : 유효낙차[m], P : 수차의 출력[kW], N : 수차의 정격 회전수[rpm]라 한다.)

① $N_s = \frac{NP^{\frac{1}{2}}}{H^{\frac{5}{4}}}$ ② $N_s = \frac{H^{\frac{5}{4}}}{NP}$ ③ $N_s = \frac{HP^{\frac{1}{4}}}{N^{\frac{5}{4}}}$ ④ $N_s = \frac{NP^2}{H^{\frac{5}{4}}}$

해설 수차의 특유 속도는 러너와 유수의 상대 속도로 다음과 같다.

$$N_s = N \cdot \frac{P^{\frac{1}{2}}}{H^{\frac{5}{4}}}$$

답 ①

279

핵심이론 찾아보기▶핵심 09-1 | 산업 15년 출제

낙차 350[m], 회전수 600[rpm]인 수차를 325[m]의 낙차에서 사용할 때의 회전수는 약 몇 [rpm]인가?

① 500 ② 560 ③ 580 ④ 600

해설

$$\frac{N'}{N} = \left(\frac{H'}{H}\right)^{\frac{1}{2}}$$

그러므로 $N' = \left(\frac{H'}{H}\right)^{\frac{1}{2}} \cdot N = \left(\frac{325}{350}\right)^{\frac{1}{2}} \times 600 = 580[\text{rpm}]$

답 ③

280

핵심이론 찾아보기▶핵심 09-1 기사 17년 출제

수차 발전기에 제동권선을 설치하는 주된 목적은?

① 정지시간 단축
② 회전력의 증가
③ 과부하 내량의 증대
④ 발전기 안정도의 증진

해설 제동권선은 조속기의 난조를 방지하여 발전기의 안정도를 향상시킨다.

답 ④

281

핵심이론 찾아보기▶핵심 09-1 산업 19년 출제

수차 발전기가 난조를 일으키는 원인은?

① 수차의 조속기가 예민하다.
② 수차의 속도 변동률이 적다.
③ 발전기의 관성 모멘트가 크다.
④ 발전기의 자극에 제동권선이 있다.

해설 수차의 조속기를 신속하게 작동시키면 전압 변동이 줄어들지만, 너무 예민하게 하면 난조가 발생하므로 난조를 방지할 수 있는 제동권선 등을 시설한다.

답 ①

282

핵심이론 찾아보기▶핵심 09-1 기사 12년 / 산업 08년 출제

캐비테이션(Cavitation) 현상에 의한 결과로 적당하지 않은 것은?

① 수차 러너의 부식
② 수차 레버 부분의 진동
③ 흡출관의 진동
④ 수차 효율의 증가

해설 **공동 현상(캐비테이션) 장해**

- 수차의 효율, 출력 등 저하
- 유수에 접한 러너나 버킷 등에 침식 작용 발생
- 소음 발생
- 흡출관 입구에서 수압의 변동이 심하다.

답 ④

283

핵심이론 찾아보기▶핵심 09-2 산업 17년 출제

기력발전소의 열사이클 과정 중 단열팽창 과정에서 물 또는 증기의 상태 변화로 옳은 것은?

① 습증기 → 포화액
② 포화액 → 압축액
③ 과열 증기 → 습증기
④ 압축액 → 포화액 → 포화 증기

해설 단열팽창의 과정은 터빈에서 발생하고, 과열 증기가 습증기로 변화하는 과정이다.

답 ③

284 핵심이론 찾아보기▶핵심 09-2

산업 19년 출제

화력발전소의 기본 사이클이다. 그 순서로 옳은 것은?

① 급수 펌프 → 과열기 → 터빈 → 보일러 → 복수기 → 급수 펌프
② 급수 펌프 → 보일러 → 과열기 → 터빈 → 복수기 → 급수 펌프
③ 보일러 → 급수 펌프 → 과열기 → 복수기 → 급수 펌프 → 보일러
④ 보일러 → 과열기 → 복수기 → 터빈 → 급수 펌프 → 축열기 → 과열기

해설 기본 사이클의 순환 순서

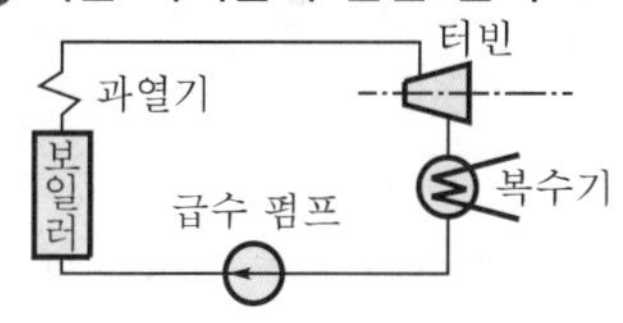

답 ②

285 핵심이론 찾아보기▶핵심 09-2

산업 16년 출제

그림과 같은 열사이클은?

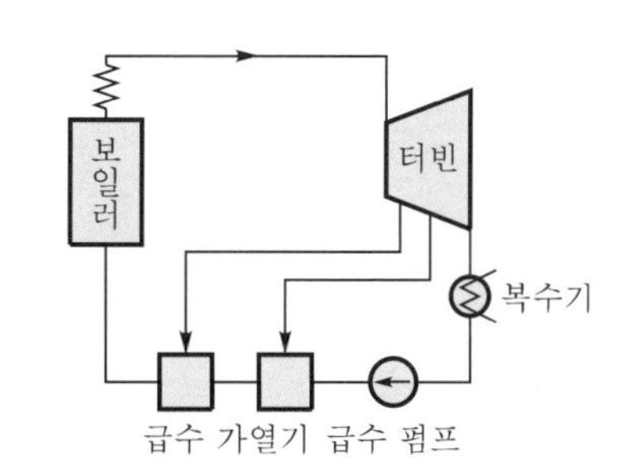

① 재생 사이클 ② 재열 사이클 ③ 카르노 사이클 ④ 재생·재열 사이클

해설 터빈 중간에 증기의 일부를 추기하여 급수를 가열하는 급수 가열기가 있는 재생 사이클이다.

답 ①

286 핵심이론 찾아보기▶핵심 09-2

산업 18년 출제

화력발전소에서 가장 큰 손실은?

① 소내용 동력 ② 복수기의 방열손
③ 연돌 배출가스 손실 ④ 터빈 및 발전기의 손실

해설 화력발전소의 가장 큰 손실은 복수기의 냉각 손실로 전열량의 약 50[%] 정도가 된다. **답** ②

287 핵심이론 찾아보기▶핵심 09-2

산업 17년 출제

우리나라의 화력발전소에서 가장 많이 사용되고 있는 복수기는?

① 분사 복수기 ② 방사 복수기 ③ 표면 복수기 ④ 증발 복수기

해설 복수기에는 분사 복수기와 표면 복수기가 있는데, 표면 복수기를 주로 사용한다. 답 ③

288

핵심이론 찾아보기▶핵심 09-2 산업 18년 출제

보일러에서 흡수 열량이 가장 큰 것은?

① 수냉벽 ② 과열기 ③ 절탄기 ④ 공기 예열기

해설 보일러의 흡수 열량은 대부분 보일러의 수냉벽(수관)에서 흡수된다. 답 ①

289

핵심이론 찾아보기▶핵심 09-2 산업 18년 출제

보일러 급수 중에 포함되어 있는 산소 등에 의한 보일러 배관의 부식을 방지할 목적으로 사용되는 장치는?

① 탈기기 ② 공기 예열기 ③ 급수 가열기 ④ 수위 경보기

해설 **탈기기(deaerator)**
발전설비(power plant) 및 보일러(boiler), 소각로 등의 설비에 공급되는 급수(boiler feed water) 중에 녹아 있는 공기(특히 용존산소 및 이산화탄소)를 추출하여 배관 및 plant 장치에 부식을 방지하고, 급격한 수명 저하에 효과적인 설비라 할 수 있다. 답 ①

290

핵심이론 찾아보기▶핵심 09-2 산업 20년 출제

( ) 안에 들어갈 알맞은 내용은?

> 화력발전소의 (㉠)은 발생 (㉡)을 열량으로 환산한 값과 이것을 발생하기 위하여 소비된 (㉢)의 보유 열량의 (㉣)를 말한다.

① ㉠ 손실률, ㉡ 발열량, ㉢ 물, ㉣ 차
② ㉠ 열효율, ㉡ 전력량, ㉢ 연료, ㉣ 비
③ ㉠ 발전량, ㉡ 증기량, ㉢ 연료, ㉣ 결과
④ ㉠ 연료 소비율, ㉡ 증기량, ㉢ 물, ㉣ 차

해설 화력발전소의 열효율은 발생 전력량을 열량으로 환산한 값과 이것을 발생하기 위하여 소비된 연료의 보유 열량의 비를 백분율로 나타낸다.

$\eta = \dfrac{860\,W}{mH} \times 100\,[\%]$ 답 ②

291

핵심이론 찾아보기▶핵심 09-2 기사 15년 출제

발전 전력량 E[kWh], 연료 소비량 W[kg], 연료의 발열량 C[kcal/kg]인 화력발전소의 열효율 η[%]는?

① $\dfrac{860E}{WC} \times 100$ ② $\dfrac{E}{WC} \times 100$ ③ $\dfrac{E}{860\,WC} \times 100$ ④ $\dfrac{9.8E}{WC} \times 100$

해설 발전소 열효율 $\eta = \frac{860W}{mH} \times 100[\%]$

여기서, W : 전력량[kWh]

m : 소비된 연료량[kg]

H : 연료의 열량[kcal/kg]

답 ①

292 핵심이론 찾아보기▶핵심 09-2

산업 16년 출제

터빈 발전기의 냉각방식에 있어서 수소냉각방식을 채택하는 이유가 아닌 것은?

① 코로나에 의한 손실이 적다.
② 수소 압력의 변화로 출력을 변화시킬 수 있다.
③ 수소의 열전도율이 커서 발전기 내 온도 상승이 저하한다.
④ 수소 부족 시 공기와 혼합 사용이 가능하므로 경제적이다.

해설 수소는 공기와 결합하면 폭발할 우려가 있으므로 공기와 혼합되지 않도록 기밀구조를 유지하여야 한다.

답 ④

293 핵심이론 찾아보기▶핵심 09-2

산업 21년 출제

조력발전소에 대한 설명으로 옳은 것은?

① 간만의 차가 작은 해안에 설치한다.
② 만조로 되는 동안 바닷물을 받아들여 발전한다.
③ 지형적 조건에 따라 수로식과 양수식이 있다
④ 완만한 해안선을 이루고 있는 지점에 설치한다.

해설 조력발전은 조수간만의 수위차로 발전하는 방식으로 밀물과 썰물 때에 터빈을 돌려 발전하는 시스템으로 수력발전과 유사한 방식이다.

답 ②

294 핵심이론 찾아보기▶핵심 09-3

산업 21년 출제

다음은 원자로에서 흔히 핵연료 물질로 사용되고 있는 것들이다. 이 중에서 열 중성자에 의해 핵분열을 일으킬 수 없는 물질은?

① U^{235} ② U^{238} ③ U^{233} ④ PU^{239}

해설 **원자력발전용 핵연료 물질**

U^{233}, U^{235}, PU^{239}가 있다.

답 ②

295 핵심이론 찾아보기▶핵심 09-3

기사 17년 출제

원자로의 감속재에 대한 설명으로 틀린 것은?

① 감속능력이 클 것
② 원자 질량이 클 것
③ 사용 재료로 경수를 사용
④ 고속 중성자를 열 중성자로 바꾸는 작용

해설 감속재는 고속 중성자를 열 중성자까지 감속시키기 위한 것으로, 중성자 흡수가 적고 탄성 산란에 의해 감속이 크다. 중수, 경수, 베릴륨, 흑연 등이 사용된다.

답 ②

296

핵심이론 찾아보기▶핵심 09-3 기사 15년 출제

원자로의 냉각재가 갖추어야 할 조건이 아닌 것은?

① 열용량이 적을 것
② 중성자의 흡수가 적을 것
③ 열전도율 및 열전달계수가 클 것
④ 방사능을 띠기 어려울 것

해설 냉각재는 원자로에서 발생한 열에너지를 외부로 꺼내기 위한 매개체로 경수, 중수, 탄산가스, 헬륨, 액체 금속 유체(나트륨) 등으로 열용량이 커야 한다.

답 ①

297

핵심이론 찾아보기▶핵심 09-3 산업 03년 출제

원자로는 화력발전소의 어느 부분과 같은가?

① 내열기 ② 복수기 ③ 보일러 ④ 과열기

해설 원자로는 핵반응에서 발생되는 열을 이용하는 곳으로서 화력발전소의 보일러와 같다.

답 ③

298

핵심이론 찾아보기▶핵심 09-3 기사 03·02·99·97년 / 산업 01·96·86년 출제

다음에서 가압수형 원자력 발전소에 사용하는 연료, 감속재 및 냉각재로 적당한 것은?

① 천연 우라늄, 흑연 감속, 이산화탄소 냉각
② 농축 우라늄, 중수 감속, 경수 냉각
③ 저농축 우라늄, 경수 감속, 경수 냉각
④ 저농축 우라늄, 흑연 감속, 경수 냉각

해설 **원자로의 종류**

원자로의 종류		연 료	감속재	냉각재
가스 냉각로(GCR)		천연 우라늄	흑연	탄산가스
경수로	비등수형(BWR)	농축 우라늄	경수	경수
	가압수형(PWR)	저농축 우라늄	경수	경수
중수로(CANDU)		천연, 농축 우라늄	중수	탄산가스, 경수, 중수
고속 증식로(FBR)		플루토늄, 농축 우라늄	없음	나트륨, 나트륨 칼륨 합금

답 ③

299

핵심이론 찾아보기▶핵심 09-3 산업 17년 출제

경수 감속 냉각형 원자로에 속하는 것은?

① 고속 증식로
② 열 중성자로
③ 비등수형 원자로
④ 흑연 감속가스 냉각로

해설 경수 감속 냉각형 원자로는 가압수형 원자로와 비등수형 원자로가 있다.

답 ③

300 핵심이론 찾아보기▶핵심 09-3

산업 21년 출제

원자로에서 카드뮴(cd) 막대가 하는 일을 옳게 설명한 것은?

① 원자로 내에 중성자를 공급한다.
② 원자로 내에 중성자운동을 느리게 한다.
③ 원자로 내의 핵분열을 일으킨다.
④ 원자로 내에 중성자수를 감소시켜 핵분열의 연쇄반응을 제어한다.

해설 중성자의 수를 감소시켜 핵분열 연쇄반응을 제어하는 것을 제어재라 하며 카드뮴(cd), 붕소(B), 하프늄(Hf) 등이 이용된다.

답 ④

03 CHAPTER 전기기기

001 핵심이론 찾아보기▶핵심 01-1 산업 13년 출제

직류 발전기의 구조가 아닌 것은?

① 계자 권선 ② 전기자 권선 ③ 내철형 철심 ④ 전기자 철심

해설 **직류 발전기의 3대 요소**
- 전기자 : 전기자 철심, 전기자 권선
- 계자 : 계자 철심, 계자 권선
- 정류자

답 ③

002 핵심이론 찾아보기▶핵심 01-2 산업 19년 출제

직류기의 전기자에 일반적으로 사용되는 전기자 권선법은?

① 2층권 ② 개로권 ③ 환상권 ④ 단층권

해설 직류기의 전기자 권선법은 고상권, 폐로권, 2층권을 사용한다.

답 ①

003 핵심이론 찾아보기▶핵심 01-2 산업 18년 출제

직류 발전기의 전기자 권선법 중 단중 파권과 단중 중권을 비교했을 때 단중 파권에 해당하는 것은?

① 고전압, 대전류 ② 저전압, 소전류
③ 고전압, 소전류 ④ 저전압, 대전류

해설 직류 발전기의 전기자 권선법에서 단중 중권의 경우 병렬 회로수가 극수와 같으므로 저전압, 대전류에 유효하고, 파권은 항상 2개이므로 고전압, 소전류에 적합하다.

답 ③

004 핵심이론 찾아보기▶핵심 01-2 산업 17년 출제

4극 단중 파권 직류 발전기의 전전류가 I [A]일 때, 전기자 권선의 각 병렬 회로에 흐르는 전류는 몇 [A]가 되는가?

① $4I$ ② $2I$ ③ $\frac{I}{2}$ ④ $\frac{I}{4}$

해설 단중 파권 직류 발전기의 병렬 회로수 $a=2$이므로 각 권선에 흐르는 전류 $i=\frac{I}{a}=\frac{I}{2}$ [A]

답 ③

005 핵심이론 찾아보기▶핵심 01-2

산업 21년 출제

직류기의 전기자 권선에 있어서 m중 중권일 때 내부 병렬 회로수는 어떻게 되는가?

① $a=\frac{p}{m}$ ② $a=mp$

③ $a=p-m$ ④ $a=\frac{m}{p}$

해설 직류기의 전기자 권선법에서
- 단중 중권의 경우 병렬 회로수 $a=p$(극수)
- 다중 중권의 경우 병렬 회로수 $a=mp$(m : 다중도)

답 ②

006 핵심이론 찾아보기▶핵심 01-3

산업 18년 출제

전기자 저항이 0.3[Ω]인 분권 발전기가 단자 전압 550[V]에서 부하 전류가 100[A]일 때 발생하는 유도 기전력[V]은? (단, 계자 전류는 무시한다.)

① 260 ② 420 ③ 580 ④ 750

해설 **직류 발전기의 유도 기전력**
$E=V+I_aR_a=550+100\times0.3=580[\mathrm{V}]$

답 ③

007 핵심이론 찾아보기▶핵심 01-3

산업 14년 출제

10극인 직류 발전기의 전기자 도체수가 600, 단중 파권이고 매극의 자속수가 0.01[Wb], 600[rpm]일 때의 유도 기전력[V]은?

① 150 ② 200 ③ 250 ④ 300

해설 유도 기전력 $E=\frac{Z}{a}p\phi\frac{N}{60}=\frac{600}{2}\times10\times0.01\times\frac{600}{60}=300[\mathrm{V}]$

답 ④

008 핵심이론 찾아보기▶핵심 01-3

산업 22·90·80년 출제

전기자의 지름 D[m], 길이 l[m]가 되는 전기자에 권선을 감은 직류 발전기가 있다. 자극의 수 p, 각각의 자속수가 $\varPhi$[Wb]일 때, 전기자 표면의 자속밀도[Wb/m²]는?

① $\frac{\pi Dp}{60}$ ② $\frac{p\phi}{\pi Dl}$

③ $\frac{\pi Dl}{p\varPhi}$ ④ $\frac{\pi Dl}{p}$

해설 총 자속 $\varPhi=p\phi[\mathrm{Wb}]$
전기자 주변의 면적 $S=\pi Dl[\mathrm{m}^2]$
자속밀도 $B=\frac{\varPhi}{S}=\frac{p\phi}{\pi Dl}[\mathrm{Wb/m^2}]$

답 ②

009 핵심이론 찾아보기▶핵심 01-4

산업 21년 출제

6극 직류 발전기의 정류자 편수가 132, 무부하 단자 전압이 220[V], 직렬 도체수가 132개이고 중권이다. 정류자 편간 전압은 몇 [V]인가?

① 10　② 20　③ 30　④ 40

해설 정류자 편간 전압

$$e_s = \frac{pE}{k} = \frac{6 \times 220}{132} = 10[\mathrm{V}]$$

답 ①

010 핵심이론 찾아보기▶핵심 01-6

산업 15년 출제

단자 전압 220[V], 부하 전류 50[A]인 분권 발전기의 유기 기전력[V]은? (단, 전기자 저항 0.2[Ω], 계자 전류 및 전기자 반작용은 무시한다.)

① 210　② 225　③ 230　④ 250

해설 $E = V + I_a r_a = V + (I + I_f) r_a$ (단, I_f : 무시) $= 220 + 50 \times 0.2 = 230[\mathrm{V}]$

답 ③

011 핵심이론 찾아보기▶핵심 01-6

산업 22·14년 출제

계자 저항 100[Ω], 계자 전류 2[A], 전기자 저항이 0.2[Ω]이고, 무부하 정격 속도로 회전하고 있는 직류 분권 발전기가 있다. 이때의 유기 기전력[V]은?

① 196.2　② 200.4　③ 220.5　④ 320.2

해설 단자 전압 $V = E - I_a R_a = I_f r_f = 2 \times 100 = 200[\mathrm{V}]$

전기자 전류 $I_a = I + I_f = I_f = 2[\mathrm{A}]$ ($\because$ 무부하 : $I = 0$)

유기 기전력 $E = V + I_a R_a = 200 + 2 \times 0.2 = 200.4[\mathrm{V}]$

답 ②

012 핵심이론 찾아보기▶핵심 01-4

산업 16년 출제

직류기에서 전기자 반작용이란 전기자 권선에 흐르는 전류로 인하여 생긴 자속이 무엇에 영향을 주는 현상인가?

① 감자 작용만을 하는 현상　② 편자 작용만을 하는 현상
③ 계자극에 영향을 주는 현상　④ 모든 부문에 영향을 주는 현상

해설 전기자 반작용은 전기자 전류에 의한 자속이 계자 자속의 분포에 영향을 주는 현상이다.

답 ③

013 핵심이론 찾아보기▶핵심 01-4

산업 17년 출제

직류기의 전기자 반작용의 영향이 아닌 것은?

① 주자속이 증가한다.　② 전기적 중성축이 이동한다.
③ 정류 작용에 악영향을 준다.　④ 정류자 편간 전압이 상승한다.

해설 **전기자 반작용의 영향**

- 전기적 중성축이 이동한다(발전기는 회전 방향, 전동기는 회전 반대 방향).
- 주자속이 감소한다.
- 정류자 편간 전압이 국부적으로 높아져 섬락을 일으켜 정류에 악영향을 미친다.

답 ①

014

핵심이론 찾아보기▶핵심 01-4 — 산업 11년 출제

직류기의 보상 권선은?

① 계자와 병렬로 연결
② 계자와 직렬로 연결
③ 전기자와 병렬로 연결
④ 전기자와 직렬로 연결

해설 전기자 반작용의 방지책으로 자극편에 홈(slot)을 만들고 권선을 배치한 것을 보상 권선이라 하며 보상 권선의 전류는 전기자 전류와 크기가 같아야 하므로 전기자와 직렬로 접속한다.

답 ④

015

핵심이론 찾아보기▶핵심 01-4 — 산업 14년 출제

직류기에서 전기자 반작용을 방지하기 위한 보상 권선의 전류 방향은?

① 계자 전류의 방향과 같다.
② 계자 전류 방향과 반대이다.
③ 전기자 전류 방향과 같다.
④ 전기자 전류 방향과 반대이다.

해설 보상 권선은 전기자 권선과 직렬로 접속하여 전기자 전류와 반대 방향으로 전류를 통해서 전기자 기자력을 상쇄시키도록 한다.

답 ④

016

핵심이론 찾아보기▶핵심 01-5 — 산업 22·17년 출제

직류기에서 양호한 정류를 얻는 조건으로 틀린 것은?

① 정류 주기를 크게 한다.
② 브러시의 접촉 저항을 크게 한다.
③ 전기자 권선의 인덕턴스를 작게 한다.
④ 평균 리액턴스 전압을 브러시 접촉면 전압 강하보다 크게 한다.

해설 평균 리액턴스 전압 $e = L\dfrac{2I_c}{T_c}$[V]가 정류 불량의 가장 큰 원인이므로 양호한 정류를 얻으려면 리액턴스 전압을 작게 하여야 한다.

- 전기자 코일의 인덕턴스(L)를 작게 한다.
- 정류 주기(T_c)를 크게 한다.
- 주변 속도(v_c)는 느리게 한다.
- 보극을 설치 → 평균 리액턴스 전압을 상쇄시킨다.
- 브러시의 접촉 저항을 크게 한다.

답 ④

017 핵심이론 찾아보기▶핵심 01-5 산업 19년 출제

다음은 직류 발전기의 정류 곡선이다. 이 중에서 정류 초기에 정류의 상태가 좋지 않은 것은?

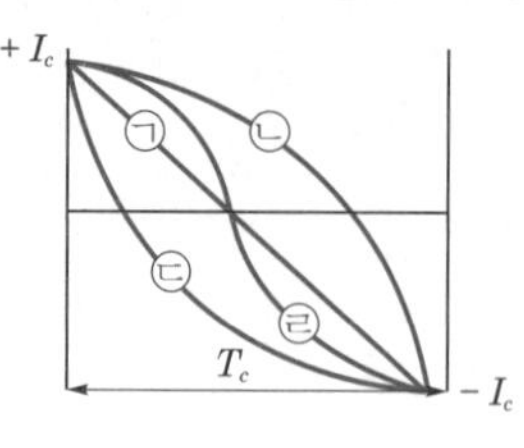

① ㉠ ② ㉡ ③ ㉢ ④ ㉣

해설 정류 곡선에서 ㉠ 직선 정류, ㉣ 정현파 정류는 양호한 정류 곡선이고 ㉡ 부족 정류는 정류 말기에 불꽃이 발생하며 ㉢ 과정류는 정류 초기에 불꽃이 발생하는 곡선이다. **답** ③

018 핵심이론 찾아보기▶핵심 01-5 산업 21년 출제

직류기에서 정류가 불량하게 되는 원인은 무엇인가?

① 탄소 브러시 사용으로 인한 접촉 저항 증가
② 코일의 인덕턴스에 의한 리액턴스 전압
③ 유도 기전력을 균등하게 하기 위한 균압 접속
④ 전기자 반작용 보상을 위한 보극의 설치

해설 직류 발전기의 정류에서 코일의 인덕턴스에 의한 리액턴스 전압 $e=L\dfrac{2I_c}{T_c}$[V]가 크게 되면 정류 불량의 가장 큰 원인이 된다. **답** ②

019 핵심이론 찾아보기▶핵심 01-5 산업 11년 출제

직류 발전기의 보극에 관한 설명 중 틀린 것은?

① 보극의 계자 권선은 전기자 권선과 직렬로 접속한다.
② 보극의 극성은 주자극의 극성을 회전 방향으로 옮겨 놓은 것과 같은 극성이다.
③ 보극의 수는 주자극과 동일한 수이지만 어떤 경우에는 주자극의 수보다 적은 것도 있다.
④ 보극에 의한 자속은 전기자 전류에 비례하여 변화한다.

해설 직류 발전기의 보극은 중성축을 환원하여 정류를 개선하는 데 유효한 소자석이며 보극의 계자 권선은 전기자와 직렬로 접속하고 극성은 회전 방향 전단의 주자극과 같다. **답** ②

020 핵심이론 찾아보기▶핵심 01-1 산업 20년 출제

직류기에서 전류 용량이 크고 저전압 대전류에 가장 적합한 브러시 재료는?

① 탄소질 ② 금속 탄소질 ③ 금속 흑연질 ④ 전기 흑연질

해설 브러시(brush)는 정류자면에 접촉하여 전기자 권선과 외부 회로를 연결하는 것으로, 다음과 같은 종류가 있다.
- 탄소질 브러시 : 고전압 소전류에 유효하다.
- 전기 흑연질 브러시 : 브러시로서 가장 우수하며 각종 기계에 널리 사용한다.
- 금속 흑연질 브러시 : 저전압 대전류의 기계에 유효하다.

답 ③

021

핵심이론 찾아보기▶**핵심 01-7**

산업 19년 출제

200[kW], 200[V]의 직류 분권 발전기가 있다. 전기자 권선의 저항이 0.025[Ω]일 때 전압 변동률은 몇 [%]인가?

① 6.0 ② 12.5 ③ 20.5 ④ 25.0

해설
부하 전류 $I=\dfrac{P}{V}=\dfrac{200\times 10^3}{200}=1,000[\text{A}]$

분권 발전기의 전기자 전류 $I_a=I+I_f=I$

전압 변동률 $\varepsilon=\dfrac{E-V}{V}\times 100=\dfrac{I_aR_a}{V}\times 100=\dfrac{1,000\times 0.025}{200}\times 100=12.5\,[\%]$

답 ②

022

핵심이론 찾아보기▶**핵심 01-8**

산업 20년 출제

직류 발전기의 병렬 운전에서 균압 모선을 필요로 하지 않는 것은?

① 분권 발전기 ② 직권 발전기
③ 평복권 발전기 ④ 과복권 발전기

해설 안정된 병렬 운전을 위해 균압 모선(균압선)을 필요로 하는 직류 발전기는 직권 계자 권선이 있는 직권 발전기와 복권 발전기이다.

답 ①

023

핵심이론 찾아보기▶**핵심 01-6**

산업 11년 출제

직류 분권 발전기를 역회전하면?

① 발전되지 않는다. ② 정회전일 때와 마찬가지이다.
③ 과대 전압이 유기된다. ④ 섬락이 일어난다.

해설 직류 분권 발전기의 회전 방향이 반대로 되면 전기자의 유기 기전력 극성이 반대로 되고, 분권 회로의 여자 전류가 반대로 흘러서 잔류 자기를 소멸시키기 때문에 전압이 유기되지 않으므로 발전되지 않는다.

답 ①

024

핵심이론 찾아보기▶**핵심 01-6**

산업 22·14년 출제

직류 발전기에 있어서 계자 철심에 잔류 자기가 없어도 발전되는 직류기는?

① 분권 발전기 ② 직권 발전기 ③ 타여자 발전기 ④ 복권 발전기

해설 직류 자여자 발전기의 분권, 직권 및 복권 발전기는 잔류 자기가 꼭 있어야 하고, 타여자 발전기는 독립된 직류 전원에 의해 여자(excited)하므로 잔류 자기가 필요하지 않다.

답 ③

025

핵심이론 찾아보기▶핵심 01-6

산업 17년 출제

전기자 지름 0.2[m]의 직류 발전기가 1.5[kW]의 출력에서 1,800[rpm]으로 회전하고 있을 때 전기자 주변 속도는 약 몇 [m/s]인가?

① 18.84
② 21.96
③ 32.74
④ 42.85

해설 전기자 주변 속도 $v=\frac{x}{t}=2\pi r\frac{N}{60}$

$v=\pi D\frac{N}{60}=\pi\times0.2\times\frac{1,800}{60}=18.84[\text{m/s}]$

답 ①

026

핵심이론 찾아보기▶핵심 01-6

산업 22·17년 출제

직류 발전기의 무부하 특성 곡선은 다음 중 어느 관계를 표시한 것인가?

① 계자 전류 – 부하 전류
② 단자 전압 – 계자 전류
③ 단자 전압 – 회전 속도
④ 부하 전류 – 단자 전압

해설 무부하 특성 곡선은 직류 발전기의 회전수를 일정하게 유지하고, 계자 전류 I_f[A]와 단자 전압 $V_0(E)$[V]의 관계를 나타낸 곡선이다.

답 ②

027

핵심이론 찾아보기▶핵심 01-6

산업 19년 출제

그림은 복권 발전기의 외부 특성 곡선이다. 이 중 과복권을 나타내는 곡선은?

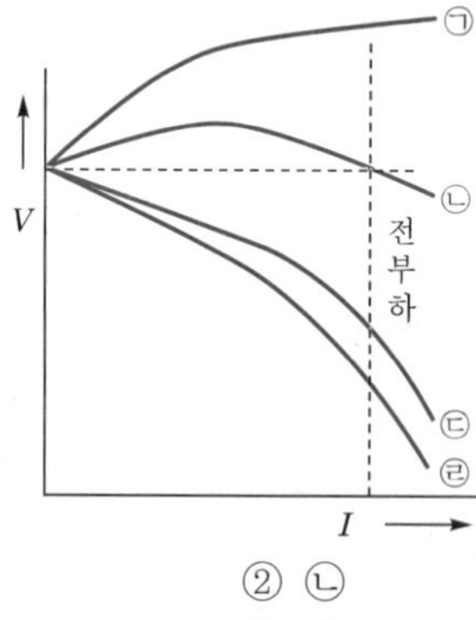

① ㉠
② ㉡
③ ㉢
④ ㉣

해설 **복권 발전기의 외부 특성 곡선**

- ㉠ : 과복권 발전기
- ㉡ : 평복권 발전기
- ㉢ : 부족 복권 발전기
- ㉣ : 차동 복권 발전기

답 ①

028

핵심이론 찾아보기▶핵심 01-7

산업 16년 출제

직류 발전기 중 무부하일 때보다 부하가 증가한 경우에 단자 전압이 상승하는 발전기는?

① 직권 발전기　　② 분권 발전기
③ 과복권 발전기　　④ 차동 복권 발전기

해설 단자 전압 $V=E-I_a(R_a+r_s)$
부하가 증가하면 과복권 발전기는 기전력(E)의 증가폭이 전압 강하 $I_a(R_a+r_s)$보다 크게 되어 단자 전압이 상승한다.

답 ③

029

핵심이론 찾아보기▶핵심 01-7

산업 21년 출제

정격 전압이 120[V]인 직류 분권 발전기가 있다. 전압 변동률이 5[%]인 경우 무부하 단자 전압[V]은?

① 114　　② 126
③ 132　　④ 138

해설
전압 변동률 $\varepsilon=\dfrac{V_0-V_n}{V_n}\times 100[\%]$
무부하 전압 $V_0=V_n(1+\varepsilon')=120\times(1+0.05)=126[\text{V}]$
$\left(\text{여기서, } \varepsilon'=\dfrac{\varepsilon}{100}=\dfrac{5}{100}=0.05\right)$

답 ②

030

핵심이론 찾아보기▶핵심 01-8

산업 18년 출제

직류 발전기를 병렬 운전할 때 균압선이 필요한 직류 발전기는?

① 분권 발전기, 직권 발전기　　② 분권 발전기, 복권 발전기
③ 직권 발전기, 복권 발전기　　④ 분권 발전기, 단극 발전기

해설 직류 발전기 병렬 운전 조건은 극성이 일치하고, 단자 전압이 같고 외부 특성 곡선이 약간 수하 특성이어야 하며 직권 계자 권선이 있는 직권과 복권 발전기는 안정된 병렬 운전을 위해 균압선을 설치하여야 한다.

답 ③

031

핵심이론 찾아보기▶핵심 01-8

산업 11년 출제

직류 분권 발전기를 병렬로 운전하는 경우, 발전기 용량 P와 정격 전압 V값은?

① P와 V 모두 같아야 한다.　　② P는 임의, V는 같아야 한다.
③ P는 같고, V는 임의이다.　　④ P와 V 모두 임의이다.

해설 직류 발전기의 병렬 운전 시 필요한 조건은 극성 및 외부 특성 곡선이 일치하고 정격 전압은 같아야 하지만, 발전기 용량은 같을 필요가 없다.

답 ②

032

핵심이론 찾아보기▶핵심 01-9 산업 22·18년 출제

직류 전동기의 공급 전압을 V[V], 자속을 ϕ[Wb], 전기자 전류를 I_a[A], 전기자 저항을 R_a[Ω], 속도를 N[rpm]이라 할 때 속도의 관계식은 어떻게 되는가? (단, k는 상수이다.)

① $N=k\dfrac{V+I_aR_a}{\phi}$ ② $N=k\dfrac{V-I_aR_a}{\phi}$

③ $N=k\dfrac{\phi}{V+I_aR_a}$ ④ $N=k\dfrac{\phi}{V-I_aR_a}$

해설 직류 전동기의 역기전력 $E=\dfrac{Z}{a}p\phi\dfrac{N}{60}=k'\cdot\phi N=V-I_aR_a$

회전 속도 $N=\dfrac{E}{k'\cdot\phi}=k\dfrac{V-I_aR_a}{\phi}$[rpm]

여기서, $k=\dfrac{60a}{Zp}$: 상수

답 ②

033

핵심이론 찾아보기▶핵심 01-10 산업 20년 출제

직류 전동기의 역기전력에 대한 설명으로 틀린 것은?

① 역기전력은 속도에 비례한다.
② 역기전력은 회전 방향에 따라 크기가 다르다.
③ 역기전력이 증가할수록 전기자 전류는 감소한다.
④ 부하가 걸려 있을 때에는 역기전력은 공급 전압보다 크기가 작다.

해설 역기전력 $E=V-I_aR_a=\dfrac{Z}{a}P\phi\dfrac{N}{60}$[V]

역기전력의 크기는 회전 방향과는 관계가 없다.

답 ②

034

핵심이론 찾아보기▶핵심 01-10 산업 22·18년 출제

직류 분권 전동기 운전 중 계자 권선의 저항이 증가할 때 회전 속도는?

① 일정하다. ② 감소한다. ③ 증가한다. ④ 관계없다.

해설 **직류 분권 전동기의 회전 속도**

$N=K\dfrac{V-I_aR_a}{\phi}$에서 계자 권선의 저항이 증가하면 계자 전류가 감소하고 계자 자속이 감소하여 회전 속도는 상승한다.

답 ③

035

핵심이론 찾아보기▶핵심 01-11 산업 17년 출제

직류 분권 전동기의 공급 전압의 극성을 반대로 하면 회전 방향은 어떻게 되는가?

① 반대로 된다. ② 변하지 않는다. ③ 발전기로 된다. ④ 회전하지 않는다.

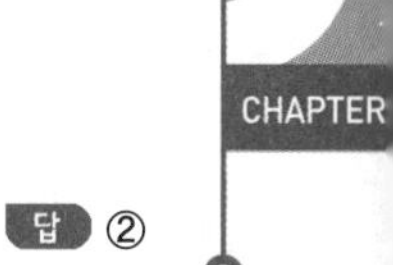

해설 직류 분권 전동기는 전기자 권선과 계자 권선이 병렬로 접속되어 있으므로 공급 전압의 극성을 반대로 하면 전기자 전류와 계자 전류의 방향이 함께 바뀌므로 회전 방향은 변하지 않는다.

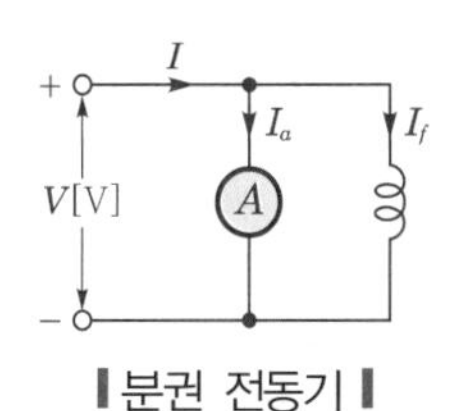

▌분권 전동기▐

답 ②

036 핵심이론 찾아보기▶핵심 01-11

산업 22·20년 출제

직류 전동기 중 부하가 변하면 속도가 심하게 변하는 전동기는?

① 분권 전동기 ② 직권 전동기
③ 차동 복권 전동기 ④ 가동 복권 전동기

해설 직류 전동기 중 분권 전동기는 정속도 특성을, 직권 전동기는 부하 변동 시 속도 변화가 가장 크며, 복권 전동기는 중간 특성을 갖는다.

답 ②

037 핵심이론 찾아보기▶핵심 01-11

산업 18년 출제

직류 직권 전동기의 운전상 위험 속도를 방지하는 방법 중 가장 적합한 것은?

① 무부하 운전한다. ② 경부하 운전한다.
③ 무여자 운전한다. ④ 부하와 기어로 연결한다.

해설 직류 직권 전동기는 운전 중 무부하 상태로 되면 위험 속도에 도달하므로 부하를 전동기에 접속하는 경우 직결 또는 기어(gear)로 연결하여야 한다.

답 ④

038 핵심이론 찾아보기▶핵심 01-11

산업 20년 출제

전기자 저항과 계자 저항이 각각 0.8[Ω]인 직류 직권 전동기가 회전수 200[rpm], 전기자 전류 30[A]일 때 역기전력은 300[V]이다. 이 전동기의 단자 전압을 500[V]로 사용한다면 전기자 전류가 위와 같은 30[A]로 될 때의 속도[rpm]는? (단, 전기자 반작용, 마찰손, 풍손 및 철손은 무시한다.)

① 200 ② 301
③ 452 ④ 500

해설 회전 속도 $N = k\dfrac{E}{\phi}$

$$200 = k\frac{300}{\phi} \quad \left(\because \ \frac{k}{\phi} = \frac{2}{3}\right)$$

$$N' = k\frac{V' - I_a(R_a + r_f)}{\phi}$$

$$= \frac{2}{3}\{500 - 30 \times (0.8 + 0.8)\}$$

$$= 301.3 ≒ 301[\text{rpm}]$$

답 ②

039

핵심이론 찾아보기▶핵심 01-11 | 산업 13년 출제

전기 철도에 주로 사용되는 직류 전동기는?

① 직권 전동기
② 타여자 전동기
③ 자여자 분권 전동기
④ 가동 복권 전동기

해설 전기 철도에서 사용하는 전동기는 저속도일 때 큰 토크가 발생하고, 속도가 상승하면 토크가 감소하는 직류 직권 전동기가 유효하다.

답 ①

040

핵심이론 찾아보기▶핵심 01-11 | 산업 11년 출제

부하가 변하면 심하게 속도가 변하는 직류 전동기는?

① 직권 전동기
② 분권 전동기
③ 차동 복권 전동기
④ 가동 복권 전동기

해설 직류 직권 전동기의 회전 속도 $N=\dfrac{V-I_a(R_a+r_f)}{\phi}\propto\dfrac{1}{\phi}\propto\dfrac{1}{I}$ 이므로 부하 변화에 대한 속도 변동이 가장 크다.

답 ①

041

핵심이론 찾아보기▶핵심 01-10 | 산업 13년 출제

정격 출력이 P[kW], 회전수가 N[rpm]인 전동기의 토크[kg·m]는?

① $0.975\dfrac{P}{N}$
② $1.026\dfrac{P}{N}$
③ $975\dfrac{P}{N}$
④ $1,026\dfrac{P}{N}$

해설

토크 $T=\dfrac{P}{2\pi\dfrac{N}{60}}[\mathrm{N\cdot m}]$, $1[\mathrm{kg}]=9.8[\mathrm{N}]$에서

토크 $\tau=\dfrac{T}{9.8}=\dfrac{1}{9.8}\cdot\dfrac{P}{2\pi\dfrac{N}{60}}=\dfrac{60}{9.8\times2\pi}\cdot\dfrac{P}{N}=0.975\dfrac{P[\mathrm{W}]}{N[\mathrm{rpm}]}=975\dfrac{P[\mathrm{kW}]}{N[\mathrm{rpm}]}[\mathrm{kg\cdot m}]$

답 ③

042

핵심이론 찾아보기▶핵심 01-10 | 산업 19년 출제

전기자 총 도체수 500, 6극, 중권의 직류 전동기가 있다. 전기자 전전류가 100[A]일 때의 발생 토크는 약 몇 [kg·m]인가? (단, 1극당 자속수는 0.01[Wb]이다.)

① 8.12
② 9.54
③ 10.25
④ 11.58

해설

토크 $T=\dfrac{p}{2\pi\dfrac{N}{60}}=\dfrac{EI_a}{2\pi\dfrac{N}{60}}=\dfrac{\dfrac{Z}{a}p\phi\dfrac{N}{60}\cdot I_a}{2\pi\dfrac{N}{60}}=\dfrac{pZ}{2\pi a}\phi I_a[\mathrm{N\cdot m}]$

토크 $\tau=\dfrac{T}{9.8}=\dfrac{1}{9.8}\cdot\dfrac{pZ}{2\pi a}\phi I_a=\dfrac{1}{9.8}\times\dfrac{6\times500}{2\pi\times6}\times0.01\times100=8.12[\mathrm{kg\cdot m}]$

답 ①

043 핵심이론 찾아보기▶핵심 01-10

산업 13년 출제

정격 부하를 걸고 16.3[kg · m]의 토크를 발생하며, 1,200[rpm]으로 회전하는 어떤 직류 분권 전동기의 역기전력이 100[V]일 때 전기자 전류는 약 몇 [A]인가?

① 100 ② 150 ③ 175 ④ 200

해설 토크 $T = 0.975\frac{P}{N} = 0.975\frac{EI_a}{N}$

전기자 전류 $I_a = T \cdot \frac{N}{0.975E} = 16.3 \times \frac{1,200}{0.975 \times 100} = 200[A]$

답 ④

044 핵심이론 찾아보기▶핵심 01-11

산업 22·11·02년 출제

직류 분권 전동기의 계자 저항을 운전 중에 증가하면?

① 전류는 일정 ② 속도는 감소
③ 속도는 일정 ④ 속도는 증가

해설 직류 분권 전동기의 회전 속도

$N = K\frac{V - T_aR_a}{\phi} \propto \frac{1}{\phi} \propto \frac{1}{I_f}$ 이므로

계자 저항이 증가하면 계자 전류가 감소, 주자속(ϕ)이 감소하여 회전 속도는 빨라진다.

답 ④

045 핵심이론 찾아보기▶핵심 01-10

산업 22·15년 출제

직류 분권 전동기가 단자 전압 215[V], 전기자 전류 50[A], 1,500[rpm]으로 운전되고 있을 때 발생 토크는 약 몇 [N · m]인가? (단, 전기자 저항은 0.1[Ω]이다.)

① 6.8 ② 33.2
③ 46.8 ④ 66.9

해설 직류 전동기 토크(T)

$T = \frac{E \cdot I_a}{2\pi\frac{N}{60}} = \frac{(V - I_ar_a) \cdot I_a}{2\pi\frac{N}{60}}[N \cdot m] = \frac{(215 - 50 \times 0.1) \times 50}{2\pi\frac{1,500}{60}} = 66.88[N \cdot m]$

답 ④

046 핵심이론 찾아보기▶핵심 01-11

산업 21년 출제

직류 분권 전동기의 단자 전압과 계자 전류를 일정하게 하고 2배의 속도로 2배의 토크를 발생하는 데 필요한 전력은 처음 전력의 몇 배인가?

① 2배 ② 4배 ③ 8배 ④ 불변

해설 출력 $P \propto \tau \cdot N$

속도와 토크를 모두 2배가 되도록 하려면 출력(전력)을 처음의 4배로 하여야 한다.

답 ②

047 핵심이론 찾아보기▶핵심 01-11

산업 16년 출제

직류 직권 전동기에서 토크 T와 회전수 N과의 관계는?

① $T \propto N$ ② $T \propto N^2$ ③ $T \propto \frac{1}{N}$ ④ $T \propto \frac{1}{N^2}$

해설 $T = \frac{P}{2\pi \frac{N}{60}} = \frac{ZP}{2\pi a}\phi I_a = k_1 \phi I_a = K_2 {I_a}^2$(직권 전동기는 $\phi \propto I_a$)

$N = k\frac{V - I_a(R_a + r_f)}{\phi} \propto \frac{1}{\phi} \propto \frac{1}{I_a}$에서 $I_a \propto \frac{1}{N}$

$\therefore\ T = k_3\left(\frac{1}{N}\right)^2 \propto \frac{1}{N^2}$

답 ④

048 핵심이론 찾아보기▶핵심 01-10

산업 18년 출제

정격 전압에서 전부하로 운전하는 직류 직권 전동기의 부하 전류가 50[A]이다. 부하 토크가 반으로 감소하면 부하 전류는 약 몇 [A]인가? (단, 자기 포화는 무시한다.)

① 25 ② 35 ③ 45 ④ 50

해설 직류 직권 전동기의 토크 $T = \frac{P}{\omega} = \frac{EI_a}{2\pi \frac{N}{60}} = \frac{pZ}{2\pi a}\phi I_a \propto I_a^2(\phi \propto I_a)$

따라서, 부하 전류 $I \propto \sqrt{T}$이므로 $I' = 50 \times \frac{1}{\sqrt{2}} = 35.35[\text{V}]$

답 ②

049 핵심이론 찾아보기▶핵심 01-14

산업 96·92·86·83년 출제

직류기의 반환 부하법에 의한 온도 시험이 아닌 것은?

① 키크법 ② 블론델법 ③ 홉킨손법 ④ 카프법

해설 키크(Kick)법은 직류기의 중성축을 결정하는 방법이다.

답 ①

050 핵심이론 찾아보기▶핵심 01-12

산업 18년 출제

직류 분권 전동기의 기동 시에는 계자 저항기의 저항값은 어떻게 설정하는가?

① 끊어둔다. ② 최대로 해 둔다.
③ 0(영)으로 해 둔다. ④ 중위(中位)로 해 둔다.

해설 직류 분권 전동기의 기동 시 기동 저항값은 최대로 하고, 계자 저항기의 크기는 0(영)으로 하여 기동 전류는 제한하고 기동 토크를 크게 하여 기동한다.

답 ③

051

핵심이론 찾아보기▶핵심 01-12

기사 13·97·95·93·92·89·88·84·83·82년 / 산업 10·00·98·96·94·91·88년 출제

직류 전동기의 속도 제어법에서 정출력 제어에 속하는 것은?

① 전압 제어법
② 계자 제어법
③ 워드 레오나드 제어법
④ 전기자 저항 제어법

해설 전동기 출력 P와 토크 τ, 회전수 N과의 사이에는 $P \propto \tau N$의 관계에 있고, Φ가 변화할 경우 토크 τ는 Φ에 비례하나 회전수 N은 Φ에 반비례하므로, 계자 제어법은 정출력 제어로 된다. 또 전압 제어법에서는 계자 자속은 거의 일정하고 전기자 공급 전압만을 변화시키므로 정토크 제어법이 된다.

답 ②

052

핵심이론 찾아보기▶핵심 01-12

산업 19년 출제

직류 전동기의 속도 제어 방법에서 광범위한 속도 제어가 가능하며, 운전 효율이 가장 좋은 방법은?

① 계자 제어
② 전압 제어
③ 직렬 저항 제어
④ 병렬 저항 제어

해설 직류 전동기의 속도 제어에서 전압 제어는 정토크 제어이며 제어 범위가 넓고, 효율이 좋으나 설치비가 고가이다.

답 ②

053

핵심이론 찾아보기▶핵심 01-12

산업 21년 출제

타여자 직류 전동기의 속도 제어에 사용되는 워드 레오나드(Ward Leonard) 방식은 다음 중 어느 제어법을 이용한 것인가?

① 저항 제어법
② 전압 제어법
③ 주파수 제어법
④ 직·병렬 제어법

해설 직류 전동기의 속도 제어에서 전압 제어법은 워드 레오나드(Ward Leonard) 방식과 일그너(Illgner) 방식이 있다.

답 ②

054

핵심이론 찾아보기▶핵심 01-12

산업 19년 출제

직류 전동기의 속도 제어법 중 정지 워드 레오나드 방식에 관한 설명으로 틀린 것은?

① 광범위한 속도 제어가 가능하다.
② 정토크 가변 속도의 용도에 적합하다.
③ 제철용 압연기, 엘리베이터 등에 사용된다.
④ 직권 전동기의 저항 제어와 조합하여 사용한다.

해설 전기 철도용 직권 전동기의 속도 제어는 직·병렬 제어와 저항 제어를 조합하여 사용한다.

답 ④

055

핵심이론 찾아보기▶핵심 01-12

산업 16년 출제

직류 전동기의 발전 제동 시 사용하는 저항의 주된 용도는?

① 전압 강하
② 전류의 감소
③ 전력의 소비
④ 전류의 방향 전환

해설 직류 전동기의 발전 제동은 전기자에서 발생하는 전기적 에너지를 저항에서 열로 소비하여 제동하는 방법이다.

답 ③

056

핵심이론 찾아보기▶핵심 01-13

산업 16년 출제

전기 기기에 있어 와전류손(eddy current loss)을 감소시키기 위한 방법은?

① 냉각 압연
② 보상 권선 설치
③ 교류 전원을 사용
④ 규소 강판을 성층하여 사용

해설 자기 회로인 철심에서 시간적으로 자속이 변화할 때 맴돌이 전류에 의한 와전류손을 감소하기 위해 얇은 강판을 절연(바니시 등)하여 성층 철심한다.

답 ④

057

핵심이론 찾아보기▶핵심 01-13

산업 17년 출제

직류기의 손실 중 기계손에 속하는 것은?

① 풍손
② 와전류손
③ 히스테리시스손
④ 브러시의 전기손

해설 에너지 변환 과정에서 일부 에너지는 열(heat)로 바뀌어서 없어지는데 이것을 손실(loss)이라 하며 직류기의 손실은 다음과 같다.

- 기계손 : 베어링 마찰손, 브러시 마찰손, 풍손
- 철손 : 히스테리시스손, 와전류손
- 동손 : 계자 권선 동손, 전기자 권선 동손, 브러시의 전기손
- 표유 부하손

답 ①

058

핵심이론 찾아보기▶핵심 01-13

산업 14년 출제

출력이 20[kW]인 직류 발전기의 효율이 80[%]이면 손실[kW]은 얼마인가?

① 1
② 2
③ 5
④ 8

해설

효율 $\eta = \dfrac{P}{P+P_l} \times 100[\%]$

손실 $P_l = \dfrac{P-\eta P}{\eta} = P\left(\dfrac{1-\eta}{\eta}\right) = 20 \times \left(\dfrac{1-0.8}{0.8}\right) = 5[\text{kW}]$

답 ③

059

핵심이론 찾아보기▶핵심 01-13

산업 10·03·98·91년 출제

직류기의 효율이 최대가 되는 경우는 다음 중 무엇인가?

① 와전류손=히스테리시스손
② 기계손=전기자 동손
③ 전부하 동손=철손
④ 고정손=부하손

해설 전기자의 단자 전압을 V[V], 전류를 I[A], 부하의 변화에 관계없는 고정손을 P_i[W], 부하에 따라 변화하는 부하손을 kI^2[W]로 표시하면

$\eta_G = \dfrac{VI}{VI+(kI^2+P_i)} = \dfrac{V}{V+(kI+P_i/I)}$ (발전기 효율)

$$\eta_M = \frac{VI-(kI^2+P_l)}{VI} = \frac{V-(kI+P_l/I)}{V} \text{ (전동기 효율)}$$

두 식 모두 $(kI+P_l/I)$가 최소인 경우에 최대 효율이 된다. 그러므로 직류기의 효율이 최대가 되려면 $kI^2 = P_l$(부하손=고정손)의 경우이다.

답 ④

CHAPTER 3

060 핵심이론 찾아보기▶핵심 01-13

기사 17·10·03년 / 산업 05·95년 출제

직류 전동기의 규약 효율을 나타낸 식으로 옳은 것은?

① $\frac{\text{출력}}{\text{입력}} \times 100[\%]$

② $\frac{\text{입력}}{\text{입력}+\text{손실}} \times 100[\%]$

③ $\frac{\text{출력}}{\text{출력}+\text{손실}} \times 100[\%]$

④ $\frac{\text{입력}-\text{손실}}{\text{입력}} \times 100[\%]$

해설 **규약 효율 η**

- $\eta = \frac{\text{입력}-\text{손실}}{\text{입력}} \times 100[\%]$ (전동기)
- $\eta = \frac{\text{출력}}{\text{출력}+\text{손실}} \times 100[\%]$ (발전기)

답 ④

061 핵심이론 찾아보기▶핵심 01-13

산업 21년 출제

정격 출력 시(부하손/고정손)는 2이고, 효율 0.8인 어느 발전기의 1/2정격 출력 시의 효율은?

① 0.7　② 0.75　③ 0.8　④ 0.83

해설 부하손을 P_c, 고정손을 P_i, 출력을 P라 하면 정격 출력 시에는 $P_c=2P_i$로 되므로

$$0.8 = \frac{P}{P+P_c+P_i}, \quad P_c = 2P_i$$

$$0.8 = \frac{P}{P+2P_i+P_i} = \frac{P}{P+3P_i}$$

$\frac{1}{2}$부하 시의 동손은 $P_c = 2P_i \times \left(\frac{1}{2}\right)^2 = \frac{1}{2}P_i$이므로

$$\therefore \ \eta_{\frac{1}{2}} = \frac{\frac{1}{2}P}{\frac{1}{2}P+\left(\frac{1}{2}\right)^2 P_c + P_i} = \frac{P}{P+\frac{1}{2}P_c+2P_i} = \frac{P}{P+\frac{1}{2}\times 2P_i + 2P_i} = \frac{P}{P+3P_i} = 0.8$$

답 ③

062 핵심이론 찾아보기▶핵심 02-2

산업 19년 출제

동기 발전기에 회전 계자형을 사용하는 이유로 틀린 것은?

① 기전력의 파형을 개선한다.
② 계자가 회전자이지만 저전압 소용량의 직류이므로 구조가 간단하다.
③ 전기자가 고정자이므로 고전압 대전류용에 좋고 절연이 쉽다.
④ 전기자보다 계자극을 회전자로 하는 것이 기계적으로 튼튼하다.

해설 회전 계자형을 사용하는 이유
- 전기자 권선의 절연과 대전력 인출이 용이하다.
- 구조가 간결하고, 기계적으로 튼튼하다.
- 계자 권선은 소요 전력이 작다.

답 ①

063

핵심이론 찾아보기▶핵심 02-2 　　　산업 16년 출제

발전기의 종류 중 회전 계자형으로 하는 것은?

① 동기 발전기 　② 유도 발전기 　③ 직류 복권 발전기 　④ 직류 타여자 발전기

해설 동기 발전기는 전기자에서 발생하는 대전력 인출을 용이하도록 하기 위해 전기자를 고정자로 하고 계자를 회전자로 하는 회전 계자형을 취한다.

답 ①

064

핵심이론 찾아보기▶핵심 02-2 　　　산업 12년 출제

다음 동기기 중 슬립링을 사용하지 않는 기기는?

① 동기 발전기 　② 동기 전동기
③ 유도자형 고주파 발전기 　④ 고정자 회전 기동형 동기 전동기

해설 유도자형 고주파 발전기는 전기자와 계자를 고정하고 유도자(철심)를 회전시키는 발전기로 슬립링을 사용하지 않는 기기이다.

답 ③

065

핵심이론 찾아보기▶핵심 02-2 　　　산업 12년 출제

철극형(凸극형) 발전기의 특징은?

① 자극편 부분의 공극이 크다.
② 회전이 빨라진다.
③ 자극편 부분의 자기 저항은 크고 그 밖의 부분에서는 자기 저항이 현저히 낮다.
④ 전기자 반작용 자속수가 역률의 영향을 받는다.

해설 철극(凸極)형 동기 발전기는 전기자 반작용의 자속수가 역률의 영향을 받는다.

답 ④

066

핵심이론 찾아보기▶핵심 02-1 　　　산업 18년 출제

60[Hz], 12극, 회전자의 외경 2[m]인 동기 발전기에 있어서 회전자의 주변 속도는 약 [m/s]인가?

① 43 　② 62.8 　③ 120 　④ 132

해설 동기 속도 $N_s = \dfrac{120f}{P} = \dfrac{120 \times 60}{12} = 600[\text{rpm}]$

회전자 주변 속도 $v = \pi D \dfrac{N_s}{600} = \pi \times 2 \times \dfrac{600}{60} = 62.8[\text{m/s}]$

답 ②

067 핵심이론 찾아보기▶핵심 02-2

산업 12년 출제

터빈 발전기의 냉각을 수소 냉각 방식으로 하는 이유가 아닌 것은?

① 풍손이 공기 냉각 시의 약 $\frac{1}{10}$로 줄어든다.
② 동일 기계일 때 공기 냉각 시보다 정격 출력이 약 25[%] 증가한다.
③ 수분, 먼지 등이 없어 코로나에 의한 손상이 없다.
④ 비열은 공기의 약 10배이고 열전도율은 약 15배로 된다.

해설 터빈 발전기의 냉각을 수소 냉각 방식으로 하면 풍손 $\frac{1}{10}$로 감소, 출력 25[%] 증가, 코로나 손이 없으며, 비열이 공기의 14배이고, 열전도율은 약 7배이다.

답 ④

068 핵심이론 찾아보기▶핵심 02-4

산업 21년 출제

Y결선 3상 동기 발전기에서 극수 20, 단자 전압은 6,600[V], 회전수 360[rpm], 슬롯수 180, 2층권, 1개 코일의 권수 2, 권선 계수 0.9일 때 1극의 자속수는 얼마인가?

① 1.32 ② 0.663 ③ 0.0663 ④ 0.132

해설 동기 속도 $N_s = \frac{120f}{P}$[rpm]

주파수 $f = N_s \cdot \frac{P}{120} = 360 \times \frac{20}{120} = 60$[Hz]

1상 코일권수 $N = \frac{s \cdot \mu}{m} = \frac{180 \times 2}{3} = 120$[회]

유기 기전력 $E = 4.44 f N \phi K_w = \frac{V}{\sqrt{3}}$[V]

극당 자속 $\phi = \dfrac{\frac{V}{\sqrt{3}}}{4.44 f N K_w} = \dfrac{\frac{6,600}{\sqrt{3}}}{4.44 \times 60 \times 120 \times 0.9} \fallingdotseq 0.132$[Wb]

답 ④

069 핵심이론 찾아보기▶핵심 02-3

산업 19년 출제

동기 발전기의 권선을 분포권으로 하면?

① 난조를 방지한다.
② 파형이 좋아진다.
③ 권선의 리액턴스가 커진다.
④ 집중권에 비하여 합성 유도 기전력이 높아진다.

해설 **분포권** : 매극 매상의 홈수가 2 이상인 권선법
- 장점
  - 기전력의 파형을 개선한다.
  - 누설 리액턴스가 감소한다.
  - 열을 분산하여 과열을 방지한다.
- 단점 : 집중권과 비교하면 기전력이 감소한다.

답 ②

070 핵심이론 찾아보기▶핵심 02-3

산업 20년 출제

동기기의 전기자 권선법으로 적합하지 않은 것은?

① 중권 ② 2층권 ③ 분포권 ④ 환상권

해설 동기기의 전기자 권선법은 중권, 2층권, 분포권, 단절권을 사용한다.

※ **전기자 권선법**

중권 ○ ─→ 2층권 ○ ─→ 분포권 ○ ─→ 단절권 ○
파권 × └→ 단층권 × └→ 집중권 × └→ 전절권 ×
쇄권 ×

답 ④

071 핵심이론 찾아보기▶핵심 02-3

산업 15년 출제

슬롯수 36의 고정자 철심이 있다. 여기에 3상 4극의 2층권을 시행할 때, 매극 매상의 슬롯수와 총 코일수는?

① 3과 18 ② 9와 36 ③ 3과 36 ④ 9와 18

해설 $q=\dfrac{S}{pm}=\dfrac{36}{4\times3}=3$

여기서, S : 슬롯수

m : 상수

p : 극수

q : 매극 매상당의 슬롯수

2층권이므로 총 코일수는 전 슬롯수와 동일하다.

답 ③

072 핵심이론 찾아보기▶핵심 02-3

산업 15년 출제

동기 발전기에서 기전력의 파형이 좋아지고 권선의 누설 리액턴스를 감소시키기 위하여 채택한 권선법은?

① 집중권 ② 형권 ③ 쇄권 ④ 분포권

해설 **분포권을 사용하는 이유**

- 기전력의 고조파가 감소하여 파형이 좋아진다.
- 권선의 누설 리액턴스가 감소한다.
- 전기자 권선에 의한 열을 고르게 분포시켜 과열을 방지하고 코일 배치가 균일하게 되어 통풍 효과를 높인다.

답 ④

073 핵심이론 찾아보기▶핵심 02-3

산업 11년 출제

3상 동기 발전기의 매극 매상의 슬롯수를 3이라고 하면 분포 계수는?

① $\sin\dfrac{2}{3}\pi$ ② $\sin\dfrac{3}{2}\pi$

③ $6\sin\dfrac{\pi}{18}$ ④ $\dfrac{1}{6\sin\dfrac{\pi}{18}}$

해설 동기 발전기의 전기자 권선법에서

$$\text{분포 계수 } K_d = \frac{\sin\frac{\pi}{2m}}{q\sin\frac{\pi}{2mq}} = \frac{\sin\frac{180°}{2\times3}}{3\cdot\sin\frac{\pi}{2\times3\times3}} = \frac{1}{6\sin\frac{\pi}{18}}$$

답 ④

074 핵심이론 찾아보기▶핵심 02-3

산업 17년 출제

동기 발전기의 전기자 권선법 중 집중권에 비해 분포권이 갖는 장점은?

① 난조를 방지할 수 있다.
② 기전력의 파형이 좋아진다.
③ 권선의 리액턴스가 커진다.
④ 합성 유도 기전력이 높아진다.

해설 **분포권을 사용하는 이유**

- 장점
  - 기전력의 고조파가 감소하여 파형이 좋아진다.
  - 권선의 누설 리액턴스가 감소한다.
  - 전기자 권선에 의한 열을 고르게 분포시켜 과열을 방지하고 코일 배치가 균일하게 되어 통풍 효과를 높인다.
- 단점 : 분포권은 집중권에 비하여 합성 유기 기전력이 감소한다.

답 ②

075 핵심이론 찾아보기▶핵심 02-3

산업 17년 출제

동기 발전기의 전기자 권선을 단절권으로 하는 가장 큰 이유는?

① 과열을 방지
② 기전력 증가
③ 기본파를 제거
④ 고조파를 제거해서 기전력 파형 개선

해설 동기 발전기의 전기자 권선법을 단절권으로 하면 전절권과 비교하여 기전력은 약간 감소하지만 고조파를 제거하여 기전력의 파형을 개선하고, 코일단부가 축소, 동량이 감소한다.

답 ④

076 핵심이론 찾아보기▶핵심 02-3

산업 16년 출제

코일 피치와 자극 피치의 비를 β라 하면 기본파 기전력에 대한 단절 계수는?

① $\sin\beta\pi$
② $\cos\beta\pi$
③ $\sin\frac{\beta\pi}{2}$
④ $\cos\frac{\beta\pi}{2}$

해설

- $K_p = \sin\frac{\beta\pi}{2}$ (기본파)
- $K_{pn} = \sin\frac{n\beta\pi}{2}$ (n 차 고조파)

답 ③

077

핵심이론 찾아보기▶핵심 02-3

산업 20년 출제

3상, 6극, 슬롯수 54의 동기 발전기가 있다. 어떤 전기자 코일의 두 변이 제1슬롯과 제8슬롯에 들어 있다면 단절권 계수는 약 얼마인가?

① 0.9397 ② 0.9567 ③ 0.9837 ④ 0.9117

해설 동기 발전기의 극 간격과 코일 간격을 홈(slot)수로 나타내면 다음과 같다.

극 간격 $\dfrac{S}{P}=\dfrac{54}{6}=9$

코일 간격 8슬롯−1슬롯=7

단절권 계수 $K_P=\sin\dfrac{\beta\pi}{2}=\sin\dfrac{\dfrac{7}{9}\times 180°}{2}=\sin 70°=0.9397$

답 ①

078

핵심이론 찾아보기▶핵심 02-3

산업 11년 출제

3상 동기 발전기에서 권선 피치와 자극 피치의 비를 $\dfrac{13}{15}$인 단절권으로 하였을 때 단절권 계수는?

① $\sin\dfrac{13}{15}\pi$ ② $\sin\dfrac{13}{30}\pi$

③ $\sin\dfrac{15}{26}\pi$ ④ $\sin\dfrac{15}{13}\pi$

해설 동기 발전기의 전기자 권선법에서 권선 피치와 자극 피치의 비를 β라 할 때

단절 계수 $K_p=\sin\dfrac{\beta\pi}{2}=\sin\dfrac{\dfrac{13}{15}\pi}{2}=\sin\dfrac{13\pi}{30}$ 이다.

답 ②

079

핵심이론 찾아보기▶핵심 02-3

산업 22·19년 출제

3상 동기 발전기 각 상의 유기 기전력 중 제3고조파를 제거하려면 코일 간격/극 간격을 어떻게 하면 되는가?

① 0.11 ② 0.33 ③ 0.67 ④ 1.34

해설 제3고조파에 대한 단절 계수

$K_{pn}=\sin\dfrac{n\beta\pi}{2}$ 에서 $K_{p3}=\dfrac{3\beta\pi}{2}$ 이다.

제3고조파를 제거하려면 $K_{p3}=0$이 되어야 한다.

따라서, $\dfrac{3\beta\pi}{2}=n\pi$

$n=1$일 때 $\beta=\dfrac{2}{3}=0.67$

$n=2$일 때 $\beta=\dfrac{4}{3}=1.33$

$\beta=\dfrac{\text{코일 간격}}{\text{극 간격}}<1$이므로 $\beta=0.67$

답 ③

080

핵심이론 찾아보기▶핵심 02-3

산업 14년 출제

교류 발전기의 고조파 발생을 방지하는 데 적합하지 않은 것은?

① 전기자 슬롯을 스큐 슬롯으로 한다.
② 전기자 권선의 결선을 Y형으로 한다.
③ 전기자 반작용을 작게 한다.
④ 전기자 권선을 전절권으로 감는다.

해설 교류(동기) 발전기의 고조파 발생을 방지하여 기전력의 파형을 개선하려면 전기자 권선을 분포권, 단절권으로 하여 Y결선을 하고 전기자 반작용을 작게 하며 경사 슬롯(skew slot)을 채택한다.

답 ④

081

핵심이론 찾아보기▶핵심 02-5

산업 22·16년 출제

3상 교류 발전기의 기전력에 대하여 $\frac{\pi}{2}$[rad] 뒤진 전기자 전류가 흐르면 전기자 반작용은?

① 증자 작용을 한다.
② 감자 작용을 한다.
③ 횡축 반작용을 한다.
④ 교차 자화 작용을 한다.

해설 전기자 전류가 90° 뒤진 경우에는 주자속(자극축)과 전기자 전류에 의한 자속이 일치하는 감자 작용을 한다.

답 ②

082

핵심이론 찾아보기▶핵심 02-5

산업 15년 출제

3상 동기 발전기에 평형 3상 전류가 흐를 때 전기자 반작용은 이 전류가 기전력에 대하여 (㉠) 때 감자 작용이 되고, (㉡) 때 증자 작용이 된다. ㉠, ㉡의 적당한 것은?

① ㉠ 90° 뒤질, ㉡ 90° 앞설
② ㉠ 90° 앞설, ㉡ 90° 뒤질
③ ㉠ 90° 뒤질, ㉡ 동상일
④ ㉠ 동상일, ㉡ 90° 앞설

해설 **동기 발전기의 전기자 반작용**

- 전기자 전류가 유기 기전력과 동상($\cos\theta = 1$)일 때는 주자속을 편협시켜 일그러뜨리는 횡축 반작용을 한다.
- 전기자 전류가 유기 기전력보다 위상 $\frac{\pi}{2}$ 뒤진($\cos\theta = 0$ 뒤진) 경우에는 주자속을 감소시키는 직축 감자 작용을 한다.
- 전기자 전류가 유기 기전력보다 위상이 $\frac{\pi}{2}$ 앞선($\cos\theta = 0$ 앞선) 경우에는 주자속을 증가시키는 직축 증자 작용을 한다.

답 ①

083

핵심이론 찾아보기▶핵심 02-5 산업 19년 출제

동기 발전기에서 전기자 전류를 I_n, 역률을 $\cos\theta$라 하면 횡축 반작용을 하는 성분은?

① $I\cos\theta$
② $I\cot\theta$
③ $I\sin\theta$
④ $I\tan\theta$

해설 동기 발전기에서 전기자 전류 I[A]와 유기 기전력 E[V] 동상일 때 횡축 반작용을 한다. 따라서 $I\cos\theta$ 성분이 기전력 동상이므로 횡축 반작용을 한다.

답 ①

084

핵심이론 찾아보기▶핵심 02-5 산업 16년 출제

동기 발전기에서 전기자 전류를 I, 유기 기전력과 전기자 전류와의 위상각을 θ라 하면 직축 반작용을 나타내는 성분은?

① $I\tan\theta$
② $I\cot\theta$
③ $I\sin\theta$
④ $I\cos\theta$

해설 전기자 전류의 $I\cdot\cos\theta$ 성분은 유기 기전력(전압)과 동상이므로 횡축 반작용, $I\cdot\sin\theta$ 성분은 유기 기전력과 90° 위상차가 있으므로 직축 반작용을 나타낸다.

답 ③

085

핵심이론 찾아보기▶핵심 02-5 산업 19년 출제

동기 전동기에서 90° 앞선 전류가 흐를 때 전기자 반작용은?

① 감자 작용
② 증자 작용
③ 편자 작용
④ 교차 자화 작용

해설 동기 전동기의 90° 앞선 전류가 흐르면 직축 반작용에서 감자 작용을 한다.

답 ①

086

핵심이론 찾아보기▶핵심 02-3 산업 22·13년 출제

3상 동기 발전기의 전기자 권선을 Y결선으로 하는 이유 중 Δ결선과 비교할 때 장점이 아닌 것은?

① 출력을 더욱 증대할 수 있다.
② 권선의 코로나 현상이 적다.
③ 고조파 순환 전류가 흐르지 않는다.
④ 권선의 보호 및 이상 전압의 방지 대책이 용이하다.

해설 **3상 동기 발전기의 전기자 권선을 Y결선 할 경우의 장점**

- 중성점을 접지할 수 있어, 계전기 동작이 확실하고 이상 전압 발생이 없다.
- 상전압이 선간 전압보다 $\frac{1}{\sqrt{3}}$배 감소하여 코로나 현상이 적다.
- 상전압의 제3고조파는 선간 전압에는 나타나지 않는다.
- 절연 레벨을 낮출 수 있으며 단절연이 가능하다.

답 ①

087

핵심이론 찾아보기▶핵심 02-4 산업 13년 출제

3상 동기 발전기에서 그림과 같이 1상의 권선을 서로 똑같은 2조로 나누어서 그 1조의 권선 전압을 E[V], 각 권선의 전류를 I[A]라 하고 2중 Δ형(double delta)으로 결선하는 경우 선간 전압과 선전류 및 피상 전력은?

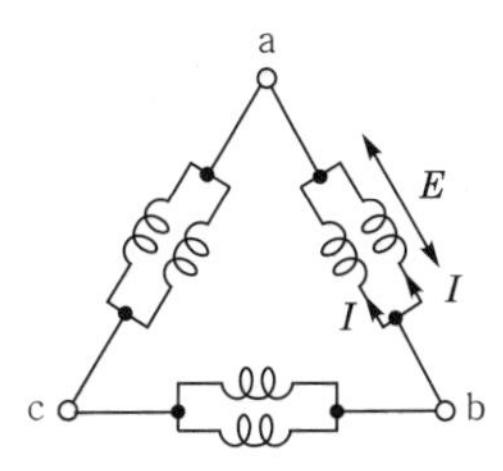

① $3E$, I, $5.19EI$　② $\sqrt{3}E$, $2I$, $6EI$　③ E, $2\sqrt{3}I$, $6EI$　④ $\sqrt{3}E$, $\sqrt{3}I$, $5.19EI$

해설 선간 전압 $V_l = E$[V]
선전류 $I_l = \sqrt{3}I_p \times 2 = 2\sqrt{3}I$[A]
피상 전력 $P_a = \sqrt{3}V_l I_l = \sqrt{3} \cdot E \cdot 2\sqrt{3}I = 6EI$[VA]

답 ③

088

핵심이론 찾아보기▶핵심 02-6 산업 12년 출제

동기기의 전기자 저항을 r, 반작용 리액턴스를 x_a, 누설 리액턴스를 x_l이라 하면 동기 임피던스는?

① $\sqrt{r^2 + \left(\frac{x_a}{x_l}\right)^2}$　② $\sqrt{r^2 + x_l^2}$　③ $\sqrt{r^2 + x_a^2}$　④ $\sqrt{r^2 + (x_a + x_l)^2}$

해설 동기 임피던스 $\dot{Z}_s = r + jx_s$[Ω]
동기 리액턴스 $x_s = x_a + x_l$[Ω]
$\therefore |\dot{Z}_s| = \sqrt{r^2 + (x_a + x_l)^2}$ [Ω]

답 ④

089

핵심이론 찾아보기▶핵심 02-7 산업 20년 출제

돌극형 동기 발전기에서 직축 리액턴스 X_d와 횡축 리액턴스 X_q는 그 크기 사이에 어떤 관계가 있는가?

① $X_d = X_q$　② $X_d > X_q$　③ $X_d < X_q$　④ $2X_d = X_q$

해설 동기 발전기의 직축 리액턴스 X_d와 횡축 리액턴스 X_q의 크기는 비돌극형에서는 $X_d = X_q = X_s$이며 돌극형(철극기)에서는 $X_d > X_q$이다.

답 ②

090

핵심이론 찾아보기▶핵심 02-6 산업 17년 출제

3상 동기 발전기의 여자 전류 5[A]에 대한 1상의 유기 기전력이 600[V]이고 그 3상 단락 전류는 30[A]이다. 이 발전기의 동기 임피던스[Ω]는?

① 10　② 20　③ 30　④ 40

해설 동기 임피던스 $Z_s = \frac{E}{I_s} = \frac{600}{30} = 20\,[\Omega]$

답 ②

091

핵심이론 찾아보기▶핵심 02-6

산업 13년 출제

동기기에서 동기 임피던스값과 실용상 같은 것은? (단, 전기자 저항은 무시한다.)

① 전기자 누설 리액턴스　② 동기 리액턴스
③ 유도 리액턴스　④ 등가 리액턴스

해설 동기 임피던스 $Z_s = r + jx_s[\Omega]$

전기자 권선 저항 $r = \rho\frac{l}{A}[\Omega]$

동기 리액턴스 $x_s = x_a + x_l[\Omega]$

여기서, x_l : 누설 리액턴스, x_a : 반작용 리액턴스

$x_s \gg r$이므로 $Z_s \cong x_s$

답 ②

092

핵심이론 찾아보기▶핵심 02-7

산업 21년 출제

비돌극형 동기 발전기의 단자 전압(1상)을 V, 유도 기전력(1상)을 E, 동기 리액턴스를 x_s, 부하각을 δ라 하면 1상의 출력[W]을 나타내는 관계식은?

① $\frac{EV}{x_s}\sin\delta$　② $\frac{E^2V}{x_s}\sin\delta$　③ $\frac{EV}{x_s}\cos\delta$　④ $\frac{EV^2}{x_s}\cos\delta$

해설 **비돌극형 동기 발전기의 1상 출력**

$P_1 = \frac{EV}{x_s}\sin\delta[\mathrm{W}]$

답 ①

093

핵심이론 찾아보기▶핵심 02-7

산업 13년 출제

비철극(원통)형 회전자 동기 발전기에서 동기 리액턴스값이 2배가 되면 발전기의 출력은?

① $\frac{1}{2}$로 줄어든다.　② 1배이다.　③ 2배로 증가한다.　④ 4배로 증가한다.

해설 동기 발전기의 비철극기 출력 $P = \frac{EV}{x_s}\sin\delta[\mathrm{W}]$이므로 동기 리액턴스($x_s$)가 2배가 되면 출력($P$)은 $\frac{1}{2}$배로 감소한다.

답 ①

094

핵심이론 찾아보기▶핵심 02-9

산업 22·14년 출제

단락비가 큰 동기기는?

① 안정도가 높다.　② 전압 변동률이 크다.
③ 기계가 소형이다.　④ 전기자 반작용이 크다.

해설 **단락비가 큰 동기 발전기의 특성**

- 동기 임피던스가 작다.
- 전압 변동률이 작다.
- 전기자 반작용이 작다(계자기 자력은 크고, 전기자 기자력은 작다).
- 출력이 크다.
- 과부하 내량이 크고, 안정도가 높다.
- 자기 여자 현상이 작다.
- 회전자가 크게 되어 철손이 증가하여 효율이 약간 감소한다.

답 ①

095

핵심이론 찾아보기▶핵심 02-9

산업 17년 출제

단락비가 큰 동기기의 특징 중 옳은 것은?

① 전압 변동률이 크다.
② 과부하 내량이 크다.
③ 전기자 반작용이 크다.
④ 송전 선로의 충전 용량이 작다.

해설 단락비가 큰 동기기는 동기 임피던스, 전압 변동률, 전기자 반작용이 작고 출력, 과부하 내량이 크고 안정도가 높고 송전 선로의 충전 용량이 크다. 또한 계자 기자력은 크고 전기자 기자력은 작으며 철손이 증가하여 효율은 조금 나빠진다.

답 ②

096

핵심이론 찾아보기▶핵심 02-9

산업 21년 출제

정격 전압 6,000[V], 용량 5,000[kVA]인 Y결선 3상 동기 발전기가 있다. 여자 전류 200[A]에서의 무부하 단자 전압이 6,000[V], 단락 전류 600[A]일 때, 이 발전기의 단락비는?

① 0.25
② 1
③ 1.25
④ 1.5

해설

단락비 $K_s = \frac{I_s}{I_n}$

$$\therefore K_s = \frac{I_s}{I_n} = \frac{I_s}{\frac{P_n}{\sqrt{3} \cdot V_n}} = \frac{600}{\frac{5{,}000 \times 10^3}{\sqrt{3} \times 6{,}000}} = 1.247 \fallingdotseq 1.25$$

답 ③

097

핵심이론 찾아보기▶핵심 02-9

산업 14년 출제

그림과 같은 동기 발전기의 무부하 포화 곡선에서 포화 계수는?

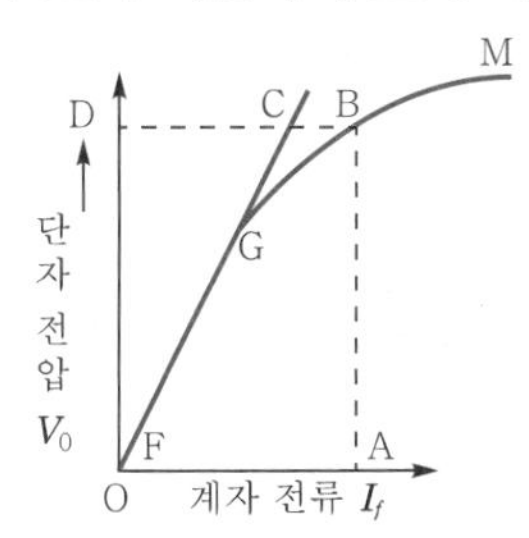

① $\frac{\overline{OA}}{\overline{OG}}$
② $\frac{\overline{OD}}{\overline{DB}}$
③ $\frac{\overline{BC}}{\overline{CD}}$
④ $\frac{\overline{CD}}{\overline{CO}}$

해설 포화 계수는 동기 발전기의 무부하 포화 곡선에서 포화의 정도를 나타내는 정수로 포화율이라고도 한다.

포화율 $\delta = \frac{\overline{BC}}{\overline{CD}}$

답 ③

098

핵심이론 찾아보기▶핵심 02-9 | 산업 21년 출제

동기 발전기의 3상 단락 곡선에서 나타내는 관계로 옳은 것은?

① 계자 전류와 단자 전압
② 계자 전류와 부하 전류
③ 부하 전류와 단자 전압
④ 계자 전류와 단락 전류

해설 동기 발전기의 3상 단락 곡선은 3상 단락 상태에서 계자 전류가 증가할 때 단락 전류의 변화를 나타낸 곡선이다.

답 ④

099

핵심이론 찾아보기▶핵심 02-9 | 산업 18년 출제

동기 발전기의 단락비나 동기 임피던스를 산출하는 데 필요한 특성 곡선은?

① 부하 포화 곡선과 3상 단락 곡선
② 단상 단락 곡선과 3상 단락 곡선
③ 무부하 포화 곡선과 3상 단락 곡선
④ 무부하 포화 곡선과 외부 특성 곡선

해설 **동기 발전기의 단락비**

$K_s = \frac{I_{f_0}}{I_{f_s}} = \frac{\text{무부하 정격 전압을 유기하는 데 필요한 계자 전류}}{\text{3상 단락 정격 전류를 흘리는 데 필요한 계자 전류}}$ 에서 단락비와 동기 임피던스를 산출하는 데 필요한 특성 곡선은 무부하 포화 곡선과 3상 단락 곡선이다.

답 ③

100

핵심이론 찾아보기▶핵심 02-8 | 산업 12년 출제

정격 전압 6,000[V], 용량 5,000[kVA]의 3상 동기 발전기에서 여자 전류가 200[A]일 때 무부하 단자 전압이 6,000[V], 단락 전류는 500[A]이었다. 동기 리액턴스는 약 몇 [Ω]인가?

① 8.65
② 7.26
③ 6.93
④ 5.77

해설

동기 리액턴스 $x_s = \frac{E}{I_s} = \frac{\frac{6,000}{\sqrt{3}}}{500} = 6.928[\Omega]$

답 ③

101

핵심이론 찾아보기▶핵심 02-10 | 산업 13년 출제

동기 발전기의 자기 여자 방지법이 아닌 것은?

① 발전기 2대 또는 3대를 병렬로 모선에 접속한다.
② 수전단에 동기 조상기를 접속한다.
③ 송전 선로의 수전단에 변압기를 접속한다.
④ 발전기의 단락비를 적게 한다.

해설 동기 발전기의 자기 여자는 무여자, 무부하 상태에서 진상 전류에 의해 단자 전압이 상승하는 현상으로 방지책은 다음과 같다.

- 2대 이상의 동기 발전기를 모선에 연결할 것
- 수전단에 병렬로 리액터를 연결할 것
- 수전단에 동기 조상기를 연결하여 부족 여자로 운전할 것
- 수전단에 여러 대의 변압기를 연결할 것
- 단락비를 크게 할 것

답 ④

102

핵심이론 찾아보기▶핵심 02-10

산업 21년 출제

무부하의 장거리 송전 선로에 동기 발전기를 접속하는 경우 송전 선로의 자기 여자 현상을 방지하기 위해서 동기 조상기를 사용하였다. 이때 동기 조상기의 계자 전류를 어떻게 하여야 하는가?

① 계자 전류를 0으로 한다.
② 부족 여자로 한다.
③ 과여자로 한다.
④ 역률이 1인 상태에서 일정하게 한다.

해설 동기 발전기의 자기 여자 현상은 진상 전류에 의해 무부하 단자 전압이 정격 전압보다 높아지는 것으로 동기 조상기를 부족 여자로 운전하면 리액터 작용을 하여 자기 여자 현상을 방지할 수 있다.

답 ②

103

핵심이론 찾아보기▶핵심 02-11

산업 14년 출제

동기 발전기의 병렬 운전 조건에서 같지 않아도 되는 것은?

① 기전력
② 위상
③ 주파수
④ 용량

해설 **동기 발전기의 병렬 운전 조건**

- 기전력의 크기가 같을 것
- 기전력의 위상이 같을 것
- 기전력의 주파수가 같을 것
- 기전력의 파형이 같을 것
- 상회전 방향이 같을 것

답 ④

104

핵심이론 찾아보기▶핵심 02-11

산업 18년 출제

병렬 운전하고 있는 2대의 3상 동기 발전기 사이에 무효 순환 전류가 흐르는 경우는?

① 부하의 증가
② 부하의 감소
③ 여자 전류의 변화
④ 원동기의 출력 변화

해설 동기 발전기의 병렬 운전을 하는 경우 여자 전류가 변화하면 유기 기전력의 크기가 다르게 되며 따라서 3상 동기 발전기 사이에 무효 순환 전류가 흐른다.

답 ③

105

핵심이론 찾아보기▶핵심 02-11 산업 21년 출제

6,000[V], 1,500[kVA], 동기 임피던스 5[Ω]인 동일 정격의 두 동기 발전기를 병렬 운전 중 한쪽 발전기의 계자 전류가 증가하여 두 발전기의 유도 기전력 사이에 300[V]의 전압차가 발생하고 있다. 이때 두 발전기 사이에 흐르는 무효 횡류[A]는?

① 24 ② 28 ③ 30 ④ 32

해설 무효 횡류(무효 순환 전류)

$$I_c = \frac{E_A - E_B}{2Z_s} = \frac{300}{2 \times 5} = 30[\mathrm{A}]$$

답 ③

106

핵심이론 찾아보기▶핵심 02-11 산업 18년 출제

2대의 동기 발전기가 병렬 운전하고 있을 때 동기화 전류가 흐르는 경우는?

① 부하 분담에 차가 있을 때
② 기전력의 크기에 차가 있을 때
③ 기전력의 위상에 차가 있을 때
④ 기전력의 파형에 차가 있을 때

해설 동기 발전기의 병렬 운전 중 기전력의 크기가 다를 때는 무효 순환 전류, 파형이 다를 때는 고조파 순환 전류, 그리고 위상차가 있을 때는 동기화 전류가 흐른다.

답 ③

107

핵심이론 찾아보기▶핵심 02-11 산업 22·14년 출제

극수는 6, 회전수가 1,200[rpm]인 교류 발전기와 병렬 운전하는 극수가 8인 교류 발전기의 회전수[rpm]는?

① 1,200 ② 900 ③ 750 ④ 520

해설 동기 발전기의 병렬 운전 시 주파수가 같아야 한다.

동기 속도 $N_s = \frac{120f}{P}$에서

A 발전기의 주파수 $f = N_s \cdot \frac{P}{120} = 1{,}200 \times \frac{6}{120} = 60[\mathrm{Hz}]$

B 발전기의 회전 속도 $N_s = \frac{120f}{P} = \frac{120 \times 60}{8} = 900[\mathrm{rpm}]$

답 ②

108

핵심이론 찾아보기▶핵심 02-11 산업 12년 출제

3상 동기 발전기를 병렬 운전하는 도중 여자 전류를 증가시킨 발전기에서는 어떤 현상이 생기는가?

① 무효 전류가 감소한다.
② 역률이 나빠진다.
③ 전압이 높아진다.
④ 출력이 커진다.

해설 여자 전류를 증가시킨다는 것은 무효 전력을 증가시키는 것과 같은 효과가 있기 때문에 무효 전력이 증가하므로 일시적으로 역률이 저하된다.

답 ②

109

핵심이론 찾아보기▶핵심 02-11 산업 19년 출제

동일 정격의 3상 동기 발전기 2대를 무부하로 병렬 운전하고 있을 때, 두 발전기의 기전력 사이에 30°의 위상차가 있으면 한 발전기에서 다른 발전기에 공급되는 유효 전력은 몇 [kW]인가? (단, 각 발전기(1상)의 기전력은 1,000[V], 동기 리액턴스는 4[Ω]이고, 전기자 저항은 무시한다.)

① 62.5 ② $62.5\times\sqrt{3}$ ③ 125.5 ④ $125.5\times\sqrt{3}$

해설 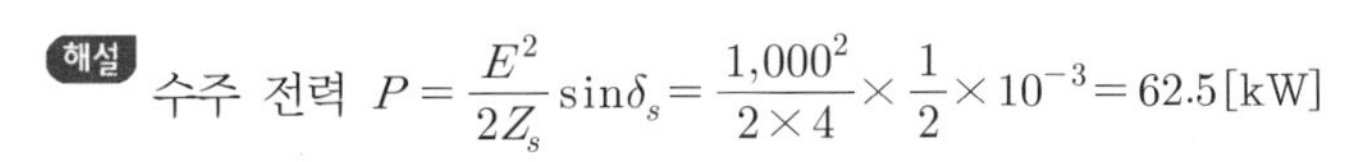

수수 전력 $P=\dfrac{E^2}{2Z_s}\sin\delta_s=\dfrac{1{,}000^2}{2\times4}\times\dfrac{1}{2}\times10^{-3}=62.5[\mathrm{kW}]$

답 ①

110

핵심이론 찾아보기▶핵심 02-11 산업 21년 출제

정전압 계통에 접속된 동기 발전기는 그 여자를 약하게 하면?

① 출력이 감소한다. ② 전압이 강하된다.
③ 뒤진 무효 전류가 증가한다. ④ 앞선 무효 전류가 증가한다.

해설 동기 발전기의 병렬 운전 시 여자 전류를 감소하면 기전력에 차가 발생하여 무효 순환 전류가 흐르는 데 여자를 약하게 한 발전기는 90° 뒤진 전류가 역방향으로 흐르므로 앞선 무효 전류가 흐른다.

답 ④

111

핵심이론 찾아보기▶핵심 02-11 산업 15년 출제

3상 동기 발전기를 병렬 운전하는 도중 여자 전류를 증가시킨 발전기에서 일어나는 현상은?

① 무효 전류가 증가한다. ② 역률이 좋아진다.
③ 전압이 높아진다. ④ 출력이 커진다.

해설 동기 발전기의 병렬 운전 시에 기전력의 크기가 같지 않으면 무효 순환 전류를 발생하여 기전력의 차를 0으로 하는 작용을 한다. 또한 병렬 운전 중 한쪽의 여자 전류를 증가시켜, 즉 유기 기전력을 증가시켜도 단지 무효 순환 전류가 흘러서 여자를 강하게 한 발전기의 역률은 낮아지고 다른 발전기의 역률은 높게 되어 두 발전기의 역률만 변할 뿐 유효 전력의 분담은 바꿀 수 없다.

답 ①

112

핵심이론 찾아보기▶핵심 02-12 산업 21년 출제

동기 전동기에서 난조를 일으키는 원인이 아닌 것은?

① 회전자의 관성이 작다.
② 원동기의 토크에 고조파 토크를 포함하는 경우이다.
③ 전기자 회로의 저항이 크다.
④ 원동기의 조속기의 감도가 너무 예민하다.

해설 **동기기의 난조 원인**

- 부하 급변 시
- 원동기의 토크에 고조파가 포함된 경우
- 전기자 회로의 저항이 큰 경우
- 원동기의 조속기의 감도가 너무 예민한 경우

답 ①

113 핵심이론 찾아보기▶핵심 02-12

산업 20년 출제

3상 동기기의 제동 권선을 사용하는 주목적은?

① 출력이 증가한다.
② 효율이 증가한다.
③ 역률을 개선한다.
④ 난조를 방지한다.

해설 제동 권선은 동기기의 회전자 표면에 농형 유도 전동기의 회전자 권선과 같은 권선을 설치하고 동기 속도를 벗어나면 전류가 흘러서 난조를 제동하는 작용을 한다.

답 ④

114 핵심이론 찾아보기▶핵심 02-12

산업 22·20년 출제

동기기의 과도 안정도를 증가시키는 방법이 아닌 것은?

① 속응 여자 방식을 채용한다.
② 동기 탈조 계전기를 사용한다.
③ 동기화 리액턴스를 작게 한다.
④ 회전자의 플라이휠 효과를 작게 한다.

해설 **동기기의 안정도 향상책**

- 단락비가 클 것
- 동기 임피던스는 작을 것
- 조속기 동작이 신속할 것
- 관성 모멘트(플라이휠 효과)가 클 것
- 속응 여자 방식을 채택할 것
- 동기 탈조 계전기를 설치할 것

답 ④

115 핵심이론 찾아보기▶핵심 02-13

산업 11년 출제

다음 중 역률이 가장 좋은 전동기는?

① 단상 유도 전동기
② 3상 유도 전동기
③ 동기 전동기
④ 반발 전동기

해설 동기 전동기는 여자(계자) 전류를 조정하면 항상 역률을 1로 운전할 수 있어, 효율이 양호하므로 시멘트 공업의 분쇄기용 전동기로 유효하게 사용한다.

답 ③

116 핵심이론 찾아보기▶핵심 02-13

산업 17년 출제

동기 전동기의 특징으로 틀린 것은?

① 속도가 일정하다.
② 역률을 조정할 수 없다.
③ 직류 전원을 필요로 한다.
④ 난조를 일으킬 염려가 있다.

해설 **동기 전동기의 장단점**

- 장점
  - 속도가 일정하다.
  - 항상 역률 1로 운전할 수 있다.
  - 저속도의 것으로 일반적으로 유도 전동기에 비하여 효율이 좋다.
- 단점
  - 보통 구조의 것은 기동 토크가 작다.
  - 난조를 일으킬 염려가 있다.
  - 직류 전원을 필요로 한다.
  - 구조가 복잡하다.
  - 속도 제어가 곤란하다.

답 ②

117

핵심이론 찾아보기▶핵심 02-13 산업 12년 출제

동기 전동기의 기동법으로 옳은 것은?

① 직류 초퍼법, 기동 전동기법
② 자기동법, 기동 전동기법
③ 자기동법, 직류 초퍼법
④ 계자 제어법, 저항 제어법

해설 동기 전동기의 기동법은 회전자 표면에 제동 권선을 설치하여 스스로 기동 토크를 발생하여 기동하는 자기동법과 유도 전동기를 연결하여 기동하는 타기동법(기동 전동기법)이 있다.

답 ②

118

핵심이론 찾아보기▶핵심 02-13 산업 11년 출제

동기 전동기의 자기동법에서 계자 권선을 단락하는 이유는?

① 고압이 유도된다.
② 전기자 반작용을 방지한다.
③ 기동 권선으로 이용한다.
④ 기동이 쉽다.

해설 동기 전동기의 계자 권선을 개방 상태에서 자기동하면 고정자에서 발생하는 회전 자계를 끊게 되어 고압이 유도될 수 있으므로 저항을 통해 계자 권선을 단락하고 시동하는 것이 유효하다.

답 ①

119

핵심이론 찾아보기▶핵심 02-14 산업 22·16년 출제

동기 전동기의 V곡선(위상 특성)에 대한 설명으로 틀린 것은?

① 횡축에 여자 전류를 나타낸다.
② 종축에 전기자 전류를 나타낸다.
③ V곡선의 최저점에는 역률이 0[%]이다.
④ 동일 출력에 대해서 여자가 약한 경우가 뒤진 역률이다.

해설 동기 전동기의 위상 특성 곡선(V곡선)은 계자 전류(I_f : 횡축)와 전기자 전류(I_a : 종축)의 위상 관계 곡선이며 부족 여자일 때 뒤진 전류, 과여자일 때 앞선 전류가 흐르며 V곡선의 최저점은 역률이 1(100[%])이다.

답 ③

120 핵심이론 찾아보기▶핵심 02-14

산업 21년 출제

동기 조상기를 부족 여자로 사용하면? (단, 부족 여자는 역률이 1일 때의 계자 전류보다 작은 전류를 의미한다.)

① 일반 부하의 뒤진 전류를 보상 ② 리액터로 작용
③ 저항손의 보상 ④ 커패시터로 작용

해설 동기 조상기의 계자 전류를 조정하여 부족 여자로 운전하면 리액터로 작용하고, 과여자 운전하면 커패시터로 작용한다.

답 ②

121 핵심이론 찾아보기▶핵심 02-14

산업 21년 출제

일정한 부하에서 역률 1로 동기 전동기를 운전하는 중 여자를 약하게 하면 전기자 전류는?

① 진상 전류가 되고 증가한다. ② 진상 전류가 되고 감소한다.
③ 지상 전류가 되고 증가한다. ④ 지상 전류가 되고 감소한다.

해설 동기 전동기를 운전 중 여자 전류를 감소하면 뒤진 전류(지상 전류)가 흘러 리액터 작용을 하며 역률이 저하하여 전기자 전류는 증가한다.

답 ③

122 핵심이론 찾아보기▶핵심 02-14

산업 18년 출제

공급 전압이 일정하고 역률 1로 운전하고 있는 동기 전동기의 여자 전류를 증가시키면 어떻게 되는가?

① 역률은 뒤지고, 전기자 전류는 감소한다. ② 역률은 뒤지고, 전기자 전류는 증가한다.
③ 역률은 앞서고, 전기자 전류는 감소한다. ④ 역률은 앞서고, 전기자 전류는 증가한다.

해설 동기 전동기가 역률 1로 운전 중 여자 전류를 증가하면 과여자가 되어 앞선 역률로 되며 역률이 낮아져 전기자 전류는 증가한다.

답 ④

123 핵심이론 찾아보기▶핵심 02-14

산업 15년 출제

송전 선로에 접속된 동기 조상기의 설명으로 옳은 것은?

① 과여자로 해서 운전하면 앞선 전류가 흐르므로 리액터 역할을 한다.
② 과여자로 해서 운전하면 뒤진 전류가 흐르므로 콘덴서 역할을 한다.
③ 부족 여자로 해서 운전하면 앞선 전류가 흐르므로 리액터 역할을 한다.
④ 부족 여자로 해서 운전하면 송전 선로의 자기 여자 작용에 의한 전압 상승을 방지한다.

해설 동기 조상기는 동기 전동기를 무부하로 운전하여 과여자로 진상 전류(C작용), 부족 여자로 지상 전류(L작용)를 흘려 역률을 개선하는 회전형 조상 설비이다.

답 ④

124 핵심이론 찾아보기▶핵심 02-14

산업 17년 출제

3상 전원의 수전단에서 전압 3,300[V], 전류 1,000[A], 뒤진 역률 0.8의 전력을 받고 있을 때 동기 조상기로 역률을 개선하여 1로 하고자 한다. 필요한 동기 조상기의 용량은 약 몇 [kVA]인가?

① 1,525 ② 1,950 ③ 3,150 ④ 3,429

해설 동기 조상기의 진상 용량 Q

$Q=P_a(\sin\theta_1-\sin\theta_2)=\sqrt{3}\times 3{,}300\times 1{,}000\times(\sqrt{1-0.8^2}-0)\times 10^{-3}=3{,}429\,[\text{kVA}]$

답 ④

125 핵심이론 찾아보기▶핵심 02-응용

산업 19년 출제

동기 주파수 변환기의 주파수 f_1 및 f_2 계통에 접속되는 양극을 P_1, P_2라 하면 다음 어떤 관계가 성립되는가?

① $\dfrac{f_1}{f_2}=P_2$ ② $\dfrac{f_1}{f_2}=\dfrac{P_2}{P_1}$ ③ $\dfrac{f_1}{f_2}=\dfrac{P_1}{P_2}$ ④ $\dfrac{f_2}{f_1}=P_1\cdot P_2$

해설 동기 주파수 변환기는 동기 전동기와 동기 발전기를 직결하여 각 기계의 극수를 적당히 선정하면 $\dfrac{P_1}{P_2}=\dfrac{f_1}{f_2}$의 관계가 성립한다.

답 ③

126 핵심이론 찾아보기▶핵심 03-5

산업 20년 출제

표면을 절연 피막 처리한 규소 강판을 성층하는 이유로 옳은 것은?

① 절연성을 높이기 위해 ② 히스테리시스손을 작게 하기 위해
③ 자속을 보다 잘 통하게 하기 위해 ④ 와전류에 의한 손실을 작게 하기 위해

해설 와류손 $P_e=\sigma_e K(tfB_m)^2\,[\text{W/m}^3]$

여기서, σ_e : 와류 상수
K : 도전율[℧/m]
t : 강판 두께[m]
f : 주파수[Hz]
B_m : 최대 자속밀도[Wb/m^2]

얇은 규소 강판을 성층하는 이유는 와류손을 작게 하기 위해서이다.

답 ④

127 핵심이론 찾아보기▶핵심 03-5

산업 22·17년 출제

변압기의 철심이 갖추어야 할 조건으로 틀린 것은?

① 투자율이 클 것 ② 전기 저항이 작을 것
③ 성층 철심으로 할 것 ④ 히스테리시스손 계수가 작을 것

해설 변압기 철심은 자속의 통로 역할을 하므로 투자율은 크고, 와전류손의 감소를 위해 성층 철심을 사용하여 전기 저항은 크게 하고, 히스테리시스손과 계수를 작게 하기 위해 규소를 함유한다.

답 ②

128 핵심이론 찾아보기▶핵심 03-1

산업 19년 출제

이상적인 변압기에서 2차를 개방한 벡터도 중 서로 반대 위상인 것은?

① 자속, 여자 전류 ② 입력 전압, 1차 유도 기전력
③ 여자 전류, 2차 유도 기전력 ④ 1차 유도 기전력, 2차 유도 기전력

해설 **변압기의 2차 개방 시 벡터도**

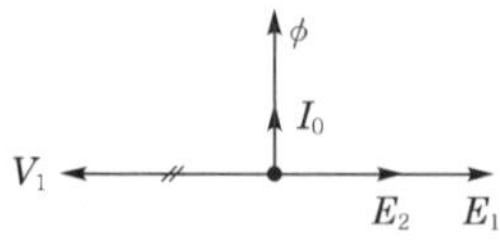

1차 입력 전압(V_1)과 1차 유도 기전력(E_1)은 이상적인 변압기에서 크기는 같고, 위상이 서로 반대이다.

답 ②

129 핵심이론 찾아보기▶핵심 03-2

기사 14년 / 산업 94년 출제

변압기 여자 전류에 많이 포함된 고조파는?

① 제2고조파 ② 제3고조파 ③ 제4고조파 ④ 제5고조파

해설 변압기의 철심에는 히스테리시스 현상이 있으므로 정현파 자속을 발생하기 위해서는 여자 전류의 파형은 제3고조파를 포함한 왜형파가 된다.

답 ②

130 핵심이론 찾아보기▶핵심 03-2

산업 16년 출제

변압기에서 부하에 관계없이 자속만을 만드는 전류는?

① 철손 전류 ② 자화 전류 ③ 여자 전류 ④ 교차 전류

해설 변압기의 철손 전류(I_i)는 철손을 발생시키는 전류이고, 자화 전류(I_ϕ)는 자속을 만드는 전류이며 철손 전류(I_i)와 자화 전류를 합하여 여자 전류(I_0)라 한다.

답 ②

131 핵심이론 찾아보기▶핵심 03-2

산업 20년 출제

변압기에서 1차측의 여자 어드미턴스를 Y_0라고 한다. 2차측으로 환산한 여자 어드미턴스 $Y_0{}'$를 옳게 표현한 식은? (단, 권수비를 a라고 한다.)

① $Y_0{}' = a^2 Y_0$ ② $Y_0{}' = a Y_0$ ③ $Y_0{}' = \dfrac{Y_0}{a^2}$ ④ $Y_0{}' = \dfrac{Y_0}{a}$

해설 1차 임피던스를 2차측으로 환산하면 다음과 같다.

$$Z_1{}' = \frac{Z_1}{a^2}[\Omega]$$

1차 여자 어드미턴스를 2차측으로 환산하면 다음과 같다.

$$Y_0{}' = a^2 Y_0[\mho]$$

답 ①

132

핵심이론 찾아보기▶핵심 03-2 　　　　산업 21년 출제

1차 전압 6,900[V], 1차 권선 3,000회, 권수비 20의 변압기가 60[Hz]에 사용할 때 철심의 최대 자속[Wb]은?

① 0.76×10^{-4}　② 8.63×10^{-3}　③ 80×10^{-3}　④ 90×10^{-3}

해설 $E_1 = 4.44 f \omega_1 \phi_m$ [V]

$$\therefore \phi_m = \frac{E_1}{4.44 f \omega_1} = \frac{6{,}900}{4.44 \times 60 \times 3{,}000} \fallingdotseq 8.63 \times 10^{-3} \text{ [Wb]}$$

 ②

133

핵심이론 찾아보기▶핵심 03-3 　　　　산업 18년 출제

변압기의 등가 회로를 작성하기 위하여 필요한 시험은?

① 권선 저항 측정, 무부하 시험, 단락 시험
② 상회전 시험, 절연 내력 시험, 권선 저항 측정
③ 온도 상승 시험, 절연 내력 시험, 무부하 시험
④ 온도 상승 시험, 절연 내력 시험, 권선 저항 측정

해설 **변압기의 등가 회로를 작성하기 위해 필요한 시험**
- 무부하 시험
- 단락 시험
- 권선 저항 측정

답 ①

134

핵심이론 찾아보기▶핵심 03-1 　　　　산업 14년 출제

E_1 =2,000[V], E_2 =100[V]의 변압기에서 r_1 =0.2[Ω], r_2 =0.0005[Ω], x_1 =2[Ω], x_2 = 0.005[Ω]이다. 권수비 a는?

① 60　② 30　③ 20　④ 10

해설 권수비 $a = \frac{E_1}{E_2} = \frac{2{,}000}{100} = 20$

답 ③

135

핵심이론 찾아보기▶핵심 03-1 　　　　산업 17년 출제

1차측 권수가 1,500인 변압기의 2차측에 접속한 저항 16[Ω]을 1차측으로 환산했을 때 8[kΩ]으로 되어 있다면 2차측 권수는 약 얼마인가?

① 75　② 70　③ 67　④ 64

해설 변압기 2차측의 저항을 1차로 환산하면

$r_2' = a^2 \cdot r_2$에서

권수비 $a = \frac{N_1}{N_2} = a = \sqrt{\frac{r_2'}{r_2}} = \sqrt{\frac{8 \times 10^3}{16}} = 22.36$

$N_2 = \frac{N_1}{a} = \frac{1{,}500}{22.36} = 67.0$ [회]

답 ③

136

핵심이론 찾아보기▶핵심 03-3

산업 18년 출제

변압기의 2차를 단락한 경우에 1차 단락 전류 I_{s1}은? (단, V_1 : 1차 단자 전압, Z_1 : 1차 권선의 임피던스, Z_2 : 2차 권선의 임피던스, a : 권수비, Z : 부하의 임피던스)

① $I_{s1} = \dfrac{V_1}{Z_1 + a^2 Z_2}$　② $I_{s1} = \dfrac{V_1}{Z_1 + a Z_2}$　③ $I_{s1} = \dfrac{V_1}{Z_1 - a Z_2}$　④ $I_{s1} = \dfrac{V_1}{Z_1 + Z_2 + Z}$

해설 2차 임피던스 Z_2를 1차측으로 환산하면 $Z_2' = a^2 Z_2$이므로

1차 단락 전류 $I_{s1} = \dfrac{V_1}{Z_1 + Z_2'} = \dfrac{V_1}{Z_1 + a^2 Z_2}$[A]

답 ①

137

핵심이론 찾아보기▶핵심 03-3

기사 01년 / 산업 05년 출제

변압기에서 2차를 1차로 환산한 등가 회로의 부하 소비 전력 P_2'[W]는 실제의 부하 소비 전력 P_2[W]에 대하여 어떠한가? (단, a는 변압비이다.)

① a배　② a^2배　③ $1/a$배　④ 변함없다.

해설 2차 전압을 1차로 환산하면 $V_2 = a V_2$[V]

2차 전류를 1차로 환산하면 $I_2 = \dfrac{I_2}{a}$

1차로 환산한 소비 전력 $P' = V' \cdot I_2' = a V_2 \cdot \dfrac{I_2}{a} = V_2 I_2 = P_2$이므로 실제의 부하 소비 전력과 같다.

$P_2 = I_2^{\,2} R_2$[W], $R_1' = a^2 R_2$[Ω], $I_1' = I_2/a$[A]

$P_2' = (I_1')^2 R_2 = (I_2/a)^2 a^2 R_2 = I_2^{\,2} R_2$[W]

$\therefore\ P_2' = P_2$

답 ④

138

핵심이론 찾아보기▶핵심 03-4

기사 13·04·94년 / 산업 22·14·09·04·00년 출제

10[kVA], 2,000/100[V] 변압기에서 1차에 환산한 등가 임피던스는 6.2+j7[Ω]이다. 이 변압기의 %리액턴스 강하[%]는?

① 3.5　② 1.75　③ 0.35　④ 0.175

해설 1차 전류 $I_1 = \dfrac{P}{V_1}$[A]

퍼센트 리액턴스 강하 $q = \dfrac{I_1 x}{V_1} \times 100$

$I_1 = \dfrac{P}{V_1} = \dfrac{10 \times 10^3}{2,000} = 5$[A]

$\therefore\ q = \dfrac{I_1 \cdot x}{V_1} \times 100 = \dfrac{5 \times 7}{2,000} \times 100 = 1.75$[%]

답 ②

139
핵심이론 찾아보기▶핵심 03-3 산업 22·20년 출제

변압기의 임피던스 와트와 임피던스 전압을 구하는 시험은?

① 부하 시험 ② 단락 시험 ③ 무부하 시험 ④ 충격 전압 시험

해설 임피던스 전압 V_s는 변압기 2차측을 단락했을 때 단락 전류가 정격 전류와 같은 값을 가질 때 1차측에 인가한 전압이며, 임피던스 와트는 임피던스 전압을 공급할 때 변압기의 입력으로, 임피던스 와트와 임피던스 전압을 구하는 시험은 단락 시험이다.

답 ②

140
핵심이론 찾아보기▶핵심 03-4 산업 14년 출제

10[kVA], 2,000/380[V]의 변압기 1차 환산 등가 임피던스가 $3+j4$[Ω]이다. %임피던스 강하는 몇 [%]인가?

① 0.75 ② 1.0 ③ 1.25 ④ 1.5

해설
1차 전류 $I_1 = \dfrac{P}{V_1} = \dfrac{10\times10^3}{2,000} = 5[\text{A}]$

%임피던스 강하 $\%Z = \dfrac{IZ}{V}\times100 = \dfrac{5\times\sqrt{3^2+4^2}}{2,000}\times100 = 1.25[\%]$

답 ③

141
핵심이론 찾아보기▶핵심 03-4 산업 15년 출제

변압기의 임피던스 전압이란?

① 정격 전류 시 2차측 단자 전압이다.
② 변압기의 1차를 단락, 1차에 1차 정격 전류와 같은 전류를 흐르게 하는 데 필요한 1차 전압이다.
③ 변압기 내부 임피던스와 정격 전류와의 곱인 내부 전압 강하이다.
④ 변압기 2차를 단락, 2차에 2차 정격 전류와 같은 전류를 흐르게 하는 데 필요한 2차 전압이다.

해설 $V_s = I_n \cdot Z$[V]
따라서, 임피던스 전압이란 정격 전류에 의한 변압기 내의 전압 강하이다.

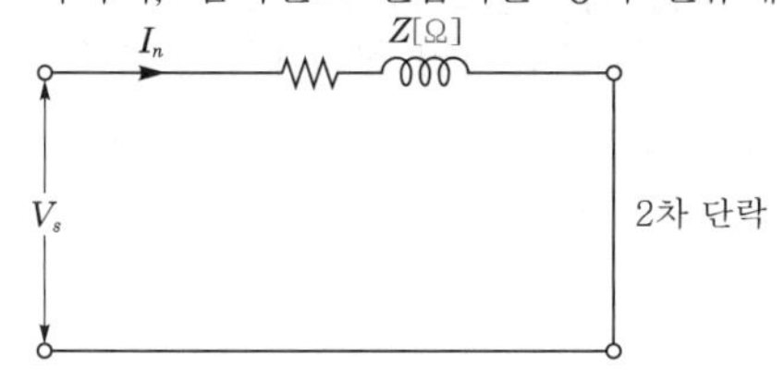

답 ③

142
핵심이론 찾아보기▶핵심 03-4 기사 98·94·93·92년 / 산업 97·92·90년 출제

권수비가 60인 단상 변압기의 전부하 2차 전압 200[V], 전압 변동률 3[%]일 때, 1차 단자 전압 [V]은?

① 12,360 ② 12,720 ③ 13,625 ④ 18,765

해설 $V_{10} = V_{1n}\left(1+\frac{\varepsilon}{100}\right) = aV_{2n}\left(1+\frac{\varepsilon}{100}\right) = 60\times200\times\left(1+\frac{3}{100}\right) = 12{,}360[\text{V}]$

답 ①

143

핵심이론 찾아보기▶핵심 03-4 산업 19년 출제

3,300/200[V], 50[kVA]인 단상 변압기의 %저항, %리액턴스를 각각 2.4[%], 1.6[%]라 하면 이 때의 임피던스 전압은 약 몇 [V]인가?

① 95 ② 100 ③ 105 ④ 110

해설 • 퍼센트 임피던스 강하(%Z)

$$\%Z = \frac{IZ}{V_n}\times100 = \frac{V_s}{V_n}\times100 = \sqrt{p^2+q^2} = \sqrt{2.4^2+1.6^2} = 2.88[\%]$$

• 임피던스 전압(V_s)

$$V_s = \frac{\%Z}{100}V_n = \frac{2.88}{100}\times3{,}300 = 95.18[\text{V}]$$

답 ①

144

핵심이론 찾아보기▶핵심 03-4 산업 15년 출제

3,300[V] / 210[V], 5[kVA] 단상 변압기의 퍼센트 저항 강하는 2.4[%], 퍼센트 리액턴스 강하는 1.8[%]이다. 임피던스 와트[W]는?

① 320 ② 240 ③ 120 ④ 90

해설

$$p = \frac{I_{1n}r}{V_{1n}}\times100 = \frac{{I_{1n}}^2r}{V_{1n}I_{1n}}\times100 = \frac{W_s}{P_n}\times100$$

$$\therefore\ W_s = \frac{p\cdot P_n}{100} = \frac{2.4\times5\times10^3}{100} = 120[\text{W}]$$

답 ③

145

핵심이론 찾아보기▶핵심 03-4 산업 19년 출제

어떤 변압기의 백분율 저항 강하가 2[%], 백분율 리액턴스 강하가 3[%]라 한다. 이 변압기로 역률이 80[%]인 부하에 전력을 공급하고 있다. 이 변압기의 전압 변동률은 몇 [%]인가?

① 2.4 ② 3.4 ③ 3.8 ④ 4.0

해설 전압 변동률 $\varepsilon = p\cos\theta + q\sin\theta = 2\times0.8+3\times0.6 = 3.4[\%]$

답 ②

146

핵심이론 찾아보기▶핵심 03-4 산업 19년 출제

어떤 변압기의 부하 역률이 60[%]일 때 전압 변동률이 최대라고 한다. 지금 이 변압기의 부하 역률이 100[%]일 때 전압 변동률을 측정했더니 3[%]였다. 이 변압기의 부하 역률이 80[%]일 때 전압 변동률은 몇 [%]인가?

① 2.4 ② 3.6 ③ 4.8 ④ 5.0

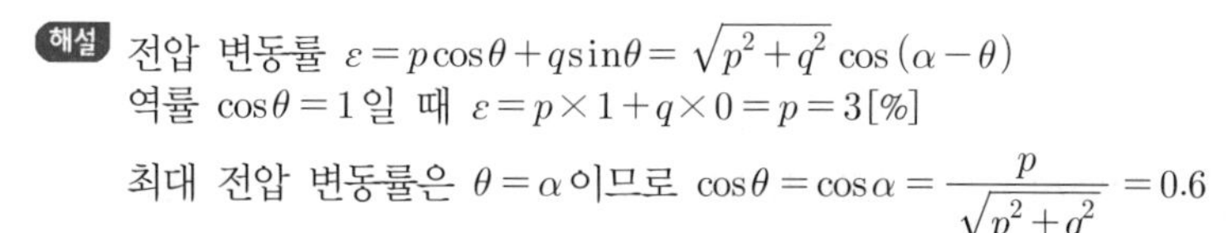

해설 전압 변동률 $\varepsilon = p\cos\theta + q\sin\theta = \sqrt{p^2+q^2}\cos(\alpha-\theta)$

역률 $\cos\theta = 1$일 때 $\varepsilon = p\times1 + q\times0 = p = 3[\%]$

최대 전압 변동률은 $\theta=\alpha$이므로 $\cos\theta = \cos\alpha = \dfrac{p}{\sqrt{p^2+q^2}} = 0.6$

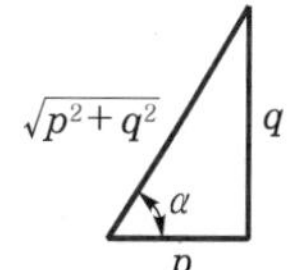
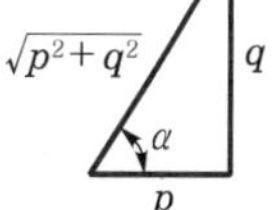

따라서 $q = 4[\%]$

역률 $\cos\theta = 0.8$일 때

전압 변동률 $\varepsilon = 3\times0.8 + 4\times0.6 = 4.8[\%]$

답 ③

147

핵심이론 찾아보기▶핵심 03-4 　　산업 21년 출제

임피던스 전압 강하 4[%]의 변압기가 운전 중 단락되었을 때 단락 전류는 정격 전류의 몇 배가 흐르는가?

① 15　　② 20　　③ 25　　④ 30

퍼센트 임피던스 강하 $\%Z = \dfrac{IZ}{V}\times100 = \dfrac{I_n}{I_s}\times100$에서

단락 전류 $I_s = \dfrac{100}{\%Z}I_n = \dfrac{100}{4}I_n = 25I_n[\text{A}]$

답 ③

148

핵심이론 찾아보기▶핵심 03-4 　　산업 22·15년 출제

고압 단상 변압기의 %임피던스 강하 4[%], 2차 정격 전류를 300[A]라 하면 정격 전압의 2차 단락 전류[A]는? (단, 변압기에서 전원측의 임피던스는 무시한다.)

① 0.75　　② 75　　③ 1,200　　④ 7,500

단락 전류$(I_s) = \dfrac{100}{\%Z}\cdot I_n[\text{A}]$

$\therefore\ I_s = \dfrac{100}{4}\times300 = 7{,}500[\text{A}]$

답 ④

149

핵심이론 찾아보기▶핵심 03-4 　　산업 13년 출제

75[kVA], 6,000/200[V]의 단상 변압기의 %임피던스 강하가 4[%]이다. 1차 단락 전류[A]는?

① 512.5　　② 412.5　　③ 312.5　　④ 212.5

1차 정격 전류 $I_1 = \dfrac{P}{V_1} = \dfrac{75\times10^3}{6{,}000} = 12.5[\text{A}]$

%임피던스 강하 $\%Z = \dfrac{IZ}{V}\times100 = \dfrac{I_n}{I_s}\times100[\%]$

단락 전류 $I_s = \dfrac{100}{\%Z}I_n = \dfrac{100}{4}\times12.5 = 312.5[\text{A}]$

답 ③

150

핵심이론 찾아보기▶핵심 03-4 산업 14년 출제

어떤 변압기의 단락 시험에서 %저항 강하 1.5[%]와 %리액턴스 강하 3[%]를 얻었다. 부하 역률이 80[%] 앞선 경우의 전압 변동률[%]은?

① −0.6 ② 0.6 ③ −3.0 ④ 3.0

해설 변압기의 전압 변동률 $\varepsilon = p\cos\theta \pm q\sin\theta [\%]$
앞선(진) 역률 $\varepsilon = p\cos\theta - q\sin\theta = 1.5 \times 0.8 - 3 \times 0.6 = -0.6[\%]$

답 ①

151

핵심이론 찾아보기▶핵심 03-5 산업 16년 출제

변압기의 절연유로서 갖추어야 할 조건이 아닌 것은?

① 비열이 커서 냉각 효과가 클 것
② 절연 저항 및 절연 내력이 적을 것
③ 인화점이 높고 응고점이 낮을 것
④ 고온에서도 석출물이 생기거나 산화하지 않을 것

해설 **변압기유의 구비 조건**
- 절연 내력이 클 것
- 절연 재료 및 금속에 화학 작용을 일으키지 않을 것
- 인화점이 높고 응고점이 낮을 것
- 점도가 낮고(유동성이 풍부) 비열이 커서 냉각 효과가 클 것
- 고온에 있어 석출물이 생기거나 산화하지 않을 것
- 증발량이 적을 것

답 ②

152

핵심이론 찾아보기▶핵심 03-5 기사 10·03년 / 산업 11·02·00·98·90년 출제

변압기에서 콘서베이터(conservator)를 설치하는 목적은?

① 열화 방지 ② 통풍 장치 ③ 코로나 방지 ④ 강제 순환

해설 콘서베이터는 변압기의 기름이 공기와 접촉되면 불용성 침전물이 생기는 것을 방지하기 위해서 변압기의 상부에 설치된 원통형의 유조(기름통)로서, 그 속에는 $\frac{1}{2}$ 정도의 기름이 들어있고 주변압기 외함 내의 기름과는 가는 파이프로 연결되어 있다. 변압기 부하의 변화에 따르는 호흡 작용에 의한 변압기 기름의 팽창, 수축이 콘서베이터의 상부에서 행하여지게 되므로 높은 온도의 기름이 직접 공기와 접촉하는 것을 방지하여 기름의 열화를 방지하는 것이다.

답 ①

153

핵심이론 찾아보기▶핵심 03-5 산업 16년 출제

변압기유 열화 방지 방법 중 틀린 것은?

① 밀봉 방식 ② 흡착제 방식 ③ 수소 봉입 방식 ④ 개방형 콘서베이터

해설 변압기유 열화 방지를 위하여 변압기 상부에 콘서베이터(conservator)를 설치하고 있으며 형식에는 개방형, 밀봉 방식, 흡착제 방식, 질소 봉입 방식 등이 있다.

답 ③

154

핵심이론 찾아보기▶핵심 03-6

산업 21년 출제

변압기 결선 방식에서 Δ-Δ결선 방식의 특성이 아닌 것은?

① 중성점 접지를 할 수 없다.
② 110[kV] 이상 되는 계통에서 많이 사용되고 있다.
③ 외부에 고조파 전압이 나오지 않으므로 통신 장해의 염려가 없다.
④ 단상 변압기 3대 중 1대의 고장이 생겼을 때 2대로 V결선하여 송전할 수 있다.

해설 변압기의 Δ-Δ결선 방식의 특성은 운전 중 1대 고장 시 2대로 V결선, 통신 유도 장해 염려가 없고, 중성점 접지 할 수 없으므로 33[kV] 이하의 배전계통의 변압기 결선에 유효하다.

답 ②

155

핵심이론 찾아보기▶핵심 03-6

산업 20년 출제

전압비 a인 단상 변압기 3대를 1차 Δ결선, 2차 Y결선으로 하고 1차에 선간 전압 V[V]를 가했을 때 무부하 2차 선간 전압[V]은?

① $\frac{V}{a}$　② $\frac{a}{V}$　③ $\sqrt{3}\cdot\frac{V}{a}$　④ $\sqrt{3}\cdot\frac{a}{V}$

해설
- 권수비(전압비) $a=\frac{E_1}{E_2}$
- 1차 선간 전압 $V=E_1$
- 2차 선간 전압 $V_2=\sqrt{3}E_2=\sqrt{3}\frac{E_1}{a}=\sqrt{3}\cdot\frac{V}{a}$

답 ③

156

핵심이론 찾아보기▶핵심 03-6

기사 13년 / 산업 09년 출제

변압기를 $\Delta-\mathrm{Y}$로 결선했을 때, 1차, 2차의 전압 위상차는?

① 0°　② 30°　③ 60°　④ 90°

해설 Y 결선에서 선간 전압은 상전압보다 $\sqrt{3}$배 크고, 위상은 30° 앞선다.
$V_l=\sqrt{3}\,V_p\angle 30°$[V]
2차 전압이 1차 전압보다 위상이 30° 앞선다.

답 ②

157

핵심이론 찾아보기▶핵심 03-6

산업 22·19년 출제

2대의 변압기로 V결선하여 3상 변압하는 경우 변압기 이용률[%]은?

① 57.8　② 66.6　③ 86.6　④ 100

해설 단상 변압기 2대를 V결선하면 출력 $P_{\mathrm{V}}=\sqrt{3}P_1$이며,
변압기 이용률 $=\frac{\sqrt{3}P_1}{2P_1}=0.866=86.6$[%]이다.

답 ③

158

핵심이론 찾아보기▶핵심 03-6 산업 18년 출제

△결선 변압기의 한 대가 고장으로 제거되어 V결선으로 공급할 때 공급할 수 있는 전력은 고장 전 전력에 대하여 몇 [%]인가?

① 57.7 ② 66.7 ③ 75.0 ④ 86.6

해설 고장 전 출력 $P_{\triangle} = 3P_1$

V결선 시 출력 $P_V = \sqrt{3} P_1$

출력비 $\frac{P_V}{P_{\triangle}} = \frac{\sqrt{3} P_1}{3P_1} = \frac{1}{\sqrt{3}} = 0.577 = 57.7[\%]$

답 ①

159

핵심이론 찾아보기▶핵심 03-6 산업 22·11년 출제

다음 중 용량 P[kVA]인 동일 정격의 단상 변압기 4대로 낼 수 있는 3상 최대 출력 용량은?

① $3P$ ② $\sqrt{3} P$ ③ $4P$ ④ $2\sqrt{3} P$

해설 단상 변압기 1대의 정격 출력 P_o[kVA]

V결선 출력 $P_V = \sqrt{3} P$[kVA]

2뱅크(bank)로 운전 시 최대 출력 $P_{V_2} = 2P_V = 2\sqrt{3} P$[kVA]

답 ④

160

핵심이론 찾아보기▶핵심 03-7 산업 17년 출제

변압기의 병렬 운전 조건에 해당하지 않는 것은?

① 각 변압기의 극성이 같을 것
② 각 변압기의 정격 출력이 같을 것
③ 각 변압기의 백분율 임피던스 강하가 같을 것
④ 각 변압기의 권수비가 같고 1차 및 2차의 정격 전압이 같을 것

해설 **변압기의 병렬 운전 조건**

- 각 변압기의 극성이 같을 것
- 각 변압기의 권수비가 같을 것
- 각 변압기의 1차, 2차 정격 전압이 같을 것
- 각 변압기의 백분율 임피던스 강하가 같을 것
- 상회전 방향과 각 변위가 같을 것(3상 변압기의 경우)

답 ②

161

핵심이론 찾아보기▶핵심 03-7 산업 21년 출제

단상 변압기를 병렬 운전하는 경우 부하 전류의 분담에 관한 설명 중 옳은 것은?

① 누설 리액턴스에 비례한다. ② 누설 임피던스에 반비례한다.
③ 누설 임피던스에 비례한다. ④ 누설 리액턴스의 제곱에 반비례한다.

해설 단상 변압기의 부하 분담비

$\dfrac{P_a}{P_b} = \dfrac{\%Z_b}{\%Z_a} \cdot \dfrac{P_A}{P_B}$ 이므로 부하 분담은 누설 임피던스에 반비례하고 정격 용량에는 비례한다.

답 ②

162

핵심이론 찾아보기▶핵심 03-7 　　　　　　　　　　　　　　　　　　　　산업 21년 출제

정격이 같은 2대의 단상 변압기 1,000[kVA]의 임피던스 전압은 각각 8[%]와 7[%]이다. 이것을 병렬로 하면 몇 [kVA]의 부하를 걸 수가 있는가?

① 1,865　　② 1,870　　③ 1,875　　④ 1,880

해설 부하 분담비 $\dfrac{P_a}{P_b} = \dfrac{\%Z_b}{\%Z_a} \cdot \dfrac{P_A}{P_B}$

$P_A = P_B$이면 $\dfrac{P_a}{P_b} = \dfrac{\%Z_b}{\%Z_a}$

$P_a = \dfrac{\%Z_b}{\%Z_a} P_b = \dfrac{7}{8} \times 1{,}000 = 875[\mathrm{kVA}]$

합성 부하 분담 용량 $P_o = P_a + P_b = 875 + 1{,}000 = 1{,}875[\mathrm{kVA}]$

답 ③

163

핵심이론 찾아보기▶핵심 03-7 　　　　　　　　　　　　　기사 05·00·98년 / 산업 12·05·97년 출제

변압기를 병렬 운전하는 경우에 불가능한 조합은?

① △-△와 Y-Y　　② △ Y와 Y △　　③ △-Y와 △-Y　　④ △-Y와 △-△

해설 3상 변압기 병렬 운전의 결선 조합은 다음과 같다.

병렬 운전 가능	병렬 운전 불가능
△-△와 △-△	△-△와 △-Y
Y-Y와 Y-Y	△-Y와 Y-Y
Y-△와 Y-△	
△-Y와 △-Y	
△-△와 Y-Y	
△-Y와 Y-△	

답 ④

164

핵심이론 찾아보기▶핵심 03-8 　　　　　　　　　　　　　　　　　　　　산업 22·18년 출제

3상 전원에서 2상 전원을 얻기 위한 변압기의 결선 방법은?

① △　　② T　　③ Y　　④ V

해설 3상 전원에서 2상 전원을 얻기 위한 변압기의 결선 방법은 다음과 같다.

- 스코트(scott) 결선 → T결선
- 메이어(meyer) 결선
- 우드 브리지(wood bridge) 결선

답 ②

165

핵심이론 찾아보기▶핵심 03-8 산업 21년 출제

3상 전원을 이용하여 2상 전압을 얻고자 할 때 사용하는 결선 방법은?

① Scott 결선 ② Fork 결선 ③ 환상 결선 ④ 2중 3각 결선

해설 **상(phase)수 변환 방법(3상 → 2상 변환)**
- 스코트(Scott) 결선
- 메이어(Meyer) 결선
- 우드 브리지(Wood bridge) 결선

답 ①

166

핵심이론 찾아보기▶핵심 03-8 산업 21년 출제

동일 용량의 변압기 2대를 사용하여 3,300[V]의 3상 간선에서 220[V]의 2상 전력을 얻으려면 T좌 변압기의 권수비는 약 얼마인가?

① 15.34 ② 12.99 ③ 17.31 ④ 16.52

해설 **변압기의 상수 변환을 위한 스코트 결선(T결선)에서 T좌 변압기의 권수비**

$$a_T = \frac{\sqrt{3}}{2} a_{주} = \frac{\sqrt{3}}{2} \times \frac{3,300}{220} ≒ 12.99$$

답 ②

167

핵심이론 찾아보기▶핵심 03-4 산업 21년 출제

변압기의 부하와 전압이 일정하고 주파수가 높아지면?

① 철손 증가 ② 동손 증가 ③ 동손 감소 ④ 철손 감소

해설 변압기 철손의 대부분은 히스테리시스 손실 때문이며 공급 전압이 일정한 경우 히스테리시스 손실은 주파수에 반비례한다. 따라서 주파수가 높아지면 철손은 감소한다.

답 ④

168

핵심이론 찾아보기▶핵심 03-4 산업 17년 출제

변압기의 부하가 증가할 때의 현상으로서 틀린 것은?

① 동손이 증가한다. ② 온도가 상승한다.
③ 철손이 증가한다. ④ 여자 전류는 변함없다.

해설 변압기의 부하가 증가하면 부하 전류가 증가하여 동손이 증가하고 온도가 상승하지만 철손과 여자 전류는 무부하손과 무부하 전류이므로 변함이 없다.

답 ③

169

핵심이론 찾아보기▶핵심 03-4 산업 20년 출제

변압기의 효율이 가장 좋을 때의 조건은?

① 철손=동손 ② 철손=$\frac{1}{2}$ 동손 ③ $\frac{1}{2}$ 철손=동손 ④ 철손=$\frac{2}{3}$ 동손

해설 변압기 효율 $\eta = \frac{P}{P+P_i+P_c} \times 100[\%]$

변압기의 최대 효율 조건은 P_i(철손)$=P_c$(동손)일 때이다.

답 ①

170

핵심이론 찾아보기▶핵심 03-4

산업 22·12년 출제

전부하에 있어 철손과 동손의 비율이 1 : 2인 변압기에서 효율이 최고인 부하는 전부하의 약 몇 [%]인가?

① 50
② 60
③ 70
④ 80

해설 변압기의 $\frac{1}{m}$ 부하 시 최대 효율의 조건은 $P_i = \left(\frac{1}{m}\right)^2 P_c$이므로

$$\frac{1}{m} = \sqrt{\frac{P_i}{P_c}} = \frac{1}{\sqrt{2}} = 0.707 \fallingdotseq 70[\%]$$

답 ③

171

핵심이론 찾아보기▶핵심 03-4

산업 22년 출제

용량이 50[kVA] 변압기의 철손이 1[kW]이고 전부하 동손이 2[kW]이다. 이 변압기를 최대 효율에서 사용하려면 부하를 약 몇 [kVA] 인가하여야 하는가?

① 25
② 35
③ 50
④ 71

해설 변압기의 $\frac{1}{m}$ 부하 시 최대 효율의 조건은 무부하손=부하손이므로

$P_i = \left(\frac{1}{m}\right)^2 P_c$에서

$$\frac{1}{m} = \sqrt{\frac{P_i}{P_c}} = \sqrt{\frac{1}{2}} = 0.707$$

∴ 부하 용량 $P_L = 50 \times 0.707 = 35.35[\text{kVA}]$

답 ②

172

핵심이론 찾아보기▶핵심 03-4

산업 12년 출제

주상 변압기에서 보통 동손과 철손의 비는 (㉠)이고 최대 효율이 되기 위한 동손과 철손의 비는 (㉡)이다. ( ) 안에 알맞은 것은?

① ㉠ 1 : 1, ㉡ 1 : 1
② ㉠ 2 : 1, ㉡ 1 : 1
③ ㉠ 1 : 1, ㉡ 2 : 1
④ ㉠ 3 : 1, ㉡ 1 : 1

해설 주상 변압기의 동손과 철손의 비는 2 : 1이고 최대 효율을 발생하기 위한 동손과 철손의 비는 1 : 1이다.

답 ②

173

핵심이론 찾아보기▶핵심 03-4 산업 19년 출제

정격 150[kVA], 철손 1[kW], 전부하 동손이 4[kW]인 단상 변압기의 최대 효율[%]과 최대 효율 시의 부하[kVA]는? (단, 부하 역률은 1이다.)

① 96.8[%], 125[kVA]
② 97[%], 50[kVA]
③ 97.2[%], 100[kVA]
④ 97.4[%], 75[kVA]

해설 변압기의 최대 효율의 조건은 $P_i=\left(\frac{1}{m}\right)^2 P_c$이므로

$\frac{1}{m}=\sqrt{\frac{P_i}{P_c}}=\frac{1}{\sqrt{4}}=\frac{1}{2}$ 부하에서 효율이 최대이다.

$\therefore$ $150[\text{kVA}]\times\frac{1}{2}=75[\text{kVA}]$

$$\text{최대 효율 } \eta=\frac{\frac{1}{m}P_n\cdot\cos\theta}{\frac{1}{m}P_n\cdot\cos\theta+P_i+\left(\frac{1}{m}\right)^2 P_c}\times 100=\frac{\frac{1}{2}\times 150\times 1}{\frac{1}{2}\times 150\times 1+1+\left(\frac{1}{2}\right)^2\times 4}\times 100$$
$$=97.4[\%]$$

답 ④

174

핵심이론 찾아보기▶핵심 03-4 산업 22·17년 출제

와류손이 50[W]인 3,300/110[V], 60[Hz]용 단상 변압기를 50[Hz], 3,000[V]의 전원에 사용하면 이 변압기의 와류손은 약 몇 [W]로 되는가?

① 25 ② 31 ③ 36 ④ 41

해설 와전류손 $P_e=\sigma_e(t\cdot k_f f B_m)^2$, $E=4.44fN\phi_m$

$P_e\propto V^2$

$\therefore$ $P_e{}'=\left(\frac{V'}{V}\right)^2 P_e=\left(\frac{3{,}000}{3{,}300}\right)^2\times 50=41.32\,[\text{W}]$

답 ④

175

핵심이론 찾아보기▶핵심 03-4 산업 13년 출제

변압기의 전일 효율을 최대로 하기 위한 조건은?

① 전부하 시간이 짧을수록 무부하손을 적게 한다.
② 전부하 시간이 짧을수록 철손을 크게 한다.
③ 부하 시간에 관계없이 전부하 동손과 철손을 같게 한다.
④ 전부하 시간이 길수록 철손을 적게 한다.

해설 전일 효율 $\eta_d=\frac{\Sigma h\,VI\cos\theta}{\Sigma h\,VI\cos\theta+24P_i+\Sigma hP_c}\times 100[\%]$

전일 효율의 최대 조건 $24P_i=\Sigma hP_c$

여기서, Σh : 1일 전부하 시간

P_i : 무부하손

P_c : 전부하 동손(일정)

$\therefore$ 전부하 시간이 짧을수록 무부하손이 적어야 한다.

답 ①

176

핵심이론 찾아보기▶핵심 03-9 산업 04·93년 출제

단권 변압기에서 고압측을 V_h, 저압측을 V_l, 2차 출력을 P, 단권 변압기의 용량을 P_{1n} 이라 하면 $\dfrac{P_{1n}}{P}$ 는?

① $\dfrac{V_l+V_h}{V_h}$ ② $\dfrac{V_h-V_l}{V_h}$ ③ $\dfrac{V_l+V_h}{V_l}$ ④ $\dfrac{V_h-V_l}{V_l}$

해설 $\dfrac{P_{1n}}{P}=\dfrac{\text{자기 용량}}{\text{부하 용량(2차 출력)}}=\dfrac{V_h-V_l}{V_h}=1-\dfrac{V_l}{V_h}$

답 ②

177

핵심이론 찾아보기▶핵심 03-9 산업 13년 출제

용량 2[kVA], 3,000/100[V]의 단상 변압기를 단권 변압기로 연결해서 승압기로 사용할 때, 1차측에 3,000[V]를 가할 경우 부하 용량은 몇 [kVA]인가?

① 16 ② 32 ③ 50 ④ 62

해설 자기 용량 $P=E_2I_2$

부하 용량 $W=V_2I_2$

승압기 2차 전압 $V_2=E_1+E_2=3,000+100=3,100[\mathrm{V}]$

$\dfrac{P}{W}=\dfrac{E_2I_2}{V_2I_2}=\dfrac{E_2}{V_2}$ 이므로

부하 용량 $W=P\dfrac{V_2}{E_2}=2\times\dfrac{3,100}{100}=62[\mathrm{kVA}]$

답 ④

178

핵심이론 찾아보기▶핵심 03-9 산업 16년 출제

전기 설비 운전 중 계기용 변류기(CT)의 고장 발생으로 변류기를 개방할 때 2차측을 단락해야 하는 이유는?

① 2차측의 절연 보호 ② 1차측의 과전류 방지

③ 2차측의 과전류 보호 ④ 계기의 측정 오차 방지

해설 2차측을 개방하면 1차측의 부하 전류가 전부 여자 전류로 사용되어서 2차측에 고전압이 유기되어 절연이 파괴될 우려가 있다.

답 ①

179

핵심이론 찾아보기▶핵심 03-9 산업 19년 출제

누설 변압기에 필요한 특성은 무엇인가?

① 수하 특성 ② 정전압 특성 ③ 고저항 특성 ④ 고임피던스 특성

해설 누설 변압기는 누설 자속의 통로를 설치하여 2차 전류가 증가하면 2차 유도 전압이 크게 감소하는 수하 특성을 갖는 변압기로 아크 방전등, 아크 용접기 등에 사용된다.

답 ①

180

핵심이론 찾아보기▶핵심 03-9

기사 02·97년 / 산업 00년 출제

평형 3상 회로의 전류를 측정하기 위해서 변류비 200 : 5의 변류기를 그림과 같이 접속하였더니 전류계의 지시가 1.5[A]이다. 1차 전류[A]는?

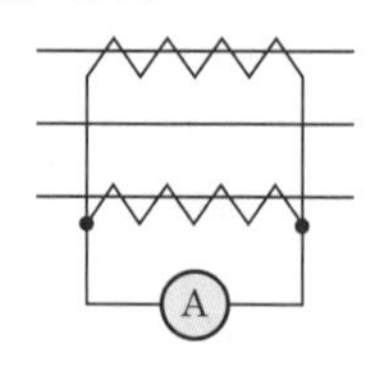

① 60 ② $60\sqrt{3}$ ③ 30 ④ $30\sqrt{3}$

해설 그림 (a)와 같이 각 선전류를 I_U, I_V, I_W, 변류기의 2차 전류를 I_u, I_w라 하면 평형 3상 회로이므로 그림 (b)와 같은 벡터도로 되고 회로도 및 벡터도에서 알 수 있는 바와 같이 전류계 Ⓐ에 흐르는 전류는

$$I_u + I_w = I_U \times \frac{5}{200} + I_W \times \frac{5}{200}$$

$$= \frac{I_U + I_W}{40} = -\frac{I_V}{40} \text{가 되고,}$$

그 크기는 1.5[A]이므로 $\frac{I_V}{40} = 1.5[A]$

$\therefore \; I_V = 1.5 \times 40 = 60[A]$

(a) (b)

답 ①

181

핵심이론 찾아보기▶핵심 03-10

산업 13년 출제

변압기 내부 고장 검출용으로 쓰이는 계전기는?

① 비율 차동 계전기 ② 거리 계전기
③ 과전류 계전기 ④ 방향 단락 계전기

해설 변압기 운전 중 내부 고장 발생 시 1, 2차 전류차의 비$\left(\frac{|I_1 - I_2|}{|I_1| \text{ 또는 } |I_2|}\right)$에 의해 동작하는 비율 차동 계전기가 유효하다.

답 ①

182

핵심이론 찾아보기▶핵심 03-10

산업 20년 출제

부흐홀츠 계전기로 보호되는 기기는?

① 변압기 ② 발전기 ③ 유도 전동기 ④ 회전 변류기

해설 부흐홀츠(Buchholz) 계전기는 변압기 본체와 콘서베이터를 연결하는 배관에 설치하여 변압기 내부 고장 시 절연유 분해 가스에 의해 동작하는 변압기 보호용 계전기이다.

답 ①

183
핵심이론 찾아보기▶핵심 03-10 산업 21년 출제

변압기 온도 시험 시 가장 많이 사용되는 방법은?

① 단락 시험법 ② 반환 부하법
③ 내전압 시험법 ④ 실부하법

해설 변압기의 온도 측정 시험을 하는 경우 부하법으로는 실부하법과 반환 부하법이 있으며 가장 많이 사용되는 방법은 반환 부하법이다. 답 ②

184
핵심이론 찾아보기▶핵심 03-9 산업 17년 출제

탭전환 변압기 1차측에 몇 개의 탭이 있는 이유는?

① 예비용 단자
② 부하 전류를 조정하기 위하여
③ 수전점의 전압을 조정하기 위하여
④ 변압기의 여자 전류를 조정하기 위하여

해설 전원 전압이 변동이나 부하에 의해 변압기 2차측에 생긴 전압 변동을 보상하고 수전단의 전압을 조정하기 위하여 변압기 1차측에 몇 개(5개)의 탭을 설치한다. 답 ③

185
핵심이론 찾아보기▶핵심 03-10 산업 11년 출제

다음 중 변압기의 절연 내력 시험법이 아닌 것은?

① 단락 시험 ② 가압 시험
③ 오일의 절연 파괴 전압 시험 ④ 충격 전압 시험

해설 변압기의 절연 내력 시험은 고압에 대한 안전성을 확인하는 시험으로, 내압 시험, 충격 전압 시험, 유도 시험 등이 있고, 단락 시험은 동손 및 임피던스 전압을 측정하는 시험이다. 답 ①

186
핵심이론 찾아보기▶핵심 03-9 산업 12년 출제

내철형 3상 변압기를 단상 변압기로 사용할 수 없는 이유는?

① 1차, 2차 간의 각 변위가 있기 때문에
② 각 권선마다의 독립된 자기 회로가 있기 때문에
③ 각 권선마다의 독립된 자기 회로가 없기 때문에
④ 각 권선이 만든 자속이 $\frac{3\pi}{2}$ 위상차가 있기 때문에

해설 내철형 3상 변압기는 각 권선마다 독립된 자기 회로가 없기 때문에 1상 고장 시 전체 사용이 불가하며 단상 변압기로도 사용할 수 없다. 답 ③

187 핵심이론 찾아보기▶핵심 03-9

기사 94년, 유사 09년 / 산업 05·82·81년 출제

용량 10[kVA]의 단권 변압기를 그림과 같이 접속하면 역률 80[%]의 부하에 몇 [kW]의 전력을 공급할 수 있는가?

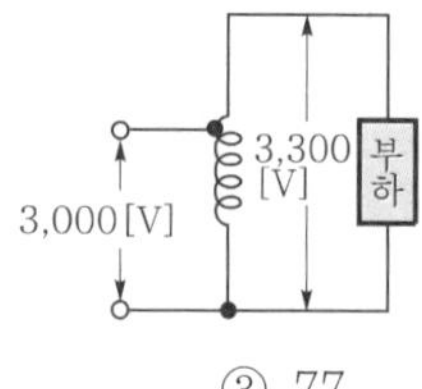

① 55 ② 66 ③ 77 ④ 88

해설 $\dfrac{\text{자기 용량}}{\text{부하 용량}} = \dfrac{V_h - V_l}{V_h}$

$\text{부하 용량} = \text{자기 용량} \times \left(\dfrac{V_h}{V_h - V_l}\right) = 10 \times \dfrac{3{,}300}{3{,}300 - 3{,}000} = 110[\text{kVA}]$

$\cos\phi = 0.8$이므로 공급되는 부하 전력 P는

$\therefore P = 110 \times 0.8 = 88[\text{kW}]$

답 ④

188 핵심이론 찾아보기▶핵심 04-2

산업 16년 출제

3상 유도 전동기의 동기 속도는 주파수와 어떤 관계가 있는가?

① 비례한다. ② 반비례한다.
③ 자승에 비례한다. ④ 자승에 반비례한다.

해설 동기 속도 $N_s = \dfrac{120f}{P} \propto f$

답 ①

189 핵심이론 찾아보기▶핵심 04-1

산업 19년 출제

유도 전동기에서 공간적으로 본 고정자에 의한 회전 자계와 회전자에 의한 회전 자계는?

① 항상 동상으로 회전한다. ② 슬립만큼의 위상각을 가지고 회전한다.
③ 역률각만큼의 위상각을 가지고 회전한다. ④ 항상 180°만큼의 위상각을 가지고 회전한다.

해설 유도 전동기에서 공간적으로 본 고정자의 회전 자계와 회전자에 의한 회전 자계는 항상 동상으로 회전한다.

답 ①

190 핵심이론 찾아보기▶핵심 04-1

산업 21년 출제

일반적인 농형 유도 전동기에 관한 설명 중 틀린 것은?

① 2차측을 개방할 수 없다.
② 2차측의 전압을 측정할 수 있다.
③ 2차 저항 제어법으로 속도를 제어할 수 없다.
④ 1차 3선 중 2선을 바꾸면 회전 방향을 바꿀 수 있다.

해설 농형 유도 전동기는 2차측(회전자)이 단락 권선으로 되어 있어 개방할 수 없고, 전압을 측정할 수 없으며, 2차 저항을 변화하여 속도 제어를 할 수 없고 1차 3선 중 2선의 결선을 바꾸면 회전 방향을 바꿀 수 있다.

답 ②

191

핵심이론 찾아보기▶핵심 04-1

산업 19년 출제

6극 유도 전동기의 고정자 슬롯(slot)홈 수가 36이라면 인접한 슬롯 사이의 전기각은?

① 30° ② 60° ③ 120° ④ 180°

해설 유도 전동기의 극당 슬롯수 $S_P = \frac{S}{P} = \frac{36}{6} = 6$개

1극의 전기각은 180°이므로

슬롯 사이의 전기각 $\alpha = \frac{180°}{6} = 30°$

답 ①

192

핵심이론 찾아보기▶핵심 04-2

산업 12년 출제

1차 권선수 N_1, 2차 권선수 N_2, 1차 권선 계수 k_{w_1}, 2차 권선 계수 k_{w_2}인 유도 전동기가 슬립 s로 운전하는 경우, 전압비는?

① $\frac{k_{w_1}N_1}{k_{w_2}N_2}$ ② $\frac{k_{w_2}N_2}{k_{w_1}N_1}$

③ $\frac{k_{w_1}N_1}{sk_{w_2}N_2}$ ④ $\frac{sk_{w_2}N_2}{k_{w_1}N_1}$

해설 3상 유도 전동기가 슬립 s로 운전하는 경우

1차 유기 기전력 $E_1 = 4.44fN_1\phi_m k_{w_1}$[V]

2차 유기 기전력 $E_{2s} = 4.44sf\phi_m k_{w_2}$[V]

전압비 $a = \frac{E_1}{E_{2s}} = \frac{N_1 k_{w_1}}{sN_2 k_{w_2}}$

답 ③

193

핵심이론 찾아보기▶핵심 04-2

산업 21년 출제

권선형 유도 전동기에서 1차와 2차 간의 상수비가 β, 권선비가 α이고 2차 전류가 I_2일 때 1차 1상으로 환산한 전류 I_1[A]는 얼마인가? (단, $\alpha = \frac{k_{u1}N_1}{k_{u2}N_2}$, $\beta = \frac{m_1}{m_2}d$이며 1차 및 2차 권선 계수는 k_{w1}, k_{w2}, 1차 및 2차 한 상의 권수는 N_1, N_2, 1차 및 2차 상수는 m_1, m_2이다.)

① $\frac{\alpha}{\beta}I_2$ ② $\frac{1}{\alpha\beta}I_2$ ③ $\alpha\beta I_2$ ④ $\frac{\beta}{\alpha}I_2$

해설 권선형 유도 전동기의 권선비×상수비

$\alpha \cdot \beta = \frac{I_2}{I_1}$이므로 1차 전류 $I_1 = \frac{1}{\alpha\beta}I_2$[A]

답 ②

194 핵심이론 찾아보기▶핵심 04-2

산업 22·19년 출제

유도 전동기 슬립 s의 범위는?

① $1 < s$ ② $s < -1$ ③ $-1 < s < 0$ ④ $0 < s < 1$

해설
유도 전동기의 슬립 $s = \dfrac{N_s - N}{N_s}$에서

기동 시($N=0$) $s=1$

무부하 시($N_0 ≒ N_s$) $s=0$

$\therefore\ 0 < s < 1$

답 ④

195 핵심이론 찾아보기▶핵심 04-2

산업 15년 출제

3상 60[Hz] 전원에 의해 여자되는 6극 권선형 유도 전동기가 있다. 이 전동기가 1,150[rpm]으로 회전할 때 회전자 전류의 주파수는 몇 [Hz]인가?

① 1 ② 1.5 ③ 2 ④ 2.5

해설
$$\text{슬립}(s) = \frac{N_s - N}{N_s} = \frac{\dfrac{120 \times 60}{6} - 1,150}{\dfrac{120 \times 60}{6}} = 0.0417$$

회전자 주파수$(f_{2s}) = sf_1 = 0.0417 \times 60 = 2.5$[Hz]

답 ④

196 핵심이론 찾아보기▶핵심 04-2

산업 22·13년 출제

6극 3상 유도 전동기가 있다. 회전자도 3상이며 회전자 정지 시의 1상의 전압은 200[V]이다. 전부하 시의 속도가 1,152[rpm]이면 2차 1상의 전압은 몇 [V]인가? (단, 1차 주파수는 60[Hz]이다.)

① 8.0 ② 8.3 ③ 11.5 ④ 23.0

해설
동기 속도 $N_s = \dfrac{120f}{P} = \dfrac{120 \times 60}{6} = 1,200$[rpm]

슬립 $s = \dfrac{N_s - N}{N_s} = \dfrac{1,200 - 1,152}{1,200} = 0.04$

2차 전압 $E_{2s} = sE_2 = 0.04 \times 200 = 8$[V]

답 ①

197 핵심이론 찾아보기▶핵심 04-2

산업 22·12년 출제

유도 전동기의 2차 동손(P_c), 2차 입력(P_2), 슬립(s)일 때의 관계식으로 옳은 것은?

① $P_2 P_c s = 1$ ② $s = P_2 P_c$ ③ $s = \dfrac{P_2}{P_c}$ ④ $P_c = sP_2$

해설
2차 입력 $P_2 = mI_2^{\,2} \cdot \dfrac{r_2}{s}$[W]

2차 동손 $P_c = mI_2^{\,2} \cdot r_2 = sP_2$[W]

답 ④

198 핵심이론 찾아보기▶핵심 04-2

산업 15년 출제

유도 전동기의 2차 동손을 P_c, 2차 입력을 P_2, 슬립을 s라 할 때, 이들 사이의 관계는?

① $s=\dfrac{P_c}{P_2}$
② $s=\dfrac{P_2}{P_c}$
③ $s=P_2\cdot P_c$
④ $s=P_2+P_c$

해설 2차 동손 $P_c=sP_2$[W]

답 ①

199 핵심이론 찾아보기▶핵심 04-2

산업 18년 출제

3상 유도 전동기의 출력이 10[kW], 전부하 때의 슬립이 5[%]라 하면 2차 동손은 약 몇 [kW]인가?

① 0.426　② 0.526　③ 0.626　④ 0.726

해설 3상 유도 전동기의 2차 입력, 기계적 출력 및 2차 동손

$P_2:P_o:P_{2c}=1:1-s:s$ 이므로

2차 동손 : $P_{2c}=s\cdot\dfrac{P_0}{1-s}=0.05\times\dfrac{10}{1-0.05}=0.526$[kW]

답 ②

200 핵심이론 찾아보기▶핵심 04-2

산업 21년 출제

220[V], 60[Hz], 8극, 15[kW]의 3상 유도 전동기에서 전부하 회전수가 864[rpm]이면 이 전동기의 2차 동손은 몇 [W]인가?

① 435　② 537　③ 625　④ 723

해설

동기 속도 $N_s=\dfrac{120f}{P}=\dfrac{120\times60}{8}=900$[rpm]

슬립 $s=\dfrac{N_s-N}{N_s}=\dfrac{900-864}{900}=0.04$

$P_2:P_o:P_{2c}=1:1-s:s$(P_2 : 2차 입력, P_o : 출력, P_{2c} : 2차 동손)

2차 동손 $P_{2c}=s\cdot\dfrac{P_o}{1-s}=0.04\times\dfrac{15\times10^3}{1-0.04}=625$[W]

답 ③

201 핵심이론 찾아보기▶핵심 04-2

산업 16년 출제

60[Hz], 4극 유도 전동기의 슬립이 4[%]인 때의 회전수[rpm]는?

① 1,728　② 1,738　③ 1,748　④ 1,758

해설

슬립 $s=\dfrac{N_s-N}{N_s}$에서

회전 속도 $N=N_s(1-s)=\dfrac{120f}{P}(1-s)=\dfrac{120\times60}{4}\times(1-0.04)=1,728$[rpm]

답 ①

202

핵심이론 찾아보기▶핵심 04-2 산업 20년 출제

유도 전동기의 주파수가 60[Hz]이고 전부하에서 회전수가 매분 1,164회이면 극수는? (단, 슬립은 3[%]이다.)

① 4 ② 6 ③ 8 ④ 10

해설 회전 속도 $N = N_s(1-s)$

동기 속도 $N_s = \frac{R_o f}{P} = \frac{N}{1-s} = \frac{1,164}{1-0.03} = 1,200[\text{rpm}]$

극수 $P = \frac{120f}{N_s} = \frac{120 \times 60}{1,200} = 6[\text{극}]$

답 ②

203

핵심이론 찾아보기▶핵심 04-2 산업 14년 출제

주파수 50[Hz], 슬립 0.2인 경우의 회전자 속도가 600[rpm]일 때에 3상 유도 전동기의 극수는?

① 4 ② 8 ③ 12 ④ 16

해설 회전 속도 $N = N_s(1-s) = \frac{120f}{P}(1-s)$

극수 $P = \frac{120f}{N}(1-s) = \frac{120 \times 50}{600} \times (1-0.2) = 8\text{극}$

답 ②

204

핵심이론 찾아보기▶핵심 04-2 산업 21년 출제

50[Hz], 4극, 15[kW]의 3상 유도 전동기가 있다. 전부하 시의 회전수가 1,450[rpm]이라면 토크는 몇 [kg·m]인가?

① 약 68.52 ② 약 88.65 ③ 약 98.68 ④ 약 10.08

해설 토크 $\tau = \frac{1}{9.8}\frac{P}{2\pi\frac{N}{60}} = \frac{1}{9.8} \times \frac{15 \times 10^3}{2\pi\frac{1,450}{60}} \fallingdotseq 10.08[\text{kg}\cdot\text{m}]$

[별해] $\tau = 0.975\frac{P}{N} = 0.975 \times \frac{15 \times 10^3}{1,450} \fallingdotseq 10.08[\text{kg}\cdot\text{m}]$

답 ④

205

핵심이론 찾아보기▶핵심 04-2 산업 22·18년 출제

유도 전동기의 특성에서 토크와 2차 입력 및 동기 속도의 관계는?

① 토크는 2차 입력과 동기 속도의 곱에 비례한다.
② 토크는 2차 입력에 반비례하고, 동기 속도에 비례한다.
③ 토크는 2차 입력에 비례하고, 동기 속도에 반비례한다.
④ 토크는 2차 입력의 자승에 비례하고, 동기 속도의 자승에 반비례한다.

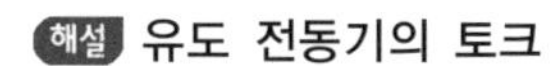

해설 유도 전동기의 토크

$$T=\frac{P}{\omega}=\frac{P}{2\pi\frac{N}{60}}=\frac{P_2}{2\pi\frac{N_s}{60}}$$ 이므로

토크는 2차 입력(P_2)에 비례하고 동기 속도(N_s)에 반비례한다.

답 ③

206

핵심이론 찾아보기▶핵심 04-2 산업 14년 출제

유도 전동기의 회전력 발생 요소 중 제곱에 비례하는 요소는?

① 슬립 ② 2차 권선 저항
③ 2차 임피던스 ④ 2차 기전력

해설

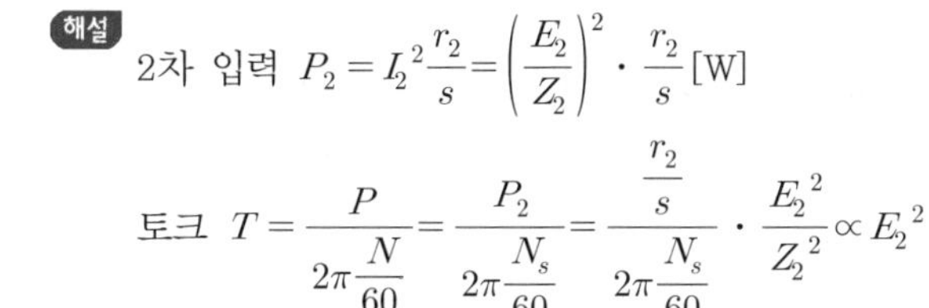

2차 입력 $P_2=I_2^{\,2}\frac{r_2}{s}=\left(\frac{E_2}{Z_2}\right)^2\cdot\frac{r_2}{s}$[W]

토크 $T=\frac{P}{2\pi\frac{N}{60}}=\frac{P_2}{2\pi\frac{N_s}{60}}=\frac{\frac{r_2}{s}}{2\pi\frac{N_s}{60}}\cdot\frac{E_2^{\,2}}{Z_2^{\,2}}\propto E_2^{\,2}$

답 ④

207

핵심이론 찾아보기▶핵심 04-3 산업 13년 출제

3상 유도 전동기의 슬립과 토크의 관계에서 최대 토크가 T_m, 최대 토크를 발생하는 슬립이 s_t, 2차 저항이 r_2일 때의 관계는?

① $T_m\propto r_2$, $s_t=$일정 ② $T_m\propto r_2$, $s_t\propto r_2$
③ $T_m=$일정, $s_t\propto r_2$ ④ $T_m\propto\frac{1}{r_2}$, $s_t\propto r_2$

해설 최대 토크 발생 슬립 $s_t=\frac{r_2'}{\sqrt{r_1+(x_1+x_2')^2}}\propto r_2$

최대 토크 $T_m=\frac{V_1^2}{2\left\{r_1+\sqrt{r_1^{\,2}+(x_1+x_2')^2}\right\}}\neq r_2$

답 ③

208

핵심이론 찾아보기▶핵심 04-2 산업 15년 출제

3상 유도 전동기의 운전 중 전압을 80[%]로 낮추면 부하 회전력은 몇 [%]로 감소되는가?

① 94 ② 80 ③ 72 ④ 64

해설 $\frac{\tau_s'}{\tau_s}=\left(\frac{V'}{V}\right)^2$

$\therefore\ \tau_s'=\tau_s\left(\frac{V'}{V}\right)^2=\tau_s\times(0.8)^2=0.64\tau_s$

즉, 부하 토크는 64[%]로 된다.

답 ④

209

핵심이론 찾아보기▶핵심 04-3

산업 14년 출제

6극, 220[V]의 3상 유도 전동기가 있다. 정격 전압을 인가해서 기동시킬 때 기동 토크는 전부하 토크의 220[%]이다. 기동 토크를 전부하 토크의 1.5배로 하려면 기동 전압[V]을 얼마로 하면 되는가?

① 163 ② 182 ③ 200 ④ 220

해설 유도 전동기의 토크 $T \propto V_1^2$이므로 기동 전압 $V_1 \propto \sqrt{T} = 220 \times \sqrt{\dfrac{1.5}{2.2}} = 181.659$[V]

답 ②

210

핵심이론 찾아보기▶핵심 04-3

산업 18년 출제

유도 전동기의 동기 와트에 대한 설명으로 옳은 것은?

① 동기 속도에서 1차 입력
② 동기 속도에서 2차 입력
③ 동기 속도에서 2차 출력
④ 동기 속도에서 2차 동손

해설 유도 전동기의 토크

$$T = \frac{P_2}{2\pi\frac{N_s}{60}}[\mathrm{N\cdot m}] = \frac{1}{9.8}\frac{P_2}{2\pi\frac{N_s}{60}} = 0.975\frac{P_2}{N_s}[\mathrm{kg\cdot m}]$$

토크는 2차 입력이 정비례하고, 동기 속도에 반비례하는데 $T_s = P_2$를 동기 와트로 표시한 토크라 한다. 따라서, 동기 와트는 동기 속도에서 2차 입력을 나타낸다.

답 ②

211

핵심이론 찾아보기▶핵심 04-3

산업 19년 출제

3상 유도 전동기의 토크와 출력에 대한 설명으로 옳은 것은?

① 속도에 관계가 없다.
② 동일 속도에서 발생한다.
③ 최대 출력은 최대 토크보다 고속도에서 발생한다.
④ 최대 토크가 최대 출력보다 고속도에서 발생한다.

해설 3상 유도 전동기의 슬립대 토크 및 출력 특성 곡선

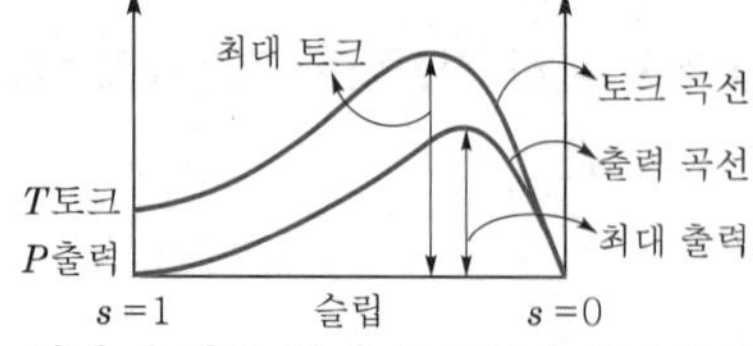

최대 출력은 최대 토크보다 고속에서 발생한다.

답 ③

212 핵심이론 찾아보기▶핵심 04-3

산업 21년 출제

비례 추이를 하는 전동기는?

① 단상 유도 전동기
② 권선형 유도 전동기
③ 동기 전동기
④ 정류자 전동기

해설 3상 권선형 유도 전동기의 2차측에 슬립링을 통하여 외부에서 저항을 접속하고, 합성 저항을 변화시킬 때 전동기의 토크, 입력 및 전류가 비례하여 이동하는 현상을 비례 추이라고 한다.

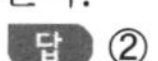
답 ②

213 핵심이론 찾아보기▶핵심 04-3

산업 22·19년 출제

권선형 유도 전동기의 속도-토크 곡선에서 비례 추이는 그 곡선이 무엇에 비례하여 이동하는가?

① 슬립 ② 회전수 ③ 공급 전압 ④ 2차 저항

해설 3상 권선형 유도 전동기는 동일 토크에서 2차 저항을 증가하면 슬립이 비례하여 증가한다. 따라서 토크 곡선이 2차 저항에 비례하여 이동하는 것을 토크의 비례 추이라 한다. 답 ④

214 핵심이론 찾아보기▶핵심 04-3

산업 22·12년 출제

3상 유도 전동기의 2차 저항을 m배로 하면 동일하게 m배로 되는 것은?

① 역률 ② 전류 ③ 슬립 ④ 토크

해설 3상 유도 전동기의 동기 와트로 표시한 토크

$$T_s = \frac{V_1^{\,2}\dfrac{r_2'}{s}}{\left(r_1+\dfrac{r_2'}{s}\right)^2+(x_1+x_2')^2}$$ 이므로

2차 저항(r_2)을 2배로 하면 동일 토크를 발생하기 위해 슬립이 2배로 된다. 답 ③

215 핵심이론 찾아보기▶핵심 04-3

산업 17년 출제

권선형 3상 유도 전동기의 2차 회로는 Y로 접속되고 2차 각 상의 저항은 0.3[Ω]이며 1차, 2차 리액턴스의 합은 1.5[Ω]이다. 기동 시에 최대 토크를 발생하기 위해서 삽입하여야 할 저항[Ω]은? (단, 1차 각 상의 저항은 무시한다.)

① 1.2 ② 1.5 ③ 2 ④ 2.2

해설 최대 토크를 발생하는 슬립 s_m

$$s_m = \frac{r_2}{\sqrt{r_1^{\,2}+(x_1+x_2')^2}} \fallingdotseq \frac{r_2}{x}$$ (1차 저항은 무시)

동일 토크 발생 조건 $\dfrac{r_2}{s_m}=\dfrac{r_2+R}{s_s}=r_2+R(s_s=1)$

∴ 2차측에 삽입하여야 할 저항 $R=\dfrac{r_2}{s_m}-r_2$

$$R=\frac{r_2}{\frac{r_2}{x}}-r_2=x-r_2=1.5-0.3=1.2\,[\Omega]$$

답 ①

216

핵심이론 찾아보기▶핵심 04-6 산업 16년 출제

권선형 유도 전동기에서 2차 저항을 변화시켜서 속도 제어를 하는 경우 최대 토크는?

① 항상 일정하다.
② 2차 저항에만 비례한다.
③ 최대 토크가 생기는 점의 슬립에 비례한다.
④ 최대 토크가 생기는 점의 슬립에 반비례한다.

해설 3상 유도 전동기의 최대 토크의 크기는 항상 일정하고, 다만 최대 토크가 발생하는 슬립점이 2차 회로의 저항에 비례해서 이동할 뿐이다.

답 ①

217

핵심이론 찾아보기▶핵심 04-3 산업 19년 출제

권선형 유도 전동기에서 비례 추이를 할 수 없는 것은?

① 토크
② 출력
③ 1차 전류
④ 2차 전류

해설 비례 추이는 3상 권선형 유도 전동기의 2차측에 외부에서 저항을 연결하여 합성 저항을 변화하면 2차 합성 저항에 비례하여 이동하는 것(토크, 전류, 입력 및 역률 등)을 비례 추이라 말하며 비례 추이(proportional shifting)할 수 없는 것은 출력, 효율 및 2차 동손이다.

답 ②

218

핵심이론 찾아보기▶핵심 04-6 산업 17년 출제

농형 유도 전동기 기동법에 대한 설명 중 틀린 것은?

① 전전압 기동법은 일반적으로 소용량에 적용된다.
② Y-△ 기동법은 기동 전압[V]이 $\dfrac{1}{\sqrt{3}}$[V]로 감소한다.
③ 리액터 기동법은 기동 후 스위치로 리액터를 단락한다.
④ 기동 보상기법은 최종 속도 도달 후에도 기동 보상기가 계속 필요하다.

해설 기동 보상기법은 3상 단권 변압기를 사용하여 기동 전압을 낮추어 기동 전류를 제한하는 방법으로 거의 최종 속도에 도달하면 정격 전압을 공급함과 동시에 기동 보상기를 회로에서 분리한다.

답 ④

219 핵심이론 찾아보기▶핵심 04-6

산업 11년 출제

다음 유도 전동기 기동법 중 권선형 유도 전동기에 가장 적합한 기동법은?

① Y－△ 기동법
② 기동 보상기법
③ 전전압 기동법
④ 2차 저항법

해설 권선형 유도 전동기의 기동법은 2차측(회전자)에 저항을 연결하여 시동하는 2차 저항 기동법, 농형 유도 전동기의 기동법은 전전압 기동, Y－△ 기동 및 기동 보상기법이 사용된다.

답 ④

220 핵심이론 찾아보기▶핵심 04-6

산업 18년 출제

농형 유도 전동기의 속도 제어법이 아닌 것은?

① 극수 변환
② 1차 저항 변환
③ 전원 전압 변환
④ 전원 주파수 변환

해설
- 유도 전동기의 회전 속도 $N = N_s(1-s) = \dfrac{120f}{P}(1-s)$
- 농형 유도 전동기의 속도 제어법
  - 극수 변환
  - 1차 주파수 제어
  - 전원 전압 제어(1차 전압 제어)

답 ②

221 핵심이론 찾아보기▶핵심 04-6

산업 18년 출제

유도 전동기의 속도 제어 방식으로 틀린 것은?

① 크레머 방식
② 일그너 방식
③ 2차 저항 제어 방식
④ 1차 주파수 제어 방식

해설 유도 전동기의 속도 제어법은 1차 전압 제어, 1차 주파수 제어, 2차 저항 제어, 2차 여자 제어(세르비우스 방식, 크레머 방식), 극수 변환 및 종속법이 있으며, 일그너 방식은 직류 전동기의 속도 제어법이다.

답 ②

222 핵심이론 찾아보기▶핵심 04-6

산업 18년 출제

선박 추진용 및 전기 자동차용 구동 전동기의 속도 제어로 가장 적합한 것은?

① 저항에 의한 제어
② 전압에 의한 제어
③ 극수 변환에 의한 제어
④ 전원 주파수에 의한 제어

해설 선박 추진용 및 전기 자동차용 구동 전동기 또는 견인 공업의 포트 모터의 속도 제어는 공급 전원의 주파수 변환에 의한 속도 제어를 한다.

답 ④

223 핵심이론 찾아보기▶핵심 04-6

산업 13년 출제

권선형 유도 전동기에 한하여 이용되고 있는 속도 제어법은?

① 1차 전압 제어법, 2차 저항 제어법 ② 1차 주파수 제어법, 1차 전압 제어법
③ 2차 여자 제어법, 2차 저항 제어법 ④ 2차 여자 제어법, 극수 변환법

해설 권선형 유도 전동기에 한하여 사용하는 속도 제어법은 2차 저항 제어법, 종속법, 2차 여자 제어법이다.

답 ③

224 핵심이론 찾아보기▶핵심 04-6

산업 20년 출제

3상 유도 전동기의 전원 주파수와 전압의 비가 일정하고 정격 속도 이하로 속도를 제어하는 경우 전동기의 출력 P와 주파수 f와의 관계는?

① $P \propto f$ ② $P \propto \frac{1}{f}$ ③ $P \propto f^2$ ④ P는 f에 무관

해설 3상 유도 전동기의 속도 제어에서 주파수 제어를 하는 경우 토크 T를 일정하게 유지하려면 자속 ϕ가 일정하여야 하므로 전압과 출력은 주파수에 비례하여야 한다.

답 ①

225 핵심이론 찾아보기▶핵심 04-6

산업 21년 출제

권선형 유도 전동기의 속도 제어 방법 중 2차 저항 제어법의 특징으로 옳은 것은?

① 부하에 대한 속도 변동률이 작다.
② 구조가 간단하고 제어 조작이 편리하다.
③ 전부하로 장시간 운전하여도 온도에 영향이 적다.
④ 효율이 높고 역률이 좋다.

해설 권선형 유도 전동기의 저항 제어법의 장·단점

- 장점
  - 기동용 저항기를 겸한다.
  - 구조가 간단하고 제어 조작이 용이하다.
- 단점
  - 운전 효율이 나쁘다.
  - 부하에 따른 속도 변동이 크다.
  - 부하가 작을 경우 광범위한 속도 조정이 곤란하다.
  - 제어용 저항기는 전부하에서 장시간 운전해도 위험한 온도가 되지 않을 만큼의 크기가 필요하므로 가격이 비싸다.

답 ②

226 핵심이론 찾아보기▶핵심 04-6

산업 22·20년 출제

12극과 8극인 2개의 유도 전동기를 종속법에 의한 직렬 접속법으로 속도 제어할 때 전원 주파수가 60[Hz]인 경우 무부하 속도 N_0는 몇 [rps]인가?

① 5 ② 6 ③ 200 ④ 360

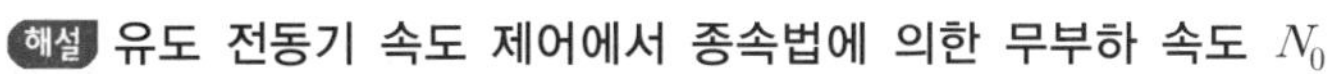

해설 유도 전동기 속도 제어에서 종속법에 의한 무부하 속도 N_0

- 직렬 종속 $N_0 = \dfrac{120f}{P_1 + P_2}$[rpm]
- 차동 종속 $N_0 = \dfrac{120f}{P_1 - P_2}$[rpm]
- 병렬 종속 $N_0 = \dfrac{120f}{\dfrac{P_1 + P_2}{2}}$[rpm]

무부하 속도 $N_0 = \dfrac{120f}{P_1 + P_2} = \dfrac{120 \times 60}{12 + 8} = 360$[rpm]$= 6$[rps]

답 ②

227

핵심이론 찾아보기▶핵심 04-6 　　　산업 19년 출제

유도 전동기의 회전자에 슬립 주파수의 전압을 공급하여 속도를 제어하는 방법은?

① 2차 저항법 　② 2차 여자법 　③ 직류 여자법 　④ 주파수 변환법

해설 권선형 유도 전동기의 2차측에 슬립 주파수 전압을 공급하여 슬립의 변화로 속도를 제어하는 방법을 2차 여자법이라 한다.

답 ②

228

핵심이론 찾아보기▶핵심 04-6 　　　산업 17년 출제

sE_2는 권선형 유도 전동기의 2차 유기 전압이고 E_c는 외부에서 2차 회로에 가하는 2차 주파수와 같은 주파수의 전압이다. E_c가 sE_2와 반대 위상일 경우 E_c를 크게 하면 속도는 어떻게 되는가? (단, $sE_2 - E_c$는 일정하다.)

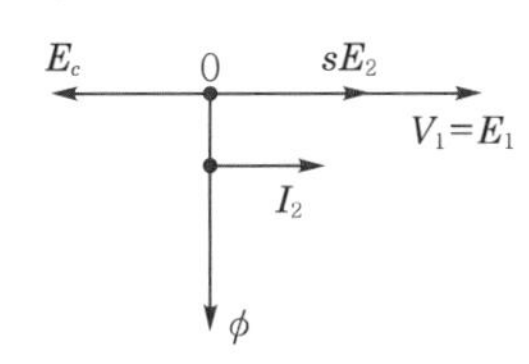

① 속도가 증가한다. 　② 속도가 감소한다.
③ 속도에 관계없다. 　④ 난조 현상이 발생한다.

해설 권선형 유도 전동기의 2차 여자법에 의한 속도 제어에서 슬립 주파수의 전압(E_c)을 2차 유기 전압(sE_2)과 같은 방향으로 가하면 속도가 상승하고, 반대 방향으로 가하면 속도가 감소한다.

답 ②

229

핵심이론 찾아보기▶핵심 04-6 　　　산업 15년 출제

3상 유도 전동기를 급속하게 정지시킬 경우에 사용되는 제동법은?

① 발전 제동법 　② 회생 제동법 　③ 마찰 제동법 　④ 역상 제동법

해설 3상 중 2상의 접속을 바꾸어 역회전시켜 발생되는 역토크를 이용해서 전동기를 급정지시키는 제동법은 역상 제동이다.

답 ④

230

핵심이론 찾아보기▶핵심 04-6 산업 22·20년 출제

3상 유도 전동기의 전원측에서 임의의 2선을 바꾸어 접속하여 운전하면?

① 즉각 정지된다. ② 회전 방향이 반대가 된다.
③ 바꾸지 않았을 때와 동일하다. ④ 회전 방향은 불변이나 속도가 약간 떨어진다.

해설 3상 유도 전동기의 전원측에서 3선 중 2선의 접속을 바꾸면 회전 자계가 역회전하여 전동기의 회전 방향이 반대로 된다.

답 ②

231

핵심이론 찾아보기▶핵심 04-6 산업 17년 출제

유도 전동기 역상 제동의 상태를 크레인이나 권상기의 강하 시에 이용하고 속도 제한의 목적에 사용되는 경우의 제동 방법은?

① 발전 제동 ② 유도 제동 ③ 회생 제동 ④ 단상 제동

해설 유도 제동은 유도 전동기의 역상 제동을 크레인이나 권상기의 하강 시 이용하며 속도 상승을 제한할 목적으로 사용하는 제동법이다.

답 ②

232

핵심이론 찾아보기▶핵심 03-4 산업 13년 출제

3상 유도 전동기의 공급 전압이 일정하고 주파수가 정격값보다 수 [%] 감소할 때 다음 현상 중 옳지 않은 것은?

① 동기 속도가 감소한다.
② 누설 리액턴스가 증가한다.
③ 철손이 약간 증가한다.
④ 역률이 나빠진다.

해설 공급 전압 $V_1 = 4.44 f N \phi_m K_w$에서 주파수가 낮아지면 최대 자속이 증가하여 역률은 저하, 동기 속도$\left(N_s = \dfrac{120f}{P}\right)$는 감소하고 철손$\left(P_i \propto \dfrac{1}{f}\right)$은 증가하며, 누설 리액턴스($x = 2\pi f L$)는 감소한다.

답 ②

233

핵심이론 찾아보기▶핵심 04-4 산업 22·11년 출제

슬립 6[%]인 유도 전동기의 2차측 효율[%]은 얼마인가?

① 94 ② 84 ③ 90 ④ 88

해설 유도 전동기의 2차 효율

$$\eta_2 = \frac{P_0}{P_2} \times 100 = \frac{P_2(1-s)}{P_2} \times 100 = (1-s) \times 100 = (1-0.06) \times 100 = 94[\%]$$

답 ①

234 핵심이론 찾아보기▶핵심 04-4

산업 22·16년 출제

4극, 7.5[kW], 200[V], 60[Hz]인 3상 유도 전동기가 있다. 전부하에서의 2차 입력이 7,950[W]이다. 이 경우의 2차 효율은 약 몇 [%]인가? (단, 기계손은 130[W]이다.)

① 92　② 94　③ 96　④ 98

해설 2차 동손 $P_{2c} = P_2 - P -$ 기계손 $= 7{,}950 - 7{,}500 - 130 = 320[\text{W}]$

슬립 $s = \dfrac{P_{2c}}{P_2} = \dfrac{320}{7{,}950} = 0.04$

2차 효율 $\eta_2 = \dfrac{P_o}{p_2} \times 100 = (1-s) \times 100 = (1-0.04) \times 100 = 96[\%]$

답 ③

235 핵심이론 찾아보기▶핵심 04-6

기사 85년 / 산업 84년 출제

역률 90[%], 300[kW]의 전동기를 95[%]로 개선하는 데 필요한 콘덴서의 용량[kVA]은?

① 약 20　② 약 30　③ 약 40　④ 약 50

해설 $\cos\theta_1 = 90$, $\cos\theta_2 = 0.95$, $P = 30[\text{kW}]$이므로

콘덴서의 용량 $Q[\text{kVA}]$는

$$Q = P(\tan\theta_1 - \tan\theta_2)$$
$$= P\left(\frac{\sqrt{1-\cos^2\theta_1}}{\cos\theta_1} - \frac{\sqrt{1-\cos^2\theta_2}}{\cos\theta_2}\right)$$
$$= 300 \times \left(\frac{\sqrt{1-0.9^2}}{0.9} - \frac{\sqrt{1-0.95^2}}{0.95}\right)$$
$$= 300 \times (0.484 - 0.33)$$
$$= 46.2[\text{kVA}]$$

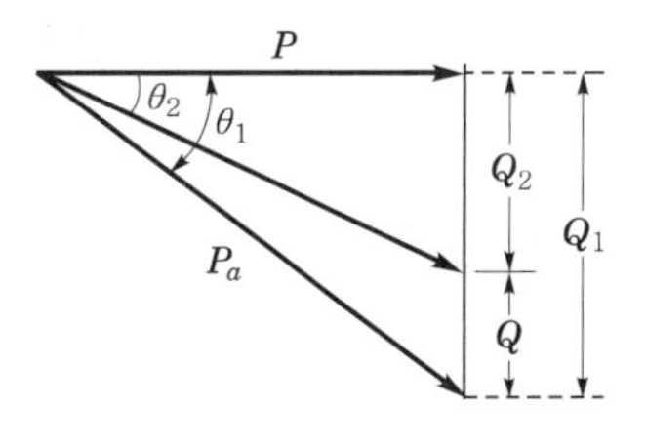

답 ④

236 핵심이론 찾아보기▶핵심 04-7

산업 18년 출제

2중 농형 유도 전동기가 보통 농형 유도 전동기에 비해서 다른 점은 무엇인가?

① 기동 전류가 크고, 기동 토크도 크다.
② 기동 전류가 적고, 기동 토크도 적다.
③ 기동 전류는 적고, 기동 토크는 크다.
④ 기동 전류는 크고, 기동 토크는 적다.

해설 2중 농형 유도 전동기는 회전자의 홈을 2중으로 하고 회전자 외측의 도체는 저항이 크고 리액턴스가 작은 도체를 사용하여 기동 전류는 적고, 기동 토크가 큰 기동 특성을 갖는 특수 농형 유도 전동기이다.

답 ③

237 핵심이론 찾아보기▶핵심 04-6

산업 15년 출제

3상 권선형 유도 전동기의 2차 회로의 한 상이 단선된 경우에 부하가 약간 커지면 슬립이 50[%]인 곳에서 운전이 되는 것을 무엇이라 하는가?

① 차동기 운전　② 자기 여자　③ 게르게스 현상　④ 난조

해설 3상 권선형 유도 전동기의 2차 회로 중 1선이 단선하는 경우에는 2차 회로에 단상 전류가 흐르기 때문에 부하가 약간만 무거우면 슬립 $s=50[\%]$인 곳에서 그 이상 가속되지 않는다. 이것을 게르게스 현상이라 한다.

답 ③

238

핵심이론 찾아보기▶핵심 04-5 산업 19년 출제

유도 전동기 원선도에서 원의 지름은? (단, E를 1차 전압, r는 1차로 환산한 저항, x를 1차로 환산한 누설 리액턴스라 한다.)

① rE에 비례 ② $r\chi E$에 비례 ③ $\frac{E}{r}$에 비례 ④ $\frac{E}{x}$에 비례

해설 전류 $I=\frac{E}{r+ix}$

유도 전동기 원선도의 반원의 지름은 저항 $r=0$일 때의 전류이므로 $D\propto\frac{E}{x}$이다.

답 ④

239

핵심이론 찾아보기▶핵심 04-5 산업 19년 출제

3상 유도 전동기의 원선도 작성에 필요한 기본량이 아닌 것은?

① 저항 측정 ② 슬립 측정 ③ 구속 시험 ④ 무부하 시험

해설 **3상 유도 전동기의 원선도 작성 시 필요한 시험**
- 무부하 시험
- 구속 시험(단락 시험)
- 권선 저항 측정

답 ②

240

핵심이론 찾아보기▶핵심 04-2 산업 15년 출제

유도 전동기의 슬립을 측정하려고 한다. 다음 중 슬립의 측정법이 아닌 것은?

① 동력계법 ② 수화기법
③ 직류 밀리볼트계법 ④ 스트로보스코프법

해설 슬립 측정법에는 직류 밀리볼트계법, 수화기법, 스트로보스코프법 등이 있다.

답 ①

241

핵심이론 찾아보기▶핵심 04-6 산업 17년 출제

3상 유도 전동기가 경부하로 운전 중 1선의 퓨즈가 끊어지면 어떻게 되는가?

① 전류가 증가하고 회전은 계속한다. ② 슬립은 감소하고 회전수는 증가한다.
③ 슬립은 증가하고 회전수는 증가한다. ④ 계속 운전하여도 열 손실이 발생하지 않는다.

해설
- 전부하로 운전하고 있는 3상 유도 전동기의 전원 개폐기에 있어서 1선의 퓨즈가 용단되면 단상 전동기가 되어 같은 방향의 토크를 얻을 수 있다. 따라서, 다음과 같이 된다.
  - 최대 토크는 50[%] 전후로 된다.

– 최대 토크를 발생하는 슬립 s는 $s=0$쪽으로 가까워진다.
– 최대 토크 부근에서는 1차 전류가 증가한다.

- 만일 정지하는 경우에는 과대 전류가 흘러서 나머지 퓨즈가 용단되거나 차단기가 동작한다. 회전을 계속한다면, 다음과 같이 된다.
  – 슬립이 2배 정도로 되고 회전수는 떨어진다.
  – 1차 전류가 2배 가까이 되어서 열 손실이 증가하고, 계속 운전하면 과열로 소손된다.

 ①

242

핵심이론 찾아보기▶핵심 04-6 산업 16년 출제

10[kW], 3상, 200[V] 유도 전동기의 전부하 전류는 약 몇 [A]인가? (단, 효율 및 역률 85[%]이다.)

① 60 ② 80
③ 40 ④ 20

해설 $P=\sqrt{3}\,VI\cos\theta\cdot\eta$[W]

$$\therefore\ I=\frac{P}{\sqrt{3}\,V\cos\theta\cdot\eta}=\frac{10\times10^3}{\sqrt{3}\times200\times(0.85)^2}\fallingdotseq 40[\mathrm{A}]$$

답 ③

243

핵심이론 찾아보기▶핵심 04-7 산업 20년 출제

유도 전동기의 실부하법에서 부하로 쓰이지 않는 것은?

① 전동 발전기
② 전기 동력계
③ 프로니 브레이크
④ 손실을 알고 있는 직류 발전기

해설 전동기의 실측 효율 측정을 위한 부하로는 다음과 같은 것을 사용한다.
- 프로니 브레이크(prony brake)
- 전기 동력계
- 손실을 알고 있는 직류 발전기

답 ①

244

핵심이론 찾아보기▶핵심 04-8 산업 21년 출제

단상 유도 전동기에서 2전동기설(two motor theory)에 관한 설명 중 틀린 것은?

① 시계 방향 회전 자계와 반시계 방향 회전 자계가 두 개 있다.
② 1차 권선에는 교번 자계가 발생한다.
③ 2차 권선 중에는 sf_1과 $(2-s)f_1$ 주파수가 존재한다.
④ 기동 시 토크는 정격 토크의 $\frac{1}{2}$이 된다.

해설 단상 유도 전동기의 1차 권선에서 발생하는 교번 자계를 시계 방향 회전 자계와 반시계 방향 회전 자계로 나누어 서로 다른 2개의 유도 전동기가 직결된 것으로 해석하는 것을 2전동기설이라 하며 단상 유도 전동기는 기동 토크가 없다.

답 ④

245

핵심이론 찾아보기▶핵심 04-8 산업 16년 출제

단상 유도 전동기에서 기동 토크가 가장 큰 것은?

① 반발 기동형 ② 분상 기동형 ③ 콘덴서 전동기 ④ 셰이딩 코일형

해설 기동 토크가 큰 순서로 배열하면 ① → ③ → ② → ④이다.

답 ①

246

핵심이론 찾아보기▶핵심 04-8 산업 15년 출제

단상 유도 전동기의 기동 토크에 대한 사항으로 틀린 것은?

① 분상 기동형의 기동 토크는 125[%] 이상이다.
② 콘덴서 기동형의 기동 토크는 350[%] 이상이다.
③ 반발 기동형의 기동 토크는 300[%] 이상이다.
④ 셰이딩 코일형의 기동 토크는 40~80[%] 이상이다.

해설 콘덴서 기동형의 기동 토크는 200[%] 이상이다.

답 ②

247

핵심이론 찾아보기▶핵심 04-8 산업 14년 출제

정 · 역 운전을 할 수 없는 단상 유도 전동기는?

① 분상 기동형 ② 셰이딩 코일형 ③ 반발 기동형 ④ 콘덴서 기동형

해설 단상 유도 전동기에서 정 · 역 운전을 할 수 없는 전동기는 셰이딩(shading) 코일형 전동기이다.

답 ②

248

핵심이론 찾아보기▶핵심 04-8 산업 17년 출제

기동 장치를 갖는 단상 유도 전동기가 아닌 것은?

① 2중 농형 ② 분상 기동형 ③ 반발 기동형 ④ 셰이딩 코일형

해설 2중 농형 유도 전동기는 회전자 홈(slot)수 2개인 3상 특수 농형 유도 전동기이다.

답 ①

249

핵심이론 찾아보기▶핵심 04-8 산업 21년 출제

단상 유도 전동기 2전동기설에서 정상분 회전 자계를 만드는 전동기와 역상분 회전 자계를 만드는 전동기의 회전 자속을 각각 ϕ_a, ϕ_b라고 할 때, 단상 유도 전동기 슬립이 s인 정상분 유도 전동기와 슬립이 s'인 역상분 유도 전동기의 관계로 옳은 것은?

① $s' = s$ ② $s' = 2 - s$ ③ $s' = 2 + s$ ④ $s' = -s$

해설 단상 유도 전동기의 2전동기설에서 정상분 전동기의 슬립이 s일 때 역상분 전동기의 슬립 $s' = 2 - s$

답 ②

250

핵심이론 찾아보기▶핵심 04-9 산업 16년 출제

단상 유도 전압 조정기의 1차 권선과 2차 권선의 축 사이의 각도를 α라 하고 양 권선의 축이 일치할 때 2차 권선의 유기 전압을 E_2, 전원 전압을 V_1, 부하측의 전압을 V_2라고 하면 임의의 각 α일 때의 V_2는?

① $V_2 = V_1 + E_2\cos\alpha$
② $V_2 = V_1 - E_2\cos\alpha$
③ $V_2 = V_1 + E_2\sin\alpha$
④ $V_2 = V_1 - E_2\sin\alpha$

해설 단상 유도 전압 조정기는 1차 권선을 0°~180°까지 회전하여 2차측의 선간 전압을 조정하는 장치로서 임의의 각 α일 때 2차 선간 전압 $V_2 = V_1 + E_2\cos\alpha$이다.

답 ①

251

핵심이론 찾아보기▶핵심 04-9 산업 17년 출제

단상 유도 전압 조정기의 1차 전압 100[V], 2차 전압 100±30[V], 2차 전류는 50[A]이다. 이 전압 조정기의 정격 용량은 약 몇 [kVA]인가?

① 1.5 ② 2.6 ③ 5 ④ 6.5

해설 1차 전압 $V_1 = 100$[V], 2차 전압 $V_2 = 100 \pm 30$[V], $I_2 = 50$[A]이므로
단상 유도 전압 조정기의 자기 용량 P는

$$\therefore \text{자기 용량} = I_2(V_2 - V_1) = V_2 I_2 \times \frac{V_2 - V_1}{V_2} = \text{부하 용량} \times \frac{\text{승압 전압}}{\text{고압측 전압}}$$

$$= 130 \times 50 \times \frac{30}{130} = 1{,}500[\text{VA}] = 1.5[\text{kVA}]$$

답 ①

252

핵심이론 찾아보기▶핵심 04-9 산업 20년 출제

단상 및 3상 유도 전압 조정기에 대한 설명으로 옳은 것은?

① 3상 유도 전압 조정기에는 단락 권선이 필요 없다.
② 3상 유도 전압 조정기의 1차와 2차 전압은 동상이다.
③ 단락 권선은 단상 및 3상 유도 전압 조정기 모두 필요하다.
④ 단상 유도 전압 조정기의 기전력은 회전 자계에 의해서 유도된다.

해설 3상 유도 전압 조정기는 권선형 3상 유도 전동기와 같이 1차 권선과 2차 권선이 있으며 단락 권선은 필요 없다. 기전력은 회전 자계에 의해 유도되며 1차 전압과 2차 전압 사이에는 위상차 α가 생긴다.

답 ①

253

핵심이론 찾아보기▶핵심 04-9 산업 18년 출제

단상 유도 전압 조정기의 원리는 다음 중 어느 것을 응용한 것인가?

① 3권선 변압기
② V결선 변압기
③ 단상 단권 변압기
④ 스코트 결선(T결선) 변압기

해설 단상 유도 전압 조정기의 구조는 직렬 권선, 분포 권선 및 단락 권선으로 되어 있으며 유도 전동기와 유사하고, 원리는 단권 변압기(승압, 강압용)를 응용한 특수 유도기이다. 답 ③

254

핵심이론 찾아보기▶핵심 04-9

산업 16년 출제

유도 발전기에 대한 설명으로 틀린 것은?

① 공극이 크고 역률이 동기기에 비해 좋다.
② 병렬로 접속된 동기기에서 여자 전류를 공급받아야 한다.
③ 농형 회전자를 사용할 수 있으므로 구조가 간단하고 가격이 싸다.
④ 선로에 단락이 생기면 여자가 없어지므로 동기기에 비해 단락 전류가 작다.

해설 **유도 발전기의 특성**
- 구조가 간단하고 가격이 싸다.
- 동기화할 필요가 없고 기동 운전이 용이하다.
- 단락 시 여자 전류가 없으므로 단락 전류가 작다.
- 동기 발전기와 병렬 운전하는 경우에만 발전기를 동작한다.
- 공극의 치수가 작으므로 효율과 역률이 나쁘다.

답 ①

255

핵심이론 찾아보기▶핵심 05-2

산업 20년 출제

수은 정류기에 있어서 정류기의 밸브 작용이 상실되는 현상을 무엇이라고 하는가?

① 통호 ② 실호 ③ 역호 ④ 점호

해설 수은 정류기에 있어서 밸브 작용의 상실은 과부하에 의해 과전류가 흘러 양극점에 수은 방울이 부착하여 전자가 역류하는 현상으로, 역호라고 한다. 답 ③

256

핵심이론 찾아보기▶핵심 05-2

산업 13·98년 출제

수은 정류기 이상 현상 또는 전기적 고장이 아닌 것은?

① 역호 ② 이상 전압 ③ 점호 ④ 통호

해설 수은 정류기를 동작시키기 위해서는 어떠한 방법으로 수은 음극 위에 음극점을 만들 필요가 있다. 이것을 점호라 한다. 답 ③

257

핵심이론 찾아보기▶핵심 05-5

산업 19년 출제

PN 접합 구조로 되어 있고 제어는 불가능하나 교류를 직류로 변환하는 반도체 정류 소자는?

① IGBT ② 다이오드 ③ MOSFET ④ 사이리스터

해설 다이오드(diode)는 PN 접합 구조로 되어 있고 제어가 불가능한 반도체 정류 소자이다.

답 ②

258 핵심이론 찾아보기▶핵심 05-3

산업 14년 출제

단상 반파 정류 회로에서 변압기 2차 전압의 실효값을 E[V]라 할 때 직류 전류 평균값[A]은? (단, 정류기의 전압 강하는 e[V], 부하 저항은 R[Ω]이다.)

① $\dfrac{\left(\dfrac{\sqrt{2}}{\pi}E-e\right)}{R}$　② $\dfrac{1}{2}\cdot\dfrac{E-e}{R}$

③ $\dfrac{2\sqrt{2}}{\pi}\cdot\dfrac{E}{R}$　④ $\dfrac{\sqrt{2}}{\pi}\cdot\dfrac{E-e}{R}$

해설 정류기의 전압 강하가 e[V]일 때

직류 전압 $E_d=\dfrac{1}{2\pi}\displaystyle\int_0^{\pi}\sqrt{2}\,E\sin\theta\cdot d\theta-e=\dfrac{\sqrt{2}}{\pi}E-e$ [V]

직류 전류 $I_d=\dfrac{E_d}{R}=\dfrac{\left(\dfrac{\sqrt{2}}{\pi}E-e\right)}{R}$[A]

답 ①

259 핵심이론 찾아보기▶핵심 05-3

산업 18년 출제

다음 중 단상 반파 정류 회로에서 평균 직류 전압 200[V]를 얻는 데 필요한 변압기 2차 전압은 약 몇 [V]인가? (단, 부하는 순저항이고 정류기의 전압 강하는 15[V]로 한다.)

① 400　② 478

③ 512　④ 642

해설 단상 반파 정류 시 직류 전압의 평균값 $E_d=\dfrac{\sqrt{2}}{\pi}E-e$[V]

교류 전압 $E=(E_d+e)\cdot\dfrac{\pi}{\sqrt{2}}=(200+15)\times\dfrac{\pi}{\sqrt{2}}=477.6$[V]

답 ②

260 핵심이론 찾아보기▶핵심 05-3

산업 12년 출제

단상 전파 정류로 직류 450[V]를 얻는 데 필요한 변압기 2차 권선의 전압은 몇 [V]인가?

① 525　② 500

③ 475　④ 465

해설 직류 전압 $E_d=\dfrac{2\sqrt{2}}{\pi}E$[V]이므로

교류 전압 $E=E_d\cdot\dfrac{\pi}{2\sqrt{2}}=450\times\dfrac{\pi}{2\sqrt{2}}=500$[V]

답 ②

261

핵심이론 찾아보기▶핵심 05-3 산업 19년 출제

단상 전파 정류 회로를 구성한 것으로 옳은 것은?

① ②

③ ④

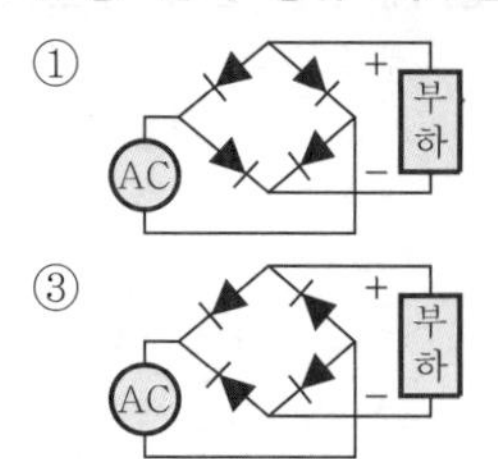

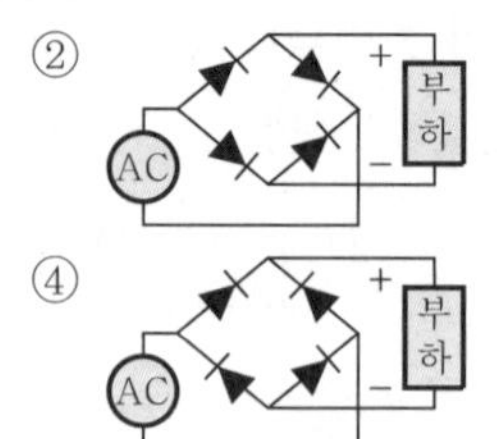

해설 단상 전파(브리지) 정류 회로의 구성

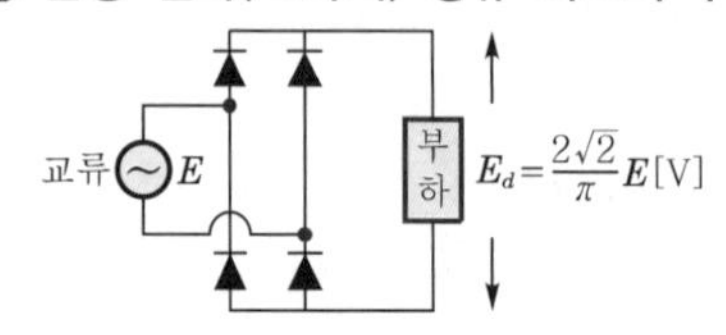

답 ①

262

핵심이론 찾아보기▶핵심 05-3 산업 11년 출제

단상 전파 정류 회로에서 교류 전압 $v = 628\sin 315t$[V], 부하 저항이 20[Ω]일 때 직류측 전압의 평균값[V]은?

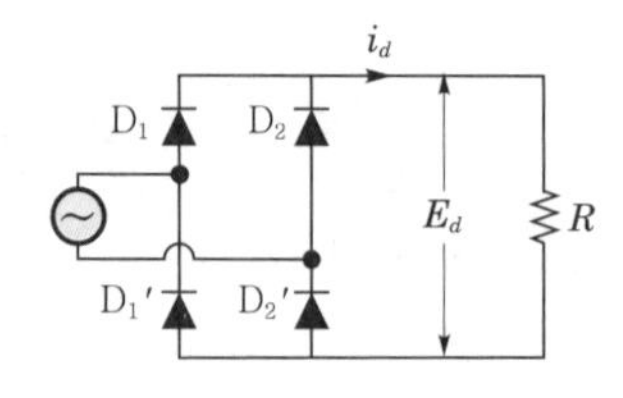

① 약 200 ② 약 400 ③ 약 600 ④ 약 800

해설 단상 브리지 정류에서 직류 전압

$$E_d = \frac{2\sqrt{2}}{\pi}E = \frac{2E_m}{\pi} = \frac{2 \times 628}{\pi} = 400[\text{V}]$$

답 ②

263

핵심이론 찾아보기▶핵심 05-3 산업 21년 출제

단상 반파 정류 회로로 직류 평균 전압 99[V]를 얻으려고 한다. 최대 역전압(Peak Inverse Voltage)이 약 몇 [V] 이상의 다이오드를 사용하여야 하는가? (단, 저항 부하이며, 정류 회로 및 변압기의 전압 강하는 무시한다.)

① 311 ② 471 ③ 150 ④ 166

해설 단상 반파 정류 회로

- 직류 전압 $E_d = \frac{\sqrt{2}}{\pi}E$에서 $E = \frac{\pi}{\sqrt{2}}E_d$
- 첨두 역전압 $V_{in} = \sqrt{2}E = \sqrt{2} \times \frac{\pi}{\sqrt{2}}E_d = \sqrt{2} \times \frac{\pi}{\sqrt{2}} \times 99 \fallingdotseq 311[\text{V}]$

답 ①

264
핵심이론 찾아보기▶핵심 05-3

산업 15년 출제

입력 전압이 220[V]일 때, 3상 전파 제어 정류 회로에서 얻을 수 있는 직류 전압은 몇 [V]인가? (단, 최대 전압은 점호각 $\alpha = 0$일 때이고, 3상에서 선간 전압으로 본다.)

① 152 ② 198 ③ 297 ④ 317

해설 3상 전파 정류 직류 전압$(E_d) = 1.35E_a$[V]

$\therefore\ E_d = 1.35 \times 220 = 297$[V]

답 ③

265
핵심이론 찾아보기▶핵심 05-3

산업 11년 출제

반파 정류 회로에서 직류 전압 200[V]를 얻는 데 필요한 변압기 2차 상전압은 약 몇 [V]인가? (단, 부하는 순저항, 변압기 내 전압 강하를 무시하면 정류기 내의 전압 강하는 5[V]로 한다.)

① 68 ② 113 ③ 333 ④ 455

해설
반파 정류 시 직류 전압 $E_d = \dfrac{\sqrt{2}\,E}{\pi} - e$[V]

변압기 2차 상전압 $E = (E_d + e)\dfrac{\pi}{\sqrt{2}} = (200+5) \times \dfrac{\pi}{\sqrt{2}} = 455.2$[V]

답 ④

266
핵심이론 찾아보기▶핵심 05-4

산업 15년 출제

단상 전파 정류의 맥동률은?

① 0.17 ② 0.34 ③ 0.48 ④ 0.86

해설

$$\nu = \frac{\sqrt{E^2 - {E_d}^2}}{E_d} \times 100 = \sqrt{\left(\frac{E}{E_d}\right)^2 - 1} \times 100 = \sqrt{\left(\frac{\frac{E_m}{\sqrt{2}}}{\frac{2E_m}{\pi}}\right)^2 - 1} \times 100$$

$$= \sqrt{\left(\frac{\pi}{2\sqrt{2}}\right)^2 - 1} \times 100 = \sqrt{\frac{\pi^2}{8} - 1} \times 100 \fallingdotseq 0.48 \times 100 = 48[\%]$$

답 ③

267
핵심이론 찾아보기▶핵심 05-4

산업 22·19년 출제

직류 전압의 맥동률이 가장 작은 정류 회로는? (단, 저항 부하를 사용한 경우이다.)

① 단상 전파 ② 단상 반파 ③ 3상 반파 ④ 3상 전파

해설 정류 회로의 맥동률은 다음과 같다.
- 단상 반파 정류의 맥동률 : 121[%]
- 단상 전파 정류의 맥동률 : 48[%]
- 3상 반파 정류의 맥동률 : 17[%]
- 3상 전파 정류의 맥동률 : 4[%]

답 ④

268

핵심이론 찾아보기▶핵심 05-4 산업 20년 출제

어떤 정류기의 출력 전압 평균값이 2,000[V]이고 맥동률이 3[%]이면 교류분은 몇 [V] 포함되어 있는가?

① 20 ② 30
③ 60 ④ 70

해설 맥동률 $\nu = \dfrac{\text{출력 전압에 포함된 교류 성분}}{\text{출력 전압의 직류 성분}} \times 100$

교류 성분 전압 V = 맥동률×출력 전압 $= 0.03 \times 2{,}000 = 60$[V]

답 ③

269

핵심이론 찾아보기▶핵심 05-4 산업 20년 출제

단상 다이오드 반파 정류 회로인 경우 정류 효율은 약 몇 [%]인가? (단, 저항 부하인 경우이다.)

① 12.6 ② 40.6
③ 60.6 ④ 81.2

해설 단상 반파 정류에서

직류 평균 전류 $I_d = \dfrac{I_m}{\pi}$

교류 실효 전류 $I = \dfrac{I_m}{2}$

정류 효율 $\eta = \dfrac{P_{dc}(\text{직류 출력})}{P_{ac}(\text{교류 입력})} \times 100$

$$= \frac{\left(\frac{I_m}{\pi}\right)^2 \cdot R}{\left(\frac{I_m}{2}\right)^2 \cdot R} \times 100 = \frac{4}{\pi^2} \times 100 = 40.6[\%]$$

답 ②

270

핵심이론 찾아보기▶핵심 05-5 산업 18년 출제

SCR에 관한 설명으로 틀린 것은?

① 3단자 소자이다.
② 전류는 애노드에서 캐소드로 흐른다.
③ 소형의 전력을 다루고 고주파 스위칭을 요구하는 응용 분야에 주로 사용된다.
④ 도통 상태에서 순방향 애노드 전류가 유지 전류 이하로 되면 SCR은 차단 상태로 된다.

해설 SCR은 P-N-P-N 4층 구조의 단일 방향 3단자 소자이며 게이트에 펄스 전압을 인가하면 턴온(turn on)하여 애노드에서 캐소드로 전류가 흐르며 턴온 상태를 유지하는 최소 전류를 유지 전류라 하며 대용량 전력 계통의 정류 제어 및 스위칭 회로 분야에 넓게 이용된다.

답 ③

271 핵심이론 찾아보기▶핵심 05-5

산업 20년 출제

SCR에 대한 설명으로 옳은 것은?

① 증폭 기능을 갖는 단방향성 3단자 소자이다.
② 제어 기능을 갖는 양방향성 3단자 소자이다.
③ 정류 기능을 갖는 단방향성 3단자 소자이다.
④ 스위칭 기능을 갖는 양방향성 3단자 소자이다.

해설 SCR은 pnpn의 4층 구조로, 정류, 제어 및 스위칭 기능의 단일 방향성 3단자 소자이다.

 답 ③

272 핵심이론 찾아보기▶핵심 05-5

산업 22년 출제

사이리스터에서의 래칭 전류에 관한 설명으로 옳은 것은?

① 게이트를 개방한 상태에서 사이리스터 도통 상태를 유지하기 위한 최소의 순전류
② 게이트 전압을 인가한 후에 급히 제거한 상태에서 도통 상태가 유지되는 최소의 순전류
③ 사이리스터의 게이트를 개방한 상태에서 전압을 상승하면 급히 증가하게 되는 순전류
④ 사이리스터가 턴온하기 시작하는 순전류

해설 게이트 개방 상태에서 SCR이 도통되고 있을 때 그 상태를 유지하기 위한 최소의 순전류를 유지 전류(holding current)라 하고, 턴온되려고 할 때는 이 이상의 순전류가 필요하며, 확실히 턴온시키기 위해서 필요한 최소의 순전류를 래칭 전류라 한다.

답 ④

273 핵심이론 찾아보기▶핵심 05-5

산업 19년 출제

사이리스터에 의한 제어는 무엇을 제어하여 출력 전압을 변환시키는가?

① 토크 ② 위상각 ③ 회전수 ④ 주파수

해설 사이리스터에서 턴온(turn on)을 위하여 게이트에 펄스 신호를 주는데 그 위치를 점호 제어각 또는 위상각(phase angle)이라 하며 위상각을 변환하여 출력 전압을 조정한다.

답 ②

274 핵심이론 찾아보기▶핵심 05-3

산업 14년 출제

단상 전파 제어 정류 회로에서 순저항 부하일 때의 평균 출력 전압은? (단, V_m은 인가 전압의 최댓값이고 점호각은 α이다.)

① $\dfrac{V_m}{\pi}(1+\cos\alpha)$ ② $\dfrac{V_m}{\pi}(1+\tan\alpha)$ ③ $\dfrac{2V_m}{\pi}(1+\cos\alpha)$ ④ $\dfrac{2V_m}{\pi}(1+\tan\alpha)$

해설 단상 전파 제어 정류 회로에서

직류 평균 전압 $E_d=\dfrac{1}{\pi}\displaystyle\int_{\alpha}^{\pi}V_m\sin\theta d\theta=\dfrac{V_m}{\pi}\cdot[-\cos\theta]_{\alpha}^{\pi}=\dfrac{V_m}{\pi}(1+\cos\alpha)$

답 ①

275

핵심이론 찾아보기▶핵심 05-3 | 산업 12년 출제

전류가 불연속인 경우 전원 전압 220[V]인 단상 전파 정류 회로에서 점호각 $\alpha=90°$일 때의 직류 평균 전압은 약 몇 [V]인가?

① 45　② 84　③ 90　④ 99

해설 직류 전압 $E_d=\dfrac{2\sqrt{2}}{\pi}E\left(\dfrac{1+\cos\alpha}{2}\right)=\dfrac{\sqrt{2}}{\pi}E(1+\cos 90°)=0.45\times 220\times 1=99[\text{V}]$

답 ④

276

핵심이론 찾아보기▶핵심 05-3 | 산업 12년 출제

순저항 부하를 갖는 3상 반파 위상 제어 정류 회로에서 출력 전류가 연속이 되는 점호각 α의 범위는?

① $\alpha \leq 30°$　② $\alpha > 30°$　③ $\alpha \leq 60°$　④ $\alpha > 60°$

해설 3상 반파 정류 회로에서 출력 전압(전류)의 평균값 범위가 $\dfrac{\pi}{6}\sim\dfrac{5\pi}{6}$ 이므로

점호각 $\alpha \leq 30°\left(\dfrac{\pi}{6}\right)$이다.

답 ①

277

핵심이론 찾아보기▶핵심 05-5 | 산업 21년 출제

전압이나 전류의 제어가 불가능한 소자는?

① IGBT　② SCR　③ GTO　④ Diode

해설 사이리스터(SCR, GTO, TRIAC, IGBT 등)는 게이트 전류에 의해 스위칭 작용을 하여 전압, 전류를 제어할 수 있으나 다이오드(diode)는 PN 2층 구조로 전압, 전류를 제어할 수 없다.

답 ④

278

핵심이론 찾아보기▶핵심 05-5 | 산업 16년 출제

3단자 사이리스터가 아닌 것은?

① SCR　② GTO　③ SCS　④ TRIAC

해설 SCS(Silicon Controlled Switch)는 1방향성 4단자 사이리스터이다.

답 ③

279

핵심이론 찾아보기▶핵심 05-5 | 산업 17년 출제

2방향성 3단자 사이리스터는?

① SCR　② SSS　③ SCS　④ TRIAC

해설
- SCR : 단일 방향 3단자 사이리스터
- SSS : 쌍방향(2방향성) 2단자 스위치
- SCS : 단일 방향 4단자 사이리스터
- TRIAC : 쌍방향 3단자 사이리스터

답 ④

280

핵심이론 찾아보기▶핵심 05-5

산업 22·17년 출제

트라이액(TRIAC)에 대한 설명으로 틀린 것은?

① 쌍방향성 3단자 사이리스터이다.
② 턴오프 시간이 SCR보다 짧으며 급격한 전압 변동에 강하다.
③ SCR 2개를 서로 반대 방향으로 병렬 연결하여 양방향 전류 제어가 가능하다.
④ 게이트에 전류를 흘리면 어느 방향이든 전압이 높은 쪽에서 낮은 쪽으로 도통한다.

해설 트라이액은 SCR 2개를 역병렬로 연결한 쌍방향 3단자 사이리스터로 턴온(오프) 시간이 짧으며 게이트에 전류가 흐르면 전원 전압이 (+)에서 (−)로 도통하는 교류 전력 제어 소자이다. 또한 급격한 전압 변동에 약하다.

답 ②

281

핵심이론 찾아보기▶핵심 05-5

산업 11년 출제

다음에서 게이트에 의한 턴온(turn−on)을 이용하지 않는 소자는?

① DIAC　② SCR
③ GTO　④ TRAIC

해설 사이리스터(thyristor)에서 DIAC은 트리거 발생 쌍방향 2단자 소자로 게이트(gate)가 없다.

답 ①

282

핵심이론 찾아보기▶핵심 05-5

산업 15년 출제

1방향성 4단자 사이리스터는?

① TRIAC　② SCS
③ SCR　④ SSS

해설 SCR(1방향성 3단자), SSS(2방향성 2단자), SCS(1방향성 4단자), TRIAC(2방향성 3단자)

답 ②

283

핵심이론 찾아보기▶핵심 05-5

산업 21년 출제

IGBT(Insulated Gate Bipolar Transistor)에 대한 설명으로 틀린 것은?

① MOSFET와 같이 전압 제어 소자이다.
② GTO 사이리스터와 같이 역방향 전압 저지 특성을 갖는다.
③ 게이트와 이미터 사이의 입력 임피던스가 매우 낮아 BJT보다 구동하기 쉽다.
④ BJT처럼 On−drop이 전류에 관계없이 낮고 거의 일정하며, MOSFET보다 훨씬 큰 전류를 흘릴 수 있다.

해설 IGBT는 MOSFET의 고속 스위칭과 BJT의 고전압 대전류 처리 능력을 겸비한 역전압 제어용 소자로 게이트와 이미터 사이의 임피던스가 크다.

답 ③

284

핵심이론 찾아보기▶핵심 05-5 산업 18년 출제

다이오드를 사용한 정류 회로에서 여러 개를 병렬로 연결하여 사용할 경우 얻는 효과는?

① 인가 전압 증가
② 다이오드의 효율 증가
③ 부하 출력의 맥동률 감소
④ 다이오드의 허용 전류 증가

해설 다이오드를 여러 개 병렬로 사용하면 다이오드의 허용 전류가 증가하고, 여러 개를 직렬로 사용하면 허용 전압이 증가한다.

답 ④

285

핵심이론 찾아보기▶핵심 05-5 기사 13·98·94년 / 산업 05년 출제

사이클로컨버터(cycloconveter)란?

① 실리콘 양방향성 소자이다.
② 제어 정류기를 사용한 주파수 변환기이다.
③ 직류 제어 소자이다.
④ 전류 제어 장치이다.

해설 사이클로컨버터란 정지 사이리스터 회로에 의해 전원 주파수와 다른 주파수의 전력으로 변환시키는 직접 회로 장치이다.

답 ②

286

핵심이론 찾아보기▶핵심 05-5 산업 03·99·94년 출제

직류 전압을 직접 제어하는 것은?

① 단상 인버터
② 초퍼형 인버터
③ 브리지형 인버터
④ 3상 인버터

해설 직류를 직류로 변환하는 장치를 초퍼형 인버터라 한다.

답 ②

287

핵심이론 찾아보기▶핵심 05-5 산업 19년 출제

직류 직권 전동기의 속도 제어에 사용되는 기기는?

① 초퍼
② 인버터
③ 듀얼 컨버터
④ 사이클로 컨버터

해설 고속도로 '온·오프'를 반복할 수 있는 스위치를 초퍼(chopper)라 하며 직류 전압을 변환하여 직류 전동기의 속도를 제어한다.

답 ①

288

핵심이론 찾아보기▶핵심 04-10 산업 19년 출제

직류 및 교류 양용에 사용되는 만능 전동기는?

① 복권 전동기
② 유도 전동기
③ 동기 전동기
④ 직권 정류자 전동기

해설 소출력의 직권 정류자 전동기는 소형 공구, 영사기, 가정용 재봉틀, 치과 의료용 등에 사용되며 이들은 교류, 직류를 모두 사용할 수 있으므로 만능 전동기라고 한다.

답 ④

289

핵심이론 찾아보기▶핵심 04-10 | 산업 12년 출제

75[W] 정도 이하의 소형 공구, 영사기, 치과 의료용 등에 사용되고 만능 전동기라고도 하는 정류자 전동기는?

① 단상 직권 정류자 전동기
② 단상 반발 정류자 전동기
③ 3상 직권 정류자 전동기
④ 단상 분권 정류자 전동기

해설 단상 직권 정류자 전동기는 직·교류 양용 전동기로 만능 전동기라고 하여 소형 공구, 치과 의료용, 가정의 믹서용으로 널리 사용된다.

답 ①

290

핵심이론 찾아보기▶핵심 04-10 | 산업 22·18년 출제

교류 단상 직권 전동기의 구조를 설명한 것 중 옳은 것은?

① 역률 및 정류 개선을 위해 약계자 강전기자형으로 한다.
② 전기자 반작용을 줄이기 위해 약계자 강전기자형으로 한다.
③ 정류 개선을 위해 강계자 약전기자형으로 한다.
④ 역률 개선을 위해 고정자와 회전자의 자로를 성층 철심으로 한다.

해설 교류 단상 직권 전동기(정류자 전동기)는 철손의 감소를 위하여 성층 철심을 사용하고 역률 및 정류 개선을 위해 약계자 강전기자를 채택하며 전기자 반작용을 방지하기 위하여 보상 권선을 설치한다.

답 ①

291

핵심이론 찾아보기▶핵심 04-10 | 산업 19년 출제

단상 직권 정류자 전동기에 관한 설명 중 틀린 것은? (단, A : 전기자, C : 보상 권선, F : 계자 권선이라 한다.)

① 직권형은 A와 F가 직렬로 되어 있다.
② 보상 직권형은 A, C 및 F가 직렬로 되어 있다.
③ 단상 직권 정류자 전동기에서는 보극 권선을 사용하지 않는다.
④ 유도 보상 직권형은 A와 F가 직렬로 되어 있고 C는 A에서 분리한 후 단락되어 있다.

해설 **단상 직권 정류자 전동기의 종류**

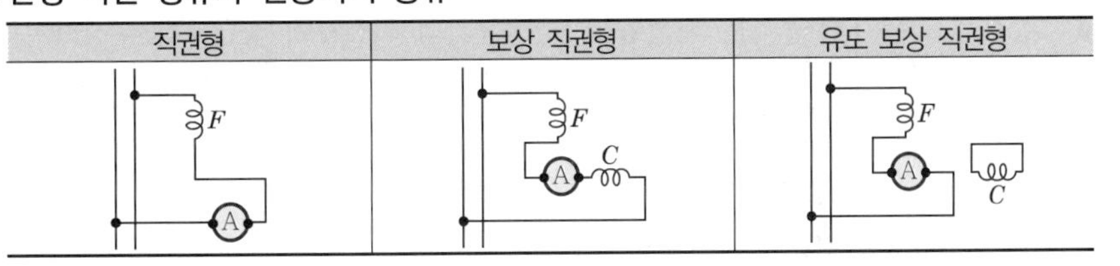

답 ③

292

핵심이론 찾아보기▶핵심 04-10 | 산업 15년 출제

단상 정류자 전동기에 보상 권선을 사용하는 이유는?

① 정류 개선
② 기동 토크 조절
③ 속도 제어
④ 역률 개선

해설 단상 정류자 전동기는 약계자, 강전기자형이기 때문에 전기자 권선의 리액턴스가 크게 되어 역률 저하의 원인이 된다. 그러므로 고정자에 보상 권선을 설치해서 전기자 반작용을 상쇄하여 역률을 개선한다.

답 ④

293

핵심이론 찾아보기▶핵심 04-10

산업 22·15년 출제

단상 반발 전동기에 해당되지 않는 것은?

① 아트킨손 전동기 ② 시라게 전동기 ③ 데리 전동기 ④ 톰슨 전동기

해설 시라게 전동기는 3상 분권 정류자 전동기이다. 단상 반발 전동기의 종류에는 아트킨손(Atkinson)형, 톰슨(Thomson)형, 데리(Deri)형, 윈터 아이티베르그(Winter Eichberg)형 등이 있다.

답 ②

294

핵심이론 찾아보기▶핵심 04-10

산업 22·17년 출제

3상 직권 정류자 전동기의 중간 변압기의 사용 목적은?

① 역회전의 방지 ② 역회전을 위하여
③ 전동기의 특성을 조정 ④ 직권 특성을 얻기 위하여

해설 3상 직권 정류자 전동기의 중간 변압기를 사용하는 목적은 다음과 같다.
- 회전자 전압을 정류 작용에 맞는 값으로 조정할 수 있다.
- 권수비를 바꾸어서 전동기의 특성을 조정할 수 있다.
- 경부하 시 철심의 자속을 포화시켜두면 속도의 이상 상승을 억제할 수 있다.

답 ③

295

핵심이론 찾아보기▶핵심 04-10

산업 19년 출제

3상 분권 정류자 전동기의 설명으로 틀린 것은?

① 변압기를 사용하여 전원 전압을 낮춘다.
② 정류자 권선은 저전압 대전류에 적합하다.
③ 부하가 가해지면 슬립의 발생 소요 토크는 직류 전동기와 같다.
④ 특성이 가장 뛰어나고 널리 사용되고 있는 전동기는 시라게 전동기이다.

해설 3상 분권 정류자 전동기는 권선형 유도 전동기의 회전자에 정류자를 부착하여 직류 전동기의 구조와 유사하고 정류자 권선은 저전압 대전류에 적합하며, 현재 가장 많이 사용되고 있는 전동기는 시라게 전동기(schrage motor)이다.

답 ③

296

핵심이론 찾아보기▶핵심 04-11

산업 22·21년 출제

스테핑 모터의 특징을 설명한 것으로 옳지 않은 것은?

① 위치 제어를 할 때 각도 오차가 적고 누적되지 않는다.
② 속도 제어 범위가 좁으며 초저속에서 토크가 크다.
③ 정지하고 있을 때 그 위치를 유지해주는 토크가 크다.
④ 가속, 감속이 용이하며 정·역전 및 변속이 쉽다.

해설 스테핑 모터는 아주 정밀한 디지털 펄스 구동 방식의 전동기로서 정·역 및 변속이 용이하고 제어 범위가 넓으며 각도의 오차가 적고 축적되지 않으며 정지 위치를 유지하는 힘이 크다. 적용 분야는 타이프 라이터나 프린터의 캐리지(carriage), 리본(ribbon) 프린터 헤드, 용지 공급의 위치 정렬, 로봇 등이 있다. 답 ②

297

핵심이론 찾아보기▶핵심 04-11 산업 21년 출제

스테핑 모터의 스탭각이 3°이면 분해능(resolution)[스텝/회전]은?

① 180 ② 120 ③ 150 ④ 240

해설 **스테핑 모터(stepping motor)의 분해능**

$\text{Resolution[steps/rev]} = \frac{360°}{\beta} = \frac{360°}{3°} = 120$ 답 ②

298

핵심이론 찾아보기▶핵심 04-11 산업 17년 출제

스테핑 전동기의 스텝각이 3°이고, 스테핑 주파수(pulse rate)가 1,200[pps]이다. 이 스테핑 전동기의 회전 속도[rps]는?

① 10 ② 12 ③ 14 ④ 16

해설 회전 속도 $n = \frac{\text{스탭각}}{360°} \times \text{펄스 주파수(스테핑 주파수)} = \frac{3}{360°} \times 1,200 = 10[\text{rps}]$ 답 ①

299

핵심이론 찾아보기▶핵심 04-13 산업 21년 출제

서보 모터의 특징에 대한 설명으로 틀린 것은?

① 발생 토크는 입력 신호에 비례하고, 그 비가 클 것
② 직류 서보 모터에 비하여 교류 서보 모터의 시동 토크가 매우 클 것
③ 시동 토크는 크나, 회전부의 관성 모멘트가 작고, 전기력 시정수가 짧을 것
④ 빈번한 시동, 정지, 역전 등의 가혹한 상태에 견디도록 견고하고, 큰 돌입 전류에 견딜 것

해설 서보 모터(Servo motor)는 위치, 속도 및 토크 제어용 모터로 시동 토크는 크고, 관성 모멘트가 작으며 교류 서보 모터에 비하여 직류 서보 모터의 기동 토크가 크다. 답 ②

300

핵심이론 찾아보기▶핵심 04-13 산업 15년 출제

2상 서보 모터의 제어 방식이 아닌 것은?

① 온도 제어 ② 전압 제어
③ 위상 제어 ④ 전압·위상 혼합 제어

해설 2상 서보 모터의 제어 방식에는 전압 제어 방식, 위상 제어 방식, 전압·위상 혼합 제어 방식이 있다. 답 ①

04 CHAPTER 회로이론

001

핵심이론 찾아보기▶핵심 01-1

기사 95년 / 산업 06·97·94년 출제

$i = 3,000(2t + 3t^2)$[A]의 전류가 어떤 도선을 2[s] 동안 흘렀다. 통과한 전 전기량은 몇 [A·h]인가?

① 1.33
② 10
③ 13.3
④ 36

해설 $Q = \int_0^2 3,000(2t + 3t^2)dt = 3,000[t^2 + t^3]_0^2 = 36,000[\text{A}\cdot\text{s}] = 10[\text{A}\cdot\text{h}]$

답 ②

002

핵심이론 찾아보기▶핵심 01-5

산업 17년 출제

옴의 법칙은 저항에 흐르는 전류와 전압의 관계를 나타낸 것이다. 회로의 저항이 일정할 때 전류는?

① 전압에 비례한다.
② 전압에 반비례한다.
③ 전압의 제곱에 비례한다.
④ 전압의 제곱에 반비례한다.

해설 옴의 법칙 $I = \frac{V}{R}$, $V = RI$, $R = \frac{V}{I}$

즉, 전류는 전압에 비례하고, 전기저항에는 반비례한다.

답 ①

003

핵심이론 찾아보기▶핵심 01-5

기사 09·98년 / 산업 12·92년 출제

일정 전압의 직류전원에 저항을 접속하고 전류를 흘릴 때 이 전류값을 20[%] 증가시키기 위하여 저항값은 몇 배로 하여야 하는가?

① 1.25
② 1.20
③ 0.83
④ 0.80

해설 전류값을 20[%] 증가시키면 저항은 반비례하므로 $\frac{1}{1.2}$배가 된다.

$\therefore R_2 = \frac{1}{1.2}R_1 = 0.83R_1$

답 ③

004 핵심이론 찾아보기▶핵심 01-6

산업 18년 출제

그림과 같은 회로에서 G_2[℧] 양단의 전압 강하 E_2[V]는?

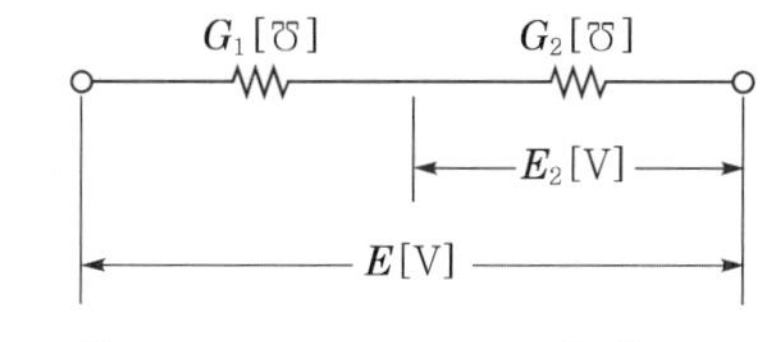

① $\dfrac{G_2}{G_1+G_2}E$　② $\dfrac{G_1}{G_1+G_2}E$　③ $\dfrac{G_1 G_2}{G_1+G_2}E$　④ $\dfrac{G_1+G_2}{G_1+G_2}E$

해설 분압법칙에 의해 G_2 양단의 전압 강하를 구하면 $E_2=\dfrac{G_1}{G_1+G_2}E$[V]이다.

답 ②

005 핵심이론 찾아보기▶핵심 01-7

산업 82년 출제

그림과 같은 회로에서 a, b 양단의 전압은 몇 [V]인가?

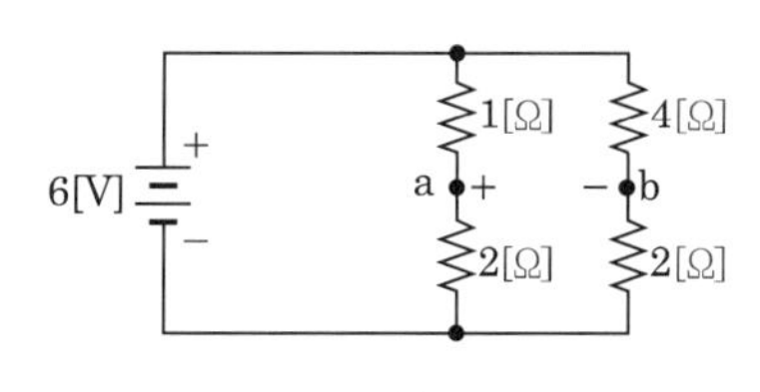

① 1　② 2　③ 1.5　④ 2.5

해설

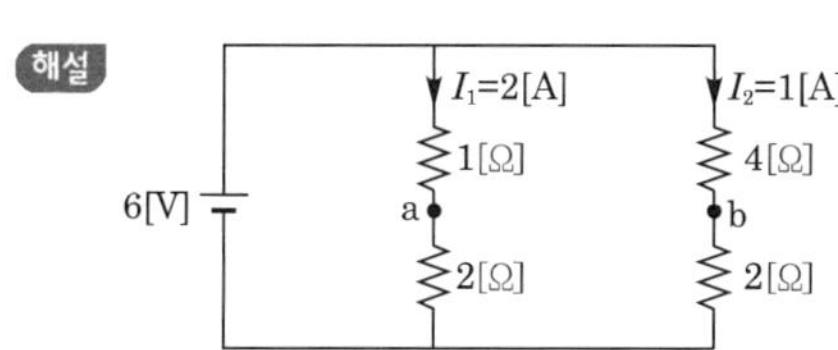

병렬은 전압이 일정하므로 각 지로에 흐르는 전류 I_1, I_2를 구하면
그림에서 a, b 양단의 전압은 4[V] − 2[V] = 2[V]

답 ②

006 핵심이론 찾아보기▶핵심 01-7

산업 20년 출제

10[Ω]의 저항 5개를 접속하여 얻을 수 있는 합성저항 중 가장 작은 값은 몇 [Ω]인가?

① 10　② 5　③ 2　④ 0.5

해설 **저항 R[Ω] 접속방법에 따른 합성저항**

- 직렬접속 시 : 합성저항 $R_o=5R$[Ω]
- 병렬접속 시 : 합성저항 $R_o=\dfrac{R}{5}$[Ω]

$R=10$[Ω]이므로 병렬접속 시

합성저항 $R_o=\dfrac{10}{5}=2$[Ω]으로 가장 작은 값을 갖는다.

답 ③

007

핵심이론 찾아보기▶핵심 01-7

산업 20년 출제

20[Ω]과 30[Ω]의 병렬회로에서 20[Ω]에 흐르는 전류가 6[A]라면 전체 전류 I[A]는?

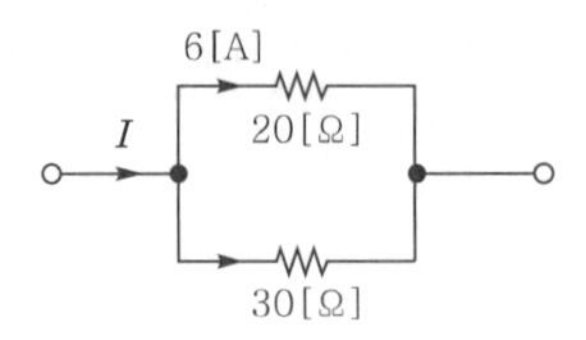

① 3
② 4
③ 9
④ 10

해설 분류법칙에서 $6=\frac{30}{20+30}\cdot I$

$\therefore$ 전체 전류 $I=\frac{300}{30}=10[A]$

답 ④

008

핵심이론 찾아보기▶핵심 01-5

산업 20년 출제

r_1[Ω]인 저항에 r[Ω] 인 가변 저항이 연결된 그림과 같은 회로에서 전류 I를 최소로 하기 위한 저항 r_2[Ω] 는? (단, r[Ω] 은 가변 저항의 최대 크기이다.)

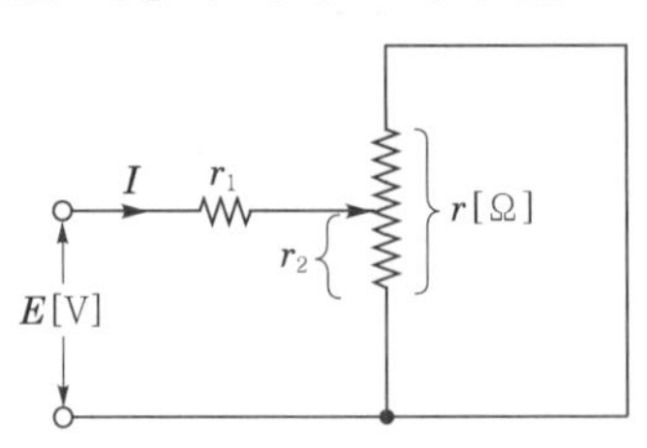

① $\frac{r_1}{2}$
② $\frac{r}{2}$
③ r_1
④ r

해설 전류 I가 최소가 되려면 합성저항 R_o가 최대가 되어야 한다.

합성저항 $R_o=r_1+\frac{(r-r_2)r_2}{(r-r_2)+r_2}$

합성저항 R_o의 최대 조건은 $\frac{dR_o}{dr_2}=0$

$$\frac{d}{dr_2}\left(r_1+\frac{rr_2-{r_2}^2}{r}\right)=0$$

$r-2r_2=0$

$\therefore\ r_2=\frac{r}{2}$[Ω]

답 ②

009 핵심이론 찾아보기▶핵심 01-7 산업 16년 출제

저항 R인 검류계 G에 그림과 같이 r_1인 저항을 병렬로, 또 r_2인 저항을 직렬로 접속하였을 때 A, B 단자 사이의 저항을 R과 같게 하고 또한 G에 흐르는 전류를 전전류의 $\frac{1}{n}$로 하기 위한 r_1[Ω]의 값은?

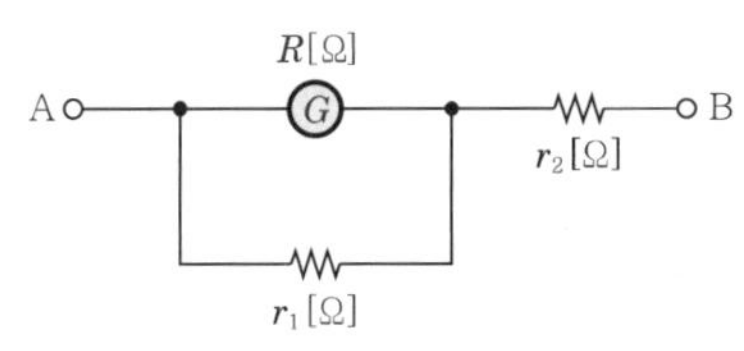

① $\frac{n-1}{R}$
② $R\left(1-\frac{1}{n}\right)$
③ $\frac{R}{n-1}$
④ $R\left(1+\frac{1}{n}\right)$

해설 전전류를 I라 하면 문제 조건에서

$I_G=\frac{1}{n}I$, 분류법칙에 의해서 I_G 전류를 구하면 $\frac{1}{n}I=\frac{r_1}{R+r_1}I$

$\therefore\ r_1=\frac{R}{n-1}$

답 ③

010 핵심이론 찾아보기▶핵심 01-7 산업 17년 출제

그림과 같은 회로에서 저항 r_1, r_2에 흐르는 전류의 크기가 1 : 2의 비율이라면 r_1, r_2는 각각 몇 [Ω]인가?

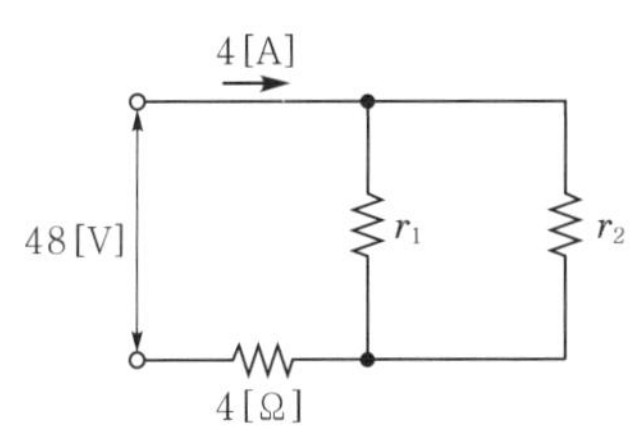

① $r_1=6$, $r_2=3$
② $r_1=8$, $r_2=4$
③ $r_1=16$, $r_2=8$
④ $r_1=24$, $r_2=12$

해설 전체 회로의 합성저항 $R_0=\frac{V}{I}=\frac{48}{4}=12$[Ω]이므로

$12=4+\frac{r_1r_2}{r_1+r_2}$ ······ ㉠

$r_1 : r_2=2 : 1$이므로

$r_1=2r_2$ ···················· ㉡

㉡식을 ㉠에 대입하면

$\therefore\ r_1=24$[Ω], $r_2=12$[Ω]

답 ④

011

핵심이론 찾아보기▶핵심 01-5 산업 20·99년 출제

어떤 전지의 외부 회로의 저항은 5[Ω]이고, 전류는 8[A]가 흐른다. 외부 회로에 5[Ω] 대신에 15[Ω]의 저항을 접속하면 전류는 4[A]로 떨어진다. 이때 전지의 기전력은 몇 [V]인가?

① 80 ② 50 ③ 15 ④ 20

해설 전지 회로도

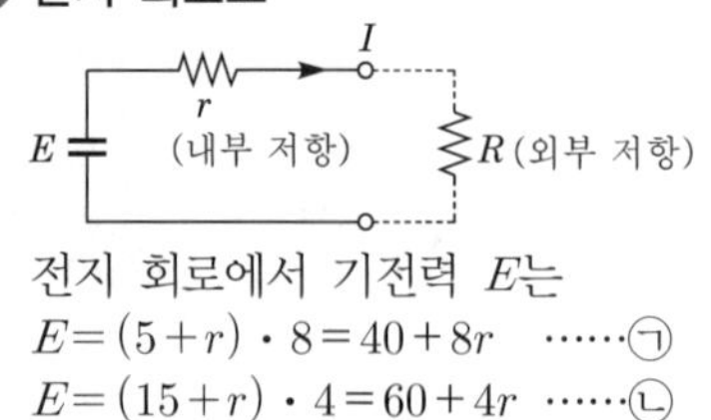

전지 회로에서 기전력 E는

$E=(5+r)\cdot 8=40+8r$ ……㉠

$E=(15+r)\cdot 4=60+4r$ ……㉡

㉠ = ㉡이므로 $40+8r=60+4r$

따라서 내부 저항 $r=5[\Omega]$

∴ 전지의 기전력 $E=80[\text{V}]$

답 ①

012

핵심이론 찾아보기▶핵심 01-7 산업 22·98·88년 출제

그림과 같은 회로에서 I는 몇 [A]인가? (단, 저항의 단위는 [Ω]이다.)

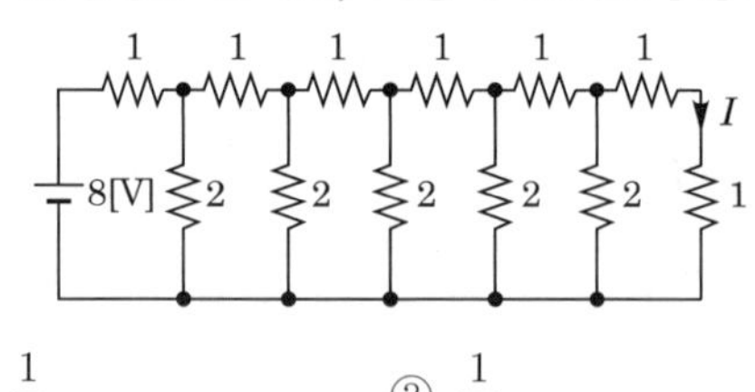

① 1 ② $\frac{1}{2}$ ③ $\frac{1}{4}$ ④ $\frac{1}{8}$

해설 전체 합성저항을 구하면 2[Ω]이므로 전전류는 a[A]가 된다.

분류법칙에 의해 전류 I를 구하면 $\frac{1}{8}$[A]가 된다.

답 ④

013

핵심이론 찾아보기▶핵심 01-7 산업 92년 출제

그림과 같은 회로에서 a, b 단자에서 본 합성저항은 몇 [Ω]인가?

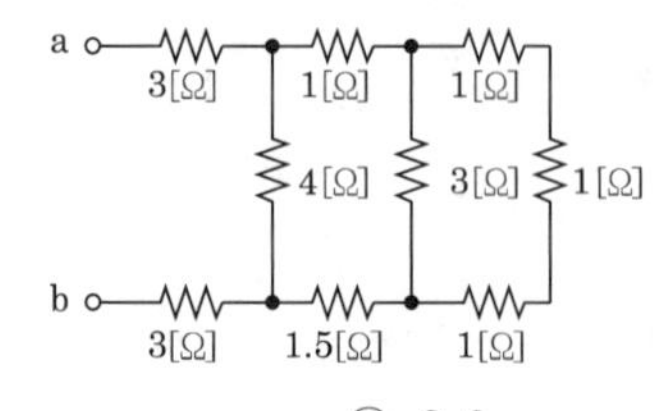

① 6 ② 6.3 ③ 8.3 ④ 8

해설

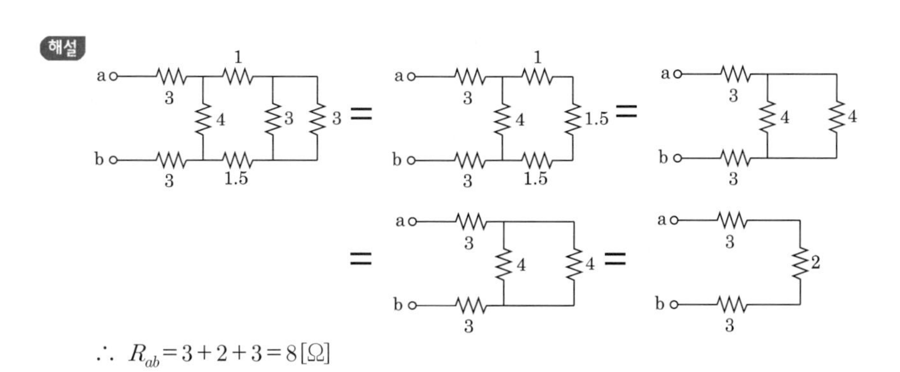

$\therefore\ R_{ab}=3+2+3=8[\Omega]$

답 ④

014 핵심이론 찾아보기▶핵심 01-7

기사 16·14·95·92·90년 / 산업 96년 출제

R = 1[Ω]의 저항을 그림과 같이 무한히 연결할 때, a, b 간의 합성저항은?

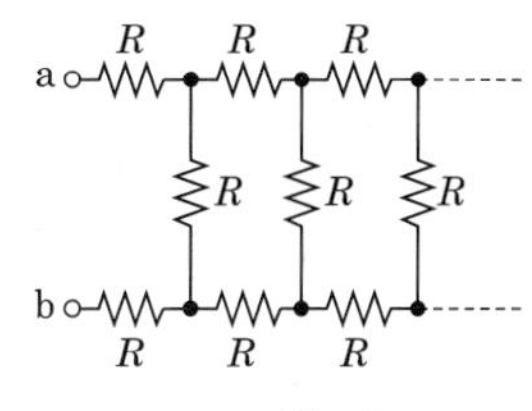

① 0
② 1
③ ∞
④ $1+\sqrt{3}$

해설

그림의 등가회로에서

$$R_{ab}=2R+\frac{R\cdot R_{ab}}{R+R_{ab}}$$

$$R\cdot R_{ab}+{R_{ab}}^2=2R^2+2R\cdot R_{ab}+R\cdot R_{ab}$$

$$ {R_{ab}}^2-2R\cdot R_{ab}-2R^2=0$$

$$\therefore\ R_{ab}=R\pm\sqrt{R^2+2R^2}=R(1\pm\sqrt{3})$$

여기서, $R_{ab}>0$이어야 하고 $R=1[\Omega]$인 경우이므로

$$R_{ab}=R(1+\sqrt{3})[\Omega]$$

$$\therefore\ R_{ab}=1\times(1+\sqrt{3})=1+\sqrt{3}[\Omega]$$

답 ④

015

핵심이론 찾아보기▶핵심 01-7

기사 16년 / 산업 09·07·04년 출제

그림과 같은 사다리꼴 회로에서 출력 전압 V_L[V]은?

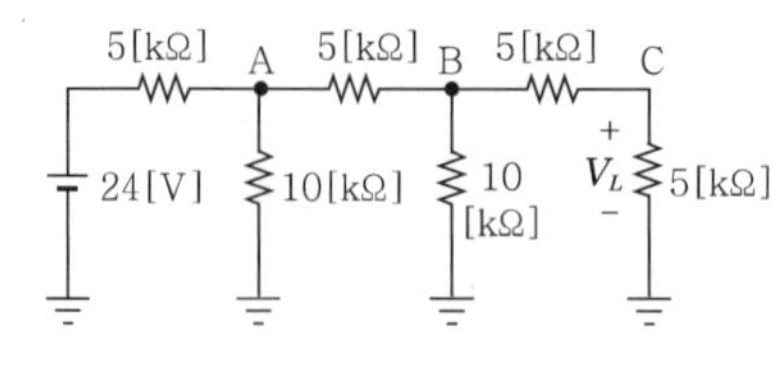

① 2 ② 3 ③ 4 ④ 5

해설 합성저항을 구하면 10[kΩ]이므로 전전류는 2.4[mA]가 되며 분류법칙에 의해 C점에 흐르는 전류를 구하면 0.6[mA]가 되므로 출력 전압 V_L은 3[V]가 된다.

답 ②

016

핵심이론 찾아보기▶핵심 01-8

산업 03·02·01년 출제

최대 눈금이 50[V]인 직류 전압계가 있다. 이 전압계를 사용하여 150[V]의 전압을 측정하려면 배율기의 저항은 몇 [Ω]을 사용하여야 하는가? (단, 전압계의 내부 저항은 5,000[Ω]이다.)

① 1,000 ② 2,500 ③ 5,000 ④ 10,000

해설 배율기 배율

$m = 1 + \frac{R_m}{r}$ 에서

$\frac{150}{50} = 1 + \frac{R_m}{5,000}$

$\therefore R_m = 10,000[\Omega]$

답 ④

017

핵심이론 찾아보기▶핵심 01-9

산업 92년 출제

분류기를 사용하여 전류를 측정하는 경우 전류계의 내부 저항이 0.12[Ω], 분류기의 저항이 0.04[Ω]이면 그 배율은?

① 3 ② 4 ③ 5 ④ 6

해설 분류기 배율

$m = 1 + \frac{r}{R_A} = 1 + \frac{0.12}{0.04} = 4$

답 ②

018

핵심이론 찾아보기▶핵심 02-1

산업 21·19년 출제

$i = 20\sqrt{2}\sin\left(377t - \frac{\pi}{6}\right)$의 주파수는 약 몇 [Hz]인가?

① 50 ② 60 ③ 70 ④ 80

해설 각주파수 $\omega = 2\pi f = 377\,[\text{rad/s}]$

$\therefore$ 주파수 $f = \frac{377}{2\pi} = 60[\text{Hz}]$

답 ②

019 핵심이론 찾아보기▶핵심 02-1

기사 17·12년 출제

그림과 같은 파형의 전압 순시값은?

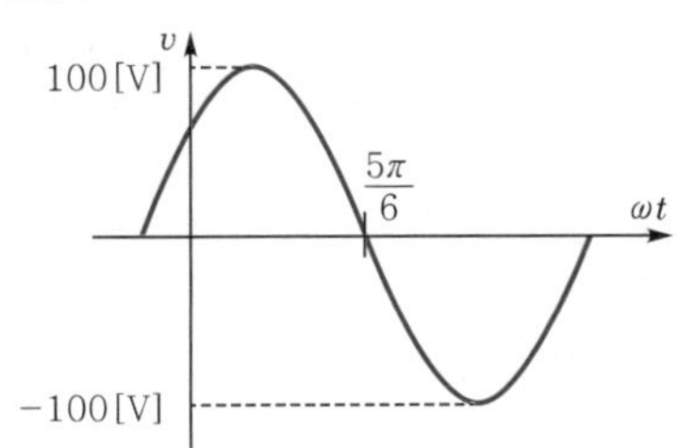

① $100\sin\left(\omega t+\dfrac{\pi}{6}\right)$ ② $100\sqrt{2}\sin\left(\omega t+\dfrac{\pi}{6}\right)$

③ $100\sin\left(\omega t-\dfrac{\pi}{6}\right)$ ④ $100\sqrt{2}\sin\left(\omega t-\dfrac{\pi}{6}\right)$

해설 전압의 순시값 $v=V_m\sin(\omega t\pm\theta)$

- 최댓값 $V_m=100[\text{V}]$
- 파형에서 위상을 계산하면 $\pi-\dfrac{5\pi}{6}=\dfrac{\pi}{6}$ 만큼 앞선다.

$\therefore\ v=100\sin\left(\omega t+\dfrac{\pi}{6}\right)$

답 ①

020 핵심이론 찾아보기▶핵심 02-1

기사 14년 / 산업 16·92년 출제

2개의 교류 전압 $v_1=141\sin(120\pi t-30°)$와 $v_2=150\cos(120\pi t-30°)$의 위상차를 시간으로 표시하면 몇 초인가?

① $\dfrac{1}{60}$ ② $\dfrac{1}{120}$

③ $\dfrac{1}{240}$ ④ $\dfrac{1}{360}$

해설 위상차 $\theta=90°$

따라서 시간 $t=\dfrac{T}{4}=\dfrac{1}{4f}=\dfrac{1}{4\times60}=\dfrac{1}{240}[\text{sec}]$

답 ③

021 핵심이론 찾아보기▶핵심 02-2

기사 14·05년 출제

정현파 교류 전압의 평균값은 최댓값의 약 몇 [%]인가?

① 50.1 ② 63.7 ③ 70.7 ④ 90.1

해설

평균값 $V_{av}=\dfrac{1}{\pi}\displaystyle\int_0^{\pi}V_m\sin\omega t d\omega t=\dfrac{2}{\pi}V_m \fallingdotseq 0.637V_m$

$\therefore$ 63.7[%]

답 ②

022

핵심이론 찾아보기▶핵심 02-2

기사 03·92년 / 산업 00·96·93년 출제

어떤 정현파 전압의 평균값이 191[V]이면 최댓값[V]은?

① 약 150
② 약 250
③ 약 300
④ 약 400

해설 $V_{av} = \frac{2}{\pi} V_m = 0.637 V_m$

$\therefore\ V_m = \frac{191}{0.637} \fallingdotseq 300[\text{V}]$

답 ③

023

핵심이론 찾아보기▶핵심 02-2

산업 19·01·00년 출제

어떤 정현파 교류 전압의 실효값이 314[V]일 때 평균값은 약 몇 [V]인가?

① 142
② 283
③ 365
④ 382

해설 평균값 $V_{av} = \frac{2}{\pi} V_m = \frac{2}{\pi} \sqrt{2}\, V$

$= \frac{2\sqrt{2}}{\pi} \times 314 = 283[\text{V}]$

답 ②

024

핵심이론 찾아보기▶핵심 02-2

기사 19년 / 산업 18·16·04·99·94년 출제

그림과 같은 $i = I_m \sin \omega t$인 정현파 교류의 반파 정류 파형의 실효값은?

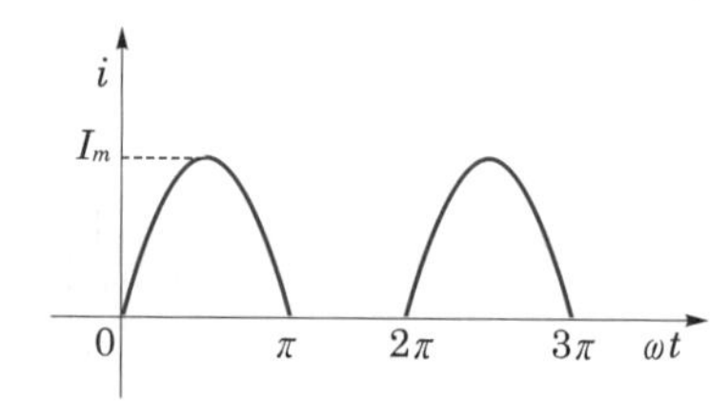

① $\frac{I_m}{\sqrt{2}}$
② $\frac{I_m}{\sqrt{3}}$
③ $\frac{I_m}{2\sqrt{2}}$
④ $\frac{I_m}{2}$

해설 반파 정류파의 실효값 및 평균값은 $I = \frac{1}{2} I_m$, $I_{av} = \frac{1}{\pi} I_m$에서

실효값 $I = \frac{1}{2} I_m$

답 ④

025 핵심이론 찾아보기▶핵심 02-2

기사 96년 / 산업 07·01년 출제

그림과 같은 파형의 맥동 전류를 열선형 계기로 측정한 결과 10[A]이었다. 이를 가동 코일형 계기로 측정할 때 전류의 값은 몇 [A]인가?

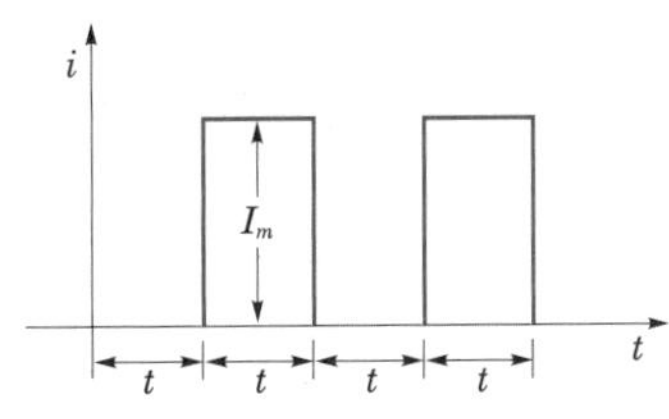

① 7.07 ② 10 ③ 14.14 ④ 17.32

해설 열선형 계기의 지시값은 실효값을 지시하고 가동 코일 계기는 직류 전용 계기로 그 지시값은 평균값을 지시한다.

맥류의 평균값 $I_{av}=\frac{1}{2}I_m$, 실효값 $I=\frac{1}{\sqrt{2}}I_m$

$\therefore\ I_{av}=\frac{\sqrt{2}\,I}{2}=\frac{\sqrt{2}\times 10}{2}=7.07$[A]

답 ①

026 핵심이론 찾아보기▶핵심 02-2

기사 91년 / 산업 22·13·02·00·97·90년 출제

그림과 같은 파형의 실효값은?

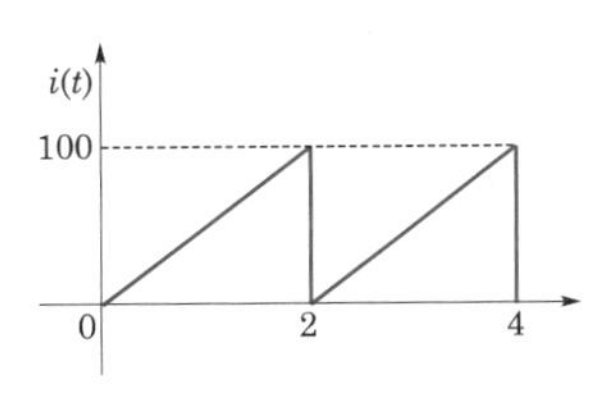

① 47.7 ② 57.7 ③ 67.7 ④ 77.5

해설 삼각파·톱니파의 실효값 및 평균값은 $I=\frac{1}{\sqrt{3}}I_m$, $I_{av}=\frac{1}{2}I_m$에서

실효값 $I=\frac{1}{\sqrt{3}}\times 100=57.7$[A]

답 ②

027 핵심이론 찾아보기▶핵심 02-2

산업 18년 출제

그림과 같이 주기가 $3s$인 전압파형의 실효값은 약 몇 [V]인가?

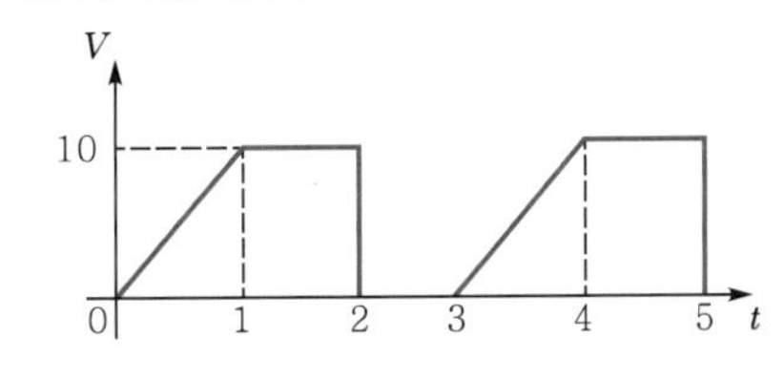

① 5.67 ② 6.67 ③ 7.57 ④ 8.57

해설 $V=\sqrt{\frac{1}{3}\left\{\int_0^1 (10t)^2 dt+\int_1^2 10^2 dt\right\}}=\sqrt{\frac{1}{3}\left\{\left[\frac{100}{3}t^3\right]_0^1+[100t]_1^2\right\}}=6.67[\mathrm{V}]$

답 ②

028

핵심이론 찾아보기▶핵심 02-2 기사 89년 / 산업 07·04년 출제

정현파 교류의 실효값을 구하는 식이 잘못된 것은?

① $\sqrt{\frac{1}{T}\int_0^T i^2 dt}$　② 파고율×평균값　③ $\frac{\text{최댓값}}{\sqrt{2}}$　④ $\frac{\pi}{2\sqrt{2}}$×평균값

해설 실효값 계산식 $I=\sqrt{\frac{1}{T}\int_0^T i^2 dt}$, 파고율$=\frac{\text{최댓값}}{\text{실효값}}$, 파형률$=\frac{\text{실효값}}{\text{평균값}}$

파고율×평균값$=\frac{\text{최댓값}}{\text{실효값}}$×평균값이 되므로 실효값은 되지 않는다.

답 ②

029

핵심이론 찾아보기▶핵심 02-2 기사 13·00·92·89년 / 산업 11년 출제

그림과 같은 파형의 파고율은?

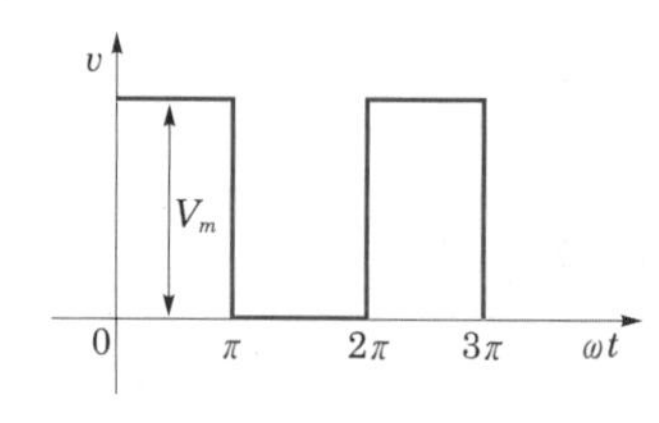

① $\sqrt{2}$　② $\sqrt{3}$　③ 2　④ 3

해설

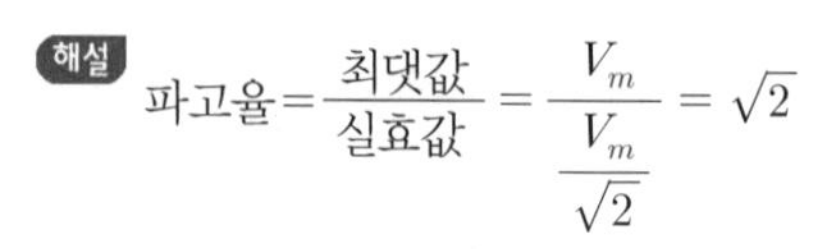

$$\text{파고율}=\frac{\text{최댓값}}{\text{실효값}}=\frac{V_m}{\frac{V_m}{\sqrt{2}}}=\sqrt{2}$$

답 ①

030

핵심이론 찾아보기▶핵심 02-2 기사 03년 / 산업 21·15·07·05·03·01·94·93년 출제

구형파의 파형률과 파고율은?

① 1, 0　② 2, 0　③ 1, 1　④ 0, 1

해설 구형파는 평균값, 실효값, 최댓값이 같으므로

파형률$=\frac{\text{실효값}}{\text{평균값}}$, 파고율$=\frac{\text{최댓값}}{\text{실효값}}$이므로 구형파는 파형률, 파고율이 모두 1이 된다.

답 ③

031

핵심이론 찾아보기▶핵심 02-2 기사 12·07·03·94년 / 산업 22·21·08·05·98·92년 출제

파고율이 2가 되는 파형은?

① 정현파　② 톱니파　③ 반파 정류파　④ 전파 정류파

해설

$$\text{반파 정류파의 파고율}=\frac{\text{최댓값}}{\text{실효값}}=\frac{V_m}{\frac{1}{2}V_m}=2$$

답 ③

032 핵심이론 찾아보기▶핵심 02-2

산업 05년 출제

파형의 파형률값이 잘못된 것은?

① 정현파의 파형률은 1.414이다.
② 톱니파의 파형률은 1.155이다.
③ 전파 정류파의 파형률은 1.11이다.
④ 반파 정류파의 파형률은 1.571이다.

해설

$$\text{정현파의 파형률}=\frac{\text{실효값}}{\text{평균값}}=\frac{\frac{1}{\sqrt{2}}V_m}{\frac{2}{\pi}V_m}=\frac{\pi}{2\sqrt{2}}=1.11$$

답 ①

033 핵심이론 찾아보기▶핵심 02-3

산업 16년 출제

$e_1=6\sqrt{2}\sin\omega t$[V], $e_2=4\sqrt{2}\sin(\omega t-60°)$[V]일 때 e_1-e_2의 실효값[V]은?

① $2\sqrt{2}$
② 4
③ $2\sqrt{7}$
④ $2\sqrt{13}$

해설 $|E_1-E_2|=\sqrt{{E_1}^2+{E_2}^2-2E_1E_2\cos\theta}$ (위상차 $\theta=60°$)

$=\sqrt{6^2+4^2-2\times6\times4\cos60°}=\sqrt{28}=2\sqrt{7}$

답 ③

034 핵심이론 찾아보기▶핵심 02-4

산업 19년 출제

정현파 교류 $i=10\sqrt{2}\sin\left(\omega t+\frac{\pi}{3}\right)$를 복소수의 극좌표 형식인 페이저(phasor)로 나타내면?

① $10\sqrt{2}\angle\frac{\pi}{3}$
② $10\sqrt{2}\angle-\frac{\pi}{3}$
③ $10\angle\frac{\pi}{3}$
④ $10\angle-\frac{\pi}{3}$

해설 $I=10\angle\frac{\pi}{3}=10\left(\cos\frac{\pi}{3}+j\sin\frac{\pi}{3}\right)=5+j5\sqrt{3}$

답 ③

035 핵심이론 찾아보기▶핵심 02-4

산업 16년 출제

임피던스 $Z=15+j4$[Ω]의 회로에 $I=5(2+j)$[A]의 전류를 흘리는 데 필요한 전압 V[V]는?

① $10(26+j23)$
② $10(34+j23)$
③ $5(26+j23)$
④ $5(34+j23)$

해설 $V=ZI=(15+j4)\cdot5(2+j)=5(26+j23)$

답 ③

036

핵심이론 찾아보기▶핵심 02-4

산업 05·04·99년 출제

어떤 회로의 전압 및 전류가 $V=10\angle 60°$[V], $I=5\angle 30°$[A]일 때 이 회로의 임피던스 Z[Ω]는?

① $\sqrt{3}+j$ ② $\sqrt{3}-j$ ③ $1+j\sqrt{3}$ ④ $1-j\sqrt{3}$

해설 $Z=\dfrac{V}{I}=\dfrac{10\angle 60°}{5\angle 0°}=2\angle 60°-30°=2\angle 30°=2(\cos 30°+j\sin 30°)=\sqrt{3}+j$ [Ω]

답 ①

037

핵심이론 찾아보기▶핵심 03-1

산업 17년 출제

2단자 회로 소자 중에서 인가한 전류파형과 동위상의 전압파형을 얻을 수 있는 것은?

① 저항 ② 콘덴서 ③ 인덕턴스 ④ 저항+콘덴서

해설
- 저항(R)에서는 전압과 전류는 동위상이다.
- 인덕턴스(L)에서는 전압은 전류보다 90° 앞선다.
- 콘덴서(C)에서는 전압은 전류보다 90° 뒤진다.

답 ①

038

핵심이론 찾아보기▶핵심 03-2

기사 93년 / 산업 15·05·96·95·92·90년 출제

어떤 코일에 흐르는 전류가 0.01[s] 사이에 일정하게 50[A]에서 10[A]로 변할 때 20[V]의 기전력이 발생한다고 하면 자기 인덕턴스[mH]는?

① 200 ② 33 ③ 40 ④ 5

해설 L의 단자 전압 $V_L=L\dfrac{di}{dt}$ 이다.

따라서 $L=\dfrac{V_L}{\dfrac{di}{dt}}=\dfrac{20}{\dfrac{10-50}{0.01}}=5$[mH]

답 ④

039

핵심이론 찾아보기▶핵심 03-2

산업 97·91년 출제

$L=2$[H]인 인덕턴스에 $i(t)=20e^{-2t}$[A]의 전류가 흐를 때 L의 단자 전압[V]은?

① $40e^{-2t}$ ② $-40e^{-2t}$ ③ $80e^{-2t}$ ④ $-80e^{-2t}$

해설 $V_L=L\dfrac{di}{dt}=2\dfrac{d}{dt}20e^{-2t}=2\times(-2)\times 20e^{-2t}=-80e^{-2t}$[V]

답 ④

040

핵심이론 찾아보기▶핵심 03-2

산업 16년 출제

314[mH]의 자기 인덕턴스에 120[V], 60[Hz]의 교류 전압을 가하였을 때 흐르는 전류[A]는?

① 10 ② 8 ③ 1 ④ 0.5

해설 전류

$$I = \frac{V}{X_L} = \frac{V}{\omega L} = \frac{120}{2\times 3.14\times 60\times 314\times 10^{-3}} = 1[\text{A}]$$

답 ③

CHAPTER

041 핵심이론 찾아보기▶핵심 03-2

기사 16·14년 / 산업 17·05·00년 출제

인덕턴스 $L=20$[mH]인 코일에 실효값 $V=50$[V], 주파수 $f=60$[Hz]인 정현파 전압을 인가했을 때 코일에 축적되는 평균 자기에너지는 약 몇 [J]인가?

① 6.3 ② 4.4 ③ 0.63 ④ 0.44

해설 $W = \frac{1}{2}LI^2 = \frac{1}{2}L\left(\frac{V}{\omega L}\right)^2 = \frac{1}{2}\times 20\times 10^{-3}\times\left(\frac{50}{377\times 20\times 10^{-3}}\right)^2 = 0.44[\text{J}]$

답 ④

042 핵심이론 찾아보기▶핵심 03-2

산업 95·90년 출제

인덕터의 특성을 요약한 것 중 옳지 않은 것은?

① 인덕터는 직류에 대해서 단락 회로로 작용한다.
② 일정한 전류가 흐를 때 전압은 무한대이지만 일정량의 에너지가 축적된다.
③ 인덕터의 전류가 불연속적으로 급격히 변화하면 전압이 무한대가 되어야 하므로 인덕터 전류는 불연속적으로 변할 수 없다.
④ 인덕터는 에너지를 축적하지만 소모하지는 않는다.

해설 인덕턴스에 일정한 전류가 흐르면 전압 $V_L = L\frac{di}{dt}$이므로 0이 된다.

답 ②

043 핵심이론 찾아보기▶핵심 03-3

산업 19년 출제

어느 소자에 전압 $v=125\sin 377t$[V]를 가했을 때 전류 $i=50\cos 377t$[A]가 흘렀다. 이 회로의 소자는 어떤 종류인가?

① 순저항 ② 용량 리액턴스
③ 유도 리액턴스 ④ 저항과 유도 리액턴스

해설 전류 $i=50\cos 377t = 50\sin(377t+90°)$이고, 전압 $v=125\sin 377t$이므로 전류가 전압보다 90° 앞선다. 따라서 정전용량만의 회로가 된다.

답 ②

044 핵심이론 찾아보기▶핵심 03-3

기사 92년 / 산업 14년 출제

$i(t)=I_o e^{st}$로 주어지는 전류가 C에 흐르는 경우의 임피던스는?

① C ② sC ③ $\frac{1}{sC}$ ④ $\frac{1}{j\omega C}$

해설

C에 전압 $V_c = \frac{1}{C}\int I_o e^{st} dt = \frac{1}{sC} I_o e^{st}$이므로 임피던스 $Z = \frac{V(t)}{i(t)} = \frac{\frac{1}{sC} I_o e^{st}}{I_o e^{st}} = \frac{1}{sC}[\Omega]$

답 ③

045

핵심이론 찾아보기▶핵심 03-3

산업 19년 출제

커패시터와 인덕터에서 물리적으로 급격히 변화할 수 없는 것은?

① 커패시터와 인덕터에서 모두 전압
② 커패시터와 인덕터에서 모두 전류
③ 커패시터에서 전류, 인덕터에서 전압
④ 커패시터에서 전압, 인덕터에서 전류

해설

$V_L = L\frac{di}{dt}$이므로 L에서 전류가 급격히 변하면 전압이 ∞가 되어야 하므로 모순이 생긴다. 따라서 L에서는 전류가 급격히 변할 수 없다.

답 ④

046

핵심이론 찾아보기▶핵심 03-3

산업 96년 출제

100[μF]인 콘덴서의 양단에 전압을 30[V/ms]의 비율로 변화시킬 때 콘덴서에 흐르는 전류의 크기[A]는?

① 0.03
② 0.3
③ 3
④ 30

해설

전류 $i = C\frac{dv}{dt} = C\frac{\Delta v}{\Delta t} = 100\times10^{-6}\times30\times10^{3} = 3[\text{A}]$

답 ③

047

핵심이론 찾아보기▶핵심 03-4

산업 19년 출제

저항 1[Ω]과 인덕턴스 1[H]를 직렬로 연결한 후 60[Hz], 100[V]의 전압을 인가할 때 흐르는 전류의 위상은 전압의 위상보다 어떻게 되는가?

① 뒤지지만 90° 이하이다.
② 90° 늦다.
③ 앞서지만 90° 이하이다.
④ 90° 빠르다.

해설

전류는 전압보다 θ만큼 뒤진다. 이때 $\theta = \tan^{-1}\frac{X_L}{R}$이며 0°보다 크고 90°보다 작다.

답 ①

048

핵심이론 찾아보기▶핵심 03-4

산업 15년 출제

저항 R=60[Ω]과 유도 리액턴스 $\omega L = 80$[Ω]인 코일이 직렬로 연결된 회로에 200[V]의 전압을 인가할 때 전압과 전류의 위상차는?

① 48.17°
② 50.23°
③ 53.13°
④ 55.27°

해설 $R-L$ 직렬회로에서는 전류는 전압보다 위상이 θ[rad]만큼 뒤지며,

이때 위상차는 $\theta=\tan^{-1}\dfrac{V_L}{V_R}=\tan^{-1}\dfrac{X_L}{R}$[rad]이다.

$\therefore\ \theta=\tan^{-1}\dfrac{X_L}{R}=\tan^{-1}\dfrac{80}{60}=53.13°$

답 ③

049

핵심이론 찾아보기▶핵심 03-4

산업 83년 출제

$R-L$ 직렬회로에 60[Hz], 100[V]의 교류 전압을 가했더니 위상이 60° 뒤진 3[A]의 전류가 흘렀다. 이때의 리액턴스[Ω]는?

① 21.4　② 27.3　③ 28.9　④ 33.3

해설 $R-L$ 직렬회로의 임피던스 3각형

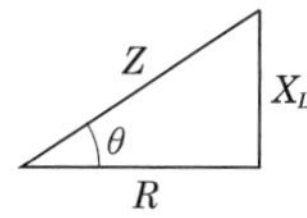

임피던스 $Z=\dfrac{V}{I}=\dfrac{100}{30}=33.3$[Ω], 전압과 전류의 위상차는 60° 이므로

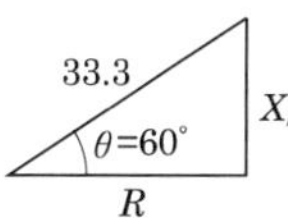

임피던스 3각형에서 $X_L=33.3\sin 60=28.9$[Ω]

답 ③

050

핵심이론 찾아보기▶핵심 03-4

산업 14·11년 출제

그림과 같은 회로의 출력 전압의 위상은 입력 전압의 위상에 비해 어떻게 되는가?

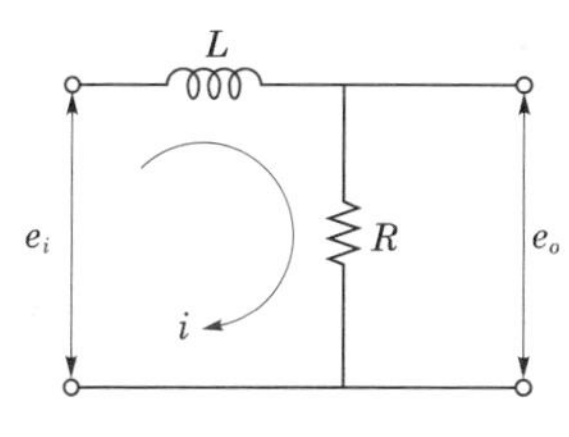

① 앞선다.　② 뒤진다.
③ 같다.　④ 앞설 수도 있고, 뒤질 수도 있다.

해설 입력 전압 e_i는 $R-L$ 직렬회로가 되고, 출력 전압 e_o는 R만의 회로가 된다.

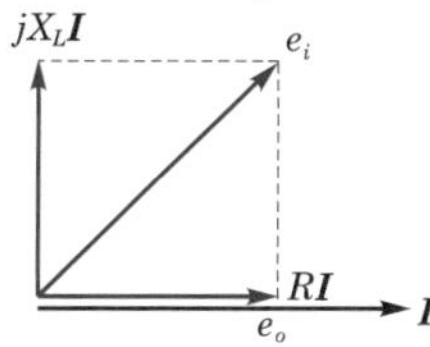

입력 전압 $e_i=\boldsymbol{V}_L+\boldsymbol{V}_R=R\boldsymbol{I}+jX_L\boldsymbol{I}$

출력 전압 $e_o=R\boldsymbol{I}$

∴ 출력 전압의 위상은 입력 전압의 위상보다 θ만큼 뒤진다.

답 ②

051

핵심이론 찾아보기▶핵심 03-4

산업 05·97년 출제

저항 R와 리액턴스 X의 직렬회로에서 $\frac{X}{R}=\frac{1}{\sqrt{2}}$일 경우 회로의 역률[%]은?

① $\frac{1}{2}$

② $\frac{1}{\sqrt{3}}$

③ $\frac{\sqrt{2}}{\sqrt{3}}$

④ $\frac{\sqrt{3}}{2}$

해설 $\cos\theta=\frac{R}{\sqrt{R^2+X^2}}=\frac{\sqrt{2}}{\sqrt{(\sqrt{2})^2+1^2}}=\frac{\sqrt{2}}{\sqrt{3}}$

답 ③

052

핵심이론 찾아보기▶핵심 03-5

산업 09·01·91년 출제

100[V], 50[Hz]의 교류 전압을 저항 100[Ω], 커패시턴스 10[μF]의 직렬회로에 가할 때 역률은?

① 0.25 ② 0.27 ③ 0.3 ④ 0.35

해설 $\cos\theta=\frac{R}{Z}=\frac{R}{\sqrt{R^2+X_C{}^2}}=\frac{100}{\sqrt{100^2+\left(\frac{1}{314\times10\times10^{-6}}\right)^2}}=0.3$

답 ③

053

핵심이론 찾아보기▶핵심 03-5

산업 96·95·92·91년 출제

그림과 같은 회로의 출력 전압 위상은 입력 전압 위상에 비해 어떻게 되는가?

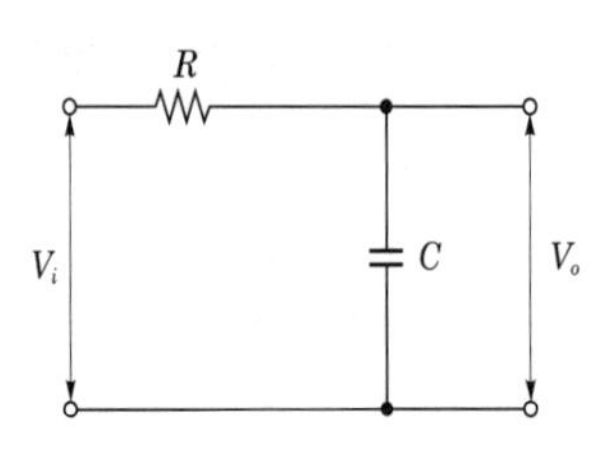

① 앞선다.

② 뒤진다.

③ 같다.

④ 앞설 수도 있고, 뒤질 수도 있다.

해설 벡터도를 그리면

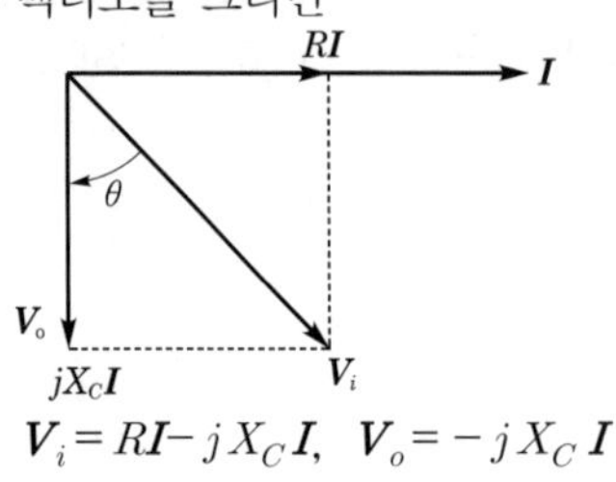

$\boldsymbol{V}_i=R\boldsymbol{I}-jX_C\boldsymbol{I},\ \ \boldsymbol{V}_o=-jX_C\boldsymbol{I}$

답 ②

054 핵심이론 찾아보기▶핵심 03-7

산업 18년 출제

저항 $\frac{1}{3}$[Ω], 유도 리액턴스 $\frac{1}{4}$[Ω]인 $R-L$ 병렬회로의 합성 어드미턴스[℧]는?

① $3+j4$　② $3-j4$　③ $\frac{1}{3}+j\frac{1}{4}$　④ $\frac{1}{3}-j\frac{1}{4}$

해설 합성 어드미턴스 $Y=\frac{1}{R}-j\frac{1}{X_L}=G-jB=3-j4$[℧]

답 ②

055 핵심이론 찾아보기▶핵심 03-7

산업 16년 출제

그림과 같은 회로에서 전류 I[A]는?

① 7　② 10　③ 13　④ 17

해설 전원에 흘러 들어오는 전류 $I=5-j12$[A]

$\therefore |I| = \sqrt{5^2+12^2}=13$[A]

답 ③

056 핵심이론 찾아보기▶핵심 03-7

산업 17년 출제

그림과 같은 회로에서 유도성 리액턴스 X_L의 값[Ω]은?

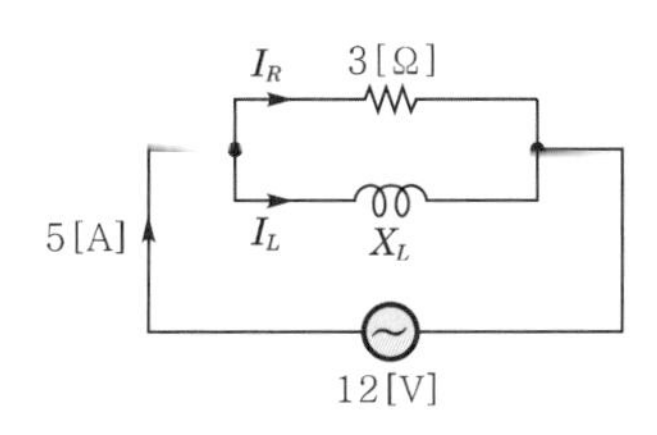

① 8　② 6　③ 4　④ 1

해설 전전류 $I=\sqrt{{I_R}^2+{I_L}^2}$

$\therefore 5=\sqrt{\left(\frac{12}{3}\right)^2+{I_L}^2}$

양변 제곱해서 I_L를 구하면 $I_L=3$[A]

따라서, $I_L=\frac{V}{X_L}$ 이므로 $X_L=\frac{V}{I_L}=\frac{12}{3}=4$[Ω]

답 ③

057 핵심이론 찾아보기▶핵심 03-9

산업 88년 출제

$R=10$[Ω], $X_L=8$[Ω], $X_C=20$[Ω]이 병렬로 접속된 회로에 80[V]의 교류 전압을 가하면 전원에 몇 [A]의 전류가 흐르게 되는가?

① 20　② 15　③ 5　④ 10

해설 $I=I_R+I_L+I_C=\frac{V}{R}-j\frac{V}{X_L}+j\frac{V}{X_C}$[A]

전전류 $I=\frac{80}{10}-j\frac{80}{8}+j\frac{80}{20}=8-j10+j4=8-j6$[A]

$\therefore\ |I|=\sqrt{8^2+6^2}=10$[A]

답 ④

058

핵심이론 찾아보기▶핵심 03-9

산업 21·11·92·85년 출제

그림과 같은 회로에서 $e(t)=E_m\cos\omega t$의 전원 전압을 인가했을 때 인덕턴스 L에 축적되는 에너지[J]는?

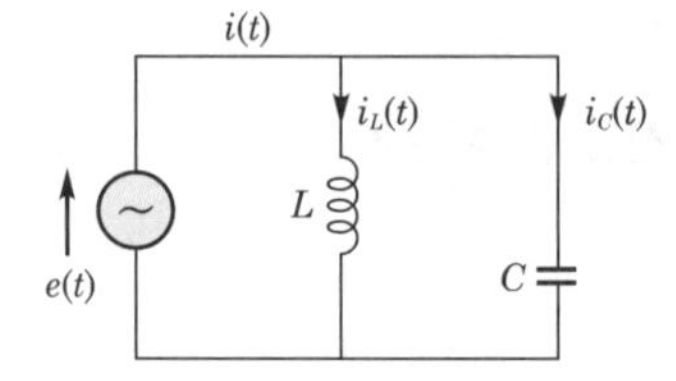

① $\frac{1}{4}\cdot\frac{{E_m}^2}{\omega^2 L}(1-\cos 2\omega t)$
② $\frac{1}{2}\cdot\frac{{E_m}^2}{\omega^2 L^2}(1-\cos 2\omega t)$
③ $\frac{1}{4}\cdot\frac{{E_m}^2}{\omega^2 L}(1+\cos 2\omega t)$
④ $-\frac{1}{2}\cdot\frac{{E_m}^2}{\omega^2 L^2}(1+\cos \omega t)$

해설 자기 에너지 $w=\frac{1}{2}L{I_L}^2[\text{J}]=\frac{1}{2}L\frac{{E_m}^2}{\omega^2L^2}\sin^2\omega t$

$=\frac{1}{2}\frac{{E_m}^2}{\omega^2 L}\frac{1-\cos 2\omega t}{2}=\frac{1}{4}\cdot\frac{{E_m}^2}{\omega^2 L}(1-\cos 2\omega t)$[J]

답 ①

059

핵심이론 찾아보기▶핵심 03-10

산업 18년 출제

$R-L-C$ 직렬회로에서 공진 시의 전류는 공급 전압에 대하여 어떤 위상차를 갖는가?

① 0°
② 90°
③ 180°
④ 270°

해설 직렬 공진은 임피던스의 허수부가 0인 상태이므로 전압 전류는 동상 상태가 된다.

답 ①

060

핵심이론 찾아보기▶핵심 03-10

산업 98년 출제

$R-L-C$ 직렬회로에서 L 및 C의 값을 고정시켜 놓고 저항 R의 값만 큰 값으로 변화시킬 때 옳게 설명한 것은?

① 공진주파수는 변화하지 않는다.
② 공진주파수는 커진다.
③ 공진주파수는 작아진다.
④ 이 회로의 Q(선택도)는 커진다.

해설 공진주파수 $f_r=\frac{1}{2\pi\sqrt{LC}}$ 이므로 R값이 큰 값으로 변화해도 공진주파수는 변화하지 않는다.

답 ①

061 핵심이론 찾아보기▶핵심 03-10

기사 94년 / 산업 99·91년 출제

공진회로의 Q가 갖는 물리적 의미와 관계없는 것은?

① 공진회로의 저항에 대한 리액턴스의 비
② 공진 곡선의 첨예도
③ 공진 시의 전압 확대비
④ 공진회로에서 에너지 소비 능률

해설 전압 확대율(Q) = 선택도(S) = 첨예도(S) $= \dfrac{V_L}{V} = \dfrac{V_C}{V} = \dfrac{\omega L}{R} = \dfrac{1}{R\omega C} = \dfrac{1}{R}\sqrt{\dfrac{L}{C}}$

답 ④

062 핵심이론 찾아보기▶핵심 03-10

기사 05·92년 / 산업 12·10년 출제

$R = 100[\Omega]$, $L = \dfrac{1}{\pi}$[H], $C = \dfrac{100}{4\pi}$[pF]이다. 직렬 공진회로의 Q는 얼마인가?

① 2×10^3
② 2×10^4
③ 3×10^3
④ 3×10^4

해설

$$Q = \frac{1}{R}\sqrt{\frac{L}{C}} = \frac{1}{100}\sqrt{\frac{\frac{1}{\pi}}{\frac{100}{4\pi}\times10^{-12}}} = \frac{1}{100}\times\frac{1}{5}\times10^6 = 2\times10^3$$

답 ①

063 핵심이론 찾아보기▶핵심 03-11

기사 04년 / 산업 04년 출제

어떤 $R-L-C$ 병렬회로가 병렬 공진되었을 때 합성 전류는?

① 최소가 된다.
② 최대가 된다.
③ 전류는 흐르지 않는다.
④ 전류는 무한대가 된다.

해설 어드미턴스가 최소 상태가 되므로 임피던스는 최대가 되어 전류는 최소 상태가 된다.

답 ①

064 핵심이론 찾아보기▶핵심 03-11

산업 18년 출제

$R-L-C$ 병렬 공진회로에 관한 설명 중 틀린 것은?

① R의 비중이 작을수록 Q가 높다.
② 공진 시 입력 어드미턴스는 매우 작아진다.
③ 공진주파수 이하에서의 입력 전류는 전압보다 위상이 뒤진다.
④ 공진 시 L 또는 C에 흐르는 전류는 입력 전류 크기의 Q배가 된다.

해설 병렬 공진이므로 전류 확대율 $Q = \dfrac{R}{\omega_0 L} = R\omega_0 C$에서 R이 작아지면 Q도 작아진다.

답 ①

065

핵심이론 찾아보기▶핵심 03-11 | 산업 85년 출제

그림과 같은 회로에 교류 전압을 인가하여 I가 최소로 될 때, 리액턴스 X_C의 값은 약 몇 [Ω]인가?

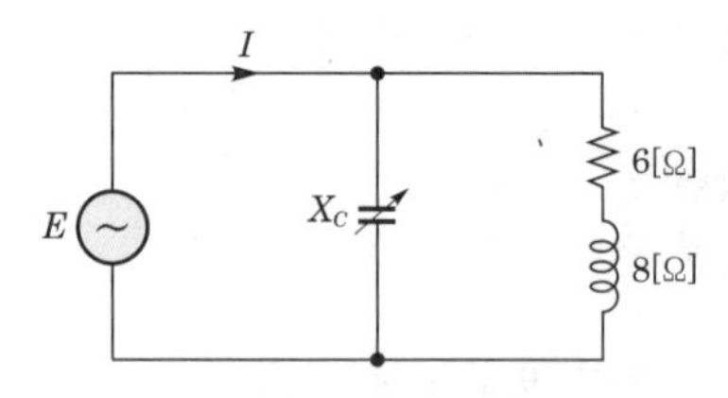

① 11.5 ② 12.5 ③ 13.5 ④ 14.5

해설

공진 조건 $\omega C = \dfrac{\omega L}{R^2 + \omega^2 L^2}$

I가 최소되는 X_C의 값은 공진 조건에서 $X_C = \dfrac{1}{\omega C} = \dfrac{R^2 + \omega^2 L^2}{\omega L} = \dfrac{6^2 + 8^2}{8} = 12.5[\Omega]$ 답 ②

066

핵심이론 찾아보기▶핵심 04-1 | 기사 97년 / 산업 10·06년 출제

어떤 부하에 $e = 100\sin\left(100\pi t + \dfrac{\pi}{6}\right)$[V]의 기전력을 인가하니 $i = 10\cos\left(100\pi t - \dfrac{\pi}{3}\right)$[V]인 전류가 흘렀다. 이 부하의 소비전력은 몇 [W]인가?

① 250 ② 433 ③ 500 ④ 866

해설

소비전력 $P = VI\cos\theta = I^2 \cdot R = \dfrac{V^2}{R}$ [W]

전압·전류의 위상차 $\theta = \dfrac{\pi}{6} - \left(-\dfrac{\pi}{3} + \dfrac{\pi}{2}\right) = 0°$

$P = VI\cos\theta = \dfrac{100}{\sqrt{2}} \cdot \dfrac{10}{\sqrt{2}} \cos 0° = 500[\mathrm{W}]$ 답 ③

067

핵심이론 찾아보기▶핵심 04-1 | 산업 17년 출제

그림과 같은 회로가 있다. I=10[A], G=4[℧], G_L=6[℧]일 때 G_L의 소비전력[W]은?

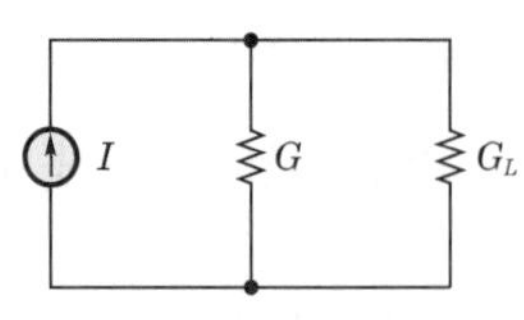

① 100 ② 10 ③ 6 ④ 4

해설

소비전력 $P = I^2 R = \dfrac{{I_{G_L}}^2}{G_L}$ [W]

G_L에 흐르는 전류 $I_{G_L} = \dfrac{G_L}{G + G_L} I = \dfrac{6}{4+6} \times 10 = 6[\mathrm{A}]$

$\therefore P = \dfrac{{I_{G_L}}^2}{G_L} = \dfrac{6^2}{6} = 6[\mathrm{W}]$ 답 ③

068 핵심이론 찾아보기▶핵심 04-1

산업 04·01·00년 출제

저항 R, 리액턴스 X와의 직렬회로에 전압 V가 가해졌을 때 소비전력은?

① $\dfrac{R}{\sqrt{R^2+X^2}}V^2$　② $\dfrac{X}{\sqrt{R^2+X^2}}V^2$

③ $\dfrac{R}{R^2+X^2}V^2$　④ $\dfrac{X}{R^2+X^2}V^2$

해설 소비전력 $P=VI\cos\theta=I^2\cdot R=\dfrac{V^2}{R}$[W]에서 직렬회로이므로 $P=I^2\cdot R$[W]로 계산

$$P=I^2\cdot R=\left(\frac{V}{\sqrt{R^2+X^2}}\right)^2\cdot R=\frac{V^2\cdot R}{R^2+X^2}$$

답 ③

069 핵심이론 찾아보기▶핵심 04-1

기사 91년 / 산업 00·99·95년 출제

$R=30$[Ω], $L=106$[mH]의 코일이 있다. 이 코일에 100[V], 60[Hz]의 전압을 인가할 때 소비되는 전력[W]은?

① 100　② 120　③ 160　④ 200

해설 소비전력 $P=VI\cos\theta=I^2\cdot R=\dfrac{V^2}{R}$[W]에서 직렬회로이므로 $P=I^2\cdot R$[W]로 계산

$X_L=2\pi fL=2\pi\times60\times106\times10^{-3}=40$[Ω]

$$I=\frac{V}{Z}=\frac{V}{\sqrt{R^2+{X_L}^2}}=\frac{100}{\sqrt{30^2+40^2}}=2\text{[A]}$$

$\therefore\ P=I^2R=2^2\times30=120$[W]

답 ②

070 핵심이론 찾아보기▶핵심 04-1

기사 10년 / 산업 94·86년 출제

22[kVA]의 부하가 역률 0.8이라면 무효전력[kVar]은?

① 16.6　② 17.6　③ 15.2　④ 13.2

해설 $P_r=VI\sin\theta=22\times0.6=13.2$[kVar]

답 ④

071 핵심이론 찾아보기▶핵심 04-2

산업 97·90년 출제

어떤 회로에서 인가 전압이 100[V]일 때 유효전력이 300[W], 무효전력이 400[Var]이다. 전류 I[A]는?

① 5　② 50　③ 3　④ 4

해설 $P_a=\sqrt{P^2+{P_r}^2}=\sqrt{300^2+400^2}=500$[VA]

$P_a=VI$

$\therefore\ I=\dfrac{P_a}{V}=\dfrac{500}{100}=5$[A]

답 ①

072 핵심이론 찾아보기▶핵심 04-2 산업 05년 출제

피상전력이 20[kVA], 유효전력이 8.08[kW]이면 역률은?

① 1.414 ② 1 ③ 0.707 ④ 0.404

해설 $\cos\theta = \frac{P}{P_a} = \frac{8.08}{20} = 0.404$

답 ④

073 핵심이론 찾아보기▶핵심 04-2 산업 22·18년 출제

어떤 교류 전동기의 명판에 역률 0.6, 소비전력 120[kW]로 표기되어 있다. 이 전동기의 무효전력은 몇 [kVar]인가?

① 80 ② 100 ③ 140 ④ 160

해설 소비전력 $P = VI\cos\theta$[W]

무효전력 $P_r = VI\sin\theta$[Var]

$\therefore P_r = \frac{P}{\cos\theta} \cdot \sin\theta = \frac{120}{0.6} \times 0.8 = 160$[kVar]

답 ④

074 핵심이론 찾아보기▶핵심 04-2 산업 15·03년 출제

회로에서 각 계기들의 지시값은 다음과 같다. 전압계는 240[V], 전류계는 5[A], 전력계는 720[W]이다. 이때, 인덕턴스 L[H]는 얼마인가? (단, 전원 주파수는 60[Hz]이다.)

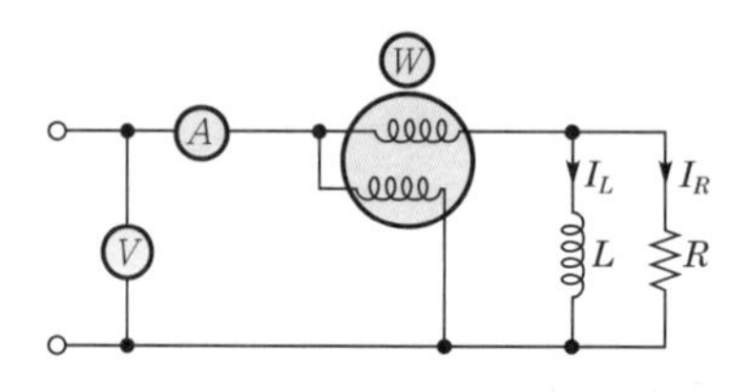

① $\frac{1}{\pi}$ ② $\frac{1}{2\pi}$ ③ $\frac{1}{3\pi}$ ④ $\frac{1}{4\pi}$

해설

$P_r = \frac{V^2}{X_L}$에서

유도 리액턴스 $X_L = \frac{V^2}{P_r} = \frac{V^2}{\sqrt{{P_a}^2 - P^2}} = \frac{240^2}{\sqrt{(240\times5)^2 - 720^2}} = 60[\Omega]$

$\therefore$ 인덕턴스 $L = \frac{X_L}{\omega} = \frac{60}{2\pi 60} = \frac{1}{2\pi}$[H]

답 ②

075 핵심이론 찾아보기▶핵심 04-2 산업 18년 출제

100[V], 800[W], 역률 80[%]인 교류 회로의 리액턴스는 몇 [Ω]인가?

① 6 ② 8 ③ 10 ④ 12

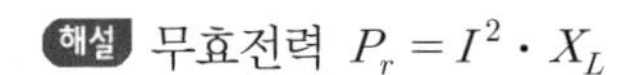
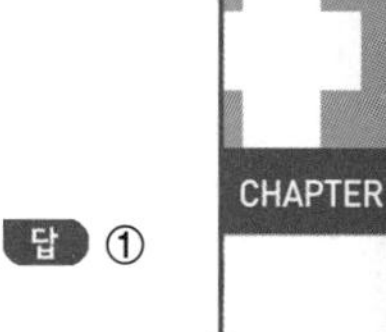

해설 무효전력 $P_r = I^2 \cdot X_L$

$$\therefore X_L = \frac{P_r}{I^2} = \frac{\sqrt{{P_a}^2 - P^2}}{I^2} = \frac{\sqrt{\left(\frac{800}{0.8}\right)^2 - 800^2}}{\left(\frac{800}{100 \times 0.8}\right)^2} = 6[\Omega]$$

답 ①

076 핵심이론 찾아보기▶핵심 04-3

산업 13·93년 출제

어떤 회로의 전압이 V, 전류가 I일 때 $P_a = \overline{V}I = P + jP_r$에서 $P_r > 0$이다. 이 회로는 어떤 부하인가?

① 유도성　② 무유도성
③ 용량성　④ 정저항

해설 $P_a = \overline{V} \cdot I = P + jP_r$이므로 + 인 경우는 진상 전류에 의한 무효전력, 즉 용량성 부하가 된다.

답 ③

077 핵심이론 찾아보기▶핵심 04-3

산업 94년 출제

$V = 100 + j20$[V]인 전압을 가했을 때 $I = 8 + j6$[A]의 전류가 흘렀다. 이 회로의 소비전력[W]은?

① 800　② 920
③ 1,200　④ 1,400

해설 복소전력 $P_a = \overline{V} \cdot I = P \pm jP_r$ (+ : 용량성 부하, − : 유도성 부하)

복소전력 $P_a = \overline{V}I = (100 - j20)(8 + j6) = 800 - j600 - j160 + 120 = 920 - j760$[VA]

∴ 유효전력 $P = 920$[W]

무효전력 $P_r = 760$[Var]

답 ②

078 핵심이론 찾아보기▶핵심 04-4

산업 94년 출제

그림과 같이 부하와 저항 R을 병렬로 접속하여 100[V]의 교류 전압을 인가할 때 각 지로에 흐르는 전류가 그림과 같을 경우 부하의 소비전력은 몇 [W]인가?

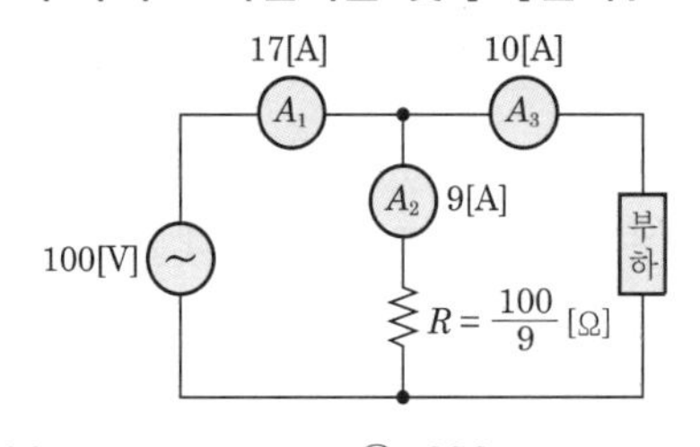

① 400　② 500　③ 600　④ 700

해설 소비전력 $P = \frac{R}{2}({I_1}^2 - {I_2}^2 - {I_3}^2) = \frac{100}{2 \times 9}(17^2 - 9^2 - 10^2) = 600$[W]

답 ③

079 핵심이론 찾아보기▶핵심 04-4

산업 15·96년 출제

그림과 같은 회로에서 전압계 3개로 단상전력을 측정하고자 할 때의 유효전력은?

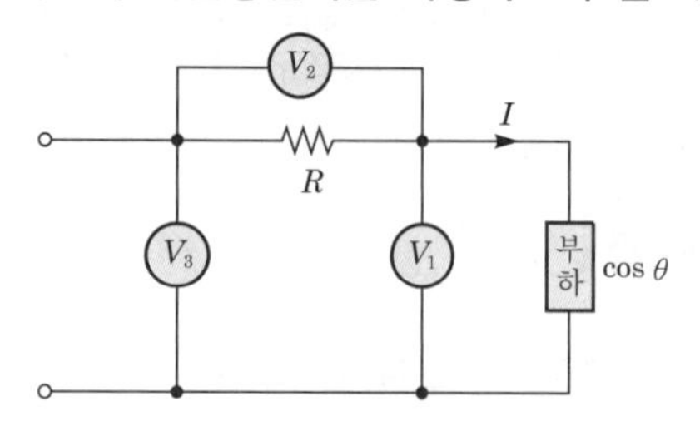

① $\frac{1}{2R}\left(V_3^{\,2}-V_1^{\,2}-V_2^{\,2}\right)$ ② $\frac{1}{2R}\left(V_3^{\,2}-V_1^{\,2}\right)$

③ $\frac{R}{2}\left(V_3^{\,2}-V_1^{\,2}-V_2^{\,2}\right)$ ④ $\frac{R}{2}\left(V_2^{\,2}-V_1^{\,2}-V_3^{\,2}\right)$

해설 3전압계법에서의 전력은 전전압이 V_3이므로

$P=\frac{1}{2R}(V_3^{\,2}-V_1^{\,2}-V_2^{\,2})$[W]가 된다.

답 ①

080 핵심이론 찾아보기▶핵심 04-5

기사 16·11년 / 산업 90년 출제

그림과 같이 전압 E와 저항 R로 된 회로의 단자 A, B 간에 적당한 저항 R_L을 접속하여 R_L에서 소비되는 전력을 최대로 되게 하고자 한다. R_L을 어떻게 하면 되는가?

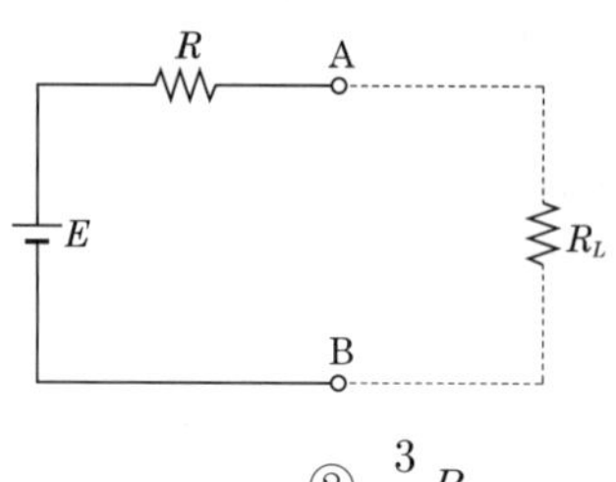

① R ② $\frac{3}{2}R$

③ $\frac{1}{2}R$ ④ $2R$

해설 • 최대전력 전달조건 : $R_L=R$

• 최대전력 : $P_{\max}=\frac{E^2}{4R}$[W]

최대전력 전달조건은 부하저항 R_L과 전원 내부 저항 R이 서로 같은 경우이다.

답 ①

081

핵심이론 찾아보기▶핵심 04-5

산업 17년 출제

다음 회로에서 부하 R에 최대전력이 공급될 때의 전력값이 5[W]라고 하면 $R_L + R_i$의 값은 몇 [Ω]인가? (단, R_i는 전원의 내부 저항이다.)

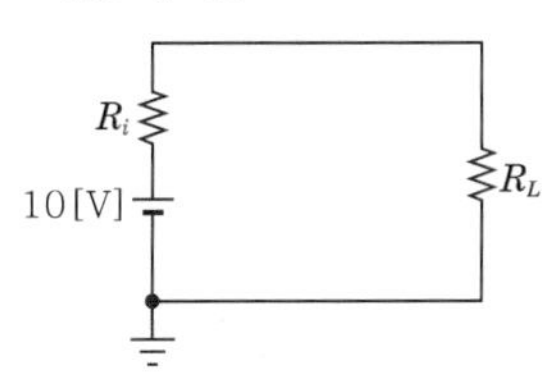

① 5　　② 10
③ 15　　④ 20

해설 • 최대전력 전달조건 : $R_L = R_i$

• 최대전력 : $P_{\max} = \dfrac{V^2}{4R_L}$[W]

$5 = \dfrac{10^2}{4R_L}$

∴ 부하저항 $R_L = 5$[Ω]

따라서, $R_L + R_i = 5 + 5 = 10$[Ω]

답 ②

082

핵심이론 찾아보기▶핵심 04-5

기사 90년 / 산업 13·03·93·91년 출제

부하저항 R_L이 전원의 내부 저항 R_0의 3배가 되면 부하저항 R_L에서 소비되는 전력 P_L은 최대 전송전력 P_m의 몇 배인가?

① 0.89　　② 0.75
③ 0.5　　④ 0.3

해설

부하 전력 : $P_L = I^2 R_L\Big|_{R_L=3R_0} = \left(\dfrac{V_g}{R_0+R_L}\right)^2 \cdot R_L\Big|_{R_L=3R_0}$

$= \left(\dfrac{V_g}{R_0+3R_0}\right)^2 \times 3R_0 = \dfrac{3}{16} \cdot \dfrac{{V_g}^2}{R_0}$

최대전송전력 : $P_{\max} = \dfrac{{V_g}^2}{4R_0}$

$\therefore \dfrac{P_L}{P_{\max}} = \dfrac{\dfrac{3}{16}\dfrac{{V_g}^2}{R_0}}{\dfrac{1}{4}\dfrac{{V_g}^2}{R_0}} = \dfrac{12}{16} = 0.75$배

답 ②

083 핵심이론 찾아보기▶핵심 04-5

기사 91년 / 산업 22·94년 출제

그림과 같은 교류 회로에서 저항 R을 변환시킬 때 저항에서 소비되는 최대전력[W]은?

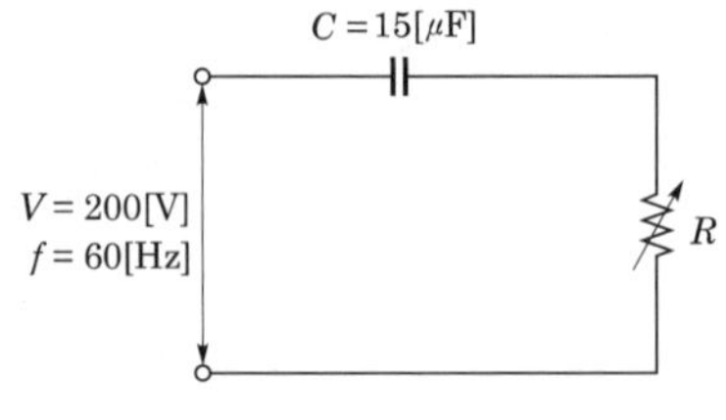

① 95 ② 113
③ 134 ④ 154

해설
- 최대전력 전달조건 : $R=X_C=\dfrac{1}{\omega C}$
- 최대전력 : $P_{\max}=I^2\cdot R\Big|_{R=\frac{1}{\omega C}}=\dfrac{1}{2}\omega CV^2[\text{W}]$

최대전력 전달조건 $R=\dfrac{1}{\omega C}=X_C[\Omega]$

$$P_{\max}=I^2\cdot R=\frac{V^2}{R^2+X_C{}^2}\cdot R\Bigg|_{R=\frac{1}{\omega C}}=\frac{V^2}{\dfrac{1}{\omega^2C^2}+\dfrac{1}{\omega^2C^2}}\cdot\frac{1}{\omega C}=\frac{1}{2}\omega CV^2[\text{W}]$$

$\therefore\ P_{\max}=\dfrac{1}{2}\times 377\times 15\times 10^{-6}\times 200^2=113[\text{W}]$

답 ②

084 핵심이론 찾아보기▶핵심 05-1

기사 05·04년 / 산업 22·17·04·88년 출제

그림과 같은 회로에서 $i_1=I_m\sin\omega t$일 때 개방된 2차 단자에 나타나는 유기 기전력 e_2는 몇 [V]인가?

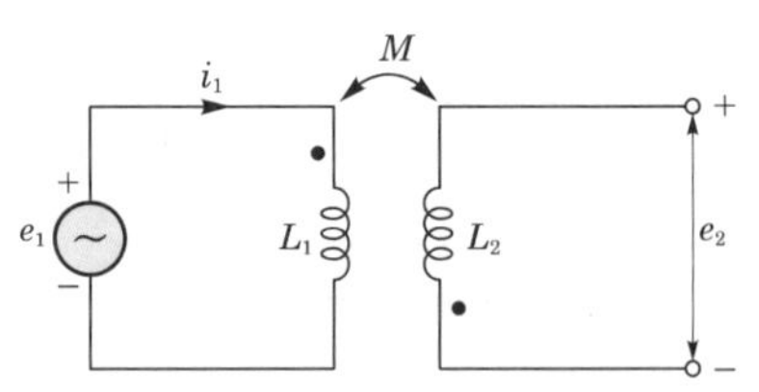

① $\omega M\sin\omega t$ ② $\omega M\cos\omega t$
③ $\omega MI_m\sin(\omega t-90°)$ ④ $\omega MI_m\sin(\omega t+90°)$

해설 차동결합이므로 2차 유도 기전력

$$e_2=-M\frac{di_1}{dt}=-M\frac{d}{dt}I_m\sin\omega t$$
$$=-\omega MI_m\cos\omega t=\omega MI_m\sin(\omega t-90°)\,[\text{V}]$$

답 ③

085

핵심이론 찾아보기▶핵심 05-1

기사 02·00·99·98년 / 산업 06·02·01·92·90년 출제

코일이 두 개 있다. 한 코일의 전류가 매초 15[A]일 때 다른 코일에는 7.5[V]의 기전력이 유기된다. 두 코일의 상호 인덕턴스[H]는?

① 1　　② $\frac{1}{2}$

③ $\frac{1}{4}$　　④ 0.75

해설
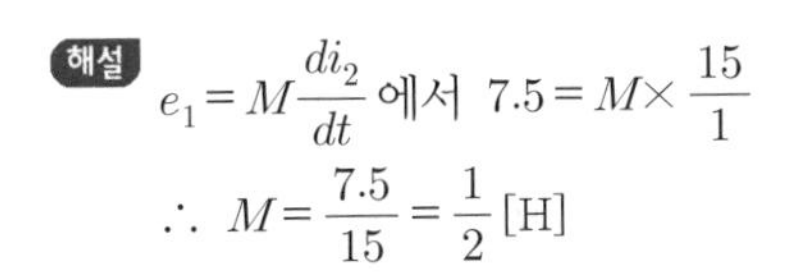
$e_1 = M\frac{di_2}{dt}$ 에서 $7.5 = M \times \frac{15}{1}$

$\therefore M = \frac{7.5}{15} = \frac{1}{2}$[H]

답 ②

086

핵심이론 찾아보기▶핵심 05-2

산업 07·97·85년 출제

그림과 같이 고주파 브리지를 가지고 상호 인덕턴스를 측정하고자 한다. 그림 (a)와 같이 접속하면 합성 자기 인덕턴스는 30[mH]이고, (b)와 같이 접속하면 14[mH]이다. 상호 인덕턴스[mH]는?

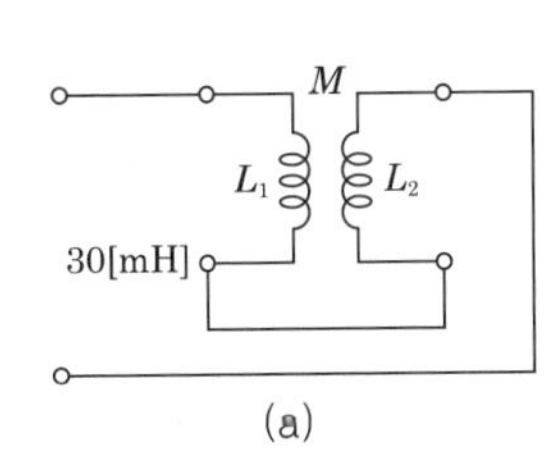

(a)

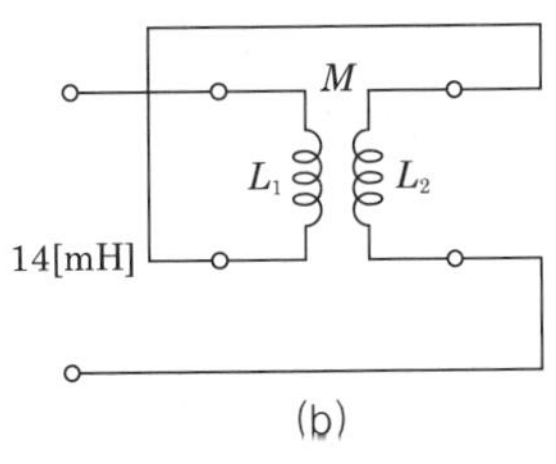

(b)

① 2　　② 4

③ 3　　④ 16

해설 $30 = L_1 + L_2 + 2M$ ············ ㉠

$14 = L_1 + L_2 - 2M$ ············ ㉡

㉠ − ㉡은 $16 = 4M$

$\therefore$ 상호 인덕턴스 $M = 4$[mH]

답 ②

087

핵심이론 찾아보기▶핵심 05-2

산업 19년 출제

인덕턴스가 각각 5[H], 3[H]인 두 코일을 모두 dot 방향으로 전류가 흐르게 직렬로 연결하고 인덕턴스를 측정하였더니 15[H]이었다. 두 코일 간의 상호 인덕턴스[H]는?

① 3.5　　② 4.5

③ 7　　④ 9

해설 합성 인덕턴스 $L_0 = L_1 + L_2 + 2M$

$\therefore M = \frac{1}{2}(L_0 - L_1 - L_2) = \frac{1}{2}(15 - 5 - 3) = 3.5$[H]

답 ①

088 핵심이론 찾아보기▶핵심 05-3

기사 17·97·91년 / 산업 14·13·99·91년 출제

그림과 같은 회로에서 합성 인덕턴스는?

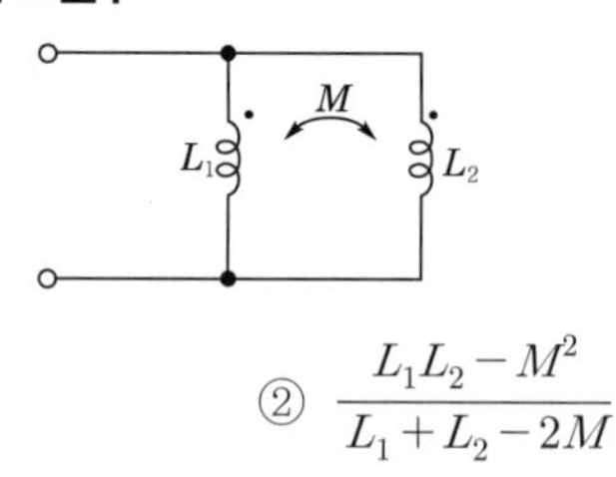

① $\dfrac{L_1L_2+M^2}{L_1+L_2-2M}$

② $\dfrac{L_1L_2-M^2}{L_1+L_2-2M}$

③ $\dfrac{L_1L_2+M^2}{L_1+L_2+2M}$

④ $\dfrac{L_1L_2-M^2}{L_1+L_2+2M}$

해설 병렬 가동결합이므로 $L=M+\dfrac{(L_1-M)(L_2-M)}{(L_1-M)+(L_2-M)}=\dfrac{L_1L_2-M^2}{L_1+L_2-2M}$

답 ②

089 핵심이론 찾아보기▶핵심 05-3

산업 15년 출제

20[mH]와 60[mH]의 두 인덕턴스가 병렬로 연결되어 있다. 합성 인덕턴스의 값[mH]은? (단, 상호 인덕턴스는 없는 것으로 한다.)

① 15 ② 20 ③ 50 ④ 75

해설 $L_0=\dfrac{L_1L_2}{L_1+L_2}=\dfrac{20\times 60}{20+60}=15[\text{mH}]$

답 ①

090 핵심이론 찾아보기▶핵심 05-3

산업 18년 출제

다음과 같은 회로의 a－b간 합성 인덕턴스는 몇 [H]인가? (단, $L_1=4$[H], $L_2=4$[H], $L_3=2$[H], $L_4=2$[H]이다.)

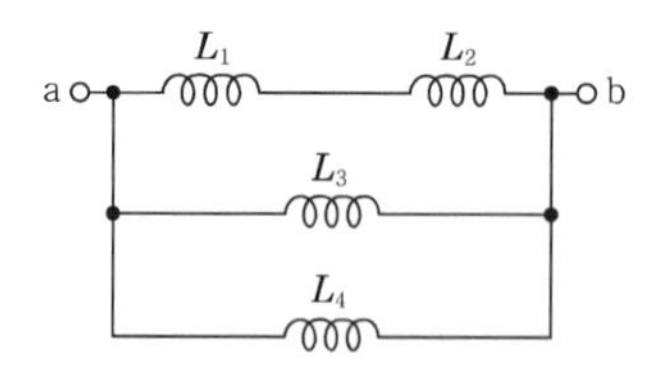

① $\dfrac{8}{9}$ ② 6 ③ 9 ④ 12

해설

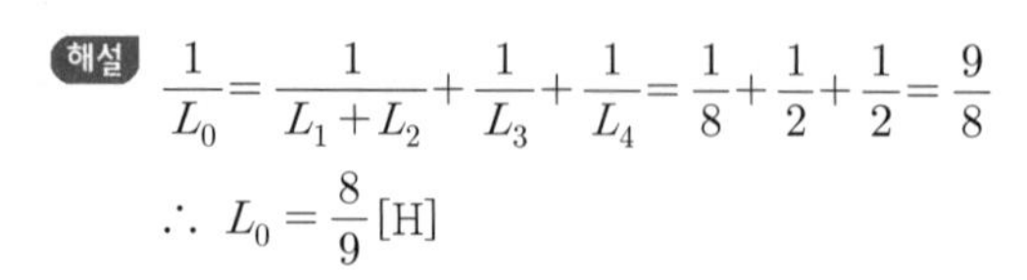

$\dfrac{1}{L_0}=\dfrac{1}{L_1+L_2}+\dfrac{1}{L_3}+\dfrac{1}{L_4}=\dfrac{1}{8}+\dfrac{1}{2}+\dfrac{1}{2}=\dfrac{9}{8}$

$\therefore\ L_0=\dfrac{8}{9}[\text{H}]$

답 ①

091 핵심이론 찾아보기▶핵심 05-4

산업 09·07·85년 출제

두 개의 코일 a, b가 있다. 두 개를 직렬로 접속하였더니 합성 인덕턴스가 119[mH]이었다. 극성을 반대로 했더니 합성 인덕턴스가 11[mH]이고, 코일 a의 자기 인덕턴스 $L_a=20$[mH]라면 결합계수 k는?

① 0.6 ② 0.7 ③ 0.8 ④ 0.9

해설 $L_a+L_b+2M=119$ ············ ㉠

$L_a+L_b-2M=11$ ············ ㉡

식 ㉠, ㉡에서 $M=\dfrac{119-11}{4}=\dfrac{108}{4}$ $\therefore\ M=27[\text{mH}]$

$\therefore\ L_b=119-2M-L_a=119-27\times2-20=45[\text{mH}]$

따라서 결합계수 $k=\dfrac{M}{\sqrt{L_aL_b}}=\dfrac{27}{\sqrt{20\times45}}=0.9$

답 ④

092 핵심이론 찾아보기▶핵심 05-4

기사 08년 / 산업 '03년 출제

5[mH]인 두 개의 자기 인덕턴스가 있다. 결합계수를 0.2로부터 0.8까지 변화시킬 수 있다면 이것을 접속하여 얻을 수 있는 합성 인덕턴스의 최댓값과 최솟값은 각각 몇 [mH]인가?

① 18, 2 ② 18, 8 ③ 20, 2 ④ 20, 8

해설 $L_0=5+5\pm2M=10\pm2M[\text{mH}]$

상호 인덕턴스 $M=k\sqrt{L_1L_2}$에서 최대·최소를 위한 결합계수 $k=0.8$이므로

$M=0.8\times5=4[\text{mH}]$

$\therefore\ L_0=10\pm2\times4=10\pm8$

최대 : 18[mH], 최소 : 2[mH]

답 ①

093 핵심이론 찾아보기▶핵심 05-5

산업 08·04년 출제

그림과 같은 이상 변압기에 대하여 성립되지 않는 관계식은? (단, n_1, n_2는 1차 및 2차 코일의 권수이다.)

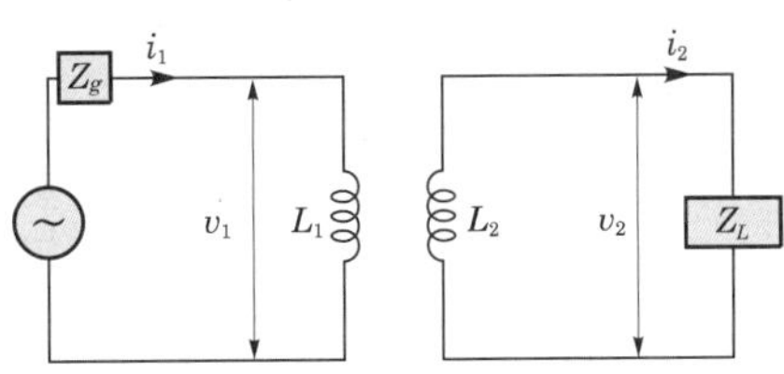

① $v_1i_1=v_2i_2$ ② $\dfrac{v_2}{v_1}=\dfrac{n_2}{n_1}=\dfrac{1}{a}$ ③ $\dfrac{i_2}{i_1}=\dfrac{n_1}{n_2}=a$ ④ $a=\sqrt{\dfrac{L_2}{L_1}}$

해설 $a=\dfrac{n_1}{n_2}=\dfrac{i_2}{i_1}=\sqrt{\dfrac{L_1}{L_2}}=\sqrt{\dfrac{Z_g}{Z_L}}$

답 ④

094

핵심이론 찾아보기▶핵심 05-5

산업 05년 출제

내부 임피던스가 순저항 6[Ω]인 전원과 120[Ω]의 순저항 부하 사이에 임피던스 정합을 위한 이상 변압기의 권선비는?

① $\frac{1}{\sqrt{20}}$

② $\frac{1}{\sqrt{2}}$

③ $\frac{1}{20}$

④ $\frac{1}{2}$

해설 $a=\sqrt{\frac{Z_g}{Z_L}}=\sqrt{\frac{6}{120}}=\sqrt{\frac{1}{20}}=\frac{1}{\sqrt{20}}$

답 ①

095

핵심이론 찾아보기▶핵심 05-6

산업 17년 출제

다음과 같은 교류 브리지 회로에서 Z_0에 흐르는 전류가 0이 되기 위한 각 임피던스의 조건은?

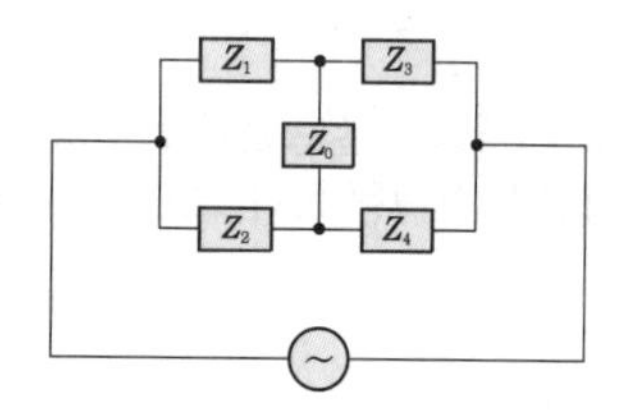

① $Z_1Z_2=Z_3Z_4$

② $Z_1Z_2=Z_3Z_0$

③ $Z_2Z_3=Z_1Z_0$

④ $Z_2Z_3=Z_1Z_4$

해설 브리지 평형조건은 $Z_2Z_3=Z_1Z_4$이다.

답 ④

096

핵심이론 찾아보기▶핵심 05-6

기사 08년 / 산업 08·98·91년 출제

그림과 같은 캠벨 브리지(Campbell bridge) 회로에 있어서 I_2가 0이 되기 위한 C의 값은?

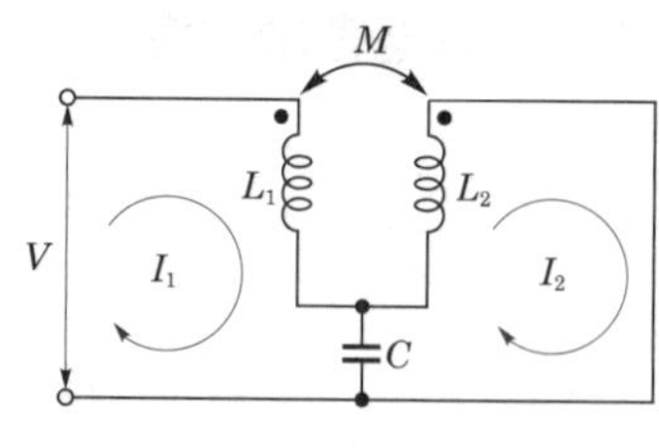

① $\frac{1}{\omega L}$

② $\frac{1}{\omega^2 L}$

③ $\frac{1}{\omega M}$

④ $\frac{1}{\omega^2 M}$

해설 2차 회로의 전압 방정식은 $-j\omega MI_1+\frac{1}{j\omega C}I_1+\left(j\omega L_2+\frac{1}{j\omega C}\right)I_2=0$

$I_2=0$이 되려면 I_1의 계수가 0이어야 하므로 $-j\omega M+j\frac{1}{\omega C}=0$

$\therefore\ C=\frac{1}{\omega^2 M}$

답 ④

097 핵심이론 찾아보기▶핵심 05-7

산업 14·02·92년 출제

임피던스 궤적이 직선일 때 이의 역수인 어드미턴스 궤적은?

① 원점을 통하는 직선
② 원점을 통하지 않는 직선
③ 원점을 통하는 원
④ 원점을 통하지 않는 원

해설 원점을 지나지 않는 직선의 역궤적은 원점을 지나는 원이며, 그 역도 성립한다.

답 ③

098 핵심이론 찾아보기▶핵심 06-1

산업 21·03·93·89년 출제

키르히호프의 전압법칙의 적용에 대한 서술 중 옳지 않은 것은?

① 이 법칙은 집중 정수 회로에 적용된다.
② 이 법칙은 회로 소자의 선형, 비선형에는 관계를 받지 않고 적용된다.
③ 이 법칙은 회로 소자의 시변, 시불변성에 구애를 받지 않는다.
④ 이 법칙은 선형 소자로만 이루어진 회로에 적용된다.

해설 키르히호프 법칙은 집중 정수 회로에서는 선형·비선형에 관계 받지 않고 적용된다.

답 ④

099 핵심이론 찾아보기▶핵심 06-1

산업 15·97년 출제

그림에서 i_5 전류의 크기[A]는?

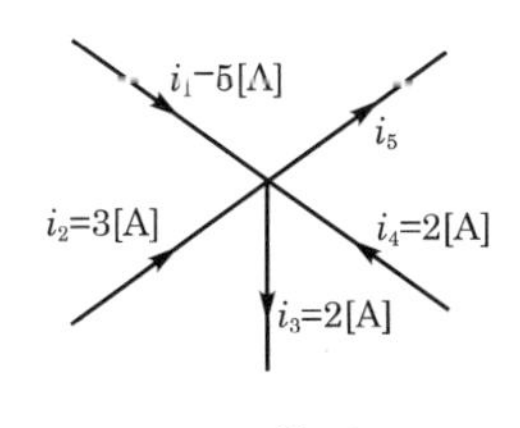

① 3
② 5
③ 8
④ 12

해설 $i_1+i_2+i_4=i_5+i_3$, $5+3+2=i_5+2$
$\therefore\ i_5=8[A]$

답 ③

100 핵심이론 찾아보기▶핵심 06-2

기사 01·95·88년 / 산업 10·94년 출제

이상적인 전압원·전류원에 관하여 옳은 것은?

① 전압원의 내부 저항은 ∞이고, 전류원의 내부 저항은 0이다.
② 전압원의 내부 저항은 0이고, 전류원의 내부 저항은 ∞이다.
③ 전압원, 전류원의 내부 저항은 흐르는 전류에 따라 변한다.
④ 전압원의 내부 저항은 일정하고, 전류원의 내부 저항은 일정하지 않다.

해설 전압원은 내부 저항이 작을수록 이상적이고, 전류원은 내부 저항이 클수록 이상적이다.
이상 전압원은 내부 저항이 0이고, 이상 전류원은 내부 저항이 ∞이다.

답 ②

101

핵심이론 찾아보기▶핵심 06-3 　　　　　산업 00년 출제

그림과 같은 회로에서 단자 a, b에 3[Ω]의 저항을 연결할 때 이 저항에서 소비되는 전력은 몇 [W]인가?

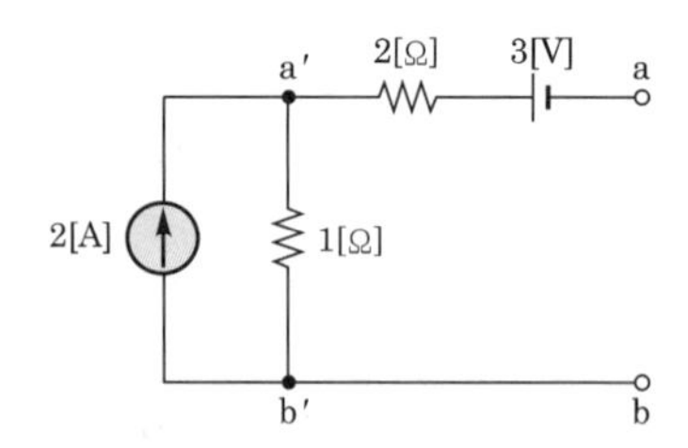

① $\frac{1}{12}$　　② $\frac{1}{3}$　　③ 1　　④ 12

해설

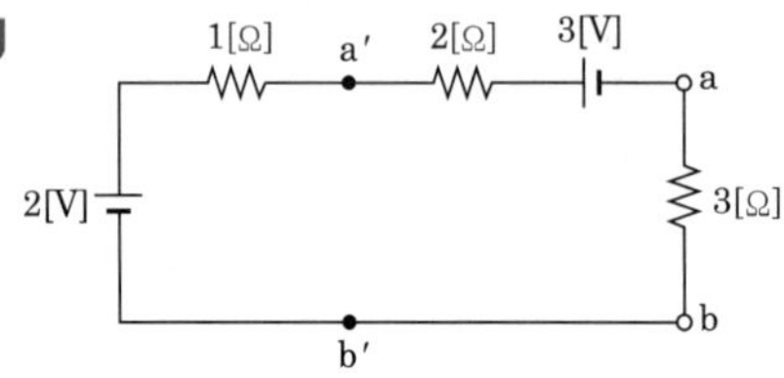

전류원을 전압원으로 등가 변환하고 a, b 단자에 3[Ω]을 연결한 그림과 같은 회로에서 전류 I는 $I=\frac{E}{R}=\frac{3-2}{1+2+3}=\frac{1}{6}$[A]

따라서, 3[Ω]의 소비전력 P_3는 $P_3=I^2R_3=\left(\frac{1}{6}\right)^2\times 3=\frac{1}{12}$[W]

답 ①

102

핵심이론 찾아보기▶핵심 06-4 　　　　　기사 97·91년 / 산업 07·05·04·95·90년 출제

선형 회로에 가장 관계가 있는 것은?

① 키르히호프의 법칙　　② 중첩의 원리
③ $V=RI^2$　　④ 패러데이의 전자 유도 법칙

해설 중첩의 정리는 선형 회로에서만 성립된다.

답 ②

103

핵심이론 찾아보기▶핵심 06-4 　　　　　기사 95년 / 산업 11·07·94년 출제

그림과 같은 회로에서 저항 15[Ω]에 흐르는 전류는 몇 [A]인가?

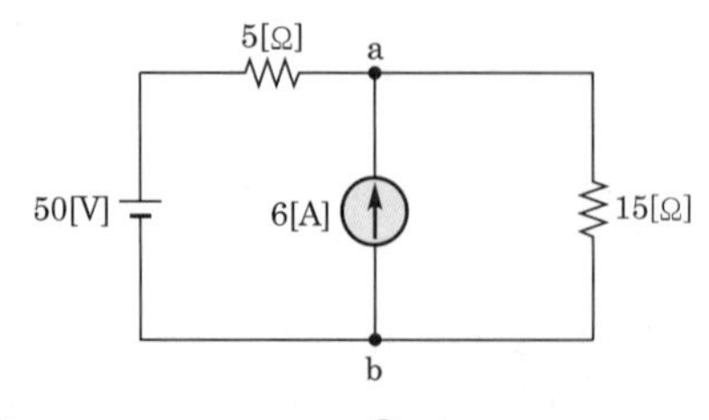

① 0.5　　② 2　　③ 4　　④ 6

해설 50[V]에 의한 전류 $I_1 = \frac{50}{5+15} = 2.5[A]$

6[A]에 의한 전류 $I_2 = \frac{5}{5+15} \times 6 = 1.5[A]$

$\therefore I = I_1 + I_2 = 2.5[A] + 1.5[A] = 4[A]$

답 ③

104 핵심이론 찾아보기▶핵심 06-4

산업 21·15·06·02·01년 출제

다음 회로에서 10[Ω]의 저항에 흐르는 전류[A]는?

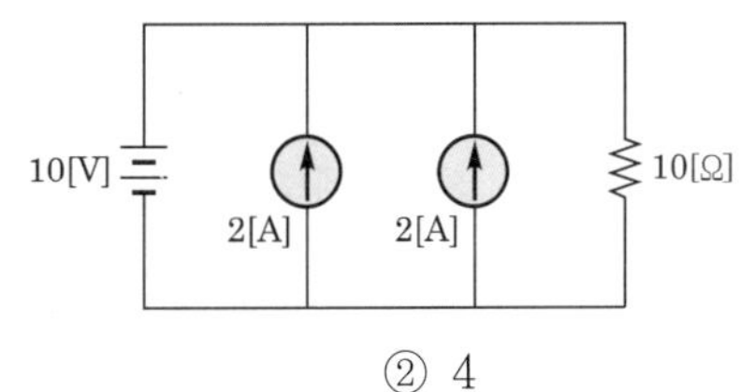

① 5
② 4
③ 2
④ 1

해설 10[V]에 의한 전류 $I_1 = \frac{10}{10} = 1[A]$

4[A] 전류원에 의한 전류는 전압원을 단락하면 저항 10[Ω]쪽으로는 흐르지 않는다.

답 ④

105 핵심이론 찾아보기▶핵심 06-4

산업 10·05년 출제

그림과 같은 회로에서 1[Ω]의 저항에 나타나는 전압[V]은?

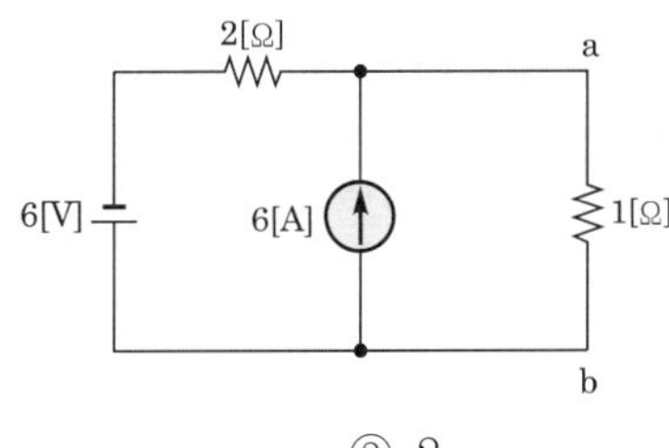

① 6
② 2
③ 3
④ 4

해설 6[V]에 의한 전류 $I_1 = \frac{6}{2+1} = 2[A]$

6[A]에 의한 전류 $I_2 = \frac{2}{2+1} \times 6 = 4[A]$

I_1과 I_2의 방향이 반대이므로 1[Ω]에 흐르는 전전류 I는 $I = I_2 - I_1 = 4 - 2 = 2[A]$

$\therefore V = IR = 2 \times 1 = 2[V]$

답 ②

106 핵심이론 찾아보기▶핵심 06-4

산업 96년 출제

그림과 같은 회로에서 5[Ω]의 저항에 흐르는 전류는 몇 [A]인가?

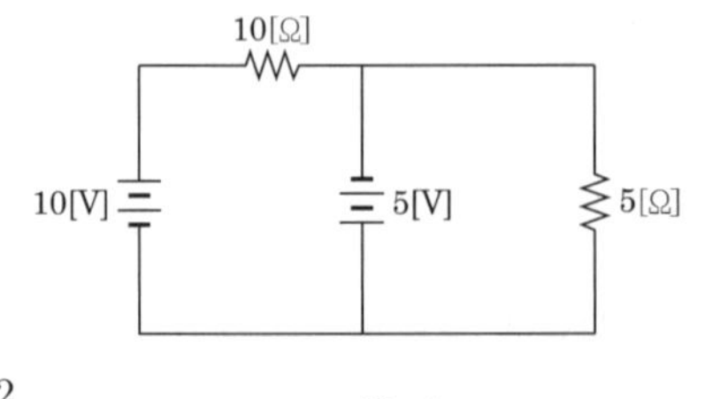

① $\frac{1}{2}$ ② $\frac{2}{3}$ ③ 1 ④ $\frac{5}{3}$

해설 중첩의 원리에 의해 10[V]의 전압원에 의한 전류는 흐르지 않고 5[V]의 전압원에 의한 전류만 1[A]가 흐른다.

답 ③

107 핵심이론 찾아보기▶핵심 06-4

산업 13·09·08·03년 출제

그림과 같은 회로에서 선형 저항 3[Ω] 양단의 전압[V]은?

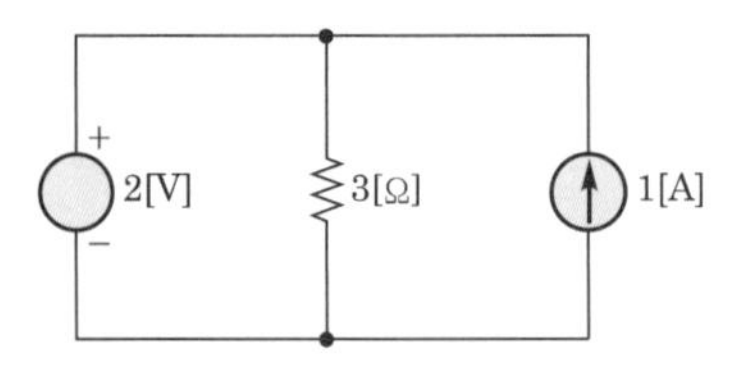

① 2 ② 2.5 ③ 3 ④ 4.5

해설 전압원 존재 시 전류원 개방, 전류원 존재 시 전압원은 단락한다.
2[V] 전압원 존재 시 : 전류원을 개방하면 3[Ω]의 양단 전압은 2[V]
1[A] 전류원 존재 시 : 전압원을 단락하면 3[Ω]의 전압은 0[V]
∴ 3[Ω] 양단 전압은 2[V]가 된다.

답 ①

108 핵심이론 찾아보기▶핵심 06-4

산업 05·98년 출제

그림과 같은 회로에서 단자 b, c에 걸리는 전압 V_{bc}는 몇 [V]인가?

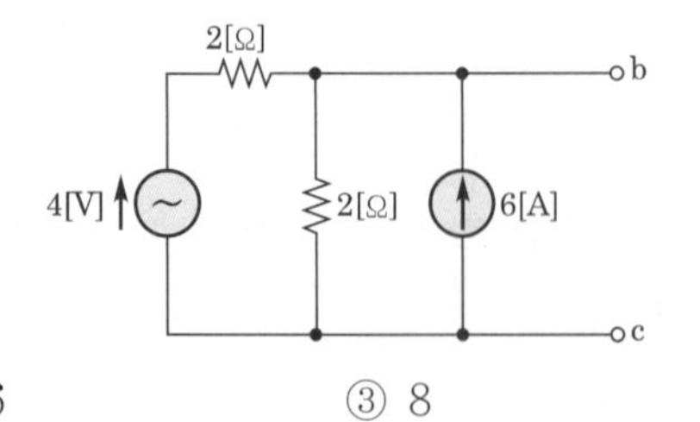

① 4 ② 6 ③ 8 ④ 10

해설 전압원 존재 시 전류원 개방, 전류원 존재 시 전압원은 단락한다.
4[V]에 의한 전압 $V_1 = \frac{2}{2+2} \times 4 = 2$[V]

6[A]에 의한 전압 $V_2 = 2 \times \frac{2}{2+2} \times 6 = 6[V]$

$\therefore\ V_{ab} = V_1 + V_2 = 2 + 6 = 8[V]$

답 ③

109 핵심이론 찾아보기▶핵심 06-4 　산업 20·13·06·02·01·94년 출제

그림과 같은 회로에서 15[Ω]에 흐르는 전류[A]는?

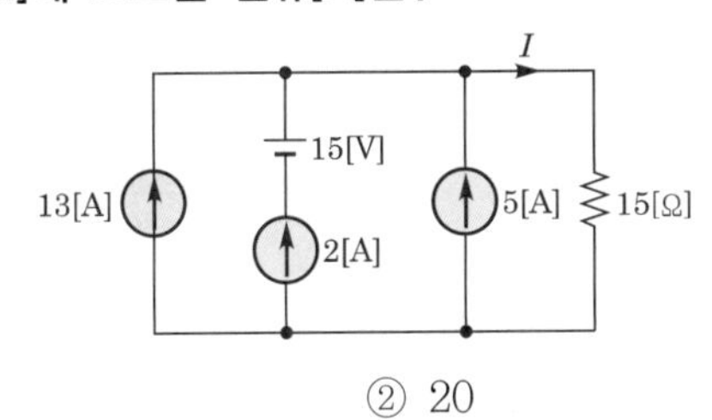

① 4　② 20
③ 8　④ 10

해설 전압원 존재 시 전류원 개방, 전류원 존재 시 전압원은 단락한다.
전류원에 의한 전류 $I_1 = 13 + 2 + 5 = 20[A]$
전압원 15[V]에 의한 전류 $I_2 = 0[A]$
$\therefore$ 20[A]

답 ②

110 핵심이론 찾아보기▶핵심 06-4 　기사 09·97·93·91년 / 산업 99·92·86년 출제

그림과 같은 회로에서 전류 I[A]를 구하면?

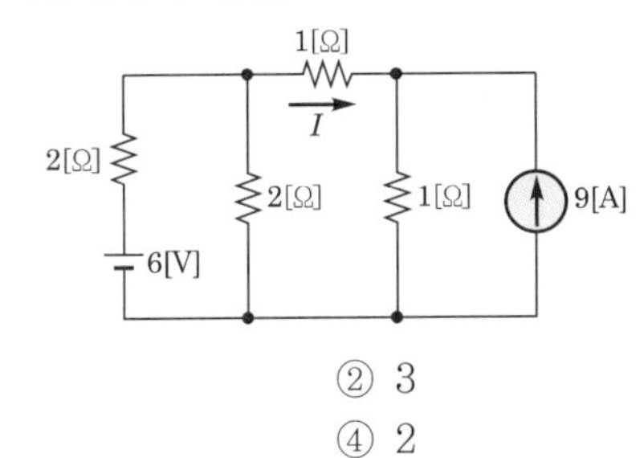

① 1　② 3
③ −2　④ 2

해설 전압원 존재 시 전류원 개방, 전류원 존재 시 전압원은 단락한다.
- 6[V] 전압원 존재 시 : 전류원 개방

전전류 $I = \frac{6}{2 + \frac{2 \times 2}{2+2}} = 2[A]$

$\therefore$ 1[Ω]에 흐르는 전류 $I_1 = 1[A]$

- 9[A] 전류원 존재 시 : 전압원 단락

$\therefore$ 분류법칙에 의해 1[Ω]에 흐르는 전류 $I_2 = \frac{1}{2+1} \times 9 = 3[A]$

$\because$ 1[Ω]에 흐르는 전전류 I는 I_1과 I_2의 합이므로 $I = I_1 - I_2 = 1 - 3 = -2[A]$
I_1이 정방향이고 I_2와 반대 방향이므로 여기서 −는 방향을 나타낸다.

답 ③

111

핵심이론 찾아보기▶핵심 06-5

산업 17·09·06·03·00·99년 출제

테브난(Thevenin)의 정리를 사용하여 그림 (a)의 회로를 (b)와 같은 등가회로로 바꾸려 한다. E[V]와 R[Ω]의 값은?

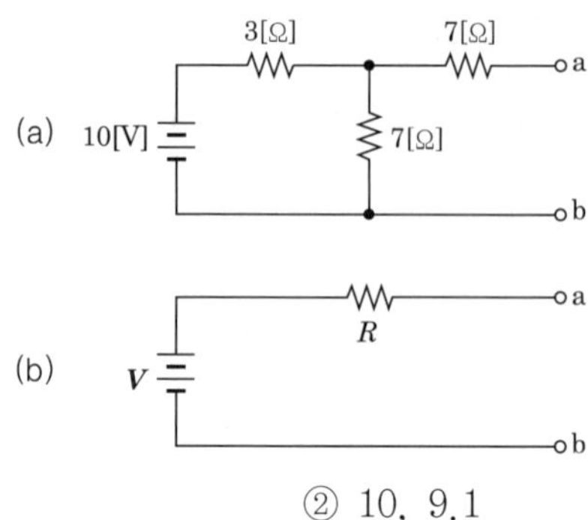

① 7, 9.1
② 10, 9.1
③ 7, 6.5
④ 10, 6.5

해설 • $V_{ab}=E$: a, b의 단자 전압

$$E=\frac{7}{3+7}\times 10=7[\text{V}]$$

• $Z_{ab}=R$: 모든 전원을 제거하고 능동 회로망 쪽을 바라본 임피던스

$$R=7+\frac{3\times 7}{3+7}=9.1[\Omega]$$

답 ①

112

핵심이론 찾아보기▶핵심 06-5

산업 17년 출제

회로의 양 단자에서 테브난의 정리에 의한 등가회로로 변환할 경우 V_{ab} 전압과 테브난 등가저항은?

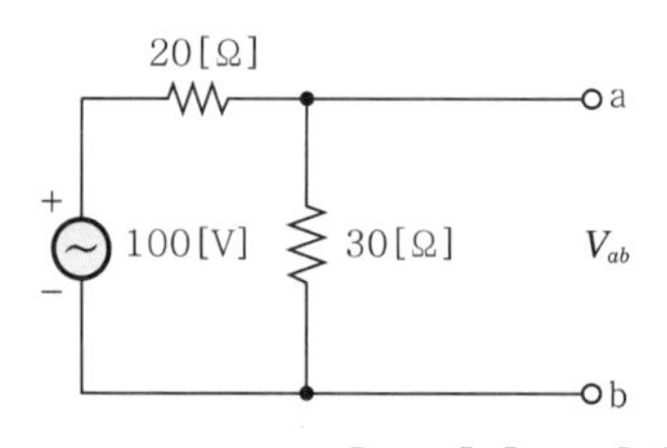

① 60[V], 12[Ω]
② 60[V], 15[Ω]
③ 50[V], 15[Ω]
④ 50[V], 50[Ω]

해설 V_{ab}는 a, b의 단자 전압

$$\therefore\ V_{ab}=\frac{30}{20+30}\times 100=60[\text{V}]$$

$$Z_{ab}=\frac{20\times 30}{20+30}=12[\Omega]$$

답 ①

113 핵심이론 찾아보기▶핵심 06-5

산업 00·99년 출제

그림과 같은 회로에서 a, b 단자의 전압이 100[V], a, b에서 본 능동 회로망 N 의 임피던스가 15[Ω]일 때 단자 a, b에 10[Ω]의 저항을 접속하면 a, b 사이에 흐르는 전류는 몇 [A]인가?

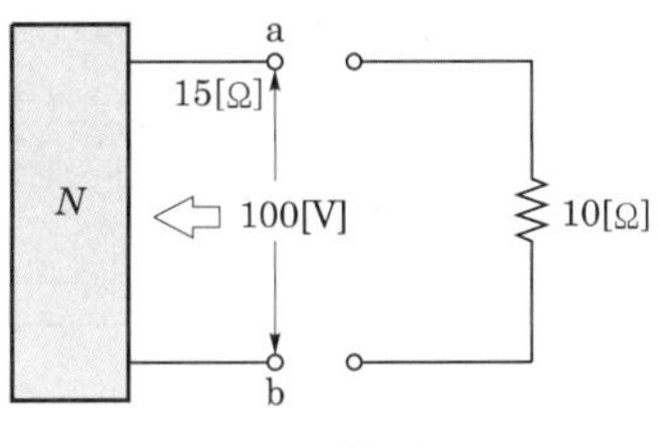

① 2 ② 4

③ 6 ④ 8

해설 테브난의 정리

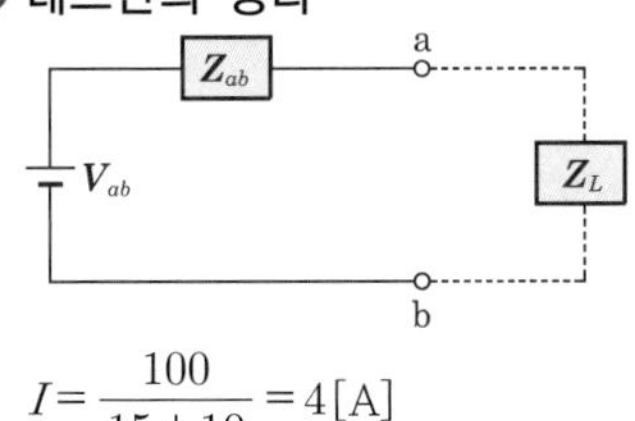

$$I=\frac{V_{ab}}{Z_{ab}+Z_L}[\text{A}]$$

$$I=\frac{100}{15+10}=4[\text{A}]$$

답 ②

114 핵심이론 찾아보기▶핵심 06-5

산업 13년 출제

그림과 같은 회로망에서 출력단 a, b에서 바라본 등가 임피던스[Ω]를 구하면? (단, $E_1=6$[V], $E_2=3$[V], $I_1=10$[A], $R_1=15$[Ω], $R_2=10$[Ω], $L=2$[H])

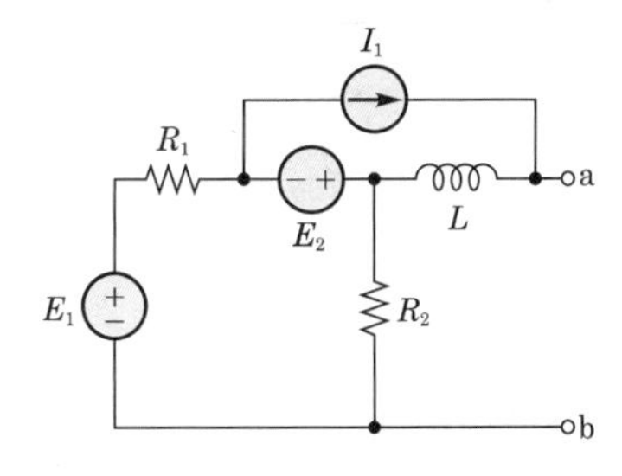

① $\dfrac{1}{s+3}$ ② $s+15$

③ $\dfrac{3}{s+2}$ ④ $2s+6$

해설 $Z_{ab}=j\omega L+\dfrac{R_1R_2}{R_1+R_2}=2s+\dfrac{15\times10}{15+10}=2s+6[\Omega]$

답 ④

115

핵심이론 찾아보기▶핵심 06-5

산업 96년 출제

그림에서 단자 a, b에서 바라본 테브난의 등가 저항은 몇 [Ω]인가?

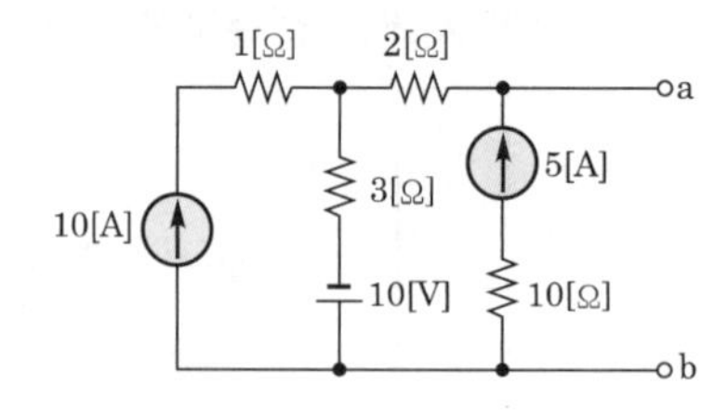

① $\dfrac{50}{15}$　　② 5

③ $\dfrac{65}{15}$　　④ 10

해설 전압원은 단락, 전류원은 개방하면 등가 저항 R은

$R=2+3=5[\Omega]$

답 ②

116

핵심이론 찾아보기▶핵심 06-5

산업 10·04·99·96·91년 출제

그림의 회로에서 저항 2.6[Ω]에 흐르는 전류[A]는?

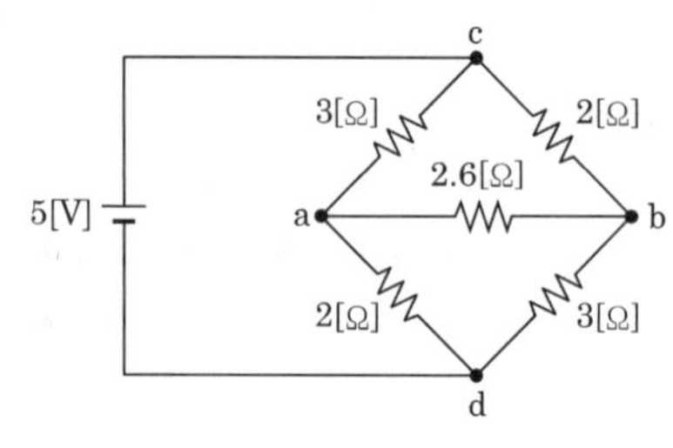

① 0.2　　② 0.5

③ 1　　④ 1.2

해설

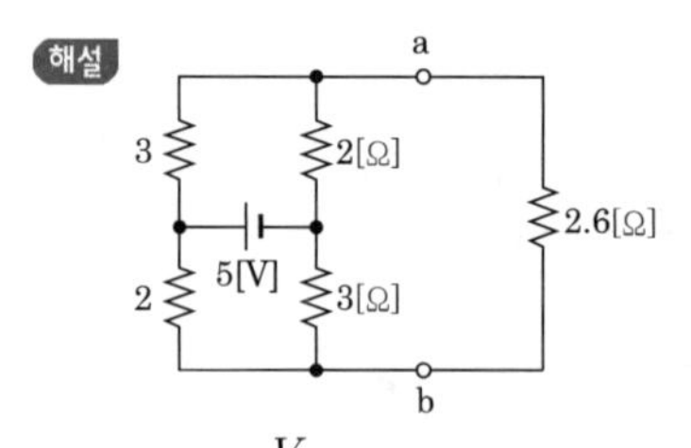

$$I=\frac{V_{ab}}{Z_{ab}+Z_L}[\text{A}]$$

$$Z_{ab}=\frac{3\times2}{3+2}+\frac{2\times3}{2+3}=2.4[\Omega]$$

$$V_{ab}=3-2=1[\text{V}]$$

$$\therefore\ I=\frac{1}{2.4+2.6}=0.2[\text{A}]$$

답 ①

117 핵심이론 찾아보기▶핵심 06-5

산업 16년 출제

두 개의 회로망 N_1과 N_2가 있다. a－b 단자, a′－b′ 단자의 각각의 전압은 50[V], 30[V]이다. 또, 양 단자에서 N_1, N_2를 본 임피던스가 15[Ω]과 25[Ω]이다. a－a′, b－b′를 연결하면 이때 흐르는 전류는 몇 [A]인가?

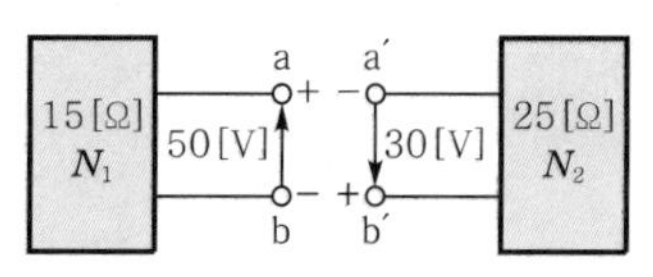

① 0.5　　② 1
③ 2　　④ 4

해설

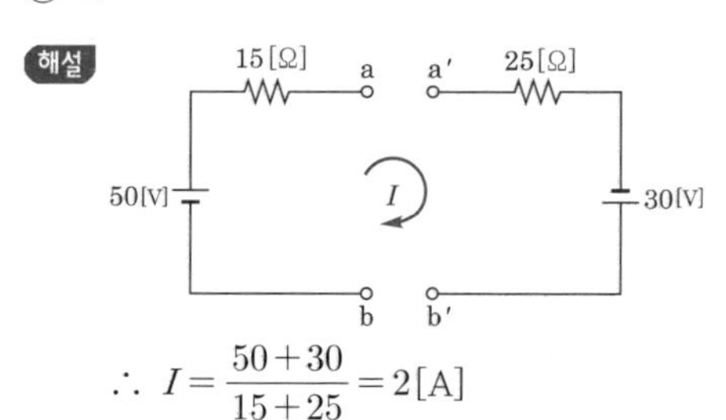

$$\therefore\ I=\frac{50+30}{15+25}=2[\text{A}]$$

답 ③

118 핵심이론 찾아보기▶핵심 06-5

기사 91년 / 산업 11·07·88년 출제

다음 중 데브난의 정리와 쌍대의 관계가 있는 것은?

① 밀만의 정리　　② 중첩의 원리
③ 노턴의 정리　　④ 보상의 정리

해설 • 테브난의 등가회로

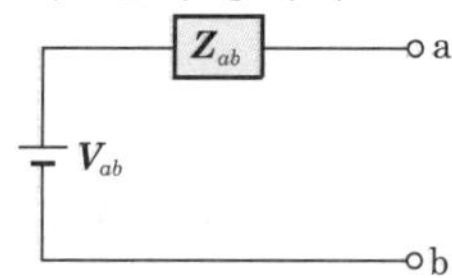

• 노턴의 등가회로

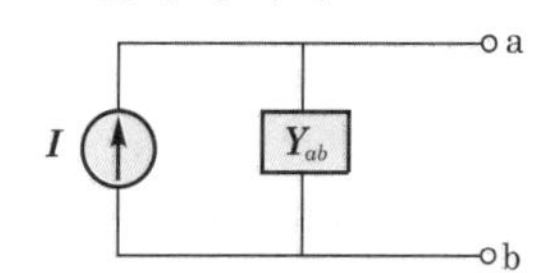

답 ③

119 핵심이론 찾아보기▶핵심 06-6

기사 94·90년 / 산업 95·92년 출제

다음 회로의 단자 a, b에 나타나는 전압[V]은 얼마인가?

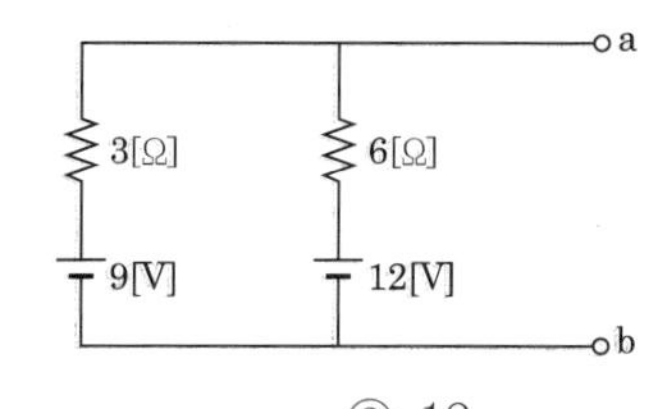

① 9　　② 10　　③ 12　　④ 3

해설 밀만의 정리

$$V_{ab}=\frac{\sum_{k=1}^{n} I_k}{\sum_{k=1}^{n} Y_k}[\text{V}]$$

$$V_{ab}=\frac{\frac{9}{3}+\frac{12}{6}}{\frac{1}{3}+\frac{1}{6}}=10[\text{V}]$$

답 ②

120

핵심이론 찾아보기▶핵심 06-6

산업 22·19년 출제

그림의 회로에서 전류 I는 약 몇 [A]인가? (단, 저항의 단위는 [Ω]이다.)

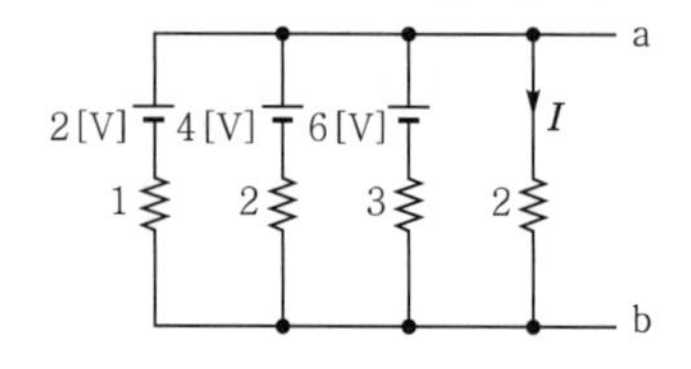

① 1.125 ② 1.29 ③ 6 ④ 7

해설 밀만의 정리에 의해 a－b 단자의 단자 전압 V_{ab}

$$V_{ab}=\frac{\frac{2}{1}+\frac{4}{2}+\frac{6}{3}}{\frac{1}{1}+\frac{1}{2}+\frac{1}{3}+\frac{1}{2}}\fallingdotseq 2.57[\text{V}]$$

∴ 2[Ω]에 흐르는 전류 $I=\frac{2.57}{2}=1.29[\text{A}]$

답 ②

121

핵심이론 찾아보기▶핵심 06-7

산업 94·88년 출제

그림과 같은 회로망에서 키르히호프의 법칙을 사용하여 마디 전압 방정식을 세우려고 한다. 최소 몇 개의 독립 방정식이 필요한가?

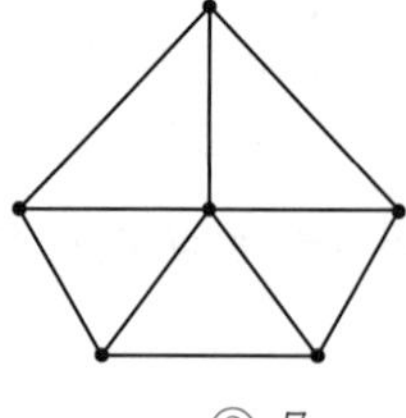

① 5 ② 6 ③ 7 ④ 8

해설 독립 전압 방정식의 수＝보목의 수 : $b-(n-1)=10-(6-1)=5$개

답 ①

122

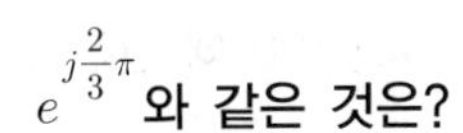

산업 18년 출제

$e^{j\frac{2}{3}\pi}$ 와 같은 것은?

① $\frac{1}{2}-j\frac{\sqrt{3}}{2}$

② $-\frac{1}{2}-j\frac{\sqrt{3}}{2}$

③ $-\frac{1}{2}+j\frac{\sqrt{3}}{2}$

④ $\cos\frac{2}{3}\pi+\sin\frac{2}{3}\pi$

해설 $e^{j\frac{2}{3}\pi}=\cos\frac{2}{3}\pi+\sin\frac{2}{3}\pi=-\frac{1}{2}+j\frac{\sqrt{3}}{2}$

답 ③

123

핵심이론 찾아보기▶핵심 07-1

산업 14년 출제

$a+a^2$의 값은? (단, $a=e^{j120}$임)

① 0 ② -1 ③ 1 ④ a^3

해설 $1+a^2+a=0$

$\therefore\ a+a^2=-1$

답 ②

124

핵심이론 찾아보기▶핵심 07-1

산업 18년 출제

대칭 3상 교류 전원에서 각 상의 전압이 v_a, v_b, v_c일 때 3상 전압[V]의 합은?

① 0 ② $0.3v_a$ ③ $0.5v_a$ ④ $3v_a$

해설 대칭 3상 전압의 합

$v_a+v_b+v_c=V+a^2V+aV=(1+a^2+a)V=0$

답 ①

125

핵심이론 찾아보기▶핵심 07-2

기사 04년 / 산업 21·12·11·07·00·96·88년 출제

각 상의 임피던스가 $Z=6+j8[\Omega]$인 평형 Y부하에 선간전압 220[V]인 대칭 3상 전압이 가해졌을 때 선전류는 약 몇 [A]인가?

① 11.7 ② 12.7 ③ 13.7 ④ 14.7

해설 Y결선

- 선간전압(V_l) $=\sqrt{3}$ 상전압(V_p)
- 선전류(I_l) $=$상전류(I_p)

선전류 $I_l=I_p=\frac{V_p}{Z}=\frac{220/\sqrt{3}}{\sqrt{8^2+6^2}}=12.7[\text{A}]$

답 ②

126 핵심이론 찾아보기▶핵심 07-2

산업 19·16년 출제

Y결선된 대칭 3상 회로에서 전원 한 상의 전압이 $V_a = 220\sqrt{2}\sin\omega t$[V]일 때 선간전압의 실효값은 약 몇 [V]인가?

① 220 ② 310 ③ 380 ④ 540

해설 Y(성형) 결선의 선간전압$(V_l) = \sqrt{3}$ 상전압(V_p)

∴ 선간전압의 실효값 $V_l = \sqrt{3} \times 220 ≒ 380$[V]

답 ③

127 핵심이론 찾아보기▶핵심 07-2

산업 14·92년 출제

그림과 같이 평형 3상 성형 부하 $Z = 6 + j8$[Ω]에 200[V]의 상전압이 공급될 때 선전류는 몇 [A]인가?

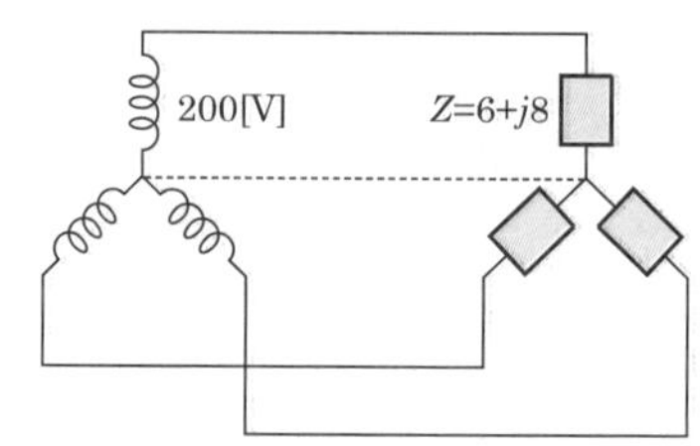

① 15 ② $15\sqrt{3}$ ③ 20 ④ $20\sqrt{3}$

해설 선전류 $I_l = I_p = \dfrac{V_p}{Z} = \dfrac{200}{\sqrt{6^2 + 8^2}} = 20$[A]

답 ③

128 핵심이론 찾아보기▶핵심 07-2

기사 10·07·04·03년 / 산업 15·08·06년 출제

각 상의 임피던스가 $Z = 16 + j12$[Ω]인 평형 3상 Y부하에 정현파 상전류 10[A]가 흐를 때 이 부하의 선간전압의 크기[V]는?

① 200 ② 600 ③ 220 ④ 346

해설 선간전압 $V_l = \sqrt{3}\,V_p = \sqrt{3}\,I_p Z = \sqrt{3} \times 10 \times \sqrt{16^2 + 12^2} = 346$[V]

답 ④

129 핵심이론 찾아보기▶핵심 07-2

산업 00·98년 출제

평형 3상 3선식 회로가 있다. 부하는 Y결선이고 $V_{ab} = 100\sqrt{3}\angle 0°$[V]일 때 $I_a = 20\angle -120°$[A]이었다. Y결선된 부하 한 상의 임피던스는 몇 [Ω]인가?

① $5\angle 60°$ ② $5\sqrt{3}\angle 60°$ ③ $5\angle 90°$ ④ $5\sqrt{3}\angle 90°$

해설

$$Z = \frac{V_p}{I_p} = \frac{\dfrac{100\sqrt{3}}{\sqrt{3}}\angle 0° - 30°}{20\angle -120°} = \frac{100\angle -30°}{20\angle -120°} = 5\angle 90°[\Omega]$$

답 ③

130

핵심이론 찾아보기▶핵심 07-3

산업 08·05·00·98년 출제

R[Ω]의 3개의 저항을 전압 V[V]의 3상 교류 선간에 그림과 같이 접속할 때 선전류[A]는 얼마인가?

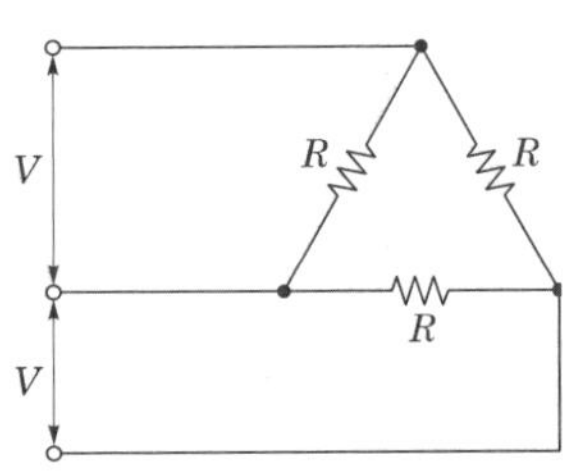

① $\dfrac{V}{\sqrt{3}R}$

② $\dfrac{\sqrt{3}V}{R}$

③ $\dfrac{V}{3R}$

④ $\dfrac{3V}{R}$

해설 선전류 $I_l = \sqrt{3}I_p = \sqrt{3}\dfrac{V_p}{R} = \dfrac{\sqrt{3}V}{R}$[A]

답 ②

131

핵심이론 찾아보기▶핵심 07-3

기사 04·97·89년 / 산업 15·11·05·04·03·01·97·91년 출제

R=6[Ω], X_L=8[Ω]이 직렬인 임피던스 3개로 △결선된 대칭 부하 회로에 선간전압 100[V]인 대칭 3상 전압을 가하면 선전류는 몇 [A]인가?

① $\sqrt{3}$

② $3\sqrt{3}$

③ 10

④ $10\sqrt{3}$

해설 $I_l = \sqrt{3}I_p = \sqrt{3} \times \dfrac{100}{\sqrt{6^2+8^2}} = 10\sqrt{3}$[A]

답 ④

132

핵심이론 찾아보기▶핵심 07-3

산업 06년 출제

변압비 33 : 1의 단상 변압기 3개를 1차는 △, 2차는 Y로 결선하고 1차 선간에 3,300[V]를 가할 때의 무부하 2차 선간전압은 몇 [V]인가?

① 100

② 120

③ 141.4

④ 173.2

해설 권수비 $a = \dfrac{n_1}{n_2} = \dfrac{V_1}{V_2}$ 에서

2차 상전압 $V_2 = \dfrac{n_2}{n_1}V_1 = \dfrac{1}{33} \times 3{,}300 = 100$[V]

∴ 2차 선간전압 $V_{2l} = \sqrt{3}V_{2p} = \sqrt{3} \cdot 100 = 173.2$[V]

답 ④

133

핵심이론 찾아보기▶핵심 07-3 　　산업 12년 출제

△결선인 평형 순저항 부하를 사용하는 경우 선간전압이 220[V], 환상 전류가 7.33[A]일 때 부하저항[Ω]은?

① 80 　② 60 　③ 45 　④ 30

해설 부하저항 $R = \dfrac{V_p}{I_p} = \dfrac{220}{7.33} = 30[\Omega]$

답 ④

134

핵심이론 찾아보기▶핵심 07-3 　　산업 99·91년 출제

전원과 부하가 △-△ 결선인 평형 3상 회로의 선간전압이 220[V], 선전류가 30[A]이었다면 부하 1상의 임피던스[Ω]는?

① 9.7 　② 10.7
③ 11.7 　④ 12.7

해설 △결선이므로 $V_l = V_p$, $I_l = \sqrt{3}\,I_p$

$\therefore\ Z = \dfrac{V_p}{I_p} = \dfrac{220}{30/\sqrt{3}} = 12.7[\Omega]$

답 ④

135

핵심이론 찾아보기▶핵심 07-3 　　기사 11·98·85년 / 산업 98·89년 출제

평형 3상 회로에서 그림과 같이 변류기를 접속하고 전류계 A를 연결했을 때 전류계 A에 흐르는 전류는 몇 [A]인가?

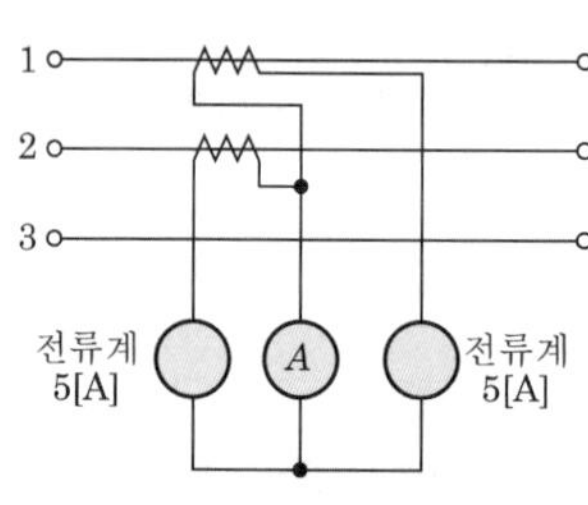

① 0 　② 5.33
③ 8.66 　④ 10.22

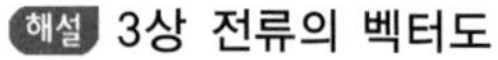
해설 3상 전류의 벡터도

$I_A = I_1 - I_2$

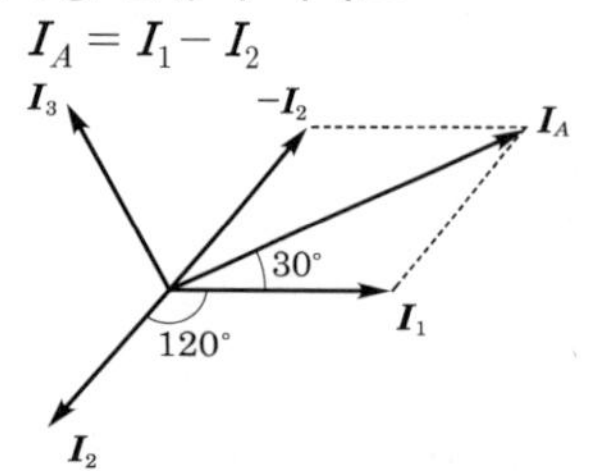

$I_A = 2I_1\cos 30° = \sqrt{3}\,I_1 = \sqrt{3} \times 5 = 8.66[A]$

답 ③

136

핵심이론 찾아보기▶핵심 07-4　　　기사 07·04·01·89년 / 산업 15·00·99·92년 출제

그림과 같은 순저항으로 된 회로에 대칭 3상 전압을 가했을 때 각 선에 흐르는 전류가 같으려면 R의 값[Ω]은?

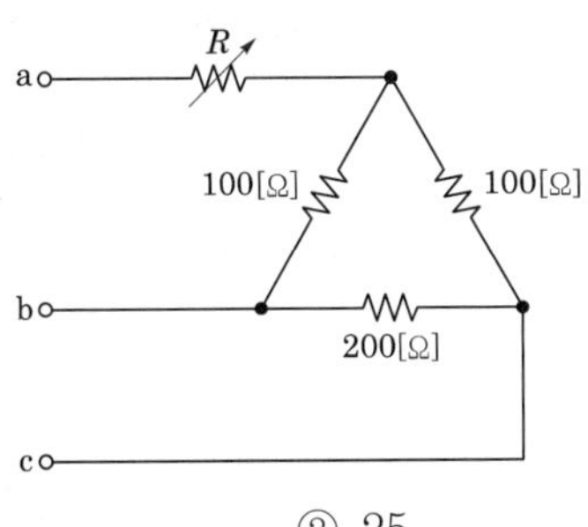

① 20　　② 25
③ 30　　④ 35

해설 각 선에 흐르는 전류가 같으려면 각 상의 저항의 크기가 같아야 한다. 따라서 △결선을 Y결선으로 바꾸면

R
a
$R_a = 25$
$R_c = 50$
$R_b = 50$
b
c

$$R_a = \frac{10{,}000}{400} = 25[\Omega]$$

$$R_b = \frac{20{,}000}{400} = 50[\Omega]$$

$$R_c = \frac{20{,}000}{400} = 50[\Omega]$$

∵ 각 상의 저항이 같기 위해서는 $R = 25[\Omega]$이다.

답 ②

137

핵심이론 찾아보기▶핵심 07-4　　　기사 04년 / 산업 14년 출제

10[Ω]의 저항 3개를 Y로 결선한 것을 등가 △결선으로 환산한 저항의 크기[Ω]는?

① 20　　② 30
③ 40　　④ 60

해설 Y결선의 임피던스가 같은 경우
△결선으로 등가 변환하면 $Z_\triangle = 3Z_Y$가 된다.
∴ $Z_\triangle = 3Z_Y = 3 \times 10 = 30[\Omega]$

답 ②

138 핵심이론 찾아보기▶핵심 07-4

산업 16·14·05년 출제

그림과 같이 접속된 회로에 평형 3상 전압 E[V]를 가할 때의 전류 I_l[A]은?

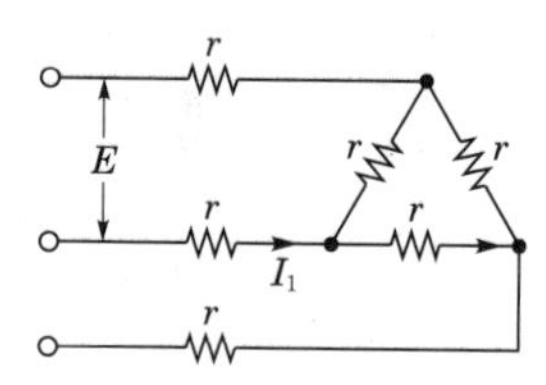

① $\frac{\sqrt{3}}{4E}$　② $\frac{4E}{\sqrt{3}}$

③ $\frac{4r}{\sqrt{3}E}$　④ $\frac{\sqrt{3}E}{4r}$

해설 △결선을 Y결선으로 등가 변환하면

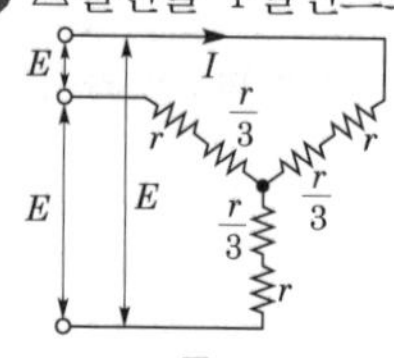

$$I=\frac{\frac{E}{\sqrt{3}}}{r+\frac{r}{3}}=\frac{\sqrt{3}E}{4r}[\mathrm{A}]$$

답 ④

139 핵심이론 찾아보기▶핵심 07-4

산업 20·07·04·83년 출제

9[Ω]과 3[Ω]의 저항 3개를 그림과 같이 연결하였을 때 A, B 사이의 합성저항[Ω]은?

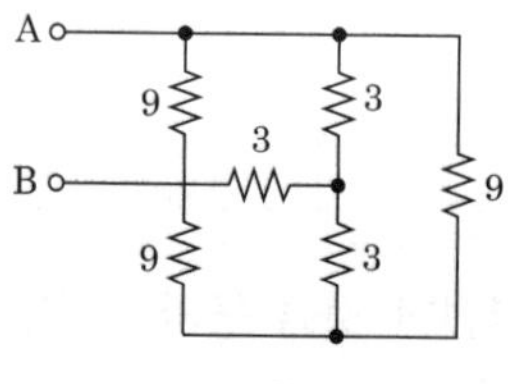

① 6　② 4

③ 3　④ 2

해설

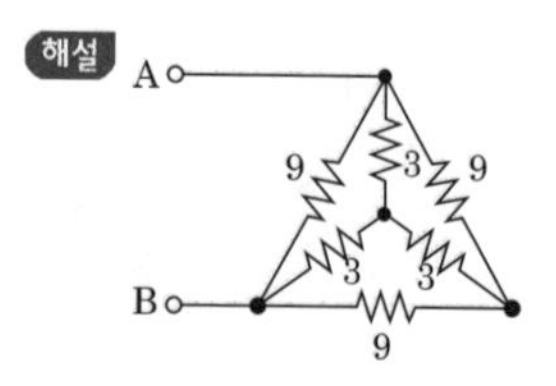

△−Y

A
3 3
3
B
3

합성저항 $R_{AB}=\frac{3\times 3}{3+3}+\frac{3\times 3}{3+3}=3[\Omega]$

답 ③

140

핵심이론 찾아보기▶핵심 07-4

산업 13·89년 출제

대칭 3상 전압을 그림과 같은 평형 부하에 가할 때의 부하의 역률은 얼마인가? (단, $R=9[\Omega]$, $\dfrac{1}{\omega C}=4[\Omega]$이다.)

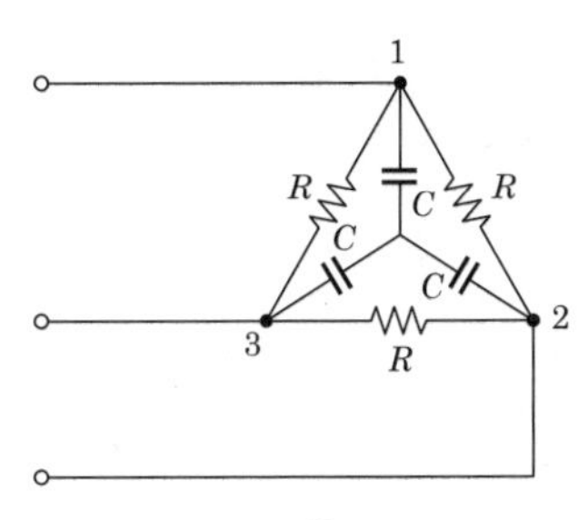

① 1 ② 0.96 ③ 0.8 ④ 0.6

해설 △결선을 Y결선으로 등가 변환하면 $R-C$ 병렬회로가 된다.

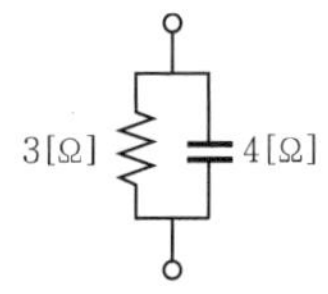

$R-C$ 병렬회로의 역률 $\cos\theta=\dfrac{4}{\sqrt{3^2+4^2}}=0.8$

답 ③

141

핵심이론 찾아보기▶핵심 07-4

산업 01·98·90·87년 출제

그림과 같이 △로 접속된 부하에서 각 선로의 저항은 $r=1[\Omega]$이고 부하의 임피던스는 $Z=6+j12[\Omega]$이다. 단자 a, b, c 간에 200[V]의 평형 3상 전압을 가할 때 부하의 상전류[A]는?

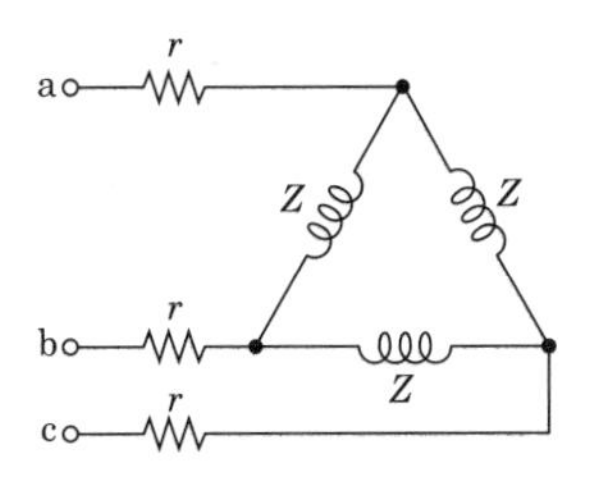

① 23.09 ② 40.26 ③ 13.33 ④ 69.28

해설 △ → Y로 등가 변환하면 한 상의 임피던스가 $1+\dfrac{6+j12}{3}=3+j4[\Omega]$이 되므로

선전류 $I_l=\dfrac{\dfrac{200}{\sqrt{3}}}{\sqrt{3^2+4^2}}=23.09[\text{A}]$

∴ 상전류 $I_p=\dfrac{23.09}{\sqrt{3}}=13.33[\text{A}]$

답 ③

142 핵심이론 찾아보기▶핵심 07-4

산업 18년 출제

다음과 같은 Y결선 회로와 등가인 △ 결선 회로의 A, B, C 값은 몇 [Ω]인가?

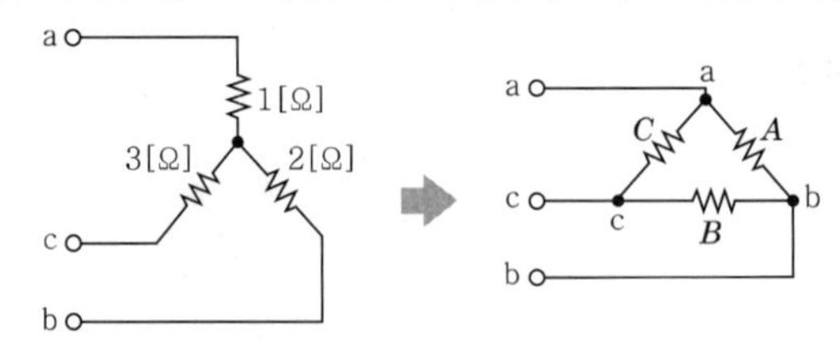

① $A=\frac{7}{3}$, $B=7$, $C=\frac{7}{2}$
② $A=7$, $B=\frac{7}{2}$, $C=\frac{7}{3}$
③ $A=11$, $B=\frac{11}{2}$, $C=\frac{11}{3}$
④ $A=\frac{11}{3}$, $B=11$, $C=\frac{11}{2}$

해설

$$A=\frac{1\times2+2\times3+3\times1}{3}=\frac{11}{3}$$

$$B=\frac{1\times2+2\times3+3\times1}{1}=11$$

$$C=\frac{1\times2+2\times3+3\times1}{2}=\frac{11}{2}$$

답 ④

143 핵심이론 찾아보기▶핵심 07-5

산업 16·15·01년 출제

그림의 3상 Y결선 회로에서 소비하는 전력[W]은?

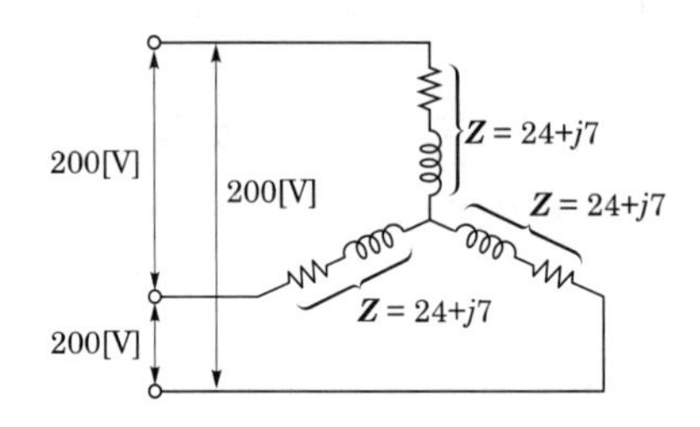

① 3,072 ② 1,536 ③ 768 ④ 512

해설 3상 소비전력 $P=\sqrt{3}\,V_l I_l\cos\theta=3I_p^{\,2}\cdot R$[W]

$$P=3I_p^{\,2}R=3\left(\frac{\frac{200}{\sqrt{3}}}{\sqrt{24^2+7^2}}\right)^2\times24=1{,}536[\text{W}]$$

답 ②

144 핵심이론 찾아보기▶핵심 07-5

산업 15년 출제

3상 평형 부하가 있다. 전압이 200[V], 역률이 0.8이고 소비전력은 10[kW]이다. 부하 전류는 몇 [A]인가?

① 약 30 ② 약 32 ③ 약 34 ④ 약 36

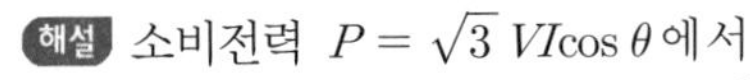

해설 소비전력 $P = \sqrt{3}\, VI\cos\theta$ 에서

$$I = \frac{P}{\sqrt{3}\, V\cos\theta} = \frac{10\times 10^3}{\sqrt{3}\times 200\times 0.8} = 36.08[\mathrm{A}]$$

답 ④

145

핵심이론 찾아보기▶핵심 07-5

기사 96년 / 산업 12·11·08년 출제

평형 3상 부하에 전력을 공급할 때 선전류값이 20[A]이고 부하의 소비전력이 4[kW]이다. 이 부하의 등가 Y회로에 대한 각 상의 저항[Ω]은?

① $\frac{10}{3}$ ② $\frac{10}{\sqrt{3}}$ ③ 10 ④ $10\sqrt{3}$

해설 소비전력 $P = 3I^2R$에서

$$\therefore\ R = \frac{P}{3{I_p}^2} = \frac{4\times 10^3}{3\times 20^2} = \frac{10}{3}[\Omega]$$

답 ①

146

핵심이론 찾아보기▶핵심 07-5

산업 16년 출제

한 상의 임피던스 $Z = 6 + j8[\Omega]$인 평형 Y부하에 평형 3상 전압 200[V]를 인가할 때 무효전력은 약 몇 [Var]인가?

① 1,330 ② 1,848 ③ 2,381 ④ 3,200

해설

$$P_r = 3{I_p}^2X_L[\mathrm{Var}] = 3\left(\frac{\frac{200}{\sqrt{3}}}{\sqrt{6^2+8^2}}\right)^2\cdot 8 \fallingdotseq 3{,}200[\mathrm{Var}]$$

답 ④

147

핵심이론 찾아보기▶핵심 07-5

산업 10·02년 출제

대칭 3상 Y부하에서 각 상의 임피던스가 $Z = 3 + j4[\Omega]$이고, 부하 전류가 20[A]일 때 이 부하의 무효전력[Var]은?

① 1,600 ② 2,400 ③ 3,600 ④ 4,800

해설 $P_r = 3{I_p}^2\cdot X_L = 3\times 20^2\times 4 = 4{,}800[\mathrm{Var}]$

답 ④

148

핵심이론 찾아보기▶핵심 07-5

기사 85년 / 산업 09·00·98년 출제

대칭 3상 Y부하에서 각 상의 임피던스가 $Z = 3 + j4[\Omega]$이고, 부하 전류가 20[A]일 때 피상전력[VA]은?

① 1,800 ② 2,000 ③ 2,400 ④ 6,000

해설 피상전력 $P_a = \sqrt{3}\, V_l\cdot I_l = 3{I_p}^2\cdot Z = 3\times 20^2\times\sqrt{3^2+4^2} = 6{,}000[\mathrm{VA}]$

답 ④

149 핵심이론 찾아보기▶핵심 07-6

산업 17년 출제

저항 3개를 Y로 접속하고 이것을 선간전압 200[V]의 평형 3상 교류 전원에 연결할 때 선전류가 20[A] 흘렀다. 이 3개의 저항을 △로 접속하고 동일 전원에 연결하였을 때의 선전류는 몇 [A]인가?

① 30 ② 40 ③ 50 ④ 60

해설 △결선의 선전류 $I_\triangle = \sqrt{3}\, I_p = \sqrt{3}\, \dfrac{V}{R}$[A]

Y결선의 선전류 $I_Y = I_p = \dfrac{V}{\sqrt{3}\, R}$[A]

$$\therefore \frac{I_\triangle}{I_Y} = \frac{\dfrac{\sqrt{3}\, V}{R}}{\dfrac{V}{\sqrt{3}\, R}} = 3$$

즉, $I_\triangle = 3I_Y$ 따라서 $I_\triangle = 3 \times 20 = 60$[A]

답 ④

150 핵심이론 찾아보기▶핵심 07-6

산업 15·06·05년 출제

△ 결선된 저항 부하를 Y결선으로 바꾸면 소비전력은? (단, 저항과 선간전압은 일정하다.)

① 3배로 된다. ② 9배로 된다.

③ $\dfrac{1}{9}$로 된다. ④ $\dfrac{1}{3}$로 된다.

해설 • △결선 시 전력 $P_\triangle = 3{I_p}^2 \cdot R = 3\left(\dfrac{V}{R}\right)^2 \cdot R = 3\dfrac{V^2}{R}$[W]

• Y결선 시 전력 $P_Y = 3{I_p}^2 \cdot R = 3\left(\dfrac{\dfrac{V}{\sqrt{3}}}{R}\right)^2 \cdot R = 3\left(\dfrac{V}{\sqrt{3}\, R}\right)^2 \cdot R = \dfrac{V^2}{R}$[W]

$$\therefore \frac{P_Y}{P_\triangle} = \frac{\dfrac{V^2}{R}}{\dfrac{3V^2}{R}} = \frac{1}{3}\text{배}$$

답 ④

151 핵심이론 찾아보기▶핵심 07-7

산업 22·10·98·92년 출제

2전력계법을 써서 3상 전력을 측정하였더니 각 전력계가 +500[W], +300[W]를 지시하였다. 전전력[W]은?

① 800 ② 200 ③ 500 ④ 300

해설 2전력계법 단상 전력계의 지시값을 P_1, P_2라 하면
3상 전력 $P = P_1 + P_2 = 500 + 300 = 800$[W]

답 ①

152

핵심이론 찾아보기▶핵심 07-7

기사 03년 / 산업 90·87년 출제

두 대의 전력계를 사용하여 평형 부하의 3상 부하의 3상 회로의 역률을 측정하려고 한다. 전력계의 지시가 각각 P_1, P_2라 할 때 이 회로의 역률은?

① $\dfrac{\sqrt{P_1+P_2}}{P_1+P_2}$ ② $\dfrac{P_1+P_2}{P_1^2+P_2^2-2P_1P_2}$

③ $\dfrac{P_1+P_2}{2\sqrt{P_1^2+P_2^2-P_1P_2}}$ ④ $\dfrac{2P_1P_2}{\sqrt{P_1^2+P_2^2-P_1P_2}}$

해설 **2전력계법** : 전력계의 지시값을 P_1, P_2라 하면

- 유효전력 : $P=P_1+P_2$[W]
- 무효전력 : $P_r=\sqrt{3}(P_1-P_2)$[Var]
- 피상전력 : $P_a=2\sqrt{P_1^2+P_2^2-P_1P_2}$

역률 $\cos\theta=\dfrac{P}{P_a}=\dfrac{P}{\sqrt{P^2+P_r^2}}=\dfrac{P_1+P_2}{2\sqrt{P_1^2+P_2^2-P_1P_2}}$

답 ③

153

핵심이론 찾아보기▶핵심 07-7

기사 93년 / 산업 22·07·03년 출제

단상 전력계 2개로써 평형 3상 부하의 전력을 측정하였더니 각각 300[W]와 600[W]를 나타내었다면 부하 역률은? (단, 전압과 전류는 정현파이다.)

① 0.5 ② 0.577 ③ 0.637 ④ 0.867

해설 역률 $\cos\theta=\dfrac{P}{P_a}=\dfrac{P}{\sqrt{P^2+P_r^2}}=\dfrac{P_1+P_2}{2\sqrt{P_1^2+P_2^2-P_1P_2}}=\dfrac{300+600}{2\sqrt{300^2+600^2-300\times600}}$

$=0.867$

※ 하나의 전력계가 다른 전력계 지시값의 배인 경우. 즉, $P_2=2P_1$인 경우

역률 $\cos\theta=\dfrac{\sqrt{3}}{2}=0.867$이 된다.

답 ④

154

핵심이론 찾아보기▶핵심 07-7

산업 04년 출제

3상 전력을 측정하는 데 두 전력계 중에서 하나가 0이었다. 이때의 역률은 어떻게 되는가?

① 0.5 ② 0.8 ③ 0.6 ④ 0.4

해설 유효전력 $P=P_1+P_2$[W]

무효전력 $P_r=\sqrt{3}(P_1-P_2)$[Var]

피상전력 $P_a=\sqrt{P^2+P^2}=2\sqrt{P_1^2+P_2^2-P_1P_2}$[VA]

역률 $\cos\theta=\dfrac{P}{P_a}=\dfrac{P_1+P_2}{2\sqrt{P_1^2+P_2^2-P_1P_2}}$

$P_2=0$이므로 $\cos\theta=\dfrac{P_1}{2}$

$\cos\theta=\dfrac{1}{2}=0.5$

답 ①

155

핵심이론 찾아보기▶핵심 07-7

산업 16년 출제

그림은 평형 3상 회로에서 운전하고 있는 유도 전동기의 결선도이다. 각 계기의 지시가 $W_1=$ 2.36[kW], $W_2=$5.95[kW], $V=$200[V], $I=$30[A]일 때, 이 유도 전동기의 역률은 약 몇 [%]인가?

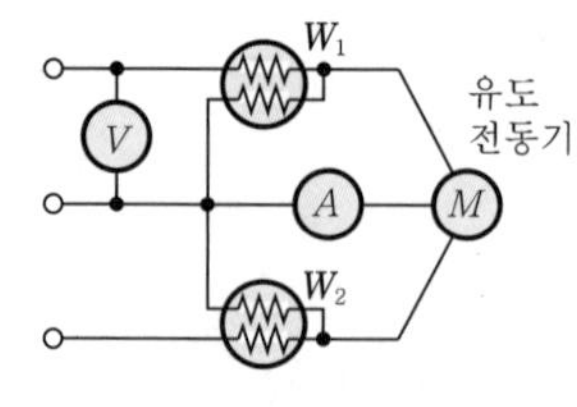

① 80　② 76
③ 70　④ 66

해설
- 유효전력 $P=W_1+W_2=2{,}360+5{,}950=8{,}310$[W]
- 피상전력 $P_a=\sqrt{3}\,VI=\sqrt{3}\times 200\times 30=10{,}392$[VA]
- 역률 $\cos\theta=\dfrac{P}{P_a}=\dfrac{8{,}310}{10{,}392}\fallingdotseq 0.80$

∴ 80[%]

답 ①

156

핵심이론 찾아보기▶핵심 07-7

산업 19년 출제

평형 3상 저항 부하가 3상 4선식 회로에 접속되어 있을 때 단상 전력계를 그림과 같이 접속하였더니 그 지시값이 W[W]이었다. 이 부하의 3상 전력[W]은?

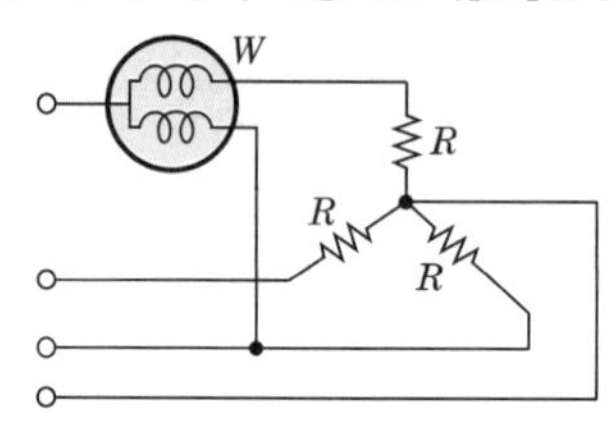

① $\sqrt{2}\,W$　② $2W$
③ $\sqrt{3}\,W$　④ $3W$

해설 전력계의 전압은 V_{ab}, 전류는 I_a이므로

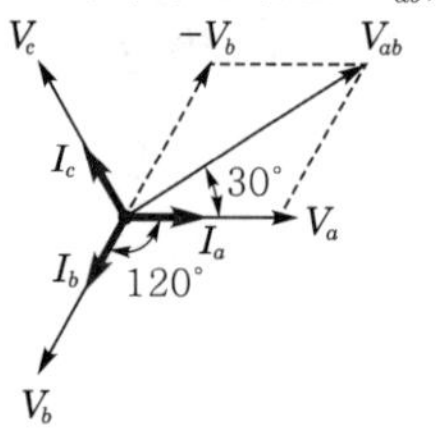

$$W=V_{ab}I_a\cos 30°=\frac{\sqrt{3}}{2}V_{ab}I_a$$

∴ 3상 전력 $P=2W$[W]

답 ②

157 핵심이론 찾아보기▶핵심 07-8

산업 83년 출제

V결선의 출력은 $P=\sqrt{3}\,VI\cos\theta$로 표시된다. 여기서, V, I는?

① 선간전압, 상전류
② 상전압, 선간전류
③ 선간전압, 선전류
④ 상전압, 상전류

해설 V결선의 출력 $P_v=\sqrt{3}\,VI\cos\theta$ (여기서, V : 선간전압, I : 선전류)

답 ③

158 핵심이론 찾아보기▶핵심 07-8

기사 20·98·90년 / 산업 20·14·07년 출제

단상 변압기 3개를 △결선하여 부하에 전력을 공급하고 있다. 변압기 1개의 고장으로 V결선으로 한 경우 공급할 수 있는 전력과 고장 전 전력과의 비율[%]은?

① 57.7
② 66.7
③ 75.0
④ 86.6

해설
- △결선 시 전력 : $P_\triangle=3VI\cos\theta$
- V결선 시 전력 : $P_V=\sqrt{3}\,VI\cos\theta$

$$\frac{P_V}{P_\triangle}=\frac{\sqrt{3}\,VI\cos\theta}{3VI\cos\theta}=\frac{\sqrt{3}}{3}=\frac{1}{\sqrt{3}}=0.577$$

$\therefore$ 57.7[%]

답 ①

159 핵심이론 찾아보기▶핵심 07-8

산업 10·99·89년 출제

10[kVA]의 변압기 2대로 공급할 수 있는 최대 3상 전력[kVA]은?

① 20
② 17.3
③ 14.1
④ 10

해설 V결선의 출력 $P_V=\sqrt{3}\,VI\cos\theta$ 최대 3상 전력은 $\cos\theta=1$일 때이므로

$P_V=\sqrt{3}\,VI=\sqrt{3}\times 10=17.32$[kVA]

답 ②

160 핵심이론 찾아보기▶핵심 07-8

산업 03·01년 출제

용량 30[kVA]의 단상 변압기 2대를 V결선하여 역률 0.8, 전력 20[kW]의 평형 3상 부하에 전력을 공급할 때 변압기 1대가 분담하는 피상전력[kVA]은 얼마인가?

① 14.4
② 15
③ 20
④ 30

해설 변압기 1대가 분담하는 피상전력 VI는 $P_V=\sqrt{3}\,VI\cos\theta$에서

$$VI=\frac{P_V}{\sqrt{3}\cos\theta}=\frac{20}{\sqrt{3}\times 0.8}=14.4\text{[kVA]}$$

답 ①

161

핵심이론 찾아보기▶핵심 07-9 산업 03·01년 출제

대칭 n 상 성형 결선에서 선간전압의 크기는 성형 전압의 몇 배인가?

① $\sin\frac{\pi}{n}$ ② $\cos\frac{\pi}{n}$

③ $2\sin\frac{\pi}{n}$ ④ $2\cos\frac{\pi}{n}$

해설 대칭 n상 성형 결선 시

$V_l = 2\sin\frac{\pi}{n} \cdot V_p \angle \frac{\pi}{2}\left(1-\frac{2}{n}\right)$

답 ③

162

핵심이론 찾아보기▶핵심 07-9 기사 12년 / 산업 21·13·04·97년 출제

대칭 6상식의 성형 결선의 전원이 있다. 상전압이 100[V]이면 선간전압[V]은 얼마인가?

① 600 ② 300

③ 220 ④ 100

해설 선간전압 $V_l = 2\sin\frac{\pi}{n} \cdot V_p$에서 $V_l = 2\sin\frac{\pi}{6} \times 100 = 100[\text{V}]$

답 ④

163

핵심이론 찾아보기▶핵심 07-9 기사 19·13·11·06년 / 산업 18·14·06년 출제

대칭 5상 기전력의 선간전압과 상기전력의 위상차는 얼마인가?

① 27° ② 36°

③ 54° ④ 72°

해설 위상차 $\theta = \frac{\pi}{2}\left(1-\frac{2}{n}\right) = \frac{\pi}{2}\left(1-\frac{2}{5}\right) = 54°$

답 ③

164

핵심이론 찾아보기▶핵심 07-9 산업 22·09·00·97·91·89년 출제

대칭 6상 기전력의 선간전압과 상기전력의 위상차는?

① 75° ② 30°

③ 60° ④ 120°

해설 위상차 $\theta = \frac{\pi}{2}\left(1-\frac{2}{n}\right) = \frac{180}{2}\left(1-\frac{2}{6}\right) = 90 \times \frac{2}{3} = 60°$

답 ③

165 핵심이론 찾아보기▶핵심 07-9

산업 19년 출제

대칭 6상 전원이 있다. 환상 결선으로 각 전원이 150[A]의 전류를 흘린다고 하면 선전류는 몇 [A]인가?

① 50
② 75
③ $\frac{150}{\sqrt{3}}$
④ 150

해설 선전류 $I_l = 2\sin\frac{\pi}{n}I_p$

여기서, n : 상수

상수 $n=6$이므로 $I_l = 2\sin\frac{\pi}{6}I_p = I_p$

대칭 6상인 경우 선전류(I_l)=상전류(I_p)가 된다.

$\therefore\ I_l = I_p = 150$[A]

답 ④

166 핵심이론 찾아보기▶핵심 07-10

산업 14·99·88년 출제

비대칭 다상 교류가 만드는 회전자계는?

① 교번자계
② 타원 회전자계
③ 원형 회전자계
④ 포물선 회전자계

해설 비대칭 다상 교류이므로 타원 회전자계를 만든다.

답 ②

167 핵심이론 찾아보기▶핵심 07-10

산업 21·16·01·95·91년 출제

다음의 대칭 다상 교류에 의한 회전자계 중 잘못된 것은?

① 대칭 3상 교류에 의한 회전자계는 원형 회전자계이다.
② 대칭 2상 교류에 의한 회전자계는 타원형 회전자계이다.
③ 3상 교류에서 어느 두 코일의 전류의 상순은 바꾸면 회전자계의 방향도 바뀐다.
④ 회전자계의 회전 속도는 일정 각속도 ω이다.

해설 **교류가 만드는 회전자계**

- 단상 교류 : 교번자계
- 대칭 3상(n상) 교류 : 원형 회전자계
- 비대칭 3상(n상) 교류 : 타원형 회전자계

대칭 2상 교류에 의한 회전자계는 단상 교류가 되므로 교번자계가 된다.

답 ②

168 핵심이론 찾아보기▶핵심 07-11

산업 04년 출제

그림의 성형 불평형 회로에 각 상전압이 E_a, E_b, E_c[V]이고, 부하는 Z_a, Z_b, Z_c[Ω]이라면 중성선 임피던스가 Z_n[Ω]일 때 중성점 간의 전위는 어떻게 되는가?

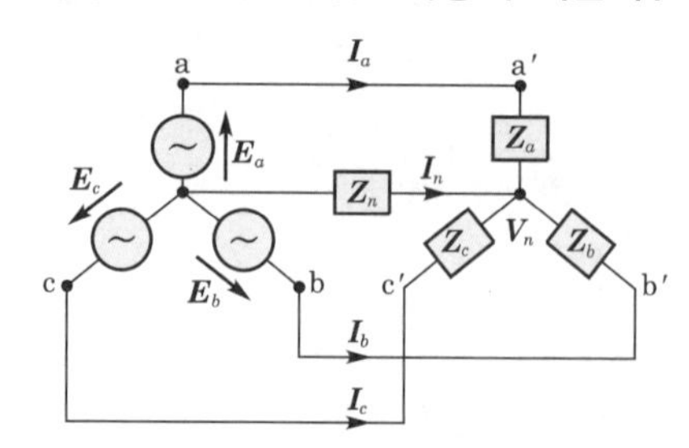

① $V_n = \dfrac{E_a + E_b + E_c}{Z_a + Z_b + Z_c}$

② $V_n = \dfrac{E_a + E_b + E_c}{Z_a + Z_b + Z_c + Z_n}$

③ $V_n = \dfrac{\dfrac{E_a}{Z_a} + \dfrac{E_b}{Z_b} + \dfrac{E_c}{Z_c}}{\dfrac{1}{Z_a} + \dfrac{1}{Z_b} + \dfrac{1}{Z_c} + \dfrac{1}{Z_n}}$

④ $V_n = \dfrac{\dfrac{E_a}{Z_a} + \dfrac{E_b}{Z_b} + \dfrac{E_c}{Z_c}}{\dfrac{1}{Z_a} + \dfrac{1}{Z_b} + \dfrac{1}{Z_c}}$

해설 중성점 간의 전위는 밀만의 정리가 성립된다.

중성점 간의 전위 $V_n = \dfrac{\sum_{k=1}^{n} I_k}{\sum_{k=1}^{n} Y_k} = \dfrac{\dfrac{E_a}{Z_a} + \dfrac{E_b}{Z_b} + \dfrac{E_c}{Z_c}}{\dfrac{1}{Z_a} + \dfrac{1}{Z_b} + \dfrac{1}{Z_c} + \dfrac{1}{Z_n}}$

답 ③

169 핵심이론 찾아보기▶핵심 07-11

산업 07·82년 출제

같은 Y결선 평형 부하에서 X점에서 단선 시 X점의 양단에 나타나는 전압[V]은?

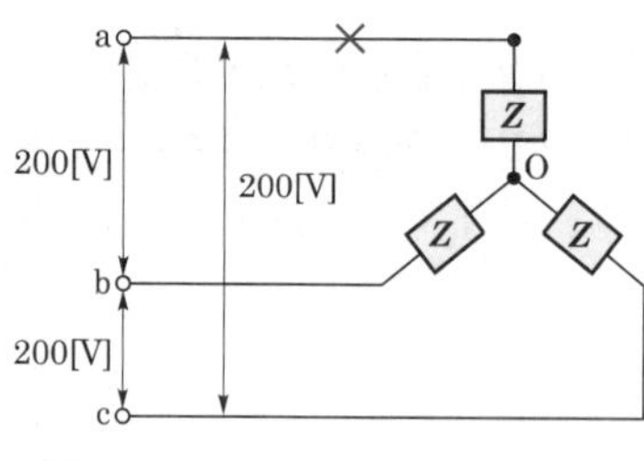

① 100　② $100\sqrt{3}$　③ 200　④ $200\sqrt{3}$

해설 선간전압 벡터도

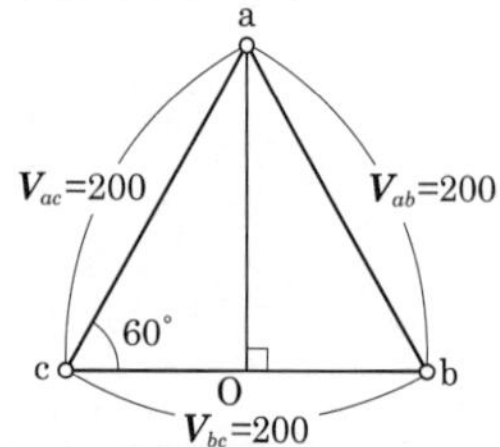

단선시 X점 양단에 나타나는 전압 V_X는 선간전압 벡터도에서 a점과 0점의 전위차가 된다.

$V_X = V_{a0} = V_{ac}\sin 60° = 200\sin 60° = 200 \times \frac{\sqrt{3}}{2} = 100\sqrt{3}$ [V]

답 ②

170

핵심이론 찾아보기▶핵심 07-11

산업 11·92·87년 출제

그림과 같은 회로에 대칭 3상 전압 220[V]를 가할 때 a, a'선이 X점에서 단선되었다고 하면 선전류[A]는 얼마인가?

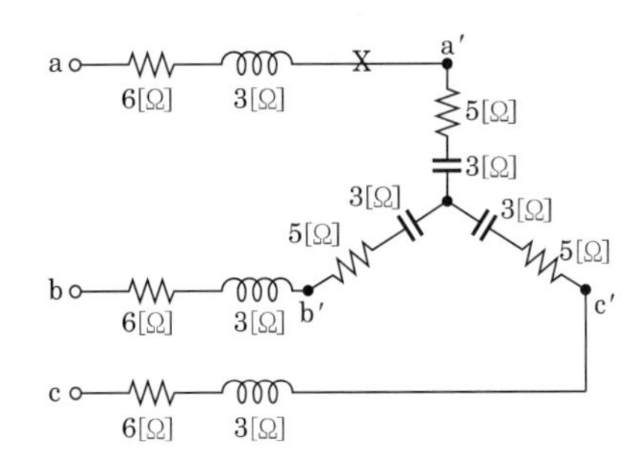

① 5　　② 10
③ 15　　④ 20

해설 선전류 $I = \frac{220}{(6+j3+5-j3+5-j3+6+j3)} = 10$[A]

답 ②

171

핵심이론 찾아보기▶핵심 08-1

기사 95·80년 / 산업 11·05·00·98년 출제

대칭 좌표법에서 사용되는 용어 중 3상에 공통인 성분을 표시하는 것은?

① 정상분　　② 영상분
③ 역상분　　④ 공통분

해설
- 영상분 : 3상 공통인 성분
- 정상분 : 상순이 a−b−c인 성분
- 역상분 : 상순이 a−c−b인 성분

3상에 공통인 성분이므로 영상분이다.

답 ②

172

핵심이론 찾아보기▶핵심 08-1

산업 12·04·00·96·88년 출제

비접지 3상 Y부하에서 각 선전류를 I_a, I_b, I_c라 할 때 전류의 영상분 I_0는?

① 1　　② 0
③ −1　　④ $\sqrt{3}$

해설 $I_0 = \frac{1}{3}(I_a + I_b + I_c)$

비접지 3상은 $I_a + I_b + I_c = 0$이므로 $I_0 = 0$

답 ②

173 핵심이론 찾아보기▶핵심 08-1

산업 11·01·00·98·94·92년 출제

불평형 회로에서 영상분이 존재하는 3상 회로 구성은?

① △−△ 결선의 3상 3선식
② △−Y 결선의 3상 3선식
③ Y−Y 결선의 3상 3선식
④ Y−Y 결선의 3상 4선식

해설 영상분이 존재하는 3상 회로 구성은 접지식이거나 Y−Y 결선의 3상 4선식이다.

답 ④

174 핵심이론 찾아보기▶핵심 08-1

산업 21·18·17년 출제

다음 불평형 3상 전류 $I_a = 15 + j2$[A], $I_b = -20 - j14$[A], $I_c = -3 + j10$[A]일 때 영상 전류 I_0는 약 몇 [A]인가?

① $2.67 + j0.36$
② $15.7 - j3.25$
③ $-1.91 + j6.24$
④ $-2.67 - j0.67$

해설 $I_0 = \frac{1}{3}(I_a + I_b + I_c) = \frac{1}{3}\{(15 + j2) + (-20 - j14) + (-3 + j10)\} = -2.67 - j0.67$[A]

답 ④

175 핵심이론 찾아보기▶핵심 08-1

산업 15·03·99·97·94·91년 출제

불평형 3상 전류가 $I_a = 15 + j2$[A], $I_b = -20 - j14$[A], $I_c = -3 + j10$[A]일 때 역상분 전류 I_2[A]를 구하면?

① $1.91 + j6.24$
② $15.74 - j3.57$
③ $-2.67 - j0.67$
④ $2.67 - j0.67$

해설 역상 전류

$$I_2 = \frac{1}{3}(I_a + a^2 I_b + a I_c)$$
$$= \frac{1}{3}\left\{(15 + j2) + \left(-\frac{1}{2} - j\frac{\sqrt{3}}{2}\right)(-20 - j14) + \left(-\frac{1}{2} + j\frac{\sqrt{3}}{2}\right)(-3 + j10)\right\}$$
$$\fallingdotseq 1.91 + j6.24[\text{A}]$$

답 ①

176 핵심이론 찾아보기▶핵심 08-1

산업 05·92년 출제

상순이 a, b, c인 불평형 3상 전류 I_a, I_b, I_c의 대칭분을 I_0, I_1, I_2라 하면 이때 대칭분과의 관계식 중 옳지 못한 것은?

① $\frac{1}{3}(I_a + I_b + I_c)$
② $\frac{1}{3}(I_a + I_b\angle 120° + I_c\angle -120°)$
③ $\frac{1}{3}(I_a + I_b\angle -120° + I_c\angle 120°)$
④ $\frac{1}{3}(-I_a - I_b - I_c)$

해설 대칭분 전류

- $I_0 = \frac{1}{3}(I_a + I_b + I_c)$
- $I_1 = \frac{1}{3}(I_a + aI_b + a^2 I_c)$

• $I_2 = \frac{1}{3}(I_a + a^2 I_b + a I_c)$

연산자 $a = \angle -240°$, $a^2 = \angle -120°$의 위상

① 영상 전류, ② 정상 전류, ③ 역상 전류

답 ④

177

핵심이론 찾아보기▶핵심 08-1

산업 03·00년 출제

3상 부하가 △결선으로 되어 있다. 컨덕턴스가 a상에 0.3[℧], b상에 0.3[℧]이고, 유도 서셉턴스가 c상에 0.3[℧]가 연결되어 있을 때 이 부하의 영상 어드미턴스는 몇 [℧]인가?

① $0.2+j0.1$
② $0.2-j0.1$
③ $0.6-j0.3$
④ $0.6+j0.3$

해설 영상 어드미턴스 $Y_0 = \frac{1}{3}(Y_a + Y_b + Y_c) = \frac{1}{3}(0.3 + 0.3 - j0.3) = 0.2 - j0.1$[℧]

답 ②

178

핵심이론 찾아보기▶핵심 08-1

기사 11·10·05·99·96년 / 산업 21·20·05·00·96년 출제

각 상의 전류가 $i_a = 30\sin\omega t$, $i_b = 30\sin(\omega t - 90°)$, $i_c = 30\sin(\omega t + 90°)$일 때 영상 대칭분의 전류[A]는?

① $10\sin\omega t$
② $\frac{10}{3}\sin\frac{\omega t}{3}$
③ $\frac{30}{\sqrt{3}}\sin(\omega t + 45°)$
④ $30\sin\omega t$

해설

$$i_0 = \frac{1}{3}(i_a + i_b + i_c) = \frac{1}{3}\{(30\sin\omega t + 30\sin(\omega t - 90°) + 30\sin(\omega t + 90°)\}$$
$$= \frac{30}{3}\{\sin\omega t + (\sin\omega t\cos 90° - \cos\omega t\sin 90°) + (\sin\omega t\cos 90° + \cos\omega t\sin 90°)\}$$
$$= 10\sin\omega t[\text{A}]$$

답 ①

179

핵심이론 찾아보기▶핵심 08-1

산업 03·99·97·94·91년 출제

불평형 3상 전류가 $I_a = 15 + j2$[A], $I_b = -20 - j14$[A], $I_c = -3 + j10$[A]일 때 역상분 전류 I_2[A]를 구하면?

① $1.91+j6.24$
② $15.74-j3.57$
③ $-2.67-j0.67$
④ $2.67-j0.67$

해설 역상 전류

$$I_2 = \frac{1}{3}(I_a + a^2 I_b + a I_c)$$
$$= \frac{1}{3}\left\{(15 + j2) + \left(-\frac{1}{2} - j\frac{\sqrt{3}}{2}\right)(-20 - j14) + \left(-\frac{1}{2} + j\frac{\sqrt{3}}{2}\right)(-3 + j10)\right\}$$
$$≒ 1.91 + j6.24[\text{A}]$$

답 ①

180

핵심이론 찾아보기▶핵심 08-2 산업 22·18·17년 출제

3상 회로의 영상분, 정상분, 역상분을 각각 I_0, I_1, I_2라 하고 선전류를 I_a, I_b, I_c라 할 때 I_b는? $\left(\text{단, } a=-\dfrac{1}{2}+j\dfrac{\sqrt{3}}{2}\text{ 이다.}\right)$

① $I_0+I_1+I_2$ ② $I_0+a^2I_1+aI_2$ ③ $\frac{1}{3}(I_0+I_1+I_2)$ ④ $\frac{1}{3}(I_0+aI_1+a^2I_2)$

해설 비대칭 전류 I_a, I_b, I_c를 대칭분으로 표시하면

$I_a=I_0+I_1+I_2$

$I_b=I_0+a^2I_1+aI_2$

$I_c=I_0+aI_1+a^2I_2$

답 ②

181

핵심이론 찾아보기▶핵심 08-2 산업 21·20·14·11·05·04·03·02·99년 출제

3상 회로에 있어서 대칭분 전압이 $V_0=-8+j3$[V], $V_1=6-j8$[V], $V_2=8+j12$[V]일 때 a상의 전압[V]은?

① $6+j7$ ② $-32.3+j2.73$ ③ $2.3+j0.73$ ④ $2.3-j0.73$

해설 각 상의 비대칭 전압

$V_a=V_0+V_1+V_2$

$V_b=V_0+a^2V_1+aV_2$

$V_c=V_0+aV_1+a^2V_2$

$\therefore\ V_a=V_0+V_1+V_2=-8+j3+6-j8+8+j12=6+j7$[V]

답 ①

182

핵심이론 찾아보기▶핵심 08-3 기사 14·08년 / 산업 12·92·85년 출제

대칭 3상 전압이 a상 V_a[V], b상 $V_b=a^2V_a$[V], c상 $V_c=aV_a$[V]일 때 a상을 기준으로 한 대칭분 전압 중 정상분 V_1은 어떻게 표시되는가?

① $\frac{1}{3}V_a$ ② V_a ③ aV_a ④ a^2V_a

해설 대칭 3상의 대칭분 전압

$V_1=\frac{1}{3}(V_a+aV_b+a^2V_c)=\frac{1}{3}\{V_a+a^3V_a+a^3V_a\}=V_a$

답 ②

183

핵심이론 찾아보기▶핵심 08-3 기사 04년 / 산업 22·21·08·04·97·94·92년 출제

대칭 좌표법에 관한 설명 중 잘못된 것은?

① 불평형 3상 회로 비접지식 회로에서는 영상분이 존재한다.
② 대칭 3상 전압에서 영상분은 0이 된다.
③ 대칭 3상 전압은 정상분만 존재한다.
④ 불평형 3상 회로의 접지식 회로에서는 영상분이 존재한다.

해설 비접지식 회로에서는 영상분이 존재하지 않는다.
대칭 3상 전압의 대칭분은 영상분·역상분은 0이고, 정상분만 V_a로 존재한다.

답 ①

184 핵심이론 찾아보기▶핵심 08-3

산업 04년 출제

대칭 좌표법에 의한 3상 회로에 대한 해석 중 옳지 않은 것은?

① △결선이든 Y결선이든 세 선전류의 합이 영(零)이면 영상분도 영(零)이다.
② 선간전압의 합이 영(零)이면 그 영상분은 항상 영(零)이다.
③ 선간전압이 평형이고 상순이 a－b－c이면 Y결선에서 상전압의 역상분은 영(零)이 아니다.
④ Y결선 중성점 접지 시에 중성선 정상분의 선전류에 대하여는 ∞의 임피던스를 나타낸다.

해설 평형 3상 Y결선의 역상분은 0이다.

답 ③

185 핵심이론 찾아보기▶핵심 08-4

기사 18·03년 / 산업 19·16·13·12·01·00·97·95·94년 출제

3상 불평형 전압에서 불평형률이란?

① $\dfrac{\text{역상 전압}}{\text{영상 전압}} \times 100[\%]$
② $\dfrac{\text{정상 전압}}{\text{역상 전압}} \times 100[\%]$
③ $\dfrac{\text{역상 전압}}{\text{정상 전압}} \times 100[\%]$
④ $\dfrac{\text{영상 전압}}{\text{정상 전압}} \times 100[\%]$

해설

$$\text{전압 불평형률} = \frac{\text{역상 전압}}{\text{정상 전압}} \times 100[\%]$$

답 ③

186 핵심이론 찾아보기▶핵심 08-4

산업 21·18년 출제

3상 불평형 전압에서 역상 전압이 50[V], 정상 전압이 200[V], 영상 전압이 10[V]라고 할 때 전압의 불평형률[%]은?

① 1
② 5
③ 25
④ 50

해설

$$\text{불평형률} = \frac{\text{역상 전압}}{\text{정상 전압}} \times 100 = \frac{50}{200} \times 100 = 25[\%]$$

답 ③

187 핵심이론 찾아보기▶핵심 08-4

기사 96년 / 산업 07·05·99·96·90년 출제

어느 3상 회로의 선간전압을 측정하니 $V_a = 120$[V], $V_b = -60 - j80$[V], $V_c = -60 + j80$[V]이었다. 불평형률[%]은?

① 12
② 13
③ 14
④ 15

해설 $V_1 = \frac{1}{3}(V_a + aV_b + a^2 V_c)$

$= \frac{1}{3}\left\{120 + \left(-\frac{1}{2} + j\frac{\sqrt{3}}{2}\right)(-60 - j80) + \left(-\frac{1}{2} - j\frac{\sqrt{3}}{2}\right)(-60 + j80)\right\}$

$= \frac{1}{3}(120 + 60 + 80\sqrt{3})$

$= 106.2[\text{V}]$

$V_2 = \frac{1}{3}(V_a + a^2 V_b + aV_c)$

$= \frac{1}{3}\left\{120 + \left(-\frac{1}{2} - j\frac{\sqrt{3}}{2}\right)(-60 - j80) + \left(-\frac{1}{2}\, j\frac{\sqrt{3}}{2}\right)(-60 + j80)\right\}$

$= \frac{1}{3}(120 + 60 - 80\sqrt{3})$

$= 13.8[\text{V}]$

$\therefore$ 불평형률 $= \frac{|V_2|}{|V_1|} \times 100 = \frac{13.8}{106.2} \times 100 = 13[\%]$

답 ②

188

핵심이론 찾아보기▶핵심 08-5

산업 18년 출제

전류의 대칭분을 I_0, I_1, I_2, 유기 기전력을 E_a, E_b, E_c, 단자 전압의 대칭분을 V_0, V_1, V_2라 할 때 3상 교류 발전기의 기본식 중 정상분 V_1 값은? (단, Z_0, Z_1, Z_2는 영상, 정상, 역상 임피던스이다.)

① $-Z_0 I_0$ ② $-Z_2 I_2$ ③ $E_a - Z_1 I_1$ ④ $E_b - Z_2 I_2$

해설 $V_0 = -I_0 Z_0$

$V_1 = E_a - I_1 Z_1$

$V_2 = -I_2 Z_2$

여기서, E_a : a상의 유기 기전력, Z_0 : 영상 임피던스,
Z_1 : 정상 임피던스, Z_2 : 역상 임피던스

답 ③

189

핵심이론 찾아보기▶핵심 08-6

산업 95년 출제

그림과 같은 평형 3상 교류 발전기의 1선이 접지되었을 때 접지 전류 I_a의 값은? (단, Z_0는 영상 임피던스, Z_1은 정상 임피던스, Z_2는 역상 임피던스이다.)

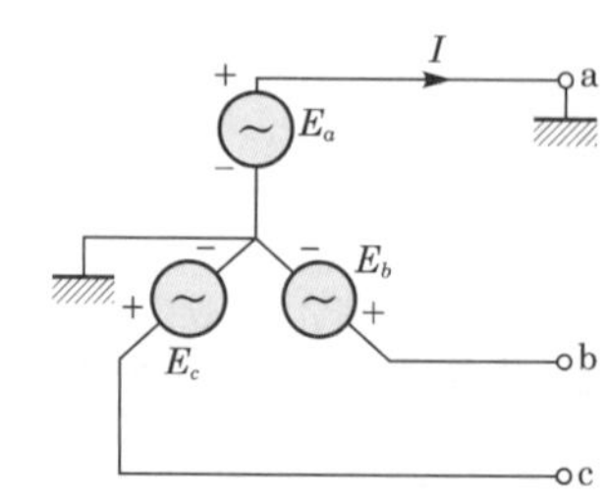

① $\frac{E_a}{Z_0 + Z_1 + Z_2}$ ② $\frac{\sqrt{3}E_a}{Z_0 + Z_1 + Z_2}$ ③ $\frac{E_a}{3(Z_0 + Z_1 + Z_2)}$ ④ $\frac{3E_a}{Z_0 + Z_1 + Z_2}$

해설 • 고장 조건 : $V_a=0$, $I_b=I_c=0$
• 발전기 기본식 : $V_0=-Z_0I_0$, $V_1=E_a-Z_1I_1$, $V_2=-Z_2I_2$

$$V_a=V_0+V_1+V_2=-Z_0I_0+E_a-Z_1I_1-Z_2I_2=E_a-(Z_0+Z_1+Z_2)I_0=0$$

$$I_0=\frac{E_a}{Z_0+Z_1+Z_2}$$

$$I_a=I_0+I_1+I_2=3I_0=\frac{3E_a}{Z_0+Z_1+Z_2}$$

답 ④

190

핵심이론 찾아보기▶핵심 08-6 기사 08·94년 / 산업 14·08·02·99·94년 출제

단자 전압의 각 대칭분 V_0, V_1, V_2가 0이 아니고 같게 되는 고장의 종류는?

① 1선 지락 ② 선간 단락 ③ 2선 지락 ④ 3선 단락

해설 2선 지락 고장은 대칭분의 전압이 0이 아니면서 같아지는 고장이다.

답 ③

191

핵심이론 찾아보기▶핵심 09-1 기사 03년 / 산업 21·02년 출제

비정현파 교류를 나타내는 식은?

① 기본파+고조파+직류분
② 기본파+직류분−고조파
③ 직류분+고조파−기본파
④ 교류분+기본파+고조파

해설 푸리에 분석은 비정현파를 여러 개의 정현파의 합으로 표시한다.
비정현파 교류=기본파+고조파+직류분의 합

답 ①

192

핵심이론 찾아보기▶핵심 09-1 기사 12년 / 산업 14·02·85년 출제

비정현파의 푸리에 급수에 의한 전개에서 옳게 전개한 $f(t)$는?

① $\sum_{n=1}^{\infty} a_n \sin n\omega t+\sum_{n=1}^{\infty} b_n \cos n\omega t$
② $\sum_{n=1}^{\infty} a_n \sin n\omega t+\sum_{n=1}^{\infty} b_n \sin n\omega t$
③ $a_0+\sum_{n=1}^{\infty} a_n \cos n\omega t+\sum_{n=1}^{\infty} b_n \sin n\omega t$
④ $\sum_{n=1}^{\infty} a_n \cos n\omega t+\sum_{n=1}^{\infty} b_n \cos n\omega t$

해설

$$f(t)=a_0+\sum_{n=1}^{\infty} a_n \cos n\omega t+\sum_{n=1}^{\infty} b_n \sin n\omega t$$

답 ③

193

핵심이론 찾아보기▶핵심 09-1 산업 10·07·04·03·02·99년 출제

주기적인 구형파의 신호는 그 주파수 성분이 어떻게 되는가?

① 무수히 많은 주파수의 성분을 가진다.
② 주파수 성분을 갖지 않는다.
③ 직류분만으로 구성된다.
④ 교류 합성을 갖지 않는다.

해설 주기적인 구형파 신호는 각 고조파 성분의 합이므로 무수히 많은 주파수의 성분을 가진다.

답 ①

194

핵심이론 찾아보기▶핵심 09-2

기사 13년 / 산업 16·06·99년 출제

비정현파에 있어서 정현 대칭의 조건은?

① $f(t)=f(-t)$

② $f(t)=-f(-t)$

③ $f(t)=-f(t)$

④ $f(t)=-f\left(t+\frac{T}{2}\right)$

해설 정현 대칭

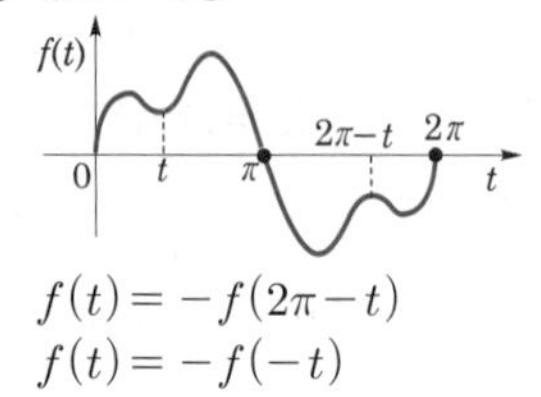

$f(t)=-f(2\pi-t)$

$f(t)=-f(-t)$

답 ②

195

핵심이론 찾아보기▶핵심 09-2

산업 20·15년 출제

반파 대칭 및 정현 대칭인 왜형파의 푸리에 급수의 전개에서 옳게 표현된 것은?

(단, $f(t)=a_0+\sum_{n=1}^{\infty}a_n\cos n\omega t+\sum_{n=1}^{\infty}b_n\sin n\omega t$이다.)

① a_n의 우수항만 존재한다.

② a_n의 기수항만 존재한다.

③ b_n의 우수항만 존재한다.

④ b_n의 기수항만 존재한다.

해설 반파 대칭 및 정현 대칭의 파형은 반파 대칭과 정현 대칭의 공통성분인 홀수항의 sin항만 존재한다.

답 ④

196

핵심이론 찾아보기▶핵심 09-2

산업 18년 출제

비정현파 $f(x)$가 반파 대칭 및 정현 대칭일 때 옳은 식은? (단, 주기는 2π이다.)

① $f(-x)=f(x)$, $f(x+\pi)=f(x)$

② $f(-x)=f(x)$, $f(x+2\pi)=f(x)$

③ $f(-x)=-f(x)$, $-f(x+\pi)=f(x)$

④ $f(-x)=-f(x)$, $-f(x+2\pi)=f(x)$

해설 • 반파 대칭 : $f(x)=-f(\pi+x)$
• 정현 대칭 : $f(x)=-f(2\pi-x)$, $f(x)=-f(-x)$

답 ③

197 핵심이론 찾아보기▶핵심 09-2

산업 12·99·95·91년 출제

그림과 같은 파형을 푸리에 급수로 전개하면?

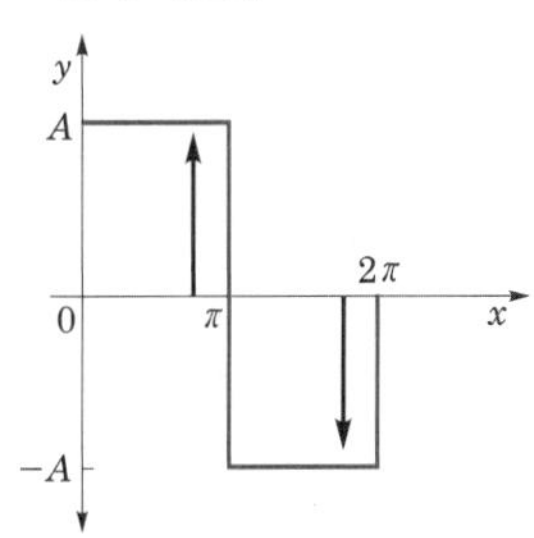

① $\frac{A}{\pi}+\frac{\sin 2x}{2}+\frac{\sin 4x}{4}+\cdots$

② $\frac{4A}{\pi}\left(\sin\alpha\sin\pi+\frac{1}{9}\sin 3\alpha\sin 3x+\cdots\right)$

③ $\frac{4A}{\pi}\left(\sin x+\frac{1}{3}\sin 3x+\frac{1}{5}\sin 5x+\cdots\right)$

④ $\frac{4}{\pi}\left(\frac{\cos 2x}{1\times 3}+\frac{\cos 4x}{3\times 5}+\frac{\cos 6x}{5\times 7}+\cdots\right)$

해설 반파 및 정현 대칭인 파형이므로 홀수항의 sin항만 존재한다.

$y_a=\sum_{n=1}^{\infty} b_n \sin\omega t\,(n=1,\ 3,\ 5,\ \cdots)$

답 ③

198 핵심이론 찾아보기▶핵심 09-2

산업 16년 출제

그림과 같은 비정현파의 주기 함수에 대한 설명으로 틀린 것은?

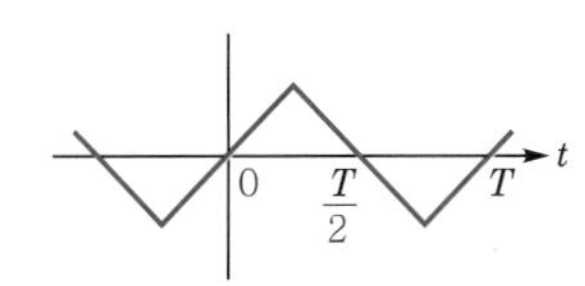

① 기함수파이다.

② 반파 대칭이다.

③ 직류 성분은 존재하지 않는다.

④ 홀수차의 정현항 계수는 0이다.

해설 삼각파는 반파 및 정현 대칭으로 홀수항의 sin항만 존재한다. 따라서 직류 성분과 cos항은 존재하지 않는다.

답 ④

199 핵심이론 찾아보기▶핵심 09-3

산업 07·03·00·99년 출제

비정현파의 실효값은?

① 최대파의 실효값

② 각 고조파의 실효값의 합

③ 각 고조파 실효값의 합의 제곱근

④ 각 파의 실효값의 제곱의 합의 제곱근

해설 $V=\sqrt{V_0^{\,2}+V_1^{\,2}+V_2^{\,2}+\cdots}\ \text{[V]}$

각 개별적인 실효값의 제곱의 합의 제곱근

답 ④

200

핵심이론 찾아보기▶핵심 09-3 　　산업 17년 출제

전압의 순시값이 $v=3+10\sqrt{2}\sin\omega t$[V]일 때 실효값은 약 몇 [V]인가?

① 10.4　　② 11.6
③ 12.5　　④ 16.2

해설 비정현파의 실효값은 각 개별적인 실효값의 제곱의 합의 제곱근이므로
$\therefore\ V=\sqrt{3^2+10^2}=10.4$[V]]

답 ①

201

핵심이론 찾아보기▶핵심 09-3 　　기사 89년 / 산업 14·09·08·07년 출제

$i=30\sin\omega t+40\sin(5\omega t+30°)$의 실효값은?

① 50　　② $50\sqrt{2}$
③ 25　　④ $25\sqrt{2}$

해설
$$I=\sqrt{\left(\frac{30}{\sqrt{2}}\right)^2+\left(\frac{40}{\sqrt{2}}\right)^2}=25\sqrt{2}$$

답 ④

202

핵심이론 찾아보기▶핵심 09-3 　　산업 07·02·93년 출제

전류가 1[H]의 인덕터를 흐르고 있을 때 인덕터에 축적되는 에너지[J]는 얼마인가? (단, $i=5+10\sqrt{2}\sin100t+5\sqrt{2}\sin200t$ [A]이다.)

① 150　　② 100
③ 75　　④ 50

해설 $I=\sqrt{5^2+10^2+5^2}=\sqrt{150}$ [A]
$$\therefore\ W=\frac{1}{2}LI^2=\frac{1}{2}\times1\times(\sqrt{150})^2=75[\text{J}]$$

답 ③

203

핵심이론 찾아보기▶핵심 09-4 　　기사 03·88년 / 산업 15·12·08·05·96·89년 출제

왜형률이란 무엇인가?

① $\dfrac{\text{전 고조파의 실효값}}{\text{기본파의 실효값}}$　　② $\dfrac{\text{전 고조파의 평균값}}{\text{기본파의 평균값}}$
③ $\dfrac{\text{제3고조파의 실효값}}{\text{기본파의 실효값}}$　　④ $\dfrac{\text{우수 고조파의 실효값}}{\text{기수 고조파의 실효값}}$

해설 왜형률이란 비정현파의 일그러짐률을 말한다.
$$\text{왜형률}=\frac{\text{전 고조파의 실효값}}{\text{기본파의 실효값}}$$

답 ①

204 핵심이론 찾아보기▶핵심 09-4

산업 04년 출제

가정용 전원의 전압이 기본파가 100[V]이고 제7고조파가 기본파의 4[%], 제11고조파가 기본파의 3[%]이었다면 이 전원의 일그러짐률은 몇 [%]인가?

① 11 ② 10 ③ 7 ④ 5

해설 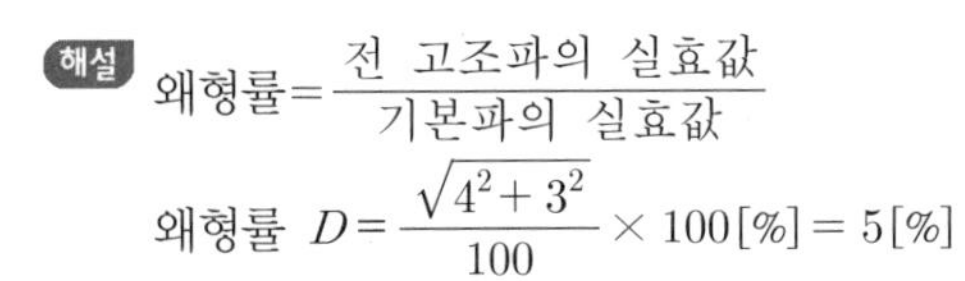

$$\text{왜형률} = \frac{\text{전 고조파의 실효값}}{\text{기본파의 실효값}}$$

$$\text{왜형률 } D = \frac{\sqrt{4^2+3^2}}{100} \times 100[\%] = 5[\%]$$

답 ④

205 핵심이론 찾아보기▶핵심 09-4

기사 06년 / 산업 12·09·07·04·03·01·00·99년 출제

기본파의 30[%]인 제3고조파와 20[%]인 제5고조파를 포함하는 전압파의 왜형률은?

① 0.23 ② 0.46 ③ 0.33 ④ 0.36

해설 $\text{왜형률} = \frac{\text{전 고조파의 실효값}}{\text{기본파의 실효값}} = \frac{\sqrt{30^2+20^2}}{100} = 0.36$

답 ④

206 핵심이론 찾아보기▶핵심 09-5

산업 91·88년 출제

다음과 같은 왜형파 교류 전압, 전류의 전력[W]을 계산하면?

$$v = 100\sin\omega t + 50\sin(3\omega t + 60°)[\text{V}]$$
$$i = 20\cos(\omega t - 30°) + 10\cos(3\omega t - 30°)[\text{A}]$$

① 750 ② 1,000 ③ 1,299 ④ 1,732

해설 유효전력(=소비전력) $P = V_o I_o + \sum_{k=1}^{\infty} V_k I_k \cos\theta_k[\text{W}]$

$$P = \frac{100}{\sqrt{2}} \cdot \frac{20}{\sqrt{2}}\cos 60° + \frac{50}{\sqrt{2}} \cdot \frac{10}{\sqrt{2}}\cos 0° = 750[\text{W}]$$

답 ①

207 핵심이론 찾아보기▶핵심 09-5

산업 18년 출제

어떤 회로의 단자 전압이 $V = 100\sin\omega t + 40\sin 2\omega t + 30\sin(3\omega t + 60°)$[V]이고 전압 강하의 방향으로 흐르는 전류가 $I = 10\sin(\omega t - 60°) + 2\sin(3\omega t + 105°)$[A]일 때 회로에 공급되는 평균 전력[W]은?

① 271.2 ② 371.2 ③ 530.2 ④ 630.2

해설 $P = V_1 I_1 \cos\theta_1 + V_3 I_3 \cos\theta_3 = \frac{100}{\sqrt{2}} \times \frac{10}{\sqrt{2}}\cos 60° + \frac{30}{\sqrt{2}} \times \frac{2}{\sqrt{2}}\cos 45° = 271.2[\text{W}]$

답 ①

208

핵심이론 찾아보기▶핵심 09-5

기사 95·90년 / 산업 22·14·95년 출제

$R=4[\Omega]$, $\omega L=3[\Omega]$의 직렬회로에 $v=\sqrt{2}\,100\sin\omega t+50\sqrt{2}\sin 3\omega t$ [V]를 가할 때 이 회로의 소비전력[W]은?

① 1,000 ② 1,414 ③ 1,560 ④ 1,703

해설

$$I_1=\frac{V_1}{Z_1}=\frac{V_1}{\sqrt{R^2+(\omega L)^2}}=\frac{100}{\sqrt{4^2+3^2}}=20[\text{A}]$$

$$I_3=\frac{V_3}{Z_3}=\frac{V_3}{\sqrt{R^2+(3\omega L)^2}}=\frac{50}{\sqrt{4^2+9^2}}=5.07[\text{A}]$$

$$\therefore\ P={I_1}^2R+{I_3}^2R=20^2\times 4+5.07^2\times 4 \fallingdotseq 1{,}703.06[\text{W}]$$

답 ④

209

핵심이론 찾아보기▶핵심 09-5

산업 04·90년 출제

전압 $v=20\sin\omega t+30\sin 3\omega t$ [V]이고 전류가 $i=30\sin\omega t+20\sin 3\omega t$ [A]인 왜형파 교류 전압과 전류 간의 역률은 얼마인가?

① 0.92 ② 0.86 ③ 0.46 ④ 0.43

해설

$$P=\frac{20\times 30}{2}+\frac{30\times 20}{2}=600[\text{W}]$$

$$P_a=VI=\sqrt{\frac{20^2+30^2}{2}}\times\sqrt{\frac{30^2+20^2}{2}}=25.5^2[\text{VA}]$$

역률 $\cos\theta=\dfrac{P}{P_a}=\dfrac{600}{25.5^2}\fallingdotseq 0.92$

답 ①

210

핵심이론 찾아보기▶핵심 09-6

산업 09·03년 출제

$R-L$ 직렬회로 $v=10+100\sqrt{2}\sin\omega t+50\sqrt{2}\sin(3\omega t+60°)+60\sqrt{2}\sin(5\omega t+30°)$ [V]인 전압을 가할 때 제3고조파 전류의 실효값[A]은? (단, $R=8[\Omega]$, $\omega L=2[\Omega]$이다.)

① 1 ② 3 ③ 5 ④ 7

해설

$$I_3=\frac{V_3}{Z_3}=\frac{V_3}{\sqrt{R^2+(3\omega L)^2}}=\frac{50}{\sqrt{8^2+6^2}}=5[\text{A}]$$

답 ③

211

핵심이론 찾아보기▶핵심 09-6

기사 05년 / 산업 16·00·95년 출제

$R-L-C$ 직렬 공진회로에서 제n고조파의 공진주파수 f_n[Hz]은?

① $\dfrac{1}{2\pi\sqrt{LC}}$ ② $\dfrac{1}{2\pi\sqrt{nLC}}$ ③ $\dfrac{1}{2\pi n\sqrt{LC}}$ ④ $\dfrac{1}{2\pi n^2\sqrt{LC}}$

해설

공진 조건 $n\omega L=\dfrac{1}{n\omega C}$, $n^2\omega^2LC=1$

$$\therefore\ f_n=\frac{1}{2\pi n\sqrt{LC}}[\text{Hz}]$$

답 ③

212 핵심이론 찾아보기▶핵심 10-1

기사 97년 / 산업 21·12·98·88년 출제

그림과 같은 2단자망의 구동점 임피던스는 얼마인가?

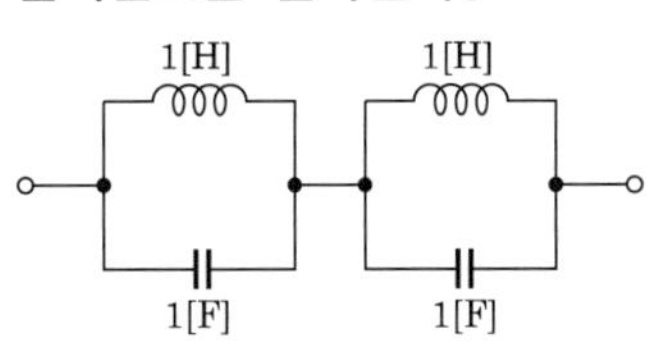

① $\dfrac{s}{s^2+1}$　　② $\dfrac{1}{s^2+1}$

③ $\dfrac{2s}{s^2+1}$　　④ $\dfrac{3s}{s^2+1}$

해설 구동점 임피던스는 $\boldsymbol{Z}(s)=\boldsymbol{Z}(j\omega)=\boldsymbol{Z}(\lambda)$로 표기. 즉, $j\omega=s=\lambda$로 표기한다.

답 ③

213 핵심이론 찾아보기▶핵심 10-1

산업 22·08·06·04년 출제

그림과 같은 회로의 구동점 임피던스[Ω]는?

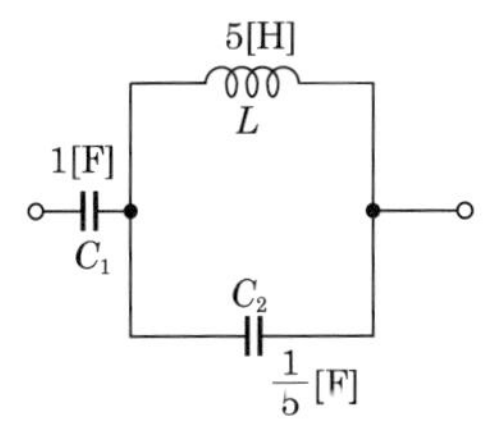

① $\dfrac{6s^2+1}{s(s^2+1)}$　　② $\dfrac{6s+1}{6s^2+1}$

③ $\dfrac{6s^2+1}{(s+1)(s+2)}$　　④ $\dfrac{s+2}{6s(s+1)}$

해설

$$\boldsymbol{Z}(s)=\frac{1}{sC_1}+\frac{sL\cdot\dfrac{1}{sC_2}}{sL+\dfrac{1}{sC_2}}=\frac{1}{s}+\frac{5s\cdot\dfrac{5}{s}}{5s+\dfrac{5}{s}}=\frac{1}{s}+\frac{5s}{s^2+1}=\frac{6s^2+1}{s(s^2+1)}[\Omega]$$

답 ①

214 핵심이론 찾아보기▶핵심 10-1

산업 22·09·01년 출제

임피던스 함수 $\boldsymbol{Z}(s)=\dfrac{s+50}{s^2+3s+2}$[Ω]으로 주어지는 2단자 회로망에 직류 100[V]의 전압을 가했다면 회로의 전류는 몇 [A]인가?

① 4　　② 6　　③ 8　　④ 10

해설 직류는 주파수 $f=0$이므로 $s=j\omega=0$이 된다.

$$\therefore\ I=\left.\frac{V}{\boldsymbol{Z}}\right|_{s=0}=\frac{100}{25}=4[\text{A}]$$

답 ①

215

핵심이론 찾아보기▶핵심 10-2

기사 04·88년 / 산업 08·97년 출제

구동점 임피던스에 있어서 영점(zero)은?

① 전류가 흐르지 않는 경우이다.
② 회로를 개방한 것과 같다.
③ 회로를 단락한 것과 같다.
④ 전압이 가장 큰 상태이다.

해설 영점은 $Z(s)=0$이 되는 s의 근
$Z(s)=0$이 되는 s의 근으로 회로 단락 상태를 의미한다.

답 ③

216

핵심이론 찾아보기▶핵심 10-2

기사 92년 / 산업 13년 출제

2단자 임피던스 함수 $Z(s)$가 $Z(s)=\dfrac{(s+2)(s+3)}{(s+4)(s+5)}$일 때 극점은?

① $-2,\ -3$
② $-3,\ -4$
③ $-1,\ -2,\ -3$
④ $-4,\ -5$

해설 극점은 $Z(s)=\infty$가 되는 s의 근
$(s+4)(s+5)=0$
$\therefore\ s=-4,\ -5$

답 ④

217

핵심이론 찾아보기▶핵심 10-2

산업 05·02년 출제

임피던스 $Z(s)=\dfrac{8s+7}{s}$로 표시되는 2단자 회로는?

① 8[Ω] 1[H] $\frac{1}{7}$[F] (직렬)
② $\frac{8}{7}$[Ω] $\frac{7}{8}$[H] (직렬)
③ 8[H] $\frac{1}{7}$[F] (직렬)
④ 8[Ω] $\frac{1}{7}$[F] (직렬)

해설
$$Z(s)=\frac{8s+7}{s}=8+\frac{7}{s}=8+\frac{1}{\frac{1}{7}s}\ [\Omega]$$
$\therefore\ R=8[\Omega],\ C=\frac{1}{7}$[F]인 $R-C$ 직렬회로

답 ④

218

핵심이론 찾아보기▶핵심 10-2

기사 00·97년 / 산업 15·12·97·93·91년 출제

리액턴스 함수가 $Z(\lambda)=\dfrac{3\lambda}{\lambda^2+15}$로 표시되는 리액턴스 2단자망은?

①
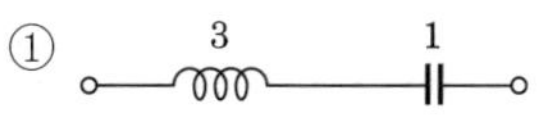

②
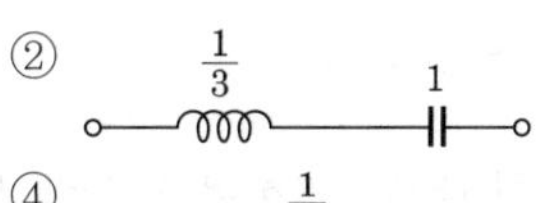

③
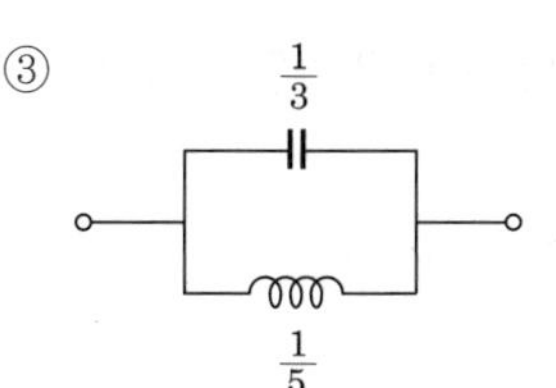

④
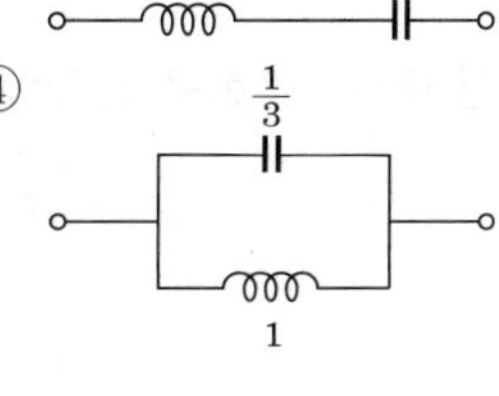

해설 $Z(\lambda)=\dfrac{3\lambda}{\lambda^2+15}=\dfrac{1}{\dfrac{\lambda^2+15}{3\lambda}}=\dfrac{1}{\dfrac{1}{3}\lambda+\dfrac{1}{\dfrac{1}{5}\lambda}}$

답 ③

219

핵심이론 찾아보기▶핵심 10-4

기사 10년 / 산업 09·04·99년 출제

그림과 같은 회로에서 $L=4$[mH], $C=0.1$[μF]일 때 이 회로가 정저항 회로가 되려면 R[Ω]의 값은 얼마이어야 하는가?

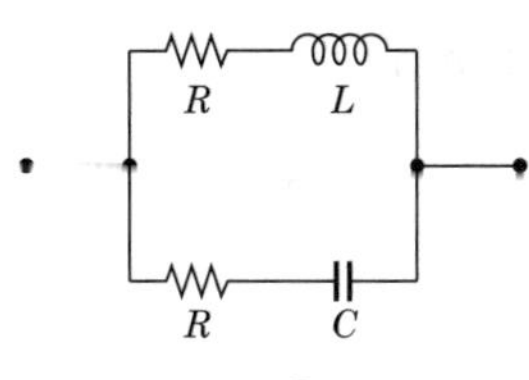

① 100　② 400　③ 300　④ 200

해설 정저항 조건 $Z_1 \cdot Z_2 = R^2$에서 $R^2=\dfrac{L}{C}$

$\therefore\ R=\sqrt{\dfrac{L}{C}}=\sqrt{\dfrac{4\times10^{-3}}{0.1\times10^{-6}}}=200$[Ω]

답 ④

220

핵심이론 찾아보기▶핵심 10-4

기사 84년 / 산업 10·06년 출제

그림과 같은 회로가 정저항 회로가 되기 위한 L[H]의 값은? (단, $R=10$[Ω], $C=100$[μF]이다.)

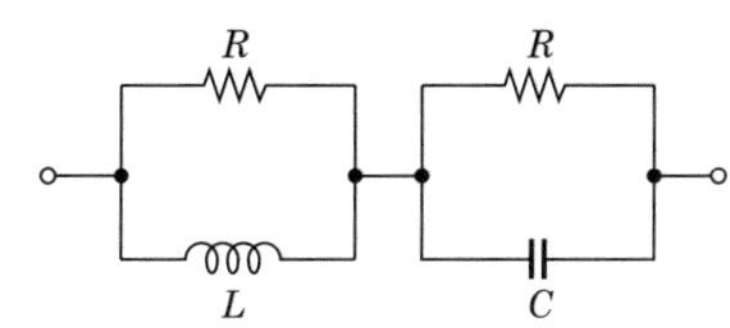

① 10　② 2　③ 0.1　④ 0.01

해설 정저항 조건 $Z_1 \cdot Z_2 = R^2$에서 $R^2 = \frac{L}{C}$

$\therefore \ L = R^2 C = 10^2 \times 100 \times 10^{-6} = 0.01[\text{H}]$

답 ④

221

핵심이론 찾아보기▶핵심 10-4

산업 18년 출제

그림 (a)와 그림 (b)가 역회로 관계에 있으려면 L의 값은 몇 [mH]인가?

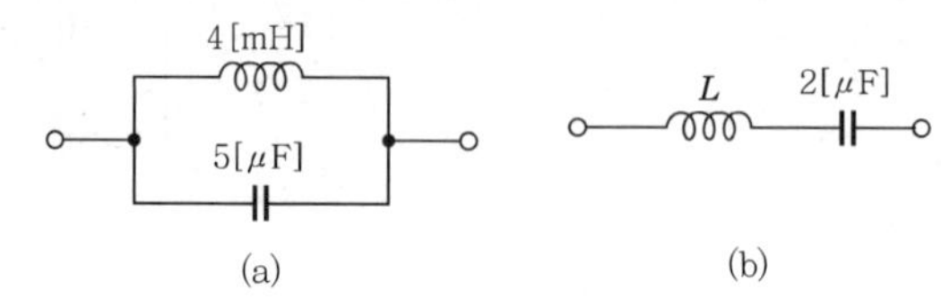

① 1
② 2
③ 5
④ 10

해설 역회로 조건 $Z_1 Z_2 = K^2$

$$L = K^2 C = \frac{L_1}{C_1} C = \frac{4 \times 10^{-3}}{2 \times 10^{-6}} \times 5 \times 10^{-6} = 10[\text{mH}]$$

답 ④

222

핵심이론 찾아보기▶핵심 11-1

기사 90년 / 산업 12·93년 출제

그림의 회로에서 임피던스 파라미터는?

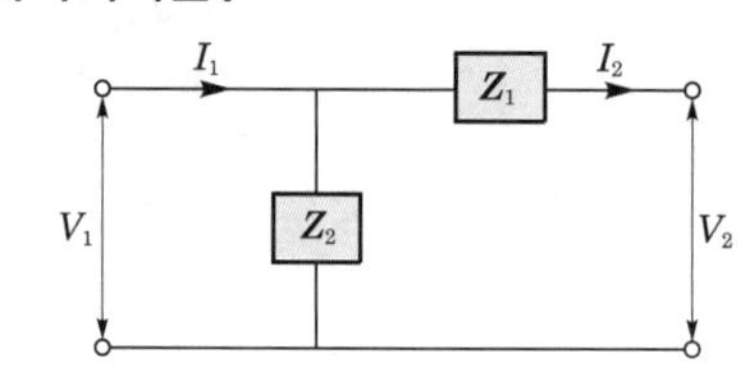

① $Z_{11} = Z_1 + Z_2$, $Z_{12} = Z_1$
$Z_{21} = Z_1$, $Z_{22} = Z_1$

② $Z_{11} = Z_1$, $Z_{12} = Z_2$
$Z_{21} = -Z_2$, $Z_{22} = Z_2$

③ $Z_{11} = Z_2$, $Z_{12} = -Z_2$
$Z_{21} = -Z_2$, $Z_{22} = Z_1 + Z_2$

④ $Z_{11} = Z_2$, $Z_{12} = Z_1 + Z_2$
$Z_{21} = Z_1 + Z_2$, $Z_{22} = Z_1$

해설 임피던스 parameter를 구하는 방법

- Z_{11} : 출력 단자를 개방하고 입력측에서 본 개방 구동점 임피던스
- Z_{22} : 입력 단자를 개방하고 출력측에서 본 개방 구동점 임피던스
- Z_{12} : 입력 단자를 개방했을 때의 개방 전달 임피던스
- Z_{21} : 출력 단자를 개방했을 때의 개방 전달 임피던스

$Z_{11} = Z_2$, $Z_{22} = Z_1 + Z_2$, 개방 역방향 전달 임피던스 $Z_{12} = -Z_2$, $Z_{21} = -Z_2$

답 ③

223 핵심이론 찾아보기▶핵심 11-1

산업 13·11·83년 출제

그림과 같은 T회로의 임피던스 정수는 각각 몇 [Ω]인가?

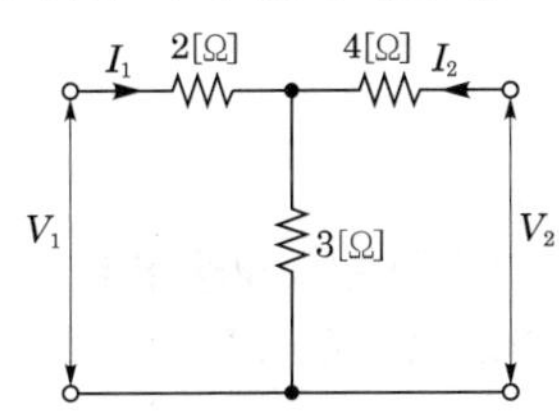

① $Z_{11}=5$, $Z_{21}=3$, $Z_{22}=7$, $Z_{12}=3$
② $Z_{11}=7$, $Z_{21}=5$, $Z_{22}=3$, $Z_{12}=5$
③ $Z_{11}=3$, $Z_{21}=7$, $Z_{22}=3$, $Z_{12}=5$
④ $Z_{11}=5$, $Z_{21}=7$, $Z_{22}=3$, $Z_{12}=7$

해설 $Z_{11}=2+3=5[\Omega]$, $Z_{22}=3+4=7[\Omega]$
$Z_{12}=3[\Omega]$, $Z_{21}=3[\Omega]$

답 ①

224 핵심이론 찾아보기▶핵심 11-2

기사 14년 / 산업 08·04·97·91년 출제

그림과 같은 π형 4단자 회로의 어드미턴스 상수 중 Y_{22}[℧]는?

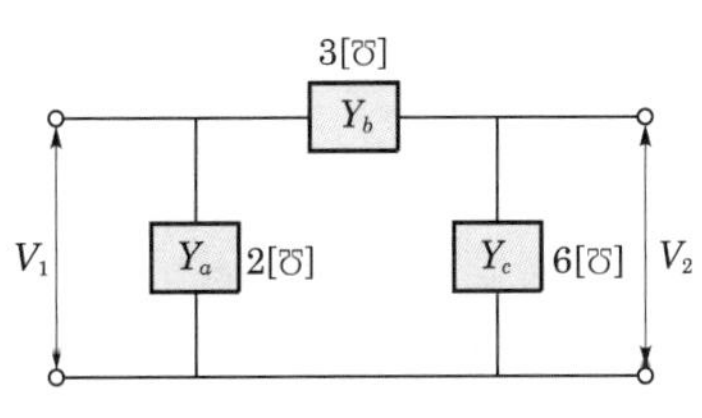

① 5 ② 6 ③ 9 ④ 11

해설 $Y_{22}=Y_b+Y_c=3+6=9$[℧]

답 ③

225 핵심이론 찾아보기▶핵심 11-2

기사 85년 / 산업 13년 출제

그림에서 4단자망의 개방 순방향 전달 임피던스 Z_{21}[Ω]과 단락 순방향 전달 어드미턴스 Y_{21}[℧]은?

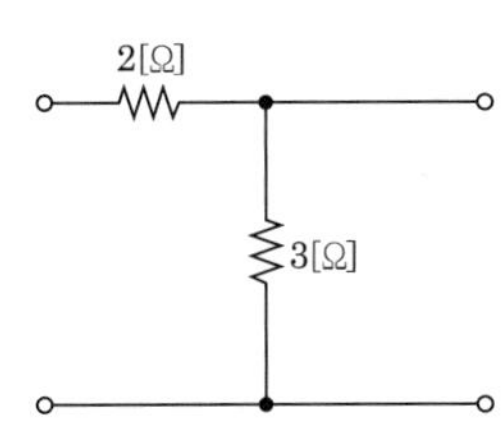

① $Z_{21}=5$, $Y_{21}=-\frac{1}{2}$
② $Z_{21}=3$, $Y_{21}=-\frac{1}{3}$
③ $Z_{21}=3$, $Y_{21}=-\frac{1}{2}$
④ $Z_{21}=3$, $Y_{21}=-\frac{5}{6}$

해설 $Z_{11}=2+3[\Omega]$, $Z_{22}=3[\Omega]$, $Z_{12}=Z_{21}=3[\Omega]$

$Y_{11}=\frac{1}{2}[℧]$, $Y_{22}=\frac{1}{2}+\frac{1}{3}[℧]$, $Y_{12}=Y_{21}=\frac{1}{2}[℧]$

답 ③

226

핵심이론 찾아보기▶핵심 11-3 산업 20·13·02·98년 출제

그림과 같은 4단자 회로망에서 출력측을 개방하니 $V_1=12$, $I_1=2$, $V_2=4$이고, 출력측을 단락하니 $V_1=16$, $I_1=4$, $I_2=2$였다. A, B, C, D는 얼마인가?

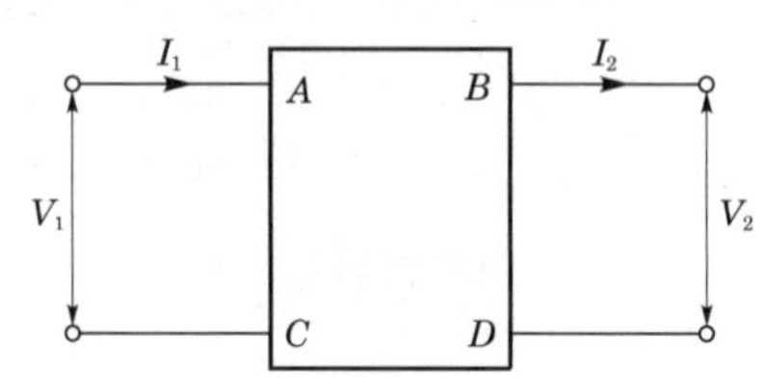

① 3, 8, 0.5, 2
② 8, 0.5, 2, 3
③ 0.5, 2, 3, 8
④ 2, 3, 8, 0.5

해설 $A=\left.\frac{V_1}{V_2}\right|_{I_2=0}=\frac{12}{4}=3$, $B=\left.\frac{V_1}{I_2}\right|_{V_2=0}=\frac{16}{2}=8$

$C=\left.\frac{I_1}{V_2}\right|_{I_2=0}=\frac{2}{4}=0.5$, $D=\left.\frac{I_1}{I_2}\right|_{V_2=0}=\frac{4}{2}=2$

답 ①

227

핵심이론 찾아보기▶핵심 11-3 기사 16·10·09·97년 / 산업 10·07·97·95·90년 출제

4단자 정수 A, B, C, D 중에서 어드미턴스의 차원을 가진 정수는 어느 것인가?

① A
② B
③ C
④ D

해설 A : 전압 이득, B : 전달 임피던스, C : 전달 어드미턴스, D : 전류 이득

답 ③

228

핵심이론 찾아보기▶핵심 11-3 기사 10년 / 산업 17·10·03·96·88년 출제

어떤 회로망의 4단자 정수가 $A=8$, $B=j2$, $D=3+j2$이면 이 회로망의 C는 얼마인가?

① $24+j14$
② $3-j4$
③ $8-j11.5$
④ $4+j6$

해설 $C=\frac{AD-1}{B}$

$=\frac{8(3+j2)-1}{j2}=8-j11.5$

답 ③

229

핵심이론 찾아보기▶핵심 11-4

기사 99년 / 산업 12·05·00·98·88년 출제

그림과 같은 L형 회로의 4단자 정수는 어떻게 되는가?

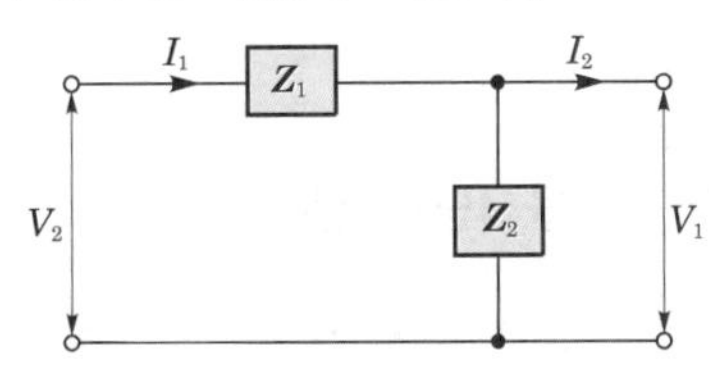

① $A = Z_1$, $B = 1 + \dfrac{Z_1}{Z_2}$, $C = \dfrac{1}{Z_2}$, $D = 1$　　② $A = 1$, $B = \dfrac{1}{Z_2}$, $C = 1 + \dfrac{1}{Z_2}$, $D = Z_1$

③ $A = 1 + \dfrac{Z_1}{Z_2}$, $B = Z_1$, $C = \dfrac{1}{Z_2}$, $D = 1$　　④ $A = \dfrac{1}{Z_2}$, $B = 1$, $C = Z_1$, $D = 1 + \dfrac{Z_1}{Z_2}$

해설

$$\begin{bmatrix} A & B \\ C & D \end{bmatrix} = \begin{bmatrix} 1 & Z_1 \\ 0 & 1 \end{bmatrix} \begin{bmatrix} 1 & 0 \\ \dfrac{1}{Z_2} & 1 \end{bmatrix} = \begin{bmatrix} 1 + \dfrac{Z_1}{Z_2} & Z_1 \\ \dfrac{1}{Z_2} & 1 \end{bmatrix}$$

답 ③

230

핵심이론 찾아보기▶핵심 11-4

산업 98·91년 출제

그림과 같은 회로에서 4단자 정수 중 옳지 않은 것은?

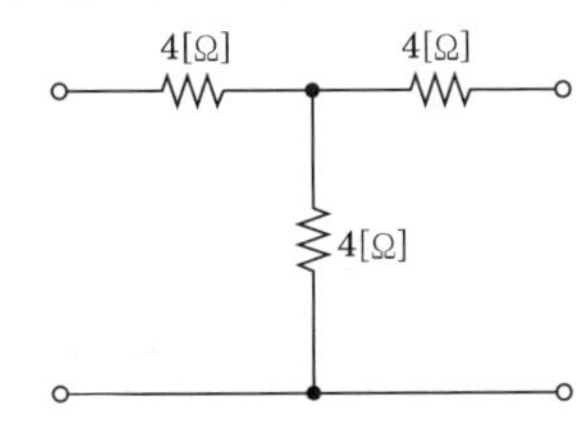

① $A = 2$　　② $B = 12$　　③ $C = \dfrac{1}{2}$　　④ $D = 2$

해설

$$\begin{bmatrix} A & B \\ C & D \end{bmatrix} = \begin{bmatrix} 1 & 4 \\ 0 & 1 \end{bmatrix} \begin{bmatrix} 1 & 0 \\ \dfrac{1}{4} & 1 \end{bmatrix} \begin{bmatrix} 1 & 4 \\ 0 & 1 \end{bmatrix} = \begin{bmatrix} 2 & 12 \\ \dfrac{1}{4} & 2 \end{bmatrix}$$

답 ③

231

핵심이론 찾아보기▶핵심 11-4

기사 08·05·87년 / 산업 12·00·93·87년 출제

그림 같은 4단자 회로의 4단자 정수 중 D의 값은?

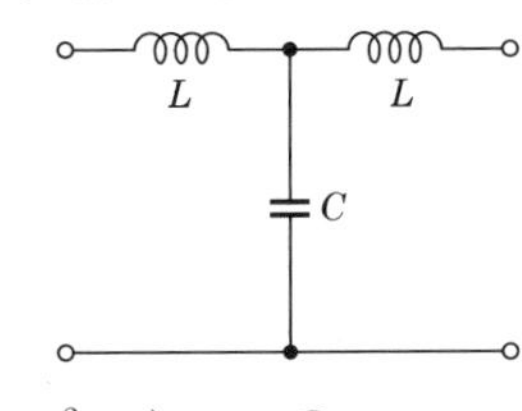

① $1 - \omega^2 LC$　　② $j\omega L(2 - \omega^2 LC)$　　③ $j\omega C$　　④ $j\omega L$

해설 $\begin{bmatrix} A & B \\ C & D \end{bmatrix} = \begin{bmatrix} 1 & j\omega L \\ 0 & 1 \end{bmatrix} \begin{bmatrix} 1 & 0 \\ j\omega C & 1 \end{bmatrix} \begin{bmatrix} 1 & j\omega L \\ 0 & 1 \end{bmatrix} = \begin{bmatrix} 1-\omega^2 LC & j\omega L(2-\omega^2 LC) \\ j\omega C & 1-\omega^2 LC \end{bmatrix}$

답 ①

232

핵심이론 찾아보기▶핵심 11-4 　　산업 14·88년 출제

그림과 같은 회로망에서 Z_1을 4단자 정수에 의해 표시하면 어떻게 되는가?

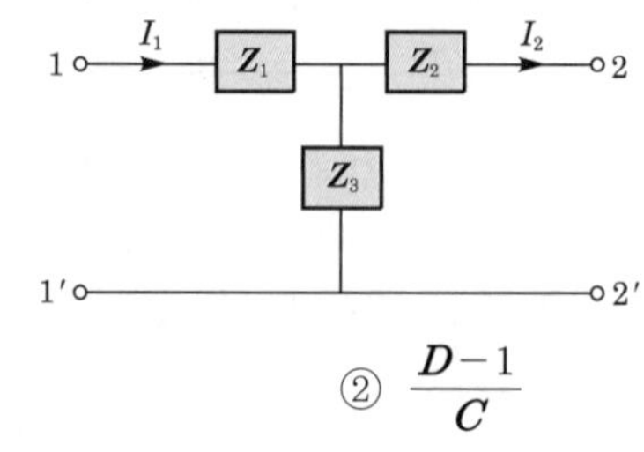

① $\dfrac{1}{C}$ 　② $\dfrac{D-1}{C}$

③ $\dfrac{B-1}{C}$ 　④ $\dfrac{A-1}{C}$

해설 Z_1이 포함된 4단자 정수를 생각하여 구한다.

$$A = 1 + \frac{Z_1}{Z_3} = 1 + CZ_1$$

$$\therefore Z_1 = \frac{A-1}{C}$$

답 ④

233

핵심이론 찾아보기▶핵심 11-4 　　기사 03·00년 / 산업 22·15·10·06·98년 출제

그림과 같은 π 형 회로의 4단자 정수 D의 값은?

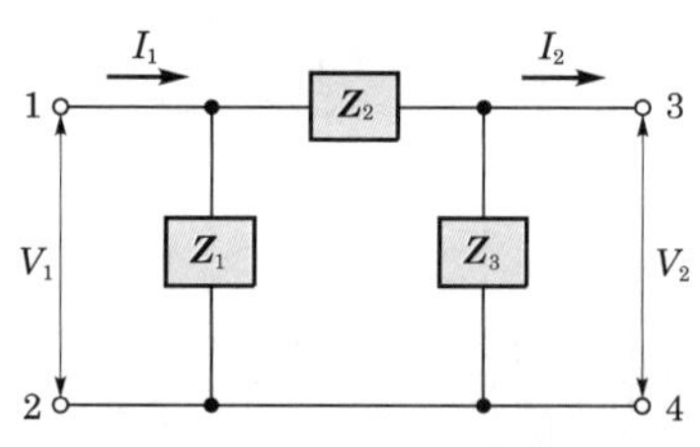

① Z_2 　② $1+\dfrac{Z_2}{Z_1}$

③ $\dfrac{1}{Z_1}+\dfrac{1}{Z_3}$ 　④ $1+\dfrac{Z_2}{Z_3}$

해설

$$\begin{bmatrix} A & B \\ C & D \end{bmatrix} = \begin{bmatrix} 1 & 0 \\ \dfrac{1}{Z_1} & 1 \end{bmatrix} \begin{bmatrix} 1 & Z_2 \\ 0 & 1 \end{bmatrix} \begin{bmatrix} 1 & 0 \\ \dfrac{1}{Z_3} & 1 \end{bmatrix} = \begin{bmatrix} 1+\dfrac{Z_2}{Z_3} & Z_2 \\ \dfrac{Z_1+Z_2+Z_3}{Z_1 \cdot Z_3} & 1+\dfrac{Z_2}{Z_1} \end{bmatrix}$$

답 ②

234 핵심이론 찾아보기▶핵심 11-4

산업 17년 출제

그림과 같이 π형 회로에서 Z_3를 4단자 정수로 표시한 것은?

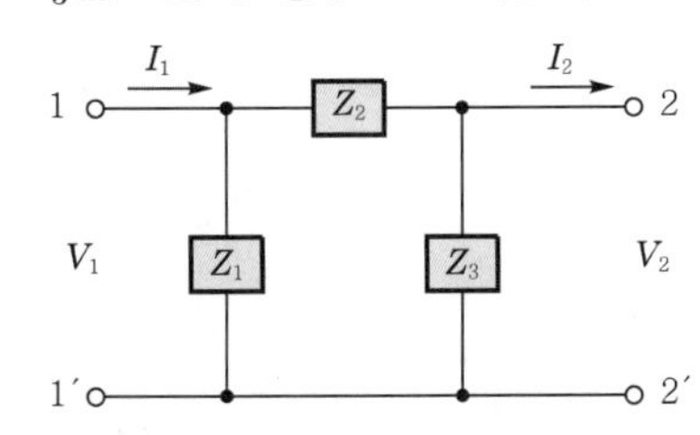

① $\dfrac{A}{1-B}$　② $\dfrac{B}{1-A}$　③ $\dfrac{A}{B-1}$　④ $\dfrac{B}{A-1}$

해설

$$\begin{bmatrix} A & B \\ C & D \end{bmatrix} = \begin{bmatrix} 1 & 0 \\ \dfrac{1}{Z_1} & 1 \end{bmatrix} \begin{bmatrix} 1 & Z_2 \\ 0 & 1 \end{bmatrix} \begin{bmatrix} 1 & 0 \\ \dfrac{1}{Z_3} & 1 \end{bmatrix} = \begin{bmatrix} 1+\dfrac{Z_2}{Z_3} & Z_2 \\ \dfrac{Z_1+Z_2+Z_3}{Z_1 \cdot Z_3} & 1+\dfrac{Z_2}{Z_1} \end{bmatrix}$$

$$\therefore A = 1+\frac{Z_2}{Z_3}$$

$$B = Z_2$$

$$Z_3 = \frac{Z_2}{A-1} = \frac{B}{A-1}$$

답 ④

235 핵심이론 찾아보기▶핵심 11-4

산업 91·90·87년 출제

그림과 같은 상호 인덕턴스 M인 4단자 회로에서 4단자 정수 중 D의 값은?

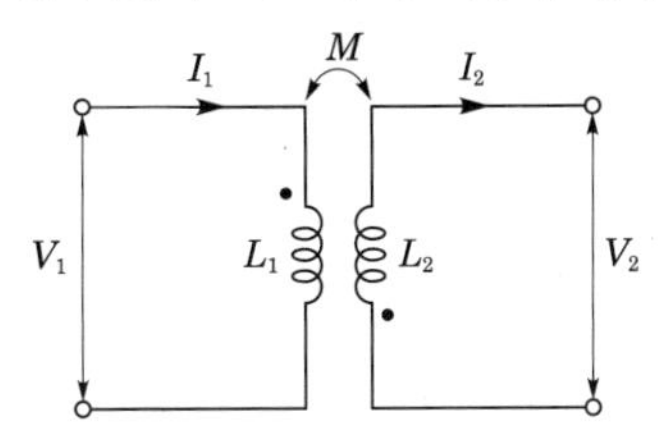

① $+\dfrac{L_2}{M}$　② $\dfrac{1}{\omega M}$　③ $-\dfrac{L_2}{M}$　④ $+\dfrac{L_1L_2-M^2}{M}$

해설 가동 결합인 경우 T형 등가회로

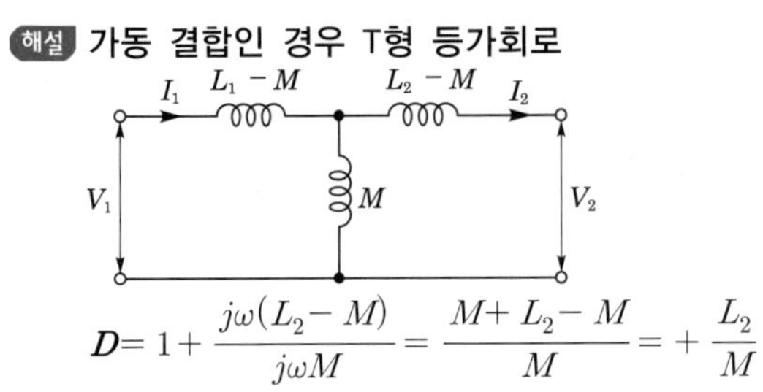

$$D = 1+\frac{j\omega(L_2-M)}{j\omega M} = \frac{M+L_2-M}{M} = +\frac{L_2}{M}$$

답 ①

236

핵심이론 찾아보기▶핵심 11-4

기사 13·07·01·99·92년 / 산업 07·03·87년 출제

다음 결합 회로의 4단자 정수 A, B, C, D 파라미터 행렬은?

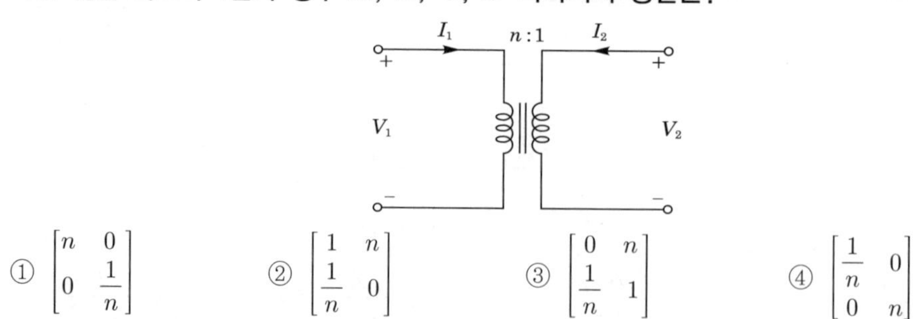

① $\begin{bmatrix} n & 0 \\ 0 & \dfrac{1}{n} \end{bmatrix}$ ② $\begin{bmatrix} 1 & n \\ \dfrac{1}{n} & 0 \end{bmatrix}$ ③ $\begin{bmatrix} 0 & n \\ \dfrac{1}{n} & 1 \end{bmatrix}$ ④ $\begin{bmatrix} \dfrac{1}{n} & 0 \\ 0 & n \end{bmatrix}$

해설 $\begin{bmatrix} A & B \\ C & D \end{bmatrix} = \begin{bmatrix} a & 0 \\ 0 & \dfrac{1}{a} \end{bmatrix} = \begin{bmatrix} n & 0 \\ 0 & \dfrac{1}{n} \end{bmatrix}$

답 ①

237

핵심이론 찾아보기▶핵심 11-4

기사 95년 / 산업 11·96년 출제

그림과 같이 10[Ω]의 저항에 감은 비가 10 : 1의 결합 회로를 연결했을 때 4단자 정수 A, B, C, D는?

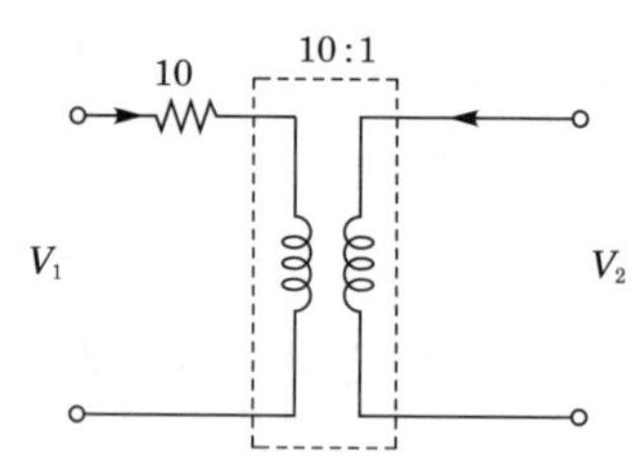

① $A=10$, $B=1$, $C=0$, $D=\dfrac{1}{10}$ ② $A=1$, $B=10$, $C=0$, $D=10$

③ $A=10$, $B=1$, $C=0$, $D=10$ ④ $A=10$, $B=0$, $C=0$, $D=\dfrac{1}{10}$

해설 $\begin{bmatrix} A & B \\ C & D \end{bmatrix} = \begin{bmatrix} 1 & 10 \\ 0 & 1 \end{bmatrix} \begin{bmatrix} 10 & 0 \\ 0 & \dfrac{1}{10} \end{bmatrix} = \begin{bmatrix} 10 & 1 \\ 0 & \dfrac{1}{10} \end{bmatrix}$

답 ①

238

핵심이론 찾아보기▶핵심 11-5

산업 92년 출제

L형 4단자 회로망에서 4단자 정수가 $B=\dfrac{5}{3}$, $C=1$이고, 영상 임피던스 $Z_{01}=\dfrac{20}{3}$[Ω]일 때 영상 임피던스 Z_{02}[Ω]의 값은?

① $\dfrac{1}{4}$ ② $\dfrac{100}{9}$ ③ 9 ④ $\dfrac{9}{100}$

해설 $Z_{01} \cdot Z_{02} = \dfrac{B}{C}$

$$Z_{02} = \frac{B}{Z_{01}C} = \frac{\frac{5}{3}}{\frac{20}{3} \times 1} = \frac{1}{4}[\Omega]$$

답 ①

239 핵심이론 찾아보기▶핵심 11-5

기사 12·96년 / 산업 14·95·94·91·87년 출제

L형 4단자 회로에서 4단자 정수가 $A = \dfrac{15}{4}$, $D = 1$이고, 영상 임피던스 $Z_{02} = \dfrac{12}{5}[\Omega]$일 때 영상 임피던스 $Z_{01}[\Omega]$의 값은 얼마인가?

① 12 ② 9

③ 8 ④ 6

해설 $Z_{01} \cdot Z_{02} = \dfrac{B}{C}$, $\dfrac{Z_{01}}{Z_{02}} = \dfrac{A}{D}$에서

$$Z_{01} = \frac{A}{D} Z_{02} = \frac{\frac{15}{4}}{1} \times \frac{12}{5} = \frac{180}{20} = 9[\Omega]$$

답 ②

240 핵심이론 찾아보기▶핵심 11-5

기사 90년 / 산업 21·03·99·92·88년 출제

그림과 같은 회로의 영상 임피던스 Z_{01}, Z_{02}는 각각 몇 [Ω]인가?

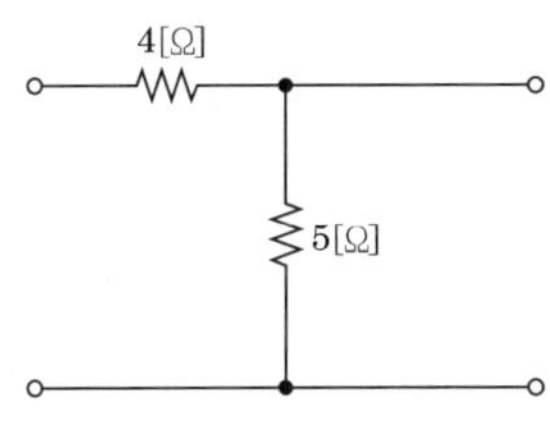

① $Z_{01} = 9$, $Z_{02} = 5$ ② $Z_{01} = 4$, $Z_{02} = 5$

③ $Z_{01} = 4$, $Z_{02} = \dfrac{20}{9}$ ④ $Z_{01} = 6$, $Z_{02} = \dfrac{10}{3}$

해설

$$\begin{bmatrix} A & B \\ C & D \end{bmatrix} = \begin{bmatrix} 1 & 4 \\ 0 & 1 \end{bmatrix} \begin{bmatrix} 1 & 0 \\ \frac{1}{5} & 1 \end{bmatrix} = \begin{bmatrix} \frac{9}{5} & 4 \\ \frac{1}{5} & 1 \end{bmatrix}$$

$$\therefore Z_{01} = \sqrt{\frac{AB}{CD}} = \sqrt{\frac{\frac{9}{5} \times 4}{\frac{1}{5} \times 1}} = 6[\Omega]$$

$$Z_{02} = \sqrt{\frac{BD}{AC}} = \sqrt{\frac{4 \times 1}{\frac{9}{5} \times \frac{1}{5}}} = \frac{10}{3}[\Omega]$$

답 ④

241

핵심이론 찾아보기▶핵심 11-5

산업 96·90·88년 출제

그림과 같은 4단자망의 영상 임피던스는 얼마인가?

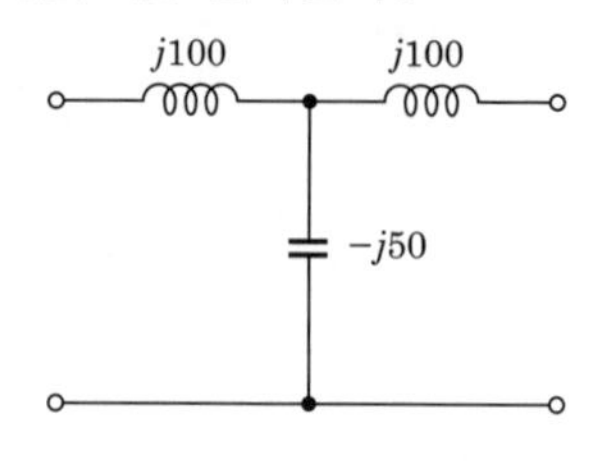

① $j\dfrac{1}{50}$
② -1
③ 1
④ 0

해설

$$\begin{bmatrix} A & B \\ C & D \end{bmatrix} = \begin{bmatrix} 1 & j100 \\ 0 & 1 \end{bmatrix}\begin{bmatrix} 1 & 0 \\ \dfrac{1}{-j50} & 1 \end{bmatrix} = \begin{bmatrix} 1 & j100 \\ 0 & 1 \end{bmatrix} = \begin{bmatrix} -1 & 0 \\ j\dfrac{1}{50} & -1 \end{bmatrix}$$

$$\therefore\ Z_{01} = Z_{02} = \sqrt{\frac{B}{C}} = \sqrt{\frac{0}{j\dfrac{1}{50}}} = 0$$

답 ④

242

핵심이론 찾아보기▶핵심 11-5

산업 07·96·90년 출제

그림과 같은 4단자망의 영상 전달정수 θ는?

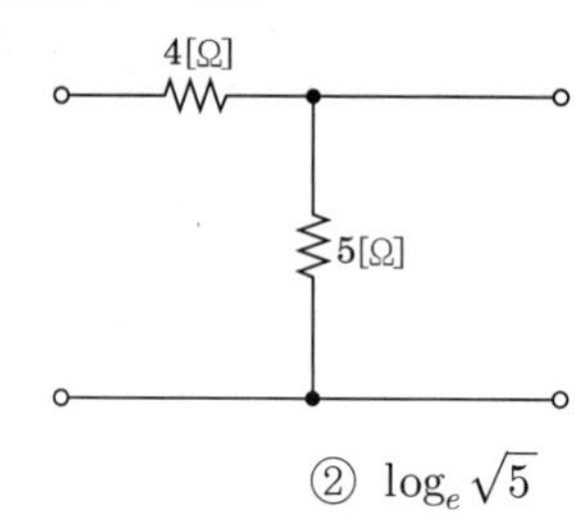

① $\sqrt{5}$
② $\log_e \sqrt{5}$
③ $\log_e \dfrac{1}{\sqrt{5}}$
④ $5\log_e \sqrt{5}$

해설

$$\begin{bmatrix} A & B \\ C & D \end{bmatrix} = \begin{bmatrix} 1+\dfrac{4}{5} & 4 \\ \dfrac{1}{5} & 1 \end{bmatrix}$$

$$\therefore\ \theta = \log_e(\sqrt{AD} + \sqrt{BC})$$

$$= \log_e\left(\sqrt{\frac{9}{5}\times 1} + \sqrt{4\times\frac{1}{5}}\right) = \log_e \sqrt{5}$$

답 ②

243 핵심이론 찾아보기▶핵심 11-5

산업 14·00·95·91년 출제

그림과 같은 T형 회로의 영상 파라미터 θ는?

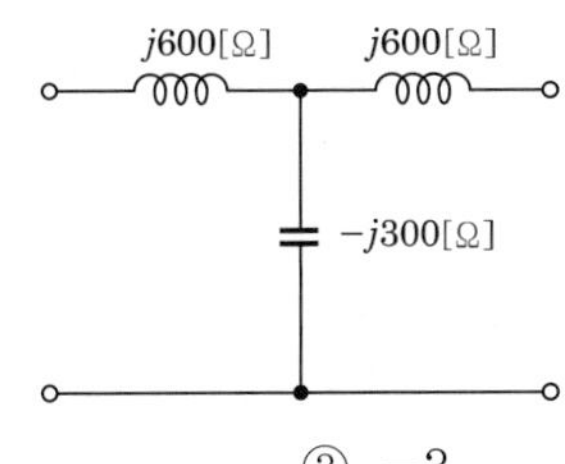

① 0 ② +1 ③ −3 ④ −1

해설 $\begin{bmatrix} A & B \\ C & D \end{bmatrix} = \begin{bmatrix} 1 & j600 \\ 0 & 1 \end{bmatrix} \begin{bmatrix} 1 & 0 \\ \dfrac{1}{-j300} & 1 \end{bmatrix} = \begin{bmatrix} 1 & j600 \\ 0 & 1 \end{bmatrix} = \begin{bmatrix} -1 & 0 \\ j\dfrac{1}{300} & -1 \end{bmatrix}$

$\therefore\ \theta = \cosh^{-1}\sqrt{AD} = \cosh^{-1}1 = 0$

답 ①

244 핵심이론 찾아보기▶핵심 11-5

기사 91년 / 산업 07·05·96·90년 출제

T형 4단자 회로망에서 영상 임피던스 $Z_{01} = 50$[Ω], $Z_{02} = 2$[Ω]이고 전달정수가 0일 때 이 회로의 4단자 정수 D의 값은?

① 10 ② 5 ③ $\dfrac{1}{5}$ ④ 0

해설 $D = \sqrt{\dfrac{Z_{02}}{Z_{01}}}\cosh\theta = \sqrt{\dfrac{2}{50}}\cosh\theta = \dfrac{1}{5}$

답 ③

245 핵심이론 찾아보기▶핵심 11-5

산업 04·99·95·94년 출제

전달정수 θ를 4단자 정수 A, B, C, D로 표시할 때 옳은 것은?

① $\cosh\theta = \sqrt{BD}$ ② $\sinh\theta = \sqrt{BC}$ ③ $\cosh\theta = \sqrt{\dfrac{AD}{BC}}$ ④ $\sinh\theta = \sqrt{AD}$

해설 $\theta = \log_e(\sqrt{AD} + \sqrt{BD}) = \cosh^{-1}\sqrt{AD} = \sinh^{-1}\sqrt{BC}$

$\therefore\ \sinh\theta = \sqrt{BC}$

$\cosh\theta = \sqrt{AD}$

답 ②

246 핵심이론 찾아보기▶핵심 12-1

기사 12·08·06·04·00·99·98·96·95·91년 / 산업 10년 출제

전송 선로에서 무손실일 때, $L = 96$[mH], $C = 0.6$[μF]이면 특성 임피던스[Ω]는?

① 500 ② 400 ③ 300 ④ 200

해설 무손실 선로 $R=0$, $G=0$

$\therefore\ Z_0 = \sqrt{\dfrac{Z}{Y}} = \sqrt{\dfrac{R+j\omega L}{G+j\omega C}} = \sqrt{\dfrac{L}{C}} = \sqrt{\dfrac{96\times10^{-3}}{0.6\times10^{-6}}} = 400$[Ω]

답 ②

247 핵심이론 찾아보기▶핵심 13-2

산업 17년 출제

단위 임펄스 $\delta(t)$의 라플라스 변환은?

① e^{-s}　② $\frac{1}{s}$　③ $\frac{1}{s^2}$　④ 1

해설 단위 임펄스 함수$[\delta(t)]$

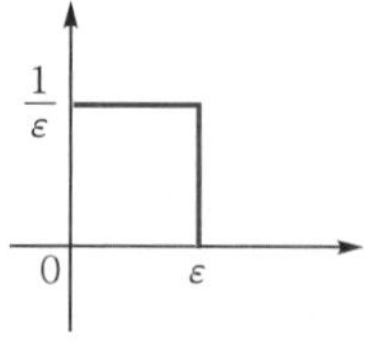

단위 임펄스 함수$[\delta(t)]$는 면적이 1인 함수로 라플라스 변환하면 1이 된다.

답 ④

248 핵심이론 찾아보기▶핵심 13-2

산업 18년 출제

회로망의 응답 $h(t)=(e^{-t}+2e^{-2t})u(t)$의 라플라스 변환은?

① $\frac{3s+4}{(s+1)(s+2)}$　② $\frac{3s}{(s-1)(s-2)}$　③ $\frac{3s+2}{(s+1)(s+2)}$　④ $\frac{-s-4}{(s-1)(s-2)}$

해설 $H(s)=\frac{1}{s+1}+\frac{2}{s+2}=\frac{s+2+2(s+1)}{(s+1)(s+2)}=\frac{3s+4}{(s+1)(s+2)}$

답 ①

249 핵심이론 찾아보기▶핵심 13-2

산업 19년 출제

$f(t)=e^{-t}+3t^2+3\cos 2t+5$의 라플라스 변환식은?

① $\frac{1}{s+1}+\frac{6}{s^2}+\frac{3s}{s^2+5}+\frac{5}{s}$　② $\frac{1}{s+1}+\frac{6}{s^3}+\frac{3s}{s^2+4}+\frac{5}{s}$

③ $\frac{1}{s+1}+\frac{5}{s^2}+\frac{3s}{s^2+5}+\frac{4}{s}$　④ $\frac{1}{s+1}+\frac{5}{s^3}+\frac{2s}{s^2+4}+\frac{4}{s}$

해설 $F(s)=\mathcal{L}[e^{-t}+3t^2+3\cos 2t+5]=\frac{1}{s+1}+\frac{6}{s^3}+\frac{3s}{s^2+2^2}+\frac{5}{s}$

답 ②

250 핵심이론 찾아보기▶핵심 13-2

기사 14년 / 산업 22·21·14·12·06·96·95·89년 출제

$f(t)=\sin t\cos t$를 라플라스로 변환하면?

① $\frac{1}{s^2+4}$　② $\frac{1}{s^2+2}$　③ $\frac{1}{(s+2)^2}$　④ $\frac{1}{(s+4)^2}$

해설 삼각 함수 가법 정리 : $\sin(A+B)=\sin A\cos B+\cos A\sin B$

삼각 함수 가법 정리에 의해서

$\sin(t+t)=2\sin t\cos t$

$\therefore\ \sin t\cos t = \frac{1}{2}\sin 2t$

$\because\ \boldsymbol{F}(s) = \mathcal{L}[\sin t\cos t] = \mathcal{L}\left[\frac{1}{2}\sin 2t\right] = \frac{1}{2} \times \frac{2}{s^2+2^2} = \frac{1}{s^2+4}$

답 ①

251

핵심이론 찾아보기▶핵심 13-4

기사 06년 / 산업 14·95·94년 출제

$f(t) = te^{-at}$ 일 때 라플라스 변환하면 $F(s)$의 값은?

① $\frac{2}{(s+a)^2}$　② $\frac{1}{s(s+a)}$　③ $\frac{1}{(s+a)^2}$　④ $\frac{1}{s+a}$

해설 지수 감쇠 램프 함수의 Laplace 변환 : $\mathcal{L}[te^{-at}] = \frac{1}{(s+a)^2}$

답 ③

252

핵심이론 찾아보기▶핵심 13-4

기사 04·01·83년 / 산업 13·04·03·00·92년 출제

$e^{-at}\cos\omega t$ 의 라플라스 변환은?

① $\frac{s+a}{(s+a)^2+\omega^2}$　② $\frac{\omega}{(s+a)^2+\omega^2}$　③ $\frac{\omega}{(s^2+a^2)^2}$　④ $\frac{s+a}{(s^2+a^2)^2}$

해설 복소 추이 정리를 이용하면

$\mathcal{L}[e^{-at}\cos\omega t] = \mathcal{L}[\cos\omega t]|_{s=s+a}$

$= s+a = \frac{s}{s^2+\omega^2}\Big|_{s=s+a} = \frac{s+a}{(s+a)^2+\omega^2}$

답 ①

253

핵심이론 찾아보기▶핵심 13-3

산업 15·92년 출제

그림과 같은 ramp 함수의 라플라스 변환은?

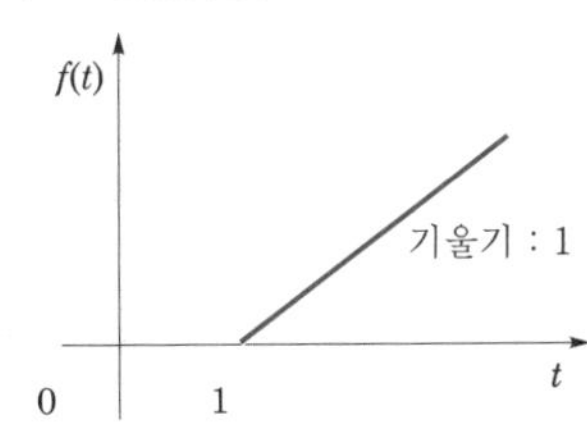

① $e^2\frac{1}{s^2}$　② $e^{-s}\frac{1}{s^2}$　③ $e^{2s}\frac{1}{s^2}$　④ $e^{-2s}\frac{1}{s^2}$

해설 단위 램프 함수

$f(t) = t \cdot u(t)$

$f(t) = (t-1)u(t-1)$

$\therefore \boldsymbol{F}(s) = e^{-s} \cdot \frac{1}{s^2}$

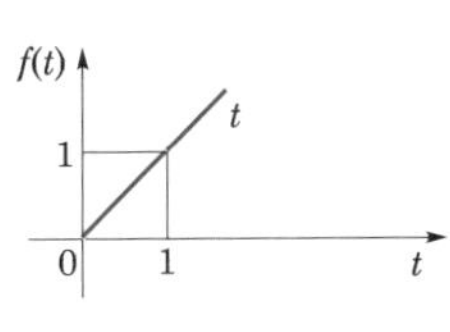

답 ②

254

핵심이론 찾아보기▶핵심 13-3

산업 14·04·98·94년 출제

그림과 같은 구형파의 라플라스 변환은?

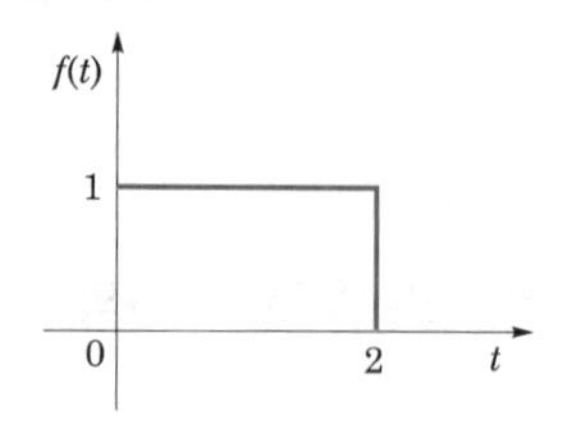

① $\dfrac{1}{s}(1-e^{-s})$

② $\dfrac{1}{s}(1+e^{-s})$

③ $\dfrac{1}{s}(1-e^{-2s})$

④ $\dfrac{1}{s}(1+e^{-2s})$

해설 시간 추이 정리 : $\mathcal{L}[f(t-a)]=e^{-as}\cdot \boldsymbol{F}(s)$

$f(t)=u(t)-u(t-2)$

시간 추이 정리를 적용하면

$$\boldsymbol{F}(s)=\frac{1}{s}-e^{-2s}\cdot\frac{1}{s}$$

$$=\frac{1}{s}(1-e^{-2s})$$

답 ③

255

핵심이론 찾아보기▶핵심 13-3

산업 16·01·98년 출제

그림과 같이 높이가 1인 펄스의 라플라스 변환은?

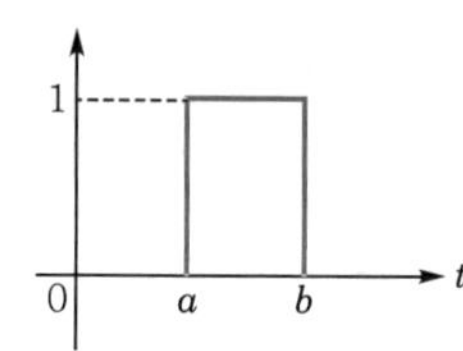

① $\dfrac{1}{s}(e^{-as}+e^{-bs})$

② $\dfrac{1}{a-b}\left(\dfrac{e^{-as}+e^{-bs}}{1}\right)$

③ $\dfrac{1}{s}(e^{-as}-e^{-bs})$

④ $\dfrac{1}{a-b}\left(\dfrac{e^{-as}-e^{-bs}}{s}\right)$

해설 $f(t)=u(t-a)-u(t-b)$

시간추이 정리를 적용하면 $F(s)=\dfrac{e^{-as}}{s}-\dfrac{e^{-bs}}{s}$

$$=\frac{1}{s}(e^{-as}-e^{-bs})$$

답 ③

256 핵심이론 찾아보기▶핵심 13-3

산업 21·16년 출제

다음과 같은 파형 $v(t)$를 단위 계단 함수로 표시하면 어떻게 되는가?

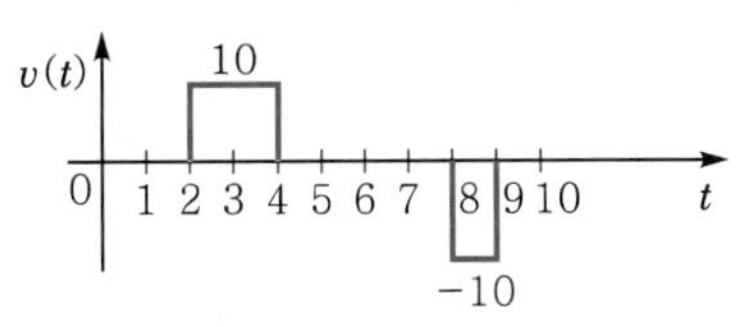

① $10u(t-2)+10u(t-4)+10u(t-8)+10u(t-9)$
② $10u(t-2)-10u(t-4)-10u(t-8)-10u(t-9)$
③ $10u(t-2)-10u(t-4)+10u(t-8)-10u(t-9)$
④ $10u(t-2)-10u(t-4)-10u(t-8)+10u(t-9)$

해설

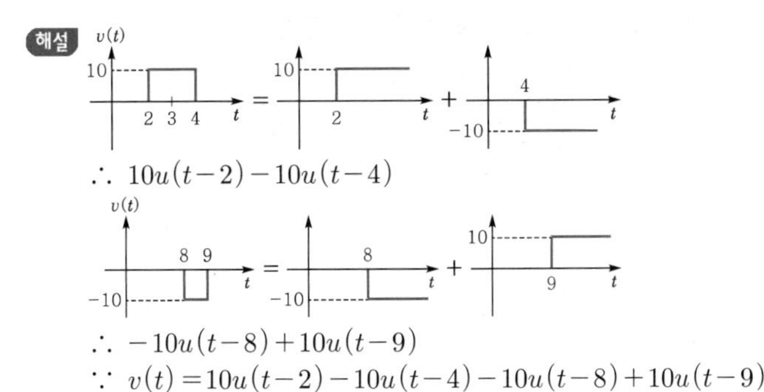

$\therefore\ 10u(t-2)-10u(t-4)$

$\therefore\ -10u(t-8)+10u(t-9)$

$\because\ v(t)=10u(t-2)-10u(t-4)-10u(t-8)+10u(t-9)$

답 ④

257 핵심이론 찾아보기▶핵심 13-3

산업 16·05·96년 출제

$f(t)=\dfrac{d}{dt}\cos\omega t$를 라플라스 변환하면?

① $\dfrac{\omega^2}{s^2+\omega^2}$　② $\dfrac{-s^2}{s^2+\omega^2}$　③ $\dfrac{s}{s^2+\omega^2}$　④ $\dfrac{-\omega^2}{s^2+\omega^2}$

해설 $\mathcal{L}\left[\dfrac{d}{dt}\cos\omega t\right]=\mathcal{L}[-\omega\sin\omega t]=-\omega\cdot\dfrac{\omega}{s^2+\omega^2}=\dfrac{-\omega^2}{s^2+\omega^2}$

답 ④

258 핵심이론 찾아보기▶핵심 13-3

산업 19·18년 출제

$\dfrac{dx(t)}{dt}+3x(t)=5$의 라플라스 변환은? (단, $x(0)=0$, $X(s)=\mathcal{L}[x(t)]$)

① $X(s)=\dfrac{5}{s+3}$　② $X(s)=\dfrac{3}{s(s+5)}$　③ $X(s)=\dfrac{3}{s+5}$　④ $X(s)=\dfrac{5}{s(s+3)}$

해설 모든 초기값을 0으로 하고 Laplace 변환하면 $sX(s)+3X(s)=\dfrac{5}{s}$

$\therefore\ X(s)=\dfrac{5}{s(s+3)}$

답 ④

259 핵심이론 찾아보기▶핵심 13-3

산업 13·07·00·99년 출제

$t\sin\omega t$ 의 라플라스 변환은?

① $\dfrac{\omega}{(s^2+\omega^2)^2}$ ② $\dfrac{\omega s}{(s^2+\omega^2)^2}$ ③ $\dfrac{\omega^2}{(s^2+\omega^2)^2}$ ④ $\dfrac{2\omega s}{(s^2+\omega^2)^2}$

해설 복소 미분 정리를 이용하면

$$F(s)=(-1)\frac{d}{ds}\{\mathcal{L}(\sin\omega t)\}=(-1)\frac{d}{ds}\frac{\omega}{s^2+\omega^2}=\frac{2\omega s}{(s^2+\omega^2)^2}$$

답 ④

260 핵심이론 찾아보기▶핵심 13-3

기사 00년 / 산업 04년 출제

다음과 같은 2개의 전류 초기값 $i_1(0^+)$, $i_2(0^+)$가 옳게 구해진 것은?

$$I_1(s)=\frac{12(s+8)}{4s(s+6)},\ I_2(s)=\frac{12}{s(s+6)}$$

① 3, 0 ② 4, 0 ③ 4, 2 ④ 3, 4

해설 초기값 정리에 의해 $\lim\limits_{s\to\infty}s\cdot I_1(s)=\lim\limits_{s\to\infty}s\cdot\dfrac{12(s+8)}{4s(s+6)}=3$

$\lim\limits_{s\to\infty}s\cdot I_2(s)=\lim\limits_{s\to\infty}s\cdot\dfrac{12}{s(s+6)}=0$

답 ①

261 핵심이론 찾아보기▶핵심 13-3

기사 87년 / 산업 21·16·14·07·05·97·91·89년 출제

$F(s)=\dfrac{3s+10}{s^3+2s^2+5s}$ 일 때 $f(t)$의 최종값은?

① 0 ② 1 ③ 2 ④ 8

해설 최종값 정리에 의해 $\lim\limits_{s\to\infty}s\cdot F(s)=\lim\limits_{s\to0}s\cdot\dfrac{3s+10}{s(s^2+2s+5)}=\dfrac{10}{5}=2$

답 ③

262 핵심이론 찾아보기▶핵심 13-3

기사 02년 / 산업 14·11·06·03·99년 출제

어떤 제어계의 출력이 $C(s)=\dfrac{5}{s(s^2+s+2)}$로 주어질 때 출력의 시간 함수 $C(t)$의 정상값은?

① 5 ② 2 ③ $\dfrac{2}{5}$ ④ $\dfrac{5}{2}$

해설 최종값 정리에 의해 $\lim\limits_{s\to0}sC(s)=\lim\limits_{s\to0}s\cdot\dfrac{5}{s(s^2+s+2)}=\dfrac{5}{2}$

답 ④

263 핵심이론 찾아보기▶핵심 13-5 산업 22·02·01년 출제

$\dfrac{1}{s+3}$ 의 역라플라스 변환은?

① e^{3t} ② e^{-3t} ③ $e^{\frac{1}{3}}$ ④ $e^{-\frac{1}{3}}$

해설 $\mathcal{L}[e^{-at}]=\dfrac{1}{s+a}$ 이므로

$\therefore \mathcal{L}^{-1}\left[\dfrac{1}{(s+3)}\right]=e^{-3t}$

답 ②

264 핵심이론 찾아보기▶핵심 13-5 산업 18·12·96년 출제

$\dfrac{s\sin\theta+\omega\cos\theta}{s^2+\omega^2}$ 의 역라플라스 변환을 구하면 어떻게 되는가?

① $\sin(\omega t-\theta)$ ② $\sin(\omega t+\theta)$ ③ $\cos(\omega t-\theta)$ ④ $\cos(\omega t+\theta)$

해설 $\dfrac{s}{s^2+\omega^2}\sin\theta+\dfrac{\omega}{s^2+\omega^2}\cos\theta$(역 Laplace 변환하면)

$=\cos\omega t\sin\theta+\sin\omega t\cos\theta=\sin(\omega t+\theta)$

답 ②

265 핵심이론 찾아보기▶핵심 13-5 산업 97·89년 출제

$E(t)=\mathcal{L}^{-1}\left[\dfrac{1}{s^2+6s+10}\right]$ 의 값은 얼마인가?

① $e^{-3t}\sin t$ ② $e^{-3t}\cos t$ ③ $e^{-t}\sin 5t$ ④ $e^{-t}\sin 5\omega t$

해설 Laplace 변환표 : $\mathcal{L}[e^{-at}\sin\omega t]=\dfrac{\omega}{(s+a)^2+\omega^2}$

$\boldsymbol{F}(s)=\dfrac{1}{s^2+6s+10}=\dfrac{1}{(s+3)^2+1}$

$\therefore f(t)=e^{-3t}\sin t$

답 ①

266 핵심이론 찾아보기▶핵심 13-6 산업 11·09·88년 출제

$\boldsymbol{F}(s)=\dfrac{1}{s(s+1)}$ 의 역라플라스 변환은?

① $1+e^{-t}$ ② $1-e^{-t}$ ③ $\dfrac{1}{1-e^{-t}}$ ④ $\dfrac{1}{1+e^{-t}}$

해설 $\boldsymbol{F}(s)=\dfrac{1}{s(s+1)}=\dfrac{1}{s}-\dfrac{1}{s+1}$

$\therefore f(t)=1-e^{-t}$

답 ②

267

핵심이론 찾아보기▶핵심 13-6

산업 13·09·96·89년 출제

$\boldsymbol{F}(s) = \dfrac{s}{(s+1)(s+2)}$ 일 때 $f(t)$를 구하면?

① $1 - 2e^{-2t} + e^{-t}$
② $e^{-2t} - 2e^{-t}$
③ $2e^{-2t} + e^{-t}$
④ $2e^{-2t} - e^{-t}$

해설 $\boldsymbol{F}(s) = \dfrac{s}{(s+1)(s+2)} = -\dfrac{1}{s+1} + \dfrac{2}{s+2}$

$\therefore\ f(t) = -e^{-t} + 2e^{-2t}$

답 ④

268

핵심이론 찾아보기▶핵심 13-6

산업 87년 출제

$\boldsymbol{F}(s) = \dfrac{1}{(s+1)^2(s+2)}$ 의 역라플라스 변환을 구하면?

① $e^{-t} + te^{-t} + 2^{-t}$
② $-e^{-t} + te^{-t} + e^{-2t}$
③ $e^{-t} - te^{-t} + e^{-2t}$
④ $e^{t} + te^{t} + e^{2t}$

해설 $\boldsymbol{F}(s) = \dfrac{1}{(s+1)^2(s+2)} = \dfrac{k_{11}}{(s+1)^2} + \dfrac{k_{12}}{(s+1)} + \dfrac{k_2}{(s+2)}$

$k_{11} = \left.\dfrac{1}{s+2}\right|_{s=-1} = 1$

$k_{12} = \left.\dfrac{d}{ds}\dfrac{1}{s+2}\right|_{s=-1} = \left.\dfrac{-1}{(s+2)^2}\right|_{s=-1} = -1$

$k_2 = \left.\dfrac{1}{(s+1)^2}\right|_{s=-2} = 1$

$\therefore\ \boldsymbol{F}(s) = \dfrac{1}{(s+1)^2} - \dfrac{1}{s+1} + \dfrac{1}{s+2}$

$\therefore\ f(t) = te^{-t} - e^{-t} + e^{-2t}$

답 ②

269

핵심이론 찾아보기▶핵심 14-1

기사 14년 / 산업 15년 출제

모든 초기값을 0으로 할 때 입력에 대한 출력의 비는?

① 전달함수
② 충격함수
③ 경사함수
④ 포물선 함수

해설 전달함수는 모든 초기값을 0으로 했을 때 입력신호의 라플라스 변환과 출력신호의 라플라스 변환의 비로 정의한다.

답 ①

270

핵심이론 찾아보기▶핵심 14-2

기사 15년 / 산업 22·19·18·13·11년 출제

그림과 같은 회로의 전압 전달함수 $G(s)$는?

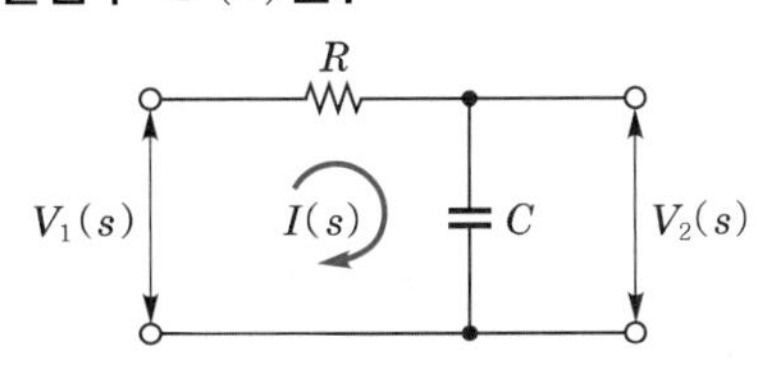

① $\dfrac{RC}{s+\dfrac{1}{RC}}$

② $\dfrac{RC}{s+RC}$

③ $\dfrac{RC}{RCs+1}$

④ $\dfrac{1}{RCs+1}$

해설

전달함수 $G(s)=\dfrac{V_2(s)}{V_1(s)}=\dfrac{\dfrac{1}{Cs}}{R+\dfrac{1}{Cs}}=\dfrac{1}{RCs+1}$

답 ④

271

핵심이론 찾아보기▶핵심 14-2

산업 21·19년 출제

$V_1(s)$를 입력, $V_2(s)$를 출력이라 할 때, 다음 회로의 전달함수는? (단, $C_1=1$[F], $L_1=1$[H])

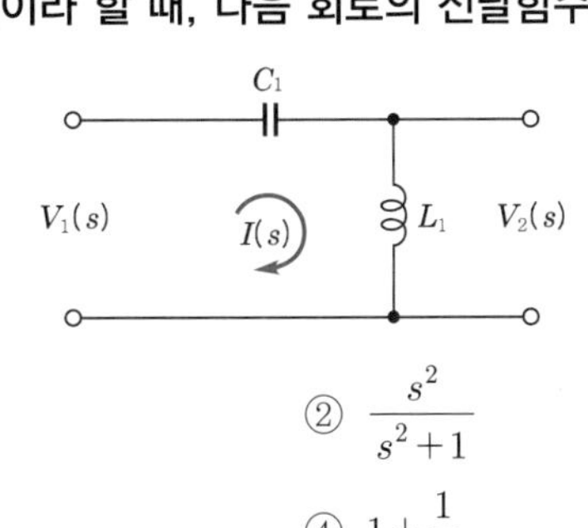

① $\dfrac{s}{s+1}$

② $\dfrac{s^2}{s^2+1}$

③ $\dfrac{1}{s+1}$

④ $1+\dfrac{1}{s}$

해설

전달함수 $G(s)=\dfrac{V_2(s)}{V_1(s)}=\dfrac{L_1 s}{\dfrac{1}{C_1 s}+L_1 s}=\dfrac{L_1 C_1 s^2}{L_1 C_1 s^2+1}$

$C_1=1[\mathrm{F}]$, $L_1=1[\mathrm{H}]$이므로

$\therefore G(s)=\dfrac{s^2}{s^2+1}$

답 ②

272 핵심이론 찾아보기▶핵심 14-2

산업 15·14·12·00·98·96·94년 출제

그림과 같은 회로에서 전압비 전달함수는?

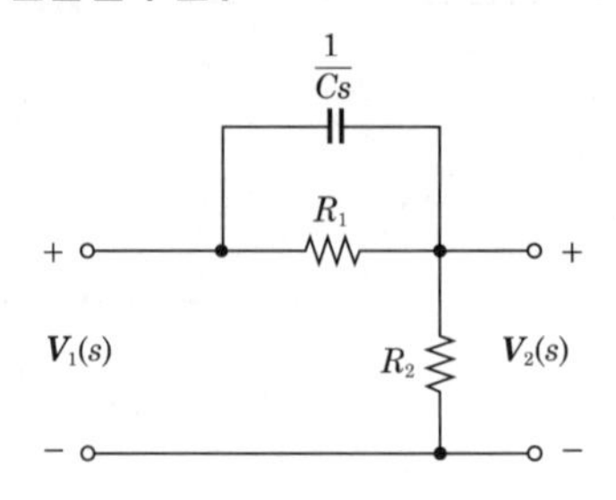

① $\dfrac{R_1}{R_1Cs+1}$ ② $\dfrac{s+1}{s+(R_1+R_2)+R_1R_2C}$

③ $\dfrac{R_1R_2s+RCs}{R_1Cs+R_1R_2s^2+C}$ ④ $\dfrac{R_2+R_1R_2Cs}{R_2+R_1R_2Cs+R_1}$

해설 R_1과 C의 합성 임피던스 등가회로는 그림과 같다.

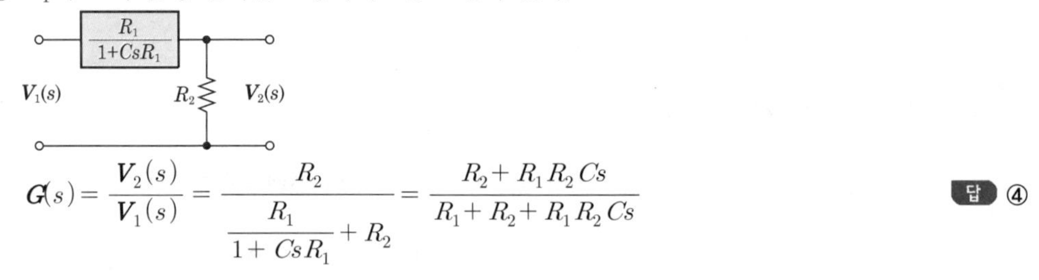

$$G(s)=\frac{V_2(s)}{V_1(s)}=\frac{R_2}{\dfrac{R_1}{1+CsR_1}+R_2}=\frac{R_2+R_1R_2Cs}{R_1+R_2+R_1R_2Cs}$$

답 ④

273 핵심이론 찾아보기▶핵심 14-2

산업 03·99·89년 출제

그림과 같은 회로에서 전달함수 $\dfrac{V_o(s)}{I(s)}$를 구하면? (단, 초기 조건은 모두 0으로 한다.)

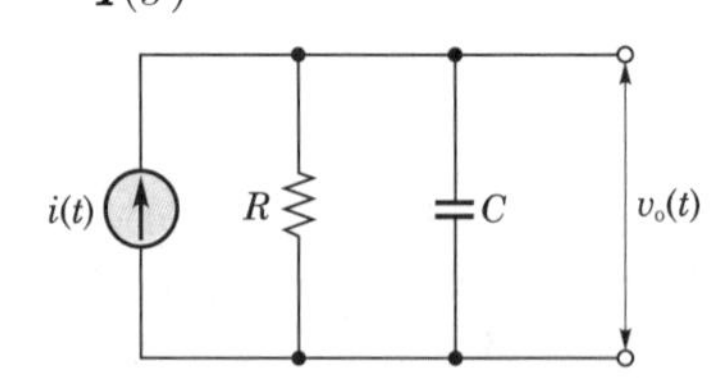

① $\dfrac{1}{RCs+1}$ ② $\dfrac{R}{RCs+1}$ ③ $\dfrac{C}{RCs+1}$ ④ $\dfrac{RCs}{RCs+1}$

해설 전달함수 $G(s)=\dfrac{V_o(s)}{I(s)}$는 회로 해석적으로 임피던스 $Z(s)$와 같다.

$$\frac{V_o(s)}{I(s)}=Z(s)=\frac{1}{\dfrac{1}{R}+Cs}=\frac{R}{RCs+1}$$

답 ②

274

핵심이론 찾아보기▶핵심 14-2

산업 10·99·94년 출제

그림과 같은 $R-L-C$ 회로망에서 입력 전압을 $e_i(t)$, 출력량을 $i(t)$로 할 때, 이 요소의 전달함수는 어느 것인가?

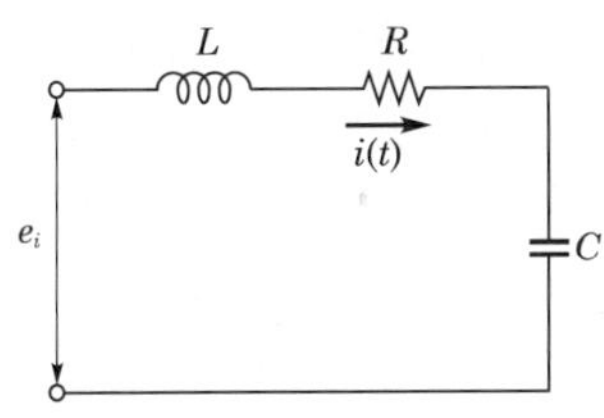

① $\dfrac{Rs}{LCs^2+RCs+1}$

② $\dfrac{RLs}{LCs^2+RCs+1}$

③ $\dfrac{Ls}{LCs^2+RCs+1}$

④ $\dfrac{Cs}{LCs^2+RCs+1}$

해설 $\dfrac{I(s)}{E(s)}=Y(s)=\dfrac{1}{Z(s)}=\dfrac{1}{R+Ls+\dfrac{1}{Cs}}=\dfrac{Cs}{LCs^2+RCs+1}$

답 ④

275

핵심이론 찾아보기▶핵심 14-2

산업 92년 출제

전달함수 $G(s)=\dfrac{20}{3+2s}$을 갖는 요소가 있다. 이 요소에 $\omega=2$인 정현파를 주었을 때 $|G(j\omega)|$를 구하면?

① 8 ② 6 ③ 2 ④ 4

해설 $G(j\omega)=\dfrac{20}{3+2j\omega}$

$|G(j\omega)|=\left|\dfrac{20}{3+2j\omega}\right|_{\omega=2}=\left|\dfrac{20}{\sqrt{3^2+4^2}}\right|=4$

답 ④

276

핵심이론 찾아보기▶핵심 14-2

기사 09년 / 산업 07·04·91년 출제

$R-C$ 저역 필터 회로의 전달함수 $G(j\omega)$는 $\omega=0$에서 얼마인가?

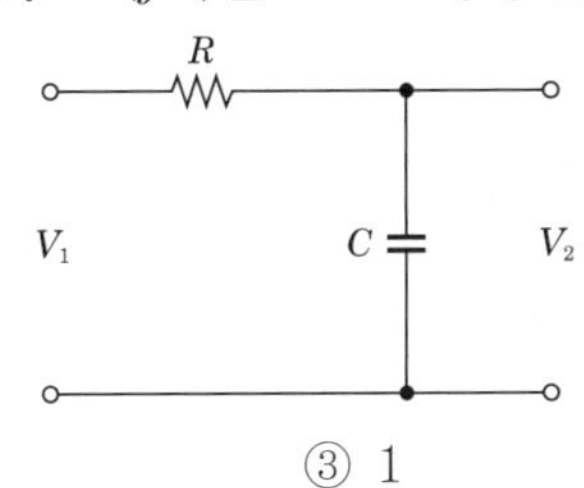

① 0 ② 0.5 ③ 1 ④ 0.707

해설 $G(j\omega)=\dfrac{V_2(j\omega)}{V_1(j\omega)}=\dfrac{1}{RC(j\omega)+1}$, $\omega=0$이므로

$\therefore\ G(j\omega)=1$

답 ③

277

핵심이론 찾아보기▶핵심 14-2

기사 05·03·00년 / 산업 12·98·97·94·93년 출제

어떤 계를 표시하는 미분 방정식이 $\frac{d^2y(t)}{dt^2}+3\frac{dy(t)}{dt}+2y(t)=\frac{dx(t)}{dt}+x(t)$ 라고 한다. $x(t)$는 입력, $y(t)$는 출력이라고 한다면 이 계의 전달함수는 어떻게 표시되는가?

① $\frac{s^2+3s+2}{s+1}$ ② $\frac{2s+1}{s^2+s+1}$ ③ $\frac{s+1}{s^2+3s+2}$ ④ $\frac{s^2+s+1}{2s+1}$

해설 양변을 라플라스 변환하면

$s^2\boldsymbol{Y}(s)+3s\boldsymbol{Y}(s)+2\boldsymbol{Y}(s)=s\boldsymbol{X}(s)+\boldsymbol{X}(s)$

$(s^2+3s+2)\boldsymbol{Y}(s)=(s+1)\boldsymbol{X}(s)$

$\therefore\ \boldsymbol{G}(s)=\frac{\boldsymbol{Y}(s)}{\boldsymbol{X}(s)}=\frac{s+1}{s^2+3s+2}$

답 ③

278

핵심이론 찾아보기▶핵심 14-2

산업 19년 출제

$\frac{E_o(s)}{E_i(s)}=\frac{1}{s^2+3s+1}$의 전달함수를 미분방정식으로 표시하면? (단, $\mathcal{L}^{-1}[E_o(s)]=e_o(t)$, $\mathcal{L}^{-1}[E_i(s)]=e_i(t)$이다.)

① $\frac{d^2}{dt^2}e_i(t)+3\frac{d}{dt}e_i(t)+e_i(t)=e_o(t)$

② $\frac{d^2}{dt^2}e_o(t)+3\frac{d}{dt}e_o(t)+e_o(t)=e_i(t)$

③ $\frac{d^2}{dt^2}e_i(t)+3\frac{d}{dt}e_i(t)+\int e_i(t)dt=e_o(t)$

④ $\frac{d^2}{dt^2}e_o(t)+3\frac{d}{dt}e_o(t)+\int e_o(t)dt=e_i(t)$

해설 $(s^2+3s+1)E_o(s)=E_i(s)$

$s^2E_o(s)+3sE_o(s)+E_o(s)=E_i(s)$

역 Laplace 변환하면 $\frac{d^2}{dt^2}e_o(t)+3\frac{d}{dt}e_o(t)+e_o(t)=e_i(t)$

답 ②

279

핵심이론 찾아보기▶핵심 14-3

기사 04년 / 산업 15·07·03·01·98년 출제

부동작 시간요소의 전달함수는?

① K ② $\frac{K}{s}$ ③ Ke^{-Ls} ④ Ks

해설 각종 제어요소의 전달함수

- 비례요소의 전달함수 : K
- 미분요소의 전달함수 : Ks
- 적분요소의 전달함수 : $\frac{K}{s}$
- 1차 지연요소의 전달함수 : $\boldsymbol{G}(s)=\frac{K}{1+Ts}$
- 부동작 시간요소의 전달함수 : $\boldsymbol{G}(s)=Ke^{-Ls}$ (L : 부동작 시간)

답 ③

280 핵심이론 찾아보기▶핵심 14-3

산업 93년 출제

그림과 같은 회로는?

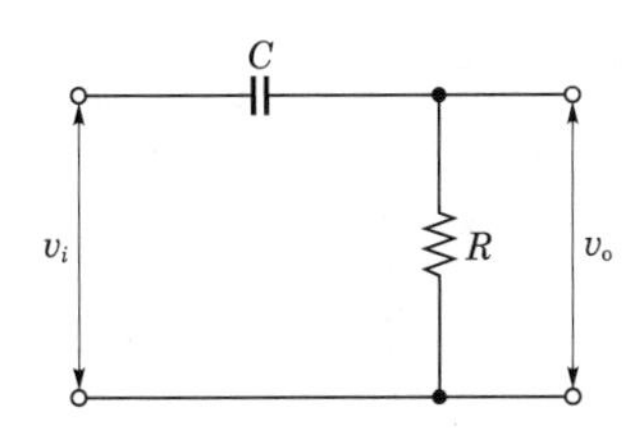

① 가산회로　　② 승산회로
③ 미분회로　　④ 적분회로

해설 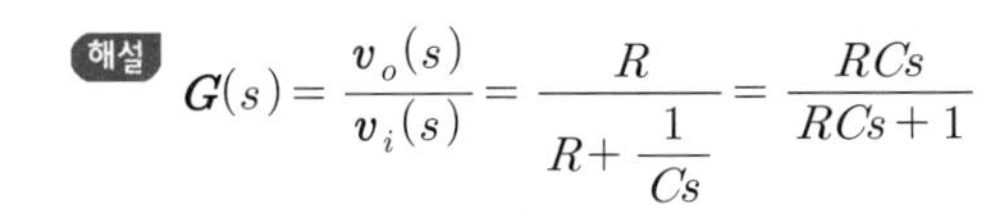

$$G(s)=\frac{v_o(s)}{v_i(s)}=\frac{R}{R+\frac{1}{Cs}}=\frac{RCs}{RCs+1}$$

$RC \ll 1$이면 $G(s) \fallingdotseq RCs$

답 ③

281 핵심이론 찾아보기▶핵심 14-4

산업 11·08·04·97·91년 출제

전달함수 $C(s)=G(s)R(s)$에서 입력 함수를 단위 임펄스, 즉 $\delta(t)$로 가할 때 계의 응답은?

① $G(s)\delta(s)$　　② $\frac{G(s)}{\delta(s)}$
③ $\frac{G(s)}{0}$　　④ $G(s)$

해설 $r(t)=\delta(t)$

$\therefore\ R(s)=1$

$\because\ C(s)=G(s)$

답 ④

282 핵심이론 찾아보기▶핵심 14-4

산업 96·93년 출제

어떤 계에 임펄스 함수(δ 함수)가 입력으로 가해졌을 때 시간 함수 e^{-2t}가 출력으로 나타났다. (이 출력을 임펄스 응답이라 한다.) 이 계의 전달함수는?

① $\frac{1}{s+2}$　　② $\frac{1}{s-2}$
③ $\frac{2}{s+2}$　　④ $\frac{2}{s-2}$

해설 전달함수 $G(s)=\mathcal{L}[e^{-2t}]=\frac{1}{s+2}$

답 ①

283

핵심이론 찾아보기▶핵심 15-1 산업 16년 출제

$t=0$에서 스위치 S를 닫을 때의 전류 $i(t)$는?

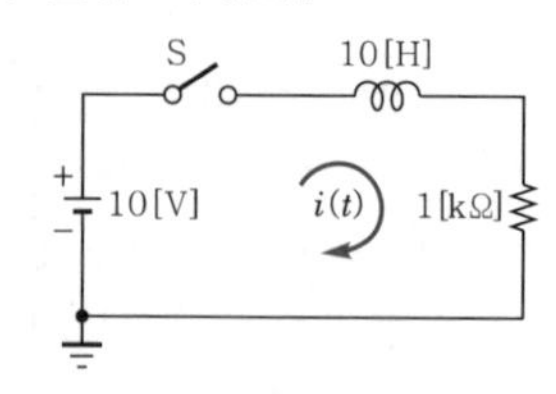

① $0.01(1-e^{-t})$ ② $0.01(1+e^{-t})$ ③ $0.01(1-e^{-100t})$ ④ $0.01(1+e^{-100t})$

해설
- 전류 $i(t)=\frac{E}{R}(1-e^{-\frac{R}{L}t})=\frac{E}{R}(1-e^{-\frac{1}{\tau}t})$[A]
- 정상 전류 $i_s=\frac{E}{R}=\frac{10}{1\times10^3}=0.01$[A]
- 시정수 $\tau=\frac{L}{R}=\frac{10}{1\times10^3}=0.01$[s]

$\therefore\ i(t)=0.01(1-e^{-\frac{1}{0.01}t})=0.01(1-e^{-100t})$[A]

답 ③

284

핵심이론 찾아보기▶핵심 15-1 산업 14·10·05년 출제

그림과 같은 회로에서 시정수[s] 및 회로의 정상 전류[A]는?

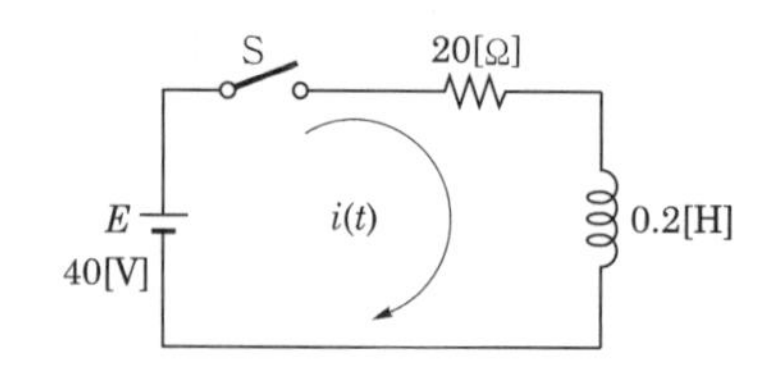

① 0.01, 2 ② 0.01, 1 ③ 0.02, 1 ④ 1, 3

해설
- 시정수 $\tau=\frac{L}{R}=\frac{0.2}{20}=0.01$[sec]
- 정상 전류 $i_s=\frac{E}{R}=\frac{40}{20}=2$[A]

답 ①

285

핵심이론 찾아보기▶핵심 15-1 기사 91년 / 산업 22·04·01·99·97·92·90년 출제

전기 회로에서 일어나는 과도 현상은 그 회로의 시정수와 관계가 있다. 이 사이의 관계를 옳게 표현한 것은?

① 회로의 시정수가 클수록 과도 현상은 오랫동안 지속된다.
② 시정수는 과도 현상의 지속 시간에는 상관되지 않는다.
③ 시정수의 역이 클수록 과도 현상은 천천히 사라진다.
④ 시정수가 클수록 과도 현상은 빨리 사라진다.

해설 시정수와 과도분은 비례 관계이므로 시정수가 클수록 과도분은 많다.

답 ①

286

핵심이론 찾아보기▶핵심 15-1

산업 07·99·88년 출제

회로 방정식의 특성근과 회로의 시정수에 대하여 옳게 서술된 것은?

① 특성근과 시정수는 같다.
② 특성근의 역과 회로의 시정수는 같다.
③ 특성근의 절대값의 역과 회로의 시정수는 같다.
④ 특성근과 회로의 시정수는 서로 상관되지 않는다.

해설 특성근은 $-\dfrac{1}{\text{시정수}}$의 값이다.

$\therefore$ 특성근 $\alpha = -\dfrac{1}{\tau}$

답 ③

287

핵심이론 찾아보기▶핵심 15-1

기사 15·96년 / 산업 22·16·91년 출제

자계 코일이 있다. 이것의 권수 $N=2,000$[회], 저항 $R=12$[Ω]이고, 전류 $I=10$[A]를 통했을 때 자속 $\phi=6\times10^{-2}$[Wb]이다. 이 회로의 시정수[s]는 얼마인가?

① 0.01
② 0.1
③ 1
④ 10

해설 코일의 자기 인덕턴스 $L=\dfrac{N\phi}{I}=\dfrac{2,000\times6\times10^{-2}}{10}=12$[H]

$\therefore$ 시정수 $\tau=\dfrac{L}{R}=\dfrac{12}{12}=1$[sec]

답 ③

288

핵심이론 찾아보기▶핵심 15-1

산업 01·83년 출제

직류 과도 저항 R[Ω]과 인덕턴스 L[H]의 직렬회로에서 옳지 않은 것은?

① 회로의 시정수는 $\tau=\dfrac{L}{R}$[s]이다.
② $t=0$에서 직류 전압 E[V]를 가했을 때 t[s] 후의 전류는 $i(t)=\dfrac{E}{R}\left(1-e^{-\frac{R}{L}t}\right)$[A]이다.
③ 과도 기간에 있어서의 인덕턴스 L의 단자 전압은 $V_L(t)=Ee^{-\frac{L}{R}t}$이다.
④ 과도 기간에 있어서의 저항 R의 단자 전압 $V_R(t)=E\left(1-e^{-\frac{R}{L}t}\right)$이다.

해설 $V_L=L\dfrac{di}{dt}=L\dfrac{d}{dt}\left(\dfrac{E}{R}-\dfrac{E}{R}e^{-\frac{R}{L}t}\right)$

$=L\dfrac{E}{R}\dfrac{R}{L}e^{-\frac{R}{L}t}=Ee^{-\frac{R}{L}t}$

답 ③

289

핵심이론 찾아보기▶핵심 15-1 산업 12·00·98·89년 출제

$R-L$ 직렬회로에 V인 직류 전압원을 갑자기 연결하였을 때 $t=0$인 순간 이 회로에 흐르는 회로 전류에 대하여 바르게 표현된 것은?

① 이 회로에는 전류가 흐르지 않는다.
② 이 회로에는 V/R 크기의 전류가 흐른다.
③ 이 회로에는 무한대의 전류가 흐른다.
④ 이 회로에는 $V/(R+j\omega L)$의 전류가 흐른다.

해설
전류 $i(t)=\frac{E}{R}\left(1-e^{-\frac{R}{L}t}\right)$에서 $t=0$인 경우 $i(t)=0$이다.
즉, 전류는 흐르지 않는다.

답 ①

290

핵심이론 찾아보기▶핵심 15-1 기사 96년 / 산업 13·09·08·99·97년 출제

그림과 같은 회로에서 $t=0$인 순간에 전압 E를 인가한 경우 인덕턴스 L에 걸리는 전압[V]은?

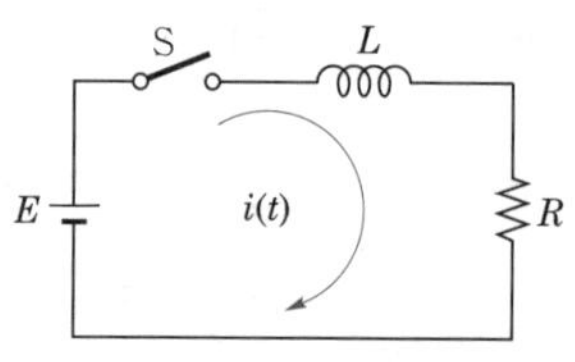

① 0
② E
③ $\frac{LE}{R}$
④ $\frac{E}{R}$

해설
$e_L=L\frac{di}{dt}=L\frac{d}{dt}\frac{E}{R}(1-e^{-\frac{R}{L}t})=Ee^{-\frac{R}{L}t}\Big|_{t=0}=E[\text{V}]$

답 ②

291

핵심이론 찾아보기▶핵심 15-1 산업 15년 출제

시정수 τ를 갖는 $R-L$ 직렬회로에 직류 전압을 가할 때, $t=2\tau$가 되는 시간에 회로에 흐르는 전류는 최종값의 약 몇 [%]인가?

① 98 ② 95 ③ 86 ④ 63

해설
전류 $i(t)=\frac{E}{R}(1-e^{-\frac{R}{L}t})=\frac{E}{R}(1-e^{-\frac{1}{\tau}t})$

$t=2\tau$ 이므로 $i(t)=\frac{E}{R}(1-e^{-\frac{1}{\tau}\cdot 2\tau})=\frac{E}{R}(1-e^{-2})=0.864\frac{E}{R}$

∴ 최종값의 약 86.4[%]

답 ③

292

핵심이론 찾아보기▶핵심 15-2 　　　　산업 20·15·12·11·95·89년 출제

$R-C$ 직렬회로의 과도 현상에 대하여 옳게 설명된 것은?

① $R-C$값이 클수록 과도 전류값은 천천히 사라진다.

② $R-C$값이 클수록 과도 전류값은 빨리 사라진다.

③ 과도 전류는 $R-C$값과 상관 없다.

④ $\frac{1}{RC}$의 값이 클수록 과도 전류값은 천천히 사라진다.

해설 시정수와 과도분 전류는 비례하므로 시정수 RC값이 클수록 과도 전류는 커지게 된다.

답 ①

293

핵심이론 찾아보기▶핵심 15-2 　　　　산업 98년 출제

그림과 같은 $R-C$ 직렬회로에 $t=0$에서 스위치 S를 닫아 직류 전압 100[V]를 회로의 양단에 급격히 인가하면 그 때의 충전 전하[C]는? (단, $R=10$[Ω], $C=0.1$[F]이다.)

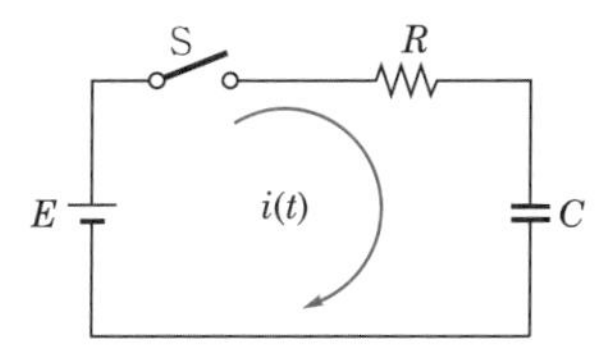

① $10(1-e^{-t})$ 　② $-10(1-e^{-t})$ 　③ $10e^{-t}$ 　④ $-10e^{-t}$

해설

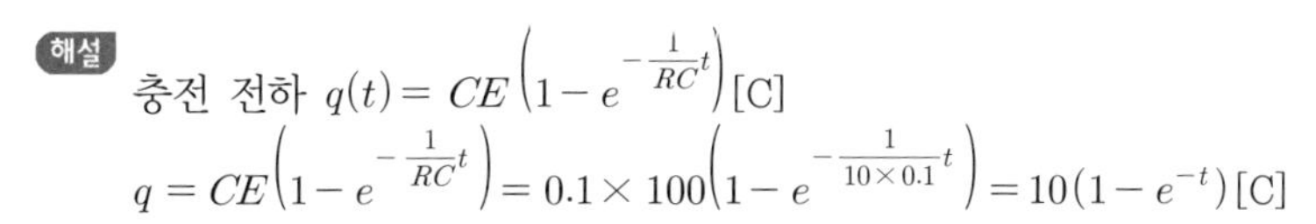

충전 전하 $q(t)=CE\left(1-e^{-\frac{1}{RC}t}\right)$[C]

$q=CE\left(1-e^{-\frac{1}{RC}t}\right)=0.1\times 100\left(1-e^{-\frac{1}{10\times 0.1}t}\right)=10(1-e^{-t})$[C]

답 ①

294

핵심이론 찾아보기▶핵심 15-2 　　　　기사 12년 / 산업 17·00년 출제

회로에서 스위치를 닫을 때 콘덴서의 초기 전하를 무시하면 회로에 흐르는 전류 $i(t)$는 어떻게 되는가?

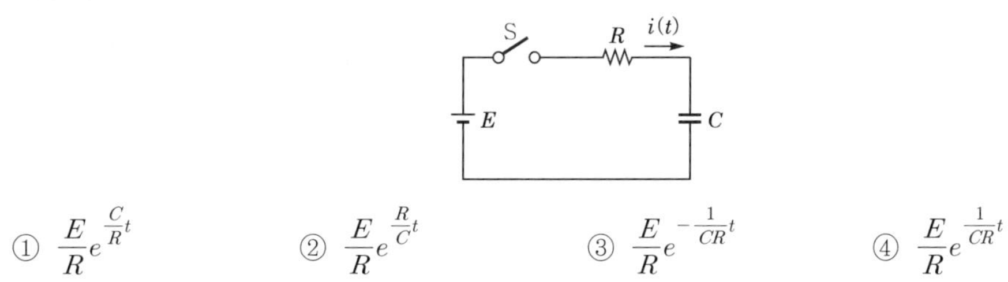

① $\frac{E}{R}e^{\frac{C}{R}t}$ 　② $\frac{E}{R}e^{\frac{R}{C}t}$ 　③ $\frac{E}{R}e^{-\frac{1}{CR}t}$ 　④ $\frac{E}{R}e^{\frac{1}{CR}t}$

해설 전압 방정식 $Ri(t)+\frac{1}{C}\int i(t)dt=E$

라플라스 변환을 이용하여 풀면 $i(t)=\frac{E}{R}e^{-\frac{1}{CR}t}$[A]

답 ③

295

핵심이론 찾아보기▶핵심 15-3 기사 13·07·04·00·98·90년 / 산업 14·08·01·97년 출제

그림의 정전용량 C[F]를 충전한 후 스위치 S를 닫아 이것을 방전하는 경우의 과도 전류는? (단, 회로에는 저항이 없다.)

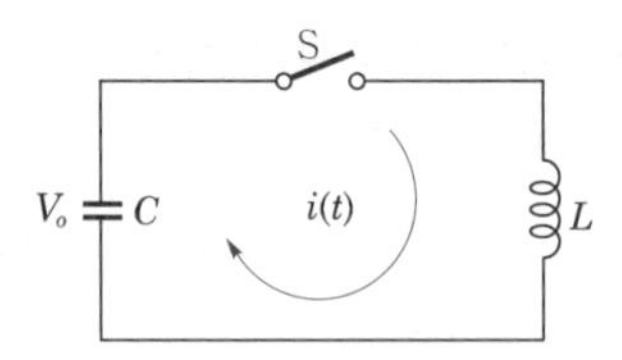

① 불변의 진동 전류
② 감쇠하는 전류
③ 감쇠하는 진동 전류
④ 일정값까지 증가하여 그 후 감쇠하는 전류

해설 $L-C$ **직렬회로**

직류 인가 시 전류 $i(t)=V_o\sqrt{\dfrac{C}{L}}\sin\dfrac{1}{\sqrt{LC}}t$[A]

$i(t)=-V_o\sqrt{\dfrac{C}{L}}\sin\dfrac{1}{\sqrt{LC}}t$[A]

각주파수 $\omega=\dfrac{1}{\sqrt{LC}}$[rad/sec]로 불변 진동 전류가 된다.

답 ①

296

핵심이론 찾아보기▶핵심 15-3 산업 12·05·03년 출제

$L-C$ 직렬회로에 직류 기전력 E를 $t=0$에서 갑자기 인가할 때 C에 걸리는 최대 전압은?

① E
② 0
③ ∞
④ $2E$

해설 $V_c=\dfrac{q}{c}=E\left(1-\cos\dfrac{1}{\sqrt{LC}}t\right)$

$-1\leq\cos\theta\leq 1$이므로 $\cos\theta=-1$인 경우 V_c가 최대가 되므로 V_c는 최대 $2E$까지 커지며 이 현상은 고전압 발생에 이용된다.
C에 걸리는 최대 전압은 인가 전압의 2배가 된다.

답 ④

297

핵심이론 찾아보기▶핵심 15-4 산업 19년 출제

$R-L-C$ 직렬회로에서 $R=100$[Ω], $L=5$[mH], $C=2$[μF]일 때 이 회로는?

① 과제동이다.
② 무제동이다.
③ 임계 제동이다.
④ 부족 제동이다.

해설 $R^2-4\dfrac{L}{C}=100^2-4\times\dfrac{5\times10^{-3}}{2\times10^{-6}}=0$

따라서, 임계 제동이다.

답 ③

298 핵심이론 찾아보기▶핵심 15-4

산업 07·04·94·91년 출제

$R-L-C$ 직렬회로에서 $R=100[\Omega]$, $L=0.1\times10^{-3}[H]$, $C=0.1\times10^{-6}[F]$일 때 이 회로는?

① 진동적이다. ② 비진동이다.
③ 정현파 진동이다. ④ 진동일 수도 있고 비진동일 수도 있다.

해설
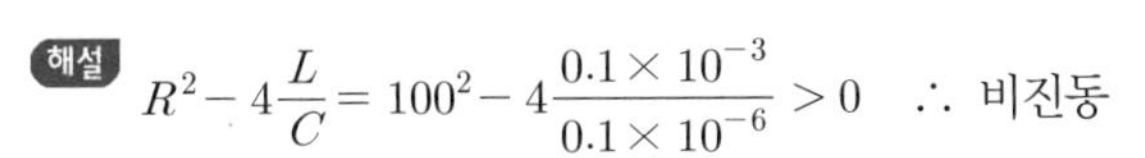
$R^2-4\frac{L}{C}=100^2-4\frac{0.1\times10^{-3}}{0.1\times10^{-6}}>0$ ∴ 비진동

답 ②

299 핵심이론 찾아보기▶핵심 15-5

기사 14·03·87·85년 / 산업 15·09·96·89년 출제

그림의 회로에서 $t=0$일 때 스위치 S를 닫았다. $i_1(0)$, $i_2(0)$의 값은? (단, $t<0$에서 C 전압, L 전압은 0이다.)

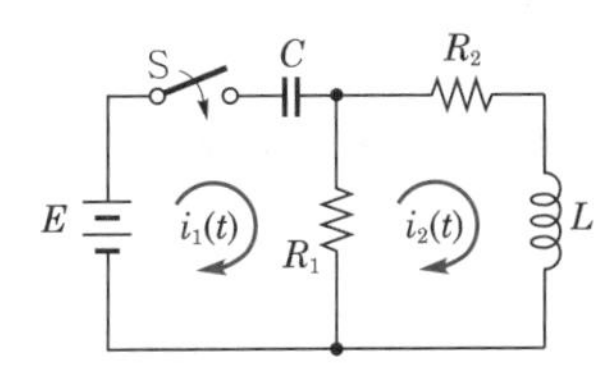

① $\frac{E}{R_1}$, 0 ② 0, $\frac{E}{R_2}$
③ 0, 0 ④ $-\frac{E}{R_1}$, 0

해설 $t=0$에서 L은 개방상태, C는 단락상태

$i_1(0^+)=\frac{E}{R_1}$, $i_2(0^+)=0$

답 ①

300 핵심이론 찾아보기▶핵심 15-6

기사 14·01·91년 / 산업 91년 출제

$R=30[\Omega]$, $L=79.6[mH]$의 $R-L$ 직렬회로에 60[Hz], 교류를 인가할 때 과도 현상이 일어나지 않으려면 전압은 어느 위상에서 가해야 하는가?

① 23° ② 30°
③ 45° ④ 60°

해설 $\theta=\phi=\tan^{-1}\frac{\omega L}{R}=\tan^{-1}\frac{377\times79.6\times10^{-3}}{30}=45°$

답 ③

05 CHAPTER 전기설비기술기준

001

핵심이론 찾아보기▶핵심 01-1

기사 21년 / 산업 16년 출제

전기설비기술기준의 안전 원칙에 관계없는 것은?

① 에너지 절약 등에 지장을 주지 아니하도록 할 것
② 사람이나 다른 물체에 위해 손상을 주지 않도록 할 것
③ 기기의 오동작에 의한 전기 공급에 지장을 주지 않도록 할 것
④ 다른 전기설비의 기능에 전기적 또는 자기적인 장해를 주지 아니하도록 할 것

해설 **안전 원칙(기술기준 제2조)**

- 전기설비는 감전, 화재 그 밖에 사람에게 위해를 주거나 물건에 손상을 줄 우려가 없도록 시설하여야 한다.
- 전기설비는 사용목적에 적절하고 안전하게 작동하여야 하며, 그 손상으로 인하여 전기 공급에 지장을 주지 않도록 시설하여야 한다.
- 전기설비는 다른 전기설비, 그 밖의 물건의 기능에 전기적 또는 자기적인 장해를 주지 않도록 시설하여야 한다.

답 ①

002

핵심이론 찾아보기▶핵심 01-1

기사 16·13년 / 산업 10년 출제

전압의 종별에서 저압의 범위는 얼마인가?

① 교류는 600[V] 이하, 직류는 750[V] 이하인 것
② 교류는 600[V] 이하, 직류는 1[kV] 이하인 것
③ 교류는 1[kV] 이하, 직류는 1.5[kV] 이하인 것
④ 교류는 1[kV] 이하, 직류는 2[kV] 이하인 것

해설 **적용범위(KEC 111.1) – 전압의 구분**

- 저압 : 교류는 1[kV] 이하, 직류는 1.5[kV] 이하인 것
- 고압 : 교류는 1[kV]를, 직류는 1.5[kV]를 초과하고, 7[kV] 이하인 것
- 특고압 : 7[kV]를 초과하는 것

답 ③

003

핵심이론 찾아보기▶핵심 01-1

기사 21년 / 산업 22년 출제

"리플프리(ripple−free)직류"란 교류를 직류로 변환할 때 리플 성분의 실효값이 몇 [%] 이하로 포함된 직류를 말하는가?

① 3　　② 5　　③ 10　　④ 15

해설 **용어 정의(KEC 112)**

리플프리(ripple-free)직류란 교류를 직류로 변환할 때 리플 성분의 실효값이 10[%] 이하로 포함된 직류를 말한다.

답 ③

004

핵심이론 찾아보기▶핵심 01-1

산업 15년 출제

방전등용 안정기로부터 방전관까지의 전로를 무엇이라 하는가?

① 가섭선 ② 가공인입선 ③ 관등회로 ④ 지중관로

해설 용어 정의(KEC 112)

관등회로란 방전등용 안정기로부터 방전관까지의 전로를 말한다.

답 ③

005

핵심이론 찾아보기▶핵심 01-1

산업 22년 출제

지락고장 중에 접지부분 또는 기기나 장치의 외함과 기기나 장치의 다른 부분 사이에 나타나는 전압을 무엇이라 하는가?

① 고장전압 ② 접촉전압 ③ 스트레스전압 ④ 임펄스내전압

해설 용어 정의(KEC 112)

- 임펄스내전압 : 지정된 조건하에서 절연파괴를 일으키지 않는 규정된 파형 및 극성의 임펄스전압의 최대 파고값 또는 충격내전압을 말한다.
- 접촉전압 : 충전부와 대지 사이에 인체가 접촉되었을 경우 인체에 걸리는 전압
- 스트레스전압 : 지락고장 중에 접지부분 또는 기기나 장치의 외함과 기기나 장치의 다른 부분 사이에 나타나는 전압을 말한다.

답 ③

006

핵심이론 찾아보기▶핵심 01-1

산업 19·15·13년 출제

"지중관로"에 대한 정의로 옳은 것은?

① 지중전선로, 지중약전류전선로와 지중매설지선 등을 말한다.

② 지중전선로, 지중약전류전선로와 복합케이블선로, 기타 이와 유사한 것 및 이들에 부속하는 지중함을 말한다.

③ 지중전선로, 지중약전류전선로, 지중에 시설하는 수관 및 가스관과 지중매설지선을 말한다.

④ 지중전선로, 지중약전류전선로, 지중광섬유케이블선로, 지중에 시설하는 수관 및 가스관과 이와 유사한 것 및 이들에 부속하는 지중함 등을 말한다.

해설 용어 정의(KEC 112)

지중관로란 지중전선로 · 지중약전류전선로 · 지중광섬유케이블선로 · 지중에 시설하는 수관 및 가스관과 이와 유사한 것 및 이들에 부속하는 지중함 등을 말한다.

답 ④

007

핵심이론 찾아보기▶핵심 01-1

산업 21년 출제

계통연계하는 분산형 전원설비를 설치하는 경우 이상 또는 고장 발생 시 자동적으로 분산형 전원설비를 전력계통으로부터 분리하기 위한 장치시설 및 해당 계통과의 보호협조를 실시하여야 하는 경우로 알맞지 않은 것은?

① 단독운전 상태 ② 연계한 전력계통의 이상 또는 고장

③ 조상설비의 이상 발생 시 ④ 분산형 전원설비의 이상 또는 고장

해설 **계통연계용 보호장치의 시설(판단기준 제283조)**
계통연계하는 분산형 전원설비를 설치하는 경우 다음에 해당하는 이상 또는 고장 발생 시 자동적으로 분산형 전원설비를 전력계통으로부터 분리하기 위한 장치시설 및 해당 계통과의 보호협조를 실시하여야 한다.
- 분산형 전원설비의 이상 또는 고장
- 연계한 전력계통의 이상 또는 고장
- 단독운전 상태

답 ③

008

핵심이론 찾아보기▶핵심 01-1 산업 20년 출제

다음 ( ) 안의 ㉠, ㉡에 들어갈 내용으로 옳은 것은?

> 전기철도용 급전선이란 전기철도용 (㉠)로부터 다른 전기철도용 (㉠) 또는 (㉡)에 이르는 전선을 말한다.

① ㉠ 급전소, ㉡ 개폐소
② ㉠ 궤전선, ㉡ 변전소
③ ㉠ 변전소, ㉡ 전차선
④ ㉠ 전차선, ㉡ 급전소

해설 **용어 정의(KEC 112)**
전기철도용 급전선이란 전기철도용 변전소로부터 다른 전기철도용 변전소 또는 전차선에 이르는 전선을 말한다.

답 ③

009

핵심이론 찾아보기▶핵심 01-1 산업 14년 출제

다음은 무엇에 관한 설명인가?

> 가공전선이 다른 시설물과 접근하는 경우에 그 가공전선이 다른 시설물의 위쪽 또는 옆쪽에서 수평거리로 3[m] 미만인 곳에 시설되는 상태를 말한다.

① 제1차 접근상태 ② 제2차 접근상태 ③ 제3차 접근상태 ④ 제4차 접근상태

해설 **용어 정의(KEC 112)**
제2차 접근상태란 가공전선이 다른 시설물과 접근하는 경우에 그 가공전선이 다른 시설물의 위쪽 또는 옆쪽에서 수평거리로 3[m] 미만인 곳에 시설되는 상태를 말한다.

답 ②

010

핵심이론 찾아보기▶핵심 01-1 산업 14년 출제

제2차 접근상태를 바르게 설명한 것은?

① 가공전선이 전선의 절단 또는 지지물의 도괴 등이 되는 경우에 당해 전선이 다른 시설물에 접속될 우려가 있는 상태
② 가공전선이 다른 시설물과 접근하는 경우에 당해 가공전선이 다른 시설물의 위쪽 또는 옆쪽에서 수평거리로 3[m] 미만인 곳에 시설되는 상태
③ 가공전선이 다른 시설물과 접근하는 경우에 가공전선을 다른 시설물과 수평되게 시설되는 상태
④ 가공선로에 중성점 접지공사를 하고 보호망으로 보호하여 인축의 감전 상태를 방지하도록 조치하는 상태

해설 용어 정의(KEC 112)
제2차 접근상태란 가공전선이 다른 시설물과 접근하는 경우에 그 가공전선이 다른 시설물의 위쪽 또는 옆쪽에서 수평거리로 3[m] 미만인 곳에 시설되는 상태를 말한다. 답 ②

011

핵심이론 찾아보기▶핵심 01-1 산업 18년 출제

전력계통의 운용에 관한 지시 및 급전조작을 하는 곳은?

① 급전소 ② 개폐소 ③ 변전소 ④ 발전소

해설 정의(기술기준 제3조)
급전소란 전력계통의 운용에 관한 지시 및 급전조작을 하는 곳을 말한다. 답 ①

012

핵심이론 찾아보기▶핵심 01-1 산업 22년 출제

감전에 대한 보호 등 안전을 위해 제공되는 도체를 무엇이라 하는가?

① 접지도체 ② 보호도체 ③ 보호접지 ④ 계통접지

해설 용어 정의(KEC 112)
- 접지도체란 계통, 설비 또는 기기의 한 점과 접지극 사이의 도전성 경로 또는 그 경로의 일부가 되는 도체를 말한다.
- 보호도체란 감전에 대한 보호 등 안전을 위해 제공되는 도체를 말한다.
- 보호접지란 고장 시 감전에 대한 보호를 목적으로 기기의 한 점 또는 여러 점을 접지하는 것을 말한다.
- 계통접지란 전력계통에서 돌발적으로 발생하는 이상현상에 대비하여 대지와 계통을 연결하는 것으로, 중성점을 대지에 접속하는 것을 말한다. 답 ②

013

핵심이론 찾아보기▶핵심 01-1 산업 21년 출제

저압 절연전선으로 「전기용품 및 생활용품 안전관리법」의 적용을 받는 것 이외에 KS에 적합한 것으로서 사용할 수 없는 것은?

① 450/750[V] 고무절연전선
② 450/750[V] 비닐절연전선
③ 450/750[V] 알루미늄절연전선
④ 450/750[V] 저독성 난연 폴리올레핀절연전선

해설 절연전선(KEC 122.1)
알루미늄절연전선은 없음 답 ③

014

핵심이론 찾아보기▶핵심 01-1 산업 18년 출제

"조상설비"에 대한 용어 정의로 옳은 것은?

① 전압을 조정하는 설비를 말한다.
② 전류를 조정하는 설비를 말한다.
③ 유효전력을 조정하는 전기기계기구를 말한다.
④ 무효전력을 조정하는 전기기계기구를 말한다.

해설 **용어 정의(KEC 112)**
조상설비란 무효전력을 조정하여 전송 효율을 증가시키고, 계통의 안정도를 증진시키기 위한 전기기계기구를 말한다. **답** ④

015

핵심이론 찾아보기▶**핵심 01-1** 산업 22·18년 출제

전선을 접속하는 경우 전선의 세기(인장하중)는 몇 [%] 이상 감소되지 않아야 하는가?

① 10 ② 15
③ 20 ④ 25

해설 **전선의 접속(KEC 123)**
- 전기저항을 증가시키지 말 것
- 전선의 세기를 20[%] 이상 감소시키지 아니할 것
- 전선 절연물과 동등 이상 절연 효력이 있는 것으로 충분히 피복할 것
- 코드 상호, 캡타이어 케이블 상호, 케이블 상호는 코드 접속기·접속함 사용할 것 **답** ③

016

핵심이론 찾아보기▶**핵심 01-2** 산업 22·15년 출제

전로의 절연 원칙에 따라 반드시 절연하여야 하는 것은?

① 수용장소의 인입구 접지점
② 고압과 특고압 및 저압과의 혼촉 위험방지를 한 경우의 접지점
③ 저압 가공전선로의 접지측 전선
④ 시험용 변압기

해설 **전로를 절연하지 않는 경우(KEC 131)**
- 접지공사를 하는 경우의 접지점
- 시험용 변압기, 전력선 반송용 결합리액터, 전기울타리용 전원장치, 엑스선발생장치, 전기부식방지용 양극, 단선식 전기철도의 귀선
- 전기욕기·전기로·전기보일러·전해조 등 **답** ③

017

핵심이론 찾아보기▶**핵심 01-2** 산업 15년 출제

저압의 전선로 중 절연 부분의 전선과 대지 간의 절연저항은 사용전압에 대한 누설전류가 최대 공급전류의 얼마를 넘지 않도록 유지하여야 하는가?

① $\frac{1}{1,000}$ ② $\frac{1}{2,000}$
③ $\frac{1}{3,000}$ ④ $\frac{1}{4,000}$

해설 **전선로의 전선 및 절연성능(기술기준 제27조)**
누설전류가 최대 공급전류의 $\frac{1}{2,000}$ 을 넘지 않도록 하여야 한다. **답** ②

018 핵심이론 찾아보기▶핵심 01-2

산업 15년 출제

사용전압이 저압인 전로에서 정전이 어려운 경우 등 절연저항 측정이 곤란한 경우에 누설전류는 몇 [mA] 이하로 유지하여야 하는가?

① 1　② 2　③ 3　④ 4

해설 **전로의 절연저항 및 절연내력(KEC 132)**

저압인 전로에서 정전이 어려운 경우 등 절연저항 측정이 곤란한 경우 누설전류를 1[mA] 이하로 유지한다.

답 ①

019 핵심이론 찾아보기▶핵심 01-2

산업 16년 출제

3상 380[V] 모터에 전원을 공급하는 저압 전로의 전선 상호 간 및 전로와 대지 사이의 절연저항값은 몇 [MΩ] 이상이 되어야 하는가?

① 0.2　② 0.5　③ 1.0　④ 2.0

해설 **저압 전로의 절연성능(기술기준 제52조)**

- 개폐기 또는 과전류차단기로 구분할 수 있는 전로마다 정한 값
- 기기 등은 측정 전에 분리
- 분리가 어려운 경우 : 시험전압 250[V] DC, 절연저항값 1[MΩ] 이상

전로의 사용전압[V]	DC 시험전압[V]	절연저항[MΩ]
SELV 및 PELV	250	0.5
FELV, 500[V] 이하	500	1.0
500[V] 초과	1,000	1.0

답 ③

020 핵심이론 찾아보기▶핵심 01-2

산업 13년 출제

440[V] 옥내배선에 연결된 전동기 회로의 절연저항의 최솟값은 얼마인가?

① 0.2[MΩ]　② 0.5[MΩ]　③ 1.0[MΩ]　④ 2.0[MΩ]

해설 **저압 전로의 절연성능(기술기준 제52조)**

- 개폐기 또는 과전류차단기로 구분할 수 있는 전로마다 정한 값
- 기기 등은 측정 전에 분리
- 분리가 어려운 경우 : 시험전압 250[V] DC, 절연저항값 1[MΩ] 이상

전로의 사용전압[V]	DC 시험전압[V]	절연저항[MΩ]
SELV 및 PELV	250	0.5
FELV, 500[V] 이하	500	1.0
500[V] 초과	1,000	1.0

답 ③

021 핵심이론 찾아보기▶핵심 01-2

산업 15·14년 출제

최대사용전압 7[kV] 이하 전동기의 절연내력을 시험할 때 시험전압을 연속하여 몇 분간 가하였을 때 이에 견디어야 하는가?

① 5분　② 10분　③ 15분　④ 30분

해설 전로의 절연저항 및 절연내력(KEC 132)

고압 및 특고압의 전로는 시험전압을 전로와 대지 간에 연속하여 10분간 가하여 절연내력을 시험하였을 때에 이에 견디어야 한다.

답 ②

022

핵심이론 찾아보기▶핵심 01-2 산업 19년 출제

최대사용전압 440[V]인 전동기의 절연내력시험전압은 몇 [V]인가?

① 330 ② 440
③ 500 ④ 660

해설 회전기 및 정류기의 절연내력(KEC 133)

종 류		시험전압	시험방법
발전기, 전동기, 조상기	7[kV] 이하	1.5배 (최저 500[V])	권선과 대지 사이 10분간
	7[kV] 초과	1.25배 (최저 10,500[V])	

∴ $440 \times 1.5 = 660$[V]

답 ④

023

핵심이론 찾아보기▶핵심 01-2 산업 20·11년 출제

발전기, 전동기, 조상기, 기타 회전기(회전변류기 제외)의 절연내력시험전압은 어느 곳에 가하는가?

① 권선과 대지 사이 ② 외함과 권선 사이
③ 외함과 대지 사이 ④ 회전자와 고정자 사이

해설 회전기 및 정류기의 절연내력(KEC 133)

종 류		시험전압	시험방법
발전기, 전동기, 조상기	7[kV] 이하	1.5배 (최저 500[V])	권선과 대지 사이 10분간
	7[kV] 초과	1.25배 (최저 10,500[V])	

답 ①

024

핵심이론 찾아보기▶핵심 01-2 산업 22·20·17년 출제

1차측 3,300[V], 2차측 220[V]인 변압기 전로의 절연내력시험전압은 각각 몇 [V]에서 10분간 견디어야 하는가?

① 1차측 4,950[V], 2차측 500[V] ② 1차측 4,500[V], 2차측 400[V]
③ 1차측 4,125[V], 2차측 500[V] ④ 1차측 3,300[V], 2차측 400[V]

해설 변압기 전로의 절연내력(KEC 135)

- 1차측 : $3,300 \times 1.5 = 4,950$[V]
- 2차측 : $220 \times 1.5 = 330$[V]

  500[V] 이하이므로 최소 시험전압은 500[V]로 한다.

답 ①

025

핵심이론 찾아보기▶핵심 01-2

산업 19년 출제

6.6[kV] 지중전선로의 케이블을 직류 전원으로 절연내력시험을 하자면 시험전압은 직류 몇 [V]인가?

① 9,900 ② 14,420 ③ 16,500 ④ 19,800

해설 전로의 절연저항 및 절연내력(KEC 132)
7[kV] 이하이고, 직류로 시험하므로 $6,600 \times 1.5 \times 2 = 19,800$[V]이다.

답 ④

026

핵심이론 찾아보기▶핵심 01-2

산업 22·20년 출제

절연내력시험은 전로와 대지 사이에 연속하여 10분간 가하여 절연내력을 시험하였을 때에 이에 견디어야 한다. 최대사용전압이 22.9[kV]인 중성선 다중 접지식 가공전선로의 전로와 대지 사이의 절연내력시험전압은 몇 [V]인가?

① 16,488 ② 21,068 ③ 22,900 ④ 28,625

해설 전로의 절연저항 및 절연내력(KEC 132)
중성점 다중 접지방식이므로 $22,900 \times 0.92 = 21,068$[V]이다.

답 ②

027

핵심이론 찾아보기▶핵심 01-2

산업 21년 출제

최대사용전압이 7[kV]를 초과하는 회전기의 절연내력시험은 최대사용전압의 몇 배의 전압(10,500[V] 미만으로 되는 경우에는 10,500[V])에서 10분간 견디어야 하는가?

① 0.92 ② 1 ③ 1.1 ④ 1.25

해설 회전기 및 정류기의 절연내력(KEC 133)

종 류		시험전압	시험방법
발전기, 전동기, 조상기	7[kV] 이하	1.5배 (최저 500[V])	권선과 대지 사이 10분간
	7[kV] 초과	1.25배 (최저 10,500[V])	

답 ④

028

핵심이론 찾아보기▶핵심 01-2

산업 20년 출제

기구 등의 전로의 절연내력시험에서 최대사용전압이 60[kV]를 초과하는 기구 등의 전로로서 중성점 비접지식 전로에 접속하는 것은 최대사용전압의 몇 배의 전압에 10분간 견디어야 하는가?

① 0.72 ② 0.92 ③ 1.25 ④ 1.5

해설 기구 등의 전로의 절연내력(KEC 136)

최대사용전압이 60[kV]를 초과	시험전압
중성점 비접지식 전로	최대사용전압의 1.25배의 전압
중성점 접지식 전로	최대사용전압의 1.1배의 전압 (최저시험전압 75[kV])
중성점 직접 접지식 전로	최대사용전압의 0.72배의 전압

답 ③

029

핵심이론 찾아보기▶핵심 01-2

산업 20년 출제

중성점 직접 접지식 전로에 접속되는 최대사용전압 161[kV]인 3상 변압기 권선(성형 결선)의 절연내력시험을 할 때 접지시켜서는 안 되는 것은?

① 철심 및 외함
② 시험되는 변압기의 부싱
③ 시험되는 권선의 중성점 단자
④ 시험되지 않는 각 권선(다른 권선이 2개 이상 있는 경우에는 각 권선)의 임의의 1단자

해설 **변압기 전로의 절연내력(KEC 135)**
접지하는 곳은 다음과 같다.
- 시험되는 권선의 중성점 단자
- 다른 권선의 임의의 1단자
- 철심 및 외함

답 ②

030

핵심이론 찾아보기▶핵심 01-3

산업 19·11년 출제

접지극을 시설할 때 동결깊이를 감안하여 지하 몇 [cm] 이상의 깊이로 매설하여야 하는가?

① 60　② 75
③ 90　④ 100

해설 **접지극의 시설 및 접지저항(KEC 142.2)**
접지극은 지표면으로부터 지하 0.75[m] 이상, 동결깊이를 감안하여 매설깊이를 정해야 한다.

답 ②

031

핵심이론 찾아보기▶핵심 01-3

산업 22년 출제

하나 또는 복합하여 시설하여야 하는 접지극의 방법으로 틀린 것은?

① 지중 금속구조물
② 토양에 매설된 기초 접지극
③ 케이블의 금속외장 및 그 밖에 금속피복
④ 대지에 매설된 강화 콘크리트의 용접된 금속 보강재

해설 **접지극의 시설 및 접지저항(KEC 142.2)**
접지극은 다음의 방법 중 하나 또는 복합하여 시설한다.
- 콘크리트에 매입된 기초 접지극
- 토양에 매설된 기초 접지극
- 토양에 수직 또는 수평으로 직접 매설된 금속전극
- 케이블의 금속외장 및 그 밖에 금속피복
- 지중 금속구조물(배관 등)
- 대지에 매설된 철근콘크리트의 용접된 금속 보강재

답 ④

032 핵심이론 찾아보기▶핵심 01-3

산업 15년 출제

지중에 매설되어 있는 금속제 수도관로를 각종 접지공사의 접지극으로 사용하려면 대지와의 전기저항값이 몇 [Ω] 이하의 값을 유지하여야 하는가?

① 1 ② 2 ③ 3 ④ 5

해설 접지극의 시설 및 접지저항(KEC 142.2)
지중에 매설되어 있고 대지와의 전기저항값이 3[Ω] 이하의 값을 유지하고 있는 금속제 수도관로는 각각의 접지공사 접지극으로 사용할 수 있다.

답 ③

033 핵심이론 찾아보기▶핵심 01-3

산업 15년 출제

금속제 수도관로 또는 철골, 기타의 금속제를 접지극으로 사용한 접지공사의 접지도체 시설방법은 어느 것에 준하여 시설하여야 하는가?

① 애자 사용 공사 ② 금속 몰드 공사
③ 금속관 공사 ④ 케이블 공사

해설 접지극의 시설 및 접지저항(KEC 142.2) – 수도관 등의 접지극
금속제 수도관로 또는 철골 기타의 금속체를 접지극으로 사용한 접지공사의 접지도체는 케이블 공사의 규정에 준하여 시설하여야 한다.

답 ④

034 핵심이론 찾아보기▶핵심 01-3

산업 19년 출제

접지공사에 사용하는 접지도체를 시설하는 경우 접지극을 그 금속체로부터 지중에서 몇 [m] 이상 이격시켜야 하는가? (단, 접지극을 철주의 밑면으로부터 30[cm] 이상의 깊이에 매설하는 경우는 제외한다.)

① 1 ② 2
③ 3 ④ 4

해설 접지극의 시설 및 접지저항(KEC 142.2)
- 접지극은 지하 75[cm] 이상으로 하되 동결 깊이를 감안하여 매설할 것
- 접지극을 철주의 밑면으로부터 30[cm] 이상의 깊이에 매설하는 경우 이외에는 접지극을 지중에서 금속체로부터 1[m] 이상 떼어 매설할 것
- 지하 75[cm]로부터 지표상 2[m]까지의 부분은 합성수지관(두께 2[mm] 이상) 등으로 덮을 것

답 ①

035 핵심이론 찾아보기▶핵심 01-3

산업 22년 출제

공통접지에서 상도체의 단면적이 16[mm²]인 경우 보호도체(PE)에 적합한 단면적은? (단, 보호도체의 재질이 상도체와 같은 경우)

① 4 ② 6
③ 10 ④ 16

해설 보호도체(KEC 142.3.2)

상도체의 단면적 S[mm²]	대응하는 보호도체의 최소 단면적[mm²] (보호도체의 재질이 상도체와 같은 경우)
$S \leq 16$	S
$16 < S \leq 35$	16
$S > 35$	$\frac{S}{2}$

답 ④

036

핵심이론 찾아보기▶핵심 01-3 산업 21년 출제

큰 고장전류가 구리 소재의 접지도체를 통하여 흐르지 않을 경우 접지도체의 최소 단면적은 몇 [mm²] 이상이어야 하는가? (단, 접지도체에 피뢰시스템이 접속되지 않는 경우이다.)

① 0.75 ② 2.5 ③ 6 ④ 16

해설 접지도체(KEC 142.3.1)
- 접지도체의 단면적은 큰 고장전류가 접지도체를 통하여 흐르지 않을 경우 접지도체의 최소 단면적은 구리 6[mm²] 이상, 철제 50[mm²] 이상
- 접지도체에 피뢰시스템이 접속되는 경우 접지도체의 단면적은 구리 16[mm²], 철 50[mm²] 이상

답 ③

037

핵심이론 찾아보기▶핵심 01-3 산업 13년 출제

접지공사에 사용하는 접지도체를 사람이 접촉할 우려가 있는 곳에 시설하는 경우 「전기용품 및 생활용품 안전관리법」을 적용받는 합성수지관(두께 2[mm] 미만의 합성수지제 전선관 및 난연성이 없는 콤바인덕트관을 제외)으로 덮어야 하는 범위로 옳은 것은?

① 접지도체의 지하 30[cm]로부터 지표상 1[m]까지의 부분
② 접지도체의 지하 50[cm]로부터 지표상 1.2[m]까지의 부분
③ 접지도체의 지하 60[cm]로부터 지표상 1.8[m]까지의 부분
④ 접지도체의 지하 75[cm]로부터 지표상 2[m]까지의 부분

해설 접지도체(KEC 142.3.1)
접지도체의 지하 75[cm]로부터 지표상 2[m]까지의 부분은 합성수지관(두께 2[mm] 미만 제외) 또는 이와 동등 이상의 절연효력 및 강도를 가지는 몰드로 덮을 것

답 ④

038

핵심이론 찾아보기▶핵심 01-3 산업 13년 출제

다심 코드 및 다심 캡타이어 케이블의 일심 이외의 가요성이 있는 연동연선으로 접지공사 할 때 접지도체의 단면적은 몇 [mm²] 이상이어야 하는가?

① 0.75 ② 1.5 ③ 6 ④ 10

해설 이동하여 사용하는 전기기계기구의 금속제 외함 등의 접지시스템의 경우(KEC 142.3.1)
- 특고압·고압 전기설비용 접지도체 및 중성점 접지용 접지도체 : 단면적 10[mm²] 이상
- 저압 전기설비용 접지도체
  - 다심 코드 또는 캡타이어 케이블의 1개 도체의 단면적이 0.75[mm²] 이상
  - 연동연선은 1개 도체의 단면적이 1.5[mm²] 이상

답 ②

039

핵심이론 찾아보기▶핵심 01-3 산업 16년 출제

이동하여 사용하는 저압설비에 1개의 접지도체로 연동연선을 사용할 때 최소 단면적은 몇 [mm²]인가?

① 0.75 ② 1.5 ③ 6 ④ 10

해설 이동하여 사용하는 전기기계기구의 금속제 외함 등의 접지시스템의 경우(KEC 142.3.1)
- 특고압 · 고압 전기설비용 접지도체 및 중성점 접지용 접지도체 : 단면적 10[mm²] 이상
- 저압 전기설비용 접지도체
  - 다심 코드 또는 캡타이어 케이블의 1개 도체의 단면적이 0.75[mm²] 이상
  - 연동연선은 1개 도체의 단면적이 1.5[mm²] 이상

답 ②

040

핵심이론 찾아보기▶핵심 01-3 산업 21년 출제

주택 등 저압수용장소에서 고정 전기설비에 계통접지가 TN-C-S 방식인 경우에 중성선 겸용 보호도체(PEN)는 고정 전기설비에만 사용할 수 있고, 그 도체의 단면적이 구리는 몇 [mm²] 이상이어야 하는가?

① 4 ② 6 ③ 10 ④ 16

해설 주택 등 저압수용장소 접지(KEC 142.4.2)
중성선 겸용 보호도체(PEN)는 고정 전기설비에만 사용할 수 있고, 그 도체의 단면적이 구리는 10[mm²] 이상, 알루미늄은 16[mm²] 이상

답 ③

041

핵심이론 찾아보기▶핵심 01-3 산업 22년 출제

주택 등 저압수용장소에서 고정 전기설비에 TN-C-S 접지방식으로 접지공사 시 중성선 겸용 보호도체(PEN)를 알루미늄으로 사용할 경우 단면적은 몇 [mm²] 이상이어야 하는가?

① 2.5 ② 6 ③ 10 ④ 16

해설 주택 등 저압수용장소 접지(KEC 142.4.2)
중성선 겸용 보호도체(PEN)는 고정 전기설비에만 사용할 수 있고, 그 도체의 단면적이 구리는 10[mm²] 이상, 알루미늄은 16[mm²] 이상

답 ④

042

핵심이론 찾아보기▶핵심 01-3 산업 22년 출제

특고압 · 고압 전기설비 및 변압기 중성점 다중 접지시스템의 경우 접지도체가 사람이 접촉할 우려가 있는 곳에 시설되는 고정설비인 경우, 접지도체는 단면적 몇 [mm²] 이상의 연동선 또는 동등 이상의 단면적 및 강도를 가져야 하는가?

① 2.5 ② 6 ③ 10 ④ 16

해설 접지도체(KEC 142.3.1)
특고압 · 고압 전기설비용 접지도체는 단면적 6[mm²] 이상의 연동선 또는 동등 이상의 단면적 및 강도를 가져야 한다.

답 ②

043 핵심이론 찾아보기▶핵심 01-3

산업 19년 출제

23[kV] 특고압 가공전선로의 전로와 저압 전로를 결합한 주상변압기의 2차측 접지도체의 굵기는 공칭단면적이 몇 [mm²] 이상의 연동선을 사용해야 하는가? (단, 특고압 가공전선로는 중성선 다중 접지식의 것을 제외한다.)

① 2.5 ② 6 ③ 10 ④ 16

해설 **접지도체(KEC 142.3.1)**
변압기 중성점 접지도체는 공칭단면적 16[mm²] 이상의 연동선(중성선 다중접지식 6[mm²] 이상)

답 ④

044 핵심이론 찾아보기▶핵심 01-4

산업 12년 출제

접지공사의 접지저항값을 $\frac{150}{I}$ 으로 정하고 있는데, 이때 I에 해당되는 것은?

① 변압기의 고압측 또는 특고압측 전로의 1선 지락전류 암페어 수
② 변압기의 고압측 또는 특고압측 전로의 단락사고 시 고장전류의 암페어 수
③ 변압기의 1차측과 2차측의 혼촉에 의한 단락전류의 암페어 수
④ 변압기의 1차와 2차에 해당하는 전류의 합

해설 **변압기 중성점 접지(KEC 142.5)**
접지저항값의 I는 변압기의 고압측 또는 특고압측의 전로의 1선 지락전류를 말한다.

답 ①

045 핵심이론 찾아보기▶핵심 01-4

산업 16년 출제

변압기의 고압측 전로의 1선 지락전류가 4[A]일 때, 일반적인 경우의 저압측 중성점 접지저항값은 몇 [Ω] 이하로 유지되어야 하는가?

① 18.75 ② 22.5 ③ 37.5 ④ 52.5

해설 **변압기 중성점 접지(KEC 142.5)**
접지저항 $R = \frac{150}{4} = 37.5\,[\Omega]$

답 ③

046 핵심이론 찾아보기▶핵심 01-4

산업 14년 출제

전기설비의 접지계통과 건축물의 피뢰설비 및 통신설비 등의 접지극을 공용하는 통합접지공사를 하는 경우 낙뢰 등 과전압으로부터 전기설비를 보호하기 위하여 설치해야 하는 것은?

① 과전류차단기 ② 지락보호장치 ③ 서지보호장치 ④ 개폐기

해설 **공통접지 및 통합접지(KEC 142.6)**
전기설비의 접지계통과 건축물의 피뢰설비 및 통신설비 등의 접지극을 공용하는 통합접지공사를 하는 경우 낙뢰 등에 의한 과전압으로부터 전기설비 등을 보호하기 위해 서지보호장치(SPD)를 설치하여야 한다.

답 ③

047 핵심이론 찾아보기▶핵심 01-4

산업 13년 출제

전로에 시설하는 기계기구 중에서 외함 접지공사를 생략할 수 없는 경우는?

① 사용전압이 직류 300[V] 또는 교류 대지전압이 150[V] 이하인 기계기구를 건조한 곳에 시설하는 경우
② 철대 또는 외함의 주위에 절연대를 시설하는 경우
③ 전기용품 및 생활용품 안전관리법의 적용을 받는 2중 절연의 구조로 되어 있는 기계기구를 시설하는 경우
④ 정격감도전류 20[mA], 동작시간이 0.5초인 전류동작형의 인체감전보호용 누전차단기를 시설하는 경우

해설 **기계기구의 철대 및 외함의 접지(KEC 142.7)**
정격감도전류가 30[mA] 이하, 동작시간이 0.03초 이하의 전류동작형에 한하여 생략 가능

답 ④

048 핵심이론 찾아보기▶핵심 01-4

산업 17년 출제

혼촉사고 시에 1초를 초과하고 2초 이내에 자동 차단되는 6.6[kV] 전로에 결합된 변압기 저압측의 전압이 220[V]인 경우 접지저항값[Ω]은? (단, 고압측 1선 지락전류는 30[A]라 한다.)

① 5 ② 10 ③ 20 ④ 30

해설 **변압기 중성점 접지(KEC 142.5)**

$$R=\frac{300}{I}=\frac{300}{30}=10\,[\Omega]$$

답 ②

049 핵심이론 찾아보기▶핵심 01-4

산업 18년 출제

변압기의 고압측 1선 지락전류가 30[A]인 경우에 접지공사의 최대 접지저항값은 몇 [Ω]인가? (단, 고압측 전로가 저압측 전로와 혼촉하는 경우 1초 이내에 자동적으로 차단하는 장치가 설치되어 있다.)

① 5 ② 10 ③ 15 ④ 20

해설 **변압기 중성점 접지(KEC 142.5)**
지락전류가 30[A]이고, 1초 이내에 차단하는 장치가 있으므로
접지저항 $R=\frac{600}{I}=\frac{600}{30}=20\,[\Omega]$이다.

답 ④

050 핵심이론 찾아보기▶핵심 01-4

산업 12년 출제

고 · 저압 혼촉에 의한 위험을 방지하려고 시행하는 접지공사에 대한 기준으로 틀린 것은?

① 접지공사는 변압기의 시설장소마다 시행하여야 한다.
② 토지의 상황에 의하여 접지저항값을 얻기 어려운 경우, 가공 접지선을 사용하여 접지극을 400[m]까지 떼어 놓을 수 있다.
③ 가공공동지선을 설치하여 접지공사를 하는 경우, 각 변압기를 중심으로 지름 400[m] 이내의 지역에 접지를 하여야 한다.
④ 저압 전로의 사용전압이 300[V] 이하인 경우, 그 접지공사를 중성점에 하기 어려우면 저압측의 1단자에 시행할 수 있다.

해설 고압 또는 특고압과 저압의 혼촉에 의한 위험방지시설(KEC 322.1)
- 변압기의 접지공사는 변압기의 설치장소마다 시행하여야 한다.
- 토지의 상황에 따라서 규정의 저항치를 얻기 어려운 경우에는 인장강도 5.26[kN] 이상 또는 직경 4[mm] 이상 경동선의 가공 접지선을 저압 가공전선에 준하여 시설할 때에는 접지점을 변압기 시설장소에서 200[m]까지 떼어놓을 수 있다.

답 ②

051

핵심이론 찾아보기▶핵심 01-4

산업 15년 출제

고압 또는 특고압과 저압의 혼촉에 의한 위험방지시설로 가공공동지선을 설치하여 2 이상의 시설장소에 접지공사를 할 때, 가공공동지선은 지름 몇 [mm] 이상의 경동선을 사용하여야 하는가?

① 1.5 ② 2 ③ 3.5 ④ 4

해설 고압 또는 특고압과 저압의 혼촉에 의한 위험방지시설(KEC 322.1)
가공공동지선을 설치하여 2 이상의 시설장소에 공통의 접지공사를 할 때 인장강도 5.26[kN] 이상 또는 직경 4[mm] 이상 경동선의 가공 접지선을 저압 가공전선에 준하여 시설한다.

답 ④

052

핵심이론 찾아보기▶핵심 01-4

산업 16년 출제

고압 또는 특고압과 저압의 혼촉에 의한 위험방지시설에서 가공공동지선은 인장강도 몇 [kN] 이상 또는 지름 4[mm] 가공 접지선을 사용하는가?

① 1.04 ② 2.46 ③ 5.26 ④ 8.01

해설 고압 또는 특고압과 저압의 혼촉에 의한 위험방지시설(KEC 322.1)
가공공동지선은 인장강도 5.26[kN] 이상 또는 직경 4[mm] 이상 경동선의 가공 접지선을 저압 가공전선에 준하여 시설한다.

답 ③

053

핵심이론 찾아보기▶핵심 01-4

산업 16년 출제

고 · 저압의 혼촉에 의한 위험을 방지하기 위하여 저압측의 중성점에 접지공사를 시설할 때는 변압기의 시설장소마다 시행하여야 한다. 그러나 토지의 상황에 따라 규정의 접지저항값을 얻기 어려운 경우에는 몇 [m]까지 떼어 놓을 수 있는가?

① 75 ② 100 ③ 200 ④ 300

해설 고압 또는 특고압과 저압의 혼촉에 의한 위험방지시설(KEC 322.1)
접지선을 토지의 상황에 따라서 규정의 저항값을 얻기 어려운 경우에는 변압기 시설장소에서 200[m]까지 떼어 놓을 수 있다.

답 ③

054

핵심이론 찾아보기▶핵심 01-4

산업 22년 출제

가공공동지선에 의한 접지공사에 있어 가공공동지선과 대지 간의 합성 전기저항값은 몇 [m]를 지름으로 하는 지역마다 규정하는 접지저항값을 가지는 것으로 하여야 하는가?

① 400 ② 600 ③ 800 ④ 1,000

해설 **고압 또는 특고압과 저압의 혼촉에 의한 위험방지시설(KEC 322.1)**
가공공동지선과 대지 사이의 합성 전기저항값은 1[km]를 지름으로 하는 지역 안마다 규정의 접지저항값 이하로 한다.
답 ④

055

핵심이론 찾아보기▶핵심 01-4 산업 20년 출제

변압기에 의하여 특고압 전로에 결합되는 고압 전로에는 사용전압의 몇 배 이하인 전압이 가하여진 경우에 방전하는 장치를 그 변압기의 단자에 가까운 1극에 설치하여야 하는가?

① 3 ② 4
③ 5 ④ 6

해설 **특고압과 고압의 혼촉 등에 의한 위험방지시설(KEC 322.3)**
변압기에 의하여 특고압 전로에 결합되는 고압 전로에는 사용전압의 3배 이하인 전압이 가하여진 경우에 방전하는 장치를 그 변압기의 단자에 가까운 1극에 설치하여야 한다. 답 ①

056

핵심이론 찾아보기▶핵심 01-4 산업 15년 출제

변압기로서 특고압과 결합되는 고압 전로의 혼촉에 의한 위험방지시설로 옳은 것은?

① 프라이머리 컷아웃 스위치 장치
② 중성점 접지공사
③ 퓨즈
④ 사용전압의 3배의 전압에서 방전하는 방전장치

해설 **특고압과 고압의 혼촉 등에 의한 위험방지시설(KEC 322.3)**
변압기에 의하여 특고압 전로에 결합되는 고압 전로에는 사용전압의 3배 이하인 전압이 가하여진 경우에 방전하는 장치를 그 변압기의 단자에 가까운 1극에 설치하여야 한다. 답 ④

057

핵심이론 찾아보기▶핵심 01-4 산업 15년 출제

변압기에 의하여 특고압 전로에 결합되는 고압 전로에서 사용전압의 3배 이하의 전압이 가하여진 경우에 방전하는 피뢰기를 어느 곳에 시설할 때, 방전장치를 생략할 수 있는가?

① 변압기의 단자
② 변압기 단자의 1극
③ 고압 전로의 모선의 각 상
④ 특고압 전로의 1극

해설 **특고압과 고압의 혼촉 등에 의한 위험방지시설(KEC 322.3)**
사용전압의 3배 이하인 전압이 가하여진 경우에 방전하는 피뢰기를 고압 전로의 모선의 각 상에 시설하거나 특고압 권선과 고압 권선 간에 혼촉방지판을 시설하여 접지저항값이 10[Ω] 이하인 경우 방전장치를 생략할 수 있다.
답 ③

058

핵심이론 찾아보기▶핵심 01-4 산업 13년 출제

혼촉방지판이 설치된 변압기로써 고압 전로 또는 특고압 전로와 저압 전로를 결합하는 변압기 2차측 저압 전로를 옥외에 시설하는 경우 기술규정에 부합되지 않는 것은 다음 중 어느 것인가?

① 저압선 가공전선로 또는 저압 옥상전선로의 전선은 케이블일 것
② 저압 전선은 1구내에만 시설할 것
③ 저압 전선의 구외로의 연장범위는 200[m] 이하일 것
④ 저압 가공전선과 특고압의 가공전선은 동일 지지물에 시설하지 말 것

해설 **혼촉방지판이 있는 변압기에 접속하는 저압 옥외전선의 시설 등(KEC 322.2)**
저압 전선은 1구내에만 시설하므로 구외로 연장할 수 없다.

답 ③

059

핵심이론 찾아보기▶핵심 01-4 산업 14년 출제

전로의 중성점을 접지하는 목적에 해당되지 않는 것은?

① 보호장치의 확실한 동작의 확보
② 이상전압의 억제
③ 대지전압의 저하
④ 부하전류의 일부를 대지로 흐르게 함으로써 전선을 절약

해설 **전로의 중성점의 접지(KEC 322.5)**
전로의 중성점의 접지는 전로의 보호장치의 확실한 동작의 확보, 이상전압의 억제 및 대지전압의 저하를 위하여 시설한다.

답 ④

060

핵심이론 찾아보기▶핵심 01-4 산업 17년 출제

5.7[kV]의 고압 배전선의 중성점을 접지하는 경우 접지도체로 연동선을 사용하려면 공칭단면적은 얼마 이상이어야 하는가?

① 6[mm^2]　② 10[mm^2]　③ 16[mm^2]　④ 25[mm^2]

해설 **전로의 중성점의 접지(KEC 322.5)**
접지도체는 공칭단면적 16[mm^2] 이상의 연동선(저압 전로의 중성점 6[mm^2] 이상)으로서 고장 시 흐르는 전류가 안전하게 통할 수 있는 것을 사용하고 또한 손상을 받을 우려가 없도록 시설할 것

답 ③

061

핵심이론 찾아보기▶핵심 01-6 산업 21년 출제

돌침, 수평도체, 메시도체의 요소 중에 한 가지 또는 이를 조합한 형식으로 시설하는 것은?

① 접지극시스템　② 수뢰부시스템　③ 내부 피뢰시스템　④ 인하도선시스템

해설 **수뢰부시스템(KEC 152.1)**
수뢰부시스템의 선정은 돌침, 수평도체, 메시도체의 요소 중에 한 가지 또는 이를 조합한 형식으로 시설하여야 한다.

답 ②

062 핵심이론 찾아보기▶핵심 01-6

산업 21년 출제

외부 피뢰시스템 중 수뢰부시스템의 구성요소가 아닌 것은 다음 중 어떤 것인가?

① 수평도체 ② 인하도선 ③ 메시도체 ④ 자연적 구성부재

해설 **수뢰부시스템(KEC 152.1)**

- 돌침, 수평도체, 메시도체의 요소 중에 한 가지 또는 이를 조합한 형식으로 시설
- 자연적 구성부재가 피뢰시스템에 적합하면 수뢰부시스템으로 사용할 수 있음

답 ②

063 핵심이론 찾아보기▶핵심 01-6

산업 21년 출제

접지도체에 피뢰시스템이 접속되는 경우 접지도체로 동선을 사용할 때 공칭단면적은 몇 [mm^2] 이상이어야 하는가?

① 4 ② 6 ③ 10 ④ 16

해설 **접지도체(KEC 142.3.1) – 접지도체에 피뢰시스템이 접속되는 경우**

- 구리 : 16[mm^2] 이상
- 철제 : 50[mm^2] 이상

답 ④

064 핵심이론 찾아보기▶핵심 01-6

산업 22년 출제

피뢰시스템은 전기전자설비가 설치된 건축물, 구조물로서 낙뢰로부터 보호가 필요한 곳 또는 지상으로부터 높이가 몇 [m] 이상인 곳에 설치해야 하는가?

① 10 ② 20 ③ 30 ④ 45

해설 **피뢰시스템의 적용범위(KEC 151.1)**

- 전기전자설비가 설치된 건축물·구조물로서 낙뢰로부터 보호가 필요한 것 또는 지상으로부터 높이가 20[m] 이상인 것
- 전기설비 및 전자설비 중 낙뢰로부터 보호가 필요한 설비

답 ②

065 핵심이론 찾아보기▶핵심 01-6

산업 22년 출제

피뢰설비 중 인하도선시스템의 건축물·구조물과 분리되지 않은 수뢰부시스템인 경우에 대한 설명으로 틀린 것은?

① 인하도선의 수는 1가닥 이상으로 한다.
② 벽이 불연성 재료로 된 경우에는 벽의 표면 또는 내부에 시설할 수 있다.
③ 병렬 인하도선의 최대 간격은 피뢰시스템 등급에 따라 Ⅳ 등급은 20[m]로 한다.
④ 벽이 가연성 재료인 경우에는 0.1[m] 이상 이격하고, 이격이 불가능한 경우에는 도체의 단면적을 100[mm^2] 이상으로 한다.

해설 **인하도선시스템(KEC 152.2)**

건축물·구조물과 분리되지 않은 피뢰시스템인 경우 인하도선의 수는 2가닥 이상으로 한다.

답 ①

066

핵심이론 찾아보기▶핵심 01-6　　산업 22년 출제

건축물 · 구조물과 분리되지 않은 피뢰시스템인 경우, 병렬 인하도선의 최대 간격은 피뢰시스템 등급에 따라 Ⅰ · Ⅱ 등급은 몇 [m]로 하여야 하는가?

① 10　② 15　③ 20　④ 30

해설 **인하도선시스템(KEC 152.2)**
병렬 인하도선의 최대 간격은 피뢰시스템 등급에 따라 Ⅰ · Ⅱ 등급은 10[m], Ⅲ 등급은 15[m], Ⅳ 등급은 20[m]로 한다.

답 ①

067

핵심이론 찾아보기▶핵심 01-6　　산업 22년 출제

내부 피뢰시스템 중 금속제 설비의 등전위본딩에 대한 설명이다. 다음 (　　)에 들어갈 내용으로 옳은 것은?

건축물 · 구조물에는 지하 (㉠)[m]와 높이 (㉡)[m]마다 환상도체를 설치한다. 다만 철근콘크리트, 철골구조물의 구조체에 인하도선을 등전위본딩하는 경우 환상도체는 설치하지 않아도 된다.

① ㉠ 0.5, ㉡ 15　② ㉠ 0.5, ㉡ 20
③ ㉠ 1.0, ㉡ 15　④ ㉠ 1.0, ㉡ 20

해설 **금속제 설비의 등전위본딩(KEC 153.2.2)**
건축물 · 구조물에는 지하 0.5[m]와 높이 20[m]마다 환상도체를 설치한다. 다만 철근콘크리트, 철골구조물의 구조체에 인하도선을 등전위본딩하는 경우 환상도체는 설치하지 않아도 된다.

답 ②

068

핵심이론 찾아보기▶핵심 01-7　　산업 16년 출제

KS C IEC 60364에서 충전부 전체를 대지로부터 절연시키거나 한 점에 임피던스를 삽입하여 대지에 접속시키고, 전기기기의 노출도전성 부분을 단독 또는 일괄적으로 접지하거나 또는 계통접지로 접속하는 접지계통을 무엇이라 하는가?

① TT 계통　② IT 계통　③ TN-C 계통　④ TN-S 계통

해설 **계통접지의 방식(KEC 203)**

구 분	전원의 한 부분	노출도전성 부분	보호선과 중성선
TT 접지	대지에 직접	대지에 직접	별도
TN-C 접지	대지에 직접	전원 계통	결합
TN-S 접지	대지에 직접	전원 계통	별도
IT 접지	대지로부터 절연	대지에 직접	-

답 ②

069

핵심이론 찾아보기▶핵심 01-8　　산업 18년 출제

옥내에 시설하는 사용전압 400[V] 이하의 이동전선으로 사용할 수 없는 전선은?

① 면절연전선　② 고무코드 전선
③ 용접용 케이블　④ 고무 절연 클로로프렌 캡타이어 케이블

해설 코드 및 이동전선(KEC 234.3)
이동전선은 고무코드(사용전압이 400[V] 이하) 또는 0.6/1[kV] EP 고무 절연 클로로프렌 캡타이어 케이블로서 단면적이 0.75[mm²] 이상인 것일 것

답 ①

070

핵심이론 찾아보기▶핵심 01-8 산업 19년 출제

저압 옥내배선과 옥내 저압용의 전구선의 시설방법으로 틀린 것은?

① 쇼케이스 내의 배선에 0.75[mm²]의 캡타이어 케이블을 사용하였다.
② 출퇴표시등용 전선으로 1.0[mm²]의 연동선을 사용하여 금속관에 넣어 시설하였다.
③ 전광표시장치의 배선으로 1.5[mm²]의 연동선을 사용하고 합성수지관에 넣어 시설하였다.
④ 조영물에 고정시키지 아니하고 백열전등에 이르는 전구선으로 0.75[mm²]의 케이블을 사용하였다.

해설 저압 옥내배선의 사용전선(KEC 231.3.1)
전광표시장치 또는 제어회로 등에 사용하는 배선에 단면적 1.5[mm²] 이상의 연동선을 사용하고 이를 합성수지관 공사·금속관 공사·금속 몰드 공사·금속 덕트 공사·플로어 덕트 공사 또는 셀룰러 덕트 공사에 의하여 시설한다.

답 ②

071

핵심이론 찾아보기▶핵심 01-8 산업 18년 출제

저압 옥내배선의 사용전선으로 틀린 것은?

① 단면적 2.5[mm²] 이상의 연동선
② 단면적 1[mm²] 이상의 미네럴인슈레이션 케이블
③ 사용전압이 400[V] 이하의 전광표시장치 배선 시 단면적 1.5[mm²] 이상의 연동선
④ 사용전압이 400[V] 이하의 제어회로의 배선 시 단면적 0.5[mm²] 이상의 다심케이블

해설 저압 옥내배선의 사용전선(KEC 231.3.1)
- 전선은 단면적 2.5[mm²] 이상 연동선
- 전광표시장치·제어회로 등 : 1.5[mm²]. 전선관, 몰드, 덕트에 넣을 것
- 0.75[mm²] 이상 코드 또는 캡타이어 케이블, 전구선

답 ④

072

핵심이론 찾아보기▶핵심 01-8 산업 18년 출제

전광표시장치에 사용하는 저압 옥내배선을 금속관 공사로 시설할 경우 연동선의 단면적은 몇 [mm²] 이상 사용하여야 하는가?

① 0.75 ② 1.25
③ 1.5 ④ 2.5

해설 저압 옥내배선의 사용전선(KEC 231.3.1)
- 단면적 2.5[mm²] 이상의 연동선
- 전광표시장치 또는 제어회로 등에 사용하는 배선에 단면적 1.5[mm²] 이상의 연동선 사용, 이를 전선관, 몰드, 덕트에 넣을 것

답 ③

073 핵심이론 찾아보기▶핵심 01-8 산업 16년 출제

저압 옥내배선의 사용전압이 220[V]인 전광표시장치 등 회로를 금속관 공사에 의하여 시공하였다. 여기에 사용되는 배선은 단면적이 몇 [mm^2] 이상의 연동선을 사용하여야 하는가?

① 1.5 ② 2.0 ③ 2.5 ④ 3.0

해설 **저압 옥내배선의 사용전선(KEC 231.3.1)**
- 단면적 2.5[mm^2] 이상의 연동선
- 전광표시장치 또는 제어회로 등에 사용하는 배선에 단면적 1.5[mm^2] 이상의 연동선 사용, 이를 전선관, 몰드, 덕트에 넣을 것

답 ①

074 핵심이론 찾아보기▶핵심 01-8 산업 16년 출제

저압 옥내배선에 사용하는 연동선의 최소 굵기는 몇 [mm^2] 이상인가?

① 1.5 ② 2.5 ③ 4.0 ④ 6.0

해설 **저압 옥내배선의 사용전선(KEC 231.3.1)**
- 단면적 2.5[mm^2] 이상의 연동선
- 전광표시장치 또는 제어회로 등에 사용하는 배선에 단면적 1.5[mm^2] 이상의 연동선을 전선관에 넣을 것

답 ②

075 핵심이론 찾아보기▶핵심 01-8 산업 16년 출제

옥내배선에서 나전선을 사용할 수 없는 것은?

① 전선의 피복 절연물이 부식하는 장소의 전선
② 취급자 이외의 자가 출입할 수 없도록 설비한 장소의 전선
③ 전용의 개폐기 및 과전류차단기가 시설된 전기기계기구의 저압전선
④ 애자 사용 공사에 의하여 전개된 장소에 시설하는 경우로 전기로용 전선

해설 **나전선의 사용 제한(KEC 231.4)**
옥내에 시설하는 저압전선에 나전선을 사용하는 경우
- 애자 공사에 의하여 전개된 곳
  - 전기로용 전선
  - 전선의 피복 절연물이 부식하는 장소에 시설하는 전선
  - 취급자 이외의 자가 출입할 수 없도록 설비한 장소에 시설하는 전선
- 버스 덕트 공사
- 라이팅 덕트 공사
- 저압 접촉 전선

답 ③

076 핵심이론 찾아보기▶핵심 01-8 산업 15년 출제

옥내에 시설하는 저압전선으로 나전선을 사용할 수 있는 배선공사는?

① 합성수지관 공사 ② 금속관 공사 ③ 버스 덕트 공사 ④ 플로어 덕트 공사

해설 **나전선의 사용 제한(KEC 231.4)**

옥내에 시설하는 저압전선에 나전선을 사용하는 경우

- 애자 공사에 의하여 전개된 곳
  - 전기로용 전선
  - 전선의 피복 절연물이 부식하는 장소에 시설하는 전선
  - 취급자 이외의 자가 출입할 수 없도록 설비한 장소에 시설하는 전선
- 버스 덕트 공사
- 라이팅 덕트 공사
- 저압 접촉 전선

답 ③

077

핵심이론 찾아보기▶**핵심 01-8**

산업 15년 출제

옥내에 시설하는 저압전선으로 나전선을 절대로 사용할 수 없는 경우는?

① 금속 덕트 공사에 의하여 시설하는 경우
② 버스 덕트 공사에 의하여 시설하는 경우
③ 애자 사용 공사에 의하여 전개된 곳에 전기로용 전선을 시설하는 경우
④ 유희용 전차에 전기를 공급하기 위하여 접촉 전선을 사용하는 경우

해설 **나전선의 사용 제한(KEC 231.4)**

옥내에 시설하는 저압전선에 나전선을 사용하는 경우

- 애자 공사에 의하여 전개된 곳
  - 전기로용 전선
  - 전선의 피복 절연물이 부식하는 장소에 시설하는 전선
  - 취급자 이외의 자가 출입할 수 없도록 설비한 장소에 시설하는 전선
- 버스 덕트 공사
- 라이닝 넉트 공사
- 저압 접촉 전선

답 ①

078

핵심이론 찾아보기▶**핵심 01-8**

산업 20·18·17년 출제

백열전등 또는 방전등에 전기를 공급하는 옥내전로의 대지전압은 몇 [V] 이하이어야 하는가?

① 150 ② 300 ③ 400 ④ 600

해설 **옥내전로의 대지전압의 제한(KEC 231.6)**

백열전등 또는 방전등에 전기를 공급하는 옥내의 전로의 대지전압은 300[V] 이하이어야 한다.

답 ②

079

핵심이론 찾아보기▶**핵심 01-9**

산업 18년 출제

사용전압이 380[V]인 옥내배선을 애자 공사로 시설할 때 전선과 조영재 사이의 이격거리는 몇 [cm] 이상이어야 하는가?

① 2 ② 2.5 ③ 4.5 ④ 6

해설 **애자 공사(KEC 232.56)**

전선과 조영재 사이의 이격거리는 사용전압이 400[V] 이하인 경우에는 2.5[cm] 이상, 400[V] 초과인 경우에는 4.5[cm](건조한 장소 2.5[cm]) 이상일 것

답 ②

080 핵심이론 찾아보기▶핵심 01-9

산업 15년 출제

애자 공사에 의한 저압 옥내배선을 시설할 때, 전선 상호 간의 간격은 몇 [cm] 이상이어야 하는가?

① 2 ② 4 ③ 6 ④ 8

해설 **애자 공사(KEC 232.56)**
- 전선은 절연전선(옥외용, 인입용 제외)
- 전선 상호 간의 간격은 6[cm] 이상
- 전선과 조영재 사이의 이격거리
  - 400[V] 이하 : 2.5[cm] 이상
  - 400[V] 초과 : 4.5[cm](건조한 장소 2.5[cm]) 이상
- 전선의 지지점 간의 거리 : 2[m] 이하

답 ③

081 핵심이론 찾아보기▶핵심 01-9

산업 15년 출제

건조한 장소에 시설하는 애자공사로서 사용전압이 440[V]인 경우 전선과 조영재와의 이격거리는 최소 몇 [cm] 이상이어야 하는가?

① 2.5 ② 3.5 ③ 4.5 ④ 5.5

해설 **애자 공사(KEC 232.56) – 전선과 조영재 사이의 이격거리**
- 400[V] 이하 : 2.5[cm]
- 400[V] 초과 : 4.5[cm](건조한 장소 2.5[cm])

답 ①

082 핵심이론 찾아보기▶핵심 01-9

산업 18년 출제

금속관 공사에 의한 저압 옥내배선시설에 대한 설명으로 틀린 것은?

① 인입용 비닐절연전선을 사용했다.
② 옥외용 비닐절연전선을 사용했다.
③ 짧고 가는 금속관에 연선을 사용했다.
④ 단면적 10[mm^2] 이하는 전선을 사용했다.

해설 **금속관 공사(KEC 232.12)**
- 전선은 절연전선(옥외용 제외)일 것
- 전선은 연선일 것
- 금속관 안에는 전선에 접속점이 없도록 할 것
- 콘크리트에 매설하는 것은 1.2[mm] 이상

답 ②

083 핵심이론 찾아보기▶핵심 01-9

산업 15년 출제

금속관 공사에 의한 저압 옥내배선시설 방법으로 틀린 것은?

① 전선은 절연전선을 사용한다.
② 전선은 연선을 사용한다.
③ 관의 두께는 콘크리트에 매설 시 1.2[mm] 이상으로 한다.
④ 사용전압이 400[V] 이하인 관에는 접지공사를 하지 아니하여도 된다.

해설 금속관 공사(KEC 232.12)

- 전선은 절연전선(옥외용 전선 제외)일 것
- 전선은 연선일 것
- 금속관 안에는 전선에 접속점이 없도록 할 것
- 콘크리트에 매설하는 것은 1.2[mm] 이상
- 금속관에는 접지공사를 할 것

답 ④

084

핵심이론 찾아보기▶**핵심 01-9** 산업 16년 출제

합성수지관 공사 시 관 상호 간 및 박스와의 접속은 관에 삽입하는 깊이를 관 바깥지름의 몇 배 이상으로 하여야 하는가? (단, 접착제를 사용하지 않는 경우이다.)

① 0.5 ② 0.8 ③ 1.2 ④ 1.5

해설 합성수지관 공사(KEC 232.11)

관을 삽입하는 깊이를 관의 바깥지름의 1.2배(접착제 사용 0.8배) 이상

답 ③

085

핵심이론 찾아보기▶**핵심 01-9** 산업 22·14년 출제

저압 옥내배선을 합성수지관 공사에 의하여 실시하는 경우 사용할 수 있는 단선(동선)의 최대 단면적은 몇 [mm²]인가?

① 4 ② 6 ③ 10 ④ 16

해설 합성수지관 공사(KEC 232.11)

- 전선은 절연전선(옥외용 제외)일 것
- 전선은 연선일 것. 단, 단면적 10[mm²](알루미늄선은 단면적 16[mm²]) 이하 단선 사용

답 ③

086

핵심이론 찾아보기▶**핵심 01-9** 산업 13년 출제

일반 주택의 저압 옥내배선을 점검하였더니 다음과 같이 시공되어 있었다. 잘못 시공된 것은?

① 욕실의 전등으로 방습 형광등이 시설되어 있었다.
② 단상 3선식 인입개폐기의 중성선에 동판이 접속되어 있었다.
③ 합성수지관 공사의 관의 지지점 간의 거리가 2[m]로 되어 있었다.
④ 금속관 공사로 시공하였고 절연전선을 사용하였다.

해설 합성수지관 공사(KEC 232.11)

합성수지관의 지지점 간의 거리는 1.5[m] 이하로 하고, 또한 그 지지점은 관의 끝·관과 박스의 접속점 및 관 상호 간의 접속점 등에 가까운 곳에 시설할 것

답 ③

087

핵심이론 찾아보기▶**핵심 01-9** 산업 16년 출제

저압 옥내배선을 가요전선관 공사에 의해 시공하고자 한다. 이 가요전선관에 설치하는 전선으로 단선을 사용할 경우 그 단면적은 최대 몇 [mm²] 이하이어야 하는가? (단, 알루미늄선은 제외한다.)

① 2.5 ② 4 ③ 6 ④ 10

해설 **금속제 가요전선관 공사(KEC 232.13)**
- 전선은 절연전선(옥외용 제외)일 것
- 전선은 연선일 것. 다만, 단면적 10[mm^2] 이하인 것은 그러하지 아니하다.

답 ④

088

핵심이론 찾아보기▶핵심 01-9

산업 17년 출제

금속관 공사에 의한 저압 옥내배선의 방법으로 틀린 것은?

① 전선으로 연선을 사용하였다.
② 옥외용 비닐절연전선을 사용하였다.
③ 콘크리트에 매설하는 관은 두께 1.2[mm] 이상을 사용하였다.
④ 사용전압 400[V] 이상이고 사람의 접촉 우려가 없어 제3종 접지공사를 하였다.

해설 **금속관 공사(KEC 232.12)**
- 전선은 절연전선(옥외용 제외)일 것
- 전선은 연선일 것
- 금속관 안에는 전선에 접속점이 없도록 할 것
- 콘크리트에 매설하는 것은 1.2[mm] 이상
- 관에는 접지공사를 할 것

답 ②

089

핵심이론 찾아보기▶핵심 01-9

산업 16년 출제

옥내배선의 사용전압이 220[V]인 경우 금속관 공사의 기술기준으로 옳은 것은?

① 금속관에는 접지공사를 하였다.
② 전선은 옥외용 비닐절연전선을 사용하였다.
③ 금속관과 접속부분의 나사는 3턱 이상으로 나사결합을 하였다.
④ 콘크리트에 매설하는 전선관의 두께는 1.0[mm]를 사용하였다.

해설 **금속관 공사(KEC 232.12)**
- 전선은 절연전선(옥외용 제외)일 것
- 전선은 연선일 것
- 금속관 안에는 전선에 접속점이 없도록 할 것
- 콘크리트에 매설하는 것은 1.2[mm] 이상
- 관에는 접지공사를 할 것

답 ①

090

핵심이론 찾아보기▶핵심 01-9

산업 17·13년 출제

금속 덕트에 넣은 전선의 단면적의 합계는 덕트의 내부 단면적의 몇 [%] 이하이어야 하는가?

① 10　② 20　③ 32　④ 48

해설 **금속 덕트 공사(KEC 232.31)**
금속 덕트에 넣은 전선 단면적(절연피복 포함)의 총합은 덕트 내부 단면적의 20[%](전광표시 장치, 출퇴표시등 또는 제어회로 등의 배선만을 넣은 경우 50[%]) 이하

답 ②

091 핵심이론 찾아보기▶핵심 01-9

산업 16년 출제

버스 덕트 공사에 대한 설명으로 옳은 것은?

① 버스 덕트 끝부분을 개방할 것
② 덕트는 수직으로 붙이는 경우 지지점 간 거리는 12[m] 이하로 할 것
③ 덕트를 조영재에 붙이는 경우 덕트의 지지점 간 거리는 6[m] 이하로 할 것
④ 저압 옥내배선의 사용전압이 400[V] 이하인 경우에는 덕트에 접지공사를 할 것

해설 **버스 덕트 공사(KEC 232.61)**
- 덕트를 조영재에 붙이는 경우에는 덕트의 지지점 간의 거리를 3[m](취급자 이외의 자가 출입할 수 없도록 설비한 곳에서 수직으로 붙이는 경우에는 6[m]) 이하
- 접지공사를 할 것

답 ④

092 핵심이론 찾아보기▶핵심 01-9

산업 13년 출제

저압 옥내배선 버스 덕트 공사에서 지지점 간의 거리[m]는? (단, 취급자만이 출입하는 곳에서 수직으로 붙이는 경우)

① 3　② 5　③ 6　④ 8

해설 **버스 덕트 공사(KEC 232.61)**
덕트를 조영재에 붙이는 경우에는 덕트의 지지점 간의 거리를 3[m](취급자 이외의 자가 출입할 수 없도록 설비한 곳에서 수직으로 붙이는 경우에는 6[m]) 이하로 하고 또한 견고하게 붙일 것

답 ③

093 핵심이론 찾아보기▶핵심 01-9

산업 17년 출제

저압 옥내배선을 금속 덕트 공사로 할 경우 금속 덕트에 넣는 전선의 단면적(절연 피복의 단면적 포함)의 합계는 덕트 내부 단면적의 몇 [%]까지 할 수 있는가?

① 20　② 30　③ 40　④ 50

해설 **금속 덕트 공사(KEC 232.31)**
금속 덕트에 넣은 전선 단면적(절연피복 포함)의 총합은 덕트 내부 단면적의 20[%](전광표시장치, 출퇴표시등 또는 제어 회로 등의 배선만을 넣은 경우 50[%]) 이하

답 ①

094 핵심이론 찾아보기▶핵심 01-9

산업 18년 출제

금속 몰드 배선공사에 대한 설명으로 틀린 것은?

① 몰드에는 중성점 접지공사를 할 것
② 접속점을 쉽게 점검할 수 있도록 시설할 것
③ 황동제 또는 동제의 몰드는 폭이 5[cm] 이하, 두께 0.5[mm] 이상인 것일 것
④ 몰드 안의 전선을 외부로 인출하는 부분은 몰드의 관통 부분에서 전선이 손상될 우려가 없도록 시설할 것

해설 **금속 몰드 공사(KEC 232.22)**
- 전선은 절연전선일 것
- 금속 몰드 안에는 전선에 접속점이 없도록 할 것(전선을 분기하는 경우 또는 접속점을 쉽게 점검할 수 있도록 시설한 경우 예외)
- 황동제 또는 동제의 몰드는 폭이 5[cm] 이하, 두께 0.5[mm] 이상
- 몰드에는 보호접지를 할 것

답 ①

095

핵심이론 찾아보기▶**핵심 01-9** 산업 14년 출제

400[V] 이하의 저압 옥내배선을 할 때 점검할 수 없는 은폐장소에 할 수 없는 배선공사는?

① 금속관 공사 ② 합성수지관 공사 ③ 금속 몰드 공사 ④ 플로어 덕트 공사

해설 **금속 몰드 공사(KEC 232.22)**
금속 몰드의 사용전압이 400[V] 이하로 옥내의 건조한 장소로 전개된 장소 또는 점검할 수 있는 은폐장소에 한하여 시설할 수 있다.

답 ③

096

핵심이론 찾아보기▶**핵심 01-9** 산업 18년 출제

케이블 공사에 의한 저압 옥내배선의 시설방법에 대한 설명으로 틀린 것은?

① 전선은 케이블 및 캡타이어 케이블로 한다.
② 콘크리트 안에는 전선에 접속점을 만들지 아니한다.
③ 400[V] 이하인 경우 전선을 넣는 방호장치의 금속제 부분에는 접지공사를 한다.
④ 전선을 조영재의 옆면에 따라 붙이는 경우 전선의 지지점 간의 거리를 케이블은 3[m] 이하로 한다.

해설 **케이블 공사(KEC 232.51)**
- 케이블 및 캡타이어 케이블일 것
- 조영재의 아랫면 또는 옆면에 따라 붙이는 경우 지지점 간의 거리를 2[m](수직 6[m]) 이하, 캡타이어 케이블은 1[m] 이하

답 ④

097

핵심이론 찾아보기▶**핵심 01-9** 산업 19·13년 출제

케이블을 지지하기 위하여 사용하는 금속제 케이블 트레이의 종류가 아닌 것은?

① 사다리형 ② 통풍밀폐형 ③ 통풍채널형 ④ 바닥밀폐형

해설 **케이블 트레이 공사(KEC 232.41) – 케이블 트레이의 종류**
사다리형, 펀칭형, 통풍채널(메시)형, 바닥밀폐형

답 ②

098

핵심이론 찾아보기▶**핵심 01-9** 산업 18·14년 출제

케이블 트레이 공사에 사용되는 케이블 트레이가 수용된 모든 전선을 지지할 수 있는 적합한 강도의 것일 경우 케이블 트레이의 안전율은 얼마 이상으로 하여야 하는가?

① 1.1 ② 1.2 ③ 1.3 ④ 1.5

해설 **케이블 트레이 공사(KEC 232.41)**

- 전선은 연피 케이블, 알루미늄피 케이블 등 난연성 케이블, 기타 케이블 또는 금속관 혹은 합성수지관 등에 넣은 절연전선을 사용
- 케이블 트레이의 안전율은 1.5 이상

답 ④

099

핵심이론 찾아보기▶핵심 01-9 　　산업 17년 출제

케이블 트레이 공사에 대한 설명으로 틀린 것은?

① 금속재의 것은 내식성 재료의 것이어야 한다.
② 케이블 트레이의 안전율은 1.25 이상이어야 한다.
③ 비금속제 케이블 트레이는 난연성 재료의 것이어야 한다.
④ 전선의 피복 등을 손상시킬 돌기 등이 없이 매끈하여야 한다.

해설 **케이블 트레이 공사(KEC 232.41)**

- 케이블 트레이의 안전율은 1.5 이상
- 케이블 하중을 충분히 견딜 수 있는 강도를 가져야 한다.
- 전선의 피복 등을 손상시킬 돌기 등이 없이 매끈하여야 한다.
- 금속재의 것은 적절한 방식처리를 한 것이거나 내식성 재료의 것이어야 한다.
- 비금속제 케이블 트레이는 난연성 재료의 것이어야 한다.

답 ②

100

핵심이론 찾아보기▶핵심 01-9 　　산업 15년 출제

저압 옥내배선을 케이블 트레이 공사로 시설하려고 한다. 틀린 것은?

① 저압 케이블과 고압 케이블은 동일 케이블 트레이 내에 시설하여서는 안 된다.
② 케이블 트레이 내에서는 전선을 접속하여서는 안 된다.
③ 수평으로 포설하는 케이블 이외의 케이블은 케이블 트레이의 가로대에 견고하게 고정시킨다.
④ 절연금속을 금속관에 넣으면 케이블 트레이 공사에 사용할 수 있다.

해설 **케이블 트레이 공사(KEC 232.41)**

케이블 트레이 안에서 전선을 접속하는 경우에는 전선 접속부분에 사람이 접근할 수 있고 또한 그 부분이 측면 레일 위로 나오지 않도록 하고 그 부분을 절연처리하여야 한다. 답 ②

101

핵심이론 찾아보기▶핵심 01-10 　　산업 15년 출제

조명용 전등을 설치할 때 타임스위치를 시설해야 할 곳은?

① 공장 　　② 사무실
③ 병원 　　④ 아파트 현관

해설 **점멸기의 시설(KEC 234.6) – 센서등(타임스위치 포함)의 시설**

- 관광숙박업 또는 숙박업에 이용되는 객실 입구등은 1분 이내에 소등되는 것
- 일반 주택 및 아파트 각 호실의 현관등은 3분 이내에 소등되는 것

답 ④

102 핵심이론 찾아보기▶핵심 01-10

산업 22·16년 출제

관광숙박업 또는 숙박업에 이용되는 객실의 입구등에 조명용 전등을 설치할 때는 몇 분 이내에 소등되는 타임스위치를 시설하여야 하는가?

① 1 ② 3 ③ 5 ④ 10

해설 **점멸기의 시설(KEC 234.6) – 타임스위치(센서등)의 시설**
- 숙박업에 이용되는 객실의 입구등 : 1분 이내 소등
- 일반 주택 및 아파트 각 호실의 현관등 : 3분 이내 소등

답 ①

103 핵심이론 찾아보기▶핵심 01-10

산업 14년 출제

일반 주택 및 아파트 각 호실의 현관등은 몇 분 이내에 소등되는 타임스위치를 시설하여야 하는가?

① 1분 ② 3분 ③ 5분 ④ 10분

해설 **점멸기의 시설(KEC 234.6) – 타임스위치(센서등)의 시설**
- 숙박업에 이용되는 객실의 입구등 : 1분 이내 소등
- 일반 주택 및 아파트 각 호실의 현관등 : 3분 이내 소등

답 ②

104 핵심이론 찾아보기▶핵심 01-11

산업 14년 출제

욕탕의 양단에 판상의 전극을 설치하고 그 전극 상호 간에 교류전압을 가하는 전기욕기의 전원변압기 2차 전압은 몇 [V] 이하인 것을 사용하여야 하는가?

① 5 ② 10 ③ 12 ④ 15

해설 **전기욕기(KEC 241.2)**
전기욕기에 전기를 공급하기 위한 전기욕기용 전원장치(내장되는 전원변압기의 2차측 전로의 사용전압이 10[V] 이하의 것)는 안전기준에 적합하여야 한다.

답 ②

105 핵심이론 찾아보기▶핵심 01-10

산업 20년 출제

욕조나 샤워시설이 있는 욕실 또는 화장실 등 인체가 물에 젖어 있는 상태에서 전기를 사용하는 장소에 콘센트를 시설하는 경우에 적합한 누전차단기는?

① 정격감도전류 15[mA] 이하, 동작시간 0.03초 이하의 전류동작형 누전차단기
② 정격감도전류 15[mA] 이하, 동작시간 0.03초 이하의 전압동작형 누전차단기
③ 정격감도전류 20[mA] 이하, 동작시간 0.3초 이하의 전류동작형 누전차단기
④ 정격감도전류 20[mA] 이하, 동작시간 0.3초 이하의 전압동작형 누전차단기

해설 **콘센트의 시설(KEC 234.5)**
- 인체감전보호용 누전차단기(정격감도전류 15[mA] 이하, 동작시간 0.03초 이하의 전류동작형) 또는 절연변압기(정격용량 3[kVA] 이하)로 보호된 전로에 접속하거나, 인체감전보호용 누전차단기가 부착된 콘센트를 시설하여야 한다.
- 콘센트는 접지극이 있는 방적형 콘센트를 사용하여 접지하여야 한다.

답 ①

106 핵심이론 찾아보기▶핵심 01-10

산업 13년 출제

아파트 세대 욕실에 '비데용 콘센트'를 시설하고자 한다. 다음의 시설방법 중 적합하지 않는 것은?

① 충전 부분이 노출되지 않을 것
② 배선기구에 방습장치를 시설할 것
③ 저압용 콘센트는 접지극이 없는 것을 사용할 것
④ 인체감전보호용 누전차단기가 부착된 것을 사용할 것

해설 **콘센트의 시설(KEC 234.5)**
- 옥내의 습기가 많은 곳 또는 물기가 있는 곳에 시설하는 저압용의 배선기구는 방습장치
- 욕실 등 인체가 물에 젖어있는 상태에서 물을 사용하는 장소에 콘센트를 시설하는 경우
  - 인체감전보호용 누전차단기가 부착된 콘센트를 시설
  - 콘센트는 접지극이 있는 콘센트 사용

답 ③

107 핵심이론 찾아보기▶핵심 01-10

산업 22년 출제

관등회로의 사용전압이 1[kV] 이하인 방전등을 옥내에 시설할 경우에 대한 사항으로 잘못된 것은?

① 관등회로의 사용전압이 400[V] 초과인 경우에는 방전등용 변압기를 설치하여야 한다.
② 관등회로의 사용전압이 400[V] 이하인 배선은 공칭단면적 2.5[mm^2] 이상으로 한다.
③ 애자 공사로 시설할 때 전선 상호 간의 거리는 50[cm] 이상으로 한다.
④ 관등회로의 사용전압이 400[V] 초과이고, 1[kV] 이하인 배선은 그 시설장소에 따라 합성수지관 공사·금속관 공사·가요전선관 공사나 케이블 공사의 방법에 의하여야 한다.

해설 **관등회로의 배선(KEC 234.11.4)**

공사방법	전선 상호 간의 거리	전선과 조영재의 거리
애자 공사	60[mm] 이상	25[mm](습기가 많은 장소는 45[mm]) 이상

답 ③

108 핵심이론 찾아보기▶핵심 01-10

산업 17·14년 출제

옥내의 네온방전등 공사의 방법으로 옳은 것은?

① 전선 상호 간의 간격은 5[cm] 이상일 것
② 관등회로의 배선은 애자 공사에 의할 것
③ 전선의 지지점 간의 거리는 2[m] 이하로 할 것
④ 관등회로의 배선은 점검할 수 없는 은폐된 장소에 시설할 것

해설 **네온방전등(KEC 234.12)**
- 네온변압기는 옥내배선과 직접 접촉하여 시설할 것
- 배선은 전개된 장소 또는 점검할 수 있는 은폐된 장소에 시설
- 관등회로의 배선은 애자 공사에 의할 것
  - 전선은 네온관용 전선을 사용할 것
  - 전선은 조영재의 옆면 또는 아랫면에 붙일 것
  - 전선의 지지점 간의 거리는 1[m] 이하
  - 전선 상호 간의 간격은 6[cm] 이상

답 ②

109

핵심이론 찾아보기▶핵심 01-10 산업 14년 출제

옥내의 네온방전등 공사에 대한 설명으로 틀린 것은?

① 방전등용 변압기는 네온변압기일 것
② 관등회로의 배선은 점검할 수 없는 은폐장소에 시설할 것
③ 관등회로의 배선은 애자 사용 공사에 의하여 시설할 것
④ 방전등용 변압기의 외함에는 접지공사를 할 것

해설 네온방전등(KEC 234.12)
- 방전등용 변압기는 네온변압기일 것
- 배선은 전개된 장소 또는 점검할 수 있는 은폐된 장소에 시설
- 관등회로의 배선은 애자 사용 공사에 의할 것
- 네온변압기의 외함에는 접지공사를 할 것

답 ②

110

핵심이론 찾아보기▶핵심 01-10 산업 20년 출제

풀장용 수중조명등에 전기를 공급하기 위해 사용되는 절연변압기에 대한 설명으로 틀린 것은?

① 절연변압기 2차측 전로의 사용전압은 150[V] 이하이어야 한다.
② 절연변압기의 2차측 전로에는 반드시 접지공사를 하며, 그 저항값은 5[Ω] 이하가 되도록 하여야 한다.
③ 절연변압기 2차측 전로의 사용전압이 30[V] 이하인 경우에는 1차 권선과 2차 권선 사이에 금속제의 혼촉방지판이 있어야 한다.
④ 절연변압기의 2차측 전로의 사용전압이 30[V]를 초과하는 경우에는 그 전로에 지락이 생겼을 때에 자동적으로 전로를 차단하는 장치가 있어야 한다.

해설 수중조명등(KEC 234.14)
- 사용전압 : 1차 전압 400[V] 이하, 2차 전압 150[V] 이하인 절연변압기를 사용
- 절연변압기의 2차측 전로는 접지하지 아니할 것
- 절연변압기 2차 전압이 30[V] 이하는 접지공사를 한 혼촉방지판을 사용하고, 30[V]를 초과하는 것은 지기가 발생하면 자동 차단하는 장치를 한다.
- 수중조명등에 전기를 공급하기 위하여 사용하는 이동전선은 접속점이 없는 단면적 2.5[mm^2] 이상의 0.6/1[kV] EP 고무절연 클로로프렌 캡타이어 케이블일 것

답 ②

111

핵심이론 찾아보기▶핵심 01-10 산업 13년 출제

풀장용 수중조명등의 시설공사에서 절연변압기는 그 2차측 전로의 사용전압이 몇 [V] 이하인 경우에는 1차 권선과 2차 권선 사이에 금속제의 혼촉방지판을 설치하여야 하는가?

① 30[V] ② 40[V] ③ 60[V] ④ 80[V]

해설 수중조명등(KEC 234.14)
- 사용전압 : 1차 전압 400[V] 이하, 2차 전압 150[V] 이하인 절연변압기를 사용
- 절연변압기의 2차측 전로는 접지하지 아니할 것
- 절연변압기 2차 전압이 30[V] 이하는 접지공사를 한 혼촉방지판을 사용하고, 30[V]를 초과하는 것은 지기가 발생하면 자동 차단하는 장치를 한다.

답 ①

112 핵심이론 찾아보기▶핵심 01-10

산업 18년 출제

풀용 수중조명등에 전기를 공급하기 위하여 1차측 120[V], 2차측 30[V]의 절연변압기를 사용하였다. 절연변압기 2차측 전로의 접지에 대한 설명으로 옳은 것은?

① 접지하지 않는다.
② 중성점은 접지한다.
③ 제1종 접지공사로 접지한다.
④ 제3종 접지공사로 접지한다.

해설 **수중조명등(KEC 234.14)**
- 1차 전압 400[V] 이하, 2차 전압 150[V] 이하인 절연변압기를 사용
- 절연변압기의 2차측 전로는 접지하지 아니할 것
- 절연변압기 2차 전압이 30[V] 이하는 접지공사를 한 혼촉방지판을 사용하고, 30[V]를 초과하는 것은 지기가 발생하면 자동 차단하는 장치를 한다.

답 ①

113 핵심이론 찾아보기▶핵심 01-10

산업 20년 출제

교통신호등의 시설기준에 관한 내용으로 틀린 것은?

① 제어장치의 금속제 외함에는 접지공사를 한다.
② 교통신호등 회로의 사용전압은 300[V] 이하로 한다.
③ 교통신호등 회로의 인하선은 지표상 2[m] 이상으로 시설한다.
④ LED를 광원으로 사용하는 교통신호등의 설치는 KS C 7528 “LED 교통신호등”에 적합한 것을 사용한다.

해설 **교통신호등(KEC 234.15)**
- 사용전압은 300[V] 이하
- 배선은 케이블인 경우 이외에는 공칭단면적 2.5[mm^2] 이상 연동선
- 전선의 지표상의 높이는 2.5[m] 이상
- 조가용선은 인장강도 3.7[kN]의 금속선 또는 지름 4[mm] 이상의 아연도철선을 2가닥 이상 꼰 금속선을 사용할 것
- LED를 광원으로 사용하는 교통신호등의 설치는 KS C 7528(LED 교통신호등)에 적합할 것

답 ③

114 핵심이론 찾아보기▶핵심 01-10

산업 15년 출제

교통신호등의 시설공사를 다음과 같이 하였을 때 틀린 것은?

① 전선은 450/750[V] 일반용 단심 비닐절연전선을 사용하였다.
② 신호등의 인하선은 지표상 2.5[m]로 하였다.
③ 사용전압을 300[V] 이하로 하였다.
④ 제어장치의 금속제 외함은 접지공사를 하지 않는다.

해설 **교통신호등(KEC 234.15)**
- 사용전압은 300[V] 이하
- 배선은 케이블인 경우 이외에는 공칭단면적 2.5[mm^2] 이상 연동선
- 인하선 지표상의 높이는 2.5[m] 이상
- 교통신호등 제어장치의 금속제 외함에는 접지공사를 한다.

답 ④

115

핵심이론 찾아보기▶핵심 01-11

산업 15년 출제

전기울타리의 시설에 관한 설명으로 틀린 것은?

① 전원장치에 전기를 공급하는 전로의 사용전압은 600[V] 이하이어야 한다.
② 사람이 쉽게 출입하지 아니하는 곳에 시설한다.
③ 전선은 지름 2[mm] 이상의 경동선을 사용한다.
④ 수목 사이의 이격거리는 30[cm] 이상이어야 한다.

해설 **전기울타리(KEC 241.1)**
사용전압은 250[V] 이하이며, 전선은 인장강도 1.38[kN] 이상의 것 또는 지름 2[mm] 이상 경동선을 사용하고, 지지하는 기둥과의 이격거리는 2.5[cm] 이상, 수목과의 거리는 30[cm] 이상을 유지하여야 한다.

답 ①

116

핵심이론 찾아보기▶핵심 01-11

산업 18년 출제

전격살충기의 시설방법으로 틀린 것은?

① 전기용품 및 생활용품 안전관리법의 적용을 받은 것을 설치한다.
② 전용 개폐기를 가까운 곳에 쉽게 개폐할 수 있게 시설한다.
③ 전격격자가 지표상 3.5[m] 이상의 높이가 되도록 시설한다.
④ 전격격자와 다른 시설물 사이의 이격거리는 50[cm] 이상으로 한다.

해설 **전격살충기(KEC 241.7)**
- 전격살충기는 전격격자가 지표상 또는 바닥에서 3.5[m] 이상의 높이가 되도록 시설할 것
- 전격살충기의 전격격자와 다른 시설물 또는 식물 사이의 이격거리는 30[cm] 이상일 것

답 ④

117

핵심이론 찾아보기▶핵심 01-11

산업 13년 출제

유희용 전차에 전기를 공급하는 전원장치의 2차측 전로의 사용전압이 교류인 경우 몇 [V] 이하이어야 하는가?

① 20　② 40　③ 60　④ 100

해설 **유희용 전차(KEC 241.8)**
전원장치의 2차측 단자의 최대사용전압은 직류의 경우 60[V] 이하, 교류의 경우 40[V] 이하일 것

답 ②

118

핵심이론 찾아보기▶핵심 01-11

산업 16·15년 출제

이동형의 용접 전극을 사용하는 아크 용접장치의 용접변압기의 1차측 전로의 대지전압은 몇 [V] 이하이어야 하는가?

① 220　② 300　③ 380　④ 440

해설 **아크 용접기(KEC 241.10)**
- 용접변압기는 절연변압기일 것
- 용접변압기의 1차측 전로의 대지전압은 300[V] 이하일 것

답 ②

119

핵심이론 찾아보기▶핵심 01-11

산업 22·20·15년 출제

발열선을 도로, 주차장 또는 조영물의 조영재에 고정시켜 신설하는 경우 발열선에 전기를 공급하는 전로의 대지전압은 몇 [V] 이하이어야 하는가?

① 100 ② 150 ③ 200 ④ 300

해설 **도로 등의 전열장치(KEC 241.12)**

- 발열선에 전기를 공급하는 전로의 대지전압은 300[V] 이하
- 발열선은 미네랄인슐레이션 케이블 또는 B종 발열선을 사용
- 발열선 온도 80[℃] 이하

답 ④

120

핵심이론 찾아보기▶핵심 01-11

산업 20년 출제

소세력회로에 전기를 공급하기 위한 절연변압기의 사용전압은 몇 [V] 이하이어야 하는가?

① 40 ② 60 ③ 150 ④ 300

해설 **소세력회로(KEC 241.14)**

소세력회로에 전기를 공급하기 위한 절연변압기의 사용전압은 대지전압 300[V] 이하로 하여야 한다.

답 ④

121

핵심이론 찾아보기▶핵심 01-11

산업 14년 출제

전자 개폐기의 조작회로 또는 초인벨·경보벨 등에 접속하는 전로로서 최대사용전압이 60[V] 이하인 것으로 대지전압이 몇 [V] 이하인 전기의 전송에 사용하는 전로와 변압기로 결합되는 것을 소세력회로라 하는가?

① 100 ② 150 ③ 300 ④ 440

해설 **소세력회로(KEC 241.14)**

전자 개폐기의 조작회로 또는 초인벨·경보벨 등에 접속하는 전로로서 최대사용전압이 60[V] 이하인 것으로 대지전압이 300[V] 이하인 전기의 전송에 사용하는 전로와 변압기로 결합되는 것을 소세력회로라 한다.

답 ③

122

핵심이론 찾아보기▶핵심 01-11

산업 22년 출제

소세력회로의 사용전압이 15[V] 이하일 경우 절연변압기의 2차 단락전류 제한값은 8[A]이다. 이때 과전류차단기의 정격전류는 몇 [A] 이하이어야 하는가?

① 1.5 ② 3 ③ 5 ④ 10

해설 **소세력회로(KEC 241.14)**

절연변압기의 2차 단락전류 및 과전류차단기의 정격전류

최대사용전압의 구분	2차 단락전류	과전류차단기의 정격전류
15[V] 이하	8[A]	5[A]
15[V] 초과 30[V] 이하	5[A]	3[A]
30[V] 초과 60[V] 이하	3[A]	1.5[A]

답 ③

123

핵심이론 찾아보기▶핵심 01-11

산업 22·19·15년 출제

지중 또는 수중에 시설되어 있는 금속체의 부식을 방지하기 위한 전기부식방지회로의 사용전압은 직류 몇 [V] 이하이어야 하는가? (단, 전기부식방지회로로 전기부식방지용 전원장치로부터 양극 및 피방식체까지의 전로를 말한다.)

① 30 ② 60 ③ 90 ④ 120

해설 **전기부식방지시설(KEC 241.16)**

- 사용전압은 직류 60[V] 이하
- 양극은 지중에 매설하거나 수중에서 쉽게 접촉할 우려가 없는 곳에 시설할 것
- 지중에 매설하는 양극의 매설깊이는 75[cm] 이상
- 수중에 시설하는 양극과 그 주위 1[m] 이내의 거리에 있는 임의점과의 사이의 전위차는 10[V] 이하
- 지표 또는 수중에서 1[m] 간격의 임의의 2점 간의 전위차 5[V] 이하

답 ②

124

핵심이론 찾아보기▶핵심 01-11

산업 19년 출제

전기부식방식시설은 지표 또는 수중에서 1[m] 간격의 임의의 2점(양극의 주위 1[m] 이내의 거리에 있는 점 및 울타리의 내부점을 제외) 간의 전위차가 몇 [V]를 넘으면 안되는가?

① 5 ② 10 ③ 25 ④ 30

해설 **전기부식방지시설(KEC 241.16)**

- 전기부식방지회로의 사용전압은 직류 60[V] 이하일 것
- 지중에 매설하는 양극의 매설깊이는 75[cm] 이상일 것
- 수중에 시설하는 양극과 그 주위 1[m] 이내의 거리에 있는 임의점과의 사이의 전위차는 10[V]를 넘지 아니할 것
- 지표 또는 수중에서 1[m] 간격의 임의의 2점 간의 전위차가 5[V]를 넘지 아니할 것

답 ①

125

핵심이론 찾아보기▶핵심 01-11

산업 17년 출제

전기부식방지회로의 전압에 대한 설명으로 옳은 것은?

① 전기부식방지회로의 사용전압은 교류 60[V] 이하일 것
② 지중에 매설하는 양극(+)의 매설깊이는 50[cm] 이상일 것
③ 지표 또는 수중에서 1[m] 간격의 임의의 2점 간의 전위차는 7[V]를 넘지 말 것
④ 수중에 시설하는 양극(+)과 그 주위 1[m] 이내의 거리에 있는 임의점과의 사이의 전위차는 10[V]를 넘지 말 것

해설 **전기부식방지시설(KEC 241.16)**

- 전기부식방지회로의 사용전압은 직류 60[V] 이하일 것
- 양극(陽極)은 지중에 매설하거나 수중에서 쉽게 접촉할 우려가 없는 곳에 시설할 것
- 지중에 매설하는 양극의 매설깊이는 75[cm] 이상일 것
- 수중에 시설하는 양극과 그 주위 1[m] 이내의 거리에 있는 임의점과의 사이의 전위차는 10[V]를 넘지 아니할 것
- 지표 또는 수중에서 1[m] 간격의 임의의 2점 간의 전위차가 5[V]를 넘지 아니할 것

답 ④

126

핵심이론 찾아보기▶핵심 01-12 　　산업 20·18·17·14년 출제

폭연성 분진이 많은 장소의 저압 옥내배선에 적합한 배선공사방법은?

① 금속관 공사 　② 애자 사용 공사
③ 합성수지관 공사 　④ 가요전선관 공사

해설 **폭연성 분진 위험장소(KEC 242.2.1)**
폭연성 분진 또는 화약류의 분말이 전기설비가 발화원이 되어 폭발할 우려가 있는 곳에 시설하는 저압 옥내 전기설비는 금속관 공사 또는 케이블 공사(캡타이어 케이블 제외)에 의할 것

답 ①

127

핵심이론 찾아보기▶핵심 01-12 　　산업 18년 출제

폭연성 분진 또는 화약류의 분말이 전기설비가 발화원이 되어 폭발할 우려가 있는 곳에 시설하는 저압 옥내배선의 공사방법으로 옳은 것은?

① 금속관 공사 　② 애자 사용 공사
③ 합성수지관 공사 　④ 캡타이어 케이블 공사

해설 **폭연성 분진 위험장소(KEC 242.2.1)**
폭연성 분진이 있는 곳에 시설하는 저압 옥내 전기설비는 금속관 공사 또는 케이블 공사(캡타이어 케이블 제외)에 의할 것

답 ①

128

핵심이론 찾아보기▶핵심 01-12 　　산업 17년 출제

폭연성 분진 또는 화약류의 분말이 전기설비가 발화원이 되어 폭발할 우려가 있는 곳에 시설하는 저압 옥내 전기설비를 케이블 공사로 할 경우 관이나 방호장치에 넣지 않고 노출로 설치할 수 있는 케이블은?

① 미네럴인슈레이션 케이블 　② 고무 절연 비닐 시스 케이블
③ 폴리에틸렌 절연 비닐 시스 케이블 　④ 폴리에틸렌 절연 폴리에틸렌 시스 케이블

해설 **폭연성 분진 위험장소(KEC 242.2.1)**
케이블 공사에 의할 경우 전선은 미네럴인슈레이션 케이블을 사용하는 경우 이외에는 관 기타의 방호장치에 넣어 사용한다.

답 ①

129

핵심이론 찾아보기▶핵심 01-12 　　산업 15년 출제

소맥분, 전분 기타의 가연성 분진이 존재하는 곳의 저압 옥내배선으로 적합하지 않은 공사방법은?

① 케이블 공사 　② 두께 2[mm] 이상의 합성수지관 공사
③ 금속관 공사 　④ 가요전선관 공사

해설 **가연성 분진 위험장소(KEC 242.2.2)**
가연성 분진장소의 저압 옥내배선은 합성수지관 공사·금속관 공사 또는 케이블 공사에 의한다.

답 ④

130

핵심이론 찾아보기▶핵심 01-12 | 산업 19·16·15·14년 출제

전용 개폐기 또는 과전류차단기에서 화약류 저장소의 인입구까지의 배선은 어떻게 시설하는가?

① 애자 공사에 의하여 시설한다.
② 케이블을 사용하여 지중으로 시설한다.
③ 케이블을 사용하여 가공으로 시설한다.
④ 합성수지관 공사에 의하여 가공으로 시설한다.

해설 **화약류 저장소 등의 위험장소(KEC 242.5) – 화약류 저장소**
- 대지전압은 300[V] 이하
- 전기기계기구는 전폐형의 것
- 케이블을 전기기계기구에 인입할 때에는 인입구에서 케이블이 손상될 우려가 없도록 시설
- 화약류 저장소 안의 전기설비에 전기를 공급하는 전로에는 화약류 저장소 이외의 곳에 전용 개폐기 및 과전류차단기를 각 극에 시설

답 ②

131

핵심이론 찾아보기▶핵심 01-12 | 산업 16년 출제

화약류 저장소에 전기설비를 시설할 때의 사항으로 틀린 것은?

① 전로의 대지전압이 400[V] 이하이어야 한다.
② 개폐기 및 과전류차단기는 화약류 저장소 밖에 둔다.
③ 옥내배선은 금속관배선 또는 케이블배선에 의하여 시설한다.
④ 과전류차단기에서 저장소 인입구까지의 배선에는 케이블을 사용한다.

해설 **화약류 저장소 등의 위험장소(KEC 242.5) – 화약류 저장소**
- 전로에 대지전압은 300[V] 이하일 것
- 전기기계기구는 전폐형의 것일 것
- 케이블을 전기기계기구에 인입할 때에는 인입구에서 케이블이 손상될 우려가 없도록 시설할 것
- 화약류 저장소 안의 전기설비에 전기를 공급하는 전로에는 화약류 저장소 이외의 곳에 전용 개폐기 및 과전류차단기를 각 극에 시설

답 ①

132

핵심이론 찾아보기▶핵심 01-12 | 산업 17년 출제

무대, 무대마루 밑, 오케스트라 박스, 영사실 기타 사람이나 무대 도구가 접촉할 우려가 있는 곳에 시설하는 저압 옥내배선, 전구선 또는 이동전선은 사용전압이 몇 [V] 이하이어야 하는가?

① 100 ② 200 ③ 300 ④ 400

해설 **전시회, 쇼 및 공연장의 전기설비(KEC 242.6)**
무대·무대마루 밑·오케스트라 박스·영사실 기타 사람이나 무대 도구가 접촉할 우려가 있는 곳에 시설하는 저압 옥내배선, 전구선 또는 이동전선은 사용전압이 400[V] 이하

답 ④

133

핵심이론 찾아보기▶핵심 01-12 | 산업 20년 출제

건조한 곳에 시설하고 또한 내부를 건조한 상태로 사용하는 진열장 안의 사용전압이 400[V] 이하인 저압 옥내배선은 외부에서 보기 쉬운 곳에 한하여 코드 또는 캡타이어 케이블을 조영재에 접촉하여 시설할 수 있다. 이때 전선의 붙임점 간의 거리는 몇 [m] 이하로 시설하여야 하는가?

① 0.5 ② 1.0 ③ 1.5 ④ 2.0

해설 **케이블 공사 시설조건(KEC 232.51.1)**

- 전선은 단면적이 0.75[mm^2] 이상인 코드 또는 캡타이어 케이블일 것
- 전선의 지지점 간의 거리는 1[m] 이하로 하고 또한 배선에는 전구 또는 기구의 중량을 지지시키지 아니할 것

답 ②

134

핵심이론 찾아보기▶**핵심 01-12**　　산업 16년 출제

진열장 안의 사용전압이 400[V] 이하인 저압 옥내배선으로 외부에서 보기 쉬운 곳에 한하여 시설할 수 있는 전선은? (단, 진열장은 건조한 곳에 시설하고 또한 진열장 내부를 건조한 상태로 사용하는 경우이다.)

① 단면적이 0.75[mm^2] 이상인 코드 또는 캡타이어 케이블
② 단면적이 0.75[mm^2] 이상인 나전선 또는 캡타이어 케이블
③ 단면적이 1.25[mm^2] 이상인 코드 또는 절연전선
④ 단면적이 1.25[mm^2] 이상인 나전선 또는 다심형 전선

해설 **진열장 또는 이와 유사한 것의 내부 관등회로 배선(KEC 234.11.5)**

진열장 안의 배선은 단면적 0.75[mm^2] 이상의 코드 또는 캡타이어 케이블일 것

답 ①

135

핵심이론 찾아보기▶**핵심 01-12**　　산업 20년 출제

사람이 상시 통행하는 터널 안 배선의 시설기준으로 틀린 것은?

① 사용전압은 저압에 한한다.
② 전로에는 터널의 입구에 가까운 곳에 전용 개폐기를 시설한다.
③ 애자 공사에 의하여 시설하고 이를 노면상 2[m] 이상의 높이에 시설한다.
④ 공칭단면적 2.5[mm^2] 연동선과 동등 이상의 세기 및 굵기의 절연전선을 사용한다.

해설 **사람이 상시 통행하는 터널 안의 배선의 시설(KEC 242.7.1)**

- 전선은 공칭단면적 2.5[mm^2]의 연동선과 동등 이상의 세기 및 굵기의 절연전선(옥외용 제외)을 사용하여 애자 공사에 의하여 시설하고 또한 이를 노면상 2.5[m] 이상의 높이로 할 것
- 전로에는 터널의 입구에 가까운 곳에 전용 개폐기를 시설할 것

답 ③

136

핵심이론 찾아보기▶**핵심 01-12**　　산업 17·13년 출제

철도·궤도 또는 자동차도 전용터널 안의 터널 내 전선로의 시설방법으로 틀린 것은?

① 저압 전선으로 지름 2.0[mm] 경동선을 사용하였다.
② 고압 전선은 케이블 공사로 하였다.
③ 저압 전선을 애자 공사에 의하여 시설하고 이를 레일면상 또는 노면상 2.5[m] 이상으로 하였다.
④ 저압 전선을 가요전선관 공사에 의하여 시설하였다.

해설 **터널 안 전선로의 시설(KEC 335.1)**

- 저압 전선 시설
  - 인장강도 2.30[kN] 이상의 절연전선 또는 지름 2.6[mm] 이상의 경동선의 절연전선을 사용하고 애자 공사에 의하여 시설하여야 하며 또한 이를 레일면상 또는 노면상 2.5[m] 이상의 높이로 유지

– 합성수지관 공사·금속관 공사·가요전선관 공사 또는 케이블 공사에 의하여 시설
• 고압 전선은 케이블 공사로 시설

답 ①

137

핵심이론 찾아보기▶핵심 01-12

산업 17년 출제

터널 내에 교류 220[V]의 애자 공사로 전선을 시설할 경우 노면으로부터 몇 [m] 이상의 높이로 유지해야 하는가?

① 2
② 2.5
③ 3
④ 4

해설 **터널 안 전선로의 시설(KEC 335.1)**

저압 전선 시설은 인장강도 2.3[kN] 이상의 절연전선 또는 지름 2.6[mm] 이상의 경동선의 절연전선을 사용하고 애자 사용 공사에 의하여 시설하여야 하며 또한 이를 레일면상 또는 노면상 2.5[m] 이상의 높이로 유지한다.

답 ②

138

핵심이론 찾아보기▶핵심 01-12

산업 22·20·19년 출제

의료장소 중 그룹 1 및 그룹 2의 의료 IT 계통에 시설되는 전기설비의 시설기준으로 틀린 것은?

① 의료용 절연변압기의 정격출력은 10[kVA] 이하로 한다.
② 의료용 절연변압기의 2차측 정격변압은 교류 250[V] 이하로 한다.
③ 전원측에 강화절연을 한 의료용 절연변압기를 설치하고 그 2차측 전로는 접지한다.
④ 절연감시장치를 설치하되 절연저항이 50[kΩ]까지 감소하면 표시설비 및 음향설비로 경보를 발하도록 한다.

해설 **의료장소의 안전을 위한 보호설비(KEC 242.10.3)**

전원측에 이중 또는 강화절연을 한 비단락보증 절연변압기를 설치하고 그 2차측 전로는 접지하지 말 것

답 ③

139

핵심이론 찾아보기▶핵심 01-12

산업 18년 출제

그룹 2의 의료장소에 상용전원 공급이 중단될 경우 15초 이내에 최소 몇 [%]의 조명에 비상전원을 공급하여야 하는가?

① 30
② 40
③ 50
④ 60

해설 **의료장소 내의 비상전원(KEC 242.10.5)**

• 절환시간 0.5초 이내 : 그룹 1 또는 그룹 2의 의료장소의 수술등, 내시경, 수술실 테이블, 기타 필수 조명
• 절환시간 15초 이내 : 그룹 2의 의료장소에 최소 50[%]의 조명, 그룹 1의 의료장소에 최소 1개의 조명
• 절환시간 15초를 초과 : 병원기능을 유지하기 위한 기본 작업에 필요한 조명

답 ③

140 핵심이론 찾아보기▶핵심 01-12

산업 17년 출제

의료장소의 수술실에서 전기설비의 시설에 대한 설명으로 틀린 것은?

① 의료용 절연변압기의 정격출력은 10[kVA] 이하로 한다.
② 의료용 절연변압기의 2차측 정격전압은 교류 250[V] 이하로 한다.
③ 절연감시장치를 설치하는 경우 절연저항이 50[kΩ]까지 감소하면 경보를 발하도록 한다.
④ 전원측에 강화절연을 한 의료용 절연변압기를 설치하고 그 2차측 전로는 접지한다.

해설 **의료장소의 안전을 위한 보호설비(KEC 242.10.3)**
전원측에 이중 또는 강화절연을 한 의료용 절연변압기를 설치하고 그 2차측 전로는 접지하지 말 것

답 ④

141 핵심이론 찾아보기▶핵심 02-6

산업 22년 출제

고압 옥내배선을 애자 공사로 하는 경우, 전선의 지지점 간의 거리는 전선을 조영재의 면을 따라 붙이는 경우 몇 [m] 이하이어야 하는가?

① 1 ② 2 ③ 3 ④ 5

해설 **고압 옥내배선 등의 시설(KEC 342.1)**
전선의 지지점 간의 거리는 6[m] 이하일 것. 다만, 전선을 조영재의 면을 따라 붙이는 경우에는 2[m] 이하이어야 한다.

답 ②

142 핵심이론 찾아보기▶핵심 02-6

산업 20·13년 출제

옥내 고압용 이동전선의 시설기준에 적합하지 않은 것은?

① 전선은 고압용의 캡타이어 케이블을 사용하였다.
② 전로에 지락이 생겼을 때에 자동적으로 전로를 차단하는 장치를 시설하였다.
③ 이동전선과 전기사용기계기구와는 볼트 조임 기타의 방법에 의하여 견고하게 접속하였다.
④ 이동전선에 전기를 공급하는 전로의 중성극에 전용 개폐기 및 과전류차단기를 시설하였다.

해설 **옥내 고압용 이동전선의 시설(KEC 342.2)**
이동전선에 전기를 공급하는 전로에는 전용 개폐기 및 과전류차단기를 각 극(과전류차단기는 다선식 전로의 중성극을 제외)에 시설하고, 또한 전로에 지락이 생겼을 때에 자동적으로 전로를 차단하는 장치를 시설할 것

답 ④

143 핵심이론 찾아보기▶핵심 02-6

산업 13년 출제

옥내 고압용 이동전선의 시설방법으로 옳은 것은?

① 전선은 MI케이블을 사용하였다.
② 다선식 선로의 중성선에 과전류차단기를 시설하였다.
③ 이동전선과 전기사용기계기구와는 해체가 쉽게 되도록 느슨하게 접속하였다.
④ 전로에 지락이 생겼을 때에 자동적으로 전로를 차단하는 장치를 시설하였다.

해설 옥내 고압용 이동전선의 시설(KEC 342.2)
- 전선은 고압용의 캡타이어 케이블일 것
- 이동전선과 전기사용기계기구와는 볼트 조임 방법에 의하여 견고하게 접속할 것
- 전용 개폐기 및 과전류차단기를 각 극에 시설할 것

답 ④

144

핵심이론 찾아보기▶핵심 01-7 산업 22·19·16년 출제

과전류차단기를 설치하지 않아야 할 곳은?

① 수용가의 인입선 부분
② 고압 배전선로의 인출장소
③ 직접 접지계통에 설치한 변압기의 접지선
④ 역률조정용 고압 병렬콘덴서 뱅크의 분기선

해설 과전류차단기의 시설 제한(KEC 341.11)
- 접지공사의 접지도체
- 다선식 전로의 중성선
- 접지공사를 한 저압 가공전선로의 접지측 전선

답 ③

145

핵심이론 찾아보기▶핵심 01-7 산업 16년 출제

과전류차단기를 시설할 수 있는 곳은?

① 접지공사의 접지선
② 다선식 전로의 중성선
③ 단상 3선식 전로의 저압측 전선
④ 접지공사를 한 저압 가공전선로의 접지측 전선

해설 과전류차단기의 시설 제한(KEC 341.11)
- 접지공사의 접지도체
- 다선식 전로의 중성선
- 접지공사를 한 저압 가공전선로의 접지측 전선

답 ③

146

핵심이론 찾아보기▶핵심 01-7 산업 18년 출제

과전류차단기로 저압 전로에 사용하는 범용의 퓨즈는 수평으로 붙인 경우 정격전류 4[A] 이하일 때 60분의 시간에 불용단전류는 몇 배인가?

① 1.5 ② 1.6 ③ 1.9 ④ 2.1

해설 과전류차단기로 저압 전로에 사용하는 범용의 퓨즈(KEC 212.3.4)

정격전류	시 간	정격전류의 배수	
		불용단전류	용단전류
4[A] 이하	60분	1.5배	2.1배
4[A] 초과 16[A] 미만	60분	1.5배	1.9배
16[A] 이상 63[A] 이하	60분	1.25배	1.6배
63[A] 초과 160[A] 이하	120분	1.25배	1.6배
160[A] 초과 400[A] 이하	180분	1.25배	1.6배
400[A] 초과	240분	1.25배	1.6배

답 ①

147 핵심이론 찾아보기▶핵심 01-7

산업 18년 출제

과전류 차단 목적으로 정격전류가 60[A]인 산업용 배선차단기를 저압 전로에서 사용하고 있다. 정격전류의 1.3배 전류를 통한 경우 자동적으로 동작해야 하는 시간은?

① 20분　② 40분　③ 60분　④ 80분

해설 과전류트립 동작시간 및 특성(KEC 212.3)

정격전류	시 간	산업용		주택용	
		부동작	동작	부동작	동작
63[A] 이하	60분	1.05배	1.3배	1.13배	1.45배
63[A] 초과	120분				

답 ③

148 핵심이론 찾아보기▶핵심 01-7

산업 22년 출제

정격전류 63[A] 이하인 산업용 배선차단기를 저압 전로에서 사용하고 있다. 60분 이내에 동작하여야 할 경우 정격전류의 몇 배에서 작동하여야 하는가?

① 1.05배　② 1.13배　③ 1.3배　④ 1.6배

해설 과전류트립 동작시간 및 특성(KEC 212.3)

정격전류	시 간	산업용		주택용	
		부동작	동작	부동작	동작
63[A] 이하	60분	1.05배	1.3배	1.13배	1.45배
63[A] 초과	120분				

답 ③

149 핵심이론 찾아보기▶핵심 01-7

산업 18년 출제

과전류차단기로 시설하는 퓨즈 중 고압 전로에 사용하는 비포장 퓨즈는 정격전류의 몇 배의 전류에 견디어야 하는가?

① 1.1　② 1.25　③ 1.5　④ 2

해설 고압 및 특고압 전로 중의 과전류차단기의 시설(KEC 341.10)

- 포장 퓨즈는 정격전류의 1.3배의 전류에 견디고, 2배의 전류로 120분 안에 용단
- 비포장 퓨즈는 정격전류의 1.25배의 전류에 견디고, 2배의 전류로 2분 안에 용단

답 ②

150 핵심이론 찾아보기▶핵심 01-7

산업 14년 출제

과전류차단기로 시설하는 퓨즈 중 고압 전로에 사용되는 포장 퓨즈는 정격 전류의 몇 배의 전류에 견디어야 하는가?

① 1.1　② 1.2　③ 1.3　④ 1.5

해설 고압 및 특고압 전로 중의 과전류차단기의 시설(KEC 341.10)

- 과전류차단기로 시설하는 퓨즈 중 고압 전로에 사용하는 포장 퓨즈는 정격전류의 1.3배의 전류에 견디고 또한 2배의 전류로 120분 안에 용단되는 것
- 과전류차단기로 시설하는 퓨즈 중 고압 전로에 사용하는 비포장 퓨즈는 정격전류의 1.25배의 전류에 견디고 또한 2배의 전류로 2분 안에 용단되는 것

답 ③

151 핵심이론 찾아보기▶핵심 01-7

산업 17·14년 출제

옥내에 시설하는 전동기에 과부하 보호장치의 시설을 생략할 수 없는 경우는?

① 정격출력이 0.75[kW]인 전동기
② 전동기의 구조나 부하의 성질로 보아 전동기가 소손할 수 있는 과전류가 생길 우려가 없는 경우
③ 전동기가 단상의 것으로 전원측 전로에 시설하는 배선용 차단기의 정격전류가 20[A] 이하인 경우
④ 전동기가 단상의 것으로 전원측 전로에 시설하는 과전류차단기의 정격전류가 16[A] 이하인 경우

해설 **저압 전로 중의 전동기 보호용 과전류보호장치의 시설(KEC 212.6.3)**
- 정격출력 0.2[kW] 초과하는 전동기에 과부하보호장치를 시설한다.
- 과부하보호장치 시설을 생략하는 경우
  - 운전 중 상시 감시
  - 구조상, 부하 성질상 전동기를 소손할 위험이 위험이 없는 경우
  - 단상으로 과전류차단기의 정격전류가 16[A](배선용 차단기는 20[A]) 이하인 경우

답 ①

152 핵심이론 찾아보기▶핵심 02-2

산업 19년 출제

특고압 가공전선로에서 발생하는 극저주파 전자계는 지표상 1[m]에서 전계가 몇 [kV/m] 이하가 되도록 시설하여야 하는가?

① 3.5 ② 2.5 ③ 1.5 ④ 0.5

해설 **유도장해의 방지(기술기준 제17조)**
특고압 가공전선로에서 발생하는 극저주파 전자계는 지표상 1[m]에서 전계가 3.5[kV/m] 이하, 자계가 83.3[μT] 이하가 되도록 시설한다.

답 ①

153 핵심이론 찾아보기▶핵심 02-2

산업 22·17년 출제

저압 가공전선로와 기설 가공약전류전선로가 병행하는 경우에는 유도작용에 의하여 통신상의 장해가 생기지 아니하도록 전선과 기설 약전류전선 간의 이격거리는 몇 [m] 이상이어야 하는가?

① 1 ② 2 ③ 2.5 ④ 4.5

해설 **가공약전류전선로의 유도장해 방지(KEC 332.1)**
저압 가공전선로 또는 고압 가공전선로와 기설 가공약전류전선로가 병행하는 경우에는 유도작용에 의하여 통신상의 장해가 생기지 아니하도록 전선과 기설 약전류전선 간의 이격거리는 2[m] 이상이어야 한다.

답 ②

154 핵심이론 찾아보기▶핵심 02-2

산업 20·18·17·16년 출제

가공전선로의 지지물에 취급자가 오르고 내리는 데 사용하는 발판 볼트 등은 특별한 경우를 제외하고 지표상 몇 [m] 미만에는 시설하지 않아야 하는가?

① 1.5 ② 1.8 ③ 2.0 ④ 2.2

해설 **가공전선로 지지물의 철탑오름 및 전주오름 방지(KEC 331.4)**
가공전선로의 지지물에 취급자가 오르고 내리는 데 사용하는 발판 볼트 등을 지표상 1.8[m] 미만에 시설하여서는 아니 된다.
답 ②

155

핵심이론 찾아보기▶**핵심 02-2**

산업 18년 출제

인가가 많이 연접되어 있는 장소에 시설하는 가공전선로의 구성재에 병종 풍압하중을 적용할 수 없는 경우는?

① 저압 또는 고압 가공전선로의 지지물
② 저압 또는 고압 가공전선로의 가섭선
③ 사용전압이 35[kV] 이상의 전선에 특고압 가공전선로에 사용하는 케이블 및 지지물
④ 사용전압이 35[kV] 이하의 전선에 특고압 절연전선을 사용하는 특고압 가공전선로의 지지물

해설 **풍압하중의 종별과 적용(KEC 331.6)**
인가가 많이 연접되어 있는 장소에 시설하는 다음의 경우에는 병종 풍압하중을 적용
- 저압 또는 고압 가공전선로의 지지물 또는 가섭선
- 사용전압이 35[kV] 이하의 전선에 특고압 절연전선 또는 케이블을 사용하는 특고압 가공전선로의 지지물, 가섭선 및 특고압 가공전선을 지지하는 애자장치 및 완금류

답 ③

156

핵심이론 찾아보기▶**핵심 02-2**

산업 22·19년 출제

특고압 전선로에 사용되는 애자장치에 대한 갑종 풍압하중은 그 구성재의 수직 투영면적 1[m^2]에 대한 풍압하중을 몇 [Pa]을 기초로 하여 계산한 것인가?

① 588　② 666　③ 946　④ 1,039

해설 **풍압하중의 종별과 적용(KEC 331.6)**

풍압을 받는 구분		갑종 풍압하중
지지물	원형	588[Pa]
	강관 철주	1,117[Pa]
	강관 철탑	1,255[Pa]
전선 가섭선	다도체	666[Pa]
	기타의 것(단도체 등)	745[Pa]
애자장치(특고압 전선용)		1,039[Pa]
완금류		1,196[Pa]

답 ④

157

핵심이론 찾아보기▶**핵심 02-2**

산업 14·13년 출제

가공전선로에 사용하는 지지물의 강도 계산에 적용하는 갑종 풍압하중을 계산할 때 구성재의 수직 투영면적 1[m^2]에 대한 풍압의 기준이 잘못된 것은?

① 목주 : 588[Pa]
② 원형 철주 : 588[Pa]
③ 원형 철근콘크리트주 : 882[Pa]
④ 강관으로 구성(단주는 제외)된 철탑 : 1,255[Pa]

해설 풍압하중의 종별과 적용(KEC 331.6)
원형 철근콘크리트주의 갑종 풍압하중은 588[Pa]이다

답 ③

158

핵심이론 찾아보기▶핵심 02-2 | 산업 17년 출제

가공전선로의 지지물이 원형 철근콘크리트주인 경우 갑종 풍압하중은 몇 [Pa]을 기초로 하여 계산하는가?

① 294 ② 588 ③ 627 ④ 1,078

해설 풍압하중의 종별과 적용(KEC 331.6)

구 분		풍압하중
지지물	원형	588[Pa]
	철주(강관)	1,117[Pa]
	철탑(강관)	1,255[Pa]
전선	다도체	666[Pa]
	기타(단도체)	745[Pa]
애자장치		1,039[Pa]
완금류		1,196[Pa]

답 ②

159

핵심이론 찾아보기▶핵심 02-2 | 산업 15년 출제

가공전선로에 사용하는 지지물의 강도 계산에 적용하는 병종 풍압하중은 갑종 풍압하중의 몇 [%]를 기초로 하여 계산한 것인가?

① 30 ② 50 ③ 80 ④ 110

해설 풍압하중의 종별과 적용(KEC 331.6)
병종 풍압하중은 갑종 풍압하중의 2분의 1을 기초로 하여 계산

답 ②

160

핵심이론 찾아보기▶핵심 02-2 | 산업 13년 출제

다도체 가공전선의 을종 풍압하중은 수직 투영면적 1[m^2]당 몇 [Pa]을 기초로 하여 계산하는가? (단, 전선 기타의 가섭선 주위에 두께 6[mm], 비중 0.9의 빙설이 부착한 상태임)

① 333 ② 372 ③ 588 ④ 666

해설 풍압하중의 종별과 적용(KEC 331.6) – 을종 풍압하중
전선 기타의 가섭선 주위에 두께 6[mm], 비중 0.9의 빙설이 부착된 상태에서 수직 투영면적 372[Pa](다도체를 구성하는 전선은 333[Pa]), 그 이외의 것은 갑종 풍압하중의 2분의 1을 기초로 하여 계산

답 ①

161

핵심이론 찾아보기▶핵심 02-2 | 산업 14년 출제

가공전선로의 지지물에 하중이 가하여지는 경우에 그 하중을 받는 지지물의 기초의 안전율은 일반적인 경우 얼마 이상이어야 하는가?

① 1.2 ② 1.5 ③ 1.8 ④ 2

해설 가공전선로 지지물의 기초의 안전율(KEC 331.7)
지지물의 하중에 대한 기초의 안전율은 2 이상(이상 시 상정하중에 대한 철탑의 기초에 대하여서는 1.33 이상)

답 ④

162

핵심이론 찾아보기▶핵심 02-2 산업 16년 출제

특고압 가공전선로의 지지물로 사용하는 목주의 풍압하중에 대한 안전율은 얼마 이상이어야 하는가?

① 1.2 ② 1.5 ③ 2.0 ④ 2.5

해설 특고압 가공전선로의 목주 시설(KEC 333.10)
- 풍압하중에 대한 안전율은 1.5 이상일 것
- 굵기는 말구 지름 12[cm] 이상일 것

답 ②

163

핵심이론 찾아보기▶핵심 02-2 산업 15년 출제

가공전선로의 지지물로서 길이 9[m], 설계하중이 6.8[kN] 이하인 철근콘크리트주를 시설할 때 땅에 묻히는 깊이는 몇 [m] 이상으로 하여야 하는가?

① 1.2 ② 1.5 ③ 2 ④ 2.5

해설 가공전선로 지지물의 기초의 안전율(KEC 331.7)
철근콘크리트주의 경우 전체의 길이가 15[m] 이하이므로 땅에 묻히는 깊이를 전체 길이의 6분의 1 이상으로 한다.
매설깊이 $L = 9 \times \frac{1}{6} = 1.5\,[\mathrm{m}]$

답 ②

164

핵심이론 찾아보기▶핵심 02-2 산업 19·18년 출제

전체의 길이가 16[m]이고 설계하중이 6.8[kN] 초과 9.8[kN] 이하인 철근콘크리트주를 논, 기타 지반이 연약한 곳 이외의 곳에 시설할 때, 묻히는 깊이를 2.5[m]보다 몇 [cm] 가산하여 시설하는 경우에는 기초의 안전율에 대한 고려 없이 시설하여도 되는가?

① 10 ② 20 ③ 30 ④ 40

해설 가공전선로 지지물의 기초의 안전율(KEC 331.7)
철근콘크리트주로서 전체의 길이가 14[m] 이상 20[m] 이하이고, 설계하중이 6.8[kN] 초과 9.8[kN] 이하의 것을 논이나 그 밖의 지반이 연약한 곳 이외에 시설하는 경우 그 묻히는 깊이는 기준(2.5[m])보다 30[cm]를 가산한다

답 ③

165

핵심이론 찾아보기▶핵심 02-2 산업 17년 출제

전체의 길이가 18[m]이고, 설계하중이 6.8[kN]인 철근콘크리트주를 지반이 튼튼한 곳에 시설하려고 한다. 기초 안전율을 고려하지 않기 위해서는 묻히는 깊이를 몇 [m] 이상으로 시설하여야 하는가?

① 2.5 ② 2.8 ③ 3 ④ 3.2

해설 가공전선로 지지물의 기초의 안전율(KEC 331.7)
철근콘크리트주로서 그 전체의 길이가 16[m] 초과 20[m] 이하이고, 설계하중이 6.8[kN] 이하의 것을 논이나 그 밖의 지반이 연약한 곳 이외에 시설하는 경우 그 묻히는 깊이는 2.8[m] 이상

답 ②

166

핵심이론 찾아보기▶핵심 02-2

산업 20년 출제

가공전선로의 지지물에 사용하는 지선의 시설기준에 관한 내용으로 틀린 것은?

① 지선에 연선을 사용하는 경우 소선(素線) 3가닥 이상의 연선일 것
② 지선의 안전율은 2.5 이상, 허용 인장하중의 최저는 3.31[kN]으로 할 것
③ 지선에 연선을 사용하는 경우 소선의 지름이 2.6[mm] 이상의 금속선을 사용한 것일 것
④ 가공전선로의 지지물로 사용하는 철탑은 지선을 사용하여 그 강도를 분담시키지 않을 것

해설 지선의 시설(KEC 331.11)
- 지선의 안전율은 2.5 이상. 이 경우에 허용 인장하중의 최저는 4.31[kN]
- 지선에 연선을 사용할 경우
  - 소선(素線) 3가닥 이상의 연선일 것
  - 소선의 지름이 2.6[mm] 이상의 금속선을 사용한 것일 것
- 지중부분 및 지표상 30[cm]까지의 부분에는 내식성이 있는 것 또는 아연도금을 한 철봉을 사용하고 쉽게 부식되지 아니하는 근가에 견고하게 붙일 것
- 철탑은 지선을 사용하여 그 강도를 분담시켜서는 아니 된다.

답 ②

167

핵심이론 찾아보기▶핵심 02-2

산업 22년 출제

가공전선로의 지지물로 사용하는 철주 또는 철근콘크리트주는 지선을 사용하지 않는 상태에서 몇 이상의 풍압하중에 견디는 강도를 가지는 경우 이외에는 지선을 사용하여 그 강도를 분담시켜서는 안 되는가?

① $\frac{1}{3}$　② $\frac{1}{5}$　③ $\frac{1}{10}$　④ $\frac{1}{2}$

해설 지선의 시설(KEC 331.11)
가공전선로의 지지물로 사용하는 철주 또는 철근콘크리트주는 지선을 사용하지 아니하는 상태에서 $\frac{1}{2}$ 이상의 풍압하중에 견디는 강도를 가진 경우 이외에는 지선을 사용하여 그 강도를 분담시켜서는 안 된다.

답 ④

168

핵심이론 찾아보기▶핵심 02-2

산업 20·19·16년 출제

가공전선로의 지지물에 지선을 시설하려는 경우 이 지선의 최저 기준으로 옳은 것은?

① 허용 인장하중 : 2.11[kN], 소선지름 : 2.0[mm], 안전율 : 3.0
② 허용 인장하중 : 3.21[kN], 소선지름 : 2.6[mm], 안전율 : 1.5
③ 허용 인장하중 : 4.31[kN], 소선지름 : 1.6[mm], 안전율 : 2.0
④ 허용 인장하중 : 4.31[kN], 소선지름 : 2.6[mm], 안전율 : 2.5

해설 **지선의 시설(KEC 331.11)**

- 지선의 안전율은 2.5 이상. 이 경우에 허용 인장하중의 최저는 4.31[kN]
- 지선에 연선을 사용할 경우
  - 소선(素線) 3가닥 이상의 연선일 것
  - 소선의 지름이 2.6[mm] 이상의 금속선을 사용한 것일 것

답 ④

169

핵심이론 찾아보기▶핵심 02-2 산업 22·18·14년 출제

지선의 시설에 관한 설명으로 틀린 것은?

① 지선의 안전율은 2.5 이상이어야 한다.
② 철탑은 지선을 사용하여 그 강도를 분담시켜야 한다.
③ 지선에 연선을 사용할 경우 소선 3가닥 이상의 연선이어야 한다.
④ 지선근가는 지선의 인장하중에 충분히 견디도록 시설하여야 한다.

해설 **지선의 시설(KEC 331.11)**
철탑은 지선을 사용하여 그 강도를 분담시켜서는 아니 된다.

답 ②

170

핵심이론 찾아보기▶핵심 02-2 산업 18·17년 출제

가공전선로의 지지물 중 지선을 사용하여 그 강도를 분담시켜서는 안 되는 것은?

① 철탑 ② 목주 ③ 철주 ④ 철근콘크리트주

해설 **지선의 시설(KEC 331.11)**
철탑은 지선을 사용하여 그 강도를 분담시켜서는 아니 된다.

답 ①

171

핵심이론 찾아보기▶핵심 02-2 산업 20·17년 출제

저압 가공인입선 시설 시 도로를 횡단하여 시설하는 경우 노면상 높이는 몇 [m] 이상으로 하여야 하는가?

① 4 ② 4.5 ③ 5 ④ 5.5

해설 **저압 인입선의 시설(KEC 221.1.1)**

- 도로를 횡단하는 경우에는 노면상 5[m]
- 철도 또는 궤도를 횡단하는 경우에는 레일면상 6.5[m] 이상
- 횡단보도교의 위에 시설하는 경우에는 노면상 3[m] 이상

답 ③

172

핵심이론 찾아보기▶핵심 02-2 산업 13년 출제

저압 가공인입선에 사용하지 않는 전선은?

① 나전선 ② 절연전선 ③ 다심형 전선 ④ 케이블

해설 **저압 인입선의 시설(KEC 221.1.1)**
전선은 절연전선, 다심형 전선 또는 케이블이므로 나전선은 인입선으로 사용할 수 없다.

답 ①

173
핵심이론 찾아보기▶핵심 02-2 | 산업 17년 출제

저압 가공인입선 시설 시 사용할 수 없는 전선은?

① 절연전선, 케이블
② 지름 2.6[mm] 이상의 인입용 비닐절연전선
③ 인장강도 1.2[kN] 이상의 인입용 비닐절연전선
④ 사람의 접촉 우려가 없도록 시설하는 경우 옥외용 비닐절연전선

해설 **저압 인입선의 시설(KEC 221.1.1)**
- 전선은 절연전선 또는 케이블일 것
- 전선이 케이블인 경우 이외에는 인장강도 2.3[kN] 이상의 것 또는 지름 2.6[mm] 이상의 인입용 비닐절연전선일 것

답 ③

174
핵심이론 찾아보기▶핵심 02-2 | 산업 15년 출제

한 수용장소의 인입선에서 분기하여 지지물을 거치지 않고 다른 수용장소의 인입구에 이르는 부분의 전선을 무엇이라 하는가?

① 가공인입선 ② 인입선 ③ 연접 인입선 ④ 옥측배선

해설 **정의(기술기준 제3조)**
연접 인입선이란 한 수용장소의 인입선에서 분기하여 지지물을 거치지 아니하고 다른 수용장소의 인입구에 이르는 부분의 전선을 말한다.

답 ③

175
핵심이론 찾아보기▶핵심 02-2 | 산업 14년 출제

저압 연접인입선은 폭 몇 [m]를 초과하는 도로를 횡단하지 않아야 하는가?

① 5 ② 6 ③ 7 ④ 8

해설 **연접 인입선의 시설(KEC 221.1.2)**
- 인입선에서 분기하는 점으로부터 100[m]를 초과하는 지역에 미치지 아니할 것
- 폭 5[m]를 초과하는 도로를 횡단하지 아니할 것
- 옥내를 통과하지 아니할 것

답 ①

176
핵심이론 찾아보기▶핵심 02-2 | 산업 17·13년 출제

저압의 옥측배선 또는 옥외배선 시설로 틀린 것은?

① 전개된 장소에 애자 공사로 시설
② 합성수지관 또는 금속관 공사로 시설
③ 점검 가능한 은폐장소에 버스 덕트 공사로 시설
④ 애자 공사로 시설할 때에는 단면적 2.5[mm^2] 이상의 연동 절연전선일 것

해설 **옥측전선로(KEC 221.2)**
애자 공사에 의한 저압 옥측전선로의 전선은 공칭단면적 4[mm^2] 이상의 연동 절연전선(옥외용 비닐절연전선 및 인입용 절연전선은 제외한다)일 것

답 ④

177

핵심이론 찾아보기▶핵심 02-2 산업 22·14년 출제

사용전압 220[V]인 경우에 애자 공사에 의한 옥측전선로를 시설할 때 전선과 조영재와의 이격거리는 몇 [cm] 이상이어야 하는가?

① 2.5 ② 4.5 ③ 6 ④ 8

해설 옥측전선로(KEC 221.2)

시설장소	전선 상호 간격		전선과 조영재	
	사용전압 400[V] 이하	사용전압 400[V] 초과	사용전압 400[V] 이하	사용전압 400[V] 초과
비나 이슬에 젖지 않는 장소	6[cm]	6[cm]	2.5[cm]	2.5[cm]
비나 이슬에 젖는 장소	6[cm]	12[cm]	2.5[cm]	4.5[cm]

답 ①

178

핵심이론 찾아보기▶핵심 02-2 산업 14년 출제

고압 옥상전선로의 전선이 다른 시설물과 접근하거나 교차하는 경우 이들 사이의 이격거리는 몇 [cm] 이상이어야 하는가?

① 30 ② 60 ③ 90 ④ 120

해설 고압 옥상전선로의 시설(KEC 331.14.1)

고압 옥상전선로의 전선이 다른 시설물(가공전선 제외)과 접근하거나 교차하는 경우에는 고압 옥상전선로의 전선과 이들 사이의 이격거리는 60[cm] 이상이어야 한다. 답 ②

179

핵심이론 찾아보기▶핵심 02-2 산업 17·13년 출제

특고압으로 시설할 수 없는 전선로는?

① 지중전선로 ② 옥상전선로 ③ 가공전선로 ④ 수중전선로

해설 특고압 옥상전선로의 시설(KEC 331.14.2)

특고압 옥상전선로(특고압의 인입선의 옥상 부분 제외)는 시설하여서는 아니 된다. 답 ②

180

핵심이론 찾아보기▶핵심 02-3 산업 19·18·15년 출제

고압 가공전선로에 케이블을 조가용선에 행거로 시설할 경우 그 행거의 간격은 몇 [cm] 이하로 하여야 하는가?

① 50 ② 60 ③ 70 ④ 80

해설 가공케이블의 시설(KEC 332.2)

- 케이블은 조가용선에 행거의 간격을 50[cm] 이하로 시설
- 조가용선은 인장강도 5.93[kN] 이상 또는 단면적 22[mm^2] 이상인 아연도강연선
- 조가용선 및 케이블의 피복에 사용하는 금속체는 접지공사

답 ①

181

핵심이론 찾아보기▶핵심 02-3 산업 15년 출제

사용전압이 220[V]인 가공전선을 절연전선으로 사용하는 경우 그 최소 굵기는 지름 몇 [mm]인가?

① 2 ② 2.6 ③ 3.2 ④ 4

해설 **저압 가공전선의 굵기 및 종류(KEC 222.5)**
사용전압이 400[V] 이하는 인장강도 3.43[kN] 이상의 것 또는 지름 3.2[mm](절연전선은 인장강도 2.3[kN] 이상의 것 또는 지름 2.6[mm] 이상의 경동선) 이상의 것이어야 한다.

답 ②

182

핵심이론 찾아보기▶핵심 02-3 산업 22년 출제

저고압 가공전선의 시설기준으로 옳지 않은 것은?

① 사용전압 400[V] 이하 저압 가공전선은 2.6[mm] 이상의 절연전선을 사용하여 시설할 수 있다.
② 사용전압 400[V] 이하인 저압 가공전선으로 다심형 전선을 사용하는 경우 접지공사를 한 조가용선을 사용하여야 한다.
③ 사용전압이 고압인 가공전선에는 다심형 전선을 사용하여 시설할 수 있다.
④ 사용전압 400[V] 초과의 저압 가공전선을 시외에 가설하는 경우 지름 4[mm] 이상의 경동선을 사용하여야 한다.

해설 **고압 가공전선의 굵기 및 종류(KEC 332.3)**
고압 가공전선은 절연전선 및 케이블을 사용한다.

답 ③

183

핵심이론 찾아보기▶핵심 02-3 산업 19년 출제

시가지에 시설하는 고압 가공전선으로 경동선을 사용하려면 그 지름은 최소 몇 [mm]이어야 하는가?

① 2.6 ② 3.2 ③ 4.0 ④ 5.0

해설 **저 · 고압 가공전선의 굵기 및 종류(KEC 222.5, 332.3)**
- 400[V] 이하 : 인장강도 3.43[kN], 지름 3.2[mm](절연전선은 인장강도 2.3[kN], 지름 2.6[mm]) 이상
- 400[V] 초과 : 저압 가공전선 또는 고압 가공전선
  - 시가지 : 인장강도 8.01[kN] 이상의 것 또는 지름 5[mm] 이상의 경동선
  - 시가지 외 : 인장강도 5.26[kN] 이상의 것 또는 지름 4[mm] 이상의 경동선

답 ④

184

핵심이론 찾아보기▶핵심 02-3 산업 18년 출제

특고압 가공전선은 케이블인 경우 이외에는 단면적이 몇 [mm^2] 이상의 경동연선이어야 하는가?

① 8 ② 14 ③ 22 ④ 30

해설 **특고압 가공전선의 굵기 및 종류(KEC 333.4)**
케이블인 경우 이외에는 인장강도 8.71[kN] 이상의 연선 또는 단면적이 22[mm^2] 이상의 경동연선이어야 한다.

답 ③

185

핵심이론 찾아보기▶핵심 02-3

산업 19·14년 출제

고압 가공전선이 경동선 또는 내열 동합금선인 경우 안전율의 최솟값은?

① 2.0　② 2.2　③ 2.5　④ 4.0

해설 **고압 가공전선의 안전율(KEC 332.4)**
- 경동선 또는 내열 동합금선 → 2.2 이상
- 기타 전선(ACSR, 알루미늄 전선 등) → 2.5 이상

답 ②

186

핵심이론 찾아보기▶핵심 02-3

산업 20·16·13년 출제

고압 가공전선으로 ACSR(강심알루미늄연선)을 사용할 때의 안전율은 얼마 이상이 되는 이도(弛度)로 시설하여야 하는가?

① 1.38　② 2.1　③ 2.5　④ 4.0

해설 **고압 가공전선의 안전율(KEC 332.4)**
- 경동선 또는 내열 동합금선 → 2.2 이상
- 기타 전선(ACSR, 알루미늄 전선 등) → 2.5 이상

답 ③

187

핵심이론 찾아보기▶핵심 02-3

산업 19년 출제

저압 및 고압 가공전선의 높이에 대한 기준으로 틀린 것은?

① 철도를 횡단하는 경우는 레일면상 6.5[m] 이상이다.
② 횡단보도교 위에 시설하는 경우 저압 가공전선은 노면상에서 3[m] 이상이다.
③ 횡단보도교 위에 시설하는 경우 고압 가공전선은 그 노면 상에서 3.5[m] 이상이다.
④ 다리의 하부 기타 이와 유사한 장소에 시설하는 저압의 전기철도용 급전선은 지표상 3.5[m]까지로 감할 수 있다.

해설 **저·고압 가공전선의 높이(KEC 222.7, 332.5)**
- 지표상 5[m] 이상
- 도로를 횡단하는 경우 지표상 6[m] 이상
- 철도 또는 궤도를 횡단하는 경우 레일면상 6.5[m] 이상
- 횡단보도교의 위에 시설하는 경우 저압 가공전선은 그 노면상 3.5[m](전선이 절연전선·다심형 전선·케이블인 경우 3[m]) 이상, 고압 가공전선은 그 노면상 3.5[m] 이상
- 다리의 하부 기타 이와 유사한 장소에 시설하는 저압의 전기철도용 급전선은 지표상 3.5[m]까지로 감할 수 있다.

답 ②

188

핵심이론 찾아보기▶핵심 02-3

산업 17년 출제

저압 가공전선 또는 고압 가공전선이 도로를 횡단할 때 지표상의 높이는 몇 [m] 이상으로 하여야 하는가? (단, 농로 기타 교통이 번잡하지 않은 도로 및 횡단보도교는 제외한다.)

① 4　② 5　③ 6　④ 7

해설 저 · 고압 가공전선의 높이(KEC 222.7, 332.5)
- 도로를 횡단하는 경우에는 지표상 6[m] 이상
- 철도 또는 궤도를 횡단하는 경우에는 레일면상 6.5[m] 이상

답 ③

189
핵심이론 찾아보기▶핵심 02-3 산업 16 · 14년 출제

고압 가공전선이 철도를 횡단하는 경우 레일면상에서 몇 [m] 이상의 높이로 유지되어야 하는가?

① 5.5 ② 6 ③ 6.5 ④ 7.0

해설 고압 가공전선의 높이(KEC 332.5)
- 도로를 횡단하는 경우에는 지표상 6[m] 이상
- 철도 또는 궤도를 횡단하는 경우에는 레일면상 6.5[m] 이상

답 ③

190
핵심이론 찾아보기▶핵심 02-3 산업 18년 출제

154[kV] 가공전선을 사람이 쉽게 들어갈 수 없는 산지(山地)에 시설하는 경우 전선의 지표상 높이는 몇 [m] 이상으로 하여야 하는가?

① 5.0 ② 5.5 ③ 6.0 ④ 6.5

해설 특고압 가공전선의 높이(KEC 333.7)
35[kV] 초과 160[kV] 이하에서 지표상 높이는 6[m](산지 등에서 사람이 쉽게 들어갈 수 없는 장소에 시설하는 경우에는 5[m]) 이상이여야 한다.

답 ①

191
핵심이론 찾아보기▶핵심 02-3 산업 18년 출제

345[kV] 가공 송전선로를 평야에 시설할 때, 전선의 지표상의 높이는 몇 [m] 이상으로 하여야 하는가?

① 6.12 ② 7.36 ③ 8.28 ④ 9.48

해설 특고압 가공전선의 높이(KEC 333.7)
160[kV]를 초과하는 10[kV] 또는 그 단수마다 0.12[m]를 더한 값으로 계산하여야 한다.
$(345-165)\div 10=18.5$이므로 10[kV] 단수는 19이다.
그러므로 전선의 지표상 높이는 $6+0.12\times 19=8.28$[m]이다.

답 ③

192
핵심이론 찾아보기▶핵심 02-3 산업 15년 출제

345[kV] 특고압 가공전선로를 사람이 쉽게 들어갈 수 없는 산지에 시설할 때 지표상의 높이는 몇 [m] 이상인가?

① 7.28 ② 7.85 ③ 8.28 ④ 9.28

해설 특고압 가공전선의 높이(KEC 333.7)
160[kV]를 초과하는 10[kV] 또는 그 단수마다 0.12[m]를 더한 값으로 계산하여야 한다.
$(345-165)\div 10=18.5$이므로 10[kV] 단수는 19이므로
산지의 전선 지표상 높이는 $5+0.12\times 19=7.28$[m]이다.

답 ①

193 핵심이론 찾아보기▶핵심 02-3

산업 19·18·17년 출제

고압 가공전선로에 사용하는 가공지선은 인장강도 5.26[kN] 이상의 것 또는 지름이 몇 [mm] 이상의 나경동선을 사용하여야 하는가?

① 2.6 ② 3.2 ③ 4.0 ④ 5.0

해설 고압 가공전선로의 가공지선(판단기준 제73조)

고압 가공전선로에 사용하는 가공지선은 인장강도 5.26[kN] 이상의 것 또는 지름 4[mm] 이상의 나경동선을 사용한다.

답 ③

194 핵심이론 찾아보기▶핵심 02-3

산업 22·20·14년 출제

저압 가공전선(다중접지된 중성선은 제외)과 고압 가공전선을 동일 지지물에 시설하는 경우 저압 가공전선과 고압 가공전선 사이의 이격거리는 몇 [cm] 이상이어야 하는가?

① 50 ② 60 ③ 80 ④ 100

해설 고압 가공전선 등의 병행설치(KEC 332.8)

- 저압 가공전선을 고압 가공전선의 아래로 하고 별개의 완금류에 시설할 것
- 저압 가공전선과 고압 가공전선 사이의 이격거리는 50[cm] 이상일 것

답 ①

195 핵심이론 찾아보기▶핵심 02-3

산업 19·14년 출제

동일 지지물에 저압 가공전선(다중접지된 중성선은 제외)과 고압 가공전선을 시설하는 경우 저압 가공전선의 시설기준은?

① 고압 가공전선의 위로 하고 동일 완금류에 시설
② 고압 가공전선과 나란하게 하고 동일 완금류에 시설
③ 고압 가공전선의 아래로 하고 별개의 완금류에 시설
④ 고압 가공전선과 나란하게 하고 별개의 완금류에 시설

해설 고압 가공전선 등의 병행설치(KEC 332.8)

- 저압 가공전선을 고압 가공전선의 아래로 하고 별개의 완금류에 시설할 것
- 저압 가공전선과 고압 가공전선 사이의 이격거리는 50[cm] 이상일 것

답 ③

196 핵심이론 찾아보기▶핵심 02-3

산업 14년 출제

사용전압 66[kV] 가공전선과 6[kV] 가공전선을 동일 지지물에 시설하는 경우, 특고압 가공전선은 케이블인 경우를 제외하고는 단면적이 몇 [mm^2]인 경동연선 또는 이와 동등 이상의 세기 및 굵기의 연선이어야 하는가?

① 22 ② 38 ③ 50 ④ 100

해설 특고압 가공전선과 저고압 가공전선의 병행설치(KEC 333.17)

- 특고압 가공전선로는 제2종 특고압 보안공사에 의할 것
- 특고압 가공전선과 저압 또는 고압 가공전선 사이의 이격거리는 2[m] 이상일 것
- 특고압 가공전선은 케이블인 경우를 제외하고는 인장강도 21.67[kN] 이상의 연선 또는 단면적이 50[mm^2] 이상인 경동연선일 것

답 ③

197

핵심이론 찾아보기▶핵심 02-3

산업 18·17·13년 출제

고압 가공전선로의 경간은 B종 철근콘크리트주로 시설하는 경우 몇 [m] 이하로 하여야 하는가?

① 100 ② 150 ③ 200 ④ 250

해설 고압 가공전선로 경간의 제한(KEC 332.9)

지지물의 종류	경 간
목주·A종	150[m]
B종	250[m]
철탑	600[m]

답 ④

198

핵심이론 찾아보기▶핵심 02-3

산업 19·18년 출제

특고압 가공전선로에서 철탑(단주 제외)의 경간은 몇 [m] 이하로 하여야 하는가?

① 400 ② 500 ③ 600 ④ 700

해설 특고압 가공전선로의 경간 제한(KEC 332.21)

지지물의 종류	경 간
목주·A종	150[m]
B종	250[m]
철탑	600[m]

답 ③

199

핵심이론 찾아보기▶핵심 02-3

산업 18·13년 출제

고압 보안공사 시에 지지물로 A종 철근콘크리트주를 사용할 경우 경간은 몇 [m] 이하이어야 하는가?

① 50 ② 100 ③ 150 ④ 400

해설 고압 보안공사(KEC 332.10)

지지물의 종류	경 간
목주 또는 A종	100[m]
B종	150[m]
철탑	400[m]

답 ②

200

핵심이론 찾아보기▶핵심 02-3

산업 22·14년 출제

고압 보안공사에 철탑을 지지물로 사용하는 경우 경간은 몇 [m] 이하이어야 하는가?

① 100 ② 150 ③ 400 ④ 600

해설 고압 보안공사(KEC 332.10)

지지물의 종류	경 간
목주 또는 A종	100[m]
B종	150[m]
철탑	400[m]

답 ③

201 핵심이론 찾아보기▶핵심 02-3

산업 22·20·18·15년 출제

제1종 특고압 보안공사로 시설하는 전선로의 지지물로 사용할 수 없는 것은?

① 목주 ② 철탑 ③ B종 철주 ④ B종 철근콘크리트주

해설 특고압 보안공사(KEC 333.22)
제1종 특고압 보안공사 전선로의 지지물에는 B종 철주, B종 철근콘크리트주 또는 철탑을 사용하고, A종 및 목주는 시설할 수 없다.

답 ①

202 핵심이론 찾아보기▶핵심 02-3

산업 18·14년 출제

154[kV] 가공전선로를 제1종 특고압 보안공사에 의하여 시설하는 경우 사용전선의 단면적은 몇 [mm^2] 이상의 경동연선이어야 하는가?

① 35 ② 50 ③ 95 ④ 150

해설 특고압 보안공사(KEC 333.22) – 제1종 특고압 보안공사의 전선의 굵기

사용전압	전 선
100[kV] 미만	인장강도 21.67[kN] 이상, 55[mm^2] 이상 경동연선
100[kV] 이상 300[kV] 미만	인장강도 58.84[kN] 이상, 150[mm^2] 이상 경동연선
300[kV] 이상	인장강도 77.47[kN] 이상, 200[mm^2] 이상 경동연선

답 ④

203 핵심이론 찾아보기▶핵심 02-3

산업 16·15년 출제

345[kV] 가공전선로를 제1종 특고압 보안공사에 의하여 시설할 때 사용되는 경동연선의 굵기는 몇 [mm^2] 이상이어야 하는가?

① 100 ② 125 ③ 150 ④ 200

해설 특고압 보안공사(KEC 333.22) – 제1종 특고압 보안공사의 전선의 굵기

사용전압	전 선
100[kV] 미만	인장강도 21.67[kN] 이상, 55[mm^2] 이상 경동연선
100[kV] 이상 300[kV] 미만	인장강도 58.84[kN] 이상, 150[mm^2] 이상 경동연선
300[kV] 이상	인장강도 77.47[kN] 이상, 200[mm^2] 이상 경동연선

답 ④

204 핵심이론 찾아보기▶핵심 02-3

산업 17년 출제

제2종 특고압 보안공사 시 B종 철주를 지지물로 사용하는 경우 경간은 몇 [m] 이하인가?

① 100 ② 200 ③ 400 ④ 500

해설 특고압 보안공사(KEC 333.22) – 제2종 특고압 보안공사 시 경간 제한

지지물의 종류	경 간
목주·A종	100[m]
B종	200[m]
철탑	400[m]

답 ②

205 핵심이론 찾아보기▶핵심 02-3 산업 22·16년 출제

특고압 가공전선이 삭도와 제2차 접근상태로 시설할 경우 특고압 가공전선로에 적용하는 보안공사는?

① 고압 보안공사 ② 제1종 특고압 보안공사
③ 제2종 특고압 보안공사 ④ 제3종 특고압 보안공사

해설 특고압 가공전선과 삭도의 접근 또는 교차(KEC 333.25)
- 제1차 접근상태로 시설되는 경우 : 제3종 특고압 보안공사
- 제2차 접근상태로 시설되는 경우 : 제2종 특고압 보안공사

답 ③

206 핵심이론 찾아보기▶핵심 02-3 산업 13년 출제

저압 가공전선이 상부 조영재 위쪽에서 접근하는 경우 전선과 상부 조영재 간의 이격거리[m]는 얼마 이상이어야 하는가? (단, 특고압 절연전선 또는 케이블인 경우이다.)

① 0.8 ② 1.0 ③ 1.2 ④ 2.0

해설 고압 가공전선과 건조물의 접근(KEC 332.11)

건조물 조영재의 구분	접근형태	이격거리
상부 조영재	위쪽	2[m] (고압 및 특고압 절연전선, 케이블인 경우 1[m])
	옆쪽 또는 아래쪽	1.2[m] (사람이 쉽게 접촉할 우려가 없도록 시설한 경우 80[cm], 고압 및 특고압 절연전선, 케이블인 경우 40[cm])

답 ②

207 핵심이론 찾아보기▶핵심 02-3 산업 16년 출제

특고압 가공전선이 건조물과 1차 접근상태로 시설되는 경우를 설명한 것 중 틀린 것은?

① 상부 조영재와 위쪽으로 접근 시 케이블을 사용하면 1.2[m] 이상 이격거리를 두어야 한다.
② 상부 조영재와 옆쪽으로 접근 시 특고압 절연전선을 사용하면 1.5[m] 이상 이격거리를 두어야 한다.
③ 상부 조영재와 아래쪽으로 접근 시 특고압 절연전선을 사용하면 1.5[m] 이상 이격거리를 두어야 한다.
④ 상부 조영재와 위쪽으로 접근 시 특고압 절연전선을 사용하면 2.0[m] 이상 이격거리를 두어야 한다.

해설 특고압 가공전선과 건조물의 접근(KEC 333.23)
- 건조물과 제1차 접근상태로 시설되는 경우에는 제3종 특고압 보안공사에 의할 것
- 사용전압이 35[kV] 이하인 특고압 가공전선과 건조물의 조영재 이격거리

건조물 조영재의 구분	전선종류	접근형태	이격거리
상부 조영재	특고압 절연전선	위쪽	2.5[m]
		옆쪽 또는 아래쪽	1.5[m]
	케이블	위쪽	1.2[m]
		옆쪽 또는 아래쪽	0.5[m]
	기타전선	–	3[m]

답 ④

208

핵심이론 찾아보기▶핵심 02-3

산업 22·18년 출제

고압 가공전선이 가공약전류전선과 접근하여 시설될 때 가공전선과 가공약전류전선 사이의 이격거리는 몇 [cm] 이상이어야 하는가?

① 30[cm]　② 40[cm]　③ 60[cm]　④ 80[cm]

해설 **고압 가공전선과 가공약전류전선 등의 접근 또는 교차(KEC 332.13)**

종 류	이격거리
저압	0.6[m](고압 절연전선 또는 케이블 0.3[m])
고압	0.8[m](케이블 0.4[m])

답 ④

209

핵심이론 찾아보기▶핵심 02-3

산업 13년 출제

저압 가공전선과 식물이 상호 접촉되지 않도록 이격시키는 기준으로 옳은 것은?

① 이격거리는 최소 50[cm] 이상 떨어져 시설하여야 한다.
② 상시 불고 있는 바람 등에 의하여 식물에 접촉하지 않도록 시설하여야 한다.
③ 저압 가공전선은 반드시 방호구에 넣어 시설하여야 한다.
④ 트리와이어(Tree Wire)를 사용하여 시설하여야 한다.

해설 **저압 가공전선과 식물의 이격거리(KEC 222.19)**
저압 가공전선은 상시 부는 바람 등에 의하여 식물에 접촉하지 않도록 시설하여야 한다.

답 ②

210

핵심이론 찾아보기▶핵심 02-3

산업 19·14년 출제

고압 가공전선이 가공약전류전선 등과 접근하는 경우에 고압 가공전선과 가공약전류전선 사이의 이격거리는 몇 [cm] 이상이어야 하는가? (단, 전선이 케이블인 경우)

① 20　② 30　③ 40　④ 50

해설 **가공전선과 가공약전류전선 등의 접근 또는 교차(KEC 332.13)**
- 고압 가공전선은 고압 보안공사에 의할 것
- 가공약전류전선과 이격거리

가공전선의 종류	이격거리
저압 가공전선	60[cm](고압 절연전선 또는 케이블인 경우에는 30[cm])
고압 가공전선	80[cm](전선이 케이블인 경우에는 40[cm])

답 ③

211

핵심이론 찾아보기▶핵심 02-3

산업 16년 출제

고압 가공전선 상호 간 접근 또는 교차하여 시설되는 경우, 고압 가공전선 상호 간의 이격거리는 몇 [cm] 이상이어야 하는가? (단, 고압 가공전선은 한쪽이 케이블이라고 한다.)

① 40　② 50　③ 60　④ 70

해설 고압 가공전선 상호 간의 접근 또는 교차(KEC 332.17)
- 위쪽 또는 옆쪽에 시설되는 고압 가공전선로는 고압 보안공사에 의할 것
- 고압 가공전선 상호 간의 이격거리는 80[cm](어느 한쪽의 전선이 케이블인 경우에는 40[cm]) 이상일 것

답 ①

212

핵심이론 찾아보기▶핵심 02-3

산업 13년 출제

가공 전화선에 고압 가공전선을 접근하여 시설하는 경우, 이격거리는 최소 몇 [cm] 이상이어야 하는가? (단, 가공전선으로는 절연전선을 사용한다고 한다.)

① 60　② 80　③ 100　④ 120

해설 고압 가공전선과 가공약전류전선 등의 접근 또는 교차(KEC 332.13)
고압 가공전선이 가공약전류전선 등과 접근하는 경우는 고압 가공전선과 가공약전류전선 등 사이의 이격거리는 80[cm](전선이 케이블인 경우에는 40[cm]) 이상일 것

답 ②

213

핵심이론 찾아보기▶핵심 02-3

산업 19년 출제

고압 가공전선 상호 간 접근 또는 교차하여 시설되는 경우, 고압 가공전선 상호 간의 이격거리는 몇 [cm] 이상이어야 하는가? (단, 고압 가공전선은 모두 케이블이 아니라고 한다.)

① 50　② 60　③ 70　④ 80

해설 고압 가공전선 상호 간의 접근 또는 교차(KEC 332.17)
- 위쪽 또는 옆쪽에 시설되는 고압 가공전선로는 고압 보안공사에 의할 것
- 고압 가공전선 상호 간의 이격거리는 80[cm](어느 한쪽의 전선이 케이블인 경우에는 40[cm]) 이상일 것

답 ④

214

핵심이론 찾아보기▶핵심 02-3

산업 22·17년 출제

60[kV] 이하의 특고압 가공전선과 식물과의 이격거리는 몇 [m] 이상이어야 하는가?

① 2　② 2.12　③ 2.24　④ 2.36

해설 특고압 가공전선과 식물의 이격거리(KEC 333.30)
- 60[kV] 이하 : 2[m] 이상
- 60[kV] 초과 : 2[m]에 사용전압이 60[kV]를 초과하는 10[kV] 단수마다 12[cm]씩 가산

답 ①

215

핵심이론 찾아보기▶핵심 02-3

산업 20·13년 출제

154[kV] 가공전선과 식물과의 최소 이격거리는 몇 [m]인가?

① 2.8　② 3.2　③ 3.8　④ 4.2

해설 특고압 가공전선과 식물의 이격거리(KEC 333.30)
60[kV] 넘는 10[kV] 단수는 $(154-60)\div 10=9.4$이므로 10단수이다.
그러므로 $2+0.12\times 10=3.2$[m]이다.

답 ②

216 핵심이론 찾아보기▶핵심 02-3

산업 20년 출제

특고압 가공전선이 가공약전류전선 등 저압 또는 고압의 가공전선이나 저압 또는 고압의 전차선과 제1차 접근상태로 시설되는 경우 60[kV] 이하 가공전선과 저고압 가공전선 등 또는 이들의 지지물이나 지주 사이의 이격거리는 몇 [m] 이상이어야 하는가?

① 1.2　② 2　③ 2.6　④ 3.2

해설 **특고압 가공전선과 저고압 가공전선 등의 접근 또는 교차(KEC 333.26)**

사용전압의 구분	이격거리
60[kV] 이하	2[m]
60[kV] 초과	2[m]에 사용전압이 60[kV]를 초과하는 10[kV] 또는 그 단수마다 0.12[m]을 더한 값

답 ②

217 핵심이론 찾아보기▶핵심 02-3

산업 13년 출제

특고압 가공전선이 다른 특고압 가공전선과 접근상태로 시설되거나 교차하는 경우에 양쪽을 특고압 절연전선으로 시설할 경우 이격거리는 몇 [m] 이상이어야 하는가?

① 0.8　② 1.0　③ 1.2　④ 1.6

해설 **특고압 가공전선 상호 간의 접근 또는 교차(KEC 333.27)**

- 특고압 가공전선에 케이블을 사용하고 다른 특고압 가공전선에 특고압 절연전선 또는 케이블을 사용하는 경우 상호 간의 이격거리 50[cm] 이상
- 각각의 특고압 가공전선에 특고압 절연전선을 사용하는 경우 상호 간의 이격거리 1[m] 이상

답 ②

218 핵심이론 찾아보기▶핵심 02-3

산업 20·13년 출제

고압 가공전선이 교류전차선과 교차하는 경우, 고압 가공전선으로 케이블을 사용하는 경우 이외에는 단면적 몇 [mm^2] 이상의 경동연선(교류전차선 등과 교차하는 부분을 포함하는 경간에 접속점이 없는 것에 한함)을 사용하여야 하는가?

① 14　② 22　③ 30　④ 38

해설 **고압 가공전선과 교류전차선 등의 접근 또는 교차(KEC 332.15)**

고압 가공전선은 케이블인 경우 이외에는 인장강도 14.51[kN] 이상의 것 또는 단면적 38[mm^2] 이상의 경동연선이어야 한다.

답 ④

219 핵심이론 찾아보기▶핵심 02-3

산업 18년 출제

농사용 저압 가공전선로의 시설에 대한 설명으로 틀린 것은?

① 전선로의 경간은 30[m] 이하일 것
② 목주의 굵기는 말구 지름이 9[cm] 이상일 것
③ 저압 가공전선의 지표상 높이는 5[m] 이상일 것
④ 저압 가공전선은 지름 2[mm] 이상의 경동선일 것

해설 농사용 저압 가공전선로의 시설(KEC 222.22)
- 사용전압은 저압일 것
- 가공전선은 인장강도 1.38[kN] 이상의 것 또는 지름 2[mm] 이상의 경동선일 것
- 가공전선의 지표상의 높이는 3.5[m] 이상일 것
- 전선로의 경간은 30[m] 이하일 것

답 ③

220

핵심이론 찾아보기▶핵심 02-4 산업 20년 출제

시가지 또는 그 밖에 인가가 밀집한 지역에 154[kV] 가공전선로의 전선을 케이블로 시설하고자 한다. 이 때 가공전선을 지지하는 애자장치의 50[%] 충격섬락전압값이 그 전선의 근접한 다른 부분을 지지하는 애자장치값의 몇 [%] 이상이어야 하는가?

① 75 ② 100 ③ 105 ④ 110

해설 시가지 등에서 특고압 가공전선로의 시설(KEC 333.1)
시가지 등에서 특고압 가공전선을 지지하는 애자장치는 다음 중 어느 하나에 의할 것
- 50[%] 충격섬락전압값이 그 전선의 근접한 다른 부분을 지지하는 애자장치값의 110[%](사용전압이 130[kV]를 초과하는 경우는 105[%]) 이상인 것
- 아크혼을 붙인 현수애자·장간애자(長幹碍子) 또는 라인포스트애자를 사용하는 것
- 2련 이상의 현수애자 또는 장간애자를 사용하는 것
- 2개 이상의 핀애자 또는 라인포스트애자를 사용하는 것

답 ③

221

핵심이론 찾아보기▶핵심 02-4 산업 19년 출제

사용전압 154[kV]의 가공전선을 시가지에 시설하는 경우 전선의 지표상의 높이는 최소 몇 [m] 이상이어야 하는가? (단, 발전소·변전소 또는 이에 준하는 곳의 구내와 구외를 연결하는 1경간 가공전선은 제외한다.)

① 7.44 ② 9.44
③ 11.44 ④ 13.44

해설 시가지 등에서 특고압 가공전선로의 시설(KEC 333.1)
사용전압이 35[kV]를 초과하는 경우 10[m]에 35[kV]를 초과하는 10[kV] 또는 그 단수마다 0.12[m]를 더해야 한다.
35[kV]를 초과하는 10[kV] 단수는 $(154-35) \div 10 = 11.9$이므로 12이다.
그러므로 지표상 높이는 $10 + 0.12 \times 12 = 11.44$[m]이다.

답 ③

222

핵심이론 찾아보기▶핵심 02-4 산업 19년 출제

시가지 등에서 특고압 가공전선로를 시설하는 경우 특고압 가공전선로용 지지물로 사용할 수 없는 것은? (단, 사용전압이 170[kV] 이하인 경우이다.)

① 철탑 ② 목주
③ 철주 ④ 철근콘크리트주

해설 시가지 등에서 특고압 가공전선로의 시설(KEC 333.1)
지지물에는 철주, 철근콘크리트주 또는 철탑을 사용할 것

답 ②

223

핵심이론 찾아보기▶핵심 02-4

산업 17년 출제

100[kV] 미만인 특고압 가공전선로를 인가가 밀집한 지역에 시설할 경우 전선로에 사용되는 전선의 단면적은 몇 [mm^2] 이상의 경동연선이어야 하는가?

① 38 ② 55 ③ 100 ④ 150

해설 **시가지 등에서 특고압 가공전선로의 시설(KEC 333.1)**

사용전압의 구분	전선의 단면적
100[kV] 미만	인장강도 21.67[kN] 이상 연선 또는 단면적 55[mm^2] 이상 경동연선
100[kV] 이상	인장강도 58.84[kN] 이상 연선 또는 단면적 150[mm^2] 이상 경동연선

답 ②

224

핵심이론 찾아보기▶핵심 02-4

산업 16년 출제

시가지 등에서 특고압 가공전선로의 시설에 대한 내용 중 틀린 것은?

① A종 철주를 지지물로 사용하는 경우의 경간은 75[m] 이하이다.

② 사용전압이 170[kV] 이하인 전선로를 지지하는 애자장치는 2련 이상의 현수애자 또는 장간애자를 사용한다.

③ 사용전압이 100[kV]를 초과하는 특고압 가공전선에 지락 또는 단락이 생겼을 때에는 1초 이내에 자동적으로 이를 전로로부터 차단하는 장치를 시설한다.

④ 사용전압이 170[kV] 이하인 전선로를 지지하는 애자장치는 50[%] 충격섬락전압값이 그 전선의 근접한 다른 부분을 지지하는 애자장치값의 100[%] 이상인 것을 사용한다.

해설 **시가지 등에서 특고압 가공전선로의 시설(KEC 333.1)**

- 50[%] 충격섬락전압값이 그 전선의 근접한 다른 부분을 지지하는 애자장치값의 110[%](사용전압이 130[kV]를 초과하는 경우는 105[%]) 이상인 것
- 아크혼을 붙인 현수애자·장간애자 또는 라인포스트애자를 사용하는 것

답 ④

225

핵심이론 찾아보기▶핵심 02-4

산업 14년 출제

시가지에 시설하는 특고압 가공전선로의 철탑의 경간은 몇 [m] 이하이어야 하는가?

① 250 ② 300 ③ 350 ④ 400

해설 **시가지 등에서 특고압 가공전선로의 시설(KEC 333.1)**

지지물의 종류	경 간
A종	75[m]
B종	150[m]
철탑	400[m]

답 ④

226

핵심이론 찾아보기▶핵심 02-4

산업 15년 출제

한국전기설비규정에서 정하는 15[kV] 이상, 25[kV] 미만인 특고압 가공전선과 그 지지물, 완금류, 지주 또는 지선 사이의 이격거리는 몇 [cm] 이상이어야 하는가?

① 20 ② 25 ③ 30 ④ 40

해설 특고압 가공전선과 지지물 등의 이격거리(KEC 333.5)

사용전압의 구분	이격거리
15[kV] 미만	15[cm]
15[kV] 이상, 25[kV] 미만	20[cm]
25[kV] 이상, 35[kV] 미만	25[cm]
이하 생략	이하 생략

답 ①

227

핵심이론 찾아보기▶핵심 02-4

산업 18년 출제

사용전압이 22.9[kV]인 가공전선과 지지물 사이의 이격거리는 몇 [cm] 이상이어야 하는가?

① 5 ② 10 ③ 15 ④ 20

해설 특고압 가공전선과 지지물 등의 이격거리(KEC 333.5)

사용전압의 구분	이격거리
15[kV] 미만	15[cm]
15[kV] 이상, 25[kV] 미만	20[cm]
25[kV] 이상, 35[kV] 미만	25[cm]
이하 생략	이하 생략

답 ④

228

핵심이론 찾아보기▶핵심 02-4

산업 19년 출제

사용전압 60,000[V]인 특고압 가공전선과 지지물 · 지주 · 완금류 또는 지선 사이의 이격거리는 몇 [cm] 이상이어야 하는가?

① 35 ② 40 ③ 45 ④ 65

해설 특고압 가공전선과 지지물 등의 이격거리(KEC 333.5)

사용전압	이격거리[cm]
15[kV] 미만	15
15[kV] 이상 25[kV] 미만	20
25[kV] 이상 35[kV] 미만	25
35[kV] 이상 50[kV] 미만	30
50[kV] 이상 60[kV] 미만	35
60[kV] 이상 70[kV] 미만	40
70[kV] 이상 80[kV] 미만	45
이하 생략	이하 생략

답 ②

229

핵심이론 찾아보기▶핵심 02-4

산업 19 · 18 · 17 · 16 · 15 · 14년 출제

특고압 가공전선로의 지지물 양쪽의 경간의 차가 큰 곳에 사용되는 철탑은?

① 내장형 철탑 ② 인류형 철탑 ③ 각도형 철탑 ④ 보강형 철탑

해설 특고압 가공전선로의 철주 · 철근콘크리트주 또는 철탑의 종류(KEC 333.11)

- 직선형 : 3도 이하인 수평각도
- 각도형 : 3도를 초과하는 수평각도를 이루는 곳
- 인류형 : 전가섭선을 인류하는 곳에 사용하는 것
- 내장형 : 전선로의 지지물 양쪽의 경간의 차가 큰 곳

답 ①

230 핵심이론 찾아보기▶핵심 02-4

산업 18년 출제

전가섭선에 관하여 각 가섭선의 상정 최대장력의 33[%]와 같은 불평형 장력의 수평 종분력에 의한 하중을 더 고려하여야 할 철탑의 유형은?

① 직선형 ② 각도형 ③ 내장형 ④ 인류형

해설 **상시 상정하중(KEC 333.13)**

- 인류형 : 전가섭선에 관하여 각 가섭선의 상정 최대장력과 같은 불평균 장력의 수평 종분력에 의한 하중
- 내장형·보강형 : 전가섭선에 관하여 각 가섭선의 상정 최대장력의 33[%]와 같은 불평균 장력의 수평 종분력에 의한 하중
- 직선형 : 전가섭선에 관하여 각 가섭선의 상정 최대장력의 3[%]와 같은 불평균 장력의 수평 종분력에 의한 하중
- 각도형 : 전가섭선에 관하여 각 가섭선의 상정 최대장력의 10[%]와 같은 불평균 장력의 수평 종분력에 의한 하중

답 ③

231 핵심이론 찾아보기▶핵심 02-4

산업 19·16년 출제

철탑의 강도계산에 사용하는 이상 시 상정하중의 종류가 아닌 것은?

① 수직하중 ② 좌굴하중 ③ 수평 횡하중 ④ 수평 종하중

해설 **이상 시 상정하중(KEC 333.14)**

철탑의 강도계산에 사용하는 이상 시 상정하중

- 수직하중
- 수평 횡하중
- 수평 종하중

답 ②

232 핵심이론 찾아보기▶핵심 02-4

산업 15년 출제

시가지에 시설하는 154[kV] 가공전선로를 도로와 1차 접근상태로 시설하는 경우, 전선과 도로와의 이격거리는 몇 [m] 이상이어야 하는가?

① 4.4 ② 4.8 ③ 5.2 ④ 5.6

해설 **특고압 가공전선과 도로 등의 접근 또는 교차(KEC 333.24)**

35[kV]를 넘는 10[kV] 단수는 $\frac{154-35}{10}=11.9$ 에서 12이므로

이격거리는 $3+0.15\times12=4.8$ [m]이다.

답 ②

233 핵심이론 찾아보기▶핵심 02-4

산업 14년 출제

특고압 가공전선이 도로, 횡단보도교, 철도와 제1차 접근상태로 시설되는 경우 특고압 가공전선로는 제 몇 종 보안공사를 하여야 되는가?

① 제1종 특고압 보안공사 ② 제2종 특고압 보안공사

③ 제3종 특고압 보안공사 ④ 특별 제3종 특고압 보안공사

해설 특고압 가공전선과 도로 등의 접근 또는 교차(KEC 333.24)
특고압 가공전선이 도로·횡단보도교·철도 또는 궤도와 제1차 접근상태로 시설되는 경우에는 제3종 특고압 보안공사에 의할 것

답 ③

234

핵심이론 찾아보기▶핵심 02-4

산업 20년 출제

특고압 가공전선과 가공약전류전선 사이에 보호망을 시설하는 경우 보호망을 구성하는 금속선 상호 간의 간격은 가로 및 세로를 각각 몇 [m] 이하로 시설하여야 하는가?

① 0.75 ② 1.0
③ 1.25 ④ 1.5

해설 특고압 가공전선과 저고압 가공전선 등의 접근 또는 교차(KEC 333.26)
- 금속제 망상장치
- 특고압 가공전선의 바로 아래 : 인장강도 8.01[kN], 지름 5[mm] 경동선
- 기타 부분에 시설 : 인장강도 5.26[kN], 지름 4[mm] 경동선
- 보호망 상호 간격 : 가로, 세로 각 1.5[m] 이하

답 ④

235

핵심이론 찾아보기▶핵심 02-4

산업 19년 출제

사용전압 15[kV] 이하인 특고압 가공전선로의 중성선 다중 접지시설은 각 접지선을 중성선으로부터 분리하였을 경우 1[km]마다의 중성선과 대지 사이의 합성 전기저항값은 몇 [Ω] 이하이어야 하는가?

① 30 ② 50
③ 400 ④ 500

해설 25[kV] 이하인 특고압 가공전선로의 시설(KEC 333.32)
각 접지도체를 중성선으로부터 분리하였을 경우의 각 접지점의 대지 전기저항값과 1[km]마다의 중성선과 대지 사이의 합성저항값은 다음과 같다.

구 분	각 접지점의 대지 전기저항치	1[km]마다의 합성 전기저항치
15[kV] 이하	300[Ω]	30[Ω]
25[kV] 이하	300[Ω]	15[Ω]

답 ①

236

핵심이론 찾아보기▶핵심 02-4

산업 16년 출제

22.9[kV] 특고압 가공전선로의 시설에 있어서 중성선을 다중 접지하는 경우 각각 접지한 곳 상호 간의 거리는 전선로에 따라 몇 [m] 이하이어야 하는가?

① 150 ② 300
③ 400 ④ 500

해설 25[kV] 이하인 특고압 가공전선로의 시설(KEC 333.32)
특고압 가공전선로의 중성선의 다중 접지 및 중성선의 시설
- 접지도체는 공칭단면적 6[mm^2] 이상의 연동선 또는 이와 동등 이상의 세기 및 굵기의 쉽게 부식하지 않는 금속선으로서 고장 시에 흐르는 전류를 안전하게 통할 수 있는 것일 것
- 접지한 곳 상호 간의 거리는 전선로에 따라 150[m] 이하일 것

답 ①

237

핵심이론 찾아보기▶핵심 02-4

산업 22년 출제

25[kV] 이하인 특고압 가공전선로(중성선 다중 접지방식의 것으로서 전로에 지락이 생겼을 때에 2초 이내에 자동적으로 이를 전로로부터 차단하는 장치가 되어 있는 것에 한함)의 접지도체는 공칭단면적 몇 [mm^2] 이상의 연동선 또는 이와 동등 이상의 세기 및 굵기의 쉽게 부식하지 않는 금속선으로서 고장 시 흐르는 전류를 안전하게 통할 수 있는 것을 사용하는가?

① 2.5
② 6
③ 10
④ 16

해설 25[kV] 이하인 특고압 가공전선로의 시설(KEC 333.32)
- 접지도체는 공칭단면적 6[mm^2]의 연동선
- 접지한 곳 상호 간 거리 300[m] 이하

답 ②

238

핵심이론 찾아보기▶핵심 02-4

산업 19년 출제

22.9[kV] 특고압 가공전선로의 중성선은 다중 접지를 하여야 한다. 각 접지선을 중성선으로부터 분리하였을 경우 1[km] 마다 중성선과 대지 사이의 합성 전기저항값은 몇 [Ω] 이하인가? (단, 전로에 지락이 생겼을 때의 2초 이내에 자동적으로 이를 전로로부터 차단하는 장치가 되어 있다.)

① 5
② 10
③ 15
④ 20

해설 25[kV] 이하인 특고압 가공전선로의 시설(KEC 333.32)
- 접지도체 : 공칭단면적 6[mm^2] 이상 연동선
- 접지한 곳 상호 간의 거리 : 300[m] 이하
- 중성선의 다중 접지 및 중성선 합성 저항치

구 분	1[km]마다의 합성 전기저항치
15[kV] 이하	30[Ω]
25[kV] 이하	15[Ω]

답 ③

239

핵심이론 찾아보기▶핵심 02-4

산업 13년 출제

중성선 다중 접지식의 것으로 전로에 지락이 생긴 경우에 2초 안에 자동적으로 이를 차단하는 장치를 가지는 22.9[kV] 특고압 가공전선로에서 각 접지점의 대지 전기저항값이 300[Ω] 이하이며, 1[km] 마다의 중성선과 대지 간의 합성 전기저항값은 몇 [Ω] 이하이어야 하는가?

① 10
② 15
③ 20
④ 30

해설 25[kV] 이하인 특고압 가공전선로의 시설(KEC 333.32)

구 분	각 접지점의 대지 전기저항치	1[km]마다의 합성 전기저항치
15[kV] 이하	300[Ω]	30[Ω]
25[kV] 이하	300[Ω]	15[Ω]

 ②

240

핵심이론 찾아보기▶핵심 02-4 산업 16년 출제

22.9[kV] 특고압으로 가공전선과 조영물이 아닌 다른 시설물이 교차하는 경우, 상호 간의 이격거리는 몇 [cm]까지 감할 수 있는가? (단, 전선은 케이블이다.)

① 50 ② 60 ③ 100 ④ 120

해설 25[kV] 이하인 특고압 가공전선로의 시설(KEC 333.32)

사용전의 종류	이격거리
나전선	2.0[m]
특고압 절연전선	1.0[m]
케이블	0.5[m]

답 ①

241

핵심이론 찾아보기▶핵심 02-4 산업 20년 출제

중성선 다중 접지식의 것으로서 전로에 지락이 생겼을 때 2초 이내에 자동적으로 이를 전로로부터 차단하는 장치가 되어 있는 22.9[kV] 특고압 가공전선이 다른 특고압 가공전선과 접근하는 경우 이격거리는 몇 [m] 이상으로 하여야 하는가? (단, 양쪽이 나전선인 경우이다.)

① 0.5 ② 1.0 ③ 1.5 ④ 2.0

해설 25[kV] 이하인 특고압 가공전선로의 시설(KEC 333.32)

사용전선의 종류	이격거리
어느 한쪽 또는 양쪽이 나전선인 경우	1.5[m]
양쪽이 특고압 절연전선인 경우	1.0[m]
한쪽이 케이블이고 다른 한쪽이 케이블이거나 특고압 절연전선인 경우	0.5[m]

답 ③

242

핵심이론 찾아보기▶핵심 02-5 산업 17년 출제

다음 (㉠), (㉡)에 들어갈 내용으로 옳은 것은?

> 지중전선로는 기설 지중약전류전선로에 대하여 (㉠) 또는 (㉡)에 의하여 통신상 장해를 주지 않도록 기설 약전류전선으로부터 충분히 이격시키거나 기타 적당한 방법으로 시설하여야 한다.

① ㉠ 정전용량, ㉡ 표피작용 ② ㉠ 정전용량, ㉡ 유도작용
③ ㉠ 누설전류, ㉡ 표피작용 ④ ㉠ 누설전류, ㉡ 유도작용

해설 **지중약전류전선의 유도장해 방지(KEC 334.5)**
지중전선로는 기설 지중약전류전선로에 대하여 누설전류 또는 유도작용에 의하여 통신상의 장해를 주지 아니하도록 기설 약전류전선로로부터 충분히 이격시켜야 한다. 답 ④

243

핵심이론 찾아보기▶핵심 02-5 산업 18·14년 출제

지중전선로의 시설방식이 아닌 것은?

① 관로식 ② 압착식 ③ 암거식 ④ 직접 매설식

해설 **지중전선로의 시설(KEC 334.1)**
- 지중전선로는 전선에 케이블을 사용
- 관로식 · 암거식 · 직접 매설식에 의하여 시설

답 ②

244

핵심이론 찾아보기▶**핵심 02-5** 산업 16년 출제

지중전선로의 전선으로 적합한 것은?

① 케이블 ② 동복강선 ③ 절연전선 ④ 나경동선

해설 **지중전선로의 시설(KEC 334.1)**
지중전선로는 전선에 케이블을 사용하고 또한 관로식 · 암거식 또는 직접 매설식에 의하여 시설하여야 한다.

답 ①

245

핵심이론 찾아보기▶**핵심 02-5** 산업 18년 출제

지중전선로에 사용하는 지중함의 시설기준으로 틀린 것은?

① 조명 및 세척이 가능한 장치를 하도록 할 것
② 그 안의 고인 물을 제거할 수 있는 구조일 것
③ 견고하고 차량 기타 중량물의 압력을 견딜 수 있을 것
④ 뚜껑은 시설자 이외의 자가 쉽게 열 수 없도록 할 것

해설 **지중함의 시설(KEC 334.2)**
- 견고하고, 차량 기타 중량물의 압력에 견디는 구조일 것
- 지중함은 고인 물 제거할 수 있는 구조일 것
- 지중함 크기 1[m^3] 이상
- 지중함의 뚜껑은 시설자 이외의 자가 쉽게 열 수 없도록 시설할 것

답 ①

246

핵심이론 찾아보기▶**핵심 02-5** 산업 16년 출제

폭발성 또는 연소성의 가스가 침입할 우려가 있는 지중함에 그 크기가 몇 [m^3] 이상의 것은 통풍장치 기타 가스를 방산시키기 위한 적당한 장치를 시설하여야 하는가?

① 0.9 ② 1.0 ③ 1.5 ④ 2.0

해설 **지중함의 시설(KEC 334.2)**
폭발성 또는 연소성의 가스가 침입할 우려가 있는 것에 시설하는 지중함으로서 그 크기가 1[m^3] 이상인 것에는 통풍장치 기타 가스를 방산시키기 위한 적당한 장치를 시설할 것

답 ②

247

핵심이론 찾아보기▶**핵심 02-5** 산업 19 · 17 · 16 · 15 · 14년 출제

지중전선로를 직접 매설식에 의하여 시설하는 경우 차량 및 기타 중량물의 압력을 받을 우려가 있는 장소의 매설깊이는 몇 [m] 이상인가?

① 0.8 ② 1.0 ③ 1.2 ④ 1.5

해설 지중전선로의 시설(KEC 334.1)
지중전선로를 직접 매설식에 의하여 시설하는 경우에는 매설깊이를 차량 기타 중량물의 압력을 받을 우려가 있는 장소에는 1.0[m] 이상, 기타 장소에는 0.6[m] 이상으로 하여야 한다.

답 ②

248

핵심이론 찾아보기▶**핵심 02-5** 산업 22년 출제

사용전압이 25[kV] 이하인 다중 접지방식의 지중전선로를 직접 매설식 또는 관로식에 의하여 시설하는 경우 매설깊이를 차량 기타의 중량물의 압력을 받을 우려가 있는 장소에는 몇 [m] 이상으로 시설하여야 하는가?

① 0.1[m] ② 0.6[m] ③ 1.0[m] ④ 1.5[m]

해설 지중전선로의시설(KEC 334.1)
- 직접 매설식 및 관로식 : 1[m] 이상
- 중량물의 압력을 받을 우려가 없는 곳 : 0.6[m] 이상

답 ③

249

핵심이론 찾아보기▶**핵심 02-5** 산업 19년 출제

지중전선이 지중약전류전선 등과 접근하거나 교차하는 경우에 상호 간의 이격거리가 저압 또는 고압의 지중전선이 몇 [cm] 이하일 때, 지중전선과 지중약전류전선 사이에 견고한 내화성의 격벽(隔壁)을 설치하여야 하는가?

① 10 ② 20 ③ 30 ④ 60

해설 지중전선과 지중약전류전선 등 또는 관과의 접근 또는 교차(KEC 334.6)
- 저압 또는 고압의 지중전선 : 30[cm]
- 특고압 지중전선 : 60[cm]

답 ③

250

핵심이론 찾아보기▶**핵심 02-5** 산업 20년 출제

수상전선로의 시설기준으로 옳은 것은?

① 사용전압이 고압인 경우에는 클로로프렌 캡타이어 케이블을 사용한다.
② 수상전선로에 사용하는 부대(浮臺)는 쇠사슬 등으로 견고하게 연결한다.
③ 고압 수상전선로에 지락이 생길 때를 대비하여 전로를 수동으로 차단하는 장치를 시설한다.
④ 수상전선로의 전선은 부대의 아래에 지지하여 시설하고 또한 그 절연피복을 손상하지 아니하도록 시설한다.

해설 수상전선로의 시설(KEC 335.3)
- 전선은 사용전압이 저압인 경우에는 클로로프렌 캡타이어 케이블이어야 하며, 고압인 경우에는 캡타이어 케이블이어야 한다.
- 수상전선로에는 이와 접속하는 가공전선로에 전용 개폐기 및 과전류차단기를 각 극에 시설하고 또한 수상전선로의 사용전압이 고압인 경우에는 전로에 지락이 생겼을 때에 자동적으로 전로를 차단하기 위한 장치를 시설하여야 한다.
- 수상전선로의 전선은 부대의 위에 지지하여 시설하고 또한 그 절연피복을 손상하지 아니하도록 시설한다.

답 ②

251

핵심이론 찾아보기▶핵심 02-5

산업 15년 출제

저압 수상전선로에 사용되는 전선은?

① MI 케이블
② 알루미늄피 케이블
③ 클로로프렌시스 케이블
④ 클로로프렌 캡타이어 케이블

해설 **수상전선로의 시설(KEC 335.3)**
전선은 전선로의 사용전압이 저압인 경우에는 클로로프렌 캡타이어 케이블이어야 하며, 고압인 경우에는 고압용의 캡타이어 케이블일 것

답 ④

252

핵심이론 찾아보기▶핵심 02-6

산업 17년 출제

특고압 전선로에 접속하는 배전용 변압기의 1차 및 2차 전압은?

① 1차 : 35[kV] 이하, 2차 : 저압 또는 고압
② 1차 : 50[kV] 이하, 2차 : 저압 또는 고압
③ 1차 : 35[kV] 이하, 2차 : 특고압 또는 고압
④ 1차 : 50[kV] 이하, 2차 : 특고압 또는 고압

해설 **특고압 배전용 변압기의 시설(KEC 341.2)**
- 변압기의 1차 전압은 35[kV] 이하, 2차 전압은 저압 또는 고압일 것
- 변압기의 특고압측에 개폐기 및 과전류차단기를 시설할 것

답 ①

253

핵심이론 찾아보기▶핵심 02-6

산업 22년 출제

특고압을 직접 저압으로 변성하는 변압기를 시설하여서는 아니 되는 변압기는?

① 광산에서 물을 양수하기 위한 양수기용 변압기
② 전기로 등 전류가 큰 전기를 소비하기 위한 변압기
③ 교류식 전기철도용 신호회로에 전기를 공급하기 위한 변압기
④ 발전소·변전소·개폐소 또는 이에 준하는 곳의 소내용 변압기

해설 **특고압을 직접 저압으로 변성하는 변압기의 시설(KEC 341.3)**
- 전기로용 변압기
- 소내용 변압기
- 중성선 다중 접지한 특고압 변압기
- 100[kV] 이하인 변압기로서 혼촉방지판의 접지저항치가 10[Ω] 이하인 것
- 전기철도용 신호회로용 변압기

답 ①

254

핵심이론 찾아보기▶핵심 02-6

산업 14년 출제

고압용 기계기구를 시설하여서는 안 되는 경우는?

① 발전소, 변전소, 개폐소 또는 이에 준하는 곳에 시설하는 경우
② 시가지 외로서 지표상 3[m]인 경우
③ 공장 등의 구내에서 기계기구의 주위에 사람이 쉽게 접촉할 우려가 없도록 적당한 울타리를 설치하는 경우
④ 옥내에 설치한 기계기구를 취급자 이외의 사람이 출입할 수 없도록 설치한 곳에 시설하는 경우

해설 **고압용 기계기구의 시설(KEC 341.8)**
기계기구를 지표상 4.5[m](시가지 외에는 4[m]) 이상의 높이에 시설하고 또한 사람이 쉽게 접촉할 우려가 없도록 시설하여야 한다.

답 ②

255

핵심이론 찾아보기▶핵심 02-6

산업 13년 출제

345[kV] 옥외 변전소에 울타리 높이와 울타리에서 충전부분까지 거리[m]의 합계는?

① 6.48　② 8.16　③ 8.40　④ 8.28

해설 **특고압용 기계기구의 시설(KEC 341.4)**
울타리까지 가는 거리와 울타리 높이의 합계는 160[V]를 초과하는 경우 6[m]에 160[kV]를 초과하는 10[kV] 또는 그 단수마다 0.12[m]를 더한 값으로 계산하므로

160[kV]를 넘는 10[kV] 단수는 $\frac{345-160}{10}=18.5$ ∴ 19단수

그러므로 $6+0.12\times19=8.28$[m]

답 ④

256

핵심이론 찾아보기▶핵심 02-6

산업 17년 출제

345[kV] 변전소의 충전 부분에서 5.98[m] 거리에 울타리를 설치할 경우 울타리 최소 높이는 몇 [m] 인가?

① 2.1　② 2.3　③ 2.5　④ 2.7

해설 **특고압용 기계기구의 시설(KEC 341.4)**
160[kV]를 넘는 10[kV] 단수는 $(345-160)\div10=18.5$이므로 19이다.
울타리까지의 거리와 높이의 합계는 $6+0.12\times19=8.28$[m]이다.
∴ 울타리 최소 높이는 $8.28-5.98=2.3$[m]

답 ②

257

핵심이론 찾아보기▶핵심 02-6

산업 15·14년 출제

66[kV]에 사용되는 변압기를 취급자 이외의 자가 들어가지 않도록 적당한 울타리, 담 등을 설치하여 시설하는 경우 울타리, 담 등의 높이와 울타리, 담 등으로부터 충전부분까지의 거리의 합계는 최소 몇 [m] 이상으로 하여야 하는가?

① 5　② 6　③ 8　④ 10

해설 특고압용 기계기구의 시설(KEC 341.4)

사용전압의 구분	울타리 높이와 울타리로부터 충전부분까지의 거리의 합계 또는 지표상의 높이
35[kV] 이하	5[m]
35[kV]를 넘고, 160[kV] 이하	6[m]
160[kV]를 초과하는 것	6[m]에 160[kV]를 초과하는 10[kV] 또는 그 단수마다 12[cm]를 더한 값

답 ②

258

핵심이론 찾아보기▶핵심 02-6 산업 17·13년 출제

아크가 발생하는 고압용 차단기는 목재의 벽 또는 천장, 기타의 가연성 물체로부터 몇 [m] 이상 이격하여야 하는가?

① 0.5 ② 1 ③ 1.5 ④ 2

해설 아크를 발생하는 기구의 시설(KEC 341.7)

기구 등의 구분	이격거리
고압용의 것	1[m] 이상
특고압용의 것	2[m] 이상

답 ②

259

핵심이론 찾아보기▶핵심 02-6 산업 18년 출제

사용전압이 100[kV] 이상의 변압기를 설치하는 곳의 절연유 유출방지설비의 용량은 변압기 탱크 내장유량의 몇 [%] 이상으로 하여야 하는가?

① 25 ② 50 ③ 75 ④ 100

해설 옥외설비의 절연유 유출방지설비(KEC 311.7)
집유조 및 집수탱크가 시설되는 경우 집수탱크는 최대 용량 변압기의 유량에 대한 집유능력이 있어야 한다.

답 ④

260

핵심이론 찾아보기▶핵심 02-6 산업 16년 출제

전기공급설비 및 전기사용설비에서 변압기 절연유에 대한 설명으로 옳은 것은?

① 사용전압이 20,000[V] 이상의 중성점 직접 접지식 전로에 접속하는 변압기를 설치하는 곳에는 절연유의 구외 유출 및 지하침투를 방지하기 위한 설비를 갖추어야 한다.
② 사용전압이 25,000[V] 이상의 중성점 직접 접지식 전로에 접속하는 변압기를 설치하는 곳에는 절연유의 구외 유출 및 지하침투를 방지하기 위한 설비를 갖추어야 한다.
③ 사용전압이 100,000[V] 이상의 중성점 직접 접지식 전로에 접속하는 변압기를 설치하는 곳에는 절연유의 구외 유출 및 지하침투를 방지하기 위한 설비를 갖추어야 한다.
④ 사용전압이 150,000[V] 이상의 중성점 직접 접지식 전로에 접속하는 변압기를 설치하는 곳에는 절연유의 구외 유출 및 지하침투를 방지하기 위한 설비를 갖추어야 한다.

해설 절연유(기술기준 제20조)
사용전압이 100[kV] 이상의 변압기를 설치하는 곳에는 절연유의 구외 유출 및 지하침투를 방지하기 위하여 절연유 유출방지설비를 하여야 한다.

답 ③

261

핵심이론 찾아보기▶핵심 02-6

산업 19·15년 출제

피뢰기를 반드시 시설하지 않아도 되는 곳은?

① 발전소·변전소의 가공전선의 인출구
② 가공전선로와 지중전선로가 접속되는 곳
③ 고압 가공전선로로부터 수전하는 차단기 2차측
④ 특고압 가공전선로로부터 공급을 받는 수용장소의 인입구

해설 **피뢰기의 시설(KEC 341.13)**
- 발·변전소 혹은 이것에 준하는 장소의 가공전선 인입구 및 인출구
- 특고압 가공전선로에 접속하는 배전용 변압기의 고압측 및 특고압측
- 고압 및 특고압 가공전선로에서 공급을 받는 수용장소의 인입구
- 가공전선로와 지중전선로가 접속되는 곳

답 ③

262

핵심이론 찾아보기▶핵심 02-6

산업 22·13년 출제

피뢰기 설치기준으로 옳지 않은 것은?

① 발전소·변전소 또는 이에 준하는 장소의 가공전선 인입구 및 인출구
② 가공전선로와 특고압 전선로가 접속되는 곳
③ 가공전선로에 접속한 1차측 전압이 35[kV] 이하인 배전용 변압기의 고압측 및 특고압측
④ 고압 및 특고압 가공전선로로부터 공급받는 수용장소의 인입구

해설 **피뢰기의 시설(KEC 341.13)**
- 발·변전소 혹은 이것에 준하는 장소의 가공전선 인입구 및 인출구
- 특고압 가공전선로에 접속하는 배전용 변압기의 고압측 및 특고압측
- 고압 및 특고압 가공전선로에서 공급을 받는 수용장소의 인입구
- 가공전선로와 지중전선로가 접속되는 곳

답 ②

263

핵심이론 찾아보기▶핵심 02-6

산업 19년 출제

수소냉각식의 발전기·조상기에 부속하는 수소냉각장치에서 필요 없는 장치는?

① 수소의 압력을 계측하는 장치
② 수소의 온도를 계측하는 장치
③ 수소의 유량을 계측하는 장치
④ 수소의 순도 저하를 경보하는 장치

해설 **수소냉각식 발전기 등의 시설(KEC 351.10)**
- 기밀구조의 것
- 수소의 순도가 85[%] 이하로 저하한 경우에 이를 경보하는 장치를 시설할 것
- 발전기 안 또는 조상기 안의 수소의 압력을 계측하는 장치 및 그 압력이 현저히 변동한 경우에 이를 경보하는 장치를 시설할 것
- 발전기 안 또는 조상기 안의 수소의 온도를 계측하는 장치를 시설할 것

답 ③

264

핵심이론 찾아보기▶핵심 02-6 산업 18·17·14년 출제

수소냉각식 발전기·조상기 또는 이에 부속하는 수소냉각장치의 시설방법으로 틀린 것은?

① 발전기 안 또는 조상기 안의 수소의 순도가 70[%] 이하로 저하한 경우에 경보장치를 시설할 것
② 발전기 또는 조상기는 기밀구조의 것이고 또한 수소가 대기압에서 폭발하는 경우 생기는 압력에 견디는 강도를 가지는 것일 것
③ 발전기 안 또는 조상기 안의 수소의 압력을 계측하는 장치 및 그 압력이 현저히 변동할 경우에 이를 경보하는 장치를 시설할 것
④ 발전기축의 밀봉부에는 질소가스를 봉입할 수 있는 장치와 누설된 수소가스를 안전하게 외부에 방출할 수 있는 장치를 설치할 것

해설 **수소냉각식 발전기 등의 시설(KEC 351.10)**
- 기밀구조의 것
- 수소의 순도가 85[%] 이하로 저하한 경우에 이를 경보하는 장치를 시설할 것

답 ①

265

핵심이론 찾아보기▶핵심 02-6 산업 16년 출제

차단기에 사용하는 압축공기장치에 대한 설명 중 틀린 것은?

① 공기압축기를 통하는 관은 용접에 의한 잔류응력이 생기지 않도록 할 것
② 주 공기탱크에는 사용압력 1.5배 이상 3배 이하의 최고 눈금이 있는 압력계를 시설할 것
③ 공기압축기는 최고 사용압력의 1.5배 수압을 연속하여 10분간 가하여 시험하였을 때 이에 견디고 새지 아니할 것
④ 공기탱크는 사용압력에서 공기의 보급이 없는 상태로 차단기의 투입 및 차단을 연속하여 3회 이상 할 수 있는 용량을 가질 것

해설 **압축공기계통(KEC 341.15)**
- 공기압축기는 최고 사용압력의 1.5배의 수압(1.25배의 기압)을 연속하여 10분간 가하여 시험
- 공기탱크는 사용압력에서 공기의 보급이 없는 상태로 개폐기 또는 차단기의 투입 및 차단을 연속하여 1회 이상 할 수 있는 용량
- 주 공기탱크의 압력이 저하한 경우에 자동적으로 압력을 회복하는 장치를 시설
- 주 공기탱크 또는 이에 근접한 곳에는 사용압력의 1.5배 이상 3배 이하의 최고 눈금이 있는 압력계를 시설

답 ④

266

핵심이론 찾아보기▶핵심 02-7 산업 19년 출제

사용전압이 20[kV]인 변전소에 울타리·담 등을 시설하고자 할 때 울타리·담 등의 높이는 몇 [m] 이상이어야 하는가?

① 1 ② 2
③ 5 ④ 6

해설 **발전소 등의 울타리·담 등의 시설(KEC 351.1)**
울타리·담 등의 높이는 2[m] 이상으로 하고 지표면과 울타리·담 등의 하단 사이의 간격은 15[cm] 이하로 할 것

답 ②

267

핵심이론 찾아보기▶핵심 02-7

산업 20·18년 출제

고압 또는 특고압 가공전선과 금속제의 울타리가 교차하는 경우 교차점과 좌, 우로 몇 [m] 이내의 개소에 접지공사를 하여야 하는가? (단, 전선에 케이블을 사용하는 경우는 제외한다.)

① 25　　② 35
③ 45　　④ 55

해설 **발전소 등의 울타리·담 등의 시설(KEC 351.1)**
고압 또는 특고압 가공전선(전선에 케이블을 사용하는 경우는 제외함)과 금속제의 울타리·담 등이 교차하는 경우에 금속제의 울타리·담 등에는 교차점과 좌, 우로 45[m] 이내의 개소에 접지공사를 하여야 한다.

답 ③

268

핵심이론 찾아보기▶핵심 02-7

산업 19년 출제

발전소·변전소 또는 이에 준하는 곳의 특고압 전로에는 그의 보기 쉬운 곳에 어떤 표시를 반드시 하여야 하는가?

① 모선(母線) 표시　　② 상별(相別) 표시
③ 차단(遮斷) 위험표시　　④ 수전(受電) 위험표시

해설 **특고압 전로의 상 및 접속 상태의 표시(KEC 351.2)**
- 발전소·변전소 또는 이에 준하는 곳의 특고압 전로에는 그의 보기 쉬운 곳에 상별 표시를 하여야 한다.
- 발전소·변전소 또는 이에 준하는 곳의 특고압 전로에 대하여는 그 접속상태를 모의모선의 사용 기타의 방법에 의하여 표시하여야 한다. 다만, 이러한 전로에 접속하는 특고압 전선로의 회선수가 2 이하이고 또한 특고압의 모선이 단일 모선인 경우에는 그러하지 아니하다.

답 ②

269

핵심이론 찾아보기▶핵심 02-7

산업 20년 출제

발전기를 구동하는 풍차의 압유장치의 유압, 압축공기장치의 공기압 또는 전동식 브레이드 제어장치의 전원전압이 현저히 저하한 경우 발전기를 자동적으로 전로로부터 차단하는 장치를 시설하여야 하는 발전기 용량은 몇 [kVA] 이상인가?

① 100　　② 300
③ 500　　④ 1,000

해설 **발전기 등의 보호장치(KEC 351.3)**
다음의 경우 자동적으로 전로로부터 차단하는 장치를 시설하여야 한다.
- 과전류, 과전압이 생긴 경우
- 500[kVA] 이상 : 수차 압유장치 유압 저하
- 100[kVA] 이상 : 풍차 압유장치 유압 저하
- 2,000[kVA] 이상 : 수차 발전기 베어링 온도 상승
- 10,000[kVA] 이상 : 발전기 내부 고장
- 10,000[kW] 초과 : 증기 터빈의 베어링 마모, 온도 상승

답 ①

270

핵심이론 찾아보기▶핵심 02-7

산업 19년 출제

발전기의 보호장치에 있어서 과전류, 압유장치의 유압 저하 및 베어링의 온도가 현저히 상승한 경우 자동적으로 이를 전로로부터 차단하는 장치를 시설하여야 한다. 이에 해당되지 않는 것은?

① 발전기에 과전류가 생긴 경우
② 용량 10,000[kVA] 이상인 발전기의 내부에 고장이 생긴 경우
③ 원자력발전소에 시설하는 비상용 예비발전기에 있어서 비상용 노심냉각장치가 작동한 경우
④ 용량 100[kVA] 이상의 발전기를 구동하는 풍차의 압유장치의 유압, 압축공기장치의 공기압이 현저히 저하한 경우

해설 **발전기 등의 보호장치(KEC 351.3)**

다음의 경우 자동적으로 전로로부터 차단하는 장치를 시설하여야 한다.

- 과전류, 과전압이 생긴 경우
- 500[kVA] 이상 : 수차 압유장치 유압 저하
- 100[kVA] 이상 : 풍차 압유장치 유압 저하
- 2,000[kVA] 이상 : 수차 발전기 베어링 온도 상승
- 10,000[kVA] 이상 : 발전기 내부 고장
- 10,000[kW] 초과 : 증기 터빈의 베어링 마모, 온도 상승

답 ③

271

핵심이론 찾아보기▶핵심 02-7

산업 17·16년 출제

타냉식 특고압용 변압기의 냉각장치에 고장이 생긴 경우 시설해야 하는 보호장치는?

① 경보장치 ② 온도측정장치 ③ 자동차단장치 ④ 과전류측정장치

해설 **특고압용 변압기의 보호장치(KEC 351.4)**

뱅크용량의 구분	동작조건	장치의 종류
5,000[kVA] 이상 10,000[kVA] 미만	변압기 내부 고장	자동차단장치 또는 경보장치
10,000[kVA] 이상	변압기 내부 고장	자동차단장치
타냉식 변압기	냉각장치 고장 또는 변압기 온도 현저히 상승	경보장치

답 ①

272

핵심이론 찾아보기▶핵심 02-7

산업 22·14년 출제

내부 고장이 발생하는 경우를 대비하여 자동차단장치 또는 경보장치를 시설하여야 하는 특고압용 변압기의 뱅크용량의 구분으로 알맞은 것은?

① 5,000[kVA] 미만
② 5,000[kVA] 이상 10,000[kVA] 미만
③ 10,000[kVA] 이상
④ 10,000[kVA] 이상 15,000[kVA] 미만

해설 **특고압용 변압기의 보호장치(KEC 351.4)**

뱅크용량의 구분	동작조건	장치의 종류
5,000[kVA] 이상 10,000[kVA] 미만	변압기 내부 고장	자동차단장치 또는 경보장치
10,000[kVA] 이상	변압기 내부 고장	자동차단장치
타냉식 변압기	냉각장치 고장 또는 변압기 온도 현저히 상승	경보장치

답 ②

273

핵심이론 찾아보기▶핵심 02-7 산업 20년 출제

뱅크용량 15,000[kVA] 이상인 분로리액터에서 자동적으로 전로로부터 차단하는 장치가 동작하는 경우가 아닌 것은?

① 내부 고장 시 ② 과전류 발생 시
③ 과전압 발생 시 ④ 온도가 현저히 상승한 경우

해설 조상설비의 보호장치(KEC 351.5)

설비종별	뱅크용량의 구분	자동 차단하는 장치
전력용 커패시터 및 분로리액터	500[kVA] 초과 15,000[kVA] 미만	내부 고장, 과전류
	15,000[kVA] 이상	내부 고장, 과전류, 과전압
조상기	15,000[kVA] 이상	내부 고장

답 ④

274

핵심이론 찾아보기▶핵심 02-7 산업 19년 출제

내부에 고장이 생긴 경우에 자동적으로 전로로부터 차단하는 장치가 반드시 필요한 것은?

① 뱅크용량 1,000[kVA]인 변압기 ② 뱅크용량 10,000[kVA]인 조상기
③ 뱅크용량 300[kVA]인 분로리액터 ④ 뱅크용량 1,000[kVA]인 전력용 커패시터

해설 조상설비의 보호장치(KEC 351.5)

설비종별	뱅크용량의 구분	자동 차단하는 장치
전력용 커패시터 및 분로리액터	500[kVA] 초과 15,000[kVA] 미만	내부 고장, 과전류
	15,000[kVA] 이상	내부 고장, 과전류, 과전압
조상기	15,000[kVA] 이상	내부 고장

전력용 커패시터는 뱅크용량 500[kVA] 초과하여야 내부 고장 시 차단장치를 한다. 답 ④

275

핵심이론 찾아보기▶핵심 02-7 산업 18년 출제

조상기의 보호장치로서 내부 고장 시에 자동적으로 전로로부터 차단되는 장치를 설치하여야 하는 조상기 용량은 몇 [kVA] 이상인가?

① 5,000 ② 7,500 ③ 10,000 ④ 15,000

해설 조상설비의 보호장치(KEC 351.5)

설비종별	뱅크용량	자동차단장치
조상기	15,000[kVA] 이상	내부에 고장이 생긴 경우

답 ④

276

핵심이론 찾아보기▶핵심 02-7 산업 19년 출제

154/22.9[kV]용 변전소의 변압기에 반드시 시설하지 않아도 되는 계측장치는?

① 전압계 ② 전류계 ③ 역률계 ④ 온도계

해설 계측장치(KEC 351.6) – 변전소

- 주요 변압기의 전압 및 전류 또는 전력
- 특고압용 변압기의 온도

답 ③

277

핵심이론 찾아보기▶핵심 02-7

산업 17년 출제

동기발전기를 사용하는 전력계통에 시설하여야 하는 계측장치는?

① 비상조속기
② 분로리액터
③ 동기검정장치
④ 절연유 유출방지설비

해설 **계측장치(KEC 351.6)**
동기발전기(同期發電機)를 시설하는 경우에는 동기검정장치를 시설하여야 한다.

답 ③

278

핵심이론 찾아보기▶핵심 02-7

산업 22·17년 출제

변전소의 주요 변압기에서 계측하여야 하는 사항 중 계측장치가 꼭 필요하지 않은 것은? (단, 전기철도용 변전소의 주요 변압기는 제외한다.)

① 전압
② 전류
③ 전력
④ 주파수

해설 **계측장치(KEC 351.6) – 변전소**
- 주요 변압기의 전압 및 전류 또는 전력
- 특고압용 변압기의 온도

답 ④

279

핵심이론 찾아보기▶핵심 02-7

산업 17년 출제

변전소의 주요 변압기에 시설하지 않아도 되는 계측장치는?

① 전압계
② 역률계
③ 전류계
④ 전력계

해설 **계측장치(KEC 351.6) – 변전소**
- 주요 변압기의 전압 및 전류 또는 전력
- 특고압용 변압기의 온도

※ 역률은 부하설비에서 발생하므로 발·변전소에서는 역률계를 시설하지 않는다.

답 ②

280

핵심이론 찾아보기▶핵심 02-7

산업 13년 출제

발전소에 시설하여야 하는 계측장치가 계측할 대상이 아닌 것은?

① 발전기, 연료전지의 전압 및 전류
② 발전기의 베어링 및 고정자 온도
③ 고압용 변압기의 온도
④ 주요 변압기의 전압 및 전류

해설 **계측장치(KEC 351.6) – 발전소**
- 발전기, 연료전지 또는 태양전지 모듈의 전압, 전류, 전력
- 발전기 베어링 및 고정자의 온도
- 정격출력이 10,000[kW]를 초과하는 증기 터빈에 접속하는 발전기의 진동의 진폭
- 주요 변압기의 전압, 전류, 전력
- 특고압용 변압기의 온도

답 ③

281

핵심이론 찾아보기▶핵심 02-7 산업 17년 출제

변전소를 관리하는 기술원이 상주하는 장소에 경보장치를 시설하지 아니하여도 되는 것은?

① 조상기 내부에 고장이 생긴 경우
② 주요 변압기의 전원측 전로가 무전압으로 된 경우
③ 특고압용 타냉식 변압기의 냉각장치가 고장난 경우
④ 출력 2,000[kVA] 특고압용 변압기의 온도가 현저히 상승한 경우

해설 상주 감시를 하지 아니하는 변전소의 시설(KEC 351.9)

다음의 경우에는 변전제어소 또는 기술원이 상주하는 장소에 경보장치를 시설하여야 한다.

- 차단기가 자동적으로 차단한 경우
- 주요 변압기의 전원측 전로가 무전압으로 된 경우
- 제어회로의 전압이 현저히 저하한 경우
- 옥내변전소에 화재가 발생한 경우
- 출력 3,000[kVA]를 초과하는 특고압용 변압기는 온도가 현저히 상승한 경우
- 특고압용 타냉식 변압기는 냉각장치가 고장난 경우
- 조상기는 내부에 고장이 생긴 경우
- 수소냉각식 조상기 안의 수소의 순도가 90[%] 이하로 저하한 경우
- 가스절연기기의 절연가스의 압력이 현저히 저하한 경우

답 ④

282

핵심이론 찾아보기▶핵심 03-1 산업 19년 출제

전력보안통신용 전화설비를 시설하여야 하는 곳은?

① 2 이상의 발전소 상호 간
② 원격감시 제어가 되는 변전소
③ 원격감시 제어가 되는 급전소
④ 원격감시 제어가 되지 않는 발전소

해설 전력보안통신설비의 시설 요구사항(KEC 362.1)

- 원격감시 제어가 되지 아니하는 발전소·변전소·발전제어소·변전제어소·개폐소 및 전선로의 기술원 주재소와 급전소 간
- 2 이상의 급전소 상호 간과 이들을 총합 운용하는 급전소 간
- 수력설비의 보안상 필요한 양수소 및 강수량 관측소와 수력발전소 간

답 ④

283

핵심이론 찾아보기▶핵심 03-1 산업 22·18년 출제

전력보안통신용 전화설비를 시설하지 않아도 되는 것은?

① 원격감시 제어가 되지 아니하는 발전소
② 원격감시 제어가 되지 아니하는 변전소
③ 2 이상의 급전소 상호 간과 이들을 총합 운용하는 급전소 간
④ 발전소로서 전기 공급에 지장을 미치지 않고, 휴대용 전력보안통신 전화설비에 의하여 연락이 확보된 경우

해설 전력보안통신설비의 시설 요구사항(KEC 362.1)

- 원격감시 제어가 되지 아니하는 발전소·변전소·발전제어소·변전제어소·개폐소 및 전선로의 기술원 주재소와 급전소 간

• 2 이상의 급전소 상호 간과 이들을 총합 운용하는 급전소 간
• 수력설비의 보안상 필요한 양수소 및 강수량 관측소와 수력발전소 간

답 ④

284

핵심이론 찾아보기▶핵심 03-1 산업 13년 출제

전력보안통신용 전화설비를 시설하지 않아도 되는 경우는?

① 수력설비의 강수량 관측소와 수력발전소 간
② 동일 수계에 속한 수력발전소 상호 간
③ 발전제어소와 기상대 사이
④ 휴대용 전화설비를 갖춘 22.9[kV] 변전소와 기술원 주재소

해설 전력보안통신설비의 시설 요구사항(KEC 362.1)
• 원격감시 제어가 되지 아니하는 발전소·변전소·발전제어소·변전제어소·개폐소 및 전선로의 기술원 주재소와 급전소 간
• 2 이상의 급전소 상호 간과 이들을 총합 운용하는 급전소 간
• 수력설비의 보안상 필요한 양수소 및 강수량 관측소와 수력발전소 간
• 동일 수계에 속하고 보안상 긴급 연락의 필요가 있는 수력발전소 상호 간
• 발전소·변전소·발전제어소·변전제어소·개폐소·급전소 및 기술원 주재소와 전기설비의 보안상 긴급 연락의 필요가 있는 기상대·측후소·소방서 및 방사선 감시계측 시설물 등의 사이

답 ④

285

핵심이론 찾아보기▶핵심 03-2 산업 22·18년 출제

전력보안 가공통신선을 횡단보도교 위에 시설하는 경우, 그 노면상 높이는 몇 [m] 이상으로 하여야 하는가?

① 3.0 ② 3.5
③ 4.0 ④ 4.5

해설 전력보안통신선의 시설 높이와 이격거리(KEC 362.2)
• 도로 위에 시설하는 경우 지표상 5[m] 이상
• 철도 또는 궤도를 횡단하는 경우 레일면상 6.5[m] 이상
• 횡단보도교 위에 시설하는 경우 그 노면상 3[m] 이상

답 ①

286

핵심이론 찾아보기▶핵심 03-2 산업 13년 출제

가공전선로의 지지물에 시설하는 통신선은 가공전선과의 이격거리를 몇 [cm] 이상 유지하여야 하는가? (단, 가공전선은 고압으로 케이블을 사용한다.)

① 30 ② 45
③ 60 ④ 75

해설 전력보안통신선의 시설 높이와 이격거리(KEC 362.2)
통신선과 고압 가공전선 사이의 이격거리는 60[cm] 이상일 것. 다만, 고압 가공전선이 케이블인 경우에 통신선이 절연전선과 동등 이상의 절연성능이 있는 것인 경우에는 30[cm] 이상으로 할 수 있다.

답 ①

287 핵심이론 찾아보기▶핵심 03-4

산업 17년 출제

특고압 가공전선로의 지지물에 시설하는 통신선 또는 이에 직접 접속하는 통신선 중 옥내에 시설하는 부분은 몇 [V] 이상의 저압 옥내배선의 규정에 준하여 시설하도록 하고 있는가?

① 150 ② 300

③ 380 ④ 400

해설 **특고압 가공전선로 첨가설치 통신선에 직접 접속하는 옥내 통신선의 시설(KEC 362.7)**
특고압 가공전선로의 지지물에 시설하는 통신선에 직접 접속하는 옥내 통신선의 시설은 400[V] 초과의 저압 옥내배선의 규정에 준하여 시설하여야 한다.

답 ④

288 핵심이론 찾아보기▶핵심 03-4

산업 22년 출제

통신설비의 식별표시에 대한 사항으로 알맞지 않은 것은?

① 모든 통신기기에는 식별이 용이하도록 인식용 표찰을 부착하여야 한다.
② 통신사업자의 설비표시명판은 플라스틱 및 금속판 등 견고하고 가벼운 재질로 하고 글씨는 각인하거나 지워지지 않도록 제작된 것을 사용하여야 한다.
③ 배전주에 시설하는 통신설비의 설비표시명판의 경우 직선주는 전주 10경간마다 시설하여야 한다.
④ 배전주에 시설하는 통신설비의 설비표시명판의 경우 분기주, 인류주는 매 전주에 시설하여야 한다.

해설 **통신설비의 식별(KEC 365) – 설비표시명판 시설기준**
- 배전주에 시설하는 통신설비의 설비표시명판
  - 직선주는 전주 5경간마다 시설할 것
  - 분기주, 인류주는 매 전주에 시설할 것
- 지중설비에 시설하는 통신설비의 설비표시명판
  - 관로는 맨홀마다 시설할 것
  - 전력구 내 행거는 50[m] 간격으로 시설할 것

답 ③

289 핵심이론 찾아보기▶핵심 03-6

산업 19년 출제

특고압 가공전선로의 지지물에 시설하는 가공통신 인입선은 조영물의 붙임점에서 지표상의 높이를 몇 [m] 이상으로 하여야 하는가? (단, 교통에 지장이 없고 또한 위험의 우려가 없을 때에 한한다.)

① 2.5 ② 3

③ 3.5 ④ 4

해설 **가공통신 인입선 시설(KEC 362.12)**
- 가공통신선 : 차량이 통행하는 노면상의 높이는 4.5[m] 이상, 조영물의 붙임점에서의 지표상의 높이는 2.5[m] 이상
- 특고압 가공전선로의 지지물에 시설하는 가공통신 인입선 부분의 높이 및 다른 가공약전류전선 등 사이의 이격거리 : 노면상의 높이는 5[m] 이상, 조영물의 붙임점에서의 지표상의 높이는 3.5[m] 이상, 다른 가공약전류전선 등 사이의 이격거리는 0.6[m] 이상

답 ③

290 핵심이론 찾아보기▶핵심 03-6

산업 17년 출제

가공전선로의 지지물에 시설하는 통신선 또는 이에 직접 접속하는 가공 통신선의 높이에 대한 설명 중 틀린 것은?

① 도로를 횡단하는 경우에는 지표상 6[m] 이상으로 한다.
② 철도 또는 궤도를 횡단하는 경우에는 레일면상 6[m] 이상으로 한다.
③ 횡단보도교의 위에 시설하는 경우에는 그 노면상 5[m] 이상으로 한다.
④ 도로를 횡단하는 경우, 저압이나 고압의 가공전선로의 지지물에 시설하는 통신선이 교통에 지장을 줄 우려가 없는 경우에는 지표상 5[m]까지 감할 수 있다.

해설 전력보안통신선의 시설 높이와 이격거리(KEC 362.2)

가공전선로의 지지물에 시설하는 통신선의 높이는 다음에 따라야 한다.

- 도로 횡단 : 노면상 6[m] 이상(교통 지장 없는 경우 5[m])
- 철도, 궤도 횡단 : 레일면상 6.5[m] 이상
- 횡단보도교의 위
  - 저압, 고압의 가공전선로 : 노면상 3.5[m](통신선이 절연전선, 첨가통신용 케이블 3[m])
  - 특고압 가공전선로 : 광섬유 케이블 노면상 4[m]
  - 기타 : 지표상 5[m] 이상

답 ②

291 핵심이론 찾아보기▶핵심 03-7

산업 19년 출제

특고압 가공전선로의 지지물에 시설하는 통신선 또는 이것에 직접 접속하는 통신선일 경우에 설치하여야 할 보안장치로서 모두 옳은 것은?

① 특고압용 제2종 보안장치, 고압용 제2종 보안장치
② 특고압용 제1종 보안장치, 특고압용 제3종 보안장치
③ 특고압용 제2종 보안장치, 특고압용 제3종 보안장치
④ 특고압용 제1종 보안장치, 특고압용 제2종 보안장치

해설 전력보안통신설비의 보안장치(KEC 362.10)

특고압 가공전선로의 지지물에 시설하는 통신선 또는 이에 직접 접속하는 통신선에 접속하는 휴대전화기를 접속하는 곳 및 옥외전화기를 시설하는 곳에는 특고압용 제1종 보안장치, 특고압용 제2종 보안장치를 시설하여야 한다.

답 ④

292 핵심이론 찾아보기▶핵심 03-10

산업 22·20·19·18·16년 출제

전력보안통신설비인 무선통신용 안테나를 지지하는 목주의 풍압하중에 대한 안전율은 얼마 이상으로 해야 하는가?

① 0.5 ② 0.9
③ 1.2 ④ 1.5

해설 무선용 안테나 등을 지지하는 철탑 등의 시설(KEC 364.1)

- 목주의 풍압하중에 대한 안전율은 1.5 이상
- 철주·철근콘크리트주 또는 철탑의 기초 안전율은 1.5 이상

답 ④

293

핵심이론 찾아보기▶핵심 03-10 산업 16년 출제

전력보안통신설비인 무선용 안테나 등을 지지하는 철주의 기초 안전율은 얼마 이상이어야 하는가?

① 1.3 ② 1.5
③ 1.8 ④ 2.0

해설 무선용 안테나 등을 지지하는 철탑 등의 시설(KEC 364.1)
- 목주의 풍압하중에 대한 안전율은 1.5 이상
- 철주・철근콘크리트주 또는 철탑의 기초 안전율은 1.5 이상

답 ②

294

핵심이론 찾아보기▶핵심 03-10 산업 16년 출제

전력보안통신설비인 무선용 안테나 등의 시설에 관한 설명으로 옳은 것은?

① 항상 가공전선로의 지지물에 시설한다.
② 피뢰침 설비가 불가능한 개소에 시설한다.
③ 접지와 공용으로 사용할 수 있도록 시설한다.
④ 전선로의 주위 상태를 감시할 목적으로 시설한다.

해설 무선용 안테나 등의 시설 제한(KEC 364.2)
무선용 안테나 등은 전선로의 주위 상태를 감시하거나 배전자동화, 원격검침 등 지능형 전력망을 목적으로 시설하는 것 이외에는 가공전선로의 지지물에 시설하여서는 아니 된다.

답 ④

295

핵심이론 찾아보기▶핵심 04-1 산업 22・19・17・14년 출제

가공 직류 전차선의 레일면상의 높이는 일반적으로 몇 [m] 이상이어야 하는가?

① 6.0 ② 5.5
③ 5.0 ④ 4.8

해설 전차선 및 급전선의 높이(KEC 431.6)

시스템 종류	공칭전압[V]	동적[mm]	정적[mm]
직류	750	4,800	4,400
	1,500	4,800	4,400
단상교류	25,000	4,800	4,570

답 ④

296

핵심이론 찾아보기▶핵심 04-1 산업 13년 출제

교류식 전기철도의 전차선과 식물 사이의 이격거리는 몇 [m] 이상이어야 하는가?

① 2 ② 3
③ 5 ④ 6

해설 전차선 등과 식물 사이의 이격거리(KEC 431.11)
교류 전차선 등 충전부와 식물 사이의 이격거리는 5[m] 이상이어야 한다.

답 ③

297

핵심이론 찾아보기▶핵심 04-3

산업 22·13년 출제

직류 귀선의 궤도 근접 부분이 금속제 지중관로와 1[km] 안에 접근하는 경우에는 지중관로에 대한 어떤 장해를 방지하기 위한 조치를 취하여야 하는가?

① 전파에 의한 장해
② 전류누설에 의한 장해
③ 전식작용에 의한 장해
④ 토양붕괴에 의한 장해

해설 **전기부식방지에 의한 장해 방지(기술기준 제48조)**
직류 귀선은 누설전류에 의하여 생기는 전기부식작용에 의한 장해의 우려가 없도록 시설하여야 한다.

답 ③

298

핵심이론 찾아보기▶핵심 05-1

산업 22년 출제

전기저장장치의 시설기준으로 잘못된 것은?

① 전선은 공칭단면적 2.5[mm^2] 이상의 연동선 또는 이와 동등 이상의 세기 및 굵기의 것이어야 한다.
② 단자를 체결 또는 잠글 때 너트나 나사는 풀림방지 기능이 있는 것을 사용하여야 한다.
③ 외부터미널과 접속하기 위해 필요한 접점의 압력이 사용기간 동안 유지되어야 한다.
④ 옥측 또는 옥외에 시설할 경우에 애자 공사로 시설할 것

해설 **전기저장장치의 시설(KEC 512)**
전기배선을 옥측 또는 옥외에 시설할 경우에는 금속관, 합성수지관, 가요전선관 또는 케이블 공사의 규정에 준하여 시설하여야 한다.

답 ④

299

핵심이론 찾아보기▶핵심 05-2

산업 22·18년 출제

태양전지발전소에 태양전지 모듈 등을 시설할 경우 사용전선(연동선)의 공칭단면적은 몇 [mm^2] 이상이어야 하는가?

① 1.6
② 2.5
③ 5
④ 10

해설 **전기배선(KEC 522.1.1)**
전선은 공칭단면적 2.5[mm^2] 이상의 연동선으로 하고, 배선은 합성수지관 공사, 금속관 공사, 가요전선관 공사 또는 케이블 공사로 시설해야 한다.

답 ②

300

핵심이론 찾아보기▶핵심 05-2

산업 22년 출제

태양광설비에 시설하여야 하는 계측기의 계측대상에 해당하는 것은?

① 전압과 전류
② 전력과 역률
③ 전류와 역률
④ 역률과 주파수

해설 **태양광설비의 계측장치(KEC 522.3.6)**
태양광설비에는 전압과 전류 또는 전압과 전력을 계측하는 장치를 시설하여야 한다.

답 ①

MEMO

최근 과년도 출제문제

2020년 제1·2회 통합 기출문제

2020년 제3회 기출문제

2021년 제1회 CBT 기출복원문제

2021년 제2회 CBT 기출복원문제

2021년 제3회 CBT 기출복원문제

2022년 제1회 CBT 기출복원문제

2022년 제2회 CBT 기출복원문제

2022년 제3회 CBT 기출복원문제

"할 수 있다고 믿는 사람은 그렇게 되고,
할 수 없다고 믿는 사람 역시 그렇게 된다."

- 샤를 드골 -

2020. 6. 6. 시행

2020년 제1·2회 통합 기출문제

제1과목 전기자기학

01 그림과 같이 권수가 1이고 반지름이 a[m]인 원형 코일에 전류 I[A]가 흐르고 있다. 원형 코일 중심에서의 자계의 세기[AT/m]는?

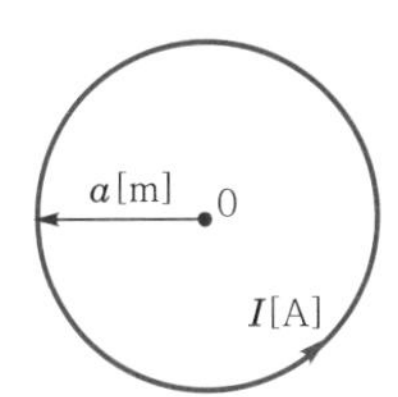

① $\dfrac{I}{a}$　② $\dfrac{I}{2a}$

③ $\dfrac{I}{3a}$　④ $\dfrac{I}{4a}$

해설 비오-사바르의 법칙

$H=\dfrac{I\cdot l}{4\pi r^2}\sin\theta$[AT/m]에서

원주 길이 $l=2\pi a$[m]

접선과 거리의 각 $\theta=90°$

중심점 자계의 세기 $H=\dfrac{I2\pi a}{4\pi a^2}\sin 90°$

$=\dfrac{I}{2a}$[AT/m]

02 자기 인덕턴스가 L_1, L_2이고 상호 인덕턴스가 M인 두 회로의 결합 계수가 1일 때 성립되는 식은?

① $L_1\cdot L_2=M$　② $L_1\cdot L_2<M^2$

③ $L_1\cdot L_2>M^2$　④ $L_1\cdot L_2=M^2$

해설 상호 인덕턴스 $M^2\le L_1\cdot L_2$에서

$M^2=K\cdot L_1L_2$(결합 계수 $K=1$)

$=L_1L_2$

03 대전된 도체 표면의 전하 밀도를 σ[C/m²]이라고 할 때 대전된 도체 표면의 단위 면적이 받는 정전 응력[N/m²]은 전하 밀도 σ와 어떤 관계에 있는가?

① $\sigma^{1/2}$에 비례　② $\sigma^{3/2}$에 비례

③ σ에 비례　④ σ^2에 비례

해설 정전 응력 $f=\dfrac{F}{S}$[N/m²]

$f=\dfrac{1}{2}\varepsilon E^2=\dfrac{D^2}{2\varepsilon}=\dfrac{\sigma^2}{2\varepsilon}\propto\sigma^2$

04 와전류(eddy current)손에 대한 설명으로 틀린 것은?

① 주파수에 비례한다.

② 저항에 반비례한다.

③ 도전율이 클수록 크다.

④ 자속 밀도의 제곱에 비례한다.

해설 와전류손 $P_e=\sigma_e K(tfB_m)^2\propto f^2$

여기서, σ_e : 와전류 상수

K : 도전율

t : 강판 두께

f : 주파수

B_m : 최대 자속 밀도

05 전계 내에서 폐회로를 따라 단위 전하가 일주할 때 전계가 한 일은 몇 [J]인가?

① ∞　② π

③ 1　④ 0

해설 전계는 보존장(비회전계) $\oint_C Edl=0$

일 $W=\oint Fdl=Q\oint E\cdot dl=0$

전계 내에서 폐회로를 따라 단위 전하를 일주할 때 한 일은 항상 0이다.

정답 01. ② 02. ④ 03. ④ 04. ① 05. ④

06 **다음 중 두 전하 사이 거리의 세제곱에 비례하는 것은?**

① 두 구전하 사이에 작용하는 힘
② 전기 쌍극자에 의한 전계
③ 직선 전하에 의한 전계
④ 전하에 의한 전위

해설 두 전하 중심에서 거리의 세제곱에 반비례하는 것은 전기 쌍극에 의한 전계의 세기이다.

전계의 세기 $E=\dfrac{M}{4\pi\varepsilon_0 r^3}\sqrt{1+3\cos^2\theta}$ [V/m]

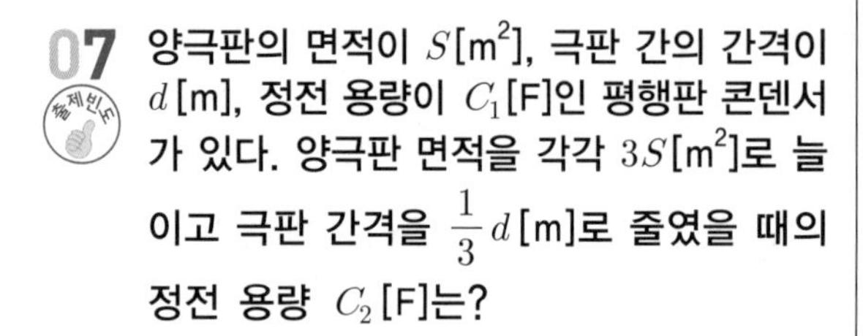

07 **양극판의 면적이 S[m²], 극판 간의 간격이 d[m], 정전 용량이 C_1[F]인 평행판 콘덴서가 있다. 양극판 면적을 각각 $3S$[m²]로 늘이고 극판 간격을 $\dfrac{1}{3}d$[m]로 줄였을 때의 정전 용량 C_2[F]는?**

① $C_2=C_1$
② $C_2=3C_1$
③ $C_2=6C_1$
④ $C_2=9C_1$

해설 정전 용량 $C_1=\dfrac{\varepsilon S}{d}$[F]

$$C_2=\frac{\varepsilon S'}{d'}=\frac{\varepsilon\cdot 3S}{\frac{1}{3}d}=9\frac{\varepsilon S}{d}=9C_1\text{[F]}$$

08 **진공 중에서 멀리 떨어져 있는 반지름이 각각 a_1[m], a_2[m]인 두 도체구를 V_1[V], V_2[V]인 전위를 갖도록 대전시킨 후 가는 도선으로 연결할 때 연결 후의 공통 전위 V[V]는?**

① $\dfrac{V_1}{a_1}+\dfrac{V_2}{a_2}$ ② $\dfrac{V_1+V_2}{a_1a_2}$

③ $a_1V_1+a_2V_2$ ④ $\dfrac{a_1V_1+a_2V_2}{a_1+a_2}$

해설
- 합성 전하 $Q=C_1V_1+C_2V_2=a_1V_1+a_2V_2$
- 합성 정전 용량 $C=C_1+C_2=a_1+a_2$(병렬 접속이므로)
- 공통 전위 $V=\dfrac{Q}{C}=\dfrac{a_1V_1+a_2V_2}{a_1+a_2}$[V]

09 **공기 중에 선간 거리 10[cm]의 평형 왕복 도선이 있다. 두 도선 간에 작용하는 힘이 4×10^{-6}[N/m]이었다면 도선에 흐르는 전류는 몇 [A]인가?**

① 1 ② 2
③ $\sqrt{2}$ ④ $\sqrt{3}$

해설 두 평행 도체 사이에 단위 길이당 작용하는 힘

$$f=\frac{2I_1I_2}{d}\times10^{-7}=\frac{2I^2}{d}\times10^{-7}\text{[N/m]}$$

$$\text{전류 } I=\sqrt{\frac{f\cdot d}{2}\times10^7}=\sqrt{\frac{4\times10^{-6}\times10\times10^{-2}}{2}\times10^7}=\sqrt{2}\text{[A]}$$

10 **정사각형 회로의 면적을 3배로, 흐르는 전류를 2배로 증가시키면 정사각형의 중심에서 자계의 세기는 약 몇 [%]가 되는가?**

① 47 ② 115
③ 150 ④ 225

해설 정사각형 중심점의 자계의 세기

$H=\dfrac{2\sqrt{2}I}{\pi l}$[AT/m]

$I'=2I$

$S'=3S=3l^2=l'^2$

$l'=\sqrt{3}l$

$$H'=\frac{2\sqrt{2}I'}{\pi l'}=\frac{2\sqrt{2}\,2I}{\pi\sqrt{3}l}=\frac{2}{\sqrt{3}}H=1.154H$$

정답 06. 정답 없음 07. ④ 08. ④ 09. ③ 10. ②

11 **유전체에서의 변위 전류에 대한 설명으로 틀린 것은?**

① 변위 전류가 주변에 자계를 발생시킨다.
② 변위 전류의 크기는 유전율에 반비례한다.
③ 전속 밀도의 시간적 변화가 변위 전류를 발생시킨다.
④ 유전체 중의 변위 전류는 진공 중의 전계 변화에 의한 변위 전류와 구속 전자의 변위에 의한 분극 전류와의 합이다.

해설 변위 전류 I_d는 유전체 중의 전속 밀도의 시간적 변화로 주변에 자계를 발생시킨다.

$$I_d = \frac{\partial D}{\partial t}S = \frac{\partial}{\partial t}(\varepsilon_0 E + P)S = \varepsilon\frac{\partial E}{\partial t}S'\ [\text{A}]$$

12 **그림과 같이 도체 1을 도체 2로 포위하여 도체 2를 일정 전위로 유지하고 도체 1과 도체 2의 외측에 도체 3이 있을 때 용량 계수 및 유도 계수의 성질로 옳은 것은?**

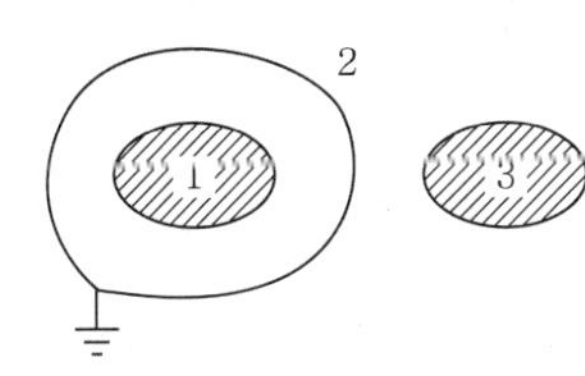

① $q_{23} = q_{11}$　　② $q_{13} = -q_{11}$
③ $q_{31} = q_{11}$　　④ $q_{21} = -q_{11}$

해설 정전 차폐에 의해

$Q_1 = q_{11}V_1 + q_{12}V_2$, $Q_2 = q_{21}V_1 + q_{22}V_2$

정전 유도 $Q_2 = -Q_1$

2도체 접지하여 $V_2 = 0$이므로

$q_{21}V_1 = -q_{11}V_1$

$\therefore q_{21} = -q_{11}$

13 **반지름이 9[cm]인 도체구 A에 8[C]의 전하가 균일하게 분포되어 있다. 이 도체구에 반지름 3[cm]인 도체구 B를 접촉시켰을 때 도체구 B로 이동한 전하는 몇 [C]인가?**

① 1　　② 2
③ 3　　④ 4

해설 구도체의 정전 용량 $C = 4\pi\varepsilon_0 a$이므로 반경에 비례한다. 따라서, $C_1 = 9[\mu\text{F}]$, $C_2 = 3[\mu\text{F}]$이다. 도체구를 접촉하면 전하의 분배법에서 전하를 구하면 다음과 같다.

$$Q_B = Q\frac{C_2}{C_1 + C_2} = 8 \times \frac{3}{9+3} = 2[\text{C}]$$

14 **내구의 반지름 a[m], 외구의 반지름 b[m]인 동심 구도체 간에 도전율이 k[S/m]인 저항 물질이 채워져 있을 때 내외 구간의 합성저항[Ω]은?**

출제빈도

① $\dfrac{1}{8\pi k}\left(\dfrac{1}{a} - \dfrac{1}{b}\right)$　　② $\dfrac{1}{4\pi k}\left(\dfrac{1}{a} - \dfrac{1}{b}\right)$
③ $\dfrac{1}{2\pi k}\left(\dfrac{1}{a} - \dfrac{1}{b}\right)$　　④ $\dfrac{1}{\pi k}\left(\dfrac{1}{a} + \dfrac{1}{b}\right)$

해설 정전 용량 $C = \dfrac{4\pi\varepsilon}{\dfrac{1}{a} - \dfrac{1}{b}}[\text{F}]$

$R \cdot C = \rho \cdot \varepsilon = \dfrac{\varepsilon}{k}$

동심구의 저항 $R = \dfrac{\frac{\varepsilon}{k}}{C} = \dfrac{\varepsilon}{k}\dfrac{1}{4\pi\varepsilon}\left(\dfrac{1}{a} - \dfrac{1}{b}\right)$

$= \dfrac{1}{4\pi k}\left(\dfrac{1}{a} - \dfrac{1}{b}\right)[\Omega]$

15 **전계 E[V/m] 및 자계 H[AT/m]의 에너지가 자유 공간 사이를 C[m/s]의 속도로 전파될 때 단위 시간에 단위 면적을 지나는 에너지[W/m²]는?**

출제빈도

① $\dfrac{1}{2}EH$　　② EH
③ EH^2　　④ E^2H

해설
- 전파 속도 $v = \dfrac{1}{\sqrt{\varepsilon\mu}}[\text{m/s}]$
- 고유 임피던스 $\eta = \dfrac{E}{H} = \dfrac{\sqrt{\mu}}{\sqrt{\varepsilon}}[\Omega]$

정답 11. ② 12. ④ 13. ② 14. ② 15. ②

• 전자 에너지 $W = W_E + W_H = \frac{1}{2}(\varepsilon E^2 + \mu H^2)$

$= \sqrt{\varepsilon\mu}\, EH[\text{J/m}^3]$

• 단위 면적당 전력 $P = v \cdot W$

$= \frac{1}{\sqrt{\varepsilon\mu}} \cdot \sqrt{\varepsilon\mu}\, EH$

$= EH[\text{W/m}^2]$

16 자성체에 대한 자화의 세기를 정의한 것으로 틀린 것은?

① 자성체의 단위 체적당 자기 모멘트
② 자성체의 단위 면적당 자화된 자하량
③ 자성체의 단위 면적당 자화선의 밀도
④ 자성체의 단위 면적당 자기력선의 밀도

해설 자화의 세기 $J[\text{Wb/m}^2]$

$J = \frac{m'}{S} = \frac{m' \cdot l}{S \cdot l} = \frac{M'}{V}$

여기서, m' : 자하량=자화선[Wb]

M' : 자기 모멘트[Wb · m]

17 환상 솔레노이드의 자기 인덕턴스[H]와 반비례하는 것은?

① 철심의 투자율
② 철심의 길이
③ 철심의 단면적
④ 코일의 권수

해설 환상 솔레노이드의 자기 인덕턴스 L

$L = \frac{\mu N^2 S}{l}[\text{H}]$

18 유전율이 각각 다른 두 종류의 유전체 경계면에 전속이 입사될 때 이 전속은 어떻게 되는가? (단, 경계면에 수직으로 입사하지 않는 경우이다.)

① 굴절 ② 반사
③ 회절 ④ 직진

해설 유전율이 각각 ε_1, ε_2인 두 종류의 유전체 경계면에 전속 및 전기력선이 입사할 때 전속과 전기력선은 굴절한다. 단, 경계면에 수직으로 입사하는 경우에는 굴절하지 않는다.

19 어떤 콘덴서에 비유전율 ε_s인 유전체로 채워져 있을 때의 정전 용량 C와 공기로 채워져 있을 때의 정전 용량 C_0의 비 $\frac{C}{C_0}$는?

① ε_s
② $\frac{1}{\varepsilon_s}$
③ $\sqrt{\varepsilon_s}$
④ $\frac{1}{\sqrt{\varepsilon_s}}$

해설
• 정전 용량 $C_0 = \frac{\varepsilon_0 S}{d}$, $C = \frac{\varepsilon S}{d}$
• 비유전율 $\varepsilon_s = \frac{C}{C_0} = \frac{\varepsilon}{\varepsilon_0}$

20 투자율이 각각 μ_1, μ_2인 두 자성체의 경계면에서 자기력선의 굴절 법칙을 나타낸 식은?

① $\frac{\mu_1}{\mu_2} = \frac{\sin\theta_1}{\sin\theta_2}$
② $\frac{\mu_1}{\mu_2} = \frac{\sin\theta_2}{\sin\theta_1}$
③ $\frac{\mu_1}{\mu_2} = \frac{\tan\theta_1}{\tan\theta_2}$
④ $\frac{\mu_1}{\mu_2} = \frac{\tan\theta_2}{\tan\theta_1}$

해설 자성체의 굴절 법칙
• $H_1\sin\theta_1 = H_2\sin\theta_2$
• $B_1\cos\theta_1 = B_2\cos\theta_2$
• $\frac{\mu_1}{\mu_2} = \frac{\tan\theta_1}{\tan\theta_2}$

정답 16. ④ 17. ② 18. ① 19. ① 20. ③

제2과목 전력공학

21 다음 중 송·배전 선로의 진동 방지 대책에 사용되지 않는 기구는?

① 댐퍼
② 조임쇠
③ 클램프
④ 아머로드

해설 가공 전선로의 전선 진동을 방지하기 위한 시설은 댐퍼 또는 클램프 부근에 적당히 전선을 첨가하는 아머로드 등을 시설한다.

22 교류 송전 방식과 직류 송전 방식을 비교할 때 교류 송전 방식의 장점에 해당하는 것은?

출제빈도

① 전압의 승압, 강압 변경이 용이하다.
② 절연 계급을 낮출 수 있다.
③ 송전 효율이 좋다.
④ 안정도가 좋다.

해설 교류 송전 방식은 직류 송전 방식에 비하여 승압 및 강압 변경이 쉬워 고압 송전에 유리하고, 전력 계통의 연계가 용이하다.

23 반동 수차의 일종으로 주요 부분은 러너, 안내 날개, 스피드링 및 흡출관 등으로 되어 있으며 50 ~ 500[m] 정도의 중낙차 발전소에 사용되는 수차는?

① 카플란 수차
② 프란시스 수차
③ 펠턴 수차
④ 튜블러 수차

해설 ① 카플란 수차 : 저낙차용(약 50[m] 이하)
② 프란시스 수차 : 중낙차용(약 50 ~ 500[m])
③ 펠턴 수차 : 고낙차용(약 500[m] 이상)
④ 튜블러 수차 : 15[m] 이하의 조력 발전용

24 주상 변압기의 2차측 접지는 어느 것에 대한 보호를 목적으로 하는가?

① 1차측의 단락
② 2차측의 단락
③ 2차측의 전압 강하
④ 1차측과 2차측의 혼촉

해설 주상 변압기 2차측에는 혼촉에 의한 위험을 방지하기 위하여 접지 공사를 시행하여야 한다.

25 가공 전선을 단도체식으로 하는 것보다 같은 단면적의 복도체식으로 하였을 경우에 대한 내용으로 틀린 것은?

출제빈도

① 전선의 인덕턴스가 감소된다.
② 전선의 정전 용량이 감소된다.
③ 코로나 발생률이 작아진다.
④ 송전 용량이 증가한다.

해설 **복도체 및 다도체의 특징**
- 같은 도체 단면적의 단도체보다 인덕턴스와 리액턴스가 감소하고 정전 용량이 증가하여 송전 용량을 크게 할 수 있다.
- 전선 표면의 전위 경도를 저감시켜 코로나 임계 전압을 높게 하므로 코로나 발생을 방지한다.
- 전력 계통의 안정도를 증대시킨다.

26 전압이 일정값 이하로 되었을 때 동작하는 것으로서, 단락 시 고장 검출용으로도 사용되는 계전기는?

① OVR
② OVGR
③ NSR
④ UVR

해설 전압이 일정값 이하로 되었을 때 동작하는 계전기는 부족 전압 계전기(UVR)로, 단락 고장 검출용으로 사용된다.

정답 21. ② 22. ① 23. ② 24. ④ 25. ② 26. ④

27 **반한시성 과전류 계전기의 전류-시간 특성에 대한 설명으로 옳은 것은?**

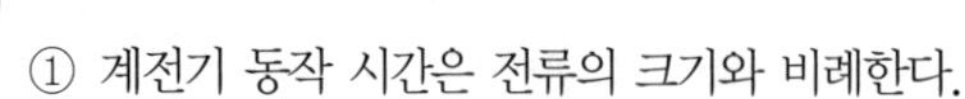

① 계전기 동작 시간은 전류의 크기와 비례한다.

② 계전기 동작 시간은 전류의 크기와 관계없이 일정하다.

③ 계전기 동작 시간은 전류의 크기와 반비례한다.

④ 계전기 동작 시간은 전류 크기의 제곱에 비례한다.

해설 **계전기 동작 시간에 의한 분류**

- 순한시 계전기 : 정정된 최소 동작 전류 이상의 전류가 흐르면 즉시 동작하는 계전기
- 정한시 계전기 : 정정된 값 이상의 전류가 흐르면 정해진 일정 시간 후에 동작하는 계전기
- 반한시 계전기 : 정정된 값 이상의 전류가 흐를 때 전류값이 크면 동작 시간은 짧아지고, 전류값이 작으면 동작 시간이 길어진다.

28 **페란티 현상이 발생하는 원인은?**

① 선로의 과도한 저항

② 선로의 정전 용량

③ 선로의 인덕턴스

④ 선로의 급격한 전압 강하

해설 페란티 효과(Ferranti effect)란 경부하 또는 무부하인 경우에는 선로의 정전 용량에 의한 충전 전류의 영향이 크게 작용해서 진상 전류가 흘러 수전단 전압이 송전단 전압보다 높게 되는 것으로, 방지 대책은 분로 리액터를 설치하는 것이다.

29 **100[MVA]의 3상 변압기 2뱅크를 가지고 있는 배전용 2차측의 배전선에 시설할 차단기 용량[MVA]은? (단, 변압기는 병렬로 운전되며, 각각의 %Z는 20[%]이고, 전원의 임피던스는 무시한다.)**

① 1,000　　② 2,000

③ 3,000　　④ 4,000

해설 차단기 용량 $P_s = \dfrac{100}{\%Z}P_n$

$$= \frac{100}{\frac{20}{2}} \times 100 = 1,000[\text{MVA}]$$

30 **발전기나 변압기의 내부 고장 검출로 주로 사용되는 계전기는?**

① 역상 계전기

② 과전압 계전기

③ 과전류 계전기

④ 비율 차동 계전기

해설 비율 차동 계전기는 발전기나 변압기의 내부 고장 보호에 적용한다.

31 **연가의 효과로 볼 수 없는 것은?**

① 선로 정수의 평형

② 대지 정전 용량의 감소

③ 통신선의 유도 장해 감소

④ 직렬 공진의 방지

해설 연가의 효과는 선로 정수를 평형시켜 통신선에 대한 유도 장해 방지 및 전선로의 직렬 공진을 방지한다.

32 **다음 중 단락 전류를 제한하기 위하여 사용되는 것은?**

① 한류 리액터

② 사이리스터

③ 현수 애자

④ 직렬 콘덴서

해설 한류 리액터를 사용하는 이유는 단락 사고로 인한 단락 전류를 제한하여 기기 및 계통을 보호하기 위함이다.

정답 27. ③ 28. ② 29. ① 30. ④ 31. ② 32. ①

33 단상 2선식 교류 배전 선로가 있다. 전선의 1가닥 저항이 0.15[Ω]이고, 리액턴스는 0.25[Ω]이다. 부하는 순저항 부하이고 100[V], 3[kW]이다. 급전점의 전압[V]은 약 얼마인가?

① 105 ② 110
③ 115 ④ 124

해설 순저항 부하이므로 역률이 1이므로 급전점 전압은 다음과 같다.

$$V_s = V_r + I(R\cos\theta_r + X\sin\theta_r)$$
$$= 100 + \left(\frac{3{,}000}{100} \times 0.15 \times 1 + 0.25 \times 0\right) \times 2\text{선}$$
$$= 109 \fallingdotseq 110[\text{V}]$$

34 배전 선로의 전압을 $\sqrt{3}$ 배로 증가시키고 동일한 전력 손실률로 송전할 경우 송전 전력은 몇 배로 증가되는가?

① $\sqrt{3}$ ② $\frac{3}{2}$
③ 3 ④ $2\sqrt{3}$

해설 동일한 손실일 경우 송전 전력은 전압의 제곱에 비례하므로 전압이 $\sqrt{3}$ 배로 되면 전력은 3배로 된다.

35 송전 선로에서 역섬락을 방지하는 가장 유효한 방법은?

출제빈도

① 피뢰기를 설치한다.
② 가공 지선을 설치한다.
③ 소호각을 설치한다.
④ 탑각 접지 저항을 작게 한다.

해설 철탑의 대지 전기 저항이 크게 되면 뇌전류가 흐를 때 철탑의 전위가 상승하여 역섬락이 생길 수 있으므로 매설 지선을 사용하여 철탑의 탑각 저항을 저감시켜야 한다.

36 열의 일당량에 해당되는 단위는?

① kcal/kg ② kg/cm^2
③ kcal/cm^3 ④ kg·m/kcal

해설 열의 일당량은 일의 양 A[kg·m]와 열량 Q[kcal]의 비이다.

37 전력 계통의 경부하 시나 또는 다른 발전소의 발전 전력에 여유가 있을 때 이 잉여 전력을 이용하여 전동기로 펌프를 돌려서 물을 상부의 저수지에 저장하였다가 필요에 따라 이 물을 이용해서 발전하는 발전소는?

① 조력 발전소
② 양수식 발전소
③ 유역 변경식 발전소
④ 수로식 발전소

해설 **양수식 발전소**
잉여 전력을 이용하여 하부 저수지의 물을 상부 저수지로 양수하여 저장하였다가 첨두 부하 등에 이용하는 발전소이다.

38 교류 단상 3선식 배전 방식을 교류 단상 2선식에 비교하면?

출제빈도

① 전압 강하가 크고, 효율이 낮다.
② 전압 강하가 작고, 효율이 낮다.
③ 전압 강하가 작고, 효율이 높다.
④ 전압 강하가 크고, 효율이 높다.

해설 **단상 3선식의 특징**
- 단상 2선식보다 전력은 2배 증가, 전압 강하율과 전력 손실이 $\frac{1}{4}$로 감소하고, 소요 전선량은 $\frac{3}{8}$으로 적어 배전 효율이 높다.
- 110[V] 부하와 220[V] 부하의 사용이 가능하다.

정답 33. ② 34. ③ 35. ④ 36. ④ 37. ② 38. ③

39 어느 변전 설비의 역률을 60[%]에서 80[%]로 개선하는 데 2,800[kVA]의 전력용 커패시터가 필요하였다. 이 변전 설비의 용량은 몇 [kW]인가?

출제빈도

① 4,800 ② 5,000
③ 5,400 ④ 5,800

해설 전력용 커패시터 용량 $Q = P(\tan\theta_1 - \tan\theta_2)$에서

전력 $P = \dfrac{Q}{\tan\theta_1 - \tan\theta_2}$

$= \dfrac{2{,}800}{\tan\cos^{-1}0.6 - \tan\cos^{-1}0.8}$

$= 4{,}800[\text{kW}]$

40 지상 부하를 가진 3상 3선식 배전 선로 또는 단거리 송전 선로에서 선간 전압 강하를 나타낸 식은? (단, I, R, X, θ는 각각 수전단 전류, 선로 저항, 리액턴스 및 수전단 전류의 위상각이다.)

① $I(R\cos\theta + X\sin\theta)$
② $2I(R\cos\theta + X\sin\theta)$
③ $\sqrt{3}I(R\cos\theta + X\sin\theta)$
④ $3I(R\cos\theta + X\sin\theta)$

해설 3상 선로의 전압 강하

$e = \sqrt{3}I(R\cos\theta + X\sin\theta)$

제3과목 전기기기

41 임피던스 강하가 5[%]인 변압기가 운전 중 단락되었을 때 그 단락 전류는 정격 전류의 몇 배인가?

출제빈도

① 20 ② 25
③ 30 ④ 35

해설 퍼센트 임피던스 강하 $\%Z = \dfrac{IZ}{V} \times 100$

$= \dfrac{I_n}{I_s} \times 100[\%]$

단락 전류 $I_s = \dfrac{100}{\%Z}I_n = \dfrac{100}{5}I_n = 20I_n[\text{A}]$

42 변압기의 임피던스 와트와 임피던스 전압을 구하는 시험은?

① 부하 시험 ② 단락 시험
③ 무부하 시험 ④ 충격 전압 시험

해설 임피던스 전압 V_s는 변압기 2차측을 단락했을 때 단락 전류가 정격 전류와 같은 값을 가질 때 1차측에 인가한 전압이며, 임피던스 와트는 임피던스 전압을 공급할 때 변압기의 입력으로, 임피던스 와트와 임피던스 전압을 구하는 시험은 단락 시험이다.

43 수은 정류기에 있어서 정류기의 밸브 작용이 상실되는 현상을 무엇이라고 하는가?

① 통호 ② 실호
③ 역호 ④ 점호

해설 수은 정류기에 있어서 밸브 작용의 상실은 과부하에 의해 과전류가 흘러 양극점에 수은 방울이 부착하여 전자가 역류하는 현상으로, 역호라고 한다.

44 기동 시 정류자의 불꽃으로 라디오의 장해를 주며 단락 장치의 고장이 일어나기 쉬운 전동기는?

① 직류 직권 전동기
② 단상 직권 전동기
③ 반발 기동형 단상 유도 전동기
④ 셰이딩 코일형 단상 유도 전동기

해설 반발 기동형 단상 유도 전동기는 정류자와 브러시를 갖고 있으며 기동 토크가 큰 반면, 유도 장해와 단락 장치의 고장이 발생할 수 있는 전동기이다.

정답 39. ① 40. ③ 41. ① 42. ② 43. ③ 44. ③

45 **8극, 유도 기전력 100[V], 전기자 전류 200[A]인 직류 발전기의 전기자 권선을 중권에서 파권으로 변경했을 경우의 유도 기전력과 전기자 전류는?**

① 100[V], 200[A] ② 200[V], 100[A]
③ 400[V], 50[A] ④ 800[V], 25[A]

해설 유도 기전력 $E=\dfrac{Z}{a}P\phi\dfrac{N}{60}\propto\dfrac{1}{a}$

전기자 전류 $I_a=aI\propto a$

중권의 병렬 회로수 $a=p=8$, 파권 $a=2$이므로

파권의 경우 병렬 회로수가 $\dfrac{1}{4}$로 감소하므로

파권 $E_{파}=\dfrac{E_{중}}{\dfrac{1}{4}}=4\times100=400[\text{V}]$

파권 $I_{파}=\dfrac{1}{4}I_{중}=\dfrac{1}{4}\times200=50[\text{A}]$

46 **어떤 공장에 뒤진 역률 0.8인 부하가 있다. 이 선로에 동기 조상기를 병렬로 결선해서 선로의 역률을 0.95로 개선하였다. 개선 후 전력의 변화에 대한 설명으로 틀린 것은?**

① 피상 전력과 유효 전력은 감소한다.
② 피상 전력과 무효 전력은 감소한다.
③ 피상 전력은 감소하고 유효 전력은 변화가 없다.
④ 무효 전력은 감소하고 유효 전력은 변화가 없다.

해설 동기 조상기를 접속하여 역률을 개선하면 피상 전력 P_a와 무효 전력 P_r은 감소하고 유효 전력 P는 변화가 없다.

47 **직류 발전기의 병렬 운전에서 균압 모선을 필요로 하지 않는 것은?**

① 분권 발전기 ② 직권 발전기
③ 평복권 발전기 ④ 과복권 발전기

해설 안정된 병렬 운전을 위해 균압 모선(균압선)을 필요로 하는 직류 발전기는 직권 계자 권선이 있는 직권 발전기와 복권 발전기이다.

48 **3상 동기기의 제동 권선을 사용하는 주목적은?**

① 출력이 증가한다. ② 효율이 증가한다.
③ 역률을 개선한다. ④ 난조를 방지한다.

해설 제동 권선은 동기기의 회전자 표면에 농형 유도 전동기의 회전자 권선과 같은 권선을 설치하고 동기 속도를 벗어나면 전류가 흘러서 난조를 제동하는 작용을 한다.

49 **동기기의 과도 안정도를 증가시키는 방법이 아닌 것은?**

① 속응 여자 방식을 채용한다.
② 동기 탈조 계전기를 사용한다.
③ 동기화 리액턴스를 작게 한다.
④ 회전자의 플라이휠 효과를 작게 한다.

해설 **동기기의 안정도 향상책**

- 단락비가 클 것
- 동기 임피던스는 작을 것
- 조속기 동작이 신속할 것
- 관성 모멘트(플라이휠 효과)가 클 것
- 속응 여자 방식을 채택할 것
- 동기 탈조 계전기를 설치할 것

50 **전기자 저항과 계자 저항이 각각 0.8[Ω]인 직류 직권 전동기가 회전수 200[rpm], 전기자 전류 30[A]일 때 역기전력은 300[V]이다. 이 전동기의 단자 전압을 500[V]로 사용한다면 전기자 전류가 위와 같은 30[A]로 될 때의 속도[rpm]는? (단, 전기자 반작용, 마찰손, 풍손 및 철손은 무시한다.)**

① 200 ② 301
③ 452 ④ 500

정답 45. ③ 46. ① 47. ① 48. ④ 49. ④ 50. ②

해설 회전 속도 $N \fallingdotseq k\dfrac{E}{\phi}$

$200 = k\dfrac{300}{\phi} \quad \left(\because \dfrac{k}{\phi} = \dfrac{2}{3}\right)$

$N' = k\dfrac{V' - I_a(R_a + r_f)}{\phi}$

$= \dfrac{2}{3}\{500 - 30 \times (0.8 + 0.8)\}$

$= 301.3 \fallingdotseq 301[\text{rpm}]$

51 SCR에 대한 설명으로 옳은 것은?

① 증폭 기능을 갖는 단방향성 3단자 소자이다.
② 제어 기능을 갖는 양방향성 3단자 소자이다.
③ 정류 기능을 갖는 단방향성 3단자 소자이다.
④ 스위칭 기능을 갖는 양방향성 3단자 소자이다.

해설 SCR은 pnpn의 4층 구조로, 정류, 제어 및 스위칭 기능의 단일 방향성 3단자 소자이다.

52 전압비 3,300/110[V], 1차 누설 임피던스 $Z_1 = 12 + j13[\Omega]$, 2차 누설 임피던스 $Z_2 = 0.015 + j0.013[\Omega]$인 변압기가 있다. 1차로 환산된 등가 임피던스[Ω]는?

① $22.7 + j25.5$　　② $24.7 + j25.5$
③ $25.5 + j22.7$　　④ $25.5 + j24.7$

해설 2차 누설 임피던스를 1차로 환산하면 다음과 같다.

$Z_2' = a^2 Z_2 = 30^2 \times (0.015 + j0.013)$

$= 13.5 + j11.7[\Omega]$

등가 임피던스 $Z_{12} = Z_1 + Z_2'$

$= (12 + 13.5) + j(13 + 11.7)$

$= 25.5 + j24.7[\Omega]$

53 직류 분권 전동기의 정격 전압 220[V], 정격 전류 105[A], 전기자 저항 및 계자 회로의 저항이 각각 0.1[Ω] 및 40[Ω]이다. 기동 전류를 정격 전류의 150[%]로 할 때의 기동 저항은 약 몇 [Ω]인가?

① 0.46　　② 0.92
③ 1.21　　④ 1.35

해설 기동 전류 $I_s = 1.5I = 1.5 \times 105 = 157.5[\text{A}]$

전기자 전류 $I_a = I_s - I_f = 157.5 - \dfrac{220}{40} = 152[\text{A}]$

$I_a = \dfrac{V}{R_a + R_s}$에서

기동 저항 $R_s = \dfrac{V}{I_a} - R_a$

$= \dfrac{220}{152} - 0.1 = 1.347 \fallingdotseq 1.35[\Omega]$

54 3상 유도 전동기의 전원 주파수와 전압의 비가 일정하고 정격 속도 이하로 속도를 제어하는 경우 전동기의 출력 P와 주파수 f와의 관계는?

① $P \propto f$　　② $P \propto \dfrac{1}{f}$
③ $P \propto f^2$　　④ P는 f에 무관

해설 3상 유도 전동기의 속도 제어에서 주파수 제어를 하는 경우 토크 T를 일정하게 유지하려면 자속 ϕ가 일정하여야 하므로 전압과 출력은 주파수에 비례하여야 한다.

55 유도 전동기의 주파수가 60[Hz]이고 전부하에서 회전수가 매분 1,164회이면 극수는? (단, 슬립은 3[%]이다.)

① 4　　② 6
③ 8　　④ 10

해설 회전 속도 $N = N_s(1 - s)$

동기 속도 $N_s = \dfrac{R_o f}{P} = \dfrac{N}{1 - s} = \dfrac{1{,}164}{1 - 0.03}$

$= 1{,}200[\text{rpm}]$

극수 $P = \dfrac{120f}{N_s} = \dfrac{120 \times 60}{1{,}200} = 6[\text{극}]$

정답 51. ③ 52. ④ 53. ④ 54. ① 55. ②

56 **단상 다이오드 반파 정류 회로인 경우 정류 효율은 약 몇 [%]인가? (단, 저항 부하인 경우이다.)**

① 12.6 ② 40.6
③ 60.6 ④ 81.2

해설 단상 반파 정류에서

직류 평균 전류 $I_d = \dfrac{I_m}{\pi}$

교류 실효 전류 $I = \dfrac{I_m}{2}$

정류 효율 $\eta = \dfrac{P_{dc}(\text{직류 출력})}{P_{ac}(\text{교류 입력})} \times 100$

$$= \frac{\left(\frac{I_m}{\pi}\right)^2 \cdot R}{\left(\frac{I_m}{2}\right)^2 \cdot R} \times 100 = \frac{4}{\pi^2} \times 100$$

$= 40.6[\%]$

57 **동기 발전기의 단자 부근에서 단락이 발생되었을 때 단락 전류에 대한 설명으로 옳은 것은?**

① 서서히 증가한다.
② 발전기는 즉시 정지한다.
③ 일정한 큰 전류가 흐른다.
④ 처음은 큰 전류가 흐르나 점차 감소한다.

해설 단락 초기에는 누설 리액턴스 x_l만에 의해 제어되므로 큰 전류가 흐르다가 수초 후에는 반작용 리액턴스 x_a가 발생되어 동기 리액턴스 x_s가 단락 전류를 제한하므로 점차 감소하게 된다.

58 **변압기에서 1차측의 여자 어드미턴스를 Y_0라고 한다. 2차측으로 환산한 여자 어드미턴스 $Y_0{}'$를 옳게 표현한 식은? (단, 권수비를 a라고 한다.)**

① $Y_0{}' = a^2 Y_0$ ② $Y_0{}' = a Y_0$
③ $Y_0{}' = \dfrac{Y_0}{a^2}$ ④ $Y_0{}' = \dfrac{Y_0}{a}$

해설 1차 임피던스를 2차측으로 환산하면 다음과 같다.

$Z_1{}' = \dfrac{Z_1}{a^2}[\Omega]$

1차 여자 어드미턴스를 2차측으로 환산하면 다음과 같다.

$Y_0{}' = a^2 Y_0[\mho]$

59 **8극, 50[kW], 3,300[V], 60[Hz]인 3상 권선형 유도 전동기의 전부하 슬립이 4[%]라고 한다. 이 전동기의 슬립링 사이에 0.16[Ω]의 저항 3개를 Y로 삽입하면 전부하 토크를 발생할 때의 회전수[rpm]는? (단, 2차 각 상의 저항은 0.04[Ω]이고, Y접속이다.)**

① 660
② 720
③ 750
④ 880

해설 동기 속도 $N_s = \dfrac{120 \cdot f}{P} = \dfrac{120 \times 60}{8} = 900[\text{rpm}]$

동일 토크의 조건 $\dfrac{r_2}{s} = \dfrac{r_2 + R}{s'}$

$\dfrac{0.04}{0.04} = \dfrac{0.04 + 0.16}{s'}$ 에서 $s' = 0.2$

회전 속도 $N' = N_s(1 - s')$

$= 900 \times (1 - 0.2)$

$= 720[\text{rpm}]$

60 **3상 유도 전동기의 전원측에서 임의의 2선을 바꾸어 접속하여 운전하면?**

출제빈도

① 즉각 정지된다.
② 회전 방향이 반대가 된다.
③ 바꾸지 않았을 때와 동일하다.
④ 회전 방향은 불변이나 속도가 약간 떨어진다.

해설 3상 유도 전동기의 전원측에서 3선 중 2선의 접속을 바꾸면 회전 자계가 역회전하여 전동기의 회전 방향이 반대로 된다.

정답 56. ② 57. ④ 58. ① 59. ② 60. ②

제4과목 회로이론

61 회로의 4단자 정수로 틀린 것은?

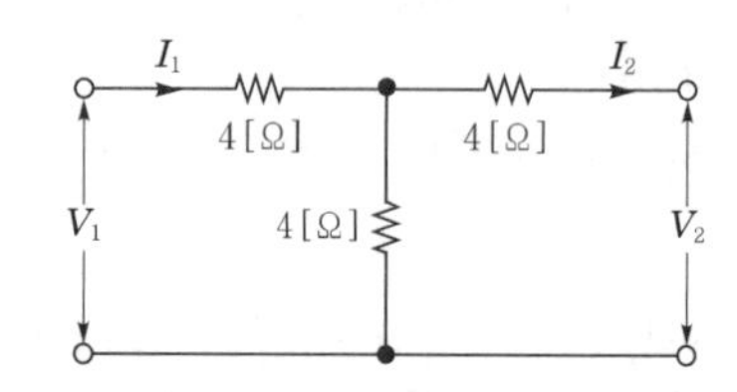

① $A=2$　② $B=12$

③ $C=\frac{1}{4}$　④ $D=6$

해설 T형 회로의 4단자 정수

$$A=1+\frac{4}{4}=2[\Omega]$$

$$B=\frac{4\times4+4\times4+4\times4}{4}=12[\Omega]$$

$$C=\frac{1}{4}[\Omega]$$

$$D=1+\frac{4}{4}=2[\Omega]$$

T형 대칭 회로는 $A=D$이다.

62 푸리에 급수로 표현된 왜형파 $f(t)$가 반파 대칭 및 정현 대칭일 때 $f(t)$에 대한 특징으로 옳은 것은?

$$f(t)=a_0+\sum_{n=1}^{\infty}a_n\cos n\omega t+\sum_{n=1}^{\infty}b_n\sin n\omega t$$

① a_n의 우수항만 존재한다.

② a_n의 기수항만 존재한다.

③ b_n의 우수항만 존재한다.

④ b_n의 기수항만 존재한다.

해설 **반파 및 정현 대칭의 특징**

반파 대칭과 정현 대칭의 공통 성분인 홀수항(기수항)의 sin항만 존재한다.

$$\therefore\ f(t)=\sum_{n=1}^{\infty}b_n\sin n\omega t\ (n=1,\ 3,\ 5,\ \cdots\cdots)$$

63 용량이 50[kVA]인 단상 변압기 3대를 Δ결선하여 3상으로 운전하는 중 1대의 변압기에 고장이 발생하였다. 나머지 2대의 변압기를 이용하여 3상 V결선으로 운전하는 경우 최대 출력은 몇 [kVA]인가?

① $30\sqrt{3}$　② $50\sqrt{3}$

③ $100\sqrt{3}$　④ $200\sqrt{3}$

해설 V결선의 출력 $P=\sqrt{3}\,VI\cos\theta$[W]

최대 출력은 $\cos\theta=1$인 경우이므로

$P=\sqrt{3}\,VI$

여기서, VI는 단상 변압기의 1대 용량이므로

$P=50\sqrt{3}$[kVA]

64 그림과 같은 회로에서 L_2에 흐르는 전류 I_2[A]가 단자 전압 V[V]보다 위상이 90° 뒤지기 위한 조건은? (단, ω는 회로의 각주파수[rad/s]이다.)

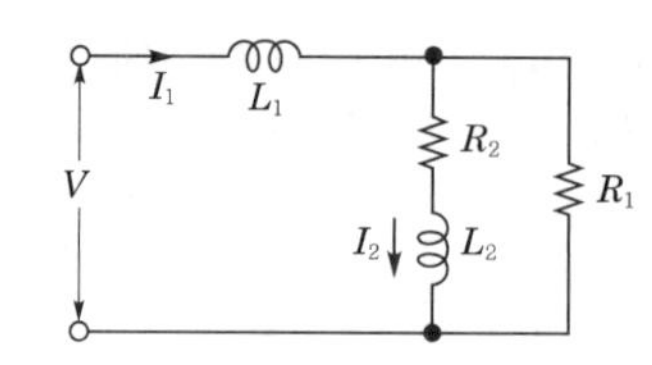

① $\frac{R_2}{R_1}=\frac{L_2}{L_1}$　② $R_1R_2=L_1L_2$

③ $R_1R_2=\omega L_1L_2$　④ $R_1R_2=\omega^2L_1L_2$

해설 전전류 $I_1=\dfrac{V}{j\omega L_1+\dfrac{R_1R_2+j\omega R_1L_2}{R_1+R_2+j\omega L_2}}$

I_2는 분류 법칙에 의해

$$I_2=\frac{R_2}{R_1+R_2+j\omega L_2}\times\frac{V}{j\omega L_1+\dfrac{R_1R_2+j\omega R_1L_2}{R_1+R_2+j\omega L_2}}$$

$$=\frac{R_2V}{j\omega L_1R_1+j\omega L_1R_2-\omega^2L_1L_2+R_1R_2+j\omega R_1L_2}$$

여기서, I_2가 V보다 위상이 90° 뒤지기 위한 조건은 분모의 실수부가 0이면 된다.

$R_1R_2-\omega^2L_1L_2=0$

$\therefore\ R_1R_2=\omega^2L_1L_2$

정답 61. ④ 62. ④ 63. ② 64. ④

65 $f(t) = \sin t + 2\cos t$를 라플라스 변환하면?

① $\dfrac{2s}{s^2+1}$　　② $\dfrac{2s+1}{(s+1)^2}$

③ $\dfrac{2s+1}{s^2+1}$　　④ $\dfrac{2s}{(s+1)^2}$

해설 $\mathcal{L}[\sin\omega t] = \dfrac{\omega}{s^2+\omega^2}$, $\mathcal{L}[\cos\omega t] = \dfrac{s}{s^2+\omega^2}$

$$F(s) = \frac{1}{s^2+1} + \frac{2s}{s^2+1} = \frac{2s+1}{s^2+1}$$

66 그림과 같은 회로에서 스위치 S를 $t=0$에서 닫았을 때 $v_L(t)|_{t=0} = 100$[V], $\left.\dfrac{di(t)}{dt}\right|_{t=0} = 400$[A/s]이다. L[H]의 값은?

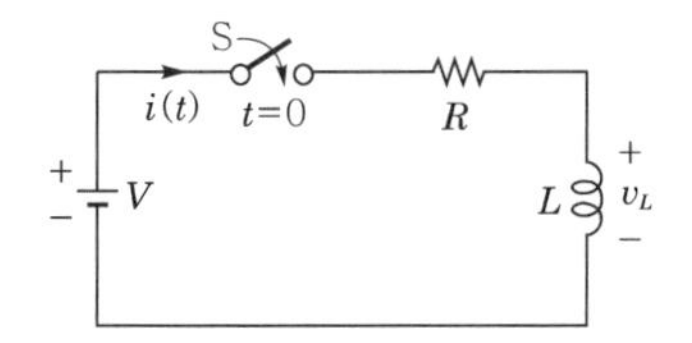

① 0.75　　② 0.5

③ 0.25　　④ 0.1

해설 $v_L(t) = L\dfrac{di}{dt}$[V]

$$L = \frac{v_L(t)}{\dfrac{di}{dt}} = \frac{100}{400} = 0.25[\text{H}]$$

67 어떤 전지에 연결된 외부 회로의 저항은 5[Ω]이고 전류는 8[A]가 흐른다. 외부 회로에 5[Ω] 대신 15[Ω]의 저항을 접속하면 전류는 4[A]로 떨어진다. 이 전지의 내부 기전력은 몇 [V]인가?

① 15　　② 20

③ 50　　④ 80

해설

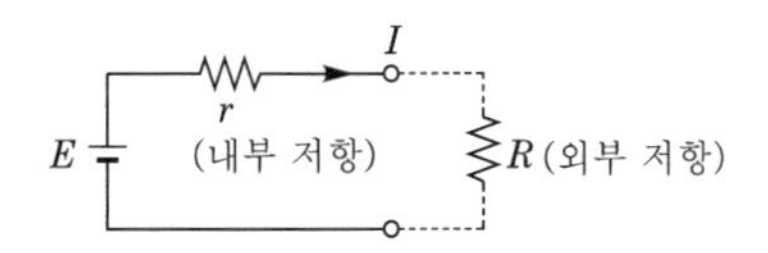

전지 회로에서 기전력 E는

$(5+r)\cdot 8 = 40+8r$ ……… ㉠

$(15+r)\cdot 4 = 60+4r$ …… ㉡

㉠=㉡이므로

$40+8r = 60+4r$

내부 저항 $r = 5$[Ω]이므로

∴ 전지의 기전력 $E = 80$[V]

68 파형률과 파고율이 모두 1인 파형은?

① 고조파　　② 삼각파

③ 구형파　　④ 사인파

해설 구형파

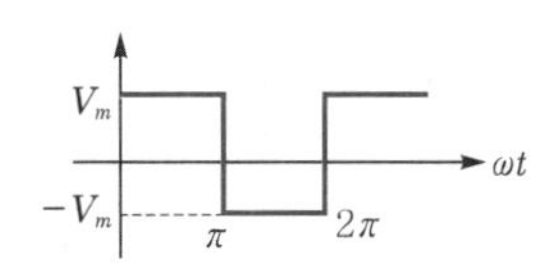

평균값 $V_{av} = V_m$, 실효값 $V = V_m$

파고율$= \dfrac{\text{최대값}}{\text{실효값}}$, 파형률$= \dfrac{\text{실효값}}{\text{평균값}}$

구형파는 평균값=실효값=최대값이므로 파고율=파형률이다.

69 r_1[Ω]인 저항에 r[Ω]인 가변 저항이 연결된 그림과 같은 회로에서 전류 I를 최소로 하기 위한 저항 r_2[Ω]는? (단, r[Ω]은 가변 저항의 최대 크기이다.)

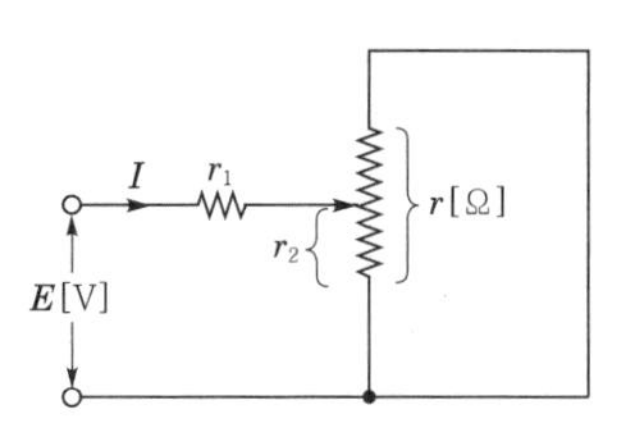

① $\dfrac{r_1}{2}$　　② $\dfrac{r}{2}$

③ r_1　　④ r

해설 전류 I가 최소가 되려면 합성 저항 R_o가 최대가 되어야 한다.

합성 저항 $R_o = r_1 + \dfrac{(r-r_2)r_2}{(r-r_2)+r_2}$

정답 65. ③ 66. ③ 67. ④ 68. ③ 69. ②

합성 저항 R_o의 최대 조건은 $\dfrac{dR_o}{dr_2}=0$

$$\frac{d}{dr_2}\left(r_1+\frac{rr_2-r_2^{\,2}}{r}\right)=0$$

$$r-2r_2=0$$

$$\therefore\ r_2=\frac{r}{2}[\Omega]$$

70 그림과 같은 4단자 회로망에서 출력측을 개방하니 $V_1=12$[V], $I_1=2$[A], $V_2=4$[V]이고, 출력측을 단락하니 $V_1=16$[V], $I_1=4$[A], $I_2=2$[A]이었다. 4단자 정수 A, B, C, D는 얼마인가?

출제빈도

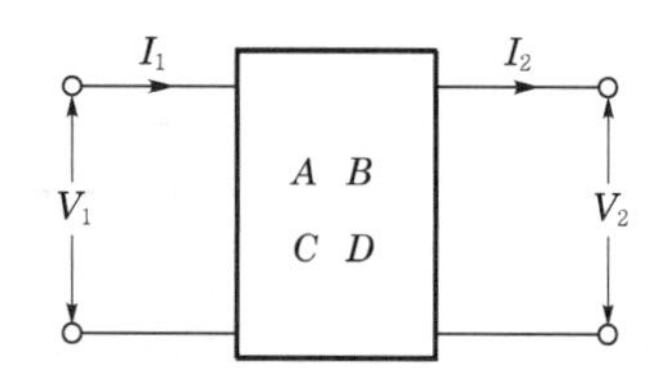

① $A=2$, $B=3$, $C=8$, $D=0.5$
② $A=0.5$, $B=2$, $C=3$, $D=8$
③ $A=8$, $B=0.5$, $C=2$, $D=3$
④ $A=3$, $B=8$, $C=0.5$, $D=2$

해설

$$A=\left.\frac{V_1}{V_2}\right|_{I_2=0}=\frac{12}{4}=3$$

$$B=\left.\frac{V_1}{I_2}\right|_{V_2=0}=\frac{16}{2}=8$$

$$C=\left.\frac{I_1}{V_2}\right|_{I_2=0}=\frac{2}{4}=0.5$$

$$D=\left.\frac{I_1}{I_2}\right|_{V_2=0}=\frac{4}{2}=2$$

71 $V=50\sqrt{3}-j50$[V], $I=15\sqrt{3}+j50$[A]일 때 유효 전력 P[W]와 무효 전력 Q[Var]는 각각 얼마인가?

① $P=3{,}000$, $Q=-1{,}500$
② $P=1{,}500$, $Q=-1{,}500\sqrt{3}$
③ $P=750$, $Q=-750\sqrt{3}$
④ $P=2{,}250$, $Q=-1{,}500\sqrt{3}$

해설 복소 전력 $P_a=\overline{V}I$

$$=(50\sqrt{3}+j50)(15\sqrt{3}+j15)$$
$$=1{,}500-j1{,}500\sqrt{3}$$

$\therefore\ P=1{,}500$[W], $Q=-1{,}500\sqrt{3}$[Var]

72 그림과 같은 회로에서 5[Ω]에 흐르는 전류는 몇 [A]인가?

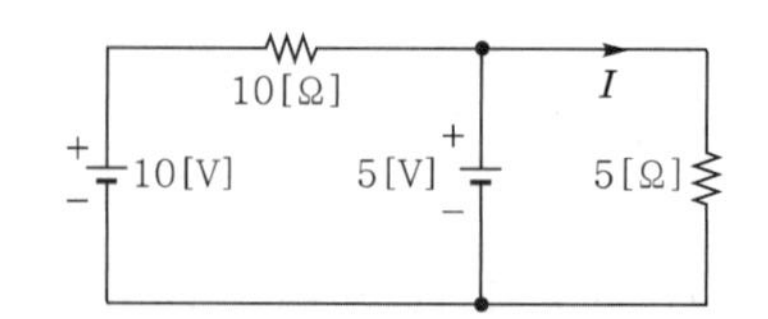

① $\dfrac{1}{2}$ ② $\dfrac{2}{3}$
③ 1 ④ $\dfrac{5}{3}$

해설 중첩의 정리에 의해
- 10[V] 전압원 존재 시 : 5[V] 전압원 단락
  ∴ 5[Ω]에 흐르는 전류는 없다.
- 5[V] 전압원 존재 시 : 10[V] 전압원 단락
  ∴ 5[Ω]에 흐르는 전류 $I=\dfrac{5}{5}=1$[A]

73 다음과 같은 회로에서 V_a, V_b, V_c[V]를 평형 3상 전압이라 할 때 전압 V_0[V]은?

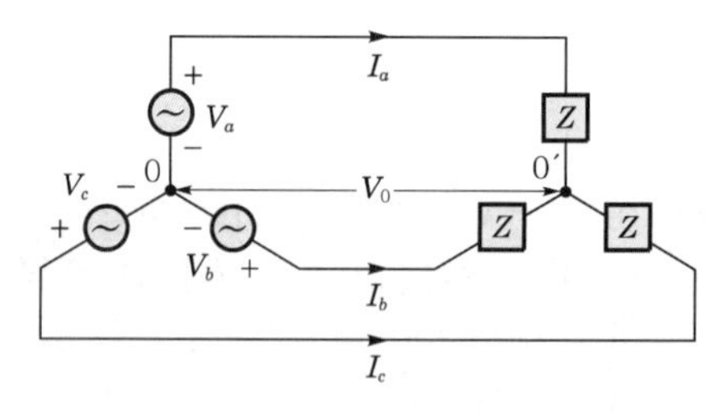

① 0 ② $\dfrac{V_1}{3}$
③ $\dfrac{2}{3}V_1$ ④ V_1

해설 V_0는 중성점의 전압으로

$$V_a+V_b+V_c=V+a^2V+aV$$
$$=(1+a^2+a)V=0$$

평형 3상 전압의 합은 0이 된다.

정답 70. ④ 71. ② 72. ③ 73. ①

74 RC 직렬 회로의 과도 현상에 대한 설명으로 옳은 것은?

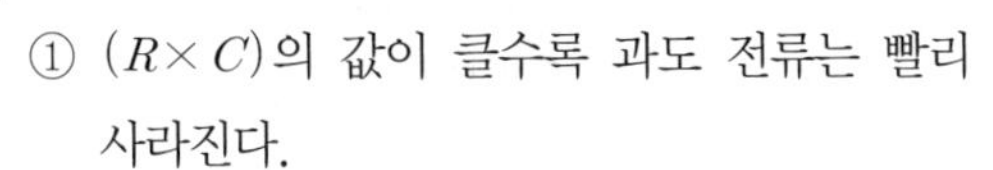

① $(R\times C)$의 값이 클수록 과도 전류는 빨리 사라진다.

② $(R\times C)$의 값이 클수록 과도 전류는 천천히 사라진다.

③ 과도 전류는 $(R\times C)$의 값에 관계가 없다.

④ $\dfrac{1}{R\times C}$의 값이 클수록 과도 전류는 천천히 사라진다.

해설 RC 직렬의 직류 회로의 시정수 $\tau=RC$[s]
시정수의 값이 클수록 과도 상태는 오랫동안 지속된다.
∴ RC의 값이 클수록 과도 전류는 천천히 사라진다.

75 어떤 회로에 흐르는 전류가 $i(t)=7+14.1\sin\omega t$[A]인 경우 실효값은 약 몇 [A]인가?

① 11.2

② 12.2

③ 13.2

④ 14.2

해설 **비정현파 전류의 실효값**
각 고조파의 실효값의 제곱의 합의 제곱근이다.
$I=\sqrt{I_0^{\ 2}+I_1^{\ 2}}=\sqrt{7^2+10^2}=12.2$[A]

76 9[Ω]과 3[Ω]인 저항 6개를 그림과 같이 연결하였을 때 a와 b 사이의 합성 저항[Ω]은?

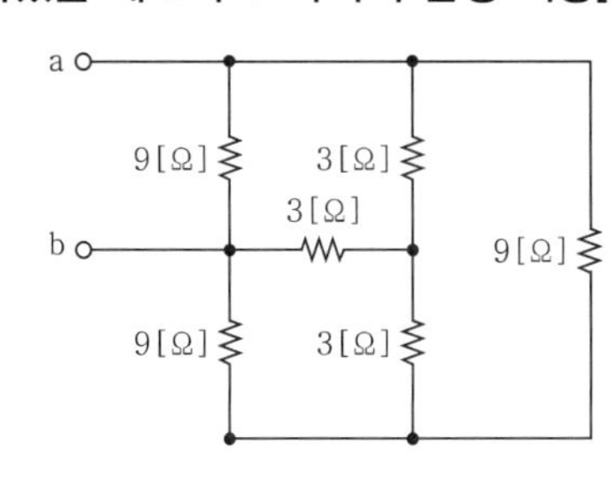

① 9　② 4
③ 3　④ 2

해설

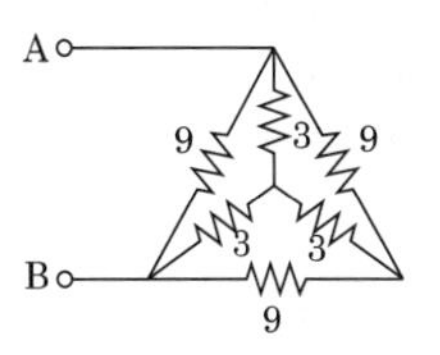

△결선을 Y결선으로 등가 변환하면

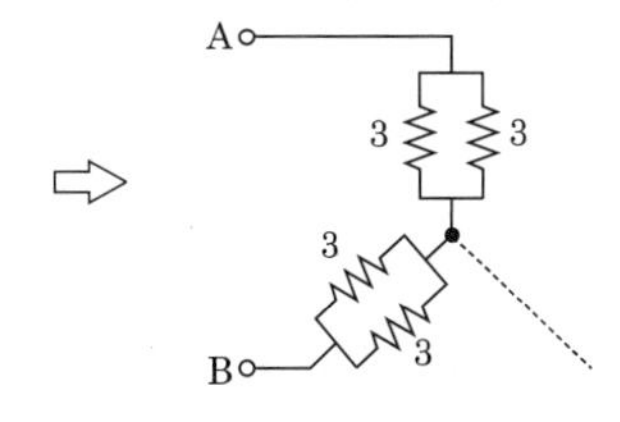

∴ 합성 저항 $R_{AB}=\dfrac{3\times 3}{3+3}+\dfrac{3\times 3}{3+3}=3$[Ω]

77 그림과 같은 회로의 전달 함수는? (단, 초기 조건은 0이다.)

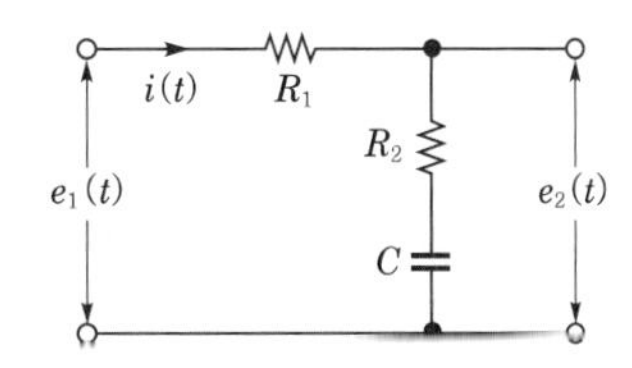

① $\dfrac{R_2+Cs}{R_1+R_2+Cs}$

② $\dfrac{R_1+R_2+Cs}{R_1+Cs}$

③ $\dfrac{R_2Cs+1}{R_2Cs+R_1Cs+1}$

④ $\dfrac{R_1Cs+R_2Cs+1}{R_2Cs+1}$

해설 전압비 전달 함수 $G(s)=\dfrac{E_2(s)}{E_1(s)}$이므로 임피던스의 비가 된다.

$$G(s)=\frac{R_2+\frac{1}{Cs}}{R_1+R_2+\frac{1}{Cs}}=\frac{R_2Cs+1}{R_1Cs+R_2Cs+1}$$

정답 74. ② 75. ② 76. ③ 77. ③

78 전류의 대칭분이 $I_0 = -2+j4$[A], $I_1 = 6-j5$[A], $I_2 = 8+j10$[A]일 때 3상 전류 중 a상 전류(I_a)의 크기($|I_a|$)는 몇 [A]인가? (단, I_0는 영상분이고, I_1은 정상분이고, I_2는 역상분이다.)

① 9
② 12
③ 15
④ 19

해설 비대칭 전류와 대칭분 전류

$I_a = I_0 + I_1 + I_2$

$I_b = I_0 + a^2 I_1 + aI_2$

$I_c = I_0 + aI_1 + a^2 I_2$

$I_a = I_0 + I_1 + I_2$
$= (-2+j4)+(6-j5)+(8+j10) = 12+j9$

$\therefore |I_a| = \sqrt{12^2+9^2} = 15$[A]

79 각 상의 전류가 다음과 같을 때 영상분 전류[A]의 순시치는?

출제빈도

$i_a = 30\sin\omega t$[A]
$i_b = 30\sin(\omega t - 90°)$[A]
$i_c = 30\sin(\omega t + 90°)$[A]

① $10\sin\omega t$
② $10\sin\frac{\omega t}{3}$
③ $30\sin\omega t$
④ $\frac{30}{\sqrt{3}}\sin(\omega t + 45°)$

해설

$i_o = \frac{1}{3}(i_a + i_b + i_c)$

$= \frac{1}{3}\{(30\sin\omega t + 30\sin(\omega t - 90°) + 30\sin(\omega t + 90°)\}$

$= \frac{30}{3}\{\sin\omega t + (\sin\omega t\cos 90° - \cos\omega t\sin 90°) + (\sin\omega t\cos 90° + \cos\omega t\sin 90°)\}$

$= 10\sin\omega t$[A]

80 $Z = 5\sqrt{3} + j5$[Ω]인 3개의 임피던스를 Y 결선하여 선간 전압 250[V]의 평형 3상 전원에 연결하였다. 이때, 소비되는 유효 전력은 약 몇 [W]인가?

① 3,125
② 5,413
③ 6,252
④ 7,120

해설 유효 전력 $P = 3I_p^2 R$

$= 3\left(\frac{V_p}{Z}\right)^2 \cdot R$

$= 3\left(\frac{\frac{250}{\sqrt{3}}}{\sqrt{(5\sqrt{3})^2+5^2}}\right)^2 \times 5\sqrt{3}$

$= 5{,}413$[W]

제5과목 전기설비기술기준

81 직류식 전기 철도에서 배류선의 상승 부분 중 지표상 몇 [m] 미만의 부분은 절연 전선(옥외용 비닐 절연 전선을 제외), 캡타이어 케이블 또는 케이블을 사용하고 사람이 접촉할 우려가 없고 또한 손상을 받을 우려가 없도록 시설하여야 하는가?

① 1.5
② 2.0
③ 2.5
④ 3.0

해설 배류 접속

배류선의 상승 부분 중 지표상 2.5[m] 미만의 부분은 절연 전선, 캡타이어 케이블 또는 케이블을 사용하고 사람이 접촉할 우려가 없고 또한 손상을 받을 우려가 없도록 시설할 것

* 이 문제는 출제 당시 규정에는 적합했으나 새로 제정된 한국전기설비규정에는 일부 부적합하므로 문제유형만 참고하시기 바랍니다.

정답 78. ③ 79. ① 80. ② 81. ③

82 특고압 가공 전선과 가공 약전류 전선 사이에 보호망을 시설하는 경우 보호망을 구성하는 금속선 상호 간의 간격은 가로 및 세로를 각각 몇 [m] 이하로 시설하여야 하는가?

① 0.75 ② 1.0
③ 1.25 ④ 1.5

해설 특고압 가공 전선과 도로 등의 접근 또는 교차(KEC 333.23)
보호망 시설 규정은 다음과 같다.
- 금속제 망상 장치
- 특고압 가공 전선의 바로 아래 : 인장 강도 8.01[kN], 지름 5[mm] 경동선
- 기타 부분에 시설 : 인장 강도 5.26[kN], 지름 4[mm] 경동선
- 보호망 상호 간격 : 가로 및 세로 각 1.5[m] 이하

83 1차측 3,300[V], 2차측 220[V]인 변압기 전로의 절연 내력 시험 전압은 각각 몇 [V]에서 10분간 견디어야 하는가?

① 1차측 4,950[V], 2차측 500[V]
② 1차측 4,500[V], 2차측 400[V]
③ 1차측 4,125[V], 2차측 500[V]
④ 1차측 3,300[V], 2차측 400[V]

해설 변압기 전로의 절연 내력(KEC 134)
- 1차측 : $3,300 \times 1.5 = 4,950$[V]
- 2차측 : $220 \times 1.5 = 330$[V]
  500 이하이므로 최소 시험 전압 500[V]로 한다.

84 가공 전선로의 지지물에 지선을 시설하려는 경우 이 지선의 최저 기준으로 옳은 것은?

① 허용 인장 하중 : 2.11[kN], 소선 지름 : 2.0[mm], 안전율 : 3.0
② 허용 인장 하중 : 3.21[kN], 소선 지름 : 2.6[mm], 안전율 : 1.5
③ 허용 인장 하중 : 4.31[kN], 소선 지름 : 1.6[mm], 안전율 : 2.0
④ 허용 인장 하중 : 4.31[kN], 소선 지름 : 2.6[mm], 안전율 : 2.5

해설 지선의 시설(KEC 331.11)
- 지선의 안전율은 2.5 이상. 이 경우에 허용 인장 하중의 최저는 4.31[kN]
- 지선에 연선을 사용할 경우
  - 소선(素線) 3가닥 이상의 연선일 것
  - 소선의 지름이 2.6[mm] 이상의 금속선을 사용한 것일 것

85 버스 덕트 공사에 의한 저압의 옥측 배선 또는 옥외 배선의 사용 전압이 400[V] 초과인 경우의 시설 기준에 대한 설명으로 틀린 것은?

① 목조 외의 조영물(점검할 수 없는 은폐 장소)에 시설할 것
② 버스 덕트는 사람이 쉽게 접촉할 우려가 없도록 시설할 것
③ 버스 덕트는 KS C IEC 60529(2006)에 의한 보호 등급 IPX4에 적합할 것
④ 버스 덕트는 옥외용 버스 덕트를 사용하여 덕트 안에 물이 스며들어 고이지 아니하도록 한 것일 것

해설 옥측 전선로(KEC 221.2)
버스 덕트 공사에 의한 저압의 옥측 배선 또는 옥외배선의 사용 전압이 400[V] 초과인 경우는 다음에 의하여 시설할 것
- 목조 외의 조영물(점검할 수 없는 은폐 장소를 제외)에 시설할 것
- 버스 덕트는 사람이 쉽게 접촉할 우려가 없도록 시설할 것
- 버스 덕트는 옥외용 버스 덕트를 사용하여 덕트 안에 물이 스며들어 고이지 않도록 한 것일 것
- 버스 덕트는 KS C IEC 60529(2006)에 의한 보호 등급 IPX4에 적합할 것

정답 82. ④ 83. ① 84. ④ 85. ①

86 **전력 보안 통신 설비인 무선 통신용 안테나를 지지하는 목주의 풍압 하중에 대한 안전율은 얼마 이상으로 해야 하는가?**

① 0.5 ② 0.9
③ 1.2 ④ 1.5

해설 **무선용 안테나 등을 지지하는 철탑 등의 시설(KEC 364.1)**

- 목주의 풍압 하중에 대한 안전율은 1.5 이상
- 철주·철근 콘크리트주 또는 철탑의 기초 안전율은 1.5 이상

87 출제빈도 **변압기에 의하여 특고압 전로에 결합되는 고압 전로에는 사용 전압의 몇 배 이하인 전압이 가하여진 경우에 방전하는 장치를 그 변압기의 단자에 가까운 1극에 설치하여야 하는가?**

① 3 ② 4
③ 5 ④ 6

해설 **특고압과 고압의 혼촉 등에 의한 위험 방지 시설(KEC 322.3)**

변압기에 의하여 특고압 전로에 결합되는 고압 전로에는 사용 전압의 3배 이하인 전압이 가하여진 경우에 방전하는 장치를 그 변압기의 단자에 가까운 1극에 설치하여야 한다.

88 **의료 장소 중 그룹 1 및 그룹 2의 의료 IT계통에 시설되는 전기 설비의 시설 기준으로 틀린 것은?**

① 의료용 절연 변압기의 정격 출력은 10[kVA] 이하로 한다.
② 의료용 절연 변압기의 2차측 정격 전압은 교류 250[V] 이하로 한다.
③ 전원측에 강화 절연을 한 의료용 절연 변압기를 설치하고 그 2차측 전로는 접지한다.
④ 절연 감시 장치를 설치하여 절연 저항이 50[kΩ]까지 감소하면 표시 설비 및 음향 설비로 경보를 발하도록 한다.

해설 **의료 장소의 안전을 위한 보호 설비(KEC 242.10.3)**

전원측에 전력 변압기, 전원 공급 장치에 따라 이중 또는 강화 절연을 한 비단락 보증 절연 변압기를 설치하고 그 2차측 전로는 접지하지 말 것

89 출제빈도 **저압 가공 전선과 고압 가공 전선을 동일 지지물에 시설하는 경우 이격 거리는 몇 [cm] 이상이어야 하는가? (단, 각도주(角度柱)·분기주(分岐柱) 등에서 혼촉(混觸)의 우려가 없도록 시설하는 경우는 제외한다.)**

① 50 ② 60
③ 70 ④ 80

해설 **고압 가공 전선 등의 병행 설치(KEC 332.8)**

- 저압 가공 전선을 고압 가공 전선의 아래로 하고 별개의 완금류에 시설할 것
- 저압 가공 전선과 고압 가공 전선 사이의 이격 거리는 50[cm] 이상일 것

90 **사람이 상시 통행하는 터널 안 배선의 시설 기준으로 틀린 것은?**

① 사용 전압은 저압에 한한다.
② 전로에는 터널의 입구에 가까운 곳에 전용 개폐기를 시설한다.
③ 애자 공사에 의하여 시설하고 이를 노면상 2[m] 이상의 높이에 시설한다.
④ 공칭 단면적 2.5[mm^2] 연동선과 동등 이상의 세기 및 굵기의 절연 전선을 사용한다.

해설 **사람이 상시 통행하는 터널 안의 배선 시설(KEC 242.7.1)**

- 전선은 공칭 단면적 2.5[mm^2]의 연동선과 동등 이상의 세기 및 굵기의 절연 전선(옥외용 제외)을 사용하여 애자 공사에 의하여 시설하고 또한 이를 노면상 2.5[m] 이상의 높이로 할 것
- 전로에는 터널의 입구에 가까운 곳에 전용 개폐기를 시설할 것

정답 86. ④ 87. ① 88. ③ 89. ① 90. ③

91 특고압 가공 전선이 가공 약전류 전선 등 저압 또는 고압의 가공 전선이나 저압 또는 고압의 전차선과 제1차 접근 상태로 시설되는 경우 60[kV] 이하 가공 전선과 저·고압 가공 전선 등 또는 이들의 지지물이나 지주 사이의 이격 거리는 몇 [m] 이상인가?

① 1.2 ② 2
③ 2.6 ④ 3.2

해설 특고압 가공 전선과 저·고압 가공 전선 등의 접근 또는 교차(KEC 333.26)

사용 전압의 구분	이격 거리
60[kV] 이하	2[m]
60[kV] 초과	2[m]에 사용 전압이 60[kV]를 초과하는 10[kV] 또는 그 단수마다 0.12[m]를 더한 값

92 교통 신호등의 시설 기준에 관한 내용으로 틀린 것은?

① 제어 장치의 금속제 외함에는 접지 공사를 한다.
② 교통 신호등 회로의 사용 전압은 300[V] 이하로 한다.
③ 교통 신호등 회로의 인하선은 지표상 2[m] 이상으로 시설한다.
④ LED를 광원으로 사용하는 교통 신호등의 설치 KS C 7528 'LED 교통 신호등'에 적합한 것을 사용한다.

해설 교통 신호등(KEC 234.15)
- 사용 전압은 300[V] 이하
- 배선은 케이블인 경우 공칭 단면적 2.5[mm^2] 이상 연동선
- 전선의 지표상의 높이는 2.5[m] 이상
- 조가용선은 인장 강도 3.7[kN]의 금속선 또는 지름 4[mm] 이상의 아연도철선을 2가닥 이상 꼰 금속선을 사용할 것
- LED를 광원으로 사용하는 교통 신호등의 설치는 KS C 7528(LED 교통 신호등)에 적합할 것

93 중성선 다중 접지식의 것으로서, 전로에 지락이 생겼을 때 2초 이내에 자동적으로 이를 전로로부터 차단하는 장치가 되어 있는 22.9[kV] 특고압 가공 전선이 다른 특고압 가공 전선과 접근하는 경우 이격 거리는 몇 [m] 이상으로 하여야 하는가? (단, 양쪽이 나전선인 경우이다.)

① 0.5 ② 1.0
③ 1.5 ④ 2.0

해설 25[kV] 이하인 특고압 가공 전선로의 시설(KEC 333.32)

사용 전선의 종류	이격 거리
어느 한쪽 또는 양쪽이 나전선인 경우	1.5[m]
양쪽이 특고압 절연 전선인 경우	1.0[m]
한쪽이 케이블이고 다른 한쪽이 케이블이거나 특고압 절연 전선인 경우	0.5[m]

94 터널 안의 윗면, 교량의 아랫면, 기타 이와 유사한 곳 또는 이에 인접하는 곳에 시설하는 경우 가공 직류 전차선의 레일면상의 높이는 몇 [m] 이상인가?

① 3 ② 3.5
③ 4 ④ 4.5

해설 가공 직류 전차선의 레일면상 높이
터널 안의 윗면, 교량의 아랫면, 기타 이와 유사한 곳 3.5[m] 이상

* 이 문제는 출제 당시 규정에는 적합했으나 새로 제정된 한국전기설비규정에는 일부 부적합하므로 문제유형만 참고하시기 바랍니다.

95 고압 가공 전선이 교류 전차선과 교차하는 경우 고압 가공 전선으로 케이블을 사용하는 경우 이외에는 단면적 몇 [mm^2] 이상의 경동 연선(교류 전차선 등과 교차하는 부분을 포함하는 경간에 접속점이 없는 것에 한한다.)을 사용하여야 하는가?

① 14 ② 22
③ 30 ④ 38

정답 91. ② 92. ③ 93. ③ 94. ② 95. ④

해설 **고압 가공 전선과 교류 전차선 등의 접근 또는 교차(KEC 332.15)**

저·고압 가공 전선에는 케이블을 사용하고 또한 이를 단면적 38[mm^2] 이상인 아연도 연선으로서 인장 강도 19.61[kN] 이상인 것으로 조가하여 시설할 것

96 **고압 또는 특고압 가공 전선과 금속제의 울타리가 교차하는 경우 교차점과 좌우로 몇 [m] 이내의 개소에 접지 공사를 하여야 하는가? (단, 전선에 케이블을 사용하는 경우는 제외한다.)**

출제빈도

① 25

② 35

③ 45

④ 55

해설 **발전소 등의 울타리·담 등의 시설(KEC 351.1)**

고압 또는 특고압 가공 전선(전선에 케이블을 사용하는 경우는 제외함)과 금속제의 울타리·담 등이 교차하는 경우에 금속제의 울타리·담 등에는 교차점과 좌·우로 45[m] 이내의 개소에 접지 공사를 해야 한다.

97 **옥내 고압용 이동 전선의 시설 기준에 적합하지 않은 것은?**

① 전선은 고압용의 캡타이어 케이블을 사용하였다.

② 전로에 지락이 생겼을 때 자동적으로 전로를 차단하는 장치를 시설하였다.

③ 이동 전선과 전기 사용 기계 기구와는 볼트 조임, 기타의 방법에 의하여 견고하게 접속하였다.

④ 이동 전선에 전기를 공급하는 전로의 중성극에 전용 개폐기 및 과전류 차단기를 시설하였다.

해설 **옥내 고압용 이동 전선의 시설(KEC 342.2)**

이동 전선에 전기를 공급하는 전로에는 전용 개폐기 및 과전류 차단기를 각 극(과전류 차단기는 다선식 전로의 중성극을 제외)에 시설하고, 또한 전로에 지락이 생겼을 때 자동적으로 전로를 차단하는 장치를 시설할 것

98 **고압 전로 또는 특고압 전로와 저압 전로를 결합하는 변압기의 저압측의 중성점에는 제 몇 종 접지 공사를 하여야 하는가?**

① 제1종 접지 공사

② 제2종 접지 공사

③ 제3종 접지 공사

④ 특별 제3종 접지 공사

해설 **고압 또는 특고압과 저압의 혼촉에 의한 위험 방지 시설**

고압 전로 또는 특고압 전로와 저압 전로를 결합하는 변압기의 저압측의 중성점에는 접지 공사(제2종)를 하여야 한다.

*이 문제는 출제 당시 규정에는 적합했으나 새로 제정된 한국전기설비규정에는 일부 부적합하므로 문제유형만 참고하시기 바랍니다.

99 **가공 전선로의 지지물에는 취급자가 오르고 내리는 데 사용하는 발판 볼트 등은 특별한 경우를 제외하고 지표상 몇 [m] 미만에는 시설하지 않아야 하는가?**

출제빈도

① 1.5

② 1.8

③ 2.0

④ 2.2

해설 **지지물의 철탑 오름 및 전 주오름 방지(KEC 331.4)**

가공 전선로의 지지물에 취급자가 오르고 내리는 데 사용하는 발판못 등을 지표상 1.8[m] 미만에 시설해서는 안 된다.

정답 96. ③ 97. ④ 98. ② 99. ②

100 수상 전선로의 시설 기준으로 옳은 것은?

① 사용 전압으로 고압인 경우에는 클로로프렌 캡타이어 케이블을 사용한다.

② 수상 전선로에 사용하는 부대(浮臺)는 쇠사슬 등으로 견고하게 연결한다.

③ 고압 수상 전선로에 지락이 생길 때를 대비하여 전로를 수동으로 차단하는 장치를 시설한다.

④ 수상 전선로의 전선은 부대의 아래에 지지하여 시설하고 또한 그 절연 피복을 손상하지 않도록 시설한다.

해설 **수상 전선로(KEC 335.3)**

수상 전선로에는 이와 접속하는 가공 전선로에 전용개폐기 및 과전류 차단기를 각 극에 시설하고 또한 수상 전선로의 사용 전압이 고압인 경우에는 전로에 지락이 생겼을 때 자동적으로 전로를 차단하기 위한 장치를 시설하여야 한다.

정답 100. ②

2020. 8. 22. 시행

2020년 제3회 기출문제

제1과목 전기자기학

01 표의 ㉠, ㉡과 같은 단위로 옳게 나열한 것은?

㉠	[Ω · s]
㉡	[s/Ω]

① ㉠ [H], ㉡ [F]
② ㉠ [H/m], ㉡ [F/m]
③ ㉠ [F], ㉡ [H]
④ ㉠ [F/m], ㉡ [H/m]

해설 인덕턴스 $L=\dfrac{N\phi}{I}\left[\mathrm{H}=\dfrac{\mathrm{Wb}}{\mathrm{A}}=\dfrac{\mathrm{V}}{\mathrm{A}}\cdot \mathrm{s}=\Omega\cdot \mathrm{s}\right]$

정전 용량 $C=\dfrac{Q}{V}\left[\mathrm{F}=\dfrac{\mathrm{C}}{\mathrm{V}}=\dfrac{\mathrm{A}}{\mathrm{V}}\cdot \mathrm{s}=\dfrac{1}{\Omega}\cdot \mathrm{s}\right]$

02 진공 중에 판간 거리가 d[m]인 무한 평판 도체 간의 전위차[V]는? (단, 각 평판 도체에는 면전하 밀도 $+\sigma$[C/m²], $-\sigma$[C/m²]가 각각 분포되어 있다.)

출제빈도

① σd
② $\dfrac{\sigma}{\varepsilon_0}$
③ $\dfrac{\varepsilon_0\sigma}{d}$
④ $\dfrac{\sigma d}{\varepsilon_0}$

해설 전계의 세기 $E=\dfrac{\sigma}{\varepsilon_0}$[V/m]

전위차 $V=-\displaystyle\int_d^0 E\cdot dl$

$=E[l]_0^d=E(d-0)=\dfrac{\sigma d}{\varepsilon_0}$[V]

03 어떤 자성체 내에서 자계의 세기가 800[AT/m]이고 자속 밀도가 0.05[Wb/m²]일 때 이 자성체의 투자율은 몇 [H/m]인가?

출제빈도

① 3.25×10^{-5}　② 4.25×10^{-5}
③ 5.25×10^{-5}　④ 6.25×10^{-5}

해설 자속 밀도 $B=\mu H$[Wb/m²]

투자율 $\mu=\dfrac{B}{H}=\dfrac{0.05}{800}=6.25\times10^{-5}$[H/m]

04 자기 인덕턴스의 성질을 설명한 것으로 옳은 것은?

① 경우에 따라 정(+) 또는 부(−)의 값을 갖는다.
② 항상 정(+)의 값을 갖는다.
③ 항상 부(−)의 값을 갖는다.
④ 항상 0이다.

해설 자기 인덕턴스 $L=\dfrac{N\phi}{I}=\dfrac{\mu N^2 S}{l}$(솔레노이드)

저항 R, 정전 용량 C 및 자기 인덕턴스 L은 항상 정(+)의 값을 갖는다.

05 비유전율이 2.8인 유전체에서의 전속 밀도가 $D=3.0\times10^{-7}$[C/m²]일 때 분극의 세기 P는 약 몇 [C/m²]인가?

① 1.93×10^{-7}　② 2.93×10^{-7}
③ 3.50×10^{-7}　④ 4.07×10^{-7}

해설 분극의 세기 $P=\varepsilon_0(\varepsilon_s-1)E$

$=\varepsilon_0(\varepsilon_s-1)\dfrac{D}{\varepsilon_0\varepsilon_s}$

$=\left(1-\dfrac{1}{\varepsilon_s}\right)D$

$=\left(1-\dfrac{1}{2.8}\right)\times3\times10^{-7}$

$=1.93\times10^{-7}$[C/m²]

정답 01. ① 02. ④ 03. ④ 04. ② 05. ①

06 자기 회로에 대한 설명으로 틀린 것은? (단, S는 자기 회로의 단면적이다.)

① 자기 저항의 단위는 [H](Henry)의 역수이다.
② 자기 저항의 역수를 퍼미언스(permeance)라고 한다.
③ '자기 저항=(자기 회로의 단면을 통과하는 자속)/(자기 회로의 총 기자력)'이다.
④ 자속 밀도 B가 모든 단면에 걸쳐 균일하다면 자기 회로의 자속은 BS이다.

해설 자기 회로의 옴의 법칙

자속 $\phi = \dfrac{F(=NI \text{ 기자력})}{R_m(\text{자기 저항})}$에서

자기 저항 $R_m = \dfrac{NI}{\phi}\left[\dfrac{\text{A}}{\text{Wb}} = \dfrac{1}{\text{H}}\right]$

07 전계의 세기가 5×10^{2}[V/m]인 전계 중에 8×10^{-8}[C]의 전하가 놓일 때 전하가 받는 힘은 몇 [N]인가?

① 4×10^{-2}
② 4×10^{-3}
③ 4×10^{-4}
④ 4×10^{-5}

해설 전계의 세기 $E = \dfrac{F}{Q}$[V/m]

힘 $F = QE = 8\times10^{-8}\times5\times10^{2} = 4\times10^{-5}$[N]

08 지름 2[mm]의 동선에 π[A]의 전류가 균일하게 흐를 때 전류 밀도는 몇 [A/m²]인가?

① 10^3 ② 10^4
③ 10^5 ④ 10^6

해설 전류 밀도 $J = \dfrac{I}{S} = \dfrac{\pi}{\left(\dfrac{d}{2}\right)^2\pi}$

$= \dfrac{1}{(1\times10^{-3})^2} = 10^6$[A/m²]

09 반지름이 a[m]인 도체구에 전하 Q[C]을 주었을 때 구 중심에서 r[m] 떨어진 구 외부($r > a$)의 한 점에서 전속 밀도 D[C/m²]는 얼마인가?

① $\dfrac{Q}{4\pi a^2}$ ② $\dfrac{Q}{4\pi r^2}$
③ $\dfrac{Q}{4\pi\varepsilon a^2}$ ④ $\dfrac{Q}{4\pi\varepsilon r^2}$

해설 전속 $\psi = Q$(전하)

전속 밀도 $D = \dfrac{\Phi}{S} = \dfrac{Q}{4\pi r^2}$[C/m²]

10 2[Wb/m²]인 평등 자계 속에 길이가 30[cm]인 도선이 자계와 직각 방향으로 놓여 있다. 이 도선이 자계와 30°의 방향으로 30[m/s]의 속도로 이동할 때 도체 양단에 유기되는 기전력[V]의 크기는?

① 3 ② 9
③ 30 ④ 90

해설 플레밍의 오른손 법칙

유기 기전력 $e = vBl\sin\theta$

$= 30\times2\times0.3\times\dfrac{1}{2}$

$= 9$[V]

11 공기 중에 있는 무한 직선 도체에 전류 I[A]가 흐르고 있을 때 도체에서 r[m] 떨어진 점에서의 자속 밀도는 몇 [Wb/m²]인가?

① $\dfrac{I}{2\pi r}$ ② $\dfrac{2\mu_0 I}{\pi r}$
③ $\dfrac{\mu_0 I}{r}$ ④ $\dfrac{\mu_0 I}{2\pi r}$

해설 자계의 세기 $H = \dfrac{I}{2\pi r}$[AT/m]

자속 밀도 $B = \mu_0 H$

$= \dfrac{\mu_0 I}{2\pi r}$[Wb/m²]

정답 06. ③ 07. ④ 08. ④ 09. ② 10. ② 11. ④

12 무한 평면 도체로부터 d[m]인 곳에 점전하 Q[C]가 있을 때 도체 표면상에 최대로 유도되는 전하 밀도는 몇 [C/m²]인가?

출제빈도

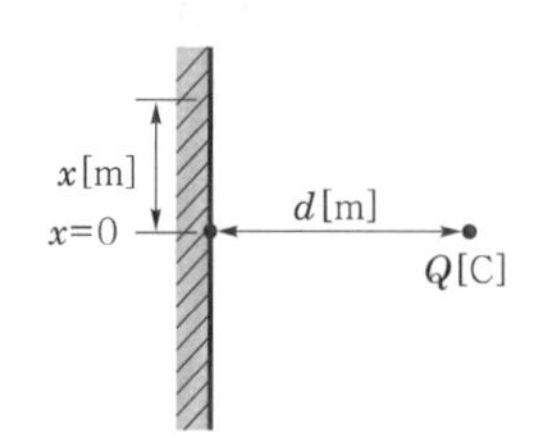

① $-\dfrac{Q}{2\pi d^2}$

② $-\dfrac{Q}{2\pi\varepsilon_0 d^2}$

③ $-\dfrac{Q}{4\pi d^2}$

④ $-\dfrac{Q}{4\pi\varepsilon_0 d^2}$

해설 최대 전계의 세기 E_m($x=0$인 점)

$$E_m = \frac{Q}{4\pi\varepsilon_0 d^2}\times 2 = \frac{Q}{2\pi\varepsilon_0 d^2}\,[\text{V/m}]$$

최대 면전하 밀도 $\sigma_m = -\varepsilon_0 E_m$

$$= -\frac{Q}{2\pi d^2}\,[\text{C/m}^2]$$

(무한 평면 도체의 유도 전하 σ는 부(−) 전하)

13 선간 전압이 66,000[V]인 2개의 평행 왕복 도선에 10[kA] 전류가 흐르고 있을 때 도선 1[m]마다 작용하는 힘의 크기는 몇 [N/m]인가? (단, 도선 간의 간격은 1[m]이다.)

① 1　② 10
③ 20　④ 200

해설 평행 도선에 왕복 전류가 흐를 때 단위 길이당 작용하는 힘

$$f = \frac{2I^2}{d}\times 10^{-7} = \frac{2\times(10^4)^2}{1}\times 10^{-7} = 20\,[\text{N/m}]$$

14 무손실 유전체에서 평면 전자파의 전계 E와 자계 H 사이 관계식으로 옳은 것은?

출제빈도

① $H=\sqrt{\dfrac{\varepsilon}{\mu}}E$　② $H=\sqrt{\dfrac{\mu}{\varepsilon}}E$

③ $H=\dfrac{\varepsilon}{\mu}E$　④ $H=\dfrac{\mu}{\varepsilon}E$

해설 전자파의 고유 임피던스 $\eta = \dfrac{E}{H} = \sqrt{\dfrac{\mu}{\varepsilon}}\,[\Omega]$

자계 $H = \sqrt{\dfrac{\varepsilon}{\mu}}E\,[\text{AT/m}]$

15 대전 도체 표면의 전하 밀도는 도체 표면의 모양에 따라 어떻게 되는가?

① 곡률이 작으면 작아진다.
② 곡률 반지름이 크면 커진다.
③ 평면일 때 가장 크다.
④ 곡률 반지름이 작으면 작다.

해설 대전 도체 표면의 전하 밀도는 곡률 반경이 작으면 크고, 곡률이 작으면 작아진다.

16 1[Ah]의 전기량은 몇 [C]인가?

① $\dfrac{1}{3,600}$　② 1
③ 60　④ 3,600

해설 전류 $I = \dfrac{Q}{t}\left[\text{A} = \dfrac{\text{C}}{\text{s}}\right]$

전기량 $Q = It = 1\times 60\times 60 = 3,600\,[\text{C}]$

17 강자성체가 아닌 것은?

① 철　② 구리
③ 니켈　④ 코발트

해설 **자성체의 종류에 따른 물질**
- 상자성체 : 공기, 알루미늄, 백금
- 강자성체 : 철, 니켈, 코발트
- 반자성체 : 은, 납, 동, 비스무트

정답 12. ① 13. ③ 14. ① 15. ① 16. ④ 17. ②

18 맥스웰(Maxwell) 전자 방정식의 물리적 의미 중 틀린 것은?

① 자계의 시간적 변화에 따라 전계의 회전이 발생한다.

② 전도 전류와 변위 전류는 자계를 발생시킨다.

③ 고립된 자극이 존재한다.

④ 전하에서 전속선이 발산한다.

해설 맥스웰의 전자 기초 방정식에서

$\left.\begin{array}{l}\mathrm{div}\,B=0\\ \nabla\cdot B=0\end{array}\right\}$ N, S극은 공존하며 자속은 연속이다.

19 2[μF], 3[μF], 4[μF]의 커패시터를 직렬로 연결하고 양단에 가한 전압을 서서히 상승시킬 때의 현상으로 옳은 것은? (단, 유전체의 재질 및 두께는 같다고 한다.)

① 2[μF]의 커패시터가 제일 먼저 파괴된다.

② 3[μF]의 커패시터가 제일 먼저 파괴된다.

③ 4[μF]의 커패시터가 제일 먼저 파괴된다.

④ 3개의 커패시터가 동시에 파괴된다.

해설 커패시터를 직렬로 연결하고 양단에 전압을 서서히 증가하면 각 커패시터의 전하량은 동일하고 전압은 정전 용량에 반비례$\left(V=\dfrac{Q}{C}\right)$하므로 같은 재질의 유전체인 경우 용량이 가장 작은 2[μF]의 커패시터가 제일 먼저 파괴된다.

20 패러데이관의 밀도와 전속 밀도는 어떠한 관계인가?

① 동일하다.

② 패러데이관의 밀도가 항상 높다.

③ 전속 밀도가 항상 높다.

④ 항상 틀리다.

해설 유전체 중에 전속으로 이루어진 관을 전기력관(tube of electric force)이라 하고, 단위 정전하와 부전하를 연결한 관을 패러데이관(faraday tube)이라 하며 다음과 같은 성질이 있다.

- 패러데이관 양단에 정·부의 단위 전하가 있다.
- 진전하가 없는 점에서 패러데이관은 연속이다.
- 패러데이관의 밀도는 전속 밀도와 같다.

제2과목 전력공학

21 수전용 변전 설비의 1차측에 설치하는 차단기의 용량은 다음 중 어느 것에 의하여 정하는가?

① 수전 전력과 부하율

② 수전 계약 용량

③ 공급측 전원의 단락 용량

④ 부하 설비 용량

해설 차단기의 차단 용량은 공급측 전원의 단락 용량을 기준으로 정해진다.

22 어떤 발전소의 유효 낙차가 100[m]이고, 사용 수량이 10[m^3/s]일 경우 이 발전소의 이론적인 출력[kW]은?

① 4,900 ② 9,800

③ 10,000 ④ 14,700

해설 이론 출력 $P_o=9.8HQ$

$=9.8\times100\times10=9{,}800$[kW]

23 피뢰기의 제한 전압이란?

① 상용 주파 전압에 대한 피뢰기의 충격 방전 개시 전압

② 충격파 침입 시 피뢰기의 충격 방전 개시 전압

③ 피뢰기가 충격파 방전 종료 후 언제나 속류를 확실히 차단할 수 있는 상용 주파 최대 전압

④ 충격파 전류가 흐르고 있을 때의 피뢰기 단자 전압

정답 18. ③ 19. ① 20. ① 21. ③ 22. ② 23. ④

해설 피뢰기의 제한 전압은 피뢰기가 동작하고 있을 때 단자에 허용하는 파고값을 말한다.

24 발전기의 정태 안정 극한 전력이란?

① 부하가 서서히 증가할 때의 극한 전력
② 부하가 갑자기 크게 변동할 때의 극한 전력
③ 부하가 갑자기 사고가 났을 때의 극한 전력
④ 부하가 변하지 않을 때의 극한 전력

해설 **정태 안정도(steady state stability)**
정상적인 운전 상태에서 서서히 부하를 조금씩 증가했을 경우 안정 운전을 지속할 수 있는가 하는 능력을 말하고, 극한값을 정태 안정 극한 전력이라 한다.

25 3상으로 표준 전압 3[kV], 용량 600[kW], 역률 0.85로 수전하는 공장의 수전 회로에 시설할 계기용 변류기의 변류비로 적당한 것은? (단, 변류기의 2차 전류는 5[A]이며, 여유율은 1.5배로 한다.)

① 10　　② 20
③ 30　　④ 40

해설 변류기 1차 전류

$$I_1 = \frac{600}{\sqrt{3} \times 3 \times 0.85} \times 1.5 = 203[\text{A}]$$

$\therefore$ 200[A]를 적용하므로 변류비는 $\frac{200}{5} = 40$이다.

26 30,000[kW]의 전력을 50[km] 떨어진 지점에 송전하려고 할 때 송전 전압[kV]은 약 얼마인가? (단, still식에 의하여 산정한다.)

① 22
② 33
③ 66
④ 100

해설 **Still의 식**

송전 전압 $V_s = 5.5\sqrt{0.6l + \frac{P}{100}}$ [kV]

$$= 5.5\sqrt{0.6 \times 51 + \frac{30{,}000}{100}}$$

$$= 100[\text{kV}]$$

27 다음 중 전력선에 의한 통신선의 전자 유도 장해의 주된 원인은?

① 전력선과 통신선 사이의 상호 정전 용량
② 전력선의 불충분한 연가
③ 전력선의 1선 지락 사고 등에 의한 영상 전류
④ 통신선 전압보다 높은 전력선의 전압

해설 전자 유도 전압 $E_m = -j\omega Ml \times 3I_0$이므로 전자 유도의 원인은 영상 전류이다.

28 조상 설비가 있는 발전소측 변전소에서 주 변압기로 주로 사용되는 변압기는?

① 강압용 변압기　　② 단권 변압기
③ 3권선 변압기　　④ 단상 변압기

해설 1차 변전소에 사용하는 변압기는 3권선 변압기로, Y-Y-△로 사용되고 있다.

29 3상 1회선의 송전 선로에 3상 전압을 가해 충전할 때 1선에 흐르는 충전 전류는 30[A], 또 3선을 일괄하여 이것과 대지 사이에 상전압을 가하여 충전시켰을 때 전 충전 전류는 60[A]가 되었다. 이 선로의 대지 정전 용량과 선간 정전 용량의 비는? (단, C_s : 대지 정전 용량, C_m : 선간 정전 용량)

① $\frac{C_m}{C_s} = \frac{1}{6}$　　② $\frac{C_m}{C_s} = \frac{8}{15}$
③ $\frac{C_m}{C_s} = \frac{1}{3}$　　④ $\frac{C_m}{C_s} = \frac{1}{\sqrt{3}}$

정답 24. ① 25. ④ 26. ④ 27. ③ 28. ③ 29. ①

해설 정상 운전 중 1선 충전 전류

$I_1 = j\omega CE = j\omega(C_s + 3C_m)E = 30$ …… ㉠

3선을 일괄한 대지 충전 전류

$I_s = j3\omega C_s E = 60$ …… ㉡

㉠과 ㉡식을 $j\omega E$로 정리하면

$j\omega E \rightarrow \dfrac{30}{C_s + 3C_m} = \dfrac{60}{3C_s}$ 에서

$60C_s + 180C_m = 90C_s$

$180C_m = (90-60)C_s = 30C_s$

$\therefore \dfrac{C_m}{C_s} = \dfrac{1}{6}$

30 전력 사용의 변동 상태를 알아보기 위한 것으로 가장 적당한 것은?

① 수용률 ② 부등률

③ 부하율 ④ 역률

해설 부하율이란 전력의 사용은 시각 및 계절에 따라 다른데 어느 기간 중의 평균 전력과 그 기간 중에서의 최대 전력(첨두 부하)과의 비를 백분율로 나타낸 것으로, 전력 사용의 변동 상태 및 변압기의 이용률을 알아보는 데 이용된다.

31 단상 교류 회로에 3,150/210[V]의 승압기를 80[kW], 역률 0.8인 부하에 접속하여 전압을 상승시키는 경우 약 몇 [kVA]의 승압기를 사용하여야 적당한가? (단, 전원 전압은 2,900[V]이다.)

① 3.6 ② 5.5

③ 6.8 ④ 10

해설

승압 후 전압 $E_2 = E_1\left(1 + \dfrac{e_2}{e_1}\right)$

$= 2{,}900 \times \left(1 + \dfrac{210}{3{,}150}\right)$

$= 3093.3[\text{V}]$

승압기의 용량 $\omega = e_2 I = e_2 \times \dfrac{W}{E_2}$

$= 210 \times \dfrac{80}{3093.3 \times 0.8}$

$= 6.8[\text{kVA}]$

32 철탑의 접지 저항이 커지면 가장 크게 우려되는 문제점은?

① 정전 유도

② 역섬락 발생

③ 코로나 증가

④ 차폐각 증가

해설 철탑의 대지 전기 저항이 크게 되면 뇌전류가 흐를 때 철탑의 전위가 상승하여 역섬락이 생길 수 있으므로 매설 지선을 사용하여 철탑의 탑각 저항을 저감시켜야 한다.

33 역률 0.8(지상), 480[kW] 부하가 있다. 전력용 콘덴서를 설치하여 역률을 개선하고자 할 때 콘덴서 220[kVA]를 설치하면 역률은 몇 [%]로 개선되는가?

① 82 ② 85

③ 90 ④ 96

해설 개선 후 역률

$\cos\theta_2 = \dfrac{P}{\sqrt{P^2 + (P\tan\theta_1 - Q_c)^2}}$

$= \dfrac{480}{\sqrt{480^2 + (480\tan\cos^{-1}0.8 - 220)^2}}$

$= 0.96$

$\therefore$ 96[%]

34 화력 발전소에서 탈기기를 사용하는 주목적은?

① 급수 중에 함유된 산소 등의 분리 제거

② 보일러 관벽의 스케일 부착의 방지

③ 급수 중에 포함된 염류의 제거

④ 연소용 공기의 예열

해설 탈기기(deaerator)란 발전 설비(power plant) 및 보일러(boiler), 소각로 등의 설비에 공급되는 급수(boiler feed water) 중에 녹아 있는 공기(특히 용존산소 및 이산화탄소)를 추출하여 배관 및 Plant 장치에 부식을 방지하고, 급격한 수명 저하 방지에 효과적인 설비라 할 수 있다.

정답 30. ③ 31. ③ 32. ② 33. ④ 34. ①

35 변류기를 개방할 때 2차측을 단락하는 이유는?

① 1차측 과전류 보호
② 1차측 과전압 방지
③ 2차측 과전류 보호
④ 2차측 절연 보호

해설 변류기(CT)의 2차측은 운전 중 개방되면 고전압에 의해 변류기가 2차측 절연 파괴로 인하여 소손되므로 점검할 경우 변류기 2차측 단자를 단락시켜야 한다.

36 ( ) 안에 들어갈 알맞은 내용은?

> 화력 발전소의 (㉠)은 발생 (㉡)을 열량으로 환산한 값과 이것을 발생하기 위하여 소비된 (㉢)의 보유 열량 (㉣)를 말한다.

① ㉠ 손실률, ㉡ 발열량, ㉢ 물, ㉣ 차
② ㉠ 열효율, ㉡ 전력량, ㉢ 연료, ㉣ 비
③ ㉠ 발전량, ㉡ 증기량, ㉢ 연료, ㉣ 결과
④ ㉠ 연료 소비율, ㉡ 증기량, ㉢ 물, ㉣ 차

해설 화력 발전소의 열효율은 발생 전력량을 열량으로 환산합 값과 이것을 발생하기 위하여 소비된 연료의 보유 열량의 비를 백분율로 나타낸다.

$$\eta = \frac{860\,W}{mH} \times 100[\%]$$

37 다음 중 전압 강하의 정도를 나타내는 식이 아닌 것은? (단, E_S는 송전단 전압, E_R은 수전단 전압이다.)

① $\frac{I}{E_R}(R\cos\theta + X\sin\theta) \times 100[\%]$

② $\frac{\sqrt{3}\,I}{E_R}(R\cos\theta + X\sin\theta) \times 100[\%]$

③ $\frac{E_S - E_R}{E_R} \times 100[\%]$

④ $\frac{E_S + E_R}{R_S} \times 100[\%]$

해설
$$\text{전압 강하 } e = \frac{I}{E_R}(R\cos\theta + X\sin\theta) \times 100[\%]$$
$$= \frac{\sqrt{3}\,I}{E_R}(R\cos\theta + X\sin\theta) \times 100[\%]$$
$$= \frac{P}{E_R}(R + X\tan\theta) \times 100[\%]$$
$$= \frac{E_S - E_R}{E_R} \times 100[\%]$$

38 수전단 전압이 송전단 전압보다 높아지는 현상과 관련된 것은?

① 페란티 효과　② 표피 효과
③ 근접 효과　④ 도플러 효과

해설 페란티 효과(ferranti effect)란 경부하 또는 무부하인 경우에는 선로의 정전 용량에 의한 충전 전류의 영향이 크게 작용해서 진상 전류가 흘러 수전단 전압이 송전단 전압보다 높게 되는 것으로, 방지 대책은 분로 리액터를 설치하는 것이다.

39 송전 선로의 중성점을 접지하는 목적으로 가장 알맞은 것은?

① 전선량의 절약
② 송전 용량의 증가
③ 전압 강하의 감소
④ 이상 전압의 경감 및 발생 방지

해설 **중성점 접지 목적**
- 이상 전압의 발생을 억제하여 전위 상승을 방지하고, 전선로 및 기기의 절연 수준을 경감한다.
- 지락 고장 발생 시 보호 계전기의 신속하고 정확한 동작을 확보한다.

40 송전 선로에서 4단자 정수 A, B, C, D 사이의 관계는?

① $BC - AD = 1$　② $AC - BD = 1$
③ $AB - CD = 1$　④ $AD - BC = 1$

해설 4단자 정수의 관계 $AD - BC = 1$

정답 35. ④ 36. ② 37. ④ 38. ① 39. ④ 40. ④

제3과목 전기기기

41 돌극형 동기 발전기에서 직축 리액턴스 X_d와 횡축 리액턴스 X_q는 그 크기 사이에 어떤 관계가 있는가?

① $X_d = X_q$ ② $X_d > X_q$
③ $X_d < X_q$ ④ $2X_d = X_q$

해설 동기 발전기의 직축 리액턴스 X_d와 횡축 리액턴스 X_q의 크기는 비돌극형에서는 $X_d = X_q = X_s$이며 돌극형(철극기)에서는 $X_d > X_q$이다.

42 어떤 정류기의 출력 전압 평균값이 2,000[V]이고 맥동률이 3[%]이면 교류분은 몇 [V] 포함되어 있는가?

① 20 ② 30
③ 60 ④ 70

해설 맥동률

$$\nu = \frac{\text{출력 전압에 포함된 교류 성분}}{\text{출력 전압의 직류 성분}} \times 100$$

교류 성분 전압 V = 맥동률 × 출력 전압
$= 0.03 \times 2{,}000 = 60[\text{V}]$

43 직류기에서 전류 용량이 크고 저전압 대전류에 가장 적합한 브러시 재료는?

① 탄소질 ② 금속 탄소질
③ 금속 흑연질 ④ 전기 흑연질

해설 브러시(brush)는 정류자면에 접촉하여 전기자 권선과 외부 회로를 연결하는 것으로, 다음과 같은 종류가 있다.
- 탄소질 브러시 : 고전압 소전류에 유효하다.
- 전기 흑연질 브러시 : 브러시로서 가장 우수하며 각종 기계에 널리 사용한다.
- 금속 흑연질 브러시 : 저전압 대전류의 기계에 유효하다.

44 동기 발전기의 종류 중 회전 계자형의 특징으로 옳은 것은?

① 고주파 발전기에 사용
② 극소 용량, 특수용으로 사용
③ 소요 전력이 크고 기구적으로 복잡
④ 기계적으로 튼튼하여 가장 많이 사용

해설 동기 발전기 중 회전 계자형의 장점은 전기자 권선의 대전력 인출이 용이하고 구조가 간결하며 기계적으로 튼튼하여 일반 동기기는 회전 계자형을 채택한다.

45 전압비 a인 단상 변압기 3대를 1차 △결선, 2차 Y결선으로 하고 1차에 선간 전압 V[V]를 가했을 때 무부하 2차 선간 전압[V]은?

① $\frac{V}{a}$ ② $\frac{a}{V}$
③ $\sqrt{3} \cdot \frac{V}{a}$ ④ $\sqrt{3} \cdot \frac{a}{V}$

해설
- 권수비(전압비) $a = \frac{E_1}{E_2}$
- 1차 선간 전압 $V = E_1$
- 2차 선간 전압

$$V_2 = \sqrt{3}\,E_2 = \sqrt{3}\,\frac{E_1}{a} = \sqrt{3} \cdot \frac{V}{a}$$

46 (출제빈도) 단상 및 3상 유도 전압 조정기에 대한 설명으로 옳은 것은?

① 3상 유도 전압 조정기에는 단락 권선이 필요 없다.
② 3상 유도 전압 조정기의 1차와 2차 전압은 동상이다.
③ 단락 권선은 단상 및 3상 유도 전압 조정기 모두 필요하다.
④ 단상 유도 전압 조정기의 기전력은 회전 자계에 의해서 유도된다.

정답 41. ② 42. ③ 43. ③ 44. ④ 45. ③ 46. ①

해설 3상 유도 전압 조정기는 권선형 3상 유도 전동기와 같이 1차 권선과 2차 권선이 있으며 단락 권선은 필요 없다. 기전력은 회전 자계에 의해 유도되며 1차 전압과 2차 전압 사이에는 위상차 α가 생긴다.

47 12극과 8극인 2개의 유도 전동기를 종속법에 의한 직렬 접속법으로 속도 제어할 때 전원 주파수가 60[Hz]인 경우 무부하 속도 N_0는 몇 [rps]인가?

① 5

② 6

③ 200

④ 360

해설 유도 전동기 속도 제어에서 종속법에 의한 무부하 속도 N_0

- 직렬 종속 $N_0 = \dfrac{120f}{P_1 + P_2}$[rpm]
- 차동 종속 $N_0 = \dfrac{120f}{P_1 - P_2}$[rpm]
- 병렬 종속 $N_0 = \dfrac{120f}{\dfrac{P_1 + P_2}{2}}$[rpm]

무부하 속도 $N_0 = \dfrac{2f}{P_1 + P_2} = \dfrac{2 \times 60}{12 + 8} = 6$[rps]

48 인버터에 대한 설명으로 옳은 것은?

① 직류를 교류로 변환

② 교류를 교류로 변환

③ 직류를 직류로 변환

④ 교류를 직류로 변환

해설 전력 변환기의 구분

- 컨버터 : AC – DC 변환(정류기)
- 인버터 : DC – AC 변환
- 사이클로 컨버터 : AC – AC 변환(주파수 변환)
- 초퍼 : DC – DC 변환(직류 변압기)

49 직류 전동기의 역기전력에 대한 설명으로 틀린 것은?

① 역기전력은 속도에 비례한다.

② 역기전력은 회전 방향에 따라 크기가 다르다.

③ 역기전력이 증가할수록 전기자 전류는 감소한다.

④ 부하가 걸려 있을 때에는 역기전력은 공급전압보다 크기가 작다.

해설 역기전력 $E = V - I_a R_a = \dfrac{Z}{a} P \phi \dfrac{N}{60}$[V]

역기전력의 크기는 회전 방향과는 관계가 없다.

50 유도 전동기의 실부하법에서 부하로 쓰이지 않는 것은?

① 전동 발전기

② 전기 동력계

③ 프로니 브레이크

④ 손실을 알고 있는 직류 발전기

해설 전동기의 실측 효율 측정을 위한 부하로는 다음과 같은 것을 사용한다.

- 프로니 브레이크(prony brake)
- 전기 동력계
- 손실을 알고 있는 직류 발전기

51 직류기의 구조가 아닌 것은?

① 계자 권선 ② 전기자 권선

③ 내철형 철심 ④ 전기자 철심

해설 직류기 구조의 3요소

- 전기자
  - 전기자 철심
  - 전기자 권선
- 계자
  - 계자 철심
  - 계자 권선
- 정류자

정답 47. ② 48. ① 49. ② 50. ① 51. ③

52 **30[kW]의 3상 유도 전동기에 전력을 공급할 때 2대의 단상 변압기를 사용하는 경우 변압기의 용량은 약 몇 [kVA]인가? (단, 전동기의 역률과 효율은 각각 84[%], 86[%]이고 전동기 손실은 무시한다.)**

① 17　　② 24
③ 51　　④ 72

해설 단상 변압기 2대로 V결선하였을 때 출력은 다음과 같다.

$$P_V = \sqrt{3}\,P_1 = \frac{P}{\cos\theta \cdot \eta}$$

단상 변압기 용량 $P_1 = \dfrac{P}{\sqrt{3} \cdot \cos\theta \cdot \eta}$

$= \dfrac{30}{\sqrt{3} \times 0.84 \times 0.86}$

$= 24[\text{kVA}]$

53 **3상, 6극, 슬롯수 54의 동기 발전기가 있다. 어떤 전기자 코일의 두 변이 제1슬롯과 제8슬롯에 들어 있다면 단절권 계수는 약 얼마인가?**

① 0.9397　　② 0.9567
③ 0.9837　　④ 0.9117

해설 동기 발전기의 극 간격과 코일 간격을 홈(slot)수로 나타내면 다음과 같다.

극 간격 $\dfrac{S}{P} = \dfrac{54}{6} = 9$

코일 간격 8슬롯−1슬롯=7

단절권 계수 $K_P = \sin\dfrac{\beta\pi}{2} = \sin\dfrac{\frac{7}{9} \times 180°}{2}$

$= \sin 70° = 0.9397$

54 **부흐홀츠 계전기로 보호되는 기기는?**

① 변압기
② 발전기
③ 유도 전동기
④ 회전 변류기

해설 부흐홀츠(Buchholz) 계전기는 변압기 본체와 콘서베이터를 연결하는 배관에 설치하여 변압기 내부 고장 시 절연유 분해 가스에 의해 동작하는 변압기 보호용 계전기이다.

55 **변압기의 효율이 가장 좋을 때의 조건은?**

① 철손=동손　　② 철손=$\dfrac{1}{2}$ 동손
③ $\dfrac{1}{2}$ 철손=동손　　④ 철손=$\dfrac{2}{3}$ 동손

해설 변압기 효율 $\eta = \dfrac{P}{P + P_i + P_c} \times 100[\%]$

변압기의 최대 효율 조건은 P_i(철손)$=P_c$(동손)일 때이다.

56 **직류 전동기 중 부하가 변하면 속도가 심하게 변하는 전동기는?**

① 분권 전동기
② 직권 전동기
③ 자동 복권 전동기
④ 가동 복권 전동기

해설 직류 전동기 중 분권 전동기는 정속도 특성을, 직권 전동기는 부하 변동 시 속도 변화가 가장 크며, 복권 전동기는 중간 특성을 갖는다.

57 **1차 전압 6,900[V], 1차 권선 3,000회, 권수비 20의 변압기가 60[Hz]에 사용할 때 철심의 최대 자속[Wb]은?**

① 0.76×10^{-4}　　② 8.63×10^{-3}
③ 80×10^{-3}　　④ 90×10^{-3}

해설 1차 전압 $V_1 = 4.44 f N_1 \phi_m$

최대 자속 $\phi_m = \dfrac{V_1}{4.44 f N_1}$

$= \dfrac{6{,}900}{4.44 \times 60 \times 3{,}000}$

$= 8.63 \times 10^{-3}[\text{Wb}]$

정답 52. ② 53. ① 54. ① 55. ① 56. ② 57. ②

58 표면을 절연 피막 처리한 규소 강판을 성층하는 이유로 옳은 것은?

① 절연성을 높이기 위해
② 히스테리시스손을 작게 하기 위해
③ 자속을 보다 잘 통하게 하기 위해
④ 와전류에 의한 손실을 작게 하기 위해

해설 와류손 $P_e = \sigma_e K(tfB_m)^2$ [W/m³]
여기서, σ_e : 와류 상수
K : 도전율[℧/m]
t : 강판 두께[m]
f : 주파수[Hz]
B_m : 최대 자속 밀도[Wb/m²]
얇은 규소 강판을 성층하는 이유는 와류손을 작게 하기 위해서이다.

59 단상 유도 전동기 중 기동 토크가 가장 작은 것은?

① 반발 기동형 ② 분상 기동형
③ 셰이딩 코일형 ④ 커패시터 기동형

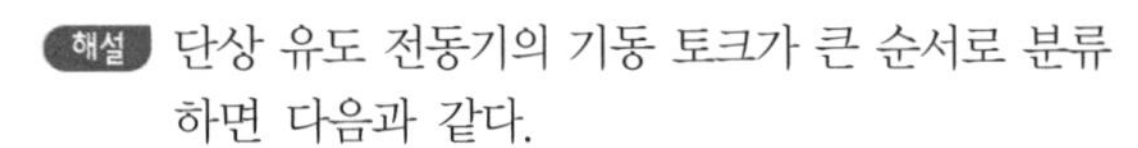

해설 단상 유도 전동기의 기동 토크가 큰 순서로 분류하면 다음과 같다.
- 반발 기동형
- 콘덴서(커패시터) 기동형
- 분상 기동형
- 셰이딩 코일형

60 동기기의 전기자 권선법으로 적합하지 않은 것은?

① 중권 ② 2층권
③ 분포권 ④ 환상권

해설 동기기의 전기자 권선법은 중권, 2층권, 분포권, 단절권을 사용한다.

중권 ○ → 2층권 ○ → 분포권 ○ → 단절권 ○
파권 × → 단층권 × → 집중권 × → 전절권 ×
쇄권 ×

▌전기자 권선법▐

제4과목 회로이론

61 $e_i(t) = Ri(t) + L\dfrac{di(t)}{dt} + \dfrac{1}{C}\int i(t)dt$에서 모든 초기값을 0으로 하고 라플라스 변환했을 때 $I(s)$는? (단, $I(s)$, $E_i(s)$는 각각 $i(t)$, $e_i(t)$를 라플라스 변환한 것이다.)

① $\dfrac{Cs}{LCs^2+RCs+1}E_i(s)$

② $\dfrac{1}{R+Ls+\dfrac{1}{C}s}E_i(s)$

③ $\dfrac{1}{s^2+\dfrac{L}{R}s+\dfrac{1}{LC}}E_i(s)$

④ $\left(R+Ls+\dfrac{1}{Cs}\right)E_i(s)$

해설 $E_i(s) = RI(s) + LsI(s) + \dfrac{1}{Cs}I(s)$

$I(s) = \dfrac{E_i(s)}{R+Ls+\dfrac{1}{Cs}} = \dfrac{Cs}{LCs^2+RCs+1}E_i(s)$

62 어느 회로에 $V = 120 + j90$[V]의 전압을 인가하면 $I = 3 + j4$[A]의 전류가 흐른다. 이 회로의 역률은?

① 0.92 ② 0.94
③ 0.96 ④ 0.98

해설 임피던스 $Z = \dfrac{V}{I}$

$= \dfrac{120+j90}{3+j4}$

$= \dfrac{(120+j90)(3-j4)}{(3+j4)(3-j4)}$

$= 28.8 - j8.4$

역률 $\cos\theta = \dfrac{28.8}{\sqrt{28.8^2+8.4^2}} = 0.96$

정답 58. ④ 59. ③ 60. ④ 61. ① 62. ③

63
기본파의 30[%]인 제3고조파와 기본파의 20[%]인 제5고조파를 포함하는 전압의 왜형률은 약 얼마인가?

① 0.21　② 0.31
③ 0.36　④ 0.42

해설
$$\text{왜형률} = \frac{\text{전 고조파의 실효값}}{\text{기본파의 실효값}} = \frac{\sqrt{30^2+20^2}}{100} = 0.36$$

64
3상 회로의 대칭분 전압이 $V_0 = -8 + j3$[V], $V_1 = 6 - j8$[V], $V_2 = 8 + j12$[V]일 때 a상의 전압[V]은? (단, V_0는 영상분, V_1은 정상분, V_2는 역상분 전압이다.)

① $5-j6$　② $5+j6$
③ $6-j7$　④ $6+j7$

해설
$$V_a = V_0 + V_1 + V_2 = -8+j3+6-j8+8+j12 = 6+j7[\text{V}]$$

65
2단자 회로망에 단상 100[V]의 전압을 가하면 30[A]의 전류가 흐르고 1.8[kW]의 전력이 소비된다. 이 회로망과 병렬로 커패시터를 접속하여 합성 역률을 100[%]로 하기 위한 용량성 리액턴스는 약 몇 [Ω]인가?

① 2.1　② 4.2
③ 6.3　④ 8.4

해설
$P_a = \sqrt{P^2 + P_r^{\,2}}$

무효 전력 $P_r = \sqrt{P_a^{\,2} - P^2} = \sqrt{(VI)^2 - P^2} = \sqrt{(100\times30)^2 - 1{,}800^2} = 2{,}400[\text{Var}]$

∴ 합성 역률 100[%]를 하기 위한 용량 리액턴스

$$X_c = \frac{V^2}{P_r} = \frac{100^2}{2{,}400} = 4.167 ≒ 4.2[\Omega]$$

66
22[kVA]의 부하가 0.8의 역률로 운전될 때 이 부하의 무효 전력[kVar]은?

① 11.5　② 12.3
③ 13.2　④ 14.5

해설
무효 전력 $P_r = VI\sin\theta[\text{Var}]$

$\sin\theta = \sqrt{1-\cos^2\theta} = \sqrt{1-0.8^2} = 0.6$

∴ $P_r = 22 \times 0.6 = 13.2[\text{kVar}]$

67
어드미턴스 Y[℧]로 표현된 4단자 회로망에서 4단자 정수 행렬 T는? $\left(\text{단, } \begin{bmatrix} V_1 \\ I_1 \end{bmatrix} = T\begin{bmatrix} V_2 \\ I_2 \end{bmatrix},\ T = \begin{bmatrix} A & B \\ C & D \end{bmatrix}\right)$

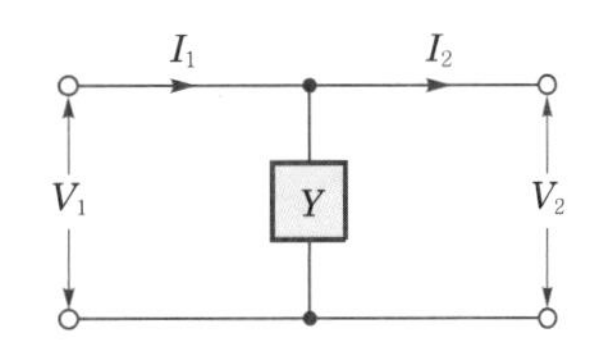

① $\begin{bmatrix} 1 & 0 \\ Y & 1 \end{bmatrix}$　② $\begin{bmatrix} 1 & Y \\ 0 & 1 \end{bmatrix}$
③ $\begin{bmatrix} 1 & 0 \\ \frac{1}{Y} & 1 \end{bmatrix}$　④ $\begin{bmatrix} Y & 1 \\ 1 & 0 \end{bmatrix}$

해설
$$\begin{bmatrix} A & B \\ C & D \end{bmatrix} = \begin{bmatrix} 1 & 0 \\ Y & 1 \end{bmatrix} = \begin{bmatrix} 1 & 0 \\ \frac{1}{Z} & 1 \end{bmatrix}$$

68
회로에서 10[Ω]의 저항에 흐르는 전류[A]는?

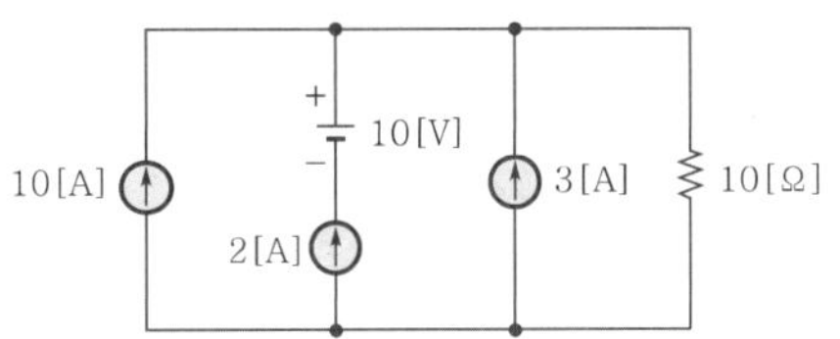

① 8　② 10
③ 15　④ 20

해설
• 전류원 존재 시 : 전압원은 단락
10[Ω]에 흐르는 전류 $I_1 = 10+2+3 = 15[\text{A}]$

정답 63. ③ 64. ④ 65. ② 66. ③ 67. ① 68. ③

• 전압원 존재 시 : 전류원은 개방
폐회로가 구성되지 않으므로 10[V] 전압원에 의해 10[Ω] 흐르는 전류는 존재하지 않는다.
∴ 15[A]

69 10[Ω]의 저항 5개를 접속하여 얻을 수 있는 합성 저항 중 가장 작은 값은 몇 [Ω]인가?

① 10 ② 5
③ 2 ④ 0.5

해설 **저항 R[Ω] 접속 방법에 따른 합성 저항**
• 직렬 접속 시 : 합성 저항 $R_o = 5R$[Ω]
• 병렬 접속 시 : 합성 저항 $R_o = \frac{R}{5}$[Ω]
$R = 10$[Ω]이므로 병렬 접속 시 합성 저항
$R_o = \frac{10}{5} = 2$[Ω]으로 가장 작은 값을 갖는다.

70 동일한 용량 2대의 단상 변압기를 V결선하여 3상으로 운전하고 있다. 단상 변압기 2대의 용량에 대한 3상 V결선 시 변압기 용량의 비인 변압기 이용률은 약 몇 [%]인가?

① 57.7
② 70.7
③ 80.1
④ 86.6

해설 변압기 이용률 $U = \frac{\sqrt{3}\,VI}{2VI} = \frac{\sqrt{3}}{2} = 0.866$
∴ 86.6[%]

71 $i(t) = 3\sqrt{2}\sin(377t - 30°)$[A]의 평균값은 약 몇 [A]인가?

① 1.35 ② 2.7
③ 4.35 ④ 5.4

해설 평균값 $I_{av} = \frac{2}{\pi} I_m = 0.637 I_m$
$= 0.637 \times 3\sqrt{2} = 2.7$[A]

72 4단자 회로망에서의 영상 임피던스[Ω]는?

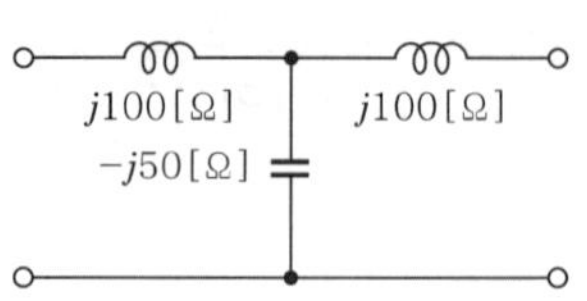

① $j\frac{1}{50}$ ② −1
③ 1 ④ 0

해설
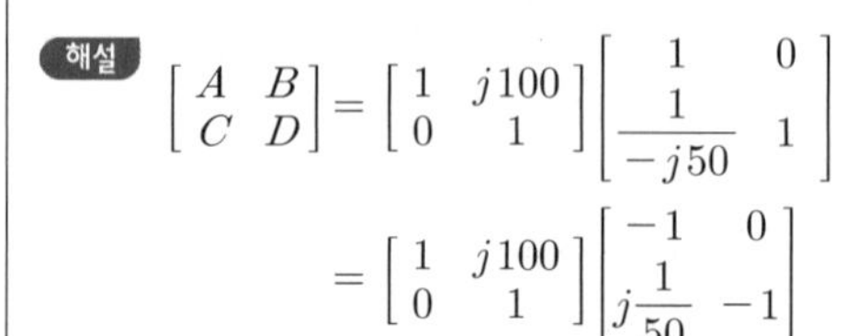

$$\begin{bmatrix} A & B \\ C & D \end{bmatrix} = \begin{bmatrix} 1 & j100 \\ 0 & 1 \end{bmatrix} \begin{bmatrix} 1 & 0 \\ \frac{1}{-j50} & 1 \end{bmatrix}$$

$$= \begin{bmatrix} 1 & j100 \\ 0 & 1 \end{bmatrix} \begin{bmatrix} -1 & 0 \\ j\frac{1}{50} & -1 \end{bmatrix}$$

$$\therefore Z_{01} = Z_{02} = \sqrt{\frac{B}{C}} = \sqrt{\frac{0}{j\frac{1}{50}}} = 0[\Omega]$$

73 20[Ω]과 30[Ω]의 병렬 회로에서 20[Ω]에 흐르는 전류가 6[A]이라면 전체 전류 I[A]는?

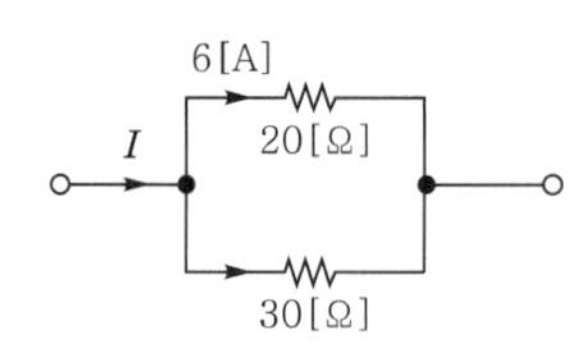

① 3 ② 4
③ 9 ④ 10

해설 분류 법칙에서
$6 = \frac{30}{20+30} \cdot I$
∴ 전체 전류 $I = \frac{300}{30} = 10$[A]

74 $F(s) = \frac{A}{\alpha + s}$의 라플라스 역변환은?

① αe^{At} ② $Ae^{\alpha t}$
③ αe^{-At} ④ $Ae^{-\alpha t}$

정답 69. ③ 70. ④ 71. ② 72. ④ 73. ④ 74. ④

해설 지수 감쇠 함수의 라플라스 변환

$F(s)=\mathcal{L}[e^{-\alpha t}]=\dfrac{1}{s+\alpha}$ 이므로

$\therefore \mathcal{L}^{-1}\left[\dfrac{A}{s+\alpha}\right]=Ae^{-\alpha t}$

75 RC **직렬 회로의 과도 현상에 대한 설명으로 옳은 것은?**

① 과도 상태 전류의 크기는 $(R\times C)$의 값과 무관하다.

② $(R\times C)$의 값이 클수록 과도 상태 전류의 크기는 빨리 사라진다.

③ $(R\times C)$의 값이 클수록 과도 상태 전류의 크기는 천천히 사라진다.

④ $\dfrac{1}{R\times C}$의 값이 클수록 과도 상태 전류의 크기는 천천히 사라진다.

해설 시정수 τ값이 커질수록 과도 상태는 길어진다. 즉, 천천히 사라진다.
RC 직렬 회로의 시정수 $\tau=RC$[s]이므로 $(R\times C)$의 값이 클수록 과도 상태는 천천히 사라진다.

76 RL **병렬 회로에서** $t=0$**일 때 스위치 S를 닫는 경우** R**[Ω]에 흐르는 전류** $i_R(t)$**[A]는?**

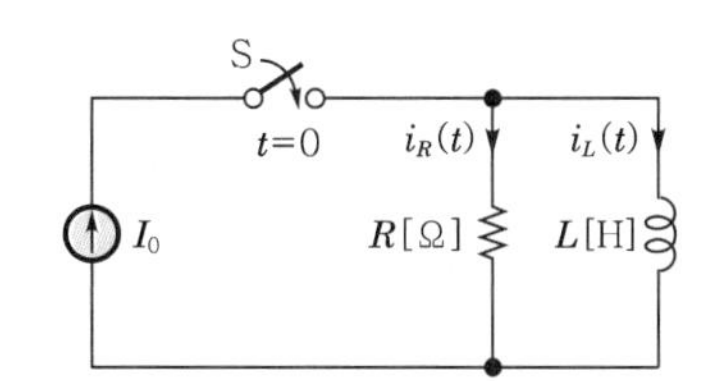

① $I_0\left(1-e^{-\frac{R}{L}t}\right)$ ② $I_0\left(1+e^{-\frac{R}{L}t}\right)$

③ I_0 ④ $I_0e^{-\frac{R}{L}t}$

해설

$I_0=i_R(t)+i_L(t),\ Ri_R(t)-L\dfrac{di_L(t)}{dt}=0$

두 식으로부터

$Ri_R(t)-L\dfrac{d}{dt}[I_0-i_R(t)]=0$

여기서, $\dfrac{dI_0}{dt}=0$이므로

$Ri_R(t)+L\dfrac{d}{dt}i_R(t)=0$

라플라스 변환하면

$RI_R(s)+L\{sI_R(s)-i_R(0)\}=0$

$i_R(0)=I_0$이므로

$I_R(s)=\dfrac{LI_0}{Ls+R}=I_0\dfrac{1}{s+\dfrac{R}{L}}$

$\therefore i_R(t)=I_0e^{-\frac{R}{L}t}$[A]

77 **불평형 Y결선의 부하 회로에 평형 3상 전압을 가할 경우 중성점의 전위** $V_{n'n}$**[V]는? (단,** Z_1**,** Z_2**,** Z_3**는 각 상의 임피던스[Ω]이고,** Y_1**,** Y_2**,** Y_3**는 각 상의 임피던스에 대한 어드미턴스[℧]이다.)**

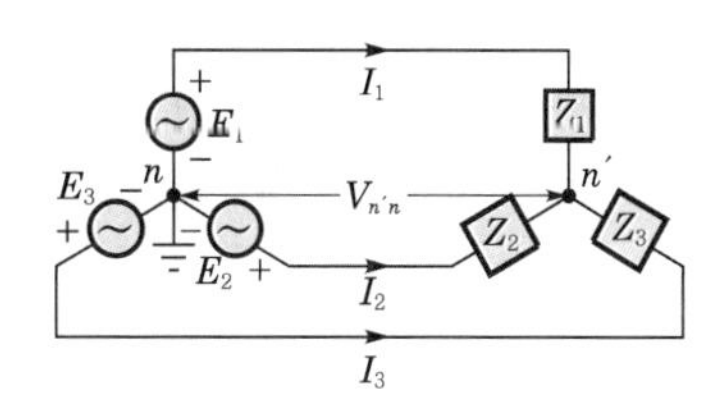

① $\dfrac{E_1+E_2+E_3}{Z_1+Z_2+Z_3}$

② $\dfrac{Z_1E_1+Z_2E_2+Z_3E_3}{Z_1+Z_2+Z_3}$

③ $\dfrac{E_1+E_2+E_3}{Y_1+Y_2+Y_3}$

④ $\dfrac{Y_1E_1+Y_2E_2+Y_3E_3}{Y_1+Y_2+Y_3}$

해설 중성점의 전위는 밀만의 정리가 성립된다.

$$V_n=\frac{\sum_{k=1}^{n}I_k}{\sum_{k=1}^{n}Y_k}=\frac{Y_1E_1+Y_2E_2+Y_3E_3}{Y_1+Y_2+Y_3}\text{[V]}$$

정답 75. ③ 76. ④ 77. ④

78 1상의 임피던스가 14+j48[Ω]인 평형 △ 부하에 선간 전압이 200[V]인 평형 3상 전압이 인가될 때 이 부하의 피상 전력[VA]은?

① 1,200
② 1,384
③ 2,400
④ 4,157

해설 피상 전력 $P_a = 3I_p^2 Z$

$$= 3\left(\frac{200}{\sqrt{14^2+48^2}}\right)^2 \times \sqrt{14^2+48^2}$$

$$= 2{,}400[\text{VA}]$$

79 $i(t) = 100 + 50\sqrt{2}\sin\omega t + 20\sqrt{2}\sin\left(3\omega t + \frac{\pi}{6}\right)$[A]로 표현되는 비정현파 전류의 실효값은 약 몇 [A]인가?

① 20 ② 50
③ 114 ④ 150

해설 비정현파 전류의 실효값은 각 개별적인 실효값 제곱의 합의 제곱근이므로

$$I = \sqrt{I_0^2 + I_1^2 + I_3^2}$$

$$= \sqrt{100^2 + 50^2 + 20^2}$$

$$= 114[\text{A}]$$

80 저항만으로 구성된 그림의 회로에 평형 3상 전압을 가했을 때 각 선에 흐르는 선전류가 모두 같게 되기 위한 R[Ω]의 값은?

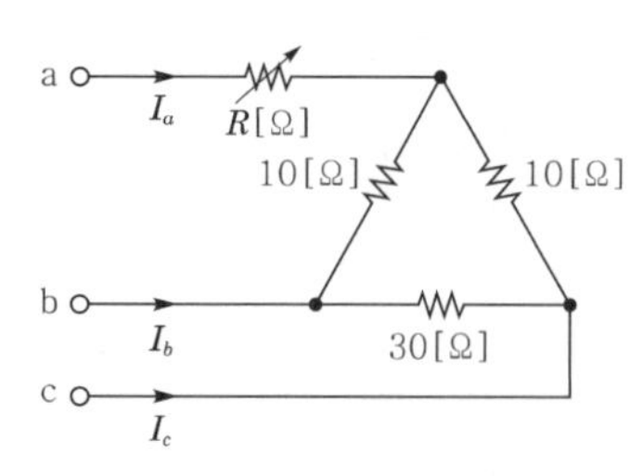

① 2 ② 4
③ 6 ④ 8

해설 △결선을 Y결선으로 등가 변환하면

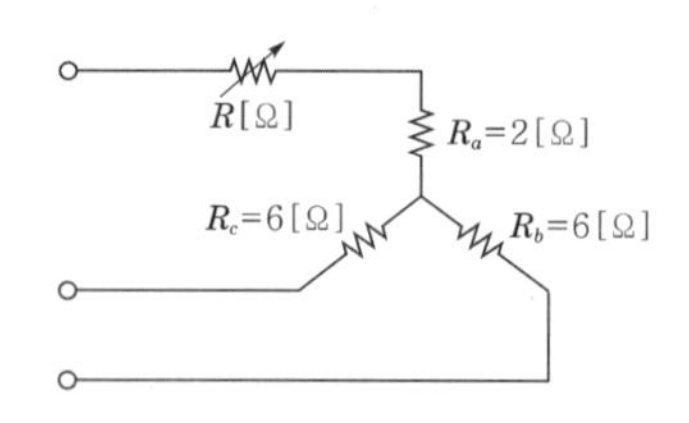

$$R_a = \frac{10\times10}{10+30+10} = 2[\Omega],$$

$$R_b = \frac{30\times10}{10+30+10} = 6[\Omega],$$

$$R_c = \frac{10\times30}{10+30+10} = 6[\Omega]$$

각 선에 흐르는 전류가 같으려면 각 상의 저항의 크기가 같아야 하므로 $R = 4$[Ω]이다.

제5과목 전기설비기술기준

81 22,900[V]용 변압기의 금속제 외함에는 몇 종 접지 공사를 하여야 하는가?

① 제1종 접지 공사
② 제2종 접지 공사
③ 제3종 접지 공사
④ 특별 제3종 접지 공사

해설 기계 기구의 철대 및 외함의 접지

기계 기구의 구분	접지 공사의 종류
고압 또는 특고압용의 것	제1종 접지 공사
400[V] 미만인 저압용의 것	제3종 접지 공사
400[V] 이상의 저압용의 것	특별 제3종 접지 공사

* 이 문제는 출제 당시 규정에는 적합했으나 새로 제정된 한국전기설비규정에는 일부 부적합하므로 문제유형만 참고하시기 바랍니다.

정답 78. ③ 79. ③ 80. ② 81. ①

82 154[kV] 가공 전선과 식물과의 최소 이격 거리는 몇 [m]인가?

① 2.8 ② 3.2
③ 3.8 ④ 4.2

해설 특고압 가공 전선과 식물의 이격 거리(KEC 333.30)
60[kV] 넘는 10[kV] 단수는 $(154-60) \div 10 = 9.4$이므로 10단수이다.
$\therefore\ 2+0.12\times 10 = 3.2$[m]

83 다음 ( ) 안의 ㉠, ㉡에 들어갈 내용으로 옳은 것은?

> 전기 철도용 급전선이란 전기 철도용 (㉠)로부터 다른 전기 철도용 (㉠) 또는 (㉡)에 이르는 전선을 말한다.

① ㉠ 급전소, ㉡ 개폐소
② ㉠ 궤전선, ㉡ 변전소
③ ㉠ 변전소, ㉡ 전차선
④ ㉠ 전차선, ㉡ 급전소

해설 용어의 정의(KEC 112)
전기 철도용 급전선이란 전기 철도용 변전소로부터 다른 전기 철도용 변전소 또는 전차선에 이르는 전선을 말한다.

84 제1종 특고압 보안 공사로 시설하는 전선로의 지지물로 사용할 수 없는 것은?

① 목주
② 철탑
③ B종 철주
④ B종 철근 콘크리트주

해설 특고압 보안 공사(KEC 333.22)
제1종 특고압 보안 공사 전선로의 지지물에는 B종 철주, B종 철근 콘크리트주 또는 철탑을 사용하고, A종 및 목주는 시설할 수 없다.

85 저압 가공 인입선 시설 시 도로를 횡단하여 시설하는 경우 노면상 높이는 몇 [m] 이상으로 하여야 하는가?

① 4 ② 4.5
③ 5 ④ 5.5

해설 저압 인입선의 시설(KEC 221.1.1)
저압 가공 인입선의 높이는 다음과 같다.
- 도로를 횡단하는 경우에는 노면상 5[m]
- 철도 또는 궤도를 횡단하는 경우에는 레일면상 6.5[m] 이상
- 횡단 보도교의 위에 시설하는 경우에는 노면상 3[m] 이상

86 기구 등의 전로의 절연 내력 시험에서 최대 사용 전압이 60[kV]를 초과하는 기구 등의 전로로서 중성점 비접지식 전로에 접속하는 것은 최대 사용 전압의 몇 배의 전압에 10분간 견디어야 하는가?

① 0.72 ② 0.92
③ 1.25 ④ 1.5

해설 기구 등의 전로의 절연 내력(KEC 136)

최대 사용 전압이 60[kV]를 초과	시험 전압
중성점 비접지식 전로	최대 사용 전압의 1.25배의 전압
중성점 접지식 전로	최대 사용 전압의 1.1배의 전압 (최저 시험 전압 75[kV])
중성점 직접 접지식 전로	최대 사용 전압의 0.72배의 전압

87 저압 가공 전선(다중 접지된 중성선은 제외한다)과 고압 가공 전선을 동일 지지물에 시설하는 경우 저압 가공 전선과 고압 가공 전선 사이의 이격 거리는 몇 [cm] 이상이어야 하는가? (단, 각도주(角度柱)·분기주(分技柱) 등에서 혼촉(混觸)의 우려가 없도록 시설하는 경우가 아니다.)

① 50 ② 60
③ 80 ④ 100

정답 82. ② 83. ③ 84. ① 85. ③ 86. ③ 87. ①

해설 저 · 고압 가공 전선 등의 병가(KEC 222.9)
- 저압 가공 전선을 고압 가공 전선의 아래로 하고 별개의 완금류에 시설할 것
- 저압 가공 전선과 고압 가공 전선 사이의 이격 거리는 50[cm] 이상일 것

88 폭연성 분진이 많은 장소의 저압 옥내 배선에 적합한 배선 공사 방법은?

① 금속관 공사
② 애자 공사
③ 합성 수지관 공사
④ 가요 전선관 공사

해설 폭연성 분진 위험 장소(KEC 242.2.1)
폭연성 분진 또는 화약류의 분말이 전기 설비가 발화원이 되어 폭발할 우려가 있는 곳에 시설하는 저압 옥내 전기 설비는 금속관 공사 또는 케이블 공사(캡타이어 케이블 제외)에 의한다.

89 절연 내력 시험은 전로와 대지 사이에 연속하여 10분간 가하여 절연 내력을 시험하였을 때 이에 견디어야 한다. 최대 사용 전압이 22.9[kV]인 중성선 다중 접지식 가공 전선로의 전로와 대지 사이의 절연 내력 시험 전압은 몇 [V]인가?

① 16,488
② 21,068
③ 22,900
④ 28,625

해설 전로의 절연 저항 및 절연 내력(KEC 132)
중성점 다중 접지 방식은 0.92배로 절연 내력 시험을 하므로 전압은 다음과 같이 구한다.
$22,900 \times 0.92 = 21,068$[V]

90 시가지 또는 그 밖에 인가가 밀집한 지역에 154[kV] 가공 전선로의 전선을 케이블로 시설하고자 한다. 이때, 가공 전선을 지지하는 애자 장치의 50[%] 충격 섬락 전압값이 그 전선의 근접한 다른 부분을 지지하는 애자 장치값의 몇 [%] 이상이어야 하는가?

① 75　　② 100
③ 105　　④ 110

해설 시가지 등에서 특고압 가공 전선로의 시설(KEC 333.1)
특고압 가공 전선을 지지하는 애자 장치는 다음 중 어느 하나에 의할 것
- 50[%] 충격 섬락 전압값이 그 전선의 근접한 다른 부분을 지지하는 애자 장치값의 110[%](사용전압이 130[kV]를 초과하는 경우는 105[%]) 이상인 것
- 아크 혼을 붙인 현수 애자 · 장간 애자(長幹碍子) 또는 라인포스트 애자를 사용하는 것
- 2련 이상의 현수 애자 또는 장간 애자를 사용하는 것
- 2개 이상의 핀 애자 또는 라인포스트 애자를 사용하는 것

91 특고압 가공 전선로의 지지물에 시설하는 통신선 또는 이에 직접 접속하는 통신선이 도로 · 횡단 보도교 · 철도의 레일 등 또는 교류 전차선 등과 교차하는 경우의 시설 기준으로 옳은 것은?

① 인장 강도 4.0[kN] 이상의 것 또는 지름 3.5[mm] 경동선일 것
② 통신선이 케이블 또는 광섬유 케이블일 때는 이격 거리의 제한이 없다.
③ 통신선과 삭도 또는 다른 가공 약전류 전선 등 사이의 이격 거리는 20[cm] 이상으로 할 것
④ 통신선이 도로 · 횡단 보도교 · 철도의 레일과 교차하는 경우에는 통신선은 지름 4[mm]의 절연 전선과 동등 이상의 절연 효력이 있을 것

정답 88. ① 89. ② 90. ③ 91. ④

해설 전력 보안 통신선의 시설 높이와 이격 거리(KEC 362.2)

- 절연 전선 : 연선은 단면적 16[mm²], 단선은 지름 4[mm]
- 경동선 : 연선은 단면적 25[mm²], 단선은 지름 5[mm]

92 변압기에 의하여 154[kV]에 결합되는 3,300[V] 전로에는 몇 배 이하의 사용 전압이 가하여진 경우에 방전하는 장치를 그 변압기의 단자에 가까운 1극에 시설하여야 하는가?

① 2 ② 3
③ 4 ④ 5

해설 특고압과 고압의 혼촉 등에 의한 위험 방지 시설(KEC 322.3)
변압기에 의하여 특고압 전로에 결합되는 고압 전로에는 사용 전압의 3배 이하인 전압이 가하여진 경우에 방전하는 장치를 그 변압기의 단자에 가까운 1극에 설치하여야 한다.

93 고압 가공 전선으로 ACSR(강심 알루미늄 연선)을 사용할 때의 안전율은 얼마 이상이 되는 이도(弛度)로 시설하여야 하는가?

① 1.38 ② 2.1
③ 2.5 ④ 4.01

해설 고압 가공 전선의 안전율(KEC 332.4)

- 경동선 또는 내열 동합 금선 → 2.2 이상
- 기타 전선(ACSR, 알루미늄 전선 등) → 2.5 이상

94 발전기를 구동하는 풍차의 압유 장치의 유압, 압축 공기 장치의 공기압 또는 전동식 브레이드 제어 장치의 전원 전압이 현저히 저하한 경우 발전기를 자동적으로 전로로부터 차단하는 장치를 시설하여야 하는 발전기 용량은 몇 [kVA] 이상인가?

① 100 ② 300
③ 500 ④ 1,000

해설 발전기 등의 보호 장치(KEC 351.3)
발전기는 다음의 경우에 자동 차단 장치를 시설한다.

- 과전류, 과전압이 생긴 경우
- 100[kVA] 이상 : 풍차 압유 장치 유압 저하
- 500[kVA] 이상 : 수차 압유 장치 유압 저하
- 2,000[kVA] 이상 : 수차 발전기 베어링 온도 상승
- 10,000[kVA] 이상 : 발전기 내부 고장
- 10,000[kW] 초과 : 증기 터빈의 베어링 마모, 온도 상승

95 건조한 곳에 시설하고 또한 내부를 건조한 상태로 사용하는 진열장 안의 사용 전압이 400[V] 이하인 저압 옥내 배선은 외부에서 보기 쉬운 곳에 한하여 코드 또는 캡타이어 케이블을 조영재에 접촉하여 시설할 수 있다. 이때, 전선의 붙임점 간의 거리는 몇 [m] 이하로 시설하여야 하는가?

① 0.5 ② 1.0
③ 1.5 ④ 2.0

해설 진열장 안의 배선(KEC 234.8)

- 전선은 단면적이 0.75[mm²] 이상인 코드 또는 캡타이어 케이블일 것
- 전선의 붙임점 간의 거리는 1[m] 이하로 하고 또한 배선에는 전구 또는 기구의 중량을 지지시키지 아니할 것

96 욕조나 샤워 시설이 있는 욕실 또는 화장실 등 인체가 물에 젖어 있는 상태에서 전기를 사용하는 장소에 콘센트를 시설하는 경우에 적합한 누전 차단기는?

① 정격 감도 전류 15[mA] 이하, 동작 시간 0.03초 이하의 전류 동작형 누전 차단기
② 정격 감도 전류 15[mA] 이하, 동작 시간 0.03초 이하의 전압 동작형 누전 차단기
③ 정격 감도 전류 20[mA] 이하, 동작 시간 0.3초 이하의 전류 동작형 누전 차단기
④ 정격 감도 전류 20[mA] 이하, 동작 시간 0.3초 이하의 전압 동작형 누전 차단기

정답 92. ② 93. ③ 94. ① 95. ② 96. ①

해설 **옥내에 시설하는 저압용 배선 기구의 시설(KEC 234.5)**

욕조나 샤워 시설이 있는 욕실 또는 화장실 등 인체가 물에 젖어 있는 상태에서 전기를 사용하는 장소에 콘센트를 시설한다.

- 인체 감전 보호용 누전 차단기(정격 감도 전류 15[mA] 이하, 동작 시간 0.03초 이하의 전류 동작형) 또는 절연 변압기(정격 용량 3[kVA] 이하)로 보호된 전로에 접속하거나 인체 감전 보호용 누전차단기가 부착된 콘센트를 시설하여야 한다.
- 콘센트는 접지극이 있는 방적형 콘센트를 사용하여 접지하여야 한다.

97 풀장용 수중 조명등에 전기를 공급하기 위하여 사용되는 절연 변압기에 대한 설명으로 틀린 것은?

① 절연 변압기 2차측 전로의 사용 전압은 150[V] 이하이어야 한다.

② 절연 변압기의 2차측 전로에는 반드시 접지공사를 하며, 그 저항값은 5[Ω] 이하가 되도록 하여야 한다.

③ 절연 변압기 2차측 전로의 사용 전압이 30[V] 이하인 경우에는 1차 권선과 2차 권선 사이에 금속제의 혼촉 방지판이 있어야 한다.

④ 절연 변압기 2차측 전로의 사용 전압이 30[V]를 초과하는 경우에는 그 전로에 지락이 생겼을 때 자동적으로 전로를 차단하는 장치가 있어야 한다.

해설 **수중 조명등(KEC 234.14)**

- 대지 전압 1차 전압 400[V] 이하, 2차 전압 150[V] 이하인 절연 변압기를 사용할 것
- 절연 변압기의 2차측 전로는 접지하지 아니할 것
- 절연 변압기 2차 전압이 30[V] 이하는 접지 공사를 한 혼촉 방지판을 사용하고, 30[V]를 초과하는 것은 지락이 발생하면 자동 차단하는 장치를 할 것
- 수중 조명등에 전기를 공급하기 위하여 사용하는 이동 전선은 접속점이 없는 단면적 2.5[mm^2] 이상의 0.6/1[kV] EP 고무 절연 클로로프렌 캡타이어 케이블일 것

98 뱅크 용량 15,000[kVA] 이상인 분로 리액터에서 자동적으로 전로로부터 차단하는 장치가 동작하는 경우가 아닌 것은?

출제빈도

① 내부 고장 시

② 과전류 발생 시

③ 과전압 발생 시

④ 온도가 현저히 상승한 경우

해설 **조상 설비의 보호 장치(KEC 351.5)**

설비 종별	뱅크 용량의 구분	자동 차단하는 장치
전력용 커패시터 및 분로 리액터	500[kVA] 초과 15,000[kVA] 미만	내부 고장, 과전류
	15,000[kVA] 이상	내부 고장, 과전류, 과전압
조상기	15,000[kVA] 이상	내부 고장

99 가공 전선로의 지지물에 사용하는 지선의 시설 기준과 관련된 내용으로 틀린 것은?

출제빈도

① 지선에 연선을 사용하는 경우 소선(素線) 3가닥 이상의 연선일 것

② 지선의 안전율은 2.5 이상, 허용 인장 하중의 최저는 3.31[kN]으로 할 것

③ 지선에 연선을 사용하는 경우 소선의 지름이 2.6[mm] 이상의 금속선을 사용한 것일 것

④ 가공 전선로의 지지물로 사용하는 철탑은 지선을 사용하여 그 강도를 분담시키지 않을 것

해설 **지선의 시설(KEC 331.11)**

- 지선의 안전율은 2.5 이상일 것. 이 경우에 허용 인장 하중의 최저는 4.31[kN]
- 지선에 연선을 사용할 경우
  - 소선(素線) 3가닥 이상의 연선일 것
  - 소선의 지름이 2.6[mm] 이상의 금속선을 사용한 것일 것

정답 97. ② 98. ④ 99. ②

- 지중 부분 및 지표상 30[cm]까지의 부분에는 내식성이 있는 것 또는 아연 도금을 한 철봉을 사용하고 쉽게 부식되지 않는 근가에 견고하게 붙일 것
- 철탑은 지선을 사용하여 그 강도를 분담시켜서는 안 됨

100 발열선을 도로, 주차장 또는 조영물의 조영재에 고정시켜 시설하는 경우 발열선에 전기를 공급하는 전로의 대지 전압은 몇 [V] 이하이어야 하는가?

① 220　② 300
③ 380　④ 600

해설 **도로 등의 전열 장치의 시설(KEC 241.12)**
- 발열선에 전기를 공급하는 전로의 대지 전압은 300[V] 이하
- 발열선은 미네랄인슈레이션 케이블 또는 제2종 발열선을 사용
- 발열선 온도 80[℃] 이하

정답 100. ②

MEMO

2021. 3. 2. 시행

2021년 제1회 CBT 기출복원문제

제1과목 전기자기학

01 한 변의 길이가 2[m]가 되는 정삼각형 3정점 A, B, C에 10^{-4}[C]의 점전하가 있다. 점 B에 작용하는 힘[N]은 다음 중 어느 것인가?

① 29　② 39
③ 45　④ 49

해설

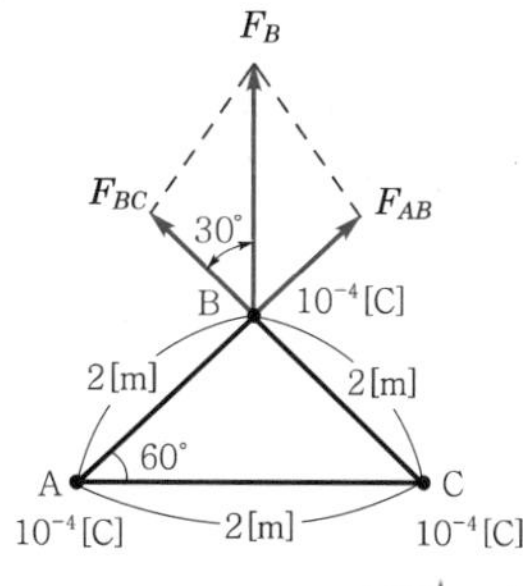

$$F_{AB} = 9\times10^9 \times \frac{10^{-4}\times10^{-4}}{2^2} = 22.5[\text{N}]$$

$$F_{BC} = 9\times10^9 \times \frac{10^{-4}\times10^{-4}}{2^2} = 22.5[\text{N}]$$

$$\therefore\ F_B = 2F_{BC}\cos30° = 2\times22.5\times\frac{\sqrt{3}}{2}$$

$$= 38.97 \fallingdotseq 39[\text{N}]$$

02 무한 평행판 전극 사이의 전위차 V[V]는? (단, 평행판 전하밀도 σ[c/m²], 편간거리 d[m]라 한다.)

① $\frac{\sigma}{\varepsilon_0}$　② $\frac{\sigma}{\varepsilon_0}d$
③ σd　④ $\frac{\varepsilon_0\sigma}{d}$

해설 평행판 전극 사이의 전계의 세기

$$E = \frac{\sigma}{\varepsilon_0}[\text{V/m}]$$

전계의 세기와 전위와의 관계

$$V = Ed = \frac{\sigma}{\varepsilon_0}d[\text{V}]$$

03 전계의 세기 1,500[V/m]의 전장에 5[μC]의 전하를 놓으면 얼마의 힘[N]이 작용하는가?

① 4×10^{-3}　② 5.5×10^{-3}
③ 6.5×10^{-3}　④ 7.5×10^{-3}

해설 $F = Q\cdot E = 5\times10^{-6}\times1{,}500$
$= 7.5\times10^{-3}[\text{N}]$

04 반지름 r=1[m]인 도체구의 표면 전하 밀도가 $\frac{10^{-8}}{9\pi}$[C/m²]이 되도록 하는 도체구의 전위는 몇 [V]인가?

① 10　② 20
③ 40　④ 80

해설

$$V = \frac{1}{4\pi\varepsilon_0}\cdot\frac{Q}{r} = \frac{1}{4\pi\varepsilon_0}\cdot\frac{\sigma\cdot4\pi r^2}{r}$$

$$= \frac{\sigma\cdot r}{\varepsilon_0} = \frac{\frac{10^{-8}}{9\pi}\times1}{\frac{10^{-9}}{36\pi}} = 40[\text{V}]$$

05 진공 중에서 크기가 같은 두 개의 작은 구에 같은 양의 전하를 대전시킨 후 50[cm] 거리에 두었더니 작은 구는 서로 9×10^{-3}[N]의 힘으로 반발했다. 각각의 전하량은 몇 [C]인가?

① 5×10^{-7}　② 5×10^{-5}
③ 2×10^{-5}　④ 2×10^{-7}

정답 01. ② 02. ② 03. ④ 04. ③ 05. ①

해설 $F = \frac{Q_1 Q_2}{4\pi\varepsilon_o r^2} = 9\times 10^9 \times \frac{Q_1 Q_2}{r^2}$[N]

$\therefore\ 9\times 10^{-3} = 9\times 10^9 \times \frac{Q^2}{0.5^2}$

$\therefore\ Q = \sqrt{\frac{9\times 10^{-3}\times 0.5^2}{9\times 10^9}} = 5\times 10^{-7}$[C]

06 평행판 콘덴서의 두 극판 면적을 3배로 하고 간격을 $\frac{1}{2}$배로 하면 정전용량은 처음의 몇 배가 되는가?

① $\frac{3}{2}$　② $\frac{2}{3}$
③ $\frac{1}{6}$　④ 6

해설 정전용량 $C = \frac{\varepsilon S}{d}$

면적을 3배, 간격을 $\frac{1}{2}$배 하면

$\therefore\ C' = \frac{\varepsilon 3S}{\frac{d}{2}} = \frac{6\varepsilon S}{d} = 6C$

07 다음 물질 중 비유전율이 가장 큰 물질은 무엇인가?

① 산화 티탄 자기　② 종이
③ 운모　④ 변압기유

해설 비유전율(ε_s)
- 종이 : 1.2 ~ 2.6
- 변압기유 : 2.2 ~ 2.4
- 운모 : 6.7
- 산화 티탄 자기 : 30 ~ 80

08 비유전율이 4이고 전계의 세기가 20[kV/m]인 유전체 내의 전속밀도[μC/m^2]는?

① 0.708　② 0.168
③ 6.28　④ 2.83

해설 $D = \varepsilon_0 \varepsilon_s E$
$= 8.855\times 10^{-12}\times 4\times 20\times 10^3$
$= 0.708\times 10^{-6}$[C/m^2]
$= 0.708$[μC/m^2]

09 10[A]의 무한장 직선 전류로부터 10[cm] 떨어진 곳의 자계의 세기[AT/m]는?

① 1.59　② 15.0
③ 15.9　④ 159

해설 무한장 직선 전류의 자계의 세기

$H = \frac{I}{2\pi r} = \frac{10}{2\pi\times 0.1} \fallingdotseq 15.9$[AT/m]

10 간격 d[m]인 무한히 넓은 평행판의 단위 면적당 정전용량[F/m^2]은? (단, 매질은 공기라 한다.)

① $\frac{1}{4\pi\varepsilon_0 d}$

② $\frac{4\pi\varepsilon_0}{d}$

③ $\frac{\varepsilon_0}{d}$

④ $\frac{\varepsilon_0}{d^2}$

해설

$C = \frac{\sigma}{V} = \frac{\sigma}{\frac{\sigma}{\varepsilon_0}d} = \frac{\varepsilon_0}{d} = 8.855\times\frac{10^{-12}}{d}$[F/m^2]

면적이 S[m^2]인 경우 $C = \frac{\varepsilon_0 S}{d}$[F]

정답 06. ④ 07. ① 08. ① 09. ③ 10. ③

11 그림과 같이 등전위면이 존재하는 경우 전계의 방향은?

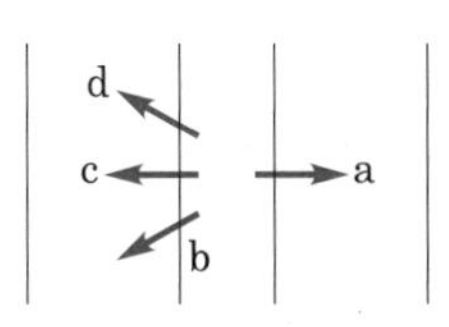

① a ② b
③ c ④ d

해설 전계는 높은 전위에서 낮은 전위 방향으로 향하고 등전위면에 수직으로 발생한다.

12 비투자율 $\mu_s = 400$인 환상 철심 중의 평균 자계 세기가 $H = 300$[A/m]일 때, 자화의 세기 J[Wb/m²]는?

① 0.1
② 0.15
③ 0.2
④ 0.25

해설 $J = \chi_m H = \mu_0(\mu_s - 1)H$
$= 4\pi \times 10^{-7} \times (400-1) \times 300$
$= 0.15$[Wb/m²]

13 비유전율 $\varepsilon_s = 80$, 비투자율 $\mu_s = 1$인 전자파의 고유 임피던스(intrinsic impedance) [Ω]는?

① 0.1 ② 80
③ 8.9 ④ 42

해설
$$\eta = \frac{E}{H} = \sqrt{\frac{\mu}{\varepsilon}} = \sqrt{\frac{\mu_0}{\varepsilon_0}} \cdot \sqrt{\frac{\mu_s}{\varepsilon_s}}$$
$$= 120\pi\sqrt{\frac{\mu_s}{\varepsilon_s}} = 377\sqrt{\frac{\mu_s}{\varepsilon_s}}$$
$$= 377 \times \sqrt{\frac{1}{80}} \fallingdotseq 42.2[\Omega]$$

14 전자석에 사용하는 연철(soft iron)은 다음 어느 성질을 가지는가?

① 잔류자기, 보자력이 모두 크다.
② 보자력이 크고 히스테리시스 곡선의 면적이 작다.
③ 보자력과 히스테리시스 곡선의 면적이 모두 작다.
④ 보자력이 크고 잔류자기가 작다.

해설

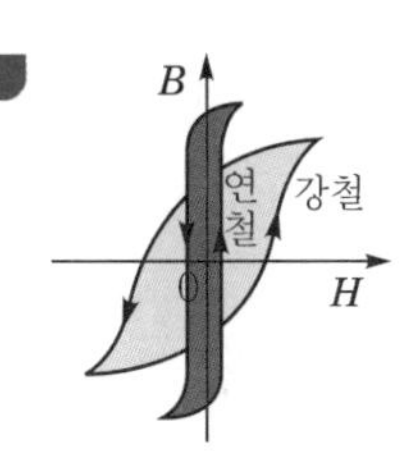

㉠ 전자석(일시 자석)의 재료는 잔류자기가 크고 보자력이 작아야 한다.
㉡ 영구자석의 재료는 잔류자기와 보자력이 모두 커야 한다.

15 자기 인덕턴스가 각각 L_1, L_2인 두 코일을 서로 간섭이 없도록 병렬로 연결했을 때 그 합성 인덕턴스는?

① L_1L_2
② $\dfrac{L_1+L_2}{L_1L_2}$
③ L_1+L_2
④ $\dfrac{L_1L_2}{L_1+L_2}$

해설

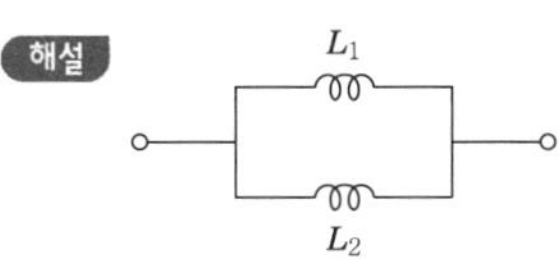

합성 인덕턴스 $L = \dfrac{1}{\dfrac{1}{L_1}+\dfrac{1}{L_2}} = \dfrac{L_1L_2}{L_1+L_2}$[H]

정답 11. ③ 12. ② 13. ④ 14. ③ 15. ④

16 매초마다 S면을 통과하는 전자에너지를 $W=\int_s P \cdot nds$[W]로 표시하는데 이 중 틀린 설명은?

① 벡터 P를 포인팅 벡터라 한다.
② n이 내향일 때는 S면 내에 공급되는 총전력이다.
③ n이 외향일 때는 S면 내에서 나오는 총전력이 된다.
④ P의 방향은 전자계의 에너지 흐름의 진행 방향과 다르다.

해설 포인팅 벡터 또는 방사 벡터 P의 방향은 전자계의 에너지 흐름의 진행방향과 같다.

17 유전체 중의 전계의 세기를 E, 유전율을 ε이라 하면 전기변위[C/m²]는?

① εE
② εE^2
③ $\dfrac{\varepsilon}{E}$
④ $\dfrac{E}{\varepsilon}$

해설 전기변위=전속밀도$=\dfrac{Q}{s}=\varepsilon E$[C/m²]

18 반지름 a인 원주 도체의 단위길이당 내부 인덕턴스는 몇 [H/m]인가?

① $\dfrac{\mu}{4\pi}$
② $4\pi\mu$
③ $\dfrac{\mu}{8\pi}$
④ $8\pi\mu$

해설 단위길이당 내부 인덕턴스 $L=\dfrac{\mu}{8\pi}$[H/m]

19 평등자계 내에 수직으로 돌입한 전자의 궤적은?

① 원운동을 하는데, 원의 반지름은 자계의 세기에 비례한다.
② 구면 위에서 회전하고 반지름은 자계의 세기에 비례한다.
③ 원운동을 하고 반지름은 전자의 처음 속도에 비례한다.
④ 원운동을 하고 반지름은 자계의 세기에 반비례한다.

해설 평등자계 내에 수직으로 돌입한 전자는 원운동을 한다.

구심력=원심력, $evB=\dfrac{mv^2}{r}$

회전 반지름 $r=\dfrac{mv}{eB}=\dfrac{mv}{e\mu_0 H}$[m]

∴ 원자는 원운동을 하고 반지름은 자계의 세기(H)에 반비례한다.

20 강자성체가 아닌 것은?

① 철 ② 니켈
③ 백금 ④ 코발트

해설
- 강자성체 : 철(Fe), 니켈(Ni), 코발트(Co) 및 이들의 합금
- 역(반)자성체 : 비스무트(Bi), 탄소(C), 규소(Si), 은(Ag), 납(Pb), 아연(Zn), 황(S), 구리(Cu)

제2과목 전력공학

21 배전전압을 3,000[V]에서 5,200[V]로 높이면 수송전력이 같다고 할 경우에 전력 손실은 몇 [%]로 되는가?

① 25 ② 50
③ 33.3 ④ 1

정답 16. ④ 17. ① 18. ③ 19. ④ 20. ③ 21. ③

해설 전력 손실 $P_l \propto \frac{1}{V^2}$ 이므로

$$\frac{\frac{1}{5,200^2}}{\frac{1}{3,000^2}} = \left(\frac{3,000}{5,200}\right)^2 = 0.333$$

$\therefore$ 33.3[%]

22 배전 계통에서 전력용 콘덴서를 설치하는 목적으로 가장 타당한 것은?

출제빈도

① 배전선의 전력 손실 감소

② 전압강하 증대

③ 고장 시 영상전류 감소

④ 변압기 여유율 감소

해설 배전 계통에서 전력용 콘덴서를 설치하는 것은 부하의 지상 무효전력을 진상시켜 역률을 개선하여 전력 손실을 줄이는 데 주목적이 있다.

23 수력발전소의 댐 설계 및 저수지 용량 등을 결정하는데 가장 적합하게 사용되는 것은?

① 유량도 ② 적산 유량곡선

③ 유황곡선 ④ 수위-유량곡선

해설 적산 유량곡선은 댐과 저수지 건설계획 또는 기존 저수지의 저수계획을 수립하는 자료로 사용할 수 있다.

24 배전선로의 손실을 경감하기 위한 대책으로 적절하지 않은 것은?

① 누전차단기 설치

② 배전전압의 승압

③ 전력용 콘덴서 설치

④ 전류밀도의 감소와 평형

해설 **전력 손실 감소대책**

- 가능한 높은 전압 사용
- 굵은 전선 사용으로 전류밀도 감소
- 높은 도전율을 가진 전선 사용
- 송전거리 단축
- 전력용 콘덴서 설치
- 노후설비 신속 교체

25 3상용 차단기의 정격차단용량은?

① $\sqrt{3}$ × 정격전압 × 정격차단전류

② $\sqrt{3}$ × 정격전압 × 정격전류

③ 3 × 정격전압 × 정격차단전류

④ 3 × 정격전압 × 정격전류

해설 **차단기의 정격차단용량**

P_s[MVA] = $\sqrt{3}$ × 정격전압[kV] × 정격차단전류[kA]

26 지락보호계전기 동작이 가장 확실한 접지 방식은?

출제빈도

① 비접지방식

② 고저항접지방식

③ 직접접지방식

④ 소호 리액터 접지방식

해설 1선 지락시 지락전류가 가장 큰 접지방식은 직접접지방식이고 가장 적은 접지방식은 소호 리액터 접지방식이다.
지락보호계전기 동작은 1선 지락전류에 의해 동작되므로 직접접지방식이 가장 확실하고 소호 리액터 접지방식은 동작이 불확실하다.

27 3상 송전선로의 선간전압을 100[kV], 3상 기준 용량을 10,000[kVA]로 할 때, 선로 리액턴스(1선당) 100[Ω]을 %임피던스로 환산하면 얼마인가?

출제빈도

① 1 ② 10

③ 0.33 ④ 3.33

해설

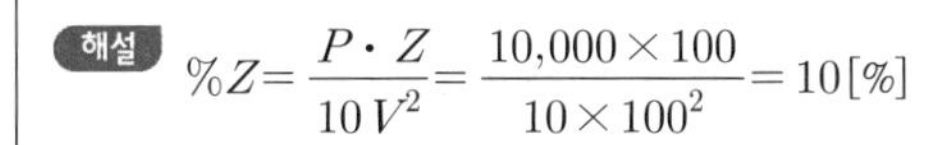

$$\%Z = \frac{P \cdot Z}{10V^2} = \frac{10,000 \times 100}{10 \times 100^2} = 10[\%]$$

정답 22. ① 23. ② 24. ① 25. ① 26. ③ 27. ②

28 피뢰기에서 속류를 끊을 수 있는 최고의 교류전압은?

출제빈도

① 정격전압 ② 제한전압
③ 차단전압 ④ 방전개시전압

해설 제한전압은 충격방전전류를 통하고 있을 때의 단자전압이고, 정격전압은 속류를 차단하는 최고의 전압이다.

29 송전선의 특성 임피던스를 Z_0, 전파속도를 v라 할 때, 이 송전선의 단위길이에 대한 인덕턴스 L은?

① $L=\dfrac{v}{Z_0}$ ② $L=\dfrac{Z_0}{v}$
③ $L=\dfrac{{Z_0}^2}{v}$ ④ $L=\sqrt{Z_0}\,v$

해설
특성 임피던스 $Z_0=\sqrt{\dfrac{L}{C}}$ [Ω]
전파속도 $V=\dfrac{1}{\sqrt{LC}}$ [m/s]
$\therefore \dfrac{Z_0}{v}=\sqrt{\dfrac{\frac{L}{C}}{\frac{1}{LC}}}=\sqrt{L^2}=L$

30 우리나라 22.9[kV] 배전선로에 적용하는 피뢰기의 공칭방전전류[A]는?

① 1,500 ② 2,500
③ 5,000 ④ 10,000

해설 우리나라 피뢰기의 공칭방전전류 2,500[A]는 배전선로용이고, 5,000[A]와 10,000[A]는 변전소에 적용한다.

31 단상 2선식의 교류 배전선이 있다. 전선 한 줄의 저항은 0.15[Ω], 리액턴스는 0.25[Ω]이다. 부하는 무유도성으로 100[V], 3[kW]일 때 급전점의 전압은 약 몇 [V]인가?

① 100 ② 110
③ 120 ④ 130

해설 급전점 전압
$$V_s=V_r+2I(R\cos\theta_r+X\sin\theta_r)$$
$$=100+2\times\frac{3,000}{100}(0.15\times 1+0.25\times 0)$$
$$=109 \fallingdotseq 110[\text{V}]$$

32 수전용량에 비해 첨두부하가 커지면 부하율은 그에 따라 어떻게 되는가?

출제빈도

① 낮아진다.
② 높아진다.
③ 변하지 않고 일정하다.
④ 부하의 종류에 따라 달라진다.

해설 부하율은 평균전력과 최대 수용전력의 비이므로 첨두부하가 커지면 부하율이 낮아진다.

33 피뢰기가 그 역할을 잘 하기 위하여 구비되어야 할 조건으로 틀린 것은?

출제빈도

① 속류를 차단할 것
② 내구력이 높을 것
③ 충격방전 개시전압이 낮을 것
④ 제한전압은 피뢰기의 정격전압과 같게 할 것

해설 피뢰기의 구비조건
- 충격방전 개시전압이 낮을 것
- 상용주파 방전개시전압 및 정격전압이 높을 것
- 방전 내량이 크면서 제한전압은 낮을 것
- 속류차단능력이 충분할 것

34 조력발전소에 대한 설명으로 옳은 것은?

① 간만의 차가 작은 해안에 설치한다.
② 만조로 되는 동안 바닷물을 받아들여 발전한다.
③ 지형적 조건에 따라 수로식과 양수식이 있다.
④ 완만한 해안선을 이루고 있는 지점에 설치한다.

정답 28. ① 29. ② 30. ② 31. ② 32. ① 33. ④ 34. ②

해설 조력발전은 조수간만의 수위차로 발전하는 방식으로 밀물과 썰물 때에 터빈을 돌려 발전하는 시스템으로 수력발전과 유사한 방식이다.

35 선택지락계전기의 용도를 옳게 설명한 것은?

① 단일 회선에서 지락 고장 회선의 선택 차단
② 단일 회선에서 지락전류의 방향 선택 차단
③ 병행 2회선에서 지락 고장 회선의 선택 차단
④ 병행 2회선에서 지락 고장의 지속시간 선택 차단

해설 병행 2회선 송전선로의 지락사고 차단에 사용하는 계전기는 고장난 회선을 선택하는 선택지락계전기를 사용한다.

36 다음 중 송전선로에 복도체를 사용하는 이유로 가장 알맞은 것은?

① 선로를 뇌격으로부터 보호한다.
② 선로의 진동을 없앤다.
③ 철탑의 하중을 평형화한다.
④ 코로나를 방지하고, 인덕턴스를 감소시킨다.

해설 복도체 사용 목적은 코로나 임계전압을 높여 코로나 발생을 방지하는 것이다. 또한 복도체의 장점은 정전용량이 증가하고 인덕턴스가 감소하여 송전용량이 증가된다.

37 A, B 및 C상 전류를 각각 I_a, I_b 및 I_c 라 할 때, $I_x = \frac{1}{3}(I_a + a^2 I_b + aI_c)$, $a = -\frac{1}{2} + j\frac{\sqrt{3}}{2}$ 으로 표시되는 I_x는 어떤 전류인가?

① 정상전류
② 역상전류
③ 영상전류
④ 역상전류와 영상전류의 합계

해설 역상전류 $I_2 = \frac{1}{3}(I_a + a^2 I_b + aI_c)$

$= \frac{1}{3}(I_a + \underline{/I_b - 120°} + \underline{/I_c - 240°})$

38 송전선로의 중성점을 접지하는 목적이 아닌 것은?

① 송전용량의 증가
② 과도 안정도의 증진
③ 이상전압 발생의 억제
④ 보호계전기의 신속, 확실한 동작

해설 **중성점 접지 목적**

- 이상전압의 발생을 억제하여 전위 상승을 방지하고, 전선로 및 기기의 절연 수준을 경감시킨다.
- 지락 고장 발생 시 보호계전기의 신속하고 정확한 동작을 확보한다.
- 통신선의 유도장해를 방지하고, 과도 안정도를 향상시킨다(PC 접지).

39 저항 10[Ω], 리액턴스 15[Ω]인 3상 송전선이 있다. 수전단 전압 60[kV], 부하 역률 80[%], 전류 100[A]라고 한다. 이때, 송전단 전압은 몇 [V]인가?

① 55,750 ② 55,950
③ 81,560 ④ 62,941

해설 송전단 전압

$V_S = V_R + \sqrt{3}I(R\cos\theta + X\sin\theta)$[V]

$= 60{,}000 + \sqrt{3} \times 100 \times (10 \times 0.8 + 15 \times 0.6)$

$= 62{,}941$[V]

40 어느 수용가의 부하설비는 전등설비가 500[W], 전열설비가 600[W], 전동기 설비가 400[W], 기타 설비가 100[W]이다. 이 수용가의 최대수용전력이 1,200[W]이면 수용률은 몇 [%]인가?

① 55 ② 65
③ 75 ④ 85

정답 35. ③ 36. ④ 37. ② 38. ① 39. ④ 40. ③

해설 수용률$=\dfrac{\text{최대수용전력[kW]}}{\text{부하설비용량[kW]}}\times 100[\%]$

$=\dfrac{1,200}{500+600+400+100}\times 100=75[\%]$

제3과목 전기기기

41 전압이나 전류의 제어가 불가능한 소자는?

① IGBT ② SCR
③ GTO ④ Diode

해설 사이리스터(SCR, GTO, TRIAC, IGBT 등)는 게이트 전류에 의해 스위칭 작용을 하여 전압, 전류를 제어할 수 있으나 다이오드(diode)는 PN 2층 구조로 전압, 전류를 제어할 수 없다.

42 용량 2[kVA], 3,000/100[V]의 단상 변압기를 단권 변압기로 연결해서 승압기로 사용할 때, 1차측에 3,000[V]를 가할 경우 부하 용량은 몇 [kVA]인가?

① 62 ② 50
③ 32 ④ 16

해설 자기 용량 $P=E_2I_2$
부하 용량 $W=V_2I_2$
승압기 2차 전압 $V_2=E_1+E_2=3,000+100$
$=3,100[\text{V}]$

$\dfrac{P}{W}=\dfrac{E_2I_2}{V_2I_2}=\dfrac{E_2}{V_2}$ 이므로

부하 용량 $W=P\dfrac{V_2}{E_2}=2\times\dfrac{3,100}{100}=62[\text{kVA}]$

43 정전압 계통에 접속된 동기 발전기는 그 여자를 약하게 하면?

① 출력이 감소한다.
② 전압이 강하된다.
③ 뒤진 무효 전류가 증가한다.
④ 앞선 무효 전류가 증가한다.

해설 동기 발전기의 병렬 운전 시 여자 전류를 감소하면 기전력에 차가 발생하여 무효 순환 전류가 흐르는데 여자를 약하게 한 발전기는 90° 뒤진 전류가 역방향으로 흐르므로 앞선 무효 전류가 흐른다.

44 전기자 반작용이 직류 발전기에 영향을 주는 것을 설명한 것으로 틀린 것은?

① 전기자 중성축을 이동시킨다.
② 자속을 감소시켜 부하 시 전압 강하의 원인이 된다.
③ 정류자 편간 전압이 불균일하게 되어 섬락의 원인이 된다.
④ 전류의 파형은 찌그러지나 출력에는 변화가 없다.

해설 전기자 반작용은 전기자 전류에 의한 자속이 계자 자속의 분포에 영향을 주는 현상으로 다음과 같다.
- 전기적 중성축이 이동한다.
- 계자 자속이 감소한다.
- 정류자 편간 전압이 국부적으로 높아져 섬락을 일으킨다.

45 스테핑 모터의 특징을 설명한 것으로 옳지 않은 것은?

① 위치 제어를 할 때 각도 오차가 적고 누적되지 않는다.
② 속도 제어 범위가 좁으며 초저속에서 토크가 크다.
③ 정지하고 있을 때 그 위치를 유지해주는 토크가 크다.
④ 가속, 감속이 용이하며 정·역전 및 변속이 쉽다.

정답 41. ④ 42. ① 43. ④ 44. ④ 45. ②

해설 스테핑 모터는 아주 정밀한 디지털 펄스 구동 방식의 전동기로서 정·역 및 변속이 용이하고 제어 범위가 넓으며 각도의 오차가 적고 축적되지 않으며 정지 위치를 유지하는 힘이 크다. 적용 분야는 타이프 라이터나 프린터의 캐리지(carriage), 리본(ribbon) 프린터 헤드, 용지 공급의 위치 정렬, 로봇 등이 있다.

46 권선형 유도 전동기의 속도 제어 방법 중 저항 제어법의 특징으로 옳은 것은?

① 구조가 간단하고 제어 조작이 편리하다.
② 효율이 높고 역률이 좋다.
③ 부하에 대한 속도 변동률이 작다.
④ 전부하로 장시간 운전하여도 온도에 영향이 적다.

해설 **권선형 유도 전동기의 저항 제어법의 장단점**

- 장점
  - 기동용 저항기를 겸한다.
  - 구조가 간단하여 제어 조작이 용이하고, 내구성이 풍부하다.
- 단점
  - 운전 효율이 나쁘다.
  - 부하에 대한 속도 변동이 크다.
  - 부하가 작을 때는 광범위한 속도 조정이 곤란하다.
  - 제어용 저항은 전부하에서 장시간 운전해도 위험한 온도가 되지 않을 만큼의 크기가 필요하므로 가격이 비싸다.

47 1차 전압 6,900[V], 1차 권선 3,000회, 권수비 20의 변압기가 60[Hz]에 사용할 때 철심의 최대 자속[Wb]은?

① 0.76×10^{-4}　　② 8.63×10^{-3}
③ 80×10^{-3}　　④ 90×10^{-3}

해설 $E_1 = 4.44 f\omega_1 \phi_m$ [V]

$$\therefore\ \phi_m = \frac{E_1}{4.44 f \omega_1} = \frac{6{,}900}{4.44\times60\times3{,}000} \fallingdotseq 8.63\times10^{-3}\ [\text{Wb}]$$

48 75[W] 이하의 소출력으로 소형 공구, 영사기, 치과 의료용 등에 널리 이용되는 전동기는?

출제빈도

① 단상 반발 전동기
② 영구 자석 스텝 전동기
③ 3상 직권 정류자 전동기
④ 단상 직권 정류자 전동기

해설 단상 직권 정류자 전동기는 교류, 직류 양쪽 모두 사용하므로 만능 전동기라 하며 75[W] 이하의 소출력(소형 공구, 치과 의료용 등)과 단상 교류 전기 철도용 수백[kW]의 대출력에 사용되고 있다.

49 220[V], 60[Hz], 8극, 15[kW]의 3상 유도 전동기에서 전부하 회전수가 864[rpm]이면 이 전동기의 2차 동손은 몇 [W]인가?

① 435　　② 537
③ 625　　④ 723

해설 동기 속도 $N_s = \dfrac{120f}{P} = \dfrac{120\times60}{8} = 900$[rpm]

슬립 $s = \dfrac{N_s - N}{N_s} = \dfrac{900-864}{900} = 0.04$

$P_2 : P_o : P_{2c} = 1 : 1-s : s$

(P_2 : 2차 입력, P_o : 출력, P_{2c} : 2차 동손)

2차 동손 $P_{2c} = s\cdot\dfrac{P_o}{1-s} = 0.04\times\dfrac{15\times10^3}{1-0.04} = 625$[W]

50 단상 변압기를 병렬 운전하는 경우 부하 전류의 분담에 관한 설명 중 옳은 것은?

출제빈도

① 누설 리액턴스에 비례한다.
② 누설 임피던스에 반비례한다.
③ 누설 임피던스에 비례한다.
④ 누설 리액턴스의 제곱에 반비례한다.

해설 단상 변압기의 부하 분담비

$\dfrac{P_a}{P_b} = \dfrac{\%Z_b}{\%Z_a}\cdot\dfrac{P_A}{P_B}$ 이므로 부하 분담은 누설 임피던스에 반비례하고 정격 용량에는 비례한다.

정답 46. ① 47. ② 48. ④ 49. ③ 50. ②

51 50[Hz] 4극 15[kW]의 3상 유도 전동기가 있다. 전부하 시의 회전수가 1,450[rpm]이라면 토크는 몇 [kg · m]인가?

① 약 68.52
② 약 88.65
③ 약 98.68
④ 약 10.07

해설 토크 $\tau = \dfrac{1}{9.8}\dfrac{P}{2\pi\dfrac{N}{60}} = \dfrac{1}{9.8}\times\dfrac{15\times10^3}{2\pi\dfrac{1,450}{60}}$

$\fallingdotseq 10.08$[kg · m]

[별해] $\tau = 0.975\dfrac{P}{N} = 0.975\times\dfrac{15\times10^3}{1,450}$

$\fallingdotseq 10.08$[kg · m]

52 정격 출력 시(부하손/고정손)는 2이고, 효율 0.8인 어느 발전기의 1/2정격 출력 시의 효율은?

① 0.7
② 0.75
③ 0.8
④ 0.83

해설 부하손을 P_c, 고정손을 P_i, 출력을 P라 하면 정격 출력 시에는 $P_c = 2P_i$로 되므로

$0.8 = \dfrac{P}{P+P_c+P_i}$, $P_c = 2P_i$

$0.8 = \dfrac{P}{P+2P_i+P_i} = \dfrac{P}{P+3P_i}$

$\dfrac{1}{2}$부하 시의 동손은

$P_c = 2P_i\times\left(\dfrac{1}{2}\right)^2 = \dfrac{1}{2}P_i$이므로

$\therefore \eta_{\frac{1}{2}} = \dfrac{\dfrac{1}{2}P}{\dfrac{1}{2}P+\left(\dfrac{1}{2}\right)^2P_c+P_i} = \dfrac{P}{P+\dfrac{1}{2}P_c+2P_i}$

$= \dfrac{P}{P+\dfrac{1}{2}\times2P_i+2P_i} = \dfrac{P}{P+3P_i} = 0.8$

53 일반적인 농형 유도 전동기에 관한 설명 중 틀린 것은?

① 2차측을 개방할 수 없다.
② 2차측의 전압을 측정할 수 있다.
③ 2차 저항 제어법으로 속도를 제어할 수 없다.
④ 1차 3선 중 2선을 바꾸면 회전 방향을 바꿀 수 있다.

해설 농형 유도 전동기는 2차측(회전자)이 단락 권선으로 되어 있어 개방할 수 없고, 전압을 측정할 수 없으며, 2차 저항을 변화하여 속도 제어를 할 수 없고 1차 3선 중 2선의 결선을 바꾸면 회전 방향을 바꿀 수 있다.

54 일정한 부하에서 역률 1로 동기 전동기를 운전하는 중 여자를 약하게 하면 전기자 전류는?

① 진상 전류가 되고 증가한다.
② 진상 전류가 되고 감소한다.
③ 지상 전류가 되고 증가한다.
④ 지상 전류가 되고 감소한다.

해설 동기 전동기를 운전 중 여자 전류를 감소하면 뒤진 전류(지상 전류)가 흘러 리액터 작용을 하며 역률이 저하하여 전기자 전류는 증가한다.

55 단상 반파 정류로 직류 전압 50[V]를 얻으려고 한다. 다이오드의 최대 역전압(PIV)은 약 몇 [V]인가?

① 111 ② 141.4
③ 157 ④ 314

해설 직류 전압 $E_d = \dfrac{\sqrt{2}}{\pi}E$에서

$E = \dfrac{\pi}{\sqrt{2}}E_d = \dfrac{\pi}{\sqrt{2}}\times50$

첨두 역전압 $V_{in} = \sqrt{2}E = \sqrt{2}\times\dfrac{\pi}{\sqrt{2}}\times50$

$\fallingdotseq 157$[V]

정답 51. ④ 52. ③ 53. ② 54. ③ 55. ③

56 정격 전압이 120[V]인 직류 분권 발전기가 있다. 전압 변동률이 5[%]인 경우 무부하 단자 전압[V]은?

① 114
② 126
③ 132
④ 138

해설 전압 변동률 $\varepsilon = \dfrac{V_0 - V_n}{V_n} \times 100[\%]$

무부하 전압 $V_0 = V_n(1+\varepsilon') = 120 \times (1+0.05)$
$= 126[V]$

$\left(\text{여기서, } \varepsilon' = \dfrac{\varepsilon}{100} = \dfrac{5}{100} = 0.05 \right)$

57 임피던스 전압 강하 4[%]의 변압기가 운전 중 단락되었을 때 단락 전류는 정격 전류의 몇 배가 흐르는가?

출제빈도

① 15 ② 20
③ 25 ④ 30

해설 퍼센트 임피던스 강하

$\%Z = \dfrac{IZ}{V} \times 100 = \dfrac{I_n}{I_s} \times 100$ 에서

단락 전류 $I_s = \dfrac{100}{\%Z} I_n = \dfrac{100}{4} I_n = 25 I_n[A]$

58 직류 분권 전동기의 단자 전압과 계자 전류를 일정하게 하고 2배의 속도로 2배의 토크를 발생하는 데 필요한 전력은 처음 전력의 몇 배인가?

① 2배
② 4배
③ 8배
④ 불변

해설 출력 $P \propto \tau \cdot N$

속도와 토크를 모두 2배가 되도록 하려면 출력(전력)을 처음의 4배로 하여야 한다.

59 정격 전압 6,000[V], 용량 5,000[kVA]인 Y결선 3상 동기 발전기가 있다. 여자 전류 200[A]에서의 무부하 단자 전압이 6,000[V], 단락 전류 600[A]일 때, 이 발전기의 단락비는?

출제빈도

① 0.25
② 1
③ 1.25
④ 1.5

해설 단락비 $K_s = \dfrac{I_s}{I_n}$

$\therefore K_s = \dfrac{I_s}{I_n} = \dfrac{I_s}{\dfrac{P_n}{\sqrt{3} \cdot V_n}}$

$= \dfrac{600}{\dfrac{5,000 \times 10^3}{\sqrt{3} \times 6,000}}$

$= 1.247 ≒ 1.25$

60 동기 전동기에서 난조를 일으키는 원인이 아닌 것은?

출제빈도

① 회전자의 관성이 작다.
② 원동기의 토크에 고조파 토크를 포함하는 경우이다.
③ 전기자 회로의 저항이 크다.
④ 원동기의 조속기의 감도가 너무 예민하다.

해설 동기기의 난조 원인
- 부하 급변 시
- 원동기의 토크에 고조파가 포함된 경우
- 전기자 회로의 저항이 큰 경우
- 원동기의 조속기의 감도가 너무 예민한 경우

정답 56. ② 57. ③ 58. ② 59. ③ 60. ①

제4과목 회로이론

61 그림과 같은 브리지 회로가 평형하기 위한 Z의 값은?

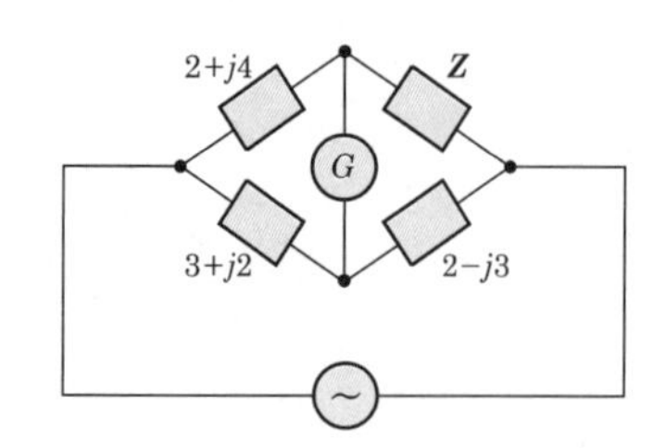

① $2+j4$ ② $-2+j4$
③ $4+j2$ ④ $4-j2$

해설 **브리지 회로의 평형조건**

$Z(3+j2)=(2+j4)(2-j3)$

$\therefore\ Z=\dfrac{(2+j4)(2-j3)}{3+j2}=\dfrac{(16+j2)(3-j2)}{(3+j2)(3-j2)}$

$=4-j2$

62 단위 계단 함수 $u(t)$의 라플라스 변환은?

① $\dfrac{1}{s}e^{-st}$ ② 1
③ $\dfrac{1}{s^2}$ ④ $\dfrac{1}{s}$

해설 $F(s)-\int_0^\infty 1\cdot e^{-st}dt=\left[-\dfrac{1}{s}e^{-st}\right]_0^\infty=\dfrac{1}{s}$

63 그림에서 5[Ω]에 흐르는 전류 I[A]는?

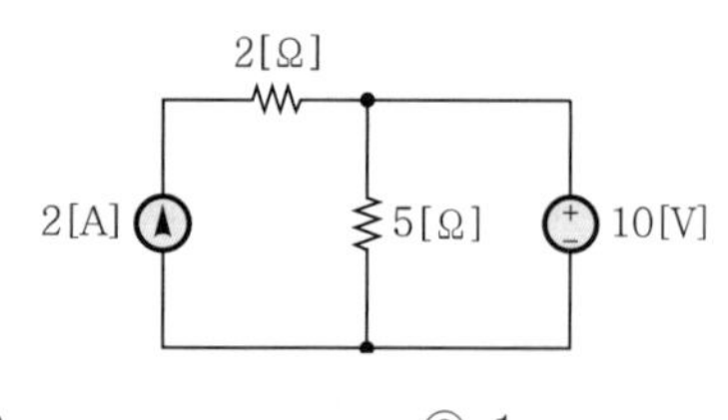

① 2 ② 1
③ 3 ④ 4

해설 중첩의 정리에 의해 5[Ω]에 흐르는 전류

- 1[A] 전류원 존재 시 : 전압원 10[V]은 단락
  $I_1=0$[A]
- 10[V] 전압원 존재 시 : 전류원 2[A]는 개방
  $I_2=\dfrac{10}{5}=2$[A]

$\therefore\ I=I_1+I_2=0+2=2$[A]

64 그림과 같은 회로에서의 전압비의 전달함수는? (단, $C=1$[F], $L=1$[H])

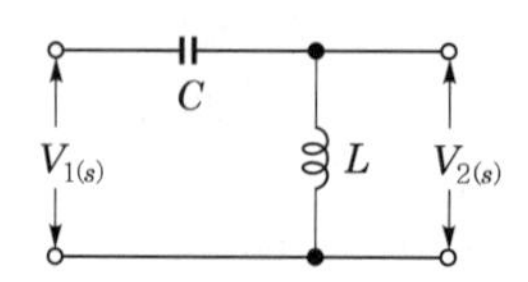

① $\dfrac{1}{s+1}$ ② $\dfrac{s}{s+1}$
③ $\dfrac{s^2}{s^2+1}$ ④ $s+\dfrac{1}{s}$

해설 $G(s)=\dfrac{V_2(s)}{V_1(s)}=\dfrac{Ls}{\dfrac{1}{Cs}+Ls}=\dfrac{LCs^2}{LCs^2+1}$

$C=1$[F], $L=1$[H]이므로

$\therefore\ G(s)=\dfrac{s^2}{s^2+1}$

65 다음의 대칭 다상 교류에 의한 회전자계 중 잘못된 것은?

① 대칭 3상 교류에 의한 회전자계는 원형 회전자계이다.
② 대칭 2상 교류에 의한 회전자계는 타원형 회전자계이다.
③ 3상 교류에서 어느 두 코일의 전류의 상순을 바꾸면 회전자계의 방향도 바뀐다.
④ 회전자계의 회전 속도는 일정 각속도 ω이다.

해설 대칭 2상 교류에 의한 회전자계는 단상 교류가 되므로 교번자계가 된다.

정답 61. ④ 62. ④ 63. ① 64. ③ 65. ②

66 파고율이 2가 되는 파형은?

① 정현파 ② 톱니파
③ 반파 정류파 ④ 전파 정류파

해설 반파 정류파의 파고율 $= \dfrac{\text{최댓값}}{\text{실효값}} = \dfrac{V_m}{\dfrac{1}{2}V_m} = 2$

67 단상 전력계 2개로 3상 전력을 측정하고자 한다. 전력계의 지시가 각각 200[W]와 100[W]를 가리켰다고 한다. 부하 역률은 약 몇 [%]인가?

① 94.8 ② 86.6
③ 50.0 ④ 31.6

해설 역률 $\cos\theta = \dfrac{P}{P_a}$

$$= \frac{P_1 + P_2}{2\sqrt{P_1^{\,2} + P_2^{\,2} - P_1 P_2}}\Bigg|_{\substack{P_1 = 200 \\ P_2 = 100}}$$

$$= \frac{300}{346.4} ≒ 0.866$$

∴ 86.6[%]

68 그림과 같은 회로의 2단자 임피던스 $Z(s)$는? (단, $s = j\omega$라 한다.)

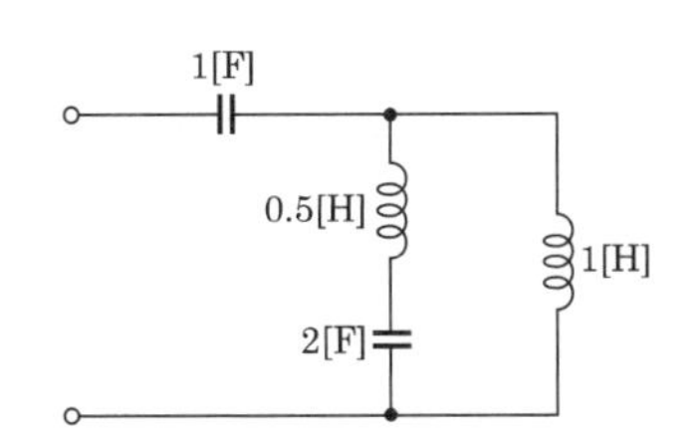

① $\dfrac{s^3+1}{3s^2(s+1)}$ ② $\dfrac{3s^2(s+1)}{s^3+1}$
③ $\dfrac{s(3s^2+1)}{s^4+2s^2+1}$ ④ $\dfrac{s^4+4s^2+1}{s(3s^2+1)}$

해설

$$Z(s) = \frac{1}{s} + \frac{\left(0.5s + \dfrac{1}{2s}\right)\cdot s}{\left(0.5s + \dfrac{1}{2s}\right) + s}$$

$$= \frac{1}{s} + \frac{s^3 + s}{3s^2 + 1}$$

$$= \frac{s^4 + 4s^2 + 1}{s(3s^2 + 1)}$$

69 $3r$[Ω]인 6개의 저항을 그림과 같이 접속하고 3상 선간전압 V를 가했을 때 선전류 I는 몇 [A]인가? (단, $r = 2$[Ω], $V = 200\sqrt{3}$ [V]이다.)

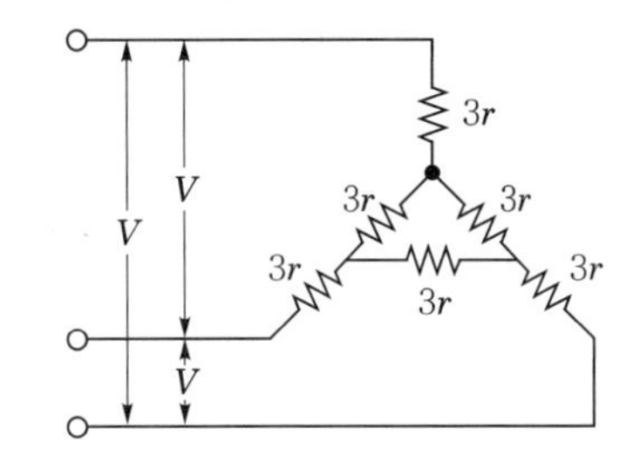

① 20 ② 10
③ 25 ④ 15

해설 △ → Y로 등가변환하면

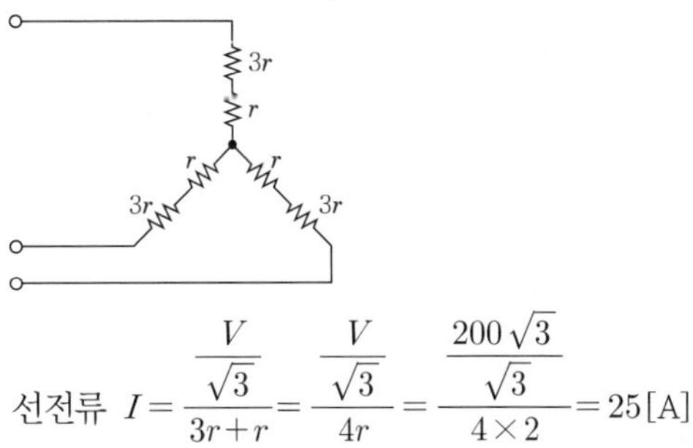

$$\text{선전류 } I = \frac{\dfrac{V}{\sqrt{3}}}{3r + r} = \frac{\dfrac{V}{\sqrt{3}}}{4r} = \frac{\dfrac{200\sqrt{3}}{\sqrt{3}}}{4 \times 2} = 25[\text{A}]$$

70 대칭 좌표법에 관한 설명 중 잘못된 것은?

① 불평형 3상 회로의 비접지식 회로에서는 영상분이 존재한다.
② 대칭 3상 전압에서 영상분은 0이 된다.
③ 대칭 3상 전압은 정상분만 존재한다.
④ 불평형 3상 회로의 접지식 회로에서는 영상분이 존재한다.

정답 66. ③ 67. ② 68. ④ 69. ③ 70. ①

해설 대칭 3상 a상 기준으로 한 대칭분

$V_0 = \frac{1}{3}(V_a + V_b + V_c)$

$= \frac{1}{3}(V_a + a^2 V_a + a V_a)$

$= \frac{V_a}{3}(1 + a^2 + a) = 0$

$V_1 = \frac{1}{3}(V_a + a V_b + a^2 V_c)$

$= \frac{1}{3}(V_a + a^3 V_a + a^3 V_a)$

$= \frac{V_a}{3}(1 + a^3 + a^3) = V_a$

$V_2 = \frac{1}{3}(V_a + a^2 V_b + a V_c)$

$= \frac{1}{3}(V_a + a^4 V_a + a^2 V_a)$

$= \frac{V_a}{3}(1 + a^4 + a^2) = 0$

비접지식 회로에서는 영상분이 존재하지 않는다.

71 출제빈도 전류의 대칭분이 $I_0 = -2 + j4$[A], $I_1 = 6 - j5$[A], $I_2 = 8 + j10$[A]일 때 3상 전류 중 a상 전류(I_a)의 크기는 몇 [A]인가? (단, 3상 전류의 상순은 a-b-c이고 I_0는 영상분, I_1는 정상분, I_2는 역상분이다.)

① 12　② 19
③ 15　④ 9

해설 a상 전류 $I_a = I_0 + I_1 + I_2$

$= (-2 + j4) + (6 - j5) + (8 + j10)$

$= 12 + j9$

$\therefore |I_a| = \sqrt{12^2 + 9^2} = 15$[A]

72 그림과 같은 회로망의 4단자 정수 B[Ω]는

① 10
② $\frac{20}{3}$
③ $\frac{2}{3}$
④ 30

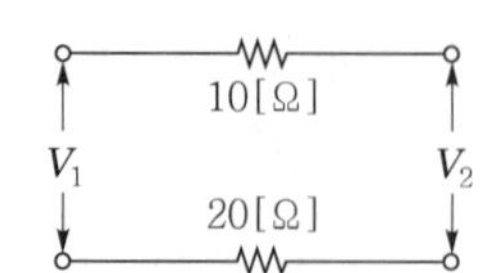

해설 10[Ω]과 20[Ω]은 직렬접속이므로

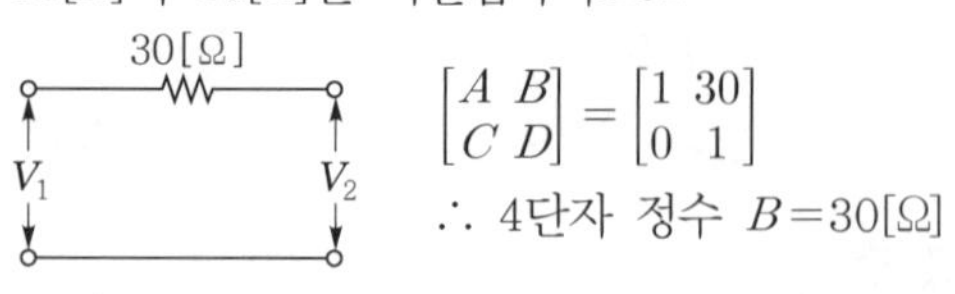

$\begin{bmatrix} A & B \\ C & D \end{bmatrix} = \begin{bmatrix} 1 & 30 \\ 0 & 1 \end{bmatrix}$

$\therefore$ 4단자 정수 $B = 30$[Ω]

73 다음 회로에서의 R[Ω]을 나타낸 것은?

① $\frac{E}{E-V}r$
② $\frac{V}{E-V}r$
③ $\frac{E-V}{V}r$
④ $\frac{E-V}{E}r$

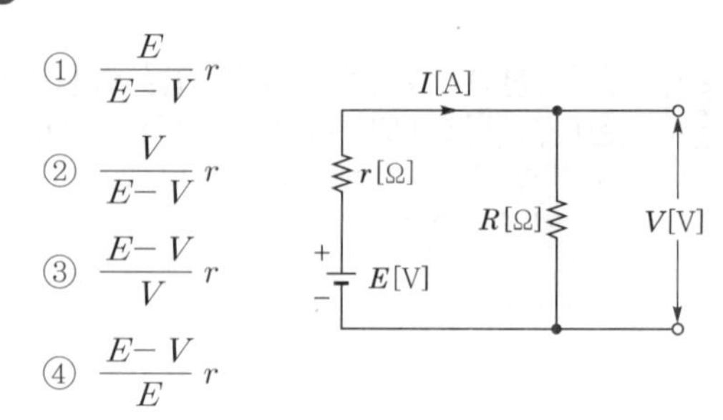

해설 R[Ω]에 흐르는 전류

$I = \frac{V}{R}$[A]

$\frac{V}{R} = \frac{E}{r+R}$

$rV + RV = RE$

$rV = R(E - V)$　$\therefore R = \frac{rV}{E-V}$[Ω]

74 다음과 같은 파형 $v(t)$를 단위 계단 함수로 표시하면 어떻게 되는가?

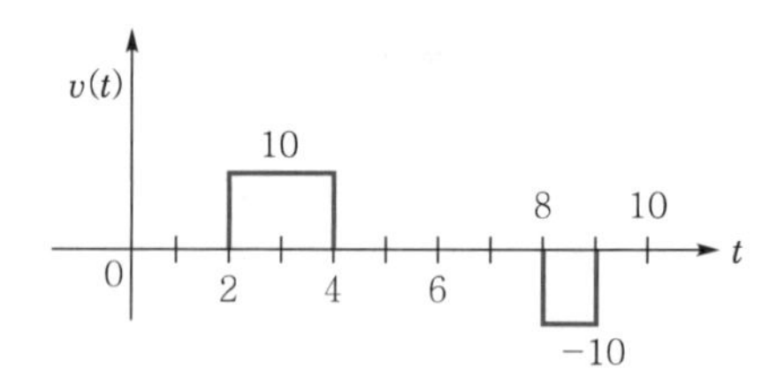

① $10u(t-2) + 10u(t-4) + 10u(t-8) + 10u(t-9)$
② $10u(t-2) - 10u(t-4) - 10u(t-8) - 10u(t-9)$
③ $10u(t-2) - 10u(t-4) - 10u(t-8) + 10u(t-9)$
④ $10u(t-2) - 10u(t-4) + 10u(t-8) - 10u(t-9)$

정답 71. ③ 72. ④ 73. ② 74. ③

해설

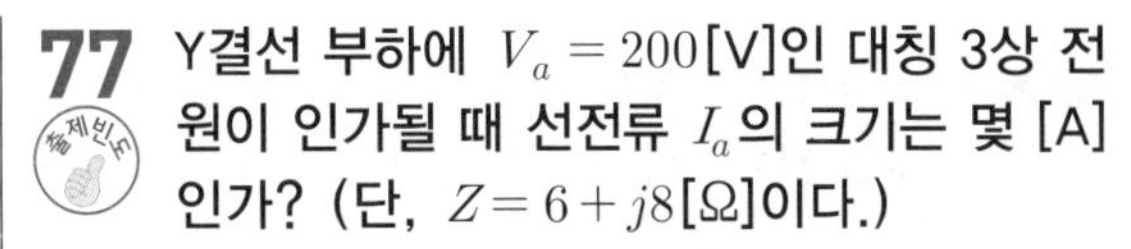

$10u(t-2)-10u(t-4)$

$-10u(t-8)+10u(t-9)$

$\therefore\ u(t)=10u(t-2)-10u(t-4)-10u(t-8)+10u(t-9)$

75 비정현파 대칭 조건 중 반파 대칭의 조건은?

① $f(t)=-f\left(T-\dfrac{T}{2}\right)$

② $f(t)=f\left(t+\dfrac{T}{2}\right)$

③ $f(t)=f\left(t-\dfrac{T}{2}\right)$

④ $f(t)=-f\left(t+\dfrac{T}{2}\right)$

해설 반파 대칭은 반주기마다 크기는 같고 부호는 반대인 파형이다.

$f(t)=-f\left(t+\dfrac{T}{2}\right)=-f(t+\pi)$

76 $v(t)=50+30\sin\omega t$[V]의 실효값 V는 몇 [V]인가?

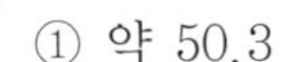

① 약 50.3

② 약 62.3

③ 약 54.3

④ 약 58.3

해설 실효값

$V=\sqrt{{V_0}^2+{V_1}^2+{V_2}^2+\cdots}$ [V]

각 개별적인 실효값의 제곱의 합의 제곱근

$V=\sqrt{50^2+\left(\dfrac{30}{\sqrt{2}}\right)^2}\fallingdotseq 54.3$[V]

77 Y결선 부하에 $V_a=200$[V]인 대칭 3상 전원이 인가될 때 선전류 I_a의 크기는 몇 [A]인가? (단, $Z=6+j8$[Ω]이다.)

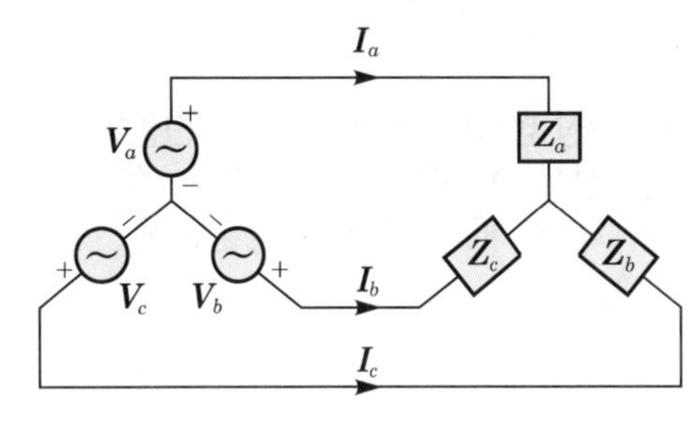

① $15\sqrt{3}$

② 20

③ $20\sqrt{3}$

④ 15

해설 선전류 $I_l=I_p=\dfrac{V_p}{Z}=\dfrac{200}{\sqrt{6^2+8^2}}=20$[A]

78 그림과 같은 회로에서 $t=0$에서 스위치를 S를 닫았을 때 $(V_L)_{t=0}=100$[V], $\left(\dfrac{di}{dt}\right)_{t=0}=50$[A/s]이다. L[H]의 값은?

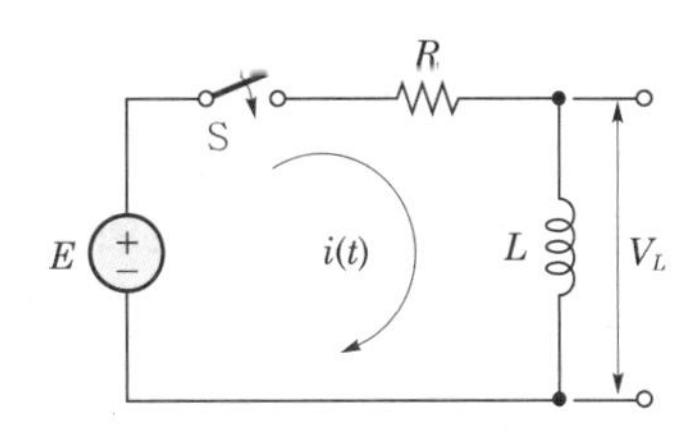

① 20

② 10

③ 2

④ 6

해설 $V_L=L\dfrac{di}{dt}$ 에서 $100=L\cdot 50$

$\therefore\ L=\dfrac{100}{50}=2$[H]

79 어떤 회로 소자에 $e=125\sin 377t$[V]를 가했을 때 전류 $i=25\sin 377t$[A]가 흐른다. 이 소자는 어떤 것인가?

① 다이오드

② 순저항

③ 유도 리액턴스

④ 용량 리액턴스

정답 75. ④ 76. ③ 77. ② 78. ③ 79. ②

해설 전압 $e=125\sin 377t$이고 전류 $i=25\sin 377t$이므로 전압 전류 위상차가 0°이므로 R만의 회로가 된다.

80 3상 불평형 전압에서 역상 전압이 50[V]이고 정상 전압이 200[V], 영상 전압이 10[V]라고 할 때 전압의 불평형률은?

① 0.01
② 0.05
③ 0.25
④ 0.5

해설 $\text{불평형률} = \dfrac{\text{역상 전압}}{\text{정상 전압}} \times 100 = \dfrac{50}{200} = 0.25$

제5과목 전기설비기술기준

81 특고압 가공전선로의 지지물에 시설하는 통신선 또는 이에 직접 접속하는 통신선이 도로, 횡단보도교·철도의 레일·삭도·가공전선·다른 가공 약전류 전선 등 또는 교류 전차선 등과 교차하는 경우에는 통신선은 지름 몇 [mm]의 경동선이나 이와 동등 이상의 세기의 것이어야 하는가?

① 4　② 4.5
③ 5　④ 5.5

해설 **전력보안 통신선의 시설높이와 이격거리 (KEC 362.2)**
특고압 가공전선로의 지지물에 시설하는 통신선 또는 이에 직접 접속하는 통신선이 도로·횡단보도교·철도의 레일 또는 삭도와 교차하는 경우 통신선
- 절연전선 : 연선 단면적 16[mm²](단선의 경우 지름 4[mm])
- 경동선 : 인장강도 8.01[kN] 이상의 것 또는 연선의 경우 단면적 25[mm²](단선의 경우 지름 5[mm])

82 다음은 무엇에 관한 설명인가?

> 가공전선이 다른 시설물과 접근하는 경우에 그 가공전선이 다른 시설물의 위쪽 또는 옆쪽에서 수평 거리로 3[m] 미만인 곳에 시설되는 상태를 말한다.

① 제1차 접근상태
② 제2차 접근상태
③ 제3차 접근상태
④ 제4차 접근상태

해설 **용어 정의(KEC 112)**
"제2차 접근상태"란 가공전선이 다른 시설물과 접근하는 경우에 그 가공전선이 다른 시설물의 위쪽 또는 옆쪽에서 수평 거리로 3[m] 미만인 곳에 시설되는 상태를 말한다.

83 지선을 사용하여 그 강도를 분담시켜서는 아니되는 가공전선로의 지지물은?

① 목주
② 철주
③ 철근콘크리트주
④ 철탑

해설 **지선의 시설(KEC 331.11)**
- 지선의 사용
  철탑은 지선을 이용하여 강도를 분담시켜서는 안 된다.
- 지선의 시설
  - 지선의 안전율 : 2.5 이상
  - 허용인장하중 : 4.31[kN]
  - 소선 3가닥 이상 연선
  - 소선지름 2.6[mm] 이상 금속선
  - 지중부분 및 지표상 30[cm]까지 부분에는 내식성 철봉
  - 도로횡단 지선높이 지표상 5[m] 이상

정답 80. ③ 81. ③ 82. ② 83. ④

84 다음 중 옥내의 네온방전등 공사의 방법으로 옳은 것은?

① 방전등용 변압기는 누설변압기일 것
② 관등회로의 배선은 점검할 수 없는 은폐장소에 시설할 것
③ 관등회로의 배선은 애자사용공사에 의할 것
④ 전선의 지지점 간의 거리는 2[m] 이하로 할 것

해설 **네온방전등(KEC 234.12)**
- 대지전압 300[V] 이하
- 네온변압기는 2차측을 직렬 또는 병렬로 접속하여 사용하지 말 것
- 네온변압기를 우선 외에 시설할 경우는 옥외형 사용
- 관등회로의 배선은 애자공사로 시설
  - 네온전선 사용
  - 배선은 외상을 받을 우려가 없고 사람이 접촉될 우려가 없는 노출장소 또는 점검할 수 있는 은폐장소에 시설
  - 전선 지지점 간의 거리는 1[m] 이하
  - 전선 상호 간의 이격거리는 6[cm] 이상

85 가공전선로의 지지물에 사용하는 지선의 시설과 관련하여 옳은 것은?

① 지선의 안전율은 2.0 이상, 허용인장하중의 최저는 1.38[kN]으로 할 것
② 지선에 연선을 사용하는 경우 소선 2가닥 이상의 연선일 것
③ 지중부분 및 지표상 0.2[m]까지의 부분에는 내식성이 있는 것을 사용한다.
④ 도로를 횡단하여 시설하는 지선의 높이는 지표상 5[m] 이상으로 하여야 한다.

해설 **지선의 시설(KEC 331.11)**
- 지선의 사용
  철탑은 지선을 이용하여 강도를 분담시켜서는 안 된다.
- 지선의 시설
  - 지선의 안전율 : 2.5 이상
  - 허용인장하중 : 4.31[kN]
  - 소선 3가닥 이상 연선
  - 소선지름 2.6[mm] 이상 금속선
  - 지중부분 및 지표상 30[cm]까지 부분에는 내식성 철봉
  - 도로횡단 지선높이 지표상 5[m] 이상

86 지중전선로는 기설 지중 약전류 전선로에 대하여 다음의 어느 것에 의하여 통신상의 장해를 주지 않도록 기설 약전류 전선로로부터 충분히 이격시키거나 기타 적당한 방법으로 시설하여야 하는가?

① 충전전류 또는 표피작용
② 충전전류 또는 유도작용
③ 누설전류 또는 표피작용
④ 누설전류 또는 유도작용

해설 **지중 약전류 전선의 유도장해 방지(KEC 334.5)**
지중전선로는 기설 지중 약전류 전선로에 대하여 누설전류 또는 유도작용에 의하여 통신상의 장해를 주지 않도록 기설 약전류 전선로로부터 충분히 이격시키거나 기타 적당한 방법으로 시설하여야 한다.

87 금속제 가요전선관 공사에 있어서 저압 옥내배선 시설에 맞지 않는 것은?

① 전선은 절연전선(옥외용 비닐절연전선을 제외)일 것
② 가요전선관 안에는 전선에 접속점이 없도록 할 것
③ 전선은 연선일 것. 다만, 단면적 10[mm^2] 이하인 것은 그러하지 아니하다.
④ 일반적으로 가요전선관은 3종 금속제 가요전선관일 것

해설 **금속제 가요전선관 공사(KEC 232.13)**
- 절연전선은 연선(옥외용 제외) 사용
  연동선 10[mm^2], 알루미늄선 16[mm^2] 이하 단선 사용

정답 84. ③ 85. ④ 86. ④ 87. ④

- 전선관 내 접속점이 없도록 하고, 2종 금속제 가요전선관일 것
- 1종 금속제 가요전선관은 두께 0.8[mm] 이상

88 지중 또는 수중에 시설되는 금속체의 부식을 방지하기 위하여 지중 또는 수중에 시설하는 전기부식방지 회로의 사용전압은 어떤 전압 이하로 제한하고 있는가?

① DC 60[V]　② DC 120[V]
③ AC 100[V]　④ AC 200[V]

해설 **전기부식방지 시설(KEC 241.16)**
- 사용전압은 직류 60[V] 이하
- 지중에 매설하는 양극의 매설깊이 75[cm] 이상
- 수중에는 양극과 주위 1[m] 이내 임의점과의 사이의 전위차는 10[V] 이하
- 1[m] 간격의 임의의 2점간의 전위차가 5[V] 이하
- 2차측 배선
  - 가공 : 2.0[mm] 절연 경동선,
  - 지중 : 4.0[mm^2]의 연동선(양극 2.5[mm^2])

89 소세력 회로의 사용전압이 15[V] 이하일 경우 절연변압기의 2차 단락전류 제한값은 8[A]이다. 이때 과전류 차단기의 정격전류는 몇 [A] 이하이어야 하는가?

① 1.5　② 3
③ 5　④ 10

해설 **소세력 회로(KEC 241.14)**
절연변압기의 2차 단락전류 및 과전류 차단기의 정격전류

최대사용전압의 구분	2차 단락전류	과전류 차단기의 정격전류
15[V] 이하	8[A]	5[A]
15[V] 초과 30[V] 이하	5[A]	3[A]
30[V] 초과 60[V] 이하	3[A]	1.5[A]

90 고압 가공전선로의 지지물로서 B종 철주, 철근콘크리트주를 시설하는 경우의 최대 경간은 몇 [m]인가?

① 150　② 250
③ 400　④ 600

해설 **고압 가공전선로 경간의 제한(KEC 332.9)**

지지물 종류	경간
목주·A종	150[m] 이하
B종	250[m] 이하
철탑	600[m] 이하

91 3상 4선식 22.9[kV]로서 중성선 다중 접지하는 가공전선로의 절연내력시험전압은 최대사용전압의 몇 배인가?

① 0.72　② 0.92
③ 1.1　④ 1.25

해설 **절연내력시험(KEC 132)**
- 정한 시험전압 10분간
- 정한 시험전압의 2배의 직류전압을 전로와 대지 사이에 10분간

전로의 종류(최대사용전압)		시험전압
7[kV] 이하		1.5배 (최저 500[V])
중성선 다중 접지하는 것		0.92배
7[kV] 초과 60[kV] 이하		1.25배 (최저 10.5[kV])
60[kV]초과	중성점 비접지식	1.25배
	중성점 접지식	1.1배 (최저 75[kV])
	중성점 직접 접지식	0.72배
170[kV] 초과 중성점 직접 접지		0.64배

92 지중에 매설되어 있는 대지와의 전기저항치가 최대 몇 [Ω] 이하의 값을 유지하고 있는 금속제 수도관로는 접지극으로 사용할 수 있는가?

① 1　② 2
③ 3　④ 5

해설 **접지극의 시설 및 접지저항(KEC 142.2)**
수도관 등을 접지극으로 사용하는 경우
- 지중에 매설되어 있고 대지와의 전기저항값 : 3[Ω] 이하

정답 88. ① 89. ③ 90. ② 91. ② 92. ③

- 내경 75[mm] 이상에서 내경 75[mm] 미만인 수도관 분기
  - 5[m] 이하 : 3[Ω]
  - 5[m] 초과 : 2[Ω]
- 비접지식 고압전로 외함 접지공사 전기저항값 : 2[Ω] 이하

93 그림은 전력선 반송 통신용 결합장치의 보안장치이다. 그림에서 DR은 무엇인가?

출제빈도

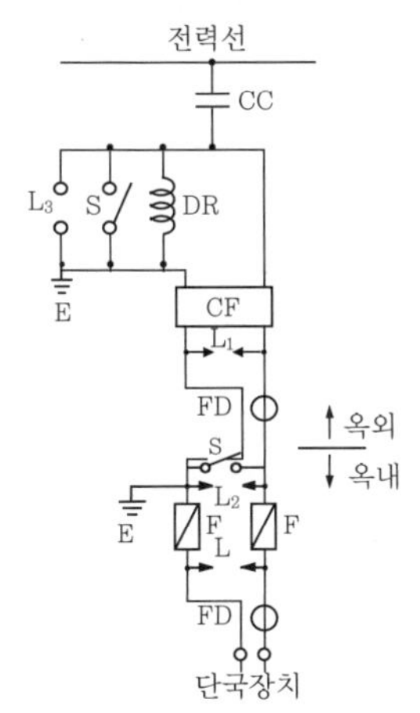

① 접지형 개폐기
② 결합 필터
③ 방전갭
④ 배류 선륜

해설 **전력선 반송 통신용 결합장치의 보안장치(KEC 362.11)**

- FD : 동축케이블
- F : 정격전류 10[A] 이하의 포장 퓨즈
- DR : 전류용량 2[A] 이상의 배류 선륜
- L_1 : 교류 300[V] 이하에서 동작하는 피뢰기
- L_2 : 동작전압이 교류 1.3[kV]를 초과하고 1.6[kV] 이하로 조정된 방전갭
- L_3 : 동작전압이 교류 2[kV]를 초과하고 3[kV] 이하로 조정된 구상 방전갭
- S : 접지용 개폐기
- CF : 결합 필터
- CC : 결합 커패시터(결합 안테나를 포함한다.)
- E : 접지

94 발·변전소의 특고압 전로에서 접속상태를 모의모선 등으로 표시하지 않아도 되는 것은?

① 2회선의 복모선 ② 2회선의 단일모선
③ 3회선의 단일모선 ④ 4회선의 복모선

해설 **특고압전로의 상 및 접속상태의 표시(KEC 351.2)**
발전소·변전소 또는 이에 준하는 곳의 특고압 전로에 대하여는 상별 표시와 접속상태를 모의모선의 사용 기타의 방법에 의하여 표시하여야 한다. 다만, 이러한 전로에 접속하는 특고압 전선로의 회선수가 2 이하이고 또한 특고압의 모선이 단일모선인 경우에는 그러하지 아니하다.

95 태양광설비의 계측장치로 알맞은 것은?

① 역률을 계측하는 장치
② 습도를 계측하는 장치
③ 주파수를 계측하는 장치
④ 전압과 전력을 계측하는 장치

해설 **태양광설비의 계측장치(KEC 522.3.6)**
태양광설비에는 전압과 전류 또는 전력을 계측하는 장치를 시설하여야 한다.

96 사용전압이 35[kV] 이하인 특고압 가공전선이 상부 조영재의 위쪽에서 제1차 접근상태로 시설되는 경우, 특고압 가공전선과 건조물의 조영재 이격거리는 몇 [m] 이상이어야 하는가? (단, 전선의 종류는 특고압 절연전선이라고 한다.)

출제빈도

① 0.5[m] ② 1.2[m]
③ 2.5[m] ④ 3.0[m]

해설 **특고압 가공전선과 건조물 등과 접근 교차 (KEC 333.29)**

<table>
<tr><th colspan="2" rowspan="2">구분 / 접근</th><th colspan="2">가공전선</th><th colspan="2">35[kV] 이하</th></tr>
<tr><th>35[kV] 이하</th><th>35[kV] 초과</th><th>특고압 절연전선</th><th>케이블</th></tr>
<tr><td rowspan="3">건조물 상부 조영재</td><td>위</td><td rowspan="3">3[m]</td><td rowspan="3">3+0.15N</td><td>2.5[m]</td><td>1.2[m]</td></tr>
<tr><td>옆, 아래</td><td>1.5[m]</td><td>0.5[m]</td></tr>
<tr><td>도로</td><td colspan="2">수평 1.2[m]</td></tr>
</table>

여기서, N : 35[kV] 초과하는 것으로 10[kV] 단수

정답 93. ④ 94. ② 95. ④ 96. ③

97 다음 급전선로에 대한 설명으로 옳지 않은 것은?

① 급전선은 나전선을 적용하여 가공식으로 가설을 원칙으로 한다.
② 가공식은 전차선의 높이 이상으로 전차선로 지지물에 병가하며, 나전선의 접속은 직선 접속을 사용할 수 없다.
③ 신설 터널 내 급전선을 가공으로 설계할 경우 지지물의 취부는 C찬넬 또는 매입전을 이용하여 고정하여야 한다.
④ 교량 하부 등에 설치할 때에는 최소 절연이 격거리 이상을 확보하여야 한다.

해설 급전선로(KEC 431.4)

- 급전선은 나전선을 적용하여 가공식으로 가설을 원칙으로 한다. 다만, 전기적 이격거리가 충분하지 않거나 지락, 섬락 등의 우려가 있을 경우에는 급전선을 케이블로 하여 안전하게 시공하여야 한다.
- 가공식은 전차선의 높이 이상으로 전차선로 지지물에 병가하며, 나전선의 접속은 직선접속을 원칙으로 한다.
- 신설 터널 내 급전선을 가공으로 설계할 경우 지지물의 취부는 C찬넬 또는 매입전을 이용하여 고정하여야 한다.
- 선상승강장, 인도교, 과선교 또는 교량 하부 등에 설치할 때에는 최소 절연이격거리 이상을 확보하여야 한다.

98 지중전선로의 시설방식이 아닌 것은?

① 직접 매설식　② 관로식
③ 압축식　④ 암거식

해설 지중전선로의 시설(KEC 334.1)

- 케이블 사용
- 관로식, 암거식, 직접 매설식
- 매설깊이
  - 관로식, 직매식 : 1[m] 이상
  - 중량물의 압력을 받을 우려가 없는 곳 : 0.6[m] 이상

99 다음 중 지중전선로의 전선으로 가장 알맞은 것은?

① 절연전선　② 동복강선
③ 케이블　④ 나경동선

해설 지중전선로의 시설(KEC 334.1)

- 케이블 사용
- 관로식, 암거식, 직접 매설식
- 매설깊이
  - 관로식, 직매식 : 1[m] 이상
  - 중량물의 압력을 받을 우려가 없는 곳 : 0.6[m] 이상

100 전기저장장치의 시설 중 제어 및 보호장치에 관한 사항으로 옳지 않은 것은?

① 상용전원이 정전되었을 때 비상용 부하에 전기를 안정적으로 공급할 수 있는 시설을 갖출 것
② 전기저장장치의 접속점에는 쉽게 개폐할 수 없는 곳에 개방상태를 육안으로 확인할 수 있는 전용의 개폐기를 시설하여야 한다.
③ 직류 전로에 과전류 차단기를 설치하는 경우 직류 단락전류를 차단하는 능력을 가지는 것이어야 하고 "직류용" 표시를 하여야 한다.
④ 전기저장장치의 직류 전로에는 지락이 생겼을 때에 자동적으로 전로를 차단하는 장치

해설 제어 및 보호장치(KEC 512.2.2)

전기저장장치의 접속점에는 쉽게 개폐할 수 있는 곳에 개방상태를 육안으로 확인할 수 있는 전용의 개폐기를 시설하여야 한다.

정답 97. ② 98. ③ 99. ③ 100. ②

2021년 제2회 CBT 기출복원문제

제1과목 전기자기학

01 자기 인덕턴스가 각각 L_1, L_2인 두 코일을 서로 간섭이 없도록 병렬로 연결했을 때 그 합성 인덕턴스는?

① L_1L_2 ② $\frac{L_1+L_2}{L_1L_2}$

③ L_1+L_2 ④ $\frac{L_1L_2}{L_1+L_2}$

해설

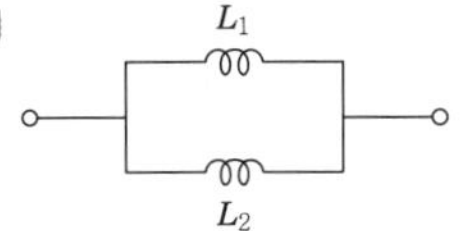

합성 인덕턴스 $L=\frac{1}{\frac{1}{L_1}+\frac{1}{L_2}}=\frac{L_1L_2}{L_1+L_2}$[H]

02 반지름 a[m]인 원형 코일에 전류 I[A]가 흘렀을 때, 코일 중심 자계의 세기[AT/m]는?

① $\frac{I}{2a}$ ② $\frac{I}{4a}$

③ $\frac{I}{2\pi a}$ ④ $\frac{I}{4\pi a}$

해설 원형 코일 중심축상 자계의 세기

$H=\frac{a^2I}{2(a^2+x^2)^{\frac{3}{2}}}$[AT/m]

원형 코일 중심 자계의 세기($x=0$)

$\therefore H=\frac{I}{2a}$ [AT/m]

원형 코일의 권수를 N이라 하면

$H=\frac{NI}{2a}$ [AT/m]

03 유전체 내의 전속밀도가 D[C/m²]인 전계에 저축되는 단위체적당 정전에너지가 w_e[J/m³]일 때 유전체의 비유전율은?

① $\frac{D^2}{2\varepsilon_0 w_e}$

② $\frac{D^2}{\varepsilon_0 w_e}$

③ $\frac{2\varepsilon_0 D^2}{w}$

④ $\frac{\varepsilon_0 D^2}{w_e}$

해설 $w_e=\frac{1}{2}ED=\frac{\varepsilon E^2}{2}=\frac{D^2}{2\varepsilon}=\frac{D^2}{2\varepsilon_0\varepsilon_s}$[J/m³]

$\therefore \varepsilon_s=\frac{D^2}{2\varepsilon_0 w_e}$

04 반지름 a[m]인 접지 도체구 중심으로부터 d[m]($>a$)인 곳에 점전하 Q[C]이 있으면 구도체에 유기되는 전하량[C]은?

① $-\frac{a}{d}Q$ ② $\frac{a}{d}Q$

③ $-\frac{d}{a}Q$ ④ $\frac{d}{a}Q$

해설

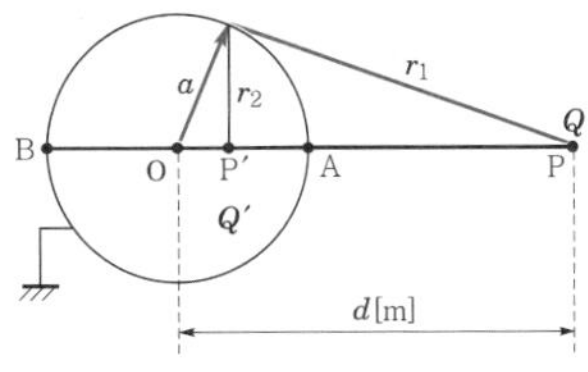

영상점 P′의 위치는 $OP'=\frac{a^2}{d}$[m]

영상전하의 크기는 $Q'=-\frac{a}{d}Q$[C]

정답 01. ④ 02. ① 03. ① 04. ①

05 대전도체 표면의 전하밀도 σ[C/m^2]이라 할 때 대전도체 표면의 단위면적이 받는 정전 응력은 전하밀도 σ와 어떤 관계에 있는가?

① $\sigma^{\frac{1}{2}}$에 비례　② $\sigma^{\frac{3}{2}}$에 비례

③ σ에 비례　④ σ^2에 비례

해설 단위면적당 받는 힘=정전 흡입력

$$f=\frac{F}{s}=\frac{\sigma^2}{2\varepsilon_0}=\frac{D^2}{2\varepsilon_0}=\frac{1}{2}\varepsilon_0 E^2=\frac{1}{2}ED[\mathrm{N/m^2}]$$

06 두 개의 코일이 있다. 각각의 자기 인덕턴스가 $L_1=0.25$[H], $L_2=0.4$[H]일 때, 상호 인덕턴스는 몇 [H]인가? (단, 결합계수는 1이라 한다.)

① 0.125　② 0.197

③ 0.258　④ 0.316

해설 결합계수 $k=\dfrac{M}{\sqrt{L_1L_2}}$

$M=k\sqrt{L_1L_2}=1\times\sqrt{0.25\times0.4}\fallingdotseq 0.316$[H]

07 전류에 의한 자계의 방향을 결정하는 법칙은?

① 렌츠의 법칙

② 플레밍의 오른손법칙

③ 플레밍의 왼손법칙

④ 앙페르의 오른나사법칙

해설 전류에 의한 자계의 방향은 앙페르의 오른나사법칙에 따르며 다음 그림과 같은 방향이다.

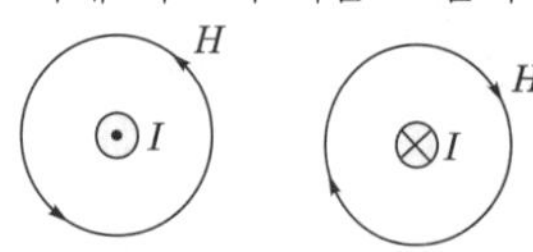

08 도체계에서 임의의 도체를 일정 전위의 도체로 완전 포위하면 내외 공간의 전계를 완전 차단할 수 있다. 이것을 무엇이라 하는가?

① 전자차폐　② 정전차폐

③ 홀(Hall)효과　④ 핀치(Pinch)효과

해설

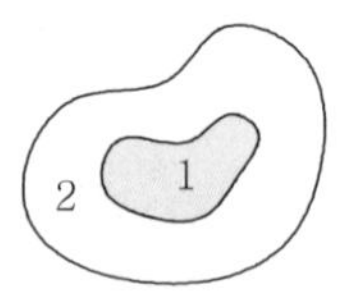

도체 1을 도체 2로 완전 포위하면 내외공간의 전계를 완전 차단할 수 있어 도체 1과 도체 3 간의 유도계수가 없는 상태가 되는데 이를 정전차폐라 한다.

09 균질의 철사에 온도 구배가 있을 때, 여기에 전류가 흐르면 열의 흡수 또는 발생을 수반하는데, 이 현상은?

① 톰슨효과　② 핀치효과

③ 펠티에효과　④ 제벡효과

해설 동일한 금속이라도 그 도체 중의 두 점간에 온도차가 있으면 전류를 흘림으로써 열의 발생 또는 흡수가 생기는 현상을 톰슨효과라 한다.

10 한 변의 길이가 1[m]인 정삼각형의 두 정점 B, C에 10^{-4}[C]의 점전하가 있을 때, 다른 또 하나의 정점 A의 전계[V/m]는?

① 9.0×10^5　② 15.6×10^5

③ 18.0×10^5　④ 31.2×10^5

해설

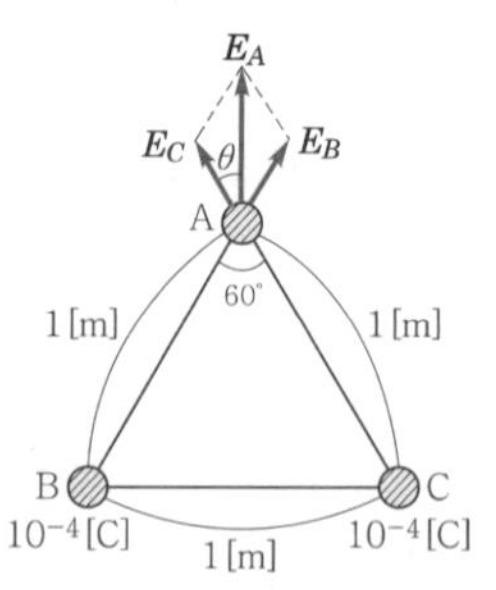

$$E_B=9\times10^9\times\frac{Q_B}{{r_B}^2}=9\times10^9\times\frac{10^{-4}}{1^2}$$

$$=9\times10^5[\mathrm{V/m}]$$

정답 05. ④ 06. ④ 07. ④ 08. ② 09. ① 10. ②

$$E_C = 9\times 10^9 \times \frac{Q_C}{{r_C}^2} = 9\times 10^9 \times \frac{10^{-4}}{1^2}$$
$$= 9\times 10^5[\text{V/m}]$$
$$\therefore\ E_A = 2E_B\cos\theta = 2E_B\cos 30°$$
$$= 2\times 9\times 10^5 \times \frac{\sqrt{3}}{2}$$
$$= 15.6\times 10^5[\text{V/m}]$$

11 유전전체 중의 전계의 세기를 E, 유전율을 ε이라 하면 전기변위[C/m^2]는?

① εE ② εE^2
③ $\frac{\varepsilon}{E}$ ④ $\frac{E}{\varepsilon}$

해설 $\rho_s = D = \varepsilon E\,[\text{C/m}^2]$

12 환상 철심에 감은 코일에 5[A]의 전류를 흘려 2,000[AT]의 기자력을 발생시키고자 한다면 코일의 권수는 몇 회로 하면 되는가?

① 100회 ② 200회
③ 300회 ④ 400회

해설 기자력 $F = NI[\text{AT}]$

$\therefore$ 권수 $N = \frac{F}{I} = \frac{2,000}{5} = 400$회

13 단면적 $S = 5[\text{m}^2]$인 도선에 3초 동안 30[C]의 전하를 흘릴 경우 발생되는 전류[A]는?

① 5 ② 10
③ 15 ④ 20

해설 전류 $I = \frac{Q}{t} = \frac{30}{3} = 10[\text{A}]$

14 1권선의 코일에 5[Wb]의 자속이 쇄교하고 있을 때, $t = \frac{1}{100}$초 사이에 이 자속을 0으로 했다면 이때 코일에 유도되는 기전력은 몇 [V]이겠는가?

① 100 ② 250
③ 500 ④ 700

해설 $e = -N\frac{d\phi}{dt} = -1\times\frac{0-5}{10^{-2}} = 500[\text{V}]$

15 진공 중에서 어떤 대전체의 전속이 Q였다. 이 대전체를 비유전율 2.2인 유전체 속에 넣었을 경우의 전속은?

① Q ② εQ
③ $2.2Q$ ④ 0

해설 전속은 매질에 관계없이 불변이므로 Q이다.

16 양도체에 있어서 전자파의 전파정수는? (단, 주파수 f[Hz], 도전율 σ[s/m], 투자율 μ[H/m])

① $\sqrt{\pi f\sigma\mu} + j\sqrt{\pi f\sigma\mu}$
② $\sqrt{2\pi f\sigma\mu} + j\sqrt{2\pi f\sigma\mu}$
③ $\sqrt{2\pi f\sigma\mu} + j\sqrt{\pi f\sigma\mu}$
④ $\sqrt{\pi f\sigma\mu} + j\sqrt{2\pi f\sigma\mu}$

해설 전파정수 $\gamma = \alpha + j\beta = \sqrt{\pi f\sigma\mu} + j\sqrt{\pi f\sigma\mu}$

17 물(비유전율 80, 비투자율 1)속에서의 전자파 전파속도[m/s]는?

① 3×10^{10}
② 3×10^8
③ 3.35×10^{10}
④ 3.35×10^7

해설
$$v = \frac{1}{\sqrt{\varepsilon\mu}} = \frac{1}{\sqrt{\varepsilon_0\mu_0}}\cdot\frac{1}{\sqrt{\varepsilon_s\mu_s}}$$
$$= \frac{C_0}{\sqrt{\varepsilon_s\mu_s}} = \frac{3\times 10^8}{\sqrt{80\times 1}} \fallingdotseq 3.35\times 10^7[\text{m/s}]$$

정답 11. ① 12. ④ 13. ② 14. ③ 15. ① 16. ① 17. ④

18 점자극에 의한 자위는?

① $U=\dfrac{m}{4\pi\mu_0 r}$ [Wb/J]

② $U=\dfrac{m}{4\pi\mu_0 r^2}$ [Wb/J]

③ $U=\dfrac{m}{4\pi\mu_0 r}$ [J/Wb]

④ $U=\dfrac{m}{4\pi\mu_0 r^2}$ [J/Wb]

해설 **자위(U)**
+1[Wb]의 자하를 자계 0인 무한 원점에서 점 P까지 운반하는데 소요되는 일

$$U=-\int_{\infty}^{P} H dr=\frac{m}{4\pi\mu_0 r}\ [\text{J/Wb, A, AT}]$$

19 변압기 철심에서 규소 강판이 쓰이는 주된 원인은?

① 와전류손을 적게 하기 위하여
② 큐리온도를 높이기 위하여
③ 부하손(동손)을 적게 하기 위하여
④ 히스테리시스손을 적게 하기 위하여

해설 전자석은 히스테리시스 곡선의 면적이 작고, 잔류자기는 크며, 보자력이 작으므로 전자석 재료인 연철, 규소 강판 등에 적합하다.

20 정전용량이 0.5[μF], 1[μF]인 콘덴서에 각각 2×10^{-4}[C] 및 3×10^{-4}[C]의 전하를 주고 극성을 같게 하여 병렬로 접속할 때 콘덴서에 축적될 에너지는 약 몇 [J]인가?

① 0.042　② 0.063
③ 0.083　④ 0.126

해설

$$W=\frac{(Q_1+Q_2)^2}{2(C_1+C_2)}=\frac{(2\times10^{-4}+3\times10^{-4})^2}{2(0.5\times10^{-6}+1\times10^{-6})}$$

$\fallingdotseq 0.083$[J]

제2과목 전력공학

21 전력 계통의 안정도 향상대책으로 옳은 것은?

① 송전 계통의 전달 리액턴스를 증가시킨다.
② 재폐로 방식(reclosing method)을 채택한다.
③ 전원측 원동기용 조속기의 부동시간을 크게 한다.
④ 고장을 줄이기 위하여 각 계통을 분리시킨다.

해설 **송전전력을 증가시키기 위한 안정도 증진대책**
- 직렬 리액턴스를 작게 한다.
  - 발전기나 변압기 리액턴스를 작게 한다.
  - 선로에 복도체를 사용하거나 병행회선수를 늘린다.
  - 선로에 직렬 콘덴서를 설치한다.
- 전압 변동을 작게 한다.
  - 단락비를 크게 한다.
  - 속응여자방식을 채용한다.
- 계통을 연계시킨다.
- 중간 조상방식을 채용한다.
- 고장구간을 신속히 차단시키고 재폐로 방식을 채택한다.
- 소호 리액터 접지방식을 채용한다.
- 고장 시에 발전기 입·출력의 불평형을 작게 한다.

22 부하전력 및 역률이 같을 때 전압을 n배 승압하면 전압강하와 전력 손실은 어떻게 되는가?

① 전압강하 : $\dfrac{1}{n}$, 전력 손실 : $\dfrac{1}{n^2}$

② 전압강하 : $\dfrac{1}{n^2}$, 전력 손실 : $\dfrac{1}{n}$

③ 전압강하 : $\dfrac{1}{n}$, 전력 손실 : $\dfrac{1}{n}$

④ 전압강하 : $\dfrac{1}{n^2}$, 전력 손실 : $\dfrac{1}{n^2}$

정답 18. ③ 19. ④ 20. ③ 21. ② 22. ①

해설 전압강하 $e=\sqrt{3}I(R\cos\theta+X\sin\theta)$

$$=\sqrt{3}\times\frac{P}{\sqrt{3}V\cos\theta}(R\cos\theta+X\sin\theta)$$

$$=\frac{P}{V}(R+X\tan\theta)\propto\frac{1}{V}$$

전력 손실 $P_c=3I^2R=3\times\left(\frac{P}{\sqrt{3}V\cos\theta}\right)^2\times\rho\frac{l}{A}$

$$=\frac{P^2}{V^2\cos^2\theta}\times\rho\frac{l}{A}\propto\frac{1}{V^2}$$

23 **역률 80[%], 10,000[kVA]의 부하를 갖는 변전소에 2,000[kVA]의 콘덴서를 설치해서 역률을 개선하면 변압기에 걸리는 부하는 몇 [kVA] 정도 되는가?**

① 8,000
② 8,500
③ 9,000
④ 9,500

해설 유효전력 $P=10,000\times0.8=8,000$[kW]
무효전력 $Q=10,000\times0.6-2,000$
$-4,000$[kVar]
변압기에 걸리는 부하
$P=\sqrt{P^2+Q^2}=\sqrt{8,000^2+4,000^2}$
$=8,944$[kVA] ≒ 9,000[kVA]

24 **총설비부하가 120[kW], 수용률이 65[%], 부하 역률이 80[%]인 수용가에 공급하기 위한 변압기의 최소 용량은 약 몇 [kVA]인가?**

① 40
② 60
③ 80
④ 100

해설 변압기 용량$=\frac{\text{수용률}\times\text{수용설비 용량}}{\text{역률}\times\text{효율}}$[kVA]

변압기의 최소 용량

$P_T=\frac{120\times0.65}{0.8}=97.5$ ≒ 100[kVA]

25 **차단기에서 O-t_1-CO-t_2-CO의 주기로 나타내는 것은? (단, O(open)는 차단동작, t_1, t_2는 시간간격, C(close)는 투입동작, CO(close and open)는 투입직후 차단동작이다.)**

① 차단기 동작책무
② 차단기 속류주기
③ 차단기 재폐로 계수
④ 차단기 무전압 시간

해설 차단기 표준동작책무
- 일반용 갑호 : O-1분-CO-3분-CO
- 고속도 재투입용 : O-임의-CO-1분-CO

26 **3상 무부하 발전기의 1선 지락 고장 시에 흐르는 지락전류는? (단, E는 접지된 상의 무부하 기전력이고 Z_0, Z_1, Z_2는 발전기의 영상, 정상, 역상 임피던스이다.)**

① $\frac{E}{Z_0+Z_1+Z_2}$
② $\frac{\sqrt{3}E}{Z_0+Z_1+Z_2}$
③ $\frac{3E}{Z_0+Z_1+Z_2}$
④ $\frac{E^2}{Z_0+Z_1+Z_2}$

해설 1선 지락 시에는 $I_0=I_1=I_2$이므로
지락 고장전류 $I_g=I_0+I_1+I_2=\frac{3E}{Z_0+Z_1+Z_2}$

27 **송전전력, 부하 역률, 송전거리, 전력 손실 및 선간전압을 동일하게 하였을 경우 3상 3선식에 요하는 전선 총량은 단상 2선식에 필요로 하는 전선량의 몇 배인가?**

① $\frac{1}{2}$
② $\frac{2}{3}$
③ $\frac{3}{4}$
④ 1

해설 전선의 중량은 전선의 저항에 반비례하므로,
저항의 비 $\frac{R_1}{R_3}=\frac{1}{2}$이다.
따라서 $\frac{3W_3}{2W_1}=\frac{3}{2}\times\frac{R_1}{R_3}=\frac{3}{2}\times\frac{1}{2}=\frac{3}{4}$배

정답 23. ③ 24. ④ 25. ① 26. ③ 27. ③

28 선로에 따라 균일하게 부하가 분포된 선로의 전력 손실은 이들 부하가 선로의 말단에 집중적으로 접속되어 있을 때보다 어떻게 되는가?

① 2배로 된다. ② 3배로 된다.

③ $\frac{1}{2}$로 된다. ④ $\frac{1}{3}$로 된다.

해설

구 분	말단에 집중부하	균등부하분포
전압강하	IR	$\frac{1}{2}IR$
전력 손실	I^2R	$\frac{1}{3}I^2R$

29 다음 차단기들의 소호 매질이 적합하지 않게 결합된 것은?

① 공기차단기 – 압축공기

② 가스차단기 – SF_6 가스

③ 자기차단기 – 진공

④ 유입차단기 – 절연유

해설 자기차단기의 소호 매질은 차단전류에 의해 생기는 자계로 아크를 밀어낸다.

30 한류 리액터를 사용하는 가장 큰 목적은?

① 충전전류의 제한 ② 접지전류의 제한

③ 누설전류의 제한 ④ 단락전류의 제한

해설 한류 리액터를 사용하는 이유는 단락사고로 인한 단락전류를 제한하여 기기 및 계통을 보호하기 위함이다.

31 3상 수직 배치인 선로에서 오프셋(off–set)을 주는 이유는?

① 전선의 진동 억제

② 단락 방지

③ 철탑 중량 감소

④ 전선의 풍압 감소

해설 전선 도약으로 생기는 상하 전선 간의 단락을 방지하기 위해 오프셋(off–set)을 준다.

32 공기의 절연성이 부분적으로 파괴되어서 낮은 소리나 엷은 빛을 내면서 방전되는 현상은?

① 페란티 현상 ② 코로나 현상

③ 카르노 현상 ④ 보어 현상

해설 초고압 송전선로에서 전선로 주변의 공기의 절연이 부분적으로 파괴되어 낮은 소리나 엷은 빛을 내면서 방전되는 현상을 코로나 현상이라 한다.

33 3상 3선식 송전선로를 연가하는 목적은?

① 전압강하를 방지하기 위하여

② 송전선을 절약하기 위하여

③ 미관상

④ 선로정수를 평형시키기 위하여

해설 연가란 선로정수 평형을 위해 송전단에서 수전단까지 전체 선로구간을 3의 배수 등분하여 전선의 위치를 바꾸어 주는 것을 말한다.

34 유효낙차 30[m], 출력 2,000[kW]의 수차발전기를 전부하로 운전하는 경우 1시간당 사용수량은 약 몇 [m^3]인가? (단, 수차 및 발전기의 효율은 각각 95[%], 82[%]로 한다.)

① 15,500 ② 25,500

③ 31,500 ④ 22,500

해설 $P=9.8QH\eta$[kW]

여기서, Q : 유량[m^3/s]

H : 유효낙차[m]

$\eta=\eta_t\eta_g$

(η_t : 수차효율, η_g : 발전기 효율)

$$\therefore\ Q=\frac{p}{9.8H\eta_t\eta_g}[\text{m}^3/\text{s}]$$

$$=\frac{2{,}000}{9.8\times30\times0.95\times0.82}=8.732[\text{m}^3/\text{s}]$$

정답 28. ④ 29. ③ 30. ④ 31. ② 32. ② 33. ④ 34. ③

∵ 1시간당 사용수량

$Q = 8.732 \times 3{,}600 = 31437.478$

$\fallingdotseq 31{,}500[\text{m}^3/\text{h}]$

35 가스 터빈의 장점이 아닌 것은?

① 구조가 간단해서 운전에 대한 신뢰가 높다.

② 기동·정지가 용이하다.

③ 냉각수를 다량으로 필요로 하지 않는다.

④ 화력발전소보다 열효율이 높다.

해설 가스 터빈의 단점

㉠ 열효율이 낮고 연료소비가 크다.

㉡ 터빈이 고온을 받기 때문에 값비싼 내열재료가 필요하다.

㉢ 배기·흡기의 소음이 커지기 쉽다.

36 상 3선식 3각형 배치의 송전선로에 있어서 각 선의 대지정전용량이 0.5038[μF]이고, 선간정전용량이 0.1237[μF]일 때 1선의 작용정전용량은 약 몇 [μF]인가?

① 0.6275 ② 0.8749

③ 0.9164 ④ 0.9755

해설 1선당 작용정전용량

$C = C_s + 3C_m = 0.5038 + 3 \times 0.1237$

$= 0.8749[\mu\text{F}]$

37 중거리 송전선로에서 T형 회로일 경우 4단자 정수 A는?

① Z ② $1 - \dfrac{ZY}{4}$

③ Y ④ $1 + \dfrac{ZY}{2}$

해설

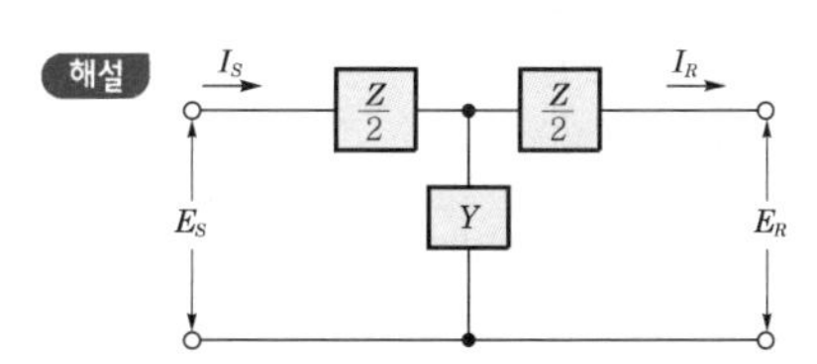

$$\begin{bmatrix} A & B \\ C & D \end{bmatrix} = \begin{bmatrix} 1 + \dfrac{ZY}{2} & Z\left(1 + \dfrac{ZY}{4}\right) \\ Y & 1 + \dfrac{ZY}{2} \end{bmatrix}$$

$\therefore A = 1 + \dfrac{ZY}{2}$

38 다음 중 뇌해 방지와 관계가 없는 것은?

출제빈도

① 댐퍼 ② 소호환

③ 가공지선 ④ 탑각 접지

해설 댐퍼는 진동에너지를 흡수하여 전선 진동을 방지하기 위하여 설치하는 것으로 뇌해 방지와는 관계가 없다.

39 조상설비가 아닌 것은?

① 단권 변압기 ② 분로 리액터

③ 동기조상기 ④ 전력용 콘덴서

해설 조상설비의 종류에는 동기조상기(진상, 지상 양용)와 전력용 콘덴서(진상용) 및 분로 리액터(지상용)가 있다.

40 송전선로에 관련된 설명으로 틀린 것은?

① 전선에 교류가 흐를 때 전류밀도는 도선의 중심으로 갈수록 작아진다.

② 송전선로에 ACSR을 사용한다.

③ 수직배치선로에서 오프셋을 주는 이유는 단락방지이다.

④ 송전선에서 댐퍼를 설치하는 이유는 전선의 코로나 방지이다.

해설
- 전선의 진동방지대책
  - 댐퍼(damper) 설치
  - 아머로드(armor rod) 설치
- 코로나 방지대책
  - 굵은 전선을 사용하여 코로나 임계전압을 높인다.
  - 복도체 및 다도체 방식을 채택한다.
  - 가선금구류를 개량한다.

정답 35. ④ 36. ② 37. ④ 38. ① 39. ① 40. ④

제3과목 전기기기

41 4극 정격 전압이 220[V], 60[Hz]인 단상 직권 정류자 전동기가 있다. 이 전동기는 전기자 총 도체수가 72, 전기자 병렬 회로수 4, 극당 주자속의 최댓값이 1×10^{-3}[Wb]이고, 6,000[rpm]으로 회전하고 있다. 이 때 전기자 권선에 유기되는 속도 기전력의 실효값은 약 몇 [V]인가?

① 7.2　② 5.1
③ 3.6　④ 2.6

해설 속도 기전력의 실효값

$$E=\frac{1}{\sqrt{2}}\frac{P}{a}Z\frac{N}{60}\phi m$$
$$=\frac{1}{\sqrt{2}}\times\frac{4}{4}\times72\times\frac{6,000}{60}\times1\times10^{-3}$$
$$=5.09 \fallingdotseq 5.1[\text{V}]$$

42 단상 유도 전동기 2전동기설에서 정상분 회전 자계를 만드는 전동기와 역상분 회전 자계를 만드는 전동기의 회전 자속을 각각 ϕ_a, ϕ_b라고 할 때, 단상 유도 전동기 슬립이 s인 정상분 유도 전동기와 슬립이 s'인 역상분 유도 전동기의 관계로 옳은 것은?

① $s'=s$　② $s'=2-s$
③ $s'=2+s$　④ $s'=-s$

해설 단상 유도 전동기의 2전동기설에서 정상분 전동기의 슬립이 s일 때 역상분 전동기의 슬립 $s'=2-s$

43 어느 변압기의 %저항 강하가 p[%], %리액턴스 강하가 %저항 강하의 $\frac{1}{2}$이고, 역률 80[%](지상 역률)인 경우의 전압 변동률[%]은?

① $1.0p$　② $1.1p$
③ $1.2p$　④ $1.3p$

해설 전압 변동률

$$\varepsilon=p\cos\theta+q\sin\theta=p\times0.8+\frac{1}{2}p\times0.6$$
$$=1.1p[\%]$$

44 단상 반파 정류 회로로 직류 평균 전압 99[V]를 얻으려고 한다. 최대 역전압(Peak Inverse Voltage)이 약 몇 [V] 이상의 다이오드를 사용하여야 하는가? (단, 저항 부하이며, 정류 회로 및 변압기의 전압 강하는 무시한다.)

① 311　② 471
③ 150　④ 166

해설 **단상 반파 정류 회로**

- 직류 전압 $E_d=\frac{\sqrt{2}}{\pi}E$에서 $E=\frac{\pi}{\sqrt{2}}E_d$
- 첨두 역전압 $V_{in}=\sqrt{2}E=\sqrt{2}\times\frac{\pi}{\sqrt{2}}E_d$

$$=\sqrt{2}\times\frac{\pi}{\sqrt{2}}\times99 \fallingdotseq 311[\text{V}]$$

45 6극 직류 발전기의 정류자 편수가 132, 무부하 단자 전압이 220[V], 직렬 도체수가 132개이고 중권이다. 정류자 편간 전압은 몇 [V]인가?

① 10　② 20
③ 30　④ 40

해설 정류자 편간 전압

$$e_s=\frac{pE}{k}=\frac{6\times220}{132}=10[\text{V}]$$

46 외분권 차동 복권 전동기의 내부 결선을 바꾸어 분권 전동기로 운전하고자 할 경우의 조치로 옳은 것은?

① 분권 계자 권선을 단락한다.
② 직권 계자 권선을 개방한다.
③ 직권 계자 권선을 단락한다.
④ 분권 계자 권선을 개방한다.

정답 41. ② 42. ② 43. ② 44. ① 45. ① 46. ③

해설 외분권 복권 전동기를 분권 전동기로 운전하려면 직권 계자 권선을 단락한다.

47 6,000[V], 1,500[kVA], 동기 임피던스 5[Ω]인 동일 정격의 두 동기 발전기를 병렬 운전 중 한쪽 발전기의 계자 전류가 증가하여 두 발전기의 유도 기전력 사이에 300[V]의 전압차가 발생하고 있다. 이때 두 발전기 사이에 흐르는 무효 횡류[A]는?

① 24 ② 28
③ 30 ④ 32

해설 무효 횡류(무효 순환 전류)

$I_c = \frac{E_A - E_B}{2Z_s} = \frac{300}{2 \times 5} = 30[A]$

48 그림은 변압기의 무부하 상태의 백터도이다. 철손 전류를 나타내는 것은? (단, a는 철손각이고 ϕ는 자속을 의미한다.)

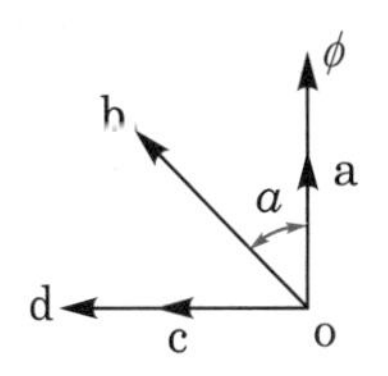

① o → c ② o → d
③ o → a ④ o → b

해설 변압기의 무부하 상태의 벡터도에서 선분 o → c는 철손 전류, o → a는 자화 전류, o → b는 무부하 전류를 나타낸다.

49 직류기에서 정류가 불량하게 되는 원인은 무엇인가?

① 탄소 브러시 사용으로 인한 접촉 저항 증가
② 코일의 인덕턴스에 의한 리액턴스 전압
③ 유도 기전력을 균등하게 하기 위한 균압 접속
④ 전기자 반작용 보상을 위한 보극의 설치

해설 직류 발전기의 정류에서 코일의 인덕턴스에 의한 리액턴스 전압 $e = L\frac{2I_c}{T_c}$[V]가 크게 되면 정류 불량의 가장 큰 원인이 된다.

50 권선형 유도 전동기의 속도 제어 방법 중 2차 저항 제어법의 특징으로 옳은 것은?

① 부하에 대한 속도 변동률이 작다.
② 구조가 간단하고 제어 조작이 편리하다.
③ 전부하로 장시간 운전하여도 온도에 영향이 적다.
④ 효율이 높고 역률이 좋다.

해설 **권선형 유도 전동기의 저항 제어법의 장 · 단점**

- 장점
  - 기동용 저항기를 겸한다.
  - 구조가 간단하고 제어 조작이 용이하다.
- 단점
  - 운전 효율이 나쁘다.
  - 부하에 따른 속도 변동이 크다.
  - 부하가 작을 경우 광범위한 속도 조정이 곤란하다.
  - 제어용 저항기는 전부하에서 장시간 운전해도 위험한 온도가 되지 않을 만큼의 크기가 필요하므로 가격이 비싸다.

51 IGBT의 특징으로 틀린 것은?

① GTO 사이리스터처럼 역방향 전압 저지 특성을 갖는다.
② MOSFET처럼 전압 제어 소자이다.
③ BJT처럼 온드롭(on-drop)이 전류에 관계없이 낮고 거의 일정하여 MOSFET보다 훨씬 큰 전류를 흘릴 수 있다.
④ 게이트와 이미터간 입력 임피던스가 매우 작아 BJT보다 구동하기 쉽다.

해설 IGBT(Insulated Gate Transistor)는 MOSFET의 고속 스위칭과 BJT의 고전압 대전류 처리 능력을 겸비한 역전압 제어용 소자로서 게이트와 이미터 사이의 임피던스가 크다.

정답 47. ③ 48. ① 49. ② 50. ② 51. ④

52 스테핑 모터의 스탭각이 3°이면 분해능(resolution)[스텝/회전]은?

① 180 ② 120
③ 150 ④ 240

해설 스테핑 모터(stepping motor)의 분해능

$$\text{Resolution[steps/rev]} = \frac{360°}{\beta} = \frac{360°}{3°} = 120$$

53 2차 저항과 2차 리액턴스가 각각 0.04[Ω], 3상 유도 전동기의 슬립의 4[%]일 때 1차 부하 전류가 10[A]이었다면 기계적 출력은 약 몇 [kW]인가? (단, 권선비 $\alpha=2$, 상수비 $\beta=1$이다.)

① 0.57
② 1.15
③ 0.65
④ 1.35

해설
- 2차 전류 $I_2=\alpha\cdot\beta I_1=2\times1\times10=20[\text{A}]$
- 출력 정수 $R=\frac{1-s}{s}r_2[\Omega]$
- 기계적 출력

$$P_o=3I_2^2R\times10^{-3}$$
$$=3\times20^2\times\frac{1-0.04}{0.04}\times0.04\times10^{-3}$$
$$\fallingdotseq 1.15[\text{kW}]$$

54 동기 조상기를 부족 여자로 사용하면? (단, 부족 여자는 역률이 1일 때의 계자 전류보다 작은 전류를 의미한다.)

① 일반 부하의 뒤진 전류를 보상
② 리액터로 작용
③ 저항손의 보상
④ 커패시터로 작용

해설 동기 조상기의 계자 전류를 조정하여 부족 여자로 운전하면 리액터로 작용하고, 과여자 운전하면 커패시터로 작용한다.

55 권선형 유도 전동기에서 1차와 2차 간의 상수비가 β, 권선비가 α이고 2차 전류가 I_2일 때 1차 1상으로 환산한 전류 I_1[A]는 얼마인가? (단, $\alpha=\frac{k_{u1}N_1}{k_{u2}N_2}$, $\beta=\frac{m_1}{m_2}d$이며 1차 및 2차 권선 계수는 k_{w1}, k_{w2}가 1차 및 2차 한 상의 권수는 N_1, N_2, 1차 및 2차 상수는 m_1, m_2이다.)

① $\frac{\alpha}{\beta}I_2$ ② $\frac{1}{\alpha\beta}I_2$
③ $\alpha\beta I_2$ ④ $\frac{\beta}{\alpha}I_2$

해설 권선형 유도 전동기의 권선비×상수비

$\alpha\cdot\beta=\frac{I_2}{I_1}$이므로

1차 전류 $I_1=\frac{1}{\alpha\beta}I_2[\text{A}]$

56 비돌극형 동기 발전기의 단자 전압(1상)을 V, 유도 기전력(1상)을 E, 동기 리액턴스를 x_s, 부하각을 δ라 하면 1상의 출력[W]을 나타내는 관계식은?

① $\frac{EV}{x_s}\sin\delta$ ② $\frac{E^2V}{x_s}\sin\delta$
③ $\frac{EV}{x_s}\cos\delta$ ④ $\frac{EV^2}{x_s}\cos\delta$

해설 비돌극형 동기 발전기의 1상 출력

$$P_1=\frac{EV}{x_s}\sin\delta[\text{W}]$$

57 변압기 온도 시험 시 가장 많이 사용되는 방법은?

① 단락 시험법 ② 반환 부하법
③ 내전압 시험법 ④ 실부하법

해설 변압기의 온도 측정 시험을 하는 경우 부하법으로는 실부하법과 반환 부하법이 있으며 가장 많이 사용되는 방법은 반환 부하법이다.

정답 52. ② 53. ② 54. ② 55. ② 56. ① 57. ②

58 동일 용량의 변압기 2대를 사용하여 3,300[V]의 3상 간선에서 220[V]의 2상 전력을 얻으려면 T좌 변압기의 권수비는 약 얼마인가?

① 15.34 ② 12.99
③ 17.31 ④ 16.52

해설 변압기의 상수 변환을 위한 스코트 결선(T결선)에서 T좌 변압기의 권수비

$$a_T = \frac{\sqrt{3}}{2} a_{주} = \frac{\sqrt{3}}{2} \times \frac{3,300}{220} \fallingdotseq 12.99$$

59 2대의 3상 동기 발전기를 병렬 운전하여 뒤진 역률 0.85, 1,200[A]의 부하 전류를 공급하고 있다. 각 발전기의 유효 전력은 같고 A기의 전류가 678[A]일 때 B기의 전류는 약 몇 [A]인가?

① 542 ② 552
③ 562 ④ 572

해설
- A, B기의 유효 전류
  $I = 1,200 \times 0.85 \times \frac{1}{2} = 510[A]$
- A, B기의 합성 무효 전류
  $I_r = 1,200 \times \sqrt{1 - 0.85^2} \fallingdotseq 632[A]$
- A기의 무효 전류
  $I_{ar} = \sqrt{678^2 - 510^2} \fallingdotseq 446.7[A]$
- B기의 무효 전류
  $I_{br} = 632 - 446.7 = 185.3[A]$
- B기의 전류
  $I_B = \sqrt{510^2 + 185.3^2} \fallingdotseq 542[A]$

60 직류 분권 전동기의 정격 전압 220[V], 정격 전류 105[A], 전기자 저항 및 계자 회로의 저항이 각각 0.1[Ω] 및 40[Ω]이다. 기동 전류를 정격 전류의 150[%]로 할 때의 기동 저항은 약 몇 [Ω]인가?

① 1.21 ② 0.92
③ 0.46 ④ 1.35

해설
- 기동 전류 $I_s = 1.5I_n = 1.5 \times 105 = 157.5[A]$
- 계자 전류 $I_f = \frac{V}{r_f} = \frac{220}{40} = 5.5[A]$
- 전기자 전류 $I_a = \frac{V}{R_a + R_s} = I_s - I_f$
  $= 157.5 - 5.5 = 152[A]$
- 기동 저항 $R_s = \frac{V}{I_a} - R_a = \frac{220}{152} - 0.1$
  $= 1.347 \fallingdotseq 1.35[\Omega]$

제4과목 회로이론

61 4단자망의 파라미터 정수에 관한 설명 중 옳지 않은 것은?

① A, B, C, D 파라미터 중 A 및 D는 차원(dimension)이 없다.
② h파라미터 중 h_{12} 및 h_{21}은 차원이 없다.
③ A, B, C, D 파라미터 중 B는 어드미턴스, C는 임피던스의 차원을 갖는다.
④ h파라미터 중 h_{11}은 임피던스, h_{22}는 어드미턴스의 차원을 갖는다.

해설 B는 전달 임피던스, C는 전달 어드미턴스의 차원을 갖는다.

62 $R-L$ 직렬회로에서 시정수의 값이 클수록 과도 현상의 소멸되는 시간은 어떻게 되는가?

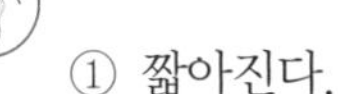

① 짧아진다.
② 길어진다.
③ 과도기가 없어진다.
④ 관계 없다.

해설 시정수와 과도분은 비례관계에 있다.
따라서 시정수의 값이 클수록 과도 현상의 소멸되는 시간은 길어진다.

정답 58. ② 59. ① 60. ④ 61. ③ 62. ②

63 그림과 같은 회로에서 $e(t) = E_m \cos\omega t$의 전원 전압을 인가했을 때 인덕턴스 L에 축적되는 에너지[J]는?

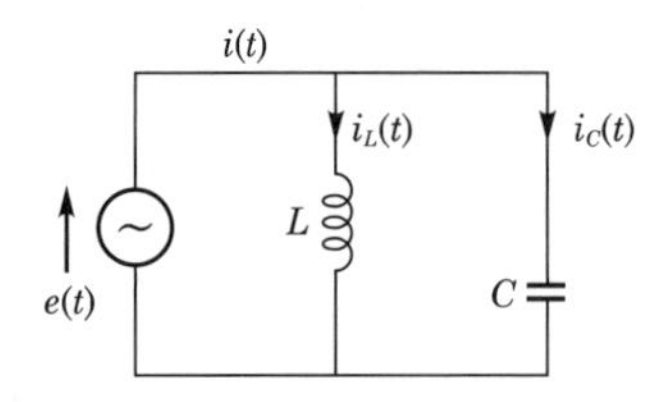

① $\frac{1}{4} \cdot \frac{E_m^{\ 2}}{\omega^2 L}(1-\cos 2\omega t)$

② $\frac{1}{2} \cdot \frac{E_m^{\ 2}}{\omega^2 L^2}(1-\cos 2\omega t)$

③ $\frac{1}{4} \cdot \frac{E_m^{\ 2}}{\omega^2 L}(1+\cos 2\omega t)$

④ $-\frac{1}{2} \cdot \frac{E_m^{\ 2}}{\omega^2 L^2}(1+\cos \omega t)$

해설 자기에너지

$$W = \frac{1}{2}LI_L^{\ 2}[\mathrm{J}] = \frac{1}{2}L\frac{E_m^{\ 2}}{\omega^2 L^2}\sin^2\omega t$$

$$= \frac{1}{2}\frac{E_m^{\ 2}}{\omega^2 L}\frac{1-\cos 2\omega t}{2}$$

$$= \frac{1}{4} \cdot \frac{E_m^{\ 2}}{\omega^2 L}(1-\cos 2\omega t)[\mathrm{J}]$$

64 키르히호프의 전압 법칙의 적용에 대한 서술 중 옳지 않은 것은?

① 이 법칙은 집중정수회로에 적용된다.

② 이 법칙은 회로 소자의 선형, 비선형에는 관계를 받지 않고 적용된다.

③ 이 법칙은 회로 소자의 시변, 시불변성에 구애를 받지 않는다.

④ 이 법칙은 선형 소자로만 이루어진 회로에 적용된다.

해설 키르히호프 법칙은 집중정수회로에서는 선형·비선형에 관계를 받지 않고 적용된다.

65 대칭 3상 교류에서 선간전압이 100[V], 한 상의 임피던스가 $5\angle 45°$[Ω]인 부하를 △결선하였을 때 선전류는 약 몇 [A]인가?

① 42.3　② 34.6

③ 28.2　④ 19.2

해설 △결선이므로 $V_l = V_p$, $I_l = \sqrt{3}I_p$

$$\therefore I_l = \sqrt{3} \cdot \frac{V_p}{Z} = \sqrt{3}\frac{100}{5} = 20\sqrt{3} \fallingdotseq 34.6[\mathrm{A}]$$

66 각 상의 전류가 $i_a = 30\sin\omega t$, $i_b = 30\sin(\omega t - 90°)$, $i_c = 30\sin(\omega t + 90°)$일 때 영상 대칭분의 전류[A]는?

① $10\sin\omega t$

② $\frac{10}{3}\sin\frac{\omega t}{3}$

③ $\frac{30}{\sqrt{3}}\sin(\omega t + 45°)$

④ $30\sin\omega t$

해설

$$i_0 = \frac{1}{3}(i_a + i_b + i_c)$$

$$= \frac{1}{3}\{30\sin\omega t + 30\sin(\omega t - 90°) + 30\sin(\omega t + 90°)\}$$

$$= \frac{30}{3}\{\sin\omega t + (\sin\omega t\cos 90° - \cos\omega t\sin 90°) + (\sin\omega t\cos 90° + \cos\omega t\sin 90°)\}$$

$$= 10\sin\omega t[\mathrm{A}]$$

67 1[Ω]의 저항에 걸리는 전압 V_R[V]은?

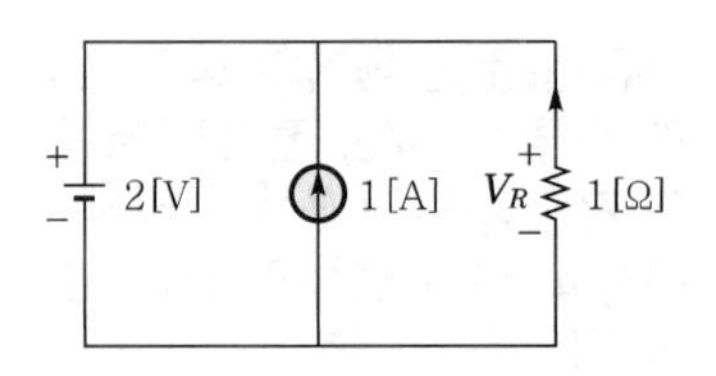

① 1.5　② 1

③ 2　④ 3

정답 63. ① 64. ④ 65. ② 66. ① 67. ③

해설 중첩의 정리에 의해 $V_R = 1[\Omega]$에 흐르는 전류를 구하면

- 2[V] 전압원 존재 시 : 전류원 1[A]는 개방

  $I_1 = \frac{2}{1} = 2[A]$

- 1[A] 전류원 존재 시 : 전압원 2[A]는 단락

  $I_2 = 0[A]$

  $I = I_1 + I_2 = 2 + 0 = 2[A]$

$\therefore\ V_R = R \cdot I = 1 \times 2 = 2[V]$

68 그림과 같은 회로에서 컨덕턴스 G_2에 흐르는 전류 I[A]의 크기는? (단, $G_1 = 30[℧]$, $G_2 = 15[℧]$)

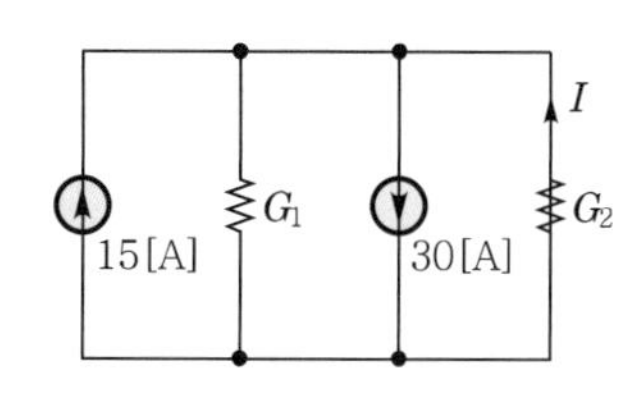

① 3 ② 15
③ 10 ④ 5

해설 전류원 전류의 방향이 반대이므로

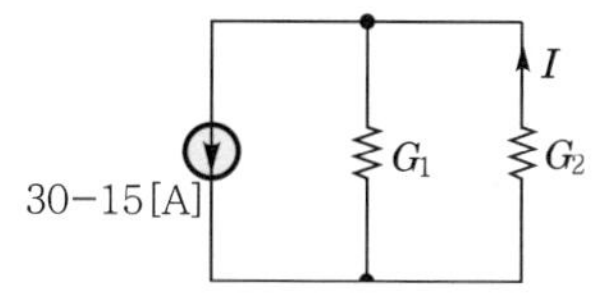

$\therefore$ 분류법칙에 의해

$$I = \frac{G_2}{G_1 + G_2} \times 15 = \frac{15}{30+15} \times 15 = 5[A]$$

69 대칭 6상식의 성형 결선의 전원이 있다. 상전압이 100[V]이면 선간전압[V]은 얼마인가?

출제빈도

① 600 ② 300
③ 220 ④ 100

해설 선간전압 $V_l = 2\sin\frac{\pi}{n} \cdot V_p$에서

$V_l = 2\sin\frac{\pi}{6} \times 100 = 100[V]$

70 전압이 $v(t) = V(\sin\omega t - \sin 3\omega t)$[V]이고 전류가 $i(t) = I\sin\omega t$[A]인 단상 교류회로의 평균 전력은 몇 [W]인가?

① VI ② $\frac{2}{\sqrt{3}}VI$
③ $\frac{1}{2}VI\sin\omega t$ ④ $\frac{1}{2}VI$

해설 비정현파의 평균(유효)전력은 주파수가 다른 전압과 전류 간의 전력은 0이 되고 같은 주파수의 전압과 전류 간의 전력만 존재한다.

$\therefore\ P = \frac{V}{\sqrt{2}} \cdot \frac{I}{\sqrt{2}}\cos 0° = \frac{1}{2}VI[W]$

71 비정현파 교류를 나타내는 식은?

① 기본파 + 고조파 + 직류분
② 기본파 + 직류분 − 고조파
③ 직류분 + 고조파 − 기본파
④ 교류분 + 기본파 + 고조파

해설 **비정현파의 푸리에 급수 전개식**

$f(t) = a_0 + \sum_{n=1}^{\infty} a_n \cos\omega t + \sum_{n=1}^{\infty} b_n \sin\omega t$

즉 비정현파를 직류 성분+기본파 성분+고조파 성분으로 분해해서 표시한 것이다.

72 $R-L-C$ 직렬회로에서 회로 저항값이 다음의 어느 값이어야 이 회로가 임계적으로 제동되는가?

출제빈도

① $\sqrt{\frac{L}{C}}$ ② $2\sqrt{\frac{L}{C}}$
③ $\frac{1}{\sqrt{CL}}$ ④ $2\sqrt{\frac{C}{L}}$

해설 진동 여부 판별식이 임계 제동일 조건

$\left(\frac{R}{2L}\right)^2 - \frac{1}{LC} = R^2 - 4\frac{L}{C} = 0$

$R^2 = 4\frac{L}{C}$

$\therefore\ R = 2\sqrt{\frac{L}{C}}$

정답 68. ④ 69. ④ 70. ④ 71. ① 72. ②

73 대칭 좌표법에 관한 설명 중 잘못된 것은?

① 불평형 3상 회로의 비접지식 회로에서는 영상분이 존재한다.

② 대칭 3상 전압에서 영상분은 0이 된다.

③ 대칭 3상 전압은 정상분만 존재한다.

④ 불평형 3상 회로의 접지식 회로에서는 영상분이 존재한다.

해설 비접지식 회로에서는 영상분이 존재하지 않는다.

74 $f(t) = \sin t \; \cos t$를 라플라스로 변환하면?

① $\dfrac{1}{s^2+4}$　② $\dfrac{1}{s^2+2}$

③ $\dfrac{1}{(s+2)^2}$　④ $\dfrac{1}{(s+4)^2}$

해설 삼각함수 가법 정리에 의해서

$\sin(t+t) = \sin t\cos t + \cos t\sin t = 2\sin t\cos t$

$\therefore \sin t\cos t = \dfrac{1}{2}\sin 2t$

$$F(s) = \mathcal{L}[\sin t\cos t] = \mathcal{L}\left[\frac{1}{2}\sin 2t\right]$$

$$= \frac{1}{2} \times \frac{2}{s^2+2^2} = \frac{1}{s^2+4}$$

75 극좌표 형식으로 표현된 전류의 페이저가 $I_1 = 10\angle\tan^{-1}\dfrac{4}{3}$[A], $I_2 = 10\angle\tan^{-1}\dfrac{3}{4}$[A]이고 $I = I_1 + I_2$일 때 I[A]는?

① $14+j14$　② $14+j4$

③ $-2+j2$　④ $14+j3$

해설 위상각 $\theta = \tan^{-1}\dfrac{4}{3}$, $\theta = \tan^{-1}\dfrac{3}{4}$을 직각 삼각형을 이용하면

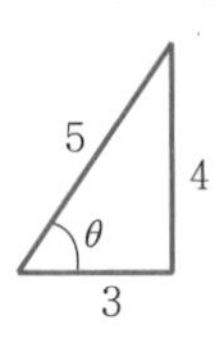

$$I_1 = 10\angle\tan^{-1}\frac{4}{3} = 10(\cos\theta + j\sin\theta) = 10\left(\frac{3}{5}+j\frac{4}{5}\right) = 6+j8$$

$$I_2 = 10\angle\tan^{-1}\frac{3}{4} = 10(\cos\theta + j\sin\theta) = 10\left(\frac{4}{5}+j\frac{3}{5}\right) = 8+j6$$

$\therefore I = I_1 + I_2 = (6+j8)+(8+j6) = 14+j14$[A]

76 회로에 흐르는 전류가 $i(t) = 7 + 14.1\sin\omega t$[A]인 경우 실효값은 약 몇 [A]인가?

① 12.2　② 13.2

③ 14.2　④ 11.2

해설 비정현파의 실효값은 각 개별적인 실효값의 제곱의 합의 제곱근이다.

$\therefore I = \sqrt{I_0^2 + I_1^2} = \sqrt{7^2 + \left(\dfrac{14.1}{\sqrt{2}}\right)^2} \fallingdotseq 12.2$[A]

77 평형 부하의 전압이 200[V], 전류가 20[A]이고 역률은 0.8이다. 이때 무효전력은 몇 [kVar]인가?

① $1.2\sqrt{3}$　② $1.8\sqrt{3}$

③ $2.4\sqrt{3}$　④ $2.8\sqrt{3}$

해설 무효전력 $P_r = \sqrt{3}\,VI\sin\theta$

$= \sqrt{3} \times 200 \times 20 \times 0.6 \times 10^{-3}$

$= 2.4\sqrt{3}$[kVar]

78 그림과 같은 회로의 영상 임피던스 Z_{01}, Z_{02}는 각각 몇 [Ω]인가?

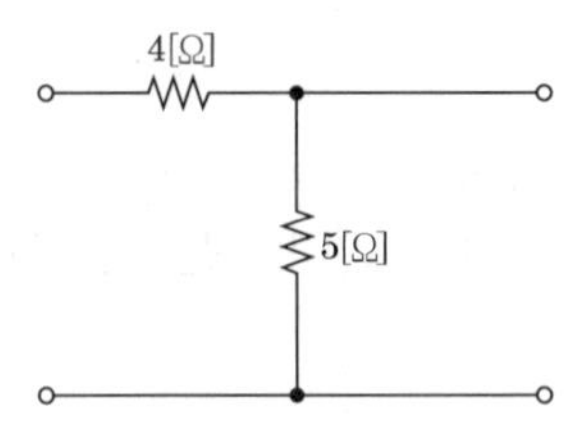

① $Z_{01} = 9$, $Z_{02} = 5$

② $Z_{01} = 4$, $Z_{02} = 5$

③ $Z_{01} = 4$, $Z_{02} = \dfrac{20}{9}$

④ $Z_{01} = 6$, $Z_{02} = \dfrac{10}{3}$

정답 73. ① 74. ① 75. ① 76. ① 77. ③ 78. ④

해설

$$\begin{bmatrix} A & B \\ C & D \end{bmatrix} = \begin{bmatrix} 1 & 4 \\ 0 & 1 \end{bmatrix} \begin{bmatrix} 1 & 0 \\ \frac{1}{5} & 1 \end{bmatrix} = \begin{bmatrix} \frac{9}{5} & 4 \\ \frac{1}{5} & 1 \end{bmatrix}$$

$$\therefore Z_{01} = \sqrt{\frac{AB}{CD}} = \sqrt{\frac{\frac{9}{5} \times 4}{\frac{1}{5} \times 1}} = 6[\Omega]$$

$$Z_{02} = \sqrt{\frac{BD}{AC}} = \sqrt{\frac{4 \times 1}{\frac{9}{5} \times \frac{1}{5}}} = \frac{10}{3}[\Omega]$$

79 그림과 같은 회로의 전달함수는? $\left(\text{단, } T = \frac{L}{R}\right)$

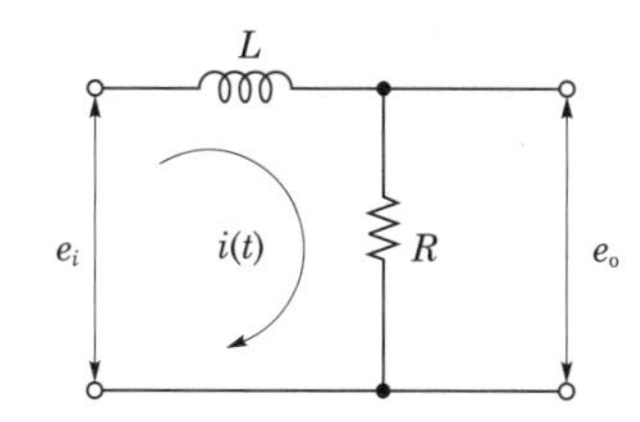

① $\frac{1}{Ts^2+1}$　② $\frac{1}{Ts+1}$

③ Ts^2+1　④ $Ts+1$

해설

$$G(s) = \frac{R}{sL+R} = \frac{1}{s \cdot \frac{L}{R} + 1} = \frac{1}{Ts+1}$$

80 정현파 교류의 실효값을 계산하는 식은?

① $I = \frac{1}{T}\int_0^T i^2 dt$　② $I^2 = \frac{2}{T}\int_0^T i dt$

③ $I^2 = \frac{1}{T}\int_0^T i^2 dt$　④ $I = \sqrt{\frac{2}{T}\int_0^T i^2 dt}$

해설

실효값 계산식 $I = \sqrt{\frac{1}{T}\int_0^T i^2 dt}$

양변을 제곱하면 $I^2 = \frac{1}{T}\int_0^T i^2 dt$

제5과목 전기설비기술기준

81 조상기의 보호장치에서 용량이 몇 [kVA] 이상의 조상기에는 그 내부에 고장이 생긴 경우에 자동적으로 이를 전로로부터 차단하는 장치를 하여야 하는가?

① 1,000

② 1,500

③ 10,000

④ 15,000

해설 조상설비의 보호장치(KEC 351.5)

설비 종별	뱅크 용량	자동차단
전력용 커패시터 분로 리액터	500[kVA] 초과 15,000[kVA] 미만	내부고장 과전류
	15,000[kVA] 이상	내부고장 과전류 과전압
조상기	15,000[kVA] 이상	내부고장

82 사용전압이 35[kV] 이하인 특고압 가공전선과 저압 가공전선을 동일 지지물에 병행 설치하는 경우 전선 상호 간 이격거리는 몇 [m] 이상이어야 하는가? (단, 특고압 가공전선으로는 케이블을 사용하지 않는 것으로 한다.)

① 1.0　② 1.2

③ 1.5　④ 2.0

해설 특고압 가공전선과 저고압 가공전선 등의 병행 설치(KEC 333.17)

- 사용전압이 35[kV] 이하 : 이격거리 1.2[m] 이상 단, 특고압전선이 케이블이면 50[cm]까지 감할 수 있다.
- 사용전압이 35[kV]를 넘고 100[kV] 미만인 경우
  - 제2종 특고압 보안공사
  - 이격거리는 2[m](케이블 1[m]) 이상
  - 특고압 가공전선의 굵기 : 인장강도 21.67[kN] 이상 연선 또는 55[mm^2] 이상 경동선

정답 79. ② 80. ③ 81. ④ 82. ②

83 철도, 궤도 또는 자동차도로의 전용 터널 내의 터널 내 전선로의 시설방법으로 맞는 것은?

① 고압 전선을 금속관 공사에 의하여 시설하고 이를 레일면상 또는 노면상 2.4[m]의 높이로 시설하였다.
② 고압 전선은 지름 3.2[mm] 이상의 경동선의 절연전선을 사용하였다.
③ 저압 전선을 애자공사에 의하여 시설하고 이를 레일면상 또는 노면상 2.2[m]의 높이로 시설하였다.
④ 저압 전선은 지름 2.6[mm]의 경동선의 절연전선을 사용하였다.

해설 터널 안 전선로의 시설(KEC 335.1)

구 분	전선의 굵기	노면상 높이
저압	2.30[kN], 2.6[mm] 이상 경동선의 절연전선, 애자공사, 케이블	2.5[m]
고압	5.26[kN], 4[mm] 이상 경동선의 절연전선, 애자공사, 케이블	3[m]

84 고압 가공 인입선의 높이는 그 아래에 위험 표시를 하였을 경우에 지표상 높이를 몇 [m]까지를 감할 수 있는가?

① 2.5 ② 3.0
③ 3.5 ④ 4.0

해설 고압 가공인입선의 시설(KEC 331.12.1)
- 인장강도 8.01[kN] 이상 고압 절연전선, 특고압 절연전선 또는 지름 5[mm]의 경동선 또는 케이블
- 지표상 5[m] 이상
- 케이블, 위험표시를 하면 지표상 3.5[m]까지로 감할 수 있다.
- 연접 인입선은 시설하여서는 아니 된다.

85 전기욕기에 전기를 공급하기 위한 전기욕기용 전원장치에 내장되는 전원 변압기의 2차측 전로의 사용전압이 몇 [V] 이하의 것을 사용하는가?

① 5 ② 10
③ 25 ④ 60

해설 전기욕기의 전원장치(KEC 241.2.1)
전기욕기에 전기를 공급하기 위한 전기욕기용 전원장치(내장되는 전원 변압기의 2차측 전로의 사용전압이 10[V] 이하의 것에 한한다)는 「전기용품 및 생활용품 안전관리법」에 의한 안전기준에 적합하여야 한다.

86 전차선의 가선방식으로 해당하지 않는 것은?

① 가공 방식 ② 강체 방식
③ 지중 방식 ④ 제3레일 방식

해설 전차선 가선방식(KEC 431.1)
전차선의 가선방식은 열차의 속도 및 노반의 형태, 부하전류 특성에 따라 적합한 방식을 채택하여야 하며, 가공 방식, 강체 방식, 제3레일 방식을 표준으로 한다.

87 전선의 접속방법으로 틀린 것은?

① 도체에 알루미늄을 사용하는 전선과 동을 사용하는 전선을 접속하는 등 전기 화학적 성질이 다른 도체를 접속하는 경우에는 접속부분에 전기적 부식이 생기지 않도록 할 것
② 접속부분을 절연전선의 절연물과 동등 이상의 절연성능이 있는 것으로 충분히 피복할 것
③ 두 개 이상의 전선을 병렬로 사용하는 경우에는 각 전선의 굵기를 35[mm^2] 이상의 동선을 사용한다.
④ 전선의 세기를 20[%] 이상 감소시키지 아니할 것

해설 전선의 접속(KEC 123)
두 개 이상의 전선을 병렬로 사용하는 각 전선의 굵기는 동선 50[mm^2] 이상 또는 알루미늄 70[mm^2] 이상으로 하고, 전선은 같은 도체, 같은 재료, 같은 길이 및 같은 굵기의 것을 사용할 것

정답 83. ④ 84. ③ 85. ② 86. ③ 87. ③

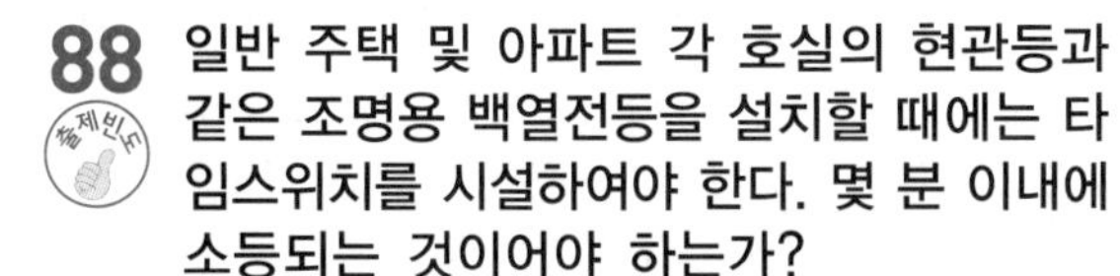

88 일반 주택 및 아파트 각 호실의 현관등과 같은 조명용 백열전등을 설치할 때에는 타임스위치를 시설하여야 한다. 몇 분 이내에 소등되는 것이어야 하는가?

① 1　　② 3
③ 5　　④ 10

해설 **점멸기의 시설(KEC 234.6)**
다음의 경우에는 센서등(타임스위치 포함)을 시설하여야 한다.
- 「관광진흥법」과 「공중위생관리법」에 의한 관광숙박업 또는 숙박업(여인숙업을 제외한다)에 이용되는 객실의 입구등은 1분 이내에 소등되는 것
- 일반 주택 및 아파트 각 호실의 현관등은 3분 이내에 소등되는 것

89 저압 옥상 전선로의 시설에 대한 설명으로 틀린 것은?

① 전선은 절연전선(OW전선을 포함한다)을 사용할 것
② 전선은 인장강도 2.30[kN] 이상의 것 또는 지름 2.6[mm] 이상의 경동선을 사용할 것
③ 저압 옥상 전선로의 전선은 상시 부는 바람 등에 의하여 식물에 접촉하지 아니하도록 시설할 것
④ 전선과 그 저압 옥상전선로를 시설하는 조영재와의 이격거리는 0.5[m] 이상일 것

해설 **옥상 전선로(KEC 221.3)**
저압 옥상 전선로의 시설
- 인장강도 2.30[kN] 이상 또는 2.6[mm]의 경동선
- 전선은 절연전선일 것
- 절연성 · 난연성 및 내수성이 있는 애자 사용
- 지지점 간의 거리 : 15[m] 이하
- 전선과 저압 옥상전선로를 시설하는 조영재와의 이격거리 2[m]
- 전선은 바람 등에 의하여 식물에 접촉하지 아니하도록 한다.

90 전력보안 통신설비인 무선용 안테나 또는 반사판을 지지하는 목주 · 철주 · 철근콘크리트주 또는 철탑 기초 안전율은 얼마 이상이어야 하는가?

① 1.2　　② 1.5
③ 1.8　　④ 2.0

해설 **무선용 안테나 등을 지지하는 철탑 등의 시설(KEC 364.1)**
전력보안 통신설비인 무선통신용 안테나 또는 반사판을 지지하는 목주 · 철주 · 철근콘크리트주 또는 철탑은 다음에 따라 시설하여야 한다. 다만, 무선용 안테나 등이 전선로의 주위 상태를 감시할 목적으로 시설되는 것일 경우에는 그러하지 아니하다.
- 목주는 규정에 준하여 시설하는 외에 풍압하중에 대한 안전율은 1.5 이상이어야 한다.
- 철주 · 철근콘크리트주 또는 철탑의 기초 안전율은 1.5 이상이어야 한다.

91 최대사용전압 3.3[kV]인 전동기의 절연내력시험전압은 몇 [V] 전압에서 권선과 대지 사이에 연속하여 10분간 견디어야 하는가?

① 4,950[V]
② 4,125[V]
③ 6,600[V]
④ 7,600[V]

해설 **회전기 및 정류기의 절연내력(KEC 133)**
$3,300 \times 1.5 = 4,950$[V]

92 가공전선로에 사용하는 지지물의 강도 계산에 적용하는 갑종 풍압하중은 단도체전선의 경우에 구성재의 수직 투영면적 1[m^2]에 대하여 몇 [Pa]의 풍압으로 계산하는가?

① 588
② 745
③ 1,039
④ 1,255

정답 88. ② 89. ④ 90. ② 91. ① 92. ②

해설 **풍압하중의 종별과 적용(KEC 331.6)**

갑종 풍압하중

구 분		풍압하중
지지물	원형 지지물	588[Pa]
	철주(강관)	1,117[Pa]
	철탑(강관)	1,255[Pa]
전선	다도체	666[Pa]
	기타(단도체)	745[Pa]
애자장치		1,039[Pa]
완금류		1,196[Pa]

93 애자공사에 의한 고압 옥내배선 공사에 사용하는 연동선의 최소 굵기는 얼마인가?

출제빈도

① 2.5[mm^2] ② 4[mm^2]

③ 6[mm^2] ④ 8[mm^2]

해설 **고압 옥내배선 등의 시설(KEC 342.1)**

- 애자공사, 케이블 공사, 케이블 트레이 공사
- 애자공사(건조하고 전개된 장소에 한함)
  - 전선은 6[mm^2] 이상 연동선
  - 전선 지지점 간 거리 6[m] 이하. 조영재의 면을 따라 붙이는 경우 2[m] 이하
  - 전선 상호 간격 8[cm], 전선과 조영재 5[cm]
  - 애자는 절연성·난연성 및 내수성
  - 저압 옥내배선과 쉽게 식별

94 전기철도차량이 전차선로와 접촉한 상태에서 견인력을 끄고 보조전력을 가동한 상태로 정지해 있는 경우, 가공 전차선로의 유효전력이 200[kW] 이상일 경우 총 역률은 몇 보다는 작아서는 안 되는가?

① 0.9 ② 0.8

③ 0.7 ④ 0.6

해설 **전기철도차량의 역률(KEC 441.4)**

규정된 비지속성 최저 전압에서 비지속성 최고 전압까지의 전압범위에서 유도성 역률 및 전력 소비에 대해서만 적용되며, 회생제동 중에는 전압을 제한 범위 내로 유지시키기 위하여 유도성 역률을 낮출 수 있다. 다만, 전기철도차량이 전차선로와 접촉한 상태에서 견인력을 끄고 보조전력을 가동한 상태로 정지해 있는 경우, 가공 전차선로의 유효전력이 200[kW] 이상일 경우 총 역률은 0.8보다는 작아서는 안 된다.

95 저압 가공전선로의 지지물은 목주인 경우에는 풍압하중의 몇 배의 하중에 견디는 강도를 가지는 것이어야 하는가?

① 0.8

② 1.0

③ 1.2

④ 1.5

해설 **저압 가공전선로의 지지물의 강도(KEC 222.8)**

저압 가공전선로의 지지물은 목주인 경우에는 풍압하중의 1.2배의 하중, 기타의 경우에는 풍압하중에 견디는 강도를 가지는 것이어야 한다.

96 유희용 전차 안의 전로 및 여기에 전기를 공급하기 위하여 사용하는 전기시설물에 대한 설명 중 틀린 것은?

① 유희용 전차에 전기를 공급하는 전로의 사용전압은 직류에 있어서는 60[V] 이하, 교류에 있어서는 40[V] 이하일 것

② 유희용 전차에 전기를 공급하는 전로의 사용전압에 전기를 변성하기 위하여 사용하는 변압기의 1차 전압은 400[V] 이하일 것

③ 유희용 전차에 전기를 공급하기 위하여 사용하는 접촉 전선은 제3레일 방식에 의하여 시설할 것

④ 전차 안의 승압용 변압기의 2차 전압은 200[V] 이하일 것

해설 **유희용 전차(KEC 241.8)**

- 절연변압기의 1차 전압 400[V] 이하
- 전원장치의 2차측 단자의 최대사용전압은 직류 60[V] 이하, 교류 40[V] 이하
- 접촉전선은 제3레일 방식

정답 93. ③ 94. ② 95. ③ 96. ④

97 주택 등 저압 수용장소에서 고정 전기설비에 계통접지가 TN-C-S 방식인 경우에 중성선 겸용 보호도체(PEN)는 고정 전기설비에만 사용할 수 있고, 그 도체의 단면적이 구리는 몇 [mm^2] 이상이어야 하는가?

① 4
② 6
③ 10
④ 16

해설 주택 등 저압수용장소 접지(KEC 142.4.2)
- TN-C-S 방식
- 감전보호용 등전위 본딩
- 중성선 겸용 보호도체(PEN)는 고정 전기설비에만 사용할 수 있고, 그 도체의 단면적이 구리는 10[mm^2] 이상, 알루미늄은 16[mm^2] 이상

98 특고압의 기계기구, 모선 등을 옥외에 시설하는 변전소의 구내에 취급자 이외의 사람이 들어가지 아니하도록 울타리를 시설하려고 한다. 이 때 울타리 및 담 등의 높이는 몇 [m] 이상으로 하여야 하는가?

① 2
② 3
③ 4
④ 5

해설 발전소 등의 울타리 · 담 등의 시설(KEC 351.1)
- 울타리 · 담 등의 높이 : 2[m] 이상
- 지표면과 울타리 · 담 등의 하단 사이의 간격 : 15[cm] 이하

99 계통연계하는 분산형 전원설비를 설치하는 경우 이상 또는 고장 발생 시 자동적으로 분산형 전원설비를 전력계통으로부터 분리하기 위한 장치시설 및 해당 계통과의 보호협조를 실시하여야 하는 경우로 알맞지 않은 것은?

① 단독운전 상태
② 연계한 전력계통의 이상 또는 고장
③ 조상설비의 이상 발생 시
④ 분산형 전원설비의 이상 또는 고장

해설 계통연계용 보호장치의 시설(KEC 503.2.4)
계통연계하는 분산형 전원설비를 설치하는 경우 다음에 해당하는 이상 또는 고장 발생 시 자동적으로 분산형 전원설비를 전력계통으로부터 분리하기 위한 장치시설 및 해당 계통과의 보호협조를 실시하여야 한다.
- 분산형 전원설비의 이상 또는 고장
- 연계한 전력계통의 이상 또는 고장
- 단독운전 상태

100 시가지에 시설하는 154[kV] 가공전선로에는 전선로에 지락 또는 단락이 생긴 경우 몇 초 안에 자동적으로 전선로로부터 차단하는 장치를 시설하는가?

① 1 ② 3
③ 5 ④ 10

해설 시가지 등에서 특고압 가공전선로의 시설(KEC 333.1)
사용전압이 100[kV]를 초과하는 특고압 가공전선에 지락 또는 단락이 생겼을 때에는 1초 이내에 자동적으로 이를 전로로부터 차단하는 장치를 시설할 것

정답 97. ③ 98. ① 99. ③ 100. ①

2021. 8. 8. 시행

2021년 제3회 CBT 기출복원문제

제1과목 전기자기학

01 강자성체에서 자구의 크기에 대한 설명으로 옳은 것은?

① 역자성체를 제외한 다른 자성체에서는 모두 같다.
② 원자나 분자의 질량에 따라 달라진다.
③ 물질의 종류에 관계없이 크기가 모두 같다.
④ 물질의 종류 및 상태에 따라 다르다.

해설 일반적으로 자구(磁區)를 가지는 자성체는 강자성체이며, 물질의 종류 및 상태 등에 따라 다르게 나타난다.

02 평행판 콘덴서의 두 극판 면적을 3배로 하고 간격을 $\frac{1}{2}$배로 하면 정전용량은 처음의 몇 배가 되는가?

① $\frac{3}{2}$
② $\frac{2}{3}$
③ $\frac{1}{6}$
④ 6

해설 정전용량 $C=\frac{\varepsilon S}{d}$

면적을 3배, 간격을 $\frac{1}{2}$배 하면

$$C'=\frac{\varepsilon 3S}{\frac{d}{2}}=\frac{6\varepsilon S}{d}=6C$$

03 액체 유전체를 넣은 콘덴서의 용량이 20[μF]이다. 여기에 500[kV]의 전압을 가하면 누설전류[A]는? (단, 비유전율 $\varepsilon_s=2.2$, 고유저항 $\rho=10^{11}$[Ω]이다.)

① 4.2 ② 5.13
③ 54.5 ④ 61

해설 $RC=\rho\varepsilon$에서 $R=\frac{\rho\varepsilon}{C}$이므로

$$I=\frac{V}{R}=\frac{CV}{\rho\varepsilon}=\frac{CV}{\rho\varepsilon_0\varepsilon_s}$$

$$=\frac{20\times10^{-6}\times500\times10^3}{10^{11}\times8.855\times10^{-12}\times2.2}$$

$=5.13$[A]

04 그림과 같이 도체 1을 도체 2로 포위하여 도체 2를 일정 전위로 유지하고, 도체 1과 도체 2의 외측에 도체 3이 있을 때 용량계수 및 유도계수의 성질 중 맞는 것은?

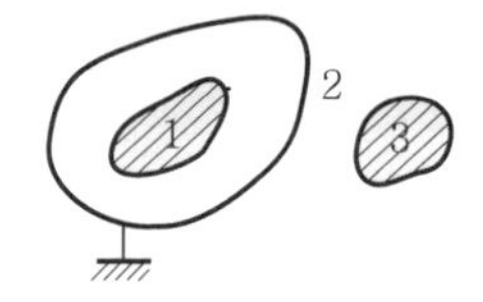

① $q_{21}=-q_{11}$
② $q_{31}=q_{11}$
③ $q_{13}=-q_{11}$
④ $q_{23}=q_{11}$

해설 도체 1에 단위의 전위 1[V]를 주고 도체 2, 3을 영전위로 유지하면, 도체 2에는 정전유도에 의하여 $Q_2=-Q_1$의 전하가 생기므로

$Q_1=q_{11}V_1+q_{12}V_2$, $Q_2=q_{21}V_1+q_{22}V_2$

$Q_2=-Q_1$, $V_2=0$

$\therefore -q_{11}V_1=q_{21}V_1$ 그러므로 $-q_{11}=q_{21}$

정답 01. ④ 02. ④ 03. ② 04. ①

05 반지름 a[m]인 접지 도체구 중심으로부터 d[m]($>a$)인 곳에 점전하 Q[C]이 있으면 구도체에 유기되는 전하량[C]은?

① $-\frac{a}{d}Q$　② $\frac{a}{d}Q$

③ $-\frac{d}{a}Q$　④ $\frac{d}{a}Q$

해설

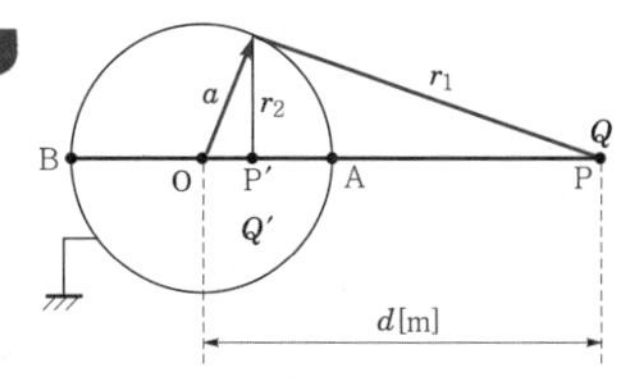

영상점 P′의 위치는 $OP' = \frac{a^2}{d}$[m]

영상전하의 크기는

$\therefore\ Q' = -\frac{a}{d}Q$[C]

06 반지름 a[m], 선간거리 d[m]인 평행 도선 간의 정전용량[F/m]은? (단 $d \gg a$이다.)

① $\frac{2\pi\varepsilon_0}{\ln\frac{d}{a}}$　② $\frac{1}{2\pi\varepsilon_0\ln\frac{d}{a}}$

③ $\frac{1}{2\varepsilon_0\ln\frac{d}{a}}$　④ $\frac{\pi\varepsilon_0}{\ln\frac{d}{a}}$

해설

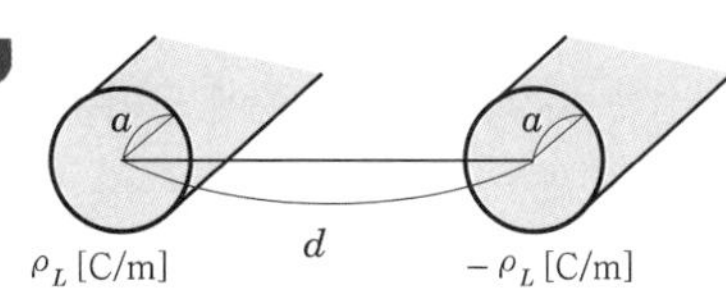

단위길이당 정전용량 $C = \frac{\pi\varepsilon_0}{\ln\frac{d-a}{a}}$[F/m]

$d \gg a$인 경우

$$C = \frac{\pi\varepsilon_0}{\ln\frac{d}{a}}\text{[F/m]}$$

07 10[V]의 기전력을 유기시키려면 5[s] 간에 몇 [Wb]의 자속을 끊어야 하는가?

① 2　② $\frac{1}{2}$

③ 10　④ 50

해설 패러데이 법칙

$$e = \frac{d\phi}{dt}$$

$$10 = \frac{d\phi}{5}$$

$\therefore\ d\phi = 10 \times 5 = 50$[Wb]

08 자유공간의 고유 임피던스[Ω]는? (단, ε_0는 유전율, μ_0는 투자율이다.)

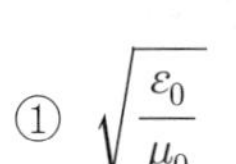

① $\sqrt{\frac{\varepsilon_0}{\mu_0}}$　② $\sqrt{\frac{\mu_0}{\varepsilon_0}}$

③ $\sqrt{\varepsilon_0\mu_0}$　④ $\sqrt{\frac{1}{\varepsilon_0\mu_0}}$

해설 전계 및 자계 크기의 비(고유 임피던스)

$$\eta = \frac{E}{H} = \sqrt{\frac{\mu}{\varepsilon}} = \sqrt{\frac{\mu_0}{\varepsilon_0}} \cdot \sqrt{\frac{\mu_s}{\varepsilon_s}}$$

$$= 120\pi\sqrt{\frac{\mu_s}{\varepsilon_s}} = 377\sqrt{\frac{\mu_s}{\varepsilon_s}}\ [\Omega]$$

자유공간의 고유 임피던스

$$\eta_0 = \sqrt{\frac{\mu_0}{\varepsilon_0}} = 377[\Omega]$$

09 변위전류에 의하여 전자파가 발생되었을 때, 전자파의 위상은?

① 변위전류보다 90° 늦다.

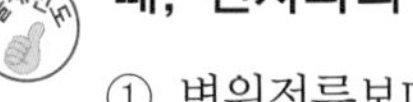

② 변위전류보다 90° 빠르다.

③ 변위전류보다 30° 빠르다.

④ 변위전류보다 30° 늦다.

해설

$$I_d = \frac{\partial\psi}{\partial t} = \frac{\partial D}{\partial t}S = \varepsilon\frac{\partial E}{\partial t}S = \varepsilon \cdot S\frac{\partial}{\partial t}E_0\sin\omega t$$

$$= \omega\varepsilon SE_0\cos\omega t = \omega\varepsilon SE_0\sin\left(\omega t + \frac{\pi}{2}\right)[A]$$

이므로 변위전류가 90° 빠르다.

∴ 전자파의 위상은 변위전류보다 90° 늦다.

정답 05. ① 06. ④ 07. ④ 08. ② 09. ①

10 자기 인덕턴스가 L_1, L_2이고 상호 인덕턴스가 M인 두 회로의 결합계수가 1이면 다음 중 옳은 것은?

① $L_1L_2 = M$

② $L_1L_2 < M^2$

③ $L_1L_2 > M^2$

④ $L_1L_2 = M^2$

해설 결합계수 k가 1이면 $k = \dfrac{M}{\sqrt{L_1L_2}}$에서

$M = \sqrt{L_1L_2}$

$\therefore\ M^2 = L_1L_2$

11 대전 도체의 성질 중 옳지 않은 것은?

① 도체 표면의 전하밀도를 σ[C/m²]라 하면 표면상의 전계는 $E = \dfrac{\sigma}{\varepsilon_0}$[V/m]이다.

② 도체 표면상의 전계는 면에 대해서 수평이다.

③ 도체 내부의 전계는 0이다.

④ 도체는 등전위이고, 그의 표면은 등전위면이다.

해설 대전된 도체 표면상의 전계는 표면에 수직이다.

12 내구의 반지름 a, 외구의 반지름 b인 두 동심구 사이의 정전용량[F]은?

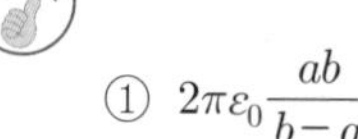

① $2\pi\varepsilon_0\dfrac{ab}{b-a}$

② $4\pi\varepsilon_0\left(\dfrac{1}{a}-\dfrac{1}{b}\right)$

③ $\dfrac{4\pi\varepsilon_0}{\dfrac{1}{a}-\dfrac{1}{b}}$

④ $2\pi\varepsilon_0\left(\dfrac{1}{a}-\dfrac{1}{b}\right)$

해설

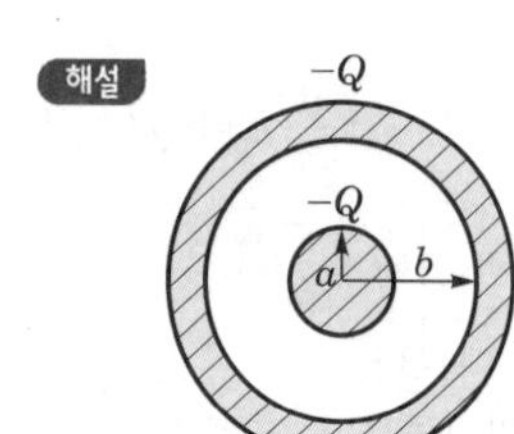

전위차 $V_{ab} = -\displaystyle\int_b^a E\,dr = -\int_b^a \frac{Q}{4\pi\varepsilon_0 r^2}dr$

$= \dfrac{Q}{4\pi\varepsilon_0}\left(\dfrac{1}{a}-\dfrac{1}{b}\right)$[V]

$C = \dfrac{Q}{V_{ab}}$

$= \dfrac{Q}{\dfrac{Q}{4\pi\varepsilon_0}\left(\dfrac{1}{a}-\dfrac{1}{b}\right)} = \dfrac{4\pi\varepsilon_0}{\dfrac{1}{a}-\dfrac{1}{b}}$

$= \dfrac{4\pi\varepsilon_0 ab}{b-a}$[F]

13 두 자성체가 접했을 때 $\dfrac{\tan\theta_1}{\tan\theta_2} = \dfrac{\mu_1}{\mu_2}$의 관계식에서 $\theta_1 = 0$일 때 다음 중에 표현이 잘못된 것은?

① 자기력선은 굴절하지 않는다.

② 자속밀도는 불변이다.

③ 자계는 불연속이다.

④ 자기력선은 투자율이 큰 쪽에 모여진다.

해설 **$\theta_1 = 0$ 즉 자계가 경계면에 수직일 때**

- $\theta_2 = 0$이 되어 자속과 자기력선은 굴절하지 않는다.
- 자속밀도는 불변이다. $(B_1 = B_2)$
- $\dfrac{H_1}{H_2} = \dfrac{\mu_2}{\mu_1}$로 자계는 불연속이다.
- 자기력선은 투자율이 작은 쪽에 모이는 성질이 있다.

14 v[m/s]의 속도로 전자가 반경이 r[m]인 B[Wb/m]의 평등자계에 직각으로 들어가면 원운동을 한다. 이때 자계의 세기는? (단, 전자의 질량 m, 전자의 전하는 e이다.)

① $H = \dfrac{\mu_0 er}{mv}$[A/m]

② $H = \dfrac{\mu_0 r}{emv}$[A/m]

③ $H = \dfrac{mv}{\mu_0 er}$[A/m]

④ $H = \dfrac{emv}{\mu_0 r}$[A/m]

정답 10. ④ 11. ② 12. ③ 13. ④ 14. ③

해설 전자의 원운동

구심력=원심력

$$evB = \frac{mv^2}{r}$$

$$ev\mu_0 H = \frac{mv^2}{r}$$

∴ 자계의 세기 $H = \frac{mv}{\mu_0 er}$ [A/m]

15 그림과 같이 균일한 자계의 세기 H[AT/m] 내에 자극의 세기가 $\pm m$[Wb], 길이 l[m]인 막대자석을 그 중심 주위에 회전할 수 있도록 놓는다. 이때, 자석과 자계의 방향이 이룬 각을 θ라 하면 자석이 받는 회전력[N·m]은?

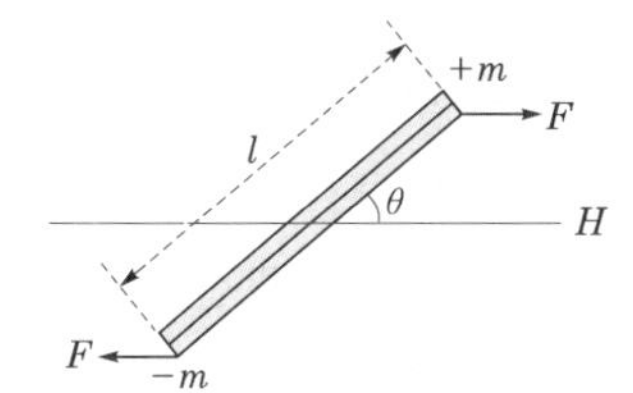

① $mHl\cos\theta$　② $mHl\sin\theta$
③ $2mHl\sin\theta$　④ $2mHl\tan\theta$

해설 미소막대자석의 회전력

$T = mlH\sin\theta$[N·m]

벡터화하면 $T = M \times H$[N·m]

16 표피깊이 δ를 나타내는 식은? (단, 도전율 k[S/m], 주파수 f[Hz], 투자율 μ[H/m])

① $\delta = \frac{1}{\pi f \mu k}$　② $\delta = \sqrt{\pi f \mu k}$
③ $\delta = \frac{1}{\sqrt{\pi f \mu k}}$　④ $\delta = \pi f \mu k$

해설 표피효과 침투깊이 $\delta = \sqrt{\frac{\rho}{\pi \mu k}} = \sqrt{\frac{1}{\pi f \mu k}}$

즉, 주파수 f, 도전율 k, 투자율 μ가 클수록 δ가 작아지므로 표피효과가 커진다.

17 (출제빈도) 공기 중에서 평등전계 E[V/m]에 수직으로 비유전율이 ε_s인 유전체를 놓았더니 σ_p[C/m²]의 분극전하가 표면에 생겼다면 유전체 중의 전계강도 E[V/m]는?

① $\frac{\sigma_p}{\varepsilon_0 \varepsilon_s}$　② $\frac{\sigma_p}{\varepsilon_0(\varepsilon_s - 1)}$
③ $\varepsilon_0 \varepsilon_s \sigma_p$　④ $\varepsilon_0(\varepsilon_s - 1)\sigma_p$

해설 $P = D - \varepsilon_0 E = \varepsilon_0(\varepsilon_s - 1)E$[C/m²]

∴ $E = \frac{P}{\varepsilon_0(\varepsilon_s - 1)} = \frac{\sigma_p}{\varepsilon_0(\varepsilon_s - 1)}$[V/m]

18 (출제빈도) 전전류 I[A]가 반지름 a[m]인 원주를 흐를 때, 원주 내부 중심에서 r[m] 떨어진 원주 내부의 점의 자계 세기[AT/m]는?

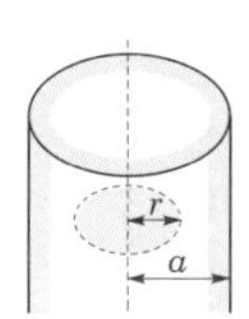

① $\frac{rI}{2\pi a^2}$　② $\frac{I}{2\pi a^2}$
③ $\frac{rI}{\pi a^2}$　④ $\frac{I}{\pi a^2}$

해설 그림에서 내부에 앙페르의 주회적분법칙을 적용하면

$$2\pi r \cdot H_i = I \times \frac{\pi r^2}{\pi a^2}$$

∴ $H_i = \frac{Ir}{2\pi a^2}$[AT/m]

19 (출제빈도) 패러데이-노이만 전자유도법칙에 의하여 일반화된 맥스웰 전자방정식의 형은?

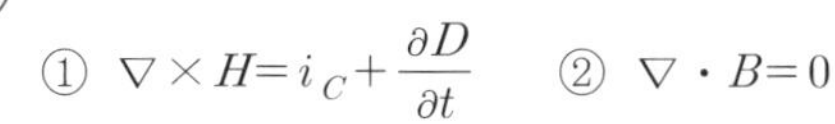

① $\nabla \times H = i_C + \frac{\partial D}{\partial t}$　② $\nabla \cdot B = 0$
③ $\nabla \times E = -\frac{\partial B}{\partial t}$　④ $\nabla \cdot D = \rho$

해설 $\text{rot}E = \nabla \times E = -\frac{\partial B}{\partial t} = -\mu\frac{\partial H}{\partial t}$

정답 15. ② 16. ③ 17. ② 18. ① 19. ③

20 공기 중에서 5[V], 10[V]로 대전된 반지름 2[cm], 4[cm]의 2개의 구를 가는 철사로 접속시 공통전위는 몇 [V]인가?

① 6.25 ② 7.5
③ 8.33 ④ 10

해설 연결하기 전의 전하 Q는

$Q = Q_1 + Q_2 = 4\pi\varepsilon_0(a_1 V_1 + a_2 V_2)\,V[\mathrm{C}]$

연결 후의 전하 Q'는

$Q' = Q_1' + Q_2' = 4\pi\varepsilon_0(a_1 V_1 + a_2 V_2)\,V[\mathrm{C}]$

도선으로 접속하면 등전위가 되므로 $Q = Q'$

∴ 공통전위

$$V = \frac{Q}{C} = \frac{Q_1 + Q_2}{C_1 + C_2} = \frac{a_1 V_1 + a_2 V_2}{a_1 + a_2} = \frac{2\times10^{-2}\times5 + 4\times10^{-2}\times10}{2\times10^{-2} + 4\times10^{-2}} \fallingdotseq 8.33[\mathrm{V}]$$

제2과목 전력공학

21 그림에서 수전단이 단락된 경우의 송전단의 단락용량과 수전단이 개방된 경우의 송전단의 송전용량의 비는?

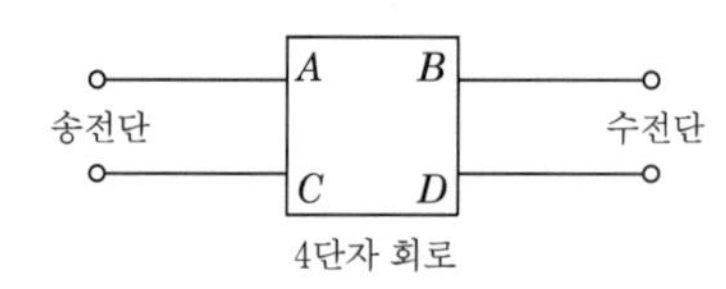

4단자 회로

① $\left[1 + \frac{1}{BC}\right]$ ② $\left[1 - \frac{1}{BC}\right]$
③ $\left[\frac{AB}{CD}\right]$ ④ $\left[\frac{CD}{AB}\right]$

해설 **전파 방정식**

$E_S = AE_R + BI_R$

$I_S = CE_R + DI_R$

수전단 단락한 경우 $E_R = 0$이므로

$I_{SS} = \frac{D}{B}E_S$: 단락전류

수전단 개방한 경우 $I_R = 0$이므로

$I_{SO} = \frac{C}{A}E_S$: 충전전류

$$\therefore \frac{\text{단락용량}}{\text{충전용량}} = \frac{V\cdot I_{SS}}{V\cdot I_{SO}}\ (V : \text{일정}) = \frac{\frac{D}{B}E_S}{\frac{C}{A}E_S} = \frac{AD}{BC}$$

4단자 정수의 성질 : $AD - BC = 1$에서

$AD = 1 + BC$

$$\because \frac{AD}{BC} = \frac{1+BC}{BC} = 1 + \frac{1}{BC}$$

22 피뢰기의 제한전압이란?

① 충격파의 방전개시전압
② 상용 주파수의 방전개시전압
③ 전류가 흐르고 있을 때의 단자전압
④ 피뢰기 동작 중 단자전압의 파고값

해설 피뢰기의 제한전압은 충격파 전류가 흐르고 있을 때의 피뢰기 단자전압으로 피뢰기 동작 중 단자전압의 파고값이다.

23 다음 표는 리액터의 종류와 그 목적을 나타낸 것이다. 바르게 짝지어진 것은?

종 류	목 적
㉠ 병렬 리액터	ⓐ 지락 아크의 소멸
㉡ 한류 리액터	ⓑ 송전손실 경감
㉢ 직렬 리액터	ⓒ 차단기의 용량 경감
㉣ 소호 리액터	ⓓ 제5고조파 제거

① ㉠ - ⓑ ② ㉡ - ⓓ
③ ㉢ - ⓓ ④ ㉣ - ⓒ

해설 **리액터의 종류 및 특성**

㉠ 병렬 리액터(분로 리액터) : 페란티 현상을 방지한다.

정답 20. ③ 21. ① 22. ④ 23. ③

ⓛ 한류 리액터 : 계통의 사고 시 단락전류의 크기를 억제하여 차단기의 용량을 경감시킨다.
ⓒ 직렬 리액터 : 콘덴서 설비에서 발생하는 제5 고조파를 제거한다.
ⓔ 소호 리액터 : 1선 지락사고 시 지락전류를 억제하여 지락 시 발생하는 아크를 소멸시킨다.

24 **3상 3선식 선로에 있어서 각 선의 대지정전용량이 C_s[μF/km], 선간정전용량이 C_m[μF/km]일 때 1선의 작용정전용량[μF/km]은?**

① $2C_s+C_m$　② C_s+2C_m
③ $3C_s+C_m$　④ C_s+3C_m

해설 3상 3선식의 1선당 작용정전용량
$C=C_s+3C_m$[μF/km]
여기서, C_s : 대지정전용량[μF/km]
C_m : 선간정전용량[μF/km]

25 **다음 중 차폐재가 아닌 것은?**

① 물　② 콘크리트
③ 납　④ 스테인리스

해설 차폐재는 원자로 내부의 방사선이 외부로 누출되는 것을 방지하는 역할을 하며, 그 종류에는 콘크리트, 물, 납이 있다.

26 **배전선로의 전기방식 중 전선의 중량(전선비용)이 가장 적게 소요되는 방식은? (단, 배전전압, 거리, 전력 및 선로 손실 등은 같다.)**

① 단상 2선식
② 단상 3선식
③ 3상 3선식
④ 3상 4선식

해설 단상 2선식을 기준으로 동일한 조건이면 3상 4선식의 전선 중량이 제일 적다.

27 **500[kVA]의 단상 변압기 상용 3대(결선 △－△), 예비 1대를 갖는 변전소가 있다. 부하의 증가로 인하여 예비 변압기까지 동원해서 사용한다면 응할 수 있는 최대 부하[kVA]는 약 얼마인가가?**

① 약 2,000
② 약 1,730
③ 약 1,500
④ 약 830

해설 500[kVA] 단상 변압기가 총 4대이므로 V결선으로 2뱅크로 운전하면
$P=2\times\sqrt{3}\,VI=2\times\sqrt{3}\times500 \fallingdotseq 1{,}730$[kVA]

28 **송수 양단의 전압을 E_S, E_R라 하고 4단자 정수를 A, B, C, D라 할 때 전력원선도의 반지름은?**

① $\dfrac{E_SE_R}{A}$
② $\dfrac{E_SE_R}{B}$
③ $\dfrac{E_SE_R}{C}$
④ $\dfrac{E_SE_R}{D}$

해설 전력원선도의 가로축에는 유효전력, 세로축에는 무효전력을 나타내고, 그 반지름은 $r=\dfrac{E_SE_R}{B}$이다.

29 **영상 변류기를 사용하는 계전기는?**

① 지락계전기
② 차동계전기
③ 과전류 계전기
④ 과전압 계전기

해설 영상 변류기(ZCT)는 전력 계통에 지락사고 발생 시 영상전류를 검출하여 과전류 지락계전기(OCGR), 선택지락계전기(SGR) 등을 동작시킨다.

정답 24. ④ 25. ④ 26. ④ 27. ② 28. ② 29. ①

30 송전 계통의 중성점을 접지하는 목적으로 틀린 것은?

① 지락 고장 시 전선로의 대지전위 상승을 억제하고 전선로와 기기의 절연을 경감시킨다.
② 소호 리액터 접지방식에서는 1선 지락 시 지락점 아크를 빨리 소멸시킨다.
③ 차단기의 차단용량을 증대시킨다.
④ 지락 고장에 대한 계전기의 동작을 확실하게 한다.

해설 **중성점 접지 목적**
- 대지전압을 증가시키지 않고, 이상전압의 발생을 억제하여 전위 상승을 방지
- 전선로 및 기기의 절연 수준 경감(저감 절연)
- 고장 발생 시 보호계전기의 신속하고 정확한 동작을 확보
- 소호 리액터 접지에서는 1선 지락전류를 감소시켜 유도장해 경감
- 계통의 안정도 증진

31 특고압 25.8[kV], 60[Hz] 차단기의 정격차단시간의 표준은 몇 [cycle/s]인가?

① 1 ② 2
③ 5 ④ 10

해설 **차단기 정격전압과 정격차단시간**

공칭전압[kV]	정격전압[kV]	정격차단시간[cycle/s]
22.9	25.8	5
66	72.5	5
154	170	3
345	362	3

32 다음 중 송전선로의 코로나 임계전압이 높아지는 경우가 아닌 것은?

① 날씨가 맑다.
② 기압이 높다.
③ 상대공기밀도가 낮다.
④ 전선의 반지름과 선간거리가 크다.

해설 코로나 임계전압 $E_0 = 24.3\, m_0 m_1 \delta d \log_{10}\frac{D}{r}$ [kV]

이므로 상대공기밀도(δ)가 높아야 한다.
코로나를 방지하려면 임계전압을 높여야 하므로 전선 굵기를 크게 하고, 전선 간 거리를 증가시켜야 한다.

33 전력용 퓨즈는 주로 어떤 전류의 차단을 목적으로 사용하는가?

① 지락전류
② 단락전류
③ 과도전류
④ 과부하 전류

해설 전력퓨즈는 단락전류 차단용으로 사용되며 차단 특성이 양호하고 보수가 간단하다는 장점이 있으나 재사용할 수 없고, 과도전류에 동작할 우려가 있으며, 임의의 동작 특성을 얻을 수 없는 단점이 있다.

34 송전단 전압을 V_s, 수전단 전압을 V_r, 선로의 리액턴스를 X라 할 때 정상 시의 최대 송전전력의 개략적인 값은?

① $\frac{V_s - V_r}{X}$ ② $\frac{V_s^2 - V_r^2}{X}$
③ $\frac{V_s(V_s - V_r)}{X}$ ④ $\frac{V_s \cdot V_r}{X}$

해설 송전용량 $P_s = \frac{V_s \cdot V_r}{X}\sin\delta$ [MW]

최대 송전전력 $P_s = \frac{V_s \cdot V_r}{X}$ [MW]

35 다음은 원자로에서 흔히 핵연료 물질로 사용되고 있는 것들이다. 이 중에서 열 중성자에 의해 핵분열을 일으킬 수 없는 물질은?

① U^{235} ② U^{238}
③ U^{233} ④ PU^{239}

정답 30. ③ 31. ③ 32. ③ 33. ② 34. ④ 35. ②

해설 원자력발전용 핵연료 물질
U^{233}, U^{235}, PU^{239}가 있다.

36 원자로에서 카드뮴(cd) 막대가 하는 일을 옳게 설명한 것은?

① 원자로 내에 중성자를 공급한다.
② 원자로 내에 중성자운동을 느리게 한다.
③ 원자로 내의 핵분열을 일으킨다.
④ 원자로 내에 중성자수를 감소시켜 핵분열의 연쇄반응을 제어한다.

해설 중성자의 수를 감소시켜 핵분열 연쇄반응을 제어하는 것을 제어재라 하며 카드뮴(cd), 붕소(B), 하프늄(Hf) 등이 이용된다.

37 3상용 차단기의 정격전압은 170[kV]이고 정격차단전류가 50[kA]일 때 차단기의 정격차단용량은 약 몇 [MVA]인가?

① 5,000 ② 10,000
③ 15,000 ④ 20,000

해설 차단기 차단용량[MVA]
$P_s = \sqrt{3}$ 정격전압[kV] × 정격차단전류[kA]
$\therefore P_s = \sqrt{3} \times 170 \times 50$
$= 14722.85[MVA] ≒ 15,000[MVA]$

38 송전선로에서의 고장 또는 발전기 탈락과 같은 큰 외란에 대하여 계통에 연결된 각 동기기가 동기를 유지하면서 계속 안정적으로 운전할 수 있는지를 판별하는 안정도는?

① 정태 안정도 ② 동태 안정도
③ 전압 안정도 ④ 과도 안정도

해설 안정도의 종류
- 정태 안정도 : 정상운전 상태의 운전 지속 능력
- 동태 안정도 : AVR로 한계를 향상시킨 능력
- 과도 안정도 : 사고 시 운전할 수 있는 능력

39 배전선의 전압조정장치가 아닌 것은?

① 승압기
② 리클로저
③ 유도전압조정기
④ 주상 변압기 탭절환장치

해설 리클로저(recloser)는 선로에 고장이 발생하였을 때 고장전류를 검출하여 지정된 시간 내에 고속차단하고 자동 재폐로 동작을 수행하여 고장구간을 분리하거나 재송전하는 장치이므로 전압조정장치가 아니다.

40 애자가 갖추어야 할 구비조건으로 옳은 것은?

① 온도의 급변에 잘 견디고 습기도 잘 흡수하여야 한다.
② 지지물에 전선을 지지할 수 있는 충분한 기계적 강도를 갖추어야 한다.
③ 비, 눈, 안개 등에 대해서도 충분한 절연저항을 가지며 누설전류가 많아야 한다.
④ 선로전압에는 충분한 절연내력을 가지며, 이상전압에는 절연내력이 매우 작아야 한다.

해설 애자의 구비조건
- 충분한 기계적 강도를 가질 것
- 각종 이상전압에 대해서 충분한 절연내력 및 절연저항을 가질 것
- 비, 눈 등에 대해 전기적 표면저항을 가지고 누설전류가 적을 것
- 송전전압하에서는 코로나 방전을 일으키지 않고 일어나더라도 파괴되거나 상처를 남기지 않을 것
- 온도 및 습도 변화에 잘 견디고 수분을 흡수하지 말 것
- 내구성이 있고 가격이 저렴할 것

정답 36. ④ 37. ③ 38. ④ 39. ② 40. ②

제3과목 전기기기

41 **동기 발전기의 3상 단락 곡선에서 나타내는 관계로 옳은 것은?**

① 계자 전류와 단자 전압
② 계자 전류와 부하 전류
③ 부하 전류와 단자 전압
④ 계자 전류와 단락 전류

해설 동기 발전기의 3상 단락 곡선은 3상 단락 상태에서 계자 전류가 증가할 때 단락 전류의 변화를 나타낸 곡선이다.

42 **비례 추이를 하는 전동기는?**

① 단상 유도 전동기
② 권선형 유도 전동기
③ 동기 전동기
④ 정류자 전동기

해설 3상 권선형 유도 전동기의 2차측에 슬립링을 통하여 외부에서 저항을 접속하고, 합성 저항을 변화시킬 때 전동기의 토크, 입력 및 전류가 비례하여 이동하는 현상을 비례 추이라고 한다.

43 **변압기의 부하와 전압이 일정하고 주파수가 높아지면?**

① 철손 증가
② 동손 증가
③ 동손 감소
④ 철손 감소

해설 변압기 철손의 대부분은 히스테리시스 손실 때문이며 공급전압이 일정한 경우 히스테리시스 손실은 주파수에 반비례한다. 따라서 주파수가 높아지면 철손은 감소한다.

44 **4극, 7.5[kW], 200[V], 60[Hz]인 3상 유도 전동기가 있다. 전부하에서 2차 입력이 7,950[W]이다. 이 경우에 2차 효율[%]은 얼마인가? (단, 기계손은 130[W]이다.)**

① 93　　② 94
③ 95　　④ 96

해설 2차 입력 $P_2 = P + P_{2c} + \text{기계손}$

2차 동손 $P_{2c} = P_2 - P - \text{기계손}$

$= 7,950 - 7,500 - 130 = 320[\text{W}]$

슬립 $s = \dfrac{P_{2c}}{P_2} = \dfrac{320}{7,950} \fallingdotseq 0.04$

2차 효율 $\eta_2 = (1-s) \times 100 = (1-0.04) \times 100$

$= 96[\%]$

45 **단상 유도 전동기에서 2전동기설(two motor theory)에 관한 설명 중 틀린 것은?**

① 시계 방향 회전 자계와 반시계 방향 회전 자계가 두 개 있다.
② 1차 권선에는 교번 자계가 발생한다.
③ 2차 권선 중에는 sf_1과 $(2-s)f_1$ 주파수가 존재한다.
④ 기동 시 토크는 정격 토크의 $\dfrac{1}{2}$이 된다.

해설 단상 유도 전동기의 1차 권선에서 발생하는 교번 자계를 시계 방향 회전 자계와 반시계 방향 회전 자계로 나누어 서로 다른 2개의 유도 전동기가 직결된 것으로 해석하는 것을 2전동기설이라 하며 단상 유도 전동기는 기동 토크가 없다.

46 **5[kVA]의 단상 변압기 3대를 △결선하여 급전하고 있는 경우 1대가 소손되어 나머지 2대로 급전하게 되었다. 2대의 변압기로 과부하를 10[%]까지 견딜 수 있다고 하면 2대가 분담할 수 있는 최대 부하는 약 몇 [kVA]인가?**

① 5　　② 8.6
③ 9.5　　④ 15

정답 41. ④ 42. ② 43. ④ 44. ④ 45. ④ 46. ③

해설 V결선 출력 $P_V = \sqrt{3}P_1$
10% 과부하 할 수 있으므로
최대 부하 $P_V = \sqrt{3}P_1(1+0.1)$
$= \sqrt{3} \times 5 \times 1.1 ≒ 9.526[\text{kVA}]$

47 IGBT(Insulated Gate Bipolar Transistor)에 대한 설명으로 틀린 것은?

① MOSFET와 같이 전압 제어 소자이다.
② GTO 사이리스터와 같이 역방향 전압 저지 특성을 갖는다.
③ 게이트와 이미터 사이의 입력 임피던스가 매우 낮아 BJT보다 구동하기 쉽다.
④ BJT처럼 On-drop이 전류에 관계없이 낮고 거의 일정하며, MOSFET보다 훨씬 큰 전류를 흘릴 수 있다.

해설 IGBT는 MOSFET의 고속 스위칭과 BJT의 고전압 대전류 처리 능력을 겸비한 역전압 제어용 소자로 게이트와 이미터 사이의 임피던스가 크다.

48 정류자형 주파수 변환기의 특성이 아닌 것은?

① 유도 전동기의 2차 여자용 교류 여자기로 사용된다.
② 회전자는 정류자와 3개의 슬립링으로 구성되어 있다.
③ 정류자 위에는 한 개의 자극마다 전기각 $\frac{\pi}{3}$ 간격으로 3조의 브러시로 구성되어 있다.
④ 회전자는 3상 회전 변류기의 전기자와 거의 같은 구조이다.

해설 정류자형 주파수 변환기는 유도 전동기의 2차 여자를 하기 위한 교류 여자기로 사용되며, 자극마다 전기각 $\frac{2\pi}{3}$ 간격으로 3조의 브러시가 있다.

49 타여자 직류 전동기의 속도 제어에 사용되는 워드 레오나드(Ward Leonard) 방식은 다음 중 어느 제어법을 이용한 것인가?

출제빈도

① 저항 제어법 ② 전압 제어법
③ 주파수 제어법 ④ 직·병렬 제어법

해설 직류 전동기의 속도 제어에서 전압 제어법은 워드 레오나드(Ward Leonard)방식과 일그너(Illgner) 방식이 있다.

50 서보 모터의 특징에 대한 설명으로 틀린 것은?

① 발생 토크는 입력 신호에 비례하고, 그 비가 클 것
② 직류 서보 모터에 비하여 교류 서보 모터의 시동 토크가 매우 클 것
③ 시동 토크는 크나, 회전부의 관성 모멘트가 작고, 전기력 시정수가 짧을 것
④ 빈번한 시동, 정지, 역전 등의 가혹한 상태에 견디도록 견고하고, 큰 돌입 전류에 견딜 것

해설 서보 모터(Servo motor)는 위치, 속도 및 토크 제어용 모터로 시동 토크는 크고, 관성 모멘트가 작으며 교류 서보 모터에 비하여 직류 서보 모터의 기동 토크가 크다.

51 200[kW], 200[V]의 직류 분권 발전기가 있다. 전기자 권선의 저항이 0.025[Ω]일 때 전압 변동률은 몇 [%]인가?

① 6.0 ② 12.5
③ 20.5 ④ 25.0

해설
부하 전류 $I = \frac{P}{V} = \frac{200 \times 10^3}{200} = 1{,}000[\text{A}]$
유기 기전력 $E = V + I_a R_a = 200 + 1{,}000 \times 0.025$
$= 225[\text{V}]$

정답 47. ③ 48. ③ 49. ② 50. ② 51. ②

전압 변동률 $\varepsilon = \dfrac{V_o - V_n}{V_n} \times 100 = \dfrac{E-V}{V} \times 100$

$= \dfrac{225-200}{200} \times 100 = 12.5[\%]$

52 직류 발전기의 유기 기전력이 230[V], 극수가 4, 정류자 편수가 162인 정류자 편간 평균 전압은 약 몇 [V]인가? (단, 권선법은 중권이다.)

① 5.68
② 6.28
③ 9.42
④ 10.2

해설 정류자 편간 전압

$e_s = 2e = \dfrac{PE}{K} = \dfrac{4 \times 230}{162} \fallingdotseq 5.68[\text{V}]$

53 출력이 20[kW]인 직류 발전기의 효율이 80[%]이면 전 손실은 약 몇 [kW]인가?

① 0.8 ② 1.25
③ 2.5 ④ 5

해설 효율 $\eta = \dfrac{P}{P+P_l} \times 100$

$80 = \dfrac{20}{20+P_l} \times 100$

손실 $P_l = \dfrac{20}{0.8} - 20 = 5[\text{kW}]$

54 무부하의 장거리 송전 선로에 동기 발전기를 접속하는 경우 송전 선로의 자기 여자 현상을 방지하기 위해서 동기 조상기를 사용하였다. 이때 동기 조상기의 계자 전류를 어떻게 하여야 하는가?

① 계자 전류를 0으로 한다.
② 부족 여자로 한다.
③ 과여자로 한다.
④ 역률이 1인 상태에서 일정하게 한다.

해설 동기 발전기의 자기 여자 현상은 진상 전류에 의해 무부하 단자 전압이 정격 전압보다 높아지는 것으로 동기 조상기를 부족 여자로 운전하면 리액터 작용을 하여 자기 여자 현상을 방지할 수 있다.

55 정격이 같은 2대의 단상 변압기 1,000[kVA]의 임피던스 전압은 각각 8[%]와 7[%]이다. 이것을 병렬로 하면 몇 [kVA]의 부하를 걸 수가 있는가?

① 1,865 ② 1,870
③ 1,875 ④ 1,880

해설 부하 분담비 $\dfrac{P_a}{P_b} = \dfrac{\%Z_b}{\%Z_a} \cdot \dfrac{P_A}{P_B}$

$P_A = P_B$이면 $\dfrac{P_a}{P_b} = \dfrac{\%Z_b}{\%Z_a}$

$P_a = \dfrac{\%Z_b}{\%Z_a} P_b = \dfrac{7}{8} \times 1{,}000 = 875[\text{kVA}]$

합성 부하 분담 용량 $P_o = P_a + P_b = 875 + 1{,}000$
$= 1{,}875[\text{kVA}]$

56  3상 전원을 이용하여 2상 전압을 얻고자 할 때 사용하는 결선 방법은?

① Scott 결선 ② Fork 결선
③ 환상 결선 ④ 2중 3각 결선

해설 상(phase)수 변환 방법(3상 → 2상 변환)
- 스코트(Scott) 결선
- 메이어(Meyer) 결선
- 우드 브리지(Wood bridge) 결선

57 Y결선 3상 동기 발전기에서 극수 20, 단자 전압은 6,600[V], 회전수 360[rpm], 슬롯 수 180, 2층권, 1개 코일의 권수 2, 권선 계수 0.9일 때 1극의 자속수는 얼마인가?

① 1.32 ② 0.663
③ 0.0663 ④ 0.132

정답 52. ① 53. ④ 54. ② 55. ③ 56. ① 57. ④

해설 동기 속도 $N_s = \frac{120f}{P}$[rpm]

주파수 $f = N_s \cdot \frac{P}{120} = 360 \times \frac{20}{120} = 60$[Hz]

1상 코일권수 $N = \frac{s \cdot \mu}{m} = \frac{180 \times 2}{3} = 120$[회]

유기 기전력 $E = 4.44 f N \phi K_w = \frac{V}{\sqrt{3}}$[V]

극당 자속 $\phi = \frac{\frac{V}{\sqrt{3}}}{4.44 f N K_w}$

$= \frac{\frac{6,600}{\sqrt{3}}}{4.44 \times 60 \times 120 \times 0.9}$

$\fallingdotseq 0.132$[Wb]

58 3상 직권 정류자 전동기의 중간 변압기의 사용 목적은?

① 역회전의 방지

② 역회전을 위하여

③ 전동기의 특성을 조정

④ 직권 특성을 얻기 위하여

해설 3상 직권 정류자 전동기의 중간 변압기 사용 목적은 다음과 같다.

- 회전자 전압을 정류 작용에 알맞은 값으로 선정
- 권수비 바꾸어 전동기의 특성 조정
- 경부하 시 속도의 상승 억제

59 변압기 결선 방식에서 Δ-Δ결선 방식의 특성이 아닌 것은?

① 중성점 접지를 할 수 없다.

② 110[kV] 이상 되는 계통에서 많이 사용되고 있다.

③ 외부에 고조파 전압이 나오지 않으므로 통신 장해의 염려가 없다.

④ 단상 변압기 3대 중 1대의 고장이 생겼을 때 2대로 V결선하여 송전할 수 있다.

해설 변압기의 △-△결선 방식의 특성은 운전 중 1대 고장 시 2대로 V결선, 통신 유도 장해 염려가 없고, 중성점 접지 할 수 없으므로 33[kV] 이하의 배전계통의 변압기 결선에 유효하다.

60 직류기의 전기자 권선에 있어서 m중 중권일 때 내부 병렬 회로수는 어떻게 되는가?

① $a = \frac{p}{m}$

② $a = mp$

③ $a = p - m$

④ $a = \frac{m}{p}$

해설 직류기의 전기자 권선법에서

- 단중 중권의 경우 병렬 회로수 $a = p$(극수)
- 다중 중권의 경우 병렬 회로수 $a = mp$ (m : 다중도)

제4과목 회로이론

61 다음 회로에서 10[Ω]의 저항에 흐르는 전류[A]는?

출제빈도

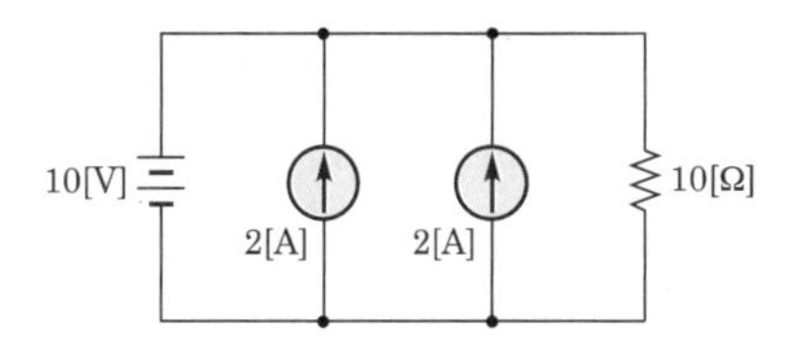

① 5

② 4

③ 2

④ 1

해설 중첩의 정리에 의해 10[Ω]에 흐르는 전류

- 10[V] 전압원 존재 시 : 전류원은 개방
  $I_1 = \frac{10}{10} = 1$[A]
- 4[A] 전류원 존재 시 : 전압원은 단락
  $I_2 = 0$[A]

$\therefore I = I_1 + I_2 = 1$[A]

정답 58. ③ 59. ② 60. ② 61. ④

62 $F(s)=\dfrac{3s+10}{s^3+2s^2+5s}$ 일 때 $f(t)$의 최종값은?

① 0　② 1
③ 2　④ 8

해설 최종값 정리에 의해

$$\lim_{s\to 0} s\cdot F(s)=\lim_{s\to 0} s\cdot\frac{3s+10}{s(s^2+2s+5)}=\frac{10}{5}=2$$

63 t^2e^{at}의 라플라스 변환은?

① $\dfrac{1}{(s-a)^2}$　② $\dfrac{2}{(s-a)^2}$
③ $\dfrac{1}{(s-a)^3}$　④ $\dfrac{2}{(s-a)^3}$

해설
$$\mathcal{L}[t^n e^{-at}]=\frac{n!}{(s+a)^{n+1}}$$
$$\therefore\ \mathcal{L}[t^2 e^{at}]=\frac{2}{(s-a)^3}$$

64 주어진 회로에 $Z_1=3+j10[\Omega]$, $Z_2=3-j2[\Omega]$이 직렬로 연결되어 있다. 회로 양단에 $V=100\angle 0°$의 전압을 가할 때 Z_1과 Z_2에 인가되는 전압의 크기는?

① $V_1=98+j36,\ V_2=2+j36$
② $V_1=98+j36,\ V_2=2-j36$
③ $V_1=98-j36,\ V_2=2-j36$
④ $V_1=98-j36,\ V_2=2+j36$

해설 합성 임피던스
$$Z=Z_1+Z_2=(3+j10)+(3-j2)=6+j8[\Omega]$$
전류 $I=\dfrac{V}{Z}=\dfrac{100}{6+j8}=\dfrac{100(6-j8)}{(6+j8)(6-j8)}=6-j8$
$$\therefore\ V_1=Z_1I=(3+j10)(6-j8)=98+j36$$
$$V_2=Z_2I=(3-j2)(6-j8)=2-j36$$

65 다음의 대칭 다상 교류에 의한 회전자계 중 잘못된 것은?

① 대칭 3상 교류에 의한 회전자계는 원형 회전자계이다.
② 대칭 2상 교류에 의한 회전자계는 타원형 회전자계이다.
③ 3상 교류에서 어느 두 코일의 전류의 상순은 바꾸면 회전자계의 방향도 바뀐다.
④ 회전자계의 회전 속도는 일정 각속도 ω이다.

해설 대칭 2상 교류에 의한 회전자계는 단상 교류가 되므로 교번자계가 된다.

66 그림에서 저항 20[Ω]에 흐르는 전류는 몇 [A]인가?

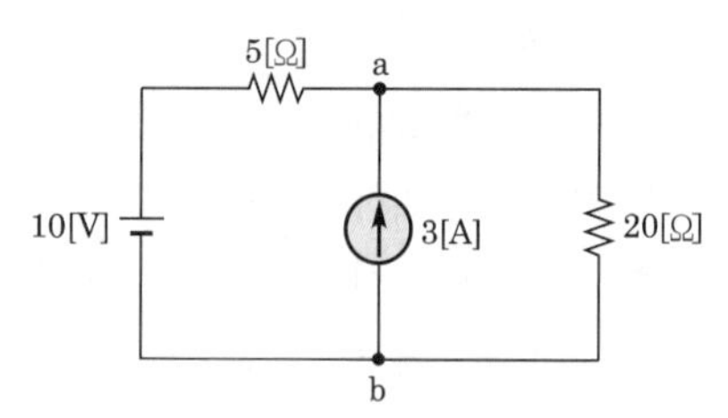

① 0.4　② 1
③ 3　④ 3.4

해설
- 10[V] 전압원 존재 시 : 전류원 3[A] 개방
  $I_1=\dfrac{10}{5+20}=\dfrac{10}{25}[A]$
- 3[A] 전류원 존재 시 : 전압원 10[V] 단락
  $I_2=\dfrac{5}{5+20}\times 3=\dfrac{15}{25}[A]$

$\therefore\ I=I_1+I_2=1[A]$

67 $i=20\sqrt{2}\sin\left(377t-\dfrac{\pi}{6}\right)$[A]인 파형의 주파수는 몇 [Hz]인가?

① 50　② 60
③ 70　④ 80

정답 62. ③ 63. ④ 64. ② 65. ② 66. ② 67. ②

해설 순시치의 기본 형태

$i = I_m \sin(\omega t \pm \theta)$에서

$\omega = 377[\text{rad/s}]$

각주파수 $\omega = 2\pi f$이므로

$\therefore f = \frac{\omega}{2\pi} = \frac{377}{2\pi} \fallingdotseq 60[\text{Hz}]$

68 불평형 3상 전류 $I_a = 15 + j2$[A], $I_b = -20 - j14$[A], $I_c = -3 + j10$[A]일 때의 영상 전류 I_0[A]는?

① $2.67 + j0.36$　② $-2.67 - j0.67$

③ $15.7 - j3.25$　④ $1.91 + j6.24$

해설

$$I_0 = \frac{1}{3}(I_a + I_b + I_c)$$
$$= \frac{1}{3}\{(15 + j2) + (-20 - j14) + (-3 + j10)\}$$
$$= -2.67 - j0.67[\text{A}]$$

69 각 상의 임피던스가 $Z = 6 + j8[\Omega]$인 평형 Y부하에 선간전압 220[V]인 대칭 3상 전압이 가해졌을 때 선전류는 약 몇 [A]인가?

① 11.7　② 12.7

③ 13.7　④ 14.7

해설

$$\text{선전류 } I_l = I_p = \frac{V_p}{Z} = \frac{\frac{220}{\sqrt{3}}}{\sqrt{8^2 + 6^2}} \fallingdotseq 12.7[\text{A}]$$

70 3상 회로에 있어서 대칭분 전압이 $V_0 = -8 + j3$[V], $V_1 = 6 - j8$[V], $V_2 = 8 + j12$[V]일 때 a상의 전압[V]은?

① $6 + j7$　② $-32.3 + j2.73$

③ $2.3 + j0.73$　④ $2.3 - j0.73$

해설

$$V_a = V_0 + V_1 + V_2$$
$$= (-8 + j3) + (6 - j8) + (8 + j12)$$
$$= 6 + j7[\text{V}]$$

71 비정현파를 여러 개의 정현파의 합으로 표시하는 방법은?

① 키르히호프의 법칙　② 노턴의 정리

③ 푸리에 분석　④ 테일러의 분석

해설 **푸리에 급수**

비정현파를 여러 개의 정현파의 합으로 표시한다.

72 그림과 같은 회로에서 $t = 0$의 시각에 스위치 S를 닫을 때 전류 $i(t)$의 라플라스 변환 $I(s)$는? (단, $V_C(0) = 1$[V]이다.)

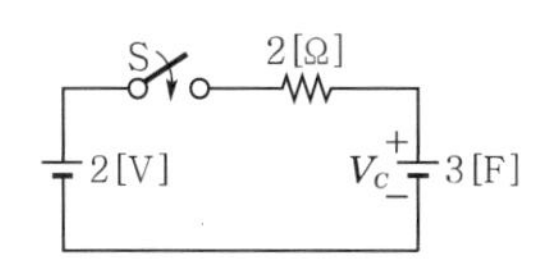

① $\frac{3s}{6s+1}$　② $\frac{3}{6s+1}$

③ $\frac{6}{6s+1}$　④ $\frac{-s}{6s+1}$

해설

$$\text{전류 } i(t) = \frac{V - V_c(0)}{R} e^{-\frac{1}{R_c}t} = \frac{2-1}{2} e^{-\frac{1}{2\times3}t}$$
$$= \frac{1}{2} e^{-\frac{1}{6}t}$$

$$\therefore \text{Laplace 변환 } I(s) = \frac{1}{2} \times \frac{1}{s + \frac{1}{6}} = \frac{3}{6s+1}$$

73 그림과 같은 회로의 2단자 임피던스 $Z(s)$는? (단, $s = j\omega$)

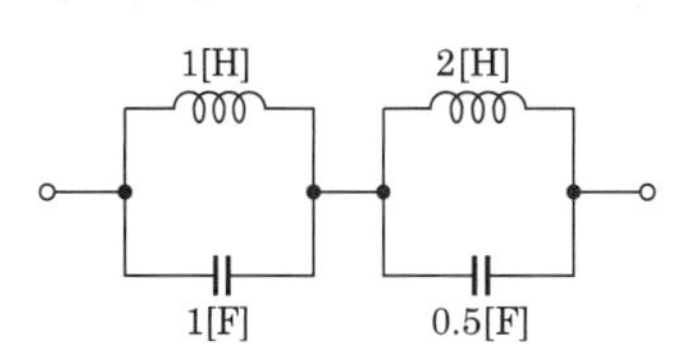

① $\frac{s}{s^2+1}$　② $\frac{0.5s}{s^2+1}$

③ $\frac{3s}{s^2+1}$　④ $\frac{2s}{s^2+1}$

정답 68. ② 69. ② 70. ① 71. ③ 72. ② 73. ③

해설

$$Z(s)=\frac{s\cdot\frac{1}{s}}{s+\frac{1}{s}}+\frac{2s\cdot\frac{2}{s}}{2s+\frac{2}{s}}=\frac{s}{s^2+1}+\frac{2s}{s^2+1}$$

$$=\frac{3s}{s^2+1}$$

74 그림과 같은 회로에서 각 분로 전류가 각각 $i_L=3-j6$[A], $i_C=5+j2$[A]일 때 전원에서의 역률은?

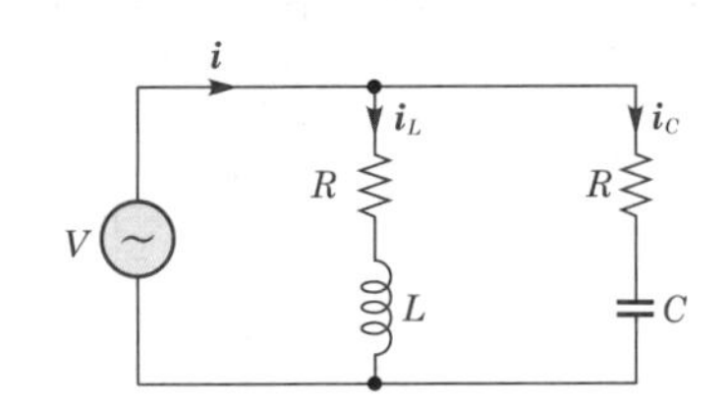

① $\frac{1}{\sqrt{17}}$　② $\frac{4}{\sqrt{17}}$

③ $\frac{1}{\sqrt{5}}$　④ $\frac{2}{\sqrt{5}}$

해설 합성 전류

$i=i_L+i_C=(3-j6)+(5+j2)=8-j4$[A]

$$\cos\theta=\frac{I_R}{I}=\frac{8}{\sqrt{8^2+4^2}}=\frac{8}{\sqrt{80}}$$

$$=\frac{2\times4}{\sqrt{5}\times\sqrt{16}}=\frac{2}{\sqrt{5}}$$

75 전압 200[V], 전류 50[A]로 6[kW]의 전력을 소비하는 회로의 리액턴스[Ω]는?

① 3.2　② 2.4

③ 6.2　④ 4.4

해설 무효전력 $P_r=I^2X$

$$\therefore X=\frac{\sqrt{{P_a}^2-P^2}}{I^2}$$

$$=\frac{\sqrt{(200\times50)^2-(6\times10^3)^2}}{50^2}$$

$=3.2$[Ω]

76 구형파의 파형률과 파고율은?

① 1, 0　② 2, 0

③ 1, 1　④ 0, 1

해설 구형파는 평균값·실효값·최댓값이 같으므로

파형률 $=\frac{\text{실효값}}{\text{평균값}}$, 파고율 $=\frac{\text{최댓값}}{\text{실효값}}$ 이므로 구형파는 파형률, 파고율이 모두 1이 된다.

77 그림과 같은 T형 회로의 임피던스 파라미터 Z_{11}을 구하면?

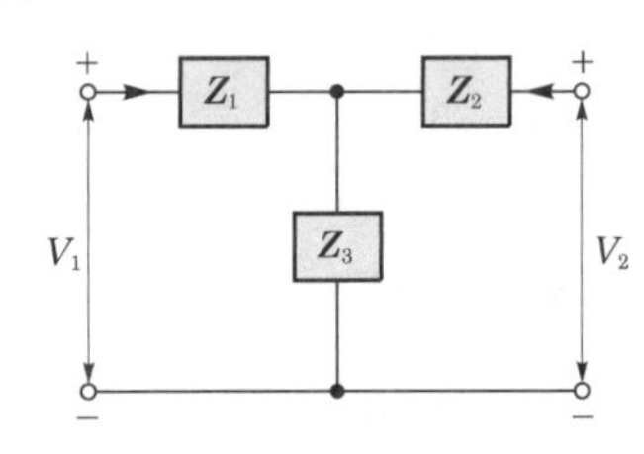

① Z_3　② Z_1+Z_2

③ Z_2+Z_3　④ Z_1+Z_3

해설 $Z_{11}=\left.\frac{V_1}{I_1}\right|_{I_2=0}$

즉, 출력 단자를 개방하고 입력측에서 본 개방 구동점 임피던스이므로

$Z_{11}=Z_1+Z_3$[Ω]

78 코일에 단상 100[V]의 전압을 가하면 30[A]의 전류가 흐르고 1.8[kW]의 전력을 소비한다고 한다. 이 코일과 병렬로 콘덴서를 접속하여 회로의 합성 역률을 100[%]로 하기 위한 용량 리액턴스는 약 몇 [Ω]인가?

① 1.2　② 2.6

③ 3.2　④ 4.2

해설 $P_r=\sqrt{P_a^2-P^2}$ [Var]

$=\sqrt{(100\times30)^2-1{,}800^2}$

$=2{,}400$[Var]

$$\therefore X_C=\frac{V^2}{P_r}=\frac{100^2}{2{,}400}=4.166 \fallingdotseq 4.2[\Omega]$$

정답 74. ④ 75. ① 76. ③ 77. ④ 78. ④

79 $R-L-C$ 직렬회로에서 $R=100[\Omega]$, $L=0.1\times10^{-3}$[H], $C=0.1\times10^{-6}$[F]일 때 이 회로는?

① 진동적이다.
② 비진동이다.
③ 정현파 진동이다.
④ 진동일 수도 있고 비진동일 수도 있다.

해설 진동 여부 판별식

$$R^2-4\frac{L}{C}=100^2-4\frac{0.1\times10^{-3}}{0.1\times10^{-6}}>0$$

∴ 비진동

80 반파 대칭의 왜형파 푸리에 급수에서 옳게 표현된 것은? (단, $f(t)=\sum_{n=1}^{\infty}a_n\sin n\omega t+a_0+\sum_{n=1}^{\infty}b_n\cos n\omega t$ 라 한다.)

① $a_0=0$, $b_n=0$이고, 홀수항의 a_n만 남는다.
② $a_0=0$이고, a_n 및 홀수항의 b_n만 남는다.
③ $a_0=0$이고, 홀수항의 a_n, b_n만 남는다.
④ $a_0=0$이고, 모든 고조파분의 a_n, b_n만 남는다.

해설 반파 대칭의 특징

$f(t)$ 식에서 직류 성분 $a_0=0$

홀수항의 sin, cos항 존재. 즉, a_n, b_n 계수가 존재한다.

제5과목 전기설비기술기준

81 저압 가공전선로 또는 고압 가공전선로(전기철도용 급전선로는 제외한다.)와 기설 가공 약전류 전선로가 병행하는 경우에는 유도작용에 의하여 통신상의 장해가 생기지 않도록 전선과 기설 약전류 전선 간의 이격거리는 몇 [m] 이상이어야 하는가?

① 2
② 4
③ 6
④ 8

해설 가공 약전류 전선로의 유도장해 방지(KEC 332.1)

- 고·저압 가공전선로와 병행하는 경우 : 약전류 전선과 2[m] 이상 이격시킨다.
- 가공 약전류 전선에 장해를 줄 우려가 있는 경우
  - 이격거리를 증가시킬 것
  - 교류식인 경우는 가공전선을 적당한 거리로 연가한다.
  - 인장강도 5.26[kN] 이상의 것 또는 직경 4[mm]의 경동선을 2가닥 이상 시설하고 접지공사를 한다.

82 수상 전선로의 시설기준으로 옳은 것은?

① 사용전압이 고압인 경우에는 클로로프렌 캡타이어 케이블을 사용한다.
② 수상 전선로에 사용하는 부대(浮臺)는 쇠사슬 등으로 견고하게 연결한다.
③ 고압인 경우에는 전로에 지락이 생겼을 때에 수동으로 전로를 차단하기 위한 장치를 시설하여야 한다.
④ 수상 전선로의 전선은 부대의 아래에 지지하여 시설하고 또한 그 절연피복을 손상하지 아니하도록 시설할 것

해설 수상 전선로의 시설(KEC 335.3)

사용하는 전선

- 저압 : 클로로프렌 캡타이어 케이블
- 고압 : 고압용 캡타이어 케이블
- 부대(浮臺)는 쇠사슬 등으로 견고하게 연결
- 지락이 생겼을 때에 자동적으로 전로를 차단
- 전선은 부대의 위에 지지하여 시설하고 또한 그 절연피복을 손상하지 아니하도록 시설

정답 79. ② 80. ③ 81. ① 82. ②

83 지중전선로를 직접 매설식에 의하여 시설하는 경우에는 매설깊이를 차량 기타의 중량물의 압력을 받을 우려가 있는 장소에는 몇 [m] 이상 시설하여야 하는가?

① 1[m] ② 1.2[m]
③ 1.5[m] ④ 1.8[m]

해설 **지중전선로의 시설(KEC 334.1)**
- 케이블 사용
- 관로식, 암거식, 직접 매설식
- 매설깊이
  - 관로식, 직매식 : 1[m] 이상
  - 중량물의 압력을 받을 우려가 없는 곳 : 0.6[m] 이상

84 배선공사 중 전선이 반드시 절연전선이 아니라도 상관없는 공사는?

① 금속관 공사
② 애자공사
③ 합성수지관 공사
④ 플로어덕트 공사

해설 **나전선의 사용 제한(KEC 231.4)**
나전선 사용 가능한 경우
- 애자공사
  - 전기로용 전선
  - 전선의 피복 절연물이 부식하는 장소
  - 취급자 이외의 자가 출입할 수 없도록 설비한 장소
- 버스 덕트 공사 및 라이팅 덕트 공사
- 접촉전선

85 옥내의 네온방전등 공사의 방법으로 옳은 것은?

① 전선 상호간의 이격거리는 5[cm] 이상일 것
② 관등회로의 배선은 애자공사로 시설하여야 한다.
③ 전선의 지지점간의 거리는 2[m] 이하로 할 것
④ 관등회로의 배선은 점검할 수 없는 은폐된 장소에 시설할 것

해설 **네온방전등(KEC 234.12)**
- 전로의 대지전압 300[V] 이하
- 네온변압기는 2차측을 직렬 또는 병렬로 접속하여 사용하지 말 것
- 네온변압기를 우선 외에 시설할 경우는 옥외형 사용
- 관등회로의 배선은 애자공사로 시설
  - 네온전선 사용
  - 배선은 외상을 받을 우려가 없고 사람이 접촉될 우려가 없는 노출장소에 시설
  - 전선 지지점 간의 거리는 1[m] 이하
  - 전선 상호간의 이격거리는 60[mm] 이상

86 다음 그림에서 L_1은 어떤 크기로 동작하는 기기의 명칭인가?

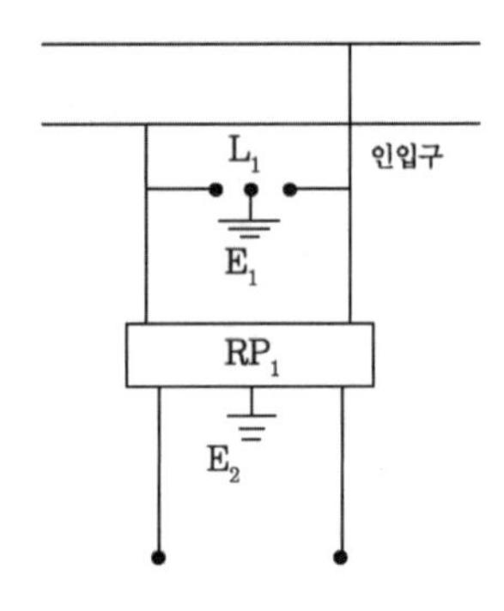

① 교류 1,000[V] 이하에서 동작하는 단로기
② 교류 1,000[V] 이하에서 동작하는 피뢰기
③ 교류 1,500[V] 이하에서 동작하는 단로기
④ 교류 1,500[V] 이하에서 동작하는 피뢰기

해설 **특고압 가공전선로 첨가설치 통신선의 시가지 인입 제한(KEC 362.5)**
보안장치의 표준
- RP_1 : 자복성 릴레이 보안기
- L_1 : 교류 1[kV] 이하에서 동작하는 피뢰기
- E_1 및 E_2 : 접지

정답 83. ① 84. ② 85. ② 86. ②

87 사용전압이 400[V] 이하인 저압 가공전선은 절연전선인 경우 지름이 몇 [mm] 이상의 경동선이어야 하는가?

출제빈도

① 1.2[mm] ② 2.6[mm]
③ 3.2[mm] ④ 4.0[mm]

해설 전선의 세기 · 굵기 및 종류(KEC 222.5, 332.3)

- 전선의 종류
  - 저압 가공전선 : 절연전선, 다심형 전선, 케이블, 나전선(중성선에 한함)
  - 고압 가공전선 : 고압 절연전선, 특고압 절연전선 또는 케이블
- 전선의 굵기 및 종류
  - 400[V] 이하 : 인장강도 3.43[kN], 3.2[mm] (절연전선 인장강도 2.3[kN], 2.6[mm] 이상)
  - 400[V] 초과 저압 또는 고압 가공전선
    - ‣ 시가지 : 인장강도 8.01[kN] 또는 지름 5[mm] 이상
    - ‣ 시가지 외 : 인장강도 5.26[kN] 또는 지름 4[mm] 이상

88 저압 옥측 전선로의 공사에서 목조 조영물에 시설이 가능한 공사는?

① 연피 또는 알루미늄 케이블 공사
② 합성수지관 공사
③ 금속관 공사
④ 버스 덕트 공사

해설 저압 옥측 전선로 공사(KEC 221.2)

- 애자공사(전개된 장소에 한함)
- 합성수지관 공사
- 금속관 공사(목조 이외의 조영물)
- 버스 덕트 공사(목조 이외의 조영물)
- 케이블 공사(연피 케이블, 알루미늄피 케이블 또는 무기물절연(MI) 케이블을 사용하는 경우에는 목조 이외의 조영물)

89 특고압 가공전선로의 경간은 지지물이 철탑인 경우 몇 [m] 이하이어야 하는가?

출제빈도

① 400 ② 500
③ 600 ④ 800

해설 특고압 가공전선로의 경간 제한(KEC 333.21)

지지물 종류	경 간
목주 · A종	150[m] 이하
B종	250[m] 이하
철탑	600[m] 이하

90 다음 중 전기울타리의 시설에 관한 사항으로 옳지 않은 것은?

출제빈도

① 전원장치에 전기를 공급하는 전로의 사용전압은 250[V] 이하
② 사람이 쉽게 출입하지 아니하는 곳에 시설할 것
③ 전선은 인장강도 1.38[kN] 이상의 것 또는 지름 2[mm] 이상 경동선일 것
④ 전선과 수목 사이의 이격거리는 50[cm] 이상일 것

해설 전기울타리(KEC 241.1)

- 전기울타리는 사람이 쉽게 출입하지 아니하는 곳
- 사용전압 250[V] 이하
- 전선 : 인장강도 1.38[kN] 이상, 지름 2[mm] 이상 경동선
- 기둥과 이격거리 2.5[cm] 이상, 수목과 거리 30[cm]

91 전기철도의 설비를 보호하기 위해 시설하는 피뢰기의 시설기준으로 틀린 것은?

① 피뢰기는 변전소 인입측 및 급전선 인출측에 설치하여야 한다.
② 피뢰기는 가능한 한 보호하는 기기와 가깝게 시설하되 누설전류 측정이 용이하도록 지지대와 절연하여 설치한다.
③ 피뢰기는 개방형을 사용하고 유효 보호거리를 증가시키기 위하여 방전개시전압 및 제한전압이 낮은 것을 사용한다.
④ 피뢰기는 가공전선과 직접 접속하는 지중케이블에서 낙뢰에 의해 절연파괴의 우려가 있는 케이블 단말에 설치하여야 한다.

정답 87. ② 88. ② 89. ③ 90. ④ 91. ③

해설 • **피뢰기 설치장소(KEC 451.3)**

- 다음의 장소에 피뢰기를 설치하여야 한다.
  - 변전소 인입측 및 급전선 인출측
  - 가공전선과 직접 접속하는 지중케이블에서 낙뢰에 의해 절연파괴의 우려가 있는 케이블 단말
- 피뢰기는 가능한 한 보호하는 기기와 가깝게 시설하되 누설전류 측정이 용이하도록 지지대와 절연하여 설치한다.

• **피뢰기의 선정(KEC 451.4)**

- 피뢰기는 밀봉형을 사용하고 유효 보호거리를 증가시키기 위하여 방전개시전압 및 제한전압이 낮은 것을 사용한다.
- 유도뢰서지에 대하여 2선 또는 3선의 피뢰기 동시동작이 우려되는 변전소 근처의 단락전류가 큰 장소에는 속류차단능력이 크고 또한 차단성능이 회로조건의 영향을 받을 우려가 적은 것을 사용한다.

92 "리플프리(Ripple-free)직류"란 교류를 직류로 변환할 때 리플 성분의 실효값이 몇 [%] 이하로 포함된 직류를 말하는가?

출제빈도

① 3 ② 5

③ 10 ④ 15

해설 **용어 정의(KEC 112)**

"리플프리(Ripple-free) 직류"란 교류를 직류로 변환할 때 리플 성분의 실효값이 10[%] 이하로 포함된 직류를 말한다.

93 전선로에 시설하는 기계기구 중에서 외함 접지공사를 생략할 수 없는 경우는?

① 사용전압이 직류 300[V] 또는 교류 대지전압이 150[V] 이하인 기계기구를 건조한 곳에 시설하는 경우

② 정격감도전류 40[mA], 동작시간이 0.5초인 전류 동작형의 인체감전보호용 누전차단기를 시설하는 경우

③ 외함이 없는 계기용변성기가 고무·합성수지 기타의 절연물로 피복한 것일 경우

④ 철대 또는 외함의 주위에 적당한 절연대를 설치하는 경우

해설 **기계기구의 철대 및 외함의 접지(KEC 142.7)**

• 외함에는 접지공사

• 접지공사를 하지 아니해도 되는 경우

- 사용전압이 직류 300[V], 교류 대지전압 150[V] 이하
- 목재 마루, 절연성의 물질, 절연대, 고무 합성수지 등의 절연물, 2중 절연
- 절연변압기(2차 전압 300[V] 이하, 정격용량 3[kVA] 이하)
- 인체감전보호용 누전차단기 설치
  - 정격감도전류 30[mA] 이하(위험한 장소, 습기 15[mA])
  - 동작시간 0.03초 이하, 전류 동작형

94 태양전지 모듈의 직렬군 최대개방전압이 직류 750[V] 초과 1,500[V] 이하인 시설장소는 다음에 따라 울타리 등의 안전조치로 알맞지 않은 것은?

① 태양전지 모듈을 지상에 설치하는 경우 울타리·담 등을 시설하여야 한다.

② 태양전지 모듈을 일반인이 쉽게 출입할 수 있는 옥상 등에 시설하는 경우는 식별이 가능하도록 위험표시를 하여야 한다.

③ 태양전지 모듈을 일반인이 쉽게 출입할 수 없는 옥상·지붕에 설치하는 경우는 모듈 프레임 등 쉽게 식별할 수 있는 위치에 위험표시를 하여야 한다.

④ 태양전지 모듈을 주차장 상부에 시설하는 경우는 위험표시를 하지 않아도 된다.

해설 **태양광발전설비설치장소의 요구사항 (KEC 521.1)**

태양전지 모듈의 직렬군 최대개방전압이 직류 750[V] 초과 1,500[V] 이하인 시설장소는 다음에 따라 울타리 등의 안전조치를 하여야 한다.

정답 92. ③ 93. ② 94. ④

- 태양전지 모듈을 지상에 설치하는 경우는 발전소 등의 울타리·담 등의 시설 규정에 의하여 울타리·담 등을 시설하여야 한다.
- 태양전지 모듈을 일반인이 쉽게 출입할 수 있는 옥상 등에 시설하는 경우는 고압용 기계기구의 시설 규정에 의하여 시설하여야 하고 식별이 가능하도록 위험표시를 하여야 한다.
- 태양전지 모듈을 일반인이 쉽게 출입할 수 없는 옥상·지붕에 설치하는 경우는 모듈 프레임 등 쉽게 식별할 수 있는 위치에 위험표시를 하여야 한다.
- 태양전지 모듈을 주차장 상부에 시설하는 경우는 보기 ②와 같이 시설하고 차량의 출입 등에 의한 구조물, 모듈 등의 손상이 없도록 하여야 한다.
- 태양전지 모듈을 수상에 설치하는 경우는 보기 ③과 같이 시설하여야 한다.

95 가공전선로의 지지물에 사용하는 지선의 시설기준으로 옳은 것은?

출제빈도

① 지선의 안전율은 2.2 이상일 것

② 지선에 연선을 사용하는 경우 소선(素線) 3가닥 이상의 연선일 것

③ 도로를 횡단하여 시설하는 지선의 높이는 지표상 4[m] 이상일 것

④ 지중부분 및 지표상 20[cm]까지의 부분에는 내식성이 있는 것 또는 아연도금을 한 철봉을 사용하고 쉽게 부식되지 않는 근가에 견고하게 붙일 것

해설 **지선의 시설(KEC 331.11)**

- 지선의 안전율은 2.5 이상. 이 경우에 허용인장하중의 최저는 4.31[kN]
- 지선에 연선을 사용할 경우
  - 소선(素線) 3가닥 이상의 연선일 것
  - 소선의 지름이 2.6[mm] 이상의 금속선을 사용한 것일 것
- 지중부분 및 지표상 30[cm]까지의 부분에는 내식성이 있는 것 또는 아연도금을 한 철봉을 사용하고 쉽게 부식되지 아니하는 근가에 견고하게 붙일 것
- 철탑은 지선을 사용하여 그 강도를 분담시켜서는 아니 된다.
- 도로를 횡단하여 시설하는 지선의 높이는 지표상 5[m] 이상으로 하여야 한다.

96 전가섭선에 대하여 각 가섭선의 상정 최대 장력의 33[%]와 같은 불평균 장력의 수평 종분력에 의한 하중을 더 고려하여야 하는 철탑은?

① 직선형 ② 각도형

③ 내장형 ④ 보강형

해설 **상시 상정하중(KEC 333.13)**

불평균 장력에 의한 수평 종하중 가산

- 인류형 : 상정 최대 장력과 같은 불평균 장력
- 내장형 : 상정 최대 장력의 33[%]와 같은 불평균 장력의 수평 종분력
- 직선형 : 상정 최대 장력의 3[%]와 같은 불평균 장력의 수평 종분력
- 각도형 : 상정 최대 장력의 10[%]와 같은 불평균 장력의 수평 종분력

97 최대사용전압이 7,200[V]인 중성점 비접지식 전로의 절연내력시험전압은 몇 [V]인가?

출제빈도

① 9,000 ② 10,500

③ 10,800 ④ 14,400

해설 **전로의 절연저항 및 절연내력(KEC 132)**

시험전압 $V=7,200\times1.25=9,000$[V]로 10,500[V] 미만으로 되는 경우이므로 최저 시험전압은 10,500[V]로 한다.

98 직류 750[V]의 전차선과 차량 간의 최소 절연이격거리는 동적일 경우 몇 [mm]인가?

① 25 ② 100

③ 150 ④ 170

정답 95. ② 96. ③ 97. ② 98. ①

해설 전차선로의 충전부와 차량 간의 절연이격(KEC 431.3)

시스템 종류	공칭전압[V]	동적[mm]	정적[mm]
직류	750	25	25
	1,500	100	150
단상교류	25,000	170	270

99 옥외용 비닐절연전선을 사용한 저압 가공전선이 횡단보도교 위에 시설되는 경우에 그 전선의 노면상 높이는 몇 [m] 이상으로 하여야 하는가?

① 2.5 ② 3.0
③ 3.5 ④ 4.0

해설 저압 가공전선의 높이(KEC 222.7)
- 도로를 횡단하는 경우에는 지표상 6[m] 이상
- 철도 또는 궤도를 횡단하는 경우에는 레일면상 6.5[m] 이상
- 횡단보도교의 위에 시설하는 경우에는 저압 가공전선은 그 노면상 3.5[m](전선이 저압 절연전선·다심형 전선 또는 케이블인 경우에는 3[m]) 이상

100 발·변전소의 주요 변압기에 시설하지 않아도 되는 계측장치는?

① 역률계
② 전압계
③ 전력계
④ 전류계

해설 계측장치(KEC 351.6)
- 주요 변압기의 전압 및 전류 또는 전력, 특고압용 변압기의 온도
- 발전기의 베어링 및 고정자의 온도
- 동기검정장치

정답 99. ② 100. ①

2022. 3. 5. 시행

2022년 제1회 CBT 기출복원문제

제1과목 전기자기학

01 단위 구면(單位球面)을 통해 나오는 전기력선의 수[개]는? (단, 구 내부의 전하량은 Q[C]이다.)

① 1　② 4π
③ ε_0　④ $\dfrac{Q}{\varepsilon_0}$

해설 Q[C]의 전하로부터 발산되는 전기력선의 수는
$N=\int_s \boldsymbol{E}\cdot dS=\dfrac{Q}{\varepsilon_0}$[개] (가우스 정리)

02 극판의 면적 $S=10$[cm²], 간격 $d=1$[mm]의 평행판 콘덴서에 비유전율 $\varepsilon_s=3$인 유전체를 채웠을 때, 전압 100[V]를 인가하면 축적되는 에너지[J]는?

① 2.1×10^{-7}
② 0.3×10^{-7}
③ 1.3×10^{-7}
④ 0.6×10^{-7}

해설
$$C=\frac{\varepsilon_0\varepsilon_s}{d}S=\frac{3\times10\times10^{-4}}{36\pi\times10^9\times10^{-3}}=\frac{1}{12\pi}\times10^{-9}[\text{F}]$$
$$\therefore W=\frac{1}{2}CV^2=\frac{1}{2}\times\frac{1}{12\pi}\times10^{-9}\times100^2=1.33\times10^{-7}[\text{J}]$$

03 1권선의 코일에 5[Wb]의 자속이 쇄교하고 있을 때, $t=\dfrac{1}{100}$초 사이에 이 자속을 0으로 했다면 이때 코일에 유도되는 기전력은 몇 [V]이겠는가?

① 100　② 250
③ 500　④ 700

해설 $e=-N\dfrac{d\phi}{dt}=-1\times\dfrac{0-5}{10^{-2}}=500[\text{V}]$

04 길이 40[cm]인 철선을 정사각형으로 만들고 직류 5[A]를 흘렸을 때, 그 중심에서의 자계 세기[AT/m]는?

① 40　② 45
③ 80　④ 85

해설 40[cm]인 철선으로 정사각형을 만들면 한 변의 길이는 10[cm]이므로
$H=\dfrac{2\sqrt{2}\,I}{\pi l}=\dfrac{2\sqrt{2}\times5}{\pi\times0.1}=45[\text{AT/m}]$

05 전자계의 기초 방정식이 아닌 것은?

① $\text{rot}\,\boldsymbol{H}=\boldsymbol{i}+\dfrac{\partial \boldsymbol{D}}{\partial t}$
② $\text{rot}\,\boldsymbol{E}=-\dfrac{\partial \boldsymbol{B}}{\partial t}$
③ $\text{div}\,\boldsymbol{D}=\rho$
④ $\text{div}\,\boldsymbol{B}=-\dfrac{\partial \boldsymbol{D}}{\partial t}$

해설 맥스웰의 전자계 기초 방정식
- $\text{rot}\,\boldsymbol{E}=\nabla\times\boldsymbol{E}=-\dfrac{\partial \boldsymbol{B}}{\partial t}=-\mu\dfrac{\partial \boldsymbol{H}}{\partial t}$
  (패러데이 전자 유도 법칙의 미분형)
- $\text{rot}\,\boldsymbol{H}=\nabla\times\boldsymbol{H}=\boldsymbol{i}+\dfrac{\partial \boldsymbol{D}}{\partial t}$
  (앙페르 주회 적분 법칙의 미분형)
- $\text{div}\,\boldsymbol{D}=\nabla\cdot\boldsymbol{D}=\rho$ (정전계 가우스 정리의 미분형)
- $\text{div}\,\boldsymbol{B}=\nabla\cdot\boldsymbol{B}=0$ (정자계 가우스 정리의 미분형)

정답 01. ④ 02. ③ 03. ③ 04. ② 05. ④

06 진공 중에 그림과 같이 한 변이 a[m]인 정삼각형의 꼭짓점에 각각 서로 같은 점전하 $+Q$[C]이 있을 때 그 각 전하에 작용하는 힘 F는 몇 [N]인가?

출제빈도

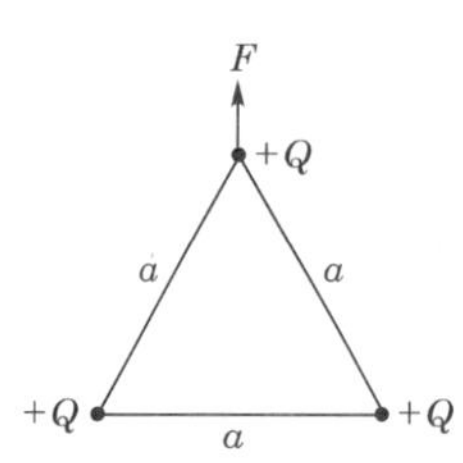

① $F=\dfrac{Q^2}{4\pi\varepsilon_0 a^2}$　② $F=\dfrac{Q^2}{2\pi\varepsilon_0 a^2}$

③ $F=\dfrac{\sqrt{2}\,Q^2}{4\pi\varepsilon_0 a^2}$　④ $F=\dfrac{\sqrt{3}\,Q^2}{4\pi\varepsilon_0 a^2}$

해설 그림에서 $F_1=F_2=\dfrac{Q^2}{4\pi\varepsilon_0 a^2}$[N]이며 정삼각형 정점에 작용하는 전체 힘은 벡터합으로 구하므로

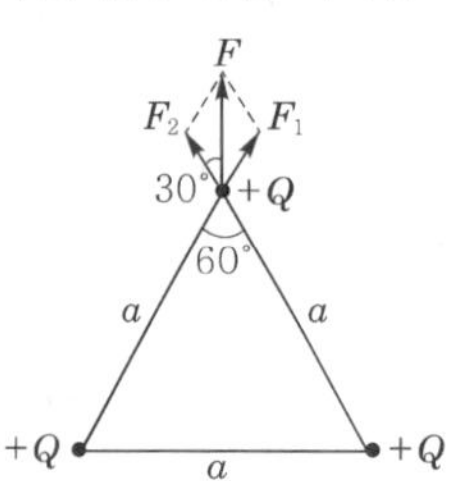

$$F=2F_2\cos 30°=\sqrt{3}\,F_2=\frac{\sqrt{3}\,Q^2}{4\pi\varepsilon_0 a^2}\text{[N]}$$

07 반지름 a[m]인 접지 도체구 중심으로부터 d[m]$(>a)$인 곳에 점전하 Q[C]이 있으면 구도체에 유기되는 전하량[C]은?

출제빈도

① $-\dfrac{a}{d}Q$　② $\dfrac{a}{d}Q$

③ $-\dfrac{d}{a}Q$　④ $\dfrac{d}{a}Q$

해설 영상점 P′의 위치는 $\text{OP}'=\dfrac{a^2}{d}$[m]

영상 전하의 크기는 $\therefore Q'=-\dfrac{a}{d}Q$[C]

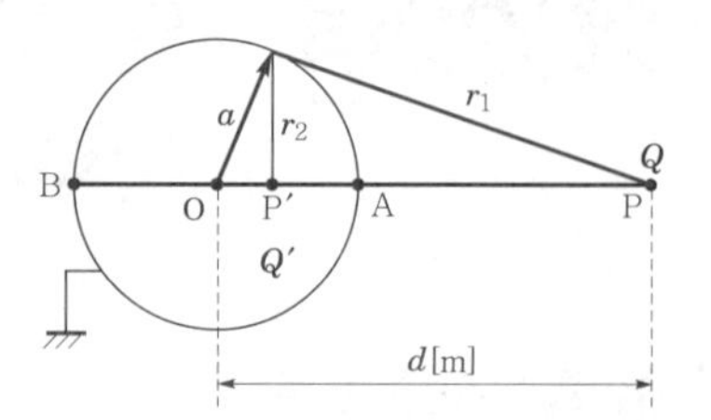

08 비유전율 $\varepsilon_s=2.75$의 기름 속에서 전자파 속도[m/s]를 구한 값은? (단, 비투자율 $\mu_s=1$이다.)

출제빈도

① 1.81×10^8　② 1.61×10^8

③ 1.31×10^8　④ 1.11×10^8

해설
$$v=\frac{1}{\sqrt{\varepsilon\mu}}=\frac{1}{\sqrt{\varepsilon_0\,\mu_0}}\cdot\frac{1}{\sqrt{\varepsilon_s\,\mu_s}}=\frac{C_o}{\sqrt{\varepsilon_s\,\mu_s}}=\frac{3\times10^8}{\sqrt{2.75\times1}}=1.81\times10^8\text{[m/s]}$$

09 두 종류의 금속으로 된 회로에 전류를 통하면 각 접속점에서 열의 흡수 또는 발생이 일어나는 현상은?

출제빈도

① 톰슨 효과
② 제벡 효과
③ 볼타 효과
④ 펠티에 효과

해설 펠티에 효과는 두 종류의 금속으로 폐회로를 만들어 전류를 흘리면 두 접속점에서 열이 흡수(온도 강하)되거나 발생(온도 상승)하는 현상이다.

10 전류에 의한 자계의 방향을 결정하는 법칙은?

① 렌츠의 법칙
② 플레밍의 오른손 법칙
③ 플레밍의 왼손 법칙
④ 앙페르의 오른 나사 법칙

정답 06. ④ 07. ① 08. ① 09. ④ 10. ④

해설 전류에 의한 자계의 방향은 앙페르의 오른 나사 법칙에 따르며 다음 그림과 같은 방향이다.

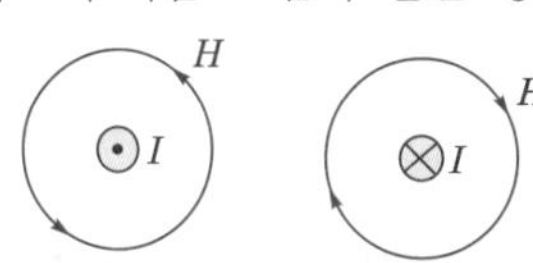

11

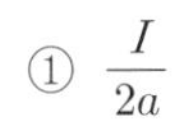

반지름 a [m]인 원형 코일에 전류 I [A]가 흘렀을 때, 코일 중심 자계의 세기[AT/m]는?

① $\dfrac{I}{2a}$ ② $\dfrac{I}{4a}$

③ $\dfrac{I}{2\pi a}$ ④ $\dfrac{I}{4\pi a}$

해설 원형 코일 중심축상 자계의 세기

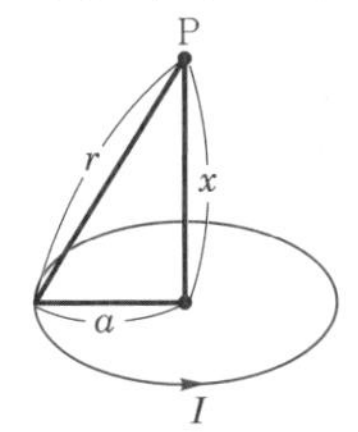

$H=\dfrac{a^2 \cdot I}{2(a^2+x^2)^{3/2}}$ [AT/m]

원형 코일 중심 자계의 세기($x=0$)

$\therefore\ H=\dfrac{I}{2a}$ [AT/m]

원형 코일의 권수를 N이라 하면

$H=\dfrac{NI}{2a}$ [AT/m]

12

강자성체의 자속 밀도 B의 크기와 자화의 세기 J의 크기를 비교할 때 옳은 것은?

① J는 B보다 약간 크다.

② J는 B보다 대단히 크다.

③ J는 B보다 약간 작다.

④ J는 B보다 대단히 작다.

해설 $B=\mu_0 H+J=4\pi\times10^{-7}H+J$

$\therefore\ J=B-\mu_0 H$ [Wb/m^2]

따라서, J는 B보다 약간 작다.

13

권수가 N인 철심이 든 환상 솔레노이드가 있다. 철심의 투자율을 일정하다고 하면, 이 솔레노이드의 자기 인덕턴스 L[H]은? (단, 여기서 R_m은 철심의 자기 저항이고, 솔레노이드에 흐르는 전류를 I라 한다.)

① $L=\dfrac{R_m}{N^2}$ ② $L=\dfrac{N^2}{R_m}$

③ $L=R_m N^2$ ④ $L=\dfrac{N}{R_m}$

해설

$$L=\frac{N\phi}{I}=\frac{N\cdot\dfrac{F}{R_m}}{I}=\frac{N\cdot\dfrac{NI}{R_m}}{I}=\frac{N^2}{R_m}\ \text{[H]}$$

14

자기 회로의 자기 저항에 대한 설명으로 옳지 않은 것은?

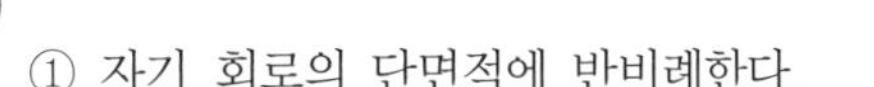

① 자기 회로의 단면적에 반비례한다.

② 자기 회로의 길이에 반비례한다.

③ 자성체의 비투자율에 반비례한다.

④ 단위는 [AT/Wb]이다.

해설 자기 저항 $R_m=\dfrac{l}{\mu S}=\dfrac{l}{\mu_0\mu_s S}$ [AT/Wb]

자기 저항은 자기 회로의 단면적(S), 투자율(μ)에 반비례하고, 자기 회로의 길이에 비례한다.

15

비유전율 $\varepsilon_s=5$인 유전체 내의 분극률은 몇 [F/m]인가?

① $\dfrac{10^{-8}}{9\pi}$ ② $\dfrac{10^{9}}{9\pi}$

③ $\dfrac{10^{-9}}{9\pi}$ ④ $\dfrac{10^{8}}{9\pi}$

해설 분극률 $\chi=\varepsilon_0(\varepsilon_s-1)=\dfrac{1}{4\pi\times9\times10^9}(5-1)$

$=\dfrac{10^{-9}}{9\pi}$ [F/m]

정답 11. ① 12. ③ 13. ② 14. ② 15. ③

16 두 개의 코일이 있다. 각각의 자기 인덕턴스가 0.4[H], 0.9[H]이고 상호 인덕턴스가 0.36[H]일 때, 결합 계수는?

① 0.5
② 0.6
③ 0.7
④ 0.8

해설 $k=\dfrac{M}{\sqrt{L_1L_2}}=\dfrac{0.36}{\sqrt{0.4\times0.9}}=0.6$

17 철심이 든 환상 솔레노이드에서 2,000[AT]의 기자력에 의해 철심 내에 4×10^{-5}[Wb]의 자속이 통할 때, 이 철심의 자기 저항은 몇 [AT/Wb]인가?

① 2×10^7
② 3×10^7
③ 4×10^7
④ 5×10^7

해설 $\phi=\dfrac{F}{R_m}$[Wb]

$\therefore\ R_m=\dfrac{F}{\phi}=\dfrac{2,000}{4\times10^{-5}}=5\times10^7$[AT/Wb]

18 동심구형 콘덴서의 내외 반지름을 각각 5배로 증가시키면 정전 용량은 몇 배가 되는가?

① 2
② $\sqrt{2}$
③ 5
④ $\sqrt{5}$

해설 동심구형 콘덴서의 정전 용량 C는

$C=\dfrac{4\pi\varepsilon_0 ab}{b-a}$[F]

내외구의 반지름을 5배로 증가한 후의 정전 용량을 C'라 하면

$C'=\dfrac{4\pi\varepsilon_0(5a\times5b)}{5b-5a}=\dfrac{25\times4\pi\varepsilon_0 ab}{5(b-a)}=5C$[F]

19 무한히 넓은 2개의 평행판 도체의 간격이 d[m]이며 그 전위차는 V[V]이다. 도체판의 단위 면적에 작용하는 힘[N/m²]은? (단, 유전율은 ε_0이다.)

① $\varepsilon_0\dfrac{V}{d}$
② $\varepsilon_0\left(\dfrac{V}{d}\right)^2$
③ $\dfrac{1}{2}\varepsilon_0\dfrac{V}{d}$
④ $\dfrac{1}{2}\varepsilon_0\left(\dfrac{V}{d}\right)^2$

해설 $f=\dfrac{\sigma^2}{2\varepsilon_0}=\dfrac{1}{2}\varepsilon_0E^2=\dfrac{1}{2}\varepsilon_0\left(\dfrac{V}{d}\right)^2$[N/m²]

20 자기 쌍극자에 의한 자위 U[A]에 해당되는 것은? (단, 자기 쌍극자의 자기 모멘트는 M[Wb·m], 쌍극자 중심으로부터의 거리는 r[m], 쌍극자 정방향과의 각도는 θ도라 한다.)

① $6.33\times10^4\dfrac{M\sin\theta}{r^3}$
② $6.33\times10^4\dfrac{M\sin\theta}{r^2}$
③ $6.33\times10^4\dfrac{M\cos\theta}{r^3}$
④ $6.33\times10^4\dfrac{M\cos\theta}{r^2}$

해설 자위 $U=\dfrac{M}{4\pi\mu_0r^2}\cos\theta=6.33\times10^4\dfrac{M\cos\theta}{r^2}$[A]

정답 16. ② 17. ④ 18. ③ 19. ④ 20. ④

제2과목 전력공학

21 1선 1[km]당의 코로나 손실 P[kW]를 나타내는 Peek식은? (단, δ : 상대 공기 밀도, D : 선간 거리[cm], d : 전선의 지름[cm], f : 주파수[Hz], E : 전선에 걸리는 대지 전압[kV], E_0 : 코로나 임계 전압[kV]이다.)

① $P=\frac{241}{\delta}(f+25)\sqrt{\frac{d}{2D}}(E-E_0)^2\times10^{-5}$

② $P=\frac{241}{\delta}(f+25)\sqrt{\frac{2D}{d}}(E-E_0)^2\times10^{-5}$

③ $P=\frac{241}{\delta}(f+25)\sqrt{\frac{d}{2D}}(E-E_0)^2\times10^{-3}$

④ $P=\frac{241}{\delta}(f+25)\sqrt{\frac{2D}{d}}(E-E_0)^2\times10^{-3}$

해설 코로나 방전의 임계 전압

$E_0=24.3\,m_0 m_1 \delta\, d \log_{10}\frac{D}{r}$[kV]

코로나 손실

$P_1=\frac{241}{\delta}(f+25)\sqrt{\frac{r}{D}}(E-E_0)^2$

$\times10^{-5}$[kW/km/선]

여기서, r : 전선의 반지름

22 반한시성 과전류 계전기의 전류-시간 특성에 대한 설명 중 옳은 것은?

① 계전기 동작 시간은 전류값의 크기와 비례한다.

② 계전기 동작 시간은 전류값의 크기에 관계없이 일정하다.

③ 계전기 동작 시간은 전류값의 크기와 반비례한다.

④ 계전기 동작 시간은 전류값의 크기의 제곱에 비례한다.

해설 동작 시한에 의한 분류

- 순한시 계전기(instantaneous time limit relay) : 정정치 이상의 전류는 크기에 관계없이 바로 동작하는 고속도 계전기
- 정한시 계전기(definite time limit relay) : 정정치 한도를 넘으면, 넘는 양의 크기에 상관없이 일정 시한으로 동작하는 계전기
- 반한시 계전기(inverse time limit relay) : 동작전류와 동작 시한이 반비례하는 계전기

23 옥내 배선의 보호 방법이 아닌 것은?

① 과전류 보호

② 지락 보호

③ 전압 강하 보호

④ 절연 접지 보호

해설 옥내 배선의 보호는 과부하 및 단락으로 인한 과전류와 절연 파괴로 인한 지락 보호 등으로 구분하고, 전압 강하는 보호 방법이 아니다.

24 그림과 같은 열사이클의 명칭은?

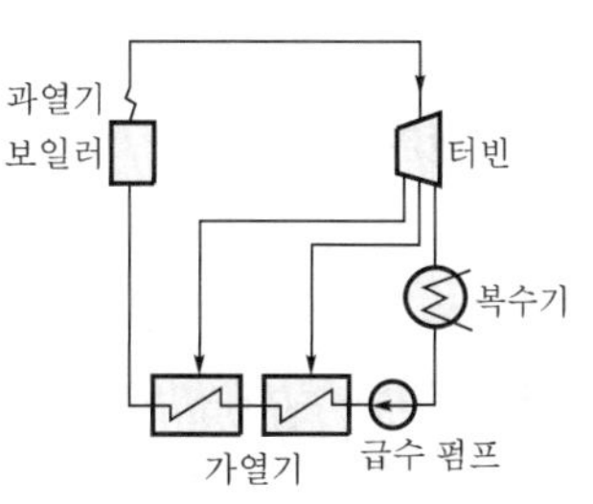

① 랭킨 사이클

② 재생 사이클

③ 재열 사이클

④ 재생·재열 사이클

해설 터빈 도중에서 증기를 추기하여 급수를 가열하므로 재생 사이클이다.

정답 21. ① 22. ③ 23. ③ 24. ②

25 그림에서 X부분에 흐르는 전류는 어떤 전류인가?

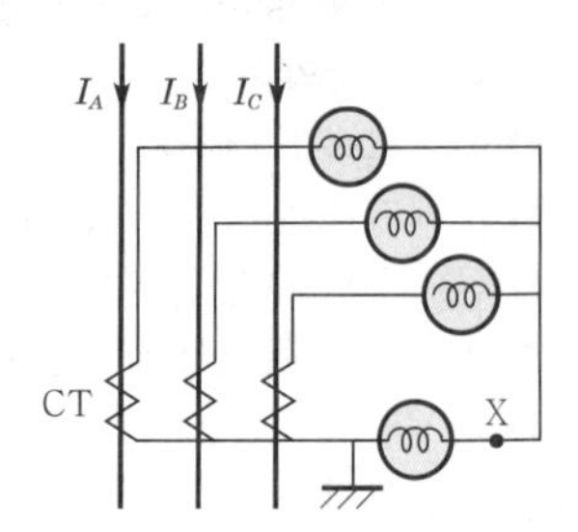

① b상 전류 ② 정상 전류
③ 역상 전류 ④ 영상 전류

해설 X부분에 흐르는 전류는 각 상 전류의 합계이므로 영상 전류가 된다.

26 배전 계통에서 사용하는 고압용 차단기의 종류가 아닌 것은?

① 기중 차단기(ACB)
② 공기 차단기(ABB)
③ 진공 차단기(VCB)
④ 유입 차단기(OCB)

해설 기중 차단기(ACB)는 대기압에서 소호하고, 교류 저압 차단기이다.

27 접촉자가 외기(外氣)로부터 격리되어 있어 아크에 의한 화재의 염려가 없으며 소형, 경량으로 구조가 간단하고 보수가 용이하며 진공 중의 아크 소호 능력을 이용하는 차단기는?

① 유입 차단기 ② 진공 차단기
③ 공기 차단기 ④ 가스 차단기

해설 진공 중에서 아크를 소호하는 것은 진공 차단기이다.

28 선간 전압, 부하 역률, 선로 손실, 전선 중량 및 배전 거리가 같다고 할 경우 단상 2선식과 3상 3선식의 공급 전력의 비(단상/3상)는?

① $\frac{3}{2}$ ② $\frac{1}{\sqrt{3}}$
③ $\sqrt{3}$ ④ $\frac{\sqrt{3}}{2}$

해설 1선당 전력의 비(단상/3상)는

$$\frac{1\phi 2\text{W}}{3\phi 3\text{W}}=\frac{\frac{VI}{2}}{\frac{\sqrt{3}\,VI}{3}}=\frac{3}{2\sqrt{3}}=\frac{\sqrt{3}}{2}$$

29 비접지 방식을 직접 접지 방식과 비교한 것 중 옳지 않은 것은?

① 전자 유도 장해가 경감된다.
② 지락 전류가 작다.
③ 보호 계전기의 동작이 확실하다.
④ △결선을 하여 영상 전류를 흘릴 수 있다.

해설 비접지 방식은 직접 접지 방식에 비해 보호 계전기 동작이 확실하지 않다.

30 역률 0.8(지상)의 5,000[kW]의 부하에 전력용 콘덴서를 병렬로 접속하여 합성 역률을 0.9로 개선하고자 할 경우 소요되는 콘덴서의 용량[kVA]으로 적당한 것은 어느 것인가?

① 820 ② 1,080
③ 1,350 ④ 2,160

해설
$$Q=5{,}000\left(\frac{\sqrt{1-0.8^2}}{0.8}-\frac{\sqrt{1-0.9^2}}{0.9}\right)$$
$$=1{,}350[\text{kVA}]$$

31 모선 보호에 사용되는 계전 방식이 아닌 것은?

① 위상 비교 방식
② 선택 접지 계전 방식
③ 방향 거리 계전 방식
④ 전류 차동 보호 방식

정답 25. ④ 26. ① 27. ② 28. ④ 29. ③ 30. ③ 31. ②

해설 모선 보호 계전 방식에는 전류 차동 방식, 전압 차동 방식, 위상 비교 방식, 방향 비교 방식, 거리 방향 방식 등이 있다. 선택 접지 계전 방식은 송전 선로 지락 보호 계전 방식이다.

32 345[kV] 송전 계통의 절연 협조에서 충격 절연 내력의 크기 순으로 나열한 것은?

① 선로 애자>차단기>변압기>피뢰기
② 선로 애자>변압기>차단기>피뢰기
③ 변압기>차단기>선로 애자>피뢰기
④ 변압기>선로 애자>차단기>피뢰기

해설 절연 협조는 피뢰기의 제1보호 대상을 변압기로 하고, 가장 높은 기준 충격 절연 강도(BIL)는 선로 애자이다.
그러므로 선로 애자>차단기>변압기>피뢰기 순으로 한다.

33 전력용 콘덴서의 방전 코일의 역할은?

① 잔류 전하의 방전
② 고조파의 억제
③ 역률의 개선
④ 콘덴서의 수명 연장

해설 콘덴서에 전원을 제거하여도 충전된 잔류 전하에 의한 인축에 대한 감전 사고를 방지하기 위해 잔류 전하를 모두 방전시켜야 한다.

34 배전선의 전압 조정 장치가 아닌 것은?

① 승압기
② 리클로저
③ 유도 전압 조정기
④ 주상 변압기 탭절환 장치

해설 리클로저(recloser)는 선로에 고장이 발생하였을 때 고장 전류를 검출하여 지정된 시간 내에 고속 차단하고 자동 재폐로 동작을 수행하여 고장 구간을 분리하거나 재송전하는 장치이므로 전압 조정 장치가 아니다.

35 송전 선로에서 역섬락을 방지하기 위하여 가장 필요한 것은?

① 피뢰기를 설치한다.
② 소호각을 설치한다.
③ 가공 지선을 설치한다.
④ 탑각 접지 저항을 적게 한다.

해설 철탑의 전위=탑각 접지 저항×뇌전류이므로 역섬락을 방지하려면 탑각 접지 저항을 줄여 뇌전류에 의한 철탑의 전위를 낮추어야 한다.

36 송전선의 특성 임피던스와 전파 정수는 어떤 시험으로 구할 수 있는가?

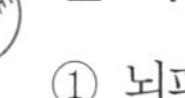

① 뇌파 시험
② 정격 부하 시험
③ 절연 강도 측정 시험
④ 무부하 시험과 단락 시험

해설
특성 임피던스 $Z_0 = \sqrt{\frac{Z}{Y}}\,[\Omega]$

전파 정수 $\dot{\gamma} = \sqrt{ZY}\,[\text{rad}]$

그러므로 단락 임피던스와 개방 어드미턴스가 필요하므로 단락 시험과 무부하 시험을 한다.

37 전선의 지지점 높이가 31[m]이고, 전선의 이도가 9[m]라면 전선의 평균 높이는 몇 [m]인가?

① 25.0
② 26.5
③ 28.5
④ 30.0

해설 **지표상의 평균 높이**

$$h = H - \frac{2}{3}D = 31 - \frac{2}{3}\times 9 = 25\,[\text{m}]$$

정답 32. ① 33. ① 34. ② 35. ④ 36. ④ 37. ①

38 가공 송전선에 사용되는 애자 1연 중 전압 부담이 최대인 애자는?

출제빈도

① 중앙에 있는 애자
② 철탑에 제일 가까운 애자
③ 전선에 제일 가까운 애자
④ 전선으로부터 $\frac{1}{4}$ 지점에 있는 애자

해설 현수 애자련의 전압 부담은 철탑에서 $\frac{1}{3}$ 지점이 가장 적고, 전선에 제일 가까운 것이 가장 크다.

39 수력 발전소에서 흡출관을 사용하는 목적은?

출제빈도

① 압력을 줄인다.
② 유효 낙차를 늘린다.
③ 속도 변동률을 작게 한다.
④ 물의 유선을 일정하게 한다.

해설 흡출관은 중낙차 또는 저낙차용으로 적용되는 반동 수차에서 낙차를 증대시킬 목적으로 사용된다.

40 차단기의 정격 차단 시간은?

출제빈도

① 고장 발생부터 소호까지의 시간
② 가동 접촉자 시동부터 소호까지의 시간
③ 트립 코일 여자부터 소호까지의 시간
④ 가동 접촉자 개구부터 소호까지의 시간

해설 차단기의 정격 차단 시간은 트립 코일이 여자하는 순간부터 아크가 소멸하는 시간으로 약 3~8[Hz] 정도이다.

제3과목 전기기기

41 동기 전동기의 V곡선(위상 특성)에 대한 설명으로 틀린 것은?

출제빈도

① 횡축에 여자 전류를 나타낸다.
② 종축에 전기자 전류를 나타낸다.
③ V곡선의 최저점에는 역률이 0[%]이다.
④ 동일 출력에 대해서 여자가 약한 경우가 뒤진 역률이다.

해설 동기 전동기의 위상 특성 곡선(V곡선)은 여자 전류를 조정하여 부족 여자일 때 뒤진 전류가 흘러 리액터 작용(지역률), 과여자일 때 앞선 전류가 흘러 콘덴서 작용(진역률)을 한다.
동기 전동기의 위상 특성 곡선(V곡선)은 계자 전류(I_f : 횡축)와 전기자 전류(I_a : 종축)의 위상 관계 곡선이며 부족 여자일 때 뒤진 전류, 과여자일 때 앞선 전류가 흐르며 V곡선의 최저점은 역률이 1(100[%])이다.

42 트라이액(TRIAC)에 대한 설명으로 틀린 것은?

① 쌍방향성 3단자 사이리스터이다.
② 턴오프 시간이 SCR보다 짧으며 급격한 전압 변동에 강하다.
③ SCR 2개를 서로 반대 방향으로 병렬 연결하여 양방향 전류 제어가 가능하다.
④ 게이트에 전류를 흘리면 어느 방향이든 전압이 높은 쪽에서 낮은 쪽으로 도통한다.

해설 트라이액은 SCR 2개를 역병렬로 연결한 쌍방향 3단자 사이리스터로 턴온(오프) 시간이 짧으며 게이트에 전류가 흐르면 전원 전압이 (+)에서 (−)로 도통하는 교류 전력 제어 소자이다. 또한 급격한 전압 변동에 약하다.

정답 38. ③ 39. ② 40. ③ 41. ③ 42. ②

43 전부하에 있어 철손과 동손의 비율이 1 : 2인 변압기에서 효율이 최고인 부하는 전부하의 약 몇 [%]인가?

① 50　② 60
③ 70　④ 80

해설 변압기의 $\frac{1}{m}$ 부하 시 최대 효율의 조건은

$P_i = \left(\frac{1}{m}\right)^2 P_c$이므로

$\frac{1}{m} = \sqrt{\frac{P_i}{P_c}} = \frac{1}{\sqrt{2}} = 0.707 \fallingdotseq 70[\%]$

44 슬립 6[%]인 유도 전동기의 2차측 효율[%]은 얼마인가?

출제빈도

① 94　② 84
③ 90　④ 88

해설 유도 전동기의 2차 효율

$\eta_2 = \frac{P_0}{P_2} \times 100 = \frac{P_2(1-s)}{P_2} \times 100$

$= (1-s) \times 100 = (1-0.06) \times 100 = 94[\%]$

45 12극과 8극인 2개의 유도 전동기를 종속법에 의한 직렬 접속법으로 속도 제어할 때 전원 주파수가 60[Hz]인 경우 무부하 속도 N_0는 몇 [rps]인가?

① 5　② 6
③ 200　④ 360

해설 **유도 전동기 속도 제어에서 종속법에 의한 무부하 속도 N_0**

- 직렬 종속 $N_0 = \frac{120f}{P_1 + P_2}$[rpm]
- 차동 종속 $N_0 = \frac{120f}{P_1 - P_2}$[rpm]
- 병렬 종속 $N_0 = \frac{120f}{\frac{P_1 + P_2}{2}}$[rpm]

무부하 속도 $N_0 = \frac{2f}{P_1 + P_2} = \frac{2 \times 60}{12 + 8} = 6$[rps]

46 3상 교류 발전기의 기전력에 대하여 $\frac{\pi}{2}$[rad] 뒤진 전기자 전류가 흐르면 전기자 반작용은?

① 횡축 반작용을 한다.
② 교차 자화 작용을 한다.
③ 증자 작용을 한다.
④ 감자 작용을 한다.

해설 **동기 발전기의 전기자 반작용**

- 전기자 전류가 유기 기전력과 동상($\cos\theta = 1$)일 때는 주자속을 편협시켜 일그러뜨리는 횡축 반작용을 한다.
- 전기자 전류가 유기 기전력보다 위상 $\frac{\pi}{2}$ 뒤진($\cos\theta = 0$ 뒤진) 경우에는 주자속을 감소시키는 직축 감자 작용을 한다.
- 전기자 전류가 유기 기전력보다 위상이 $\frac{\pi}{2}$ 앞선($\cos\theta = 0$ 앞선) 경우에는 주자속을 증가시키는 직축 증자 작용을 한다.

47 2대의 변압기로 V결선하여 3상 변압하는 경우 변압기 이용률[%]은?

출제빈도

① 57.8　② 66.6
③ 86.6　④ 100

해설 단상 변압기 2대를 V결선하면 출력 $P_V = \sqrt{3} P_1$이며, 변압기 이용률$= \frac{\sqrt{3} P_1}{2P_1} = 0.866 = 86.6[\%]$이다.

48 극수 6, 회전수 1,200[rpm]의 교류 발전기와 병행 운전하는 극수 8의 교류 발전기의 회전수는 몇 [rpm]이어야 하는가?

출제빈도

① 800
② 900
③ 1,050
④ 1,100

정답 43. ③ 44. ① 45. ② 46. ④ 47. ③ 48. ②

해설 동기 속도(N_s)$=\dfrac{120f}{P}$[rpm]

$f=\dfrac{P\cdot N_s}{120}=\dfrac{1,200\times 6}{120}=60$[Hz]

∴ $P=8$일 때 동기 속도(N_s)

$N_s=\dfrac{120\times 60}{8}=900$[rpm]

49 계자 저항 100[Ω], 계자 전류 2[A], 전기자 저항이 0.2[Ω]이고, 무부하 정격 속도로 회전하고 있는 직류 분권 발전기가 있다. 이때의 유기 기전력[V]은?

① 196.2　② 200.4
③ 220.5　④ 320.2

해설 단자 전압 $V=E-I_aR_a=I_fr_f=2\times 100=200$[V]

전기자 전류 $I_a=I+I_f=I_f=2$[A]

(∵ 무부하 : $I=0$)

유기 기전력 $E=V+I_aR_a$

$=200+2\times 0.2=200.4$[V]

50 3상 유도 전동기의 전원측에서 임의의 2선을 바꾸어 접속하여 운전하면?

① 즉각 정지된다.
② 회전 방향이 반대가 된다.
③ 바꾸지 않았을 때와 동일하다.
④ 회전 방향은 불변이나 속도가 약간 떨어진다.

해설 3상 유도 전동기의 전원측에서 3선 중 2선의 접속을 바꾸면 회전 자계가 역회전하여 전동기의 회전 방향이 반대로 된다.

51 직류 발전기의 무부하 특성 곡선은 다음 중 어느 관계를 표시한 것인가?

① 계자 전류 – 부하 전류
② 단자 전압 – 계자 전류
③ 단자 전압 – 회전 속도
④ 부하 전류 – 단자 전압

해설 무부하 특성 곡선은 직류 발전기의 회전수를 일정하게 유지하고, 계자 전류 I_f[A]와 단자 전압 $V_0(E)$[V]의 관계를 나타낸 곡선이다.

52 단락비가 큰 동기기는?

① 안정도가 높다.
② 전압 변동률이 크다.
③ 기계가 소형이다.
④ 전기자 반작용이 크다.

해설 **단락비가 큰 동기 발전기의 특성**

- 동기 임피던스가 작다.
- 전압 변동률이 작다.
- 전기자 반작용이 작다(계자기 자력은 크고, 전기자기 자력은 작다).
- 출력이 크다.
- 과부하 내량이 크고, 안정도가 높다.
- 자기 여자 현상이 작다.
- 회전자가 크게 되어 철손이 증가하여 효율이 약간 감소한다.

53 와류손이 50[W]인 3,300/110[V], 60[Hz]용 단상 변압기를 50[Hz], 3,000[V]의 전원에 사용하면 이 변압기의 와류손은 약 몇 [W]로 되는가?

① 25　② 31
③ 36　④ 41

해설 와전류손 $P_e=\sigma_e(t\cdot k_f fB_m)^2$, $E=4.44fN\phi_m$

$P_e\propto V^2$

∴ $P_e'=\left(\dfrac{V'}{V}\right)^2P_e=\left(\dfrac{3,000}{3,300}\right)^2\times 50=41.32$[W]

54 유도 전동기 슬립 s의 범위는?

① $1<s$　② $s<-1$
③ $-1<s<0$　④ $0<s<1$

정답 49. ② 50. ② 51. ② 52. ① 53. ④ 54. ④

해설 유도 전동기의 슬립 $s=\frac{N_s-N}{N_s}$에서

기동 시($N=0$) $s=1$
무부하 시($N_0 \fallingdotseq N_s$) $s=0$
$\therefore 0<s<1$

55 3상 전원에서 2상 전원을 얻기 위한 변압기의 결선 방법은?

① △
② T
③ Y
④ V

해설 3상 전원에서 2상 전원을 얻기 위한 변압기의 결선 방법은 다음과 같다.

- 스코트(scott) 결선 → T결선
- 메이어(meyer) 결선
- 우드 브리지(wood bridge) 결선

56 직류기에서 양호한 정류를 얻는 조건으로 틀린 것은?

① 정류 주기를 크게 한다.
② 브러시의 접촉 저항을 크게 한다.
③ 전기자 권선의 인덕턴스를 작게 한다.
④ 평균 리액턴스 전압을 브러시 접촉면 전압 강하보다 크게 한다.

해설 평균 리액턴스 전압 $e=L\frac{2I_c}{T_c}$[V]가 정류 불량의 가장 큰 원인이므로 양호한 정류를 얻으려면 리액턴스 전압을 작게 하여야 한다.

- 전기자 코일의 인덕턴스(L)를 작게 한다.
- 정류 주기(T_c)가 클 것
- 주변 속도(v_c)는 느릴 것
- 보극을 설치 → 평균 리액턴스 전압 상쇄
- 브러시의 접촉 저항을 크게 한다.

57 교류 단상 직권 전동기의 구조를 설명한 것 중 옳은 것은?

① 역률 및 정류 개선을 위해 약계자 강전기자형으로 한다.
② 전기자 반작용을 줄이기 위해 약계자 강전기자형으로 한다.
③ 정류 개선을 위해 강계자 약전기자형으로 한다.
④ 역률 개선을 위해 고정자와 회전자의 자로를 성층 철심으로 한다.

해설 교류 단상 직권 전동기(정류자 전동기)는 철손의 감소를 위하여 성층 철심을 사용하고 역률 및 정류 개선을 위해 약계자 강전기자를 채택하며 전기자 반작용을 방지하기 위하여 보상 권선을 설치한다.

58 직류 전동기의 공급 전압을 V[V], 자속을 ϕ[Wb], 전기자 전류를 I_a[A], 전기자 저항을 R_a[Ω], 속도를 N[rpm]이라 할 때 속도의 관계식은 어떻게 되는가? (단, k는 상수이다.)

출제빈도

① $N=k\frac{V+I_aR_a}{\phi}$

② $N=k\frac{V-I_aR_a}{\phi}$

③ $N=k\frac{\phi}{V+I_aR_a}$

④ $N=k\frac{\phi}{V-I_aR_a}$

해설 직류 전동기의 역기전력

$E=\frac{Z}{a}P\phi\frac{N}{60}=k'\cdot\phi N=V-I_aR_a$

회전 속도 $N=\frac{E}{k'\cdot\phi}=k\frac{V-I_aR_a}{\phi}$[rpm]

여기서, $k=\frac{60a}{ZP}$: 상수

정답 55. ② 56. ④ 57. ① 58. ②

59 스테핑 모터의 특징을 설명한 것으로 옳지 않은 것은?

① 위치 제어를 할 때 각도 오차가 적고 누적되지 않는다.
② 속도 제어 범위가 좁으며 초저속에서 토크가 크다.
③ 정지하고 있을 때 그 위치를 유지해주는 토크가 크다.
④ 가속, 감속이 용이하며 정·역전 및 변속이 쉽다.

해설 스테핑 모터는 아주 정밀한 디지털 펄스 구동 방식의 전동기로서 정·역 및 변속이 용이하고 제어 범위가 넓으며 각도의 오차가 적고 축적되지 않으며 정지 위치를 유지하는 힘이 크다. 적용 분야는 타이프 라이터나 프린터의 캐리지(carriage), 리본(ribbon) 프린터 헤드, 용지 공급의 위치 정렬, 로봇 등이 있다.

60 직류 전동기 중 부하가 변하면 속도가 심하게 변하는 전동기는?

① 분권 전동기 ② 직권 전동기
③ 자동 복권 전동기 ④ 가동 복권 전동기

해설 직류 전동기 중 분권 전동기는 정속도 특성을, 직권 전동기는 부하 변동 시 속도 변화가 가장 크며, 복권 전동기는 중간 특성을 갖는다.

제4과목 회로이론

61 $V_a=3$[V], $V_b=2-j3$[V], $V_c=4+j3$[V]를 3상 불평형 전압이라고 할 때 영상 전압[V]은?

① 3 ② 9
③ 27 ④ 0

해설
$$V_0=\frac{1}{3}(V_a+V_b+V_c)$$
$$=\frac{1}{3}\{3+(2-j3)+(4+j3)\}$$
$$=3[\text{V}]$$

62 2전력계법을 써서 3상 전력을 측정하였더니 각 전력계가 +500[W], +300[W]를 지시하였다. 전전력[W]은?

① 800 ② 200
③ 500 ④ 300

해설 2전력계법 단상 전력계의 지시값을 P_1, P_2라 하면 3상 전력 $P=P_1+P_2=500+300=800$[W]

63 그림과 같은 회로망의 전달함수 $G(s)$는? (단, $s=j\omega$이다.)

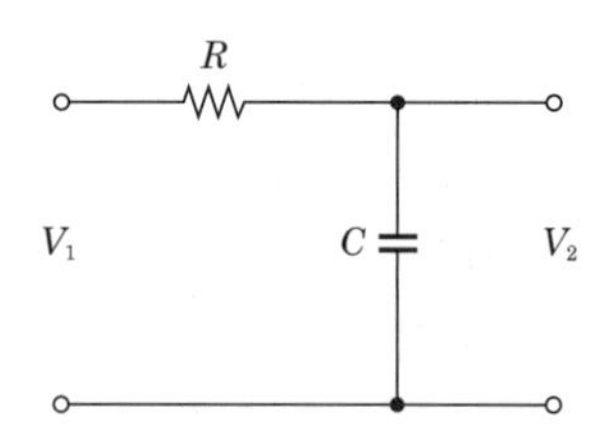

① $\frac{1}{1+s}$ ② $\frac{CR}{s+CR}$
③ $\frac{CR}{RCs+1}$ ④ $\frac{1}{RCs+1}$

해설
$$G(s)=\frac{V_2(s)}{V_1(s)}=\frac{\frac{1}{Cs}}{R+\frac{1}{Cs}}=\frac{1}{RCs+1}$$

64 $f(t)=\sin t\cos t$를 라플라스로 변환하면?

① $\frac{1}{s^2+4}$ ② $\frac{1}{s^2+2}$
③ $\frac{1}{(s+2)^2}$ ④ $\frac{1}{(s+4)^2}$

정답 59. ② 60. ② 61. ① 62. ① 63. ④ 64. ①

해설 삼각 함수 가법 정리에 의해서

$\sin(t+t) = 2\sin t\cos t$

$\therefore \sin t\cos t = \frac{1}{2}\sin 2t$

$\because F(s) = \mathcal{L}[\sin t\cos t] = \mathcal{L}\left[\frac{1}{2}\sin 2t\right]$

$= \frac{1}{2} \times \frac{2}{s^2+2^2} = \frac{1}{s^2+4}$

65 파고율이 2가 되는 파형은?

① 정현파 ② 톱니파

③ 반파 정류파 ④ 전파 정류파

해설 반파 정류파의 파고율 $= \frac{\text{최댓값}}{\text{실효값}} = \frac{V_m}{\frac{1}{2}V_m} = 2$

66 그림과 같은 π형 회로의 4단자 정수 D의 값은?

출제빈도

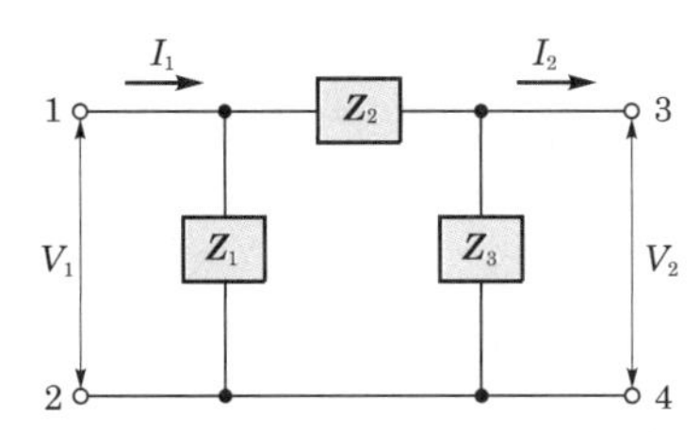

① Z_2 ② $1+\frac{Z_2}{Z_1}$

③ $\frac{1}{Z_1}+\frac{1}{Z_3}$ ④ $1+\frac{Z_2}{Z_3}$

해설 $\begin{bmatrix} A & B \\ C & D \end{bmatrix} = \begin{bmatrix} 1 & 0 \\ \frac{1}{Z_1} & 1 \end{bmatrix}\begin{bmatrix} 1 & Z_2 \\ 0 & 1 \end{bmatrix}\begin{bmatrix} 1 & 0 \\ \frac{1}{Z_3} & 1 \end{bmatrix}$

$= \begin{bmatrix} 1+\frac{Z_2}{Z_3} & Z_2 \\ \frac{Z_1+Z_2+Z_3}{Z_1 \cdot Z_3} & 1+\frac{Z_2}{Z_1} \end{bmatrix}$

67 그림과 같은 회로에서 Z_1의 단자 전압 $V_1 = \sqrt{3}+jy$, Z_2의 단자 전압 $V_2 = |V|\angle 30°$일 때 y 및 $|V|$의 값은?

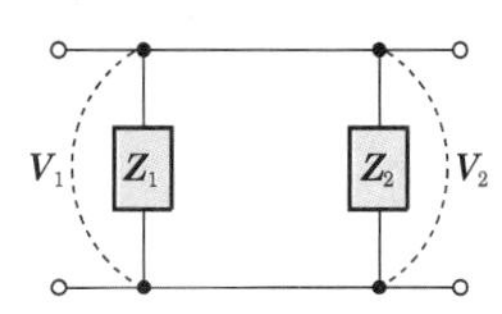

① $y=1,\ |V|=2$

② $y=\sqrt{3},\ |V|=2$

③ $y=2\sqrt{3},\ |V|=1$

④ $y=1,\ |V|=\sqrt{3}$

해설 $V_1 = V_2$이므로

$\sqrt{3}+jy = |V|\angle 30° = \frac{\sqrt{3}}{2}|V| + j\frac{1}{2}|V|$

복소수 상등 원리를 적용하면

$\sqrt{3} = \frac{\sqrt{3}}{2}|V|,\ y = \frac{1}{2}|V|$

$\therefore |V| = 2,\ y = 1$

68 전기회로에서 일어나는 과도 현상은 그 회로의 시정수와 관계가 있다. 이 사이의 관계를 옳게 표현한 것은?

출제빈도

① 회로의 시정수가 클수록 과도 현상은 오랫동안 지속된다.

② 시정수는 과도 현상의 지속 시간에는 상관되지 않는다.

③ 시정수의 역이 클수록 과도 현상은 천천히 사라진다.

④ 시정수가 클수록 과도 현상은 빨리 사라진다.

해설 시정수와 과도분은 비례 관계이므로 시정수가 클수록 과도분은 많다.

정답 65. ③ 66. ② 67. ① 68. ①

69 자계 코일의 권수 N=1,000, 저항 $R[\Omega]$으로 전류 I=10[A]를 통했을 때의 자속 $\phi = 2\times10^{-2}$[Wb]이다. 이때 이 회로의 시정수가 0.1[s]라면 저항 $R[\Omega]$은?

① 0.2　② $\frac{1}{20}$
③ 2　④ 20

해설 코일의 자기 인덕턴스

$$L=\frac{N\phi}{I}=\frac{1{,}000\times2\times10^{-2}}{10}=2[\text{H}]$$

$$\therefore\ \tau=\frac{L}{R}\text{에서 } R=\frac{L}{\tau}=\frac{2}{0.1}=20[\Omega]$$

70 R=4[Ω], ωL=3[Ω]의 직렬 회로에 $v=\sqrt{2}\,100\sin\omega t+50\sqrt{2}\sin3\omega t$[V]를 가할 때 이 회로의 소비 전력[W]은?

① 1,000　② 1,414
③ 1,560　④ 1,703

해설

$$I_1=\frac{V_1}{Z_1}=\frac{V_1}{\sqrt{R^2+(\omega L)^2}}=\frac{100}{\sqrt{4^2+3^2}}=20[\text{A}]$$

$$I_3=\frac{V_3}{Z_3}=\frac{V_3}{\sqrt{R^2+(3\omega L)^2}}=\frac{50}{\sqrt{4^2+9^2}}=5.07[\text{A}]$$

$$\therefore\ P=I_1^2R+I_3^2R=20^2\times4+5.07^2\times4=1{,}702.8\fallingdotseq1{,}703[\text{W}]$$

71 $R-L$ 직렬 회로에 $i=I_m\cos(\omega t+\theta)$인 전류가 흐른다. 이 직렬 회로 양단의 순시 전압은 어떻게 표시되는가? (단, ϕ는 전압과 전류의 위상차이다.)

① $\frac{I_m}{\sqrt{R^2+\omega^2L^2}}\cos(\omega t+\theta+\phi)$

② $\frac{I_m}{\sqrt{R^2+\omega^2L^2}}\cos(\omega t+\theta-\phi)$

③ $I_m\sqrt{R^2+\omega^2L^2}\cos(\omega t+\theta+\phi)$

④ $I_m\sqrt{R^2+\omega^2L^2}\cos(\omega t+\theta-\phi)$

해설 전압은 전류보다 ϕ만큼 앞선다.

$$\therefore\ V=Z\cdot i=\sqrt{R^2+\omega^2L^2}\cdot I_m\cos(\omega t+\theta+\phi)$$

72 임피던스 함수 $Z(s)=\frac{s+50}{s^2+3s+2}[\Omega]$으로 주어지는 2단자 회로망에 직류 100[V]의 전압을 가했다면 회로의 전류는 몇 [A]인가?

① 4　② 6
③ 8　④ 10

해설 직류 전압은 주파수 $f=0$이므로 $s=0$이다.

$$\therefore\ I=\left.\frac{V}{Z}\right|_{s=0}=\frac{100}{25}=4[\text{A}]$$

73 10[Ω]의 저항 3개를 Y로 결선한 것을 등가 △결선으로 환산한 저항의 크기[Ω]는?

① 20　② 30
③ 40　④ 60

해설 Y결선의 임피던스가 같은 경우 △결선으로 등가 변환하면 $Z_\triangle=3Z_Y$가 된다.

$$\therefore\ Z_\triangle=3Z_Y=3\times10=30[\Omega]$$

74 대칭분을 I_0, I_1, I_2라 하고 선전류를 I_a, I_b, I_c라 할 때, I_b는?

① $I_0+I_1+I_2$

② $\frac{1}{3}(I_0+I_1+I_2)$

③ $I_0+a^2I_1+aI_2$

④ $I_0+aI_1+a^2I_2$

해설

$$I_a=I_0+I_1+I_2$$
$$I_b=I_0+a^2I_1+aI_2$$
$$I_c=I_0+aI_1+a^2I_2$$

정답 69. ④ 70. ④ 71. ③ 72. ① 73. ② 74. ③

75 전압의 순시값이 $e = 3 + 10\sqrt{2}\sin\omega t + 5\sqrt{2}\sin(3\omega t - 30°)$[V]일 때, 실효값 $|E|$는 몇 [V]인가?

① 20.1 ② 16.4
③ 13.2 ④ 11.6

해설 $E = \sqrt{{E_0}^2 + {E_1}^2 + {E_3}^2} = \sqrt{3^2 + 10^2 + 5^2}$
$\fallingdotseq 11.6$[V]

76 대칭 좌표법에 관한 설명 중 잘못된 것은?

① 불평형 3상 회로 비접지식 회로에서는 영상분이 존재한다.
② 대칭 3상 전압에서 영상분은 0이 된다.
③ 대칭 3상 전압은 정상분만 존재한다.
④ 불평형 3상 회로의 접지식 회로에서는 영상분이 존재한다.

해설 비접지식 회로에서는 영상분이 존재하지 않는다.

77 그림과 같은 회로에서 $i_1 = I_m \sin\omega t$일 때 개방된 2차 단자에 나타나는 유기 기전력 e_2는 몇 [V]인가?

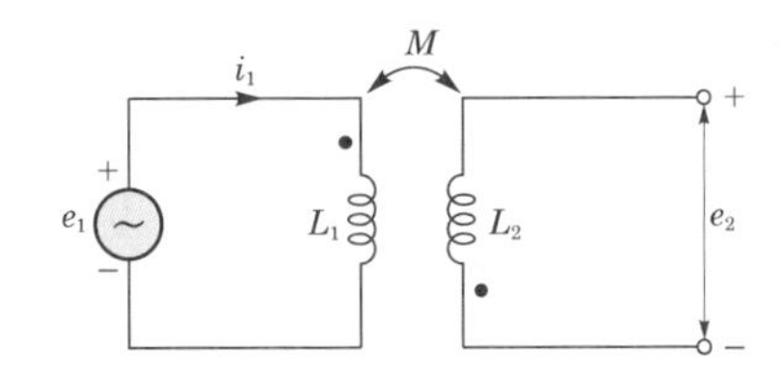

① $\omega M \sin\omega t$
② $\omega M \cos\omega t$
③ $\omega M I_m \sin(\omega t - 90°)$
④ $\omega M I_m \sin(\omega t + 90°)$

해설 차동 결합이므로 2차 유도 기전력

$$e_2 = -M\frac{di}{dt} = -M\frac{d}{dt}I_m\sin\omega t$$
$$= -\omega M I_m \cos\omega t = \omega M I_m \sin(\omega t - 90°)\text{[V]}$$

78 그림과 같은 회로에서 I는 몇 [A]인가? (단, 저항의 단위는 [Ω]이다.)

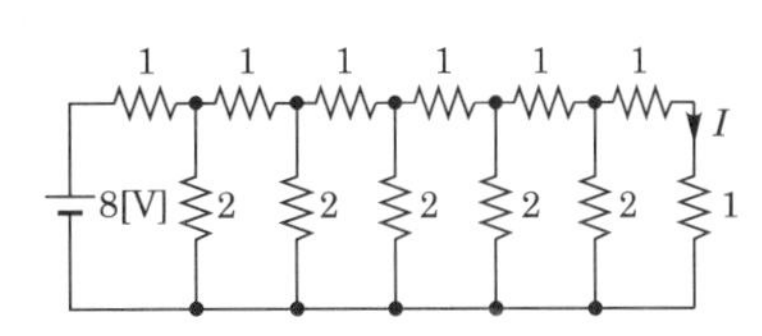

① 1
② $\frac{1}{2}$
③ $\frac{1}{4}$
④ $\frac{1}{8}$

해설 전체 합성 저항을 구하면 2[Ω]이므로 전전류는 4[A]가 된다. 분류 법칙에 의해 전류 I를 구하면 $\frac{1}{8}$[A]가 된다.

79 그림과 같은 교류 회로에서 저항 R을 변환시킬 때 저항에서 소비되는 최대 전력[W]은?

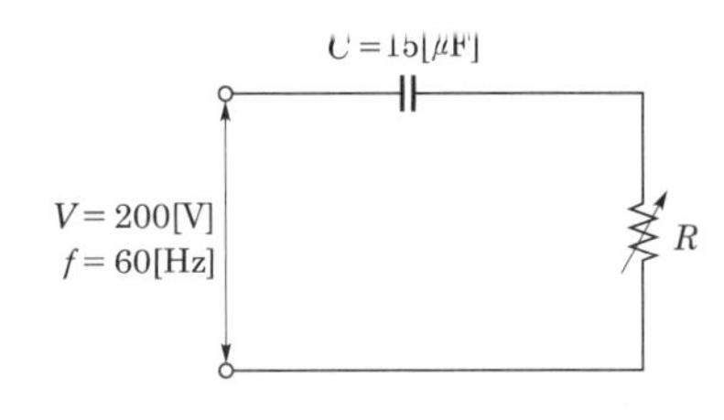

① 95 ② 113
③ 134 ④ 154

해설 최대 전력 전달 조건 $R = \frac{1}{\omega C} = X_C$[Ω]

$$P_{\max} = I^2 \cdot R = \frac{V^2}{R^2 + {X_C}^2} \cdot R \Bigg|_{R=\frac{1}{\omega C}}$$
$$= \frac{V^2}{\frac{1}{\omega^2 C^2} + \frac{1}{\omega^2 C^2}} \cdot \frac{1}{\omega C} = \frac{1}{2}\omega C V^2\text{[W]}$$

$$\therefore P_{\max} = \frac{1}{2} \times 377 \times 15 \times 10^{-6} \times 200^2$$
$$= 113\text{[W]}$$

정답 75. ④ 76. ① 77. ③ 78. ④ 79. ②

80 대칭 6상 기전력의 선간 전압과 상기전력의 위상차는?

① 75°　② 30°
③ 60°　④ 120°

해설 위상차 $\theta = \frac{\pi}{2}\left(1-\frac{2}{n}\right) = \frac{180}{2}\left(1-\frac{2}{6}\right)$

$= 90\times\frac{2}{3} = 60°$

제5과목 전기설비기술기준

81 접지 도체에 피뢰 시스템이 접속되는 경우 접지 도체로 동선을 사용할 때 공칭 단면적은 몇 [mm²] 이상 사용하여야 하는가?

① 4　② 6
③ 10　④ 16

해설 접지 도체에 피뢰 시스템이 접속되는 경우 (KEC 142.3.1)
- 구리 : 16[mm²] 이상
- 철제 : 50[mm²] 이상

82 최대 사용 전압이 220[V]인 전동기의 절연 내력시험을 하고자 할 때 시험 전압은 몇 [V]인가?

① 300
② 330
③ 450
④ 500

해설 회전기 및 정류기의 절연 내력(KEC 133)
220×1.5=330[V]
500[V] 미만으로 되는 경우에는 최저 시험 전압 500[V]로 한다.

83 하나 또는 복합하여 시설하여야 하는 접지극의 방법으로 틀린 것은?

① 지중 금속 구조물
② 토양에 매설된 기초 접지극
③ 케이블의 금속 외장 및 그 밖에 금속 피복
④ 대지에 매설된 강화 콘크리트의 용접된 금속 보강재

해설 접지극의 시설 및 접지 저항(KEC 142.2)
접지극은 다음의 방법 중 하나 또는 복합하여 시설
- 콘크리트에 매입된 기초 접지극
- 토양에 매설된 기초 접지극
- 토양에 수직 또는 수평으로 직접 매설된 금속 전극
- 케이블의 금속 외장 및 그 밖에 금속 피복
- 지중 금속 구조물(배관 등)
- 대지에 매설된 철근 콘크리트의 용접된 금속 보강재

84 돌침, 수평 도체, 메시 도체의 요소 중에 한 가지 또는 이를 조합한 형식으로 시설하는 것은?

① 접지극 시스템　② 수뢰부 시스템
③ 내부 피뢰 시스템　④ 인하 도선 시스템

해설 수뢰부 시스템(KEC 152.1)
수뢰부 시스템의 선정은 돌침, 수평 도체, 메시 도체의 요소 중에 한 가지 또는 이를 조합한 형식으로 시설하여야 한다.

85 저압 전로의 절연 성능 측정 시 영향을 주거나 손상을 받을 수 있는 SPD 또는 기타 기기 등은 측정 전에 분리시켜야 하고, 부득이하게 분리가 어려운 경우에는 시험 전압을 250[V] DC로 낮추어 측정할 수 있지만 절연 저항값은 (　)[MΩ] 이상이어야 한다. 다음 (　) 안에 알맞은 것은?

① 0.5　② 1.0
③ 1.5　④ 2.0

정답 80. ③ 81. ④ 82. ④ 83. ④ 84. ② 85. ②

해설 저압 전로의 절연 성능(기술기준 제52조)

- 개폐기 또는 과전류 차단기로 구분할 수 있는 전로마다 다음 표에서 정한 값 이상
- 측정 시 영향을 주거나 손상을 받을 수 있는 SPD 또는 기타 기기 등은 측정 전에 분리시켜야 하고, 부득이하게 분리가 어려운 경우에는 시험 전압을 250[V] DC로 낮추어 측정할 수 있지만 절연 저항 값은 1[MΩ] 이상

전로의 사용 전압[V]	DC 시험 전압 [V]	절연 저항 [MΩ]
SELV 및 PELV	250	0.5
FELV, 500[V] 이하	500	1.0
500[V] 초과	1,000	1.0

86 출제빈도

정격 전류 63[A] 이하인 산업용 배선 차단기에서 과전류 트립 동작 시간 60분에 동작하는 전류는 정격 전류의 몇 배의 전류가 흘렀을 경우 동작하여야 하는가?

① 1.05배 ② 1.3배
③ 1.5배 ④ 2배

해설 과전류 트립 동작 시간 및 특성 - 산업용 배선 차단기(KEC 212.3)

- 부동작 전류 : 1.05배
- 동작 전류 : 1.3배

87 출제빈도

KS C IEC 60364에서 전원의 한 점을 직접 접지하고, 설비의 노출 도전성 부분을 전원 계통의 접지극과 별도로 전기적으로 독립하여 접지하는 방식은?

① TT 계통 ② TN-C 계통
③ TN-S 계통 ④ TN-CS 계통

해설 계통 접지의 방식(KEC 203)

접지 방식	전원측의 한 점	설비의 노출도 전부
TN	대지로 직접	전원측 접지 이용
TT	대지로 직접	대지로 직접
IT	대지로부터 절연	대지로 직접

88 옥내 배선의 사용 전압이 400[V] 이하일 때 전광 표시 장치 기타 이와 유사한 장치 또는 제어 회로 등의 배선에 다심 케이블을 시설하는 경우 배선의 단면적은 몇 [mm^2] 이상인가?

① 0.75 ② 1.5
③ 1 ④ 2.5

해설 저압 옥내 배선의 사용 전선(KEC 231.3)

전광 표시 장치 기타 이와 유사한 장치 또는 제어 회로 등에 이용하는 배선에 단면적 0.75[mm^2] 이상의 다심 케이블 또는 다심 캡타이어 케이블을 사용한다.

89 출제빈도

케이블 트레이 공사에 사용되는 케이블 트레이가 수용된 모든 전선을 지지할 수 있는 적합한 강도의 것일 경우 케이블 트레이의 안전율은 얼마 이상으로 하여야 하는가?

① 1.1 ② 1.2
③ 1.3 ④ 1.5

해설 케이블 트레이 공사(KEC 232.41)

케이블 트레이의 안전율은 1.5 이상이어야 한다.

90 출제빈도

전기 부식 방지 시설에서 전원 장치를 사용하는 경우로 옳은 것은?

① 전기 부식 방지 회로의 사용 전압은 교류 60[V] 이하일 것
② 지중에 매설하는 양극(+)의 매설 깊이는 50[cm] 이상일 것
③ 지표 또는 수중에서 1[m] 간격의 임의의 2점 간의 전위차는 7[V]를 넘지 말 것
④ 수중에 시설하는 양극(+)과 그 주위 1[m] 이내의 거리에 있는 임의점과의 사이의 전위차는 10[V]를 넘지 말 것

정답 86. ② 87. ① 88. ① 89. ④ 90. ④

해설 전기 부식 방지 회로의 전압 등(KEC 241.16.3)

- 전기 부식 방지 회로의 사용 전압은 직류 60[V] 이하일 것
- 지중에 매설하는 양극의 매설 깊이는 75[cm] 이상일 것
- 수중에 시설하는 양극과 그 주위 1[m] 이내의 거리에 있는 임의점과의 사이의 전위차는 10[V]를 넘지 아니할 것
- 지표 또는 수중에서 1[m] 간격의 임의의 2점 간의 전위차가 5[V]를 넘지 아니할 것

91 5.7[kV]의 고압 배전선의 중성점을 접지하는 경우 접지 도체에 연동선을 사용하면 공칭 단면적은 얼마인가?

① 6[mm^2] ② 10[mm^2]
③ 16[mm^2] ④ 25[mm^2]

해설 전로의 중성점의 접지(KEC 322.5)
접지 도체는 공칭 단면적 16[mm^2] 이상의 연동선(저압 전로의 중성점 6[mm^2] 이상)으로서 고장 시 흐르는 전류가 안전하게 통할 수 있는 것을 사용하고 또한 손상을 받을 우려가 없도록 시설할 것

92 고압 인입선 등의 시설 기준에 맞지 않는 것은?

① 고압 가공 인입선 아래에 위험 표시를 하고 지표상 3.5[m] 높이에 설치하였다.
② 전선은 5.0[mm] 경동선과 동등한 세기의 고압 절연 전선을 사용하였다.
③ 애자 사용 공사로 시설하였다.
④ 15[m] 떨어진 다른 수용가에 고압 연접 인입선을 시설하였다.

해설 고압 가공 인입선의 시설(KEC 331.12.1)
고압 연접 인입선은 시설하여서는 아니 된다.

93 특고압 가공 전선과 가공 약전류 전선을 동일 지지물에 시설하는 경우 공가할 수 있는 사용 전압은 최대 몇 [V]인가?

① 25[kV] ② 35[kV]
③ 70[kV] ④ 100[kV]

해설 35[kV]를 넘으면 가공 약전류 전선과 공가할 수 없다.

94 고압 가공 전선이 가공 약전류 전선 등과 접근하는 경우 고압 가공 전선과 가공 약전류 전선 등 사이의 이격 거리는 몇 [cm] 이상이어야 하는가? (단, 전선이 케이블인 경우이다.)

① 15[cm] ② 30[cm]
③ 40[cm] ④ 80[cm]

해설 고압 가공 전선과 건조물의 접근(KEC 332.11)

가공 전선의 종류	이격 거리
저압 가공 전선	0.6[m](고압 절연 전선 또는 케이블 0.3[m])
고압 가공 전선	0.8[m](케이블 0.4[m])

95 변전소에 고압용 기계 기구를 시가지 내에 사람이 쉽게 접촉할 우려가 없도록 시설하는 경우 지표상 몇 [m] 이상의 높이에 시설하여야 하는가? (단, 고압용 기계 기구에 부속하는 전선으로는 케이블을 사용하였다.)

① 4 ② 4.5
③ 5 ④ 5.5

해설 고압용 기계 기구의 시설(KEC 341.8)
지표상 높이 4.5[m](시가지 외 4[m]) 이상

96 발전기를 구동하는 수차의 압유 장치 유압이 현저히 저하한 경우 자동적으로 이를 전로로부터 차단시키도록 보호 장치를 하여야 한다. 용량 몇 [kVA] 이상인 발전기에 자동 차단 보호 장치를 하여야 하는가?

① 500 ② 1,000
③ 1,500 ④ 2,000

정답 91. ③ 92. ④ 93. ② 94. ③ 95. ② 96. ①

해설 발전기 등의 보호 장치(KEC 351.3)

용량 500[kVA] 이상의 발전기를 구동하는 수차의 압유 장치의 유압 또는 전동식 가이드밴 제어 장치, 전동식 니들 제어 장치 또는 전동식 디플렉터 제어 장치의 전원 전압이 현저히 저하한 경우 발전기에 자동 차단 보호 장치를 하여야 한다.

97 사용 전압이 22.9[kV]인 가공 전선로를 시가지에 시설하는 경우 전선의 지표상 높이는 몇 [m] 이상인가? (단, 전선은 특고압 절연 전선을 사용한다.)

① 6 ② 7
③ 8 ④ 10

해설 시가지 등에서 특고압 가공 전선로의 시설(KEC 333.1)－시가지 등에서 170[kV] 이하 특고압 가공 전선로 높이

사용 전압의 구분	이격 거리
35[kV] 이하	10[m](전선이 특고압 절연 전선인 경우에는 8[m])
35[kV] 초과	10[m]에 35[kV]를 초과하는 10[kV] 또는 그 단수마다 0.12[m]를 더한 값

98 154/22.9[kV]용 변전소의 변압기에 반드시 시설하지 않아도 되는 계측 장치는?

① 전압계 ② 전류계
③ 역률계 ④ 온도계

해설 계측 장치(KEC 351.6)

변전소 계측 장치

• 주요 변압기의 전압 및 전류 또는 전력
• 특고압용 변압기의 온도

99 사용 전압이 22.9[kV]인 가공 전선로의 다중 접지한 중성선과 첨가 통신선의 이격 거리는 몇 [cm] 이상이어야 하는가? (단, 특고압 가공 전선로는 중성선 다중 접지식의 것으로 전로에 지락이 생긴 경우 2초 이내에 자동적으로 이를 전로로부터 차단하는 장치가 되어 있는 것으로 한다.)

① 60
② 75
③ 100
④ 120

해설 전력 보안 통신선의 시설 높이와 이격 거리(KEC 362.2)

통신선과 저압 가공 전선 또는 25[kV] 이하 특고압 가공 전선로의 다중 접지를 한 중성선 사이의 이격 거리는 0.6[m] 이상일 것

100 태양 전지 발전소에 태양 전지 모듈 등을 시설할 경우 사용 전선(연동선)의 공칭 단면적은 몇 [mm^2] 이상인가?

① 1.6 ② 2.5
③ 5 ④ 10

해설 전기 저장 장치의 시설(KEC 512.1.1)

전선은 공칭 단면적 2.5[mm^2] 이상의 연동선으로 하고, 배선은 합성 수지관 공사, 금속관 공사, 가요 전선관 공사 또는 케이블 공사로 시설할 것

정답 97. ③ 98. ③ 99. ① 100. ②

2022. 4. 17. 시행

2022년 제2회 CBT 기출복원문제

제1과목 전기자기학

01 10[mm]의 지름을 가진 동선에 50[A]의 전류가 흐를 때 단위 시간에 동선의 단면을 통과하는 전자의 수는 얼마인가?

① 약 50×10^{19}[개]
② 약 20.45×10^{15}[개]
③ 약 31.25×10^{19}[개]
④ 약 7.85×10^{16}[개]

해설 전류 $I=\dfrac{Q}{t}=\dfrac{ne}{t}$[C/s, A]

전자의 수 $n=\dfrac{It}{e}=\dfrac{50\times1}{1.602\times10^{-19}}$

$=31.25\times10^{19}$[개]

02 100회 감은 코일과 쇄교하는 자속이 $\dfrac{1}{10}$초 동안에 0.5[Wb]에서 0.3[Wb]로 감소했다. 이때, 유기되는 기전력은 몇 [V]인가?

① 20 ② 200
③ 80 ④ 800

해설 $e=-N\dfrac{d\phi}{dt}=-100\times\dfrac{0.3-0.5}{0.1}=200$[V]

03 무한히 넓은 2개의 평행 도체판의 간격이 d[m]이며 그 전위차는 V[V]이다. 도체판의 단위 면적에 작용하는 힘은 몇 [N/m^2]인가? (단, 유전율은 ε_0이다.)

① $\varepsilon_0\left(\dfrac{V}{d}\right)^2$ ② $\dfrac{1}{2}\varepsilon_0\left(\dfrac{V}{d}\right)^2$
③ $\dfrac{1}{2}\varepsilon_0\left(\dfrac{V}{d}\right)$ ④ $\varepsilon_0\left(\dfrac{V}{d}\right)$

해설 $f=\dfrac{\rho_s^{\,2}}{2\varepsilon_0}=\dfrac{1}{2}\varepsilon_0\boldsymbol{E}^2=\dfrac{1}{2}\varepsilon_0\left(\dfrac{V}{d}\right)^2$[N/m^2]

04 접지된 구도체와 점전하 간에 작용하는 힘은?

① 항상 흡인력이다.
② 항상 반발력이다.
③ 조건적 흡인력이다.
④ 조건적 반발력이다.

해설 점전하가 Q[C]일 때 접지 구도체의 영상 전하 $Q'=-\dfrac{a}{d}Q$[C] 으로 이종의 전하 사이에 작용하는 힘으로 쿨롱의 법칙에서 항상 흡인력이 작용한다.

05 평행판 콘덴서에 어떤 유전체를 넣었을 때 전속 밀도가 4.8×10^{-7}[C/m^2]이고, 단위 체적당 정전 에너지가 5.3×10^{-3}[J/m^3]이었다. 이 유전체의 유전율은 몇 [F/m]인가?

① 1.15×10^{-11} ② 2.17×10^{-11}
③ 3.19×10^{-11} ④ 4.21×10^{-11}

해설 정전 에너지

$W=\dfrac{D^2}{2\varepsilon}$[J/m^3]

$\therefore\ \varepsilon=\dfrac{D^2}{2W}=\dfrac{(4.8\times10^{-7})^2}{2\times5.3\times10^{-3}}$

$=2.17\times10^{-11}$[F/m]

06 히스테리시스 곡선에서 히스테리시스 손실에 해당하는 것은?

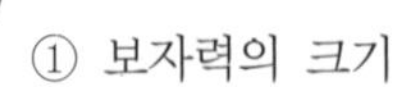

① 보자력의 크기
② 잔류 자기의 크기
③ 보자력과 잔류 자기의 곱
④ 히스테리시스 곡선의 면적

정답 01. ③ 02. ② 03. ② 04. ① 05. ② 06. ④

해설 히스테리시스 루프를 일주할 때마다 그 면적에 상당하는 에너지가 열에너지로 손실되는데, 교류의 경우 단위 체적당 에너지 손실이 되고 이를 히스테리시스 손실이라고 한다.

07 자기 회로와 전기 회로의 대응으로 틀린 것은?

① 자속 ↔ 전류

② 기자력 ↔ 기전력

③ 투자율 ↔ 유전율

④ 자계의 세기 ↔ 전계의 세기

해설

자기 회로	전기 회로
기자력 $F=NI$	기전력 E
자기 저항 $R_m=\dfrac{l}{\mu S}$	저항 $R=\dfrac{l}{kS}$
자속 $\phi=\dfrac{F}{R_m}$	전류 $I=\dfrac{E}{R}$
투자율 μ	도전율 k
자계의 세기 H	전계의 세기 E

08 다음 중 전류에 의한 자계의 방향을 결정하는 법칙은?

① 렌츠의 법칙

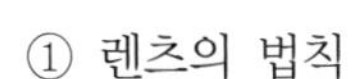

② 플레밍의 왼손 법칙

③ 플레밍의 오른손 법칙

④ 앙페르의 오른 나사 법칙

해설 전류에 의한 자계의 방향은 앙페르의 오른 나사 법칙에 따르며 다음 그림과 같은 방향이다.

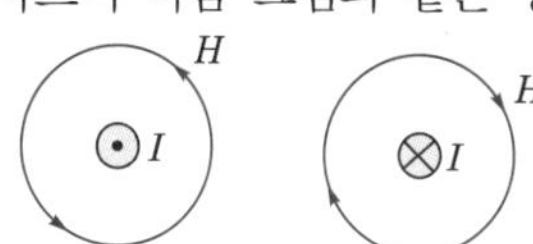

09 표면 전하 밀도 σ[C/m²]로 대전된 도체 내부의 전속 밀도는 몇 [C/m²]인가?

① σ　　② $\varepsilon_0 E$

③ $\dfrac{\sigma}{\varepsilon_0}$　　④ 0

해설 도체 내부의 전계의 세기 $E=0$

전속 밀도 $D=\varepsilon_0 E=0$

10 10[mH]의 두 가지 인덕턴스가 있다. 결합계수를 0.1로부터 0.9까지 변화시킬 수 있다면 이것을 접속시켜 얻을 수 있는 합성 인덕턴스의 최대값과 최소값의 비는?

① 9 : 1

② 13 : 1

③ 16 : 1

④ 19 : 1

해설 합성 인덕턴스 $L_0=L_1+L_2\pm 2M$[H]

$L_1=L_2=10$[mH]이므로 $L_0=20\pm 2M$[mH]

상호 인덕턴스 $M=K\sqrt{L_1 L_2}=10K$

결합 계수는 0.1로부터 0.9까지 변화시킬 수 있지만 합성 인덕턴스의 최대값과 최소값의 비이므로 결합계수 $K=0.9$이다.

$\therefore\ L_0=20\pm 2\times 10\times 0.9=20\pm 18$[mH]

∴ 합성 인덕턴스의 최대값과 최소값의 비

38 : 2=19 : 1

11 공기 중에서 E[V/m]의 전계를 i_D[A/m²]의 변위 전류로 흐르게 하려면 주파수[Hz]는 얼마가 되어야 하는가?

① $f=\dfrac{i_D}{2\pi\varepsilon E}$　　② $f=\dfrac{i_D}{4\pi\varepsilon E}$

③ $f=\dfrac{\varepsilon i_D}{2\pi^2 E}$　　④ $f=\dfrac{i_D E}{4\pi^2\varepsilon}$

해설 전계 E를 페이저(phasor)로 표시하면

$E=E_0 e^{j\omega t}$[V/m]가 되므로

$$i_D=\frac{\partial D}{\partial t}=\varepsilon\frac{\partial E}{\partial t}=\varepsilon\frac{\partial}{\partial t}(E_0 e^{j\omega t})$$

$$=j\omega\varepsilon E_0 e^{j\omega t}=j\omega\varepsilon E\,[\mathrm{A/m^2}]$$

$\omega=2\pi f$[rad/s]를 $|i_D|$에 대입하면

$i_D=2\pi f\varepsilon E$[A/m²]

$$\therefore\ f=\frac{i_D}{2\pi\varepsilon E}\,[\mathrm{Hz}]$$

정답 07. ③ 08. ④ 09. ④ 10. ④ 11. ①

12 자기 인덕턴스가 L_1, L_2이고 상호 인덕턴스가 M인 두 회로의 결합 계수가 1이면 다음 중 옳은 것은?

① $L_1L_2 = M$　② $L_1L_2 < M^2$
③ $L_1L_2 > M^2$　④ $L_1L_2 = M^2$

해설 결합 계수 K가 1이면 $K = \dfrac{M}{\sqrt{L_1L_2}}$에서

$M = \sqrt{L_1L_2}$

$\therefore M^2 = L_1L_2$

13 지름 10[cm]인 원형 코일에 1[A]의 전류를 흘릴 때, 코일 중심의 자계를 1,000[AT/m]로 하려면 코일을 몇 회 감으면 되는가?

① 200　② 150
③ 100　④ 50

해설 $H = \dfrac{NI}{2a}$[AT/m]

$$N = \frac{2aH}{I} = \frac{2\left(\frac{d}{2}\right)H_o}{I}$$

$$= \frac{2 \times \frac{0.1}{2} \times 1{,}000}{1} = 100[\text{회}]$$

14 도체계에서 임의의 도체를 일정 전위의 도체로 완전 포위하면 내외 공간의 전계를 완전 차단할 수 있다. 이것을 무엇이라 하는가?

① 전자 차폐　② 정전 차폐
③ 홀(Hall) 효과　④ 핀치(Pinch) 효과

15 동일한 금속 도선의 두 점 간에 온도차를 주고 고온 쪽에서 저온 쪽으로 전류를 흘리면, 줄열 이외에 도선 속에서 열이 발생하거나 흡수가 일어나는 현상을 지칭하는 것은?

① 제벡 효과　② 톰슨 효과
③ 펠티에 효과　④ 볼타 효과

해설
- 톰슨 효과 : 동종의 금속에서도 각 부에서 온도가 다르면 그 부분에서 열의 발생 또는 흡수가 일어나는 효과를 톰슨 효과라 한다.
- 제벡 효과 : 서로 다른 두 금속 A, B를 접속하고 다른 쪽에 전압계를 연결하여 접속부를 가열하면 전압이 발생하는 것을 알 수 있다. 이와 같이 서로 다른 금속을 접속하고 접속점을 서로 다른 온도를 유지하면 기전력이 생겨 일정한 방향으로 전류가 흐른다. 이러한 현상을 제벡 효과(Seebeck effect)라 한다. 즉, 온도차에 의한 열기전력 발생을 말한다.
- 펠티에 효과 : 서로 다른 두 금속에서 다른 쪽 금속으로 전류를 흘리면 열의 발생 또는 흡수가 일어나는데 이 현상을 펠티에 효과라 한다.

16 m[Wb]의 점자극에 의한 자계 중에서 r[m] 거리에 있는 점의 자위[A]는?

① $\dfrac{1}{4\pi\mu_0} \times \dfrac{m}{r^2}$　② $\dfrac{1}{4\pi\mu_0} \times \dfrac{m}{r}$
③ $\dfrac{1}{4\pi\mu_0} \times \dfrac{m^2}{r}$　④ $\dfrac{1}{4\pi\mu_0} \times \dfrac{m^2}{r^2}$

해설

m[Wb] — r[m] — P　dr 무한 원점 +1[Wb] ∞

+1[Wb]의 자하를 자계 0인 무한 원점에서 점 P까지 운반하는 데 소요되는 일

$$U = -\int_{\infty}^{P} H \cdot dr = -\int_{\infty}^{r} \frac{m}{4\pi\mu_0 r^2} dr$$

$$= \frac{m}{4\pi\mu_0 r} = 6.33 \times 10^4 \frac{m}{r} [\text{AT, A}]$$

17 100[MHz]의 전자파의 파장은?

① 0.3[m]　② 0.6[m]
③ 3[m]　④ 6[m]

해설 진공 중에서 전파 속도는 빛의 속도와 같으므로

$v = C_0 = 3 \times 10^8$[m/s]

$\therefore v = C_0 = \lambda \cdot f$[m/s]

$\therefore \lambda = \dfrac{C_0}{f} = \dfrac{3 \times 10^8}{100 \times 10^6} = 3$[m]

정답 12. ④ 13. ③ 14. ② 15. ② 16. ② 17. ③

18 유전율 ε, 투자율 μ인 매질 내에서 전자파의 속도[m/s]는?

① $\sqrt{\frac{\mu}{\varepsilon}}$　② $\sqrt{\mu\varepsilon}$

③ $\sqrt{\frac{\varepsilon}{\mu}}$　④ $\frac{3\times10^8}{\sqrt{\varepsilon_s\mu_s}}$

해설 $v=\frac{1}{\sqrt{\varepsilon\mu}}=\frac{1}{\sqrt{\varepsilon_0\,\mu_0}}\cdot\frac{1}{\sqrt{\varepsilon_s\,\mu_s}}$

$=C_0\frac{1}{\sqrt{\varepsilon_s\,\mu_s}}=\frac{3\times10^8}{\sqrt{\varepsilon_s\,\mu_s}}$[m/s]

19 한 변의 길이가 2[m]인 정삼각형 정점 A, B, C에 각각 10^{-4}[C]의 점전하가 있다. 점 B에 작용하는 힘[N]은?

① 26　② 39

③ 48　④ 54

해설

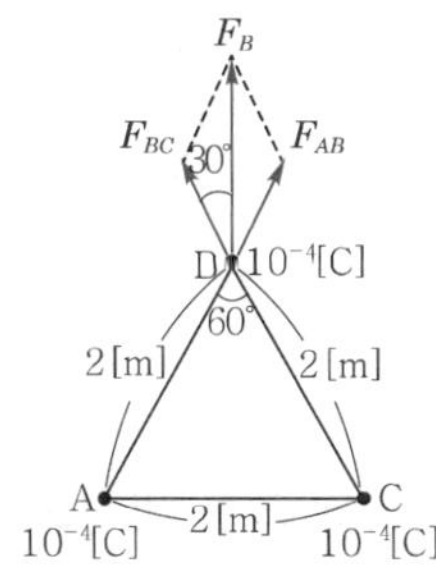

$F_{AB}=F_{BC}$이므로

$F_B=2F_{BC}\cos30°$

$=\sqrt{3}\,F_{BC}$

$=\sqrt{3}\times9\times10^9\times\frac{Q_1\cdot Q_2}{r^2}$[N]

$=\sqrt{3}\times9\times10^9\times\frac{(10^{-4})^2}{2^2}\fallingdotseq39$[N]

20 점 (−2, 1, 5)[m]와 점 (1, 3, −1)[m]에 각각 위치해 있는 점전하 1[μC]과 4[μC]에 의해 발생된 전위장 내에 저장된 정전 에너지는 약 몇 [mJ]인가?

① 2.57　② 5.14

③ 7.71　④ 10.28

해설 정전 에너지

$W=F\cdot r=\frac{Q_1Q_2}{4\pi\varepsilon_0r^2}\cdot r=9\times10^9\times\frac{Q_1Q_2}{r}$[J]

$\dot{r}=\{1-(-2)\}i+(3-1)j+(-1-5)k$

$=3i+2j-6k$

$|\dot{r}|=\sqrt{3^2+2^2+(-6)^2}=7$[m]

$Q_1=1[\mu C]$, $Q_2=4[\mu C]$이므로

$\therefore\ W=9\times10^9\times\frac{1\times10^{-6}\times4\times10^{-6}}{7}\times10^3$

$=5.14$[mJ]

제2과목 전력공학

21 송전 선로에서 4단자 정수 A, B, C, D 사이의 관계로 옳은 것은?

① $BC-AD=1$

② $AC-BD=1$

③ $AB-CD=1$

④ $AD-BC=1$

해설 4단자 정수의 관계

$AD-BC=1$

22 정격 용량 150[kVA]인 단상 변압기 두 대로 V결선을 했을 경우 최대 출력은 약 몇 [kVA]인가?

① 170

② 173

③ 260

④ 280

해설 V결선의 출력

$P_V=\sqrt{3}\,P_1=\sqrt{3}\times150\fallingdotseq260$[kVA]

정답 18. ④ 19. ② 20. ② 21. ④ 22. ③

23 단거리 송전 선로에서 정상 상태 유효 전력의 크기는?

① 선로 리액턴스 및 전압 위상차에 비례한다.
② 선로 리액턴스 및 전압 위상차에 반비례한다.
③ 선로 리액턴스에 반비례하고 상차각에 비례한다.
④ 선로 리액턴스에 비례하고 상차각에 반비례한다.

해설 전송 전력 $P_s = \frac{E_s E_r}{X} \times \sin\delta$[MW]이므로 송·수전단 전압 및 상차각에는 비례하고, 선로의 리액턴스에는 반비례한다.

24 그림과 같은 전선로의 단락 용량은 약 몇 [MVA] 인가? (단, 그림의 수치는 10,000 [kVA]를 기준으로 한 %리액턴스를 나타낸다.)

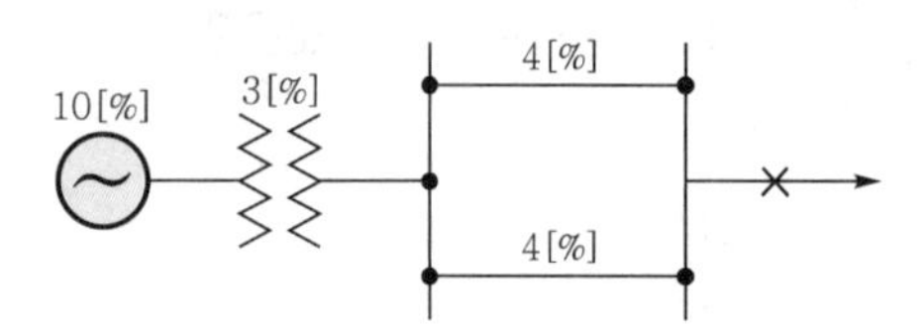

① 33.7 ② 66.7
③ 99.7 ④ 132.7

해설 단락 용량 $P_s = \frac{100}{\%Z} P_n$

$$= \frac{100}{10+3+\frac{4}{2}} \times 10,000 \times 10^{-3}$$

$$= 66.7[\text{MVA}]$$

25 소호 리액터 접지에 대한 설명으로 틀린 것은?

① 지락 전류가 작다.
② 과도 안정도가 높다.
③ 전자 유도 장해가 경감된다.
④ 선택 지락 계전기의 작동이 쉽다.

해설 **소호 리액터 접지**

$L-C$ 병렬 공진을 이용하므로 지락 전류가 최소로 되어 유도 장해가 적고, 고장 중에도 계속적인 송전이 가능하며, 고장이 스스로 복구될 수 있어 과도 안정도가 좋지만, 보호 장치의 동작이 불확실하다.

26 파동 임피던스가 300[Ω]인 가공 송전선 1[km] 당의 인덕턴스는 몇 [mH/km]인가? (단, 저항과 누설 컨덕턴스는 무시한다.)

① 0.5
② 1
③ 1.5
④ 2

해설 파동 임피던스 $Z_0 = \sqrt{\frac{L}{C}} = 138\log\frac{D}{r}$ 이므로

$\log\frac{D}{r} = \frac{Z_0}{138} = \frac{300}{138}$ 이다.

$$\therefore L = 0.4605\log\frac{D}{r}$$

$$= 0.4605 \times \frac{300}{138}$$

$$\fallingdotseq 1[\text{mH/km}]$$

27 전력 계통에 과도 안정도 향상 대책과 관련 없는 것은?

① 빠른 고장 제거
② 속응 여자 시스템 사용
③ 큰 임피던스의 변압기 사용
④ 병렬 송전 선로의 추가 건설

해설 **안정도 향상 대책**

- 직렬 리액턴스 감소
- 전압 변동 억제(속응 여자 방식, 계통 연계, 중간 조상 방식)
- 계통 충격 경감(소호 리액터 접지, 고속 차단, 재폐로)
- 전력 변동 억제(조속기 신속 동작, 제동 저항기)

정답 23. ③ 24. ② 25. ④ 26. ② 27. ③

28 배전 전압, 배전 거리 및 전력 손실이 같다 조건에서 단상 2선식 전기 방식의 전선 총 중량을 100[%]라 할 때 3상 3선식 전기 방식은 몇 [%]인가?

① 33.3 ② 37.5
③ 75.0 ④ 100.0

해설 전선 총 중량은 단상 2선식을 기준으로 단상 3선식은 $\frac{3}{8}$, 3상 3선식은 $\frac{3}{4}$, 3상 4선식은 $\frac{1}{3}$이다.

29 피뢰기의 제한 전압에 대한 설명으로 옳은 것은?

① 방전을 개시할 때의 단자 전압의 순시값
② 피뢰기 동작 중 단자 전압의 파고값
③ 특성 요소에 흐르는 전압의 순시값
④ 피뢰기에 걸린 회로 전압

해설 제한 전압은 피뢰기가 동작하고 있을 때 단자에 허용하는 파고값을 말한다.

30 유효 낙차 370[m], 최대 사용 수량 15[m^3/s], 수차 효율 85[%], 발전기 효율 96[%]인 수력 발전소의 최대 출력은 몇 [kW]인가?

① 34,400 ② 38,543
③ 44,382 ④ 52,340

해설 출력 $P=9.8HQ\eta=9.8\times370\times15\times0.85\times0.96$
$=44,382$[kW]

31 수용가군 총합의 부하율은 각 수용가의 수용분 및 수용가 사이의 부등률이 변화할 때 어떻게 되는가?

① 부등률과 수용률에 비례한다.
② 부등률에 비례하고, 수용률에 반비례한다.
③ 수용률에 비례하고, 부등률에 반비례한다.
④ 부등률과 수용률에 반비례한다.

해설 부하율$=\frac{\text{평균 전력}}{\text{설비 용량의 합계}}\times\frac{\text{부등률}}{\text{수용률}}$이므로 부등률에 비례하고, 수용률에 반비례한다.

32 3상 1회선 송전 선로의 소호 리액터의 용량 [kVA]은?

① 선로 충전 용량과 같다.
② 선간 충전 용량의 $\frac{1}{2}$이다.
③ 3선 일괄의 대지 충전 용량과 같다.
④ 1선과 중성점 사이의 충전 용량과 같다.

해설 소호 리액터 용량은 3선을 일괄한 대지 충전 용량과 같아야 하므로 $Q_c=3\omega CE^2$로 된다.

33 전원이 양단에 있는 방사상 송전 선로에서 과전류 계전기와 조합하여 단락 보호에 사용하는 계전기는?

① 선택 지락 계전기 ② 방향 단락 계전기
③ 과전압 계전기 ④ 부족 전류 계전기

해설 송전 선로의 단락 보호 방식
- 방사상식 선로 : 반한시 특성 또는 순한시 반한시성 특성을 가진 과전류 계전기 사용, 전원이 양단에 있는 경우에는 방향 단락 계전기와 과전류 계전기의 조합
- 환상식 선로 : 방향 단락 계전 방식, 방향 거리 계전 방식

34 어떤 건물에서 총 설비 부하 용량이 850[kW], 수용률이 60[%]이면, 변압기 용량은 최소 몇 [kVA]로 하여야 하는가? (단, 설비 부하의 종합 역률은 0.75이다).

① 740 ② 680
③ 650 ④ 500

해설 변압기 용량 $P_t=\frac{850\times0.6}{0.75}=680$[kVA]

정답 28. ③ 29. ② 30. ③ 31. ② 32. ③ 33. ② 34. ②

35 선로 임피던스 Z, 송·수전단 양쪽에 어드미턴스 Y를 연결한 π형 회로의 4단자 정수에서 B의 값은?

① Y ② Z

③ $\dfrac{1+ZY}{2}$ ④ $Y+\dfrac{1+ZY}{4}$

해설 π형 회로의 4단자 정수

$$\begin{bmatrix} A & B \\ C & D \end{bmatrix} = \begin{bmatrix} 1+\dfrac{ZY}{2} & Z \\ Y\left(1+\dfrac{ZY}{4}\right) & 1+\dfrac{ZY}{2} \end{bmatrix}$$

36 중성점 접지 방식 중 1선 지락 고장일 때 선로의 전압 상승이 최대이고, 통신 장해가 최소인 것은?

① 비접지 방식
② 직접 접지 방식
③ 저항 접지 방식
④ 소호 리액터 접지 방식

해설 소호 리액터 접지식은 $L-C$ 병렬 공진을 이용하므로 지락 전류가 최소로 되어 유도 장해가 적고, 고장 중에도 계속적인 송전이 가능하며, 고장이 스스로 복구될 수 있어 과도 안정도가 좋지만, 보호 장치의 동작이 불확실하다.

37 배전 선로 개폐기 중 반드시 차단 기능이 있는 후비 보호 장치와 직렬로 설치하여 고장 구간을 분리시키는 개폐기는?

① 컷아웃 스위치
② 부하 개폐기
③ 리클로저
④ 섹셔널라이저

해설 • 리클로저(recloser)는 선로에 고장이 발생하였을 때 고장 전류를 검출하여 지정된 시간 내에 고속 차단하고 자동 재폐로 동작을 수행하여 고장 구간을 분리하거나 재송전하는 장치

• 섹셔널라이저(sectionalizer)는 고장 발생 시 차단 기능이 없으므로 고장을 차단하는 후비 보호 장치와 직렬로 설치하여 고장 구간을 분리시키는 개폐기

38 뒤진 역률 80[%], 1,000[kW]의 3상 부하가 있다. 여기에 콘덴서를 설치하여 역률을 95[%]로 개선하려면 콘덴서의 용량 [kVA]은?

① 328[kVA]
② 421[kVA]
③ 765[kVA]
④ 951[kVA]

해설 $Q = P(\tan\theta_1 - \tan\theta_2)$

$$= 1,000 \times \left(\frac{\sqrt{1-0.8^2}}{0.8} - \frac{\sqrt{1-0.95^2}}{0.95}\right)$$

$$= 421.3[\text{kVA}]$$

39 전압이 일정값 이하로 되었을 때 동작하는 것으로서, 단락 시 고장 검출용으로도 사용되는 계전기는?

① 재폐로 계전기
② 역상 계전기
③ 부족 전류 계전기
④ 부족 전압 계전기

해설 부족 전압 계전기는 단락 고장의 검출용 또는 공급 전압 급감으로 인한 과전류 방지용이다.

40 전력 퓨즈(power fuse)의 특성이 아닌 것은?

① 현저한 한류 특성이 있다.
② 부하 전류를 안전하게 차단한다.
③ 소형이고 경량이다.
④ 릴레이나 변성기가 불필요하다.

해설 전력 퓨즈는 단락 전류를 차단하는 것을 주목적으로 하며, 부하 전류를 차단하는 용도로 사용하지는 않는다.

정답 35. ② 36. ④ 37. ④ 38. ② 39. ④ 40. ②

제3과목 전기기기

41 변압기의 철심이 갖추어야 할 조건으로 틀린 것은?

① 투자율이 클 것
② 전기 저항이 작을 것
③ 성층 철심으로 할 것
④ 히스테리시스손 계수가 작을 것

해설 변압기 철심은 자속의 통로 역할을 하므로 투자율은 크고, 와전류손의 감소를 위해 성층 철심을 사용하여 전기 저항은 크게 하고, 히스테리시스손과 계수를 작게 하기 위해 규소를 함유한다.

42 직류 전압을 직접 제어하는 것은?

① 단상 인버터
② 초퍼형 인버터
③ 브리지형 인버터
④ 3상 인버터

해설 고속으로 'on, off'를 반복하여 직류 전압의 크기를 직접 제어하는 장치를 초퍼(chopper)형 인버터라 한다.

43 동기 전동기의 V곡선(위상 특성)에 대한 설명으로 틀린 것은?

① 횡축에 여자 전류를 나타낸다.
② 종축에 전기자 전류를 나타낸다.
③ V곡선의 최저점에는 역률이 0[%]이다.
④ 동일 출력에 대해서 여자가 약한 경우가 뒤진 역률이다.

해설 동기 전동기의 위상 특성 곡선(V곡선)은 여자 전류를 조정하여 부족 여자일 때 뒤진 전류가 흘러 리액터 작용(지역률), 과여자일 때 앞선 전류가 흘러 콘덴서 작용(진역률)을 한다.

44 유도 전동기의 2차 동손(P_c), 2차 입력(P_2), 슬립(s)의 관계식으로 옳은 것은?

① $P_2 P_c s = 1$　　② $s = P_2 P_c$
③ $s = \dfrac{P_2}{P_c}$　　④ $P_c = sP_2$

해설 2차 입력 $P_2 = mI_2^{\,2} \cdot \dfrac{r_2}{s}$[W]

2차 동손 $P_c = mI_2^{\,2} \cdot r_2 = sP_2$[W]

45 직류 발전기에 있어서 계자 철심에 잔류 자기가 없어도 발전되는 직류기는?

① 분권 발전기　　② 직권 발전기
③ 타여자 발전기　　④ 복권 발전기

해설 직류 자여자 발전기의 분권, 직권 및 복권 발전기는 잔류 자기가 꼭 있어야 하고, 타여자 발전기는 독립된 직류 전원에 의해 여자(excite)하므로 잔류 자기가 필요하지 않다.

46 고압 단상 변압기의 %임피던스 강하 4[%], 2차 정격 전류를 300[A]라 하면 정격 전압의 2차 단락 전류[A]는? (단, 변압기에서 전원측의 임피던스는 무시한다.)

① 0.75　　② 75
③ 1,200　　④ 7,500

해설 단락 전류(I_s)$= \dfrac{100}{\%Z} \cdot I_n$[A]

$\therefore\ I_s = \dfrac{100}{4} \times 300 = 7{,}500$[A]

47 권선형 유도 전동기의 속도－토크 곡선에서 비례 추이는 그 곡선이 무엇에 비례하여 이동하는가?

① 슬립　　② 회전수
③ 공급 전압　　④ 2차 저항

정답 41. ② 42. ② 43. ③ 44. ④ 45. ③ 46. ④ 47. ④

해설 3상 권선형 유도 전동기는 동일 토크에서 2차 저항을 증가하면 슬립이 비례하여 증가한다. 따라서, 토크 곡선이 2차 저항에 비례하여 이동하는 것을 토크의 비례 추이라 한다.

48 3상 직권 정류자 전동기의 중간 변압기의 사용 목적은?

① 역회전의 방지

② 역회전을 위하여

③ 전동기의 특성을 조정

④ 직권 특성을 얻기 위하여

해설 3상 직권 정류자 전동기의 중간 변압기를 사용하는 목적은 다음과 같다.

- 회전자 전압을 정류 작용에 맞는 값으로 조정할 수 있다.
- 권수비를 바꾸어서 전동기의 특성을 조정할 수 있다.
- 경부하 시 철심의 자속을 포화시켜두면 속도의 이상 상승을 억제할 수 있다.

49 전기자의 지름 D[m], 길이 l[m]가 되는 전기자에 권선을 감은 직류 발전기가 있다. 자극의 수 p, 각각의 자속수가 ϕ[Wb]일 때, 전기자 표면의 자속 밀도[Wb/m²]는?

① $\dfrac{\pi Dp}{60}$ ② $\dfrac{p\phi}{\pi Dl}$

③ $\dfrac{\pi Dl}{p\phi}$ ④ $\dfrac{\pi Dl}{p}$

해설 총 자속 $\Phi = p\phi$[Wb]

전기자 주변의 면적 $S = \pi Dl$[m²]

자속 밀도 $B = \dfrac{\Phi}{S} = \dfrac{p\phi}{\pi Dl}$[Wb/m²]

50 3상 동기 발전기의 전기자 권선을 Y결선으로 하는 이유 중 △결선과 비교할 때 장점이 아닌 것은?

출제빈도

① 출력을 더욱 증대할 수 있다.

② 권선의 코로나 현상이 적다.

③ 고조파 순환 전류가 흐르지 않는다.

④ 권선의 보호 및 이상 전압의 방지 대책이 용이하다.

해설 **3상 동기 발전기의 전기자 권선을 Y결선할 경우의 장점**

- 중성점을 접지할 수 있어, 계전기 동작이 확실하고 이상 전압 발생이 없다.
- 상전압이 선간 전압보다 $\dfrac{1}{\sqrt{3}}$배 감소하여 코로나 현상이 적다.
- 상전압의 제3고조파는 선간 전압에는 나타나지 않는다.
- 절연 레벨을 낮출 수 있으며 단절연이 가능하다.

51 유도 전동기의 특성에서 토크와 2차 입력 및 동기 속도의 관계는?

① 토크는 2차 입력과 동기 속도의 곱에 비례한다.

② 토크는 2차 입력에 반비례하고, 동기 속도에 비례한다.

③ 토크는 2차 입력에 비례하고, 동기 속도에 반비례한다.

④ 토크는 2차 입력의 자승에 비례하고, 동기 속도의 자승에 반비례한다.

해설 유도 전동기의 토크

$T = \dfrac{P}{\omega} = \dfrac{P}{2\pi\dfrac{N}{60}} = \dfrac{P_2}{2\pi\dfrac{N_s}{60}}$ 이므로

토크는 2차 입력(P_2)에 비례하고 동기 속도(N_s)에 반비례한다.

52 단상 반발 전동기에 해당되지 않는 것은?

① 아트킨손 전동기 ② 시라게 전동기

③ 데리 전동기 ④ 톰슨 전동기

정답 48. ③ 49. ② 50. ① 51. ③ 52. ②

해설 시라게 전동기는 3상 분권 정류자 전동기이다. 단상 반발 전동기의 종류에는 아트킨손(Atkinson)형, 톰슨(Thomson)형, 데리(Deri)형, 윈터 아이티베르그(Winter Eichberg)형 등이 있다.

53 **직류 분권 전동기가 단자 전압 215[V], 전기자 전류 50[A], 1,500[rpm]으로 운전되고 있을 때 발생 토크는 약 몇 [N · m]인가? (단, 전기자 저항은 0.1[Ω]이다.)**

① 6.8
② 33.2
③ 46.8
④ 66.9

해설 직류 전동기 토크(T)

$$T=\frac{E\cdot I_a}{2\pi\frac{N}{60}}=\frac{(V-I_ar_a)\cdot I_a}{2\pi\frac{N}{60}}[\text{N}\cdot\text{m}]$$

$$=\frac{(215-50\times0.1)\times50}{2\pi\frac{1,500}{60}}$$

$$=66.88[\text{N}\cdot\text{m}]$$

54 **단락비가 큰 동기기는?**

① 안정도가 높다.
② 전압 변동률이 크다.
③ 기계가 소형이다.
④ 전기자 반작용이 크다.

해설 **단락비가 큰 동기 발전기의 특성**
- 동기 임피던스가 작다.
- 전압 변동률이 작다.
- 전기자 반작용이 작다(계자 기자력은 크고, 전기자 기자력은 작다).
- 출력이 크다.
- 과부하 내량이 크고, 안정도가 높다.
- 자기 여자 현상이 작다.
- 회전자가 크게 되어 철손이 증가하여 효율이 약간 감소한다.

55 **10[kVA], 2,000/100[V] 변압기에서 1차에 환산한 등가 임피던스는 $6.2+j7$[Ω]이다. 이 변압기의 %리액턴스 강하[%]는?**

① 3.5 ② 1.75
③ 0.35 ④ 0.175

해설
$$I_1=\frac{P}{V_1}=\frac{10\times10^3}{2,000}=5[\text{A}]$$

$$\therefore\ q=\frac{I_1\cdot x}{V_1}\times100=\frac{5\times7}{2,000}\times100=1.75[\%]$$

56 **다음 유도 전동기 기동법 중 권선형 유도 전동기에 가장 적합한 기동법은?**

① Y－△ 기동법 ② 기동 보상기법
③ 전전압 기동법 ④ 2차 저항법

해설 권선형 유도 전동기의 기동법은 2차측(회전자)에 저항을 연결하여 시동하는 2차 저항 기동법, 농형 유도 전동기의 기동법은 전전압 기동, Y－△ 기동 및 기동 보상기법이 사용된다.

57 **전부하에 있어 철손과 동손의 비율이 1 : 2인 변압기에서 효율이 최고인 부하는 전부하의 약 몇 [%]인가?**

① 50 ② 60
③ 70 ④ 80

해설 변압기의 $\frac{1}{m}$ 부하 시 최대 효율의 조건은

$P_i=\left(\frac{1}{m}\right)^2P_c$이므로

$$\frac{1}{m}=\sqrt{\frac{P_i}{P_c}}=\frac{1}{\sqrt{2}}=0.707\fallingdotseq70[\%]$$

58 **직류 전압의 맥동률이 가장 작은 정류 회로는? (단, 저항 부하를 사용한 경우이다.)**

① 단상 전파 ② 단상 반파
③ 3상 반파 ④ 3상 전파

정답 53. ④ 54. ① 55. ② 56. ④ 57. ③ 58. ④

해설 정류 회로의 맥동률은 다음과 같다.
- 단상 반파 정류의 맥동률 : 121[%]
- 단상 전파 정류의 맥동률 : 48[%]
- 3상 반파 정류의 맥동률 : 17[%]
- 3상 전파 정류의 맥동률 : 4[%]

59 직류 분권 전동기 운전 중 계자 권선의 저항이 증가할 때 회전 속도는?

① 일정하다.
② 감소한다.
③ 증가한다.
④ 관계없다.

해설 **직류 분권 전동기의 회전 속도**

$N = K\frac{V - I_a R_a}{\phi}$에서 계자 권선의 저항이 증가하면 계자 전류가 감소하고 계자 자속이 감소하여 회전 속도는 상승한다.

60 3상 동기 발전기 각 상의 유기 기전력 중 제3고조파를 제거하려면 코일 간격/극 간격은 어떻게 되는가?

① 0.11
② 0.33
③ 0.67
④ 1.34

해설 **제3고조파에 대한 단절 계수**

$K_{pn} = \sin\frac{n\beta\pi}{2}$에서 $K_{p3} = \sin\frac{3\beta\pi}{2}$이다.

제3고조파를 제거하려면 $K_{p3} = 0$이 되어야 한다.

따라서, $\frac{3\beta\pi}{2} = n\pi$

$n = 1$일 때 $\beta = \frac{2}{3} = 0.67$

$n = 2$일 때 $\beta = \frac{4}{3} = 1.33$

$\beta = \frac{\text{코일 간격}}{\text{극 간격}} < 1$이므로 $\beta = 0.67$

제4과목 회로이론

61 전달 함수에 대한 설명으로 틀린 것은?

① 어떤 계의 전달 함수는 그 계에 대한 임펄스 응답의 라플라스 변환과 같다.
② 전달 함수는 $\frac{\text{출력 라플라스 변환}}{\text{입력 라플라스 변환}}$으로 정의된다.
③ 전달 함수가 s가 될 때 적분 요소라 한다.
④ 어떤 계의 전달 함수의 분모를 0으로 놓으면 이것이 곧 특성 방정식이다.

해설 제어 요소의 전달 함수에서 미분 요소의 전달 함수 $G(s) = s$, 적분 요소의 전달 함수 $G(s) = \frac{1}{s}$이다.

62 그림과 같은 파형의 실효값은?

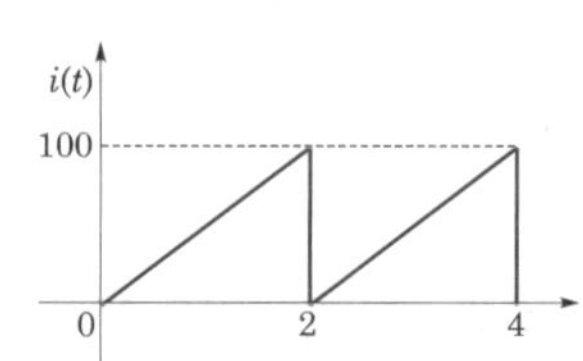

① 47.7 ② 57.7
③ 67.7 ④ 77.5

해설 삼각파 · 톱니파의 실효값 및 평균값은

$I = \frac{1}{\sqrt{3}}I_m$, $I_{av} = \frac{1}{2}I_m$에서

실효값 $I = \frac{1}{\sqrt{3}} \times 100 = 57.7[\text{A}]$

63 단상 전력계 2개로써 평형 3상 부하의 전력을 측정하였더니 각각 300[W]와 600[W]를 나타내었다면 부하 역률은? (단, 전압과 전류는 정현파이다.)

① 0.5 ② 0.577
③ 0.637 ④ 0.867

정답 59. ③ 60. ③ 61. ③ 62. ② 63. ④

해설 역률 $\cos\theta = \dfrac{P}{P_a} = \dfrac{P}{\sqrt{P^2 + P_r^{\ 2}}}$

$$= \frac{P_1 + P_2}{2\sqrt{P_1^{\ 2} + P_2^{\ 2} - P_1 P_2}}$$

$$= \frac{300 + 600}{2\sqrt{300^2 + 600^2 - 300 \times 600}}$$

$$= 0.867$$

64 그림과 같은 평형 3상 Y결선에서 각 상이 8[Ω]의 저항과 6[Ω]의 리액턴스가 직렬로 연결된 부하에 선간 전압 $100\sqrt{3}$[V]가 공급되었다. 이때 선전류는 몇 [A]인가?

출제빈도

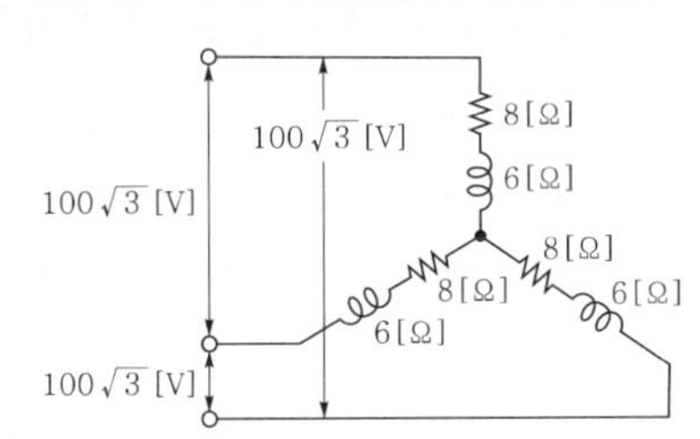

① 5 ② 10
③ 15 ④ 20

해설 3상 Y결선이므로

선전류(I_l)=상전류(I_p)$= \dfrac{V_p}{Z}$

$$= \frac{100}{\sqrt{8^2 + 6^2}} = 10[\text{A}]$$

65 그림에서 4단자 회로 정수 A, B, C, D 중 출력 단자 3, 4가 개방되었을 때의 $\dfrac{V_1}{V_2}$인 A의 값은?

출제빈도

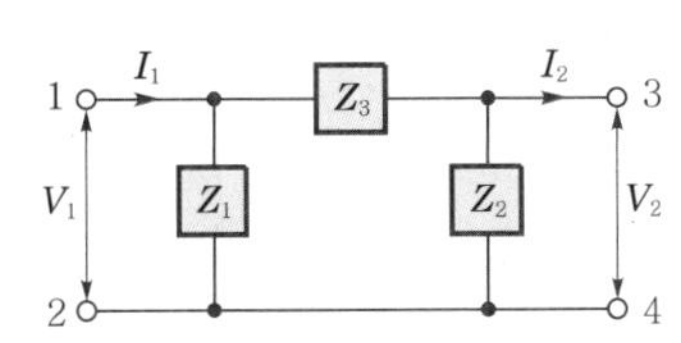

① $1 + \dfrac{Z_2}{Z_1}$ ② $1 + \dfrac{Z_3}{Z_2}$
③ $1 + \dfrac{Z_2}{Z_3}$ ④ $\dfrac{Z_1 + Z_2 + Z_3}{Z_1 Z_3}$

해설

$$\begin{bmatrix} A & B \\ C & D \end{bmatrix} = \begin{bmatrix} 1 & 0 \\ \dfrac{1}{Z_1} & 1 \end{bmatrix} \begin{bmatrix} 1 & Z_3 \\ 0 & 1 \end{bmatrix} \begin{bmatrix} 1 & 0 \\ \dfrac{1}{Z_2} & 1 \end{bmatrix}$$

$$= \begin{bmatrix} 1 + \dfrac{Z_3}{Z_2} & Z_3 \\ \dfrac{Z_1 + Z_2 + Z_3}{Z_1 Z_2} & 1 + \dfrac{Z_2}{Z_1} \end{bmatrix}$$

66 그림의 회로에서 전류 I는 약 몇 [A]인가? (단, 저항의 단위는 [Ω]이다.)

출제빈도

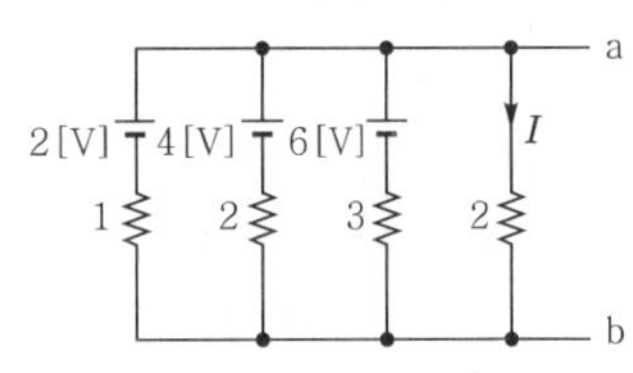

① 1.125 ② 1.29
③ 6 ④ 7

해설 밀만의 정리에 의해 a－b 단자의 단자 전압 V_{ab}

$$V_{ab} = \frac{\dfrac{2}{1} + \dfrac{4}{2} + \dfrac{6}{3}}{\dfrac{1}{1} + \dfrac{1}{2} + \dfrac{1}{3} + \dfrac{1}{2}} \fallingdotseq 2.57[\text{V}]$$

$\therefore$ 2[Ω]에 흐르는 전류 $I = \dfrac{2.57}{2} = 1.29[\text{A}]$

67 비정현파 전류가 $i(t) = 56\sin\omega t + 20\sin 2\omega t + 30\sin(3\omega t + 30°) + 40\sin(4\omega t + 60°)$로 표현될 때, 왜형률은 약 얼마인가?

출제빈도

① 1.0 ② 0.96
③ 0.55 ④ 0.11

해설 왜형률 $= \dfrac{\text{전 고조파의 실효값}}{\text{기본파의 실효값}}$

$$\therefore D = \frac{\sqrt{\left(\dfrac{20}{\sqrt{2}}\right)^2 + \left(\dfrac{30}{\sqrt{2}}\right)^2 + \left(\dfrac{40}{\sqrt{2}}\right)^2}}{\dfrac{56}{\sqrt{2}}}$$

$$= 0.96$$

정답 64. ② 65. ② 66. ② 67. ②

68 C[F]인 용량을 $v = V_1\sin(\omega t + \theta_1) + V_3\sin(3\omega t + \theta_3)$인 전압으로 충전할 때 몇 [A]의 전류(실효값)가 필요한가?

① $\frac{1}{\sqrt{2}}\sqrt{{V_1}^2 + 9{V_3}^2}$

② $\frac{1}{\sqrt{2}}\sqrt{{V_1}^2 + {V_3}^2}$

③ $\frac{\omega C}{\sqrt{2}}\sqrt{{V_1}^2 + 9{V_3}^2}$

④ $\frac{\omega C}{\sqrt{2}}\sqrt{{V_1}^2 + {V_3}^2}$

해설 전류 실효값

$i = \omega C V_1 \sin(\omega t + \theta_1 + 90°)$
$+ 3\omega C V_3 \sin(3\omega t + \theta_3 + 90°)$ 이므로

$I = \sqrt{\frac{(\omega C V_1)^2 + (3\omega C V_3)^2}{2}}$
$= \frac{\omega C}{\sqrt{2}}\sqrt{{V_1}^2 + 9{V_3}^2}$ [A]

69 $\frac{1}{s+3}$의 역라플라스 변환은?

① e^{3t}

② e^{-3t}

③ $e^{\frac{1}{3}}$

④ $e^{-\frac{1}{3}}$

해설 $\mathcal{L}[e^{-at}] = \frac{1}{s+a}$ 이므로

$\therefore \mathcal{L}^{-1}\left[\frac{1}{s+3}\right] = e^{-3t}$

70 평형 3상 Y결선 회로의 선간 전압이 V_l, 상전압이 V_p, 선전류가 I_l, 상전류가 I_p일 때 다음의 수식 중 틀린 것은? (단, P는 3상 부하 전력을 의미한다.)

① $V_l = \sqrt{3}\,V_p$

② $I_l = I_p$

③ $P = \sqrt{3}\,V_l I_l \cos\theta$

④ $P = \sqrt{3}\,V_p I_p \cos\theta$

해설 성형 결선(Y결선)

- 선간 전압(V_l)= $\sqrt{3}$ 상 전압(V_p)
- 선전류(I_l)=상전류(I_p)
- 전력 $P = 3V_p I_p \cos\theta$
  $= \sqrt{3}\,V_l I_l \cos\theta$ [W]

71 대칭 좌표법에 관한 설명 중 잘못된 것은?

① 불평형 3상 회로 비접지식 회로에서는 영상분이 존재한다.

② 대칭 3상 전압에서 영상분은 0이 된다.

③ 대칭 3상 전압은 정상분만 존재한다.

④ 불평형 3상 회로의 접지식 회로에서는 영상분이 존재한다.

해설 비접지식 회로에서는 영상분이 존재하지 않는다. 대칭 3상 전압의 대칭분은 영상분과 역상분은 0이고, 정상분만 V_a로 존재한다.

72 회로에서 a-b 단자 사이의 전압 V_{ab}[V]는?

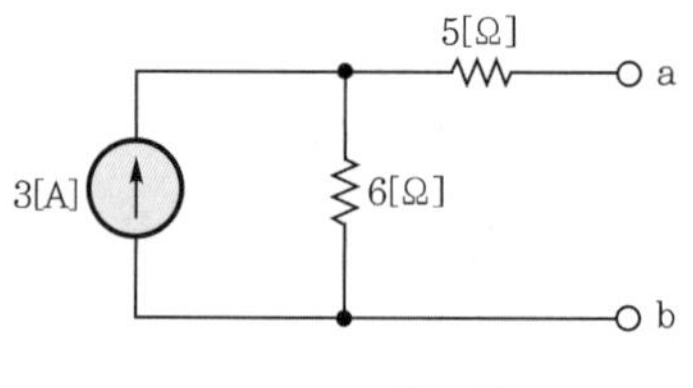

① 15 ② 12

③ 9 ④ 18

해설 전압 V_{ab}는 6[Ω]의 단자 전압이므로
$V_{ab} = 6 \times 3 = 18$[V]

정답 68. ③ 69. ② 70. ④ 71. ① 72. ④

73 다음과 같은 회로에서 $L=50$[mH], $R=20$[kΩ]인 경우 회로의 시정수[μs]는?

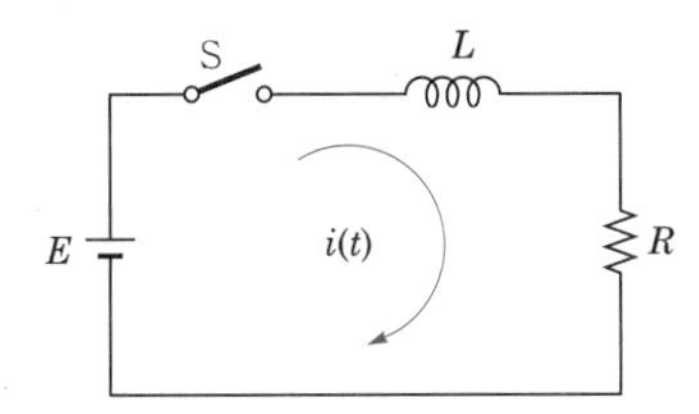

① 4.0
② 3.5
③ 3.0
④ 2.5

해설
$$\tau=\frac{L}{R}=\frac{50\times10^{-3}}{20\times10^{3}}=2.5\times10^{-6}=2.5[\mu s]$$

74 $i=10\sin\left(\omega t-\frac{\pi}{3}\right)$[A]로 표시되는 전류 파형보다 위상이 30°만큼 앞서고 최대값이 100[V]인 전압 파형 v를 식으로 나타내면?

① $100\sin\left(\omega t-\frac{\pi}{3}\right)$
② $100\sqrt{2}\sin\left(\omega t-\frac{\pi}{6}\right)$
③ $100\sin\left(\omega t-\frac{\pi}{6}\right)$
④ $100\sqrt{2}\cos\left(\omega t-\frac{\pi}{6}\right)$

해설 $v=V_m\sin(\omega t\pm\theta)$에서 전류 위상이 $-60°$이므로 30° 앞서는 전압 위상 $\theta=-60°+30°=-30°$가 된다.

$$\therefore\ v=100\sin(\omega t-30°)=100\sin\left(\omega t-\frac{\pi}{6}\right)$$

75 그림의 회로는 스위치 S를 닫은 정상 상태이다. $t=0$에서 스위치를 연 후 저항 R_2에 흐르는 과도 전류는? (단, 초기 조건은 $i(0)=\frac{E}{R_1}$이다.)

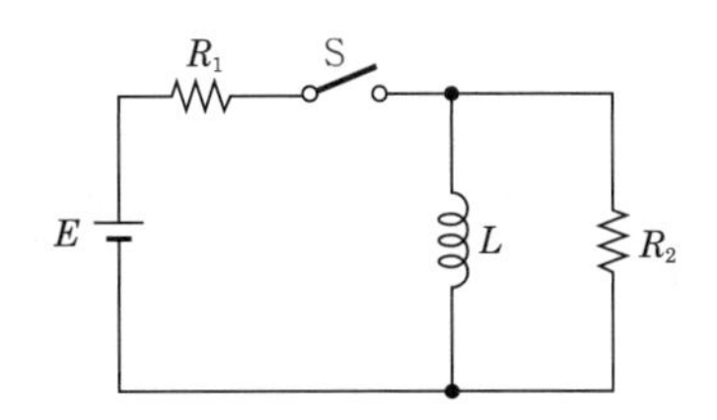

① $\frac{E}{R_1}\left(1-e^{-\frac{R_2}{L}t}\right)$

② $\frac{E}{R_2}\left(1-e^{-\frac{R_1}{L}t}\right)$

③ $\frac{E}{R_1}\left(-e^{-\frac{L}{R_2}t}\right)$

④ $\frac{E}{R_1}\left(e^{-\frac{R_2}{L}t}\right)$

해설
$i(t)=Ke^{-\frac{1}{\tau}t}$에서

시정수 $\tau=\frac{L}{R_2}$, 초기 전류 $i(0)=\frac{E}{R_1}=K$

$$\therefore\ i(t)=\frac{E}{R_1}e^{-\frac{R_2}{L}t}[A]$$

76 그림과 같은 2단자망에서 구동점 임피던스를 구하면?

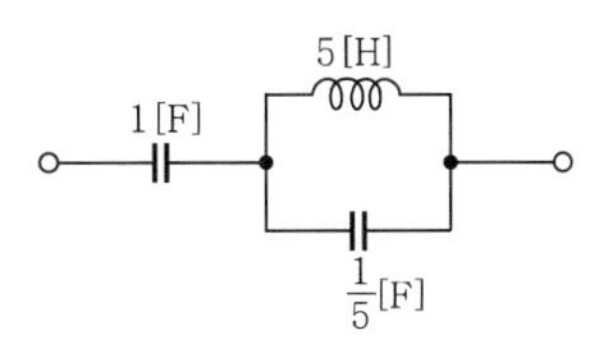

① $\frac{6s^2+1}{s(s^2+1)}$
② $\frac{6s+1}{6s^2+1}$
③ $\frac{6s^2+1}{(s+1)(s+2)}$
④ $\frac{s+2}{6s(s+1)}$

해설 구동점 임피던스

$$Z(s)=\frac{1}{s}+\frac{5s\cdot\frac{5}{s}}{5s+\frac{5}{s}}=\frac{1}{s}+\frac{5s^2}{s^2+1}=\frac{6s^2+1}{s(s^2+1)}$$

정답 73. ④ 74. ③ 75. ④ 76. ①

77 그림과 같은 회로에서 a－b 단자에 100[V]의 전압을 인가할 때 2[Ω]에 흐르는 전류 I_1과 3[Ω]에 걸리는 전압 V[V]는 각각 얼마인가?

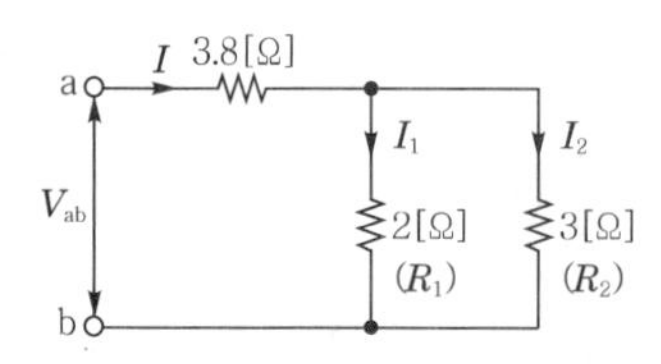

① $I_1=6$[A], $V=3$[V]
② $I_1=8$[A], $V=6$[V]
③ $I_1=10$[A], $V=12$[V]
④ $I_1=12$[A], $V=24$[V]

해설 전전류 $I=\dfrac{100}{3.8+\dfrac{2\times3}{2+3}}=20$[A]

$\therefore\ I_1=\dfrac{3}{2+3}\times20=12$[A]

$I_2=\dfrac{2}{2+3}\times20=8$[A]

$\because\ V=3\times8=24$[V]

78 역률 0.6인 부하의 유효 전력이 120[kW]일 때 무효 전력[kVar]은?

① 50　② 160
③ 120　④ 80

해설 무효 전력 $P_r=VI\sin\theta$
유효 전력 $P=VI\cos\theta$
$\therefore\ 120=VI\times0.6$
$VI=\dfrac{120}{0.6}=200$[kVA]
$\because\ P_r=200\times\sqrt{1-0.6^2}=160$[kVar]

79 RLC 직렬 회로가 기본파에서 $R=10$[Ω], $\omega L=5$[Ω], $\dfrac{1}{\omega C}=30$[Ω]일 때 기본파에 대한 합성 임피던스 Z_1의 크기와 제3고조파에 대한 임피던스 Z_3의 크기는 각각 몇 [Ω]인가

① $Z_1=\sqrt{461}$, $Z_3=\sqrt{125}$
② $Z_1=\sqrt{725}$, $Z_3=\sqrt{461}$
③ $Z_1=\sqrt{725}$, $Z_3=\sqrt{125}$
④ $Z_1=\sqrt{461}$, $Z_3=\sqrt{461}$

해설 $Z_1=R+j\omega L-j\dfrac{1}{\omega C}=10+j5-j30$
$=10-j25$[Ω]
$\therefore\ |Z_1|=\sqrt{10^2+(-25)^2}=\sqrt{725}$ [Ω]
$Z_3=R+j3\omega L-j\dfrac{1}{3\omega C}=10+j15-j10$
$=10+j5$[Ω]
$\therefore\ |Z_3|=\sqrt{10^2+5^2}=\sqrt{125}$ [Ω]

80 전류의 대칭분이 $I_0=-2+j4$[A], $I_1=6-j5$[A], $I_2=8+j10$[A]일 때 3상 전류 중 a상 전류 I_a의 크기는 몇 [A]인가? (단, 3상 전류의 상순은 a－b－c이고, I_0는 영상분, I_1은 정상분, I_2는 역상분이다.)

① 9　② 15
③ 19　④ 12

해설 a상 전류 $I_a=I_0+I_1+I_2$
$=(-2+j4)+(6-j5)+(8+j10)$
$=12+j9$
$\therefore\ |I_a|=\sqrt{12^2+9^2}=15$[A]

제5과목 전기설비기술기준

81 절연 내력 시험은 전로와 대지 사이에 연속하여 10분간 가하여 절연 내력을 시험하였을 때에 이에 견디어야 한다. 최대 사용 전압이 22.9[kV]인 중성선 다중 접지식 가공 전선로의 전로와 대지 사이의 절연 내력 시험 전압은 몇 [V]인가?

① 16,488　② 21,068
③ 22,900　④ 28,625

정답 77. ④ 78. ② 79. ③ 80. ② 81. ②

해설 전로의 절연 저항 및 절연 내력(KEC 132)
중성점 다중 접지방식이므로
22,900×0.92=21,068[V]

82 의료 장소 중 그룹 1 및 그룹 2의 의료 IT 계통에 시설되는 전기 설비의 시설 기준으로 틀린 것은?

① 의료용 절연 변압기의 정격 출력은 10[kVA] 이하로 한다.
② 의료용 절연 변압기의 2차측 정격 변압은 교류 250[V] 이하로 한다.
③ 전원측에 강화 절연을 한 의료용 절연 변압기를 설치하고 그 2차측 전로는 접지한다.
④ 절연 감시 장치를 설치하되 절연 저항이 50[kΩ]까지 감소하면 표시 설비 및 음향 설비로 경보를 발하도록 한다.

해설 의료 장소의 안전을 위한 보호 설비(KEC 242.10.3)
전원측에 전력 변압기, 전원 공급 장치에 따라 이중 또는 강화 절연을 한 비단락 보증 절연 변압기를 설치하고 그 2차측 전로는 접지하지 말 것

83 저압 가공 전선과 고압 가공 전선을 동일 지지물에 시설하는 경우 이격 거리는 몇 [cm] 이상이어야 하는가? [단, 각도주(角度住)·분기주(分岐住) 등에서 혼촉(混觸)의 우려가 없도록 시설하는 경우는 제외한다.]

① 50 ② 60
③ 70 ④ 80

해설 고압 가공 전선 등의 병행 설치(KEC 332.8)
- 저압 가공 전선을 고압 가공 전선의 아래로 하고 별개의 완금류에 시설할 것
- 저압 가공 전선과 고압 가공 전선 사이의 이격 거리는 50[cm] 이상일 것

84 특고압 전선로에 사용되는 애자 장치에 대한 갑종 풍압 하중은 그 구성재의 수직 투영 면적 1[m^2]에 대한 풍압 하중을 몇 [Pa]를 기초로 하여 계산한 것인가?

① 588 ② 666
③ 946 ④ 1,039

해설 풍압 하중의 종별과 적용(KEC 331.6)

풍압을 받는 구분		갑종 풍압 하중
지지물	원형	588[Pa]
	강관 철주	1,117[Pa]
	강관 철탑	1,255[Pa]
전선 가섭선	다도체	666[Pa]
	기타의 것(단도체 등)	745[Pa]
애자 장치(특고압 전선용)		1,039[Pa]
완금류		1,196[Pa]

85 과전류 차단기를 설치하지 않아야 할 곳은?

① 수용가의 인입선 부분
② 고압 배전 선로의 인출 장소
③ 직접 접지 계통에 설치한 변압기의 접지선
④ 역률 조정용 고압 병렬 콘덴서 뱅크의 분기선

해설 과전류 차단기의 시설 제한(KEC 341.11)
- 접지 공사의 접지 도체
- 다선식 전로의 중성선
- 접지 공사를 한 저압 가공 전선로의 접지측 전선

86 고압 옥내 배선을 애자 공사로 하는 경우, 전선의 지지점 간의 거리는 전선을 조영재의 면을 따라 붙이는 경우 몇 [m] 이하이어야 하는가?

① 1 ② 2
③ 3 ④ 5

해설 고압 옥내 배선 등의 시설(KEC 342.1)
전선의 지지점 간의 거리는 6[m] 이하일 것. 다만, 전선을 조영재의 면을 따라 붙이는 경우에는 2[m] 이하이어야 한다.

정답 82. ③ 83. ① 84. ④ 85. ③ 86. ②

87 전선을 접속하는 경우 전선의 세기(인장 하중)는 몇 [%] 이상 감소되지 않아야 하는가?

① 10 ② 15
③ 20 ④ 25

해설 **전선의 접속법(KEC 123)**
- 전기 저항을 증가시키지 말 것
- 전선의 세기를 20[%] 이상 감소시키지 아니할 것
- 전선 절연물과 동등 이상의 절연 효력이 있는 것으로 충분히 피복할 것
- 코드 접속기·접속함을 사용할 것

88 정격 전류 63[A] 이하인 산업용 배선 차단기를 저압 전로에서 사용하고 있다. 60분 이내에 동작하여야 할 경우 정격 전류의 몇 배에서 작동하여야 하는가?

① 1.05배 ② 1.13배
③ 1.3배 ④ 1.6배

해설 **보호 장치의 특성(KEC 212.3.4)－과전류 차단기로 저압 전로에 사용하는 배선 차단기**

정격 전류	시 간	산업용		주택용	
		부동작	동 작	부동작	동 작
63[A] 이하	60분	1.05배	1.3배	1.13배	1.45배
63[A] 초과	120분				

89 전력 보안 통신용 전화 설비를 시설하지 않아도 되는 것은?

① 원격 감시 제어가 되지 아니하는 발전소
② 원격 감시 제어가 되지 아니하는 변전소
③ 2 이상의 급전소 상호 간과 이들을 총합 운용하는 급전소 간
④ 발전소로서 전기 공급에 지장을 미치지 않고, 휴대용 전력 보안 통신 전화 설비에 의하여 연락이 확보된 경우

해설 **전력 보안 통신 설비 시설 장소(KEC 362.1)**
- 송전 선로, 배전 선로 : 필요한 곳
- 발전소, 변전소 및 변환소
  - 원격 감시 제어가 되지 않은 곳
  - 2개 이상의 급전소 상호간
  - 필요한 곳
  - 긴급 연락
  - 발전소·변전소 및 개폐소와 기술원 주재소 간
- 중앙 급전 사령실, 정보 통신실

90 60[kV] 이하의 특고압 가공 전선과 식물과의 이격 거리는 몇 [m] 이상이어야 하는가?

① 2 ② 2.12
③ 2.24 ④ 2.36

해설 **특고압 가공 전선과 식물의 이격 거리(KEC 333.30)**
- 60[kV] 이하 : 2[m] 이상
- 60[kV] 초과 : 2[m]에 10[kV] 단수마다 12[cm]씩 가산

91 변전소의 주요 변압기에서 계측하여야 하는 사항 중 계측 장치가 꼭 필요하지 않는 것은? (단, 전기 철도용 변전소의 주요 변압기는 제외한다.)

① 전압
② 전류
③ 전력
④ 주파수

해설 **계측 장치(KEC 351.6)**
- 주요 변압기의 전압 및 전류 또는 전력
- 특고압용 변압기의 온도

92 특고압 가공 전선이 삭도와 제2차 접근 상태로 시설되는 경우 특고압 가공 전선로에 적용하는 보안 공사는?

① 고압 보안 공사
② 제1종 특고압 보안 공사
③ 제2종 특고압 보안 공사
④ 제3종 특고압 보안 공사

정답 87. ③ 88. ③ 89. ④ 90. ① 91. ④ 92. ③

해설 **특고압 가공 전선과 삭도의 접근 또는 교차(KEC 333.25)**
- 제1차 접근 상태로 시설되는 경우 : 제3종 특고압 보안 공사
- 제2차 접근 상태로 시설되는 경우 : 제2종 특고압 보안 공사

93 **지중 또는 수중에 시설되어 있는 금속체의 부식을 방지하기 위해 전기 부식 방지 회로의 사용 전압은 직류 몇 [V] 이하이어야 하는가?**

① 30 ② 60
③ 90 ④ 120

해설 **전기 부식 방지 시설(KEC 241.16.3)**
전기 부식 방지 회로의 사용 전압은 직류 60[V] 이하일 것

94 **전로의 절연 원칙에 따라 반드시 절연하여야 하는 것은?**

① 수용 장소의 인입구 접지점
② 고압과 특고압 및 저압과의 혼촉 위험 방지를 한 경우의 접지점
③ 저압 가공 전선로의 접지측 전선
④ 시험용 변압기

해설 **전로의 절연 원칙(KEC 131)－전로를 절연하지 않아도 되는 경우**
- 접지 공사를 하는 경우의 접지점
- 시험용 변압기, 전력선 반송용 결합 리액터, 전기울타리용 전원 장치, 엑스선 발생 장치, 전기 부식 방지용 양극, 단선식 전기 철도의 귀선
- 전기욕기 · 전기로 · 전기 보일러 · 전해조 등

95 **고압 보안 공사에 철탑을 지지물로 사용하는 경우 경간은 몇 [m] 이하이어야 하는가?**

① 100 ② 150
③ 400 ④ 600

해설 **고압 보안 공사(KEC 332.10)**

지지물의 종류	경 간
목주 또는 A종	100[m]
B종	150[m]
철탑	400[m]

96 **지선의 시설에 관한 설명으로 틀린 것은?**

① 철탑은 지선을 사용하여 그 강도를 분담시켜야 한다.
② 지선의 안전율은 2.5 이상이어야 한다.
③ 지선에 연선을 사용할 경우 소선 3가닥 이상의 연선이어야 한다.
④ 지선 근가는 지선의 인장 하중에 충분히 견디도록 시설하여야 한다.

해설 **지선의 시설(KEC 331.11)**
- 지선의 안전율은 2.5 이상. 이 경우에 허용 인장 하중의 최저는 4.31[kN]일 것
- 소선(素線) 3가닥 이상의 연선일 것
- 소선의 지름이 2.6[mm] 이상의 금속선을 사용한 것일 것
- 지중 부분 및 지표상 30[cm]까지의 부분에는 내식성이 있는 것 또는 아연 도금 철봉을 사용할 것
- 가공 전선로의 지지물로 사용하는 철탑은 지선을 사용하여 그 강도를 분담시켜서는 아니 될 것
- 지선 근가는 지선의 인장 하중에 충분히 견디도록 시설할 것

97 **전력 보안 가공 통신선을 횡단 보도교 위에 시설하는 경우, 그 노면상 높이는 몇 [m] 이상으로 하여야 하는가?**

① 3.0 ② 3.5
③ 4.0 ④ 4.5

해설 **전력 보안 통신선의 시설 높이(KEC 362.2)**
- 도로 위에 시설하는 경우 지표상 5[m] 이상
- 철도 또는 궤도를 횡단하는 경우에는 레일면상 6.5[m] 이상
- 횡단 보도교 위에 시설하는 경우에는 그 노면상 3[m] 이상

정답 93. ② 94. ③ 95. ③ 96. ① 97. ①

98 **피뢰기 설치 기준으로 옳지 않은 것은?**

① 발전소·변전소 또는 이에 준하는 장소의 가공 전선의 인입구 및 인출구

② 가공 전선로와 특고압 전선로가 접속되는 곳

③ 가공 전선로에 접속한 1차측 전압이 35[kV] 이하인 배전용 변압기의 고압측 및 특고압측

④ 고압 및 특고압 가공 전선로로부터 공급받는 수용 장소의 인입구

해설 **피뢰기의 시설(KEC 341.13)**

- 발·변전소 또는 이에 준하는 장소의 가공 전선 인입구 및 인출구
- 특고압 가공 전선로에 접속하는 배전용 변압기의 고압측 및 특고압측
- 고압 및 특고압 가공 전선로로부터 공급을 받는 수용 장소의 인입구
- 가공 전선로와 지중 전선로가 접속되는 곳

99 **전력 보안 통신 설비인 무선 통신용 안테나를 지지하는 목주는 풍압 하중에 대한 안전율이 얼마 이상이어야 하는가?**

① 1.0 ② 1.2

③ 1.5 ④ 2.0

해설 **무선용 안테나 등을 지지하는 철탑 등의 시설(KEC 364.1)**

- 목주의 풍압 하중에 대한 안전율은 1.5 이상
- 철주·철근 콘크리트주 또는 철탑의 기초 안전율은 1.5 이상

100 **지락 고장 중에 접지 부분 또는 기기나 장치의 외함과 기기나 장치의 다른 부분 사이에 나타나는 전압을 무엇이라 하는가?**

① 고장 전압

② 접촉 전압

③ 스트레스 전압

④ 임펄스 내전압

해설 **용어 정의(KEC 112)**

- 임펄스 내전압 : 지정된 조건하에서 절연 파괴를 일으키지 않는 규정된 파형 및 극성의 임펄스 전압의 최대 파고값 또는 충격 내전압을 말한다.
- 스트레스 전압 : 지락 고장 중에 접지 부분 또는 기기나 장치의 외함과 기기나 장치의 다른 부분 사이에 나타나는 전압을 말한다.

정답 98. ② 99. ③ 100. ③

2022. 7. 2. 시행

2022년 제3회 CBT 기출복원문제

제1과목 전기자기학

01 대전 도체의 성질로 가장 알맞은 것은?

① 도체 내부에 정전 에너지가 저축된다.

② 도체 표면의 정전 응력은 $\dfrac{\sigma^2}{2\varepsilon_0}$[N/m²]이다.

③ 도체 표면의 전계의 세기는 $\dfrac{\sigma^2}{\varepsilon_0}$[V/m]이다.

④ 도체의 내부 전위와 도체 표면의 전위는 다르다.

해설
- 도체 내부에는 전기력선이 존재하지 않는다.
- 도체 표면의 전하 밀도가 σ[C/m²]이면 정전 응력 $f=\dfrac{\sigma^2}{2\varepsilon_0}$[N/m²]이다.
- 도체 표면의 전계의 세기 $E=\dfrac{\sigma}{\varepsilon_0}$[V/m]이다.
- 도체는 등전위이므로 내부나 표면이 등전위이다.

02 자기 인덕턴스 50[mH]의 회로에 흐르는 전류가 매초 100[A]의 비율로 감소할 때 자기 유도 기전력은?

① 5×10^{-4}[mV]　② 5[V]

③ 40[V]　④ 200[V]

해설 $e=L\cdot\dfrac{di}{dt}=50\times10^{-3}\times\dfrac{100}{1}=5$[V]

03 무한 평면 도체로부터 a[m] 떨어진 곳에 점전하 Q[C]가 있을 때 이 무한 평면 도체 표면에 유도되는 면밀도가 최대인 점의 전하 밀도는 몇 [C/m²]인가?

① $-\dfrac{Q}{2\pi a^2}$　② $-\dfrac{Q}{\pi\varepsilon_0 a}$

③ $-\dfrac{Q}{4\pi a^2}$　④ $-\dfrac{Q}{4\pi a}$

해설 무한 평면 도체면상 점 $(0,\ y)$의 전계 세기 E는

$$E=-\frac{Qa}{2\pi\varepsilon_0(a^2+y^2)^{\frac{3}{2}}}\text{[V/m]}$$

도체 표면상의 면전하 밀도 σ는

$$\sigma=D=\varepsilon_0E=-\frac{Qa}{2\pi(a^2+y^2)^{\frac{3}{2}}}\text{[C/m}^2\text{]}$$

최대 면밀도는 $y=0$인 점이므로

$$\therefore\ \sigma_{max}=-\frac{Q}{2\pi a^2}\text{[C/m}^2\text{]}$$

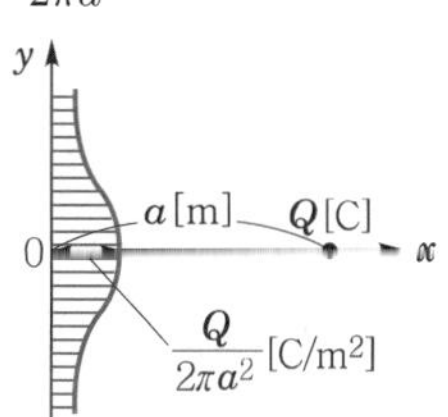

04 그림과 같은 정전 용량이 C_0[F]가 되는 평행판 공기 콘덴서가 있다. 이 콘덴서의 판면적의 $\dfrac{2}{3}$가 되는 공간에 비유전율 ε_s인 유전체를 채우면 공기 콘덴서의 정전 용량[F]은?

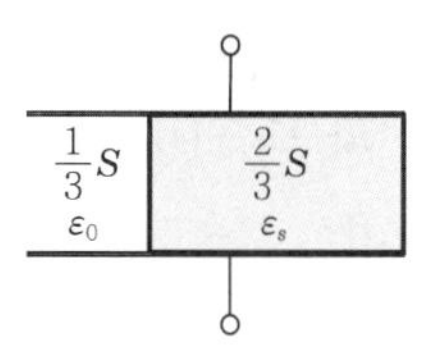

① $\dfrac{2\varepsilon_s}{3}C_0$　② $\dfrac{3}{1+2\varepsilon_s}C_0$

③ $\dfrac{1+\varepsilon_s}{3}C_0$　④ $\dfrac{1+2\varepsilon_s}{3}C_0$

정답 01. ② 02. ② 03. ① 04. ④

해설 합성 정전 용량은 두 콘덴서의 병렬 연결과 같으므로

$$\therefore C = C_1 + C_2 = \frac{1}{3}C_0 + \frac{2}{3}\varepsilon_s C_0 = \frac{1+2\varepsilon_s}{3}C_0[\text{F}]$$

05 $l_1 = \infty$, $l_2 = 1$[m]의 두 직선 도선을 50[cm]의 간격으로 평행하게 놓고, l_1을 중심축으로 하여 l_2를 속도 100[m/s]로 회전시키면 l_2에 유기되는 전압은 몇 [V]인가? (단, l_1에 흐르는 전류는 50[mA]이다.)

① 0 ② 5
③ 2×10^{-6} ④ 3×10^{-6}

해설 도선이 있는 곳의 자계 H는

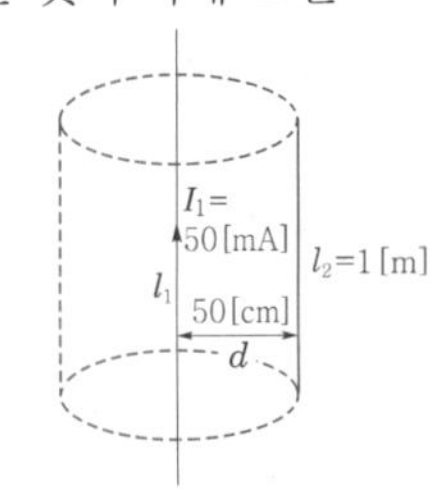

$$H = \frac{I}{2\pi d} = \frac{50\times10^{-3}}{2\pi\times0.5} = \frac{50\times10^{-3}}{\pi} = \frac{0.05}{\pi}[\text{AT/m}]$$

로 위에서 보면 반시계 방향으로 존재한다.
도선 l_2를 속도 100[m/s]로 원운동시키면
$\theta = 0°$ 또는 $180°$이므로
$\therefore e = vBl\sin\theta = 0[\text{V}]$

06 물(비유전율 80, 비투자율 1)속에서의 전자파 전파 속도[m/s]는?

① 3×10^{10} ② 3×10^{8}
③ 3.35×10^{10} ④ 3.35×10^{7}

해설

$$v = \frac{1}{\sqrt{\varepsilon\mu}} = \frac{1}{\sqrt{\varepsilon_0\mu_0}}\cdot\frac{1}{\sqrt{\varepsilon_s\mu_s}} = \frac{C_0}{\sqrt{\varepsilon_s\mu_s}} = \frac{3\times10^8}{\sqrt{80\times1}} \fallingdotseq 3.35\times10^7[\text{m/s}]$$

07 전위 함수가 $V = x^2 + y^2$[V]인 자유 공간 내의 전하 밀도는 몇 [C/m^3]인가?

① -12.5×10^{-12} ② -22.4×10^{-12}
③ -35.4×10^{-12} ④ -70.8×10^{-12}

해설 $\varepsilon_0 = 8.855\times10^{-12}$[F/m]이므로

$$\therefore \rho = -4\varepsilon_0 = -4\times8.855\times10^{-12} = -35.4\times10^{-12}[\text{C/m}^3]$$

08 영구 자석의 재료로 사용되는 철에 요구되는 사항으로 다음 중 가장 적절한 것은?

① 잔류 자속 밀도는 작고 보자력이 커야 한다.
② 잔류 자속 밀도는 크고 보자력이 작아야 한다.
③ 잔류 자속 밀도와 보자력이 모두 커야 한다.
④ 잔류 자속 밀도는 커야 하나 보자력은 0이어야 한다.

해설 영구 자석 재료는 외부 자계에 대하여 잔류 자속이 쉽게 없어지면 안 되므로 잔류 자기(B_r)와 보자력(H_c)이 모두 커야 한다.

09 반지름 a[m]의 구도체에 전하 Q[C]이 주어질 때, 구도체 표면에 작용하는 정전 응력[N/m^2]은?

① $\dfrac{Q^2}{64\pi^2\varepsilon_0 a^4}$ ② $\dfrac{Q^2}{32\pi^2\varepsilon_0 a^4}$
③ $\dfrac{Q^2}{16\pi^2\varepsilon_0 a^4}$ ④ $\dfrac{Q^2}{8\pi^2\varepsilon_0 a^4}$

해설 구도체 표면의 전계의 세기

$$E = \frac{Q}{4\pi a^2}[\text{V/m}]$$

$$\therefore \text{정전 응력 } f = \frac{1}{2}\varepsilon_0 E^2 = \frac{1}{2}\varepsilon_0\left(\frac{Q}{4\pi\varepsilon_0 a^2}\right)^2 = \frac{Q^2}{32\pi^2\varepsilon_0 a^4}[\text{N/m}^2]$$

정답 05. ① 06. ④ 07. ③ 08. ③ 09. ②

10 자위(magnetic potential)의 단위로 옳은 것은?

① [C/m] ② [N · m]
③ [AT] ④ [J]

해설 무한 원점에서 자계 중의 한 점 P까지 단위 정자극(+1[Wb])을 운반할 때, 소요되는 일을 그 점에 대한 자위라고 한다.

$$U_P = -\int_{\infty}^{P} H \cdot dl \text{ [A/m · m]=[A]=[AT]}$$

11 평등 자계 내에 수직으로 돌입한 전자의 궤적은?

① 원운동을 하는데, 원의 반지름은 자계의 세기에 비례한다.
② 구면 위에서 회전하고 반지름은 자계의 세기에 비례한다.
③ 원운동을 하고 반지름은 전자의 처음 속도에 비례한다.
④ 원운동을 하고 반지름은 자계의 세기에 반비례한다.

해설 평등 자계 내에 수직으로 돌입한 전자는 원운동을 한다.

구심력=원심력, $evB = \dfrac{mv^2}{r}$

회전 반지름 $r = \dfrac{mv}{eB} = \dfrac{mv}{e\mu_0 H}$ [m]

∴ 원자는 원운동을 하고 반지름은 자계의 세기(H)에 반비례한다.

12 유전체 내의 전계의 세기가 E, 분극의 세기가 P, 유전율이 $\varepsilon = \varepsilon_s \varepsilon_0$인 유전체 내의 변위 전류 밀도는?

① $\varepsilon \dfrac{\partial E}{\partial t} + \dfrac{\partial P}{\partial t}$ ② $\varepsilon_0 \dfrac{\partial E}{\partial t} + \dfrac{\partial P}{\partial t}$

③ $\varepsilon_0 \left(\dfrac{\partial E}{\partial t} + \dfrac{\partial P}{\partial t} \right)$ ④ $\varepsilon \left(\dfrac{\partial E}{\partial t} + \dfrac{\partial P}{\partial t} \right)$

해설 전속 밀도의 시간적 변화를 변위 전류라 한다.

$$i_D = \frac{\partial D}{\partial t} = \frac{\partial}{\partial t}(\varepsilon_0 E + P) = \varepsilon_0 \frac{\partial E}{\partial t} + \frac{\partial P}{\partial t} \text{ [A/m}^2\text{]}$$

$(\because D = \varepsilon_0 E + P \text{[C/m}^2\text{]})$

13 코일로 감겨진 환상 자기 회로에서 철심의 투자율을 μ[H/m]라 하고 자기 회로의 길이를 l[m]라 할 때, 그 자기 회로의 일부에 미소 공극 l_g[m]를 만들면 회로의 자기 저항은 이전의 약 몇 배 정도 되는가?

출제빈도

① $1 + \dfrac{\mu l_g}{\mu_0 l}$ ② $1 + \dfrac{\mu l}{\mu_0 l_g}$

③ $\dfrac{\mu l_g}{\mu_0 l}$ ④ $\dfrac{\mu l}{\mu_0 l_g}$

해설 공극이 없을 때의 자기 저항 R은

$$R = \frac{l + l_g}{\mu S} \fallingdotseq \frac{l}{\mu S} [\Omega] \ (\because l \gg l_g)$$

미소 공극 l_g가 있을 때의 자기 저항 R'는

$$R' = \frac{l_g}{\mu_0 S} + \frac{l}{\mu S} [\Omega]$$

$$\therefore \frac{R'}{R} = 1 + \frac{\dfrac{l_g}{\mu_0 S}}{\dfrac{l}{\mu S}} = 1 + \frac{\mu l_g}{\mu_0 l} = 1 + \mu_s \frac{l_g}{l}$$

14 그림과 같이 유전체 경계면에서 $\varepsilon_1 < \varepsilon_2$이었을 때 E_1과 E_2의 관계식 중 옳은 것은?

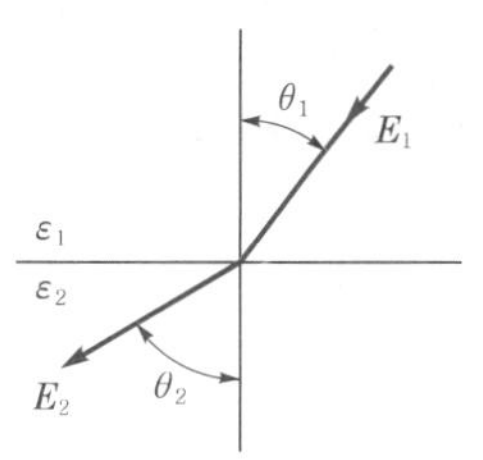

① $E_1 > E_2$ ② $E_1 < E_2$
③ $E_1 = E_2$ ④ $E_1 \cos\theta_1 = E_2 \cos\theta_2$

해설
- $\varepsilon_1 < \varepsilon_2$이면 $\theta_1 < \theta_2$이므로 $\therefore E_1 > E_2$
- $\varepsilon_1 > \varepsilon_2$이면 $\theta_1 > \theta_2$이므로 $\therefore E_1 < E_2$

정답 10. ③ 11. ④ 12. ② 13. ① 14. ①

15 전류가 흐르고 있는 무한 직선 도체로부터 2[m]만큼 떨어진 자유 공간 내 P점의 자계의 세기가 $\frac{4}{\pi}$[AT/m]일 때, 이 도체에 흐르는 전류는 몇 [A]인가?

① 2　② 4
③ 8　④ 16

해설 $H=\frac{I}{2\pi r}$[AT/m]

$\therefore\ I=2\pi r\cdot H=2\pi\times2\times\frac{4}{\pi}=16$[A]

16 반지름 a[m]의 구도체에 Q[C]의 전하가 주어졌을 때 구심에서 $5a$[m]되는 점의 전위는 몇 [V]인가?

① $\frac{Q}{4\pi\varepsilon_0 a}$

② $\frac{Q}{4\pi\varepsilon_0 a^2}$

③ $\frac{Q}{20\pi\varepsilon_0 a}$

④ $\frac{Q}{20\pi\varepsilon_0 a^2}$

해설 $V=\frac{Q}{4\pi\varepsilon_0 r}=\frac{Q}{4\pi\varepsilon_0(5a)}=\frac{Q}{20\pi\varepsilon_0 a}$[V]

17 공간 도체 중의 정상 전류 밀도를 i, 공간 전하 밀도를 ρ라고 할 때, 키르히호프의 전류 법칙을 나타내는 것은?

① $i=0$　② $\mathrm{div}\,i=0$
③ $i=\frac{\partial\rho}{\partial t}$　④ $\mathrm{div}\,i=\infty$

해설 키르히호프의 전류 법칙은 $\Sigma I=0$

$\int_s i\cdot ds=\int_v \mathrm{div}\,i\,dv=0$이므로 $\mathrm{div}\,i=0$이 된다.

즉 단위 체적당 전류의 발산이 없음을 의미한다.

18 유전체에 가한 전계 E[V/m]와 분극의 세기 P[C/m²], 전속 밀도 D[C/m²] 간의 관계식으로 옳은 것은?

① $P=\varepsilon_0(\varepsilon_s-1)E$

② $P=\varepsilon_0(\varepsilon_s+1)E$

③ $D=\varepsilon_0 E-P$

④ $D=\varepsilon_0\varepsilon_s E+P$

해설 전속 밀도 $D=\varepsilon_0 E+P$

$\therefore$ 분극의 세기 $P=D-\varepsilon_0 E$

$=\varepsilon_0\varepsilon_s E-\varepsilon_0 E$

$=\varepsilon_0(\varepsilon_s-1)E$ [C/m²]

19 단면의 지름이 D[m], 권수가 n[회/m]인 무한장 솔레노이드에 전류 I[A]를 흘렸을 때, 길이 l[m]에 대한 인덕턴스 L[H]는 얼마인가?

① $4\pi^2\mu_s nD^2 l\times10^{-7}$

② $4\pi\mu_s n^2 Dl\times10^{-7}$

③ $\pi^2\mu_s nD^2 l\times10^{-7}$

④ $\pi^2\mu_s n^2D^2 l\times10^{-7}$

해설 $L=L_0 l=\mu_0\mu_s n^2 Sl$

$=4\pi\times10^{-7}\times\mu_s n^2\times\left(\frac{1}{4}\pi D^2\right)\times l$

$=\pi^2\mu_s n^2D^2 l\times10^{-7}$[H]

20 전류의 세기가 I[A], 반지름 r[m]인 원형 선전류 중심에 m[Wb]인 가상 점자극을 둘 때, 원형 선전류가 받는 힘[N]은?

① $\frac{mI}{2\pi r}$　② $\frac{mI}{2r}$
③ $\frac{mI^2}{2\pi r}$　④ $\frac{mI}{2\pi r^2}$

해설 $F=mH=m\cdot\frac{I}{2r}$[N]

정답 15. ④ 16. ③ 17. ② 18. ① 19. ④ 20. ②

제2과목 전력공학

21 차단기의 정격 차단 시간을 설명한 것으로 옳은 것은?

① 계기용 변성기로부터 고장 전류를 감지한 후 계전기가 동작할 때까지의 시간
② 차단기가 트립 지령을 받고 트립 장치가 동작하여 전류 차단을 완료할 때까지의 시간
③ 차단기의 개극(발호)부터 이동 행정 종료 시까지의 시간
④ 차단기 가동 접촉자 시동부터 아크 소호가 완료될 때까지의 시간

해설 차단기의 정격 차단 시간은 트립 코일이 여자하여 가동 접촉자가 시동하는 순간(개극 시간)부터 아크가 소멸하는 시간(소호 시간)으로 약 3~8[Hz] 정도이다.

22 유효 낙차가 40[%] 저하되면 수차의 효율이 20[%] 저하된다고 할 경우 이때의 출력은 원래의 약 몇 [%]인가? (단, 안내 날개의 열림은 불변인 것으로 한다.)

① 37.2 ② 48.0
③ 52.7 ④ 63.7

해설 발전소 출력 $P=9.8HQ\eta$[kW]이므로
$P\propto H^{\frac{3}{2}}\eta=(1-0.4)^{\frac{3}{2}}\times(1-0.2)=0.372$
∴ 37.2[%]

23 화력 발전소에서 재열기의 사용 목적은?

① 공기를 가열한다. ② 급수를 가열한다.
③ 증기를 가열한다. ④ 석탄을 건조하다.

해설 재열기는 고압 터빈 출구에서 증기를 모두 추출하여 다시 가열하는 장치로서 가열된 증기를 저압 터빈으로 공급하여 열효율을 향상시킨다.

24 수지식 배전 방식과 비교한 저압 뱅킹 방식에 대한 설명으로 틀린 것은?

① 전압 동요가 적다.
② 캐스케이딩 현상에 의해 고장 확대가 축소된다.
③ 부하 증가에 대해 융통성이 좋다.
④ 고장 보호 방식이 적당할 때 공급 신뢰도는 향상된다.

해설 **저압 뱅킹 방식의 특징**
- 전압 강하 및 전력 손실이 줄어든다.
- 변압기의 용량 및 전선량(동량)이 줄어든다.
- 부하 변동에 대하여 탄력적으로 운용된다.
- 플리커 현상이 경감된다.
- 캐스케이딩 현상이 발생할 수 있다.

25 순저항 부하의 부하 전력 P[kW], 전압 E[V], 선로의 길이 l[m], 고유 저항 $\rho[\Omega\cdot\text{mm}^2/\text{m}]$인 단상 2선식 선로에서 선로 손실을 q[W]라 하면, 전선의 단면적[mm²]은 어떻게 표현되는가?

① $\dfrac{\rho lP^2}{qE^2}\times10^6$ ② $\dfrac{2\rho lP^2}{qE^2}\times10^6$
③ $\dfrac{\rho lP^2}{2qE^2}\times10^6$ ④ $\dfrac{2\rho lP^2}{q^2E}\times10^6$

해설 선로 손실 $P_l=2I^2R=2\times\left(\dfrac{P}{V\cos\theta}\right)^2\times\rho\dfrac{l}{A}$ 에서

전선 단면적 $A=\dfrac{2\rho lP^2}{V^2\cos^2\theta P_l}$ 이므로

$$A=\frac{2\rho l(P\times10^3)^2}{E^2q}$$
$$=\frac{2\rho lP^2}{E^2q}\times10^6[\text{mm}^2]$$

26 송전 선로의 중성점 접지의 주된 목적은?

① 단락 전류 제한
② 송전 용량의 극대화
③ 전압 강하의 극소화
④ 이상 전압의 발생 방지

정답 21. ④ 22. ① 23. ③ 24. ② 25. ② 26. ④

해설 **중성점 접지 목적**

- 이상 전압의 발생을 억제하여 전위 상승을 방지하고, 전선로 및 기기의 절연 수준을 경감한다.
- 지락 고장 발생 시 보호 계전기의 신속하고 정확한 동작을 확보한다.

27

전력 계통에서 무효 전력을 조정하는 조상 설비 중 전력용 콘덴서를 동기 조상기와 비교할 때 옳은 것은?

① 전력 손실이 크다.
② 지상 무효 전력분을 공급할 수 있다.
③ 전압 조정을 계단적으로 밖에 못한다.
④ 송전 선로를 시송전할 때 선로를 충전할 수 있다.

해설 **전력용 콘덴서와 동기 조상기의 비교**

전력용 콘덴서	동기 조상기
지상 부하에 사용	진상·지상 부하 모두 사용
계단적 조정	연속적 조정
정지기로 손실이 적음	회전기로 손실이 큼
시송전 불가능	시송전 가능
배전 계통에 주로 사용	송전 계통에 주로 사용

28

설비 용량의 합계가 3[kW]인 주택의 최대 수용 전력이 2.1[kW]일 때의 수용률은 몇 [%]인가?

① 51　　② 58
③ 63　　④ 70

해설

$$\text{수용률} = \frac{\text{최대 수용 전력[kW]}}{\text{부하 설비 용량[kW]}} \times 100[\%] = \frac{2.1}{3} \times 100 = 70[\%]$$

29

전력선과 통신선의 상호 인덕턴스에 의하여 발생되는 유도장해는 어떤 것인가?

① 정전 유도 장해　　② 전자 유도 장해
③ 고조파 유도 장해　　④ 전력 유도 장해

해설 **전자 유도**

전력선과 통신선의 상호 인덕턴스에 의해서 통신선에 전압이 유도되는 현상

30

전력 원선도에서 구할 수 없는 것은?

① 송·수전할 수 있는 최대 전력
② 필요한 전력을 보내기 위한 송·수전 전압 간의 상차각
③ 선로 손실과 송전 효율
④ 과도 극한 전력

해설 **전력 원선도에서 구할 수 없는 것**

- 과도 안정 극한 전력
- 코로나 손실

31

우리나라 22.9[kV] 배전 선로에서 가장 많이 사용하는 배전 방식과 중성점 접지 방식은?

① 3상 3선식, 비접지
② 3상 4선식, 비접지
③ 3상 3선식, 다중 접지
④ 3상 4선식, 다중 접지

해설

- 송전 선로 : 중성점 직접 접지, 3상 3선식
- 배전 선로 : 중성점 다중 접지, 3상 4선식

32

배전선에서 균등하게 분포된 부하일 경우 배전선 말단의 전압 강하는 모든 부하가 배전선의 어느 지점에 집중되어 있을 때의 전압 강하와 같은가?

① $\frac{1}{2}$
② $\frac{1}{3}$
③ $\frac{2}{3}$
④ $\frac{1}{5}$

정답 27. ③ 28. ④ 29. ② 30. ④ 31. ④ 32. ①

해설 **전압 강하 분포**

부하 형태	말단에 집중	균등분포
전류 분포		
전압 강하	1	$\frac{1}{2}$

33 다음 중 표준형 철탑이 아닌 것은?

① 내선형 철탑　② 직선형 철탑
③ 각도형 철탑　④ 인류형 철탑

해설 **철탑의 사용 목적에 의한 분류**

- 직선형 : 수평 각도가 3° 이하(A형 철탑)
- 각도형 : 수평 각도가 3° 넘는 곳(4~20° : B형, 21~30° : C형)
- 인류형 : 발·변전소의 출입구 등 인류된 장소에 사용하는 철탑과 수평 각도가 30° 넘는 개소(D형)에 사용
- 내장형 : 전선로의 보강용 또는 경차가 큰 곳(E형)에 사용

34 변전소에서 수용가로 공급되는 전력을 차단하고 소 내 기기를 점검할 경우, 차단기와 단로기의 개폐 조작 방법으로 옳은 것은?

출제빈도

① 점검 시에는 차단기로 부하 회로를 끊고 난 다음에 단로기를 열어야 하며, 점검 후에는 단로기를 넣은 후 차단기를 넣어야 한다.
② 점검 시에는 단로기를 열고 난 후 차단기를 열어야 하며, 점검 후에는 단로기를 넣고 난 다음에 차단기로 부하 회로를 연결하여야 한다.
③ 점검 시에는 차단기로 부하 회로를 끊고 단로기를 열어야 하며, 점검 후에는 차단기로 부하 회로를 연결한 후 단로기를 넣어야 한다.
④ 점검 시에는 단로기를 열고 난 후 차단기를 열어야 하며, 점검이 끝난 경우에는 차단기를 부하에 연결한 다음에 단로기를 넣어야 한다.

해설
- 점검 시 : 차단기를 먼저 열고, 단로기를 열어야 한다.
- 점검 후 : 단로기를 먼저 투입하고, 차단기를 투입하여야 한다.

35 송전 선로의 코로나 발생 방지 대책으로 가장 효과적인 것은?

출제빈도

① 전선의 선간 거리를 증가시킨다.
② 선로의 대지 절연을 강화한다.
③ 철탑의 접지 저항을 낮게 한다.
④ 전선을 굵게 하거나 복도체를 사용한다.

해설 코로나 발생 방지를 위해서는 코로나 임계 전압을 높게 하여야 하기 때문에 전선의 굵기를 크게 하거나 복도체를 사용하여야 한다.

36 그림과 같이 송전선이 4도체인 경우 소선 상호간의 기하학적 평균 거리[m]는 어떻게 되는가?

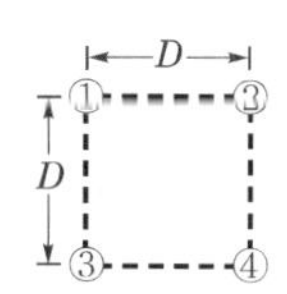

① $\sqrt[3]{2}D$　② $\sqrt[4]{2}D$
③ $\sqrt[6]{2}D$　④ $\sqrt[8]{2}D$

해설 $D_e = \sqrt[6]{D\times D\times D\times D\times \sqrt{2}D\times \sqrt{2}D}$
$= \sqrt[6]{2\times D^6} = \sqrt[6]{2}D$[m]

37 제5고조파 전류의 억제를 위해 전력용 콘덴서에 직렬로 삽입하는 유도 리액턴스의 값으로 적당한 것은?

출제빈도

① 전력용 콘덴서 용량의 약 6[%] 정도
② 전력용 콘덴서 용량의 약 12[%] 정도
③ 전력용 콘덴서 용량의 약 18[%] 정도
④ 전력용 콘덴서 용량의 약 24[%] 정도

정답 33. ① 34. ① 35. ④ 36. ③ 37. ①

해설 직렬 리액터의 용량은 전력용 콘덴서 용량의 이론상 4[%]이지만, 주파수 변동 등을 고려하여 실제는 5~6[%] 정도 사용한다.

38 **다음 중 송전 선로에 복도체를 사용하는 이유로 가장 알맞은 것은?**

출제빈도

① 선로를 뇌격으로부터 보호한다.
② 선로의 진동을 없앤다.
③ 철탑의 하중을 평형화한다.
④ 코로나를 방지하고, 인덕턴스를 감소시킨다.

해설 복도체나 다도체의 사용 목적이 여러 가지 있을 수 있으나 그 중 주된 목적은 코로나 방지에 있다.

39 **송전 선로의 보호 방식으로 지락에 대한 보호는 영상 전류를 이용하여 어떤 계전기를 동작시키는가?**

① 선택 지락 계전기　② 전류 차동 계전기
③ 과전압 계전기　④ 거리 계전기

해설 지락 사고 시 영상 변류기(ZCT)로 영상 전류를 검출하여 지락 계전기(OVGR, SGR)를 동작시킨다.

40 **가공 지선에 대한 설명 중 틀린 것은?**

① 유도뢰 서지에 대하여도 그 가설 구간 전체에 사고 방지의 효과가 있다.
② 직격뢰에 대하여 특히 유효하며, 탑 상부에 시설하므로 뇌는 주로 가공 지선에 내습한다.
③ 송전선의 1선 지락 시 지락 전류의 일부가 가공 지선에 흘러 차폐 작용을 하므로 전자 유도 장해를 적게 할 수 있다.
④ 가공 지선 때문에 송전 선로의 대지 정전 용량이 감소하므로 대지 사이에 방전할 때 유도 전압이 특히 커서 차폐 효과가 좋다.

해설 가공 지선의 설치로 송전 선로의 대지 정전 용량이 증가하므로 유도 전압이 적게 되어 차폐 효과가 있다.

제3과목 전기기기

41 **교류 전동기에서 브러시 이동으로 속도 변화가 용이한 전동기는?**

① 동기 전동기
② 시라게 전동기
③ 3상 농형 유도 전동기
④ 2중 농형 유도 전동기

해설 시라게(schrage) 전동기는 3상 분권 정류자 전동기에서 가장 특성이 우수하고 현재 많이 사용되고 있는 전동기이며 브러시의 이동으로 원활하게 속도를 제어할 수 있는 전동기이다.

42 **동기 전동기의 공급 전압, 주파수 및 부하를 일정하게 유지하고 여자 전류만을 변화시키면?**

① 출력이 변화한다.
② 토크가 변화한다.
③ 각속도가 변화한다.
④ 부하각이 변화한다.

해설 동기 전동기의 출력 $P=\frac{VE}{Z_s}\sin\delta\,[\mathrm{W}]$

출력이 일정한 상태에서 여자 전류를 변화시키면 역기전력(E)이 변화하고, 따라서 부하각(δ)이 변화한다.

43 **직류 분권 전동기의 운전 중 계자 저항기의 저항을 증가하면 속도는 어떻게 되는가?**

① 변하지 않는다.　② 증가한다.
③ 감소한다.　④ 정지한다.

해설 자속 $\phi \propto I_f \propto \frac{1}{R_f(\text{계자 저항})}$

회전 속도 $N=K\frac{V-I_aR_a}{\phi}\propto R_f$

정답 38. ④ 39. ① 40. ④ 41. ② 42. ④ 43. ②

직류 분권 전동기의 회전 속도는 계자 저항에 비례하므로 계자 저항기의 저항을 증가하면 속도는 증가한다.

44 3상 유도 전동기의 2차 저항을 m배로 하면 동일하게 m배로 되는 것은?

① 역률 ② 전류
③ 슬립 ④ 토크

해설 3상 유도 전동기의 동기 와트로 표시한 토크

$$T_s = \frac{V_1^2 \frac{r_2'}{s}}{\left(r_1 + \frac{r_2'}{s}\right)^2 + (x_1 + x_2')^2}$$ 이므로

2차 저항(r_2)을 2배로 하면 동일 토크를 발생하기 위해 슬립이 2배로 된다.

45 용량이 50[kVA] 변압기의 철손이 1[kW]이고 전부하 동손이 2[kW]이다. 이 변압기를 최대 효율에서 사용하려면 부하를 약 몇 [kVA] 인가하여야 하는가?

① 25 ② 35
③ 50 ④ 71

해설 변압기의 $\frac{1}{m}$ 부하 시 최대 효율의 조건은 무부하손=부하손이므로

$P_i = \left(\frac{1}{m}\right)^2 P_c$에서 $\frac{1}{m} = \sqrt{\frac{P_i}{P_c}} = \sqrt{\frac{1}{2}} = 0.707$

∴ 부하 용량 $P_L = 50 \times 0.707 = 35.35$[kVA]

46 60[Hz]의 변압기에 50[Hz]의 동일 전압을 가했을 때의 자속 밀도는 60[Hz]일 때와 비교하였을 경우 어떻게 되는가?

① $\frac{5}{6}$로 감소 ② $\frac{6}{5}$으로 증가
③ $\left(\frac{5}{6}\right)^{1.6}$으로 감소 ④ $\left(\frac{6}{5}\right)^2$으로 증가

해설 1차 전압 $V_1 = 4.44 f N_1 B_m S$

자속 밀도 $B_m = \frac{V_1}{4.44 f N_1 S} \propto \frac{1}{f}$ 이므로 $\frac{6}{5}$ 배로 증가한다.

47 동기 발전기의 안정도를 증진시키기 위한 대책이 아닌 것은?

① 속응 여자 방식을 사용한다.
② 정상 임피던스를 작게 한다.
③ 역상·영상 임피던스를 작게 한다.
④ 회전자의 플라이휠 효과를 크게 한다.

해설 동기기의 안정도를 증진시키는 방법
- 정상 리액턴스를 작게 하고, 단락비를 크게 할 것
- 영상 및 역상 리액턴스를 크게 할 것
- 회전자의 플라이휠 효과를 크게 할 것
- 자동 전압 조정기(AVR)의 속응도를 크게 할 것. 즉, 속응 여자 방식을 채용할 것
- 발전기의 조속기 동작을 신속히 할 것
- 동기 탈조 계전기를 사용할 것

48 75[kVA], 6,000/200[V]의 단상 변압기의 %임피던스 강하가 4[%]이다. 1차 단락 전류[A]는?

① 512.5
② 412.5
③ 312.5
④ 212.5

해설 1차 정격 전류 $I_1 = \frac{P}{V_1} = \frac{75 \times 10^3}{6,000} = 12.5$[A]

%임피던스 강하 $\%Z = \frac{IZ}{V} \times 100 = \frac{I_n}{I_s} \times 100$[%]

단락 전류 $I_s = \frac{100}{\%Z} I_n = \frac{100}{4} \times 12.5 = 312.5$[A]

정답 44. ③ 45. ② 46. ② 47. ③ 48. ③

49 직류 전동기의 회전수를 $\frac{1}{2}$로 하려면 계자 자속은 어떻게 해야 하는가?

① $\frac{1}{4}$로 감소시킨다.

② $\frac{1}{2}$로 감소시킨다.

③ 2배로 증가시킨다.

④ 4배로 증가시킨다.

해설 **직류 전동기의 회전 속도**

$N = K\frac{V - I_a R_a}{\phi}$ 이므로 계자 자속(ϕ)을 2배로 증가시키면 속도는 $\frac{1}{2}$로 감소한다.

50 6극 3상 유도 전동기가 있다. 회전자도 3상이며 회전자 정지 시의 1상의 전압은 200[V]이다. 전부하 시의 속도가 1,152[rpm]이면 2차 1상의 전압은 몇 [V]인가? (단, 1차 주파수는 60[Hz]이다.)

① 8.0 ② 8.3

③ 11.5 ④ 23.0

해설 동기 속도 $N_s = \frac{120f}{P} = \frac{120 \times 60}{6}$

$= 1,200[\text{rpm}]$

슬립 $s = \frac{N_s - N}{N_s} = \frac{1,200 - 1,152}{1,200} = 0.04$

2차 전압 $E_{2s} = sE_2 = 0.04 \times 200 = 8[\text{V}]$

51 변압기의 임피던스 전압이란 정격 부하를 걸었을 때 변압기 내부에서 일어나는 임피던스에 의한 전압 강하분이 정격 전압의 몇 [%]가 강하되는가의 백분율[%]이다. 다음 어느 시험에서 구할 수 있는가?

① 무부하 시험

② 단락 시험

③ 온도 시험

④ 내전압 시험

해설 변압기의 임피던스 전압이란 변압기 2차측을 단락하고, 단락 전류가 정격 전류와 같을 때 1차측의 공급 전압이다.

52 단상 반파 정류로 직류 전압 50[V]를 얻으려고 한다. 다이오드의 최대 역전압(PIV)은 약 몇 [V]인가?

① 111

② 141.4

③ 157

④ 314

해설 직류 전압 $E_d = \frac{\sqrt{2}}{\pi}E$에서

$E = \frac{\pi}{\sqrt{2}}E_d = \frac{\pi}{\sqrt{2}} \times 50$

첨두 역전압 $V_{in} = \sqrt{2}E = \sqrt{2} \times \frac{\pi}{\sqrt{2}} \times 50$

$\fallingdotseq 157[\text{V}]$

53 사이리스터에서의 래칭 전류에 관한 설명으로 옳은 것은?

① 게이트를 개방한 상태에서 사이리스터 도통 상태를 유지하기 위한 최소의 순전류

② 게이트 전압을 인가한 후에 급히 제거한 상태에서 도통 상태가 유지되는 최소의 순전류

③ 사이리스터의 게이트를 개방한 상태에서 전압을 상승하면 급히 증가하게 되는 순전류

④ 사이리스터가 턴온하기 시작하는 순전류

해설 게이트 개방 상태에서 SCR이 도통되고 있을 때 그 상태를 유지하기 위한 최소의 순전류를 유지 전류(holding current)라 하고, 턴온되려고 할 때는 이 이상의 순전류가 필요하며, 확실히 턴온시키기 위해서 필요한 최소의 순전류를 래칭 전류라 한다.

정답 49. ③ 50. ① 51. ② 52. ③ 53. ④

54 다음 중 용량 P[kVA]인 동일 정격의 단상 변압기 4대로 낼 수 있는 3상 최대 출력 용량은?

① $3P$　② $\sqrt{3}P$
③ $4P$　④ $2\sqrt{3}P$

해설 단상 변압기 1대의 정격 출력 P_o[kVA]
V결선 출력 $P_V = \sqrt{3}P$[kVA]
2뱅크(bank)로 운전 시 최대 출력
$P_{V_2} = 2P_V = 2\sqrt{3}P$[kVA]

55 2대의 동기 발전기가 병렬 운전하고 있을 때 동기화 전류가 흐르는 경우는?

출제빈도

① 기전력의 크기에 차가 있을 때
② 기전력의 위상에 차가 있을 때
③ 부하 분담에 차가 있을 때
④ 기전력의 파형에 차가 있을 때

해설 동기 발전기가 병렬 운전하고 있을 때 기전력의 위상차가 생기면 동기화 전류(유효 횡류)가 흐르고 기전력의 크기가 다르면 무효 순환 전류가 흐른다.

56 4극 7.5[kW], 200[V], 60[Hz]인 3상 유도 전동기가 있다. 전부하에서의 2차 입력이 7,950[W]이다. 이 경우의 2차 효율은 약 몇 [%]인가? (단, 기계손은 130[W]이다.)

출제빈도

① 92　② 94
③ 96　④ 98

해설 2차 동손 $P_{2c} = P_2 - P -$ 기계손
$= 7{,}950 - 7{,}500 - 130 = 320$[W]

슬립 $s = \dfrac{P_{2c}}{P_2} = \dfrac{320}{7{,}950} = 0.04$

2차 효율 $\eta_2 = \dfrac{P_o}{p_2} \times 100$
$= (1-s) \times 100 = (1-0.04) \times 100$
$= 96$[%]

57 직류 분권 발전기의 무부하 포화 곡선이 $V = \dfrac{950 I_f}{30 + I_f}$이고, I_f는 계자 전류[A], V는 무부하 전압으로 주어질 때 계자 회로의 저항이 25[Ω]이면 몇 [V]의 전압이 유기되는가?

① 200　② 250
③ 280　④ 300

해설 단자 전압 $V = \dfrac{950 I_f}{30 + I_f} = I_f r_f$에서 $\dfrac{950}{30 + I_f} = r_f$
$950 = 30 r_f + I_f r_f$이므로
단자 전압 $V = I_f r_f = 950 - 30 r_f$
$= 950 - 30 \times 25 = 200$[V]

58 3상 동기 발전기 각 상의 유기 기전력 중 제3고조파를 제거하려면 코일 간격/극 간격을 어떻게 하면 되는가?

① 0.11　② 0.33
③ 0.67　④ 1.34

해설 제3고조파에 대한 단절 계수
$K_{pn} = \sin\dfrac{n\beta\pi}{2}$에서 $K_{p3} = \dfrac{3\beta\pi}{2}$이다.
제3고조파를 제거하려면 $K_{p3} = 0$이 되어야 한다.
따라서, $\dfrac{3\beta\pi}{2} = n\pi$
$n = 1$일 때 $\beta = \dfrac{2}{3} = 0.67$
$n = 2$일 때 $\beta = \dfrac{4}{3} = 1.33$
$\beta = \dfrac{\text{코일 간격}}{\text{극 간격}} < 1$이므로 $\beta = 0.67$

59 일반적인 전동기에 비하여 리니어 전동기(linear motor)의 장점이 아닌 것은?

① 구조가 간단하여 신뢰성이 높다.
② 마찰을 거치지 않고 추진력이 얻어진다.
③ 원심력에 의한 가속 제한이 없고 고속을 쉽게 얻을 수 있다.
④ 기어, 벨트 등 동력 변환 기구가 필요 없고 직접 원운동이 얻어진다.

정답 54. ④ 55. ② 56. ③ 57. ① 58. ③ 59. ④

해설 리니어 모터는 원형 모터를 펼쳐 놓은 형태로 마찰을 거치지 않고 추진력을 얻으며, 직접 동력을 전달받아 직선 위를 움직이므로 가·감속이 용이하고, 신뢰성이 높아 고속 철도에서 자기 부상차의 추진용으로 개발이 진행되고 있다.

60 권선형 유도 전동기의 슬립 s에 있어서의 2차 전류[A]는? (단, E_2, X_2는 전동기 정지 시의 2차 유기 전압과 2차 리액턴스로 하고, R_2는 2차 저항으로 한다.)

① $\dfrac{E_2}{\sqrt{\left(\dfrac{R_2}{s}\right)^2 + {X_2}^2}}$　② $\dfrac{s E^2}{\sqrt{{R_2}^2 \dfrac{{X_2}^2}{s}}}$

③ $\dfrac{E_2}{\left(\dfrac{R_2}{1-s}\right)^2 + X_2}$　④ $\dfrac{E_2}{\sqrt{(s R_2)^2 + {X_2}^2}}$

해설 2차 기전력 $E_{2s} = sE_2$[V]

2차 임피던스 $Z_2 = R_2 + jsX_2$[Ω]

2차 전류 $I_2 = \dfrac{sE_2}{\sqrt{{R_2}^2 + (sX_2)^2}}$

$= \dfrac{E_2}{\sqrt{\left(\dfrac{R_2}{s}\right)^2 + X_2^2}}$[A]

제4과목 회로이론

61 $R = 6$[Ω], $X_L = 8$[Ω]이 직렬인 임피던스 3개로 △결선된 대칭 부하 회로에 선간 전압 100[V]인 대칭 3상 전압을 가하면 선전류는 몇 [A]인가?

① $\sqrt{3}$　② $3\sqrt{3}$

③ 10　④ $10\sqrt{3}$

해설 $I_l = \sqrt{3}\,I_p = \sqrt{3} \times \dfrac{100}{\sqrt{6^2 + 8^2}} = 10\sqrt{3}$[A]

62 저항 4[Ω], 주파수 50[Hz]에 대하여 4[Ω]의 유도 리액턴스와 1[Ω]의 용량 리액턴스가 직렬 연결된 회로에 100[V]의 교류 전압이 인가될 때 무효 전력[Var]은?

① 1,000　② 1,200

③ 1,400　④ 1,600

해설 합성 임피던스 $Z = 4 + j4 - j = 4 + j3$[Ω]

무효 전력 $P_r = I^2 X$

$= \left(\dfrac{100}{\sqrt{4^2 + 3^2}}\right)^2 \times 3$

$= 1{,}200$[Var]

63 각 상의 전류가 $i_a = 30\sin\omega t$, $i_b = 30\sin(\omega t - 90°)$, $i_c = 30\sin(\omega t + 90°)$일 때 영상 대칭분의 전류[A]는?

① $10\sin\omega t$　② $\dfrac{10}{3}\sin\dfrac{\omega t}{3}$

③ $\dfrac{30}{\sqrt{3}}\sin(\omega t + 45°)$　④ $30\sin\omega t$

해설

$i_o = \dfrac{1}{3}(i_a + i_b + i_c)$

$= \dfrac{1}{3}\{30\sin\omega t + 30\sin(\omega t - 90°)$
$+ 30\sin(\omega t + 90°)\}$

$= \dfrac{30}{3}\{\sin\omega t + (\sin\omega t\cos 90° - \cos\omega t\sin 90°)$
$+ (\sin\omega t\cos 90° + \cos\omega t\sin 90°)\}$

$= 10\sin\omega t$[A]

64 함수 $f(t) = Ae^{-\frac{1}{\tau}t}$ 에서 시정수는 A의 몇 [%]가 되기까지의 시간인가?

① 37　② 63

③ 85　④ 92

해설 시정수(τ)는 $t = 0$에서 과도 전류에 접선을 그어 접선이 정상 전류와 만날 때까지의 시간이므로

정답 60. ① 61. ④ 62. ② 63. ① 64. ①

시정수 시간에서

$f(\tau) = Ae^{-\frac{1}{\tau} \cdot \tau} = Ae^{-1} = 0.368A$

∴ 36.8[%]

65 다음 두 회로의 4단자 정수 A, B, C, D가 동일할 조건은?

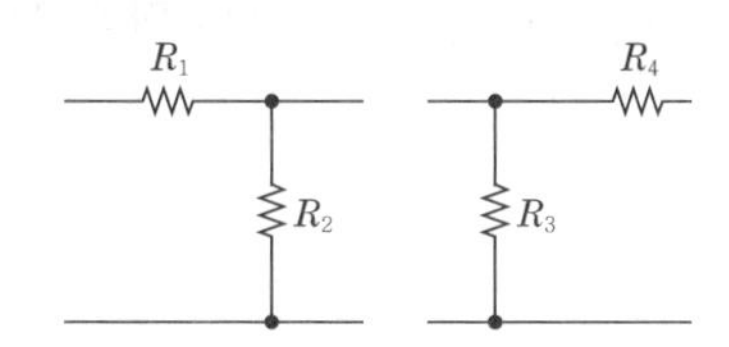

① $R_1 = R_2$, $R_3 = R_4$

② $R_1 = R_3$, $R_2 = R_4$

③ $R_1 = R_4$, $R_2 = R_3 = 0$

④ $R_2 = R_3$, $R_1 = R_4 = 0$

해설

$$\begin{bmatrix} A & B \\ C & D \end{bmatrix} = \begin{bmatrix} 0 & R_1 \\ 0 & 1 \end{bmatrix} \begin{bmatrix} 1 & 0 \\ \frac{1}{R_2} & 1 \end{bmatrix} = \begin{bmatrix} 1 + \frac{R_1}{R_2} & R_1 \\ \frac{1}{R_2} & 1 \end{bmatrix}$$

$$\begin{bmatrix} A & B \\ C & D \end{bmatrix} = \begin{bmatrix} 1 & 0 \\ \frac{1}{R_3} & 1 \end{bmatrix} \begin{bmatrix} 0 & R_4 \\ 0 & 1 \end{bmatrix} = \begin{bmatrix} 1 & R_4 \\ \frac{1}{R_3} & 1 + \frac{R_4}{R_3} \end{bmatrix}$$

∴ A, B, C, D가 동일할 조건

$R_2 = R_3$, $R_1 = R_4 = 0$

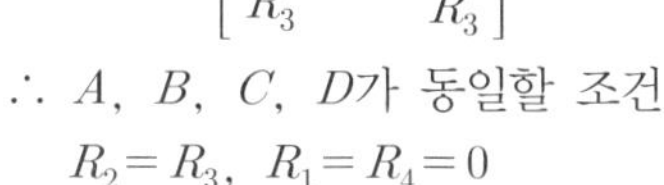

66 단상 전력계 2개로 3상 전력을 측정하고자 한다. 전력계의 지시가 각각 200[W]와 100[W]를 가리켰다고 한다. 부하 역률은 약 몇 [%]인가?

① 94.8

② 86.6

③ 50.0

④ 31.6

해설 역률 $\cos\theta = \dfrac{P}{P_a} = \dfrac{P_1 + P_2}{2\sqrt{P_1^{\,2} + P_2^{\,2} - P_1 P_2}}$

$= \dfrac{300}{346.4} = 0.866$

∴ 86.6[%]

67 저항 3[Ω], 유도 리액턴스 4[Ω]인 직렬 회로에 $e = 141.4\sin\omega t + 42.4\sin3\omega t$[V] 전압 인가 시 전류의 실효값은 몇 [A]인가?

출제빈도

① 20.15 ② 18.25

③ 16.15 ④ 14.25

해설

$I_1 = \dfrac{V_1}{Z} = \dfrac{\frac{141.4}{\sqrt{2}}}{\sqrt{3^2 + 4^2}} = 20[\text{A}]$

$I_3 = \dfrac{V_3}{Z} = \dfrac{\frac{42.4}{\sqrt{2}}}{\sqrt{3^2 + (3 \times 4)^2}} = 2.43[\text{A}]$

$I = \sqrt{I_1^{\,2} + I_3^{\,2}} = \sqrt{(20)^2 + (2.43)^2} ≒ 20.15[\text{A}]$

68 그림과 같은 브리지 회로가 평형하기 위한 Z의 값은?

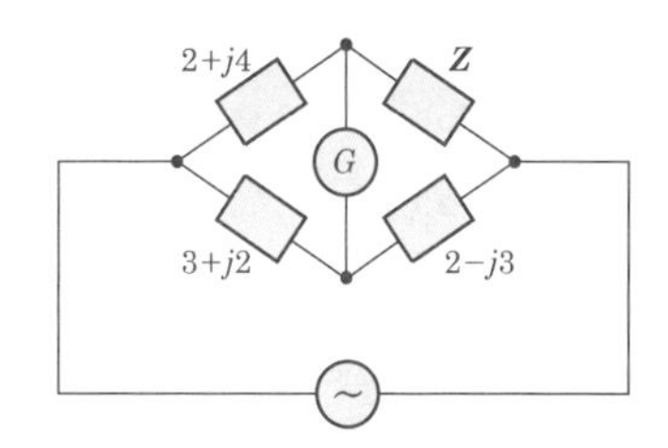

① $2 + j4$

② $-2 + j4$

③ $4 + j2$

④ $4 - j2$

해설 $Z(3 + j2) = (2 + j4)(2 - j3)$

$\therefore Z = \dfrac{(2 + j4)(2 - j3)}{3 + j2}$

$= \dfrac{(16 + j2)(3 - j2)}{(3 + j2)(3 - j2)} = 4 - j2$

정답 65. ④ 66. ② 67. ① 68. ④

69 정현파의 파형률은?

① $\dfrac{실효값}{최대값}$　② $\dfrac{평균값}{실효값}$

③ $\dfrac{실효값}{평균값}$　④ $\dfrac{최대값}{실댓값}$

해설 파고율$=\dfrac{최대값}{실효값}$, 파형률$=\dfrac{실효값}{평균값}$

70 다음에서 전류 i_5[A]는?

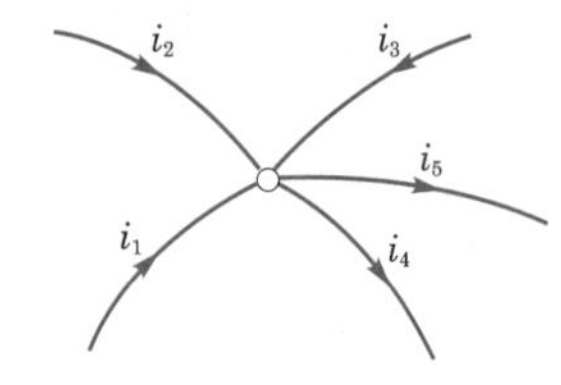

여기서, $i_1=40$[A]
$i_2=12$[A]
$i_3=15$[A]
$i_4=10$[A]

① 37　② 47

③ 57　④ 67

해설 키르히호프의 제1법칙에 의해

$i_1+i_2+i_3-i_4-i_5=0$

$\therefore\ i_5=i_1+i_2+i_3-i_4=40+12+15-10=57$[A]

71 푸리에 급수에서 직류항은?

① 우함수이다.

② 기함수이다.

③ 우함수+기함수이다.

④ 우함수×기함수이다.

해설 **여현 대칭(우함수 대칭)의 특징**

직류 성분과 cos항이 존재하는 파형, 즉 직류항은 우함수이다.

72 $e^{-at}\cos\omega t$의 라플라스 변환은?

① $\dfrac{s+a}{(s+a)^2+\omega^2}$　② $\dfrac{\omega}{(s+a)^2+\omega^2}$

③ $\dfrac{\omega}{(s^2+a^2)^2}$　④ $\dfrac{s+a}{(s^2+a^2)^2}$

해설 복소 추이 정리를 이용하면

$$\mathcal{L}[e^{-at}\cos\omega t]=\mathcal{L}[\cos\omega t]\Big|_{s=s+a}=\frac{s}{s^2+\omega^2}\Big|_{s=s+a}$$
$$=\frac{s+a}{(s+a)^2+\omega^2}$$

73 그림과 같은 회로에서 4단자 정수 중 옳지 않은 것은?

출제빈도

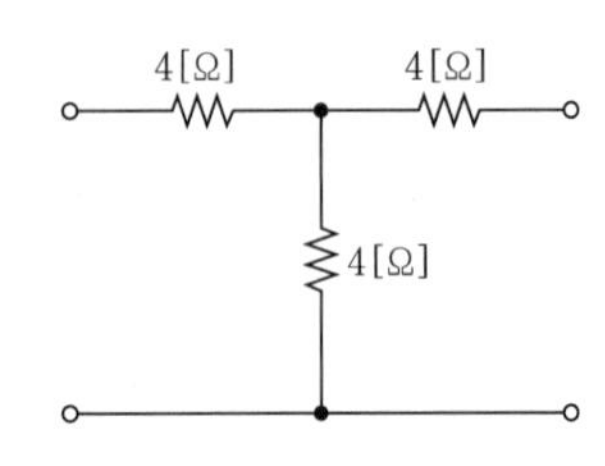

① $A=2$　② $B=12$

③ $C=\dfrac{1}{2}$　④ $D=2$

해설
$$\begin{bmatrix}A & B\\ C & D\end{bmatrix}=\begin{bmatrix}1 & 4\\ 0 & 1\end{bmatrix}\begin{bmatrix}1 & 0\\ \frac{1}{4} & 1\end{bmatrix}\begin{bmatrix}1 & 4\\ 0 & 1\end{bmatrix}$$
$$=\begin{bmatrix}2 & 12\\ \frac{1}{4} & 2\end{bmatrix}$$

74 회로 (a)를 회로 (b)로 할 때 테브난의 정리를 이용하여 임피던스 Z_o[Ω]의 값과 전압 E_{ab}[V]의 값을 구하면?

출제빈도

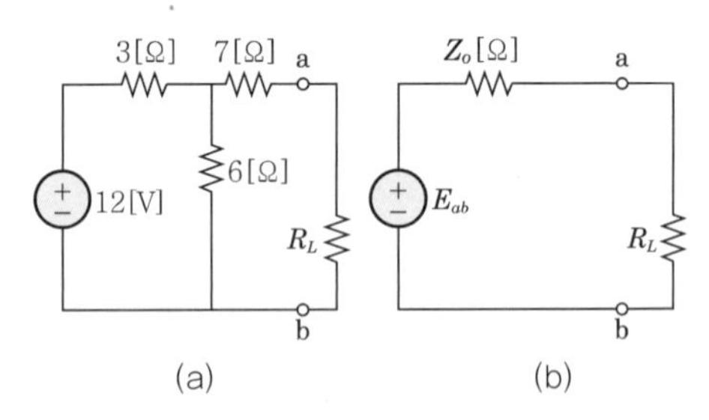

① $E_{ab}=4,\ Z_o=13$

② $E_{ab}=8,\ Z_o=2$

③ $E_{ab}=8,\ Z_o=9$

④ $E_{ab}=4,\ Z_o=9$

정답 69. ③ 70. ③ 71. ① 72. ① 73. ③ 74. ③

해설 $E_{ab}=\frac{6}{3+6}\times 12=8[\text{V}]$

$Z_o=7+\frac{3\times 6}{3+6}=9[\Omega]$

75 △결선된 3상 회로에서 상전류가 다음과 같다. 선전류 I_1, I_2, I_3 중에서 그 크기가 가장 큰 것은?

$$I_{12}=4\angle -36°[\text{A}]$$
$$I_{23}=4\angle -156°[\text{A}]$$
$$I_{31}=4\angle 84°[\text{A}]$$

① 2.31 ② 4.0
③ 6.93 ④ 8.0

해설 평형 전류이므로 선전류 $I_l=\sqrt{3}\,I_p$로 동일하다.

$\therefore\ I_1=I_2=I_3=4\sqrt{3}=6.93[\text{A}]$

76 그림과 같이 시간축에 대하여 대칭인 3각파 교류 전압의 평균값[V]은?

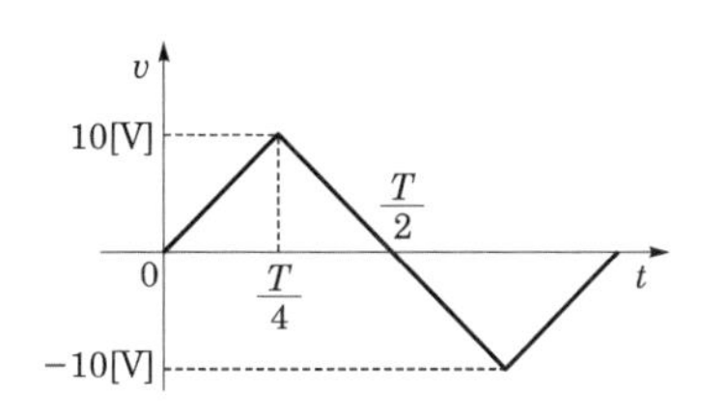

① 5.77 ② 5
③ 10 ④ 6

해설 평균값 $V_{av}=\frac{1}{2}V_m=\frac{1}{2}\times 10=5[\text{V}]$

77 어떤 제어계의 출력이 $C(s)=\dfrac{5}{s(s^2+s+2)}$로 주어질 때 출력의 시간 함수 $C(t)$의 정상값은?

① 5 ② 2
③ $\frac{2}{5}$ ④ $\frac{5}{2}$

해설 최종값 정리에 의해

$$\lim_{s\to 0} sC(s)=\lim_{s\to 0} s\cdot\frac{5}{s(s^2+s+2)}=\frac{5}{2}$$

78 10[kVA]의 변압기 2대로 공급할 수 있는 최대 3상 전력[kVA]은?

① 20 ② 17.3
③ 14.1 ④ 10

해설 V결선의 출력 $P_V=\sqrt{3}\,VI\cos\theta$

최대 3상 전력은 $\cos\theta=1$일 때이므로

$P_V=\sqrt{3}\,VI=\sqrt{3}\times 10=17.32[\text{kVA}]$

79 $R-C$ 직렬 회로에 $t=0$일 때 직류 전압 10[V]를 인가하면, $t=0.1$초 때 전류[mA]의 크기는? (단, $R=1{,}000[\Omega]$, $C=50[\mu\text{F}]$이고, 처음부터 정전 용량의 전하는 없었다고 한다.)

① 약 2.25 ② 약 1.8
③ 약 1.35 ④ 약 2.4

해설 $i=\frac{E}{R}e^{-\frac{1}{RC}t}$에서 $t=0.1$이므로

$$i=\frac{10}{1{,}000}e^{-\frac{0.1}{1{,}000\times 50\times 10^{-6}}}=\frac{1}{100}e^{-2}$$
$$\fallingdotseq 1.35[\text{mA}]$$

80 L형 4단자 회로에서 4단자 정수가 $A=\frac{15}{4}$, $D=1$이고 영상 임피던스 $Z_{02}=\frac{12}{5}[\Omega]$일 때 영상 임피던스 $Z_{01}[\Omega]$의 값은 얼마인가?

출제빈도

① 12 ② 9
③ 8 ④ 6

해설 $Z_{01}\cdot Z_{02}=\frac{B}{C}$, $\frac{Z_{01}}{Z_{02}}=\frac{A}{D}$에서

$$Z_{01}=\frac{A}{D}Z_{02}=\frac{\frac{15}{4}}{1}\times\frac{12}{5}=\frac{180}{20}=9[\Omega]$$

정답 75. ③ 76. ② 77. ④ 78. ② 79. ③ 80. ②

제5과목 전기설비기술기준

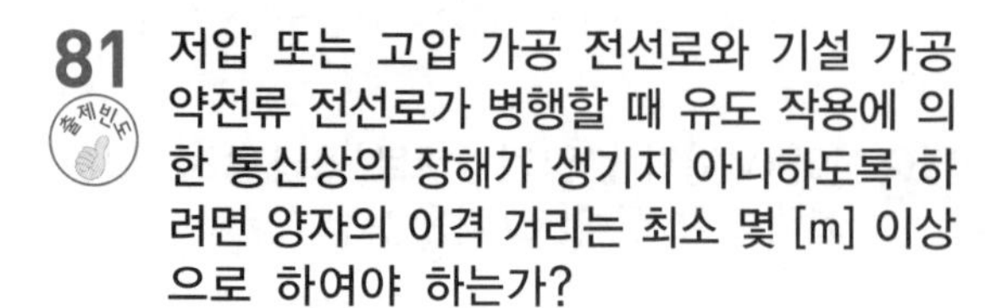

81 저압 또는 고압 가공 전선로와 기설 가공 약전류 전선로가 병행할 때 유도 작용에 의한 통신상의 장해가 생기지 아니하도록 하려면 양자의 이격 거리는 최소 몇 [m] 이상으로 하여야 하는가?

① 2
② 4
③ 6
④ 8

해설 가공 약전류 전선로의 유도 장해 방지(KEC 332.1)
고·저압 가공 전선로와 병행하는 경우 약전류 전선과 2[m] 이상 이격시킨다.

82 건축물·구조물과 분리되지 않은 피뢰 시스템인 경우, 병렬 인하 도선의 최대 간격은 피뢰 시스템 등급에 따라 Ⅰ·Ⅱ등급인 경우 몇 [m]로 하여야 하는가?

① 10
② 15
③ 20
④ 30

해설 인하 도선 시스템(KEC 152.2)
병렬 인하 도선의 최대 간격은 피뢰 시스템 등급에 따라 Ⅰ·Ⅱ등급은 10[m], Ⅲ등급은 15[m], Ⅳ등급은 20[m]로 한다.

83 발열선을 도로, 주차장 또는 조영물의 조영재에 고정시켜 신설하는 경우 발열선에 전기를 공급하는 전로의 대지 전압은 몇 [V] 이하이어야 하는가?

① 100
② 150
③ 200
④ 300

해설 도로 등의 전열 장치(KEC 241.12)
- 발열선에 전기를 공급하는 전로의 대지 전압은 300[V] 이하
- 발열선은 미네랄 인슐레이션 케이블 또는 제2종 발열선을 사용
- 발열선 온도 80[℃] 이하

84 1차측 3,300[V], 2차측 220[V]인 변압기 전로의 절연 내력 시험 전압은 각각 몇 [V]에서 10분간 견디어야 하는가?

① 1차측 4,950[V], 2차측 500[V]
② 1차측 4,500[V], 2차측 400[V]
③ 1차측 4,125[V], 2차측 500[V]
④ 1차측 3,300[V], 2차측 400[V]

해설 변압기 전로의 절연 내력(KEC 135)
- 1차측 : $3,300 \times 1.5 = 4,950$[V]
- 2차측 : $220 \times 1.5 = 330$[V]

500[V] 이하이므로 최소 시험 전압 500[V]로 한다.

85 관등 회로의 사용 전압이 1[kV] 이하인 방전등을 옥내에 시설할 경우에 대한 사항으로 잘못된 것은?

① 관등 회로의 사용 전압이 400[V] 초과인 경우에는 방전등용 변압기를 설치할 것
② 관등 회로의 사용 전압이 400[V] 이하인 배선은 공칭 단면적 2.5[mm^2] 이상으로 한다.
③ 애자 공사를 시설할 때 전선 상호간의 거리는 50[cm] 이상으로 한다.
④ 관등 회로의 사용 전압이 400[V] 초과이고, 1[kV] 이하인 배선은 그 시설 장소에 따라 합성 수지관 공사·금속관 공사·가요 전선관 공사나 케이블 공사 방법에 의하여야 한다.

해설 1[kV] 이하 방전등(KEC 234.11)－애자 공사의 시설

공사 방법	전선 상호간의 거리	전선과 조영재의 거리
애자 공사	60[mm] 이상	25[mm] (습기가 많은 장소는 45[mm]) 이상

정답 81. ① 82. ① 83. ④ 84. ① 85. ③

86 사용 전압이 25[kV] 이하인 다중 접지 방식의 지중 전선로를 직접 매설식 또는 관로식에 의하여 시설하는 경우에는 매설 깊이를 차량 기타의 중량물의 압력을 받을 우려가 있는 장소에는 몇 [m] 이상 시설하여야 하는가?

① 0.1[m] ② 0.6[m]
③ 1.0[m] ④ 1.5[m]

해설 **지중 전선로(KEC 334) – 매설 깊이**
- 직접 매설식 및 관로식 : 1[m] 이상
- 중량물의 압력을 받을 우려가 없는 곳 : 0.6[m] 이상

87 저 · 고압 가공 전선의 시설 기준으로 옳지 않은 것은?

① 사용 전압 400[V] 이하 저압 가공 전선은 2.6[mm] 이상의 절연 전선을 사용하여 시설할 수 있다.
② 사용 전압 400[V] 이하인 저압 가공 전선으로 다심형 전선을 사용하는 경우 접지공사를 한 조가용선을 사용하여야 한다.
③ 사용 전압이 고압인 가공 전선에는 다심형 전선을 사용하여 시설할 수 있다.
④ 사용 전압 400[V] 초과의 저압 가공 전선을 시외에 가설하는 경우 지름 4[mm] 이상의 경동선을 사용하여야 한다.

해설 **고압 가공 전선의 굵기 및 종류(KEC 332.3)**
다심형 전선은 400[V] 이하에서 사용한다. 고압 가공 전선은 고압 절연 전선, 특고압 절연 전선 또는 케이블을 사용하여야 한다.

88 가공 전선로의 지지물로 사용하는 철주 또는 철근 콘크리트주는 지선을 사용하지 않는 상태에서 몇 이상의 풍압 하중에 견디는 강도를 가지는 경우 이외에는 지선을 사용하여 그 강도를 분담시켜서는 아니 되는가?

① 1/3 ② 1/5
③ 1/10 ④ 1/2

해설 **지선의 시설(KEC 331.11)**
가공 전선로의 지지물로 사용하는 철주 또는 철근 콘크리트주는 지선을 사용하지 아니하는 상태에서 $\frac{1}{2}$ 이상의 풍압 하중에 견디는 강도를 가지는 경우 이외에는 지선을 사용하여 그 강도를 분담시켜서는 안 된다.

89 내부 고장이 발생하는 경우를 대비하여 자동 차단 장치 또는 경보 장치를 시설하여야 하는 특고압용 변압기의 뱅크 용량의 구분으로 알맞은 것은?

① 5,000[kVA] 미만
② 5,000[kVA] 이상 10,000[kVA] 미만
③ 10,000[kVA] 이상
④ 10,000[kVA] 이상 15,000[kVA] 미만

해설 **특고압용 변압기의 보호 장치(KEC 351.4)**

뱅크 용량의 구분	동작 조건	장치의 종류
5,000[kVA] 이상 10,000[kVA] 미만	변압기 내부 고장	자동 차단 장치 또는 경보 장치
10,000[kVA] 이상	변압기 내부 고장	자동 차단 장치
타냉식 변압기	냉각 장치에 고장, 변압기 온도 현저히 상승	경보 장치

90 통신 설비의 식별 표시에 대한 사항으로 알맞지 않은 것은?

① 모든 통신 기기에는 식별이 용이하도록 인식용 표찰을 부착하여야 한다.
② 통신 사업자의 설비 표시 명판은 플라스틱 및 금속판 등 견고하고 가벼운 재질로 하고, 글씨는 각인하거나 지워지지 않도록 제작된 것을 사용하여야 한다.
③ 배전주에 시설하는 통신 설비의 설비 표시 명판의 경우 직선주는 전주 10경간마다 시설하여야 한다.
④ 배전주에 시설하는 통신 설비의 설비 표시 명판의 경우 분기주, 인류주는 매 전주에 시설하여야 한다.

정답 86. ③ 87. ③ 88. ④ 89. ② 90. ③

해설 **통신 설비의 식별 표시(KEC 365.1)**
- 배전주에 시설하는 통신 설비의 설비 표시 명판
  - 직선주는 전주 5경간마다 시설할 것
  - 분기주, 인류주는 매 전주에 시설할 것
- 지중 설비에 시설하는 통신 설비의 설비 표시 명판
  - 관로는 맨홀마다 시설할 것
  - 전력구 내 행거는 50[m] 간격으로 시설할 것

91 **특고압을 직접 저압으로 변성하는 변압기를 시설하여서는 아니 되는 변압기는?**

① 광산에서 물을 양수하기 위한 양수기용 변압기
② 전기로 등 전류가 큰 전기를 소비하기 위한 변압기
③ 교류식 전기 철도용 신호 회로에 전기를 공급하기 위한 변압기
④ 발전소·변전소·개폐소 또는 이에 준하는 곳의 소내용 변압기

해설 **특고압을 직접 저압으로 변성하는 변압기의 시설(KEC 341.3)**
- 전기로용 변압기
- 소내용 변압기
- 중성선 다중 접지한 특고압 변압기
- 100[kV] 이하인 변압기로서 혼촉 방지판의 접지 저항치가 10[Ω] 이하인 것
- 전기 철도용 신호 회로용 변압기

92 출제빈도 **제1종 특고압 보안 공사로 시설하는 전선로의 지지물로 사용할 수 없는 것은?**

① 목주
② 철탑
③ B종 철주
④ B종 철근 콘크리트주

해설 **특고압 보안 공사(KEC 333.22)**
제1종 특고압 보안 공사 전선로의 지지물에는 B종 철주, B종 철근 콘크리트주 또는 철탑을 사용하고, A종 및 목주는 시설할 수 없다.

93 출제빈도 **고압 가공 전선이 가공 약전류 전선과 접근하여 시설될 때 가공 전선과 가공 약전류 전선 사이의 이격 거리는 몇 [cm] 이상이어야 하는가?**

① 30[cm]
② 40[cm]
③ 60[cm]
④ 80[cm]

해설 **고압 가공 전선과 가공 약전류 전선 등의 접근 또는 교차(KEC 332.13)**
고압 가공 전선이 가공 약전류 전선 등과 접근하는 경우는 고압 가공 전선과 가공 약전류 전선 등 사이의 이격 거리는 80[cm](전선이 케이블인 경우에는 40[cm]) 이상일 것

94 출제빈도 **25[kV] 이하인 특고압 가공 전선로(중성선 다중 접지 방식의 것으로서 전로에 지락이 생겼을 때에 2초 이내에 자동적으로 이를 전로로부터 차단하는 장치가 되어 있는 것에 한한다.)의 접지 도체는 공칭 단면적 몇 [mm^2] 이상의 연동선 또는 이와 동등 이상의 세기 및 굵기에 쉽게 부식하지 않는 금속선으로서 고장 시 흐르는 전류를 안전하게 통할 수 있는 것을 사용하여야 하는가?**

① 2.5　② 6
③ 10　④ 16

해설 **25[kV] 이하인 특고압 가공 전선로의 시설(KEC 333.32)**
- 접지 도체는 단면적 6[mm^2]의 연동선
- 접지한 곳 상호간 거리 300[m] 이하

정답 91. ① 92. ① 93. ④ 94. ②

95 전기 저장 장치의 시설 기준으로 잘못된 것은?

① 전선은 공칭 단면적 2.5[mm^2] 이상의 연동선 또는 이와 동등 이상의 세기 및 굵기의 것이어야 한다.

② 단자를 체결 또는 잠글 때 너트나 나사는 풀림 방지 기능이 있는 것을 사용하여야 한다.

③ 외부 터미널과 접속하기 위해 필요한 접점의 압력이 사용 기간 동안 유지되어야 한다.

④ 옥측 또는 옥외에 시설할 경우에는 애자 공사로 시설하여야 한다.

해설 **전기 저장 장치의 시설(KEC 512)**
전기 배선은 옥측 또는 옥외에 시설할 경우에는 금속관, 합성 수지관, 가요 전선관 또는 케이블 공사의 규정에 준하여 시설할 것

96 태양 전지 발전소에 태양 전지 모듈 등을 시설할 경우 사용 전선(연동선)의 공칭 단면적은 몇 [mm^2] 이상인가?

① 1.6 ② 2.5
③ 5 ④ 10

해설 **전기 배선(KEC 512.1.1)**
전선은 공칭 단면적 2.5[mm^2] 이상의 연동선으로 하고, 배선은 합성 수지관 공사, 금속관 공사, 가요 전선관 공사 또는 케이블 공사로 시설할 것

97 저압 옥내 배선을 합성 수지관 공사에 의하여 실시하는 경우 사용할 수 있는 단선(동선)의 최대 단면적은 몇 [mm^2]인가?

① 4 ② 6
③ 10 ④ 16

해설 **합성 수지관 공사(KEC 232.11)**
- 전선은 절연 전선(옥외용 제외)일 것
- 전선은 연선일 것. 단, 단면적 10[mm^2](알루미늄선은 단면적 16[mm^2]) 이하 단선 사용

98 관광 숙박업 또는 숙박업을 하는 객실의 입구등에 조명용 전등을 설치할 때는 몇 분 이내에 소등되는 타임 스위치를 시설하여야 하는가?

① 1 ② 3
③ 5 ④ 10

해설 **점멸기의 시설(KEC 234.6)－센서등(타임 스위치 포함)**
- 숙박업에 이용되는 객실의 입구등 : 1분 이내 소등
- 일반 주택 및 아파트 각 호실의 현관등 : 3분 이내 소등

99 태양광 설비에 시설하여야 하는 계측기의 계측 대상에 해당하는 것은?

① 전압과 전류
② 전력과 역률
③ 전류와 역률
④ 역률과 주파수

해설 **태양광 설비의 계측 장치(KEC 522.3.6)**
태양광 설비에는 전압과 전류 또는 전력을 계측하는 장치를 시설하여야 한다.

100 소세력 회로의 사용 전압이 15[V] 이하일 경우 절연 변압기의 2차 단락 전류 제한값은 8[A]이다. 이때 과전류 차단기의 정격 전류는 몇 [A] 이하이어야 하는가?

① 1.5 ② 3
③ 5 ④ 10

해설 **소세력 회로(KEC 241.14)－절연 변압기의 2차 단락 전류 및 과전류 차단기의 정격 전류**

최대 사용 전압의 구분	2차 단락 전류	과전류 차단기의 정격 전류
15[V] 이하	8[A]	5[A]
15[V] 초과 30[V] 이하	5[A]	3[A]
30[V] 초과 60[V] 이하	3[A]	1.5[A]

정답 96. ② 97. ③ 98. ① 99. ① 100. ③

MEMO

2023. 2. 14. 시행

2023년 제1회 CBT 기출복원문제

제1과목 전기자기학

01 무한 평면 도체에서 h[m]의 높이에 반지름 a[m]($a \ll h$)의 도선을 도체에 평행하게 가설하였을 때 도체에 대한 도선의 정전 용량은 몇 [F/m]인가?

① $\dfrac{\pi\varepsilon_0}{\ln\dfrac{h}{a}}$ ② $\dfrac{2\pi\varepsilon_0}{\ln\dfrac{2h}{a}}$

③ $\dfrac{\pi\varepsilon_0}{\ln\dfrac{2h}{a}}$ ④ $\dfrac{2\pi\varepsilon_0}{\ln\dfrac{h}{a}}$

해설

$$C = \frac{q}{V} = \frac{q}{-\int_h^a E dx}$$

$$= \frac{q}{\dfrac{q}{2\pi\varepsilon_0}\int_a^h\left(\dfrac{1}{x}+\dfrac{1}{2h-x}\right)dx}$$

$$= \frac{q}{\dfrac{q}{2\pi\varepsilon_0}[\ln x - \ln(2h-x)]_a^h}$$

$$= \frac{q}{\dfrac{q}{2\pi\varepsilon_0}\ln\left(\dfrac{2h-a}{a}\right)} = \frac{2\pi\varepsilon_0}{\ln\dfrac{2h-a}{a}}$$

$$\fallingdotseq \frac{2\pi\varepsilon_0}{\ln\dfrac{2h}{a}}\text{[F/m]}$$

02 전류가 흐르는 도선을 자계 내에 놓으면 이 도선에 힘이 작용한다. 평등 자계의 진공 중에 놓여 있는 직선 전류 도선이 받는 힘에 대한 설명으로 옳은 것은?

① 도선의 길이에 비례한다.

② 전류의 세기에 반비례한다.

③ 자계의 세기에 반비례한다.

④ 전류와 자계 사이의 각에 대한 정현(sine)에 반비례한다.

해설 플레밍의 왼손 법칙에서 도선이 받는 힘(F)
$F = vBl\sin\theta$[N]

03 전류가 흐르고 있는 도체에 자계를 가하면 도체 측면에 정·부(+, −)의 전하가 나타나 두 면 간에 전위차가 발생하는 현상은?

출제빈도

① 홀 효과 ② 핀치 효과

③ 톰슨 효과 ④ 제벡 효과

해설
- 제벡 효과 : 서로 다른 두 금속 A, B를 접속하고 다른 쪽에 전압계를 연결하여 접속부를 가열하면 전압이 발생하는 것을 알 수 있다. 이와 같이 서로 다른 금속을 접속하고 접속점을 서로 다른 온도를 유지하면 기전력이 생겨 일정한 방향으로 전류가 흐른다. 이러한 현상을 제벡 효과(Seebeck effect)라 한다. 즉, 온도차에 의한 열기전력 발생을 말한다.
- 톰슨 효과 : 동종의 금속에서도 각 부에서 온도가 다르면 그 부분에서 열의 발생 또는 흡수가 일어나는 효과를 톰슨 효과라 한다.
- 홀(Hall) 효과 : 홀 효과는 전기가 흐르고 있는 도체에 자계를 가하면 플레밍의 왼손 법칙에 의하여 도체 내부의 전하가 횡방향으로 힘을 받아 도체 측면에 (+), (−)의 전하가 나타나는 현상이다.

정답 01. ② 02. ① 03. ①

04 유전체에 가한 전계 E[V/m]와 분극의 세기 P[C/m^2], 전속 밀도 D[C/m^2] 간의 관계식으로 옳은 것은?

① $P=\varepsilon_0(\varepsilon_s-1)E$

② $P=\varepsilon_0(\varepsilon_s+1)E$

③ $D=\varepsilon_0 E-P$

④ $D=\varepsilon_0\varepsilon_s E+P$

해설 전속 밀도 $D=\varepsilon_0 E+P$

$\therefore$ 분극의 세기 $P=D-\varepsilon_0 E$

$=\varepsilon_0\varepsilon_s E-\varepsilon_0 E$

$=\varepsilon_0(\varepsilon_s-1)E$ [C/m^2]

05 유전율 ε, 투자율 μ인 매질 중을 주파수 f[Hz]의 전자파가 전파되어 나갈 때의 파장은 몇 [m]인가?

① $f\sqrt{\varepsilon\mu}$

② $\dfrac{1}{f\sqrt{\varepsilon\mu}}$

③ $\dfrac{f}{\sqrt{\varepsilon\mu}}$

④ $\dfrac{\sqrt{\varepsilon\mu}}{f}$

해설 $v^2=\dfrac{1}{\varepsilon\mu}$에서 $v=\dfrac{1}{\sqrt{\varepsilon\mu}}$[m/s]이므로

$$\lambda=\frac{v}{f}=\frac{\frac{1}{\sqrt{\varepsilon\mu}}}{f}=\frac{1}{f\sqrt{\varepsilon\mu}}\text{[m]}$$

06 반지름 a[m]인 원주 도체의 단위 길이당 내부 인덕턴스[H/m]는?

① $\dfrac{\mu}{4\pi}$

② $\dfrac{\mu}{8\pi}$

③ $4\pi\mu$

④ $8\pi\mu$

해설 원통 도체 내부의 단위 길이당 인덕턴스

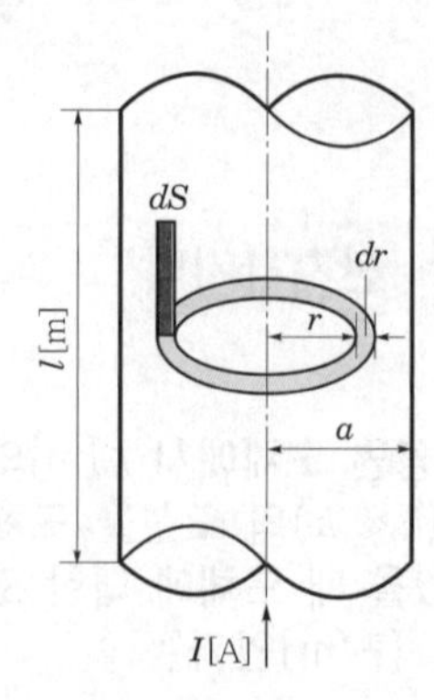

r[m] 떨어진 도체 내부에 축적되는 에너지는 $W=\dfrac{1}{2}LI^2$[J]

도체 내부의 자계의 세기는 $H_i=\dfrac{Ir}{2\pi a^2}$

전체 에너지는

$$W=\int_0^a\frac{1}{2}\mu H^2dv=\int_0^a\frac{1}{2}\mu\left(\frac{r\cdot I}{2\pi a^2}\right)^2dv$$

$$=\int_0^a\frac{1}{2}\mu\frac{r^2I^2}{4\pi^2a^4}\,2\pi r\cdot dr$$

$$=\frac{\mu I^2}{4\pi a^4}\int_0^a r^3\,dr=\frac{\mu I^2}{4\pi a^4}\left[\frac{1}{4}r^4\right]_0^a$$

$$=\frac{\mu I^2}{16\pi}\text{[J]}$$

따라서, $\dfrac{\mu I^2}{16\pi}=\dfrac{1}{2}LI^2$

자기 인덕턴스 L은 $L=\dfrac{\mu}{8\pi}\cdot l$[H]

단위 길이당 자기 인덕턴스는

$L=\dfrac{\mu}{8\pi}$[H/m]

07 무한 평면 도체로부터 a[m]의 거리에 점전하 Q[C]이 있을 때, 이 점전하와 평면 도체 간의 작용력은 몇 [N]인가?

① $\dfrac{Q^2}{2\pi\varepsilon^2}$ ② $-\dfrac{Q^2}{4\pi\varepsilon a^2}$

③ $\dfrac{Q^2}{8\pi\varepsilon a^2}$ ④ $-\dfrac{Q^2}{16\pi\varepsilon a^2}$

정답 04. ① 05. ② 06. ② 07. ④

해설 점전하 Q[C]과 무한 평면 도체 간의 작용력[N]은 점전하 Q[C]과 영상 전하 $-Q$[C]과의 작용력[N]이므로

$$F=-\frac{Q^2}{4\pi\varepsilon(2a)^2}=-\frac{Q^2}{16\pi\varepsilon a^2}\text{[N]}(\text{흡인력})$$

매질이 공기 ε_0가 아닌 ε임에 주의한다.

08 전계 E[V/m] 및 자계 H[AT/m]의 에너지가 자유 공간 사이를 C[m/s]의 속도로 전파될 때 단위 시간에 단위 면적을 지나는 에너지[W/m²]는?

① $\frac{1}{2}EH$　② EH
③ EH^2　④ E^2H

해설
- 전파 속도 $v=\frac{1}{\sqrt{\varepsilon\mu}}$[m/s]
- 고유 임피던스 $\eta=\frac{E}{H}=\frac{\sqrt{\mu}}{\sqrt{\varepsilon}}$[Ω]
- 전자 에너지 $W=W_E+W_H=\frac{1}{2}(\varepsilon E^2+\mu H^2)$
  $=\sqrt{\varepsilon\mu}\,EH$[J/m³]
- 단위 면적당 전력 $P=v\cdot W$
  $=\frac{1}{\sqrt{\varepsilon\mu}}\cdot\sqrt{\varepsilon\mu}\,EH$
  $=EH$[W/m²]

09 비투자율 μ_s, 자속 밀도 B[Wb/m]의 자계 중에 있는 m[Wb]의 자극이 받는 힘은 몇 [N]인가?

출제빈도

① $m\cdot B$　② $\frac{m\cdot B}{\mu_0}$
③ $\frac{m\cdot B}{\mu_s}$　④ $\frac{m\cdot B}{\mu_0\mu_s}$

해설 $F=mH=m\cdot\frac{B}{\mu_0\mu_s}=\frac{mB}{\mu_0\mu_s}$[N]

10 역자성체 내에서 비투자율 μ_s는?

① $\mu_s\gg 1$　② $\mu_s>1$
③ $\mu_s<1$　④ $\mu_s=1$

해설 비투자율 $\mu_s=\frac{\mu}{\mu_0}=1+\frac{\chi_m}{\mu_0}$에서
$\mu_s>1$, 즉 $x_m>0$이면 상자성체
$\mu_s<1$, 즉 $x_m<0$이면 역자성체

11 $\varepsilon_1>\varepsilon_2$인 두 유전체의 경계면에 전계가 수직으로 입사할 때, 단위 면적당 경계면에 작용하는 힘은?

출제빈도

① 힘 $f=\frac{1}{2}\left(\frac{1}{\varepsilon_1}-\frac{1}{\varepsilon_2}\right)D^2$이 ε_2에서 ε_1으로 작용한다.
② 힘 $f=\frac{1}{2}\left(\frac{1}{\varepsilon_1}-\frac{1}{\varepsilon_2}\right)E^2$이 ε_2에서 ε_1으로 작용한다.
③ 힘 $f=\frac{1}{2}\left(\frac{1}{\varepsilon_2}-\frac{1}{\varepsilon_1}\right)D^2$이 ε_1에서 ε_2로 작용한다.
④ 힘 $f=\frac{1}{2}\left(\frac{1}{\varepsilon_1}-\frac{1}{\varepsilon_2}\right)E^2$이 ε_1에서 ε_2로 작용한다.

해설 전계가 경계면에 수직이므로

$$f=\frac{1}{2}(E_2-E_1)D^2=\frac{1}{2}\left(\frac{1}{\varepsilon_2}-\frac{1}{\varepsilon_1}\right)D^2\text{[N/m}^2\text{]}$$인

인장 응력이 작용한다.
$\varepsilon_1>\varepsilon_2$이므로 ε_1에서 ε_2로 작용한다.

12 두 점전하 q, $\frac{1}{2}q$가 a만큼 떨어져 놓여 있다. 이 두 점전하를 연결하는 선상에서 전계의 세기가 영(0)이 되는 점은 q가 놓여 있는 점으로부터 얼마나 떨어진 곳인가?

① $\sqrt{2}a$　② $(2-\sqrt{2})a$
③ $\frac{\sqrt{3}}{2}a$　④ $\frac{(1+\sqrt{2})a}{2}$

해설 q가 놓여 있는 점으로부터 떨어진 거리를 x라 하면

$$\frac{1}{x^2}=\frac{1}{2(a-x)^2}$$

$\therefore\ x=(2-\sqrt{2})a$

정답 08. ② 09. ④ 10. ③ 11. ③ 12. ②

13 공간 도체 중의 정상 전류 밀도를 i, 공간 전하 밀도를 ρ라고 할 때, 키르히호프의 전류 법칙을 나타내는 것은?

① $\boldsymbol{i}=0$

② $\text{div}\boldsymbol{i}=0$

③ $\boldsymbol{i}=\dfrac{\partial\rho}{\partial t}$

④ $\text{div}\boldsymbol{i}=\infty$

해설 키르히호프의 전류 법칙은 $\sum I=0$

$\int_s \boldsymbol{i}\cdot d\boldsymbol{s}=\int_v \text{div}\boldsymbol{i}\,dv=0$ 이므로 $\text{div}\boldsymbol{i}=0$ 이 된다. 즉 단위 체적당 전류의 발산이 없음을 의미한다.

14 양도체에 있어서 전자파의 전파정수는? (단, 주파수 f[Hz], 도전율 σ[s/m], 투자율 μ[H/m])

① $\sqrt{\pi f\sigma\mu}+j\sqrt{\pi f\sigma\mu}$

② $\sqrt{2\pi f\sigma\mu}+j\sqrt{2\pi f\sigma\mu}$

③ $\sqrt{2\pi f\sigma\mu}+j\sqrt{\pi f\sigma\mu}$

④ $\sqrt{\pi f\sigma\mu}+j\sqrt{2\pi f\sigma\mu}$

해설 전파정수

$\gamma=\alpha+j\beta=\sqrt{\pi f\sigma\mu}+j\sqrt{\pi f\sigma\mu}$

15 전계 E[V/m] 및 자계 H[AT/m]의 에너지가 자유 공간 사이를 C[m/s]의 속도로 전파될 때 단위 시간에 단위 면적을 지나는 에너지[W/m²]는?

① $\dfrac{1}{2}\boldsymbol{EH}$

② $\boldsymbol{EH}$

③ $\boldsymbol{EH}^2$

④ $\boldsymbol{E}^2\boldsymbol{H}$

해설 포인팅 벡터

$\boldsymbol{P}=w\times v=\sqrt{\varepsilon\mu}\ \boldsymbol{EH}\times\dfrac{1}{\sqrt{\varepsilon\mu}}=\boldsymbol{EH}\,[\text{W/m}^2]$

16 자속 밀도가 B인 곳에 전하 Q, 질량 m인 물체가 자속 밀도 방향과 수직으로 입사한다. 속도를 2배로 증가시키면, 원운동의 주기는 몇 배가 되는가?

출제빈도

① $\dfrac{1}{2}$ ② 1

③ 2 ④ 4

해설 $F=QvB=\dfrac{mv^2}{r}$ 에서

$\therefore\ QB=\dfrac{mv}{r}=\dfrac{mr\cdot\omega}{r}=m\cdot\omega=m\cdot 2\pi f$

$\because\ f=\dfrac{QB}{2\pi m}$

주기 $T=\dfrac{1}{f}=\dfrac{2\pi m}{QB}$[s]

∴ 주기는 속도와 관계가 없다.

17 등전위면을 따라 전하 Q[C]을 운반하는 데 필요한 일은?

① 전하의 크기에 따라 변한다.

② 전위의 크기에 따라 변한다.

③ 등전위면과 전기력선에 의하여 결정된다.

④ 항상 0이다.

해설 $\oint_c Q\boldsymbol{E}\cdot dl=Q\oint_c \boldsymbol{E}\cdot dl=0$

즉, 등전위면을 따라서 전하를 운반할 때 일은 필요하지 않다.

18 면적이 S[m²], 극 사이의 거리가 d[m], 유전체의 비유전율이 ε_s인 평행 평판 콘덴서의 정전 용량은 몇 [F]인가?

① $\dfrac{\varepsilon_0 S}{d}$ ② $\dfrac{\varepsilon_0\varepsilon_s S}{d}$

③ $\dfrac{\varepsilon_0 d}{S}$ ④ $\dfrac{\varepsilon_0\varepsilon_s d}{S}$

해설 정전 용량 C는

$C=\dfrac{Q}{V}=\dfrac{Q}{\boldsymbol{E}d}=\dfrac{\sigma S}{\dfrac{\sigma d}{\varepsilon_0\varepsilon_s}}=\sigma S\times\dfrac{\varepsilon_0\varepsilon_s}{\sigma d}=\dfrac{\varepsilon_0\varepsilon_s S}{d}$[F]

정답 13. ② 14. ① 15. ② 16. ② 17. ④ 18. ②

19 일반적으로 자구(magnetic domain)를 가지는 자성체는?

① 강자성체 ② 유전체
③ 역자성체 ④ 비자성체

해설 강자성체는 전자의 스핀에 의한 자기 모멘트가 서로 접근하여 원자 전체의 모멘트가 동일 방향으로 정렬된 자구(磁區)를 가지고 있다.

20 100[mH]의 자기 인덕턴스를 갖는 코일에 10[A]의 전류를 통할 때 축적되는 에너지는 몇 [J]인가?

① 1 ② 5
③ 50 ④ 1,000

해설 자기 에너지

$$W=\frac{1}{2}LI^2=\frac{1}{2}\times 100\times 10^{-3}\times 10^2=5[\text{J}]$$

제2과목 전력공학

21 해안 지방의 송전용 나선으로 가장 적당한 것은?

① 동선 ② 강선
③ 알루미늄 합금선 ④ 강심 알루미늄선

해설 구리는 유황 성분에 약하고, 알루미늄은 염분에 약하므로, 해안 지역에는 나동선이 적합하고 온천 지역에는 알루미늄선이 적합하다.

22 지중 케이블에 있어서 고장점을 찾는 방법이 아닌 것은?

① 머레이 루프 시험기에 의한 방법
② 메거(megger)에 의한 측정법
③ 수색 코일에 의한 방법
④ 펄스에 의한 측정법

해설 메거 : 절연저항 측정기

23 단상 2선식 배전선로에 있어서 대지정전용량을 C_s, 선간정전용량을 C_m이라 할 때 작용정전용량 C_o은?

① C_s+C_m
② C_s+2C_m
③ $2C_s+C_m$
④ C_s+3C_m

해설

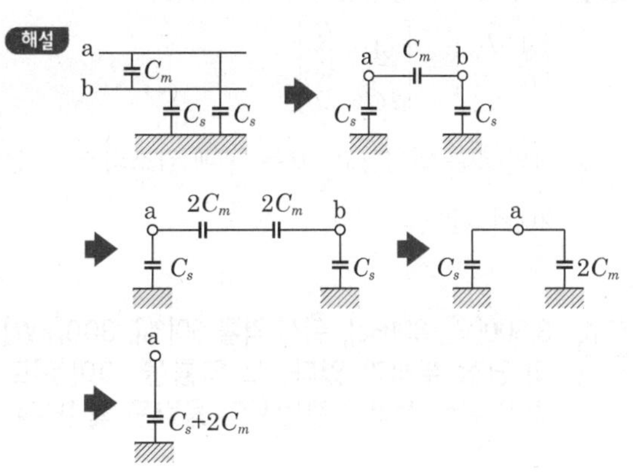

대지정전용량 C_s와 선간정전용량 C_m을 등가회로로 그려서 해석한다.
그러므로 단상 2선식 선로의 1선당 작용정전용량은 $C_o=C_s+2C_m$이 된다.

24 송전단 전압이 6,600[V], 수전단 전압이 6,100[V]였다. 수전단의 부하를 끊은 경우 수전단 전압이 6,300[V]라면 이 회로의 전압강하율과 전압변동률은 각각 몇 [%]인가?

① 3.28, 8.2
② 8.2, 3.28
③ 4.14, 6.8
④ 6.8, 4.14

해설
- 전압강하율

$$\varepsilon=\frac{6{,}600-6{,}100}{6{,}100}\times 100[\%]=8.19[\%]$$

- 전압변동률

$$\delta=\frac{6{,}300-6{,}100}{6{,}100}\times 100[\%]=3.278[\%]$$

정답 19. ① 20. ② 21. ① 22. ② 23. ② 24. ②

25 일반 회로정수가 같은 평행 2회선에서 $\dot{A}$, $\dot{B}$, $\dot{C}$, $\dot{D}$는 각각 1회선의 경우의 몇 배로 되는가?

① 2, 2, $\frac{1}{2}$, 1　② 1, 2, $\frac{1}{2}$, 1

③ 1, $\frac{1}{2}$, 2, 1　④ 1, $\frac{1}{2}$, 2, 2

해설 평행 2회선 송전선로의 4단자 정수

$$\begin{bmatrix} A_o & B_o \\ C_o & D_o \end{bmatrix} = \begin{bmatrix} A & \frac{B}{2} \\ 2C & D \end{bmatrix}$$

A와 D는 일정하고, B는 $\frac{1}{2}$배 감소되고, C는 2배가 된다.

26 3,300[V], 60[Hz], 뒤진 역률 60[%], 300[kW]의 단상 부하가 있다. 그 역률을 100[%]로 하기 위한 전력용 콘덴서의 용량은 몇 [kVA]인가?

① 150
② 250
③ 400
④ 500

해설 역률이 100[%]$(\cos\theta_2 = 1)$이므로

$$Q_c = P\left(\frac{\sin\theta_1}{\cos\theta_1} - \frac{0}{1}\right) = 300 \times \frac{0.8}{0.6} = 400[\text{kVA}]$$

27 중성점 접지방식에서 직접접지방식에 대한 설명으로 틀린 것은?

① 보호계전기의 동작이 확실하여 신뢰도가 높다.
② 변압기의 저감 절연이 가능하다.
③ 과도 안정도가 대단히 높다.
④ 단선고장 시의 이상전압이 최저이다.

해설 **중성점 직접접지방식**
- 접지저항이 매우 작아 사고 시 지락전류가 크다.
- 건전상 이상전압 우려가 가장 적다.
- 보호계전기 동작이 확실하다.
- 통신선에 대한 유도장해가 크고 과도 안정도가 나쁘다.
- 변압기가 단절연을 할 수 있다.

③ 사고전류가 크기 때문에 과도 안정도가 좋지 않다.

28 유도장해의 방지책으로 차폐선을 사용하면 유도전압은 얼마 정도[%] 줄일 수 있는가?

① 10~20
② 30~50
③ 70~80
④ 80~90

해설 차폐선에 의한 전자유도 전압감소율은 30~50[%] 정도이다.

29 1선 접지 고장을 대칭좌표법으로 해석할 경우 필요한 것은?

① 정상 임피던스도(Diagram) 및 역상 임피던스도
② 정상 임피던스도
③ 정상 임피던스도 및 역상 임피던스도
④ 정상 임피던스도, 역상 임피던스도 및 영상 임피던스도

해설 **지락전류**

$I_g = \dfrac{3E_a}{Z_0 + Z_1 + Z_2}$[A]이므로 영상 · 정상 · 역상 임피던스가 모두 필요하다.

30 송전선로의 정상, 역상 및 영상 임피던스를 각각 Z_1, Z_2 및 Z_0라 하면, 다음 어떤 관계가 성립되는가?

① $Z_1 = Z_2 = Z_0$
② $Z_1 = Z_2 > Z_0$
③ $Z_1 > Z_2 = Z_0$
④ $Z_1 = Z_2 < Z_0$

해설 송전선로는 $Z_1 = Z_2$이고, Z_0는 Z_1보다 크다.

정답 25. ③ 26. ③ 27. ③ 28. ② 29. ④ 30. ④

31 다음 중 뇌해 방지와 관계가 없는 것은?

① 댐퍼　　② 소호환
③ 가공지선　　④ 탑각 접지

해설 댐퍼는 진동에너지를 흡수하여 전선 진동을 방지하기 위하여 설치하는 것으로 뇌해 방지와는 관계가 없다.

32 부하전류 및 단락전류를 모두 개폐할 수 있는 스위치는?

① 단로기　　② 차단기
③ 선로 개폐기　　④ 전력퓨즈

해설 단로기(DS)와 선로 개폐기(LS)는 무부하 전로만 개폐 가능하고, 전력퓨즈(PF)는 단락전류 차단용으로 사용하고, 차단기(CB)는 부하전류 및 단락전류를 모두 개폐할 수 있다.

33 자기차단기의 특징 중 옳지 않은 것은?

① 화재의 위험이 적다.
② 보수, 점검이 비교적 쉽다.
③ 전류 절단에 의한 와전류가 발생되지 않는다.
④ 회로의 고유 주파수에 차단 성능이 좌우된다.

해설 **자기차단기의 특징**
- 절연유를 사용하지 않으므로 화재의 우려가 없다.
- 소호실의 수명이 길다.
- 보수·점검이 용이하다.
- 전류 절단에 의한 과전압이 발생하지 않는다.
- 회로의 고유 주파수에 차단 성능이 좌우되지 않는다.

34 3상으로 표준 전압 3[kV], 800[kW]를 역률 0.9로 수전하는 공장의 수전회로에 시설할 계기용 변류기의 변류비로 적당한 것은? (단, 변류기의 2차 전류는 5[A]이며, 여유율은 1.2로 한다.)

① 10　　② 20
③ 30　　④ 40

해설 변류기 1차 전류

$$I_1 = \frac{800}{\sqrt{3} \times 3 \times 0.9} \times 1.2 = 205[\text{A}]$$

$\therefore$ 200[A]를 적용하므로 변류비는 $\frac{200}{5} = 40$

35 우리나라 22.9[kV] 배전선로에서 가장 많이 사용하는 배전방식과 중성점 접지방식은?

① 3상 3선식, 비접지
② 3상 4선식, 비접지
③ 3상 3선식, 다중접지
④ 3상 4선식, 다중접지

해설
- 송전선로 : 중성점 직접접지, 3상 3선식
- 배전선로 : 중성점 다중접지, 3상 4선식

36 수용가의 수용률을 나타낸 식은?

① $\frac{\text{합성 최대수용전력[kW]}}{\text{평균전력[kW]}} \times 100$

② $\frac{\text{평균전력[kW]}}{\text{합성 최대수용전력[kW]}} \times 100$

③ $\frac{\text{부하설비합계[kW]}}{\text{최대수용전력[kW]}} \times 100$

④ $\frac{\text{최대수용전력[kW]}}{\text{부하설비합계[kW]}} \times 100$

해설
- 수용률 $= \frac{\text{최대수용전력[kW]}}{\text{부하설비용량[kW]}} \times 100[\%]$
- 부하율 $= \frac{\text{평균부하전력[kW]}}{\text{최대부하전력[kW]}} \times 100[\%]$
- 부등률 $= \frac{\text{개개의 최대수용전력의 합[kW]}}{\text{합성 최대수용전력[kW]}}$

37 배전선로에서 손실계수 H와 부하율 F 사이에 성립하는 식은? (단, 부하율 $F > 1$이다.)

① $H > F^2$　　② $H < F^2$
③ $H = F^2$　　④ $H > F$

정답 31. ① 32. ② 33. ④ 34. ④ 35. ④ 36. ④ 37. ①

해설 손실계수 H와 부하율 F의 관계는 부하율이 좋으면 $H \fallingdotseq F$이고, 부하율이 나쁘면 $H \fallingdotseq F^2$이다. 따라서 $0 \leqq F^2 \leqq H \leqq F \leqq 1$ 관계가 성립된다. 즉, $H > F^2$, $H < F$이다.

38 양수 발전의 주된 목적으로 옳은 것은?

① 연간 발전량을 늘리기 위하여
② 연간 평균 손실 전력을 줄이기 위하여
③ 연간 발전 비용을 줄이기 위하여
④ 연간 수력발전량을 늘리기 위하여

해설 잉여전력을 이용하여 하부 저수지의 물을 상부 저수지로 양수하여 첨수 부하 등에 이용하므로 발전 비용이 절약된다.

39 수력발전소에서 흡출관을 사용하는 목적은?

① 압력을 줄인다.
② 유효낙차를 늘린다.
③ 속도 변동률을 작게 한다.
④ 물의 유선을 일정하게 한다.

해설 흡출관은 중낙차 또는 저낙차용으로 적용되는 반동 수차에서 낙차를 증대시킬 목적으로 사용된다.

40 발전 전력량 E[kWh], 연료 소비량 W[kg], 연료의 발열량 C[kcal/kg]인 화력발전소의 열효율 η[%]는?

① $\dfrac{860E}{WC} \times 100$　② $\dfrac{E}{WC} \times 100$

③ $\dfrac{E}{860\,WC} \times 100$　④ $\dfrac{9.8E}{WC} \times 100$

해설

발전소 열효율 $\eta = \dfrac{860\,W}{mH} \times 100[\%]$

여기서, W : 전력량[kWh]
m : 소비된 연료량[kg]
H : 연료의 열량[kcal/kg]

제3과목 전기기기

41 SCR의 특징이 아닌 것은?

① 아크가 생기지 않으므로 열의 발생이 적다.
② 열용량이 적어 고온에 약하다.
③ 전류가 흐르고 있을 때 양극의 전압 강하가 작다.
④ 과전압에 강하다.

해설 SCR의 특징
- 과전압에 약하다.
- 열용량이 적어 고온에 약하다.
- 아크가 발생되지 않아 열의 발생이 적다.
- 게이트 신호를 인가할 때부터 도통할 때까지의 시간이 짧다.
- 전류가 흐를 때 양극의 전압 강하가 적다.
- 정류 기능을 갖는 단일 방향성 3단자 소자이다.

42 단권 변압기의 3상 결선에서 △결선인 경우, 1차측 선간 전압이 V_1, 2차측 선간 전압이 V_2일 때 단권 변압기의 $\dfrac{\text{자기 용량}}{\text{부하 용량}}$은? (단, $V_1 > V_2$인 경우이다.)

① $\dfrac{V_1 - V_2}{V_1}$　② $\dfrac{{V_1}^2 - {V_2}^2}{\sqrt{3}\,V_1 V_2}$

③ $\dfrac{\sqrt{3}({V_1}^2 - {V_2}^2)}{V_1 V_2}$　④ $\dfrac{V_1 - V_2}{\sqrt{3}\,V_1}$

해설 단권 변압기의 강압용 3상 △결선에서

자기 용량 $P = \dfrac{{V_1}^2 - {V_2}^2}{V_1} I_2$

부하 용량 $W = \sqrt{3}\,V_1 I_1 = \sqrt{3}\,V_2 I_2$

$$\frac{\text{자기 용량}}{\text{부하 용량}} = \frac{P}{W} = \frac{\dfrac{{V_1}^2 - {V_2}^2}{V_1} I_2}{\sqrt{3}\,V_2 I_2} = \frac{{V_1}^2 - {V_2}^2}{\sqrt{3}\,V_1 V_2}$$

정답 38. ③ 39. ② 40. ① 41. ④ 42. ②

43 3상 직권 정류자 전동기의 중간 변압기의 사용 목적은?

출제빈도

① 역회전의 방지
② 역회전을 위하여
③ 전동기의 특성을 조정
④ 직권 특성을 얻기 위하여

해설 3상 직권 정류자 전동기의 중간 변압기를 사용하는 목적은 다음과 같다.
- 회전자 전압을 정류 작용에 맞는 값으로 조정할 수 있다.
- 권수비를 바꾸어서 전동기의 특성을 조정할 수 있다.
- 경부하시 철심의 자속을 포화시켜두면 속도의 이상 상승을 억제할 수 있다.

44 직류 발전기 중 무부하일 때보다 부하가 증가한 경우에 단자 전압이 상승하는 발전기는?

① 직권 발전기 ② 분권 발전기
③ 과복권 발전기 ④ 자동 복권 발전기

해설 단자 전압 $V=E-I_a(R_a+r_s)$
부하가 증가하면 과복권 발전기는 기전력(E)의 증가폭이 전압 강하 $I_a(R_a+r_s)$보다 크게 되어 단자 전압이 상승한다.

45 단락비가 큰 동기기는?

① 안정도가 높다.
② 전압 변동률이 크다.
③ 기계가 소형이다.
④ 전기자 반작용이 크다.

해설 **단락비가 큰 동기 발전기의 특성**
- 동기 임피던스가 작다.
- 전압 변동률이 작다.
- 전기자 반작용이 작다(계자 기자력은 크고, 전기자 기자력은 작다).
- 출력이 크다.
- 과부하 내량이 크고, 안정도가 높다.
- 자기 여자 현상이 작다.
- 회전자가 크게 되어 철손이 증가하여 효율이 약간 감소한다.

46 변압기의 병렬 운전 조건에 해당하지 않는 것은?

① 각 변압기의 극성이 같을 것
② 각 변압기의 정격 출력이 같을 것
③ 각 변압기의 백분율 임피던스 강하가 같을 것
④ 각 변압기의 권수비가 같고 1차 및 2차의 정격 전압이 같을 것

해설 **변압기의 병렬 운전 조건**
- 각 변압기의 극성이 같을 것
- 각 변압기의 권수비가 같을 것
- 각 변압기의 1차, 2차 정격 전압이 같을 것
- 각 변압기의 백분율 임피던스 강하가 같을 것
- 상회전 방향과 각 변위가 같을 것(3상 변압기의 경우)

47 직류 분권 전동기의 정격 전압 220[V], 정격 전류 105[A], 전기자 저항 및 계자 회로의 저항이 각각 0.1[Ω] 및 40[Ω]이다. 기동 전류를 정격 전류의 150[%]로 할 때의 기동 저항은 약 몇 [Ω]인가?

① 0.46 ② 0.92
③ 1.21 ④ 1.35

해설 기동 전류 $I_s=1.5I=1.5\times105=157.5$ [A]

전기자 전류 $I_a=I_s-I_f=157.5-\dfrac{220}{40}=152$[A]

$I_a=\dfrac{V}{R_a+R_s}$ 에서

기동 저항 $R_s=\dfrac{V}{I_a}-R_a=\dfrac{220}{152}-0.1$
$=1.347 \fallingdotseq 1.35$[Ω]

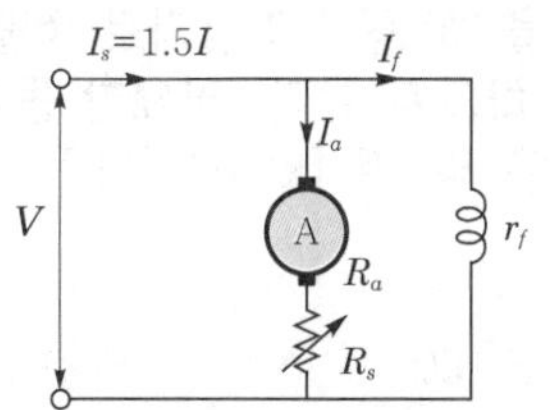

정답 43. ③ 44. ③ 45. ① 46. ② 47. ④

48 선박 추진용 및 전기 자동차용 구동 전동기의 속도 제어로 가장 적합한 것은?

출제빈도

① 저항에 의한 제어
② 전압에 의한 제어
③ 극수 변환에 의한 제어
④ 전원 주파수에 의한 제어

해설 선박 추진용 및 전기 자동차용 구동용 전동기 또는 견인 공업의 포트 모터의 속도 제어는 공급 전원의 주파수 변환에 의한 속도 제어를 한다.

49 3상 유도 전동기의 특성 중 비례 추이를 할 수 없는 것은?

① 동기 속도 ② 2차 전류
③ 1차 전류 ④ 역률

해설

유도 전동기의 2차 전류 $I_2 = \dfrac{E_2}{\sqrt{\left(\dfrac{r_2}{s}\right)^2 + x_2{}^2}}$ [A]

1차 전류 $I_1 = \dfrac{1}{\alpha\beta} I_2 = \dfrac{1}{\alpha\beta} \dfrac{E_2}{\sqrt{\left(\dfrac{r_2}{s}\right)^2 + x_2{}^2}}$

2차 역률 $\cos\theta_2 = \dfrac{r_2}{Z_2} = \dfrac{\dfrac{r_2}{s}}{\sqrt{\left(\dfrac{r_2}{s}\right)^2 + x_2{}^2}}$

등과 같이 $\dfrac{r_2}{s}$가 포함된 함수는 비례 추이를 할 수 있으며 출력, 효율, 동기 속도 등은 $\dfrac{r_2}{s}$가 포함되어 있지 않으므로 비례 추이가 불가능하다.

50 3상 전원의 수전단에서 전압 3,300[V], 전류 1,000[A], 뒤진 역률 0.8의 전력을 받고 있을 때 동기 조상기로 역률을 개선하여 1로 하고자 한다. 필요한 동기 조상기의 용량은 약 몇 [kVA]인가?

① 1,525 ② 1,950
③ 3,150 ④ 3,429

해설 동기 조상기의 진상 용량 Q

$$Q = P_a(\sin\theta_1 - \sin\theta_2)$$
$$= \sqrt{3} \times 3{,}300 \times 1{,}000 \times (\sqrt{1-0.8^2} - 0) \times 10^{-3}$$
$$= 3{,}429\,[\text{kVA}]$$

51 직류기에서 공극을 사이에 두고 전기자와 함께 자기 회로를 형성하는 것은?

① 계자 ② 슬롯
③ 정류자 ④ 브러시

해설 직류기에서 자기 회로의 구성은 계자 철심과 공극 그리고 전기자를 통하여 계철로 이루어진다.

52 와류손이 3[kW]인 3,300/110[V], 60[Hz]용 단상 변압기를 50[Hz], 3,000[V]의 전원에 사용하면 이 변압기의 와류손은 약 몇 [kW]로 되는가?

출제빈도

① 1.7 ② 2.1
③ 2.3 ④ 2.5

해설 공급 전압 $V_1 = 4.44 f N \phi_m$에서

최대 자속 밀도 $B_m = K\dfrac{V_1}{f}$이므로

변화한 최대 자속 밀도 $B_m{}' = \dfrac{3{,}000}{3{,}300} \times \dfrac{6}{5} B_m$
$= \dfrac{12}{11} B_m$

와전류손 $P_e = \sigma_e (t \cdot k_f f B_m)^2 = k(f \cdot B_m)^2$

$$P_e{}' = 3 \times \left(\frac{50}{60} \times \frac{12}{11}\right)^2 = 2.479\,[\text{kW}] \fallingdotseq 2.5\,[\text{kW}]$$

53 수은 정류기에 있어서 정류기의 밸브 작용이 상실되는 현상을 무엇이라고 하는가?

① 통호 ② 실호
③ 역호 ④ 점호

해설 수은 정류기에 있어서 밸브 작용의 상실은 과부하에 의해 과전류가 흘러 양극점에 수은 방울이 부착하여 전자가 역류하는 현상으로, 역호라고 한다.

정답 48. ④ 49. ① 50. ④ 51. ① 52. ④ 53. ③

54 3상 유도 전동기로서 작용하기 위한 슬립 s의 범위는?

① $s \geq 1$ ② $0 < s < 1$
③ $-1 \leq s \leq 0$ ④ $s = 0$ 또는 $s = 1$

해설 슬립 $s = \dfrac{N_s - N}{N_s}$

기동시 $N = 0$, $s = \dfrac{N_s - 0}{N_s} = 1$

무부하시 $N_0 \fallingdotseq N_s$, $s = \dfrac{N_s - N_0}{N_s} \fallingdotseq 0$

$\therefore\ 1 > s > 0$

55 스테핑 모터의 특징을 설명한 것으로 옳지 않은 것은?

① 위치 제어를 할 때 각도 오차가 적고 누적되지 않는다.
② 속도 제어 범위가 좁으며 초저속에서 토크가 크다.
③ 정지하고 있을 때 그 위치를 유지해주는 토크가 크다.
④ 가속, 감속이 용이하며 정・역전 및 변속이 쉽다.

해설 스테핑 모터는 아주 정밀한 디지털 펄스 구동 방식의 전동기로서 정・역 및 변속이 용이하고 제어 범위가 넓으며 각도의 오차가 적고 축적되지 않으며 정지 위치를 유지하는 힘이 크다. 적용 분야는 타이프 라이터나 프린터의 캐리지(carriage), 리본(ribbon) 프린터 헤드, 용지 공급의 위치 정렬, 로봇 등이 있다.

56 3상 교류 발전기의 기전력에 대하여 $\dfrac{\pi}{2}$[rad] 뒤진 전기자 전류가 흐르면 전기자 반작용은?

출제빈도

① 횡축 반작용을 한다.
② 교차 자화 작용을 한다.
③ 증자 작용을 한다.
④ 감자 작용을 한다.

해설 동기 발전기의 전기자 반작용
- 전기자 전류가 유기 기전력과 동상($\cos\theta = 1$)일 때는 주자속을 편협시켜 일그러뜨리는 횡축 반작용을 한다.
- 전기자 전류가 유기 기전력보다 위상 $\dfrac{\pi}{2}$ 뒤진($\cos\theta = 0$ 뒤진) 경우에는 주자속을 감소시키는 직축 감자 작용을 한다.
- 전기자 전류가 유기 기전력보다 위상이 $\dfrac{\pi}{2}$ 앞선($\cos\theta = 0$ 앞선) 경우에는 주자속을 증가시키는 직축 증자 작용을 한다.

57 전기자 저항이 0.3[Ω]인 분권 발전기가 단자 전압 550[V]에서 부하 전류가 100[A]일 때 발생하는 유도 기전력[V]은? (단, 계자 전류는 무시한다.)

① 260 ② 420
③ 580 ④ 750

해설 직류 발전기의 유도 기전력

$E = V + I_a R_a$
$= 550 + 100 \times 0.3 = 580[V]$

58 3상 유도 전동기의 토크와 출력에 대한 설명으로 옳은 것은?

① 속도에 관계가 없다.
② 동일 속도에서 발생한다.
③ 최대 출력은 최대 토크보다 고속도에서 발생한다.
④ 최대 토크가 최대 출력보다 고속도에서 발생한다.

해설 3상 유도 전동기의 슬립대 토크 및 출력 특성 곡선

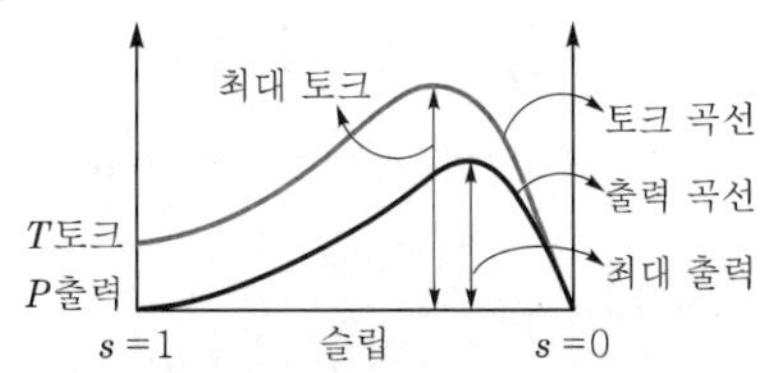

최대 출력은 최대 토크보다 고속에서 발생한다.

정답 54. ② 55. ② 56. ④ 57. ③ 58. ③

59 병렬 운전하고 있는 2대의 3상 동기 발전기 사이에 무효 순환 전류가 흐르는 경우는?

출제빈도

① 부하의 증가　　② 부하의 감소
③ 여자 전류의 변화　　④ 원동기의 출력 변화

해설 동기 발전기의 병렬 운전을 하는 경우 여자 전류가 변화하면 유기 기전력의 크기가 다르게 되며 따라서 3상 동기 발전기 사이에 무효 순환 전류가 흐른다.

60 변압기에서 1차측의 여자 어드미턴스를 Y_0 라고 한다. 2차측으로 환산한 여자 어드미턴스 $Y_0{}'$를 옳게 표현한 식은? (단, 권수비를 a라고 한다.)

① $Y_0{}' = a^2 Y_0$　　② $Y_0{}' = a Y_0$
③ $Y_0{}' = \dfrac{Y_0}{a^2}$　　④ $Y_0{}' = \dfrac{Y_0}{a}$

해설 1차 임피던스를 2차측으로 환산하면 다음과 같다.

$Z_1{}' = \dfrac{Z_1}{a^2}[\Omega]$

1차 여자 어드미턴스를 2차측으로 환산하면 다음과 같다.

$Y_0{}' = a^2 Y_0[℧]$

제4과목 회로이론

61 그림과 같은 회로가 정저항 회로가 되기 위한 L[H]의 값은? (단, R=10[Ω], C=100[μF]이다.)

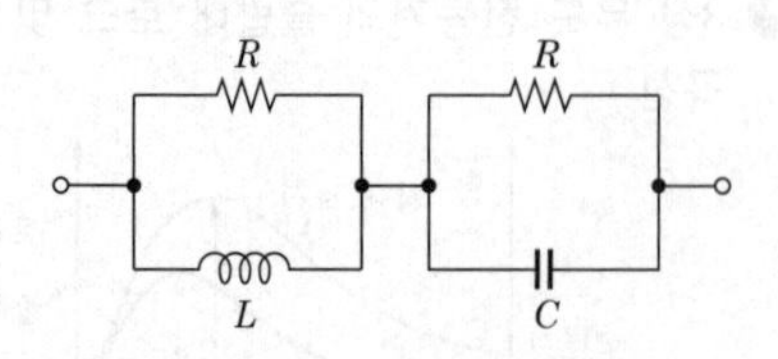

① 10　　② 2
③ 0.1　　④ 0.01

해설 정저항 조건 $Z_1 \cdot Z_2 = R^2$에서 $R^2 = \dfrac{L}{C}$

$\therefore L = R^2 C = 10^2 \times 100 \times 10^{-6} = 0.01[\text{H}]$

62 그림과 같이 높이가 1인 펄스의 라플라스 변환은?

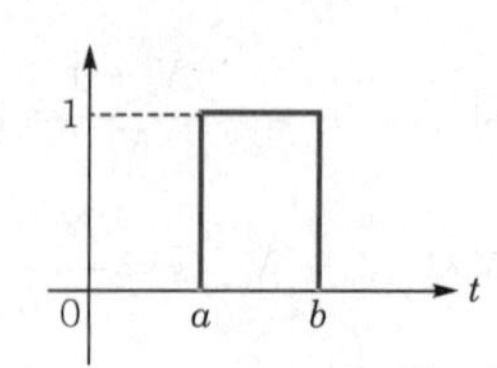

① $\dfrac{1}{s}(e^{-as} + e^{-bs})$
② $\dfrac{1}{a-b}\left(\dfrac{e^{-as} + e^{-bs}}{1}\right)$
③ $\dfrac{1}{s}(e^{-as} - e^{-bs})$
④ $\dfrac{1}{a-b}\left(\dfrac{e^{-as} - e^{-bs}}{s}\right)$

해설 $f(t) = u(t-a) - u(t-b)$

시간추이 정리를 적용하면

$F(s) = \dfrac{e^{-as}}{s} - \dfrac{e^{-bs}}{s} = \dfrac{1}{s}(e^{-as} - e^{-bs})$

63 그림과 같은 파형의 맥동 전류를 열선형 계기로 측정한 결과 10[A]이었다. 이를 가동 코일형 계기로 측정할 때 전류의 값은 몇 [A]인가?

① 7.07
② 10
③ 14.14
④ 17.32

해설 열선형 계기의 지시값은 실효값을 지시하고 가동 코일 계기는 직류 전용 계기로 그 지시값은 평균값을 지시한다.

맥류의 평균값 $I_{av} = \dfrac{1}{2}I_m$, 실효값 $I = \dfrac{1}{\sqrt{2}}I_m$

$\therefore I_{av} = \dfrac{\sqrt{2}\,I}{2} = \dfrac{\sqrt{2} \times 10}{2} = 7.07[\text{A}]$

정답 59. ③ 60. ① 61. ④ 62. ③ 63. ①

64 각 상의 전류가 $i_a = 30\sin\omega t$, $i_b = 30\sin(\omega t - 90°)$, $i_c = 30\sin(\omega t + 90°)$일 때 영상 대칭분의 전류[A]는?

① $10\sin\omega t$

② $\frac{10}{3}\sin\frac{\omega t}{3}$

③ $\frac{30}{\sqrt{3}}\sin(\omega t + 45°)$

④ $30\sin\omega t$

해설

$$i_0 = \frac{1}{3}(i_a + i_b + i_c)$$
$$= \frac{1}{3}\{(30\sin\omega t + 30\sin(\omega t - 90°) + 30\sin(\omega t + 90°)\}$$
$$= \frac{30}{3}\{\sin\omega t + (\sin\omega t\cos 90° - \cos\omega t\sin 90°) + (\sin\omega t\cos 90° + \cos\omega t\sin 90°)\}$$
$$= 10\sin\omega t[\text{A}]$$

65 커패시터와 인덕터에서 물리적으로 급격히 변화할 수 없는 것은?

① 커패시터와 인덕터에서 모두 전압

② 커패시터와 인덕터에서 모두 전류

③ 커패시터에서 전류, 인덕터에서 전압

④ 커패시터에서 전압, 인덕터에서 전류

해설 $V_L = L\frac{di}{dt}$ 이므로 L 에서 전류가 급격히 변하면 전압이 ∞가 되어야 하므로 모순이 생긴다. 따라서 L 에서는 전류가 급격히 변할 수 없다.

66 그림과 같이 접속된 회로에 평형 3상 전압 E[V]를 가할 때의 전류 I_l[A]은?

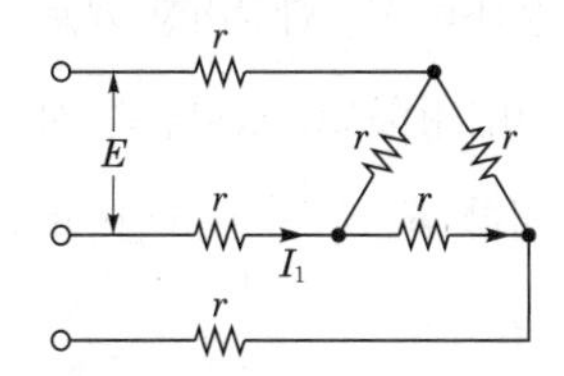

① $\frac{\sqrt{3}}{4E}$

② $\frac{4E}{\sqrt{3}}$

③ $\frac{4r}{\sqrt{3}E}$

④ $\frac{\sqrt{3}E}{4r}$

해설 △결선을 Y결선으로 등가 변환하면

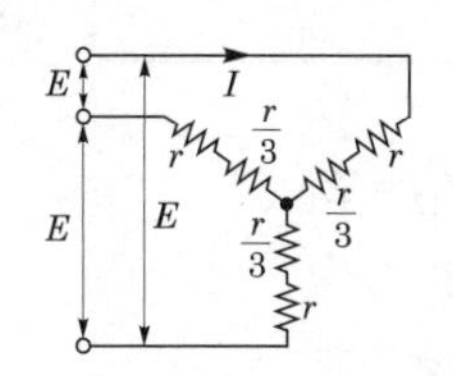

$$I = \frac{\frac{E}{\sqrt{3}}}{r + \frac{r}{3}} = \frac{\sqrt{3}E}{4r}[\text{A}]$$

67 두 개의 코일 a, b가 있다. 두 개를 직렬로 접속하였더니 합성 인덕턴스가 119[mH]이었다. 극성을 반대로 했더니 합성 인덕턴스가 11[mH]이고, 코일 a의 자기 인덕턴스 L_a = 20[mH]라면 결합계수 k는?

① 0.6

② 0.7

③ 0.8

④ 0.9

해설

$L_a + L_b + 2M = 119$ ………… ㉠

$L_a + L_b - 2M = 11$ ………… ㉡

식 ㉠, ㉡에서 $M = \frac{119 - 11}{4} = \frac{108}{4}$

$\therefore M = 27[\text{mH}]$

$\therefore L_b = 119 - 2M - L_a$
$= 119 - 27 \times 2 - 20$
$= 45[\text{mH}]$

따라서 결합계수는

$$k = \frac{M}{\sqrt{L_a L_b}} = \frac{27}{\sqrt{20 \times 45}} = 0.9$$

정답 64. ① 65. ④ 66. ④ 67. ④

68 그림의 회로에서 임피던스 파라미터는?

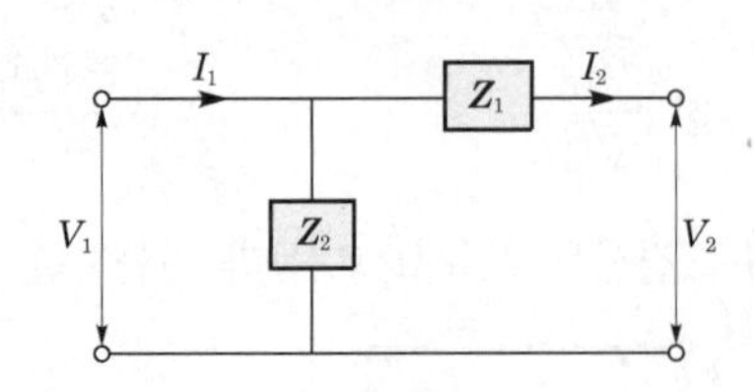

① $Z_{11} = Z_1 + Z_2$, $Z_{12} = Z_1$
$Z_{21} = Z_1$, $Z_{22} = Z_1$
② $Z_{11} = Z_1$, $Z_{12} = Z_2$
$Z_{21} = -Z_2$, $Z_{22} = Z_2$
③ $Z_{11} = Z_2$, $Z_{12} = -Z_2$
$Z_{21} = -Z_2$, $Z_{22} = Z_1 + Z_2$
④ $Z_{11} = Z_2$, $Z_{12} = Z_1 + Z_2$
$Z_{21} = Z_1 + Z_2$, $Z_{22} = Z_1$

해설 임피던스 parameter를 구하는 방법
- Z_{11} : 출력 단자를 개방하고 입력측에서 본 개방 구동점 임피던스
- Z_{22} : 입력 단자를 개방하고 출력측에서 본 개방 구동점 임피던스
- Z_{12} : 입력 단자를 개방했을 때의 개방 전달 임피던스
- Z_{21} : 출력 단자를 개방했을 때의 개방 전달 임피던스

$Z_{11} = Z_2$, $Z_{22} = Z_1 + Z_2$, 개방 역방향 전달 임피던스 $Z_{12} = -Z_2$, $Z_{21} = -Z_2$

69 △ 결선된 저항 부하를 Y결선으로 바꾸면 소비 전력은? (단, 저항과 선간전압은 일정하다.)

① 3배로 된다. ② 9배로 된다.
③ $\frac{1}{9}$로 된다. ④ $\frac{1}{3}$로 된다.

해설
- △결선 시 전력

$$P_\triangle = 3{I_p}^2 \cdot R = 3\left(\frac{V}{R}\right)^2 \cdot R = 3\frac{V^2}{R}[\text{W}]$$

- Y결선 시 전력

$$P_Y = 3{I_p}^2 \cdot R = 3\left(\frac{\frac{V}{\sqrt{3}}}{R}\right)^2 \cdot R$$
$$= 3\left(\frac{V}{\sqrt{3}R}\right)^2 \cdot R = \frac{V^2}{R}[\text{W}]$$

$$\therefore \frac{P_Y}{P_\triangle} = \frac{\frac{V^2}{R}}{\frac{3V^2}{R}} = \frac{1}{3}\text{배}$$

70 그림과 같은 회로에서 1[Ω]의 저항에 나타나는 전압[V]은?

① 6
② 2
③ 3
④ 4

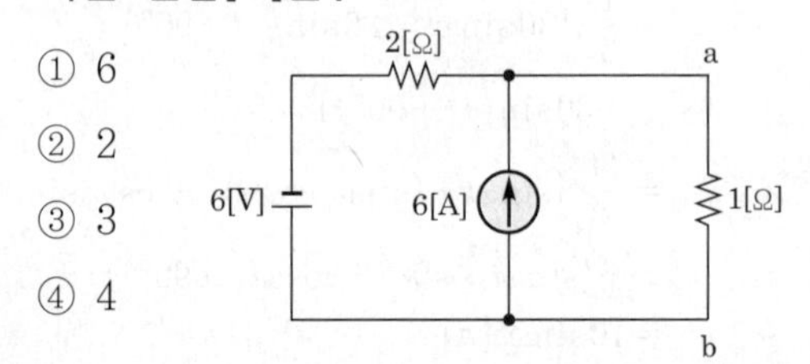

해설 6[V]에 의한 전류 $I_1 = \frac{6}{2+1} = 2[\text{A}]$

6[A]에 의한 전류 $I_2 = \frac{2}{2+1} \times 6 = 4[\text{A}]$

I_1과 I_2의 방향이 반대이므로 1[Ω]에 흐르는 전전류 I는 $I = I_2 - I_1 = 4 - 2 = 2[\text{A}]$

$\therefore V = IR = 2 \times 1 = 2[\text{V}]$

71 10[Ω]의 저항 5개를 접속하여 얻을 수 있는 합성저항 중 가장 작은 값은 몇 [Ω]인가?

① 10 ② 5
③ 2 ④ 0.5

해설 저항 R[Ω] 접속방법에 따른 합성저항
- 직렬접속 시 : 합성저항 $R_o = 5R$[Ω]
- 병렬접속 시 : 합성저항 $R_o = \frac{R}{5}$[Ω]

$R = 10$[Ω]이므로 병렬접속 시

합성저항 $R_o = \frac{10}{5} = 2$[Ω]으로 가장 작은 값을 갖는다.

정답 68. ③ 69. ④ 70. ② 71. ③

72 평형 3상 3선식 회로가 있다. 부하는 Y결선이고 $V_{ab}=100\sqrt{3}\angle 0°$[V]일 때 $I_a=20\angle -120°$[A]이었다. Y결선된 부하 한 상의 임피던스는 몇 [Ω]인가?

① $5\angle 60°$　② $5\sqrt{3}\angle 60°$
③ $5\angle 90°$　④ $5\sqrt{3}\angle 90°$

해설
$$Z=\frac{V_p}{I_p}=\frac{\frac{100\sqrt{3}}{\sqrt{3}}\angle 0°-30°}{20\angle -120°}=\frac{100\angle -30°}{20\angle -120°}=5\angle 90°[\Omega]$$

73 $R=3$[Ω]과 유도 리액턴스 $X_L=4$[Ω]이 직렬로 연결된 회로에 $v=100\sqrt{2}\sin\omega t$[V]인 전압을 가하였다. 이 회로에서 소비되는 전력[kW]은?

① 1.2　② 2.2
③ 3.5　④ 4.2

해설
$$I=\frac{V}{Z}=\frac{100}{\sqrt{3^2+4^2}}=20[\text{A}]$$
$$\therefore P=I^2R=20^2\times 3=1{,}200[\text{W}]=1.2[\text{kW}]$$

74 단상 전력계 2개로써 평형 3상 부하의 전력을 측정하였더니 각각 300[W]와 600[W]를 나타내었다면 부하 역률은? (단, 전압과 전류는 정현파이다.)

① 0.5　② 0.577
③ 0.637　④ 0.867

해설
역률 $$\cos\theta=\frac{P}{P_a}=\frac{P}{\sqrt{P^2+P_r^2}}=\frac{P_1+P_2}{2\sqrt{P_1^2+P_2^2-P_1P_2}}=\frac{300+600}{2\sqrt{300^2+600^2-300\times 600}}=0.867$$

※ 하나의 전력계가 다른 전력계 지시값의 배인 경우. 즉, $P_2=2P_1$인 경우
역률 $\cos\theta=\frac{\sqrt{3}}{2}=0.867$이 된다.

75 주기적인 구형파의 신호는 그 주파수 성분이 어떻게 되는가?

① 무수히 많은 주파수의 성분을 가진다.
② 주파수 성분을 갖지 않는다.
③ 직류분만으로 구성된다.
④ 교류 합성을 갖지 않는다.

해설 주기적인 구형파 신호는 각 고조파 성분의 합이므로 무수히 많은 주파수의 성분을 가진다.

76 대칭 3상 전압이 a상 V_a[V], b상 $V_b=a^2V_a$[V], c상 $V_c=aV_a$[V]일 때 a상을 기준으로 한 대칭분 전압 중 정상분 V_1은 어떻게 표시되는가?

① $\frac{1}{3}V_a$　② V_a
③ aV_a　④ a^2V_a

해설 대칭 3상의 대칭분 전압
$$V_1=\frac{1}{3}(V_a+aV_b+a^2V_c)=\frac{1}{3}\{V_a+a^3V_a+a^3V_a\}=V_a$$

77 전압의 순시값이 $v=3+10\sqrt{2}\sin\omega t$[V]일 때 실효값은 약 몇 [V]인가?

① 10.4　② 11.6
③ 12.5　④ 16.2

해설 비정현파의 실효값은 각 개별적인 실효값의 제곱의 합의 제곱근이므로
$$\therefore V=\sqrt{3^2+10^2}=10.4[\text{V}]$$

정답 72. ③ 73. ① 74. ④ 75. ① 76. ② 77. ①

78 대칭 3상 전압이 있다. 1상의 Y전압의 순시값이 $v_s = 1,000\sqrt{2}\sin\omega t + 500\sqrt{2}\sin(3\omega t + 20°) + 100\sqrt{2}\sin(5\omega t + 30°)$일 때 성상 및 선간 전압과의 비는 얼마인가?

① 0.55 ② 0.65
③ 0.75 ④ 0.85

해설 상전압의 실효값 V_p는

$$V_p = \sqrt{{V_1}^2 + {V_3}^2 + {V_5}^2} = \sqrt{1,000^2 + 500^2 + 100^2} = 1,122.5$$

선간 전압에는 제3고조파분이 나타나지 않으므로

$$V_l = \sqrt{3} \cdot \sqrt{{V_1}^2 + {V_5}^2} = \sqrt{3} \cdot \sqrt{1,000^2 + 100^2} = 1,740.7$$

$$\therefore \frac{V_p}{V_l} = \frac{1,122.5}{1,740.7} = 0.645$$

79 3상 △부하에서 각 선전류를 I_a, I_b, I_c라 할 때, 전류의 영상분 I_0는?

① 1 ② 0
③ −1 ④ $\sqrt{3}$

해설 비접지식에서는 영상분은 존재하지 않는다.

80 다음 회로의 임펄스 응답은? (단, $t=0$에서 스위치 K를 닫으면 V_C를 출력으로 본다.)

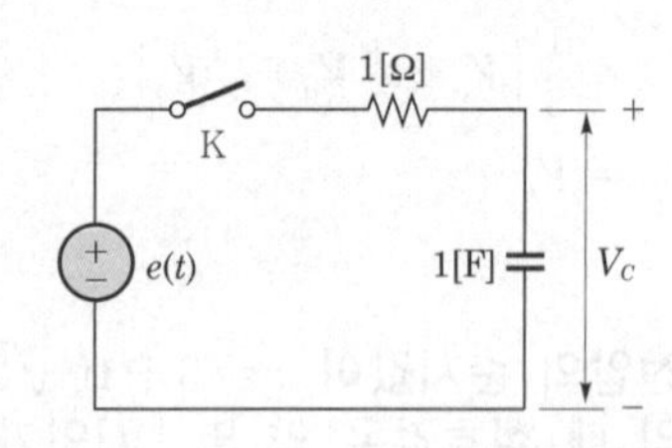

① e^t ② e^{-t}
③ $\frac{1}{2}e^{-t}$ ④ $2e^{-t}$

해설

$$i(t) = \frac{E}{R}e^{-\frac{1}{RC}t}$$

임펄스 응답이므로

$$\therefore i(t) = e^{-t}$$

제5과목 전기설비기술기준

81 전압의 종별에서 저압의 범위는 얼마인가?

① 교류는 600[V] 이하, 직류는 750[V] 이하인 것
② 교류는 600[V] 이하, 직류는 1[kV] 이하인 것
③ 교류는 1[kV] 이하, 직류는 1.5[kV] 이하인 것
④ 교류는 1[kV] 이하, 직류는 2[kV] 이하인 것

해설 **적용범위(KEC 111.1) – 전압의 구분**

- 저압 : 교류는 1[kV] 이하, 직류는 1.5[kV] 이하인 것
- 고압 : 교류는 1[kV]를, 직류는 1.5[kV]를 초과하고, 7[kV] 이하인 것
- 특고압 : 7[kV]를 초과하는 것

82 전로의 절연 원칙에 따라 반드시 절연하여야 하는 것은?

① 수용장소의 인입구 접지점
② 고압과 특고압 및 저압과의 혼촉 위험방지를 한 경우의 접지점
③ 저압 가공전선로의 접지측 전선
④ 시험용 변압기

해설 **전로를 절연하지 않는 경우(KEC 131)**

- 접지공사를 하는 경우의 접지점
- 시험용 변압기, 전력선 반송용 결합리액터, 전기울타리용 전원장치, 엑스선발생장치, 전기부식방지용 양극, 단선식 전기철도의 귀선
- 전기욕기 · 전기로 · 전기보일러 · 전해조 등

83 6.6[kV] 지중전선로의 케이블을 직류 전원으로 절연내력시험을 하자면 시험전압은 직류 몇 [V]인가?

① 9,900 ② 14,420
③ 16,500 ④ 19,800

해설 **전로의 절연저항 및 절연내력(KEC 132)**

7[kV] 이하이고, 직류로 시험하므로 6,600×1.5×2=19,800[V]이다.

정답 78. ② 79. ② 80. ② 81. ③ 82. ③ 83. ④

84 (출제빈도) 주택 등 저압수용장소에서 고정 전기설비에 계통접지가 TN-C-S 방식인 경우에 중성선 겸용 보호도체(PEN)는 고정 전기설비에만 사용할 수 있고, 그 도체의 단면적이 구리는 몇 [mm^2] 이상이어야 하는가?

① 4 ② 6
③ 10 ④ 16

해설 **주택 등 저압수용장소 접지(KEC 142.4.2)**
중성선 겸용 보호도체(PEN)는 고정 전기설비에만 사용할 수 있고, 그 도체의 단면적이 구리는 10[mm^2] 이상, 알루미늄은 16[mm^2] 이상

85 변압기에 의하여 특고압 전로에 결합되는 고압 전로에는 사용전압의 몇 배 이하인 전압이 가하여진 경우에 방전하는 장치를 그 변압기의 단자에 가까운 1극에 설치하여야 하는가?

① 3
② 4
③ 5
④ 6

해설 **특고압과 고압의 혼촉 등에 의한 위험방지시설(KEC 322.3)**
변압기에 의하여 특고압 전로에 결합되는 고압 전로에는 사용전압의 3배 이하인 전압이 가하여진 경우에 방전하는 장치를 그 변압기의 단자에 가까운 1극에 설치하여야 한다.

86 백열전등 또는 방전등에 전기를 공급하는 옥내전로의 대지전압은 몇 [V] 이하이어야 하는가?

① 150 ② 300
③ 400 ④ 600

해설 **옥내전로의 대지전압의 제한(KEC 231.6)**
백열전등 또는 방전등에 전기를 공급하는 옥내의 전로의 대지전압은 300[V] 이하이어야 한다.

87 (출제빈도) 케이블 트레이 공사에 사용되는 케이블 트레이가 수용된 모든 전선을 지지할 수 있는 적합한 강도의 것일 경우 케이블 트레이의 안전율은 얼마 이상으로 하여야 하는가?

① 1.1
② 1.2
③ 1.3
④ 1.5

해설 **케이블 트레이 공사(KEC 232.41)**
- 전선은 연피 케이블, 알루미늄피 케이블 등 난연성 케이블, 기타 케이블 또는 금속관 혹은 합성수지관 등에 넣은 절연전선을 사용
- 케이블 트레이의 안전율은 1.5 이상

88 이동형의 용접 전극을 사용하는 아크 용접장치의 용접변압기의 1차측 전로의 대지전압은 몇 [V] 이하이어야 하는가?

① 220 ② 300
③ 380 ④ 440

해설 **아크 용접기(KEC 241.10)**
- 용접변압기는 절연변압기일 것
- 용접변압기의 1차측 전로의 대지전압은 300[V] 이하일 것

89 (출제빈도) 진열장 안의 사용전압이 400[V] 이하인 저압 옥내배선으로 외부에서 보기 쉬운 곳에 한하여 시설할 수 있는 전선은? (단, 진열장은 건조한 곳에 시설하고 또한 진열장 내부를 건조한 상태로 사용하는 경우이다.)

① 단면적이 0.75[mm^2] 이상인 코드 또는 캡타이어 케이블
② 단면적이 0.75[mm^2] 이상인 나전선 또는 캡타이어 케이블
③ 단면적이 1.25[mm^2] 이상인 코드 또는 절연전선
④ 단면적이 1.25[mm^2] 이상인 나전선 또는 다심형 전선

정답 84. ③ 85. ① 86. ② 87. ④ 88. ② 89. ①

해설 진열장 또는 이와 유사한 것의 내부 관등회로 배선(KEC 234.11.5)
진열장 안의 배선은 단면적 0.75[mm²] 이상의 코드 또는 캡타이어 케이블일 것

90 저압 가공전선로와 기설 가공약전류전선로가 병행하는 경우에는 유도작용에 의하여 통신상의 장해가 생기지 아니하도록 전선과 기설 약전류전선 간의 이격거리는 몇 [m] 이상이어야 하는가?

① 1 ② 2
③ 2.5 ④ 4.5

해설 가공약전류전선로의 유도장해 방지(KEC 332.1)
저압 가공전선로 또는 고압 가공전선로와 기설 가공약전류전선로가 병행하는 경우에는 유도작용에 의하여 통신상의 장해가 생기지 아니하도록 전선과 기설 약전류전선 간의 이격거리는 2[m] 이상이어야 한다.

91 저압 가공인입선 시설 시 사용할 수 없는 전선은?

① 절연전선, 케이블
② 지름 2.6[mm] 이상의 인입용 비닐절연전선
③ 인장강도 1.2[kN] 이상의 인입용 비닐절연전선
④ 사람의 접촉 우려가 없도록 시설하는 경우 옥외용 비닐절연전선

해설 저압 인입선의 시설(KEC 221.1.1)
- 전선은 절연전선 또는 케이블일 것
- 전선이 케이블인 경우 이외에는 인장강도 2.3[kN] 이상의 것 또는 지름 2.6[mm] 이상의 인입용 비닐절연전선일 것

92 시가지에 시설하는 고압 가공전선으로 경동선을 사용하려면 그 지름은 최소 몇 [mm]이어야 하는가?

① 2.6 ② 3.2
③ 4.0 ④ 5.0

해설 저·고압 가공전선의 굵기 및 종류(KEC 222.5, 332.3)
- 400[V] 이하 : 인장강도 3.43[kN], 지름 3.2[mm] (절연전선은 인장강도 2.3[kN], 지름 2.6[mm]) 이상
- 400[V] 초과 : 저압 가공전선 또는 고압 가공전선
  - 시가지 : 인장강도 8.01[kN] 이상의 것 또는 지름 5[mm] 이상의 경동선
  - 시가지 외 : 인장강도 5.26[kN] 이상의 것 또는 지름 4[mm] 이상의 경동선

93 345[kV] 특고압 가공전선로를 사람이 쉽게 들어갈 수 없는 산지에 시설할 때 지표상의 높이는 몇 [m] 이상인가?

① 7.28
② 7.85
③ 8.28
④ 9.28

해설 특고압 가공전선의 높이(KEC 333.7)
160[kV]를 초과하는 10[kV] 또는 그 단수마다 0.12[m]를 더한 값으로 계산하여야 한다.
(345−165)÷10=18.5이므로 10[kV] 단수는 19이므로 산지의 전선 지표상 높이는 5+0.12×19=7.28[m]이다.

94 제2종 특고압 보안공사 시 B종 철주를 지지물로 사용하는 경우 경간은 몇 [m] 이하인가?

① 100
② 200
③ 400
④ 500

해설 특고압 보안공사(KEC 333.22) – 제2종 특고압 보안공사 시 경간 제한

지지물의 종류	경 간
목주·A종	100[m]
B종	200[m]
철탑	400[m]

정답 90. ② 91. ③ 92. ④ 93. ① 94. ②

95 시가지 또는 그 밖에 인가가 밀집한 지역에 154[kV] 가공전선로의 전선을 케이블로 시설하고자 한다. 이 때 가공전선을 지지하는 애자장치는 50[%] 충격섬락전압값이 그 전선의 근접한 다른 부분을 지지하는 애자장치값의 몇 [%] 이상이어야 하는가?

① 75 ② 100
③ 105 ④ 110

해설 **시가지 등에서 특고압 가공전선로의 시설(KEC 333.1)**

시가지 등에서 특고압 가공전선을 지지하는 애자장치는 다음 중 어느 하나에 의할 것

- 50[%] 충격섬락전압값이 그 전선의 근접한 다른 부분을 지지하는 애자장치값의 110[%](사용전압이 130[kV]를 초과하는 경우는 105[%]) 이상인 것
- 아크혼을 붙인 현수애자 · 장간애자(長幹碍子) 또는 라인포스트애자를 사용하는 것
- 2련 이상의 현수애자 또는 장간애자를 사용하는 것
- 2개 이상의 핀애자 또는 라인포스트애자를 사용하는 것

96 중성선 다중 접지식의 것으로서 전로에 지락이 생겼을 때 2초 이내에 자동적으로 이를 전로로부터 차단하는 장치가 되어 있는 22.9[kV] 특고압 가공전선이 다른 특고압 가공전선과 접근하는 경우 이격거리는 몇 [m] 이상으로 하여야 하는가? (단, 양쪽이 나전선인 경우이다.)

① 0.5 ② 1.0
③ 1.5 ④ 2.0

해설 **25[kV] 이하인 특고압 가공전선로의 시설(KEC 333.32)**

사용전선의 종류	이격거리
어느 한쪽 또는 양쪽이 나전선인 경우	1.5[m]
양쪽이 특고압 절연전선인 경우	1.0[m]
한쪽이 케이블이고 다른 한쪽이 케이블이거나 특고압 절연전선인 경우	0.5[m]

97 저압 수상전선로에 사용되는 전선은?

① MI 케이블
② 알루미늄피 케이블
③ 클로로프렌시스 케이블
④ 클로로프렌 캡타이어 케이블

해설 **수상전선로의 시설(KEC 335.3)**

전선은 전선로의 사용전압이 저압인 경우에는 클로로프렌 캡타이어 케이블이어야 하며, 고압인 경우에는 고압용의 캡타이어 케이블일 것

98 발전소 · 변전소 또는 이에 준하는 곳의 특고압 전로에는 그의 보기 쉬운 곳에 어떤 표시를 반드시 하여야 하는가?

① 모선(母線) 표시
② 상별(相別) 표시
③ 차단(遮斷) 위험표시
④ 수전(受電) 위험표시

해설 **특고압 전로의 상 및 접속 상태의 표시(KEC 351.2)**

- 발전소 · 변전소 또는 이에 준하는 곳의 특고압 전로에는 그의 보기 쉬운 곳에 상별 표시를 하여야 한다.
- 발전소 · 변전소 또는 이에 준하는 곳의 특고압 전로에 대하여는 그 접속상태를 모의모선의 사용 기타의 방법에 의하여 표시하여야 한다. 다만, 이러한 전로에 접속하는 특고압 전선로의 회선수가 2 이하이고 또한 특고압의 모선이 단일 모선인 경우에는 그러하지 아니하다.

99 내부에 고장이 생긴 경우에 자동적으로 전로로부터 차단하는 장치가 반드시 필요한 것은?

① 뱅크용량 1,000[kVA]인 변압기
② 뱅크용량 10,000[kVA]인 조상기
③ 뱅크용량 300[kVA]인 분로리액터
④ 뱅크용량 1,000[kVA]인 전력용 커패시터

정답 95. ③ 96. ③ 97. ④ 98. ② 99. ④

해설 조상설비의 보호장치(KEC 351.5)

설비종별	뱅크용량의 구분	자동 차단하는 장치
전력용 커패시터 및 분로리액터	500[kVA] 초과 15,000[kVA] 미만	내부 고장, 과전류
	15,000[kVA] 이상	내부 고장, 과전류, 과전압
조상기	15,000[kVA] 이상	내부 고장

전력용 커패시터는 뱅크용량 500[kVA] 초과하여야 내부 고장 시 차단장치를 한다.

100 전력보안 가공통신선을 횡단보도교 위에 시설하는 경우, 그 노면상 높이는 몇 [m] 이상으로 하여야 하는가?

① 3.0　② 3.5
③ 4.0　④ 4.5

해설 전력보안통신선의 시설 높이와 이격거리(KEC 362.2)

- 도로 위에 시설하는 경우 지표상 5[m] 이상
- 철도 또는 궤도를 횡단하는 경우 레일면상 6.5[m] 이상
- 횡단보도교 위에 시설하는 경우 그 노면상 3[m] 이상

정답 100. ①

2023. 5. 14. 시행

2023년 제2회 CBT 기출복원문제

제1과목 전기자기학

01 2[Wb/m^2]인 평등 자계 속에 길이가 30[cm]인 도선이 자계와 직각 방향으로 놓여 있다. 이 도선이 자계와 30°의 방향으로 30[m/s]의 속도로 이동할 때 도체 양단에 유기되는 기전력[V]의 크기는?

① 3 ② 9
③ 30 ④ 90

해설 플레밍의 오른손 법칙

유기 기전력 $e = vBl\sin\theta = 30\times 2\times 0.3\times \frac{1}{2}$

$= 9[\mathrm{V}]$

02 다음의 맥스웰 방정식 중 틀린 것은?

① $\mathrm{rot}\boldsymbol{H} = i + \frac{\partial \boldsymbol{D}}{\partial t}$

② $\mathrm{rot}\boldsymbol{E} = -\frac{\partial \boldsymbol{H}}{\partial t}$

③ $\mathrm{div}\boldsymbol{B} = 0$

④ $\mathrm{div}\boldsymbol{D} = \rho$

해설 패러데이 전자 유도 법칙의 미분형

$\mathrm{rot}\boldsymbol{E} = \triangle\times\boldsymbol{E} = -\frac{\partial \boldsymbol{B}}{\partial t} = -\mu\frac{\partial \boldsymbol{H}}{\partial t}$

03 점 P(1, 2, 3)[m]와 Q(2, 0, 5)[m]에 각각 4×10^{-5}[C]과 -2×10^{-4}[C]의 점전하가 있을 때, 점 P에 작용하는 힘은 몇 [N]인가?

① $\frac{8}{3}(i-2j+2k)$ ② $\frac{8}{3}(-i-2j+2k)$

③ $\frac{3}{8}(i+2j+2k)$ ④ $\frac{3}{8}(2i+j-2k)$

해설

$$\boldsymbol{F} = \frac{1}{4\pi\varepsilon_0}\cdot\frac{Q_1Q_2}{r^2}r_0 = 9\times10^9\times\frac{Q_1Q_2}{r^2}r_0$$

$$= 9\times10^9\times\frac{4\times10^{-5}\times(-2\times10^{-4})}{(1-2)^2+(2-0)^2+(3-5)^2}$$

$$\times\frac{(1-2)\boldsymbol{i}+(2-0)\boldsymbol{j}+(3-5)\boldsymbol{k}}{\sqrt{(1-2)^2+(2-0)^2+(3-5)^2}}$$

$$= 9\times10^9\times\frac{-8\times10^{-9}}{9}\times\frac{1}{3}$$

$$\times(-\boldsymbol{i}+2\boldsymbol{j}-2\boldsymbol{k})$$

$$= \frac{8}{3}(\boldsymbol{i}-2\boldsymbol{j}+2\boldsymbol{k})[\mathrm{N}]$$

04 두 벡터 $A = A_xi + 2j$, $B = 3i - 3j - k$가 서로 직교하려면 A_x의 값은?

출제빈도

① 0 ② 2
③ $\frac{1}{2}$ ④ −2

해설 $\boldsymbol{A}\cdot\boldsymbol{B} = |\boldsymbol{A}||\boldsymbol{B}|\cos 90° = 0$

따라서 $\boldsymbol{A}\cdot\boldsymbol{B} = (iA_x + j2)\cdot(i3 - j3 - k)$

$= 3A_x - 6 = 0$

$\because A_x = \frac{6}{3} = 2$

05 전류가 흐르고 있는 무한 직선 도체로부터 2[m]만큼 떨어진 자유 공간 내 P점의 자계의 세기가 $\frac{4}{\pi}$[AT/m]일 때, 이 도체에 흐르는 전류는 몇 [A]인가?

출제빈도

① 2 ② 4
③ 8 ④ 16

해설 $H = \frac{I}{2\pi r}[\mathrm{AT/m}]$

$\therefore I = 2\pi r\cdot H = 2\pi\times2\times\frac{4}{\pi} = 16[\mathrm{A}]$

정답 01. ② 02. ② 03. ① 04. ② 05. ④

06

그림과 같이 면적 $S[\text{m}^2]$, 간격 $d[\text{m}]$인 극판 간에 유전율 ε, 저항률 ρ인 매질을 채웠을 때 극판 간의 정전 용량 C와 저항 R의 관계는? (단, 전극판의 저항률은 매우 작은 것으로 한다.)

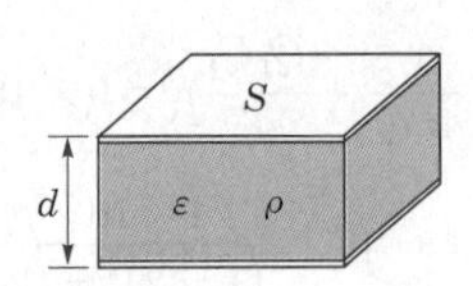

① $R=\dfrac{\varepsilon\rho}{C}$

② $R=\dfrac{C}{\varepsilon\rho}$

③ $R=\varepsilon\rho C$

④ $R=\dfrac{1}{\varepsilon\rho C}$

해설 저항 $R=\rho\dfrac{d}{s}$

정전 용량 $C=\dfrac{\varepsilon s}{d}$

$R\cdot C=\rho\dfrac{d}{s}\cdot\dfrac{\varepsilon s}{d}=\rho\varepsilon$

$R=\dfrac{\varepsilon\rho}{C}\,[\Omega]$

07

히스테리시스 손실과 히스테리시스 곡선과의 관계는?

① 히스테리시스 곡선의 면적이 클수록 히스테리시스 손실이 적다.

② 히스테리시스 곡선의 면적이 작을수록 히스테리시스 손실이 적다.

③ 히스테리시스 곡선의 잔류 자기값이 클수록 히스테리시스 손실이 적다.

④ 히스테리시스 곡선의 보자력 값이 클수록 히스테리시스 손실이 적다.

해설 히스테리시스 손실 $P_h=\eta f B_m^{\ 1.6}[\text{W/m}^2]$
히스테리시스 곡선의 종축과 만나는 잔류 자기(B)가 작을수록 히스테리시스 곡선의 면적은 작아지고 히스테리시스 손실도 적어진다.

08

유전율 ε[F/m]인 유전체 중에서 전하가 Q[C], 전위가 V[V], 반지름 a[m]인 도체구가 갖는 에너지는 몇 [J]인가?

① $\dfrac{1}{2}\pi\varepsilon a V^2$ ② $\pi\varepsilon a V^2$

③ $2\pi\varepsilon a V^2$ ④ $4\pi\varepsilon a V^2$

해설 반지름이 a[m]인 고립 도체구의 정전 용량 C는 $C=4\pi\varepsilon a$[F]

$\therefore\ W=\dfrac{1}{2}CV^2=\dfrac{1}{2}(4\pi\varepsilon a)V^2=2\pi\varepsilon a V^2$[J]

09

열전대는 무슨 효과를 이용한 것인가?

① 압전 효과 ② 제벡 효과

③ 홀 효과 ④ 가우스 효과

해설 제벡 효과
서로 다른 두 종류의 금속선을 접합하여 폐회로를 만든 후 두 접합부의 온도를 달리하였을 때 열기전력이 발생하여 열전류가 흐른다.

10

접지 구도체와 점전하 사이에 작용하는 힘은?

① 항상 반발력이다.

② 항상 흡인력이다.

③ 조건적 반발력이다.

④ 조건적 흡인력이다.

해설 접지 구도체에는 항상 점전하 Q[C]과 반대 극성인 영상 전하 $Q'=-\dfrac{a}{d}Q$[C]이 유도되므로 항상 흡인력이 작용한다.

11

자기 인덕턴스가 각각 L_1, L_2인 두 코일을 서로 간섭이 없도록 병렬로 연결했을 때 그 합성 인덕턴스는?

① L_1L_2 ② $\dfrac{L_1+L_2}{L_1L_2}$

③ L_1+L_2 ④ $\dfrac{L_1L_2}{L_1+L_2}$

정답 06. ① 07. ② 08. ③ 09. ② 10. ② 11. ④

해설 병렬 접속시 합성 인덕턴스

$$L_0 = \frac{L_1L_2 - M^2}{L_1 + L_2 \mp 2M}[\text{H}]$$

두 코일을 서로 간섭이 없게 연결하면 상호 자속이 0이 되므로

∴ 합성 인덕턴스 $L_0 = \frac{L_1L_2}{L_1 + L_2}[\text{H}]$

12 전하 q[C]이 진공 중의 자계 H[AT/m]에 수직 방향으로 v[m/s]의 속도로 움직일 때, 받는 힘은 몇 [N]인가? (단, μ_0는 진공의 투자율이다.)

① $\frac{qH}{\mu_0 v}$　② qvH

③ $\frac{qvH}{\mu_0}$　④ $\mu_0 qvH$

해설 $F = qvB\sin 90° = qvB = qv\mu_0 H[\text{N}]$

13 전계 $E = i3x^2 + j2xy^2 + kx^2yz$의 $\text{div}E$는 얼마인가?

① $-i6x + jxy + kx^2y$

② $i6x + j6xy + kx^2y$

③ $-6x - 6xy - x^2y$

④ $6x + 4xy + x^2y$

해설 $\text{div}\,E = \nabla \cdot E$

$$= \left(i\frac{\partial}{\partial x} + j\frac{\partial}{\partial y} + k\frac{\partial}{\partial z}\right) \times (i3x^2 + j2xy^2 + kx^2yz)$$

$$= \frac{\partial}{\partial x}(3x^2) + \frac{\partial}{\partial y}(2xy^2) + \frac{\partial}{\partial z}(x^2yz)$$

$$= 6x + 4xy + x^2y$$

14 다음 중 인덕턴스의 공식이 옳은 것은? (단, N은 권수, I는 전류, l은 철심의 길이, R_m은 자기 저항, μ는 투자율, S는 철심 단면적이다.)

① $\frac{NI}{R_m}$　② $\frac{N^2}{R_m}$

③ $\frac{\mu NS}{l}$　④ $\frac{\mu_0 NIS}{l}$

해설
- 자속 $\phi = \frac{NI}{R_m} = \frac{NI}{\frac{l}{\mu S}} = \frac{\mu SNI}{l}[\text{Wb}]$
- 인덕턴스 $L = \frac{N}{I}\phi = \frac{N}{I}$

$$= \frac{\mu SNI}{l} = \frac{\mu SN^2}{l}$$

$$= \frac{N^2}{\frac{l}{\mu \cdot S}} = \frac{N^2}{R_m}[\text{H}]$$

15 유전체 내의 정전 에너지식으로 옳지 않은 것은?

① $\frac{1}{2}ED[\text{J/m}^3]$

② $\frac{1}{2}\frac{D^2}{\varepsilon}[\text{J/m}^3]$

③ $\frac{1}{2}\varepsilon D[\text{J/m}^3]$

④ $\frac{1}{2}\varepsilon E^2[\text{J/m}^3]$

해설 $W = \frac{1}{2}ED = \frac{1}{2} \cdot \frac{D^2}{\varepsilon} = \frac{1}{2}\varepsilon E^2[\text{J/m}^3]$

16 자위(magnetic potential)의 단위로 옳은 것은?

① [C/m]　② [N · m]

③ [AT]　④ [J]

해설 무한 원점에서 자계 중의 한 점 P까지 단위 정자극(+1[Wb])을 운반할 때, 소요되는 일을 그 점에 대한 자위라고 한다.

$$U_P = -\int_{\infty}^{P} H \cdot dl\,[\text{A/m} \cdot \text{m}] = [\text{A}] = [\text{AT}]$$

정답 12. ④ 13. ④ 14. ② 15. ③ 16. ③

17 자속 밀도 0.5[Wb/m^2]인 균일한 자장 내에 반지름 10[cm], 권수 1,000회인 원형 코일이 매분 1,800회전할 때 이 코일의 저항이 100[Ω]일 경우 이 코일에 흐르는 전류의 최대값은 약 몇 [A]인가?

① 14.4　　② 23.5
③ 29.6　　④ 43.2

해설 쇄교 자속 $\phi = \phi_m \cos\omega t = BS\cos\omega t$

유기 기전력 $e = -n\dfrac{d\phi}{dt} = -nBS\dfrac{d}{dt}\cos\omega t$

$= \omega nBS\sin\omega t$

∴ 최대 전압

$E_m = \omega nBS = 2\pi fn \cdot B\pi r^2$

$= 2\pi \times \dfrac{1,800}{60} \times 1,000 \times 0.5 \times \pi \times (10\times10^{-2})^2$

$= 2,961\,[\text{V}]$

∵ 전류의 최대값 $I_m = \dfrac{E_m}{R} = \dfrac{2,961}{100}$

$= 29.61\,[\text{A}]$

18 다음 그림과 같이 유전체 경계면에서 $\varepsilon_1 < \varepsilon_2$이었을 때 E_1과 E_2의 관계식 중 옳은 것은?

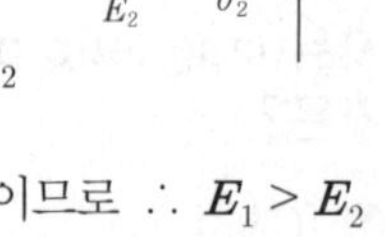

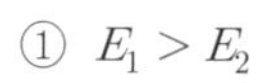

① $E_1 > E_2$
② $E_1 < E_2$
③ $E_1 = E_2$
④ $E_1\cos\theta_1 = E_2\cos\theta_2$

해설
- $\varepsilon_1 < \varepsilon_2$이면 $\theta_1 < \theta_2$이므로 ∴ $\boldsymbol{E_1 > E_2}$
- $\varepsilon_1 > \varepsilon_2$이면 $\theta_1 > \theta_2$이므로 ∴ $\boldsymbol{E_1 < E_2}$

19 환상 솔레노이드 코일에 흐르는 전류가 2[A]일 때 자로의 자속이 1×10^{-2}[Wb]라고 한다. 코일의 권수를 500회라 할 때 이 코일의 자기 인덕턴스는 몇 [H]인가?

① 2.5　　② 3.5
③ 4.5　　④ 5.5

해설 $\phi = N\phi = LI\,[\text{Wb}\cdot\text{T}]$

$\therefore L = \dfrac{N\phi}{I} = \dfrac{500\times1\times10^{-2}}{2} = 2.5\,[\text{H}]$

20 전자 유도 작용에서 벡터 퍼텐셜을 A[Wb/m]라 할 때 유도되는 전계 E[V/m]는?

① $\dfrac{\partial A}{\partial t}$　　② $\int A dt$
③ $-\dfrac{\partial A}{\partial t}$　　④ $-\int A dt$

해설 $B = \nabla\times A,\ \nabla\times E = -\dfrac{\partial B}{\partial t}$

$\nabla\times E = \dfrac{\partial B}{\partial t} = -\dfrac{\partial}{\partial t}(\nabla\times A) = \nabla\times\left(-\dfrac{\partial A}{\partial t}\right)$

$\therefore E = -\dfrac{\partial A}{\partial t}\,[\text{V/m}]$

제2과목 전력공학

21 19/1.8[mm] 경동 연선의 바깥지름은 몇 [mm]인가?

① 5　　② 7
③ 9　　④ 11

해설 19가닥은 중심선을 뺀 층수가 2층이므로
$D = (2n+1)\cdot d = (2\times2+1)\times1.8 = 9\,[\text{mm}]$

22 애자가 갖추어야 할 구비조건으로 옳은 것은?

① 온도의 급변에 잘 견디고 습기도 잘 흡수하여야 한다.
② 지지물에 전선을 지지할 수 있는 충분한 기계적 강도를 갖추어야 한다.
③ 비, 눈, 안개 등에 대해서도 충분한 절연저항을 가지며 누설전류가 많아야 한다.
④ 선로전압에는 충분한 절연내력을 가지며, 이상전압에는 절연내력이 매우 작아야 한다.

정답 17. ③ 18. ① 19. ① 20. ③ 21. ③ 22. ②

해설 애자는 온도의 급변에 잘 견디고, 습기나 물기 등은 잘 흡수하지 않아야 한다.

23 일반 회로정수가 같은 평행 2회선에서 $\dot{A}$, $\dot{B}$, $\dot{C}$, $\dot{D}$는 각각 1회선의 경우의 몇 배로 되는가?

출제빈도

① 2, 2, $\frac{1}{2}$, 1　② 1, 2, $\frac{1}{2}$, 1

③ 1, $\frac{1}{2}$, 2, 1　④ 1, $\frac{1}{2}$, 2, 2

해설 평행 2회선 송전선로의 4단자 정수

$$\begin{bmatrix} A_o & B_o \\ C_o & D_o \end{bmatrix} = \begin{bmatrix} A & \frac{B}{2} \\ 2C & D \end{bmatrix}$$

A와 D는 일정하고, B는 $\frac{1}{2}$배 감소되고, C는 2배가 된다.

24 다음 중 송전선로에 복도체를 사용하는 이유로 가장 알맞은 것은?

① 선로를 뇌격으로부터 보호한다.

② 선로의 진동을 없앤다.

③ 철탑의 하중을 평형화한다.

④ 코로나를 방지하고, 인덕턴스를 감소시킨다.

해설 복도체나 다도체의 사용 목적이 여러 가지 있을 수 있으나 그 중 주된 목적은 코로나 방지에 있다.

25 단거리 송전선로에서 정상상태 유효전력의 크기는?

① 선로 리액턴스 및 전압 위상차에 비례한다.

② 선로 리액턴스 및 전압 위상차에 반비례한다.

③ 선로 리액턴스에 반비례하고, 상차각에 비례한다.

④ 선로 리액턴스에 비례하고, 상차각에 반비례한다.

해설 전송전력 $P_s = \frac{E_s E_r}{X} \sin\delta$[MW]이므로 송 · 수전단 전압 및 상차각에는 비례하고, 선로의 리액턴스에는 반비례한다.

26 송전 계통의 중성점을 접지하는 목적으로 틀린 것은?

출제빈도

① 지락 고장 시 전선로의 대지전위 상승을 억제하고 전선로와 기기의 절연을 경감시킨다.

② 소호 리액터 접지방식에서는 1선 지락 시 지락점 아크를 빨리 소멸시킨다.

③ 차단기의 차단용량을 증대시킨다.

④ 지락 고장에 대한 계전기의 동작을 확실하게 한다.

해설 중성점 접지 목적

- 대지전압을 증가시키지 않고, 이상전압의 발생을 억제하여 전위 상승을 방지
- 전선로 및 기기의 절연 수준 경감(저감 절연)
- 고장 발생 시 보호계전기의 신속하고 정확한 동작을 확보
- 소호 리액터 접지에서는 1선 지락전류를 감소시켜 유도장해 경감
- 계통의 안정도 증진

27 3상 송전선로와 통신선이 병행되어 있는 경우에 통신유도장해로서 통신선에 유도되는 정전유도전압은?

출제빈도

① 통신선의 길이에 비례한다.

② 통신선의 길이의 자승에 비례한다.

③ 통신선의 길이에 반비례한다.

④ 통신선의 길이에 관계없다.

해설 3상 정전유도전압

$$E_o = \frac{\sqrt{C_a(C_a - C_b) + C_b(C_b - C_c) + C_c(C_c - C_a)}}{C_a + C_b + C_c + C_0} \times \frac{V}{\sqrt{3}}$$

정전유도전압은 통신선의 병행 길이와는 관계가 없다.

정답 23. ③ 24. ④ 25. ③ 26. ③ 27. ④

28 6.6/3.3[kV], 3ϕ, 10,000[kVA], 임피던스 10[%]의 변압기가 있다. 이 변압기의 2차측에서 3상 단락되었을 때의 단락용량[kVA]은 얼마인가?

① 150,000 ② 100,000
③ 50,000 ④ 20,000

해설 단락용량 $P_s = \frac{100}{\%Z} \times P_n$

$= \frac{100}{10} \times 10,000$

$= 100,000$[kVA]

29 3상 Y결선된 발전기가 무부하 상태로 운전 중 3상 단락 고장이 발생하였을 때 나타나는 현상으로 틀린 것은?

① 영상분 전류는 흐르지 않는다.
② 역상분 전류는 흐르지 않는다.
③ 3상 단락전류는 정상분 전류의 3배가 흐른다.
④ 정상분 전류는 영상분 및 역상분 임피던스에 무관하고 정상분 임피던스에 반비례한다.

해설 각 사고별 대칭좌표법 해석

1선 지락	정상분	역상분	영상분
선간단락	정상분	역상분	×
3상 단락	정상분	×	×

그러므로 3상 단락전류는 정상분 전류만 흐른다.

30 피뢰기를 가장 적절하게 설명한 것은?

① 동요 전압의 파두, 파미의 파형의 준도를 저감하는 것
② 이상전압이 내습하였을 때 방전하고 기류를 차단하는 것
③ 뇌동요 전압의 파고를 저감하는 것
④ 1선이 지락할 때 아크를 소멸시키는 것

해설 충격파 전압의 파고치를 저감시키고 속류를 차단한다.

31 피뢰기의 정격전압이란?

① 충격방전전류를 통하고 있을 때의 단자전압
② 충격파의 방전개시전압
③ 속류의 차단이 되는 최고의 교류전압
④ 상용 주파수의 방전개시전압

해설 ①은 제한전압이다.

32 인입되는 전압이 정정값 이하로 되었을 때 동작하는 것으로서 단락 고장 검출 등에 사용되는 계전기는?

① 접지 계전기 ② 부족전압계전기
③ 역전력 계전기 ④ 과전압 계전기

해설 전원이 정정되어 전압이 저하되었을 때, 또는 단락사고로 인하여 전압이 저하되었을 때에는 부족전압계전기를 사용한다.

33 전원이 양단에 있는 방사상 송전선로에서 과전류 계전기와 조합하여 단락보호에 사용하는 계전기는?

① 선택지락계전기 ② 방향단락계전기
③ 과전압 계전기 ④ 부족전류계전기

해설 송전선로의 단락보호방식

- 방사상식 선로 : 반한시 특성 또는 순한시성 반시성 특성을 가진 과전류 계전기를 사용하고 전원이 양단에 있는 경우에는 방향단락계전기와 과전류 계전기를 조합하여 사용한다.
- 환상식 선로 : 방향단락 계전방식, 방향거리 계전방식이다.

34 한류 리액터를 사용하는 가장 큰 목적은?

① 충전전류의 제한 ② 접지전류의 제한
③ 누설전류의 제한 ④ 단락전류의 제한

해설 한류 리액터를 사용하는 이유는 단락사고로 인한 단락전류를 제한하여 기기 및 계통을 보호하기 위함이다.

정답 28. ② 29. ③ 30. ② 31. ③ 32. ② 33. ② 34. ④

35 직류 송전방식의 장점은?

① 역률이 항상 1이다.

② 회전자계를 얻을 수 있다.

③ 전력변환장치가 필요하다.

④ 전압의 승압, 강압이 용이하다.

해설 **직류 송전방식의 이점**

- 무효분이 없어 손실이 없고 역률이 항상 1이며 송전효율이 좋다.
- 파고치가 없으므로 절연계급을 낮출 수 있다.
- 전압강하와 전력손실이 적고, 안정도가 높아진다.

36 그림과 같은 단상 2선식 배선에서 인입구 A점의 전압이 220[V]라면 C점의 전압[V]은? (단, 저항값은 1선의 값이며, AB간은 0.05[Ω], BC간은 0.1[Ω]이다.)

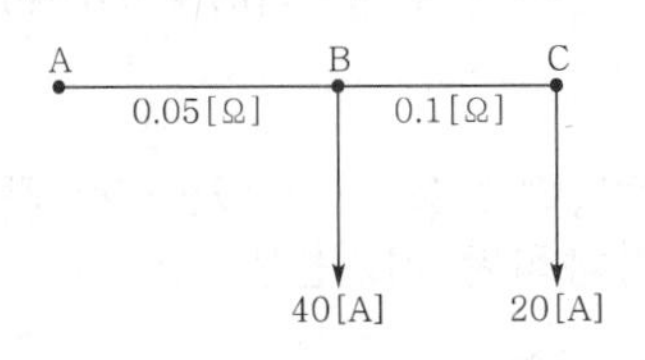

① 214 ② 210

③ 196 ④ 192

해설 $V_B = 220 - 2 \times 0.05(40+20) = 214[V]$

$V_C = 214 - 2 \times 0.1 \times 20 = 210[V]$

37 다음 중 배전선로의 부하율이 F일 때 손실계수 H와의 관계로 옳은 것은?

① $H=F$ ② $H=\frac{1}{F}$

③ $H=F^3$ ④ $0 \leq F^2 \leq H \leq F \leq 1$

해설 손실계수 H는 최대전력손실에 대한 평균전력손실의 비로 일반적으로 손실계수 $H=\alpha F+(1-\alpha)F^2$의 실험식을 사용한다. 이때 손실정수 $\alpha=0.1\sim0.3$이고, F는 부하율이다. 부하율이 좋으면 $H \fallingdotseq F$이고 부하율이 나쁘면 $H=F^2$이다. 손실계수 H와 부하율 F와의 관계는 다음 식이 성립된다.

$0 \leqq F^2 \leqq H \leqq F \leqq 1$

38 수력발전소의 형식을 취수방법, 운용방법에 따라 분류할 수 있다. 다음 중 취수방법에 따른 분류가 아닌 것은?

① 댐식

② 수로식

③ 조정지식

④ 유역 변경식

해설 수력발전소 분류에서 낙차를 얻는 방식(취수방법)은 댐식, 수로식, 댐수로식, 유역 변경식 등이 있고, 유량 사용 방법은 유입식, 저수지식, 조정지식, 양수식(역조정지식) 등이 있다.

39 댐의 부속설비가 아닌 것은?

① 수로

② 수조

③ 취수구

④ 흡출관

해설 흡출관은 반동 수차에서 낙차를 증대시키는 설비이므로 수차의 부속설비이다.

40 그림과 같은 열사이클은?

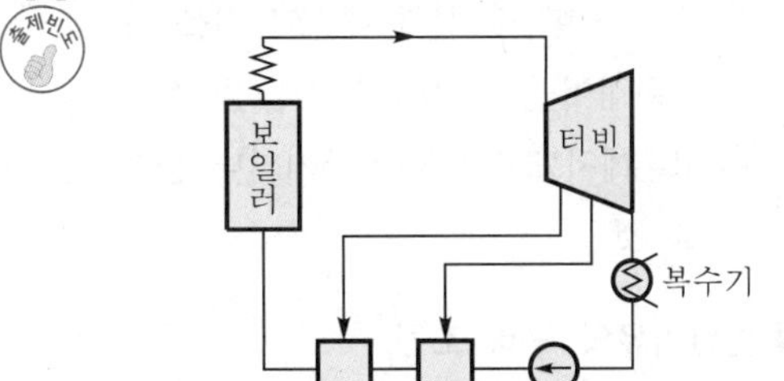

① 재생 사이클

② 재열 사이클

③ 카르노 사이클

④ 재생·재열 사이클

해설 터빈 중간에 증기의 일부를 추기하여 급수를 가열하는 급수 가열기가 있는 재생 사이클이다.

정답 35. ① 36. ② 37. ④ 38. ③ 39. ④ 40. ①

제3과목 전기기기

41 전기자 반작용이 직류 발전기에 영향을 주는 것을 설명한 것으로 틀린 것은?

① 전기자 중성축을 이동시킨다.

② 자속을 감소시켜 부하 시 전압 강하의 원인이 된다.

③ 정류자 편간 전압이 불균일하게 되어 섬락의 원인이 된다.

④ 전류의 파형은 찌그러지나 출력에는 변화가 없다.

해설 전기자 반작용은 전기자 전류에 의한 자속이 계자 자속의 분포에 영향을 주는 현상으로 다음과 같다.
- 전기적 중성축이 이동한다.
- 계자 자속이 감소한다.
- 정류자 편간 전압이 국부적으로 높아져 섬락을 일으킨다.

42 변압기의 절연유로서 갖추어야 할 조건이 아닌 것은?

① 비열이 커서 냉각 효과가 클 것

② 절연 저항 및 절연 내력이 적을 것

③ 인화점이 높고 응고점이 낮을 것

④ 고온에서도 석출물이 생기거나 산화하지 않을 것

해설 **변압기유의 구비 조건**
- 절연 내력이 클 것
- 절연 재료 및 금속에 화학 작용을 일으키지 않을 것
- 인화점이 높고 응고점이 낮을 것
- 점도가 낮고(유동성이 풍부) 비열이 커서 냉각 효과가 클 것
- 고온에 있어 석출물이 생기거나 산화하지 않을 것
- 증발량이 적을 것

43 3상, 6극, 슬롯수 54의 동기 발전기가 있다. 어떤 전기자 코일의 두 변이 제1슬롯과 제8슬롯에 들어 있다면 단절권 계수는 약 얼마인가?

① 0.9397 ② 0.9567

③ 0.9837 ④ 0.9117

해설 동기 발전기의 극 간격과 코일 간격을 홈(slot)수로 나타내면 다음과 같다.

극 간격 $\frac{S}{P}=\frac{54}{6}=9$

코일 간격 8슬롯−1슬롯=7

단절권 계수 $K_P=\sin\frac{\beta\pi}{2}$

$=\sin\frac{\frac{7}{9}\times 180^\circ}{2}$

$=\sin 70^\circ=0.9397$

44 전동력 응용 기기에서 GD^2값이 적은 것이 바람직한 기기는?

① 압연기

② 엘리베이터

③ 송풍기

④ 냉동기

해설 엘리베이터용 전동기의 가장 필요한 특성은 관성 모멘트가 작아야 한다.

관성 모멘트 $J=\frac{1}{2}GD^2[\mathrm{kg\cdot m^2}]$

플라이휠 효과(flywheel effect) $GD^2[\mathrm{kg\cdot m^2}]$

45 유도 전동기의 동기 와트에 대한 설명으로 옳은 것은?

① 동기 속도에서 1차 입력

② 동기 속도에서 2차 입력

③ 동기 속도에서 2차 출력

④ 동기 속도에서 2차 동손

정답 41. ④ 42. ② 43. ① 44. ② 45. ②

해설 유도 전동기의 토크

$$T = \frac{P_2}{2\pi \frac{N_s}{60}} [\text{N} \cdot \text{m}]$$

$$= \frac{1}{9 \cdot 8} \frac{P_2}{2\pi \frac{N_s}{60}} = 0.975 \frac{P_2}{N_s} [\text{kg} \cdot \text{m}]$$

토크는 2차 입력이 정비례하고, 동기 속도에 반비례하는데 $T_s = P_2$를 동기 와트로 표시한 토크라 한다. 따라서, 동기 와트는 동기 속도에서 2차 입력을 나타낸다.

46 2대의 동기 발전기가 병렬 운전하고 있을 때 동기화 전류가 흐르는 경우는?

① 기전력의 크기에 차가 있을 때
② 기전력의 위상에 차가 있을 때
③ 부하 분담에 차가 있을 때
④ 기전력의 파형에 차가 있을 때

해설 동기 발전기가 병렬 운전하고 있을 때 기전력의 위상차가 생기면 동기화 전류(유효 횡류)가 흐르고 기전력의 크기가 다르면 무효 순환 전류가 흐른다.

47 3상 동기 발전기의 여자 전류 5[A]에 대한 1상의 유기 기전력이 600[V]이고 그 3상 단락 전류는 30[A]이다. 이 발전기의 동기 임피던스[Ω]는?

① 10　② 20
③ 30　④ 40

해설 동기 임피던스 $Z_s = \frac{E}{I_s} = \frac{600}{30} = 20\,[\Omega]$

48 단상 반파 정류 회로로 직류 평균 전압 99[V]를 얻으려고 한다. 최대 역전압(Peak Inverse Voltage)이 약 몇 [V] 이상의 다이오드를 사용하여야 하는가? (단, 저항 부하이며, 정류 회로 및 변압기의 전압 강하는 무시한다.)

① 311　② 471
③ 150　④ 166

해설 단상 반파 정류 회로

- 직류 전압 $E_d = \frac{\sqrt{2}}{\pi} E$에서 $E = \frac{\pi}{\sqrt{2}} E_d$
- 첨두 역전압 $V_{in} = \sqrt{2}E = \sqrt{2} \times \frac{\pi}{\sqrt{2}} E_d$

$$= \sqrt{2} \times \frac{\pi}{\sqrt{2}} \times 99 \fallingdotseq 311[\text{V}]$$

49 직류 전동기의 역기전력에 대한 설명 중 틀린 것은?

① 역기전력이 증가할수록 전기자 전류는 감소한다.
② 역기전력은 속도에 비례한다.
③ 역기전력은 회전 방향에 따라 크기가 다르다.
④ 부하가 걸려 있을 때에는 역기전력은 공급 전압보다 크기가 작다.

해설 역기전력은 단자 전압과 반대 방향이고, 전기자 전류에 흐름을 방해하는 방향으로 발생되는 기전력이다.

$$\therefore E - \frac{pZ}{60a} \cdot \phi \cdot N = V - I_a R_a [\text{V}]$$

50 직류기의 전기자에 일반적으로 사용되는 전기자 권선법은?

① 2층권　② 개로권
③ 환상권　④ 단층권

해설 직류기의 전기자 권선법은 고상권, 폐로권, 2층권을 사용한다.

51 3상 유도 전동기를 급속하게 정지시킬 경우에 사용되는 제동법은?

① 발전 제동법　② 회생 제동법
③ 마찰 제동법　④ 역상 제동법

해설 3상 중 2상의 접속을 바꾸어 역회전시켜 발생되는 역토크를 이용해서 전동기를 급정지시키는 제동법은 역상 제동이다.

정답 46. ② 47. ② 48. ① 49. ③ 50. ① 51. ④

52 일반적인 농형 유도 전동기에 관한 설명 중 틀린 것은?

출제빈도

① 2차측을 개방할 수 없다.
② 2차측의 전압을 측정할 수 있다.
③ 2차 저항 제어법으로 속도를 제어할 수 없다.
④ 1차 3선 중 2선을 바꾸면 회전 방향을 바꿀 수 있다.

해설 농형 유도 전동기는 2차측(회전자)이 단락 권선으로 되어 있어 개방할 수 없고, 전압을 측정할 수 없으며, 2차 저항을 변화하여 속도 제어를 할 수 없고 1차 3선 중 2선의 결선을 바꾸면 회전 방향을 바꿀 수 있다.

53 3상 전원에서 2상 전원을 얻기 위한 변압기의 결선 방법은?

① Δ　② T
③ Y　④ V

해설 3상 전원에서 2상 전원을 얻기 위한 변압기의 결선 방법은 다음과 같다.

- 스코트(scott) 결선 → T결선
- 메이어(meyer) 결선
- 우드 브리지(wood bridge) 결선

54 정격 150[kVA], 철손 1[kW], 전부하 동손이 4[kW]인 단상 변압기의 최대 효율[%]과 최대 효율시의 부하[kVA]는? (단, 부하 역률 =1)

① 96.8[%], 125[kVA]
② 97.4[%], 75[kVA]
③ 97[%], 50[kVA]
④ 97.2[%], 100[kVA]

해설 $\frac{1}{m}$ 부하시 최대 효율 조건 $P_i = \left(\frac{1}{m}\right)^2 P_c$

$\frac{1}{m} = \sqrt{\frac{P_i}{P_c}} = \sqrt{\frac{1}{4}} = \frac{1}{2}$이므로 $\frac{1}{m}$ 부하시 효율

$$\eta_{\frac{1}{m}} = \frac{\frac{1}{m}P\cos\theta}{\frac{1}{m}P\cos\theta + P_i + \left(\frac{1}{m}\right)^2 P_c} \times 100 \text{ 에서}$$

최대 효율

$$\eta_m = \frac{\frac{1}{2}\times 150 \times 1}{\frac{1}{2}\times 150\times 1 + 1 + \left(\frac{1}{2}\right)^2 \times 4} \times 100 = 97.4[\%]$$

최대 효율시 부하 용량

$$P = P_n \times \frac{1}{2} = 150 \times \frac{1}{2} = 75[\text{kVA}]$$

55 직류 전동기의 속도 제어 방법에서 광범위한 속도 제어가 가능하며, 운전 효율이 가장 좋은 방법은?

① 계자 제어　② 전압 제어
③ 직렬 저항 제어　④ 병렬 저항 제어

해설 전동기의 회전수 N은

$$N = K\frac{V - I_a R_a}{\phi}\ [\text{rpm}]$$

따라서, N을 바꾸는 방법으로 V, R_a, ϕ을 가감하는 방법이 있다. 또한, R_a는 전기자 저항, 보극 저항 및 이것에 직렬인 저항의 합이다.

- 계자 제어(ϕ를 변화시키는 방법) : 분권 계자 권선과 직렬로 넣은 계자 조정기를 가감하여 자속을 변화시킨다. 속도를 가감하는 데는 가장 간단하고 효율이 좋다.
- 저항 제어(R_a를 변화시키는 방법) : 이 방법은 전기자 권선 및 직렬 권선의 저항은 일정하여 이것에 직렬로 삽입한 직렬 저항기를 가감하여 속도를 가감하는 방법이다. 취급은 간단하지만 저항기의 전력 손실이 크고 속도가 저하하였을 때에는 부하의 변화에 따라 속도가 심하게 변하여 취급이 곤란하다.
- 전압 제어(V를 변화시키는 방법) : 일정 토크를 내고자 할 때, 대용량인 것에 이 방법이 쓰인다. 전용 전원을 설치하여 전압을 가감하여 속도를 제어한다. 고효율로 속도가 저하하여도 가장 큰 토크를 낼 수 있고 역전도 가능하지만 장치가 극히 복잡하며 고가이다. 워드 레오나드 방식은 이러한 방법의 일례이다.

정답 52. ② 53. ② 54. ② 55. ②

56 단상 직권 정류자 전동기에 전기자 권선의 권수를 계자 권수에 비해 많게 하는 이유가 아닌 것은?

① 주자속을 크게 하고 토크를 증가시키기 위하여
② 속도 기전력을 크게 하기 위하여
③ 변압기 기전력을 크게 하기 위하여
④ 역률 저하를 방지하기 위하여

해설 단상 정류자 전동기에서는 계자를 약하게 하고, 전기자를 강하게 함으로써 역률을 좋게 하고 변압기에 기전력은 적게 한다.

57 트라이액(TRIAC)에 대한 설명으로 틀린 것은?

① 쌍방향성 3단자 사이리스터이다.
② 턴오프 시간이 SCR보다 짧으며 급격한 전압 변동에 강하다.
③ SCR 2개를 서로 반대 방향으로 병렬 연결하여 양방향 전류 제어가 가능하다.
④ 게이트에 전류를 흘리면 어느 방향이든 전압이 높은 쪽에서 낮은 쪽으로 도통한다.

해설 트라이액은 SCR 2개를 역병렬로 연결한 쌍방향 3단자 사이리스터로 턴온(오프) 시간이 짧으며 게이트에 전류가 흐르면 전원 전압이 (+)에서 (−)로 도통하는 교류 전력 제어 소자이다. 또한 급격한 전압 변동에 약하다.

58 단상 유도 전동기의 기동 방법 중 기동 토크가 가장 큰 것은?

① 반발 기동형　　② 분상 기동형
③ 셰이딩 코일형　　④ 콘덴서 분상 기동형

해설 단상 유도 전동기의 기동 토크가 큰 것부터 차례로 배열하면 다음과 같다.
- 반발 기동형
- 콘덴서 기동형
- 분상 기동형
- 셰이딩(shading) 코일형

59 10[kVA], 2,000/380[V]의 변압기 1차 환산 등가 임피던스가 $3+j4$[Ω]이다. %임피던스 강하는 몇 [%]인가?

① 0.75　　② 1.0
③ 1.25　　④ 1.5

해설 1차 전류 $I_1=\dfrac{P}{V_1}=\dfrac{10\times 10^3}{2,000}=5[\text{A}]$

%임피던스 강하 $\%Z=\dfrac{IZ}{V}\times 100$

$$=\frac{5\times\sqrt{3^2+4^2}}{2,000}\times 100$$

$$=1.25[\%]$$

60 △−Y 결선의 3상 변압기군 A와 Y−△ 결선의 변압기군 B를 병렬로 사용할 때 A군의 변압기 권수비가 30이라면 B군의 변압기 권수비는?

① 10
② 30
③ 60
④ 90

해설 A 변압기 권수비$=a_1$
B 변압기 권수비$=a_2$
1, 2차 상전압$=E_1$, E_2
1, 2차 선간 전압$=V_1$, V_2라 하면

$$a_1=\frac{E_1}{E_2}=\frac{V_1}{\frac{V_2}{\sqrt{3}}}=\frac{\sqrt{3}\,V_1}{V_2}$$

$$a_2=\frac{E_1'}{E_2'}=\frac{\frac{V_1}{\sqrt{3}}}{V_2}=\frac{V_1}{\sqrt{3}\,V_2}$$

$$\therefore\ \frac{a_1}{a_2}=\frac{\frac{\sqrt{3}\,V_1}{V_2}}{\frac{V_1}{\sqrt{3}\,V_2}}=\frac{3\cdot V_1\cdot V_2}{V_1\cdot V_2}=3$$

$$\therefore\ a_2=\frac{1}{3}a_1=\frac{1}{3}\times 30=10$$

정답 56. ③ 57. ② 58. ① 59. ③ 60. ①

제4과목 회로이론

61 $R-L$ 직렬회로 $v=10+100\sqrt{2}\sin\omega t+50\sqrt{2}\sin(3\omega t+60°)+60\sqrt{2}\sin(5\omega t+30°)$[V]인 전압을 가할 때 제3고조파 전류의 실효값[A]은? (단, $R=8[\Omega]$, $\omega L=2[\Omega]$이다.)

① 1
② 3
③ 5
④ 7

해설 $I_3=\dfrac{V_3}{Z_3}=\dfrac{V_3}{\sqrt{R^2+(3\omega L)^2}}=\dfrac{50}{\sqrt{8^2+6^2}}=5[A]$

62 그림과 같은 파형의 파고율은?

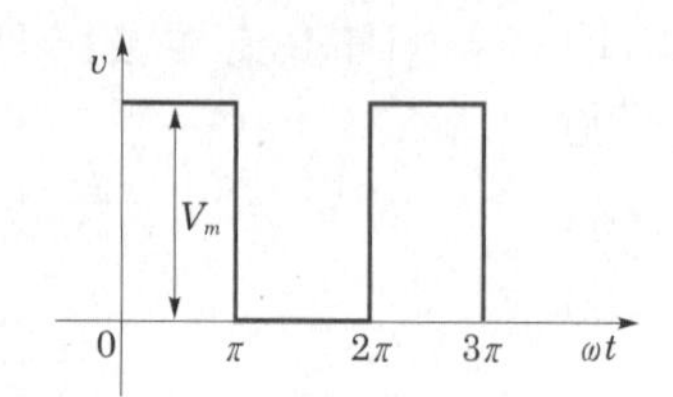

① $\sqrt{2}$　② $\sqrt{3}$
③ 2　④ 3

해설 $\text{파고율}=\dfrac{\text{최댓값}}{\text{실효값}}=\dfrac{V_m}{\dfrac{V_m}{\sqrt{2}}}=\sqrt{2}$

63 대칭 좌표법에 의한 3상 회로에 대한 해석 중 옳지 않은 것은?

① △결선이든 Y결선이든 세 선전류의 합이 영(零)이면 영상분도 영(零)이다.
② 선간전압의 합이 영(零)이면 그 영상분은 항상 영(零)이다.
③ 선간전압이 평형이고 상순이 a−b−c이면 Y결선에서 상전압의 역상분은 영(零)이 아니다.
④ Y결선 중성점 접지 시에 중성선 정상분의 선전류에 대하여는 ∞의 임피던스를 나타낸다.

해설 평형 3상 Y결선의 역상분은 0이다.

64 어떤 제어계의 출력이 $C(s)=\dfrac{5}{s(s^2+s+2)}$로 주어질 때 출력의 시간 함수 $C(t)$의 정상값은?

① 5
② 2
③ $\dfrac{2}{5}$
④ $\dfrac{5}{2}$

해설 최종값 정리에 의해

$\lim\limits_{s\to 0} sC(s)=\lim\limits_{s\to 0} s\cdot\dfrac{5}{s(s^2+s+2)}=\dfrac{5}{2}$

65 다음 회로에서 부하 R에 최대전력이 공급될 때의 전력값이 5[W]라고 하면 R_L+R_i의 값은 몇 [Ω]인가? (단, R_i는 전원의 내부저항이다.)

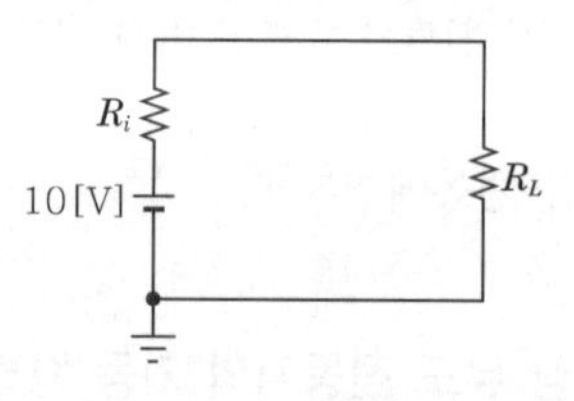

① 5　② 10
③ 15　④ 20

해설
- 최대전력 전달조건 : $R_L=R_i$
- 최대전력 : $P_{\max}=\dfrac{V^2}{4R_L}$[W]

$5=\dfrac{10^2}{4R_L}$

∴ 부하저항 $R_L=5[\Omega]$

따라서, $R_L+R_i=5+5=10[\Omega]$

정답 61. ③ 62. ① 63. ③ 64. ④ 65. ②

66 9[Ω]과 3[Ω]의 저항 3개를 그림과 같이 연결하였을 때 A, B 사이의 합성저항[Ω]은?

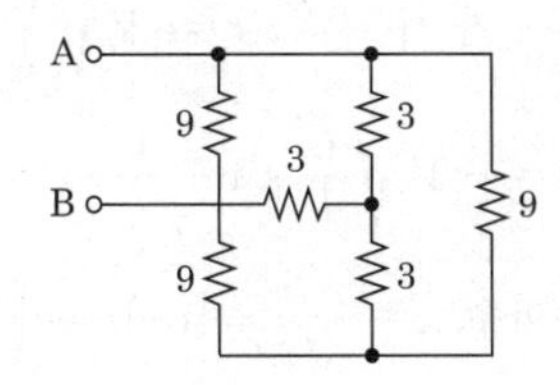

① 6　② 4
③ 3　④ 2

해설
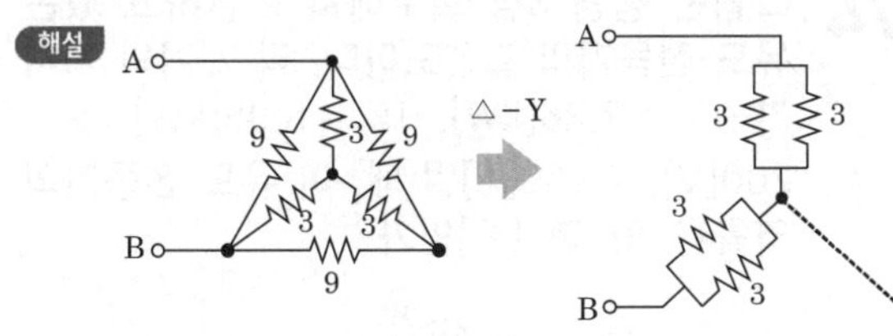

합성저항 $R_{AB} = \frac{3\times 3}{3+3} + \frac{3\times 3}{3+3} = 3[\Omega]$

67 4단자 정수 A, B, C, D 중에서 어드미턴스의 차원을 가진 정수는 어느 것인가?

① A　② B
③ C　④ D

해설 A : 전압 이득, B : 전달 임피던스, C : 전달 어드미턴스, D : 전류 이득

68 그림과 같은 $R-L-C$ 회로망에서 입력전압을 $e_i(t)$, 출력량을 $i(t)$로 할 때, 이 요소의 전달함수는 어느 것인가?

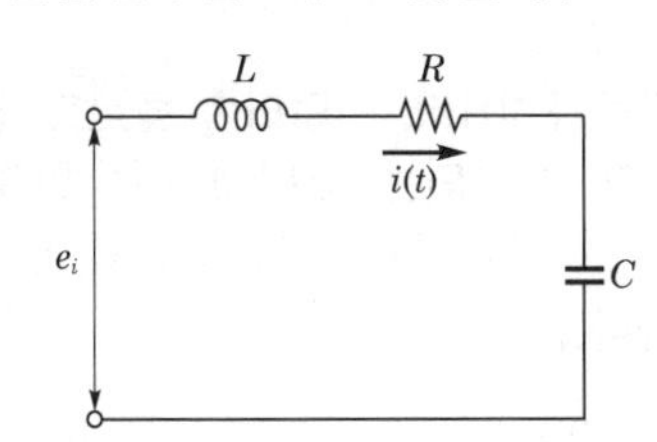

① $\frac{Rs}{LCs^2+RCs+1}$　② $\frac{RLs}{LCs^2+RCs+1}$
③ $\frac{Ls}{LCs^2+RCs+1}$　④ $\frac{Cs}{LCs^2+RCs+1}$

해설 $\frac{I(s)}{E(s)} = Y(s) = \frac{1}{Z(s)}$

$$= \frac{1}{R+Ls+\frac{1}{Cs}} = \frac{Cs}{LCs^2+RCs+1}$$

69 평형 3상 부하에 전력을 공급할 때 선전류 값이 20[A]이고 부하의 소비전력이 4[kW]이다. 이 부하의 등가 Y회로에 대한 각 상의 저항[Ω]은?

① $\frac{10}{3}$　② $\frac{10}{\sqrt{3}}$
③ 10　④ $10\sqrt{3}$

해설 소비전력 $P=3I^2R$에서

$\therefore R = \frac{P}{3I_p^{\,2}} = \frac{4\times 10^3}{3\times 20^2} = \frac{10}{3}[\Omega]$

70 그림과 같이 π형 회로에서 Z_3를 4단자 정수로 표시한 것은?

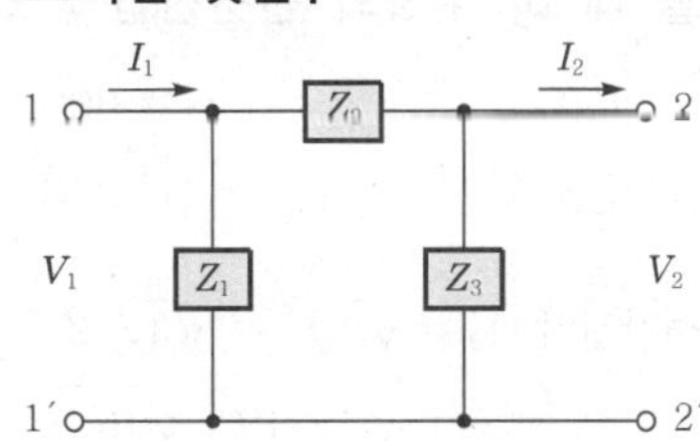

① $\frac{A}{1-B}$　② $\frac{B}{1-A}$
③ $\frac{A}{B-1}$　④ $\frac{B}{A-1}$

해설 $\begin{bmatrix} A & B \\ C & D \end{bmatrix} = \begin{bmatrix} 1 & 0 \\ \frac{1}{Z_1} & 1 \end{bmatrix} \begin{bmatrix} 1 & Z_2 \\ 0 & 1 \end{bmatrix} \begin{bmatrix} 1 & 0 \\ \frac{1}{Z_3} & 1 \end{bmatrix}$

$$= \begin{bmatrix} 1+\frac{Z_2}{Z_3} & Z_2 \\ \frac{Z_1+Z_2+Z_3}{Z_1\cdot Z_3} & 1+\frac{Z_2}{Z_1} \end{bmatrix}$$

$\therefore A = 1+\frac{Z_2}{Z_3}$, $B = Z_2$

$Z_3 = \frac{Z_2}{A-1} = \frac{B}{A-1}$

정답 66. ③ 67. ③ 68. ④ 69. ① 70. ④

71 그림과 같은 브리지 회로가 평형하기 위한 Z의 값은?

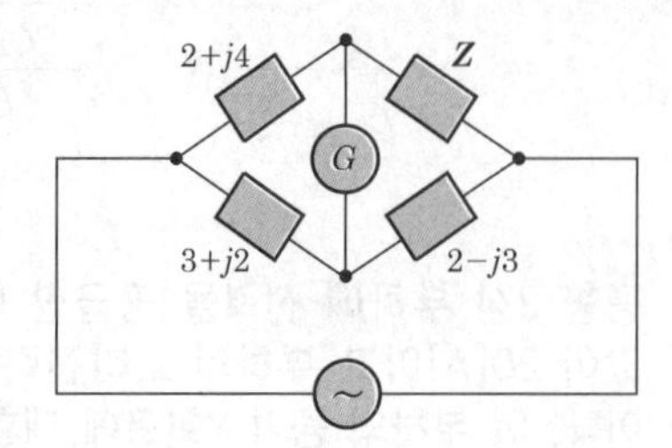

① $2+j4$ ② $-2+j4$
③ $4+j2$ ④ $4-j2$

해설 $Z(3+j2)=(2+j4)(2-j3)$

$$\therefore Z=\frac{(2+j4)(2-j3)}{3+j2}=\frac{(16+j2)(3-j2)}{(3+j2)(3-j2)}=4-j2$$

72 각 상의 임피던스가 $Z=16+j12[\Omega]$인 평형 3상 Y부하에 정현파 상전류 10[A]가 흐를 때 이 부하의 선간전압의 크기[V]는?

① 200 ② 600
③ 220 ④ 346

해설 선간전압 $V_l=\sqrt{3}\,V_p=\sqrt{3}\,I_p Z$

$$=\sqrt{3}\times 10\times\sqrt{16^2+12^2}=346[\text{V}]$$

73 그림의 정전용량 C[F]를 충전한 후 스위치 S를 닫아 이것을 방전하는 경우의 과도 전류는? (단, 회로에는 저항이 없다.)

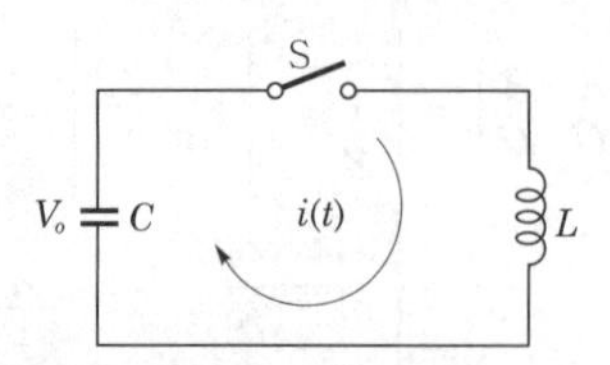

① 불변의 진동 전류
② 감쇠하는 전류
③ 감쇠하는 진동 전류
④ 일정값까지 증가하여 그 후 감쇠하는 전류

해설 $L-C$ 직렬회로

직류 인가 시 전류 $i(t)=V_o\sqrt{\frac{C}{L}}\sin\frac{1}{\sqrt{LC}}t[\text{A}]$

$i(t)=-V_o\sqrt{\frac{C}{L}}\sin\frac{1}{\sqrt{LC}}t[\text{A}]$

각주파수 $\omega=\frac{1}{\sqrt{LC}}$[rad/sec]로 불변 진동 전류가 된다.

74 그림은 평형 3상 회로에서 운전하고 있는 유도 전동기의 결선도이다. 각 계기의 지시가 $W_1=2.36$[kW], $W_2=5.95$[kW], $V=200$[V], $I=30$[A]일 때, 이 유도 전동기의 역률은 약 몇 [%]인가?

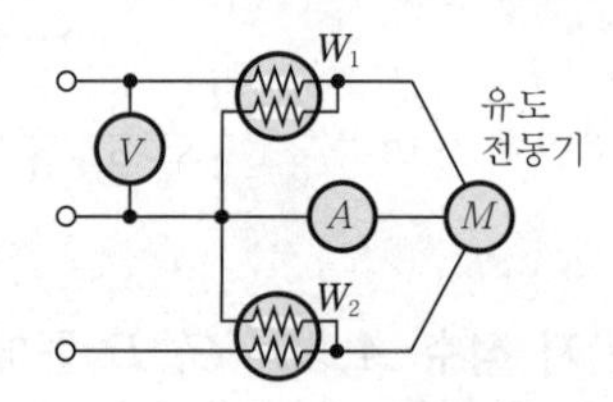

① 80 ② 76
③ 70 ④ 66

해설 • 유효전력

$P=W_1+W_2=2{,}360+5{,}950=8{,}310[\text{W}]$

• 피상전력

$P_a=\sqrt{3}\,VI=\sqrt{3}\times 200\times 30=10{,}392[\text{VA}]$

• 역률 $\cos\theta=\frac{P}{P_a}=\frac{8{,}310}{10{,}392}\fallingdotseq 0.80$

$\therefore$ 80[%]

75 전류가 1[H]의 인덕터를 흐르고 있을 때 인덕터에 축적되는 에너지[J]는 얼마인가? (단, $i=5+10\sqrt{2}\sin 100t+5\sqrt{2}\sin 200t$ [A]이다.)

① 150 ② 100
③ 75 ④ 50

해설 $I=\sqrt{5^2+10^2+5^2}=\sqrt{150}$ [A]

$\therefore W=\frac{1}{2}LI^2=\frac{1}{2}\times 1\times(\sqrt{150})^2=75[\text{J}]$

정답 71. ④ 72. ④ 73. ① 74. ① 75. ③

76 테브난(Thevenin)의 정리를 사용하여 그림 (a)의 회로를 (b)와 같은 등가회로로 바꾸려 한다. E[V]와 R[Ω]의 값은?

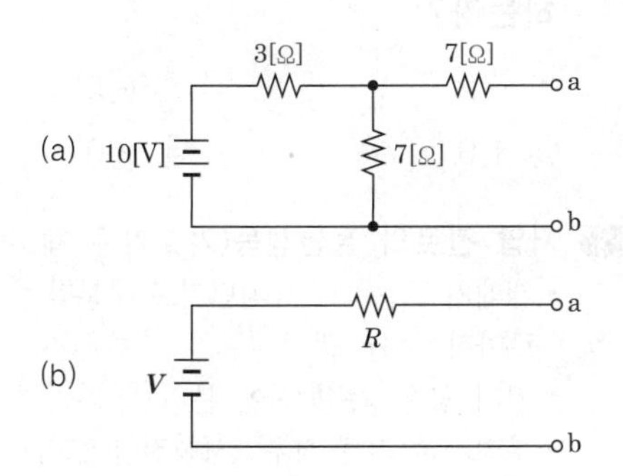

① 7, 9.1 ② 10, 9.1
③ 7, 6.5 ④ 10, 6.5

해설
- $V_{ab}=E$: a, b의 단자 전압

$E=\frac{7}{3+7}\times 10=7$[V]

- $Z_{ab}=R$: 모든 전원을 제거하고 능동 회로망 쪽을 바라본 임피던스

$R=7+\frac{3\times 7}{3+7}=9.1$[Ω]

77 5[mH]인 두 개의 자기 인덕턴스가 있다. 결합계수를 0.2로부터 0.8까지 변화시킬 수 있다면 이것을 접속하여 얻을 수 있는 합성 인덕턴스의 최댓값과 최솟값은 각각 몇 [mH]인가?

① 18, 2
② 18, 8
③ 20, 2
④ 20, 8

해설 $L_0=5+5\pm 2M=10\pm 2M$[mH]

상호 인덕턴스 $M=k\sqrt{L_1 L_2}$ 에서 최대·최소를 위한 결합계수 $k=0.8$이므로

$M=0.8\times 5=4$[mH]

$\therefore\ L_0=10\pm 2\times 4=10\pm 8$

최대 : 18[mH], 최소 : 2[mH]

78 r_1[Ω]인 저항에 r[Ω]인 가변 저항이 연결된 그림과 같은 회로에서 전류 I를 최소로 하기 위한 저항 r_2[Ω]는? (단, r[Ω]은 가변 저항의 최대 크기이다.)

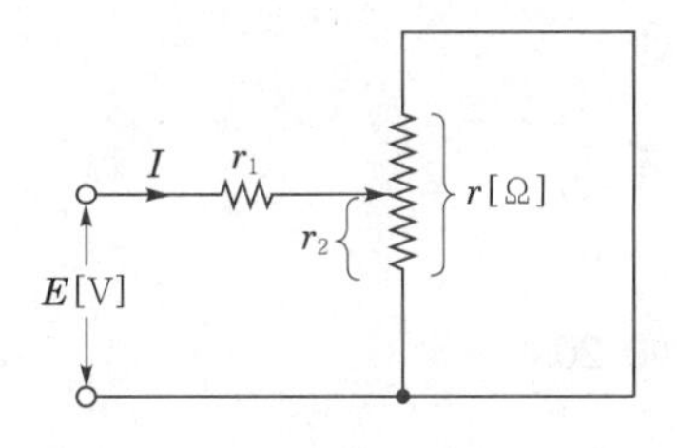

① $\frac{r_1}{2}$ ② $\frac{r}{2}$
③ r_1 ④ r

해설 전류 I가 최소가 되려면 합성저항 R_o가 최대가 되어야 한다.

합성지항 $R_o=r_1+\frac{(r-r_2)r_2}{(r-r_2)+r_2}$

합성저항 R_o의 최대 조건은 $\frac{dR_o}{dr_2}=0$

$$\frac{d}{dr_2}\left(r_1+\frac{rr_2-r_2^{\,2}}{r}\right)=0$$

$r-2r_2=0$

$\therefore\ r_2=\frac{r}{2}$[Ω]

79 3상 3선식 회로에서 $V_a=-j6$[V], $V_b=-8+j6$[V], $V_c=8$[V]일 때 정상분 전압은 몇 [V]가 되는가?

① 0 ② $0.33\angle 37°$
③ $2.37\angle 43°$ ④ $7.81\angle 257°$

해설 정상 전압

$$\boldsymbol{V}_1=\frac{1}{3}(\boldsymbol{V}_a+a\,\boldsymbol{V}_b+a^2\,\boldsymbol{V}_c)$$

$$=\frac{1}{3}\left\{-j6+\left(-\frac{1}{2}+j\frac{\sqrt{3}}{2}\right)(-8+j6)+\left(-\frac{1}{2}-j\frac{\sqrt{3}}{2}\right)\times 8\right\}$$

$\fallingdotseq -1.73-j7.62$

$\fallingdotseq 7.81\angle 257°$[V]

정답 76. ① 77. ① 78. ② 79. ④

80 자계 코일의 권수 N=1,000, 저항 R[Ω]으로 전류 I=10[A]를 통했을 때의 자속 ϕ=2×10^{-2} [Wb]이다. 이때 이 회로의 시정수가 0.1[s]라면 저항 R[Ω]은?

① 0.2

② $\frac{1}{20}$

③ 2

④ 20

해설 코일의 자기 인덕턴스

$$L=\frac{N\phi}{I}=\frac{1{,}000\times 2\times 100^{-2}}{10}=2[\text{H}]$$

$$\therefore\ \tau=\frac{L}{R}\text{에서 } R=\frac{L}{\tau}=\frac{2}{0.1}=20[\Omega]$$

제5과목 전기설비기술기준

81 "지중관로"에 대한 정의로 옳은 것은?

① 지중전선로, 지중약전류전선로와 지중매설지선 등을 말한다.

② 지중전선로, 지중약전류전선로와 복합케이블선로, 기타 이와 유사한 것 및 이들에 부속하는 지중함을 말한다.

③ 지중전선로, 지중약전류전선로, 지중에 시설하는 수관 및 가스관과 지중매설지선을 말한다.

④ 지중전선로, 지중약전류전선로, 지중광섬유케이블선로, 지중에 시설하는 수관 및 가스관과 이와 유사한 것 및 이들에 부속하는 지중함 등을 말한다.

해설 용어 정의(KEC 112)

지중관로란 지중전선로·지중약전류전선로·지중광섬유케이블선로·지중에 시설하는 수관 및 가스관과 이와 유사한 것 및 이들에 부속하는 지중함 등을 말한다.

82 3상 380[V] 모터에 전원을 공급하는 저압전로의 전선 상호 간 및 전로와 대지 사이의 절연저항값은 몇 [MΩ] 이상이 되어야 하는가?

① 0.2　② 0.5

③ 1.0　④ 2.0

해설 저압 전로의 절연성능(기술기준 제52조)

- 개폐기 또는 과전류차단기로 구분할 수 있는 전로마다 정한 값
- 기기 등은 측정 전에 분리
- 분리가 어려운 경우 : 시험전압 250[V] DC, 절연저항값 1[MΩ] 이상

전로의 사용전압[V]	DC 시험전압[V]	절연저항[MΩ]
SELV 및 PELV	250	0.5
FELV, 500[V] 이하	500	1.0
500[V] 초과	1,000	1.0

83 최대사용전압이 7[kV]를 초과하는 회전기의 절연내력시험은 최대사용전압의 몇 배의 전압(10,500[V] 미만으로 되는 경우에는 10,500[V])에서 10분간 견디어야 하는가?

① 0.92　② 1

③ 1.1　④ 1.25

해설 회전기 및 정류기의 절연내력(KEC 133)

종 류		시험전압	시험방법
발전기, 전동기, 조상기	7[kV] 이하	1.5배 (최저 500[V])	권선과 대지 사이 10분간
	7[kV] 초과	1.25배 (최저 10,500[V])	

84 전기설비의 접지계통과 건축물의 피뢰설비 및 통신설비 등의 접지극을 공용하는 통합접지공사를 하는 경우 낙뢰 등 과전압으로부터 전기설비를 보호하기 위하여 설치해야 하는 것은?

① 과전류차단기　② 지락보호장치

③ 서지보호장치　④ 개폐기

정답 80. ④ 81. ④ 82. ③ 83. ④ 84. ③

해설 **공통접지 및 통합접지(KEC 142.6)**
전기설비의 접지계통과 건축물의 피뢰설비 및 통신설비 등의 접지극을 공용하는 통합접지공사를 하는 경우 낙뢰 등에 의한 과전압으로부터 전기설비 등을 보호하기 위해 서지보호장치(SPD)를 설치하여야 한다.

85 **전로의 중성점을 접지하는 목적에 해당되지 않는 것은?**

① 보호장치의 확실한 동작의 확보
② 이상전압의 억제
③ 대지전압의 저하
④ 부하전류의 일부를 대지로 흐르게 함으로써 전선을 절약

해설 **전로의 중성점의 접지(KEC 322.5)**
전로의 중성점의 접지는 전로의 보호장치의 확실한 동작의 확보, 이상전압의 억제 및 대지전압의 저하를 위하여 시설한다.

86 **애자 공사에 의한 저압 옥내배선을 시설할 때, 전선 상호 간의 간격은 몇 [cm] 이상이어야 하는가?**

① 2 ② 4
③ 6 ④ 8

해설 **애자 공사(KEC 232.56)**
- 전선은 절연전선(옥외용, 인입용 제외)
- 전선 상호 간의 간격은 6[cm] 이상
- 전선과 조영재 사이의 이격거리
  - 400[V] 이하 : 2.5[cm] 이상
  - 400[V] 초과 : 4.5[cm](건조한 장소 2.5[cm]) 이상
- 전선의 지지점 간의 거리 : 2[m] 이하

87 **케이블 트레이 공사에 대한 설명으로 틀린 것은?**

① 금속재의 것은 내식성 재료의 것이어야 한다.
② 케이블 트레이의 안전율은 1.25 이상이어야 한다.
③ 비금속제 케이블 트레이는 난연성 재료의 것이어야 한다.
④ 전선의 피복 등을 손상시킬 돌기 등이 없이 매끈하여야 한다.

해설 **케이블 트레이 공사(KEC 232.41)**
- 케이블 트레이의 안전율은 1.5 이상
- 케이블 하중을 충분히 견딜 수 있는 강도를 가져야 한다.
- 전선의 피복 등을 손상시킬 돌기 등이 없이 매끈하여야 한다.
- 금속재의 것은 적절한 방식처리를 한 것이거나 내식성 재료의 것이어야 한다.
- 비금속제 케이블 트레이는 난연성 재료의 것이어야 한다.

88 **지중 또는 수중에 시설되어 있는 금속체의 부식을 방지하기 위한 전기부식방지회로의 사용전압은 직류 몇 [V] 이하이어야 하는가? (단, 전기부식방시회로 선기무식방지용 전원장치로부터 양극 및 피방식체까지의 전로를 말한다.)**

① 30
② 60
③ 90
④ 120

해설 **전기부식방지시설(KEC 241.16)**
- 사용전압은 직류 60[V] 이하
- 양극은 지중에 매설하거나 수중에서 쉽게 접촉할 우려가 없는 곳에 시설할 것
- 지중에 매설하는 양극의 매설깊이는 75[cm] 이상
- 수중에 시설하는 양극과 그 주위 1[m] 이내의 거리에 있는 임의점과의 사이의 전위차는 10[V] 이하
- 지표 또는 수중에서 1[m] 간격의 임의의 2점 간의 전위차 5[V] 이하

정답 85. ④ 86. ③ 87. ② 88. ②

89 특고압 전선로에 사용되는 애자장치에 대한 갑종 풍압하중은 그 구성재의 수직 투영면적 1[m^2]에 대한 풍압하중을 몇 [Pa]을 기초로 하여 계산한 것인가?

① 588

② 666

③ 946

④ 1,039

해설 풍압하중의 종별과 적용(KEC 331.6)

풍압을 받는 구분		갑종 풍압하중
지지물	원형	588[Pa]
	강관 철주	1,117[Pa]
	강관 철탑	1,255[Pa]
전선 가섭선	다도체	666[Pa]
	기타의 것(단도체 등)	745[Pa]
애자장치(특고압 전선용)		1,039[Pa]
완금류		1,196[Pa]

90 철도·궤도 또는 자동차도 전용터널 안의 터널 내 전선로의 시설방법으로 틀린 것은?

① 저압 전선으로 지름 2.0[mm] 경동선을 사용하였다.

② 고압 전선은 케이블 공사로 하였다.

③ 저압 전선을 애자 공사에 의하여 시설하고 이를 레일면상 또는 노면상 2.5[m] 이상으로 하였다.

④ 저압 전선을 가요전선관 공사에 의하여 시설하였다.

해설 터널 안 전선로의 시설(KEC 335.1)

- 저압 전선 시설
  - 인장강도 2.30[kN] 이상의 절연전선 또는 지름 2.6[mm] 이상의 경동선의 절연전선을 사용하고 애자 공사에 의하여 시설하여야 하며 또한 이를 레일면상 또는 노면상 2.5[m] 이상의 높이로 유지
  - 합성수지관 공사·금속관 공사·가요전선관 공사 또는 케이블 공사에 의하여 시설
- 고압 전선은 케이블 공사로 시설

91 고압 가공전선이 경동선 또는 내열 동합금선인 경우 안전율의 최솟값은?

① 2.0 ② 2.2

③ 2.5 ④ 4.0

해설 고압 가공전선의 안전율(KEC 332.4)

- 경동선 또는 내열 동합금선 → 2.2 이상
- 기타 전선(ACSR, 알루미늄 전선 등) → 2.5 이상

92 고압 옥상전선로의 전선이 다른 시설물과 접근하거나 교차하는 경우 이들 사이의 이격거리는 몇 [cm] 이상이어야 하는가?

① 30 ② 60

③ 90 ④ 120

해설 고압 옥상전선로의 시설(KEC 331.14.1)

고압 옥상전선로의 전선이 다른 시설물(가공전선 제외)과 접근하거나 교차하는 경우에는 고압 옥상전선로의 전선과 이들 사이의 이격거리는 60[cm] 이상이어야 한다.

93 동일 지지물에 저압 가공전선(다중접지된 중성선은 제외)과 고압 가공전선을 시설하는 경우 저압 가공전선의 시설기준은?

① 고압 가공전선의 위로 하고 동일 완금류에 시설

② 고압 가공전선과 나란하게 하고 동일 완금류에 시설

③ 고압 가공전선의 아래로 하고 별개의 완금류에 시설

④ 고압 가공전선과 나란하게 하고 별개의 완금류에 시설

해설 고압 가공전선 등의 병행설치(KEC 332.8)

- 저압 가공전선을 고압 가공전선의 아래로 하고 별개의 완금류에 시설할 것
- 저압 가공전선과 고압 가공전선 사이의 이격거리는 50[cm] 이상일 것

정답 89. ④ 90. ① 91. ② 92. ② 93. ③

94 사용전압 154[kV]의 가공전선을 시가지에 시설하는 경우 전선의 지표상의 높이는 최소 몇 [m] 이상이어야 하는가? (단, 발전소 · 변전소 또는 이에 준하는 곳의 구내와 구외를 연결하는 1경간 가공전선은 제외한다.)

① 7.44
② 9.44
③ 11.44
④ 13.44

해설 시가지 등에서 특고압 가공전선로의 시설(KEC 333.1)
사용전압이 35[kV]를 초과하는 경우 10[m]에 35[kV]를 초과하는 10[kV] 또는 그 단수마다 0.12[m]를 더해야 한다.
35[kV]를 초과하는 10[kV] 단수는 (154−35)÷10=11.9이므로 12이다.
그러므로 지표상 높이는 10+0.12×12=11.44[m]이다.

95 저압 가공전선과 식물이 상호 접촉되지 않도록 이격시키는 기준으로 옳은 것은?

① 이격거리는 최소 50[cm] 이상 떨어져 시설하여야 한다.
② 상시 불고 있는 바람 등에 의하여 식물에 접촉하지 않도록 시설하여야 한다.
③ 저압 가공전선은 반드시 방호구에 넣어 시설하여야 한다.
④ 트리와이어(Tree Wire)를 사용하여 시설하여야 한다.

해설 저압 가공전선과 식물의 이격거리(KEC 222.19)
저압 가공전선은 상시 부는 바람 등에 의하여 식물에 접촉하지 않도록 시설하여야 한다.

96 다음 (㉠), (㉡)에 들어갈 내용으로 옳은 것은?

> 지중전선로는 기설 지중약전류전선로에 대하여 (㉠) 또는 (㉡)에 의하여 통신상 장해를 주지 않도록 기설 약전류전선으로부터 충분히 이격시키거나 기타 적당한 방법으로 시설하여야 한다.

① ㉠ 정전용량, ㉡ 표피작용
② ㉠ 정전용량, ㉡ 유도작용
③ ㉠ 누설전류, ㉡ 표피작용
④ ㉠ 누설전류, ㉡ 유도작용

해설 지중약전류전선의 유도장해 방지(KEC 334.5)
지중전선로는 기설 지중약전류전선로에 대하여 누설전류 또는 유도작용에 의하여 통신상의 장해를 주지 아니하도록 기설 약전류전선로로부터 충분히 이격시켜야 한다.

97 특고압 전선로에 접속하는 배전용 변압기의 1차 및 2차 전압은?

① 1차 : 35[kV] 이하, 2차 : 저압 또는 고압
② 1차 : 50[kV] 이하, 2차 : 저압 또는 고압
③ 1차 : 35[kV] 이하, 2차 : 특고압 또는 고압
④ 1차 : 50[kV] 이하, 2차 : 특고압 또는 고압

해설 특고압 배전용 변압기의 시설(KEC 341.2)
- 변압기의 1차 전압은 35[kV] 이하, 2차 전압은 저압 또는 고압일 것
- 변압기의 특고압측에 개폐기 및 과전류차단기를 시설할 것

98 발전기를 구동하는 풍차의 압유장치의 유압, 압축공기장치의 공기압 또는 전동식 브레이드 제어장치의 전원전압이 현저히 저하한 경우 발전기를 자동적으로 전로로부터 차단하는 장치를 시설하여야 하는 발전기 용량은 몇 [kVA] 이상인가?

① 100　② 300
③ 500　④ 1,000

정답 94. ③ 95. ② 96. ④ 97. ① 98. ①

해설 발전기 등의 보호장치(KEC 351.3)

다음의 경우 자동적으로 전로로부터 차단하는 장치를 시설하여야 한다.

- 과전류, 과전압이 생긴 경우
- 500[kVA] 이상 : 수차 압유장치 유압 저하
- 100[kVA] 이상 : 풍차 압유장치 유압 저하
- 2,000[kVA] 이상 : 수차 발전기 베어링 온도 상승
- 10,000[kVA] 이상 : 발전기 내부 고장
- 10,000[kW] 초과 : 증기 터빈의 베어링 마모, 온도 상승

99 뱅크용량 15,000[kVA] 이상인 분로리액터에서 자동적으로 전로로부터 차단하는 장치가 동작하는 경우가 아닌 것은?

① 내부 고장 시
② 과전류 발생 시
③ 과전압 발생 시
④ 온도가 현저히 상승한 경우

해설 조상설비의 보호장치(KEC 351.5)

설비종별	뱅크용량의 구분	자동 차단하는 장치
전력용 커패시터 및 분로리액터	500[kVA] 초과 15,000[kVA] 미만	내부 고장, 과전류
	15,000[kVA] 이상	내부 고장, 과전류, 과전압
조상기	15,000[kVA] 이상	내부 고장

100 특고압 가공전선로의 지지물에 시설하는 통신선 또는 이에 직접 접속하는 통신선 중 옥내에 시설하는 부분은 몇 [V] 이상의 저압 옥내배선의 규정에 준하여 시설하도록 하고 있는가?

① 150　　② 300
③ 380　　④ 400

해설 특고압 가공전선로 첨가설치 통신선에 직접 접속하는 옥내 통신선의 시설(KEC 362.7)

특고압 가공전선로의 지지물에 시설하는 통신선에 직접 접속하는 옥내 통신선의 시설은 400[V] 초과의 저압 옥내배선의 규정에 준하여 시설하여야 한다.

정답 99. ④ 100. ④

2023. 7. 10. 시행

2023년 제3회 CBT 기출복원문제

제1과목 전기자기학

01 전계와 자계의 기본 법칙에 대한 내용으로 틀린 것은?

① 앙페르의 주회 적분 법칙

$: \oint_c H \cdot dl = I + \int_S \frac{\partial D}{\partial t} \cdot dS$

② 가우스의 정리 : $\oint_S B \cdot dS = 0$

③ 가우스의 정리 : $\oint_S D \cdot dS = \int_v \rho dv = Q$

④ 패러데이의 법칙 : $\oint_c D \cdot dl = -\int_S \frac{dH}{dt} dS$

해설 전자계의 기본 법칙

맥스웰 전자 방정식	
미분형	적분형
$\text{rot}\, E = -\frac{\partial B}{\partial t}$	$\oint_c E \cdot dl = -\int_S \frac{\partial B}{\partial t} \cdot dS$
$\text{rot}\, H = i_r + \frac{\partial D}{\partial t}$	$\oint_c H \cdot dl = I + \int_S \frac{\partial D}{\partial t} \cdot dS$
$\text{div}\, D = \rho$	$\oint_s D \cdot dS = \int_v \rho dv = Q$
$\text{div}\, B = 0$	$\oint_s B \cdot dS = 0$

02 지름 2[mm]의 동선에 π[A]의 전류가 균일하게 흐를 때 전류 밀도는 몇 [A/m^2]인가?

① 10^3 ② 10^4

③ 10^5 ④ 10^6

해설 전류 밀도 $J = \frac{I}{S} = \frac{\pi}{\left(\frac{d}{2}\right)^2 \pi}$

$= \frac{1}{(1 \times 10^{-3})^2} = 10^6 [\text{A/m}^2]$

03 전류가 흐르는 도선을 자계 내에 놓으면 이 도선에 힘이 작용한다. 평등 자계의 진공 중에 놓여 있는 직선 전류 도선이 받는 힘에 대한 설명으로 옳은 것은?

① 도선의 길이에 비례한다.

② 전류의 세기에 반비례한다.

③ 자계의 세기에 반비례한다.

④ 전류와 자계 사이의 각에 대한 정현(sine)에 반비례한다.

해설

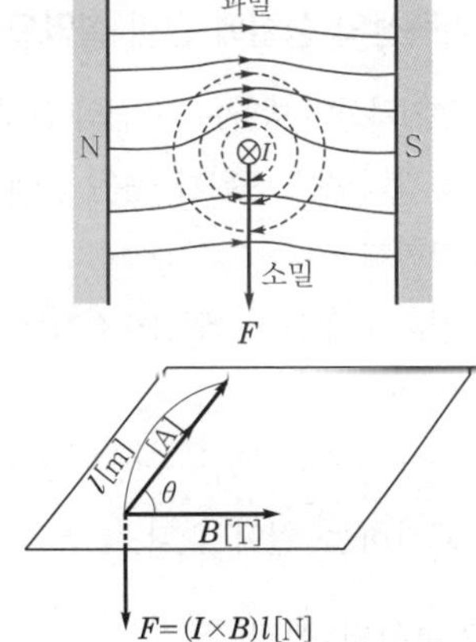

전류 I[A]가 흐르고 있는 길이가 l[m]인 도체가 자속 밀도 B의 자계 속에 놓여 있을 때 이 도체에 작용하는 힘으로

$F = IlB\sin\theta = Il\mu_0 H\sin\theta$ [N]

Vector로 표시하면 $F = Il \times B$ [N]

04 두 코일 A, B의 자기 인덕턴스가 각각 3[mH], 5[mH]라 한다. 두 코일을 직렬 연결시 자속이 서로 상쇄되도록 했을 때의 합성 인덕턴스는 서로 증가하도록 연결했을 때의 60[%]이었다. 두 코일의 상호 인덕턴스는 몇 [mH]인가?

① 0.5 ② 1

③ 5 ④ 10

정답 01. ④ 02. ④ 03. ① 04. ②

해설 가동 결합은 자속이 서로 증가하도록 연결할 경우 이므로

합성 인덕턴스 $L_0 = L_1 + L_2 + 2M$

$= 3 + 5 + 2M[\text{mH}]$ ……… ㉠

차동 결합은 자속이 서로 상쇄되도록 연결할 경우 이므로

합성 인덕턴스 $0.6L_0 = L_1 + L_2 - 2M$

$= 3 + 5 - 2M[\text{mH}]$ ….. ㉡

㉠과 ㉡을 더하면 $1.6L_0 = 16$

$\therefore\ L_0 = 10[\text{mH}]$

$\because$ 상호 인덕턴스 $M = \dfrac{L_0 - L_1 - L_2}{2}$

$= \dfrac{10-3-5}{2} = 1[\text{mH}]$

05 전기력선의 성질에 관한 설명으로 틀린 것은?

① 전기력선의 방향은 그 점의 전계의 방향과 같다.

② 전기력선은 전위가 높은 점에서 낮은 점으로 향한다.

③ 전하가 없는 곳에서도 전기력선의 발생, 소멸이 있다.

④ 전계가 0이 아닌 곳에서 2개의 전기력선은 교차하는 일이 없다.

해설 전기력선의 성질

- 전기력선의 방향은 그 점의 전계의 방향과 같으며, 전기력선의 밀도는 그 점에서의 전계의 크기와 같다$\left(\dfrac{[\text{개}]}{[\text{m}^2]} = \dfrac{[\text{N}]}{[\text{C}]}\right)$.
- 전기력선은 정전하(+)에서 시작하여 부전하(−)에서 끝난다.
- 전하가 없는 곳에서는 전기력선의 발생, 소멸이 없다. 즉, 연속적이다.
- 단위 전하(±1[C])에서는 $\dfrac{1}{\varepsilon_0}$개의 전기력선이 출입한다.
- 전기력선은 그 자신만으로 폐곡선(루프)을 만들지 않는다.
- 전기력선은 전위가 높은 점에서 낮은 점으로 향한다.
- 전계가 0이 아닌 곳에서 2개의 전기력선은 교차하는 일이 없다.
- 전기력선은 등전위면과 직교한다. 단, 전계가 0인 곳에서는 이 조건은 성립되지 않는다.
- 전기력선은 도체 표면(등전위면)에 수직으로 출입한다. 단, 전계가 0인 곳에서는 이 조건은 성립하지 않는다.
- 도체 내부에서는 전기력선이 존재하지 않는다.

06 다음 식들 중 옳지 못한 것은?

① 라플라스(Laplace)의 방정식 : $\nabla^2 V = 0$

② 발산 정리 : $\oint_S A dS = \int_v \text{div} A dv$

③ 푸아송(poisson's)의 방정식 : $\nabla^2 V = \dfrac{\rho}{\varepsilon_0}$

④ 가우스(Gauss)의 정리 : $\text{div} D = \rho$

해설 푸아송의 방정식

$\text{div}\boldsymbol{E} = \nabla \cdot \boldsymbol{E} = \nabla \cdot (-\nabla V) = -\nabla^2 V = \dfrac{\rho}{\varepsilon_0}$

$\therefore\ \nabla^2 V = -\dfrac{\rho}{\varepsilon_0}$

07 두 벡터 $A = -7i - j$, $B = -3i - 4j$가 이루는 각은?

① 30°

② 45°

③ 60°

④ 90°

해설 $\boldsymbol{A} \cdot \boldsymbol{B} = \boldsymbol{AB} \cos\theta$

$\cos\theta = \dfrac{\boldsymbol{A} \cdot \boldsymbol{B}}{\boldsymbol{AB}}$

$= \dfrac{(-7)(-3) + (-1)(-4)}{\sqrt{(-7)^2 + (-1)^2} \cdot \sqrt{(-3)^2 + (-4)^2}}$

$= \dfrac{25}{25\sqrt{2}}$

$= \dfrac{1}{\sqrt{2}}$

$\because\ \theta = \cos^{-1}\dfrac{1}{\sqrt{2}} = 45°$

정답 05. ③ 06. ③ 07. ②

08 무한히 넓은 2개의 평행 도체판의 간격이 d[m]이며 그 전위차는 V[V]이다. 도체판의 단위 면적에 작용하는 힘은 몇 [N/m²]인가? (단, 유전율은 ε_0이다.)

① $\varepsilon_0\left(\frac{V}{d}\right)^2$

② $\frac{1}{2}\varepsilon_0\left(\frac{V}{d}\right)^2$

③ $\frac{1}{2}\varepsilon_0\left(\frac{V}{d}\right)$

④ $\varepsilon_0\left(\frac{V}{d}\right)$

해설 $f=\frac{\sigma^2}{2\varepsilon_0}=\frac{1}{2}\varepsilon_0 \boldsymbol{E}^2=\frac{1}{2}\varepsilon_0\left(\frac{V}{d}\right)^2$[N/m²]

09 무한 평면 도체로부터 a[m] 떨어진 곳에 점전하 Q[C]이 있을 때 이 무한 평면 도체 표면에 유도되는 면밀도가 최대인 점의 전하 밀도는 몇 [C/m²]인가?

출제빈도

① $-\frac{Q}{2\pi a^2}$　② $-\frac{Q}{\pi\varepsilon_0 a}$

③ $-\frac{Q}{4\pi a^2}$　④ $-\frac{Q}{4\pi a}$

해설 무한 평면 도체면상 점 $(0,\ y)$의 전계 세기 $\boldsymbol{E}$는

$\boldsymbol{E}=-\frac{Qa}{2\pi\varepsilon_0(a^2+y^2)^{\frac{3}{2}}}$[V/m]

도체 표면상의 면전하 밀도 σ는

$\sigma=\boldsymbol{D}=\varepsilon_0\boldsymbol{E}=-\frac{Qa}{2\pi(a^2+y^2)^{\frac{3}{2}}}$[C/m²]

최대 면밀도는 $y=0$인 점이므로

$\therefore\ \sigma_{max}=-\frac{Q}{2\pi a^2}$[C/m²]

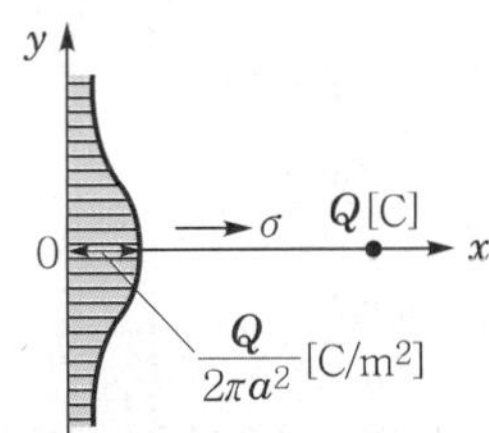

10 투자율 μ_1 및 μ_2인 두 자성체의 경계면에서 자력선의 굴절 법칙을 나타낸 식은?

① $\frac{\mu_1}{\mu_2}=\frac{\sin\theta_1}{\sin\theta_2}$

② $\frac{\mu_1}{\mu_2}=\frac{\sin\theta_2}{\sin\theta_1}$

③ $\frac{\mu_1}{\mu_2}=\frac{\tan\theta_1}{\tan\theta_2}$

④ $\frac{\mu_1}{\mu_2}=\frac{\tan\theta_2}{\tan\theta_1}$

해설 자성체의 경계면 조건

- $\boldsymbol{H}_1\sin\theta_1=\boldsymbol{H}_2\sin\theta_2$
- $\boldsymbol{B}_1\cos\theta_1=\boldsymbol{B}_2\cos\theta_2$
- $\frac{\tan\theta_1}{\tan\theta_2}=\frac{\mu_1}{\mu_2}$, $\mu_2\tan\theta_1=\mu_1\tan\theta_2$

11 $l_1=\infty$, $l_2=1$[m]의 두 직선 도선을 50[cm]의 간격으로 평행하게 놓고, l_1을 중심축으로 하여 l_2를 속도 100[m/s]로 회전시키면 l_2에 유기되는 전압은 몇 [V]인가? (단, l_1에 흐르는 전류는 50[mA]이다.)

① 0　② 5

③ 2×10^{-6}　④ 3×10^{-6}

해설 도선이 있는 곳의 자계 H는

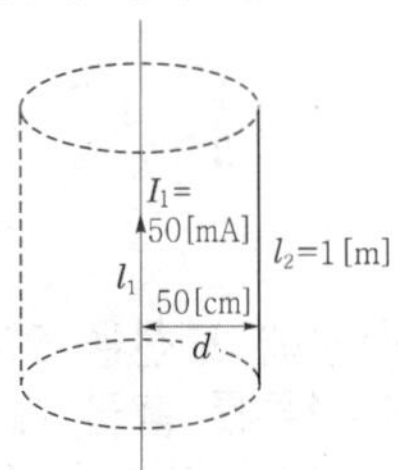

$H=\frac{I}{2\pi d}=\frac{50\times10^{-3}}{2\pi\times0.5}=\frac{50\times10^{-3}}{\pi}$

$=\frac{0.05}{\pi}$[AT/m]

로 위에서 보면 반시계 방향으로 존재한다.
도선 l_2를 속도 100[m/s]로 원운동시키면
$\theta=0°=180°$이므로

$\therefore\ e=vBl\sin\theta=0$[V]

정답 08. ② 09. ① 10. ③ 11. ①

12 변위 전류 밀도를 나타낸 식은? (단, ϕ는 자속, D는 전속 밀도, B는 자속 밀도, $N\phi$는 자속 쇄교수이다.)

① $i_d = \dfrac{d(N\phi)}{dt}$ ② $i_d = \dfrac{d\phi}{dt}$

③ $i_d = \dfrac{d\boldsymbol{D}}{dt}$ ④ $i_d = \dfrac{d\boldsymbol{B}}{dt}$

해설 변위 전류 밀도 $i_d = \dfrac{\partial \boldsymbol{D}}{\partial t}$[A/m^2]로 전속 밀도의 시간적 변화이다.

13 그림과 같은 정전 용량이 C_0[F]가 되는 평행판 공기 콘덴서가 있다. 이 콘덴서의 판면적의 $\dfrac{2}{3}$가 되는 공간에 비유전율 ε_s인 유전체를 채우면 공기 콘덴서의 정전 용량[F]은?

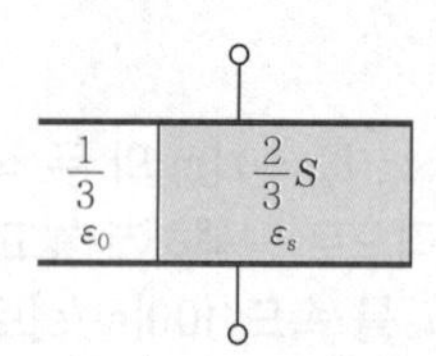

① $\dfrac{2\varepsilon_s}{3}C_0$ ② $\dfrac{3}{1+2\varepsilon_s}C_0$

③ $\dfrac{1+\varepsilon_s}{3}C_0$ ④ $\dfrac{1+2\varepsilon_s}{3}C_0$

해설 합성 정전 용량은 두 콘덴서의 병렬 연결과 같으므로

$$C = C_1 + C_2 = \frac{1}{3}C_0 + \frac{2}{3}\varepsilon_s C_0 = \frac{1+2\varepsilon_s}{3}C_0\,[\mu\text{F}]$$

14 어느 철심에 도선을 250회 감고 여기에 4[A]의 전류를 흘릴 때 발생하는 자속이 0.02[Wb]이었다. 이 코일의 자기 인덕턴스는 몇 [H]인가?

① 1.05 ② 1.25

③ 2.5 ④ $\sqrt{2}\pi$

해설 $N\phi = LI$

$$L = \frac{N\phi}{I} = \frac{250\times0.02}{4} = 1.25\,[\text{H}]$$

15 자화의 세기 J_m[C/m^2]을 자속 밀도 B[Wb/m^2]와 비투자율 μ_r로 나타내면?

① $J_m = (1-\mu_r)B$

② $J_m = (\mu_r - 1)B$

③ $J_m = \left(1-\dfrac{1}{\mu_r}\right)B$

④ $J_m = \left(\dfrac{1}{\mu_r}-1\right)B$

해설 자속 밀도 $B = \dfrac{\phi}{S} = \mu_0\mu_r H$[Wb/m^2]

$\therefore$ 자화의 세기 $J_m = B - \mu_0 H = \left(1-\dfrac{1}{\mu_r}\right)B$

16 자속 ϕ[Wb]가 $\phi_m \cos 2\pi ft$[Wb]로 변화할 때 이 자속과 쇄교하는 권수 N회의 코일에 발생하는 기전력은 몇 [V]인가?

① $-\pi f N\phi_m \cos 2\pi ft$

② $\pi f N\phi_m \sin 2\pi ft$

③ $-2\pi f N\phi_m \cos 2\pi ft$

④ $2\pi f N\phi_m \sin 2\pi ft$

해설

$$e = -N\frac{d\phi}{dt} = -N\cdot\frac{d}{dt}(\phi_m \cos 2\pi ft)$$
$$= 2\pi f N\phi_m \sin 2\pi ft\,[\text{V}]$$

17 공기 콘덴서의 극판 사이에 비유전율 ε_s의 유전체를 채운 경우, 동일 전위차에 대한 극판 간의 전하량은?

① $\dfrac{1}{\varepsilon_s}$로 감소 ② ε_s배로 증가

③ $\pi\varepsilon_s$배로 증가 ④ 불변

해설 전하량 $Q = CV$[C]

$$C = \frac{\varepsilon S}{d} = \frac{\varepsilon_0\varepsilon_s S}{d}\,[\text{F}]$$

$$\therefore\ Q = \frac{\varepsilon_0\varepsilon_s S}{d}\cdot V\,[\text{C}]$$

즉, 전하량은 비유전율(ε_s)에 비례한다.

정답 12. ③ 13. ④ 14. ② 15. ③ 16. ④ 17. ②

18 길이 l[m]인 도선으로 원형 코일을 만들어 일정한 전류를 흘릴 때, M회 감았을 때의 중심 자계는 N회 감았을 때의 중심 자계의 몇 배인가?

① $\left(\dfrac{M}{N}\right)^2$

② $\left(\dfrac{N}{M}\right)^2$

③ $\dfrac{N}{M}$

④ $\dfrac{M}{N}$

해설 원형 코일의 반지름 r, 권수 N_0, 전류 I라 하면 중심 자계의 세기 H는

$$H=\frac{N_0 I}{2r}\,[\text{AT/m}]$$

코일의 권수 M일 때 원형 코일의 반지름 r_1은

$2\pi r_1 M = l$ 에서 $r_1 = \dfrac{l}{2\pi M}$[M]

중심 자장의 세기 H_1은

$$H_1=\frac{MI}{2\dfrac{l}{2\pi M}}=\frac{\pi M^2 I}{l}\,[\text{AT/m}]\text{이고}$$

같은 방법으로 코일의 권수 N일 때의 중심 자장의 세기 H_2는

$$H_2=\frac{\pi N^2 I}{l}\,[\text{AT/m}]$$

$$\frac{H_1}{H_2}=\frac{\dfrac{\pi M^2 I}{l}}{\dfrac{\pi N^2 l}{l}}=\frac{M^2}{N^2}=\left(\frac{M}{N}\right)^2\text{배}$$

19 내압이 1[kV]이고, 용량이 각각 0.01[μF], 0.02[μF], 0.05[μF]인 콘덴서를 직렬로 연결했을 때의 전체 내압[V]은?

① 1,500

② 1,600

③ 1,700

④ 1,800

해설 각 콘덴서에 가해지는 전압은 $V=\dfrac{Q}{C}\propto\dfrac{1}{C}$이므로

$$V_1 : V_2 : V_3 = \frac{1}{0.01} : \frac{1}{0.02} : \frac{1}{0.05} = 10 : 5 : 2$$

전체 전압 $V = V_1 + V_2 + V_3$

$= 10 + 5 + 2$

$= 17$

C_1 콘덴서의 전압이 가장 높으므로

$V : V_1 = 17 : 10$에서

$$V=\frac{17}{10}V_1=\frac{17}{10}\times 1{,}000 = 1{,}700\,[\text{V}]$$

20 평면 전자파의 전계 E와 자계 H와의 관계식으로 알맞은 것은?

① $\boldsymbol{H}=\sqrt{\dfrac{\varepsilon}{\mu}}\boldsymbol{E}$ ② $\boldsymbol{H}=\sqrt{\dfrac{\mu}{\varepsilon}}\boldsymbol{E}$

③ $\boldsymbol{H}=\dfrac{\varepsilon}{\mu}\boldsymbol{E}$ ④ $\boldsymbol{H}=\dfrac{\mu}{\varepsilon}\boldsymbol{E}$

해설 전자파의 파동 고유 임피던스는 전계와 자계의 비로

$$\eta=\frac{\boldsymbol{E}}{\boldsymbol{H}}=\sqrt{\frac{\mu}{\varepsilon}}$$

이 식을 변형하면

$\sqrt{\varepsilon}\boldsymbol{E}=\sqrt{\mu}\boldsymbol{H}$ 또는 $\boldsymbol{E}=\sqrt{\dfrac{\mu}{\varepsilon}}\boldsymbol{H}$, $\boldsymbol{H}=\sqrt{\dfrac{\varepsilon}{\mu}}\boldsymbol{E}$

제2과목 전력공학

21 다음 중 켈빈(Kelvin) 법칙이 적용되는 것은?

① 경제적인 송전전압을 결정하고자 할 때

② 일정한 부하에 대한 계통 손실을 최소화하고자 할 때

③ 경제적 송전선의 전선의 굵기를 결정하고자 할 때

④ 화력발전소군의 총 연료비가 최소가 되도록 각 발전기의 경제 부하 배분을 하고자 할 때

정답 18. ① 19. ③ 20. ① 21. ③

해설 전선 단위길이의 시설비에 대한 1년간 이자와 감가상각비 등을 계산한 값과 단위길이의 1년간 손실 전력량을 요금으로 환산한 금액이 같아질 때 전선의 굵기가 가장 경제적이다.

$$\sigma = \sqrt{\frac{WMP}{\rho N}} = \sqrt{\frac{8.89 \times 55MP}{N}}\ [\text{A/mm}^2]$$

여기서, σ : 경제적인 전류밀도[A/mm²]

W : 전선 중량 8.89×10^{-3}[kg/mm²·m]

M : 전선 가격[원/kg]

P : 전선비에 대한 연경비 비율

ρ : 저항률 $\frac{1}{55}$[Ω/mm²-m]

N : 전력량의 가격[원/kW/년]

22 현수애자 4개를 1련으로 한 66[kV] 송전선로가 있다. 현수애자 1개의 절연저항이 1,500[MΩ]이라면 표준 경간을 200[m]로 할 때 1[km]당의 누설 컨덕턴스[℧]는?

출제빈도

① 0.83×10^{-9} ② 0.83×10^{-6}

③ 0.83×10^{-3} ④ 0.83×10

해설 현수애자 1련의 저항

$r = 1.500 \times 10^6 \times 4 = 6 \times 10^9$[Ω]

표준 경간이 200[m]이므로 병렬로 5련이 설치되므로

$$\therefore G = \frac{1}{R} = \frac{1}{\frac{r}{5}} = \frac{1}{\frac{6}{5} \times 10^9} = \frac{5}{6} \times 10^{-9}$$

$$= 0.83 \times 10^{-9}[℧]$$

23 송전선로의 코로나 발생 방지대책으로 가장 효과적인 것은?

출제빈도

① 전선의 선간거리를 증가시킨다.

② 선로의 대지 절연을 강화한다.

③ 철탑의 접지저항을 낮게 한다.

④ 전선을 굵게 하거나 복도체를 사용한다.

해설 코로나 발생 방지를 위해서는 코로나 임계전압을 높게 하여야 하기 때문에 전선의 굵기를 크게 하거나 복도체를 사용하여야 한다.

24 중거리 송전선로의 T형 회로에서 송전단 전류 I_S는? (단, Z, Y는 선로의 직렬 임피던스와 병렬 어드미턴스이고, E_R는 수전단 전압, I_R는 수전단 전류이다.)

① $I_R\left(1+\frac{ZY}{2}\right)+E_RY$

② $E_R\left(1+\frac{ZY}{2}\right)+ZI_R\left(1+\frac{ZY}{4}\right)$

③ $E_R\left(1+\frac{ZY}{2}\right)+ZI_R$

④ $I_R\left(1+\frac{ZY}{2}\right)+E_RY\left(1+\frac{ZY}{4}\right)$

해설 • T형 회로

$$\begin{bmatrix} A & B \\ C & D \end{bmatrix} = \begin{bmatrix} 1+\frac{ZY}{2} & Z\left(1+\frac{ZY}{4}\right) \\ Y & 1+\frac{ZY}{2} \end{bmatrix}$$

• 송전단 전류

$$I_S = CE_R + DI_R = Y \cdot E_R + \left(1+\frac{ZY}{2}\right)I_R$$

25 장거리 송전선로의 특성을 표현한 회로로 옳은 것은?

출제빈도

① 분산부하회로

② 분포정수회로

③ 집중정수회로

④ 특성 임피던스 회로

해설 장거리 송전선로의 송전 특성은 분포정수회로로 해석한다.

26 전력원선도에서 알 수 없는 것은?

① 전력

② 손실

③ 역률

④ 코로나 손실

해설 사고 시의 과도안정 극한전력, 코로나 손실은 전력원선도에서는 알 수 없다.

정답 22. ① 23. ④ 24. ① 25. ② 26. ④

27 **소호 리액터 접지방식에 대하여 틀린 것은?**

① 지락전류가 적다.

② 전자유도장해를 경감할 수 있다.

③ 지락 중에도 송전이 계속 가능하다.

④ 선택지락계전기의 동작이 용이하다.

해설 **소호 리액터 접지방식의 특징**

유도장해가 적고, 1선 지락 시 계속적인 송전이 가능하고, 고장이 스스로 복구될 수 있으나, 보호장치의 동작이 불확실하고, 단선 고장 시에는 직렬공진 상태가 되어 이상전압을 발생시킬 수 있으므로 완전공진시키지 않고 소호 리액터에 탭을 설치하여 공진에서 약간 벗어난 상태(과보상)가 된다.

28 **154[kV] 3상 1회선 송전선로의 1선의 리액턴스가 10[Ω], 전류가 200[A]일 때 %리액턴스는?**

① 1.84 ② 2.25

③ 3.17 ④ 4.19

해설

$\%Z = \dfrac{ZI_n}{E} \times 100[\%]$이므로

$\%X = \dfrac{10 \times 200}{154 \times \dfrac{10^3}{\sqrt{3}}} \times 100 ≒ 2.25[\%]$

29 **송전선로의 정상, 역상 및 영상 임피던스를 각각 Z_1, Z_2 및 Z_0라 하면, 다음 어떤 관계가 성립되는가?**

① $Z_1 = Z_2 = Z_0$

② $Z_1 = Z_2 > Z_0$

③ $Z_1 > Z_2 = Z_0$

④ $Z_1 = Z_2 < Z_0$

해설 송전선로는 $Z_1 = Z_2$이고, Z_0는 Z_1보다 크다.

30 **피뢰기가 그 역할을 잘 하기 위하여 구비되어야 할 조건으로 틀린 것은?**

① 속류를 차단할 것

② 내구력이 높을 것

③ 충격방전 개시전압이 낮을 것

④ 제한전압은 피뢰기의 정격전압과 같게 할 것

해설 **피뢰기의 구비조건**

- 충격방전 개시전압이 낮을 것
- 상용주파 방전개시전압 및 정격전압이 높을 것
- 방전 내량이 크면서 제한전압은 낮을 것
- 속류차단능력이 충분할 것

31 **변압기의 보호방식에서 차동계전기는 무엇에 의하여 동작하는가?**

① 1, 2차 전류의 차로 동작한다.

② 전압과 전류의 배수차로 동작한다.

③ 정상전류와 역상전류의 차로 동작한다.

④ 정상전류와 영상전류의 차로 동작한다.

해설 사고 전류가 한쪽 회로에 흐르거나 혹은 양회로의 전류 방향이 반대되었을 때 또는 변압기 1, 2차 전류의 차에 의하여 동작하는 계전기이다.

32 **차단기의 정격차단시간을 설명한 것으로 옳은 것은?**

① 계기용 변성기로부터 고장전류를 감지한 후 계전기가 동작할 때까지의 시간

② 차단기가 트립 지령을 받고 트립장치가 동작하여 전류 차단을 완료할 때까지의 시간

③ 차단기의 개극(발호)부터 이동 행정 종료 시까지의 시간

④ 차단기 가동 접촉자 시동부터 아크 소호가 완료될 때까지의 시간

해설 차단기의 정격차단시간은 트립코일이 여자하여 가동 접촉자가 시동하는 순간(개극시간)부터 아크가 소멸하는 시간(소호시간)으로 약 3~8[Hz] 정도이다.

정답 27. ④ 28. ② 29. ④ 30. ④ 31. ① 32. ②

33 전력퓨즈(Power fuse)의 특성이 아닌 것은?

① 현저한 한류특성이 있다.
② 부하전류를 안전하게 차단한다.
③ 소형이고 경량이다.
④ 릴레이나 변성기가 불필요하다.

해설 전력퓨즈는 단락전류를 차단하는 것을 주목적으로 하며, 부하전류를 차단하는 용도로 사용하지는 않는다.

34 배전선로의 용어 중 틀린 것은?

① 궤전점 : 간선과 분기선의 접속점
② 분기선 : 간선으로 분기되는 변압기에 이르는 선로
③ 간선 : 급전선에 접속되어 부하로 전력을 공급하거나 분기선을 통하여 배전하는 선로
④ 급전선 : 배전용 변전소에서 인출되는 배전선로에서 최초의 분기점까지의 전선으로 도중에 부하가 접속되어 있지 않은 선로

해설 배전선로에서 간선과 분기선의 접속점을 부하점이라고 한다.

35 선간전압, 배전거리, 선로 손실 및 전력 공급을 같게 할 경우 단상 2선식과 3상 3선식에서 전선 한 가닥의 저항비(단상/3상)는?

① $\dfrac{1}{\sqrt{2}}$　② $\dfrac{1}{\sqrt{3}}$

③ $\dfrac{1}{3}$　④ $\dfrac{1}{2}$

해설 $\sqrt{3}\,VI_3\cos\theta = VI_1\cos\theta$에서 $\sqrt{3}\,I_3 = I_1$

동일한 손실이므로 $3I_3^{\,2}R_3 = 2I_1^{\,2}R_1$

$\therefore\ 3I_3^{\,2}R_3 = 2(\sqrt{3}\,I_3)^2R_1$이므로

$R_3 = 2R_1$

즉, $\dfrac{R_1}{R_3} = \dfrac{1}{2}$이다.

36 각 수용가의 수용설비용량이 50[kW], 100[kW], 80[kW], 60[kW], 150[kW]이며, 각각의 수용률이 0.6, 0.6, 0.5, 0.5, 0.4일 때 부하의 부등률이 1.3이라면 변압기 용량은 약 몇 [kVA]가 필요한가? (단, 평균 부하 역률은 80[%]라고 한다.)

① 142　② 165
③ 183　④ 212

해설 변압기 용량

$$P_T = \frac{50\times0.6+100\times0.6+80\times0.5+60\times0.5+150\times0.4}{1.3\times0.8}$$
$$=212[\text{kVA}]$$

37 주상 변압기의 고장이 배전선로에 파급되는 것을 방지하고 변압기의 과부하 소손을 예방하기 위하여 사용되는 개폐기는?

① 리클로저　② 부하개폐기
③ 컷 아웃 스위치　④ 섹셔널라이저

해설 컷 아웃 스위치
변압기 1차측에 설치하여 변압기의 단락사고가 전력 계통으로 파급되는 것을 방지한다.

38 어떤 발전소의 유효낙차가 100[m]이고, 사용수량이 10[m³/s]일 경우 이 발전소의 이론적인 출력[kW]은?

① 4,900　② 9,800
③ 10,000　④ 14,700

해설 이론 출력
$P_o = 9.8HQ = 9.8\times100\times10 = 9{,}800[\text{kW}]$

39 반동 수차의 일종으로 주요 부분은 러너, 안내 날개, 스피드링 및 흡출관 등으로 되어 있으며 50~500[m] 정도의 중낙차 발전소에 사용되는 수차는?

① 카플란 수차　② 프란시스 수차
③ 펠턴 수차　④ 튜블러 수차

정답 33. ② 34. ① 35. ④ 36. ④ 37. ③ 38. ② 39. ②

해설 ① 카플란 수차 : 저낙차용(약 50[m] 이하)
② 프란시스 수차 : 중낙차용(약 50~500[m])
③ 펠턴 수차 : 고낙차용(약 500[m] 이상)
④ 튜블러 수차 : 15[m] 이하의 조력발전용

40 원자로는 화력발전소의 어느 부분과 같은가?

① 내열기 ② 복수기
③ 보일러 ④ 과열기

해설 원자로는 핵반응에서 발생되는 열을 이용하는 곳으로서 화력발전소의 보일러와 같다.

제3과목 전기기기

41 단상 전파 정류 회로를 구성한 것으로 옳은 것은?

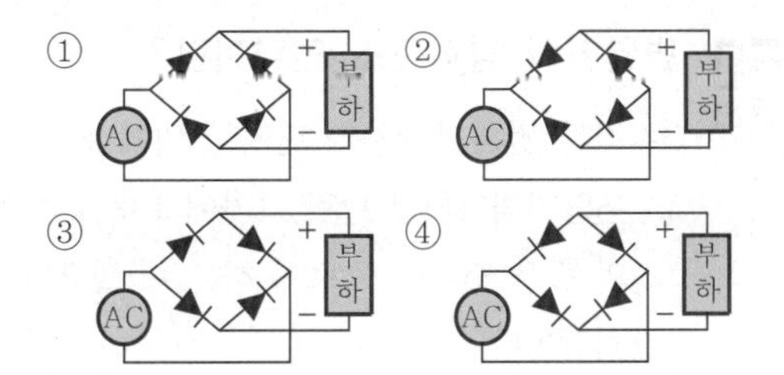

해설 단상 전파(브리지) 정류 회로의 구성

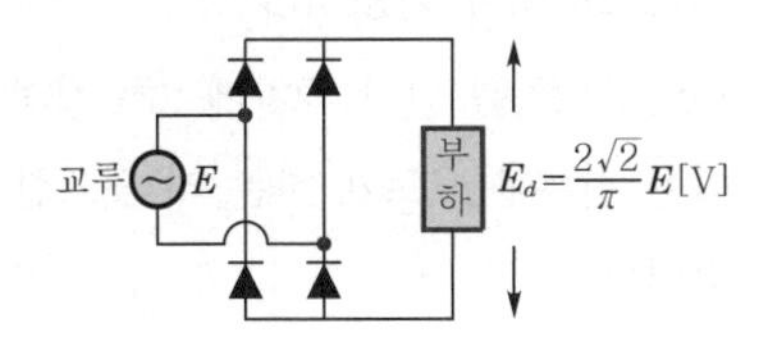

42 3상 유도 전동기 원선도 작성에 필요한 기본량이 아닌 것은?

① 저항 측정
② 단락 시험
③ 무부하 시험
④ 구속 시험

해설 3상 유도 전동기의 하일랜드(Heyland) 원선도 작성시 필요한 시험
• 무부하 시험
• 구속 시험
• 저항 측정

43 단상 변압기 3대를 이용하여 △−△ 결선하는 경우에 대한 설명으로 틀린 것은?

① 중성점을 접지할 수 없다.
② Y−Y결선에 비해 상전압이 선간 전압의 $\frac{1}{\sqrt{3}}$배이므로 절연이 용이하다.
③ 3대 중 1대에서 고장이 발생하여도 나머지 2대로 V결선하여 운전을 계속할 수 있다.
④ 결선 내에 순환 전류가 흐르나 외부에는 나타나지 않으므로 통신 장애에 대한 염려가 없다.

해설 단상 변압기 3대를 △−△결선하면 상전압과 선간전압이 같으므로 권선의 절연 레벨이 높아진다.

44 직류기에서 양호한 정류를 얻는 조건을 옳게 설명한 것은?

① 정류 주기를 짧게 한다.
② 전기자 코일의 인덕턴스를 작게 한다.
③ 평균 리액턴스 전압을 브러시 접촉 저항에 의한 전압 강하보다 크게 한다.
④ 브러시 접촉 저항을 작게 한다.

해설
• 전기자 코일의 인덕턴스(L)를 작게 한다.
• 정류 주기(T_c)가 클 것
• 주변 속도(v_c)가 느릴 것
• 보극을 설치 → 평균 리액턴스 전압 상쇄
• 브러시의 접촉 저항을 크게 한다.

45 유도 전동기의 속도 제어 방식으로 적합하지 않은 것은?

① 2차 여자 제어 ② 2차 저항 제어
③ 1차 저항 제어 ④ 1차 주파수 제어

정답 40. ③ 41. ① 42. ② 43. ② 44. ② 45. ③

해설 유도 전동기의 회전 속도 $N=\frac{120f}{P}(1-s)$에서 속도 제어 방식은 다음과 같다.
- 주파수 제어
- 2차 저항 제어(슬립 변환)
- 극수 변환
- 종속법
- 2차 여자 제어
  - 크레머 방식
  - 세르비우스 방식

46 2상 서보 모터의 제어 방식이 아닌 것은?

① 온도 제어 ② 전압 제어
③ 위상 제어 ④ 전압·위상 혼합 제어

해설 2상 서보 모터의 제어 방식에는 전압 제어 방식, 위상 제어 방식, 전압·위상 혼합 제어 방식이 있다.

47 3상 동기 발전기에서 권선 피치와 자극 피치의 비를 $\frac{13}{15}$인 단절권으로 하였을 때 단절권 계수는?

① $\sin\frac{13}{15}\pi$ ② $\sin\frac{13}{30}\pi$
③ $\sin\frac{15}{26}\pi$ ④ $\sin\frac{15}{13}\pi$

해설 동기 발전기의 전기자 권선법에서 권선 피치와 자극 피치의 비를 β라 할 때 단절 계수 $K_p=\sin\frac{\beta\pi}{2}$

$=\sin\frac{\frac{13}{15}\pi}{2}=\sin\frac{13\pi}{30}$ 이다.

48 직류 직권 전동기에서 토크 T와 회전수 N과의 관계는?

① $T\propto N$ ② $T\propto N^2$
③ $T\propto\frac{1}{N}$ ④ $T\propto\frac{1}{N^2}$

해설 $T=\frac{P}{2\pi\frac{N}{60}}=\frac{ZP}{2\pi a}\phi I_a=k_1\phi I_a=K_2{I_a}^2$

(직권 전동기는 $\phi\propto I_a$)

$N=k\frac{V-I_a(R_a+r_f)}{\phi}\propto\frac{1}{\phi}\propto\frac{1}{I_a}$에서 $I_a\propto\frac{1}{N}$

$\therefore\ T=k_3\left(\frac{1}{N}\right)^2\propto\frac{1}{N^2}$

49 직류 발전기의 유기 기전력이 230[V], 극수가 4, 정류자 편수가 162인 정류자 편간 평균 전압은 약 몇 [V]인가? (단, 권선법은 중권이다.)

① 5.68 ② 6.28
③ 9.42 ④ 10.2

해설 정류자 편간 전압

$e_s=2e=\frac{PE}{K}=\frac{4\times230}{162}\fallingdotseq5.68[\text{V}]$

50 변압기의 임피던스 전압이란?

① 정격 전류시 2차측 단자 전압이다.
② 변압기의 1차를 단락, 1차에 1차 정격 전류와 같은 전류를 흐르게 하는 데 필요한 1차 전압이다.
③ 변압기 내부 임피던스와 정격 전류와의 곱인 내부 전압 강하이다.
④ 변압기 2차를 단락, 2차에 2차 정격 전류와 같은 전류를 흐르게 하는 데 필요한 2차 전압이다.

해설 $V_s=I_n\cdot Z[\text{V}]$

따라서, 임피던스 전압이란 정격 전류에 의한 변압기 내의 전압 강하이다.

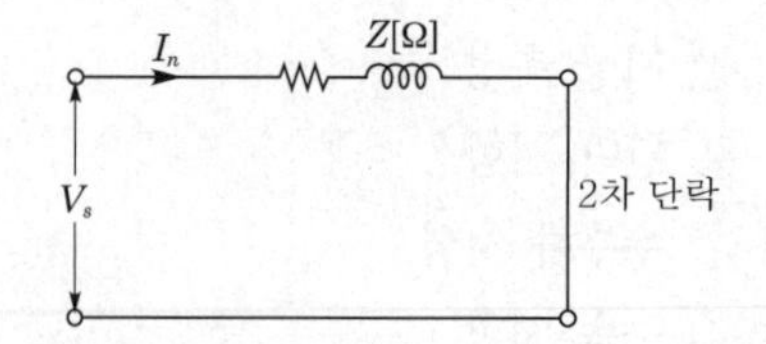

정답 46. ① 47. ② 48. ④ 49. ① 50. ③

51 그림은 변압기의 무부하 상태의 백터도이다. 철손 전류를 나타내는 것은? (단, α는 철손각이고 ϕ는 자속을 의미한다.)

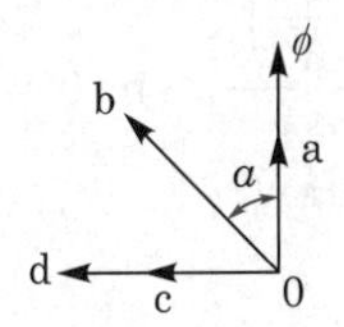

① 0 → c　② 0 → d
③ 0 → a　④ 0 → b

해설 변압기의 무부하 상태의 벡터도에서 선분 0 → c는 철손 전류, 0 → a는 자화 전류, 0 → b는 무부하 전류를 나타낸다.

52 동기 전동기의 자기동법에서 계자 권선을 단락하는 이유는?

① 기동이 쉽다.
② 기동 권선으로 이용한다.
③ 고전압의 유도를 방지한다.
④ 전기자 반작용을 방지한다.

해설 기동기에 계자 회로를 연 채로 고정자에 전압을 가하면 권수가 많은 계자 권선이 고정자 회전 자계를 끊으므로 계자 회로에 매우 높은 전압이 유기될 염려가 있으므로 계자 권선을 여러 개로 분할하여 열어 놓거나 또는 저항을 통하여 단락시켜 놓아야 한다.

53 직류 발전기의 구조가 아닌 것은?

① 계자 권선
② 전기자 권선
③ 내철형 철심
④ 전기자 철심

해설 직류 발전기의 3대 요소
- 전기자 : 전기자 철심, 전기자 권선
- 계자 : 계자 철심, 계자 권선
- 정류자

54 권선형 3상 유도 전동기의 2차 회로는 Y로 접속되고 2차 각 상의 저항은 0.3[Ω]이며 1차, 2차 리액턴스의 합은 1.5[Ω]이다. 기동시에 최대 토크를 발생하기 위해서 삽입하여야 할 저항[Ω]은? (단, 1차 각 상의 저항은 무시한다.)

① 1.2　② 1.5
③ 2　④ 2.2

해설 최대 토크를 발생하는 슬립 s_m

$$s_m = \frac{r_2}{\sqrt{{r_1}^2 + (x_1 + x_2')^2}} \fallingdotseq \frac{r_2}{x} \text{ (1차 저항은 무시)}$$

동일 토크 발생 조건

$$\frac{r_2}{s_m} = \frac{r_2 + R}{s_s} = r_2 + R \, (s_s = 1)$$

∴ 2차측에 삽입하여야 할 저항 $R = \frac{r_2}{s_m} - r_2$

$$R = \frac{r_2}{\frac{r_2}{x}} - r_2 = x - r_2 = 1.5 - 0.3 = 1.2[\Omega]$$

55 75[W] 이하의 소출력으로 소형 공구, 영사기, 치과 의료용 등에 널리 이용되는 전동기는?

① 단상 반발 전동기
② 3상 직권 정류자 전동기
③ 영구 자석 스텝 전동기
④ 단상 직권 정류자 전동기

해설 소출력의 소형 공구(전기 드릴, 청소기), 치과 의료용 등에 널리 사용되는 전동기는 직·교류 양용의 단상 직권 정류자 전동기가 많이 사용된다.

56 출제빈도 임피던스 강하가 4[%]인 변압기가 운전 중 단락되었을 때 그 단락 전류는 정격 전류의 몇 배인가?

① 15　② 20
③ 25　④ 30

정답 51. ① 52. ③ 53. ③ 54. ① 55. ④ 56. ③

해설 퍼센트 임피던스 강하

$$\%Z = \frac{IZ}{V} \times 100 = \frac{I}{\frac{V}{Z}} \times 100 = \frac{I_n}{I_s} \times 100$$

단락 전류 $I_s = \frac{100}{\%Z} I_n = \frac{100}{4} I_n = 25 I_n$

57

전기자 저항이 0.04[Ω]인 직류 분권 발전기가 있다. 단자 전압 100[V], 회전 속도 1,000[rpm]일 때 전기자 전류는 50[A]라 한다. 이 발전기를 전동기로 사용할 때 전동기의 회전 속도는 약 몇 [rpm]인가? (단, 전기자 반작용은 무시한다.)

① 759 ② 883
③ 894 ④ 961

해설 $R_a = 0.04[\Omega]$, $V = 100[V]$, $I_a = 50[A]$이므로
1,000[rpm]에서 50[A]일 때
발전기의 기전력 E는
$E = V + I_a R_a = 100 + 50 \times 0.04 = 102[V]$
전동기로서의 역기전력 E'는
$E' = V - I_a R_a = 100 - 50 \times 0.04 = 98[V]$
단자 전압이 일정하므로 자속 ϕ도 일정하고, 회전수 N은

$$N = \frac{V - I_a R_a}{K\phi} = \frac{E}{K\phi} \text{ 이므로 } N \propto E \text{이다.}$$

$$\frac{N'}{N} = \frac{E'}{E}$$

$$\therefore N' = N \times \frac{E'}{E} = 1{,}000 \times \frac{98}{102} \fallingdotseq 961[\text{rpm}]$$

58

2대의 3상 동기 발전기를 동일한 부하로 병렬 운전하고 있을 때 대응하는 기전력 사이에 60°의 위상차가 있다면 한쪽 발전기에서 다른 쪽 발전기에 공급되는 1상당 전력은 약 몇 [kW]인가? [단, 각 발전기의 기전력(선간)은 3,300[V], 동기 리액턴스는 5[Ω]이고 전기자 저항은 무시한다.]

① 181 ② 314
③ 363 ④ 720

해설

$$P = \frac{E_0^2}{2Z_s} \sin\delta_s = \frac{E_0^2}{2x_s} \sin\delta$$

$$= \frac{\left(\frac{3{,}300}{\sqrt{3}}\right)^2}{2 \times 3} \times \sin 60° = \frac{\left(\frac{3{,}300}{\sqrt{3}}\right)^2}{2 \times 3} \times \frac{\sqrt{3}}{2}$$

$$\fallingdotseq 314[\text{kW}]$$

59

그림과 같은 동기 발전기의 무부하 포화 곡선에서 포화 계수는?

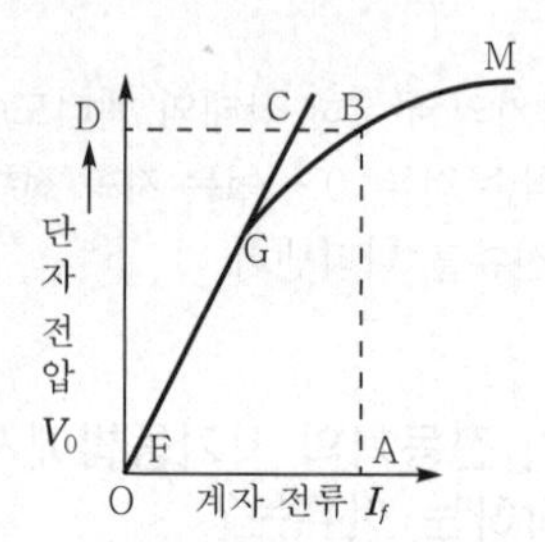

① $\frac{\overline{OA}}{\overline{OG}}$ ② $\frac{\overline{OD}}{\overline{DB}}$
③ $\frac{\overline{BC}}{\overline{CD}}$ ④ $\frac{\overline{CD}}{\overline{CO}}$

해설 포화 계수는 동기 발전기의 무부하 포화 곡선에서 포화의 정도를 나타내는 정수로 포화율이라고도 한다.

포화율 $\delta = \frac{\overline{BC}}{\overline{CD}}$

60

단상 및 3상 유도 전압 조정기에 관하여 옳게 설명한 것은?

① 단락 권선은 단상 및 3상 유도 전압 조정기 모두 필요하다.
② 3상 유도 전압 조정기에는 단락 권선이 필요 없다.
③ 3상 유도 전압 조정기의 1차와 2차 전압은 동상이다.
④ 단상 유도 전압 조정기의 기전력은 회전 자계에 의해서 유도된다.

정답 57. ④ 58. ② 59. ③ 60. ②

해설 단상 유도 전압 조정기는 교번 자계를 이용하여 1, 2차 전압에 위상차가 없고 직렬, 분로, 및 단락 권선이 있으며, 3상 유도 전압 조정기는 회전 자계를 이용하며, 1, 2차 전압에 위상차가 있고 직렬 권선과 분포 권선을 갖고 있다.

제4과목 회로이론

61 $i = 30\sin\omega t + 40\sin(5\omega t + 30°)$[A]의 실효값은?

① 50 ② $50\sqrt{2}$
③ 25 ④ $25\sqrt{2}$

해설 $I = \sqrt{\left(\frac{30}{\sqrt{2}}\right)^2 + \left(\frac{40}{\sqrt{2}}\right)^2} = 25\sqrt{2}$ [A]

62 $f(t) = \sin t \cos t$를 라플라스로 변환하면?

① $\frac{1}{s^2+4}$

② $\frac{1}{s^2+2}$

③ $\frac{1}{(s+2)^2}$

④ $\frac{1}{(s+4)^2}$

해설 **삼각 함수 가법 정리**

$\sin(A+B) = \sin A\cos B + \cos A \sin B$

삼각 함수 가법 정리에 의해서

$\sin(t+t) = 2\sin t\cos t$

$\therefore \sin t\cos t = \frac{1}{2}\sin 2t$

$\because F(s) = \mathcal{L}[\sin t\cos t] = \mathcal{L}\left[\frac{1}{2}\sin 2t\right]$

$= \frac{1}{2} \times \frac{2}{s^2+2^2} = \frac{1}{s^2+4}$

63 불평형 3상 전류가 $I_a = 15 + j2$[A], $I_b = -20 - j14$[A], $I_c = -3 + j10$[A]일 때 역상분 전류 I_2[A]를 구하면?

① $1.91 + j6.24$ ② $15.74 - j3.57$
③ $-2.67 - j0.67$ ④ $2.67 - j0.67$

해설 **역상 전류**

$$I_2 = \frac{1}{3}(I_a + a^2 I_b + a I_c)$$

$$= \frac{1}{3}\left\{(15+j2) + \left(-\frac{1}{2} - j\frac{\sqrt{3}}{2}\right)(-20-j14) + \left(-\frac{1}{2} + j\frac{\sqrt{3}}{2}\right)(-3+j10)\right\}$$

$$\fallingdotseq 1.91 + j6.24[\text{A}]$$

64 $F(s) = \frac{s}{(s+1)(s+2)}$일 때 $f(t)$를 구하면?

① $1 - 2e^{-2t} + e^{-t}$ ② $e^{-2t} - 2e^{-t}$
③ $2e^{-2t} + e^{-t}$ ④ $2e^{-2t} - e^{-t}$

해설 $F(s) = \frac{s}{(s+1)(s+2)} = -\frac{1}{s+1} + \frac{2}{s+2}$

$\therefore f(t) = -e^{-t} + 2e^{-2t}$

65 그림과 같은 회로에서 합성 인덕턴스는?

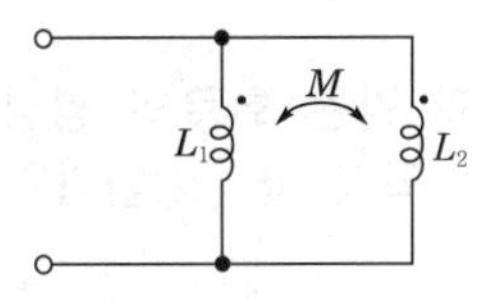

① $\frac{L_1L_2 + M^2}{L_1 + L_2 - 2M}$ ② $\frac{L_1L_2 - M^2}{L_1 + L_2 - 2M}$

③ $\frac{L_1L_2 + M^2}{L_1 + L_2 + 2M}$ ④ $\frac{L_1L_2 - M^2}{L_1 + L_2 + 2M}$

해설 병렬 가동결합이므로

$$L = M + \frac{(L_1 - M)(L_2 - M)}{(L_1 - M) + (L_2 - M)}$$

$$= \frac{L_1L_2 - M^2}{L_1 + L_2 - 2M}$$

정답 61. ④ 62. ① 63. ① 64. ④ 65. ②

66 그림과 같은 순저항으로 된 회로에 대칭 3상 전압을 가했을 때 각 선에 흐르는 전류가 같으려면 R의 값[Ω]은?

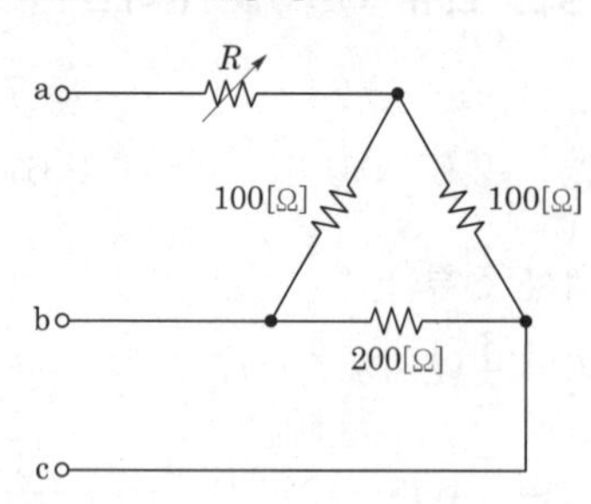

① 20 ② 25
③ 30 ④ 35

해설 각 선에 흐르는 전류가 같으려면 각 상의 저항의 크기가 같아야 한다. 따라서 △결선을 Y결선으로 바꾸면

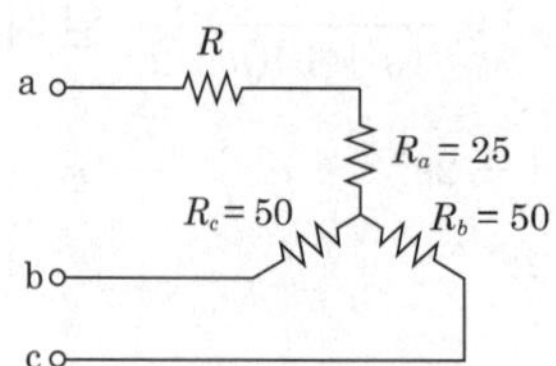

$R_a = \frac{10,000}{400} = 25[\Omega]$, $R_b = \frac{20,000}{400} = 50[\Omega]$,

$R_c = \frac{20,000}{400} = 50[\Omega]$

∵ 각 상의 저항이 같기 위해서는 $R = 25[\Omega]$이다.

67 그림과 같은 회로의 영상 임피던스 Z_{01}, Z_{02}는 각각 몇 [Ω]인가?

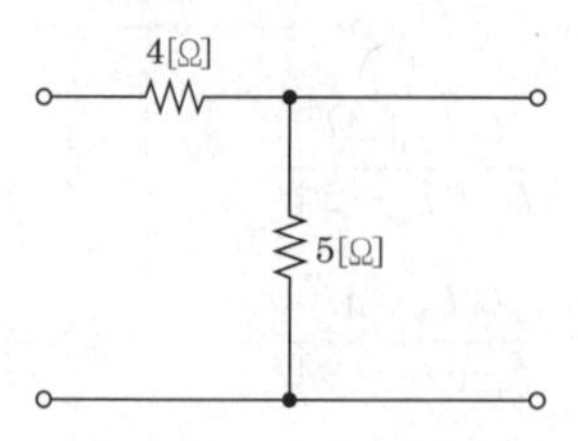

① $Z_{01} = 9$, $Z_{02} = 5$
② $Z_{01} = 4$, $Z_{02} = 5$
③ $Z_{01} = 4$, $Z_{02} = \frac{20}{9}$
④ $Z_{01} = 6$, $Z_{02} = \frac{10}{3}$

해설

$$\begin{bmatrix} A & B \\ C & D \end{bmatrix} = \begin{bmatrix} 1 & 4 \\ 0 & 1 \end{bmatrix} \begin{bmatrix} 1 & 0 \\ \frac{1}{5} & 1 \end{bmatrix} = \begin{bmatrix} \frac{9}{5} & 4 \\ \frac{1}{5} & 1 \end{bmatrix}$$

$$\therefore Z_{01} = \sqrt{\frac{AB}{CD}} = \sqrt{\frac{\frac{9}{5} \times 4}{\frac{1}{5} \times 1}} = 6[\Omega]$$

$$Z_{02} = \sqrt{\frac{BD}{AC}} = \sqrt{\frac{4 \times 1}{\frac{9}{5} \times \frac{1}{5}}} = \frac{10}{3}[\Omega]$$

68 그림과 같은 회로에서 전달함수 $\frac{V_o(s)}{I(s)}$를 구하면? (단, 초기 조건은 모두 0으로 한다.)

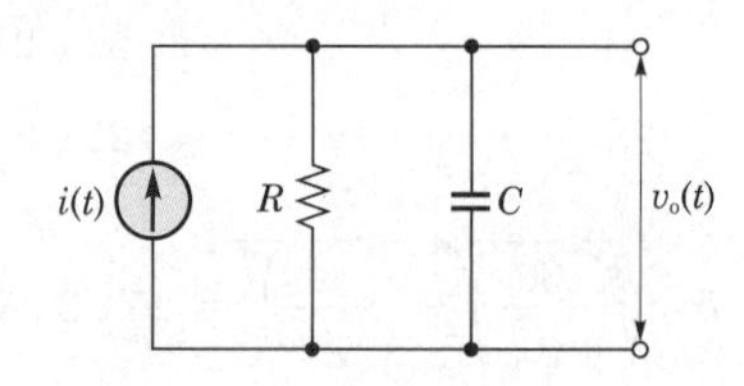

① $\frac{1}{RCs+1}$ ② $\frac{R}{RCs+1}$
③ $\frac{C}{RCs+1}$ ④ $\frac{RCs}{RCs+1}$

해설 전달함수 $G(s) = \frac{V_o(s)}{I(s)}$는 회로 해석적으로 임피던스 $Z(s)$와 같다.

$$\frac{V_o(s)}{I(s)} = Z(s) = \frac{1}{\frac{1}{R} + Cs} = \frac{R}{RCs+1}$$

69 그림의 3상 Y결선 회로에서 소비하는 전력[W]은?

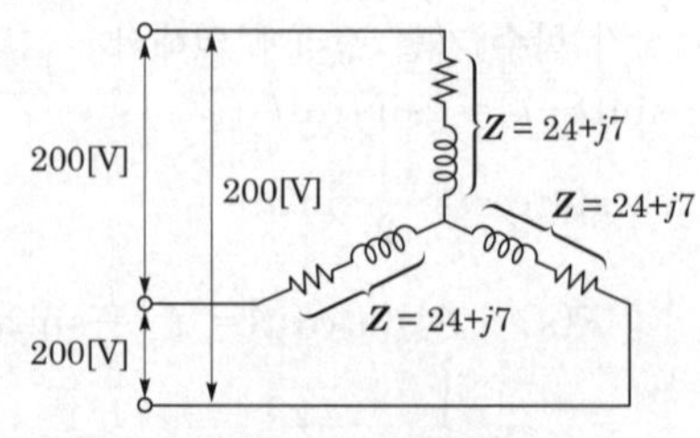

① 3,072 ② 1,536
③ 768 ④ 512

정답 66. ② 67. ④ 68. ② 69. ②

해설 3상 소비전력

$P = \sqrt{3}\, V_l I_l \cos\theta = 3I_p^{\,2} \cdot R[\text{W}]$

$P = 3I_p^{\,2}R = 3\left(\dfrac{\dfrac{200}{\sqrt{3}}}{\sqrt{24^2+7^2}}\right)^2 \times 24 = 1{,}536[\text{W}]$

70 부동작 시간요소의 전달함수는?

① K ② $\dfrac{K}{s}$

③ Ke^{-Ls} ④ Ks

해설 각종 제어요소의 전달함수

- 비례요소의 전달함수 : K
- 미분요소의 전달함수 : Ks
- 적분요소의 전달함수 : $\dfrac{K}{s}$
- 1차 지연요소의 전달함수 : $G(s) = \dfrac{K}{1+Ts}$
- 부동작 시간요소의 전달함수 : $G(s) = Ke^{-Ls}$
  (L : 부동작 시간)

71 그림과 같은 회로에서 단자 b, c에 걸리는 전압 V_{bc}는 몇 [V]인가?

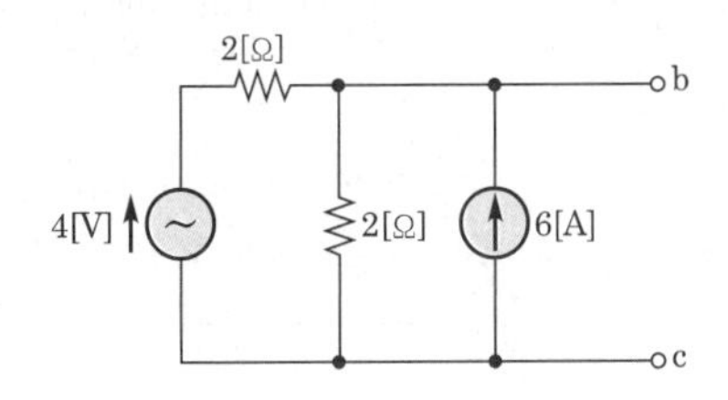

① 4 ② 6

③ 8 ④ 10

해설 전압원 존재 시 전류원 개방, 전류원 존재 시 전압원은 단락한다.

4[V]에 의한 전압 $V_1 = \dfrac{2}{2+2} \times 4 = 2[\text{V}]$

6[A]에 의한 전압 $V_2 = 2 \times \dfrac{2}{2+2} \times 6 = 6[\text{V}]$

$\therefore\ V_{ab} = V_1 + V_2 = 2+6 = 8[\text{V}]$

72 대칭 3상 교류 전원에서 각 상의 전압이 v_a, v_b, v_c일 때 3상 전압[V]의 합은?

① 0 ② $0.3v_a$

③ $0.5v_a$ ④ $3v_a$

해설 대칭 3상 전압의 합

$v_a + v_b + v_c = V + a^2V + aV = (1+a^2+a)V = 0$

73 저항과 리액턴스의 직렬 회로에 $V = 14 + j38$[V]인 교류 전압을 가하니 $I = 6 + j2$[A]의 전류가 흐른다. 이 회로의 저항[Ω]과 리액턴스[Ω]는?

① $R=4,\ X_L=5$ ② $R=5,\ X_L=4$

③ $R=4,\ X_L=3$ ④ $R=7,\ X_L=2$

해설 임피던스 $Z = R + jX_L = \dfrac{V}{I} = \dfrac{14+j38}{6+j2}$

$= \dfrac{(14+j38)(6-j2)}{(6+j2)(6-j2)} = 4 + j5$

$\therefore\ R = 4[\Omega],\ X_L = 5[\Omega]$

74 대칭 5상 기전력의 선간전압과 상기전력의 위상차는 얼마인가?

① 27° ② 36°

③ 54° ④ 72°

해설 위상차 $\theta = \dfrac{\pi}{2}\left(1 - \dfrac{2}{n}\right) = \dfrac{\pi}{2}\left(1 - \dfrac{2}{5}\right) = 54°$

75 그림과 같은 T형 회로의 영상 파라미터 θ는?

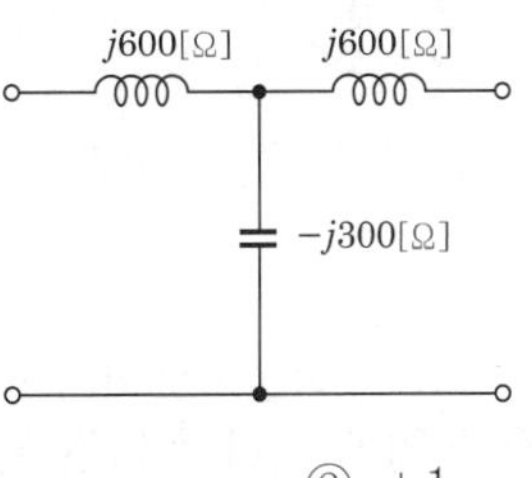

① 0 ② +1

③ −3 ④ −1

정답 70. ③ 71. ③ 72. ① 73. ① 74. ③ 75. ①

해설
$$\begin{bmatrix} A & B \\ C & D \end{bmatrix} = \begin{bmatrix} 1 & j600 \\ 0 & 1 \end{bmatrix} \begin{bmatrix} 1 & 0 \\ \dfrac{1}{-j300} & 1 \end{bmatrix}$$
$$= \begin{bmatrix} 1 & j600 \\ 0 & 1 \end{bmatrix} = \begin{bmatrix} -1 & 0 \\ j\dfrac{1}{300} & -1 \end{bmatrix}$$
$$\therefore\ \theta = \cosh^{-1}\sqrt{AD} = \cosh^{-1}1 = 0$$

76 최대 눈금이 50[V]인 직류 전압계가 있다. 이 전압계를 사용하여 150[V]의 전압을 측정하려면 배율기의 저항은 몇 [Ω]을 사용하여야 하는가? (단, 전압계의 내부 저항은 5,000[Ω]이다.)

① 1,000　② 2,500
③ 5,000　④ 10,000

해설 배율기 배율
$m = 1 + \dfrac{R_m}{r}$ 에서 $\dfrac{150}{50} = 1 + \dfrac{R_m}{5{,}000}$
$\therefore\ R_m = 10{,}000[\Omega]$

77 그림의 회로에서 전류 I는 약 몇 [A]인가? (단, 저항의 단위는 [Ω]이다.)

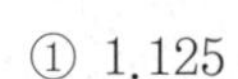

① 1.125
② 1.29
③ 6
④ 7

해설 밀만의 정리에 의해 a－b 단자의 단자 전압 V_{ab}
$$V_{ab} = \frac{\dfrac{2}{1}+\dfrac{4}{2}+\dfrac{6}{3}}{\dfrac{1}{1}+\dfrac{1}{2}+\dfrac{1}{3}+\dfrac{1}{2}} ≒ 2.57[\mathrm{V}]$$
$\therefore$ 2[Ω]에 흐르는 전류 $I = \dfrac{2.57}{2} = 1.29[\mathrm{A}]$

78 $R-L-C$ 직렬회로에서 공진 시의 전류는 공급 전압에 대하여 어떤 위상차를 갖는가?

① 0°　② 90°
③ 180°　④ 270°

해설 직렬 공진은 임피던스의 허수부가 0인 상태이므로 전압, 전류는 동상 상태가 된다.

79 그림과 같은 L형 회로의 4단자 정수 중 A는?

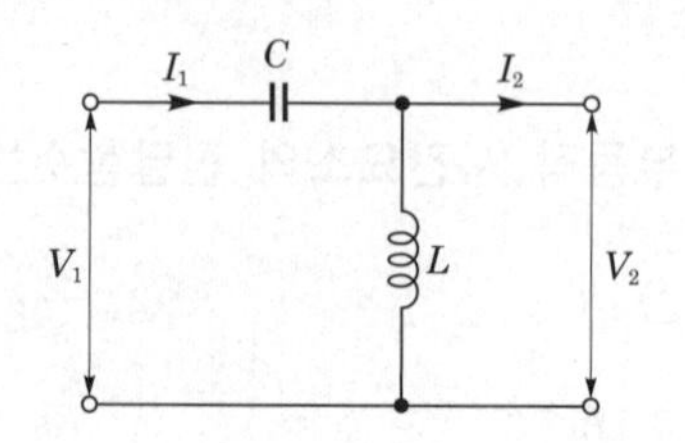

① $1-\dfrac{1}{\omega^2 LC}$　② $1+\dfrac{1}{\omega^2 LC}$
③ $\dfrac{1}{2\sqrt{LC}}$　④ $1+\dfrac{C}{j\omega L}$

해설
$$\begin{bmatrix} A\,B \\ C\,D \end{bmatrix} = \begin{bmatrix} 1 & \dfrac{1}{j\omega C} \\ 0 & 1 \end{bmatrix} \begin{bmatrix} 1 & 0 \\ \dfrac{1}{j\omega L} & 1 \end{bmatrix} = \begin{bmatrix} 1-\dfrac{1}{\omega^2 LC} & \dfrac{1}{j\omega C} \\ \dfrac{1}{j\omega L} & 1 \end{bmatrix}$$

80 그림과 같은 회로에 대한 서술에서 잘못된 것은?

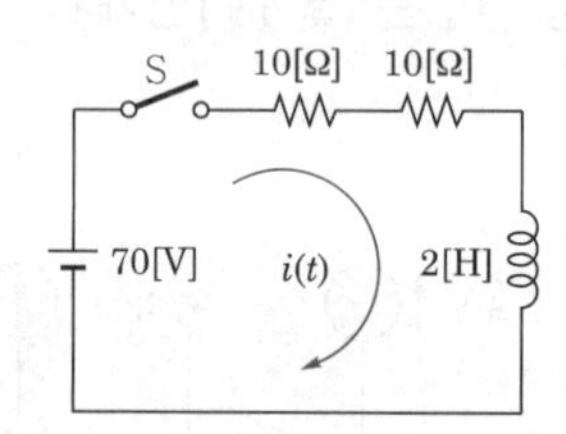

① 이 회로의 시정수는 0.1[s]이다.
② 이 회로의 특성근은 －10이다.
③ 이 회로의 특성근은 ＋10이다.
④ 정상 전류값은 3.5[A]이다.

해설
특성근 $= -\dfrac{1}{\text{시정수}}$
시정수 $\tau = \dfrac{L}{R} = \dfrac{2}{20} = \dfrac{1}{10} = 0.1$
$\therefore$ 특성근 $= -\dfrac{1}{0.1} = -10$

정답 76. ④ 77. ② 78. ① 79. ① 80. ③

제5과목 전기설비기술기준

81 감전에 대한 보호 등 안전을 위해 제공되는 도체를 무엇이라 하는가?

① 접지도체
② 보호도체
③ 보호접지
④ 계통접지

해설 **용어 정의(KEC 112)**
- 접지도체란 계통, 설비 또는 기기의 한 점과 접지극 사이의 도전성 경로 또는 그 경로의 일부가 되는 도체를 말한다.
- 보호도체란 감전에 대한 보호 등 안전을 위해 제공되는 도체를 말한다.
- 보호접지란 고장 시 감전에 대한 보호를 목적으로 기기의 한 점 또는 여러 점을 접지하는 것을 말한다.
- 계통접지란 전력계통에서 돌발적으로 발생하는 이상현상에 대비하여 대지와 계통을 연결하는 것으로, 중성점을 대지에 접속하는 것을 말한다.

82 최대사용전압 440[V]인 전동기의 절연내력시험전압은 몇 [V]인가?

① 330 ② 440
③ 500 ④ 660

해설 **회전기 및 정류기의 절연내력(KEC 133)**

종 류		시험전압	시험방법
발전기, 전동기, 조상기	7[kV] 이하	1.5배 (최저 500[V])	권선과 대지 사이 10분간
	7[kV] 초과	1.25배 (최저 10,500[V])	

$\therefore\ 440 \times 1.5 = 660[V]$

83 이동하여 사용하는 저압설비에 1개의 접지도체로 연동연선을 사용할 때 최소 단면적은 몇 $[mm^2]$인가?

① 0.75 ② 1.5
③ 6 ④ 10

해설 **이동하여 사용하는 전기기계기구의 금속제 외함 등의 접지시스템의 경우(KEC 142.3.1)**
- 특고압·고압 전기설비용 접지도체 및 중성점 접지용 접지도체 : 단면적 $10[mm^2]$ 이상
- 저압 전기설비용 접지도체
  - 다심 코드 또는 캡타이어 케이블의 1개 도체의 단면적이 $0.75[mm^2]$ 이상
  - 연동연선은 1개 도체의 단면적이 $1.5[mm^2]$ 이상

84 고·저압 혼촉에 의한 위험을 방지하려고 시행하는 접지공사에 대한 기준으로 틀린 것은?

① 접지공사는 변압기의 시설장소마다 시행하여야 한다.
② 토지의 상황에 의하여 접지저항값을 얻기 어려운 경우, 가공 접지선을 사용하여 접지극을 400[m]까지 떼어 놓을 수 있다.
③ 가공공동지선을 설치하여 접지공사를 하는 경우, 각 변압기를 중심으로 지름 400[m] 이내의 지역에 접지를 하여야 한다.
④ 저압 전로의 사용전압이 300[V] 이하인 경우, 그 접지공사를 중성점에 하기 어려우면 저압측의 1단자에 시행할 수 있다.

해설 **고압 또는 특고압과 저압의 혼촉에 의한 위험방지시설(KEC 322.1)**
- 변압기의 접지공사는 변압기의 설치장소마다 시행하여야 한다.
- 토지의 상황에 따라서 규정의 저항치를 얻기 어려운 경우에는 인장강도 5.26[kN] 이상 또는 직경 4[mm] 이상 경동선의 가공 접지선을 저압 가공전선에 준하여 시설할 때에는 접지점을 변압기 시설장소에서 200[m]까지 떼어놓을 수 있다.

정답 81. ② 82. ④ 83. ② 84. ②

85 피뢰설비 중 인하도선시스템의 건축물·구조물과 분리되지 않은 수뢰부시스템인 경우에 대한 설명으로 틀린 것은?

① 인하도선의 수는 1가닥 이상으로 한다.
② 벽이 불연성 재료로 된 경우에는 벽의 표면 또는 내부에 시설할 수 있다.
③ 병렬 인하도선의 최대 간격은 피뢰시스템 등급에 따라 Ⅳ 등급은 20[m]로 한다.
④ 벽이 가연성 재료인 경우에는 0.1[m] 이상 이격하고, 이격이 불가능한 경우에는 도체의 단면적을 100[mm²] 이상으로 한다.

해설 **인하도선시스템(KEC 152.2)**
건축물·구조물과 분리되지 않은 피뢰시스템인 경우 인하도선의 수는 2가닥 이상으로 한다.

86 저압 옥내배선을 합성수지관 공사에 의하여 실시하는 경우 사용할 수 있는 단선(동선)의 최대 단면적은 몇 [mm²]인가?

① 4 ② 6
③ 10 ④ 16

해설 **합성수지관 공사(KEC 232.11)**
- 전선은 절연전선(옥외용 제외)일 것
- 전선은 연선일 것. 단, 단면적 10[mm²](알루미늄선은 단면적 16[mm²]) 이하 단선 사용

87 조명용 전등을 설치할 때 타임스위치를 시설해야 할 곳은?

① 공장 ② 사무실
③ 병원 ④ 아파트 현관

해설 **점멸기의 시설(KEC 234.6) – 센서등(타임스위치 포함)의 시설**
- 관광숙박업 또는 숙박업에 이용되는 객실 입구등은 1분 이내에 소등되는 것
- 일반 주택 및 아파트 각 호실의 현관등은 3분 이내에 소등되는 것

88 소맥분, 전분 기타의 가연성 분진이 존재하는 곳의 저압 옥내배선으로 적합하지 않은 공사방법은?

① 케이블 공사
② 두께 2[mm] 이상의 합성수지관 공사
③ 금속관 공사
④ 가요전선관 공사

해설 **가연성 분진 위험장소(KEC 242.2.2)**
가연성 분진장소의 저압 옥내배선은 합성수지관 공사·금속관 공사 또는 케이블 공사에 의한다.

89 터널 내에 교류 220[V]의 애자 공사로 전선을 시설할 경우 노면으로부터 몇 [m] 이상의 높이로 유지해야 하는가?

① 2 ② 2.5
③ 3 ④ 4

해설 **터널 안 전선로의 시설(KEC 335.1)**
저압 전선 시설은 인장강도 2.3[kN] 이상의 절연전선 또는 지름 2.6[mm] 이상의 경동선의 절연전선을 사용하고 애자 사용 공사에 의하여 시설하여야 하며 또한 이를 레일면상 또는 노면상 2.5[m] 이상의 높이로 유지한다.

90 가공전선로에 사용하는 지지물의 강도 계산에 적용하는 갑종 풍압하중을 계산할 때 구성재의 수직 투영면적 1[m²]에 대한 풍압의 기준이 잘못된 것은?

① 목주 : 588[Pa]
② 원형 철주 : 588[Pa]
③ 원형 철근콘크리트주 : 882[Pa]
④ 강관으로 구성(단주는 제외)된 철탑 : 1,255[Pa]

해설 **풍압하중의 종별과 적용(KEC 331.6)**
원형 철근콘크리트주의 갑종 풍압하중은 588[Pa]이다.

정답 85. ① 86. ③ 87. ④ 88. ④ 89. ② 90. ③

91 특고압으로 시설할 수 없는 전선로는?

① 지중전선로 ② 옥상전선로
③ 가공전선로 ④ 수중전선로

해설 **특고압 옥상전선로의 시설(KEC 331.14.2)**
특고압 옥상전선로(특고압의 인입선의 옥상 부분 제외)는 시설하여서는 아니 된다.

92 저압 및 고압 가공전선의 높이에 대한 기준으로 틀린 것은?

① 철도를 횡단하는 경우는 레일면상 6.5[m] 이상이다.
② 횡단보도교 위에 시설하는 경우 저압 가공전선은 노면상에서 3[m] 이상이다.
③ 횡단보도교 위에 시설하는 경우 고압 가공전선은 그 노면상에서 3.5[m] 이상이다.
④ 다리의 하부 기타 이와 유사한 장소에 시설하는 저압의 전기철도용 급전선은 지표상 3.5[m]까지로 감할 수 있다.

해설 **저 · 고압 가공전선의 높이(KEC 222.7, 332.5)**
- 지표상 5[m] 이상
- 도로를 횡단하는 경우 지표상 6[m] 이상
- 철도 또는 궤도를 횡단하는 경우 레일면상 6.5[m] 이상
- 횡단보도교의 위에 시설하는 경우 저압 가공전선은 그 노면상 3.5[m](전선이 절연전선 · 다심형 전선 · 케이블인 경우 3[m]) 이상, 고압 가공전선은 그 노면상 3.5[m] 이상
- 다리의 하부 기타 이와 유사한 장소에 시설하는 저압의 전기철도용 급전선은 지표상 3.5[m]까지로 감할 수 있다.

93 특고압 가공전선로에서 철탑(단주 제외)의 경간은 몇 [m] 이하로 하여야 하는가?

① 400 ② 500
③ 600 ④ 700

해설 **특고압 가공전선로의 경간 제한(KEC 332.21)**

지지물의 종류	경 간
목주 · A종	150[m]
B종	250[m]
철탑	600[m]

94 고압 가공전선이 가공약전류전선 등과 접근하는 경우에 고압 가공전선과 가공약전류전선 사이의 이격거리는 몇 [cm] 이상이어야 하는가? (단, 전선이 케이블인 경우)

① 20 ② 30
③ 40 ④ 50

해설 **가공전선과 가공약전류전선 등의 접근 또는 교차(KEC 332.13)**
- 고압 가공전선은 고압 보안공사에 의할 것
- 가공약전류전선과 이격거리

가공전선의 종류	이격거리
저압 가공전선	60[cm](고압 절연전선 또는 케이블인 경우에는 30[cm])
고압 가공전선	80[cm](전선이 케이블인 경우에는 40[cm])

95 시가지 등에서 특고압 가공전선로의 시설에 대한 내용 중 틀린 것은?

① A종 철주를 지지물로 사용하는 경우의 경간은 75[m] 이하이다.
② 사용전압이 170[kV] 이하인 전선로를 지지하는 애자장치는 2련 이상의 현수애자 또는 장간애자를 사용한다.
③ 사용전압이 100[kV]를 초과하는 특고압 가공전선에 지락 또는 단락이 생겼을 때에는 1초 이내에 자동적으로 이를 전로로부터 차단하는 장치를 시설한다.
④ 사용전압이 170[kV] 이하인 전선로를 지지하는 애자장치는 50[%] 충격섬락전압값이 그 전선의 근접한 다른 부분을 지지하는 애자장치값의 100[%] 이상인 것을 사용한다.

정답 91. ② 92. ② 93. ③ 94. ③ 95. ④

해설 시가지 등에서 특고압 가공전선로의 시설(KEC 333.1)

- 50[%] 충격섬락전압값이 그 전선의 근접한 다른 부분을 지지하는 애자장치값의 110[%](사용전압이 130[kV]를 초과하는 경우는 105[%]) 이상인 것
- 아크혼을 붙인 현수애자·장간애자 또는 라인포스트애자를 사용하는 것

96 지중전선로에 사용하는 지중함의 시설기준으로 틀린 것은?

출제빈도

① 조명 및 세척이 가능한 장치를 하도록 할 것
② 그 안의 고인 물을 제거할 수 있는 구조일 것
③ 견고하고 차량 기타 중량물의 압력을 견딜 수 있을 것
④ 뚜껑은 시설자 이외의 자가 쉽게 열 수 없도록 할 것

해설 지중함의 시설(KEC 334.2)

- 견고하고, 차량 기타 중량물의 압력에 견디는 구조일 것
- 지중함은 고인 물 제거할 수 있는 구조일 것
- 지중함 크기 $1[m^3]$ 이상
- 지중함의 뚜껑은 시설자 이외의 자가 쉽게 열 수 없도록 시설할 것

97 345[kV] 변전소의 충전 부분에서 5.98[m] 거리에 울타리를 설치할 경우 울타리 최소 높이는 몇 [m]인가?

① 2.1　② 2.3
③ 2.5　④ 2.7

해설 특고압용 기계기구의 시설(KEC 341.4)

160[kV]를 넘는 10[kV] 단수는 $(345-160)\div10=18.5$이므로 19이다.

울타리까지의 거리와 높이의 합계는 $6+0.12\times19=8.28[m]$이다.

$\therefore$ 울타리 최소 높이는 $8.28-5.98=2.3[m]$

98 타냉식 특고압용 변압기의 냉각장치에 고장이 생긴 경우 시설해야 하는 보호장치는?

출제빈도

① 경보장치
② 온도측정장치
③ 자동차단장치
④ 과전류측정장치

해설 특고압용 변압기의 보호장치(KEC 351.4)

뱅크용량의 구분	동작조건	장치의 종류
5,000[kVA] 이상 10,000[kVA] 미만	변압기 내부 고장	자동차단장치 또는 경보장치
10,000[kVA] 이상	변압기 내부 고장	자동차단장치
타냉식 변압기	냉각장치 고장 또는 변압기 온도 현저히 상승	경보장치

99 변전소를 관리하는 기술원이 상주하는 장소에 경보장치를 시설하지 아니하여도 되는 것은?

① 조상기 내부에 고장이 생긴 경우
② 주요 변압기의 전원측 전로가 무전압으로 된 경우
③ 특고압용 타냉식 변압기의 냉각장치가 고장난 경우
④ 출력 2,000[kVA] 특고압용 변압기의 온도가 현저히 상승한 경우

해설 상주 감시를 하지 아니하는 변전소의 시설(KEC 351.9)

다음의 경우에는 변전제어소 또는 기술원이 상주하는 장소에 경보장치를 시설하여야 한다.

- 차단기가 자동적으로 차단한 경우
- 주요 변압기의 전원측 전로가 무전압으로 된 경우
- 제어회로의 전압이 현저히 저하한 경우
- 옥내변전소에 화재가 발생한 경우
- 출력 3,000[kVA]를 초과하는 특고압용 변압기는 온도가 현저히 상승한 경우
- 특고압용 타냉식 변압기는 냉각장치가 고장난 경우

정답 96. ① 97. ② 98. ① 99. ④

- 조상기는 내부에 고장이 생긴 경우
- 수소냉각식 조상기 안의 수소의 순도가 90[%] 이하로 저하한 경우
- 가스절연기기의 절연가스의 압력이 현저히 저하한 경우

100 출제빈도

태양전지발전소에 태양전지 모듈 등을 시설할 경우 사용전선(연동선)의 공칭단면적은 몇 [mm^2] 이상이어야 하는가?

① 1.6　　② 2.5

③ 5　　④ 10

해설 **전기배선(KEC 522.1.1)**

전선은 공칭단면적 2.5[mm^2] 이상의 연동선으로 하고, 배선은 합성수지관 공사, 금속관 공사, 가요전선관 공사 또는 케이블 공사로 시설해야 한다.

정답 100. ②

MEMO

2023. 1. 27. 초 판 1쇄 발행
2024. 1. 3. 1차 개정증보 1판 1쇄 발행

지은이 | 전수기, 임한규, 정종연
펴낸이 | 이종춘
펴낸곳 | BM (주)도서출판 성안당
주소 | 04032 서울시 마포구 양화로 127 첨단빌딩 3층(출판기획 R&D 센터)
10881 경기도 파주시 문발로 112 파주 출판 문화도시(제작 및 물류)
전화 | 02) 3142-0036
031) 950-6300
팩스 | 031) 955-0510
등록 | 1973. 2. 1. 제406-2005-000046호
출판사 홈페이지 | **www.cyber.co.kr**
ISBN | 978-89-315-8640-4 (13560)
정가 | 36,000원

이 책을 만든 사람들
기획 | 최옥현
진행 | 박경희
교정·교열 | 김원갑
전산편집 | 이지연
표지 디자인 | 임흥순
홍보 | 김계향, 유미나, 정단비, 김주승
국제부 | 이선민, 조혜란
마케팅 | 구본철, 차정욱, 오영일, 나진호, 강호묵
마케팅 지원 | 장상범
제작 | 김유석

핵담

필기

전기산업기사 핵심기출 300제

CBT는 핵심 기출이 ALL다!

이 책은 33년간 출제된 기출문제 중

자주 출제되는 기출문제를 완전 분석하여

과목별로 출제 확률이 가장 높은 핵심기출 300문제를

엄선한 CBT대비 수험서입니다.

정가:36,000원

13560

9 788931 586404

ISBN 978-89-315-8640-4

http://www.cyber.co.kr

BM Book Multimedia Group

성안당은 선진화된 출판 및 영상교육 시스템을 구축하고
항상 연구하는 자세로 독자 앞에 다가갑니다.